TURING 图灵数学经典 · 14

VISUAL DIFFERENTIAL GEOMETRY AND FORMS
A MATHEMATICAL DRAMA IN FIVE ACTS

可视化微分几何和形式：一部五幕数学正剧

[美] 特里斯坦 · 尼达姆（Tristan Needham）/ 著
刘伟安 / 译

人 民 邮 电 出 版 社
北 京

图书在版编目（CIP）数据

可视化微分几何和形式：一部五幕数学正剧 /（美）特里斯坦·尼达姆（Tristan Needham）著；刘伟安译. -- 北京：人民邮电出版社，2024.1（2024.6 重印）
（图灵数学经典）
ISBN 978-7-115-61107-9

I. ①可… II. ①特… ②刘… III. ①微分几何 ②微分形式 IV. ①O186.1 ②O186.15

中国国家版本馆CIP数据核字（2023）第014842号

内容提要

本书以五幕数学剧的形式直观地讲述微分几何和形式．在前四幕中，作者把“微分几何”回归为“几何”，使用200多幅手绘示意图，运用牛顿的几何方法对经典结果进行几何解释．在第五幕中，作者向本科生介绍形式，以直观和几何的方式处理高级主题．

本书作者挑战性地重新思考了微分几何和形式这个重要数学领域的教学方式，学习本书只需要基本的微积分和几何学知识即可．高等院校数学专业学生及数学研究者均可阅读．

◆ 著 [美] 特里斯坦·尼达姆（Tristan Needham）
译 刘伟安
责任编辑 杨 琳
责任印制 胡 南

◆ 人民邮电出版社出版发行 北京市丰台区成寿寺路 11 号
邮编 100164 电子邮件 315@ptpress.com.cn
网址 https://www.ptpress.com.cn
固安县铭成印刷有限公司印刷

◆ 开本：700×1000 1/16
印张：37 2024 年 1 月第 1 版
字数：664 千字 2024 年 6 月河北第 4 次印刷

著作权合同登记号 图字：01-2021-6176 号

定价：179.80 元

读者服务热线：(010)84084456-6009 印装质量热线：(010)81055316
反盗版热线：(010)81055315
广告经营许可证：京东市监广登字 20170147 号

版权声明

Original edition, entitled *Visual Differential Geometry and Forms: A Mathematical Drama in Five Acts* by Tristan Needham, ISBN: 978-0-691-20370-6, published by Princeton University Press.

献给罗杰·彭罗斯

译者序

最初，出版社是请齐民友老师（我的博士生导师）翻译本书的．齐老师说需要一个帮手，与陈化老师（具体指导我做博士研究和写博士论文的导师）商量后，他向出版社推荐了我．原定计划是，我翻译全书，齐老师负责处理疑难问题和通读全稿．但不幸的是，齐老师于 2021 年 8 月 8 日突发心脏病辞世．现在，我们以本书中译本的出版告慰齐民友老师的在天之灵！

作者特里斯坦 · 尼达姆一开始就许诺要为本科生写一本“有几何味”的好书．本书规模宏大，从古希腊人关于平行公理的争论讲到爱因斯坦发现时空的弯曲，从自由落体的数学讲到黑洞的几何、引力波的数学．本书讲法特别，用形象化的描述和 200 多幅插图实现了可视化，并加入了作者自己设计的数学实验，把微分几何教科书里描述得非常抽象的内容（例如平行移动、和乐性等）讲得通俗易懂，看得见、摸得着，所以说，作者兑现了自己的承诺！

特里斯坦 · 尼达姆教授是做事很认真的人，他对学术负责，也对读者负责．证据有三：本书中包含详尽的“历史注记”，以及作者坚持要将大家熟知的“庞加莱模型”称为“贝尔特拉米 – 庞加莱模型”，此证据一；本书已出版两年，作者还在征求读者意见，并为本书创建了网站 `VDGF.space` 来公布勘误，此证据二；我们提交译稿后的一年时间中，作者借助翻译工具多次审读译稿，并要求说明，中译本修正了英文原版书中存在的一些错误，此证据三．

作者使用了很多英语成语，多处借用《星际迷航》[①]中的人物和情节做比喻，写得生动有趣、引人入胜．为了便于读者阅读，我们增加了一些译者注．关于英语成语的注释主要参考了 1979 版的 *Longman Dictionary of English Idioms* 和梁实秋编撰的《最新实用英汉辞典》，还得到了曹凤婷教授（武汉理工大学外国语学院）和邓铿教授（路易斯安那大学拉斐特分校数学系）的帮助．关于数学家和物理学家的注释，主要参阅著名的数学史网站“The MacTutor History of Mathematics Archive”和“百度百科”．在此一并表示感谢．

陈文艺教授仔细地审阅了全书．本书责任编辑杨琳、策划编辑张子尧和特约编辑江志强、黄志斌在编辑的过程中帮我修改了不少错误，按照国家标准统一了

---

① 《星际迷航》始于 1960 年吉恩 · 罗登贝瑞编写的科幻电视剧，后来被美国派乐蒙制作成科幻系列影视作品．它讲述 23 世纪地球人类与众多外星种族一起建立星际联盟，共同克服疾病、贫穷、种族偏见、好战的故事．——译者注

人名的翻译，对译者注提出了很好的一些建议. 特别是责任编辑杨琳几乎逐句修改了全文，使得译文更通顺、更准确. 如果你对中译本的质量感到满意，别忘了这有他们的功劳. 我与他们的合作非常愉快，在此表示感谢.

感谢陈化老师百忙之中为本书中译本作序，更要感谢他多年来对我的指导、帮助和支持.

最后，要感谢我的家人. 我常与我的妻子蔡新民和女儿刘静萱讨论译稿中的问题，请她们帮我查阅资料. 例如，关于《星际迷航》，她们总能以她们的意见帮助和支持我. 当然，更重要的是她们，以及我的外孙女刘茹漪给我的爱.

本书翻译中难免有各种问题、缺陷和错误，敬请读者不吝指正.

刘伟安

2023 年 12 月于克拉玛依

中文版序

这本书是特里斯坦 · 尼达姆的第二本可视化的数学著作（简称为《微分几何》），第一本是《复分析》[①]. 与第一本书一样，这本书也是针对本科水平的读者写的，但读起来并不简单. 这本书的第一个特点是讲了平行移动、和乐性和形式这些前沿概念，而且用可视化的方法把这些前沿概念讲得通俗易懂. 第二个特点是讲解了微分几何在物理学中的应用，特别是关于广义相对论的讨论，凸显了微分几何的重要性. 第三个特点是详细解答了微分几何发展过程中的一些历史谜团. 第四个特点是把有些内容讲得较为详细. 例如，用四章的篇幅来详细介绍全局高斯 – 博内定理的四个证明，以及在第 22 章中介绍平行移动的三种外在构作方法. 第五个特点是设计了很多数学实验，而且都是读者很容易自己动手的实验，例如在西瓜、西葫芦、榴梿等瓜果上的实验等.

因此，这本书面世后立即获得了众多好评，例如，迈克尔 · 贝里爵士就评论说："这本书有五百页雄辩的篇幅，充满了数学智慧和深厚的历史底蕴.《微分几何》确实是可视的，通过柚子、榴梿、南瓜、土豆和牙签描绘了平行移动、曲率和测地线. 我真希望当我还是学生的时候就有尼达姆的这本书." 物理学家伯纳德 · 舒茨教授也评论道："《微分几何》是优雅的，有漂亮的排版、巧妙的插图和可爱的工艺. 尼达姆巧妙地让几何重新主导了数学，他向我们展示了几何仍然有一些新的东西要告诉我们."

尼达姆的博士生导师是著名物理学家罗杰 · 彭罗斯爵士，那是一位奇才，除学术成就之外，还留下了彭罗斯铺垫、彭罗斯三角形和多边形、彭罗斯阶梯等奇思. 另外，因其关于黑洞的理论被验证，罗杰 · 彭罗斯获得了 2020 年诺贝尔物理学奖. 学界有人说，应该称彭罗斯为数学家和数学物理学家，因为他是用数学来做物理研究的，而且他是一位"阐述大师". 看来，尼达姆得了彭罗斯的真传，也是一位很会讲物理的数学家，而且讲得生动活泼、引人入胜.

尼达姆的这两本书提出了一个教学问题：这样的写法是否可以用作本科生的教科书？换言之，是否可以用这样的讲法教学？这显然是个有争议的问题，有人就在书评中说："尼达姆的书对微分几何的标准教科书是一个很好的补充." 齐民友老师曾在《复分析》的译后记中做了一段关于这个问题的论述，有兴趣的读者

---

① 见第 x 页脚注 ②.

可以找来看看.

本书的译者刘伟安和我一样，都是齐民友老师的学生. 我是齐民友老师名下的第一位博士生，而在刘伟安跟齐民友老师念博士时，我早已博士毕业在武汉大学当教师了. 所以刘伟安教授虽比我年长，但按照“拜师门”的顺序，他也客气地尊我为“师兄”. 齐民友老师在世时，在我们这些弟子里面，刘伟安教授在生活上照顾齐民友老师和师母程少兰老师最多，所以也接触齐老师最多. 这期间他也潜移默化地在老师身边学到了许多. 当年，齐民友老师在翻译了尼达姆的第一本书《复分析》之后，又得到了这第二本书的消息，所以出版社马上就找齐老师，想请他再次翻译. 因为齐老师觉得自己已年近九十了，而这本书的篇幅也不小，所以为了不耽误此书的翻译，特向出版社推荐刘伟安教授作为帮手来参与翻译. 后来出版社经慎重审核后接受了齐老师的建议.

在开始翻译这本书时，齐民友老师很快就通读了全书的内容，将目录翻译了出来，并对序幕一开始引用的阿蒂亚的论述写了一个注释. 这个注释对于读懂阿蒂亚这段话是很有帮助的.

然而让我们深感遗憾的是，在本书的翻译尚未最后完成时，我们的老师齐民友教授于 2021 年 8 月 8 日下午突发心脏病去世. 据齐老师家人告知，当天上午齐老师还在书房里审读刘伟安准备提交的第一部分译稿. 齐民友老师真正做到了：生命不息，工作不止……

最后，谨以此书中译本的出版，告慰齐民友老师的在天之灵!

陈化

2022 年 8 月于武汉大学珞珈山

序　幕

与魔鬼的灵魂交易

代数是魔鬼给数学家的开价. 魔鬼说:“我可以给你这个强有力的机器，它可以回答你要问的任何问题. 你只需交出你的灵魂，放弃几何，然后你就可以得到这个非凡的机器.”……这就是我们的灵魂所遭受的危险：一旦跨入代数计算，你基本上就停止了思考. 当你止步于几何思考时，你也就不再考虑真正有意义的问题了. [①]

——迈克尔·阿蒂亚爵士[②③]

“几何”味的“微分几何”

这是个重复使用同义词的语言游戏吗？当然不是，我们就是要讨论有“几何”味的“微分几何”. 当本科生第一次拿到指定的微分几何课本时，他们可能不这样认为. 这些倒霉的学生，面对的不是几何，而是大量的公式，以及证明这些公式的冗长、晦涩的计算. 更糟糕的是，这些计算，因为遭受“指标的滥用”[④]（debauch

① 阿蒂亚爵士的这段话是仿照歌德的名著《浮士德》写的. 考虑到多数读者不一定熟悉这部伟大的经典，下面简述其大概.

浮士德是一位学者，他悬梁刺股、皓首穷经，希望能得到宇宙的真理. 为此，他甚至迷失了人生的意义，得不到生活下去的勇气. 于是他向魔鬼求救. 魔鬼提出的条件是“出卖你的灵魂，你就可以得到一切”. 可是这一切都是虚幻的，就在浮士德陷入永远沉沦的关头，上帝终于出手挽救了他的灵魂.

阿蒂亚在此以浮士德自喻，那么，是谁最终挽救他于终生沉沦？这一点值得我们深入思考.

我们前面讲到魔鬼的“开价”和上帝的挽救. 这些当然只是比喻的说法，实际上只是阿蒂亚本人的思想. 但是这些思想应该有一个起源. 这是一个很值得注意的问题，对于我们理解全书大有好处.

有一个著名的数学史网站 MacTutor，其中关于阿蒂亚的条目就很合用.

阿蒂亚当时正在研究椭圆算子的指标问题，这当然是一个几何问题. 为了解决这个问题，他参与发展 K 理论，终于得到了著名的指标定理，他因此获得了 1966 年的菲尔兹奖. 本书中文版译者限于自己的知识水平，不可能介绍这方面的具体知识，但是有一点是很清楚的：前面关于魔鬼的话，其实都是阿蒂亚本人在学术上走过的道路的表现. 据说阿蒂亚说过这样的话：你们老在说代数，那么几何到哪里去了呢？这样，当我们在下面转入正文时，将主要讨论他在几何上的思想. ——齐民友注

② 阿蒂亚爵士（1929—2019），英国数学家，曾任英国皇家学会会长. ——译者注

③《20 世纪的数学》（*Mathematics in the 20th Century*, Shenitzer & Stillwell, 2002, 第 6 页）.

④ 嘉当的整句话是这样说的：“必须避免过度的形式计算，应该让里奇和莱维 – 奇维塔提出的绝对微分学降降火，绝对微分学里对指标的滥用掩盖了常常非常简单的几何事实. 我解释的正是这个事实.”［摘自嘉当著作（Cartan, 1928）的前言］. 由此可见嘉当的英雄形象.

of indices，这个短语是埃利 · 嘉当[①]在 1928 年创造的，他是我们这部数学剧的主角之一），通常很令人头痛．如果学生执着而且大胆，教授就可能不得不面对一个直率得令人尴尬的问题："几何到哪里去了？"

说实话，现代教科书的确也包含很多图，通常是由计算机生成的一些曲线和曲面．除了极少数例外，这些图都属于特定的例子，只是一些定理的插图，而这些定理的证明完全依赖于符号的演算．对于这些定理及其证明，这些图什么也说明不了．

本书就不一样了，我们有两个截然不同但都意义非凡的目标．第一个目标是在前四幕的主题里，把"微分几何"回归为"几何"．本书包含 235 幅手绘示意图，它们与仅靠计算机生成的例子有本质上的不同．用直观几何来解释一些令人惊奇的几何现象是我多年来一直坚持的观念，这些示意图就是这个观念的可视化典型，是我多年来断断续续但坚持不懈努力的成果．

《复分析》[②]的前言里有一段话，在这里同样适用："就我所知，本书中很大一部分几何的事实和论证是新的．我在正文中没有强调这一点，是因为这样做没有意思：学生们不需要知道这些，而专家们不说也知道．然而，如果一个思想显然是不同寻常的，而我又知道别人曾经发表过，我就会努力做到功归应得者．"此外，我还贡献了一些首次出现的习题，但它们并不是我的原创．

说一点儿个人经历吧（这与后面一个严肃的数学观点有关），现在这些工作的起源可以追溯到几十年前，也就是我年轻的时候．这是关于两本书的故事．

第一本书是《引力论》（Misner, Thorne, and Wheeler, 1973），它让我深深地迷上了微分几何与爱因斯坦的广义相对论．这段经历让我难以忘怀，或许是因为这是我的"初恋"．当时我 19 岁，在牛津大学默顿学院学习物理学．第一学年末的一天，在布莱克韦尔书店的最深处，我偶然发现了一本黑色的厚书．尽管我当时并不真正了解，但是我隐约地觉得这部 1200 多页的巨著就是相对论的"圣经"．可以说，这部杰作改变了我一生的进程．如果我没有读到这本《引力论》[③]，就可能会错失跟随罗杰 · 彭罗斯学习（并成为一辈子的朋友）的机会，彭罗斯彻底改变了我对数学和物理学的理解．

---

① 嘉当（1869—1951），法国数学家．里奇（1853—1925），意大利数学家、物理学家．莱维–奇维塔（1873—1941），意大利数学家，里奇的学生，与里奇一起创立了绝对微分学，现在称为张量分析．——译者注

② 因为要频繁地提到我写的第一本书《复分析：可视化方法》（*Visual Complex Analysis*, Needham, 1997），我就冒昧地简称它为《复分析》．［此书中文版已由人民邮电出版社出版（ituring.cn/book/2757）．——编者注］

③ 后来，我荣幸地见到其作者之一惠勒好几次，并且与他通信．这样，我终于当面感谢了他，感谢他的《引力论》对我一生的影响．

韦斯特福尔写了一本关于牛顿的卓越传记（Westfall, 1980）. 在 1982 年夏天，我简单翻阅了其中的数学部分，这激起了我强烈的好奇心. 于是，我研读了牛顿的杰作《自然哲学的数学原理》（Newton, 1687，通常简称为《原理》）. 这就是彻底改变我一生的*第二本书*. 如果阿诺尔德[①]的文章和著作[②]以及昌德拉塞卡[③]的著作（S. Chandrasekhar, 1995）试图道破《原理》中牛顿*理论*的奥秘，我这本书则是要展示牛顿*方法*的魅力.

曾有一个传言[④]（我在别处也讨论过此事[⑤]）称 1687 年《原理》中的结论，是牛顿利用他首创的微积分的 1665 年版本推导出来的，后来才修改为几何形式. 一些研究牛顿的学者煞费苦心地否认这个传言，因为他们认为这个传言有损牛顿的形象.

事实上，牛顿最初建立的微积分是幂级数形式的，不同于我们今天在大学学习的形式——我们现在学习的是后来由莱布尼茨建立的形式. 到 17 世纪 70 年代中期，在研究了阿波罗尼奥斯、帕普斯和惠更斯[⑥]的思想后，已经成熟了的牛顿不再偏爱自己年轻时建立的微积分的代数形式，转而欣然接受了纯粹几何的方法.

到 17 世纪 80 年代，牛顿对于幂级数代数运算的迷恋终于让位于一种新的微积分形式. 他称之为“人造的变动方法”[⑦]，其中，古代数学家的几何被完全改变，再次用来研究：当几何图形不断收缩，直到它消失的那一刻的性质. 这就是微积分的非算术形式才具有的优点，在 1687 年的《原理》中，我们读到的就是这种形式的全貌.

如在《复分析》中一样，我希望本书从头至尾都充分利用牛顿的方法. 所以，我马上就来把它讲清楚，比在《复分析》中讲得更详细，奢望第二本书能比第一本书吸引更多数学家和物理学家采用牛顿的直觉（也是严格的[⑧]）方法.

---

① 阿诺尔德（1937—2010），俄罗斯数学家，他的工作遍及众多数学领域. 1997 年 3 月 7 日，阿诺尔德在法国发现宫做过一个关于数学教育的报告，与本书作者的观点相近. ——译者注

② 见 Arnol'd and Vasil'ev (1991) 和 Arnol'd (1990).

③ 昌德拉塞卡（1910—1995），印度裔美籍物理学家，1983 年因星体结构与进展的研究获得诺贝尔物理学奖. ——译者注

④ 遗憾的是，这个传言正是出自牛顿自己. 他与莱布尼茨为是谁首先发现了微积分而争吵不休，在争吵最激烈时，牛顿提出了这个传言. 见 Arnol'd (1990)、Bloye and Huggett (2011)、de Gandt (1995)、Guicciardini (1999)、Newton (1687, 第 123 页) 和 Westfall (1980).

⑤ 见 Needham (1993)、《复分析》的前言和 Needham (2014).

⑥ 阿波罗尼奥斯（约公元前 262—约公元前 190），古希腊数学家，著有《圆锥曲线论》. 帕普斯（约 290—约 350），亚历山大晚期数学家，著有《数学汇编》. 惠更斯（1629—1695），荷兰物理学家、天文学家、数学家，著有《光论》，提出了著名的惠更斯原理. ——译者注

⑦ 见 Guicciardini (2009, 第 9 章).

⑧ 见稍后的解释.

设 A 和 B 是两个变量，它们依赖于一个小的变量 ϵ. 如果当 ϵ 趋于 0 时，A 与 B 的比值趋于 1，我们就按照牛顿在《原理》中的先例，说"A 最终等于 B"，取代麻烦的极限语言. 同时，如在我以前的著作（Needham, 1993, 2014）中那样，我们将使用符号 $\asymp$ 来表示这个最终相等的概念. ① 简而言之，

$$\text{“}A\text{ 最终等于 }B\text{”} \iff A \asymp B \iff \lim_{\epsilon\to 0}\frac{A}{B}=1.$$

根据关于极限的几个定理，可以证明 [练习]：最终相等是一种等价关系，而且具有与普通相等同样的一些性质. 例如：$X \asymp Y \;\&\; P \asymp Q \Rightarrow X\cdot P \asymp Y\cdot Q$，以及 $A \asymp B\cdot C \Leftrightarrow (A/B) \asymp C$.

在正式论证之前，应该强调，最终相等的应用对象不仅仅是数，还可以很自然地扩展到其他一些对象. 例如，如果两个三角形对应的角是最终相等的，我们可以说，这两个三角形是"最终相似"的.

我在掌握了牛顿的方法以后，就立刻在微积分入门课程中试了试自己的身手，简化了教学. 后来，我又知道了怎么将它应用于复分析（在《复分析》中），现在是微分几何. 尽管我可以举出任意数量的简单示例（详见 Needham, 1993），但是这里还是再次利用《复分析》前言中的那个例子，因为，不同于《复分析》中所为，这次我将利用符号 $\asymp$ 来做严格论证. 事实上，这个例子可以被视为将《复分析》中的大部分"解释"转变为"证明"的秘诀，只需要在关键处加入符号 $\asymp$. ②

现在我们来证明：如果 $T=\tan\theta$，则 $\frac{\mathrm{d}T}{\mathrm{d}\theta}=1+T^2$. 来看看图 0-1 吧. 如果我们让 θ 增加一个（最终为 0 的）小量 $\delta\theta$，则 T 就会在铅直方向上增加长度 δT，可以将其视为一个小直角三角形的斜边长，这个小直角三角形的另外两条边分别落在方向 $(\theta+\delta\theta)$ 和 $\left(\theta+\frac{\pi}{2}\right)$ 上，如图 0-1 所示. 我们首先考虑当 $\delta\theta$ 趋于 0 时的极限，因为 $\psi \asymp \frac{\pi}{2}$，所以，以 δT 为斜边的小直角三角形与以 L 为斜边的大直角三角形最终相似. 接着，我们将小直角三角形放大来看，角 θ 的邻边 δs 最终等于以 L 为半径的圆周上的一段弧长，因此 $\delta s \asymp L\delta\theta$. 于是，

$$\frac{\mathrm{d}T}{L\,\mathrm{d}\theta} \asymp \frac{\delta T}{L\delta\theta} \asymp \frac{\delta T}{\delta s} \asymp \frac{L}{1} \quad\Longrightarrow\quad \frac{\mathrm{d}T}{\mathrm{d}\theta}=L^2=1+T^2.$$

据我所知，牛顿没有用过这个例子，但是不妨做个比较：牛顿的风格③是几何论证，具有启发性的指引；而 300 多年后的今天，我们教学生的方式还在着重于

① 这个符号随后被诺贝尔物理学奖得主苏布拉马尼扬 · 昌德拉塞卡采用（见 Chandrasekhar, 1995, 第 44 页）.

② 在撰写《复分析》的那段时间，我就一直在使用符号 $\asymp$（在私下和出版物中都是）. 事后看来，没有在《复分析》中使用这个符号是个错误的选择，由此导致其中的一些论证缺乏应有的严密性.

③ 帮助你学会牛顿方法最好的老师是你自己. 所以，我们建议你立即做一做第 26 页的习题 1 ~ 4，试试自己的身手.

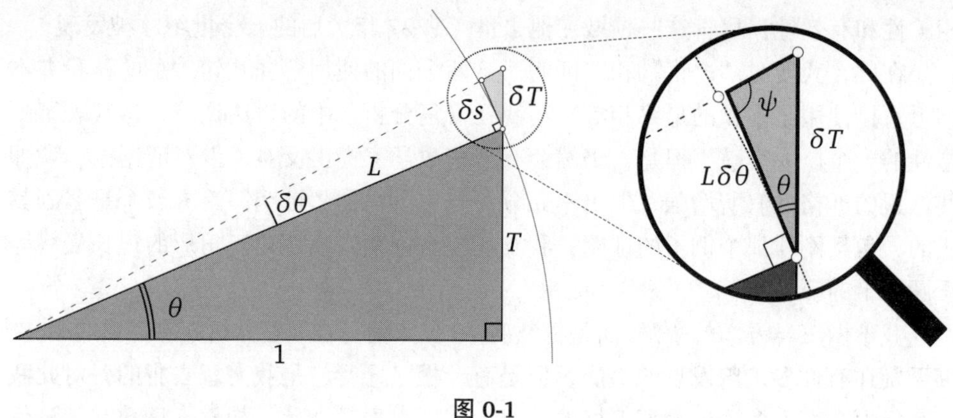

图 0-1

缺乏启发性的计算！正如牛顿自己所说，[①] 几何方法更受欢迎是因为"所涉及的论证清楚简洁，结论简单，可以利用图示". 实际上，牛顿的贡献不止如此，他还帮我们改正了一个陋习：只有人造的方法才"值得公开发表".

牛顿自己并没有用任何记号来表示"最终相等"的概念. 这是因为他想利用古代数学家的几何方法，这样就不得不模仿他们的表述模式，从而导致他写出"最终具有相等的比例"，并且在证明中每次都这样用. 正如牛顿自己的解释（Newton, 1687, 第 124 页），《原理》是"按照古代数学家的习惯用详细的词语写成的". 尽管牛顿已经声称了两个比例是最终相等的，他还是坚持用语言来表述每一个比例. 结果就是，我不得不首先用"现代"的形式（事实上，这种形式在 1687 年已经通用了）改写和总结，才能读懂牛顿的论证. 事实上，这就是刺激我在 1982 年引入和使用符号 $\asymp$ 的"催化剂".

我认为，牛顿没有选择引入一个符号来表示"最终相等"是一个失误，这个失误导致了数学发展的一个悲剧性结果. 当莱布尼茨用符号解释的微积分横扫天下时，牛顿更具洞察力的几何方法被扔到了一边. 几个世纪以来，只有屈指可数的几个人曾试图改变这个状况，恢复牛顿的方法. 近期，牛顿方法最突出、最著名的支持者是弗拉基米尔 · 阿诺尔德[②]（1937—2010）.

如果牛顿能避免陷入古代表述模式的"陷阱"，利用某个符号（任何符号都可以！）来代替"最终相等"这个词，他在《原理》里那些令人费解的冗长证明就可以简化为简洁的几行，那么他的思想模式就有可能在今天仍被广泛应用.《复分析》和本书都力图非常具体地展示牛顿的几何方法在数学的很多领域里都具有持续的

① 见 Guicciardini (2009, 第 231 页).

② 例如，见 Arnol'd (1990).

相关性和有效性，尽管这些领域在他去世（1727 年）后的一个世纪才被发现.

在此，我要对“严格”和“证明”这两个词的使用解释几句. 是的，我在本书里直接使用了牛顿的最终相等，与我在《复分析》中的表达比较，这代表了严格性的一个巨大突破. 但是，仍然会有一些数学家提出反对（带着证据!），说即使这里的严格性有所增强，但仍不充分并且本书里的“证明”没有一个是名副其实的，包括刚才那个例子的证明：我其实没有证明“小直角三角形的边长最终等于圆周上的弧长”.

我不做逻辑方面的争辩，而是重复我 20 多年前写在《复分析》前言里的话：“本书无疑还有许多未曾发现的毛病，但是有一桩‘罪行’是我有意去犯的，对此我也不后悔：有许多论证是不严格的，至少表面上看是如此. 如果你把数学理论仅仅看成人类的心智所创造的，是岌岌可危的高耸的建筑物，这就是一桩严重的罪行. 追求严格性就好比绞尽脑汁来维持这幢建筑物的稳定，以防整个建筑物在你身旁轰然倒塌. 然而，如果你和我一样，相信我们的数学理论只不过是试图获取一个柏拉图式世界的某些侧面，而这个世界并非我们创造的，我就会为我们辩护：在开始时缺少严格性，只不过是付出了小小的代价，让读者能比采用其他方式更直接、更愉快地看透这个世界.”因此，最好事先就告诉我的批评者，从一开始我就承认：当我说一个命题“得证”的时候，可以认为这只是指“排除了合理怀疑后得证”（proved beyond a reasonable doubt）![①]

除了严格性的问题，还有一件糟糕的事情，那就是在回顾大量古典数学时，我几乎肯定会出错：所有这些错误的责任都在我，而且只在我. 请不要责怪我使用的几何方法，只是我的技艺不佳——在进行符号运算时，我同样会出错！如有勘误和建议，请发到邮箱 VDGF.correction@gmail.com，我们非常感激你的指正.

本书并不是一定要当作一部正在上演的五幕正剧才能完全读懂. 尽管如此，我还是认为书中的故事情节很重要，这种非常规的结构和书名也都很合适，理由如下. 首先，我力求用演出戏剧的方式来展现微分几何的思想，就如我看待它们的方式一样，不仅要看到它们的历史发展，[②]而且（更重要的是）要看到它们的层级关系，各种想法相互关联的影响，以及它们在数学其他领域和物理学中令人想象不到的含义. 其次，这部所谓的五幕剧中每一幕的剧情都（或多或少）符合莎士比亚戏剧的经典结构（剧情的这种结构并非都是有意设计的，更多的是内容自

① 读了这些话，普林斯顿大学出版社编辑委员会一位大力支持我的编委建议我的编辑，用字母“P.B.R.D.”代替“Q.E.D.”来结束每一个证明.

② 如在《复分析》中那样，我强烈推荐在读这本书的同时，一起读读史迪威的杰作《数学及其历史》（Stillwell, 2010），因为其中对数学的许多历史发展进行了见解深刻的详细分析，这些分析只有在这里才能看到.

然演进而形成的），特别是预期中的剧情“高潮”确实就出现在第三幕：曲率. 事实上，在开始写作本书几年后的一天，我突然清楚地意识到：我撰写的东西就是一部五幕数学剧. 就在这一天，我“更正”了本书的书名，并将之前的五“部分”改为五“幕”.

- 第一幕：空间的本质
- 第二幕：度量
- 第三幕：曲率
- 第四幕：平行移动
- 第五幕：形式

前四幕实现了我的承诺，相互独立、有“几何”味地介绍了微分几何. 第四幕是真正的“数学动力站”，它使得我们最终可以*用几何方法证明*前三幕中的许多论断.

这几幕主题的几个方面是非正统的，处理它们的几何方法也是非正统的. 在此，我们只说三个最重要的例子.

第一，第三幕是整部剧的高潮，而这一幕的高潮是全局高斯–博内定理——这是连接局部几何与全局拓扑的著名定理. 这个话题的内容是标准的，但我们的处理方法就不是标准的了. 为了突出这个定理的中心地位和根本重要性，我们燃放了一组豪华的“数学烟花”：用*五章*的篇幅来讨论它，还贡献了*四个*不同寻常的证明，每个证明都体现了对证明结果和微分几何根本性质的新见解.

第二，从二维曲面到 n 维空间（称为“流形”）的转换（通常在研究生阶段学习）常常是令学生困惑和害怕的内容. 第 29 章（在本书中篇幅第二长）通过集中研究三维流形的曲率（这是能够*可视化的*），寻求建立一座跨越这个鸿沟的桥梁. 当然，我们讨论的框架是可以应用到*任意*维流形的. 我们利用这种方法引入了著名的*黎曼张量*，用它来度量 n 维流形的曲率. 我们直观、有几何味地介绍了黎曼张量，在技术上是完整的.

第三，我们觉得，黎曼张量在自然科学的竞技场上单枪匹马就能取得光辉、伟大的胜利，在充分讨论了黎曼张量之后，继续隐藏这一点就*不好*了. 所以，在第四幕的最后，我们用很长的篇幅*有几何味地*介绍了爱因斯坦伟大的*广义相对论*：物质和能量的引力作用于四维时空，引起时空弯曲. 这一章在本书中篇幅第三长，不仅（完全用几何的语言）讨论了（爱因斯坦在 1915 年发现的）著名的*引力场方程*，而且介绍了它在黑洞、引力波和宇宙学最新研究中的意义.

现在，我们来到第五幕，这是与前四幕具有不同特点的一幕. 我们在此力求完成本书的*第二个*目标，它与第一个目标截然不同，但同样意义非凡.

即使最疯狂的几何迷也不得不承认，（开篇引语中描述的）阿蒂亚的残忍机器是个绕不开的恶魔，但是，如果我们必须做计算，至少也要做得非常优雅．幸运的是，从 1900 年开始，埃利 · 嘉当就建立了一种简洁有效的新计算方法．它首先用于研究李群，而后为微分几何提供了一种新的研究途径．

嘉当的发现称为"外微分"，它的研究对象及其微分式和积分式统称为"微分形式"（本书中简称为"形式"）．我们将在第五幕的最后，用本书篇幅最长的一章，跟随嘉当的指引，最终展示这种方法的优美和有效性——用符号运算的方法重新证明在前四幕中已经用几何方法证明了的结论．不仅如此，微分形式还将帮助我们完成一些在前四幕里做不到的事情：特别是，它们给出了一种通过曲率 2 次微分形式（简称为 2-形式）来计算黎曼张量的方法，既有效又优美．

然而，我们首先要充分发挥嘉当思想自身的实力，在完全不依赖前四幕内容的前提下，引入完整的微分形式理论．为避免造成任何困惑，我们再说一次：第五幕中的前六章与微分几何没有丝毫关系！我们这样做的原因是，微分形式在数学、物理学和其他一些学科的不同领域内都有成果丰富的应用．我们的目的是使微分形式能被尽可能广泛的读者所接受，即使他们的主要兴趣不是微分几何．

为达到此目的，我们努力寻求一种比常用方法更直观、更形象的办法来讨论微分形式．尽管如此，也请不要有任何幻想：第五幕的主要目的就是建造一台"魔鬼机器"（只需要本科水平就可以完成），一种非常有力的计算方法．

这些微分形式的威力使我们回忆起复数：可谓一石激起千层浪，嘉当的微分形式能解释的东西比它的发现者要求的还要多得多．这真是个理想的形式，堪称妙手偶得！

只需举一个例子就够了：微分形式可以统一阐明向量微积分中的所有公式[①]．可以说，这就是本科生的一本启示录，只要允许他们去读就行了．事实上，格林公式、高斯公式和斯托克斯公式仅仅是微分形式的一个定理在不同情况下的表现方式，而这个定理比这些特殊情况下的表现方式更简单．尽管从数学到物理学，微分形式都具有不可置疑的重要性，但是绝大多数本科生在离开学校之前未学到过微分形式，我早就认为这是个问题．只有屈指可数的几本[②]本科生的（向量微积分或微分几何）教科书曾经提到过微分形式，并且告诉学生这个内容归属于研究生课程．

如此可悲的状况已经持续了一个多世纪，我仍未看到即将发生重大改变的任

---

① 利用微分形式可以将经典微积分中的牛顿 – 莱布尼茨公式、格林公式、高斯公式和斯托克斯公式统一表示为广义斯托克斯公式．详见本书 37.3 节 ~ 37.5 节．——译者注

② 见附录 A.

何迹象. 作为回应，第五幕要做的不是咒骂黑暗，而是点燃一支蜡烛[①]，奋力去说服读者相信嘉当的微分形式（及其基础"张量"）既简单又优美，说服读者相信它们（还有嘉当的名字）值得成为本科生课程的一个标准组成部分. 这就是第五幕的宏伟目标. 在前四幕让读者沉浸于纯粹的几何之后，最后一幕就是代数计算的表演，称得上是一个畅快淋漓的大结局.

在序幕结束之前，我们来罗列一下本书的细节.

- 我没有打算把本书写成课堂教学用的课本. 我希望有一些勇敢的人，会像之前使用《复分析》一样，选择使用本书. 我主要的目标是，尽我所能既准确又通俗地向读者（无论是稚嫩的初学者还是久经沙场的专家）传递一个宏大的主题.
- 我的主题选择有时看似不拘一格. 例如，极小曲面是一个很有吸引力又很重要的主题，为什么这里没有讨论呢? 遇到这种情况，我们常常用以下两个理由之一（或两个都用）回答: (1) 我们关注的重点是内蕴几何，而不是外在几何; [②] (2) 关于极小曲面已经有很好文献. 对于后者，我尽力在附录 A 提供一些有用的说明.
- 公式用"(1.1)"的格式编号，图用"图 1-1"的格式编号.
- **新术语的定义**用黑体标明.
- 为了便于快速翻阅本书，重要结论用单框标记，特别重要的事实用双框标记. 在整本书里，只有屈指可数的结果用三框标记，因为它们是基本原理. 我们希望读者喜欢去寻找它们，就像找复活节彩蛋一样.
- 我尝试使读者成为思路推进过程中的积极参与者. 例如，在论证过程中，我常常会故意设置一两个逻辑跳板. 它们有一点儿难度，读者可能需要停下来做一些准备，才能跳到下一块上去. 这样的地方用"［练习］"标记，常常只需要简单计算或沉思片刻就能解决.
- 我们鼓励读者充分利用索引，它可是为爱而辛苦劳动的产物.

我们要用本书的一个更大的哲学目标来结束序幕，它远胜于我们将要试图解释的特定数学内容.

从数学青春期到成熟的这个过程中，我们所获的权利之一就是能够区分什么是真奇迹，什么是假奇迹. 数学自身充满了真奇迹，而假奇迹的例子也是大量存

① 我们点燃的肯定不是第一支蜡烛. 事实上，就在本书即将完稿的时候，福特尼出版了一本书（Fortney, 2018），目标和我们完全相同. 不过，福特尼这本 461 页的书完全没有讨论微分几何，重点只放在本书第五幕用 100 多页介绍的微分形式上.

② "内蕴"和"外在"的意思在 1.4 节解释.

在的:“我不能相信，那些丑陋的项，就这么消掉，给出了如此优美简单的答案?!”或“我不敢相信这个复杂的表达式有如此简单的意思?!”

如果这种情况真出现了，那么不值得庆幸，而应该让人感到羞耻. 这是因为，如果所有那些丑陋的项是可以消掉的，那么它们从一开始就不应该存在！如果那个复杂的表达式有非常简单的意思，那么它一开始就不应该那么复杂！

我不得不坦白，我自己的数学青春期一直持续到 20 多岁. 直到成为研究生后，我才开始成长起来，这要归功于两个人的神奇影响：彭罗斯，以及我的亲密好友，乔治 · 伯内特 – 斯图尔特，他也是彭罗斯的学生.

数学世界的理想形式总是完美的，总是简单的. 它如果暂时留给了我们相反的印象，那只是因为我们自己表现得不完美罢了. 我希望本书能帮助读者在这种完美面前变得谦逊，就像许多年前我的两个朋友在超现实、埃舍尔[①]式的牛津尖塔中第一次推动我走上这条路时一样.

特里斯坦 · 尼达姆
2019 年牛顿圣诞节[②]
于美国加利福尼亚州米尔谷

① 埃舍尔（1898—1972），荷兰版画家. 他的版画构图诡异奇幻，具有深刻的数学与逻辑内涵. 从他的作品里可以看到对分形、对称、密铺平面、双曲几何、多面体等熟悉概念的形象表达，其中有几幅匪夷所思的塔楼作品. ——译者注

② 牛顿圣诞节是 12 月 25 日，译自一个新造的英语单词“Newtonmas”（8.2 节还会出现）.

据 1892 年 9 月 8 日出版的《自然》杂志，第 46 卷，第 1193 期，第 459 页的“英雄崇拜者的新教派”一文记载：在 1890 年圣诞节，“牛顿协会”的 248 名成员在帝国大学（Imperial University）的物理实验室首次聚会，开展学术交流，分发礼品，在欢笑和祝福中持续了好几个小时. 正是他们称这一天为 Newtonmas.

因为艾萨克 · 牛顿出生于公元 1643 年 1 月 4 日，这一天恰好是儒略历 1642 年 12 月 25 日（当时英国实行儒略历）. 当时儒略历与公历相差 10 天. 儒略历是罗马执政官儒略 · 凯撒采纳埃及天文学家索西琴尼的计算，取代罗马旧历，于公元前 45 年 1 月 1 日实行的历法. 这个历法将一年定为 365.25 天，每四年闰一天. 但每年实际只有 365.2422 天，每年相差 0.0078 天. 在 1500 年后，积累的误差就比较大了. 罗马教皇格里高利十三世于 1582 年对其进行了改善和修订，将当年的 3 月 25 日改为 3 月 15 日开始计算. 这就是格里历，即今天的公历. 但仍有俄罗斯东正教以及其他少数地区不承认罗马教皇，继续使用儒略历. 例如，苏联“十月革命”发生在 1917 年 11 月 7 日，就是以当时是儒略历的 10 月而得名. 现在儒略历与公历相差 13 天. ——译者注

致　谢

罗杰·彭罗斯改变了我对数学和物理学的理解. 他的思想如此精准、优美，就像复调音乐的旋律配合. 从我 20 岁第一次读到他的论文开始，这些思想每次都深深地激起我内心审美的愉悦，而类似的感受，只有当我欣赏巴赫的第 101 号康塔塔开场曲和贝多芬的《大赋格曲》时才能体验到.

从我成为罗杰的学生开始，他用几何揭开最深层谜团的能力，给我留下了难以忘怀的深刻记忆，于是，一个不可动摇的信念使我终生受益：任何问题都是有几何解释的.（后来对牛顿《原理》的研究令我更加深信几何方法的普适性.）如果没有这个坚定的信念，就不会有本书，因为，有时为了找到某个特定数学现象的几何解释，我要摸索很多年.

能够算是罗杰的一个朋友，是一件令人高兴的事情，也是我 40 年来的一大荣幸. 本书并非完美，却是我的尽心之作，将其献于罗杰，虽难酬师恩，但可略表我的心意.

为了介绍下一位我应该感谢的人，我不得不坦白一个有些难以启齿的细节：当我 1989 年第一次从英国来到美国时，我一天要抽两包香烟. 直到 1995 年，我才最终戒掉. 这是我做过最困难的一件事，如果没有尼古丁贴片，我多半会失败.

作为对我 1997 年出版的《复分析》的响应，在大约五年之后，杜克大学的一位医学研究者给我写了一封“好玩的信”. 他计划访问旧金山湾区，请求与我见面. 我忐忑不安地同意了. 结果我的客人就是杰德·罗斯教授，就是他发明的尼古丁贴片帮助我成功戒了烟，他简直就是我的救世主！杰德开始是学数学和物理学的，也从未放弃对这两门学科的热爱，但是他敏锐地认为，如果将精力转投医学研究，他会产生更大影响. 我非常高兴他真的这样做了.

2011 年，当我开始写作本书时，杰德成了我最热情的支持者，他用医学发明的资金买断我的部分教学成果，极大地帮助了我对本书主题的研究，展现了他的慷慨. 在本书的 9 年创作时间里（我全家都住在加利福利亚），杰德一直认为我的这项工作很重要，每次来访，他都能用永远乐观的个性和对我的信任鼓舞我. 在本书缓慢成形期间，杰德认真阅读了我的手稿，提出了大量对本书极有益的详细修改建议，大大为本书增色. 由此可见，杰德在三个线性无关的方向上帮助了我，令我感激不尽. 此外，我们最初纯粹的学术交流关系，逐渐让两家人形成了亲密温暖的朋友关系.

我要感谢的下一位重要人物是布朗大学杰出的几何学家，托马斯 · 班科夫教授. 我设法两次安排汤姆[①]（在不同的年度里）来旧金山大学做访问学者，每次一学期. 在这两个学期里，汤姆对我非常客气，主动提出要阅读我的书稿，并且给了我极有价值的反馈. 每个星期，他都要阅读我刚刚打印出来的最新书稿，并用红笔在页面空白处写下他的意见和建议. 每个星期五下午，我都会去他的办公室见他，逐行地详细讨论他的修改建议. 可惜，本书刚写到一半，这样的合作就结束了. 尽管如此，我几乎采纳了他的全部修改建议. 我非常感谢他与我分享他在几何方面的聪明才智和专业知识.

我还要衷心感谢刘伟博士[②]（一位从事光学研究的物理学家，希望将来在一个美好日子里见到他）. 2019 年，他写信给我，表达了对《复分析》的欣赏，并附上了他的研究论文[③]，其中引用了我对庞加莱[④] – 霍普夫[⑤]定理的处理. 这篇论文让我见识到物理学家如何精彩地应用霍普夫的结果，而霍普夫的漂亮结果似乎已经从数学教科书里消失了. 他的结果表明：庞加莱 – 霍普夫定理不仅适用于向量场，也适用于霍普夫的线场[⑥]，这大大推广了向量场的概念，使之可以含有带分数指数的奇点，这是 19.6.4 节的主题. 我们可以用第 247 页图 19-14 的例子为证. 应我的要求，刘伟博士还将霍普夫思想在物理学中的其他许多应用告诉了我. 现在，亲爱的读者，我也与你们分享他的亲切教导，见附录 A.

除了以上主角外，我（身边和身在远方的）许多同事和朋友以各种方式给予了我支持、建议和有用的消息.

我亲爱的哥哥盖伊是我的支柱，我常把他对我的爱和信任当作理所当然的，这太不应该忽略了！

① 汤姆是托马斯的昵称. ——编者注

② 位于中国湖南省长沙市的国防科技大学前沿交叉科学学院.

③ Chen et al. (2020b).

④ 亨利 · 庞加莱（1854—1912），法国科学家，研究涉及代数学、函数论、拓扑学、数学物理、天体力学、科学哲学等许多领域. 他是一位才思敏捷、不知疲倦的科学家，以可贵的首创精神与高超的技巧在纯数学与应用数学的几乎所有领域都做出了贡献，并开拓了一些新领域. 他被公认是 19 世纪后四分之一和 20 世纪初的领袖数学家，是对于数学及其应用具有全面知识的"最后一人". 庞加莱在数学方面的杰出工作对 20 世纪和当今的数学产生了极其深远的影响，他在天体力学方面的研究是牛顿之后的一座里程碑，他在数学物理方面最突出的贡献在电动力学方面，他被公认为相对论的理论先驱. 他还是一位著名的科学哲学家、第一流的法文散文大师. 著作有《科学与假设》《科学的价值》《科学与方法》等，文理清晰、风趣深刻，引人入胜，给读者很深的启示. 在 34 年的学术生涯中，他发表了 30 多卷数学物理与天体力学方面的专著、6 卷科普著作，以及近 500 篇科学论文，荣获全世界多种奖金与荣誉称号. ——编者注

⑤ 海因茨 · 霍普夫（1894—1971），德国数学家，主要研究代数拓扑学. 他研究向量场，推广了莱夫谢茨的不动点公式；研究同伦论，定义了球面之间映射一个同伦不变量，现在称为"霍普夫不变量". ——译者注

⑥ 这是现代术语，霍普夫（Hopf, 1956）最初称之为线元场.

斯坦利 · 内尔和保罗 · 蔡茨是我 30 多年的朋友，他们对我的评价比我对自己的估计还要高，他们多年来的鼓励对我影响很大，促成了本书. 他们鼓励我首先努力发现所需的几何洞察力，然后撰写和绘制这本书.

还有侯世达[①]，他 20 多年来对我的支持使我深感荣幸. 首先，他曾在报纸和采访中多次大力称赞《复分析》. 其次，他阅读了我 2014 年的论文（Needham, 2014），并提供了非常有价值的反馈，我最终把这些反馈纳入了本书. 在我读本科时，侯世达的《哥德尔、艾舍尔、巴赫[②]——集异璧之大成》让我（还有数百万人）目瞪口呆.

埃德 · 卡特穆尔博士（他与史蒂夫 · 乔布斯共同创建了皮克斯动画工作室，后来成为皮克斯和华特迪士尼两家动画工作室的总裁）在 1999 年写电子邮件给我，对《复分析》大加赞赏. 一开始，我以为这只是我在旧金山大学里的数学同好在开玩笑，然而这封电邮是真的. 埃德邀请我到皮克斯园区（当时还在里士满角）观光. 他带着我参观工作室，陪我出去共进午餐，还给我提供了一份工作！（我将留给读者去评价，我拒绝了这份工作到底有多愚蠢.）虽然我和埃德的联系断断续续，但他一直是《复分析》的忠实支持者（他在一次采访中赞扬了《复分析》），还为我申请基金写过一封推荐信，他非常支持我撰写本书. 我非常感谢埃德多年来的鼓励，也感谢他在本书英文版封底所写的非常友好的话语.

弗兰克 · 摩根教授（之前我只是听说过他）是普林斯顿大学出版社请来的评审专家，他受邀为本书写一份匿名评论. 但是，当他向我的编辑提交评论时，也把评论以他的名义直接寄给了我. 我非常感谢他这样做了，这使得我现在就可以公开感谢他提出的具体建议和修订. 此外，我特别感谢他的评论大大鼓舞了我当时的士气. 最后，衷心感谢他愿意在本书英文版主页 vdgf.space 上分享他的慷慨评价[③].

同样，我也感谢所有其他的匿名评审专家，感谢他们对本书提出的建设性批评、建议和勘误. 我尽力采纳了他们所有的改进意见，很抱歉不能对他们一一表达感谢.

---

① 侯世达（1945— ），美国多学科学者. 历经 30 年写成《哥德尔、艾舍尔、巴赫——集异璧之大成》（*Gödel, Escher, Bach: An Eternal Golden Braid*）. 通过对比哥德尔的数理逻辑、埃舍尔的版画和巴赫的音乐，通俗地介绍了数理逻辑学、可计算理论、人工智能学、语言学、遗传学、音乐、绘画理论等多方面的内容，独树一帜，产生重要影响. ——译者注

② 哥德尔（1906—1978），美籍奥地利数学家、逻辑学家、哲学家. 他最杰出的贡献是哥德尔不完全性定理.

艾舍尔（一般译为埃舍尔），见第 xviii 页脚注①.

巴赫（1685—1750），德国音乐家，被称为西方复调音乐之父. 专业人士认为，他的作品具有深刻性和复杂性，富有感染力，因而影响深远. 他的《十二平均律》是运用极为广泛的教科书. ——译者注

③ 见本书封底. ——编者注

感谢 M. C. 埃舍尔公司允许我复制《圆极限 I》的两个修改版（图 5-11 和图 5-12）. 后一幅是约翰 · 史迪威做的一个显式数学变换，在此使用得到了他的慷慨许可. 埃舍尔的《圆极限 I》版权信息为 © 2020, The M. C. Escher Company, The Netherlands. All rights reserved. mcescher 网站.

最后，非常感谢亨利 · 塞格曼教授提供的拓扑笑话（第 223 页图 18-8），并允许我在这里复述它.

这是我的第二本书，也是我的最后一本书. 因此，我不仅要感谢上面所有直接帮助我写作本书的人，更要感谢那些在我生命早期影响和支持我的人. 有些人早已不声不响地融入了我生活的各个细节之中，以至于他们一直被忽视了. 很惭愧的是，我没有在《复分析》里恰当地感谢他们，现在是我纠正错误的最后机会了.

在这些人中，首先要提到的是安东尼 · 利维，他是我最早的朋友，在牛津大学默顿学院读本科时我们就在一起. 令人费解的是，在我没有任何值得欣赏的表现之前，安东尼（刚认识时，我叫他托尼）就已经欣赏我很久了. 在过去几十年里，他一直看好我，在我常常陷入数学方面的自我怀疑时，正是他对我的持续信任一次又一次地鼓励我，帮我度过自我怀疑期. 而且，除了纯粹的智力问题之外，安东尼的关爱和各方面的明智建议帮助我度过了生命中一些令人焦虑的时刻.

从在默顿学院读本科的那些日子起，我一直很感激我的两位物理老师，迈克尔 · 贝克博士（1930—2017）和迈克尔 · 鲍勒博士，他们不仅教会了我许多物理学知识，还请了默顿学院的两位杰出研究员布赖恩 · 布拉姆森博士和理查德 · 沃德博士专门教我广义相对论和旋量理论. 尤其值得一提的是，布拉姆森博士对科学的热情特别具有感染力，是他让我第一次接触彭罗斯（相对论！）的工作，并促成我申请参加彭罗斯的“相对论小组”，攻读哲学博士学位.

接下来是我跟着彭罗斯读博的日子，我想再次感谢我的好朋友乔治 · 伯内特 – 斯图尔特，他也是彭罗斯指导的学生. 在读博期间，乔治和我合住在大克拉伦登街的一所小房子里. 在这几年里，我们尽情地讨论音乐、物理学和数学，乔治帮助我完善了对数学概念本质的认知，提高了对什么是可以接受的解释的判断力. 不管是好是坏，乔治对我成为今天这样的数学家有很大的影响.

再往后，就是我在旧金山大学的生活. 我要感谢刚刚退休的约翰 · 史迪威和他出色的妻子伊莱恩，作为同事和朋友，我们一起度过了 20 多年快乐而充实的时光. 在写作本书的过程中，我曾多次向他请教，但是让我受益最多的还是他的许多作品. 事实上，我们的关系始于我写给他的一封“粉丝信”，这封信是对他的巨著《数学及其历史》第 1 版的回应. 几年后，在担任科学学院副院长期间，我成功地把约翰从澳大利亚“挖”了过来，在旧金山大学为他设立了一个教授职位.《复分析》和本书在很大程度上归功于约翰对整个数学领域的全面把握，以及他使用这种视角赋予数学思想意义的能力．还要感谢他，通过许多精彩的著作慷慨地与世界分享他的这些真知灼见．

1996 年，在《复分析》致谢的最后，我写道："最后，我要感谢爱妻玛丽．在我写这本书时，她容忍我装作认为科学是一生中最重要的事．现在书已经写完了，正是她每日每时都向我证明，还有比科学更重要的东西．" 20 多年后的今天，我对玛丽的爱有增无减，而且现在比以前多了两份日常证明！

1999 年，我和玛丽有幸生下一对双胞胎：费丝和霍普①，她俩一直是我们骄傲和快乐的源泉．我很抱歉，本书像乌云一样笼罩了我女儿们近一半的时光，剥夺了我们在一起的时间．然而，正是这三个灵魂的爱赋予了我生命的意义和目标，并在我写作本书的漫长、艰辛时光中给予了我支持．

① 作者女儿的英文名为 Faith 和 Hope，可见作者的性格．——译者注

目　录

第四幕　平行移动

第　一　幕

空间的本质

第 1 章　欧几里得几何与非欧几何

1.1　欧几里得几何与双曲几何

微分几何是微积分在弯曲空间几何中的应用. 但是，要理解弯曲的空间，我们首先要理解平坦的空间.

我们生活在一个充满弯曲物体的自然世界里. 如果有孩子问“平坦”这个词是什么意思，我们多半会用“不带弯曲”来回答：一个没有隆起或凹陷的光滑表面. 然而，最早的数学家就已经被平面的简单性和均匀性所吸引，他们发现了平面上几何图形的一些非常漂亮的性质，其中一些在后来被看作平面平坦性的特征.

在这些性质中，最早被发现意义最深远的性质之一就是勾股定理. 这是一个看似只与数有关的事实：

$$3^2+4^2=5^2.$$

实际上，它却具有几何意义，如图 1-1 所示. 当古人发现它时一定感到了敬畏，当然，今天任何敏感的人也会感到敬畏.

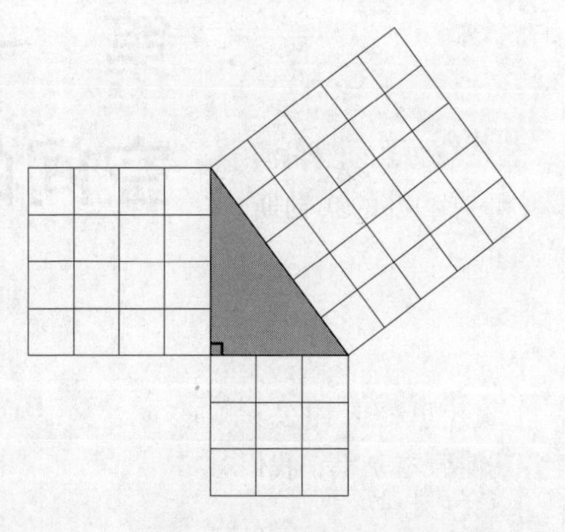

图 1-1　勾股定理：$3^2+4^2=5^2$ 的几何意义

公元前 500 年左右，当毕达哥拉斯还生活在希腊的时候，以他的名字命名的定理[①]其实早已经在世界几个不同的地方被发现了. 这方面已知最早的例证是在现在的伊拉克出土的巴比伦泥板，上面有大约公元前 1800 年的文字（编目为“普林顿 322”），如图 1-2 所示.

这块泥板上列出了**毕达哥拉斯三元组**：整数 (a,b,h)[②]，其中 h 是直角三角形的斜边长，直角边长分别是 a 和 b，所以 $a^2+b^2=h^2$. 古人记录的这些数组中，有些大得难以想象，显然不是偶然猜出来的，而是利用某种数学过程解出来的. 例如，巴比伦泥板第四行记录的是 $13\,500^2+12\,709^2=18\,541^2$.

这些古代结果的背后还隐藏了哪些更为深刻的知识，现在仍不可知. [③]要找到

---

① 勾股定理又称毕达哥拉斯定理，曾称商高定理. ——编者注

② 事实上，泥板上只记录了毕达哥拉斯三元组 (a,b,h) 中的两个数 (a,h).

③ 在 17 世纪，费马和牛顿重构并推广了一种生成一般解的几何方法，原来的方法是丢番图提出的. 见习题 5.

图 1-2 约公元前 1800 年的泥板（普林顿 322），记录有毕达哥拉斯三元组

“现代”数学的逻辑演绎法的第一个证据，必须跳到泥板以后 1200 年左右. 学界认为是米利都的泰勒斯[①]在约公元前 600 年首先开创了从已知结论推导出新结论的思想，其中的逻辑链始于少数几个公认的假设（称为公设）.

在泰勒斯之后又经过了 300 年左右，在欧几里得于约公元前 300 年所著的《几何原本》里，我们找到了这个新方法非常完善的解释. 欧几里得在《几何原本》里试图从仅仅五个简单的公设（其中最后一个，即第五公设，是关于平行线的）推导出几何学中的所有结论，从而建立一个清晰、严格、有层次的几何学.

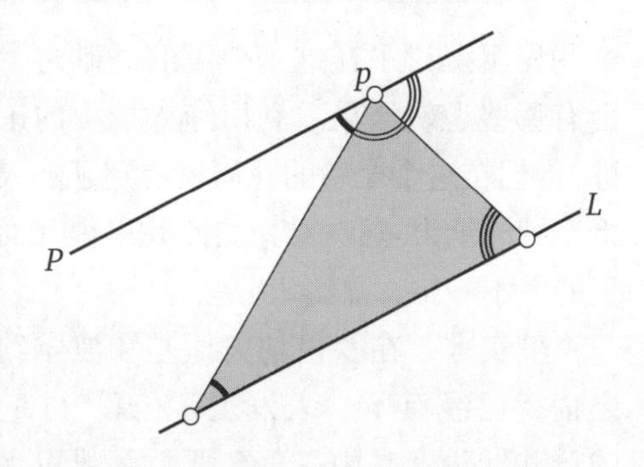

图 1-3 欧几里得平行公设：P 是经过点 p 唯一平行于 L 的直线，三角形的内角和为 π

如图 1-3 所示，欧几里得第五公设[②]定义，如果两条直线不相交，则它们平行.

平行公设. 经过不在直线 L 上的一点 p，只存在一条直线 P 与 L 平行.

① 米利都是古代爱奥尼亚的城市，泰勒斯是古希腊哲学家，他最初生活在米利都. ——译者注

② 欧几里得不是这样叙述这个公设的，但与这个叙述逻辑等价.

但是，这个公设的特征比较复杂，不像前四个公设的那样明显．于是，数学家们试图将这个公设“开除”出假设的条件，开始努力证明它只是前四个公设的逻辑结论．

这个令人头痛的问题在以后的 2000 多年内都未解决．一个又一个世纪过去了，企图证明平行公设的尝试一直没有停止，这种努力的数量和程度到 18 世纪仍有增无减，但都未成功．

在此过程中，还出现了与这个公设等价的一些有用表述．例如，存在不同大小的相似三角形（1663 年沃利斯阐述，见 Stillwell, 2010）．但是，在欧几里得的《几何原本》中已经有了它最早的等价表述，即每个三角形的内角和等于两直角和，如图 1-3 所示．这也是我们今天还在学校教给孩子的内容．

直到 1830 年左右，尼古拉·罗巴切夫斯基和亚诺什·波尔约分别宣布发现了全新的几何形式，这才解释了为什么所有证明平行公设的尝试都不成功，从而结束了这个始于近 4000 年前的历程．这种新的几何（现在称为**双曲几何**）是在新定义的一类平面（现在称为**双曲平面**）上的几何．在这种几何里，欧几里得的前四个公设仍然成立，而平行公设不成立了，取而代之的是

双曲公设．经过点 p，至少存在两条平行线与 L 不相交．　　(1.1)

这些先驱探讨了在这个公设的基础之上会有哪些逻辑结果．利用纯粹抽象的论证，他们在这个全新的几何里得到了一大批奇妙的结果，这些结果与欧几里得几何里的大不一样，显得十分怪异．

事实上，在罗巴切夫斯基和波尔约之前，已经有不少人发现了公设 (1.1) 的一些结论，其中最著名要数萨凯里在 1733 年和兰伯特在 1766 年得到的结果（见 Stillwell, 2010）．但是，他们探讨这些结论的目的是要找出矛盾，以便最终证明他们的信念：欧几里得几何才是唯一的真几何．

图 1-4　约翰·海因里希·兰伯特（1728—1777）

萨凯里无疑相信自己已经找到了明显的矛盾，所以出版了《欧几里得无懈可击》一书．兰伯特（见图 1-4）的情况就

复杂得多，他可能是这个故事里的无名英雄．他的结果深入了新的几何，以至于很可能连他自己有时都不敢相信自己的结果是真实的．不管他的动机和信念是什么[①]，兰伯特确实是第一个发现“在公设 (1.1) 下，三角形的内角和不等于 π”的惊人事实[②]，他的结果是接下来第二幕的核心内容．

尽管如此，罗巴切夫斯基和波尔约在首先意识到（并完全接受他们发现了）一个全新、一致的非欧几何上是实至名归的．但是，对于这个新几何到底意味着什么，可能有什么用，他们也没说．[③]

直到 1868 年，意大利数学家欧金尼奥 · 贝尔特拉米终于在他的论文《关于非欧几何的一个解释》里令人惊奇地解决了这些受到普遍关注的问题．他具体地解释了什么是双曲几何，成功地为双曲几何建立了直观的稳固基础，使之从此发展起来并产生了丰富的结果．可惜的是，罗巴切夫斯基和波尔约分别于 1856 年和 1860 年去世，未能活着见到这一切．

在历史进程中，这门非欧几何在数学的各个分支中都或多或少地出现过，但总是不那么直截了当．亨利 · 庞加莱是第一个（大约从 1882 年开始）不仅揭开了这门新几何的伪装，而且认识到了其作用的人，在复分析、微分方程、数论、拓扑学等各个领域中都发挥了双曲几何的威力．在 20 世纪和 21 世纪的数学发展中，双曲几何继续保持着活力和中心地位——瑟斯顿关于三维流形的著作、怀尔斯对**费马大定理**的证明、佩雷尔曼对**庞加莱猜想**（即瑟斯顿**几何化猜想**的一个特殊情形）的证明，仅以此三例就足以说明．

我们将在第二幕展示贝尔特拉米的突破性进展，以及双曲几何的原理．现在，我们希望讨论一种更简单的非欧几何．事实上，古人就已经知道了这种几何．

1.2 球面几何

要建立一门非欧几何，就要拒绝唯一平行线的存在．双曲几何建立在承认存在两条或更多平行线的假设之上，还有一种逻辑上的可能性，就是没有平行线．

球面公设．经过点 p，不存在 L 的平行线，即所有的直线都与 L 相交． (1.2)

① 我要感谢罗杰 · 彭罗斯让我认识到：应该给予兰伯特更高的评价．彭罗斯在私下交流时说过类似的话：“因为爱因斯坦出于错误的理由引入宇宙学常数，我们就可以不把它归功于他吗？因为后来爱因斯坦撤销了它，称它是‘我一生中最愚蠢的错误’，我们就可以羞辱他吗？广义相对论本身呢？随着时间的推移，爱因斯坦似乎越来越不相信广义相对论就是正确的理论，希望用某种没有奇异性的统一场论来替代它．”

② 这就是后面的事实 (1.8)．

③ 罗巴切夫斯基确实运用了这个几何来计算未知积分，但这个特殊的应用并不重要，至少事后看来是这样的．

这样，就有两种非欧几何[1]：球面几何和双曲几何.

顾名思义，球面几何可以理解为球面（如果是单位球面，记为 $\mathbb{S}^2$）上的几何. 我们可以将球面看作地球表面. 在这个球面上，连接两点，类似于"直线"的是什么? 是连接两点的最短路径！例如，你希望从伦敦乘船或乘飞机到纽约，最短路径是什么?

古代的航海家已经知道了这个答案：最短路径是大圆上的一段弧，而大圆是用过球心的平面切割球面得到的圆周（例如，赤道就是大圆）. 在图 1-5 中，我们选择 L 为赤道，公设 (1.2) 显然成立：经过点 p 的每一条直线[2]都与 L 相交于一对对径点（即球的直径的两个端点）.

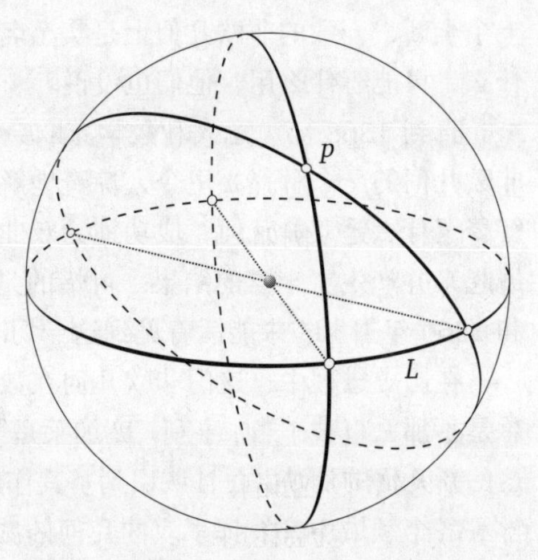

图 1-5 球面上的大圆都在两个相对的点（称为"对径点"）处相交

在平面上，最短的路径是最直的路径. 在球面上也是如此：大圆的轨迹在横穿球面时，既不偏向右侧也不偏向左侧（其准确的定义以后再讨论）.

还有其他方法不必考虑经过根本无法达到的地球中心的平面即可构建地球上的大圆. 例如，在一个地球仪上，你可以将一根细绳的一端固定在伦敦的位置上，然后拉紧细绳，使之紧贴在球面上，并将另一端固定在纽约的位置上，这样就可以沿着这根细绳画出从伦敦到纽约的"大圆路径". 绷紧的细绳会自动找到最短、最直的路径——经过这两座城市的大圆被这两座城市分成的两段弧中较短[3]的一段.

有了球面上类似于直线的大圆，我们就可以在球面上"做几何"了. 例如，给定地球表面上的任意三个点，用大圆的弧段将它们连接起来，就形成了一个"三角形". 对于如图 1-6 所示的三角形，一个顶点在北极，另外两个顶点在赤道上.

既然古代航海家已经利用非欧球面几何来航行于大洋之上，古代天文学家利用它来绘制夜晚星空的天体图，那么，为什么说罗巴切夫斯基和波尔约发现的非欧几何是新的，又为什么说它是令人震惊的呢?

答案是，那时的球面几何只是将球面看作它所在的三维空间的一部分，只考虑它从三维欧几里得空间遗传下来的性质，根本没有考虑球面内部的二维几何.

---

① 然而，读者应该知道，在现代用法中，"非欧几何"通常是"双曲几何"的同义词.

② 球面上的直线就是大圆. ——译者注

③ 如果这两个点是一对对径点（例如南极点和北极点），则这两段弧是等长的. 而且，大圆也不再是唯一的，任何连接两极点的子午线都是大圆.

如果将球面看作欧几里得平面的替代品，不仅欧几里得第五公设不成立，更多基本公设也可能不成立. 例如，欧几里得第一公设“总是可以画出连接两点的唯一一条直线”在球面上就有问题了，因为连接两个对径点的有无穷多条球面上的“直线”.

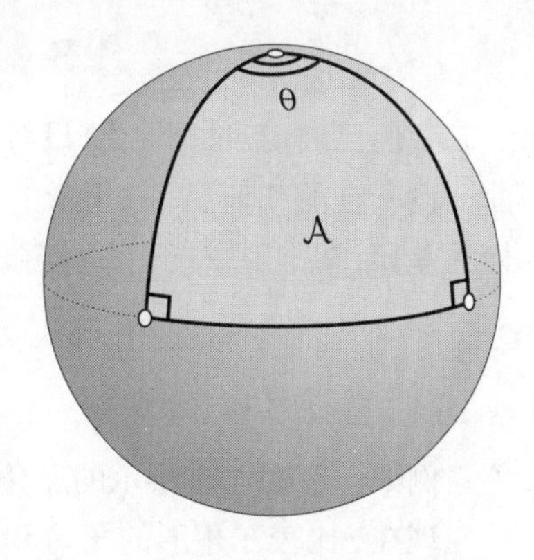

图 1-6 球面上的简单“三角形”

同时，罗巴切夫斯基和波尔约的双曲几何更严重地“冒犯”了欧几里得几何. 在双曲几何里，虽然有我们熟悉的无穷长直线，但是也有很多看似荒谬的结果，例如平行线的多重性，荒谬的三角形内角和公式，等等. 21 岁的亚诺什 · 波尔约对自己的发现非常自信，兴高采烈地写信给他的父亲：“我白手起家，创造了另一个全新的世界.”

最后，讲一个悲剧吧. 波尔约的父亲是高斯的朋友，他把儿子亚诺什得出的结果寄给了高斯. 那时，高斯自己也在这方面有一些重要发现，但他没有公开发表. 无论如何，亚诺什都比高斯看得更远. 在全世界享有盛名的数学家高斯公开的一句赞许，就会让这位崭露头角的年轻数学家拥有一个光辉的未来. 然而，高斯虽然因先天条件与后天培养而获得了超常的数学天赋，却也有一般人类的缺点. 面对波尔约恢弘的数学发现，高斯是极度狭隘和自私的.

首先，高斯把老波尔约的信搁置了 6 个月，然后才回复如下：

> 关于你儿子的工作，当我说我不能给予称赞时，你可能会感到吃惊. 但我只能这样说，因为称赞你儿子的工作就是称赞我自己. 论文的全部内容，你儿子采用的方法，以及他得到的所有结果，几乎处处都与我自己想的一样，我考虑这些问题有 30 ~ 35 年了.

高斯确实也说了“感谢”波尔约的儿子，因为这“省去了他的麻烦”①，否则他不得不将自己已经知道了几十年的那些定理写出来.

遭受高斯的沉重打击后，亚诺什 · 波尔约一直没有恢复过来，并在此后放弃了数学. ②

---

① 高斯此前还用完全一样的方式诋毁过阿贝尔关于椭圆函数的发现，见 Stillwell (2010, 第 236 页).

② 如果这个故事令你感到压抑，那就想想莱昂哈德 · 欧拉那些振奋人心的故事来平复一下心情. 欧拉就像一座知识的火山，喷发出大量首创思想（其中有些我们后面还要遇到），同时，他也是一个善良、热心的人. 我们引证一个有相同起因、不同结果的故事. 19 岁时，尚不知名的拉格朗日，把他在变分计算方面的发现寄给了欧拉. 虽然他的这些发现与欧拉的工作重叠了，但是欧拉回信说：“……我自己也推导出了这个结果. 但是，在你发表这个结果之前，我不会公开我的工作，因为我不想拿走任何一点儿属于你的荣誉.” 参见 Gindikin (2007, 第 216 页). 顺带一提，欧拉还亲自出面拯救过兰伯特的职业生涯.

1.3　球面三角形的角盈

我们已经说过，平行公设等价于三角形的内角和为 π. 那么，在球面公设和双曲公设所在的几何里，三角形的内角和一定不等于 π. 为了量化它们与欧几里得几何的差异，我们引入一个几何概念：**角盈** $\mathcal{E}$，定义为三角形的内角和与 π 的差，即

$$\mathcal{E} \equiv (\text{三角形的内角和}) - \pi.$$

例如，在图 1-6 所示的三角形中，$\mathcal{E} = (\theta + \frac{\pi}{2} + \frac{\pi}{2}) - \pi = \theta$.

现在，比较三角形的角盈和三角形的面积 $\mathcal{A}$，得出一个重要结论. 设球的半径为 R. 因为三角形与北半球的面积之比为 $\theta/2\pi$，所以 $\mathcal{A} = (\theta/2\pi)2\pi R^2 = \theta R^2$，即

$$\mathcal{E} = \frac{1}{R^2}\mathcal{A}. \tag{1.3}$$

1603 年，英国数学家托马斯 · 哈里奥特（见图 1-7）发现这个关系对球面上的任何三角形 Δ 都成立，见图 1-8a. 这是一个重要的发现①. 我们接下来介绍哈里奥特巧妙的初等论证②.

图 1-7　托马斯 · 哈里奥特（1560—1621）

将三角形 Δ 的边延长成三个大圆，这三个大圆将球面分为 8 个三角形，我们将其中四个分别记为 $\Delta, \Delta_\alpha, \Delta_\beta, \Delta_\gamma$，每一个都对径于一个全等三角形. 这样的关系可以在图 1-8b 中更清楚地看到. 因为球的表面积为 $4\pi R^2$，所以

$$\mathcal{A}(\Delta) + \mathcal{A}(\Delta_\alpha) + \mathcal{A}(\Delta_\beta) + \mathcal{A}(\Delta_\gamma) = 2\pi R^2. \tag{1.4}$$

同时，由图 1-8b 可清楚地看到，Δ 与 Δ_α 共同构成一个楔形，它的面积是整个球面面积的 $\alpha/2\pi$ 倍，即

$$\mathcal{A}(\Delta) + \mathcal{A}(\Delta_\alpha) = 2\alpha R^2.$$

① 这个发现经常被归功于吉拉尔. 事实上，他比哈里奥特晚了 25 年才发现这个关系. ［吉拉尔（1595—1632），法国数学家、音乐家. 他在三角学研究中首先使用了 sin, cos, tan 等记号. ——译者注］

② 欧拉在 1781 年再次发现了这个论证.

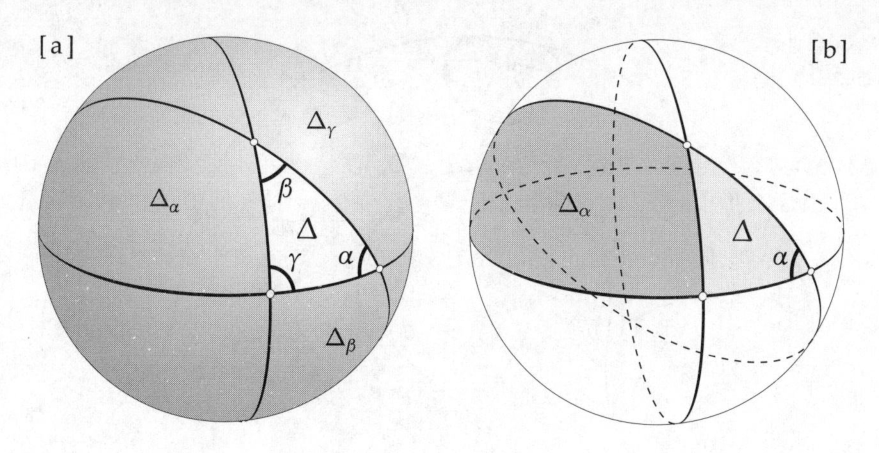

图 1-8 哈里奥特定理（1603 年）：$\mathcal{E}(\Delta)=\mathcal{A}(\Delta)/R^2$

类似地，我们有

$$\mathcal{A}(\Delta)+\mathcal{A}(\Delta_\beta)=2\beta R^2,$$
$$\mathcal{A}(\Delta)+\mathcal{A}(\Delta_\gamma)=2\gamma R^2.$$

上述三式相加即得

$$3\mathcal{A}(\Delta)+\mathcal{A}(\Delta_\alpha)+\mathcal{A}(\Delta_\beta)+\mathcal{A}(\Delta_\gamma)=2(\alpha+\beta+\gamma)R^2. \tag{1.5}$$

最后，用式 (1.5) 减去式 (1.4)，得到

$$\mathcal{A}(\Delta)=R^2(\alpha+\beta+\gamma-\pi)=R^2\mathcal{E}(\Delta),$$

从而证明了式 (1.3).

1.4 曲面的内蕴几何与外在几何

我们稍后再来讨论与这种拉直细绳来构作“直线”的方法有关的数学. 现在仅展示这种构作方法可以很好地应用于非球面，例如图 1-9 所示的曲颈南瓜.

与在球面上一样，我们在曲颈南瓜表面拉直一根细绳，找到两点（例如 a 和 b）之间最短、最直的路径. 如果细绳可以自由滑动，则细绳的张力可以确保生成的路径尽可能短. 注意：在两点为 c 和 d 的情况下，我们必须想象细绳是在内表面拉直的.

为了用统一的方式处理所有可能的点对，最好把表面想象成由两个薄层组成，细绳在它们中间. 然而这个想法只在想象的实验中有用，在实际情况下办不到. 我们将提供一种实用的方法来克服这个障碍，即使表面的弯曲方向[①]使得我们无法在外面用拉直的细绳紧贴，也可以在实际物体表面构作这些最短、最直的曲线.

① 即凹进去的方向，例如图 1-9 中 c 和 d 之间以及三角形 Δ_2 的情况. ——译者注

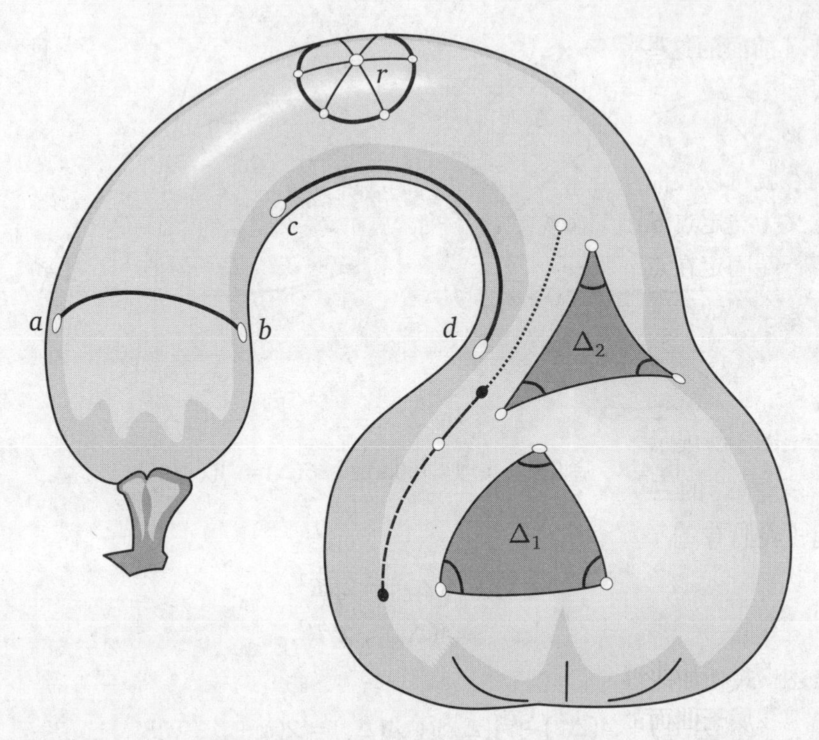

图 1-9　曲颈南瓜表面的**内蕴几何**．曲面上相当于直线的是**测地线**，由测地线组成的三角形的角盈可能有不同的符号，取决于曲面是如何弯曲的：$\mathcal{E}(\Delta_1) > 0$ 而 $\mathcal{E}(\Delta_2) < 0$

曲面上的这些最短路径相当于平面上的直线，它们在本书中起着至关重要的作用，称为**测地线**．使用这个新词，我们可以说平面上的测地线是直线，球面上的测地线是大圆．

但是，即使在球面上，用长度最小化来定义"测地线"也是暂时的．显然，对于任意两个非对径点，通过它们的大圆有两段弧连接着这两个点：短弧（这是最短路径）和长弧．然而，长弧和短弧一样，都是测地线．球面上的对径点就更复杂了，它们可以由很多条测地线连接，而且，在更一般的曲面上也会出现测地线不唯一的情况．真正正确的说法是，任意足够接近的两个点可以由唯一的测地线段连接，这就是它们之间的最短路径．

就像平面上的线段可以在两个方向上无限延伸一样，测地线也可以在曲面上无限延伸，而且这种延伸是唯一的．例如，在图 1-9 中，我们将连接黑点的短划线表示的测地线段扩展成连接白点的点虚线表示的测地线段．

因为长度最小化是测地线的一个很微妙的特征，容易出错，所以我们稍后将以平直度为基础，提供测地线仅限于局部的另一种特征．

有了前面的这些预先声明，现在我们很清楚应该如何定义曲面内的距离了．例如，在图 1-9 中，两个足够接近的点 a 和 b 之间的距离是连接它们的测地线段的长度．

现在就可以在曲面上定义圆了．如图 1-9 所示，“以 o 为圆心，以 r 为半径的圆”定义为与定点 o 的距离为 r 的所有点的轨迹．我们可以拿一根长度为 r 的细绳，将一端固定在点 o 上，然后拉紧细绳，拖着另一端紧贴着曲面转一圈，这样就得到一个**测地线圆**．与非欧几何中三角形的内角和不等于 π 一样，测地线圆的周长不再等于 $2\pi r$．事实上，容易证明图 1-9 中测地线圆的周长小于 $2\pi r$.

同样，给定曲面上的三个点，可以用测地线将它们连接起来形成一个**测地线三角形**．图 1-9 展示了两个这样的三角形：Δ_1 和 Δ_2.

- 看看 Δ_1 的三个内角，很明显它们的和大于 π，所以 $\mathcal{E}(\Delta_1) > 0$，类似于球面几何中的三角形.
- Δ_2 的内角和则明显小于 π，所以 $\mathcal{E}(\Delta_2) < 0$．正如我们将要解释的那样，这种情形类似于双曲几何中的三角形．还请注意，如果我们在曲颈南瓜表面的这个鞍形部分上构作一个圆，该圆的周长会大于 $2\pi r$.

测地线属于曲面的**内蕴几何**概念，这是高斯（Gauss, 1827）提出的一种全新的几何观点．它指的是生活在地表的微小、类似蚂蚁、有智慧（但是只能理解二维世界）的生物所知道的几何结构．正如我们讨论过的，这些生物可以将连接两个附近点的测地线定义为“直线”，即它们的世界（地表）中连接这两个点的最短路径．由此，它们还可以接着定义三角形，等等．以这种方式定义，很明显，当曲面在空间中被弯曲（就像一张纸可以弯曲一样）成不同的形状时，只要曲面内的距离没有以任何方式被拉伸或扭曲，内蕴几何是不会改变的．对于生活在曲面内那些类似蚂蚁的智慧生物来说，这样的变化是完全无法察觉的．[①]

在这种弯曲下，**外在几何**（曲面在空间中的形状）肯定会改变．如图 1-10 所示，左边是一张扁平的纸，我们在上面画一个三角形 Δ，它的三个内角分别为 $\pi/2, \pi/6, \pi/3$．此时当然有 $\mathcal{E}(\Delta) = 0$．显然，我们可以将这样一张扁平的纸在空间中（外在几何地）弯曲成右边两个曲面中的任意一个．[②] 然而，从本质上讲，这些曲面在（外在几何地）弯曲后，其内蕴几何的形状没有发生任何变化——它们就像煎饼一样，在弯曲后不会变大！图 1-10 中这些曲面上的三角形（也随着纸被无拉伸弯曲了）与“智慧蚂蚁”用测地线构作的三角形是完全相同的，在右边的两种情况下角盈 $\mathcal{E} = 0$，可见这些曲面上的几何是欧几里得几何.

---

① 生活在地球表面的人类也是如此．想想为什么古人认为大地是平的，为什么会有“天圆地方”的说法．本章最后高斯如何认识空间实质的故事，值得我们思考．——译者注

② 但请注意，我们必须先修剪矩形的边缘，才能弯曲成最右边的形状.

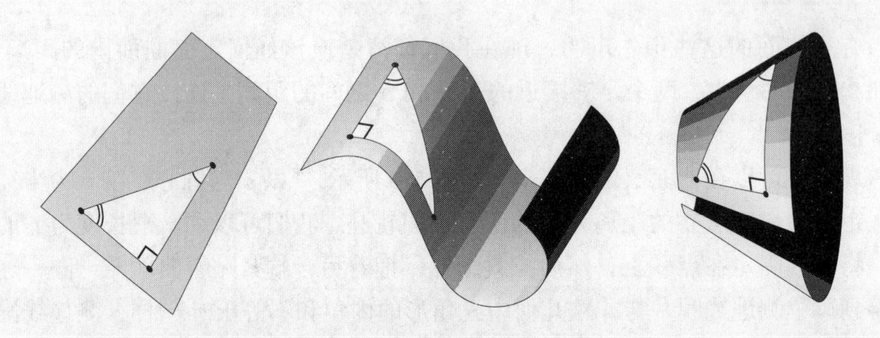

图 1-10　弯曲一张纸改变外在几何，不改变内蕴几何

即使我们在内蕴弯曲的曲面上取一小片，使这个小片上三角形的角盈 $\mathcal{E} \neq 0$，它也可以在不拉伸或不撕裂的情况下被弯曲，从而改变外在几何形状，但保持内蕴几何形状不变. 例如，把一个乒乓球切成两半，轻轻挤压其中一个半球的边缘，使其扭曲成椭圆形状（但不是单个平面上的椭圆）.

1.5　通过"直性"来构作测地线

我们提到了这样一个事实，曲面上的测地线与平面上的直线至少有两个共同特征：(1) 它们是（相距不太远的）两点间的最短路径；(2) 它们是两点间"最直"的路径. 在本节中，我们要澄清"直性"是什么意思，并引出在实际曲面上构作测地线的一种非常简单实用的方法.

大多数微分几何教科书很少关注这些实际问题，也许正是出于这个原因，我们将要描述的构作方法在文献中鲜为人知. [①]本书截然相反，强烈要求你用各种可能的方法探索我们的想法：理论构想，画图，计算机实验，特别是在实实在在的曲面上做实际操作. 你家附近的果蔬店可以为你的实验提供很多形状有趣的实验材料，例如图 1-11 中的西葫芦.

现在，我们可以用这个西葫芦来做个实验，揭示其表面上的测地线所隐藏的直性. 我们希望你亲手重复这个实验.

(1) 准备一个西葫芦，拉紧一根细绳贴在其表面构作出一条测地线.

(2) 用笔描出紧贴西葫芦表面的细绳轨迹，然后移去细绳.

(3) 贴着描出的轨迹两侧刻出浅痕，用小刀或削皮器削下两条刻痕之间的窄带.

(4) 将削下的窄带平铺在桌面上，可以惊奇地发现窄带上的测地线变成了平面上的直线.

但是，为什么会这样呢?

① 我们强烈推荐亨德森的教科书（Henderson, 1998），这是一个很少有的例外，详见附录 A.

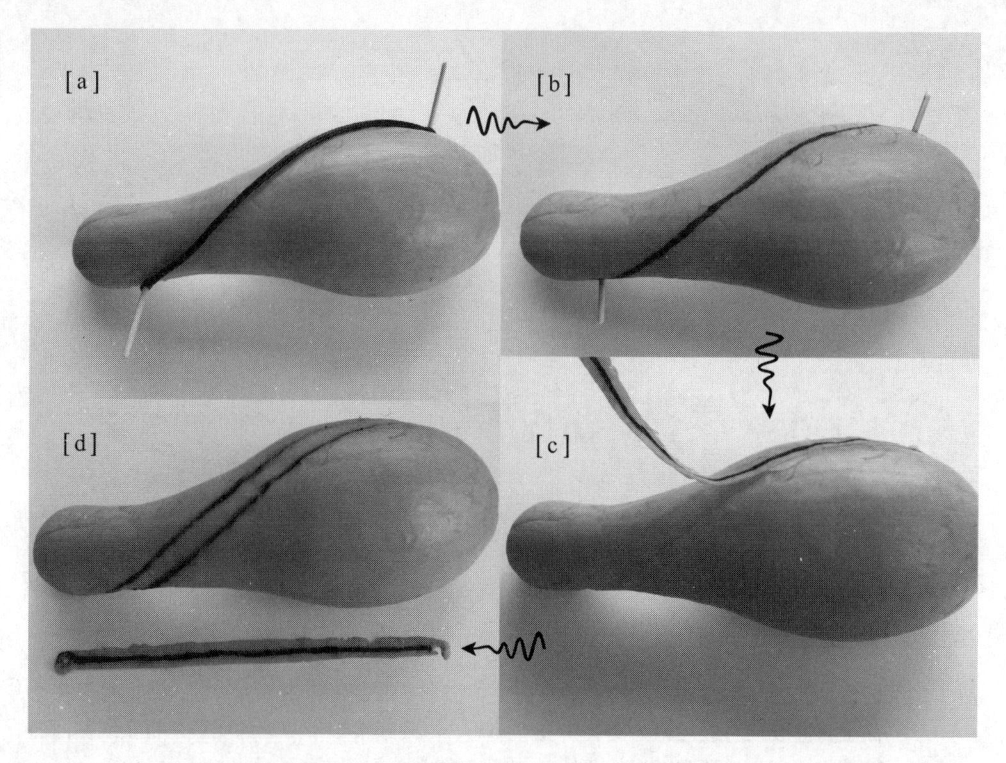

图 1-11 在西葫芦弯曲的表面上，沿着测地线剥下窄窄的一条果皮，然后将它平铺在桌面上，就得到了平面上的一条直线

为了弄清这个道理，首先允许这条窄带沿垂直于西葫芦表面（即垂直于这条窄带）的方向自由弯曲. 我们*严格*要求：当窄带横向弯曲时，总能保持窄带与西葫芦表面相切. 下面使用反证法，假设削下来的测地线平铺在桌面上*不是*直线. 这样用物理实验来做证明，有一点既是缺点又是优点：反证假设是不可能在实验中做到的；正因为反证假设不可能做到，就证明了我们的数学论断. 尽管如此，我们还是*假设*：存在一条如图 1-12a 中虚线所示的测地线，将它削下来后，平铺在桌面上*不是*直线（如图 1-12b 所示）.

在平面上连接虚线（不是直线）的两个端点的曲线中，最短路径是直线.（如前所述，我们的细绳已经找到了*真正的*测地线，只是在反证法中我们假装不知道!）这样，我们就可以将虚线向直线（最短路径）变形缩短，得到连接窄带两端的实线. 将缩短后得到的直线贴回西葫芦表面（如图 1-12c 所示），就得到了西葫芦表面上比虚线更短的路径，而虚线是我们假设的最短路径，从而产生了矛盾，所以假设不真. 这就证明了我们之前的论断：

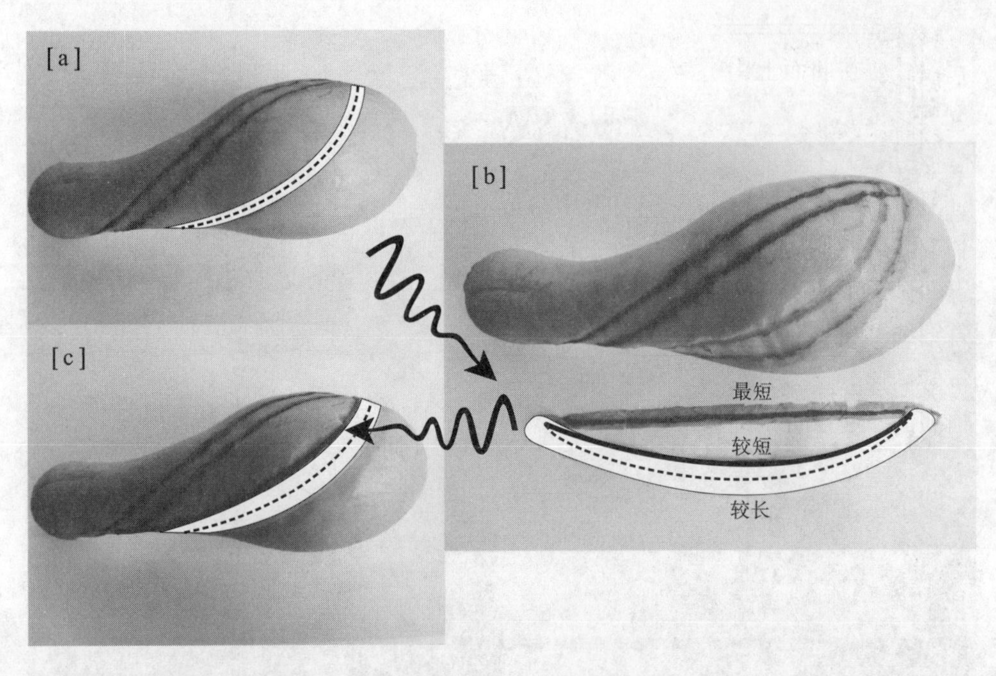

图 1-12　假设虚线表示测地线，它所在的（白色）窄带平铺在平面上不是直线．我们可以在平面上将虚线向直线（最短路径）变形缩短，得到连接窄带两端的实线．将实线贴回西葫芦表面，它比原先的虚线更短，与假设虚线是最短路径矛盾

> 从曲面上削下一段测地线周围的窄带，平铺在平面上，得到一条直线段．　　(1.6)

现在我们已经快找到构作测地线的简单实用方法了．再来看看图 1-11 中的第 (3) 步，在那里我们从西葫芦表面削下了窄带．想象一下，现在我们要将窄带贴回西葫芦表面．不管之前的步骤是什么，现在真实要做的是贴回去的过程，这个过程是怎样的呢？我们捡起变直了的窄带（这是一条三维的细长果皮，在数学上理想化为二维窄带），将它贴回西葫芦表面挖出的浅槽里．但关键是：西葫芦表面并不需要有浅槽，表面自然地决定了削下来的果皮只能放回那个地方．

这样，将论断 (1.6) 倒转过来，就得到了在实际曲面上构作测地线的一种简单实用的重要方法：[①]

① 这个重要的事实在文献中很难找到．我们在 30 多年前（重新）发现它之后，就开始搜索．当时找到的最早文献是 Aleksandrov (1969, 第 99 页)，其中已经具有潜在的这种想法了，尽管是不切实际的形式：他想象用一把柔韧的金属尺子压在表面上．在后来的参考文献 Koenderink (1990)、Casey (1996) 和 Henderson (1998) 中，也出现了这种基本想法．然而，后来我们了解到：关键的想法（尽管没有我们现在这种实用的

> 要在曲面上构作一条在点 p 沿方向 $\boldsymbol{v}$ 的测地线，可以把细长胶带的一端粘在点 p 上，沿着方向 $\boldsymbol{v}$ 将胶带展开并粘在曲面上. (1.7)

（但请注意：这不是构作连接点 p 到指定目标点 q 的测地线的方法.）

如果你认为这个方法太简单了，难以置信，那就请你对任何可以上手的弯曲表面试试下面的方法. 你可以在胶带①上粘一条细绳，在弯曲表面上的两点之间拉直细绳，使其贴紧在表面上. 这时细绳会与胶带形成同样的路径. 你会发现，胶带的确描绘出了测地线. 值得注意的是，这个胶带构作法对任何曲面都有效，包括凹面，而拉直细绳的方法对凹面就不好用了. 这就是我们之前说过的好处.

当然，所有这些都是数学理想化的具体表现. 一条宽度非零、完全平整的狭长胶带不能②完全贴合真正弯曲的表面，但它的中心线可以固定在曲面上，而胶带的其余部分与曲面相切.

1.6 空间的本质

我们回顾一下发现非欧几何（球面几何和双曲几何）的历史，看看这两门新几何与欧几里得几何有什么不同.

我们已经说过，欧几里得几何的特点是角盈 $\mathcal{E}(\Delta)$ 为 0. 请注意，与平行公设的原始表述不同的是，这个命题可以用实验加以验证：构作一个三角形，测量其内角，看看它们加起来是否等于 π. 物理空间是否有可能不是欧几里得空间？高斯可能是第一个想到这个问题的人，他甚至尝试用实验来验证这个问题. 他用三个山顶作为三角形的顶点，用光线作为三角形的边.

在仪器允许的精度范围内，他发现 $\mathcal{E}=0$. 完全正确?! 高斯没有因此就认为物理空间在结构上绝对是欧几里得空间，而是得出结论：如果物理空间不是欧几里得空间，那么它与欧几里得几何的偏差是非常小的. 高斯确实看得很远，他说（见 Rosenfeld, 1988, 第 215 页）自己希望这门非欧几何可以适用于现实世界. 在第四幕中我们将看到这是先见之明.

尽管高斯曾向朋友们吹嘘，他在几十年前已经预见到罗巴切夫斯基和波尔约的双曲几何，但他可能也没有意识到自己已经在无意中发现了非欧几何的一些核心结果.

形式）可以追溯到一个多世纪以前的莱维 – 奇维塔！详见第 274 页的脚注.

① 我们推荐使用遮蔽胶带（又名美纹胶带），因为它有明亮的颜色，而且很容易反复撕下来，再重新粘上去. 有一种简单的方法（用通常的宽胶带）制作窄带：把一段胶带粘在砧板上，用锋利的刀纵向切开它，就可以形成尽可能窄的胶带了.

② 这是后面将要讲到的一个基本定理的推论，这个基本定理叫作绝妙定理.

1766 年（高斯出生前 11 年），兰伯特重新发现了哈里奥特在球面上的结果，然后依据双曲公设 (1.1) 将球面上的结果推广到了双曲几何这个全新的领域. 首先，他发现双曲几何中的三角形（如果真的存在这样的三角形）与球面几何中的三角形相反.

- 在球面几何中，三角形的内角和大于 π：$\mathcal{E} > 0$.
- 在双曲几何中，三角形的内角和小于 π：$\mathcal{E} < 0$.

因此，双曲三角形表现得就像绘制在鞍面上的三角形，例如图 1-9 中的 Δ_2. 稍后我们将看到这一点儿也不意外.

其次，兰伯特还发现了一个关键事实，那就是在双曲几何中 $\mathcal{E}(\Delta)$ 与 $\mathcal{A}(\Delta)$ 的比也是常数：

在球面几何和双曲几何里都有

$$\mathcal{E}(\Delta) = \mathcal{K}\mathcal{A}(\Delta), \tag{1.8}$$

在球面几何里 $\mathcal{K}$ 为正常数，在双曲几何里 $\mathcal{K}$ 为负常数.

由此不难得出以下有趣的结论.

- 存在*无穷多种*球面几何，它们之间没有本质性差别，只依赖于不同的正常数 $\mathcal{K}$. 同样，对应于不同的负常数 $\mathcal{K}$，存在无穷多种双曲几何，它们也没有本质性差别.
- 因为三角形的面积不可能为负数，所以 $\mathcal{E} \geqslant -\pi$. 对于双曲几何（$\mathcal{K} < 0$）有一个意想不到的结果：*三角形的面积不可能大于* $|\pi/\mathcal{K}|$.
- 从事实 (1.8) 可知，两个不同大小的三角形不可能有相同大小的角. 也就是说，在非欧几何里*不存在不同大小的相似三角形*！（这与沃利斯在 1663 年的发现是一致的：相似三角形的存在性依赖于平行公设.）
- 与上一个结论紧密相关的事实是，在非欧几何里，存在*绝对长度单位*.（高斯本人发现了这个令人兴奋的可能：完全用数学推导得到的结论有可能在物理世界中实现.）在球面几何中，我们可以把这个绝对长度单位定义成：内角和为（例如）1.01π 的等边三角形的边长. 类似地，在双曲几何中，我们可以把绝对长度单位定义成：内角和为 0.99π 的等边三角形的边长.
- 还有更自然的方法来定义绝对长度单位，那就是用常数 $\mathcal{K}$ 来定义. 一方面，因为弧度制的角定义为长度的比，所以 $\mathcal{E}$ 是无量纲的纯数. 另一方面，面积 A 的量纲是 $(\text{长度})^2$，于是 $\mathcal{K}$ 的量纲是 $1/(\text{长度})^2$. 因此，存在满足以下

条件的长度 R：在球面几何里 $\mathcal{K} = +(1/R)^2$，在双曲几何里 $\mathcal{K} = -(1/R)^2$. 当然，我们知道，在球面几何里使得 $\mathcal{K} = +(1/R)^2$ 的长度 R 就是球的半径. 以后我们还会讲清楚：在双曲几何里使得 $\mathcal{K} = -(1/R)^2$ 的长度 R 也有同样直观的具体解释.

- 曲面上的三角形越小，它与平面三角形的差异就越难察觉：只有当三角形的大小与 R 的比值足够大时，差异才会变得易于察觉. 例如，人类的身高与地球半径相比是很小的，所以我们乘船到湖中间去，会觉得湖面就是一个欧几里得平面，而湖面实际上是球面的一部分. 高斯认为，光传播的空间可能具有很小的曲率，而弯曲空间中的小图形很容易被错看成平直图形. 因此，高斯选择用尽可能大的三角形来做光学实验，以便增加检测到空间中可能存在的任何小曲率的机会.

第 2 章　高斯曲率

2.1　引言

由于哈里奥特的结果 (1.3)，比例常数

$$\mathcal{K} = +\frac{1}{R^2}$$

进入了球面几何，称为球面的**高斯曲率**[①]. 显然，半径 R 越小，球面就弯曲得越厉害，高斯曲率 $\mathcal{K}$ 的值就越大.

同样，在双曲几何里，由事实 (1.8) 产生的负常数

$$\mathcal{K} = -\frac{1}{R^2}$$

也称为高斯曲率，原因稍后解释.

高斯（见图 2-1）私下研究这个问题 10 多年后，于 1827 年发表了革命性的论文《关于曲面的一般研究》[②]，公布了内蕴[③]概念 $\mathcal{K}$.

图 2-1　卡尔 · 弗里德里希 · 高斯（1777—1855）

高斯引入这个概念用来量度不规则的一般曲面（例如，图 1-9 所示的曲面）上*每个点的曲率*. 根据哈里奥特和兰伯特的结论 (1.8)，

$$\mathcal{K} = \frac{\mathcal{E}(\Delta)}{\mathcal{A}(\Delta)} = \text{单位面积的角盈}.$$

在球面几何和双曲几何里，这个解释对任意位置、任意大小的三角形都成立. 但是，在更一般的曲面（例如图 1-9 所示的曲面）上，这个定义就有问题了，因为位于曲面不同部分的三角形（例如 Δ_1 和 Δ_2）的角盈 $\mathcal{E}$ 可能连符号都不一样.

---

① 也称为内蕴曲率、全曲率，或直接称为曲率.

② Gauss (1827).

③ 奥林德 · 罗德里格斯早在 1815 年就得出并公布了这个概念，但他用的是外在几何的观点. 高斯没有意识到别人已经用不同的方式先于自己得出了这个结果. 这件事以后再讨论（见 12.2 节末尾）.

我们需要在这样的曲面上定义一点 p 的高斯曲率. 现在，我们想象一个包含点 p 的小测地线三角形 Δ_p，然后让它收缩到点 p.

图 2-2 中是一个救生圈，在数学里它就是一个**环面**，是一个不能平直化的曲面. 利用在 1.5 节建立的测地线构作法可知，图 2-2 展示了这样收缩到一点的一列测地线三角形. 我们现在定义点 p 的高斯曲率 $\mathcal{K}(p)$ 为这列收缩到点 p 的测地线三角形的单位面积角盈的极限：

$$\mathcal{K}(p) = \lim_{\Delta_p \to p} \frac{\mathcal{E}(\Delta_p)}{\mathcal{A}(\Delta_p)} = \text{点 } p \text{ 处单位面积的角盈}. \tag{2.1}$$

图 2-2 在一点的高斯曲率 $\mathcal{K}(p)$ 是收缩到该点的一列测地线三角形[①]的单位面积角盈的极限. 在此例中 $\mathcal{K}(p) > 0$ 而 $\mathcal{K}(q) < 0$

在现阶段，这个极限是否存在，以及它是否与三角形的形状和三角形收缩到一点的

① 平面上，由直线段连接（不共线的）三点构成的图形称为“三角形”，由曲线段连接三点构成的图形可称为“曲边三角形”，后者因为没有统一的面积公式与内角和公式，所以属于非正规图形. 也就是说，只有用最短路径连接三点的图形才是三角形. 类似地，在曲面上由最短路径连接三点的图形（即测地线三角形）才是我们要讨论的“三角形”. ——译者注

方式有关，这些问题并非一目了然，以后再详细讨论. 随着剧情的进展，我们会发现：高斯曲率还有几种其他的解释方式[1]，对于不同的具体曲面也有多种计算方法.

定义 (2.1) 可以推广到三角形以外的情形. 如果我们用一个小 n 边形[2]来代替 Δ_p，则其角盈为（见第 29 页习题 10）

$$\mathcal{E}(n\text{ 边形}) \equiv (\text{内角和}) - (n-2)\pi, \tag{2.2}$$

而曲率的定义仍如式 (2.1) 一样，为单位面积的角盈.

我们再来看看图 2-2 中的这个不能平直化的救生圈. 显然，对于外半环上的每一点 p，都有一个邻域类似于山峰，这时 $\mathcal{K}(p) > 0$；对于内半环上的每一点 q，都有一个邻域类似于马鞍，这时 $\mathcal{K}(q) < 0$. 图 2-3 展示的就是这个现象.

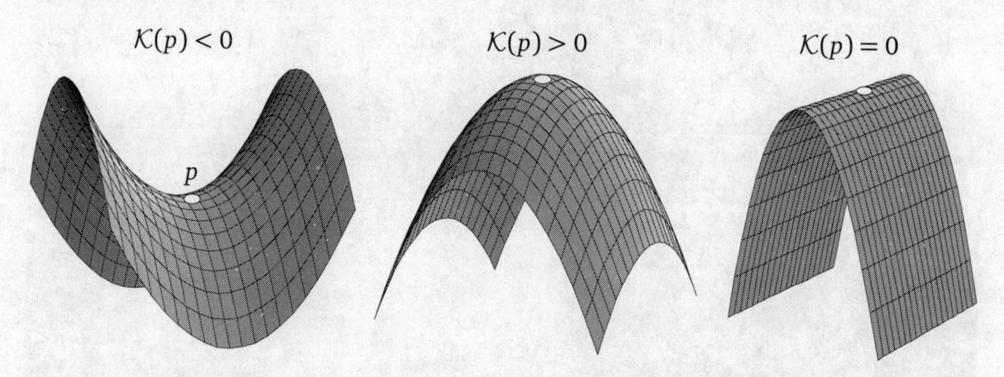

图 2-3　某一点的高斯曲率 $\mathcal{K}$ 是局部单位面积角盈. 如果曲面类似马鞍，则曲率为负；如果曲面类似山峰，则曲率为正；如曲面类似弯曲的纸片，则曲率为零

2.2　圆的周长和面积

为什么 $\mathcal{K}(p)$ 这么重要？显然，它在某种程度上控制着小三角形，但几何中有很多东西不是三角形. 答案是，在我们（暂时）选择用小三角形来定义 $\mathcal{K}(p)$ 的过程中，将逐步发现曲率是几何中的“铁腕人物”，它完全决定了曲面上所有方面的几何性质. 现在来看两个例子吧.

在图 1-9 中，我们讲过在曲面上定义“以 o 为圆心，以 r 为半径的圆”的方法：取长度固定为 r 的测地线段 op，让端点 p 绕着定点 o 转一圈. 接下来，我们在半径为 R 的大球面上作这样一个圆周，并计算这个圆周的周长.

---

① 真正基础性的数学概念一定涉及数学的多个分支，在每一个分支里都有各自的解释方式，它们看似不同，实际上是同一个概念.

② 与第 19 页译者注同样的道理，这里的 n 边形是指“测地线 n 边形”. ——译者注

如图 2-4 所示，我们有

$$\rho = R\sin\phi \text{ 且 } \phi = r/R \implies C(r) = 2\pi R\sin(r/R). \tag{2.3}$$

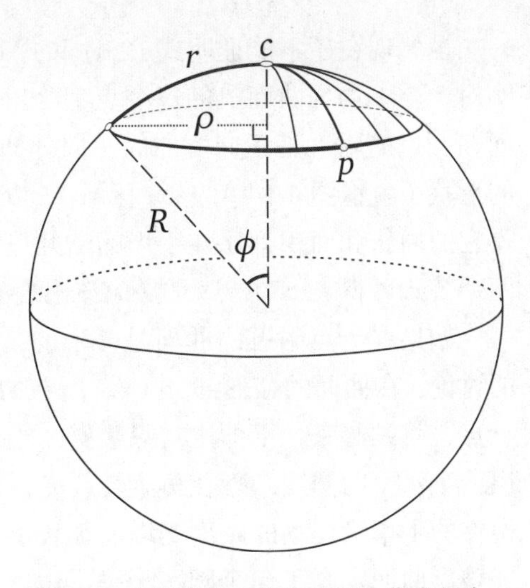

图 2-4 在半径为 R 的大球面上作半径为 r 的圆，周长为 $C(r) = 2\pi R\sin(r/R)$

正如曲率支配着三角形内角和与 π（欧几里得空间中的值）的偏离一样，曲率也支配着圆的周长 $C(r)$ 与 $2\pi r$（欧几里得空间中的值）的偏离. 为了看清楚这一点，我们回顾一下正弦函数的幂级数：

$$\sin\phi = \phi - \frac{1}{3!}\phi^3 + \frac{1}{5!}\phi^5 + \cdots.$$

当 ϕ 趋于 0 时，我们有

$$\phi - \sin\phi \asymp \frac{1}{6}\phi^3.$$

（再次提醒读者：$\asymp$ 表示牛顿的**最终相等**概念，在序幕中介绍过.）由式 (2.3) 知，当 r 趋于 0 时有

$$2\pi r - C(r) = 2\pi R\big[(r/R) - \sin(r/R)\big] \asymp \frac{\pi r^3}{3R^2}.$$

也就是说，生活在 $\mathbb{S}^2$ 上的居民，以前是通过测量小三角形的内角和来判断所在世界的曲率的，现在可以通过测量小圆周的周长来判断，这也很容易：

$$\boxed{\mathcal{K} \asymp \frac{3}{\pi}\left[\frac{2\pi r - C(r)}{r^3}\right].} \tag{2.4}$$

值得注意的是，我们将在第四幕中展示：测量一般曲面上的高斯曲率也用这个公式！［验证一下分母中 r 的幂：我们知道 $\mathcal{K}$ 的量纲是 1/(长度)^2，周长的量纲是 (长度)，所以分母的量纲应该是 (长度)^3.］

继续讨论这个例子，以这个圆周为边界有一个球冠，我们来看看这个球冠的面积 $A(r)$. 又是曲率支配着圆的面积与 πr^2（欧几里得空间中的值）的偏离. 利用球冠的面积公式（见第 98 页习题 10）不难证明［练习］：

$$\boxed{\mathcal{K} \asymp \frac{12}{\pi}\left[\frac{\pi r^2 - \mathcal{A}(r)}{r^4}\right].} \tag{2.5}$$

我们再次指出这个公式是通用的.［这里分母的量纲是 (长度)^4.］

虽然现在还不能证明式 (2.4) 和式 (2.5) 的普遍性，但至少可以看出：它们确实对一个不均匀曲面上的每个点都给出了正确的正负号，如图 1-9 所示. 如果曲面在一点的附近是正向弯曲的（向外凸起为正的），那么曲面在该点附近呈山峰的形状（就像图 1-9 中的 Δ_1 区域）. 以这个点为中心的圆因弯曲而受到挤压，使得它的周长和面积都比在平坦的欧几里得平面上的周长和面积小. 于是，由以上两个公式可得 $\mathcal{K}>0$，这正是应该出现的结果.

如果在一点附近的曲面是鞍形的，就会出现相反的情况. 回顾我们对图 1-9 的讨论：在曲面的鞍形部分（Δ_2 所在的部分）画圆，就有 $C(r)>2\pi r$. 要弄清这一点，就站起来，平伸出一只手臂. 当你绕着脚跟旋转一圈时，你的手指尖会画出一个水平的圆圈. 现在再旋转一圈，但这次同时上下摆动你的手臂，显然这一次你的手指尖运动的距离比以前更长了. 这样，手指尖上下摆动的轨迹就相当于在鞍形曲面上画了一个圆. 于是，由以上两个公式可得 $\mathcal{K}<0$，这也是应该出现的结果.

我们说过曲率是几何中的"铁腕人物"，具有绝对的决定性作用，但是，它的决定性作用到底有多大呢？例如，如果知道曲面的一片具有常正曲率 $\mathcal{K}=(1/R^2)$，那么它是否一定是半径为 R 的球面的一部分？把一个乒乓球切成两个半球，轻轻捏一下其中一个半球. 显然，我们得到了一个非球形曲面上的一片. 但是，因为我们没有改变曲面内的距离，所以曲面上的测地线和角度不变，根据式 (2.1) 定义的曲率也不变. 这样，我们肯定会得到一片具有常曲率的曲面，尽管它与球面具有相同的内蕴几何性质，但它在外在几何上已不是球面了.

图 2-5 说明，即使只考虑旋转曲面，球面也不是唯一具有常正曲率的曲面. 事实上，存在一族这样的曲面，球面只是图 2-5 所示两种曲面的极限情形[①]（见第 103 页习题 22）. 虽然这些曲面不是球面，但是生活在这些曲面上的"智慧蚂蚁"无法察觉，只不过它们最终可能会发现这个世界的尽头存在边缘或尖端. 1899 年，海因里希 · 利布曼证明了[②]，如果一个具有常正曲率的曲面不存在尖端或边缘，它就一定是球面.

如果忽略表面上的外在差异，两个具有相同常正曲率 $\mathcal{K}=(1/R^2)$ 的曲面是否具有实质上不同的内蕴几何？说得更通俗些，如果我们突然把"智慧蚂蚁"从一个曲面运到另一个曲面上，它能否设计一个实验来验证它的世界发生了改变？

① 图 2-5 所示的两种曲面都是圆周上一段小于半圆的弧旋转一周生成的曲面. 左边曲面的旋转轴是圆弧端点的连线，因为圆弧两端与旋转轴相交，所以有两个尖端；右边曲面的旋转轴是圆的直径，因为圆弧上端与旋转轴不相交，所以有边缘. 当把圆弧加长为半圆时，圆弧端点的连线就是圆的直径，于是两个旋转轴合并为一体. 这时旋转生成的曲面就是球面，没有尖端或边缘了. ——译者注

② 证明在 38.11 节给出.

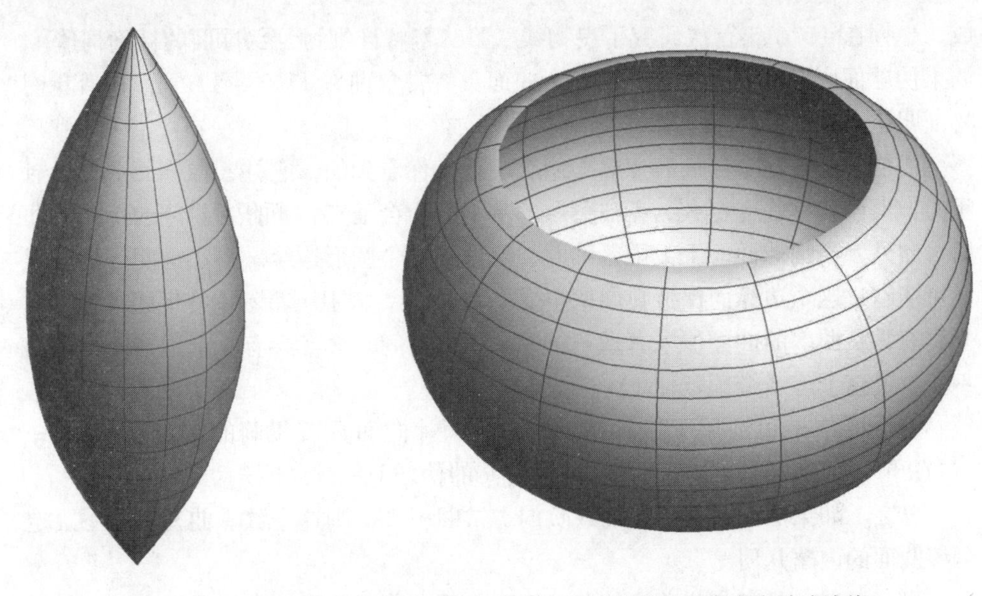

图 2-5 具有常正曲率的非球形旋转曲面，这样的曲面一定有尖端或边缘

1839 年，明金（高斯为数不多的学生之一）给出了否定的答案. 明金发现[①]，如果两个曲面具有相同的常正曲率 $\mathcal{K}=(1/R^2)$，则它们的内蕴几何都与半径为 R 的球面局部一致.

我们已知图 2-2 中救生圈的内沿具有负曲率,但不是常负曲率. 事实上,如果 C 是救生圈接触地面的那个圆周,它会将救生圈分割成内半圈和外半圈. 显然，当点 q 从内半圈趋近 C 时，曲率 $\mathcal{K}(q)$ 从负值趋于 0；当点 q 越过 C 进入外半圈时，曲率就变成正值了.（将在第 104 页习题 23 中详细讨论.）

事实上，确实存在具有常负曲率的曲面. 欧金尼奥 · 贝尔特拉米（我们很快就会讲到他）称所有这种曲面为**伪球形曲面**，其中最简单的例子是**伪球面**[②]，如图 2-6 所示.（伪球面由**曳物线**旋转生

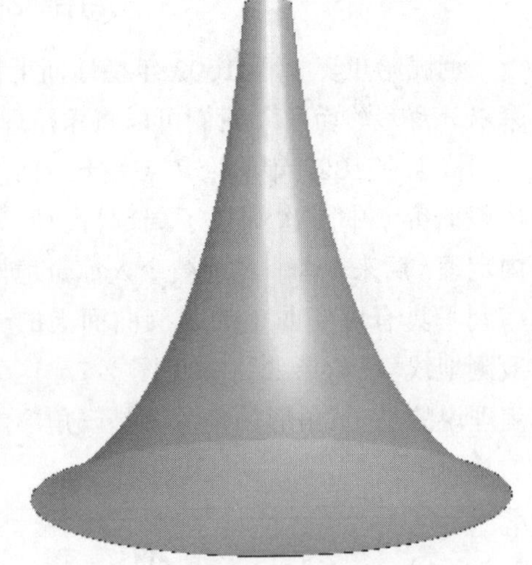

图 2-6 底圆半径为 R 的**伪球面**具有常负曲率 $\mathcal{K}=-(1/R^2)$

① 证明在第四幕（第 386 页习题 7）给出.

② 也称为曳物面，是惠更斯在 1693 年首先提出的. 见 Stillwell (2010, 第 345 页).

成，牛顿在 1676 年首次研究了曳物线. 第二幕将详细讨论伪球面的精确构造. ）如果伪球面底圆的半径为 R，则整个曲面具有常负曲率 $\mathcal{K} = -(1/R^2)$，稍后我们将证明这一点.

糟糕的是，这个曲面有点名不副实. 正如你看到的，它并不像球面那样是封闭的，但该名称确立已久，无法更改. 本书后面会证实，不存在封闭的伪球形曲面. 此外，当伪球面向上无限延伸时，会遇到一个圆形边缘. 事实证明，伪球面不可能越过这个边缘而保持负曲率不变. 1901 年，大卫 · 希尔伯特证明了，将一个具有常负曲率的曲面嵌入普通三维欧几里得空间，肯定会有一个边缘使得曲面不能越过这个边缘继续延伸.

明金的结果也适用于这种情形：如果两片曲面具有相同的常负曲率 $\mathcal{K} = -(1/R^2)$，则它们的内蕴几何都与半径为 R 的伪球面一致.

总之，如果曲面具有（正的或负的）常曲率 $\mathcal{K}$，则这个数（曲率）完全决定了该曲面的内蕴几何.

更一般地，具有变化曲率的曲面情况如何？曲率的影响力仍然很大，但不再是绝对的：两个曲面可能在所有对应点处都具有相同的曲率，却有不同的内蕴几何.（第 260 页习题 19 就是一个具体的例子.）

2.3 局部高斯 – 博内定理

回顾哈里奥特于 1603 年在球面上得出的结论 (1.3)：三角形的角盈等于曲率乘以三角形的面积. 我们可以将角盈理解为三角形内曲率的总量.

高斯在 1827 年的论文《关于曲面的一般研究》中首次阐述了**局部**[①]**高斯–博内定理**. 后来，这个定理被令人惊奇地推广到了具有可变曲率的一般曲面上的一般测地线[②]三角形 Δ，参见图 2-7. 这个定理说的是，三角形的角盈就是三角形内的总曲率：

$$\mathcal{E}(\Delta) = \alpha + \beta + \gamma - \pi = \iint_{\Delta} \mathcal{K}\, d\mathcal{A}. \tag{2.6}$$

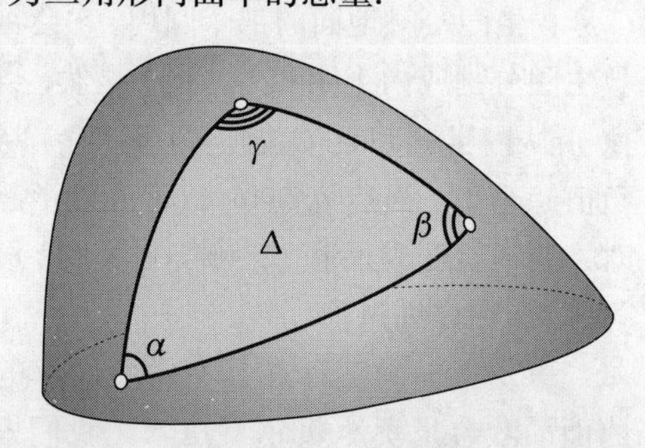

图 2-7 一般曲面上的一般测地线三角形

① 这里的“局部”不是指无穷小邻域，而是区别于后面的“全局”高斯 – 博内定理，后者适用于整个闭曲面.

② 博内在 1865 年将这个定理推广到适用于非测地线三角形，它因而被命名为高斯 – 博内定理. 我们将在第四幕结束时（第 386 页习题 6）证明这个定理最一般的情形.

当曲面为球面时，$\mathcal{K}=1/R^2$，代入式 (2.6) 就得到了哈里奥特公式 (1.3) 作为特殊情形.

为了明白这一点，首先回顾曲率的最初定义 (2.1)．当三角形 Δ_p 在曲面 $\mathcal{S}$ 上收缩到一点 p 时，

$$\mathcal{E}(\Delta_p) \asymp \mathcal{K}(p)\mathcal{A}(\Delta_p). \tag{2.7}$$

关键是，角盈是**可加**的.

在图 2-8a 中，从三角形 Δ 的一个顶点到对边任意一点作测地线（短划线），将三角形 Δ 分割成两个测地线三角形 Δ_1 和 Δ_2．注意到 $\beta_1+\alpha_2=\pi$，我们有

$$\mathcal{E}(\Delta_1)+\mathcal{E}(\Delta_2)=(\alpha+\beta_1+\gamma_1-\pi)+(\alpha_2+\beta+\gamma_2-\pi)=\alpha+\beta+\gamma_1+\gamma_2-\pi,$$

所以

$$\boxed{\mathcal{E}(\Delta)=\mathcal{E}(\Delta_1)+\mathcal{E}(\Delta_2).}$$

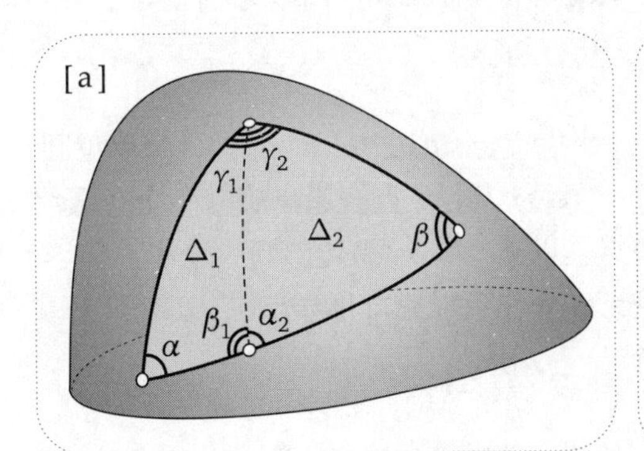

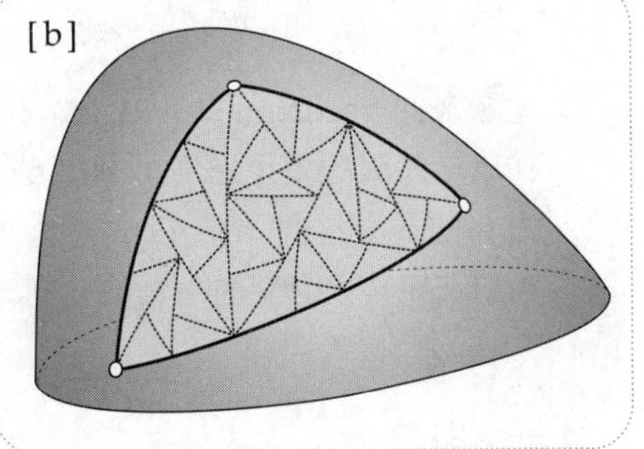

图 2-8　[a] 角盈具有可加性：$\mathcal{E}(\Delta)=\mathcal{E}(\Delta_1)+\mathcal{E}(\Delta_2)$．[b] 继续分割，角盈仍然具有可加性：$\mathcal{E}(\Delta)=\sum\mathcal{E}(\Delta_i)$

这些分割后的子三角形可以再次分割，并且继续分割下去，如图 2-8b 所示．于是，由角盈的可加性，得到 $\mathcal{E}(\Delta)=\sum\mathcal{E}(\Delta_i)$．随着分割越来越细，每个小三角形 Δ_i 内的曲率变化越来越小，趋于常值 $\mathcal{K}_i$．根据式 (2.7)，取极限得 $\mathcal{E}(\Delta)\asymp\sum\mathcal{K}_i\mathcal{A}_i$．根据积分的定义，就得到了局部高斯 – 博内定理 (2.6).

第 3 章　序幕和第一幕的习题

序幕：牛顿的最终相等（$\asymp$）

1.（这是一个展示如何从序幕里定义的“最终相等”变为相等的模型.）画一个边长为 x 的立方体，其体积为 $V=x^3$. 然后，保持这个立方体的一个顶点不变，将立方体画得稍大一些，使得边长为 $x+\delta x$. 记这样引起的体积增量为 δV，用这个图推导：当 δx 趋于 0 时，

$$\delta V \asymp 3x^2\delta x \quad\Longrightarrow\quad \frac{\mathrm{d}V}{\mathrm{d}x} \asymp \frac{\delta V}{\delta x} \asymp 3x^2 \quad\Longrightarrow\quad \frac{\mathrm{d}V}{\mathrm{d}x} \asymp 3x^2.$$

因为最后一个最终相等的式子两边的量都与 δx 无关，所以它们相等：

$$(x^3)' = \frac{\mathrm{d}V}{\mathrm{d}x} = 3x^2.$$

2. 此题来自 Needham (1993). 令 $c=\cos\theta$，$s=\sin\theta$. 在 $\mathbb{R}^2$ 上画一个单位圆，在第一象限的单位圆周上画出点 $p=(c,s)$. 让 p 点绕原点旋转一个（最终为 0 的）小角度 $\delta\theta$. 以 p 点为顶点，以 δc 和 δs 为边，画一个小三角形. 利用在序幕里介绍的牛顿的几何论证，立即可以同时推导出

$$\frac{\mathrm{d}s}{\mathrm{d}\theta} = c \qquad 且 \qquad \frac{\mathrm{d}c}{\mathrm{d}\theta} = -s.$$

3. 此题来自 Needham (1993). 在 $\mathbb{R}^2$ 的第一象限上任取一点 (a,b)，令 L 是经过点 (a,b) 的直线，$\mathcal{A}$ 是 x 轴、y 轴和 L 围成的三角形的面积.

(i) 利用通常的微积分方法求出使得 $\mathcal{A}$ 最小的 L 的位置，并证明 $\mathcal{A}_{\min} = 2ab$.

(ii) 利用牛顿的推理，在不计算的情况下，立即求出其解.［提示：让 L 旋转一个（最终为 0 的）小角度 $\delta\theta$，记旋转后改变的面积为 $\delta\mathcal{A}$. 将 $\delta\mathcal{A}$ 画成两个小三角形，可以看到这两个小三角形分别最终等于两个小扇形，用 $\delta\theta$ 写出 $\delta\mathcal{A}$ 最终相等的表达式. 再令 $\delta\mathcal{A}=0$.］

4. 此题来自 Arnol'd (1990, 第 28 页)，原题包含解答. 计算极限

$$\lim_{x\to 0}\frac{\sin\tan x - \tan\sin x}{\arcsin\arctan x - \arctan\arcsin x}.$$

(i) 利用你能想到的任何传统方法.（如果不提醒你这道题不容易，那就是

我们的过错了. 阿诺尔德曾说: 能很快解出这道题的数学家只有菲尔兹奖获得者格尔德 · 法尔廷斯[①].)

(ii) 利用牛顿的几何推理.

欧几里得几何与非欧几何

5. 我们无法确定古巴比伦人是如何算出图 1-2 所示的毕达哥拉斯三元组的，但我们知道: 在 1500 多年后（公元前 300 年左右），欧几里得是第一个叙述并证明生成这种三元组最一般公式的人; 在 2000 多年后（公元 250 年左右），丢番图[②]是第一个利用几何构作法[③]生成单位圆上的全部**有理点**（即坐标为有理数的点）的人. 可以利用这些有理点构作毕达哥拉斯三元组，如下所示.

(i) 已知 $(-1,0)$ 是单位圆周 C 上的一点，L 是经过点 $(-1,0)$ 的直线 $y=m(x+1)$，(X,Y) 是 L 与 C 的另一个交点. 证明:

$$X=\frac{1-m^2}{1+m^2} \quad 且 \quad Y=\frac{2m}{1+m^2}.$$

(ii) 证明: 如果斜率 $m=(q/p)$ 为有理数，则 X 和 Y 也是有理数，即

$$X=\frac{p^2-q^2}{p^2+q^2} \quad 且 \quad Y=\frac{2pq}{p^2+q^2}.$$

(iii) 证明: 如果 (a,b,h) 是毕达哥拉斯三元组，则存在整数 p 和 q 使得

$$\frac{a}{h}=\frac{p^2-q^2}{p^2+q^2} \quad 且 \quad \frac{b}{h}=\frac{2pq}{p^2+q^2}.$$

(iv) 证明: 对于任意整数 p,q,r，若

$$a=(p^2-q^2)r \quad 且 \quad b=2pqr \quad 且 \quad h=(p^2+q^2)r,$$

则 (a,b,h) 是毕达哥拉斯三元组. 这就是欧几里得最先得出的毕达哥拉斯三元组的最一般公式.

6. 利用式 (1.3) 证明: 当球面上的三角形面积收缩到 0 时，球面上的居民认为它最终就是欧几里得几何的，也就是内角和等于 π.

---

① 格尔德 · 法尔廷斯（1954— ），德国数学家，他利用代数几何方法证明了数论中的莫德尔猜想，于 1986 年获得菲尔兹奖. 莫德尔猜想（美国数学家路易斯 · 莫德尔在 1922 年提出）: 任何不可约、有理系数的二元多项式，当其亏格不小于 2 时，至多只有有限个解. ——译者注

② 人们对他的生平知之甚少，参见 Stillwell (2010, 3.6 节).

③ 这是牛顿利用弦和切线生成立方曲线上有理点的原型，见 Stillwell (2010, 3.5 节).

7. 设 p 和 q 是球面上两个不同的点，并且不是对径点．于是有唯一的大圆 C 经过这两个点，并且被 p 和 q 分成两段弧．设 m_1 和 m_2 分别是这两段弧的中点．证明：与 p 和 q 等距的点的轨迹是经过 m_1 和 m_2 的大圆，并且与 C 垂直相交，这就是弧 pq 的广义“中垂线”．（提示：想象通过旋转球面使得 p 和 q 位于赤道上，这在心理上有帮助，但在数学上无关紧要．）

8. 证明：如果单位球面 $\mathbb{S}^2$ 上三角形每条边的长度都小于 π，则这个三角形包含在一个半球面里．（提示：想象通过旋转球面使得这个三角形的一个顶点位于北极点，这在心理上有帮助，但在数学上无关紧要．）

9. 欧几里得平面具有的特征之一是**正则铺砌**，即平面可以用正多边形**密铺**（无缝地铺满）．平面有且只有三种正则铺砌，即正三角形、正方形和正六边形．球面也有正则铺砌．想象一个正二十面体的线框内接在一个半径为 R 的球面中．这时，再想象球心上有一个光源照射出来，于是线框在球面上留下阴影（称为“中心投影”），如图 3-1 所示．正二十面体由 20 个正三角形围成，用直线连接每个正三角形的中心与其三个顶点和三条边的中点，将正三角形进一步分割成 6 个全等三角形．这样就得到了一个内接于球面、由全等三角形的边组成的线框．

图 3-1　**球面的正二十面体铺砌．**正二十面体由 20 个正三角形围成，用直线连接每个正三角形的中心与其三个顶点和三条边的中点，将正三角形进一步分割成 6 个全等三角形［这张可爱的手绘图来自 Fricke (1926)］

(i) 解释为什么正二十面体的棱在球面上的影子是大圆，从而生成了真正的球面三角形．

(ii) 假设在球面内接一个正十二面体. 正十二面体由 12 个正五边形围成, 用直线连接每个正五边形的中心与其五个顶点和五条边的中点, 将正五边形分割成 10 个全等三角形. 这样就得到了一个内接于球面、由全等三角形的边组成的线框. 验证这也是正则铺砌.

(iii) 这样, 整个(面积为 $4\pi R^2$ 的)球面分成了几个全等三角形? 每个三角形的面积 A 是多少?

(iv) 通过观察, 确定每个顶点有几个角聚在一起. 证明三角形的内角分别是 $\pi/2, \pi/3, \pi/5$. 由此计算每个三角形的角盈 $\mathcal{E}$.

(v) 证明以上两个答案与哈里奥特定理 (1.3) 是一致的.

10. (i) 证明: 在欧几里得几何里, 四边形的内角和为 2π.

(ii) 如果 Q 是半径为 R 的球面上的测地线四边形, 则其角盈为

$$\mathcal{E}(Q) = (Q \text{ 的内角和}) - 2\pi.$$

画一条对角线将 Q 分割成两个测地线三角形, 证明式 (1.3) 可以推广为

$$\mathcal{E}(Q) = \frac{1}{R^2}\mathcal{A}(Q).$$

(iii) 证明式 (2.2), 由此 (ii) 的结论可以推广到球面上的测地线 n 边形.

11. 利用第 15 页脚注①介绍的方法, 或者其他方法, 做些窄胶带, 最好用彩色美纹胶带. 然后利用方法 (1.7) 在如第 145 页图 11-7 所示花瓶表面实施以下实验. (如果你没有这样的花瓶, 建议你去借一个. 这个实验非常有趣, 不要错过了.)

(i) 在半径最大的水平圆上选取一点(这个半径记为 $\rho_{\max}$), 从这一点出发, 向花瓶上部引出一条测地线, 这样就产生了旋转曲面上的一条经线.

(ii) 从同一点出发, 先选择一个较小的 ψ, 沿着与经线夹角为 ψ 的方向引出一条测地线, 然后选择越来越大的 ψ, 引出多条测地线.

(iii) 注意: 在开始时这条测地线向花瓶上方延伸, 当与经线的夹角 ψ 超过某个临界值 ψ_c 时, 测地线调转方向, 向花瓶下方延伸.

(iv) 尽你所能找到临界测地线(将调转方向和不调转方向的测地线分开的那条测地线). 用量角器在起点处测量临界角 ψ_c. 注意: 为了找到临界测地线, 可能需要画出超长的测地线段, 你可以用图 1-9 中介绍的方法, 将已有的测地线一段一段地加长.

(v) 设 $\rho_{\max}$ 是花瓶的最大半径(测地线起点所在的水平圆, 即花瓶最粗处的半径), $\rho_{\min}$ 是花瓶的最小半径(花瓶最细处的半径). 可以通过测量

直径除以 2 得到尽可能准确的半径值. [①] 现在请验证（在实验的误差范围内）

$$\psi_c = \arcsin[\rho_{\min}/\rho_{\max}].$$

（这只是**克莱罗定理**[②]的物理示例，我们将在 11.7.4 节证明这个定理.）

高斯曲率

12. 零曲率. 利用第 15 页脚注①介绍的方法，或者其他方法，做些窄胶带，最好用彩色美纹胶带. 然后利用方法 (1.7) 实施以下实验.

(i) 将一张纸卷成一个圆锥面，用胶带粘一下，防止它展开. 从圆锥面边缘上的一点开始，用准备好的窄胶带引出一条长的测地线. 在开始粘胶带之前，先猜猜它会是什么形状的. 然后，从边缘上的同一点开始，用窄胶带沿不同的方向引出一些新的测地线.

(ii) 接着，构作一个测地线三角形，并用量角器证实 $\mathcal{E} = 0$.（对于圆锥面上所有的测地线三角形都是如此，从而证实 $\mathcal{K} = 0$.）

(iii) 最后，沿一条母线将圆锥面剪开，将纸重新展平，观察圆锥面上的胶带展开在平面上的形状.

13. 正曲率. 准备一个近似于球形的水果（例如西瓜），测量它的半径，记为 R. 在选定为北极的点插一根牙签. 找一根细绳，把一端系在固定的牙签上，然后拉紧细绳使之紧贴在球面上，并使得另一端位于北极到赤道约一半的位置上. 测量这段长度，记为 r，这就是球面上这段测地线的长度. 在自由端系一支笔，拉紧细绳，拖着笔画一条纬线，记纬线的长度为 $C(r)$. 在刚画出的这条纬线上插 16 根牙签，将它 16 等分. 再用一根细绳沿这些牙签组成的圆圈绕一圈，轻轻拉紧使之与纬线吻合. 用笔小心标记细绳一圈的首尾两点. 解开细绳，测量首尾两点之间的长度，这个长度就是 $C(r)$.

(i) 将最终相等公式 (2.4) 看作一个近似公式，算出 $\mathcal{K}$. 从这个*内蕴*测量值算出水果的*外在*半径 R，与你实际测得的 R 比较.

(ii) 继续 (i)，假设你测得的 r 和 $C(r)$ 都是精确的. $\mathcal{K}$ 是 (i) 中利用式 (2.4) 算出来的值（即，*没有*使用最终相等隐含的极限），利用 $\sin(r/R)$ 的（交

① 测量花瓶的最大和最小直径，需要用三根较长的直尺（或类似的材料）做成一个三条边的矩形规. 而测量周长只需要一条软尺，用测量到的周长除以 2π 即得半径值. ——译者注

② 克莱罗（1713—1765），法国数学家，于 1743 年出版著作《关于地球形状的理论》并在其中首次提出了该定理，它给出了地球几何扁率与重力扁率的数学关系. ——译者注

替递减的）泰勒展开式第 3 项计算的相对误差上界为

$$\left|\frac{\Delta\mathcal{K}}{\mathcal{K}}\right| < 5\left[\frac{r}{R}\right]^2\%.$$

证明：无论作多大的圆周，误差都不会大于 3%.

(iii) 利用 (ii) 得到的结果，建立一个估计 R 的相对误差上界的公式.

14. 负曲率. 利用第 15 页脚注①介绍的方法，或者其他方法，做些窄胶带，最好用彩色美纹胶带. 然后利用方法 (1.7) 实施以下实验.

(i) 按照第 59 页图 5-3 的相关说明，用半径为 R 的圆盘亲手做一个伪球面，锥越多越好、越大越好！

(ii) 伪球面是由曳物线绕其渐近线旋转生成的，它的母线是**曳物线**. 在底圆周上的一点，沿不同方向引出多条测地线. 在曲面上粘胶带之前，先猜想一下这些测地线的走向. 因为要在凹曲面上粘出较长的测地线，所以当一段胶带粘完后，就用新的胶带重叠一段接着粘下去. 除了经线（即旋转面的母线，也是测地线）一直向上延伸外，其他方向的测地线在伪球面上都是先向上、再向下、最终回到底圆.

(iii) 构作一个测地线直角三角形 Δ，测量它的各个角，求出角盈 $\mathcal{E}(\Delta)$. 尽你所能估算它的面积 $\mathcal{A}(\Delta)$. 利用

$$\mathcal{K} = \frac{\mathcal{E}(\Delta)}{\mathcal{A}(\Delta)}$$

求出这个伪球面的常曲率 K.

(iv) 三角形越大，角盈 $\mathcal{E}(\Delta)$ 的绝对值就越大，测量起来就越容易、越准确. 这样做的代价是准确测量面积 $\mathcal{A}(\Delta)$ 越来越难. 可以采用以下方法克服这个困难. 准备一些同样宽度的窄胶带，宽度为 W（例如 6 毫米），用这些胶带一条一条地刚好粘满三角形 Δ. 然后将胶带逐条取下来，首尾相接地铺在平坦表面上，测量其总长度 L. 于是 $\mathcal{A}(\Delta) \asymp LW$.

(v) 重复 (iii) 的过程构作更多三角形，可以不是直角三角形，因为用 (iv) 的方法可以测量任意三角形的面积 $\mathcal{A}(\Delta)$. 验证所有的三角形（在实验误差内）都具有相同的 $\mathcal{K}$.

(vi) 假设

$$\mathcal{K} = -\frac{1}{R^2},$$

计算 R，并与你用于构作伪球面的圆盘的实际半径比较.

第二幕

度量

第 4 章　曲面映射：度量

4.1　引言

球面具有完美的外在对称性，优点就是，显而易见其内蕴几何也具有同样的一致性. 因为球面的几何一致性，一个紧贴球面的形状可以在球面上自由地滑动和旋转. 在图 2-5 中的曲面上也可以这样，但不像在球面上那样明显. 事实上一定如此. 上面的讨论说明：要在一个曲面内判断这个曲面在空间中的实际形状是件很难的事情. 例如，从内蕴几何的角度来看，图 2-5 中的曲面与球面（至少在局部上）是无法区分的.

从这个观点来看，最好用一个更抽象的模型来把握所有具有相同内蕴几何的曲面的本质. 我们所说的“本质”指的是任意两点间距离决定的所有性质，因为由此（而且仅仅由此）就可以决定内蕴几何. 事实上，按照高斯对微分几何的基本见解，只要有一个规则来定义两个邻近点之间的*无穷小*距离（即无穷小线段的长度）就够了. 这个规则就是**度量**[①]. 有了度量，只要任意曲线可以分割成无穷多段无穷小线段，我们就可以用这些无穷小线段的长度的无穷和（即积分）来定义曲线的长度. 因此，我们可以确定几何中的测地线是从一点到另一点的最短路径，同样可以确定角度.

根据这个见解，为认识任意一个（不一定是常曲率的）曲面 $\mathcal{S}$ 的本质，可以有如下策略. 为了避免不知道曲面在空间中的形状的困扰，我们在一张平整的纸上为曲面 $\mathcal{S}$ 画一张（制图学意义上的）**地图**. 也就是说，我们在曲面 $\mathcal{S}$ 上的点 $\widehat{z}$ 与平面上的点 z 之间建立了一一对应关系（即一一**映射**）. 当然，对于球形的大地和夜空，水手和天文学家几千年来一直在设计这样的地图，即现在仍然常用的地理图和天体图.

一般来说，为一张真正弯曲的曲面建立没有变形的地图是不可能的：如果将剥下来的橘子皮压平到桌面上，它一定会破. 欧拉在 1775 年第一个证明了，为地球绘制一张完美的地图，也就是说，地球表面的所有“直线”（测地线）在地图上都变成直线，所有的地面距离都可以用地图上的距离乘以一个固定的比例系数来表示，在数学上是不可能的.

---

① 另一个常见的名称是**第一基本形式**，特别是在一些较早的研究中.

前面的讨论用橘子皮解释了绘制完美地图是不可能的，下面再来看一个几何解释. 我们知道地球表面的三角形会有角盈 $\mathcal{E} \neq 0$，但是，如果这个三角形可以被压平而不改变它上面的距离，那么它在地图中的图像就是一个满足 $\mathcal{E}=0$ 的欧几里得三角形：这就产生矛盾了.

我们最终会发现，在非欧几何和复数之间存在深刻而神秘的联系. 因此，让我们从一开始就想象，我们在一张纸上画的地图就是画在复平面 $\mathbb{C}$ 上的.

现在考虑曲面 $\mathcal{S}$ 上的两个邻近点 $\widehat{z}$ 和 $\widehat{q}$ 之间的距离 $\delta\widehat{s}$. 点 $\widehat{z}$ 和点 $\widehat{q}$ 在复平面上分别用复数 $z=r\mathrm{e}^{\mathrm{i}\theta}$ 和 $q=z+\delta z$ 表示，它们之间的（欧几里得）距离为 $\delta s=|\delta z|$. 图 4-1 展示了这样一张地图的具体例子（稍后解释）. 一旦有了从地图上的距离 δs 计算曲面 $\mathcal{S}$ 上的距离 $\delta\widehat{s}$ 的方法，那么（原则上）我们就知道了关于曲面 $\mathcal{S}$ 的内蕴几何的一切.

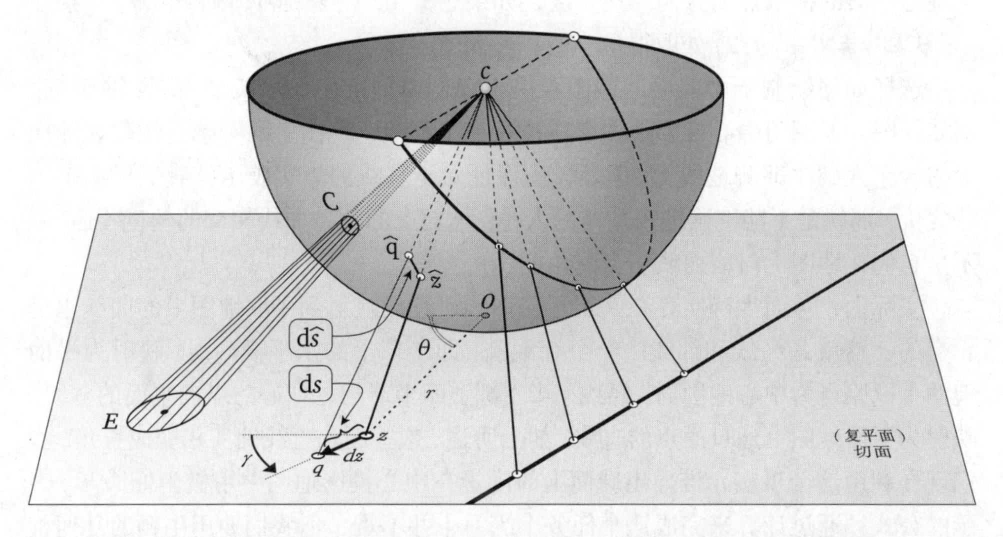

图 4-1 球面的中心投影将测地线映射为直线，将圆映射为椭圆. 度量是地图上的距离 $\mathrm{d}s$ 与曲面上的距离 $\mathrm{d}\widehat{s}$ 之间的局部比例系数

用 δz 表示 $\delta\widehat{s}$ 的规则称为**度量**. 一般来说，$\delta\widehat{s}$ 依赖于 δz 的方向及其长度 δs：记 $\delta z=\mathrm{e}^{\mathrm{i}\gamma}\delta s$，则 $\delta\widehat{s} \asymp \Lambda(z,\gamma)\delta s$. 再次提醒读者注意，$\asymp$ 表示牛顿的**最终相等**概念，在序幕中介绍过. 这个关系式常用无穷小记号表示为

$$\mathrm{d}\widehat{s}=\Lambda(z,\gamma)\,\mathrm{d}s. \tag{4.1}$$

根据这个公式，要从地图上位于点 z 处方向为 γ 的分离量 $\mathrm{d}s$ 得到曲面 $\mathcal{S}$ 上相应的真实分离量 $\mathrm{d}\widehat{s}$，就要将 $\mathrm{d}s$ 扩大至 $\Lambda(z,\gamma)$ 倍.

4.2 球面的投影地图

图 4-1 展示的是用**中心投影法**绘制南半球地图的方法，说明了式 (4.1) 的意义. 想象南半球是一个玻璃碗，放在复平面的原点 0 上，并想象在球心处有一个点光源，将一束光线穿过半球上的点 $\widehat{z}$ 射到了复平面 $\mathbb{C}$ 上的点 z. 这样就得到了南半球的平面地图，称为**投影地图**（或**投影模型**）.

如果我们在半球上画一个圆 C，那么穿过它的光线就会在三维空间中形成一个圆锥，落在复平面 $\mathbb{C}$ 上形成一个完美椭圆 E. 这是中心投影制图法的一个非常特殊和不寻常的特性. 如果 C 是一般曲面 $\mathcal{S}$（例如图 1-9 中的曲面）上按照内蕴几何定义的圆，则当 C 的半径收缩时，它在一般地图上的像 E 最终是椭圆. [①]回过头来讨论中心投影中的完美椭圆. 显然，E 的主轴是径向的，笔直指向远离玻璃碗与平面的接触点的方向. 换言之，如果想象 $\mathrm{d}z$ 绕 z 旋转，则 $\Lambda(z,\gamma)$ 分别在 $\gamma=\theta$ 和 $\gamma=\theta+(\pi/2)$ 处取得最小值和最大值.

选择如何绘制一个曲面的地图取决于我们希望准确或**忠实**地表现哪些特征. 例如，图 4-1 说明中心投影地图忠实地表现了直线：地图上的一条直线代表球面上的一个大圆（即测地线）. 但是，为保证对于直线的忠实表示，我们付出了一些代价，那就是不能准确地表示角的大小：球面上的两条曲线相交的角度（通常）不是它们在地图上对应曲线相交的角度.

实际上，球面上确实存在两组正交曲线，它们映射到平面地图上的曲线也是正交的：这就是经线和纬线. 一个纬线圆 (即半球上的水平横截线) 映射为平面地图上以原点为中心的圆周，经线（半）圆（即半球与过球心的纵向平面的截线）映射为平面地图上通过原点的直线. 如上所述，这些圆和直线确实相交成直角. 我们现在利用这个事实，推导出球面上的度量在中心投影地图中用极坐标 (r,θ) 表示的公式. 通过计算来完成这个任务 [练习] 并不难，但我们要用牛顿的几何推理（就是在序幕中介绍过的推论方式）取而代之，并在本书里一直这样做.

来看看图 4-2. 在平面地图上做一个角度为 $\delta\theta$ 的小旋转，使得点 z 在半径为 r 的圆周上旋转移动一段距离 $r\delta\theta$，则球面上的点 $\widehat{z}$ 在水平的纬线圆上旋转移动 $\delta\widehat{s_1}$. 接着让点 z 径向外移 δr，则点 $\widehat{z}$ 沿纵向的经线圆向北移动 $\delta\widehat{s_2}$. 由勾股定理，$\delta\widehat{s}^2 \asymp \delta\widehat{s_1}^2+\delta\widehat{s_2}^2$，现在分别计算式中的每一项.（回忆一下，$\asymp$ 是序幕中引入的符号，表示牛顿“最终相等”的概念.）

在图 4-2 中，令 $H=cz$ 表示在 $\mathbb{R}^3$ 中从球心 c 到复数 z 的距离. 因为 $\widehat{z}$ 到 c 的距离为 R，而且旋转变换引起的 $\widehat{z}$ 和 z 到球心 c 的距离改变量成比例，所以

① 这是因为，如果映射是可微的，则它是一个局部线性变换，将圆局部变换为椭圆.

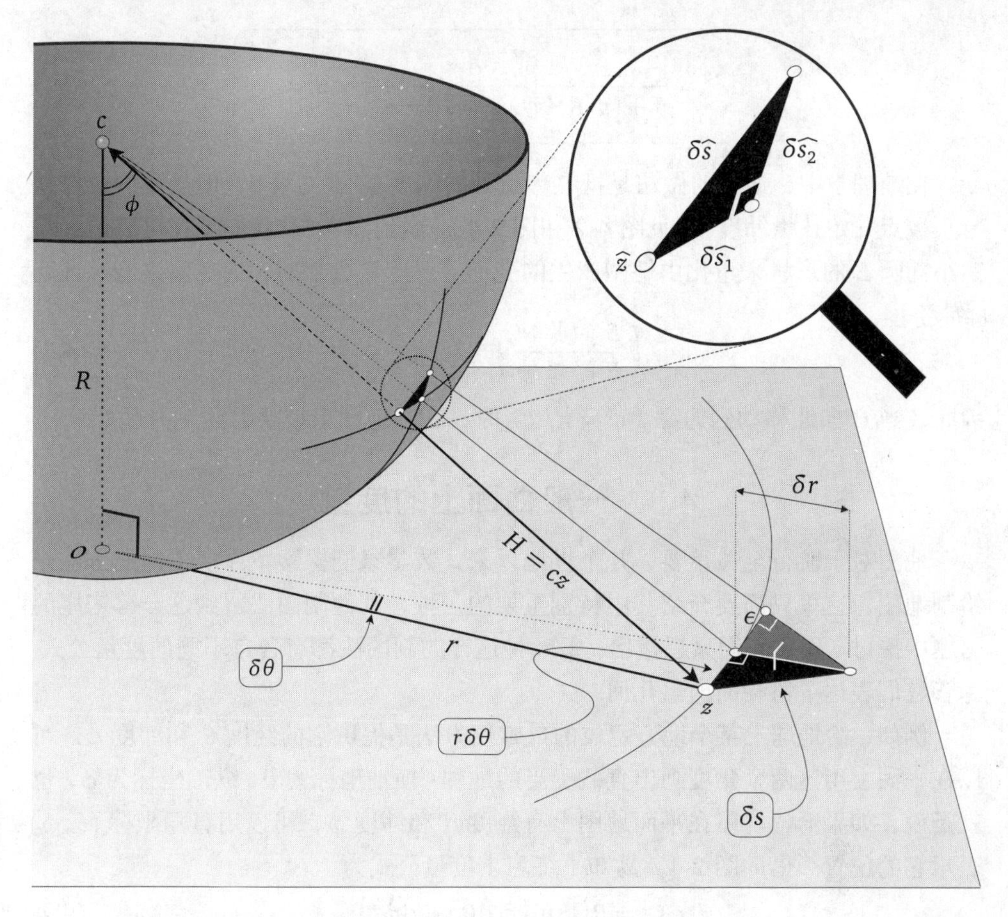

图 4-2 在平面地图上做一个角度为 $\delta\theta$ 的小旋转，使得点 z 移动 $r\delta\theta$，则点 $\widehat{z}$ 在水平的纬线圆上旋转移动 $\widehat{\delta s_1}$. 接着让点 z 径向外移 δr，则点 $\widehat{z}$ 沿纵向的经线圆向北移动 $\widehat{\delta s_2}$

$$\frac{\mathrm{d}\widehat{s_1}}{r\,\mathrm{d}\theta} \asymp \frac{\delta\widehat{s_1}}{r\delta\theta} = \frac{R}{H}.$$

然后，想象 H 是一根长度不变的细绳，一端固定在球心 c 上. 如果我们让它的自由端在垂直于复平面的平面内向上摆动距离 ϵ，则点 $\widehat{z}$ 相应地按照上式的比例向北移动 $\delta\widehat{s_2}$. 而且，我们可以看出，以 ϵ 和 δr 为边的灰色纵向小三角形最终相似于以 R 和 H 为边的大三角形 $0cz$. 于是

$$\frac{\delta\widehat{s_2}}{\epsilon} \asymp \frac{R}{H} \quad \text{且} \quad \frac{\epsilon}{\delta r} \asymp \frac{R}{H} \quad \Longrightarrow \quad \frac{\mathrm{d}\widehat{s_2}}{\mathrm{d}r} = \frac{R^2}{H^2}.$$

最后，由勾股定理有 $H^2 = R^2 + r^2$. 用回以无穷小为基础的表示法，描述球面上真实距离的度量可以用中心投影地图的坐标表示为

$$d\hat{s}^2 = \frac{1}{1+(r/R)^2}\left[\frac{dr^2}{1+(r/R)^2} + r^2\,d\theta^2\right]. \tag{4.2}$$

在地理学中，通常的做法是把在赤道处的纬度 ϕ 定义为 0，但是我们选择从一个极点开始计量纬度[①]（见图 4-2 和图 2-4）. 回到图 4-1，我们现在可以通过考察小椭圆 E 的形状来量化由地图产生的变形了. 当 C 收缩时，现在应该能够证明［练习］

$$\left(\frac{E\text{ 的长轴}}{E\text{ 的短轴}}\right) \asymp \sec\phi, \tag{4.3}$$

因此，当 C 向北移动到边缘（$\phi = \pi/2$）时，它在地图上被映射到无穷远处.

4.3　一般曲面上的度量

地图对于航行至关重要，几个世纪以来，数学家们探索了许多不同的方法来绘制地图，这里只简要介绍其中特别重要的一种，其他制图法留到这一幕末尾的习题中探讨. 现在我们只想指出：每一种这样的制图法都有各自不同的度量公式，尽管它们表达了同样的内蕴几何.

例如，给地球上某个地方定位的最常用方法是提供它的经度 θ 和纬度 ϕ. 可以在平面上用这两个角度画出直截了当的地图：横轴坐标为 θ，纵轴坐标为 ϕ. 也就是说，如果一幢房屋在平面地图上有经度 θ 和纬度 ϕ，可以用直角坐标 (θ,ϕ) 表示它的位置. 借助图 2-4，易知［练习］度量公式为

$$d\hat{s}^2 = R^2\left[\sin^2\phi\,d\theta^2 + d\phi^2\right], \tag{4.4}$$

它告诉了我们球面上对应于地图上那些邻近点之间的真实距离. 这个公式看起来与式 (4.2) 很不一样，但我们知道，实际上它们表达的是完全相同的内蕴几何.

即使我们把曲面简单地选取为平面，也有无穷多种可能的度量公式. 例如，用直角坐标系有 $d\hat{s}^2 = dx^2 + dy^2$，用极坐标系有 $d\hat{s}^2 = dr^2 + r^2\,d\theta^2$.

现在，我们来考察普通曲面最一般的度量公式的形式和意义. 图 4-3 展示了如何给曲面 $\mathcal{S}$ 上的一小片画一张一般的地图. 对于这一小片上的每个点 $\hat{z}$，我们的第一个目标是指定它的坐标为 (u,v)，使得可以在平面地图上用复数 $z = u + iv$ 来表示它.

首先，在这一小片曲面上随意画满一族曲线，对于曲面上的每个点 $\hat{z}$，有且只有一条曲线经过. 我们给每一条曲线标记唯一的数 u，这些曲线称为 $\boldsymbol{u}$ 曲线. 标

① 在地理学中，纬度的取值范围为 $-\pi/2 \leqslant \phi \leqslant \pi/2$，赤道为 $\phi = 0$，经度的取值范围为 $-\pi \leqslant \psi < \pi$；在数学的球坐标系里，纬度的取值范围为 $0 \leqslant \phi \leqslant \pi$，赤道为 $\phi = \pi/2$，经度的取值范围为 $0 \leqslant \psi < 2\pi$.

——译者注

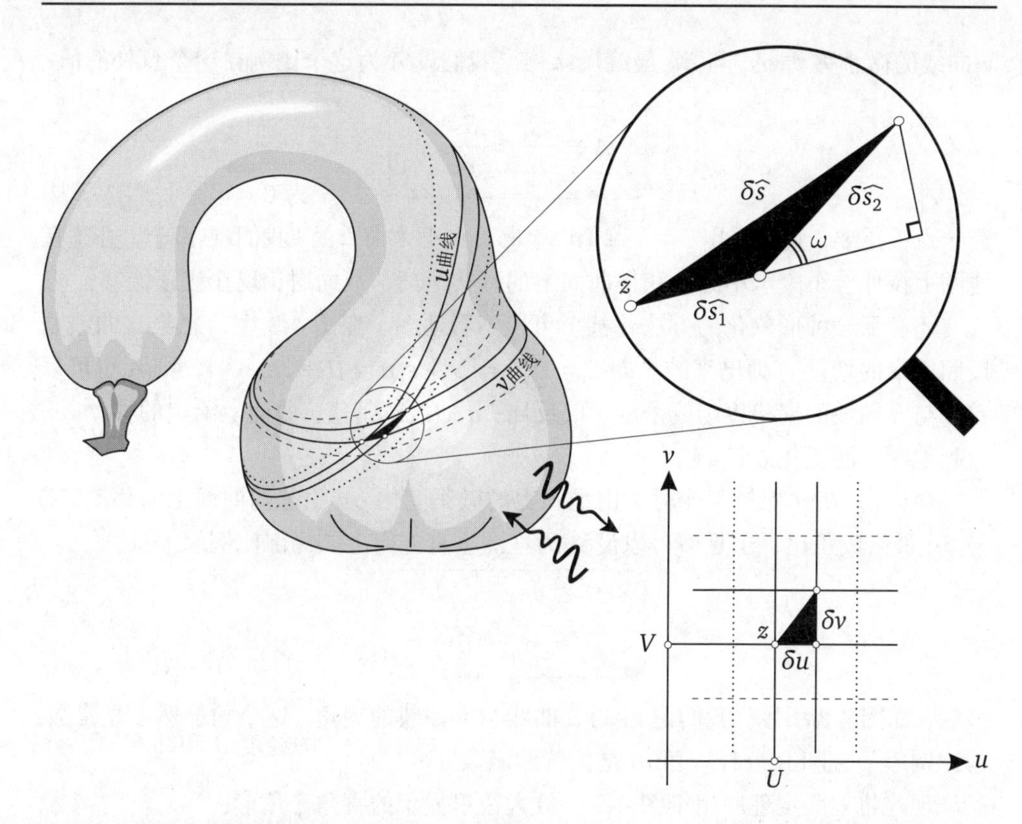

图 4-3 在普通曲面上画两族参数曲线：u 曲线（$u=$ 常数）和 v 曲线. 对于曲面上的每个点，都有一对特定的曲线 (U,V) 交于它，于是在地图上 $z=U+\mathrm{i}V$. 地图上微小的横移 δu 最终产生了曲面上沿着 v 曲线相应比例的移动 $\delta\widehat{s_1}\asymp A\delta u$

数可以很随意，只要求数值平缓变化，也就是说，当我们在曲面上移动越过 u 曲线时，u 的值按照确定的变化率变化（即可微的，稍后解释可微的意义）.

要完成坐标系，我们还要画第二族曲线，画法也很随意，只要求它们与 u 曲线相交，但不重合. 现在给新曲线标记 v 值，也要求它们按照确定的变化率可微地变化（按照与前面同样的方式）. 新曲线族称为 **v 曲线**. 这样，如图 4-3 所示，对于点 $\widehat{z}$，可以用在此相交的唯一一对 u 曲线（例如 $u=U$）和 v 曲线（例如 $v=V$）来标记. 在地图上可以用复数 $z=U+\mathrm{i}V$ 表示 $\widehat{z}$. 如图 4-3 所示，在地图上 u 曲线被映射为垂直直线，v 曲线被映射为水平直线.

现在，我们至少在曲面的某个局部建立了坐标系，接下来的任务就是找到定义两个邻近点之间距离的度量公式. 在地图上让 z 沿着方向 $\delta z=\delta u+\mathrm{i}\delta v$ 做微小移动. 由于 u 值对 u 曲线可微，根据**可微**的定义，对应微小变化 δu，曲面上沿着

v 曲线的微小移动 $\delta\widehat{s_1}$ 与 δu 最终成比例. 我们设 A 为这个比例在这个点处的值：

$$A \equiv \frac{\partial \widehat{s_1}}{\partial u} \asymp \frac{\delta \widehat{s_1}}{\delta u}.$$

这一点很重要，我们重申：A 是在 (u,v) 地图水平方向上的局部比例因子，必须在地图上拉伸一小段水平距离获得曲面上的真实距离，从而得出这个因子.

还有另一种形象化的方法，甚至可以不看地图. 在图 4-3 中，想象 u 曲线是按照固定的增量 ϵ 画出来的（即 $u=U, u=U+\epsilon, u=U+2\epsilon, \cdots$），则 A 也可以看作与 u 曲线的聚集度（或密度）成反比：u 曲线越密集，曲面上给定的移动 $\delta\widehat{s_1}$ 引起地图上的变化 δu 就越大.

同样，（在 u 保持不变时）由地图上的微小变化 δv 引起的曲面上的移动 $\delta\widehat{s_2}$ 与 δv 最终成正比，于是，可以设 B 为地图垂直方向上的局部比例因子：

$$B \equiv \frac{\partial \widehat{s_2}}{\partial v} \asymp \frac{\delta \widehat{s_2}}{\delta v}.$$

最后，如图 4-3 所示，我们记 ω 为 u 曲线与 v 曲线的夹角. 这个角显然不是常数：与比例因子 A 和 B 一样，角 ω 是位置的函数.

现在将勾股定理应用于图 4-3 中放大镜里显示的直角三角形：

$$\delta\widehat{s}^2 \asymp (\delta\widehat{s_1} + \delta\widehat{s_2}\cos\omega)^2 + (\delta\widehat{s_2}\sin\omega)^2 \tag{4.5}$$

$$\asymp (A\delta u + B\delta v\cos\omega)^2 + (B\delta v\sin\omega)^2. \tag{4.6}$$

经过简化，并用回基于无穷小的符号（这是更标准的表示方法），我们有

一般曲面的一般度量公式是

$$\mathrm{d}\widehat{s}^2 = A^2\,\mathrm{d}u^2 + B^2\,\mathrm{d}v^2 + 2F\,\mathrm{d}u\,\mathrm{d}v\text{，其中 } F = AB\cos\omega. \tag{4.7}$$

你应该还会看其他的书，所以我们应该立即说明：在 1827 年的杰出原作中，高斯决定将这个度量公式记为[①]

$$\mathrm{d}\widehat{s}^2 = E\,\mathrm{d}u^2 + G\,\mathrm{d}v^2 + 2F\,\mathrm{d}u\,\mathrm{d}v,$$

在随后的几个世纪里，几乎所有[②]的微分几何研究论文和教科书都盲从地延用了

① 事实上，高斯用的记号是 p 和 q，而不是 u 和 v，但是后者后来成了标准记号. 我们选择忽略使用 p 和 q 的历史.

② 只有少数几个例外. 例如，海因茨 · 霍普夫（Hopf, 1956, 第 92 页）偶尔写过 $E=e^2$ 和 $G=g^2$，布拉施克（Blaschke, 1929, 第 162 页）偶尔用了和我们完全一样的 A, B 记号. 他们的“高贵血统”使得我们对记号的选择有了几分体面.

E,F,G 记号. 我们知道 $\sqrt{E}=A$ 和 $\sqrt{G}=B$，前面已经给出了简单的几何解释，因此就不奇怪为什么在许多重要的公式中出现的是 $\sqrt{E}$ 和 $\sqrt{G}$（而不是 E 和 G）. 结果就是，文献被不必要的平方根弄得乱七八糟. 因此，我们将在整本书中继续使用符号 A 和 B（代替 $\sqrt{E}$ 和 $\sqrt{G}$），当你在别处遇到用 E,F,G 记号表达的度量公式时，可以像下面这样翻译.

$$\text{记号字典：} E\equiv A^2,\ G\equiv B^2,\ F\equiv AB\cos\omega. \tag{4.8}$$

一般的度量公式有如下的简化方法. 显然，一旦我们画出了 u 曲线族，就可以画出它们的正交曲线族，并选择这个正交曲线族作为 v 曲线. 在这种结构中始终有 $\omega=(\pi/2)$，从而 $F=0$. 因此，

对于一般的曲面，我们总是可以建立一个局部的**正交**坐标系 (u,v)，使得度量公式为

$$d\widehat{s}^2=A^2\,du^2+B^2\,dv^2. \tag{4.9}$$

然而请注意，通常不可能用一个 (u,v) 坐标系覆盖整个曲面，即使非正交坐标系也不行. 问题出在你无法避免两条 u 曲线（和/或 v 曲线）相交的情况发生，在这种情况下，在交点处就会有两个不同的 u 值. 事实上，我们将会在第 19 章中看到，对于每个封闭曲面（除了甜甜圈以外）这些问题都是不可避免的.

例如，在地球表面，假设我们选择 u 曲线为纬线圆（不一定要用 $u=$ 纬度），那么其正交曲线（即 v 曲线）一定是经线圆：所有的大圆都相交于南极和北极. 因此，在南极点和北极点一定有无限个 v 值.

4.4 度量曲率公式

假设我们只有曲面 $\mathcal{S}$ 的一个度量公式 (4.9)，没有掌握 $\mathcal{S}$ 的任何直接几何知识，也不知道坐标 u 和 v 本身的几何意义. 那么这个曲面是什么样的呢? 就 $\mathcal{S}$ 的内蕴几何而言，这个公式告诉了我们一切，但这只是在原理上. 我们如何真正从这个公式获取有用的信息呢?

如果我们（通过图 2-3）知道每个点的曲率 $\mathcal{K}$，则能清楚地了解曲面 $\mathcal{S}$ 的本质和形状. 又因为从度量可以知道关于内蕴几何的一切信息，所以它一定包含（特别是）关于曲率的信息. 因此，我们可以假设存在一个 $\mathcal{K}$ 的公式. 而且，由于度量公式的对称性，显然，$\mathcal{K}$ 的公式在同时交换 $u\longleftrightarrow v$ 与 $A\longleftrightarrow B$ 时也是对称的.

下面这个 $\mathcal{K}$ 的公式美[①]得令人惊叹：

$$\mathcal{K} = -\frac{1}{AB}\left(\partial_v\left[\frac{\partial_v A}{B}\right] + \partial_u\left[\frac{\partial_u B}{A}\right]\right). \tag{4.10}$$

要得到这个简单而优美的公式，路还很长：第四幕中的第 27 章首先利用几何方法推导出这个公式，第五幕中的 38.8.2 节通过计算（使用嘉当的微分形式）再次推导出这个公式. 但现在，我们认为它是来自未来的超先进技术，就像《星际迷航》里 23 世纪的相位枪：现在就可以用它向目标开火，尽管我们对它的工作原理[②]一无所知.

例如，在欧几里得度量 $d\widehat{s}^2 = dr^2 + r^2\,d\theta^2$ 中有 $u = r, v = \theta, A = 1, B = r$，所以就得到了我们已知的结果：

$$\mathcal{K} = -\frac{1}{r}\left(\partial_\theta\left[\frac{\partial_\theta 1}{r}\right] + \partial_r\left[\frac{\partial_r r}{1}\right]\right) = -\frac{1}{r}(\partial_r 1) = 0.$$

此外，在球面坐标度量公式 (4.4) 中有 $u = \theta, v = \phi, A = R\sin\phi, B = R$，再次得到了我们已知的结果：

$$\mathcal{K} = -\frac{1}{R^2\sin\phi}\left(\partial_\phi\left[\frac{\partial_\phi R\sin\phi}{R}\right] + \partial_\theta\left[\frac{\partial_\theta R}{R\sin\phi}\right]\right) = -\frac{\partial_\phi\cos\phi}{R^2\sin\phi} = +\frac{1}{R^2}.$$

虽然计算比较长，但我们鼓励你亲自动手尝试将这个公式应用于球面的射影度量公式 (4.2)，也应该得到 $\mathcal{K} = +(1/R^2)$.

在进入下一节之前，看看稍后需要的另一个结果. 度量告诉我们怎样将地图上的一小段距离转换为曲面上的距离. 但是，我们应该如何转换*面积*呢？在图 4-3 中，地图上一个小矩形的面积为 $\delta u\delta v$，它在曲面上有一个对应平行四边形，其面积最终等于 $(A\delta u)(B\delta v\sin\omega)$. 因此，利用式 (4.7)，曲面上的无穷小面积元 $d\mathcal{A}$ 由如下公式表示：

$$d\mathcal{A} = \sqrt{(AB)^2 - F^2}\,du\,dv. \tag{4.11}$$

我们通常会指定使用*正交坐标系*，此时 $F = 0$，这个公式简化为

$$d\mathcal{A} = AB\,du\,dv. \tag{4.12}$$

① 大多数教科书仍然保留高斯最初的 E, G 记号，由此，这个著名的公式中就出现了 5 个令人心烦的平方根，从而不必要地破坏了这个公式的美丽.

② 这样做并非没有风险：在《星际迷航》的“永恒边界之城”这集中，麦科伊医生使用偷来的相位枪给 20 世纪带来的悲剧就是明证.

4.5 共形地图

虽然球面投影地图具有保持直线不变的优点，但是对于几乎所有的目的，为了保持角度不变而放弃保持直线不变会好得多. 如果一张地图能保持角的大小和**指向**[①]都不变，则称为**共形的**[②]；如果它保持角的大小不变，而使角的指向相反，则称为**反共形的**.

我们所说的两曲线的夹角是指它们交点处两切线的夹角，见图 4-4.

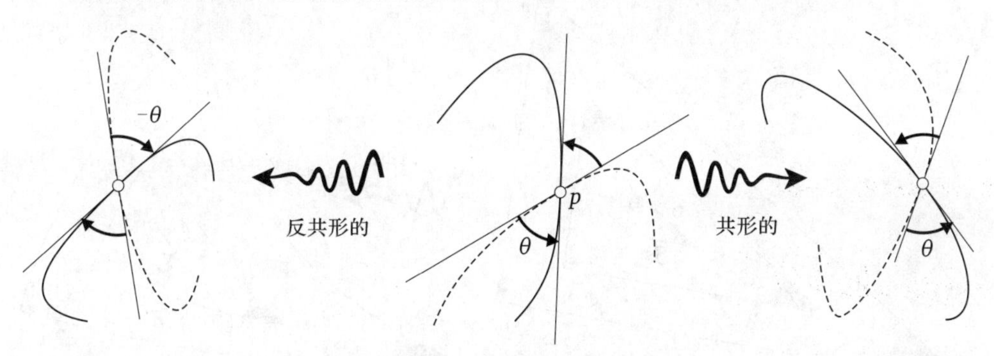

图 4-4 在中间，两条曲线相交于点 p，它们的夹角（从短划线到实线）定义为它们的切线的夹角 θ. **共形地图**（右图）保持夹角的大小和指向都不变；**反共形地图**（左图）保持夹角的大小不变，并使角的指向相反

根据度量公式 (4.1)，一个地图是共形的，当且仅当扩张因子 Λ 不依赖于从 z 出发的无穷小向量 $\mathrm{d}z$ 的方向 γ：

$$\text{共形地图} \iff \mathrm{d}\widehat{s} = \Lambda(z)\,\mathrm{d}s. \tag{4.13}$$

共形地图的一大优点是

> 曲面 $\mathcal{S}$ 上的一个无穷小图形在**共形地图**中表示为相似图形，与原图形仅大小不同：$\mathcal{S}$ 上图形的线性大小是地图上图形的线性大小的 Λ 倍.

事实上，18 世纪的数学家所称的**无穷小相似**，就是现代术语中的**共形**概念.

显然，由结论 (4.13) 右边的等式可推出共形性，现在通过图 4-5 说明反过来也是可以的. 图 4-5 左图是曲面的共形地图，其中的三角形在向一个点收缩. 此

① 逆时针（+）或顺时针（−）.

② 也常译为保形的，或保角的. ——译者注

时，曲面上对应的曲线三角形就会收缩到一个直线三角形，用序幕里介绍的术语来说就是，地图上的三角形与曲面上的三角形是**最终相似的**，即存在某个与三角形的边 δs_1 和 δs_2 的方向无关的 Λ，使得

$$\frac{\delta\widehat{s_1}}{\delta s_1} \asymp \frac{\delta\widehat{s_2}}{\delta s_2} \asymp \Lambda.$$

于是，我们证明了，由共形性可推出结论 (4.13) 右边的等式.

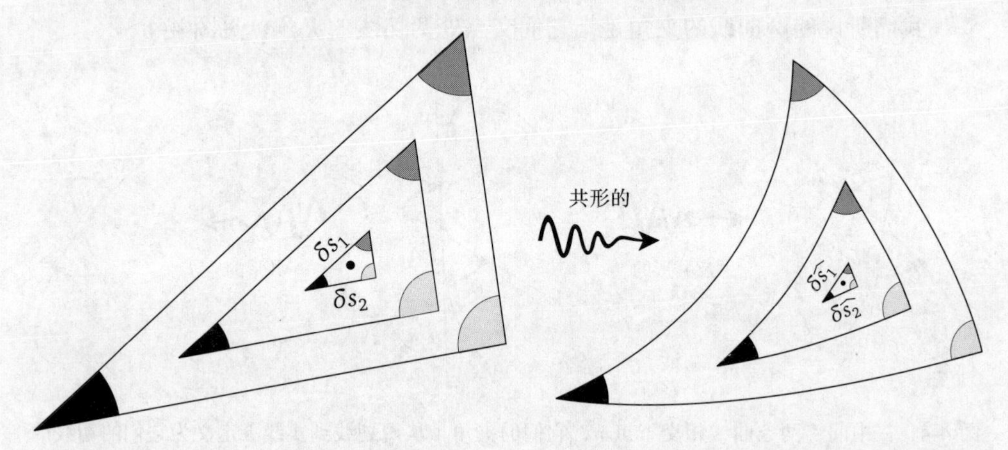

图 4-5　当地图上的三角形（左图）收缩时，它与曲面上的共形映像（右图）是最终相似的：$\frac{\delta\widehat{s_1}}{\delta s_1} \asymp \frac{\delta\widehat{s_2}}{\delta s_2}$

在讨论一般度量公式 (4.7) 时，显然可以只考虑曲面上由 u 曲线和 v 曲线组成正交坐标系的情形，地图上与其对应的是由纵横直线组成的正交坐标系. 但是在这个阶段，一般来说，两个方向上的拉伸因子 A 和 B 是不同的，所以地图上的无穷小圆就拉伸为曲面上的椭圆了，而且夹角也会改变.

现在考虑更特殊的情形：拉伸因子在所有方向上都是相同的，即 $A = B = \Lambda$. 于是无穷小圆映射为无穷小圆，*角度保持不变*. 在这种情况下，(u, v) 坐标称为**共形坐标**（或**等温坐标**），式 (4.9) 简化为欧几里得度量的简单倍数：

$$d\widehat{s}^2 = \Lambda^2[\,du^2 + dv^2]. \tag{4.14}$$

这是一个很强的限制条件，以至于有人担心这样的地图可能根本不存在. 但是，高斯在 1822 年发现，对于一般曲面，*总是*有可能（至少局部地）画出一张这样的地图. 值得注意的是，这个证明（见第 97 页习题 8）依赖于*复数*——事实上，复分析和共形地图之间有很深的联系，这是下一节的主题.

曲率公式 (4.10) 已经很优美了，但是现在可以变得更加优美. ①回忆一下二阶拉普拉斯微分算子② ∇^2：

$$\nabla^2 \equiv \partial_u^2 + \partial_v^2. \tag{4.15}$$

现在，有了条件 $A=B=\Lambda$，容易 [练习] 将式 (4.10) 简化为

$$\mathcal{K} = -\frac{\nabla^2 \ln \Lambda}{\Lambda^2}. \tag{4.16}$$

4.6 讲一点儿可视化的复分析

即使我们将曲面 $\mathcal{S}$ 选为平面，讨论平面到平面的共形映射，这也仍然是一个丰富而深刻的研究领域. 需要强调的是，这些共形映射与复数错综复杂的纠缠关系是无法避免的，本节只准备进行简单的介绍.（在这一幕的后面将给出更多具体的例子.）我的第一本书《复分析》中全面介绍了复分析中的精彩结果是如何从这个几何的基础性问题中产生的，在此冒昧地向你推荐它.

每个曲面 $\mathcal{S}$ 一定有共形地图，而且是无穷多种共形地图！我们首先要指出，为生成满足度量公式 (4.14)

$$d\widehat{s} = \Lambda(u,v)\,ds$$

的共形 (u,v) 坐标系，特定的 u 曲线和与之正交的 v 曲线并不需要有什么独特之处.

真正神奇的是共形映射 $F:\mathbb{C}\to\mathcal{S}$ 本身. 给定一个共形映射 F，通过对复平面 $\mathbb{C}$ 上的 (u,v) 坐标网格做旋转、伸缩和平移，就可以在曲面 $\mathcal{S}$ 上创建无穷多个不同的共形 $(\widetilde{u},\widetilde{v})$ 坐标系，(利用映射 F) 得到曲面 S 上全新的 $\widetilde{u}$ 曲线和与之正交的 $\widetilde{v}$ 曲线. $\mathcal{S}$ 上这个全新的正交 $(\widetilde{u},\widetilde{v})$ 坐标系与原先的坐标系一样，也是共形的.

我们引入一些记号来充分解释这一点. 按照复分析中的惯例，可以认为 $z=u+\mathrm{i}v$ 位于复平面 $\mathbb{C}$ 的一个副本上，它在复函数 $z\mapsto\widetilde{z}=f(z)$ 下的像 $\widetilde{z}=\widetilde{u}+\mathrm{i}\widetilde{v}$ 位

① 根据 Dombrowski (1979, 第 128 页)，这是高斯最早发现的曲率公式，记录在他 1822 年 12 月 13 日的个人笔记中，见 Gauß (1973, 第 381 页). 直到 1825 年，他才发现了一般（非共形的）正交坐标系的曲率公式，但是他也没有公布. 最后，在 1827 年，他终于建立了在非正交坐标系里最一般的曲率公式（见 Gauss, 1827）. 这个公式极其复杂、丑陋，但只有这个公式出现在了高斯最后的杰作里. 我们注意到，高斯有深思熟虑的习惯，也有故意隐瞒自己研究动机和过程的习惯，而且他对自己的这个习惯感到非常自豪，曾宣称"没有建筑师会在建筑完工后还留着脚手架不拆". 但我们认为故意隐瞒自己研究动机和过程的习惯是可悲的.

② 物理学家喜欢用 ∇^2 表示这个算子，数学家倾向于用记号 Δ. 我们不用后者，因为通常用 Δ 表示三角形.

于复平面 $\mathbb{C}$ 的另一个副本上：

$$z \mapsto \widetilde{z} = \widetilde{u} + \mathrm{i}\widetilde{v} = f(z) = f(u + \mathrm{i}v).$$

在我们刚刚讨论过的例题里，有 $f(z) = a\mathrm{e}^{\mathrm{i}\tau}z + w$，它由拉伸（实数）$a$ 倍、旋转（角度）τ、平移（复数）w 组成.

将映射 f 与映射 F 复合，得到从复平面 $\mathbb{C}$ 到曲面 $\mathcal{S}$ 的新共形映射 $\widetilde{F} \equiv F \circ f$. 如果 z 沿着小复数 δz 的方向移动距离 $|\delta z|$，则它在第一个映射 $z \mapsto \widetilde{z} = f(z)$ 的像从 $\widetilde{z}$ 出发，沿着 $\delta\widetilde{z}$ 的方向移动距离 $|\delta\widetilde{z}|$（其中 $\delta\widetilde{z}$ 是 δz 的像），显然有

$$\delta\widetilde{z} = a\mathrm{e}^{\mathrm{i}\tau}\delta z. \tag{4.17}$$

于是，距离 $\delta s = |\delta z|$ 被拉伸 a 倍，所以 $\delta\widetilde{s} = |\delta\widetilde{z}| = a\delta s$. 接着，在第二个映射 F 的作用下（这时映射到曲面 $\mathcal{S}$ 上），距离 $\delta\widetilde{s}$ 被拉伸 $\Lambda(\widetilde{z})$ 倍，其中 $\Lambda(\widetilde{z})$ 是共形度量因子. 于是，δs 在复合映射 $\widetilde{F}$ 下的拉伸因子是这两个拉伸因子的乘积：

$$\mathrm{d}\widehat{z} = \widetilde{\Lambda}(z)\,\mathrm{d}s, \quad \text{其中 } \widetilde{\Lambda}(z) = a\Lambda(\widetilde{z}).$$

这只勉强触及了表面，为了解释原因，我们简单地引用复分析中的如下基本事实，详情请参见《复分析》. 你一定研究过一些有用的常见实函数，例如 $x^m, \mathrm{e}^x, \sin x$. 只要将自变量换成复数 z，每一个这样的实函数 $f(x)$ 就能唯一延拓为复函数 $f(z)$. 像之前一样，可以把它想象成从一个复平面 $\mathbb{C}$ 到另一个复平面 $\mathbb{C}$ 的映射. 复分析的神奇之处是，所有这些自然出现的映射 $f(z)$ 自动地都是共形的.

例如，图 4-6 说明了平方映射

$$z \mapsto \widetilde{z} = f(z) = z^2 = \left[r\mathrm{e}^{\mathrm{i}\theta}\right]^2 = r^2\mathrm{e}^{\mathrm{i}2\theta}$$

的作用，它将每个复数的模平方，辐角加倍. 如你所见，左边那些小“正方形”[①]变成右边的相似“正方形”. 当然，这两组“正方形”只在收缩到一点时才是真正的正方形. 同样，左图中黑色的 T 形越小，就与被映射到右图中的 T 形像越相似.

为了看出这有多神奇，假设随机写下两个实函数 $\widetilde{u}$ 和 $\widetilde{v}$（实变量 u 和 v 的函数），然后将它们强制合并成单一的复映射 $f(u, v) = \widetilde{u} + \mathrm{i}\widetilde{v}$. 那么 f 根本不可能是共形的. 我们将会看到，这也意味着导数 $f'(z)$ 不可能存在！

我们重做一次之前的分析，但现在用导数 $f'(z)$ 存在的一般映射 $f(z)$（称为**解析映射**）替换线性函数. 正如我们刚才指出的，解析映射非常罕见，但还是包括了从数学和物理学中自然产生的所有有用函数.

---

① 这个图形在直角坐标系里不是严格的正方形，而是由两段圆弧和两条直线段为边构成的四边形，所以作者用引号加以区别. 作者没有用表示四边形的单词 quadrilateral 或 tetragon，而是用 square，因为这个单词既有“正方形”的意思，又有“平方”的意思. ——译者注

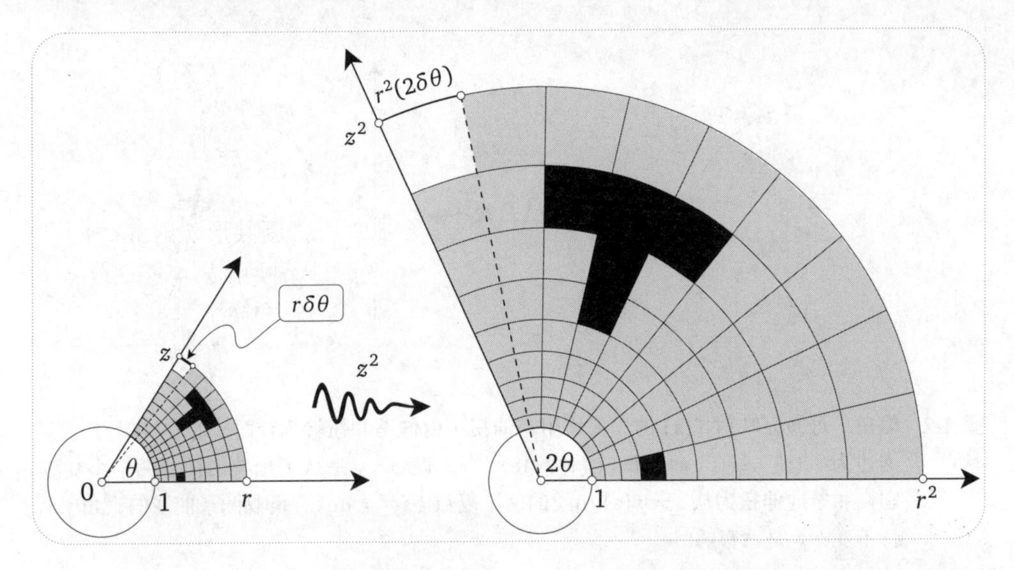

图 4-6 映射 $z \mapsto f(z) = z^2$（z 的所有幂都一样）是共形的，所以左图中的小“正方形”格子被映射为右图中的近似正方形. 当正方形的大小取极限收缩到 0 时，这些近似正方形会最终变成真正的正方形

现在，与式 (4.17) 类似，我们有

$$\delta\widetilde{z} \asymp f'(z)\delta z = a\mathrm{e}^{\mathrm{i}\tau}\delta z. \tag{4.18}$$

主要的区别是，现在伸缩系数 $a(z)$ 和旋转角 $\tau(z)$ 都依赖于位置 z，而不是在整个复平面 $\mathbb{C}$ 上不变. 例如，在图 4-6 中，我们可以看到网格左上角的白色“正方形”比下面毗连实轴的黑色“正方形”扩大得更多一些，所以 $a(z)$ 在黑色“正方形”内比在白色“正方形”内小. 同样，这个黑色“正方形”很明显没有旋转，所以这里的 $\tau = 0$，但白色“正方形”显然必须经过旋转才能得到它的像.

如果 $f'(z) \neq 0$，由式 (4.18) 可知，每一个从点 z 出发的微小复箭头 δz，经过同样的拉伸 a 和旋转 τ，都能得到从点 $\widetilde{z} = f(z)$ 出发的像箭头 $\delta\widetilde{z}$. 如图 4-7 所示，从点 z 出发的两个 δz 之间的夹角，将与它们的像 [从点 $\widetilde{z} = f(z)$ 出发的两个 $\delta\widetilde{z}$] 之间的夹角相同. 由此可知，可微复映射都是自动共形的.

我们知道导数 $f'(z)$ 描述了共形映射的局部性质，并在《复分析》中引入了一些（非标准）术语来刻画这个性质的几何意义. 我们称局部拉伸因子 a 为**伸缩**，称局部旋转角度 τ 为**扭转**，称伸缩和扭转的组合（将原始图形转换为像）为**伸扭**. 综上，

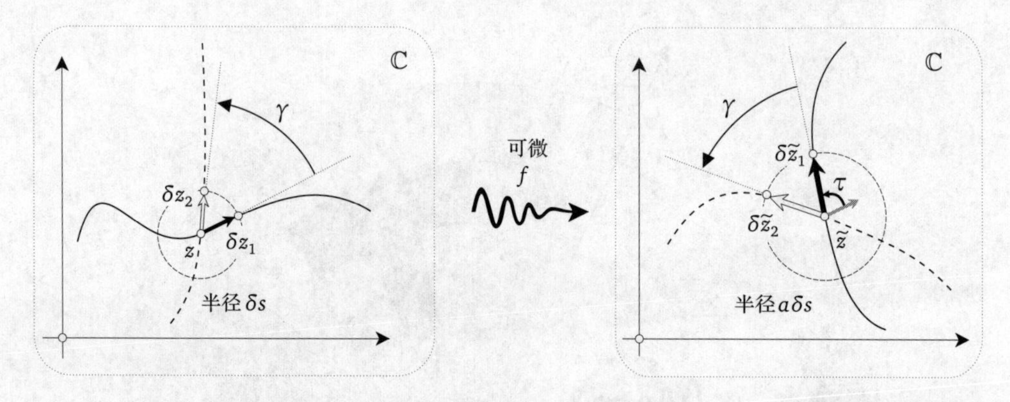

图 4-7　伸扭. 可微复映射 $f(z)$ 的局部作用是**伸扭**（由**伸缩**和**扭转**复合而成的变换），用复数描述为 $f'(z) = f(z)$ 的伸扭 $= (\text{伸缩})\mathrm{e}^{\mathrm{i}(\text{扭转})}$. 设 $\delta z_{1,2}$ 是从 z 出发的任意两个小复数，它们相等地**伸扭**为从 $\widetilde{z} = f(z)$ 出发的两个复数 $\delta\widetilde{z}_{1,2} \asymp a\mathrm{e}^{\mathrm{i}\tau}$，所以两条曲线的夹角 γ 保持不变：f 是共形的

$$f'(z) = f \text{ 在 } z \text{ 处的伸扭} = (\text{伸缩})\mathrm{e}^{\mathrm{i}(\text{扭转})} = a\mathrm{e}^{\mathrm{i}\tau}. \tag{4.19}$$

在讨论空间曲面上的共形度量公式之前，我们再次回到 $f(z) = z^2$，演示如何借助图 4-6 利用几何方法推导出平方函数的伸扭.

考虑图 4-6 中有一个顶点为 $z = r\mathrm{e}^{\mathrm{i}\theta}$ 的白色“正方形”. 它经过点 z、辐角为 θ 的径向边被映射为经过点 z^2、辐角为 2θ 的径向边，即这条边在映射作用下扭转了角度 θ，所以

$$\tau = \text{扭转} = \theta.$$

为了求出拉伸因子 a，注意白色“正方形”加黑的外边（它最终等于经过点 z、连接两个白点的那段圆弧）. 它对应的圆心角为 $\delta\theta$，长度最终等于 $r\delta\theta$. 因为平方映射使得辐角加倍，所以这段弧的像（称为像弧）对应的圆心角为 $2\delta\theta$，又因为像弧在半径为 r^2 的圆周上，所以这段像弧的长度最终为 $r^2(2\delta\theta)$. 因此，

$$(\text{像弧}) \asymp 2r(\text{原弧}) \quad \Longrightarrow \quad a = \text{伸缩} = 2r.$$

于是，我们得到结论：

$$\left(z^2\right)' = z^2 \text{ 的伸扭} = (\text{伸缩})\mathrm{e}^{\mathrm{i}(\text{扭转})} = 2r\mathrm{e}^{\mathrm{i}\theta} = 2z.$$

这个结果与实函数的结果 $\left(x^2\right)' = 2x$ 看起来完全一样，但它包含的意义要多得多.

将这个几何方法推广到幂函数 z^m，不难得到 $(z^m)' = mz^{m-1}$ [练习]. 其他重要映射的伸扭也可以用纯几何的方法推导出来，详情请参见《复分析》.

现在回到我们的主要关注点：曲面上的共形坐标．我们可以把简单的线性函数重新放到极其丰富的可微（即共形）映射 $f(z)$ 里．再次定义从复平面 $\mathbb{C}$ 到曲面 $\mathcal{S}$ 的复合映射 $\widetilde{F} \equiv F \circ f$，新的度量公式为

$$d\widetilde{s} = \widetilde{\Lambda}(z)\,ds, \qquad 其中\ \widetilde{\Lambda}(z) = (伸缩)\Lambda(\widetilde{z}) = |f'(z)|\Lambda(\widetilde{z}).$$

只要有一个共形映射 $F: \mathbb{C} \mapsto \mathcal{S}$，任选一个解析映射 $f: \mathbb{C} \mapsto \mathbb{C}$，然后变换到 $\mathcal{S}$，就可以构作从曲面 $\mathcal{S}$ 到自身的共形映射．为看清这一点，考虑作用在 $\mathcal{S}$ 上的复合映射

$$\widehat{f} \equiv F \circ f \circ F^{-1}. \tag{4.20}$$

首先，F^{-1} 是从曲面 $\mathcal{S}$ 到复平面 $\mathbb{C}$ 的共形映射；其次，f 将 $\mathbb{C}$ 共形映射到 $\mathbb{C}$；最后，F 将复平面 $\mathbb{C}$ 共形映射到曲面 $\mathcal{S}$．因为这三个映射都保持角度不变，所以复合映射也保持角度不变，从而复合映射 $\widehat{f}: \mathcal{S} \mapsto \mathcal{S}$ 的确是共形的．

在下一节中，我们将遇到一个非常重要的例子，即球面 $\mathcal{S} = \mathbb{S}^2$ 上的共形映射 F. 稍后，我们将用这个映射 F，经由映射 (4.20)，将球面 $\mathbb{S}^2$ 的旋转变换表示为复函数［由式 (6.10) 给出］．这些旋转变换不仅是共形的，而且是在球面上（保向）等距的．

4.7 球面的共形球极地图

喜帕恰斯（约公元前 150 年）[①]可能是第一个绘制球面共形[②]地图的人，他使用的方法如图 4-8 所述，即所谓的**球极平面投影**法．到了公元 125 年，托勒密（他通常被认为是该方法的发现者）用这种方法绘制了天体在**天球**上的位置．

这个投影法类似于中心投影，不同的是点光源在北极 N，而不是在球心，投影到的是一个横截赤道的平面，而不是南极的切平面．[③]穿过球面 Σ 上点 $\widehat{z}$ 的光线射到复平面 $\mathbb{C}$ 上的一点 z（称为点 $\widehat{z}$ 的**球极像**）．这样我们就建立了从 $\mathbb{C}$ 上的点到 Σ 上的点一一对应的关系，所以也可以说 $\widehat{z}$ 是 z 的球极像．因为上下文清楚地表明我们考虑的是从 $\mathbb{C}$ 到 Σ 的映射，还是从 Σ 到 $\mathbb{C}$ 的映射，所以，球极像是 $\widehat{z}$ 还是 z 一目了然，不会引起混淆．

注意以下立即可得的事实：(i) Σ 的南半球被映射到 $\mathbb{C}$ 上圆周 $|z| = R$ 的内部，特别地，南极 S 被映射到复平面的原点 0；(ii) 球面 Σ 赤道上的每个点被映射到

① 罗得岛的喜帕恰斯（约公元前 190—约公元前 120），古希腊数学家、天文学家、地理学家，史称“天文学之父”．——译者注

② 图 4-8 所示投影法的共形性并不明显，将在图 4-9 中简单解释．

③ 一些老教科书采用投影到南极的切平面．这样做也可以，［练习］只需要将地图的比例乘以 2.

复平面 $\mathbb{C}$ 的圆周 $|z|=R$ 上（即映射到自身）；(iii) 在复平面 $\mathbb{C}$ 上，圆周 $|z|=R$ 的外部被映射到 Σ 的北半球，但北极 N 不是复平面 $\mathbb{C}$ 上任何有限点的像．然而，很明显，随着 z（在任何方向上）越来越远离原点，像 $\widehat{z}$ 越来越接近北极 N．在这之后，直到第二幕结束，我们都将采用复分析中惯例，将 Σ 取成单位球面，它的每个点以其球极像的复数标记，这个球面称为**黎曼球面**．北极 N 就是**无穷远点**的具体表现．这样的复平面称为**扩充复平面**．

图 4-8 说明了以下事实：

> 平面上直线的球极像是球面 Σ 上的一个圆周，这个圆周沿着平行于原像直线的方向经过北极 N．　(4.21)

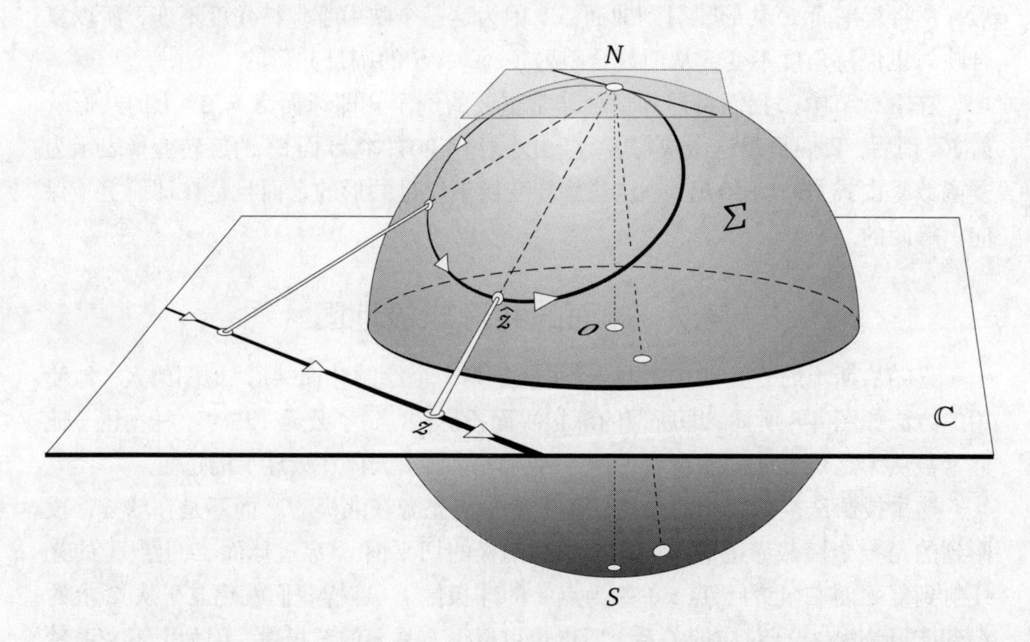

图 4-8　球极平面投影：从北极 N 发出的光透过玻璃球面 Σ，照在复平面 $\mathbb{C}$ 上．球面 Σ 上经过北极 N 的圆周在复平面 $\mathbb{C}$ 上的影子是一条直线，它平行于圆周在北极 N 的切线

要弄清这一点，首先观察到，当点 z 沿着图 4-8 所示的直线运动时，连接北极 N 和点 z 的直线扫出了一个经过北极 N 的平面的一部分．于是球极像 $\widehat{z}$ 沿着这个平面与球面 Σ 的交线运动，其轨迹是经过北极 N 的圆周．其次，注意到球面 Σ 在北极 N 的切平面平行于平面 $\mathbb{C}$．我们用第三个平面与这两个平行平面相交，得到两条平行的直线，一条是原像直线，另一条是圆周在北极 N 的切线．所以，圆周在北极 N 的切线平行于原像直线．

由此可知，球极平面投影是保持角度不变的[①]. 图 4-9 显示了两条相交于点 z 的直线，它们的球极平面投影像都是经过北极 N 的圆周.

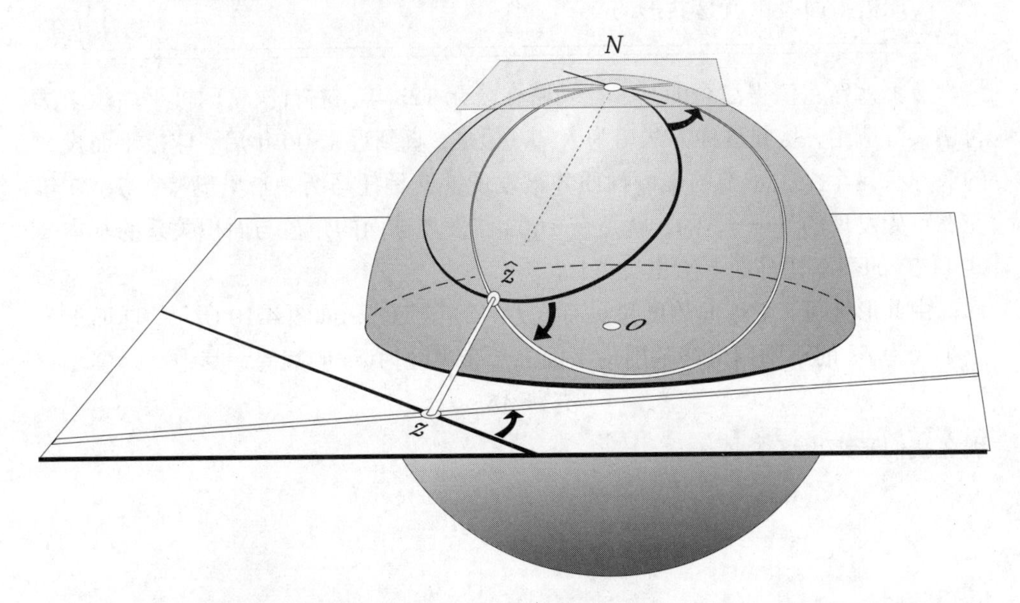

图 4-9 球极平面投影是共形的. 当平面上的直线绕点 z 旋转时，球面上的像圆在北极 N 的切线与它一起绕 N 旋转，所以它们在 z 和 N 处的旋转角相等. 由对称性，球面上在点 $\hat{z}$ 处的旋转角与在 N 处的旋转角相等，从而也与平面上在点 z 处的旋转角相等，这样就证明了球极平面投影是共形的

注意到两个圆周在两个交点（$\hat{z}$ 和北极 N）处夹角的大小是相同的，这是因为球面上的图形关于由球心和两个圆心决定的平面具有镜像对称性.[②]又因为圆在北极 N 处的切线与平面上的原像直线平行，所以图 4-9 中所示在点 z 和 $\hat{z}$ 处的两个角具有相等的大小. 但是，在说球极平面投影是"共形的"之前，我们必须定义球面上角度的方向.

根据我们的约定，图 4-9 所示在点 z 处的角（从黑色线条到白色线条）是正的，也就是说，当从平面上方向下看时，它是逆时针的. 从图 4-9 可以看出，在点 $\hat{z}$ 处的角是负的（顺时针）. 然而，如果我们从球内部向外看这个角，它是正的. 因此，

① 此处原文为"preserves angles"，就是"保持角度不变"的意思，不是 conformal（共形、保角）的另一种翻译. ——译者注

② 如果你在橘子表面上画任意两个相交的圆，这就会变得非常清楚.（事实上，圆周关于直径对称，而经过圆心的直线都是直径，所以圆周关于经过圆心的直线对称；同理，球面关于经过球心的平面对称. 所以，球面及其上面的两个圆周关于由球心和两个圆心决定的平面都是对称的，即这里所说的镜像对称. ——译者注）

> 如果我们用从球面 Σ 内部向外看到的角来定义 Σ 上角的方向，那么球极平面投影就是共形的.

历史注释：值得注意的是，托勒密在公元 125 年左右首次将球极平面投影法付诸实际应用，从此这种方法广为人知. 但是，直到近 1500 年后，球极平面投影的*共形性*这个至关重要的美丽性质才被发现. 这是托马斯 · 哈里奥特在 1590 年左右首先发现的①——是的，就是在 1603 年发现球面的角盈与面积关系的基本公式 (1.3) 的那个托马斯 · 哈里奥特!

由共形性可知，球面的度量具有式 (4.13) 的形式. 如图 4-10 所示，球面上一个半径为 $\delta\widehat{s}$ 的小圆周最终映射为平面上一个半径为 δs 的圆周，其中

$$\delta\widehat{s} \asymp \Lambda\delta s.$$

现在我们来求出这个 Λ.

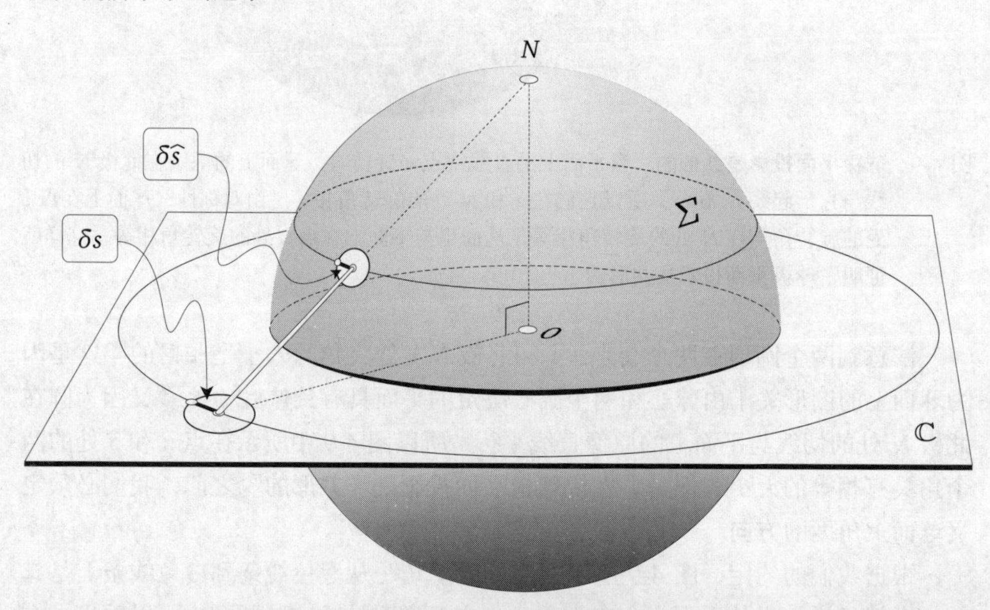

图 4-10　共形性意味着球面上一个半径为 $\delta\widehat{s}$ 的小圆周最终映射为平面上一个半径为的 δs 圆周. 要找到度量公式，必须求出它们半径的比值，为此我们选择 $\delta\widehat{s}$ 沿着图中所示的纬线圆方向

因为 Λ 仅依赖于点 $\widehat{z}$，与半径 $\delta\widehat{s}$ 及其方向无关，所以我们可以自由地选取一

---

① 见 Stillwell (2010, 16.2 节). 关于哈里奥特的生平，见 Stillwell (2010, 17.7 节) 以及牛津大学出版社 2019 年出版的哈里奥特的传记：《托马斯 · 哈里奥特的科学人生》，罗宾 · 阿里安霍德（*Thomas Harriot: A Life in Science*, by Robyn Arianrhod, Oxford University Press, 2019）.

个方向使得几何分析尽量简单. 于是，我们选取水平方向，即沿着纬线圆的方向.

在球极平面投影的作用下，球面上的纬线圆被均匀放大，生成一个以原点为圆心，经过点 z 的圆周，而 δs 指向点 z. 当点 $\hat{z}$ 沿着经过它的纬线圆转动时，点 z 也在平面上和它一样地转动，它们的移动的距离与它们到北极 N 的距离成比例. 于是，[①]

$$\frac{\delta\hat{s}}{\delta s}=\frac{N\hat{z}}{Nz}.$$

图 4-11 显示的是图 4-10 中经过三点 $N,\hat{z},z$ 的纵剖面. 三角形 $N\hat{z}S$ 相似于三角形 $N0z$，所以

$$\frac{N\hat{z}}{2R}=\frac{R}{Nz}.$$

结合前面得到的结果，我们有

$$\frac{\delta\hat{s}}{\delta s}=\frac{2R^2}{[Nz]^2}.$$

最后，令 $r=|z|$，利用勾股定理，从三角形 $N0z$ 可知 $[Nz]^2=R^2+r^2$，于是球极地图的共形度量公式为

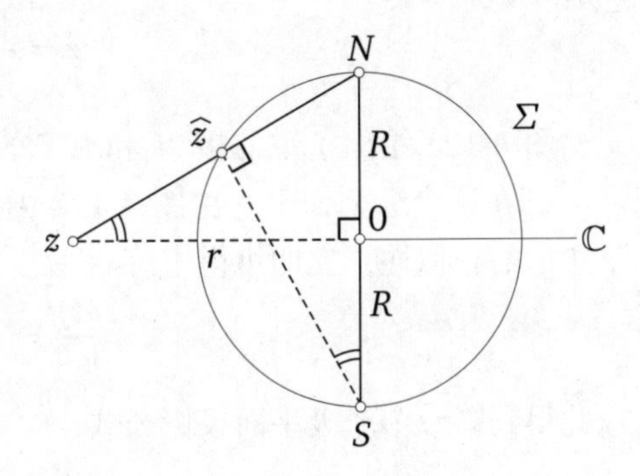

图 4-11 三角形 $N\hat{z}S$ 相似于三角形 $N0z$

$$d\hat{s}=\frac{2}{1+(r/R)^2}\,ds. \tag{4.22}$$

这是我们第一次尝试共形曲率公式 (4.16)，当然会得到 $\mathcal{K}=(1/R^2)$. 建议你用以下两种方式确认这个结果. 一是，记 $r^2=x^2+y^2$，利用拉普拉斯算子在直角坐标系里最初的形式，即式 (4.15). 二是，利用拉普拉斯算子在极坐标系里的如下形式：

$$\nabla^2=\partial_r^2+\frac{1}{r}\partial_r+\frac{1}{r^2}\partial_\theta^2. \tag{4.23}$$

4.8 球极平面投影公式

在本节中，我们要推导球面 Σ 上的点 $\hat{z}$ 和它在 $\mathbb{C}$ 上的球极平面投影 z 之间坐标关系的显式公式. 为简化问题，我们仅考虑 $R=1$ 的标准情形.

---

① 式中 $N\hat{z}$ 和 Nz 分别表示相应线段的长度，下同. ——编者注

令点 z 的直角坐标为 $z = x + \mathrm{i}y$，球面 Σ 上点 $\widehat{z}$ 的直角坐标为 (X, Y, Z). 我们选择 X 轴和 Y 轴分别与平面 $\mathbb{C}$ 的 x 轴和 y 轴重合，Z 轴正半轴经过北极 N. 为了让你适应这两个坐标系，请验证以下事实：Σ 的方程为 $X^2 + Y^2 + Z^2 = 1$，北极 N 的坐标为 $(0, 0, 1)$，南极 S 的坐标为 $(0, 0, -1)$，以及 $1 = (1, 0, 0)$，$\mathrm{i} = (0, 1, 0)$.

已知球面 Σ 上点 $\widehat{z}$ 的坐标为 (X, Y, Z)，它的球极像为 $z = x + \mathrm{i}y$，我们来求联系二者的公式. 设点 $\widehat{z}$ 到平面 $\mathbb{C}$ 的垂足为 $z' = X + \mathrm{i}Y$. 显然，球极像 z 与垂足 z' 具有相同的方向，所以

$$z = \frac{|z|}{|z'|} z'.$$

图 4-12a 绘出了过北极 N 和点 $\widehat{z}$ 的球面 Σ 和平面 $\mathbb{C}$ 的纵剖面. 显然，点 $\widehat{z}$ 和 z 都在这个纵剖面上. 由图 4-12a 中所示分别以 $N\widehat{z}$ 和 Nz 为斜边的两个直角三角形的相似性，立即可得 [练习]:

$$\frac{|z|}{|z'|} = \frac{1}{1 - Z}.$$

由此得到第一个球极平面投影公式：

$$x + \mathrm{i}y = \frac{X + \mathrm{i}Y}{1 - Z}. \tag{4.24}$$

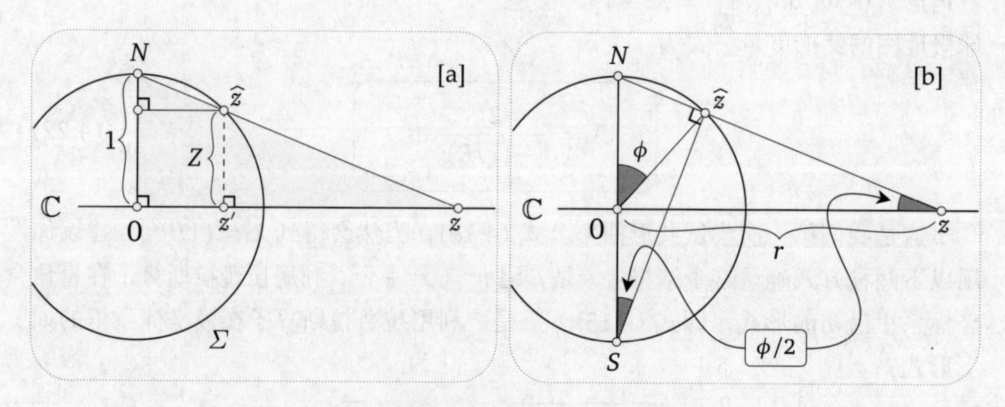

图 4-12　[a] 由相似三角形可知 $|z|/|z'| = 1/(1 - Z)$.　[b] $r = \cot(\phi/2)$

为方便使用，我们反过来求出用 z 的坐标表示的 $\widehat{z}$ 的坐标. 因为 [练习]

$$|z|^2 = \frac{1 + Z}{1 - Z},$$

我们有 [练习]

$$X + \mathrm{i}Y = \frac{2z}{1 + |z|^2} = \frac{2x + \mathrm{i}2y}{1 + x^2 + y^2}, \quad Z = \frac{|z|^2 - 1}{|z|^2 + 1}. \tag{4.25}$$

用三维坐标 (X,Y,Z) 表示球面 Σ 上的点常常是很有用的，但肯定是不自然的，因为球面的内蕴几何是二维的. 使用更自然的（二维）球面极坐标 (ϕ,θ)，会得到一个特别整齐的球极平面投影公式.

回忆一下，我们知道 θ 表示绕 Z 轴旋转的角度，$\theta=0$ 定义为过 X 轴正半轴的纵向半平面. 因此，对于平面 $\mathbb{C}$ 上的点 z，θ 就是正实轴到 z 的通常角度. 如图 4-12b 所示，ϕ 定义为球面 Σ 上从北极 N 到点 $\widehat{z}$ 的圆心角.[①] 例如，赤道表示为 $\phi=(\pi/2)$. 按照惯例，$0\leqslant\phi\leqslant\pi$.

假设点 $\widehat{z}$ 的的坐标为 (ϕ,θ)，它的球极像为 z，显然有 $z=re^{i\theta}$，于是我们只需求出 r 关于 ϕ 的函数. 从图 4-12b 可知，三角形 $N\widehat{z}S$ 和 $N0z$ 相似 [练习]，又因为 $\angle NS\widehat{z}=(\phi/2)$，所以 $r=\cot(\phi/2)$ [练习]. 由此得到第二个球极平面投影公式：

$$z=\cot(\phi/2)e^{i\theta}. \tag{4.26}$$

罗杰·彭罗斯爵士提出过球极平面投影的一个漂亮的不同解释，我们会在第 108 页习题 33 里介绍怎么用这个公式建立彭罗斯的新解释.

为了说明这个公式的一个应用，我们简单讨论一下表示**对径点**的复数之间的关系. 回忆一下，一对对径点就是球的直径的两个端点. 例如，南极和北极互为对径点. 我们要证明

> 如果 $\widehat{p}$ 和 $\widehat{q}$ 是球面 Σ 上的一对对径点，则它们的球极像 p 和 q 有如下关系：
> $$q=-(1/\overline{p}). \tag{4.27}$$

注意到 p 和 q 实际上是对称的（这是显然的），我们有 $p=-(1/\overline{q})$. 现在证明式 (4.27)：如果 $\widehat{p}$ 的坐标是 (ϕ,θ)，则 $\widehat{q}$ 的坐标是 $(\pi-\phi,\pi+\theta)$. 于是，

$$q=\cot\left[\frac{\pi}{2}-\frac{\phi}{2}\right]e^{i(\pi+\theta)}=-\frac{1}{\cot(\phi/2)}e^{i\theta}=-\frac{1}{\cot(\phi/2)e^{-i\theta}}=-\frac{1}{\overline{p}}.$$

第 96 页习题 7 是式 (4.27) 的初等几何证明.

4.9 球极平面投影的保圆性

本节致力于证明一个美丽、令人惊讶且至关重要的事实：

$$\text{球极平面投影是保圆的！} \tag{4.28}$$

① 这是美国的惯例. 在我的故乡英国，θ 和 ϕ 的角色与这里说的正好相反. Penrose and Rindler (1984, 第 1 卷, 第 12 页) 有一张同样的图，但是，坐标是用英国惯例标记的.

我们已经知道，每一个共形映射都将无穷小圆周映射为无穷小圆周．球极平面投影不仅如此，还将球面上任意大小、任意位置的有限圆周映射为平面上的正圆周，尽管球面上的圆心不被映射为平面上的圆心．我们指出，当球面上的圆周靠近北极 N 时，它的像特别大；如果圆周经过 N，它的像就会变成图 4-8 所示的直线.

《复分析》3.4.2 节最后给出了命题 (4.28) 漂亮、完全概念化的几何解释，在此代之以计算性的处理.

单位球面 Σ 上的每一个圆周都是 Σ 与一个平面的交线，这个平面到球心 O 的距离小于 1：

$$lX+mY+nZ=k, \qquad \text{其中 } l^2+m^2+n^2 \geqslant k^2.$$

把式 (4.25) 代入这个平面方程，得到这个平面与球面 Σ 的交线在平面 $\mathbb{C}$ 上的球极平面投影曲线，其方程为 [练习]

$$2lx+2my+n(x^2+y^2-1)=k(x^2+y^2+1).$$

如果 $k=n$，则这个圆周在球面 Σ 上经过北极 N，它的像是一条直线（当然如此！），其方程为 $lx+my=n$ [练习]．如果 $k \neq n$，配方，将方程写为 [练习]

$$\left[x-\frac{l}{k-n}\right]^2+\left[y-\frac{m}{k-n}\right]^2=\frac{l^2+m^2+n^2-k^2}{(k-n)^2}.$$

这是一个圆，其中

$$\text{圆心}=\left(\frac{l}{k-n},\frac{m}{k-n}\right), \qquad \text{半径}=\frac{\sqrt{l^2+m^2+n^2-k^2}}{|k-n|}.$$

（评论：这是一个非常好的例子，说明计算极具魅力，但也很有腐蚀能力．我们调用“魔鬼机器”（见序幕）在短短几行中完成工作，证明了结果．但我们站在这里，完全不知道为什么结果是真的！）

有了保圆性，借助图 1-5 容易证明：球面上的测地线（即大圆）在地图上表现为圆周，它与赤道相交于一条直径的两个端点.

第 5 章　伪球面和双曲平面

5.1　贝尔特拉米的洞察

在 1830 年左右，随着罗巴切夫斯基和波尔约发现双曲几何，对平行线的长期研究达到高潮. 几乎与此同时，随着高斯在 1827 年发现微分与几何的联系，一条完全不同的平行线——对微分几何的研究也达到高潮. 就像球面上最初平行的线[①]最终会相交一样，这两条思想的平行线也会以强有力而富有成效的方式相交.

1868 年，意大利几何学家欧金尼奥 · 贝尔特拉米（见图 5-1）认识到，来自看似不相关思想领域的两个结果之间可能存在联系. 一方面，他知道兰伯特的结果 (1.8)——后来被高斯、罗巴切夫斯基和波尔约重新发现——即在双曲几何中，一个三角形的角盈是一个负常数与其面积的乘积. 另一方面，他也知道局部高斯 – 博内定理.

图 5-1　欧金尼奥 · 贝尔特拉米（1835—1900）

贝尔特拉米有一个深刻的认识：如果能找到一个*常负曲率* $\mathcal{K} = -(1/R^2)$ 的曲面，那么通过式 (2.6)，在这个曲面上构作的测地线三角形都会自动服从双曲几何的中心定律：

$$\mathcal{E}(\Delta) = -\frac{1}{R^2}\mathcal{A}(\Delta).$$

当时，罗巴切夫斯基和波尔约发现的双曲几何已经在不明不白之中沉寂了近 40 年，虽然因其匪夷所思被一些人诋毁，但还是被大多数人忽视了. 现在，贝尔特拉米终于有了一个想法，可以把它建立在一个可靠而直观的基础上. 也许双曲几何仅仅*是*常负曲率曲面的内蕴几何！一场长达 2000 多年的斗争就此走向尾声.

---

① 想象过赤道上两个邻近点的经线.

5.2　曳物线和伪球面

贝尔特拉米已经知道，图 2-6 所示的伪球面确实是具有常负曲率 $\mathcal{K}=-(1/R^2)$ 的曲面，其中 R 为底圆半径.（我们将在本节中证明这个事实.）更具体地说，他认识到这个曲面的局部几何服从罗巴切夫斯基和波尔约的抽象非欧几何定律. 这种抽象的双曲几何学被理解为发生在一个无限的**双曲平面**上，这个平面与欧几里得平面几乎一模一样，服从欧几里得几何的前四个公设，但是平行线服从双曲公设 (1.1)，而不是欧几里得几何的平行公设.

尽管伪球面的常负曲率可以确保它忠实地体现这个公设的局部结果，但是伪球面仍然不会成为整个双曲平面的模型. 这是因为，它在两个方面与是欧几里得平面不同：(1) 伪球面类似于一个圆柱面，而不是平面；(2) 伪球面上的一条线段不能沿两个方向无限延长，它会撞到边缘.（正如我们之前提到的，希尔伯特在 1901 年发现，这样的边缘是所有常负曲率曲面的基本特征——这不是内蕴的，而是试图迫使这样的曲面适应普通欧几里得三维空间造成.）

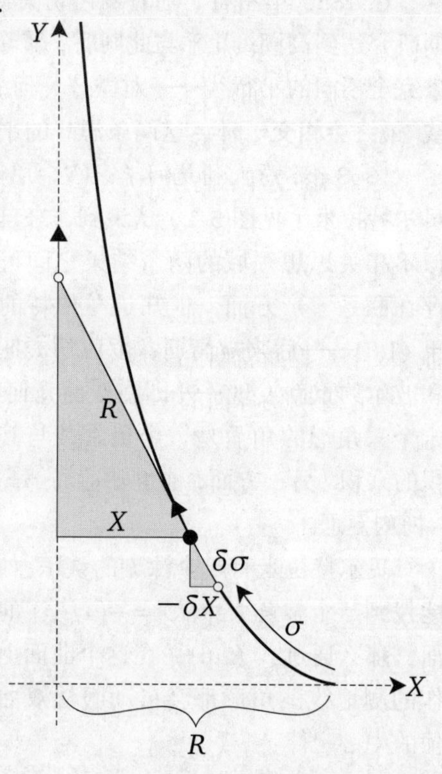

图 5-2　曳物线. 把一个物体系在一根长为 R 的细绳上，沿 X 轴平放（细绳的自由端位于原点）. 当细绳的自由端沿 Y 轴移动时，物体被拖着沿图示曲线运动，这条曲线称为**曳物线**

贝尔特拉米认识到了这两个障碍，下一节将说明，他如何通过构作一个伪球面的共形映射，一下子就克服了这两个障碍. 现在还是先考虑如何构作伪球面.

试试下面的实验. 拿一个小而重的物体（例如镇纸），在上面系一根细绳. 现在把物体放在桌面上，并让细绳与桌面边缘垂直，然后沿着桌面边缘移动细绳的自由端来拖动它. 你会看到重物沿着图 5-2 所示的曲线移动，Y 轴代表桌面边缘. 这条曲线称为**曳物线**，Y 轴（曲线渐近地接近它）称为曳物线的**轴**. 牛顿在 1676 年首先研究了曳物线.

如果细绳的长度为 R，那么轨迹线具有如下几何性质：*从一个切点到相应切线与 Y 轴交点的长度为常数 R.* 牛顿认为这是与曳物线的定义等价的性质.

回到图 5-2，设 σ 为曳物线的弧长，$\sigma = 0$ 对应于所拖动物体的起始位置 $X = R$. 当物体将要通过 (X, Y) 时，令 δX 表示当物体沿着曳物线移动一段距离 $\delta\sigma$ 时 X 发生的微小变化. 从图 5-2 中两个三角形的最终相似性，可以推出

$$\frac{-\mathrm{d}X}{\mathrm{d}\sigma} = \frac{X}{R},$$

因此

$$\boxed{X = R\,\mathrm{e}^{-\sigma/R}.} \tag{5.1}$$

现在让曳物线绕其轴旋转一周，生成图 2-6 所示的曲面，这就是半径为 R 的**伪球面**.（图 5-3 展示了作者自己制作的伪球面.）1839 年，高斯的学生明金就知道这个曲面具有常曲率，该发现成为双曲几何受到关注的催化剂. 值得注意的是，早在此约一个半世纪前（1693 年），克里斯蒂安 · 惠更斯就研究过这个曲面.

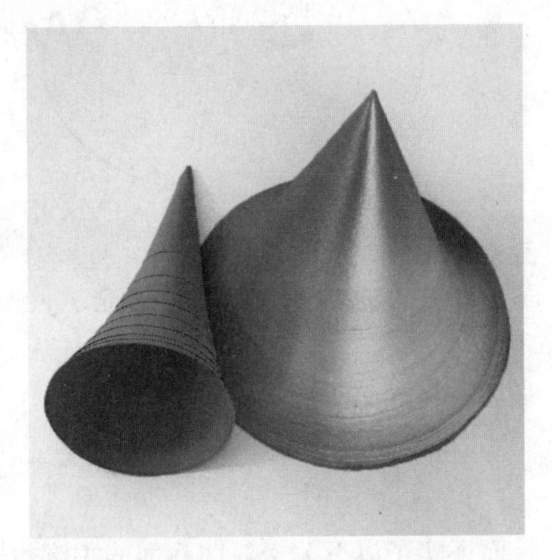

图 5-3 作者自己制作的伪球面，由锥面组成，而锥面由半径为 R 的圆盘做成. 为了方便看清其结构，将上半部分取下来了

为了证明伪球面的曲率不变性，先求其度量公式，为此要建立一个好用的坐标系. 我们着手在伪球面上建立一个非常自然的正交坐标系. 看看图 5-4a（请先忽略图 5-4b）. 要建立坐标系，对于曲面上任意指定的一点，我们要回答两个问题：(i) 这个点在哪一条曳物线母线上？(ii) 这个点在这条母线的什么地方？我们指定 x 为曳物线绕其轴的旋转角，这就回答问题 (i)；指定 σ 为从曳物线底部到这一点的弧长，这就回答了问题 (ii).

曲线 $x = 常数$ 是伪球面的曳物线母线（它们显然都是测地线[①]），曲线 $\sigma = 常数$ 是伪球面的横截圆周（它们显然不是测地线）. 这个横截圆周的半径是图 5-2 中的 X 坐标，所以，由式 (5.1) 有

> 伪球面上经过点 (x, σ) 的 $\sigma = 常数$ 的横截圆周的半径为 $X = R\,\mathrm{e}^{-\sigma/R}$.

如图 5-4a 所示，增量 $\mathrm{d}x$ 使得点 (x, σ) 走过的弧长为 $X\,\mathrm{d}x$. 于是，度量公式为

$$\mathrm{d}\widehat{s}^2 = X^2\,\mathrm{d}x^2 + \mathrm{d}\sigma^2 = \left(R\,\mathrm{e}^{-\sigma/R}\right)^2 \mathrm{d}x^2 + \mathrm{d}\sigma^2. \tag{5.2}$$

① 由对称性可知，任何旋转曲面的经线都是测地线.

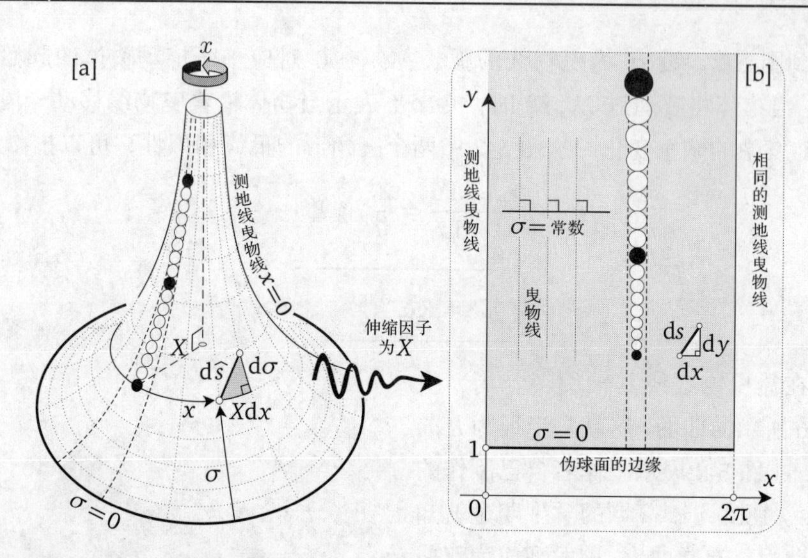

图 5-4　伪球面的共形地图. 首先，选择绕轴旋转的角度为 x 坐标. 其次，由于图示的无限小三角形的相似性，共形性决定了 y 坐标服从 $\mathrm{d}y/\mathrm{d}\sigma = 1/X$

最后，将式 (5.2) 代入曲率公式 (4.10)，得到

$$\mathcal{K} = -\frac{1}{R\,\mathrm{e}^{-\sigma/R}}\partial_\sigma\left[\frac{\partial_\sigma(R\,\mathrm{e}^{-\sigma/R})}{1}\right] = -\frac{1}{R^2},$$

从而证实了以下关于双曲几何的关键事实，这就是贝尔特拉米需要解释的：

> 伪球面具有常负曲率 $\mathcal{K} = -(1/R^2)$，其中 R 是底圆半径.　　(5.3)

这个命题具有重要的数学意义和历史意义，在本书中我们会尽可能直接地给出它的几何解释. 事实上，后面会给出这个命题的两个几何证明：在第三幕用外在几何证明，在第四幕用内蕴几何证明.

在继续讨论之前，我们建议你自己做一个伪球面！除此之外，我们实在想不出更好的方法来建立对伪球面的几何感觉. 为理解这个结构背后的想法，可以想象旋转图 5-2 来构作伪球面. 在这个过程中，无论拖拽物体的位置在哪里，因为拖动物体的细绳长为 R，下端与曳物线相切，上端在 Y 轴上，旋转的细绳总是生成固定母线长度 R 的（与伪球面相切的）圆锥面.

准备一摞纸，尽可能多（但要剪得动），沿三条边钉在一起. 拿一个可以放在纸内的最大圆形碗碟，在纸上描出它的边缘，沿着这个圆切出相同的圆盘. 重复这个步骤，直到你拥有至少 20 个圆盘——越多越好！在第一个圆盘上剪一个小楔口，把边缘粘到一起，形成一个很浅的圆锥面. 取出下一个圆盘，剪出稍微大一点儿的楔口[1]，把边缘粘在一起，做成一个稍微高一点儿的圆锥面，但仍具有相同的母线长度．把这个新的圆锥面放在之前的圆锥面上，然后重复、再重复……你就可以看到自己亲手做的伪球面了！

5.3 伪球面的共形地图

为了创建类似于欧几里得平面的无限双曲平面地图，首先在复平面 $\mathbb{C}$ 上构作伪球面的共形地图．在地图上选择角 x 作为横轴，见图 5-4b．于是伪球面的曳物线母线就是纵轴．伪球面上坐标为 (x,σ) 的点在地图上表示为直角坐标为 (x,y) 的点，我们把它看作复数 $z=x+\mathrm{i}y$．

如果对地图没有特别的要求，可以简单地选择 $y=y(x,\sigma)$ 为 x 和 σ 的任意函数．但现在我们要求地图必须是共形的，即必须将伪球面上的无限小[2]三角形映射为地图上的相似无限小三角形，更一般地，必须将伪球面上的任何小图形映射为地图上看起来同样的图形（仅大小不同）．在决定绘制这样一张共形地图之后，我们就不能随意选择 y 坐标了．为什么呢？首先，由 $x=$ 常数 表示的曳物线母线正交于由 $\sigma=$ 常数 表示的横截圆周，所以它们在共形地图中的像也是正交的．因此，$\sigma=$ 常数 的像一定是地图上的水平直线 $y=$ 常数．由此我们推断，$y=y(\sigma)$ 是只与变量 σ 有关的函数．

其次，考虑在伪球面的横截圆周 $\sigma=$ 常数（半径为 X）上连接点 (x,σ) 和 $(x+\mathrm{d}x,\sigma)$ 的弧．如图 5-4 所示，根据 x 的定义，这段弧对应的圆心角为 $\mathrm{d}x$，所以它在伪球面上的弧长为 $X\,\mathrm{d}x$．这两个点在地图上的像有相同的高度，它们之间的距离为 $\mathrm{d}x$．因此，伪球面上的这段弧被映射为地图上的直线段，伸缩因子为 X．

因为地图是共形的，所以从点 (x,σ) 出发，沿任意方向的无穷小线段都具有相同的伸缩因子 $(1/X)=(1/R)\mathrm{e}^{\sigma/R}$．换句话说，度量公式为

$$\boxed{\mathrm{d}\widehat{s}=X\,\mathrm{d}s.}$$

最后，考虑图 5-4a 中伪球面最上面的黑色圆盘．设想这是一个无穷小圆盘，例如它的直径为 ϵ．在地图上，它的像是另一个圆盘，其直径为 (ϵ/X)，这个像的直径可以更生动地解释为：观察者站在伪球面的轴上，并且与原像圆盘保持在同一高度，看向原像圆盘的视角．[3] 假设我们将伪球面上的圆盘向下移动，每次移动距离 ϵ，直至到达伪球面的边缘．图 5-4a 展示了由此产生圆盘链，它们彼此相切，

① 在实际操作中更简单的做法是，剪一个径向狭缝，然后重叠纸张形成圆锥面．

② 这一次，我们宁愿用"无限小"这个直观、简便的词，而不用"最终相等"这个严格的表述．

③ 站得越高，X 越小，伪球面距离轴越近．在轴上观看伪球面上圆盘的视角越大，地图上的圆盘就越大．

——译者注

大小相同．当圆盘沿伪球面向下移动时，它距离轴越来越远，从轴上相同的高度来观察它，视角会越来越小．因此，在地图上的像圆盘似乎会随着向下移动而逐渐缩小．在图 5-4a 中，伪球面上三个相距 8ϵ 的黑色圆盘是大小相同的，但是它们在图 5-4b 所示地图中的像圆盘就大小不同了．

对伪球面的地图有了一定的了解之后，我们实际计算一下伪球面上的点 (x,σ) 在地图上对应的 y 坐标．根据以上观察（或者直接根据图 5-4 中三角形是相似的这一要求），我们有

$$\frac{\mathrm{d}y}{\mathrm{d}\sigma}=\frac{1}{X}=\frac{1}{R}\mathrm{e}^{\sigma/R}\quad\Longrightarrow\quad y=\mathrm{e}^{\sigma/R}+C,$$

其中 C 为常数．C 的标准选择是 0，从而

$$y=\mathrm{e}^{\sigma/R}=(R/X).\tag{5.4}$$

于是，整个伪球面在地图上的像完全在直线 $y=1$（这是伪球面边缘的像）的上方，用地图坐标表示的度量公式为

$$\mathrm{d}\widehat{s}=\frac{R\,\mathrm{d}s}{y}=\frac{R\sqrt{\mathrm{d}x^2+\mathrm{d}y^2}}{y}.\tag{5.5}$$

为了方便后续使用，注意地图中一个边长分别为 $\mathrm{d}x$ 和 $\mathrm{d}y$ 的无限小矩形在伪球面上的原像是一个与之相似、边长分别为 $(R\,\mathrm{d}x/y)$ 和 $(R\,\mathrm{d}y/y)$ 的无限小矩形．因此，伪球面上的真实面积 $\mathrm{d}\mathcal{A}$ 与地图上看到的面积 $\mathrm{d}x\,\mathrm{d}y$ 有如下关系：

$$\mathrm{d}\mathcal{A}=\frac{R^2\,\mathrm{d}x\,\mathrm{d}y}{y^2}.\tag{5.6}$$

[当然，这个公式是式 (4.12) 在 $A=B=(R/Y)$ 时的特例.]

5.4　贝尔特拉米–庞加莱半平面

我们现在有一个类圆柱形、有边缘的伪球面共形地图：$\{(x,y):0\leqslant x<2\pi,\ y\geqslant 1\}$．为了创造无限双曲平面地图，贝尔特拉米知道他必须去掉上面这两个形容词．注意，选择不同的 R，虽然对几何参数的定量是不同的，但对几何性质的定性都是一样的，所以做如下特定选择不会有坏处：

> 几乎所有的双曲几何书籍和论文，都做出了特定选择 $R=1$，使得 $\mathcal{K}=-1$．在本节中，我们也采用这种传统选择.

如果有人希望从这个特例回到一般情形，只需要在特例（$R=1$）的公式中插入一个合适的 R 的幂. 例如，面积公式要乘以 R^2.

为了去掉“类圆柱形的”这个形容词，想象一下，用一个（半径为 1 的）标准圆柱形油漆滚筒刷墙. 在滚筒滚动一圈之后，你在墙上刷了一个宽度为 2π 的带形区域，滚筒表面的每一个点都被映射到墙上这个带形区域内的一个特定点. 要粉刷整面墙，只需继续滚动这个油漆滚筒即可！现在，假设我们的油漆滚筒采用伪球面的形式. 为了让它适合平坦的墙面，必须首先利用式 (5.5) 将伪球面拉伸成圆柱面[①]，然后就可以像之前一样，继续滚动油漆滚筒（假设水平滚动）. 如果一个质点沿着墙面上的一条水平线移动，那么伪球面上对应的质点就会绕伪球面上的水平圆周（即 $\sigma=$ 常数）转一圈又一圈. 这样，“类圆柱形的”这个形容词就被成功移除了. [②] 现在我们有伪球面地图 $\{(x,y):-\infty<x<\infty, y\geqslant 1\}$.

下一个问题，处理伪球面的“边缘”，同样可以用共形地图轻易解决. 图 5-5 的左边是伪球面上的一个质点沿曳物线母线向下运动的图像. 当然，质点的路线在伪球面边缘（$\sigma=0$）上的某一点 $\widehat{p}$ 处被迫中断，$\widehat{p}$ 对应着直线 $y=1$ 上的点 p. 但在地图上，点 p 和其他点一样，质点可以毫无障碍地向下移动到 $y=0$ 的点 q 处. 这时，伪球面上的真实距离 $\mathrm{d}\widehat{s}$ 仍由**标准化双曲度量**给出：

$$\mathrm{d}\widehat{s}=\frac{\mathrm{d}s}{y}. \tag{5.7}$$

为什么停在点 q 呢？答案是，质点永远不会到达那么远，因为在伪球面上，p 和 q 距离无限远！考虑图 5-5 左边所示，在直线 $y=2$ 上直径为 $\mathrm{d}s$ 的小圆盘 D. 它在伪球面上的真实大小是 $\mathrm{d}\widehat{s}=\mathrm{d}s/y$，最终等于在直线 $y=0$ 上 h 处观察它的视角 [练习]. 现在想象 D 以稳定的速度沿伪球面向下移动，它在地图中的表观大小肯定会收缩，使得在点 h 处观察它的视角不变. 在地图中，它到达 $y=1$，$y=1/2$，……，一直向下移动！

假设圆盘 D 从 $y=2$ 走到 $y=1$ 用时为一个单位，则在下一个单位时间到达 $y=1/2$，然后到达 $y=1/4$，……，这些点间隔相同的双曲距离：

$$\ln 2=\int_1^2\frac{\mathrm{d}y}{y}=\int_{1/2}^1\frac{\mathrm{d}y}{y}=\int_{1/4}^{1/2}\frac{\mathrm{d}y}{y}=\cdots.$$

---

① 式 (5.5) 是从伪球面到平面上（无限长的）矩形的映射，将圆柱面沿母线剪开，展开成平面就是一个矩形.
——译者注

② 史迪威（Stillwell, 1996）指出，这可能是在数学里第一次使用这种方法. 现在的拓扑学家称之为**万有覆盖**.

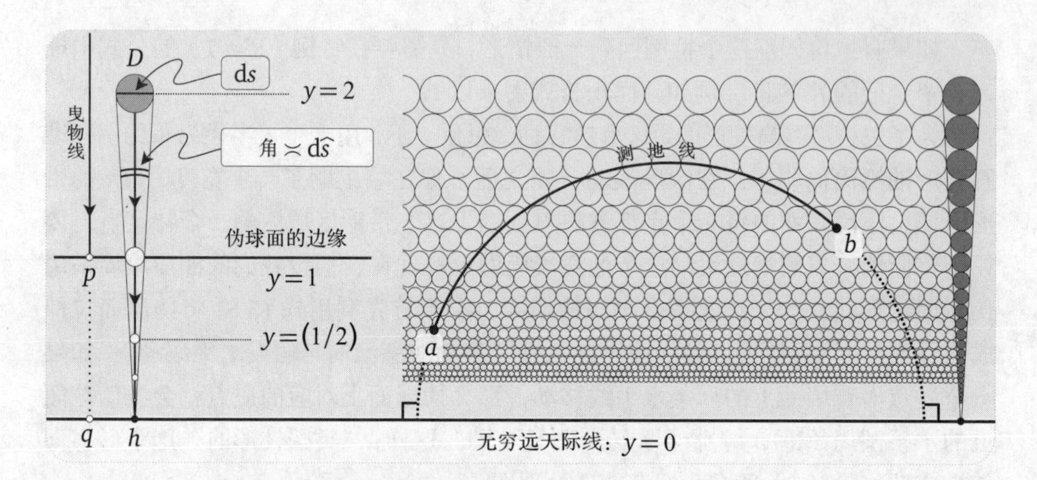

图 5-5　左边顶部圆盘 D 的双曲直径是站在无穷远天际线 $y=0$ 上 h 处观察 D 的（欧几里得）视角．当 D 向下移动时，它在（右边）地图上的像就会收缩．右边的圆盘是伪球面上同样大小圆盘的像，伪球面上的测地线是在地图上走过最少圆盘的路径 ab

因此，从地图上看运动变慢了，圆盘 D 在每一个单位时间内只走过了它到 $y=0$ 的一半距离．这样，D 永远到不了 $y=0$.（这种现象就是“芝诺悖论”，又称“芝诺的报复”！）

最终，我们拥有如下具体模型.

$$\textbf{双曲平面 } \mathbb{H}^2\text{：度量公式为 } d\widehat{s}=\frac{ds}{y} \text{ 的整个阴影半平面 } y>0. \tag{5.8}$$

实轴 $y=0$ 上的每一个点到双曲平面上每一个普通点的距离都是无限远的，严格来说，直线 $y=0$ 不是双曲平面的一部分．直线 $y=0$ 上的点称为**理想点**（或**无穷远点**）．整条直线 $y=0$ 称为**天际线**（或**视界**）.

尽管贝尔特拉米在 1868 年（比庞加莱早 14 年）就发现了这张地图，但它现在被普遍称为**庞加莱半平面**．然而，为了恢复历史平衡，我们固执地把这张地图称为**贝尔特拉米–庞加莱半平面**.

我们来更生动地解释这张地图的度量公式．图 5-5 最右边是一串纵向排列的圆盘，它们用双曲度量的直径是相等的，都等于 ϵ（即图 5-4a 中伪球面上的那一串圆盘）．在它的左边，我们用这样的圆盘填满了双曲平面的其余部分，它们有相等的双曲直径 ϵ．因此，任何曲线的双曲长度，即伪球面上曲线的真实长度，最终等于它所截圆盘的数量乘以 ϵ．这就清楚地表明，从 a 到 b 的最短路径是截到最少圆盘的路径，因此其近似的形状如图 5-5 所示.

如果你已经按照我们之前的建议制作了自己的伪球面模型，也可以通过在相似高度的两点之间拉直一条细绳来观察测地线的形状. 在不能拉直细绳紧贴模型表面的区域（例如沿着曳物线母线），你可以利用第 15 页方法 (1.7) 介绍的胶带法来试试，它在任何地方都有效.

我们的下一个任务是确认图 5-5 所示的有趣事实：几乎每一条测地线在地图上的形状都是一个与天际线成直角的完美半圆周. 唯一不是这种形状的测地线是曳物线母线，它们的形状是纵向半直线，也可以看作半圆的半径趋向无穷大的极限情况.

5.5 利用光学来求测地线

本节将利用物理学观点（特别是光学观点）[①]来解释双曲几何模型中的测地线为什么在贝尔特拉米－庞加莱半平面上是半圆形的. 我们的灵感来自于 1662 年发现的**费马原理**[②]：

光沿用时最少的路径从一个地方传播到另一个地方. (5.9)

我们将从牛顿式推理[③]开始对物理学进行短暂的探索，看看如何通过对费马原理的几何分析来解释当光线从空气进入水中时为什么会突然弯折（称为**折射**）. 这解释了为什么 [练习] 当你把勺子放入一杯茶时它看起来是弯折的.

在图 5-6 中，一束光线从 a 点出发，以与铅垂线夹角为 θ_1 的方向，在空气中以速度 v_1 传播，并到达水面上的 p 点. 然后，光线被折射成与铅垂线夹角为 θ_2 的方向在水中继续传播，速度降低为 v_2，最后到达水中的 b 点. 早在公元 130 年，托勒密就做过这样的实验，并且编制了一张相当精确的角度 θ_1 和 θ_2 对照表. 但

① 这种方法似乎并不广为人知. 感谢谢尔盖 · 塔巴奇尼科夫向我指出：先前是金迪金发表了这个方法（Gindikin, 2007, 第 324 页）. 使用费马原理来求解极小化问题（即寻找使某些量最小化的路径）的基本思想可以追溯到 1697 年约翰 · 伯努利对捷线问题（又称最速降线问题）的解.

② 首先，这就是那个著名的皮埃尔 · 德 · 费马（1601—1665）发现的，他因数论发现（包括费马大定理）而闻名于世. 其次，费曼发现，这个原理有一个完美的量子力学解释，关于这一点的精辟论述见 Feynman (1985). [理查德 · 菲利普斯 · 费曼（1918—1988），美籍犹太物理学家，量子领域的开拓者之一，1965 年诺贝尔物理学奖得主. 费曼多才多艺（例如破解玛雅象形文字，他还是优雅的舞蹈者和手鼓演奏者），特别善于用深入浅出的语言表达复杂的原理，用巧妙的类比解释深刻的物理思想. 费曼曾获得很多奖项和头衔，他自己特别看重的是 1972 年获得的奥斯特教育奖章. 他的讲课录音被整理成《费曼物理学讲义》（Feynman et al., 1963），成为经典. ——译者注]

③ 我们意识到，在这里，我们只是重走了一遍费曼走过的路，见 Feynman et al. (1963, 第 1 卷, 26-3 节)，我们为此感到荣幸. 费马先给出解析证明，后来又给出几何证明，但都不如现在的牛顿式论证优雅. 费马的两个证明可以在 Mahoney (1994, 第 399–401 页) 找到.

是，托勒密没有弄清楚这两个角度之间的精确数学关系，在接下来的几个世纪里，科学家们也一直没弄清楚这个关系.

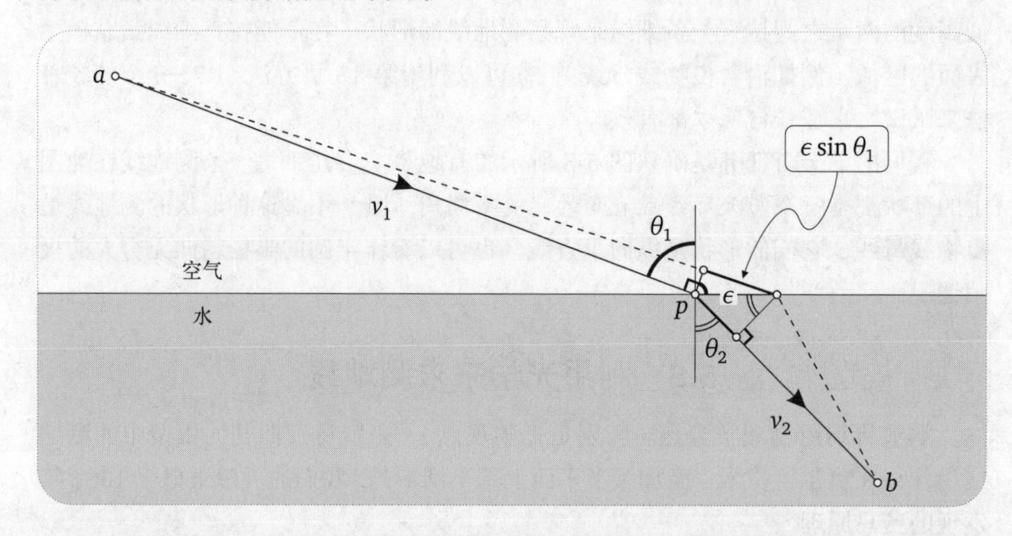

图 5-6 斯涅尔定律：为了使光在相邻的两条路线上传播所用的时间相等，在空气里因路程加长而多用的时间必须与在水里减速所增加的时间相等，所以有 $\sin \theta_1/v_1 = \sin \theta_2/v_2$

最后，荷兰数学家维勒布罗德 · 斯涅尔（1580—1626）在 1621 年发现了正确的规律，现在普遍称为**斯涅尔定律**[①]：

$$\sin \theta_1 = n \sin \theta_2, \qquad \text{其中 } n = \text{常数}. \tag{5.10}$$

这个 n 值（称为**折射率**）依赖于界面两边的物质，对于空气/水界面，$n \approx 1.33$.

为什么光线会在界面处发生弯折，至少在定性上利用费马原理可以说得清楚. 如果光线沿直线从 a 走到 b，那么它就会浪费宝贵的时间在水中相对缓慢地传播，而不是在空气中快速传播. [②] 定量地说，当时间（关于位置 p）的导数为零时，就会出现使传播时间最小化所需的弯折量.

从几何角度来看，如果 p 的位置使得光线传播耗时最小，那么，当 p 点发生无限小的位移 ϵ 时，耗时（关于一阶的 ϵ）应该不会变化. 但是，正如我们在图 5-6 中看到的，这个位移导致光在空气中传播的路线增加了一段，增加的一段长度最

① 和往常一样，历史远比从名字上看到的情况复杂得多. 前面提到过的托马斯 · 哈里奥特比斯涅尔早近 20 年发现了这个定律，但是，与哈里奥特的绝大部分发现没有公开一样，这个定律的发现也没有公开，他仅写信告诉了开普勒. 然而，这次就连哈里奥特也被打败了——被打败了 600 多年！伊斯兰数学家和物理学家伊本 · 萨尔在公元 984 年发表了这一理论，甚至用它来设计复杂的合成透镜.

② 光在空气中的传播速度快，在水中的传播速度慢. 从空气中的 a 点到水中的 b 点，走直线在水中的路线比走折线在水中的路线长，于是用时较多. ——译者注

终等于 $\epsilon\sin\theta_1$，因此多耗时 $(\epsilon\sin\theta_1)/v_1$. 此外，光在水中传播的路线缩短了，减少的耗时最终等于 $(\epsilon\sin\theta_2)/v_2$. 因为耗时的净变化为 0，所以这两个单独的耗时变化必须相等. 因此，消除 ϵ 后，

$$\frac{\sin\theta_1}{v_1}=\frac{\sin\theta_2}{v_2}. \tag{5.11}$$

这不仅证明了斯涅尔定律 (5.10)，而且做出了一个物理预测，这个预测在直接实验中得到了证实：折射率是两种材料中的光速之比，$n=(v_1/v_2)$.

如图 5-7 所示，假设水在一个玻璃杯的底部. 光线从空气中出发，穿过水层，到达杯子底部的玻璃内，会如何弯折呢？假设光线在玻璃内的传播速度为 v_3，就有同样的定律

$$\frac{\sin\theta_1}{v_1}=\frac{\sin\theta_2}{v_2}=\frac{\sin\theta_3}{v_3}.$$

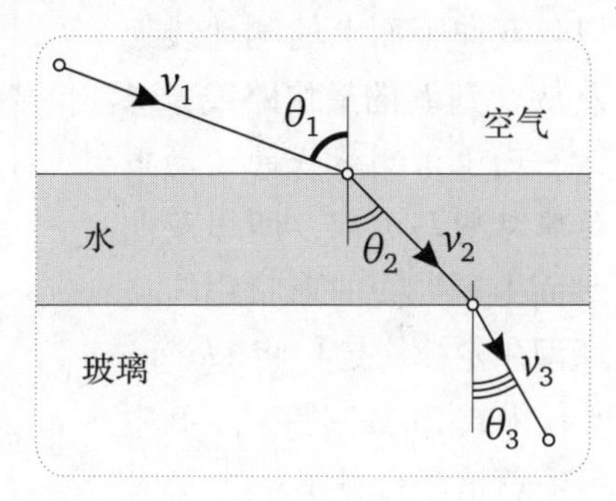

图 5-7 斯涅尔定律适用于多层材料

更一般地，如果我们有一个 m 层的复合材料，水平铺设的每一层单质都很薄，光在第 i 层单质的传播速度为 v_i，则光在复合材料中的传播服从定律：

$$\frac{\sin\theta_i}{v_i}=\text{常数}=k, \quad i=1,2,\cdots,m.$$

更进一步，想象光通过一块非均质材料，其密度在每一个水平面 $y=\text{常数}$ 上都是相同的，并且随着 y 连续变化. 在高度 y 处的光速为 $v(y)$，在高度 y 处的光线入射角为 $\theta(y)$（与界面法线的夹角）. 那么，**广义斯涅尔定律**是

$$\boxed{\frac{\sin\theta(y)}{v(y)}=k.} \tag{5.12}$$

你可能会说：这些都很有趣，但这和证明双曲平面中的测地线都是半圆周有什么关系?! 好吧，现在回头再看看图 5-5，假设伪球面上的点 $\widehat{a}$ 和 $\widehat{b}$ 对应于双曲平面 $\mathbb{H}^2$ 上的点 a 和 b. 想象一个质点沿着伪球面上的不同路径，以恒定不变的速度（比如 1）从 $\widehat{a}$ 运动到 $\widehat{b}$. 质点在伪球面上的这些运行路径在双曲平面上也有对应的从 a 到 b 的路径，但质点的速度不均匀：从图 5-5 可以看到，如果质点在伪球面上以恒定的速度向下移动，双曲平面上对应像点的移动会减慢.

关键在于地图是共形的，所以速度减慢只取决于质点所在的位置，而与质点的运动方向无关. 假设我们以单位速率从 $\widehat{a}$ 点向四面八方发射出大量的质点，在

无穷小时间 ϵ 后，这些质点在伪球面上会形成一个圆心为 $\widehat{a}$、半径为 ϵ 的圆圈. 由模型 (5.8) 可知，这个圆圈在双曲平面上的像是一个圆心为 a、半径为 ϵy 的圆圈，其中 y 是的 a 高度. 换句话说，从点 a 射出的质点速度为 $v(y)=y$：离天际线越近，质点速度越慢.

质点在伪球面上从 $\widehat{a}$ 到 $\widehat{b}$ 的任意路线上花费的时间当然与在双曲平面上从 a 到 b 的对应路线上花费的时间是相同的. 伪球面的测地路径是两点之间的最短路线，也是耗时最少的路线，所以，双曲平面上的测地线也是从 a 到 b 的最快路线：双曲平面上沿测地线的运动当然服从费马原理，所以双曲平面上测地线的形状由广义斯涅尔定律决定！将 $v(y)=y$ 代入式 (5.12)，在图 5-8 中答案就清晰可见了：

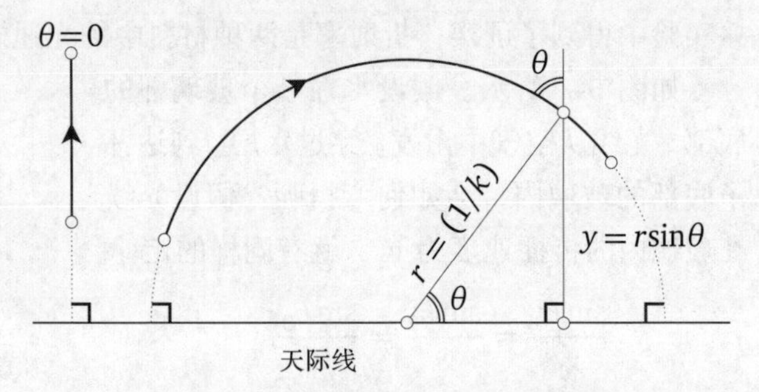

图 5-8 双曲测地线一定服从广义斯涅尔定律 $(\sin\theta/y)=k$，所以是半圆周和垂直于天际线的半直线

> 双曲平面 $\mathbb{H}^2$（贝尔特拉米 – 庞加莱半平面模型）上的测地线满足 $(\sin\theta/y)=k$. 如果 $k\neq 0$，则测地线是圆心在天际线上、半径 $r=(1/k)$ 的半圆周. 如果 $k=0$，则测地线是纵向半直线 $\theta=0$. (5.13)

在 11.7.5 节，我们还要给出这个重要事实（基于角动量）的第二个物理解释.

5.6 平行角

现在我们回到起点，看看双曲公设 (1.1). 在掌握了双曲平面上测地线的形状后，从图 5-9 可以清楚地看到：在双曲平面上确实存在无穷多的直线（以短划线表示）[①]，它们经过点 p，而且不与直线 L 相交. 我们称这样的直线**超平行**于 L. 这就直观地验证了双曲公设.

从图 5-9 还可以看到，在双曲平面上，有且只有两条直线在双曲平面内没有与 L 相交，而是在天际线上与 L 相交，它们恰好是所有与 L 相交的直线和所有超平行线的分界线. 这两条线称为 L 的**渐近线**[②].

---

① 这里及下文所说的“直线”是伪球面上的测地线在贝尔特拉米 – 庞加莱半平面上的像，即半圆周或半直线. ——译者注

② 通常也称为平行线.

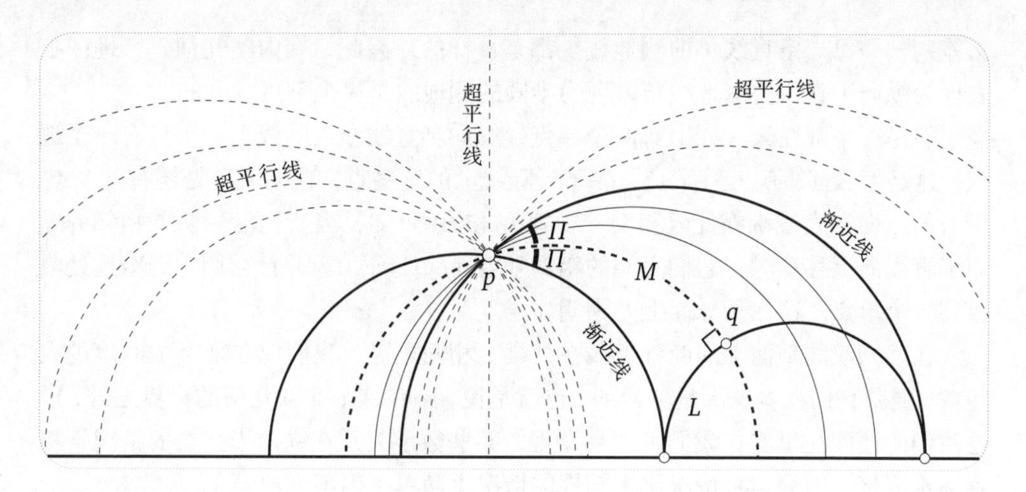

图 5-9 直观地验证双曲公设：存在无限多的直线（**超平行线**）（图中的短划线）过点 p 与给定直线 L 不相交

从图 5-9 还可以清楚地看到，如同在欧几里得几何中一样，只有一条经过点 p 的直线 M（虚线）与 L 垂直相交（交点为 q）. 有了垂线 M，就可以按照通常的方式定义点 p 到直线 L 的距离，即 M 上线段 pq（双曲的，如 $d\widehat{s}$）的长度 D.

事实上，如图 5-9 所示，过点 p 的两条渐近线有一个夹角，M 就是这个夹角的平分线，这在目前还不是很明显. M 与任意一条渐近线的夹角称为**平行角**，通常记为 Π. 当直线 M 绕点 p 旋转时，它与 L 的交点会向天际线 $y=0$（即无穷远处）移动，Π 能告诉你 M 旋转多远就可以不与 L 相交了.

罗巴切夫斯基和波尔约都发现，角 Π 与点 p 到直线 L 的双曲距离 D 之间存在重要的关系：

$$\tan(\Pi/2) = \mathrm{e}^{-D}. \tag{5.14}$$

上式称为**波尔约–罗巴切夫斯基公式**.

因此，如果 p 接近 L，则 $\Pi \approx (\pi/2)$，类似于欧几里得几何的结果几乎也成立：从点 p 出发的射线（半直线）大约有一半最终会与直线 L 相交. 当然，在欧几里得几何里，无论点 p 距离直线 L 多远，从点 p 出发的射线都有一半会与直线 L 相交. 但是，在双曲平面上就不一样了，当点 p 逐渐远离直线 L 时，从点 p 出发的射线与直线 L 相交的比例会减少到 0！这个现象，从图 5-9 可定性地看出，从式 (5.14) 可定量地看出.

必须认识到，伪球面或真正双曲平面上的微观居民无法看出测地线之间有什么差别——每一条直线（即测地线）都是一样的．因此，在内蕴几何里，地图上表现为纵向半直线的测地线与表现为半圆的测地线是完全不可区分的．

但是，半圆在天际线上有两个端点，纵向半直线在天际线上似乎只有一个端点，这是怎么回事呢？答案是，除了天际线上的这些点，在无穷远处还有一个点，所有的纵向半直线都在此处相交．由模型 (5.8) 可知，当我们沿着两条相邻的纵向半直线向上移动时，它们之间的距离随着 $1/y$ 趋于 0，并且它们在无穷远处收敛到一个单点．这在伪球面上尤为明显．

在强调双曲平面上的两种直线在数学上相同之后，我们现在来个 180 度的大转弯，强调它们在心理上是不同的．也就是说，站在这个非欧几何的世界之外，通过我们的地图往里看，我们可能会发现，某些数学关系在纵向半直线的情况下更容易看清楚，因为这种情况比半圆周的情况更简单（但不太典型）．

使得这个想法真正有用的是双曲平面 $\mathbb{H}^2$ 上刚体运动（例如，绕点 p 旋转）的存在性．这种保持距离不变的运动称为**等距变换**，它是下一章的主题．现在，注意到双曲平面也有等距变换，可以通过适当地旋转（刚性移动）双曲平面，使得其中的半圆形测地线变成纵向半直线形的测地线．

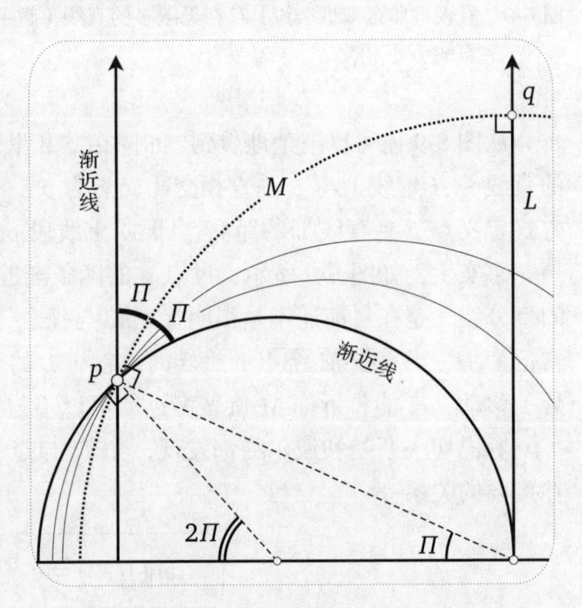

图 5-10　与图 5-9 相同的几何，但双曲平面绕点 p 旋转直到 L 处于竖直方向．这张简化图可以用来推导波尔约 – 罗巴切夫斯基公式 (5.14)

例如，回到图 5-9，我们可以将 $\mathbb{H}^2$ 绕 p 旋转，直到 L 变成纵向半直线，成为图 5-10 所示的情况，这种形式更简单．容易验证图 5-10 中标记的角度［练习］，由此可以看出 M 是点 p 两条渐近线夹角的平分线．这意味着，在我们做旋转之前，当图 5-9 中的 L 在一般位置时，M 确实是角平分线．

同样，这幅新图上更简单的几何关系也使得我们更容易证实波尔约 – 罗巴切夫斯基公式 (5.14) 的正确性，详情请参阅《复分析》6.3.6 节．

5.7 贝尔特拉米 – 庞加莱圆盘

贝尔特拉米 – 庞加莱上半平面及其度量公式 $d\widehat{s}=ds/y$ 只是描述抽象双曲平面 $\mathbb{H}^2$ 的一种方法，还有其他几种模型.[①] 虽然从定义上看，所有这些模型在内蕴几何上都是相同的，但它们在心理上并不相同：某一个特定的事实或公式可能很难在一个模型中看清楚，在另一个模型中却是显而易见的. 因此，在试图把握双曲几何的奇迹时，善于在不同模型之间转换是一项很有用的技能.

我们只准备介绍一个特别有用的著名模型，这个模型是绘制在单元圆盘上的，见图 5-11. 像上半平面一样，这也是一个共形模型，其中的测地线也被表示成圆弧，与天际线相交成直角，但现在表示无限远天际线的是这个圆盘的边界（单位圆）. 如果 r 是一点到圆盘中心的距离，新的度量公式是（见第 105 页习题 25）

$$d\widehat{s}=\frac{2}{1-r^2}\,ds. \tag{5.15}$$

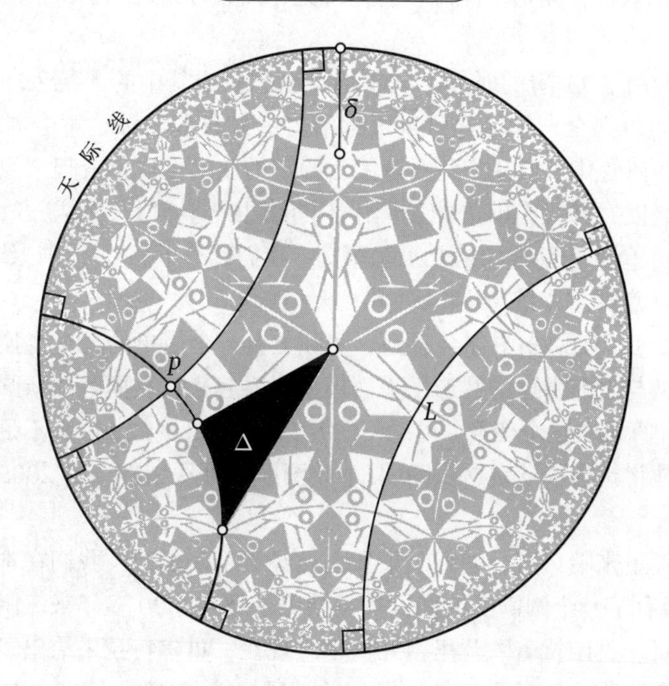

图 5-11 贝尔特拉米 – 庞加莱圆盘模型的双曲平面. 背景是埃舍尔的《圆极限 I》. 加黑的是双曲线，它们是与无限远边界圆（天际线）正交的直径和圆弧. 显然，它们满足双曲公设 (1.1) 且 $\mathcal{E}(\Delta)<0$. 版权信息：M. C. Escher's *Circle Limit I* © 2020 The M. C. Escher Company-The Netherlands. All rights reserved. mcescher 网站

① 详见《复分析》或 Stillwell (2010).

更详尽的内容请参阅《复分析》或 Stillwell (2010). 你可以借助共形曲率公式 (4.16) 证明［练习］这个曲面具有常负曲率 $\mathcal{K}=-1$，至少可以确认这就是双曲平面 $\mathbb{H}^2$.

这个模型也是贝尔特拉米首次发现的，与半平面模型一起发表在 1868 年的同一篇论文里，见 Stillwell (1996). 14 年后，庞加莱重新发现了这个模型，使之被广泛称为“庞加莱圆盘”. 与前面一样，我们坚定不移地支持将这个模型同时归功于他们两位，称之为**贝尔特拉米–庞加莱圆盘**，或者争议更少的**共形圆盘模型**.

1958 年，英国著名几何学家 H. S. M. 考克斯特（1907—2003）向荷兰艺术家 M. C. 埃舍尔（1898—1972）介绍了 $\mathbb{H}^2$ 的共形圆盘模型，由此引发埃舍尔创作出了著名系列版画《圆极限》①，图 5-11 就是其中第一张的复制品. 这里有意把全图印得颜色淡一些，把双曲直线做了加黑突出处理. ［这张图的想法直接来自 Penrose (2005, 图 2.12). ］从中我们看到，确实有无穷多条双曲直线通过点 p 与 L 不相交，服从双曲公设 (1.1). 圆的直径也是双曲直线，所以图 5-11 的三角形 Δ 是真正的双曲三角形. 注意，明显可见（而且容易证明）$\mathcal{E}(\Delta)<0$，正如它应该的那样.

当你盯着图 5-11 看的时候，试着把自己想象成其中的一条鱼. 你的大小和形状与其他的鱼完全一样，你可以永远沿着一条直线游泳，不会看到周围环境或其他鱼的任何变化. 但从外面看地图，距离的压缩会让你看起来像是在沿着一条圆形路径绕圈，并且在前进的过程中不断缩小. 事实上，如果 $\delta\equiv(1-r)$ 是图 5-11 中所示鱼到天际线的欧几里得距离，我们看一下靠近地图边缘的一点，会发现式 (5.15) 意味着［练习］(鱼的表观大小) $\propto\delta$.

在第 105 页习题 25 中你会看到，实际上有一个简单的共形变换，可以将这个新圆盘模型与之前讲过的共形半平面模型联系起来，从而解释新圆盘模型的共形性. 利用计算机做这个变换，可以将图 5-11 变成图 5-12，后者不是埃舍尔本人的创作，但他肯定会很欣赏这张图的. ［此图经许可从 Stillwell (2005, 第 195 页) 复制而来. ］

让我们停下来喘口气，回顾一下我们已经走了多远吧. 我们在本书开始时讲的故事②已经有了一个圆满的结局，算是结束了吧. 2000 多年来，围绕平行公设的困惑和怀疑一直困扰着欧几里得几何学. 现在，贝尔特拉米给出了对双曲几何学的具体解释，作为一种合理的选择，数学界持续了 2000 多年的压抑终于得以畅快宣泄. 这真是结束第二幕的好地方！

也可能不是……

---

① 可以在网上找到一个短视频，其中考克斯特亲自讲解了这些埃舍尔结构中的数学.

② 完整故事见 Gray (1989).

图 5-12 变换的埃舍尔《圆极限 I》：（经由约翰 · 史迪威教授）从共形圆盘模型图 5-11 变换为共形半平面模型.

第 6 章　等距变换和复数

6.1　引言

伟大的数学思想不仅使得过去的谜团不再神秘，还会揭示新的谜团：甘尽苦来！我们现在就要看一看微分几何与数学其他领域以及物理学之间的新奇联系.

这些新奇联系中的第一个是三种常曲率几何（欧几里得几何、球面几何和双曲几何）和复数之间的联系.

我们曾要求你想象在复平面上绘制曲面的地图. 然而，敏锐的读者会注意到，到目前为止，我们很少使用复数的基本结构. 这种情况马上就要改变了. 但是，我们首先需要对等距映射的概念做一些更一般的考察.

等距映射一定保持每个角的大小不变，其中还保持角的方向（顺时针或逆时针）不变的映射称为**正向的**，使得角的方向反转的映射称为**反向的**. 因此，正向的等距变换是一种非常特殊的共形映射，反向的等距变换是一种非常特殊的反共形映射. 例如，在平面上，旋转是正向的等距变换，而关于一条直线的反射变换①是反向的等距变换.

接下来我们观察到，关于复合运算，

> 给定曲面 $\mathcal{S}$ 上所有的等距变换组成的集合（包括正向等距变换和反向等距变换）具有群 $\mathcal{G}(\mathcal{S})$ 的结构.

为了证实这一点，设 $e=$(什么都不做)②，并设 a, b, c 为 $\mathcal{S}$ 的任意三个等距变换，则 $\mathcal{G}(\mathcal{S})$ 满足以下**群的公理**. ③

- 由于 e 显然保持距离不变，所以 $e \in \mathcal{G}(\mathcal{S})$. 而且，因为 $a \circ e = a = e \circ a$，我们推断 e 是群的**单位元**.
- 如果我们先做变换 a，然后再做变换 b（两者都保持距离不变），那么两者的复合变换也保持距离不变：$b \circ a \in \mathcal{G}(\mathcal{S})$.
- 由于变换 a 保持距离不变，其逆变换也保持距离不变，所以 $a^{-1} \in \mathcal{G}(\mathcal{S})$.

---

① 俗称“镜像变换”. ——译者注

② 即恒等变换. ——译者注

③ “群”这个数学概念就是用这些公理定义的. 如果你之前没有遇到过这个概念，现在就简单地接受下列公理作为群的定义.

- 多个（不一定是等距的）变换的复合服从结合律：$(a \circ b) \circ c = a \circ (b \circ c)$.

请注意，正向等距变换和反向等距变换的复合运算具有类似 (+) 和 (−) 的乘法的规律：$(+)(+) = (+)$，$(+)(-) = (-)$，$(-)(-) = (+)$. 由此可见，

> 正向等距变换构成全群 $\mathcal{G}(\mathcal{S})$ 的一个**子群** $\mathcal{G}_+(\mathcal{S})$.

然而，反向等距变换根本不会构成一个群.[①] 但它们确实属于全群 $\mathcal{G}(\mathcal{S})$，那么，它们与 $\mathcal{G}_+(\mathcal{S})$ 有什么关系呢？

给定反向等距变换 ξ，它的逆映射 ξ^1 也是反向等距变换. 设 ζ 是任意一个反向等距变换——想象它可以取遍所有可能的反向等距变换. 那么，$\xi^{-1} \circ \zeta \in \mathcal{G}_+(\mathcal{S}) \Rightarrow \zeta \in \xi \circ \mathcal{G}_+(\mathcal{S})$. 同理，$\zeta \in \mathcal{G}_+(\mathcal{S}) \circ \xi$. 因此，

> 如果 ξ 是任意一个反向等距变换，则所有反向等距变换组成的集合为 $\xi \circ \mathcal{G}_+(\mathcal{S}) = \mathcal{G}_+(\mathcal{S}) \circ \xi$，因此，$\mathcal{G}(\mathcal{S})$ 是全对称群，且 (6.1)
> $$\mathcal{G}(\mathcal{S}) = \mathcal{G}_+(\mathcal{S}) \cup [\xi \circ \mathcal{G}_+(\mathcal{S})] = \mathcal{G}_+(\mathcal{S}) \cup [\mathcal{G}_+(\mathcal{S}) \circ \xi].$$

每个曲面 $\mathcal{S}$ 是否都具有非平凡的等距变换群 $\mathcal{G}(\mathcal{S})$ 呢？答案是否定的，因为等距变换也必须保持曲率不变. 假设一个等距变换将点 p 处的一个非常小（最终为零）的三角形 Δ 映射到点 p' 处的一个全等三角形 Δ'，则

$$\mathcal{K}(p) \asymp \frac{\mathcal{E}(\Delta)}{\mathcal{A}(\Delta)} = \frac{\mathcal{E}(\Delta')}{\mathcal{A}(\Delta')} \asymp \mathcal{K}(p').$$

由此可知，曲颈南瓜（如图 1-9 所示）这样的非正则曲面没有（非平凡的）等距变换.[②]

然而，存在等距变换的曲面 $\mathcal{S}$ 不一定是常曲率曲面.[③] 例如，任何旋转曲面都存在等距变换. 正是由于旋转曲面的结构，这种（典型的）非常曲率曲面的确存在等距变换群. 事实上，绕旋转曲面的轴的旋转是正向等距变换，关于过旋转曲面的轴的平面的反射是反向等距变换. 也可能存在其他的等距变换.

曲面 $\mathcal{S}$ 的对称性越大，曲面上的等距变换群就越大，对称性最大的三种情况就是具有常曲率的三种曲面：$\mathcal{K} = 0$，$\mathcal{K} > 0$ 和 $\mathcal{K} < 0$. 在外在几何里，具有这种

---

① 两个反向等距变换的复合是一个正向等距变换，也就是说，反向等距变换子集合对于乘法（复合映射）不封闭，所以不可能构成子群. ——译者注

② 我还没有想清楚如何精确地量化使得等距变换不存在的不规则程度. 一个起点可能是观察以下事实：如果 $\mathcal{K}(p)$ 的值在 p 处唯一，那么 p 一定是任何等距变换（如果存在）的不动点——它无处可去！（因为等距变换保持曲率不变.）三个这样的点将导致三个不动点，我想这就排除了非平凡的等距变换.

③ 我们关心的是存在无穷多等距变换的连续集合，但是也有仅存在有限个等距变换的情形，甚至是光滑的曲面. 例如，骰子（棱和角都磨圆了的立方体）的对称性就很好，仅具有有限的等距变换.

几何性质的典型曲面是欧几里得平面、球面和伪球面. 然而，等距的概念属于内蕴几何. 例如，双曲平面 $\mathbb{H}^2$ 的贝尔特拉米－庞加莱半平面地图事实上比伪球面更好地描述了双曲几何. 下面的讨论就与这个地图（或共形圆盘模型）有关.

我们先简要地陈述这三种对称性最大的几何与复数之间令人惊奇的联系，稍后再详细讨论. **主要结果**:

> 所有三种常曲率几何都具有（正向等距变换）对称群 $\mathcal{G}_+(\mathcal{S})$，它们都是复平面的默比乌斯变换 $z \mapsto M(z) = \frac{az+b}{cz+d}$ （其中 a, b, c, d 为复数）群的子群. (6.2)

6.2　默比乌斯变换

仅从以上结果就可以看出，默比乌斯变换[①]在现代数学里是极为重要的（我们将会看到，它在物理学里也是同等重要的）. 现在总结我们需要用到的一些变换的某些性质. [②]

- **分解为较简单的变换**. 将 $z \mapsto M(z) = \frac{az+b}{cz+d}$ 分解［练习］为以下变换序列.

  (i)　$z \mapsto z + \frac{d}{c}$，是一个平移;

  (ii)　$z \mapsto (1/z)$，是一个复反演;

  (iii)　$z \mapsto -\frac{(ad-bc)}{c^2} z$，是一个扩张和一个旋转的复合;

  (iv)　$z \mapsto z + \frac{a}{c}$，是另一个平移.　(6.3)

  注意: 如果 $(ad-bc) = 0$，则 $M(z)$ 将整个复平面压缩到单个像点 (a/c). 在此特殊情况下，$M(z)$ 是不可逆的，称为**奇异**的. 在讨论默比乌斯变换时，我们总是假设 $M(z)$ 是**非奇异**的，也就是 $M(z)$ 是可逆的［即 $(ad-bc) \neq 0$］.

  在以上四个变换中，只有第二个变换（或称互反映射）需要进一步研究，其余的我们都很熟悉.

- **关于圆周的反演**. 映射 $z \mapsto (1/z)$ 是理解默比乌斯变换的关键. 如《复分析》中一样，本书称这个互反映射为**复反演**. 在极坐标系里，$z = re^{i\theta}$ 的复反演的像为 $1/(re^{i\theta}) = (1/r)e^{-i\theta}$：像的长度是原像长度的倒数，像的辐角是原像辐角的相反数（见图 6-1a）. 请特别注意，复反演是如何将单位圆周外（内）的一点映射到单位圆周内（外）的. 图 6-1a 还展示了将复反演分解为两步的方法，这个方法有特别丰富的成果.

---

① 也称为分式线性变换或双线性变换.

② 更深入的内容，请见《复分析》第 3 章和第 6 章.

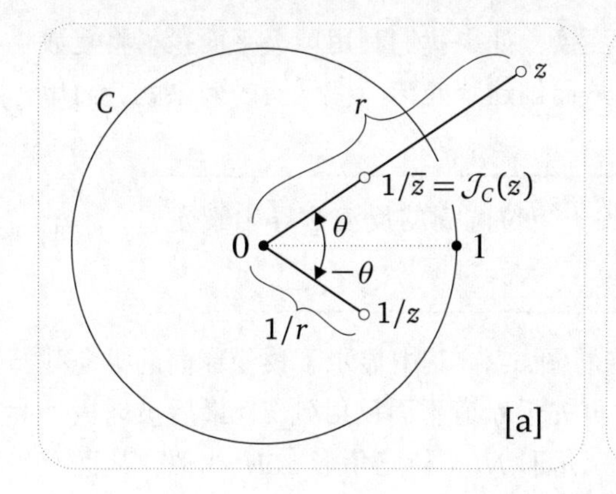

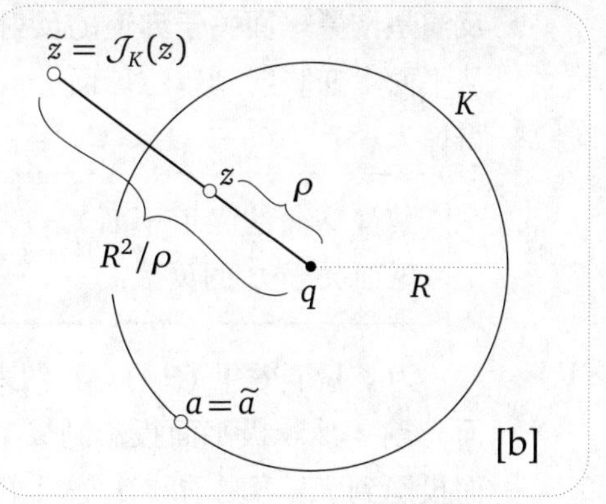

图 6-1 [a] **复反演**是几何反演与共轭的复合. [b] 关于一般圆周的**几何反演**

(1) 将点 $z = r\mathrm{e}^{\mathrm{i}\theta}$ 变到方向和 z 相同、长度为其倒数的地方，即点 $(1/r)\mathrm{e}^{\mathrm{i}\theta} = (1/\overline{z})$.

(2) 做复共轭变换（即关于实轴的反射），也就是将 $(1/\overline{z})$ 变到 $\overline{(1/\overline{z})} = (1/z)$.

你可以自己验证一下，改变这两个映射的先后次序是不重要的，不影响最后的结果.（请注意，并不都是这样的，例如序列 (6.3) 中几个映射，改变次序后的结果就可能不一样.）

步骤 (2) 在几何上是平凡的. 我们来看看步骤 (1)，它称为**几何反演**[①]，简称**反演**. 这个变换可不简单. 显然，单位圆周 C 在映射中扮演重要的角色：反演将 C 的内部和外部交换，圆周 C 上的每个点都是不动点（也就是将这个点映射到自身）. 因此，我们记这个映射为 $z \mapsto \mathcal{J}_C(z) = (1/\overline{z})$，称 $\mathcal{J}_C$ 为"关于 C 的反演"（这比前面的名称更准确些）.

这个术语增加的准确性很重要，如图 6-1b 所示，有一个自然的方式把关于 $\mathcal{J}_C$ 的反演推广到关于任意圆周 K（例如，圆心为 q、半径为 R 的圆周）的反演. 显然，这个"关于 K 的反演"记为 $z \mapsto \widetilde{z} = \mathcal{J}_K(z)$，也应该是 K 的内部和外部的交换，而且使得 K 上的每个点保持不变. 如果 ρ 是从 q 到 z 的距离，我们可以定义 $\widetilde{z} = \mathcal{J}_K(z)$ 为在从 q 到 z 的方向上到 q 的距离为 (R^2/ρ) 的点. 你可以亲自验证，只要想象将图 6-1a 乘以因子 R，就肯定会得到这个定义.

① 另一个常用的名称为关于圆周的**反射**（我们很快会看到，这个名称更合适）. 在较早的文献中常常称之为"倒半径变换".

- **反演是黎曼球面关于赤道的反射变换**. 如果我们利用球极平面投影将复数从平面上逆映射到单位球面上，从而创建黎曼球面，反演的效果就会简单得惊人：

> 黎曼球面的赤道平面 $\mathbb{C}$ 上关于单位圆周的反演诱导出黎曼球面关于 $\mathbb{C}$ 的反射. (6.4)

为了验证效果 (6.4)，我们来看图 6-2，其中显示了黎曼球面的纵向截面. 点 z 被球极平面投影到 $\widehat{z}$，再关于赤道平面反射到 $\widehat{\widehat{z}}$，最后被球极平面投影到 $\widetilde{z}$. 容易看出 [练习] 三角形 $N0\widetilde{z}$ 与三角形 $z0N$ 相似，从而有 $|\widetilde{z}|/1 = 1/|z|$. 因此，$\widetilde{z} = \mathcal{J}_C(z)$，这就是效果 (6.4).

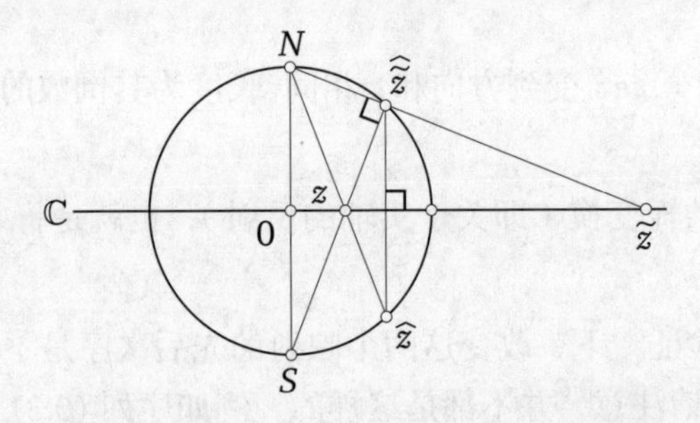

图 6-2　黎曼球面的纵向截面. 球面关于赤道平面 $\mathbb{C}$ 的反射使得 $\widehat{z} \mapsto \widehat{\widehat{z}}$ 和 $z \mapsto \widetilde{z} = \mathcal{J}_C(z)$

注意，图 6-2 还表明，关于单位圆周的反演等价于先做以南极为光源的球极平面投影，再做以北极为光源的球极平面投影 (或反之).

- **反演是保圆的**. 根据命题 (4.28)，复平面 $\mathbb{C}$ 中的圆周 K 被投影到球面 Σ 上的圆周，[①] 球面关于其赤道平面的反共形反射（反演）将其映射到 Σ 上的另一个圆周，最后映射回 $\mathbb{C}$ 中的圆周 $\mathcal{J}_C(K)$. 如图 6-3 所示.

如果改成从复平面 $\mathbb{C}$ 中的一条直线开始，根据事实 (4.21)，会得到 Σ 上的一个经过北极 N 的圆周，这个圆周被反射成一个经过南极 S 的圆周，再投影回 $\mathbb{C}$ 中一个经过 0 的圆周. 相反，因为反演交换圆周内外的点，经过 0 的圆周 K 被映射成直线 $\mathcal{J}_C(K)$. 如图 6-4 所示.

我们可以把第二个结果看作第一个结果的极限情况，直线是圆周的极限形式. 事实上，在黎曼球面上，复平面上的直线就是恰好经过北极的圆周. 有了这种统一的语言，我们可以总结如下：

> 反演是反共形映射，将圆周映射为圆周. (6.5)

① 按照我们自己的习惯，应该说：复平面 $\mathbb{C}$ 上的圆周 K 是球面 Σ 上一个圆周在 $\mathbb{C}$ 上的投影. ——译者注

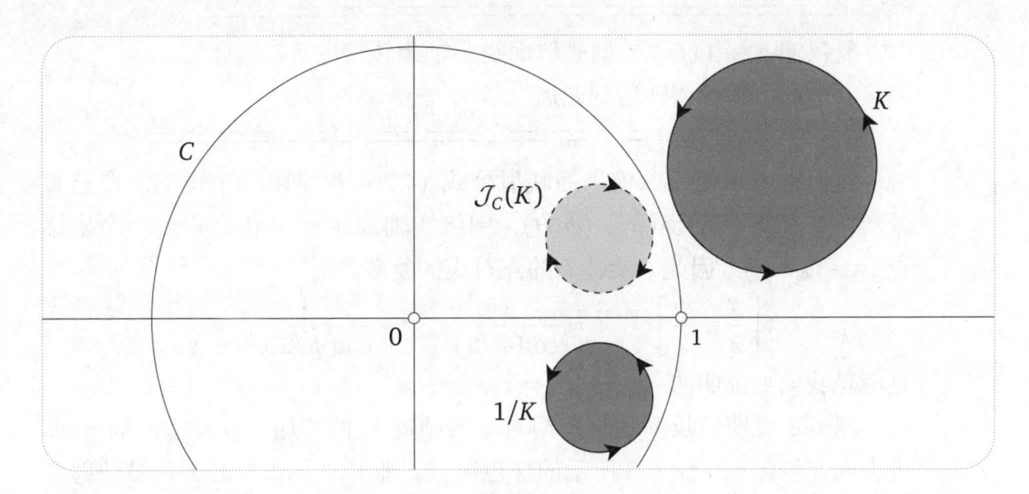

图 6-3 关于单位圆 C 圆周的复反演将定向圆周 K 映射为 $(1/K)$，并且将沿 K 前进方向左侧的阴影区域映射为沿 $(1/K)$ 前进方向左侧的阴影区域

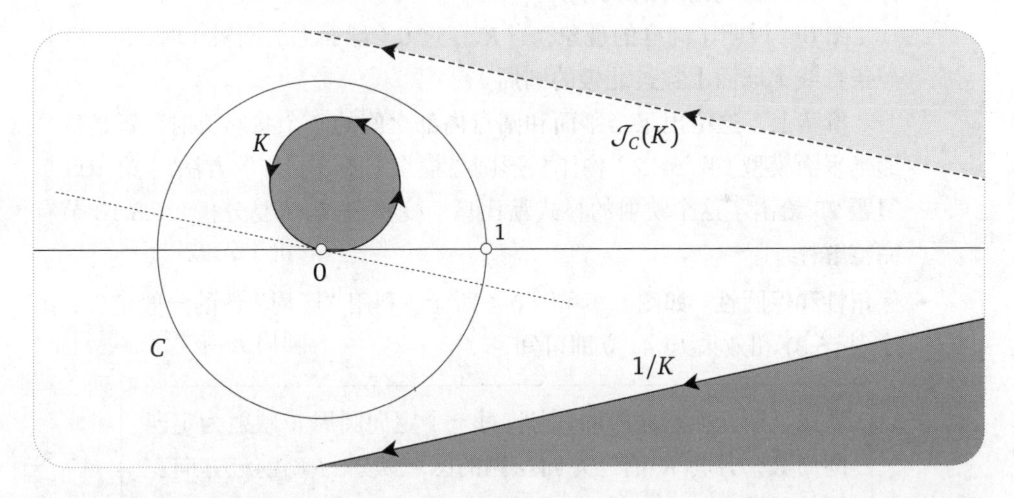

图 6-4 关于单位圆 C 圆周的复反演将定向圆周 K 映射为 $(1/K)$，并且将沿 K 前进方向左侧的阴影区域映射为沿 $(1/K)$ 前进方向左侧的阴影区域

- **复反演是黎曼球面的旋转**. 考虑在这个几何反演后接着取共轭，$z \mapsto \overline{z}$，那么最终的结果就是复反演. 但是，共轭对黎曼球面的作用是另一种反射，这次是关于经过实轴的纵向平面的反射. 你可以很容易地验证（也许要借助一个橘子），两个关于经过实轴的纵向平面的反射的复合是围绕该轴的一个旋转：

> 复反演 $z \mapsto (1/z)$ 是黎曼球面绕实轴旋转角度 π. 因此它是共形的，将圆周映射到圆周. (6.6)

我们也可以使用球极平面映射公式 (4.26) 提供第二个证明. 自己验证一下，如果 $\widehat{z}$ 的坐标为 (ϕ,θ)，围绕实轴旋转 π 会将它带到一个坐标点 $(\pi-\phi,-\theta)$. 因此，旋转后的点对应的复数是

$$\cot\left[\frac{\pi}{2}-\frac{\phi}{2}\right]e^{i(-\theta)}=\frac{1}{\cot(\phi/2)}e^{-i\theta}=\frac{1}{\cot(\phi/2)e^{i\theta}}=\frac{1}{z},$$

这就是我们要证明的.

图 6-3 说明了反演和复反演对定向圆周 K 的作用. 注意：圆周 K 前进方向左侧区域（图 6-3 所示的深色区域，即 K 的内部）是如何被映射到 $(1/K)$ 前进方向左侧区域的. 如果 K 包含 0，那么 $(1/K)$ 的方向将被映射反转，但“*左侧* $\mapsto$ *左侧*”规律仍然有效. 你应该自己验证一下，可以直接验证，也可以利用结论 (6.6).

图 6-4 说明了同样的现象，当 K 穿过 0（球面上的南极）时，$(1/K)$ 是一条直线（球面上穿过北极的圆周）.

事实上，这给出了半平面和圆盘内部之间的一个共形映射，正是从共形半平面模型（图 5-12）构作共形圆盘模型（图 5-11）的方法. [第 105 页习题 25 给出了这个映射的显式默比乌斯变换公式，《复分析》6.3.10 节有完整解释.]

- **保角性和保圆性**. 如图 6-3 和图 6-4 所示，利用“圆周”新的一般定义，由序列 (6.3) 和效果 (6.4) 立即可知，

> 默比乌斯变换是共形的，它将每一个定向圆周 K 映射为定向圆周 $\widetilde{K}$，并将 K 前进方向左侧的区域映射为 $\widetilde{K}$ 前进方向左侧的区域. (6.7)

- **矩阵表示**. 有了黎曼球面，在几何上，我们就可以认为无穷远点 ∞ 和其他点是一样的——它就是北极点. 由结论 (6.6) 可知，复反演引起黎曼球面发生一个交换南极和北极的旋转，这就使得 $0=1/\infty$ 和 $\infty=1/0$ 在字面上是正确的.

  如果我们能去除无穷大在代数层面的特殊角色就好了. 为此，我们采用射影几何的思想，将黎曼球面上的每个点表示为 $\mathbb{C}^2$ 上一对复数 $[\mathfrak{z}_1,\mathfrak{z}_2]$ 的比：$z=(\mathfrak{z}_1/\mathfrak{z}_2)$.

复数的有序对 $[\mathfrak{z}_1, \mathfrak{z}_2]$[①]称为复数 z 的**射影坐标**，或**齐次坐标**. 为了保证这个比值是适定的，我们要求 $[\mathfrak{z}_1, \mathfrak{z}_2] \neq [0,0]$. 对于满足"$\mathfrak{z}_1$ 为任意复数，$\mathfrak{z}_2 \neq 0$"的每个有序复数对 $[\mathfrak{z}_1, \mathfrak{z}_2]$，恰有一个普通的有限点 $z = (\mathfrak{z}_1/\mathfrak{z}_2)$ 与之对应，但是，每一个复数 z 对应于一个无穷的射影坐标集 $[k\mathfrak{z}_1, k\mathfrak{z}_2] = k[\mathfrak{z}_1, \mathfrak{z}_2]$，其中 k 是任意非零复数. 例如，复数 i 可以表示为 $[1+\mathrm{i}, 1-\mathrm{i}]$，也可以表示为 $[-1, \mathrm{i}]$ 或 $[3+2\mathrm{i}, 2-3\mathrm{i}]$，这只是 i 的无穷多个射影坐标中的三个例子.

现在，*无穷远点*可以表示为具有形式 $[\mathfrak{z}_1, 0]$ 的一对复数，它并不特殊.

正如 $\mathbb{R}^2$ 空间中的线性变换都可以用一个 2×2 的实矩阵表示一样，$\mathbb{C}^2$ 空间中的线性变换都可以用一个 2×2 的复矩阵表示：

$$\begin{bmatrix} \mathfrak{z}_1 \\ \mathfrak{z}_2 \end{bmatrix} \longmapsto \begin{bmatrix} \mathfrak{w}_1 \\ \mathfrak{w}_2 \end{bmatrix} = \begin{bmatrix} a & b \\ c & d \end{bmatrix} \begin{bmatrix} \mathfrak{z}_1 \\ \mathfrak{z}_2 \end{bmatrix} = \begin{bmatrix} a\mathfrak{z}_1 + b\mathfrak{z}_2 \\ c\mathfrak{z}_1 + d\mathfrak{z}_2 \end{bmatrix}.$$

如果把 $[\mathfrak{z}_1, \mathfrak{z}_2]$ 和 $[\mathfrak{w}_1 . \mathfrak{w}_2]$ 分别看作 $\mathbb{C}$ 中 $z = (\mathfrak{z}_1/\mathfrak{z}_2)$ 及其像 $w = (\mathfrak{w}_1/\mathfrak{w}_2)$ 在 $\mathbb{C}^2$ 中的射影坐标，上述 $\mathbb{C}^2$ 中的线性变换就诱导了 $\mathbb{C}$ 中的下述（非线性）变换：

$$z = \frac{\mathfrak{z}_1}{\mathfrak{z}_2} \longmapsto w = \frac{\mathfrak{w}_1}{\mathfrak{w}_2} = \frac{a\mathfrak{z}_1 + b\mathfrak{z}_2}{c\mathfrak{z}_1 + d\mathfrak{z}_2} = \frac{a(\mathfrak{z}_1/\mathfrak{z}_2) + b}{c(\mathfrak{z}_1/\mathfrak{z}_2) + d} = \frac{az+b}{cz+d}.$$

这正是最一般的默比乌斯变换!

于是，每一个默比乌斯变换 $M(z)$ 对应一个 2×2 矩阵 $[M]$，

$$M(z) = \frac{az+b}{cz+d} \longleftrightarrow [M] = \begin{bmatrix} a & b \\ c & d \end{bmatrix}.$$

而且，表示两个默比乌斯变换的复合的矩阵就是两个对应矩阵的乘积：

$$[M_2 \circ M_1] = [M_2][M_1]. \tag{6.8}$$

同样，表示默比乌斯逆变换的矩阵就是对应矩阵的逆矩阵：

$$[M^{-1}] = [M]^{-1}. \tag{6.9}$$

由此易得［练习］：非奇异默比乌斯变换构成一个群，这是我们前面提到过的事实.

因为默比乌斯变换的系数不是唯一的，所以默比乌斯变换对应的矩阵也不是唯一的：如果 k 是任意非零常数，则矩阵 $k[M]$ 与 $[M]$ 对应同一个默比乌斯变换. 然而，如果限定 $(ad-bc)=1$，将矩阵 $[M]$ **规范化**，那么一个默

① 遗憾的是，在此只能简单提一下，$[\mathfrak{z}_1, \mathfrak{z}_2]$ 也可以看作 **2-旋量**的坐标表示. 这个概念是罗杰 · 彭罗斯爵士关于"有旋物体"的大量基础开创性工作的核心（技术细节见 Penrose and Rindler, 1984），在旋转 2π 后，这些有旋物体不会回到原始状态. 关于这些看似不可能的物体的直观解释，见 Penrose (2005, 11.3 节).

比乌斯变换的对应矩阵就只有两种可能：一个是 $[M]$，另一个是 $-[M]$. 换言之，默比乌斯变换对应的矩阵在“不计正负号的情况下”是唯一的. 这个表面看似平凡的事实，在数学和物理学中都具有深刻的意义，详见 Penrose and Rindler (1984, 第 1 章) 和 Penrose (2005, 11.3 节).

6.3 主要结果

现在可以叙述并证明主要结果 (6.2) 更详细的版本.

所有三种常曲率几何的对称群 $\mathcal{G}_+(\mathcal{S})$ 都是默比乌斯变换群的子群.

1. 欧几里得几何（$\mathcal{K}=0$）:
$$E(z)=\mathrm{e}^{\mathrm{i}\theta}z+k.$$
注意 $z\mapsto\overline{z}$ 是反向等距变换，是关于实轴的反射. 于是结论 (6.1) 告诉我们整个等距变换群是 $\mathcal{G}=\{E(z)\}\cup\{E(\overline{z})\}$.

2. 球极地图中的球面几何（$\mathcal{K}=+1$）:
$$S(z)=\frac{az+b}{-\overline{b}z+\overline{a}},\quad 其中\ |a|^2+|b|^2=1. \tag{6.10}$$
注意 $z\mapsto\overline{z}$ 是反向等距变换，是球面关于过实轴的纵向平面的反射. 于是结论 (6.1) 告诉我们整个等距变换群是 $\mathcal{G}=\{S(z)\}\cup\{S(\overline{z})\}$.

3. 贝尔特拉米 – 庞加莱半平面地图中的双曲几何（$\mathcal{K}=-1$）:
$$H(z)=\frac{az+b}{cz+d},\quad 其中\ a,b,c,d\ 为实数，且\ (ad-bc)=1. \tag{6.11}$$
注意 $z\mapsto-\overline{z}$ 是反向等距变换，是关于虚轴的反射. 于是结论 (6.1) 告诉我们整个等距变换群是 $\mathcal{G}=\{H(z)\}\cup\{H(-\overline{z})\}$.

有了关于矩阵的结果 (6.8) 和 (6.9)，就容易证明以上三个集合都是群. 我们还注意到，在球面几何中的矩阵是一种特殊类型，在物理学中起着重要作用. 这类矩阵称为**酉矩阵**，也就是说，将它取共轭，再做转置（这两个操作的复合记为 *），则 [练习] 可得到逆变换的矩阵：

$$S\ 是\textbf{酉矩阵}，意味着\ [S][S]^*=单位矩阵.$$

欧几里得平面的变换 $E(z)$ 是一个关于 θ 的旋转接一个关于 k 的平移，这显然是平面内最一般的刚体运动. 所以，我们现在跳过这个问题，将精力投入 $\mathcal{K}=\pm1$

的情况．这些情况有一些令人惊奇的结果，证明这些结果更有挑战性．在这项工作中，我们不打算停下来对这些结果做几何评判，而是建议你参阅《复分析》．现在，我们要炫耀一下我们建立的度量机器具有的计算能力．

为此，需要介绍一点儿复分析的知识．我们在 4.6 节讲过，复映射 $z \mapsto w = f(z)$ 的导数 $f'(z)$ 和在一年级微积分中定义的一模一样，所有通常的微分公式都没有变．于是，可以将导数的除法公式应用于规范化［即 $(ad-bc)=1$］的默比乌斯变换，得到

$$M(z)=\frac{az+b}{cz+d} \implies M'(z)=\frac{1}{(cz+d)^2}. \tag{6.12}$$

回顾式 (4.19)，复函数的导数被赋予"伸扭"的几何功能，所以它比实函数的普通导数具有更丰富的意义，也更具魔力．

我们现在回来讨论主要结果．根据欧拉在 1775 年首先证明的结果，球面的刚体运动就是旋转．大约在 1819 年，高斯第一个认识到，这些旋转运动可以表示为形式如式 (6.10) 的默比乌斯变换．

取球面半径为 1，可以将球极度量公式 (4.22) 用复数 z 写成

$$d\widehat{s}=\frac{2}{1+|z|^2}|dz|.$$

要证明映射 $z \mapsto w = S(z) = \frac{az+b}{-\overline{b}z+\overline{a}}$ 是正向等距映射，我们必须证明

$$\frac{2}{1+|w|^2}|dw|=\frac{2}{1+|z|^2}|dz|. \tag{6.13}$$

直接计算可得［练习］

$$1+|w|^2=\frac{1+|z|^2}{|-\overline{b}z+\overline{a}|^2}.$$

由式 (6.12) 可得

$$\left|\frac{dw}{dz}\right|=|S'(z)|=\frac{1}{|-\overline{b}z+\overline{a}|^2}=\frac{1+|w|^2}{1+|z|^2},$$

这就验证了式 (6.13)，从而证明了主要结果的第 2 部分．（但是，这并未证明这些是仅有的正向等距映射．这个问题要用以后的几何分析来解决．）

然而，我们这些凡夫俗子（甚至高斯）怎么能猜到这些默比乌斯变换的形式呢?! 这里有一个简单的论点，仅仅基于我们目前所知道的：*如果旋转使球面上的点 $\widehat{z}$ 移动到 $\widehat{M(z)}$，那么它也使 $\widehat{z}$ 的对径点移动到 $\widehat{M(z)}$ 的对径点．*但是，我们知道对径点的球极平面映射像具有结论 (4.27) 所示的关系，所以

$$M\left(-\frac{1}{\overline{z}}\right)=-\frac{1}{\overline{M(z)}}.$$

于是

$$\frac{a\left[-\frac{1}{\overline{z}}\right]+b}{c\left[-\frac{1}{\overline{z}}\right]+d}=-\frac{\overline{cz+d}}{\overline{az+b}} \implies \frac{-b\,\overline{z}+a}{d\,\overline{z}-c}=\frac{\overline{c}\,\overline{z}+\overline{d}}{\overline{a}\,\overline{z}+\overline{b}},$$

由此明显有 $c=-\overline{b}$ 和 $d=\overline{a}$，这正是式 (6.10) 的形式！

第 105 页习题 27 会给出一个具体的例子，说明怎么用默比乌斯变换来表示旋转，并给出一个构作性证明，证明每个旋转都是形如式 (6.10) 的默比乌斯变换.

最后考虑双曲平面. 由度量公式 (5.7) 可知，我们必须证明 $z \mapsto w = H(z) = \frac{az+b}{cz+d}$ 满足

$$\frac{|\mathrm{d}w|}{\operatorname{Im} w}=\frac{|\mathrm{d}z|}{\operatorname{Im} z}. \tag{6.14}$$

直接计算可得 [练习，注意到 $\overline{a}=a,\cdots$]

$$\operatorname{Im} w=\frac{w-\overline{w}}{2\mathrm{i}}=\frac{\operatorname{Im} z}{|cz+d|^2}.$$

由式 (6.12) 可得

$$\left|\frac{\mathrm{d}w}{\mathrm{d}z}\right|=|H'(z)|=\frac{1}{|cz+d|^2}=\frac{\operatorname{Im} w}{\operatorname{Im} z},$$

这就验证了式 (6.14)，从而证明了主要结果的第 3 部分.

双曲等距变换不仅包含类似于旋转和平移的普通运动，还包含第三种类型的刚体运动，称为**极限旋转**，在通常的欧几里得几何里没有与之对应的运动形式. 极限旋转是 $\mathbb{H}^2$ 中普通旋转运动的极限：旋转中心从无穷远点出发，逐渐接近天际线 $y=0$，旋转运动最终变成天际线上的一个点. 详见《复分析》6.3.7 节和 6.3.8 节.

6.4　爱因斯坦的时空几何学

既然仅仅默比乌斯变换群的子群就对几何学具有如此深刻的意义，我们自然要问，整个默比乌斯变换群是否具有更加非凡的功力.

整个默比乌斯群至少在看似没有关系的两个知识领域里扮演着至关重要的基础性作用，这两个知识领域是相对论和三维双曲几何. 事实上，这不是巧合，这两个主题之间存在深刻的联系. 但是，我们不能在此探讨这件事，建议阅读 Penrose (2005, 18.4 节)，那里对此有非常精彩的论述.

第一个作用可以毫不夸张地称为“基本原理”：①

① 这个结果的精确数学表述将在结论 (6.20) 给出. 我们建议你不要偷看，而是按照顺序阅读.

> 默比乌斯群描述了空间和时间的对称性，或者更准确地说，描述了爱因斯坦统一时空的对称性.

显然，在此详细探讨爱因斯坦的狭义相对论既不合适，也不可行. [①] 然而，对于以前没有学习过这个理论的读者，我们将尽量讲得充分一些，以便帮助你理解这个理论与默比乌斯群的特殊联系. [②]

爱因斯坦理论的起点是关于大自然的一个非凡而奇异的实验事实：

> 对于在匀速相对运动中的所有观察者，光的传播速率都是相同的.

在 1905 年，爱因斯坦首先认识到，*只有*在这些观察者对空间和时间的量度不一致的情况下才可能出现这个现象!

为了量化这个理论，我们将一个**事件** $\mathfrak{E}$ 的时间 T 和三维空间坐标 (X,Y,Z) 合并成四维**时空**中的单一**四维向量** (T,X,Y,Z). [③] 这是事件 $\mathfrak{E}$ 的空间和时间坐标，我们称之为*第一观察者*.

当然，第一观察者向量的空间分量不具有绝对意义：如果*第二观察者*使用同一个原点，但坐标轴相对于第一观察者坐标轴做了旋转，那么，第二观察者应该是同一事件 $\mathfrak{E}$ 的不同空间坐标 $(\widetilde{X},\widetilde{Y},\widetilde{Z})$. 如果这两个观察者之间*没有相对运动*，就应该有 $\widetilde{X}^2+\widetilde{Y}^2+\widetilde{Z}^2=X^2+Y^2+Z^2$，因为这表示到事件发生点的距离的平方.

与此相反，我们习惯认为时间分量 T *确*实具有绝对意义. 然而，（被无数实验验证了的）爱因斯坦理论告诉我们这是错误的. *如果两个（瞬间重合的）观察者处于相对运动中，则他们对事件发生时间的认识会不一致.* 进而，他们对 $(X^2+Y^2+Z^2)$ 的值的认识也不再一致，这就是著名的**洛伦茨收缩**.

只有当两个观察者的相对速度非常接近不可能达到的光速（约每秒 186000 英里[④]）时，这种效应才会被察觉. 例如，即使第二个观察者以步枪子弹的速度（每小时 2000 英里）远离第一个观察者，他们的时钟之间的差距即使经过一生（比如 85 年）的积累，也只有百分之一秒左右！相对于光的速度，我们蜗牛般的存在只是个偶然，这个偶然把爱因斯坦的发现的真相掩盖了数千年（并且仍然在

---

① 关于这个理论的精彩物理描述，我们推荐 Taylor and Wheeler (1992). 关于这个理论的几何，我们强烈推荐 Misner, Thorne, and Wheeler (1973) 和 Penrose (2005).

② 根据 Coxeter (1967, 第 73–77 页)，在 1905 年，几乎在这个理论发表的同时，海因里希 · 利布曼首先确认了这个联系.

③ 事实上，是闵可夫斯基在 1906 年用这些几何术语重新定义了爱因斯坦在 1905 年提出的理论. 最初，爱因斯坦并不认同.

④ 1 英里 ≈ 1609 米. ——编者注

日复一日地继续掩盖).

如果第二个物体以接近光速的速率运行，则时间和空间的畸变是巨大的，遍布全球的粒子加速器每天都在证实这个现象. 在这样不同寻常的环境下，时空中是否存在某些方面具有绝对意义，使得均速相对运动的两个观察者看到的时空是一致的?

令人惊讶的是，爱因斯坦的回答是“存在!”: 时空确实具有与所有观察者无关的绝对结构. 因此，爱因斯坦本人非常不喜欢(并多年拒绝接受)将这个理论命名为“相对论”，他认为应该称之为“绝对论”.

为方便起见，我们定义光速为 1，爱因斯坦[1]发现: 存在观察者与事件之间的**时空区间**[2] $\gimel$，使得两个观察者看到的时空区间的值是一致的. 这个时空区间 $\gimel$ 是由其平方定义的:

$$\gimel^2 \equiv T^2 - (X^2 + Y^2 + Z^2) = \widetilde{T}^2 - (\widetilde{X}^2 + \widetilde{Y}^2 + \widetilde{Z}^2). \tag{6.15}$$

闵可夫斯基意识到，这种区间是距离概念的正确推广，适合用于时空. 时空的等距变换/对称性保持这种区间不变. 但是，它与通常的距离大不相同: 不同事件之间的区间的平方可以是 0，甚至为负数.

我们来提供在 $\gimel^2 > 0$ 的情形[3]下关于 $\gimel$ 更生动的解释. 前面已经说过，我们假设两个观察者(相互之间做匀速相对运动)在一个特定的地点和时间瞬间重合，将其定义为一个原始事件，记为 $\mathfrak{O}$. (当然，要精确定义这个事件，必须假设我们的观察者像质点一样，位于一个确定的位置.) 现在假设第一个观察者(巧合地或故意地)在事件 $\mathfrak{E}$ 发生的时刻到达这个事件发生的地点. 在他看来，他一直坐在那儿未曾移动，而两个事件 $\mathfrak{O}$ 和 $\mathfrak{E}$ 就在他坐的地点 $(X = Y = Z = 0)$ 发生，所以事件 $\mathfrak{O}$ 和 $\mathfrak{E}$ 之间的时空区间(对所有观察者都是一致的)就是 $\gimel = T$:

如果观察者戴着一块手表在匀速运动中从一个事件到达另一个事件，那么这两个事件之间的不变时空区间 $\gimel$ 就是手表上走过的时间. (6.16)

[1] 正如我们之前请庞加莱在关于双曲平面 H^2 的联系方面为贝尔特拉米让出位置，现在我们请爱因斯坦给庞加莱让位: 庞加莱在 1905 年就已经发现了时空区间的不变性. 当然，亨德里克 · 洛伦茨应该被看作第三位狭义相对论之父，但是他至少已经因为变换群的命名而不朽了.

[2] 奇怪的是，没有一个标准的符号来表示这个区间. 我们用希伯来语的第三个字母 $\gimel$ (gimel，读作“季莫尔”)来表示这个区间，看来是合适的，因为它很像英语“区间”(Interval)的首字母 I，而 gimel 的寓意之一是连接两点的桥.

[3] 如果 $\gimel^2 < 0$，则有不同的解释，但也同样简单，见 Taylor and Wheeler (1992, 第 1 章).

然后，想象事件 $\mathfrak{O}$ 产生了一个电火花，它向所有的方向发射出光子（光的粒子）. 如果两个观察者都关注同一个光子，他们看到的就是一致的，沿着光子在时空中轨迹上的每一个事件都有 $\mathfrak{I}=0$. 这个指向一个特定光线且“长度”消失的四维向量称为**零向量**.

洛伦茨变换 $\mathcal{L}$ 是时空的线性变换，是 4×4 矩阵，它将一个观察者对一个事件的观察 (T,X,Y,Z) 映射为另一个观察者对同一个事件的观察 $(\widetilde{T},\widetilde{X},\widetilde{Y},\widetilde{Z})$. 换言之，$\mathcal{L}$ 是保持 $\mathfrak{I}^2$ 这个量不变的线性变换，而且两个观察者对这个量的观察是一致的.

我们再回过头来考虑那个电火花，它向所有方向发射出去的光子形成一个球面. 球心位于原点，半径随着时间以光速增大. 在时间 $T=1$ 时，这些光子形成了一个半径为 1 的球面，现在选择用黎曼球面来表示它. 于是，现在可以认为这个球面是由同时标记了时空坐标 $(1,X,Y,Z)$ 的点组成的，这些点也可以用式 (4.25) 中球极平面投影定义的复数表示.

将射影坐标描述的 $z=(z_1/z_2)$ 代入球极平面投影公式 (4.25)，就得到

$$X=\frac{\mathfrak{z}_1\overline{\mathfrak{z}_2}+\mathfrak{z}_2\overline{\mathfrak{z}_1}}{|\mathfrak{z}_1|^2+|\mathfrak{z}_2|^2},\qquad Y=\frac{\mathfrak{z}_1\overline{\mathfrak{z}_2}-\mathfrak{z}_2\overline{\mathfrak{z}_1}}{\mathrm{i}(|\mathfrak{z}_1|^2+|\mathfrak{z}_2|^2)},\qquad Z=\frac{|\mathfrak{z}_1|^2-|\mathfrak{z}_2|^2}{|\mathfrak{z}_1|^2+|\mathfrak{z}_2|^2}.$$

但是，每一束光线等同于这束光线方向上的任意一个零向量. 与其令 $T=1$，我们不如选择一个标量因子 $|\mathfrak{z}_1|^2+|\mathfrak{z}_2|^2$ 乘以上述表达式，就消去了分母（也就是，取 $T=|\mathfrak{z}_1|^2+|\mathfrak{z}_2|^2$）. 这个新的零向量 (T,X,Y,Z)（沿着原来的时空方向）可以表示为

$$\begin{aligned}T&=|\mathfrak{z}_1|^2+|\mathfrak{z}_2|^2,\\X&=\mathfrak{z}_1\overline{\mathfrak{z}_2}+\mathfrak{z}_2\overline{\mathfrak{z}_1},\\Y&=-\mathrm{i}(\mathfrak{z}_1\overline{\mathfrak{z}_2}-\mathfrak{z}_2\overline{\mathfrak{z}_1}),\\Z&=|\mathfrak{z}_1|^2-|\mathfrak{z}_2|^2.\end{aligned}$$

容易将这些公式转换为以下形式 [练习]:

$$\begin{pmatrix}T+Z & X+\mathrm{i}Y\\ X-\mathrm{i}Y & T-Z\end{pmatrix}=2\begin{pmatrix}\mathfrak{z}_1\overline{\mathfrak{z}_1} & \mathfrak{z}_1\overline{\mathfrak{z}_2}\\ \mathfrak{z}_2\overline{\mathfrak{z}_1} & \mathfrak{z}_2\overline{\mathfrak{z}_2}\end{pmatrix}=2\begin{pmatrix}\mathfrak{z}_1\\ \mathfrak{z}_2\end{pmatrix}\begin{pmatrix}\overline{\mathfrak{z}_1} & \overline{\mathfrak{z}_2}\end{pmatrix},$$

也就是

$$\begin{pmatrix}T+Z & X+\mathrm{i}Y\\ X-\mathrm{i}Y & T-Z\end{pmatrix}=2\begin{pmatrix}\mathfrak{z}_1\\ \mathfrak{z}_2\end{pmatrix}\begin{pmatrix}\mathfrak{z}_1\\ \mathfrak{z}_2\end{pmatrix}^*,\tag{6.17}$$

其中“*”仍表示**共轭转置**.

现在，时空区间可以简洁地表示为这个矩阵的行列式：

$$\daleth^2 = T^2 - (X^2 + Y^2 + Z^2) = \det\begin{pmatrix} T+Z & X+\mathrm{i}Y \\ X-\mathrm{i}Y & T-Z \end{pmatrix}. \tag{6.18}$$

容易看出 [练习]，这个放大了的时空向量仍然是零向量，理应如此.

现在已经利用球极平面投影用复数表示了光线，[1] 通过式 (6.17)，我们来看看复平面 $\mathbb{C}$ 上的默比乌斯变换[2] $z \mapsto \widetilde{z} = M(z)$ 作用于这束闪光的效果，也就是

$$\begin{bmatrix} \mathfrak{z}_1 \\ \mathfrak{z}_2 \end{bmatrix} \longmapsto \begin{bmatrix} \widetilde{\mathfrak{z}}_1 \\ \widetilde{\mathfrak{z}}_2 \end{bmatrix} = [M]\begin{bmatrix} \mathfrak{z}_1 \\ \mathfrak{z}_2 \end{bmatrix}.$$

代入式 (6.17)，得到（光线的轨迹生成的）零向量的线性变换：

$$\begin{pmatrix} T+Z & X+\mathrm{i}Y \\ X-\mathrm{i}Y & T-Z \end{pmatrix} \mapsto \begin{pmatrix} \widetilde{T}+\widetilde{Z} & \widetilde{X}+\mathrm{i}\widetilde{Y} \\ \widetilde{X}-\mathrm{i}\widetilde{Y} & \widetilde{T}-\widetilde{Z} \end{pmatrix} = [M]\begin{pmatrix} T+Z & X+\mathrm{i}Y \\ X-\mathrm{i}Y & T-Z \end{pmatrix}[M]^*. \tag{6.19}$$

最后，想象这个线性变换作用于所有时空向量（不仅仅是零向量）. 因为 $\det[M] = 1 = \det[M]^*$，由式 (6.18) 可得这个线性变换保持时空区间不变：

$$\widetilde{\daleth}^2 = \det\left\{[M]\begin{pmatrix} T+Z & X+\mathrm{i}Y \\ X-\mathrm{i}Y & T-Z \end{pmatrix}[M]^*\right\} = \daleth^2.$$

于是，

> 复平面 $\mathbb{C}$ 上的每一个默比乌斯变换都生成时空中唯一的洛伦茨变换. 反过来，可以证明（详见 Penrose and Rindler, 1984, 第 1 章）每一个洛伦茨变换都对应唯一（不论正负号）的默比乌斯变换. (6.20)

这么漂亮的“神来之作”，即使在专业物理学家中也非众所周知.

因此，每个默比乌斯变换或洛伦茨变换从根本上等价于下面要介绍的四个原型之一. 基本思想是关注变换的**不动点**，变换把该点映射为自身：$M(z) = z$.

① 第 108 页习题 33 解释了彭罗斯在时空中直接用复数表示光线的方法.

② 在相对论的文献里，默比乌斯变换称为**旋量变换**，对应的矩阵 $[M]$ 称为**旋量矩阵**. 详见 Penrose and Rindler (1984, 第 1 章).

显然[练习]这产生了一个二次方程. 二次方程有两个解(可能是不同的, 也可能重合), 所以默比乌斯变换有两个不动点. [①] 如果这两个不动点是不同的, 可以把它们想象[②]成北极和南极, 这就产生了图 6-5a~6-5c 中的三个原型. 如果这两个不动点重合, 可以把它们都想象成北极, 这就产生了图 6-5d 中的第四个原型.

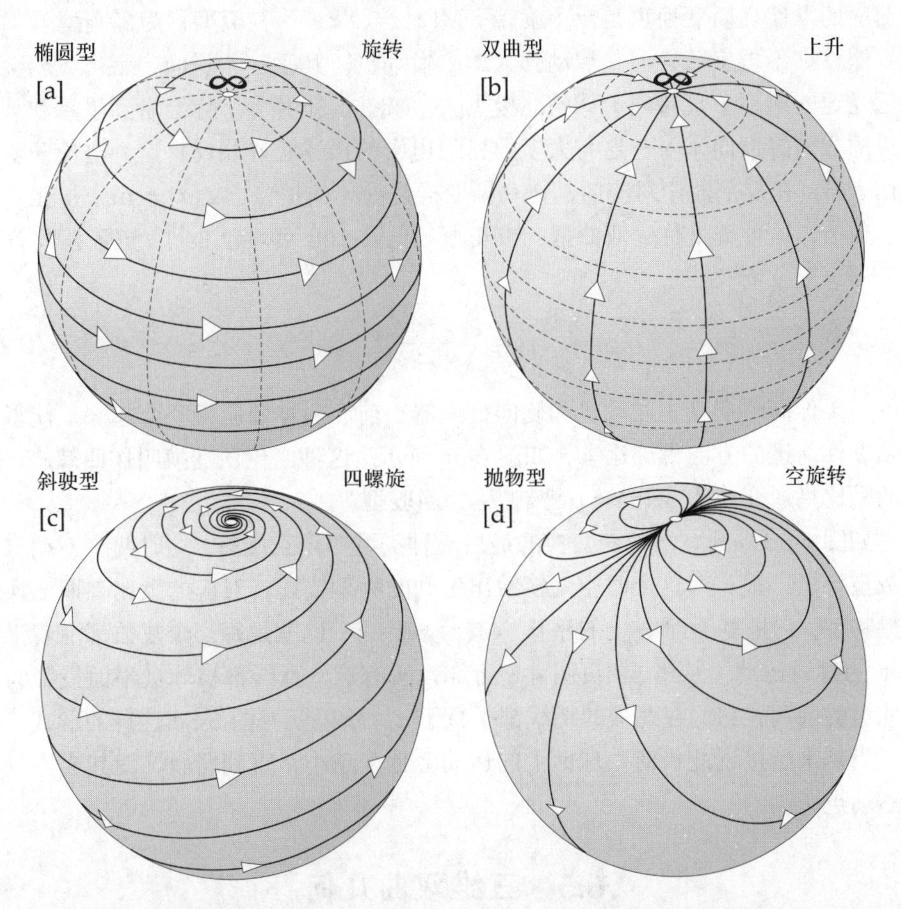

图 6-5 默比乌斯变换和洛伦茨变换的分类. 这四种类型的变换各有两个名称, 将它看作复平面 ℂ 上的变换时用左侧名称, 将它看作时空中的变换时用右侧名称

为了使这四种洛伦茨变换更加生动, 想象你自己乘坐一艘宇宙飞船, 遨游在星际空间中, 看着舷窗外散布在天球上四面八方的无数星星. 把这个天球想象成

① 默比乌斯变换最多有两个不动点, 除非是恒等变换. 详见《复分析》3.5.4 节. ——译者注

② 默比乌斯变换可以如此简化的详细证明, 见《复分析》第 3 章; 洛伦茨变换的情况见 Penrose and Rindler (1984, 第 1 章).

一个单位球，你在球心，射向你眼睛的星光与天球相交于一点，它们被标记在球面上. 我们还假设你的宇宙飞船与球面对齐，北极就在你的正前方.

现在，如果你启动侧向推进器，使宇宙飞船围绕球面的南北轴旋转，你看到的星场将围绕你旋转，如图 6-5a 所示. 这种洛伦茨变换当然叫作**旋转**. 在复平面中对应的默比乌斯变换也是一个旋转，$M(z) = \mathrm{e}^{\mathrm{i}\alpha}z$，这种类型称为**椭圆型**.

假设你不再旋转，而是启动强大的主发动机. 几乎在一瞬间，宇宙飞船会以接近光速的速率 v 直接向天球的北极飞去. 如图 6-5b 所示，你会看到星星朝着你前进的方向蜂拥而来——这与大多数科幻电影的描述正好相反！这种洛伦茨变换叫作**上升**. 在复平面中对应的默比乌斯变换是简单的扩张，$M(z) = \rho z$，扩张系数为实数 ρ，这种类型称为**双曲型**. 事实上（见第 108 页习题 34），扩张系数 ρ 与航天器速度 v 有关：

$$\rho = \sqrt{\frac{1+v}{1-v}}. \tag{6.21}$$

如果你同时启动主发动机和侧向推进器，前面两种效应将联合起来，使得星图朝着你前进的方向螺旋运动，如图 6-5c 所示. 这种洛伦茨变换叫作**四螺旋**，对应的默比乌斯变换为 $M(z) = \rho\mathrm{e}^{\mathrm{i}\alpha}z$，称为**斜驶型**.

如图 6-5d 所示，洛伦茨变换的最后一种类型叫作**空旋转**，这时两个不动点在北极重合了. 很难对这个时空变换给出生动的物理描述，对应的默比乌斯变换称为**抛物型**，它是复平面 $\mathbb{C}$ 上的平移：$M(z) = z + \tau$，也就是每一个复数都沿着平行于 τ 的直线运动. 从第 50 页图 4-8 可知，所有这些直线都被球极平面投影为经过北极的圆周，它们在北极的切线都平行于 τ，所以就有图 6-5d 这样的形式. 注意，当越来越接近北极时，球面上的运动会越来越小，直到北极，使其成为仅有的不动点.

6.5　三维双曲几何

值得注意的是，无论是罗巴切夫斯基还是波尔约，都没有着手发展二维非欧几何. 相反，两人从一开始就各自寻找一种替代三维欧几里得空间的双曲型理论[①]，双曲平面自然地出现在了这个双曲三维空间中.

我们曾经在上半平面中引入如下度量，建立了双曲平面的共形地图：

$$\mathrm{d}\widehat{s} = \frac{\mathrm{d}s}{\text{边界上方的欧几里得高度}} = \frac{\sqrt{\mathrm{d}x^2 + \mathrm{d}y^2}}{y}. \tag{6.22}$$

① 见 Stillwell (2010, 第 365 页).

为了将这个地图推广到三维双曲空间 $\mathbb{H}^3$，考虑三维欧几里得空间 (X, Y, Z) 中的水平 (X, Y) 平面上方的半空间 $Z > 0$. 现在可以通过取如下度量公式来建立 $\mathbb{H}^3$ 的共形模型：①

$$d\widehat{s} = \frac{ds}{\text{边界上方的欧几里得高度}} = \frac{\sqrt{dX^2 + dY^2 + dZ^2}}{Z}. \tag{6.23}$$

(X, Y) 平面（$Z = 0$）上的点都是无穷远点，这个边界平面就是二维的天际面，我们将它视为复平面 $\mathbb{C}$，取坐标为 $X + iY$.

从这个结构立即可以得出，每个纵向半平面都是双曲平面 $\mathbb{H}^2$. 见图 6-6，并与图 5-5 比较.（可以想象这个空间充满了同样大小的双曲球面，随着越来越临近天际面，球面的欧几里得大小就会越来越小.）

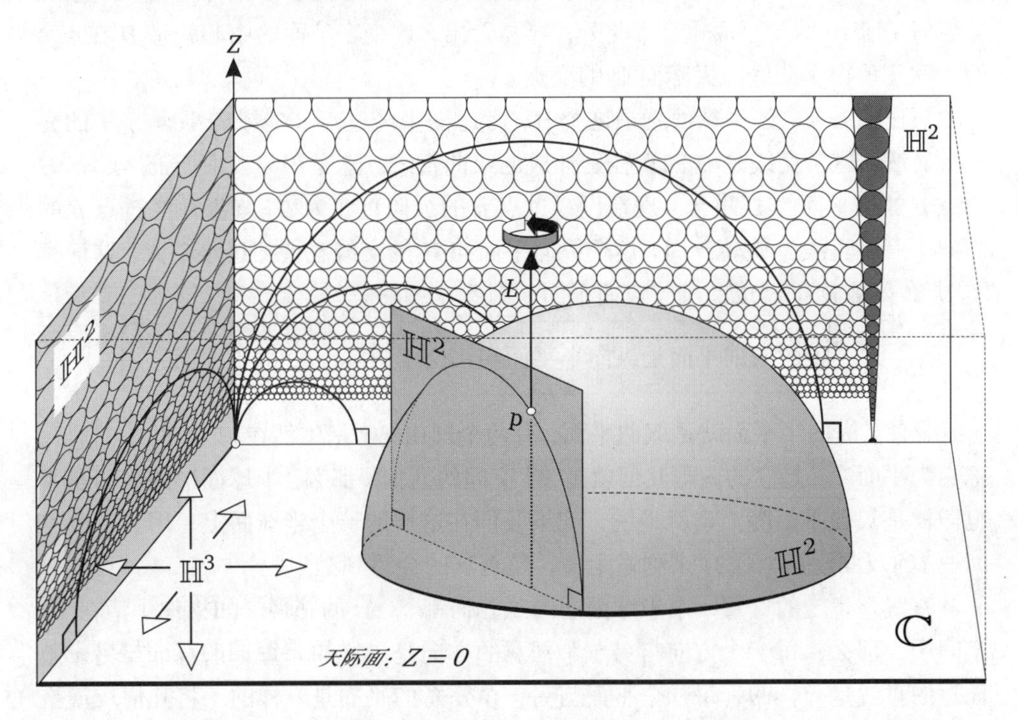

图 6-6 三维双曲空间 $\mathbb{H}^3$. 双曲平面表现为纵向半平面和正交于天际面 $\mathbb{C}$ 的半球面. 两个这样的平面相交于双曲直线：纵向半直线，或正交于 $\mathbb{C}$ 的半圆周

我们想象光线在这样一个纵向平面内传播，对称性限定它始终在这个平面内，

① 贝尔特拉米在 1868 年也发表了这个结果，以及在 n 维空间的推广. 见 Stillwell (1996).

所以，前面对光线传播路线的分析仍然适用．于是，

$\mathbb{H}^3$ 的测地线是纵向半直线和正交于天际面 $\mathbb{C}$ 的半圆周.

在二维双曲空间 $\mathbb{H}^2$ 中的测地线有两种：一种特殊，是纵向半直线；另一种典型，是正交于天际线的半圆周．同样，在三维双曲空间 $\mathbb{H}^3$ 中的双曲平面也有两种：一种特殊，是纵向半平面；另一种典型，是正交于天际面 $\mathbb{C}$ 的半球面，如图 6-6 所示.

我们来看看为何如此，想象你住在 $\mathbb{H}^3$ 里．你说的“平面”是什么意思呢？假设我递给你一个中心位于点 p 的无限小圆盘 D．为了（唯一地）将这个圆盘延伸为一个无限大的“平面” H，你可能需要将它的直径延长为无限长的双曲线，即正交于天际面 $\mathbb{C}$ 的半圆周．如果圆盘是竖直的，这显然会得到包含 D 的纵向半平面．如果圆盘 D 不是竖直的，这个结构就会生成一个正交于 $\mathbb{C}$ 的半球面 H，这里 D 与 H 在点 p 的切平面重合．此外，容易看出，这个半球面的中心就是 D 在点 p 的（欧几里得）法线与天际面 $\mathbb{C}$ 的交点.

假设图 6-6 中的半球面就是这个 H，考虑图中经过点 p 的纵向平面与 H 的交线．显然，这条交线是 D 的直径延伸成的双曲直线．这是因为，由 H 的构作，H 在点 p 的切平面与 D 重合．现在设经过点 p 的纵向直线为 L．如果让经过点 p 的纵向平面绕直线 L 旋转一周，这个纵向平面与 H 的交线就会扫过整个 H，这证实了 H 确实是 D 扩展成的唯一双曲平面．因此，

$\mathbb{H}^3$ 中的双曲平面是纵向半平面和正交于天际面 $\mathbb{C}$ 的半球面.

显然，纵向半平面就是双曲平面，有两个理由：一是生活在 $\mathbb{H}^3$ 空间中的居民称它为平面，二是它的内蕴几何就是 $\mathbb{H}^2$ 空间的几何．那么，半球面形的平面是否也同样是双曲平面呢？也就是说，如果我们在这样的一个半球面上，用其外围空间 $\mathbb{H}^3$ 的双曲度量 (6.23) 来测量距离，是否真的会得到 $\mathbb{H}^2$ 呢？

答案是肯定的：每一个半球面的内蕴几何都是 $\mathbb{H}^2$ 的几何．如果你生活在 $\mathbb{H}^3$ 空间中，那么，每一个方向与另一个任意的方向是一样的，每一条直线与另一条任意的直线是一样的，每一个平面与另一个任意的平面是一样的．将几何反演推广到三维空间，就有可能提供一个自然的几何解释，证明存在将纵向双曲平面变成半球面形平面的运动，因此它们的内蕴几何一定是相同的. [①] 不过，现在我们还是做一个计算来回答这个问题.

① 详见《复分析》3.2.6 节和 6.3.12 节.

如果我们在半径为 R 的半球面上建立球面坐标系（经度和纬度），则 $Z = R\cos\phi$，将式 (4.4) 代入双曲度量公式 (6.23)，得到

$$\mathrm{d}\widehat{s} = \frac{\sin^2\phi\,\mathrm{d}\theta^2 + \mathrm{d}\phi^2}{\cos^2\phi}. \tag{6.24}$$

要看清楚这个公式的确就是 $\mathbb{H}^2$ 的度量，我们可以引入新的坐标系，将这个度量公式转换成标准形式 (6.22)（见第 106 页习题 28），或者使用内蕴度量的曲率公式 (4.10) 来验证 [练习] $\mathcal{K} = 1$.

我们来介绍 $\mathbb{H}^3$ 的一对简单等距变换. 度量公式 (6.23) 显然不会因为下述水平坐标面上的欧几里得平移而改变:

$$X + \mathrm{i}Y \mapsto X + \mathrm{i}Y + (\text{复常数}), \quad Z \mapsto Z.$$

同样，双曲距离也不会因为空间在下述以原点为中心的欧几里得扩张而改变:

$$(X, Y, Z) \mapsto k(X, Y, Z) = (kX, kY, kZ),$$

其中 $k > 0$ 是扩张系数，因为在这里 $\mathrm{d}s$ 和 Z 都乘了相同的伸缩因子 k，所以 $\mathrm{d}\widehat{s}$ 没有改变.

将这个扩张与平移结合起来，可见以天际面上任意点为中心的扩张都是等距变换. 有了这两种等距变换就可以再次验证，所有半球面形的平面一定具有相同的内蕴几何，因为任意两个半球面形的平面都可以通过刚体运动重合：首先通过天际面上的平移使得它们具有同一个中心，然后通过扩张使得它们的半径相等.

任意一个等距变换一定会将一个平面变换成另一个平面，这就是说，天际面 $\mathbb{C}$ 上的边界圆周一定会被变换成另一个边界圆周. 事实证明（尽管我们不能在这里证明）这种保圆性是很重要的，有了保圆性就足以完全确定[①]所涉及的复映射：它们只能是默比乌斯变换!

反过来，复平面 $\mathbb{C}$ 上的任何默比乌斯变换都会诱导出整个 $\mathbb{H}^3$ 空间中的唯一变换，因为 $\mathbb{H}^3$ 中的每个点 p 都是由三个平面的交点唯一确定的，这三个（半球面形的）平面在天际面 $\mathbb{C}$ 上就是三个圆周. 由默比乌斯变换的保圆性，这三个圆周的像是三个新的圆周，它们在 $\mathbb{H}^3$ 中就是三个新的半球面形的平面，相交于点 p 的像. 还可以证明，[②] 这个诱导出来的变换是 $\mathbb{H}^3$ 中的正向等距变换. 综上所述，就得到了庞加莱（Poincaré, 1883）的伟大发现：

> 三维空间 $\mathbb{H}^3$ 中的正向等距变换群是 $\mathbb{C}$ 上的默比乌斯变换群.

① 卡拉泰奥多里（Carathéodory, 1937）证明了这个著名事实的最一般形式.

② 要弄清庞加莱是如何发现这个结果的，参见 Stillwell (1996, 第 113–122 页). 这个结果背后更多的几何基础，参见《复分析》6.3.12 节.

如果你是在 $\mathbb{H}^3$ 的世界里长大的，读的是 $\mathbb{H}^3$ 的学校，就会学到三角形的内角和总是小于两个直角之和，每一条直线都有经过同一点的无穷多条平行线，等等. 但是，你在大学最终会学到一种理论几何学，它与你的日常经验不一致，例如每一个三角形的内角和都严格地等于 π，无论这个三角形有多大！为了直观地理解这种奇异的现象，数学家们试图构建一个模型曲面，在这个曲面上，这种"欧几里得"几何实际上是成立的. 值得注意的是，他们成功了！

从寓言回到现实吧，实际上是瓦赫特（高斯的一个学生）在 1816 年第一次发现了这样一个曲面，后来罗巴切夫斯基和波尔约又独立地重新发现了它，罗巴切夫斯基把它命名为**极限球面**. 根据图 6-6，一个典型的极限球面就是一个普通的欧几里得球面，它位于（接触）天际面上. 令人惊讶的是，如果使用双曲度量 (6.23) 来测量距离，极限球面内的几何结构确实就是一个平坦的欧几里得平面！参见第 107 页习题 30 和第 107 页习题 32.

贝尔特拉米提供了一种更简单的理解方法. 由于将几何反演推广到三维双曲空间，可以交换纵向半平面和半球面，他观察到，通过反演和刚体运动，一个典型的极限球面可以变成 $Z=常数=k$. 在这个水平面内，双曲度量 (6.23) 简化为

$$\mathrm{d}\widehat{s}=\frac{\sqrt{\mathrm{d}X^2+\mathrm{d}Y^2}}{k},$$

这显然就是欧几里得度量.

回想一下，希尔伯特证明了在欧几里得空间中不能构作一个完整的双曲平面. 双曲空间中存在的极限球面就是完整的欧几里得平面，这使得欧几里得几何也从属于双曲几何，从而说明了双曲几何的优越性. 事实上，球面几何也包含在内. 研究证明，$\mathbb{H}^3$ 中居民所称的球面（即与中心的双曲距离不变的点的集合）实际上也出现在我们的模型中，就是欧几里得球面，但它有一个不同的中心. 此外，这样的双曲球面具有恒定正曲率的内蕴几何：它看起来像球面，实际上也是球面！详见第 107 页习题 31.

我们已经多次接受了这样的概念：某些智能生物生活在一个非欧几何世界（比如 $\mathbb{H}^3$）里. 这并没有你认为的那么怪异. 1915 年，爱因斯坦发现*我们*居住的实际时空*不是*平坦的！事实上，能量和物质扭曲了时空的结构，产生了一种复杂的曲率形态，既有正的也有负的，在不同的地方、不同的时间和不同的方向上都有不同的曲率. ①

然而，在正常情况下，曲率的量小得出奇，以至于三角形内角和与 π 的差完全无法察觉. 这就造成一个错觉：我们的世界是服从欧几里得几何定律的. 这种

① 爱因斯坦这个极其漂亮的理论就是**广义相对论**，是本书第 30 章的主题.

错觉是如此完美，如此令人信服，以至于它影响了我们 4000 多年.

尽管如此，爱因斯坦还是在 1915 年发现了时空曲率的微妙模式，这是极其重要的，甚至在日常生活中也是如此. 它有一个名字……那就是引力!

第 7 章　第二幕的习题

曲面映射：度量

1. 曲率 $\mathcal{K}$ 与坐标的选取无关. 从平坦的欧几里得度量开始，

$$d\widehat{s}^2 = dx^2 + dy^2.$$

(i) 如果 $x = u^2 \cos v$ 且 $y = u^2 \sin v$，解释坐标系 (u, v) 的几何意义，并证明其正交性.

(ii) 通过计算坐标系 (u, v) 的度量证明其正交性，再用式 (4.10) 验证新的度量仍然是平坦的，即曲率 $\mathcal{K} = 0$.

(iii) 再次做坐标变换，证明双曲线 $x = u^2 - v^2 = 常数$ 的正交轨迹是 $y = 2uv = 常数$. 对这个共形坐标系再做一次 (ii) 中的操作，利用式 (4.10) 或式 (4.16) 验证 $\mathcal{K} = 0$.

2. 中心投影. 考虑图 4-1 所示的球面中心投影法.

(i) 证明：球面上的无穷小圆周变形成椭圆，其形状由式 (4.3) 决定.

(ii) 解释这样的变形为什么是对称的：如果选取平面上的无穷小圆周，它在球面上的逆像是同样形状的椭圆.

3. 中心投影. 用计算重新推导中心投影的度量公式 (4.2).

4. 中心投影. 将球面中心投影的度量公式 (4.2) 代入曲率公式 (4.10)，验证 $\mathcal{K} = +1/R^2$.

5. n 边形的角盈. 证明欧几里得平面上 n 边形的内角和为 $(n-2)\pi$，从而证明将角盈定义为 $\mathcal{E} \equiv \left[内角和\right] - (n-2)\pi$ 是合理的. 现在，令 Δ_p 是弯曲曲面上包含点 p 的一个小 n 边形，（用测地线）连接点 p 与每一个顶点，将这个 n 边形分解为 n 个三角形. 证明式 (2.1) 对 n 边形仍然成立.

6. 球极平面投影的度量公式. 假设在图 4-10 中，我们选择 $\delta\widehat{s}$ 指向正北方（而不是图中所示的指向正西方）. 用以下两种方式证明这同样可以得到度量公式 (4.22).

(i) 用计算的方法；

(ii) 用几何的方法.

7. 对径点. 图 7-1 为黎曼球面 Σ 与经过点 $\widehat{p}$ 及其对径点 $\widehat{q}$ 的平面相交生成的纵向横截面. 证明: 三角形 $p0N$ 和三角形 $N0q$ 相似. 推导出式 (4.27).

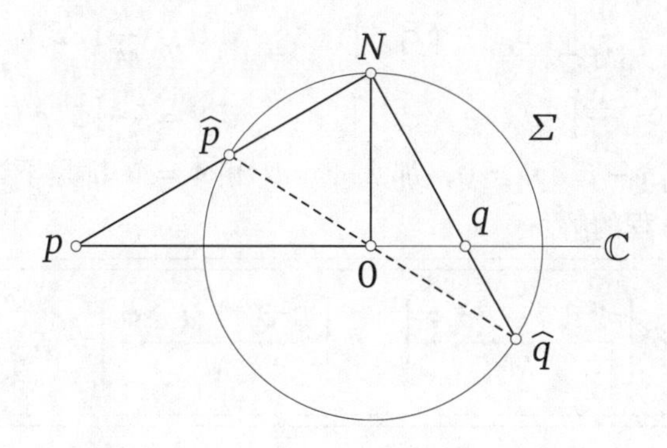

图 7-1　习题 7 的图

8. 共形 ("等温") 坐标. 给定一般 (u,v) 坐标系的一般曲面的度量公式 (4.7),

$$d\widehat{s}^2 = A^2\,du^2 + B^2\,dv^2 + 2F\,du\,dv,$$

我们的目标是求共形的 (U,V) 坐标系, 使得, 如果 $Z = U + iV$, 则

$$d\widehat{s}^2 = \Lambda^2(dU^2 + dV^2) = \Lambda^2\,dZ\,d\overline{Z}.$$

令 $M = \sqrt{A^2B^2 - F^2}$ 为从 (u,v) 地图到曲面上的面积放大因子, 从而式 (4.11) 变成 $d\mathcal{A} = M\,du\,dv$.

(i) 证明: 度量公式有复因式分解

$$d\widehat{s}^2 = \left[A\,du + \frac{(F+iM)}{A}\,dv\right]\left[A\,du + \frac{(F-iM)}{A}\,dv\right].$$

(ii) 假设存在复积分因子 Ω 使得

$$\Omega\left[A\,du + \frac{(F+iM)}{A}\,dv\right] = dU + i\,dV = dZ.$$

证明: 此时 (U,V) 的确是曲面上的共形坐标系

$$d\widehat{s}^2 = \Lambda^2(dU^2 + dV^2) = \Lambda^2\,dZ\,d\overline{Z}, \quad 其中 \quad \Lambda = \frac{1}{|\Omega|}.$$

(iii) 利用 $df = (\partial_u f)\,du + (\partial_v f)\,dv$ 证明

$$\partial_u Z = \Omega A \quad 且 \quad \partial_v Z = \Omega\left[\frac{F+iM}{A}\right].$$

(iv) 证明

$$[F+iM]\partial_u Z = A^2\partial_v Z.$$

(v) 上式两边乘以 $[F-iM]$, 得出

$$B^2\partial_u Z = [F-iM]\partial_v Z.$$

(vi) 利用复等式的实部和虚部分别相等，推导 U 的变化率和 V 的变化率之间的如下关系式.

$$\partial_u U = \frac{1}{M}\left[A^2\partial_v V - F\partial_u V\right], \qquad \partial_v U = \frac{1}{M}\left[F\partial_v V - B^2\partial_u V\right];$$

$$\partial_u V = \frac{1}{M}\left[F\partial_u U - A^2\partial_v U\right], \qquad \partial_v V = \frac{1}{M}\left[B^2\partial_u U - F\partial_v U\right].$$

(vii) 假设 $\partial_u\partial_v\Phi - \partial_v\partial_u\Phi = 0$，那么 $\Phi = U$ 和 $\Phi = V$ 都是下述**贝尔特拉米–拉普拉斯方程**的解.

$$\partial_v\left[\frac{A^2\partial_v\Phi - F\partial_u\Phi}{M}\right] + \partial_u\left[\frac{B^2\partial_u\Phi - F\partial_v\Phi}{M}\right] = 0.$$

这个方程是**椭圆型**的. 根据椭圆型偏微分方程的一般理论，这个方程肯定有解，从而证实了的确存在共形坐标系!

(viii) 设 (x, y) 是第二对共形坐标，满足

$$d\widehat{s} = \lambda^2(dx^2 + dy^2).$$

令 $u = x$ 和 $v = y$，证明 $A = B = \lambda$，$F = 0$，$M = \lambda^2$. 利用 (vi) 证明 $(x + iy)$ 平面和 $(U + iV)$ 平面之间的局部映射是一个*伸扭*，其特征是著名的**柯西–黎曼方程**:

$$\partial_x U = \partial_y V, \qquad \partial_y U = -\partial_x V.$$

（对这些现象的完整讨论请参见《复分析》.）

(ix) 在这种情况下，可将贝尔特拉米 – 拉普拉斯方程化为**拉普拉斯方程**:

$$\partial_x^2\Phi + \partial_y^2\Phi = 0.$$

9. 共形曲率公式. 将共形曲率公式 (4.16) 应用于球面的球极平面投影的度量公式 (4.22)，验证 $\mathcal{K} = +1/R^2$.

10. 阿基米德–兰伯特投影. 考虑 (x, y) 平面上的矩形 $\{0 \leqslant x \leqslant 2\pi R, -R \leqslant y \leqslant R\}$. 想象：首先将矩形的左右两边用胶带粘在一起，生成一个高为 $2R$ 的圆柱面，再将这个圆柱面套在半径为 R 的球面外，使得圆柱面紧贴球面的赤道，如图 7-2 所示. 对于球面上每一点，经过该点，作垂直于圆柱面中心轴的水平径向直线，并向外将该点投影到圆柱面上. 展开圆柱面，就得到了球面在矩形上的地图，这就是**阿基米德–兰伯特投影**. 约公元前 250 年，阿基米德就研究过这个投影法，2000 多年后，兰伯特重新发现了这个投影法，并

于 1772 年公布于众．兰伯特的开创性论文是第一个关于地图制作的系统性数学研究，阐明了该（投影）制图法保留了哪些性质不变．

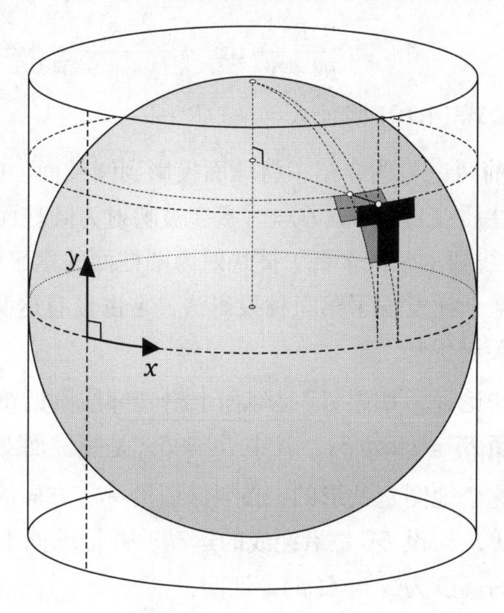

图 7-2　习题 10 的图

(i) 证明（最好用几何方法）：这时有球面度量公式

$$d\widehat{s}^2=\frac{R^2-y^2}{R^2}\,dx^2+\frac{R^2}{R^2-y^2}\,dy^2.$$

(ii) 利用曲率公式 (4.10) 验证 $\mathcal{K}=+1/R^2$.

(iii) 利用式 (4.12) 证明这个投影是保持面积不变的．例如，图 7-2 中所示的两个 T 形面积相等．这个结果意味着，整个球面的面积等于圆柱面的面积，即最初矩形的面积：$(2\pi R)(2R)=4\pi R^2$．阿基米德对这个结果（以及体积的相关发现）感到非常自豪，请他的朋友将这个图刻在他的墓碑上．大约一个半世纪之后，公元前 75 年，当西塞罗[①]找到阿基米德的墓时，已经是野草丛生，但墓碑上的圆柱面和球面仍然清晰可见．

(iv) 利用上面的结果（不用积分法），证明：球冠 $0\leqslant\phi\leqslant\Phi$ 的面积 $\mathcal{A}$ 为

$$\mathcal{A}=2\pi R^2(1-\cos\Phi).$$

11. 圆柱面中心投影．重新考虑上题中在圆柱面上对球面作图的问题，这次将圆柱面向上和向下无限延伸．我们再次将球面投影到圆柱面上，但这次想象在球心有一个点光源，投射到圆柱面上．这就是**圆柱面中心投影**．

① 西塞罗（前 106—前 43），古罗马著名政治家、哲人、演说家和法学家．——译者注

(i) 画出投影示意图，证明：$y = R\cot\phi$. [1]

(ii) 利用 (i) 的结果，或者直接用几何方法，证明：现在有度量公式

$$d\hat{s}^2 = \frac{R^2}{R^2+y^2}\,dx^2 + \frac{R^4}{(R^2+y^2)^2}\,dy^2.$$

(iii) 利用曲率公式 (4.10) 验证 $\mathcal{K} = +1/R^2$.

12. 墨卡托[2]投影. 前两道习题介绍了将球面投影到圆柱面上的两种方法，它们都具有如下两个性质：(1) 经线（$\theta=$ 常数）被映射为圆柱面上具有相同 θ 的纵向母线；(2) 纬线圆（$\phi=$ 常数）被映射为圆柱面的水平横截圆周. 1569 年，格拉尔杜斯 · 墨卡托发现了第三种投影法，它也具有这两个性质，而且是共形的，这是其关键优势.

(i) 用几何方法论证，如果 $\delta\hat{s}$ 是球面上沿着纬线圆的微小运动，则上述两个性质蕴涵 $\delta\hat{s} \asymp \sin\phi\,\delta s$，其中 $\delta s = \delta x$ 是圆柱面上的水平运动.

(ii) 为了保证这个地图是共形的，必须保证沿所有方向的无穷小运动的标量因子都相等. 假设 $\delta\hat{s}$ 是沿经线的运动，并记球面上的点 (θ,ϕ) 在圆柱面上的像的高度为 $y = f(\phi)$，证明：

$$f'(\phi) = -\frac{R}{\sin\phi}.$$

(iii) 如果要求赤道上的点都被映射到 x 轴上，证明（如果你仍然记得积分技巧，也可以通过计算推导出）**墨卡托投影**由下式决定：

$$y = f(\phi) = R\ln\frac{1+\cos\phi}{\sin\phi}.$$

（注意：在墨卡托的时代，对数和微积分都是未知的，那么他是怎么做到的?! 参见 Hayes et al. (2004, 第 18 章)，这一章是奥塞尔曼写的，写得非常好.）

(iv) 如果你按照固定的罗盘方向驾驶飞机或船只，就会沿着**斜驶线**航行（见图 6-5c），斜驶线也称为**恒向线**. 把圆柱面展开，平放在桌面上，就得到了一张标准的墨卡托平面航海图. 你的斜驶线在航行图中是什么样的?（提示：无须计算，只利用共形性!）

---

① 这里的 ϕ 是投影射线与球面的赤道平面的夹角. ——译者注

② 格拉尔杜斯 · 墨卡托（1512—1594），荷兰地图制图学家，精通天文、数学和地理. 他设计的等角投影，被称为“墨卡托投影”，可使航海者用直线（即等角航线）导航，第一次将世界完整地表现在地图上，至今仍为最常用的投影海图. 他晚年所著《地图与记述》是地图集巨著，轰动世界，封面上有古希腊神话中的撑天巨人阿特拉斯像，因此后人将“Atlas”用作地图集的同义词，并沿用至今. 墨卡托是地图发展史上划时代的人物，结束了托勒密时代的传统观念，开辟了近代地图学发展的广阔道路. ——译者注

13. 不可能存在的好地图．在上面几道习题里，我们遇到了球面的两个特别的地图，一个保持面积不变，另一个保持角不变．是否存在球面的一个地图，既保持面积不变，又保持角不变？证明：任何弯曲的曲面都不可能有这样的地图，不仅仅是球面．

伪球面和双曲平面

14. 波利亚[①]关于斯涅尔定律的力学证明．波利亚（Pólya, 1954, 第 149–152 页）提出了如下关于斯涅尔定律的奇妙力学解释，也为我们提供了思考双曲平面上测地线的另一种思路．图 7-3 是图 5-6 的修改版，其中空气和水的界面被替换为一根无摩擦的杆．杆上有一个可滑动的环 p，环上系着两根长度固定的绳子．如图 7-3 所示，绳子挂在钉在点 a_i 的铁钉上，铁钉是无摩擦的．绳子系着重物，重量为 m_i．重物位于 a_i 正下方，与其距离为 h_i．

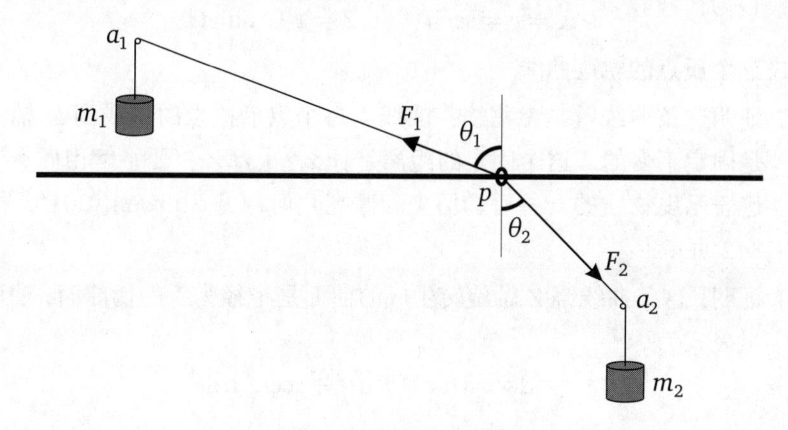

图 7-3　习题 14 的图

(i) 考虑系统的势能，证明：当 $m_1h_1 + m_2h_2$ 取最大值时，系统达到平衡．

(ii) 当系统达到平衡时，作用于环的两个拉力 F_1 和 F_2 的水平分量相互抵消．证明：

$$m_1 \sin\theta_1 = m_2 \sin\theta_2.$$

(iii) 令绳子从点 a_i 到点 p 的长度为 l_i，则 $l_i + h_i =$ 常数．取 $m_i = (1/v_i)$，其中 v_1 和 v_2 分别是最初光学问题中光在空气和水中的传播速度．证明：

① 乔治·波利亚（1887—1985），美籍匈牙利数学家，1963 年获美国数学会功勋奖．他是法国科学院、美国国家科学院和匈牙利科学院的院士，著有《怎样解题》《数学与猜想》《数学的发现》等书，被译成多种文字，广为流传．——译者注

(i) 中的力学问题变成了最初寻求耗时最少的传播路线的光线问题，具有同样的数学关系式

$$\frac{l_1}{v_1}+\frac{l_2}{v_2}\ \text{取最小值}.$$

(iv) 用 (ii) 中的力学结果证明斯涅尔定律.

15. 假设光在 (x,y) 平面上的传播速度为 $v=1/\sqrt{1-y}$，证明：测地线是抛物线．描绘这些抛物线.

16. **曳物线的参数化**．我们将空间的 (X,Y,Z) 坐标系转换成**柱面极坐标系**，也就是，在 (X,Y) 平面建立通常的 (r,θ) 极坐标系，再补充 Z 坐标．因此，在柱面极坐标系中的欧几里得度量是

$$\mathrm{d}s^2=\mathrm{d}r^2+r^2\,\mathrm{d}\theta^2+\mathrm{d}Z^2.$$

在平面 $\theta=0$ [也就是 (X,Z) 平面] 上，设质点在时刻 t 的位置为

$$X=r=\operatorname{sech}t,\qquad Z=t-\tanh t.$$

考虑这个质点的轨迹曲线.

(i) 证明这条曲线就是曳物线：曲线上每个点沿该点的切线到 Z 轴的距离是固定不变的．这个固定的距离是什么？[*注记*：要了解用质点运动轨迹表示曳物线的一些有趣历史和漂亮几何，见 Stillwell (2010, 第 341–342 页).]

(ii) 证明：这条曲线绕 Z 轴旋转生成的曲面是半径为 1 的伪球面，曲面的度量公式为

$$\mathrm{d}\widehat{s}^2=\tanh^2 t\ \mathrm{d}t^2+\operatorname{sech}^2 t\ \mathrm{d}\theta^2.$$

(iii) 利用式 (4.10) 验证 $\mathcal{K}=-1$.

(iv) 证明：如果引入新坐标系 $x=\theta$ 和 $y=\cosh t$，则曲面的度量公式为标准形式 (5.7).

17. **球面在柱面极坐标系下的面积公式**．在上题中引入的柱面极坐标系下，单位球面的北半球的面积元为

$$\mathrm{d}\mathcal{A}=\frac{r\,\mathrm{d}r\,\mathrm{d}\theta}{\sqrt{1-r^2}}.$$

(i) 通过计算证明这个公式.

(ii) 利用牛顿最终相等的概念，用几何方法证明这个公式.

(iii) 用积分计算整个半球面的面积.

18. 伪球面具有有限面积. 利用式 (5.5) 和式 (4.12) 证明：半径为 R 的无界伪球面具有有限面积 $2\pi R^2$. 这是惠更斯在 1693 年发现的.

19. 自己做一个伪球面! 准备 10 张纸，叠成一摞，沿着三条边把它们钉在一起. 用圆规（或倒扣的盘子、大碗）在这摞纸上画出一个最大的圆周，在圆的中心打孔. 用一把大剪刀，沿着圆周将这摞纸剪成 10 个完全相同的圆盘，半径都为 R. 重复上述过程，得到 20 个完全相同的圆盘.

(i) 在第一个圆盘上剪掉一个很窄的扇形，把边缘粘到一起，形成一个很浅的圆锥面. 对剩下的圆盘逐个重复上述步骤，依次稍微加大剪掉的扇形的角度，使得形成的圆锥面越来越高、越来越尖.（也可以将所有的圆盘都剪出一个同样的窄缝，然后将窄缝两边的纸重叠不同的角度并粘在一起形成圆锥面，这样可能更容易.）最后粘成的那个细长圆锥面，应该只用四分之一（或更小）面积的圆盘.

(ii) 按照你做圆锥面的次序，将它们摞起来. 这样，你就制成了半径为 R 的伪球面的一部分. 解释为什么.

(iii) 用同样的思路制作一张圆盘状的“双曲纸”. 例如，如果你能从伪球面上切出一个圆盘，就做成了. 将剪下的圆盘紧贴在伪球面上，验证它可以在伪球面上自由移动和旋转. [详细说明见 Henderson (1998, 第 32 页).]

20. 伪球面上的测地线. 在上题中，你已经做了一个伪球面模型. 按照步骤 (1.7) 在伪球面模型上用胶带粘出一段典型的测地线，然后将这段测地线向两个方向延长，一次延伸一条胶带. 注意伪球面上的测地线向上延伸的奇怪方式：它螺旋向上延伸了有限距离后，就调转头螺旋向下延伸.

(i) 利用贝尔特拉米 – 庞加莱上半平面，在数学上证明：只有曳物线母线是无限向上延伸的测地线.

(ii) 设 L 是一条典型的测地线，α 是 L 在伪球面边缘 $\sigma = 0$ 与曳物线母线的夹角，$\sigma_{\max}$ 是 L 在伪球面上向上延伸的最大距离. 证明：$\sigma_{\max} = |\ln \sin \alpha|$.

21. 共形曲率公式. 证明：在具有度量 (4.14) 的共形映射的情况下，一般曲率公式 (4.10) 可简化为式 (4.16).

22. 常曲率旋转曲面. 想象一个质点以单位速率沿 (x, y) 平面上的一条曲线运动，它在时刻 t 的位置是 $[x(t), y(t)]$. 再想象这个平面绕 x 轴旋转的角度为 θ，当 θ 从 0 到 2π 时，上面所说的曲线生成一个旋转曲面.

(i) 解释为什么 $\dot{x}^2+\dot{y}^2=1$，其中变量上方的点[①]表示关于时间的导数.

(ii) 利用几何方法证明：曲面上的度量公式为 $\mathrm{d}\widehat{s}^2=\mathrm{d}t^2+y^2\,\mathrm{d}\theta^2$.

(iii) 从式 (4.10) 推导出 $\mathcal{K}=-\ddot{y}/y$.

(iv) 分别求出三种常曲率 $\mathcal{K}=0$、$\mathcal{K}=+1$ 和 $\mathcal{K}=-1$ 情况下的通解 $y(t)$.

(v) 借助 (i) 的结果，求出质点在这三种情况下的速度.

(vi) 画出上述三种情况的解曲线和由它们旋转生成的曲面，可以利用计算机. 特别地，当 $\mathcal{K}=+1$ 时，验证确实得到了图 2-5 所示曲面中的一个. 同样，当 $\mathcal{K}=-1$ 时，除了伪球面以外，还有别的曲面，看起来像两个伪球面在狭窄的颈部被粘在一起.

23. 环面的曲率. 设 C 是平面上以点 o 为圆心、以 r 为半径的圆周，l 是平面上的一条直线，点 o 到直线 l 的距离为 $R(>r)$，如图 7-4 所示. 让圆周 C 绕直线 l 旋转生成环面 T.

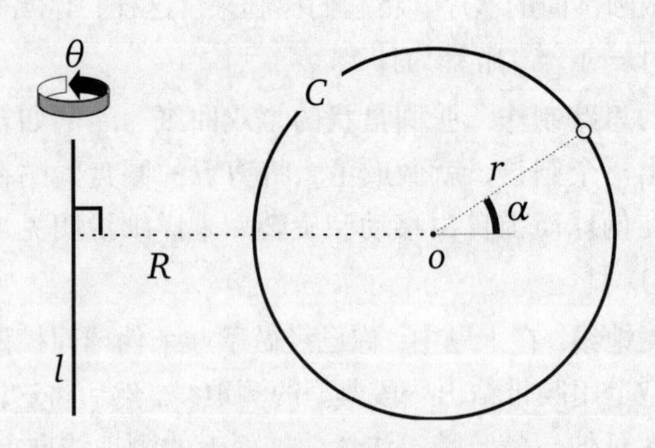

图 7-4　习题 23 的图

(i) 设 α 为图中所示圆周上的旋转角，θ 为图中所示圆周绕对称轴 l 的旋转角，利用几何方法证明：T 上的度量公式为

$$\mathrm{d}\widehat{s}^2=r^2\,\mathrm{d}\alpha^2+(R+r\cos\alpha)^2\,\mathrm{d}\theta^2.$$

(ii) 利用式 (4.10) 证明：环面的曲率为

$$\mathcal{K}=\frac{1}{r(r+R\sec\alpha)}.$$

(iii) 画出 $\sec\alpha$ 的图像，再画出 $(r+R\sec\alpha)$ 的图像，最后画出 $\mathcal{K}$ 的图像，由此验证这个 $\mathcal{K}$ 的公式与从图 2-2 得到的经验结果一致.

(iv) 在环面 T 上的何处 $\mathcal{K}=0$? 利用上述公式验证这个结果.

① 参见第 117 页脚注②. ——编者注

(v) 从上述公式可知 $\lim_{R\to\infty}\mathcal{K}=0$. 给出这个结果的几何解释.

(vi) 利用式 (4.12) 求出整个环面 T 的面积.

(vii) 验证你的面积公式与**帕普斯重心定理**[①]是一致的. (如果你以前没有学过这个定理，找本有相关内容的书读读，或在网上查阅.)

(viii) 证明环面的总曲率为零：

$$\iint_T \mathcal{K}\,\mathrm{d}\mathcal{A}=0.$$

在第三幕，你将明白这个结果并不意外.

等距变换和复数

24. z^m 的伸扭. 推广图 4-6 中的几何论证，证明 z^m 的伸扭由 $(z^m)'=mz^{m-1}$（这个公式与实函数的导数公式一样）决定. 现在我们明白这为什么是对的.

25. 贝尔特拉米–庞加莱圆盘的度量. 由图 6-4 可知默比乌斯变换可以将半平面映射成圆盘. 稍后我们将说明，将图 5-12 所示的 $\mathbb{H}^2$ 的上半平面模型映射到图 5-11 所示的 $\mathbb{H}^2$ 的圆盘模型的，正是如下这个特定的默比乌斯变换：

$$z\mapsto w=D(z)=\frac{\mathrm{i}z+1}{z+\mathrm{i}}.$$

为了推导圆盘模型的度量公式 (5.15)，考虑（在半平面模型中的）从 z 出发的无穷小向量 $\mathrm{d}z$ 被伸扭成（在圆盘模型中）从 w 出发的无穷小向量 $\mathrm{d}w=D'(z)\,\mathrm{d}z$ 的过程. 根据定义，向量 $\mathrm{d}w$ 的双曲长度 $\mathrm{d}\widehat{s}$ 就是 $\mathrm{d}z$ 的双曲长度. 证明：

$$\frac{2|\,\mathrm{d}w|}{1-|w|^2}=\frac{|\,\mathrm{d}z|}{\operatorname{Im}z}=\mathrm{d}\widehat{s},$$

从而证明式 (5.15).

26. 贝尔特拉米–庞加莱圆盘的曲率. 利用共形曲率公式 (4.16) 证明：图 5-11 所示度量为 (5.15) 的贝尔特拉米 – 庞加莱圆盘具有常负曲率 $\mathcal{K}=-1$.

27. 黎曼球面的默比乌斯旋转. *黎曼球面的每一个旋转都是形如式 (6.10) 的默比乌斯变换*，我们的目的是要为这个命题提供一个构作性的半几何证明. 我们的方法与威尔逊之前发表的方法（Wilson, 2008, 第 42–44 页）基本相同.（注

---

① 帕普斯法则是计算旋转体的体积和表面积的一种方法：若平面曲线 C 绕直线 l 旋转（C 和 l 共面且 C 在 l 的一侧），则所得旋转曲面的面积 S 等于母曲线 C 的长度与 C 的重心在旋转过程中所走路程的长度的乘积；若平面区域 A 绕同一平面内的一条直线旋转（此直线至多只能与 A 的边界共点），则所得旋转体的体积 V 等于 A 的面积与 A 的重心在旋转过程中所走路程长度的乘积. 这个法则也称为**古尔丁定理**或**帕普斯–古尔丁定理**. 帕普斯在《数学汇编》中给出了这个法则，但没有证明. 1640 年，瑞士数学家保罗 · 古尔丁发表了这两个定理，并给出了证明. ——译者注

意：对应的矩阵群记为 $SU(2)$：这里的"S"来自 special"的首字母，意思是正规化的，也就是它的行列式等于 1；"U"来自"unitary"的首字母；"2"表示 2×2 矩阵）. 令 R_Z^θ 表示黎曼球面在 (X,Y,Z) 空间中绕正半 Z 轴顺时针旋转 θ，所以 $R_Z^\theta(z)=\mathrm{e}^{\mathrm{i}\theta}z$.

(i) 求群 $SU(2)$ 中表示 R_Z^θ 的矩阵 $\left[R_Z^\theta\right]$.

(ii) 说明为什么结果 (6.6) 可以表示为

$$\left[R_X^\pi\right]=\pm\begin{bmatrix}0 & \mathrm{i}\\ \mathrm{i} & 0\end{bmatrix}\in SU(2).$$

(iii) 参考式 (4.24)，用图示说明对应于 $R_X^{(\pi/2)}$ 的复映射是

$$z=\frac{X+\mathrm{i}Y}{1-Z}\longmapsto R_X^{(\pi/2)}(z)=\frac{X-\mathrm{i}Z}{1-Y}.$$

(iv) 验证 $R_X^{(\pi/2)}(z)$ 事实上是默比乌斯变换. 假设它是默比乌斯变换，猜猜它的形式. 用图示验证 $-\mathrm{i}\mapsto0$，因此，分子一定是 $(z+\mathrm{i})$ 乘以常数. 同样，通过寻找旋转到北极的点来确定分母. 这就得到表示 $R_X^{(\pi/2)}(z)$ 的分式函数. 再令 $0\mapsto\mathrm{i}$，确定这个分式函数的常数因子. 所以，如果 $R_X^{(\pi/2)}(z)$ 是默比乌斯变换，那么它只能是

$$R_X^{(\pi/2)}(z)=\frac{z+\mathrm{i}}{\mathrm{i}z+1}.$$

(v) 验证 $R_X^{(\pi/2)}(z)$ 满足 (iii) 中的等式，从而证明它确实具有 (iv) 中的形式.（提示：在 (iv) 中让分子分母同乘以 $(X-\mathrm{i}Z)$，但只展开分母的乘法，在分母的计算结果中利用 $X^2+Y^2+Z^2=1$ 就得到了 (iii) 中的等式.）

(vi) 证明：在群 $SU(2)$ 中，$R_X^{(\pi/2)}(z)$ 可以表示为

$$\left[R_X^{(\pi/2)}\right]=\frac{1}{\sqrt{2}}\begin{bmatrix}1 & \mathrm{i}\\ \mathrm{i} & 1\end{bmatrix}.$$

(vii) 用几何语言解释为什么 $\left[R_X^{(\pi/2)}\right]^2=\left[R_X^\pi\right]$，并用直接计算验证这个等式.

(viii) 用几何语言解释为什么对于任意角 α 有

$$\left[R_Y^\alpha\right]=\left[R_X^{-(\pi/2)}\right]\left[R_Z^\alpha\right]\left[R_X^{(\pi/2)}\right],$$

并论证 $\left[R_Y^\alpha\right]\in SU(2)$.

(ix) 最后，考虑绕任意轴 A 的一般旋转. 先将 A 旋转到 (X,Y) 平面上，再将 A 旋转到 Y 轴，证明这个旋转可以表示为群 $SU(2)$ 中的矩阵，从而得出结论.

28. $\mathbb{H}^2$ 在 $\mathbb{H}^3$ 中的度量. 我们已经知道，$\mathbb{H}^3$ 中典型的双曲平面是球心位于天际面的半球面，度量公式可以表示为式 (6.24). 现在探讨度量公式的不同形式.

(i) 定义 $u \equiv \tan\phi$，证明：度量公式 (6.24) 变成

$$d\widehat{s}^2 = u^2\, d\theta^2 + \frac{du^2}{1+u^2},$$

并利用式 (4.10) 验证 $\mathcal{K} = -1$.

(ii) 用 $u \equiv 1/\sinh\xi$ 定义新自变量 ξ，证明 (i) 中的度量公式变为共形的：

$$d\widehat{s}^2 = \frac{d\theta^2 + d\xi^2}{\sinh^2\xi},$$

并利用式 (4.16) 验证 $\mathcal{K} = -1$.

(iii) 最后，求从 (θ, ξ) 平面到 (x, y) 平面的共形映射，使得 (ii) 中的共形双曲度量公式取标准形式 (5.7)：

$$d\widehat{s}^2 = \frac{dx^2 + dy^2}{y^2}.$$

（提示：令 $dy/y = d\xi/\sinh\xi$.）

29. 在 $\mathbb{H}^3$ 中的半球面 $\mathbb{H}^2$ 的曲率. 利用曲率公式 (4.10) 证明：在 $\mathbb{H}^3$ 中，球心位于天际面的半球面按照度量公式 (6.24) 的确是双曲平面 $\mathbb{H}^2$，也就是具有负的常曲率 $\mathcal{K} = -1$.

30. 极限球面：度量和曲率. 我们已经知道，$\mathbb{H}^3$ 中典型的极限球面表现为在天际面 $\mathbb{C}$ 上的球面. 参考度量公式 (6.24) 的推导过程，证明：这样一个极限球面的度量公式为

$$d\widehat{s}^2 = \frac{\sin^2\phi\; d\theta^2 + d\phi^2}{(1+\cos\phi)^2}.$$

利用曲率公式 (4.10) 验证极限球面的内蕴几何是欧几里得平面：$\mathcal{K} = 0$.

31. $\mathbb{H}^3$ 中的球面. 考虑位于 $\mathbb{H}^3$ 天际面上方、半径为 R、中心高度为 kR 的欧几里得球面. 参考度量公式 (6.24) 的推导过程，证明：这个球面的度量公式为

$$d\widehat{s}^2 = \frac{\sin^2\phi\; d\theta^2 + d\phi^2}{(k+\cos\phi)^2}.$$

利用曲率公式 (4.10) 验证正文中的论断：如果这个球面完全在天际面的上方（也就是 $k > 1$），那么这个曲面本质上是真正的球面，具有正的常曲率 $\mathcal{K} = k^2 - 1$.（注意：前面两题的结论分别是本题当 $k = 0$ 和 $k = 1$ 时的特殊情况.）

32. 极限球面的度量. 可以用另一种方法得到习题 30 的结论. 定义坐标 r 满足

$$dr = \frac{d\phi}{1+\cos\phi}.$$

证明：极限球面的度量公式（见习题 30）可以写成 $d\hat{s}^2 = dr^2 + r^2 d\theta^2$，这就是欧几里得平面的极坐标度量公式.

33. 彭罗斯用复数直接标记光线的方法. 在正文中，借助黎曼球面，通过球极平面投影，就可以用复数来标记光线. 罗杰 · 彭罗斯爵士（参见 Penrose and Rindler, 1984, 第 1 卷, 第 13 页）发现了另一种非凡的方法，将光线与复数直接关联起来. 设点 p 位于复平面（天际面）的原点正上方一个单位. 现在想象，从点 p 发射一束闪光，同时，复平面 $\mathbb{C}$ 以光速（$=1$）向上（沿 $\phi=0$ 的方向）向着点 p 运动.（你可以想象整个平面向上飞速运动，产生平面波.）将从点 p 沿方向 (θ,ϕ) 发射出来的光子 F 的速度分解成垂直和平行于 $\mathbb{C}$ 的分量. 求出光子 F 撞到 $\mathbb{C}$ 的时间. 证明光子 F 在点 $z=\cot(\phi/2)e^{i\theta}$ 处撞到 $\mathbb{C}$. 因此，彭罗斯的构作方法等价于球极平面投影法！

34. 爱因斯坦的像差公式. 回顾狭义相对论：沿着 Z 轴的“上升”产生洛伦茨变换公式，

$$\widetilde{T} = \frac{T+vZ}{\sqrt{1-v^2}}, \quad \widetilde{X} = X, \quad \widetilde{Y} = Y, \quad \widetilde{Z} = \frac{Z+vT}{\sqrt{1-v^2}}.$$

(i) 证明这个变换可以改写成

$$\widetilde{T}+\widetilde{Z} = \rho(T+Z), \quad \widetilde{X} = X, \quad \widetilde{Y} = Y, \quad \widetilde{T}-\widetilde{Z} = (1/\rho)(T-Z),$$

其中

$$\rho = \sqrt{\frac{1+v}{1-v}}.$$

(ii) 利用式 (6.19) 证明：这个上升可以用一个旋量变换表示，

$$\begin{bmatrix} \widetilde{\mathfrak{z}_1} \\ \widetilde{\mathfrak{z}_2} \end{bmatrix} = \begin{bmatrix} \sqrt{\rho} & 0 \\ 0 & 1/\sqrt{\rho} \end{bmatrix} \begin{bmatrix} \mathfrak{z}_1 \\ \mathfrak{z}_2 \end{bmatrix}.$$

(iii) 因此，这就验证了图 6-5b 和式 (6.21) 声称的结论.

(iv) 如果在启动宇宙飞船的发动机之前，星星出现的方向为 (θ,ϕ)，当你沿着方向 $\phi=0$ 上升的速度达到 v 时，星星出现的新方向为 $(\theta,\widetilde{\phi})$，满足

$$\cot\frac{\widetilde{\phi}}{2} = \rho\cot\frac{\phi}{2}.$$

1905 年，爱因斯坦发现了这个更优雅、更令人难忘的标准**像差公式**.

(v) 论证星场表现得像要一起聚集到北极，也就是，朝着你前进的方向.

(vi) 当宇宙飞船的速度接近光速时，星场会发生什么？（！）

第三幕
曲率

第 8 章　平面曲线的曲率

8.1　引言

对曲率（curvature）的研究不是始于曲面，而是始于曲线（curve），特别是平面曲线．顾名思义嘛．

对于平面曲线，我们肯定有一种直观的想法：它的某一段比较直一些，而另一段就比较弯曲一些．那么，如何用数学的精确性来量化这种弯曲程度呢？

在整个第一幕里，我们的注意力都集中在内蕴（高斯）曲率的概念上．为什么如此痴迷于内蕴几何，而不是外在几何呢？在第二幕结束的时候，我们提供了一个令人信服的理由：作为时空的居民，这是对我们唯一有意义的一种时空几何，而且时空的内蕴曲率具有根本的重要性——它就是万有引力．

但是，给定二维曲面上的一片，只有非常有限的变形方式，能使它在变形时保留其内蕴几何（也就是说没有拉伸距离）．一维曲线就不一样了：我们可以将它任意弯曲（不拉伸），使得它变成任意别的曲线，而长度不变．因此，一维内蕴曲率的概念根本不存在！换句话说，如果你是一个非常短的一维生物，生活在一条曲线中，当你在这条曲线里运动时，只能向前和向后测量距离，那么这条曲线的形状，对你来说不仅是不可知的，而且根本就是毫无意义的．

因此，从一开始就很明显的是，我们所能期待的最好结果就是曲率的外在定义：曲线在平面内的状态是怎样的．最大的惊喜（称之为"奇迹"也不为过）是这个一维曲率的外在概念最终会被认为与二维曲面的内蕴曲率有直接的关系．

正如我们说过的，生活在一维曲线内的生物无法通过在曲线内的测量来感知他所处一维世界的曲率．但是，我们可以放宽这个生物关于可测性和可知性的概念．例如，假设他不仅可以沿曲线测量长度，而且知道质量、速度和力等物理概念，那就不一样了．现在，让我们继续回到一条平面曲线上．把这条平面曲线想象成一个位于外层空间的无摩擦金属丝，没有重力（或其他外力）的作用，并假设我们以单位速率沿金属丝发射一个单位质量的无摩擦珠子．[①]

由于没有外力，珠子将继续以单位速率沿金属丝运动．但是，牛顿第一运动定律告诉我们，如果没有外力作用在珠子上，它就会沿直线运动．这里所发生的

① 当然，虽然这在本质上仍然考虑的是二维平面上的一维曲线，但是，现在将所有这些都视为嵌入了我们的三维物理世界中．事实上，我们至少需要有一个三维空间，能让珠子被约束在金属丝上做环绕运动．

是，当珠子要沿着直线飞行时，弯曲的金属丝约束了它，产生了与其运动方向成直角的外力，使得速度向量转到使得珠子继续在金属丝上运行的方向，但不改变速度向量的长度，也就是速率.

一段金属丝弯曲得越厉害，珠子在通过这段金属丝时的速度向量转弯得越快. 牛顿第二运动定律告诉我们，速度的变化率（加速度）实际上等于弯曲的金属丝对（单位质量的）珠子施加的力 F. 金属丝弯曲的角度越大，就必须施加越大的力才能使珠子的轨迹弯曲.

为了让这个想法更直观，回想一下你去游乐场坐过山车时，在弯曲轨道上高速（但是匀速）行驶是什么感觉. 这时你已经成功地变成了生活在一维空间的生物，只能沿着过山车的弯曲轨道运行. [我们将很快讨论在三维空间中扭曲的曲线，但现在，想象你沿着*水平*（因此是平面）的轨道运行.] 还有，当你坐在汽车里时，即使闭上眼睛，在转弯时仍然能感觉到汽车的侧面对你的身体产生压力: 转弯越急，压力越大.

事实上，牛顿是第一个给曲率 κ 引入纯几何定义的人，我们等一会儿就来讨论这个几何定义. 根据牛顿的定义和他发现的运动定律，他的确能导出如下结论:

> *如果一根金属丝具有平面曲线的形状，一个单位质量的珠子以单位速率沿金属丝发射出去，金属丝就会有一个力 F 作用在珠子上. 这个力的方向垂直于曲线，这个力的大小就是这条曲线的曲率 κ.* (8.1)

几何与物理的这种联系（即轨道弯曲的几何与使得物体保持在轨道上的力之间的联系）成为了牛顿*杰作*的关键，这部杰作就是 1687 年出版的《原理》，可以说是历史上最重要的科学著作.

在《原理》中，牛顿使用无限小的几何（序幕中描述的"最终相等"）来解释天体的运行，包括行星围绕太阳的椭圆轨道转动，而太阳是这个椭圆轨道的一个焦点. 与刚才所讲的不同的是，现在行星不是像珠子一样穿在金属丝上，而是在引力这只无形之手的作用下，它们的运动轨道偏离了从太阳延伸到太空的直线轨迹，引力的强度与（行星到太阳的）距离的*平方*成反比. 这就是牛顿著名的**引力平方反比定律**.

8.2　曲率圆

在《原理》出版 20 多年前，21 岁的牛顿（在 1664 年的牛顿圣诞节[①]前不久）就开始研究平面曲线的“弯曲性”，将曲率的概念首次引入数学.

牛顿认为曲线 $\mathcal{C}$ 在点 p 处的曲率圆是曲线在 p 附近最接近曲线的圆周，正如切线是在这一点最接近曲线的直线（见图 8-1）.

牛顿是如何确定曲率圆的中心（**曲率中心**）c 的位置的呢？取曲线 $\mathcal{C}$ 上点 p 的邻近点 q，则曲线在点 p 和点 q 处的法线相交，当 $q \to p$ 时，两条法线交点的极限位置就是近似圆的中心 c. 称 pc 为**曲率半径**，$\kappa \equiv (1/pc)$. 牛顿最初给这个概念起了个别名，称为“crookednesse”[②]，但后来重新命名为曲率.（关于记号的重要提示：这里“pc”表示点 p 和点 c 之间的距离.）

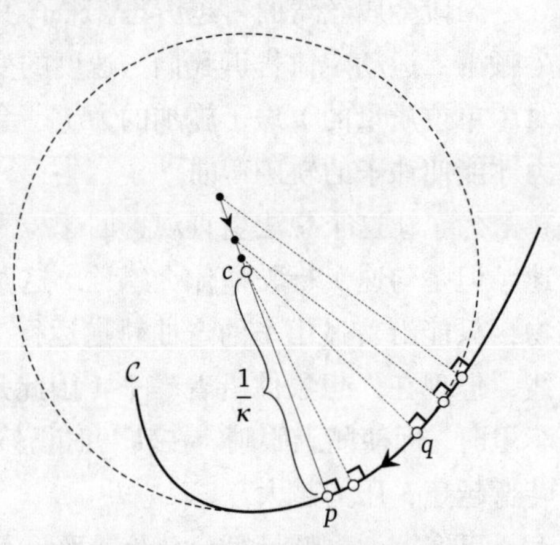

图 8-1　在点 p 处的曲率圆是曲线在点 p 处的最佳近似圆周. 曲线在点 p 处的曲率 κ 定义为曲率圆半径的倒数

按照牛顿的思路，我们用曲线偏离自身切线的快慢来量度曲率 κ（见图 8-2）. 根据平面曲线在点 p 的曲率 κ 的定义，图 8-2 所示圆的直径为 $ps = (2/\kappa)$. 现在设 q 为曲线 $\mathcal{C}$ 上点 p 的邻近点（这里 $\xi = pq$），记点 q 到点 p 的切线 $\mathcal{T}$ 的距离为 $qt = \sigma$，舍去垂直于这段距离的分量，最后记 $\epsilon = pt$.

因为 $\mathcal{T}$ 与 $\mathcal{C}$ 相切，所以 $\lim_{\epsilon\to 0}(\sigma/\epsilon) = 0$，于是

$$\frac{\xi^2}{\epsilon^2} = \frac{\epsilon^2+\sigma^2}{\epsilon^2} = 1+\left[\frac{\sigma}{\epsilon}\right]^2 \asymp 1 \quad\Longrightarrow\quad \xi \asymp \epsilon.$$

关于记号的重要提示：在此，以及全书中，我们都使用在序幕中介绍和定义的记号 $\asymp$ 表示牛顿的**最终相等**概念.

图 8-2 中灰色的三角形 ptq 最终相似于三角形 sqp，[③] 所以

$$\frac{\xi}{[2/\kappa]} \asymp \frac{\sigma}{\xi}.$$

① 在我家里，我们（至少是我）视牛顿的生日为“牛顿圣诞节”！（详见第 xviii 页脚注 ②.）

② 这个单词原为“crookedness”，意思是“弯曲；不诚实”. 牛顿在词尾加一个“e”，就在字典中找不到了，所以，作者说它是牛顿起的别名. ——译者注

③ 事实上，三角形 ptq 和三角形 sqp 严格相似. ——译者注

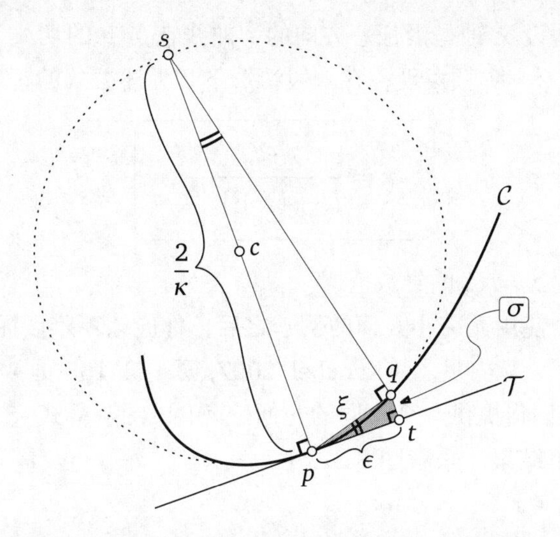

图 8-2 曲线偏离其切线的量 σ 最初按照距离 ϵ 的平方增加（像抛物线一样），比例系数是曲率的一半

本质上，这就是牛顿《原理》第一篇中的引理 II（Newton, 1687, 第 439 页）（也可参见 Brackenridge and Nauenberg, 2002, 第 112 页）. 根据前面得到的两个结果，我们有

$$\kappa \asymp \frac{2\sigma}{\epsilon^2} \quad \text{或} \quad \sigma \asymp \frac{1}{2}\kappa\epsilon^2. \tag{8.2}$$

这样，既可以用 σ 表示 κ，也可以用 κ 表示 σ.

曲率有正负号会更方便：当 $\mathcal{C}$ 向上凸时，κ 为正；当 $\mathcal{C}$ 向下凹时，κ 为负. 例如，我们马上就可以得出，抛物线的直角坐标方程为 $y = ax^2$，它在原点的曲率是 $\kappa = 2a$. 同样，$\cos x$ 的泰勒展开式告诉我们 [练习]，余弦函数 $y = \cos x$ 的图像在点 $(0,1)$ 处的曲率 $\kappa = 1$，因此其曲率圆是以原点为中心单位圆.

8.3 牛顿的曲率公式

假设曲线 $\mathcal{C}$ 是 $y = f(x)$ 的图像. 如果 x 轴平行于曲线在点 p 处的切线 $\mathcal{T}$，则泰勒公式意味着 [练习] $\sigma \asymp (1/2)f''(x_p)\epsilon^2$，其中 x_p 是点 p 的 x 坐标. 于是，由式 (8.2) 有

$$\kappa = f''(x_p).$$

注意，这个公式自动服从我们关于曲率 κ 正负号的约定.

更一般地，假设 x 轴是沿任意方向的，曲线在点 p 的切线 $\mathcal{T}$ 与 x 的倾斜角为 φ，则 $f' = \tan\varphi$. 牛顿发现，在一般情形下，上述公式的正确推广为

$$\kappa = \frac{f''}{\{1+(f')^2\}^{3/2}}, \tag{8.3}$$

其中的导数都取为 $x = x_p$ 的导数值.

在接触了几个使用无穷小几何的例子之后，你应该不难读懂牛顿对以上公式的原始证明. 后来，克内贝尔（Knoebel, 2007, 第 182–185 页）重写了这个证明. 然而，在这里，我们将提供一个不同的几何论证，试图解释式 (8.3) 复杂的新分母是旋转 x 轴的简单结果. 来看图 8-3.

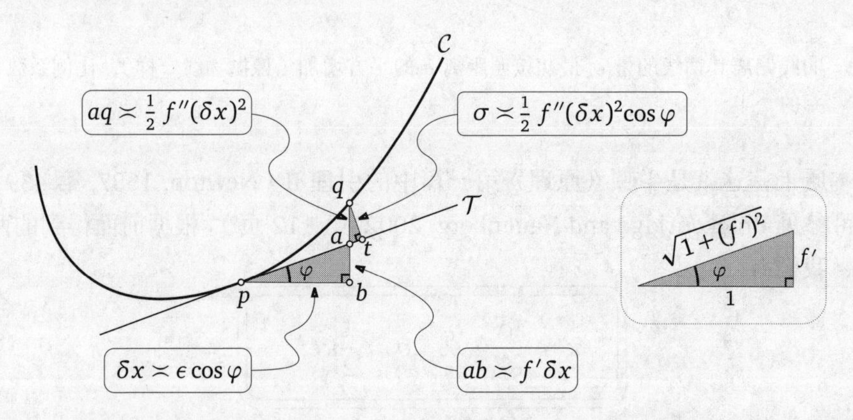

图 8-3　在一般的情形下，简单公式 $\kappa = f''$（$\varphi = 0$ 的情形）必须乘以因子 $\cos^3\varphi$. 图右侧的方框说明 $\cos\varphi = 1/\sqrt{1+(f')^2}$

这里，仍如前一样，记 $\epsilon \equiv pt$ 和 $\sigma \equiv qt$，取 x 轴为水平方向，而不是平行于 $\mathcal{T}$. 如果记 $\delta x \equiv x_q - x_p$，根据泰勒定理，点 q 在 $\mathcal{T}$ 上方的高度为 $aq \asymp (1/2)f''(\delta x)^2$. 因为图 8-3 中两个灰色的三角形显然相似，所以将 ap 投影到 $\mathcal{T}$ 的垂直方向上，就要乘以一个因子 $\cos\varphi$，于是得到 $\sigma \asymp (1/2)f''(\delta x)^2\cos\varphi$.

接下来，因为 $pa \asymp pt = \epsilon$，所以 $\delta x \asymp \epsilon\cos\varphi$. 于是，将切线投影到水平方向的 x 轴，我们要多加两次因子 $\cos\varphi$，一共就有 $\cos\varphi$ 的三次方，所以

$$\sigma \asymp \frac{1}{2} f'' \epsilon^2 \cos^3\varphi.$$

最后，图 8-3 右侧方框中的子图说明

$$\cos\varphi = \frac{1}{\sqrt{1+(f')^2}},$$

于是，由式 (8.2) 立即可得牛顿公式 (8.3).

8.4 作为转向率的曲率

1761 年，在牛顿引入曲率概念大约一个世纪后，克斯特纳[①]发表了一种简单的替代解释，最终被证明比牛顿的解释更易于推广.

> 曲率是切线关于弧长的转向率. 换言之, 如果 φ 是切线的仰角，s 是弧长，则 $\kappa = \mathrm{d}\varphi / \mathrm{d}s$. (8.4)

注意, 这个定义有一个明显的优点, 那就是, 对紧邻关注点的一小段曲线进行局部测量, 就可以确定曲率: 我们不再需要绘制很长的法线, 直到它们在曲率中心相交.

要验证定义 (8.4) 与牛顿的定义是等价的，只需证明半径为 ρ 的标准圆周的曲率为 $\kappa = 1/\rho$，对于一般曲线，取其曲率圆就行了. 对于标准圆周的情形，其切线的转向率显然是一致的. 考虑沿圆周走一整圈，则切线旋转的角为 2π，而走过的整个周长为 $2\pi\rho$，所以切线的转向率为 $(2\pi)/(2\pi\rho) = \kappa$，正如所欲证.

图 8-4 再次证明了这个等价性并且更进一步. 设 $\boldsymbol{T}$ 为曲线 $\mathcal{C}$ 的单位切向量，$\boldsymbol{N}$ 为指向曲率中心 c 的单位法向量. 当从点 p 移动到点 q 时，走过距离 δs，而 $\boldsymbol{T}$ 旋转了 $\delta\varphi$. 因为 δs 最终等于半径为 $1/\kappa$ 的曲率圆上对应的一段弧（根据牛顿最初的定义），所以 $\delta s \asymp (1/\kappa)\delta\varphi$. 因此 $\kappa = \mathrm{d}\varphi/\mathrm{d}s$，这就再次验证了定义 (8.4).

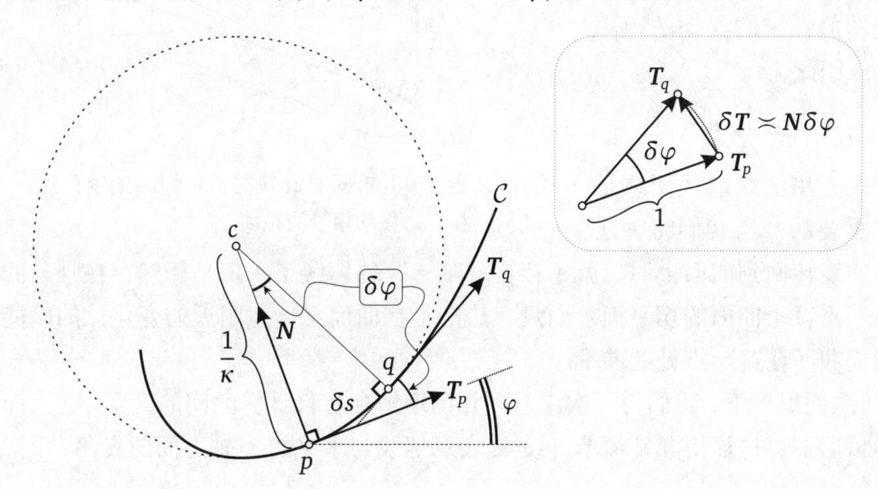

图 8-4 曲率是切线的转向率. 如果单位切向量 $\boldsymbol{T}$ 沿着曲线 $\mathcal{C}$ 移动距离 δs，转向角为 $\delta\varphi$，则 $\kappa \asymp (\delta\varphi/\delta s)$. 右侧方框里是向量示意图, 单位切向量的变化率为 $(\mathrm{d}\boldsymbol{T}/\mathrm{d}s) \asymp (\delta\boldsymbol{T}/\delta s) \asymp (\boldsymbol{N}\delta\varphi/\delta s) \asymp \kappa\boldsymbol{N}$

① 亚伯拉罕 · 戈特黑尔夫 · 克斯特纳（1719—1800），德国数学家，哥廷根大学数学和物理学教授. (8.4) 这种定义是现代微积分教科书中的标准讲法. ——译者注

现在来看图 8-4 的右侧子图，令 $\boldsymbol{T}_p$ 和 $\boldsymbol{T}_q$ 分别是点 p 和 q 的切向量. 将它们的起点画在同一个点上，连接它们端点的向量是 $\delta\boldsymbol{T}\equiv(\boldsymbol{T}_q-\boldsymbol{T}_p)$，该向量最终指向 $\boldsymbol{N}$，其长度最终等于连接这两个向量端点的单位圆的弧长（图 8-4 中以虚线表示），因此 $\delta\boldsymbol{T}\asymp\boldsymbol{N}\delta\varphi$. 于是

$$\frac{\delta\boldsymbol{T}}{\delta s}\asymp\boldsymbol{N}\frac{\delta\varphi}{\delta s}\quad\Longrightarrow\quad\frac{\mathrm{d}\boldsymbol{T}}{\mathrm{d}s}=\kappa\boldsymbol{N}.\tag{8.5}$$

现在回到开始讨论的曲率物理模型，也就是，单位质量的珠子以单位速率沿曲线运动的模型. 因为珠子以单位速率运动，珠子的速度向量 $\boldsymbol{v}$ 就是 $\boldsymbol{T}$，而且 $\delta s=\delta t$，所以式 (8.5) 中的 $(\mathrm{d}\boldsymbol{T}/\mathrm{d}s)=(\mathrm{d}\boldsymbol{v}/\mathrm{d}t)$ 实际上就是珠子的*加速度*，也是金属丝作用于珠子的力. 这样我们就验证了结论 (8.1).

当然，我们可以用法向量取代切向量，将曲率看作法向量 $\boldsymbol{N}$ 的转向率. 事实上，图 8-5 生动地显示：$\boldsymbol{T}$ 的端点是沿 $\boldsymbol{N}$ 的方向开始旋转的，$\boldsymbol{N}$ 的端点是沿 $-\boldsymbol{T}$ 的方向开始旋转的，它们移动的距离相等. 因此，

$$\frac{\mathrm{d}\boldsymbol{N}}{\mathrm{d}s}=-\kappa\boldsymbol{T}.$$

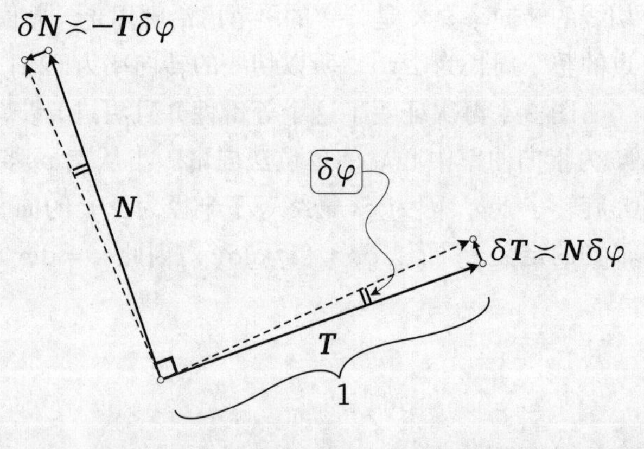

图 8-5　当 $\boldsymbol{T}$ 和 $\boldsymbol{N}$ 同时旋转时，它们的顶端分别沿 $\boldsymbol{N}$ 和 $-\boldsymbol{T}$ 移动相等的距离

事实上，用法线取代切线是极其重要的，当我们将关注点从曲线转回到曲面上时，就不存在"唯一"的切线了，但是仍然存在唯一的法向量，垂直于曲面的切平面. 而且，法向量在曲面上一点附近的变化，的确能告知我们曲面在这一点处的曲率.

（顺便提一下，我们再一次注意到几何理解和盲目计算之间的区别. 在上面提到的情形下，这显得非常简单. 设 φ 表示切线与水平的 x 轴之间的夹角，则

$$\boldsymbol{T}=\begin{bmatrix}\cos\varphi\\ \sin\varphi\end{bmatrix},\quad \boldsymbol{N}=\begin{bmatrix}-\sin\varphi\\ \cos\varphi\end{bmatrix}.$$

令一撇（$'$）表示关于弧长的导数，则 $\kappa=\varphi'$. 直接计算立即可得 $\boldsymbol{T}'=\varphi'\boldsymbol{N}$ 和 $\boldsymbol{N}'=-\varphi'\boldsymbol{T}$.）

如果珠子具有任意质量 m，以任意（未必恒定的）速率 v 运动，情况会是怎样的呢？在这种情形下，可以定义 $\delta s \asymp v\delta t$ 和 $\boldsymbol{v} = v\boldsymbol{T}$. 这样，式 (8.5) 就变成了下面这个著名结果的广义版本：控制物体在圆形轨道上运动所需要的力为

$$\boldsymbol{F} = m\frac{\mathrm{d}\boldsymbol{v}}{\mathrm{d}t} = \kappa m v^2 \boldsymbol{N}.$$

牛顿早在 1665 年就开始注意到这一点，① 当时他正在努力理解是什么力使月球保持在轨道上.

这种曲率（看作转向率）的新解释使我们能够处理无法用函数图像表示的曲线，因此也就超越了牛顿最初的公式 (8.3). 设 C 是质点的轨迹，质点在时刻 t 的位置为 $(x[t], y[t])$，则速度为

$$\boldsymbol{v} = \begin{bmatrix} \dot{x} \\ \dot{y} \end{bmatrix}，因此 \ \tan\varphi = \frac{\dot{y}}{\dot{x}},$$

其中，变量上方的点②表示关于时间的导数，这是牛顿引入的记号. 注意，我们不再假设速率是恒定不变的，即 v 的长度是变化的.

对上面的方程 $\tan\varphi = (\dot{y}/\dot{x})$ 两边求导，利用求导的链式法则，不难得到［练习］更一般的公式（也是牛顿发现的）:

$$\kappa = \frac{\dot{x}\,\ddot{y} - \dot{y}\,\ddot{x}}{\left[\dot{x}^2 + \dot{y}^2\right]^{3/2}}. \tag{8.6}$$

然而，我们也可以用几何术语更直接地解释这个公式. 来看图 8-6a，其中显示了在点 p 的速度 $\boldsymbol{v}$ 和经过时间 δt 后的速度. 由此可知，质点沿曲线 C 走过了距离 $\delta s \asymp v\delta t$. 在图 8-6b 中，把两个速度向量的起点画在同一个点上，连接它们端点得到的向量就是速度的增量（向量）$\delta\boldsymbol{v} \asymp \dot{\boldsymbol{v}}\delta t$.

图 8-6 中的阴影部分就是半径为 $v = \sqrt{\dot{x}^2 + \dot{y}^2}$、圆心角为 $\delta\varphi$ 的扇形，我们有

$$(\text{阴影扇形的面积}) = \frac{1}{2}v^2\delta\varphi \asymp \frac{1}{2}v^2\kappa\delta s \asymp \frac{1}{2}v^3\kappa\delta t.$$

如图 8-6 所示，这个扇形的面积最终等于以速度向量

$$\boldsymbol{v} = \begin{bmatrix} \dot{x} \\ \dot{y} \end{bmatrix} \quad 和 \quad \delta\boldsymbol{v} \asymp \begin{bmatrix} \ddot{x} \\ \ddot{y} \end{bmatrix}\delta t$$

① 参见 Westfall (1980, 第 148–150 页).

② 牛顿这个极其简单而又完美的符号有时会遭到反对，因为点常常很难被看到. 在本书中，我们将这个点放大一些，看看能否解决这个问题.

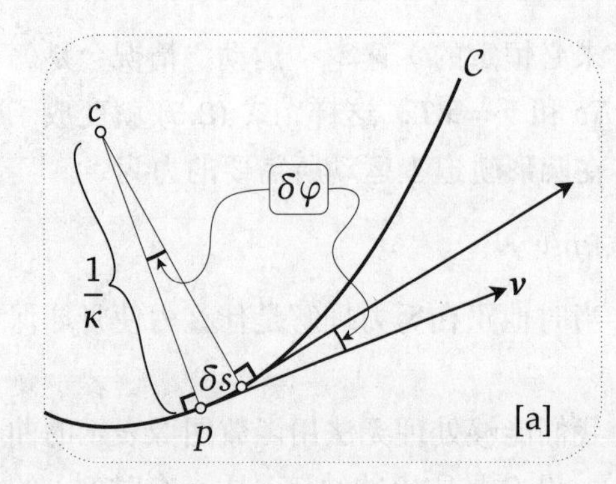

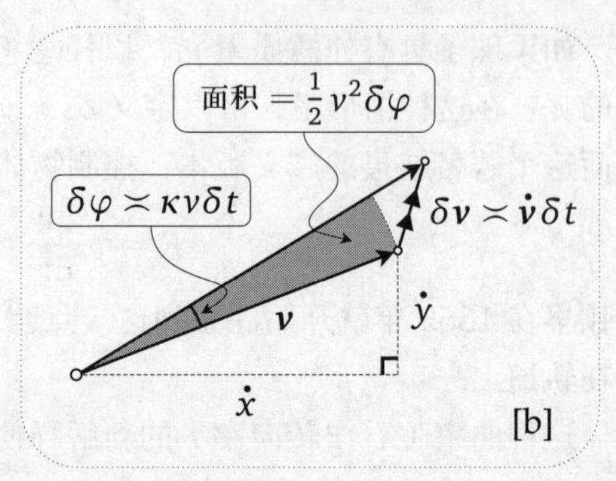

图 8-6　[a] 设 $\boldsymbol{v}$ 为点 p 的速度，经过时间 δt 后，点 p 沿着曲线 $\mathcal{C}$ 走了 $\delta s \asymp v\delta t$. [b] 连接从同一点出发的两个速度向量的端点的向量为 $\delta\boldsymbol{v}\asymp\dot{\boldsymbol{v}}\delta t$. 用两种不同的方式看这个三角形的面积就产生了 κ 的式 (8.6)

为边的三角形的面积. 由行列式的初等结论（这可以用几何方法证明［练习］），这个三角形的面积就是 1/2 乘以这些两列矩阵的行列式：

$$(\text{以速度向量为边的三角形的面积})\asymp\frac{1}{2}(\dot{x}\,\ddot{y}-\dot{y}\,\ddot{x})\delta t.$$

于是，

$$\frac{1}{2}v^3\kappa\delta t\asymp\frac{1}{2}(\dot{x}\,\ddot{y}-\dot{y}\,\ddot{x})\delta t.$$

这就证明了式 (8.6).

注意，如果质点的水平速率是恒定不变的 $\dot{x}=1$，则它的轨道是 $(t, y[t])$，那么，我们发现牛顿最初的式 (8.3) 就是式 (8.6) 的一个特例. 事实上，这正是牛顿自己的简化方式. 可以再次参见 Knoebe (2007, 第 182–185 页).

最后，考虑一个特别重要的特殊情况，其中质点的运动速率为单位速率，从而

$$|\boldsymbol{v}|=\sqrt{\dot{x}^2+\dot{y}^2}=1,$$

而且 $\delta s=\delta t$. 因此，图 8-6b 所示的速度增量 $\delta\boldsymbol{v}$ 现在正交于 $\boldsymbol{v}$，与单位圆相切. 如图 8-7 所示，在 δt 期间，速度 $\boldsymbol{v}$ 的端点走过了单位圆上的一段弧 $\delta\varphi$，它的高度上升了 $\delta\dot{y}\asymp\ddot{y}\,\delta t=\ddot{y}\,\delta s$.

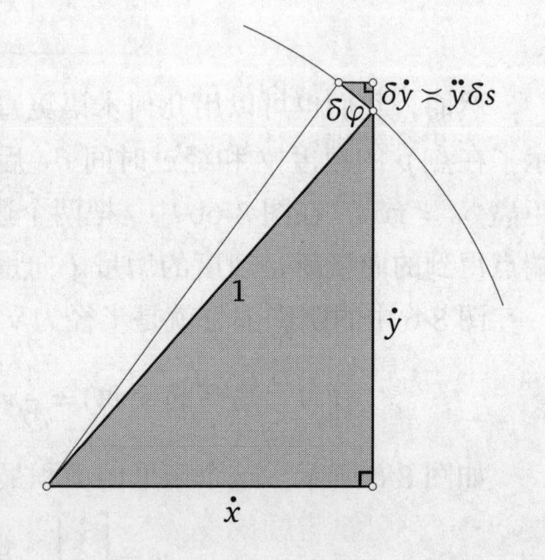

图 8-7　如果质点以单位速率运动，在 $\delta t=\delta s$ 期间，速度 $\boldsymbol{v}$ 的端点走过了单位圆上的一段弧 $\delta\varphi$，高度升高了 $\delta\dot{y}\asymp\ddot{y}\delta t=\ddot{y}\delta s$. 两个阴影三角形最终相似产生了式 (8.7)

由于图 8-7 中的两个阴影三角形最终相似，所以

$$\frac{\delta\varphi}{\ddot{y}\,\delta s} \asymp \frac{1}{\dot{x}}.$$

回忆 $\kappa \asymp (\delta\varphi/\delta s)$，式 (8.6) 就变成了一个极其简单的公式（奇怪的是，在标准教科书中不容易找到这个公式）：对于单位速率的轨迹，

$$\kappa = \ddot{y}/\dot{x}. \tag{8.7}$$

类似地，通过同样的三角形可得 $\kappa = -\ddot{x}/\dot{y}$.（第 255 页习题 1 会给出这个结果的计算证明，但启发性差一点儿.）

8.5 例子：牛顿的曳物线

伪球面的常负高斯曲率实际上可以追溯到牛顿曳物线的曲率，因为伪球面是由曳物线绕轴旋转生成的.

有了曳物线的参数方程（见第 102 页习题 16），利用式 (8.6)，经过常规计算［练习］可得它的曲率. 然而，对这个问题的几何分析更优雅，而且，几何分析提供答案的方式被证明对研究伪球面更有用. 在此，我们提出一个针对这个特定曲线的论证[1]，而不是利用我们迄今为止推导出的任意一个一般公式.

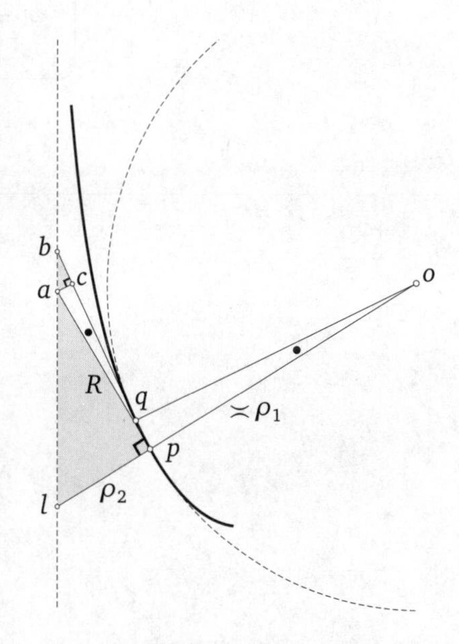

图 8-8　曳物线的曲率为 $\kappa = (\rho_2/R^2)$

如图 8-8 所示，令

$\rho_1 =$ 作为母线的曳物线的曲率半径，

$\rho_2 =$ 由曲面到轴的法线线段 pl 的长度.

（我们将在后面说明 ρ_2 就是曲率半径，因此用同一个希腊字母表示这两个距离.）

由曳物线的定义，曳物线的切线段（从切点 p 到切线与轴的交点 a）的长度恒定为 R. 取相邻两点 p 和 q，就有图 8-8 中所示的两条这样的切线段 pa 和 qb，它们的夹角是 •. 对应的法线 po 和 qo 也有相同的夹角 •. 现在画出垂直于 qb 的线段 ac.

① 发表在《复分析》6.3.2 节.

固定点 p，将点 q 合并到点 p，会发生什么呢？在这个极限过程中，o 是曲率圆的中心，pq 是曲率圆上的一段弧，ac 近似于圆心为 p、半径为 R 的圆周上的一段弧. 因此

$$\rho_1 \asymp op, \quad \frac{pq}{op} \asymp \bullet \asymp \frac{ac}{R},$$

从而

$$\frac{ac}{pq} \asymp \frac{R}{\rho_1}.$$

接着，再次利用曳物线的几何定义 $pa = R = qb$，得到

$$bc \asymp pq.$$

最后，利用三角形 abc 最终相似于三角形 lap，我们有

$$\frac{R}{\rho_1} \asymp \frac{ac}{pq} \asymp \frac{ac}{bc} \asymp \frac{\rho_2}{R}.$$

因此，

$$\boxed{\kappa = \frac{1}{\rho_1} = \frac{\rho_2}{R^2}.} \tag{8.8}$$

第 9 章　三维空间中的曲线

空间曲线可以看作平面曲线经过扭曲，脱离所在平面，进入三维空间生成的曲线. 所以，上一章对平面曲线的分析，只需稍作修改，就可以适用于空间曲线.

基本的观点是，即使对于这样一个扭曲的三维轨道，每个无限小的部分仍然在一个平面上（因此前面的分析适用）. 但是，这个运动的瞬时平面（称为**密切平面**）不再在空间中保持固定不变，而是随着质点沿曲线运动，绕质点的运动方向旋转. 密切平面的旋转速率称为**挠率**，记作 τ.

对于数学事实，亲身体验有不可替代的效果，我们建议：不要仅仅试图想象下面的实验，请动手去做吧!

你可以按照下面的步骤构作一个图 9-1 所示的奇妙装置. 剪一小段细吸管，用胶带或胶水把它粘在硬纸板（或任何平整坚硬的物体）上. 在纸板上，沿吸管的方向画一个向量 $\boldsymbol{T}$，再画一个与吸管垂直的等长向量 $\boldsymbol{N}$. 最后，垂直于纸板构作第三个等长向量，作为平面的法向量，在图 9-1 中标记为 $\boldsymbol{B}$.

图 9-1　弗勒内框架. 把纸板紧贴在弯曲的金属丝上，生成密切平面，在密切平面内取 $\boldsymbol{N}$ 指向曲率中心. 当我们沿着曲线移动框架时，密切平面的法向量 $\boldsymbol{B}$（称为**副法线**）绕 $\boldsymbol{T}$ 旋转的转向率就是**挠率** τ

取一根结实的金属丝（可以将一个金属丝衣架剪开），你可以把它弯曲成任何非平面的形状. 现在把金属丝穿过吸管，使得纸板贴在曲线上，成为曲线的密切平面. 一旦以这种方式拟合了曲线，这个标准正交向量集 $(\boldsymbol{T},\boldsymbol{N},\boldsymbol{B})$ 就称为曲线的**弗勒内**[①]**框架**.

将金属丝固定在空间中不动（最好是在朋友的帮助下），沿着曲线滑动你做的弗勒内框架. 在滑动时，尽可能保持纸板紧贴着弯曲的金属丝，使之始终保持为金属丝的密切平面. 以这种方式，你将感受到挠率 τ 作为密切平面转向的速率.

如果你只关心曲率 κ 如何沿曲线变化，就用一只手拿着硬纸板，用这只手的拇指把金属丝按在平面上，从而保证纸板是金属丝的密切平面. 然后，你可以用

① 让 · 弗雷德里克 · 弗勒内（1816—1900），法国数学家. ——译者注

另一只手慢慢地将金属丝穿过吸管，在这个过程中始终用你的拇指将金属丝按在纸板上，观察那段弯曲的金属丝在固定的纸板平面上的曲率变化情况.

回到之前关于平面曲线的讨论. 回想一下，曲线所在的平面是由向量 $\boldsymbol{T}$ 和 $\boldsymbol{N}$ 张成的. 进一步回想一下，$\boldsymbol{N}$ 的方向可以根据式 (8.5) 由 $\boldsymbol{T}$ 的变化率推导出来: $\boldsymbol{T}' = \kappa\boldsymbol{N}$.（这里的导数是关于弧长的导数，只有当质点以单位速率运动时，它才和时间导数是一样的.）

在这个扭曲的三维曲线的例子中，我们可以把它倒转过来，定义 $\boldsymbol{N}$ 为切线旋转的方向:

$$\boldsymbol{N} \equiv \frac{\boldsymbol{T}'}{|\boldsymbol{T}'|}.$$

这个法向量 $\boldsymbol{N}$ 称为**主法线**，以区别于无穷多个其他的“法向量”，所有这些法向量组成一个垂直于 $\boldsymbol{T}$ 的平面（称为法平面）. $\boldsymbol{N}$ 的独特之处在于，它位于密切平面上，并且直接指向（而不是远离）曲率中心. 因此，比以前更明确的是，质点在其中瞬时运动的密切平面是由 $\boldsymbol{T}$ 和 $\boldsymbol{T}'$ 张成的平面.

有了这些约定，以单位速率运动的质点的加速度总是指向曲率中心，其大小就是曲率. 因此，有理由将这个加速度重新命名为单位速率质点的**曲率向量** $\boldsymbol{\kappa}$:

$$\boldsymbol{\kappa} \equiv \kappa\boldsymbol{N}. \tag{9.1}$$

如图 9-1 所示，密切平面在空间中的方向可以很方便地用其单位法向量 $\boldsymbol{B}$ 标定，称为曲线的**副法线**:

$$\boldsymbol{B} = \frac{\boldsymbol{T} \times \boldsymbol{T}'}{|\boldsymbol{T}'|} = \boldsymbol{T} \times \boldsymbol{N}.$$

正如我们说过的，挠率是密切平面绕运动方向 $\boldsymbol{T}$ 的旋转速率. 等价地，它也是副法线 $\boldsymbol{B}$ 绕 $\boldsymbol{T}$ 的旋转速率.

我们注意到以下简单但基本的事实:

> 当一个单位向量开始旋转时，它的顶端在单位球面上移动，由于局限在单位球面在这一点的切平面内，因此它的移动方向垂直于向量本身. (9.2)

当 $\boldsymbol{B}$ 开始旋转时，它的端点一定在一个平行于密切平面的平面内移动，这个密切平面就是图 9-1 中的纸板 $(\boldsymbol{T},\boldsymbol{N})$ 平面．注意，无论如何，这里的 $\boldsymbol{B}$ 都不会倾向 $\boldsymbol{T}$ 的方向，所以它的改变率完全在 $\boldsymbol{N}$ 的方向上，借助你做的弗勒内框架可以从几何上看到这个现象．当然，由第 255 页习题 2 可知，也可以通过计算得到这个结果．因此，

$$\boldsymbol{B}' = -\tau \boldsymbol{N}.$$

关于符号的提示：在我们看来，这个包含了 τ 的定义中的负号似乎没有什么可取之处，但绝大多数作者似乎采用了它，我们也就谨慎跟从为妙了！

只需稍加改变，前面的分析也适用于曲率．与前面的讨论一样，$\boldsymbol{T}$ 开始时只在密切平面内旋转，其旋转速率为 κ，$\boldsymbol{N}$ 的旋转速率也是 κ，如图 8-5 所示．但是，现在 $\boldsymbol{N}$ 不仅在密切平面内旋转，因为它必须始终保持与 $\boldsymbol{B}$ 正交，所以还要以 $\boldsymbol{B}$ 绕 $\boldsymbol{T}$ 旋转的同样速率转出密切平面．换言之，两次应用图 8-5 中的几何关系，根据事实 (9.2)，$\boldsymbol{N}$ 的总变化率为

$$\boldsymbol{N}' = -\kappa \boldsymbol{T} + \tau \boldsymbol{B}.$$

在沿着曲线运动时，整个弗勒内框架的旋转可以归纳为下述矩阵方程，称为**弗勒内–塞雷**[①]**方程**：[②]

$$\begin{bmatrix} \boldsymbol{T} \\ \boldsymbol{N} \\ \boldsymbol{B} \end{bmatrix}' = \begin{bmatrix} 0 & \kappa & 0 \\ -\kappa & 0 & \tau \\ 0 & -\tau & 0 \end{bmatrix} \begin{bmatrix} \boldsymbol{T} \\ \boldsymbol{N} \\ \boldsymbol{B} \end{bmatrix} = [\Omega] \begin{bmatrix} \boldsymbol{T} \\ \boldsymbol{N} \\ \boldsymbol{B} \end{bmatrix}. \tag{9.3}$$

让我们牢牢把握住藏在矩阵 $[\Omega]$ 结构背后的几何意义：主对角线为零仅仅是事实 (9.2) 的代数表现；同样，反称（$[\Omega]^{\mathrm{T}} = [\Omega]$）仅仅是图 8-5 的代数表现．

矩阵 $[\Omega]$ 告诉我们 $(\boldsymbol{T},\boldsymbol{N},\boldsymbol{B})$ 框架从一个时刻到下一个时刻是如何旋转的．如果我们观察这个框架沿曲线运动一小段时间 δt，则

$$[\delta t \text{ 之后的新框架}] \asymp [\boldsymbol{I} + [\Omega]\delta t][\text{原来的框架}]. \tag{9.4}$$

关于这个框架旋转的详细讨论，参见第 255 页习题 3.

① 约瑟夫 · 阿尔弗雷德 · 塞雷（1819—1885），法国数学家．——译者注

② 弗勒内于 1847 年，塞雷于 1851 年各自独立发现了这个方程．

第 10 章　曲面的主曲率

10.1　欧拉的曲率公式

在第一幕中，我们一开始就发起了关于曲面内蕴几何的讨论，包括与之相关的内蕴曲率 $\mathcal{K}$ 的概念，这是高斯在 1827 年做出的革命性突破．但是从研究的历史进程来看，这是不合时宜的．因为，牛顿关于平面曲线外在曲率的研究会自然发展到研究曲面的外在曲率：曲面是如何在周围空间内弯曲的？

1760 年，欧拉实现了这方面的第一个根本性突破．我们先陈述他的发现，稍后再考虑证明它．设 p 是曲面 $\mathcal{S}$ 上的一点，$\boldsymbol{n}_p$ 是曲面 $\mathcal{S}$ 在点 p 的法向量，Π_θ 是过法向量 $\boldsymbol{n}_p$ 的平面束，其中 θ 是平面 Π_θ 从任意一个初始方向（至少现在如此）开始的旋转角．欧拉考虑经过点 p 的平面曲线 $\mathcal{C}_\theta$，它是曲面 $\mathcal{S}$ 与平面 Π_θ 的交线．图 10-1 展示了平面 Π_θ 在两种不同表面上的两个正交位置．当 Π_θ 旋转时，交线 $\mathcal{C}_\theta$ 的形状就会改变，因此，它在点 p 的曲率 $\kappa(\theta)$（一般）也会随之变化．

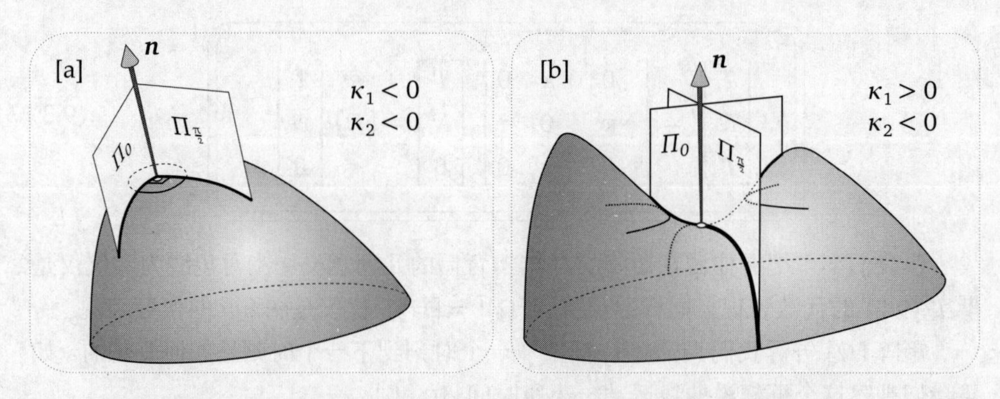

图 10-1　[a] 如果 κ_1 和 κ_2 同号，则曲面的局部类似小山峰，平行于（和接近平行于）切平面切一刀，就会生成一个椭圆（或完全碰不到曲面）．[b] 如果 κ_1 和 κ_2 异号，则曲面的局部类似马鞍面．在切平面上方切一刀，就会生成双曲线的两支（如图所示）；在切平面下方切一刀，会生成与上方双曲线正交的双曲线的两支（图中没有显示）

在继续陈述之前，我们应该先解释一下 $\kappa(\theta)$ 的符号．按照约定，从点 p 到交线 $\mathcal{C}_\theta$ 的曲率中心 c 的向量定义为 $\frac{1}{\kappa(\theta)}\boldsymbol{n}$．如果 c 在 $+\boldsymbol{n}$ 的方向上，则 κ_θ 是正的；如果 c 在 $-\boldsymbol{n}$ 的方向上，则 κ_θ 是负的．当然，对于 $\boldsymbol{n}$ 有两种相反的选择，都有

效. 改变 $\boldsymbol{n}$ 的选择，κ 的符号随之改变. 因此，$\mathcal{C}_\theta$ 的主法线（如前一章所定义）$\boldsymbol{N}=[\kappa(\theta)\text{ 的符号}]\boldsymbol{n}$.

当 θ 变化时，令 κ_1 和 κ_2 分别为 $\kappa(\theta)$ 的最大值和最小值. 欧拉发现，曲率的这两个极值（所谓的**主曲率**）总是在相互垂直的两个方向（称为**主方向**）上取得. 这可真是个漂亮且重要的发现. 进一步，如果选择方向 $\theta=0$ 的曲率为 κ_1，他发现

$$\text{欧拉曲率公式：}\kappa(\theta)=\kappa_1\cos^2\theta+\kappa_2\sin^2\theta. \tag{10.1}$$

上面是这个公式在大多数现代教科书中的标准形式. 实际上，欧拉本人首次发表的不是这个形式[①]，而是另一种更好的表达形式.

将 $\cos^2\theta=(1+\cos 2\theta)/2$ 和 $\sin^2\theta=(1-\cos 2\theta)/2$ 代入式 (10.1)，得到

$$\kappa(\theta)=\overline{\kappa}+\frac{\Delta\kappa}{2}\cos 2\theta, \tag{10.2}$$

其中 $\overline{\kappa}\equiv\left[\frac{\kappa_1+\kappa_2}{2}\right]$ 是**平均曲率**，所有交线的曲率在平均曲率上下振荡，振幅为 $(\Delta\kappa/2)\equiv(\kappa_1-\kappa_2)/2$. 图 10-2 是这些结果的图像表现. 请注意，从这个公式可以直接推出曲率 κ_1 和 κ_2 的极值性质，以及两个主方向的正交性. 而且，从这个公式易见，曲率的变化具有周期性，变化周期为 π. 对应的几何事实是，曲率在法平面上旋转 π，就回到原来的位置了.

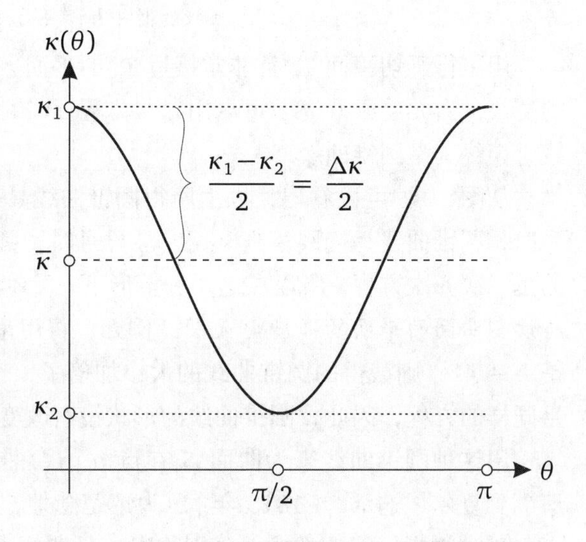

图 10-2 欧拉曲率公式告诉我们：当改变法截痕 $\mathcal{C}_\theta$ 的角 θ 时，其曲率 $\kappa(\theta)$ 呈正弦振荡，在两个相互垂直的方向上取得最大值和最小值

如图 10-1a 所示，如果 κ_1 和 κ_2 同号，则 $\kappa(\theta)$ 都具有同样的正负号，曲面的局部类似小山峰. 如果 κ_1 和 κ_2 异号，则 $\kappa(\theta)$ 的正负号就会变化，也就是

① 现在更常用的标准形式 (10.1) 是在欧拉发表这个结果之后约 50 年，由夏尔 · 迪潘在 1813 年从欧拉的结果推导出来的. 参见 Knoebel (2007, 第 180 页).

说，$\mathcal{C}_\theta$ 会如图 10-1b 所示的那样，从切平面的一边跨越到另一边，曲面的局部类似马鞍面.

当然，也可能出现 $\kappa_1=\kappa_2$ 的情形，这时 $\kappa(\theta)$ 在点 p 处为常数，称 p 为**脐点**，曲面的局部类似球面. 在一般的曲面上，脐点都是孤立点. 当然，球面是一个特别的例外：球面上的每一个点都是脐点，且 $\kappa(\theta)=1/R$，其中 R 是球面的半径. 可以证明：仅有球面是这样的. [①]

脐点还有一个特殊情形，当 $\kappa_1=0=\kappa_2$ 时，曲面在这个点周围的形状可能很复杂，留待 12.4 节讨论.

10.2 欧拉的曲率公式的证明

我们现在用几何方法证明欧拉的曲率公式. [②] 选取点 p 为原点建立直角坐标系，将 x 轴和 y 轴选在点 p 的切平面 T_p 上. 这样，可以用形如 $z=f(x,y)$ 的方程表示局部曲面. 在原点处，该方程必须满足 $f(0,0)=0$ 且 $\partial_x f=0=\partial_y f$. 利用函数 $f(x,y)$ 的泰勒展开式，当 x 和 y 趋于 0 时，我们有

$$z \asymp ax^2+by^2+cxy. \tag{10.3}$$

用平行于切平面 T_p 且非常接近 T_p 的平面 $z=k$（k 为常数）切开曲面，生成的交线（当 k 趋于 0 时）可以用二次方程 $ax^2+by^2+cxy\asymp k$ 表示，所以这个交线（最终）是圆锥曲线.

从图 10-1 可以看出，以上所得圆锥曲线具有如下几何事实：当 κ_1 和 κ_2 同号时，圆锥曲线是椭圆；当 κ_1 和 κ_2 异号时，圆锥曲线是双曲线. 因为表示交线的是二次齐次方程，所以在这两种情形下，圆锥曲线都有两个相互垂直的对称轴，与切割曲面的平面的高度 k 无关. 例如，将用来切割的平面的高度乘以 4，也就是 $k\to 4k$，则截得的圆锥曲线的大小加倍了，也就是 $(x,y)\to(2x,2y)$，仍然满足同样的方程，因此，圆锥曲线的形状没有改变.

用这种圆锥曲线来为曲面 $\mathcal{S}$ 在点 p 的弯曲进行定量和确定类型的方法可以追溯到夏尔·迪潘[③]（1813 年）. 为了纪念他，这条曲线称为**迪潘指标线**. 根据点 p 处迪潘指标线的类型，分别称点 p 是曲面 $\mathcal{S}$ 的**椭圆点**、**双曲点**或**抛物点**.

---

① 显然，所有常曲率曲面（球面、伪球面和平面）上的每一个点都是脐点. 特别是平面，这时 $\kappa=0$. 当然，平面可以看作半径为无穷大的球面. 如果允许球面半径 $R\leqslant 0$，作者的说法就无可挑剔了. ——译者注

② 亚历山德罗夫在一篇优秀的文章（Aleksandrov, 1969）中进行了证明，其中要用到两个计算. 我们的方法与之类似，只是用几何论证替代了计算. 现在的标准思想是借助切平面的二次逼近，是让–巴蒂斯特·默尼耶在 1776 年发现的，比欧拉最初的方法简单. 见 Knoebel (2007, 第 194 页).

③ 皮埃尔·夏尔·弗朗索瓦·迪潘（1784—1873），法国数学家. ——译者注

至关重要的是，圆锥截线的对称性意味着曲面本身在两个相互垂直的方向上具有局部镜像对称性.[①] 现在可以推导出欧拉曲率公式，并推导出这两个垂直的对称平面实际上*就是*产生最大曲率和最小曲率的平面，也就是说，这些局部镜像对称的方向就是主方向. 总结一下，我们将证明以下结论：

> 曲面上一个普通点的无限小邻域必关于两个相互垂直的平面（这两个平面都包含曲面的法线）具有镜像对称性，并且，这两个平面与切平面相交的两个相互垂直的方向就是曲率取最大值和最小值的主方向. (10.4)

改进坐标系，选取两个主方向分别为 x 轴和 y 轴. 因为在反射变换 $x \mapsto -x$ 和 $y \mapsto -y$ 下，式 (10.3) 不变，所以 $c=0$，于是，曲面的局部方程变成

$$z \asymp ax^2 + by^2. \tag{10.5}$$

为了弄清系数 a 和 b 的几何意义，我们回头再来看图 8-2，将曲面 $\mathcal{S}$ 和平面 Π_θ 的交线视为图中的曲线 $\mathcal{C}$，记为 $\mathcal{C}_\theta$，切线 $\mathcal{T}$ 是切平面 T_p 和 Π_θ 的交线，曲线距离切线的偏离量 σ 就是曲线到切平面的高度 z.

令 $\theta=0$ 对应于 x 轴，$\mathcal{C}_0$ 是曲面 $\mathcal{S}$ 和 xz 平面的交线，其局部方程为 $z=ax^2$，并令 $\kappa_1=\kappa(0)$ 是 $\mathcal{C}_0$ 的曲率. 由结论 (8.2) 可证 $a=\frac{1}{2}\kappa_1$. 同理，定义 $\kappa_2=\kappa(\frac{\pi}{2})$ 为曲面 $\mathcal{S}$ 和 yz 平面的交线的曲率，可知 $b=\frac{1}{2}\kappa_2$. 于是，式 (10.5) 可以写成几何意义更清楚的形式：

$$z \asymp \tfrac{1}{2}\kappa_1 x^2 + \tfrac{1}{2}\kappa_2 y^2. \tag{10.6}$$

现在考虑图 10-3，它描述的是任意角 θ 的曲线 $\mathcal{C}_\theta$.［这张图（后续的图也一样）假设高斯曲率是正的，但相应的推理同样适用于负曲率的曲面.］如果在切平面 T_p 内沿方向 θ 移动一段距离 ϵ，就会得到图 10-3 中所示的点 $(x=\epsilon\cos\theta, y=\epsilon\sin\theta)$. 将式 (10.6) 代入式 (8.2)，得到

$$\kappa(\theta) \asymp 2\left[\frac{z}{\epsilon^2}\right] \asymp 2\left[\frac{\frac{1}{2}\kappa_1(\epsilon\cos\theta)^2 + \frac{1}{2}\kappa_2(\epsilon\sin\theta)^2}{\epsilon^2}\right] = \kappa_1\cos^2\theta + \kappa_2\sin^2\theta,$$

这就证明了欧拉曲率公式，从而建立了 κ_1 和 κ_2 的外在本质，以及与之相关的局部镜像对称性和对称方向的正交性.

---

① 至少对于 $\kappa_1 \neq \kappa_2$ 的一般情形是这样的. 脐点情形的对称性非常复杂，将在 12.4 节讨论.

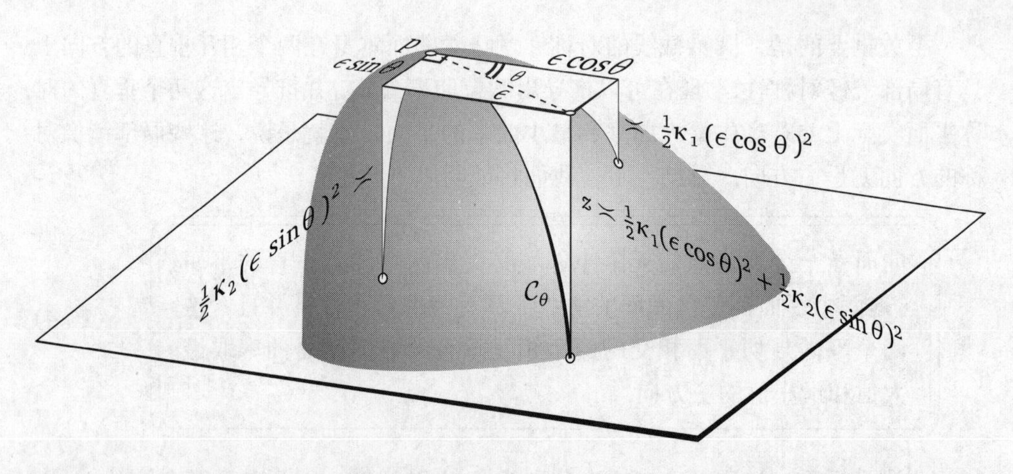

图 10-3　当我们开始在曲面上沿两个相互垂直的主方向运动时，主曲率告诉我们曲面从切平面的高度（向图中下方）降落得有多快．当我们在切平面 T_p 内沿任意方向 θ 移动一段距离 ϵ 时，曲面降落下来的距离 z［按照式 (10.6)］就是在两个主方向上分别降落的分量的和

10.3　旋转曲面

如果将平面曲线 $\mathcal{C}$ 绕其平面内的直线 L 旋转，就得到了旋转曲面 $\mathcal{S}$，它的主方向很容易确定．图 10-4 用一个特殊的例子说明了这一点，其中 $\mathcal{C}$ 是曳物线，L 是它的轴，因此 $\mathcal{S}$ 是伪球面．

显然，$\mathcal{S}$ 关于经过轴 L 的任意平面都是镜像对称的，因此，这样的平面和 $\mathcal{S}$ 的交线就是 $\mathcal{C}$ 的副本，从而得到了 $\mathcal{S}$ 的一个主方向．

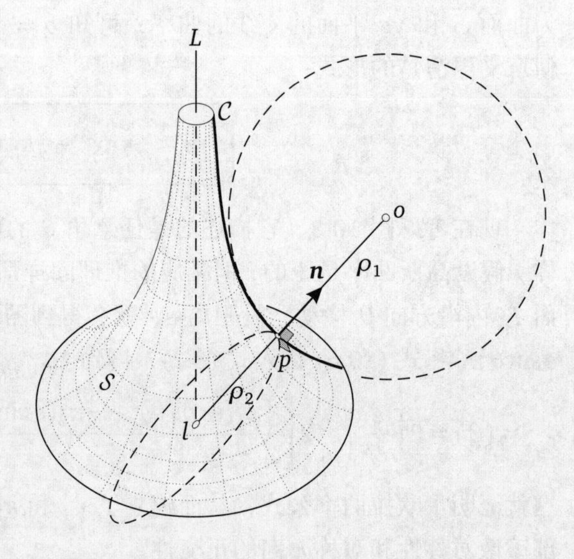

图 10-4　旋转曲面的主曲率半径 ρ_1 和 ρ_2，这里画的是伪球面

在 $\mathcal{S}$ 上的点 p 处，我们选取这个方向上沿着对应于 $\theta=0$ 的 $\mathcal{C}$ 的副本，仍可用前面的记号 $\mathcal{C}=\mathcal{C}_0$．于是，第一个主曲率 $\kappa_1=(1/\rho_1)$ 就是平面曲线 $\mathcal{C}$ 的曲率，至多相差一个正负号．

因此，曲面在点 p 处的第二个主方向一定是曲面内垂直于经过轴 L 的这个平面的方向．第二个主方向上的曲率半径 ρ_2 就是

曲面的法线 $\boldsymbol{n}$ 从 p 到与轴 L 的交点 l 的距离 pl：

$$\rho_1 = \text{母线 } \mathcal{C} \text{ 的曲率半径}, \tag{10.7}$$

$$\rho_2 = \text{从点 } p \text{ 沿法向量 } \boldsymbol{n} \text{ 到轴 } L \text{ 的距离 } pl. \tag{10.8}$$

为验证这个解释，沿用前面的记号，记 $\mathcal{S}$ 和垂直平面的交线为 $\mathcal{C}_{(\pi/2)}$. 如果将 lp 绕 L 旋转，则 lp 旋转生成圆锥面，点 p 最初在 $\mathcal{C}_{(\pi/2)}$ 上，然后在这个圆锥面的圆形边缘上移动.

回顾牛顿建立曲率中心的方法，也就是，选取曲线在定点 p 处的法线与临近法线的交点，再取极限的方法. 现在的曲线是 $\mathcal{C}_{(\pi/2)}$，临近的法线是这个圆锥面的母线，因此验证了 $\kappa_2 = \pm(1/\rho_2)$，其中的正负号依赖于 $\boldsymbol{n}$ 的选取.

回到图 10-4，如果选取图中所示的 $\boldsymbol{n}$，借助式 (8.8)，我们发现

$$\text{伪球面：} \quad \kappa_1 = +\frac{1}{\rho_1}, \quad \kappa_2 = -\frac{1}{\rho_2} = -\frac{\rho_1}{R^2}. \tag{10.9}$$

(当然，更一般地，反转向量 $\boldsymbol{n}$ 的方向会同时反转两个主曲率的正负号.）注意，我们兑现了在 8.5 节的承诺，解释了在图 8-8 中引入的符号 ρ_2.

我们的第二个例子是环面（甜甜圈）. 设 $\mathcal{C}$ 是圆心为 o、半径为 r 的圆周，L 是与点 o 的距离为 R 的直线，与 $\mathcal{C}$ 在同一个平面上，且 $\mathcal{C}$ 绕 L 旋转一周生成的曲面是环面（见图 10-5）. 我们想象 $\mathcal{C}$ 是质点 p 绕点 o 旋转的轨迹，其半径 op 与水平方向的夹角为 α. 选取 $\mathcal{C}$ 的法向量 $\boldsymbol{n}$ 如图 10-5 所示，由此可知

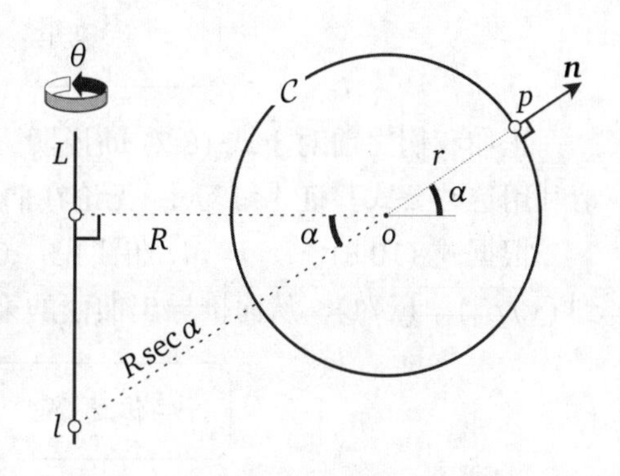

图 10-5 圆周 $\mathcal{C}$ 绕 L 旋转生成的环面，其主曲率半径是 $\rho_1 = -r$ 和 $\rho_2 = -(r + R\sec\alpha)$

$$\text{环面：} \quad \kappa_1 = -\frac{1}{r}, \quad \kappa_2 = -\frac{1}{r + R\sec\alpha}. \tag{10.10}$$

现在是最后的例子：假设 $\mathcal{C}$ 是一般曲线，看作质点在 (x, y) 平面上以单位速率运动的轨迹，这个质点在时刻 t 的位置为 $x = x(t)$ 和 $y = y(t)$，见图 10-6.

取 L 为水平方向的 x 轴，$\mathcal{C}$ 绕这个轴旋转生成曲面 $\mathcal{S}$. 选取法向量 $\boldsymbol{n}$ 指向质点运动方向的左侧，如图 10-6 所示. 利用式 (10.7) 和式 (8.7)，我们推导出曲面的第一主曲率

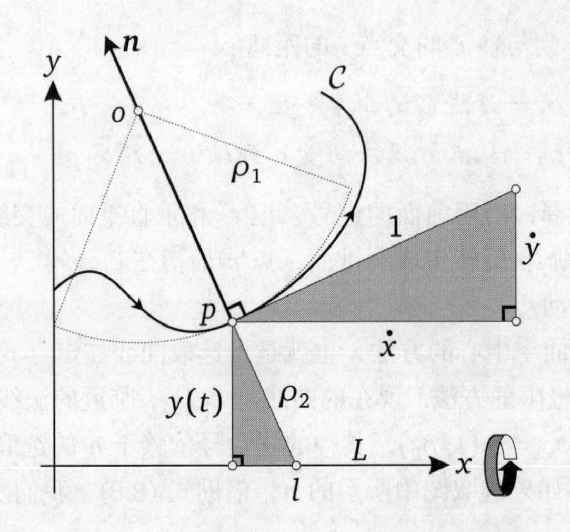

图 10-6　曲线 $\mathcal{C}$ 绕 L（x 轴）旋转生成的回转曲面的主曲率半径是 ρ_1 和 ρ_2

$$\text{单位速率：}\quad \kappa_1 = \ddot{y}/\dot{x}. \tag{10.11}$$

正如我们之前对于式 (8.7) 的说明，式 (10.11) 同样可以表示为 $\kappa_1 = -\ddot{x}/\dot{y}$. 请利用这些公式验证 [练习]，无论在曲线的何处，κ_1 的正负号总是对的.

根据式 (10.8)，$\rho_2 = pl$. 借助图 10-6 中两个阴影三角形的相似性，我们得到 $(y/\rho_2) = (\dot{x}/1)$，从而推导出曲面的第二主曲率

$$\text{单位速率：}\quad \kappa_2 = -\dot{x}/y. \tag{10.12}$$

再次请你利用这些公式验证 [练习]，无论在曲线的何处，κ_2 的正负号总是对的.

最后，我们注意到，从上述分析可以得出一个重要的经验：

> 设曲线 $\mathcal{C}$ 绕直线 L 旋转生成旋转曲面 $\mathcal{S}$. 在 $\mathcal{C}$ 凹向 L 的部分生成的 $\mathcal{S}$ 部分具有正曲率，在 $\mathcal{C}$ 凸向 L 的部分生成的 $\mathcal{S}$ 部分具有负曲率. $\mathcal{C}$ 的拐点生成 $\mathcal{S}$ 上的圆周，这些圆周上的曲率为零；这些圆周将正曲率的区域和负曲率的区域分开. (10.13)

第 11 章　测地线和测地曲率

11.1　测地曲率和法曲率

对于居住在地球表面的我们来说，大圆与直线相似，不仅因为它提供两点之间最短的路径，而且因为它似乎是直的：没有明显的曲率．如果你沿着一条“直线”穿过一个看似平坦的沙漠，实际上是在沿一个在三维空间中曲率为 1/(地球半径) 的大圆走．对于同一条曲线，我们该如何调和这两种相互矛盾的观点呢？

简而言之，在三维空间中，一般曲面 $\mathcal{S}$ 内的一般曲线的全曲率可以分解为两个分量：一个在曲面内（对其中的居民可见），另一个垂直于曲面（其中的居民看不见）．在曲面内可见的分量称为**测地曲率**，记作 κ_g；在曲面内看不见的垂直分量称为**法曲率**，记作 κ_n．

如果密切平面垂直于曲面，例如密切平面包含曲面的法向量 $\boldsymbol{n}$，那么所有曲率都是“法曲率”（$\kappa_n = \kappa$），没有在曲面内可见的“测地曲率”（$\kappa_g = 0$）．我们地球表面的大圆就属于这种情况．

现在，假设你站在一个看似平坦的沙漠中间，在脚下的沙子上画一个半径为 r 的小圆圈．这样，就得到了一条看似在平面内的曲线，它的曲率很大，$\kappa = 1/r$．当然，沙漠是弯曲的地球表面的一部分，从这个角度看，你的曲线的特别之处就在于，它的密切平面与地球表面在你所处位置的切平面几乎重合．在这个例子中，我们看到的几乎是与前面相反的情况：几乎所有的曲率现在都是测地曲率，但实际上，仍然与之前的情形有相同长度的法曲率，它们尽管看不见，但确实存在．稍后我们将解释这个现象．

事实上，其他情形都可以认为是前面描述的两种极端情形的适当混合．

关键其实不在于曲面本身，而在于平面曲线在投影到另一个平面上时的曲率变化．图 11-1 展示了平面 P 内半径为 $(1/\kappa)$ 的圆周 C，它在点 p 处的切线为 $\mathcal{T}$．图 11-1 也给出 C 在平面 $\widetilde{P}$ 上的垂直投影 $\widetilde{C}$，其中，平面 $\widetilde{P}$ 经过切线 $\mathcal{T}$，与平面 P 的夹角为 α．你可能已经知道 [或者作为练习]，其实 $\widetilde{C}$ 是一个椭圆，其原像 C 在垂直于 $\mathcal{T}$ 的方向上被压缩了．显然，$\widetilde{C}$ 的曲率 $\widetilde{\kappa}$ 比原像的曲率 κ 小．

更确切地说，图 11-1 显示，在这个投影下，点到公共切线 $\mathcal{T}$ 的距离被压缩到了 $1/\cos\alpha$，使得 $\widetilde{\sigma}=\sigma\cos\alpha$. 于是，根据式 (8.2)，有

$$\widetilde{\kappa}\asymp\frac{2\widetilde{\sigma}}{\epsilon^2}=\frac{2\sigma\cos\alpha}{\epsilon^2}\asymp\kappa\cos\alpha.$$

因为 C 是一般曲线 $\mathcal{C}$ 的曲率圆，所以这个公式也适用于 $\mathcal{C}$:

> 如果平面曲线 $\mathcal{C}$（在点 p 处的切线为 $\mathcal{T}$）被垂直投影到经过 $\mathcal{T}$、与第一个平面夹角为 α 的第二个平面，则投影曲线 $\widetilde{\mathcal{C}}$ 在点 p 处的曲率为 $\widetilde{\kappa}=\kappa\cos\alpha$.

(11.1)

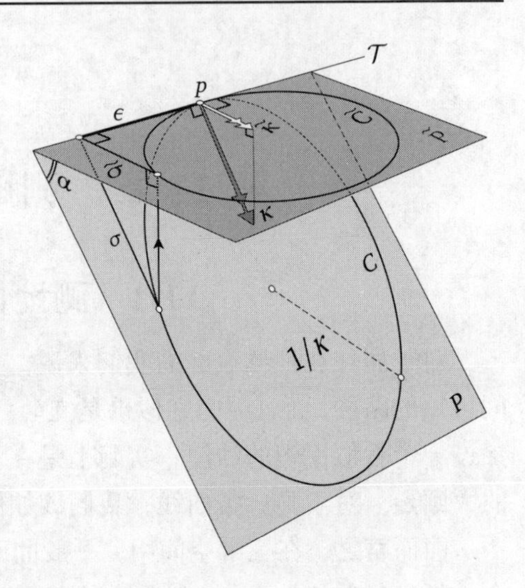

图 11-1 设 C 是平面 P 上的圆周，$\mathcal{T}$ 是 C 在点 p 处的切线，平面 $\widetilde{P}$ 和 P 相交于 $\mathcal{T}$，夹角为 α. 将 C 垂直投影到 $\widetilde{P}$ 上，投影后的距离收缩到 $1/\cos\alpha$，C 的投影在点 p 处的曲率向量的长度也如此：$\widetilde{\kappa}=\kappa\cos\alpha$

这个结果也可以从运动学的角度向量化地解释，这样可能更直观. 如我们前面讨论过的，如果质点以单位速率走过曲线 $\mathcal{C}$，因为加速度向量的方向指向曲线的曲率中心，长度等于曲率，所以将质点的加速度称为曲率向量 $\boldsymbol{\kappa}=\kappa\boldsymbol{N}$ 可能更合适.

接下来，显然可见 [练习]，投影的加速度等于加速度的投影. 然而，值得注意的是，质点在投影轨道 $\widetilde{\mathcal{C}}$ 上的运动一般不再是匀速的，所以，加速度向量具有一个 $\widetilde{\mathcal{C}}$ 的切向分量，而且加速度向量与 $\widetilde{\mathcal{C}}$ 不是正交的，这与 $\widetilde{\boldsymbol{\kappa}}$ 不同.（请记住，当质点以恒定单位速率匀速走过 $\widetilde{\mathcal{C}}$ 时，就会具有加速度向量 $\widetilde{\boldsymbol{\kappa}}$.）正交性缺失的几何解释是：在图 11-1 中，一般来说，C 的半径被投影为平面 $\widetilde{P}$ 上的直线段，它与作为投影像的椭圆 $\widetilde{C}$ 不再是正交的. 尽管如此，点 p 是一个例外，如图 11-1 所示，当质点与其投影像一起以单位速率沿方向 $\mathcal{T}$ 瞬时经过点 p 时，

$$\widetilde{\boldsymbol{\kappa}}=(\boldsymbol{\kappa}\text{ 在平面 }\widetilde{P}\text{ 投影}).$$

再由向量与投影向量的长度等式，立即得到结果 (11.1).

现在回到最初的问题，也就是，如图 11-2 所示，曲面 $\mathcal{S}$ 上的一般曲线 $\mathcal{C}$ 的情形. 仍旧设 $\boldsymbol{T}$ 为 $\mathcal{C}$ 在点 p 的单位切向量，T_p 为 $\mathcal{S}$ 在点 p 的切平面，并且引入 $\Pi_{\boldsymbol{T}}$，它是由 $\boldsymbol{n}$ 和 $\boldsymbol{T}$ 张成的法平面. 设密切平面与切平面 T_p 的夹角为 γ；等价地，$\mathcal{C}$ 的副法向与曲面 $\mathcal{S}$ 的法向量 $\boldsymbol{n}$ 的夹角也是 γ. 因此，κ_g 和 κ_n 分别是曲

线 $\mathcal{C}$ 在 T_p 和 Π_T 上的投影的曲率. 这样，结果 (11.1) 蕴涵着

$$\kappa_g = \kappa\cos\gamma, \quad \kappa_n = \kappa\sin\gamma. \tag{11.2}$$

这个公式也可以用加速度来解释. 想象质点以单位速率走过曲线 $\mathcal{C}$ 在 T_p 和 Π_T 上的投影. 它们各自的加速度分别是**测地曲率向量** $\boldsymbol{\kappa}_g$ 和**法曲率向量** $\boldsymbol{\kappa}_n$，其中 $\boldsymbol{\kappa}_g$ 的长度等于 κ_g、方向指向切平面 T_p 上的曲率中心，$\boldsymbol{\kappa}_n$ 的长度等于 κ_n、方向指向法平面 Π_T 上的曲率中心. 如图 11-2 所示，加速度可以分解为两个正交分量之和：

$$\boldsymbol{\kappa} = \boldsymbol{\kappa}_g + \boldsymbol{\kappa}_n. \tag{11.3}$$

由此立即可得式 (11.2).

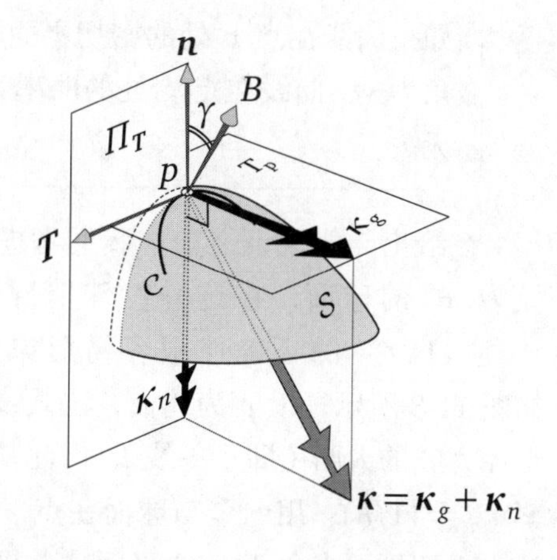

图 11-2 加速度 $\boldsymbol{\kappa}$ 可以分解为与曲面相切的测地曲率向量 $\boldsymbol{\kappa}_g$ 和垂直于曲面的法曲率向量 $\boldsymbol{\kappa}_n$：$\boldsymbol{\kappa} = \boldsymbol{\kappa}_g + \boldsymbol{\kappa}_n$

11.2 默尼耶定理

考虑曲面 $\mathcal{S}$ 上经过点 p、指向指定方向 $\boldsymbol{T}$ 的所有曲线（例如 $\mathcal{C}$）. $\mathcal{S}$ 上的居民可以画出各种各样的曲线：有的弯曲得很厉害，有的略微弯曲，有的完全不弯曲. 也就是说，测地曲率 κ_g 可以为任意给定的数. 然而，法曲率 κ_n 就不一样了：曲面自身的弯曲*迫使*曲面上所有的曲线都在 $\boldsymbol{n}$ 的方向上弯曲（如果选择 $\boldsymbol{n}$ 为 $+\boldsymbol{\kappa}_n$ 的方向）.

事实上，默尼耶[①]在 1779 年就认识到，曲面迫使其上的所有曲线在法方向上弯曲*同等的量*. 也就是说，κ_n 与曲线 $\mathcal{C}$ 无关，它一定等于这个方向上法截线的曲率. 更直观地说，所有这些曲线在 Π_T 上都具有*相同的局部投影*：在点 p 的附近，这些投影都与法截线一样，看起来（局部上）像 Π_T 上一个半径为 $(1/\kappa_n)$、圆心位于 $(1/\kappa_n)\boldsymbol{n}$ 的圆弧.

即使如此，也可以明显看出，当曲线经过点 p 时，这个与曲线无关的法曲率通常必定依赖于曲线族的*方向* $\boldsymbol{T}$. 因此，我们可以把这个方向的公共法曲率写成函数 $\kappa_n(\boldsymbol{T})$.（例如，如果 $\boldsymbol{e}_1$ 和 $\boldsymbol{e}_2$ 是主方向，那么 $\kappa_n(\boldsymbol{e}_{1,2}) = \kappa_{1,2}$ 是主曲率.）将这个（尚未证实的）论断与式 (11.2) 结合起来，我们可以阐明以下定理：

① 让 – 巴蒂斯特 · 默尼耶（1754—1793），法国数学家、物理学家、工程师. ——译者注

> **默尼耶定理**. 曲面上经过点 p、指向同一方向 $\boldsymbol{T}$ 的所有曲线具有相同的法曲率 $\kappa_n(\boldsymbol{T})$，即曲面在方向 $\boldsymbol{T}$ 上的法截线的曲率. 如果曲线在点 p 处的密切平面与曲面在点 p 处的切平面的夹角为 γ，曲线在点 p 处的曲率为 κ_γ，则 $\kappa_\gamma \sin\gamma = \kappa_n(\boldsymbol{T})$ 与 γ 无关. (11.4)

在给出一般论证之前，我们考虑半径为 R 的球面，在这种特殊情况下，定理 (11.4) 的正确性很容易形象化. 如图 11-3 所示，以 p 为北极，法截线是半径为 R 的大圆（即子午线），因此其曲率 $\kappa_n = (1/R)$. 用一个与球面在点 p 处的水平切平面夹角为 γ 的平面从北极切开球面，所得的截线是半径为 $r = R\sin\gamma$ 的圆周，因此 $\kappa_\gamma = 1/r = 1/(R\sin\gamma)$.

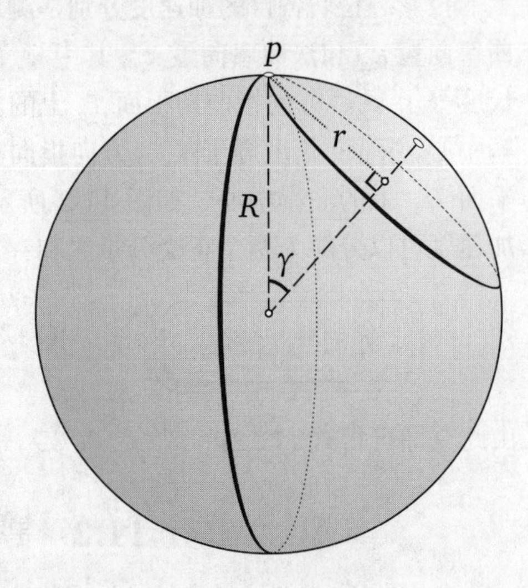

图 11-3 用一个与水平面夹角为 γ 的平面从北极切开半径为 R 的球面，得到半径为 $r = R\sin\gamma$ 的圆周

再回到引例，在沙地上画一个小圆，想象 γ 趋于 0. 在这种情况下，圆的半径缩小为 0，其曲率向量的长度趋于无穷大. 但同时，这个曲率向量也趋于与曲面法向量正交，所以它在曲面法向量上的投影就越来越小. 这两种效果正好相互抵消，因此曲率向量在曲面法线上的投影具有恒定不变的长度：

$$\kappa_\gamma \sin\gamma = \frac{1}{R} = \kappa_n,$$

这就验证了这个例子服从定理 (11.4).

对于一般情况，想象 C 是质点以单位速率运动的轨迹，设 $\boldsymbol{T}$ 为质点的速度向量，它不只是在点 p 处，而是在整个轨道上. 然后，由式 (11.3)，有

$$\dot{\boldsymbol{T}} = \boldsymbol{\kappa} = \boldsymbol{\kappa}_g + \boldsymbol{\kappa}_n \quad \Longrightarrow \quad \kappa_n(\boldsymbol{T}) = \dot{\boldsymbol{T}} \bullet \boldsymbol{n}.$$

根据与图 8-5 中同样的道理，$\dot{\boldsymbol{T}} \bullet \boldsymbol{n} = -\boldsymbol{T} \bullet \dot{\boldsymbol{n}}$，所以

$$\kappa_n(\boldsymbol{T}) = -\boldsymbol{T} \bullet \dot{\boldsymbol{n}}. \tag{11.5}$$

因为 $\dot{\boldsymbol{n}}$ 是曲面在 $\boldsymbol{T}$ 方向上的法向量的变化率，与曲线 C 无关，所以定理得证.

11.3 测地线是"直的"

我们已经通过长度最小化的特性定义了曲面上的测地线. 然而，欧几里得平面的测地线（直线）也可以通过它们的"直性"来识别. 同样，在我们刚才看到的球面上，测地线（大圆）不仅提供最短的路线，而且它们也是"直的"，球面上的居民看不到大圆的曲率：$\kappa_g = 0$. 事实上，长度最小化和内蕴直性的这种联系是普遍存在的：

> 在曲面上的居民看来，测地线是直线：它们是内蕴的"直线"，因为测地线曲率为零，在测地线的每一点处 $\kappa_g = 0$.

为了理解这一点，想象一根吉他弦，设它的平衡位置是直线 L，被处在空间位置点 p 的一个拨片拨动. 当拨片将弦从 L 拉开时，弦在平面 Π 内形成一个三角形，点 p 是这个三角形的一个顶点，直线 L 是顶点 p 的对边. 一旦拨片松开，由弦缩短其长度的弹力形成的合力作用在平面 Π 内，由此导致回到 L 的运动也发生在这个平面内. 接下来，假设我们不是把弦从 L 拉成 Π 中的一个锐角三角形，而是把它拉成 Π 中一个平缓的凸曲线，那么所产生的力和运动显然仍旧停留在平面 Π 内.

现在回到曲面的情形，想象曲面上的测地线像吉他弦一样，连接两个固定点，（无摩擦地）绷紧在曲面上. 弦是静止的：弦处于曲面上的平衡位置，已经在曲面上滑动并收缩到了尽可能短的位置. 现在关注测地线上很短的一段 apb. 这一小段几乎在一个平面 Γ 上，这个平面是经过点 a, p, b 的平面. 当 a 和 b 趋近于 p 时，Γ 的极限位置是点 p 的密切平面，记为 Π_p. 由之前的论证，作用于 apb 使得长度收缩的合力 $\boldsymbol{F}_p$ 最终也在密切平面 Π_p 内.

如果 $\boldsymbol{F}_p$ 具有与曲面相切的分量，弦就会沿这个方向自由移动，使得曲线的长度减小. 但是弦已经处在长度尽可能短的位置，这种情况就不可能发生！由此，$\boldsymbol{F}_p$ 不可能具有与曲面相切的分量，即 $\boldsymbol{F}_p$（在密切平面 Π_p 内）的方向一定是垂直于曲面的，与法向量 $\boldsymbol{n}_p$ 的方向相同. 于是，我们得到了一个用外在几何描述的测地线的重要特征[①]：

> 对于测地线上的每一点 p，该点的密切平面 Π_p 包含曲面在该点的法向量 $\boldsymbol{n}_p$，因此测地线的测地曲率为零：$\kappa_g = 0$. (11.6)

① 这个特征最早是约翰 · 伯努利在 1697 年发现的，后来他教给了他的学生欧拉.

内蕴几何和外在几何看起来属于完全不同的世界，但是我们在这里看到两者紧紧纠缠在一起. 后面，我们还要见证这两个世界之间更深层、更不可思议的联系.

11.4　测地曲率的内蕴量度

我们刚才已经清楚，测地线具有测地曲率为零的特征，也可以利用测地线作为内蕴工具来量度非测地线（即 $\kappa_g \neq 0$）的测地曲率.

在结论 (8.4) 中，我们弄清楚了，欧几里得平面上曲线的曲率可以看作曲线的切线关于曲线弧长的转向率. 这个原始结构（见图 8-4）对曲面上的居民来说也很有意义.

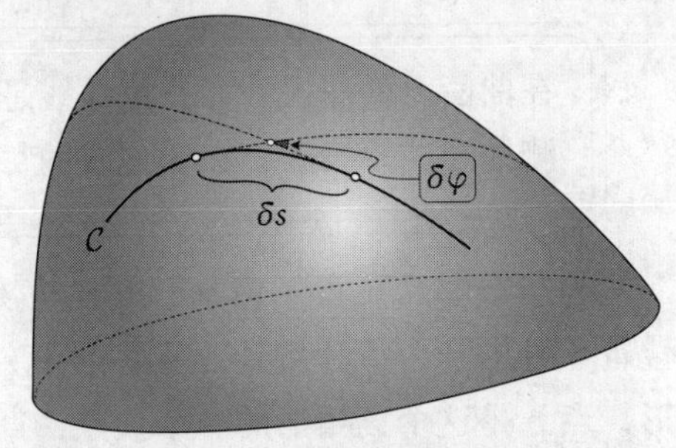

图 11-4　曲面内的居民能够构作曲线 C 上相邻距离为 δs 的点的切线（曲面上的测地线），再求出两相交切线的夹角 $\delta\varphi$. 在两点合并的过程中，$\kappa_g \asymp (\delta\varphi/\delta s)$

从他们的角度来看，这个结构一点儿也没变. 如图 11-4 所示，他们画出相邻距离为 δs 的点的"切线"（图中的虚线，在他们眼里是"直线"），求出这些切线在交点处的夹角 $\delta\varphi$，然后计算曲率（取两点合并的极限）为 $\kappa_g \asymp (\delta\varphi/\delta s)$.

但是在我们看来，他们所谓的曲线的曲率只是真正曲率的一部分，即测地曲率 κ_g；还有另一部分，即法曲率 κ_n，是他们看不见也不知道的. 除此之外，在他们的内蕴几何角度与我们的外在几何（在曲面外向下看曲面）角度之间仅有的区别是：他们所谓的"直线"，在我们看来是他们曲面上的测地线.

当然，如果 C 本身是测地线，则两点的切线都与 C 重合，所以 $\kappa_g = 0$，正如它应该的那样.

11.5　量度测地曲率的一个简单的外在方法

在第一幕，我们就讨论过如下事实：如第 13 页图 1-11 所示，如果从一个曲面上削下一条窄带，其中心线是测地线 G，再将这个窄带放在一个平面上，它就会变成直线 $\widetilde{G}$. 所以，G 在曲面上的内蕴直性（$\kappa_g = 0$）表现为平面上的普通直性：平放的窄带 $\widetilde{G}$ 的曲率 $\widetilde{\kappa} = 0$.

同样地，如第 14 页图 1-12 所示，如果我们从一个曲面上削下一条窄带，其中心线 C 不是测地线（$\kappa_g \neq 0$），将这条窄带平放在一个平面上，我们会得到平面曲线 $\widetilde{C}$，它的普通曲率 $\widetilde{\kappa} \neq 0$.

那么，曲面曲线 $\mathcal{C}$ 上一点 p 的测地曲率 $\kappa_g(p)$ 与相关的平面曲线 $\widetilde{\mathcal{C}}$ 在对应点 $\widetilde{p}$ 处的曲率 $\widetilde{\kappa}(\widetilde{p})$ 到底有什么关系呢?

> 将以 $\mathcal{C}$ 为中心线的窄带平放在平面上，使得 $\mathcal{C}$ 放平后对应于平面曲线 $\widetilde{\mathcal{C}}$. 令 $\kappa_g(p)$ 为曲面曲线 $\mathcal{C}$ 在点 p 的测地曲率，$\widetilde{p}$ 是 p 在平面曲线 $\widetilde{\mathcal{C}}$ 上的对应点，$\widetilde{\kappa}(\widetilde{p})$ 为平面曲线 $\widetilde{\mathcal{C}}$ 在点 $\widetilde{p}$ 的曲率，则
>
> $$\kappa_g(p) = \widetilde{\kappa}(\widetilde{p}).$$

为了弄清楚这一点，考虑图 11-4 的内蕴结构，想象我们沿这整个内蕴结构从曲面上削下窄带：既削下曲线 $\mathcal{C}$，也削下夹角为 $\delta\varphi$ 的两条切向测地线（图中由虚线表示的线段）. 当削下的窄带连成的小三角形平放在平面上时，我们可以用图 8-4 中的方法来量度曲率. 两条测地线放平后就变成了平面上的直线，因为它们仍然与 $\widetilde{\mathcal{C}}$ 相切，所以它们是与 $\mathcal{C}$ 相切的直线. 但是，δs 和 $\delta\varphi$ 在放平的过程中都没有变，因此 $\kappa_g(p) \asymp (\delta s/\delta\varphi) \asymp \widetilde{\kappa}(\widetilde{p})$，结论得证.

11.6 用透明胶带构作测地线的一个新解释

最初，我们利用测地线长度最小化的性质解释了构作法 (1.7)：将细长胶带缠绕在曲面上，从任意选取的点开始，沿任意方向，都可以构作一条测地线. 但是，正如我们刚刚讨论的那样，测地线还具有直性特征，即测地曲率为零. 现在利用这个性质来提供我们的测地线构作法的第二个解释，一个新的解释.

考虑一条窄窄的直胶带 $\mathcal{L}$ 被平放在平面上，中心线为 L. 直线 L 在空间 $\mathbb{R}^3$ 的外在几何里是直的，也就是 $\boldsymbol{\kappa} = \mathbf{0}$. L 在 $\mathcal{L}$ 的内蕴几何里也是直的，也就是 $\boldsymbol{\kappa}_g = \mathbf{0}$. 现在我们拿起 $\mathcal{L}$，等距地弯曲和扭转它，做成空间里我们设想的任何形状. 无论 $\mathcal{L}$ 现在是什么样的新形状，中心线 L 在其中始终保持内蕴的直性，所以仍然有 $\boldsymbol{\kappa}_g = \mathbf{0}$. 因此，在沿着 L 方向的带形曲面上，曲率向量是法向的：

$$\boldsymbol{\kappa} = \boldsymbol{\kappa}_g + \boldsymbol{\kappa}_n = \boldsymbol{\kappa}_n.$$

现在将胶带缠绕在光滑曲面 $\mathcal{S}$ 上. 如我们在第 15 页的解释，只有中心线 L 可以真正紧贴着曲面 $\mathcal{S}$，但是，在每一个接触点 p 处，胶带的切平面都与曲面的切平面重合：$\mathcal{T}_p(\mathcal{L}) = \mathcal{T}_p(\mathcal{S})$.

我们刚刚建立的曲率向量 $\boldsymbol{\kappa}$ 是胶带 $\mathcal{L}$ 在 L 处的法向量，它也是曲面 $\mathcal{S}$ 的法向量. 将 L 看作曲面 $\mathcal{S}$ 上的曲线，其测地曲率为零，L 确实是曲面 $\mathcal{S}$ 的测地线.

11.7 旋转曲面上的测地线

11.7.1 球面上的克莱罗定理

除了最简单的曲面外，很难找到测地线的显式表达式. 然而，存在一类一般的曲面，我们可以为测地线的路径给出一个明确的几何公式（称为克莱罗定理），这类曲面就是旋转曲面.

在这类曲面中，球面是最简单的，古人就已经知道其测地线就是大圆. 现在我们重新审视这些大圆，揭示它们不易察觉的属性，一个可以推广到所有旋转曲面的性质.

考虑图 11-5 中的球面，将它看成半圆周绕着纵向的 z 轴旋转生成的旋转曲面. 当这个半圆周（或者一般的母线）绕轴旋转时，它就成为旋转曲面的**子午线**. 同样，这些曲线也是球面与经过其对称轴的平面的交线. 对于一般的旋转曲面也是这样的. 在球面上，这些子午线是经过南北极的大圆，也许更广为人知的名字是经线圆. 正如我们在第 59 页脚注 ① 里提到的，球面上的这些子午线都是测地线. 这并非偶然，我们稍后还将讨论，一般旋转曲面的子午线也一定是测地线.

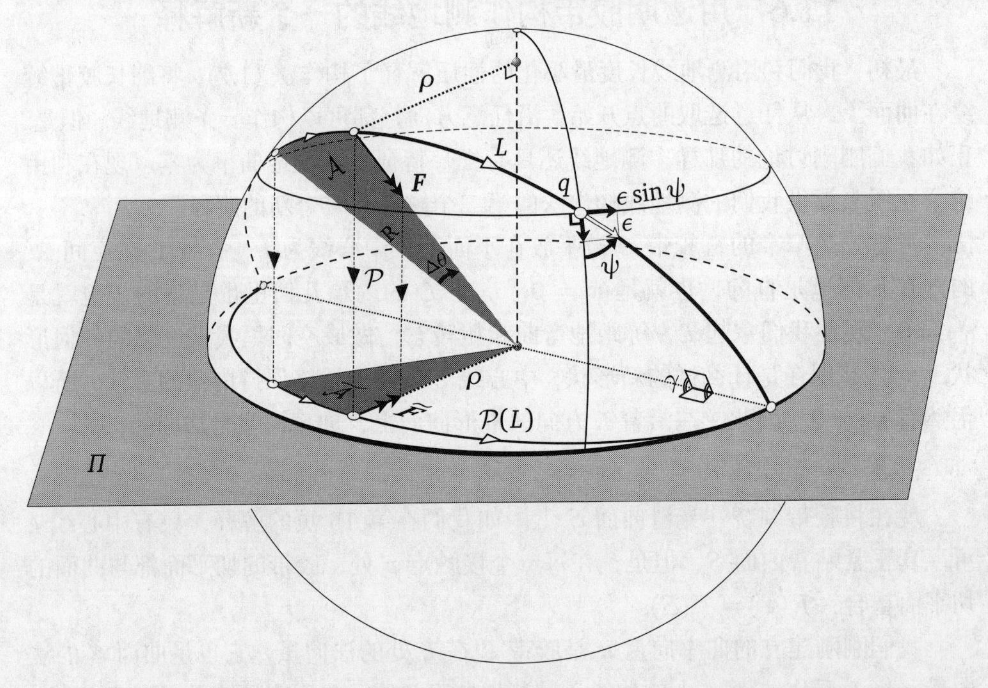

图 11-5 当质点 q 以单位速率沿球面上的测地线 L 移动时，半径扫过面积的速度不变，所以，半径在平面 Π 上的投影扫过面积的速度也不变. 由此可知：在 L 上，$\rho\sin\psi$ 是常数，这就是这个特殊情形的克莱罗定理

观察质点以单位速率沿大圆轨道 L 的运行时间 Δt，其半径将在 L 所在的平面上旋转角度 $\Delta\theta = (\Delta t/R)$. 于是，半径扫过的面积为 $\mathcal{A} = \frac{1}{2}R^2\Delta\theta = \frac{1}{2}R\Delta t$，所以半径扫过面积的*速率不变*：在相等的时间段内，半径扫过的面积 $\mathcal{A}$ 相同. 这个情形在历史上称为：*相等的时段扫过相等的面积*.

考虑将这个轨道垂直投影到赤道平面 Π 上. 因为这个投影 $\mathcal{P}$ 是线性变换，所以所有的面积都以同一个因子收缩，这个因子就是这个变换的行列式. 事实上，几何上容易看清 [练习]，如果 L 所在的平面与 Π 的夹角为 γ，则 $\det\mathcal{P} = \cos\gamma$.

显而易见，圆周轨道 L 的投影 $\mathcal{P}(L)$ 是平面 Π 上的椭圆轨道. 于是，当质点在平面 Π 上绕椭圆轨道穿行时，半径*仍然*在相等的时段扫过相等的面积. 详细地讲，就是

$$\frac{\mathrm{d}\widetilde{\mathcal{A}}}{\mathrm{d}t} = \cos\gamma\frac{\mathrm{d}\mathcal{A}}{\mathrm{d}t} = \frac{1}{2}R\cos\gamma.$$

因为 $\mathcal{P}(L)$ 是椭圆轨道，半径能在相等时段扫过稳定不变的面积只有一种可能：当质点的投影距离焦点较近时，速度较快；较远时，速度较慢. 容易验证这个速度的变化规律，它具有如下的量化表达：

> 如果 $\boldsymbol{q}(t)$ 是空间内的任一轨迹，则在平面 Π 正交投影 $\mathcal{P}(\boldsymbol{q})$ 的速度是轨迹速度在平面上的投影：$\frac{\mathrm{d}}{\mathrm{d}t}\mathcal{P}[\boldsymbol{q}] = \mathcal{P}\left[\frac{\mathrm{d}\boldsymbol{q}}{\mathrm{d}t}\right]$. (11.7)

切平面 T_q（在图 11-5 中没有画出来）是由正交的经线圆和纬线圆的切向量张成的. 如图 11-5 所示，测地线在点 q 的*方向*可以用它与子午线的夹角 ψ 来表示. 如果质点 q 移动一小段时间 ϵ，它将沿着大圆轨道移动一小段距离 ϵ. 因此，沿纬线圆运动的水平分量是 $\epsilon\sin\psi$. 由此可知，位于 T_p 范围内测地线上的单位速率向量可以分解成沿纬线圆的水平分量 $\sin\psi$ 和沿经线（子午线）圆的分量 $\cos\psi$.

沿着子午线运动的分量投影为赤道平面 Π 上的径向运动，不产生面积. 所有扫过的面积都是由水平分量 $\sin\psi$ 产生的，水平分量投影为平面 Π 上相等的分量，垂直于半径 ρ，注意 ρ 是从质点最初的位置到对称轴的距离.

因为在 Π 上生成面积的速率为 $\frac{1}{2}\rho\sin\psi$，所以我们推断这个量在原来的大圆轨道上是恒定的，为

$$\frac{1}{2}\rho\sin\psi = \frac{1}{2}R\cos\gamma = \text{常数}.$$

虽然这个公式可以直接从球面的几何形状中得到证明，但上述论证的优点是，我们很快就能将它推广为以下定理：

克莱罗定理. 设 $\mathcal{S}$ 是曲线 $\mathcal{C}$ 绕轴 $\mathcal{L}$ 旋转生成的旋转曲面. 如果 ρ 是测地线 g 上的点 q 到旋转轴 $\mathcal{L}$ 的距离，ψ 是经过点 q 的子午线与测地线 g 之间的夹角，则当 q 沿 g 移动时，$\rho\sin\psi$ 保持不变. 反之，如果当 q 沿曲线 g（其任意一段都不是 $\mathcal{S}$ 的平行线）移动时，$\rho\sin\psi$ 保持不变，则 g 是测地线. (11.8)

（回想一下，旋转曲面 $\mathcal{S}$ 的**平行线**是 $\mathcal{S}$ 上的水平圆，即 $\mathcal{S}$ 与垂直于旋转轴 $\mathcal{L}$ 的平面的交线.）

历史注释：亚历克西斯 · 克莱罗（1713—1765）是法国数学家、天文学家和地球物理学家，他推广了牛顿在《原理》中的结果. 1752 年，他发表了关于太阳、地球和月球的三体问题的一个可用的正确近似解，欧拉称之为“*……在数学方面有史以来最重要和最深刻的发现.*”（Hankins, 1970, 第 35 页）上述一般定理的命名源于克莱罗 1733 年对二次旋转曲面的研究.

11.7.2 开普勒第二定律

为了理解克莱罗定理的一般表述，我们要问：使得动点 q 的投影 $\mathcal{P}(q)$ 沿投影轨道 $\mathcal{P}(L)$ 移动的力的大小和方向是什么？为了回答这个问题，我们注意到结论 (11.7) 从速度到加速度的以下简单推广：

如果 $\boldsymbol{q}(t)$ 是质点在空间中的任一轨迹，则它在平面 Π 上的投影轨迹的加速度是原轨迹加速度在平面上的投影：$\frac{\mathrm{d}^2}{\mathrm{d}t^2}\mathcal{P}[\boldsymbol{q}] = \mathcal{P}\left[\frac{\mathrm{d}^2\boldsymbol{q}}{\mathrm{d}t^2}\right]$. (11.9)

为简单起见，假设图 11-5 中在球面上运行的质点 q 具有单位质量，因此力等于加速度. 使 q 保持在轨道 L 上的力 $\boldsymbol{F}$ 沿着球面的法线方向指向球心 O. 因为质点具有单位速率，所以力 $\boldsymbol{F}$ 的大小是恒定的 $(v^2/R) = (1/R)$. 因此，使它保持在 Π 中沿椭圆轨道运动的力 $\widetilde{\boldsymbol{F}}$ 也指向 O，根据图 11-5 中所示的相似三角形，有

$$\frac{\left|\widetilde{\boldsymbol{F}}\right|}{|\boldsymbol{F}|} = \frac{\rho}{R} \quad \Longrightarrow \quad \left|\widetilde{\boldsymbol{F}}\right| = (1/R^2)\rho.$$

所有的力都指向同一点 O 的力场称为**中心力场**. 我们已经确定，在中心力场中，如果指向力场中心的力的大小与质点到点 O 的*距离成正比*，则质点运行在*以 O 为中心的椭圆轨道上，在相同的时间内扫过相同的面积*. 这是牛顿在《原理》

命题 10[①]中（使用了一个完全不同的论点）首次证明的.

实际上，这样的力场和轨道可以用如下方法建立. 想象 Π 是一个无摩擦的水平冰面，冰面上有一个洞 O. 取一个小冰球，再取一段长为 l 的弹力绳，一端系在小冰球上，另一端穿过冰面的洞，固定在洞下方距离为 l 的地方，让冰球自由地停留在洞口. 因为弹力绳处在其自然长度 l 的松弛状态，所以冰球没有受到弹力绳的拉力作用. 但是，如果我们将冰球拉到距离 O 为 ρ 的地方，弹力绳被拉长了 ρ，那么根据胡克定律，拉长了 ρ 的弹力绳会产生一个与 ρ 成比例、将冰球拉回 O 的拉力. 如果我们现在用任意速度、向任意方向将冰球沿冰面掷出去，它就会画出一条以 O 为中心的椭圆轨迹，在相等的时段扫过相等的面积. 在家里没有冰面的情况下，也可以建立一个类似的实验，我们鼓励你自己试试.

轨道是一个以 O 为中心的椭圆，这个事实与力随距离线性变化有关. 但是，正如牛顿第一个认识和证明的那样，在相等的时段扫过相等的面积，是所有中心力场的一个非凡的普遍性质！我们在下一节就来讨论牛顿漂亮的证明，现在则先停下来弄清这个结果在《原理》中的关键作用.

第谷 · 布拉赫[②]（1546—1601）通过多年来对行星的辛勤观测，积累了大量精确数据. 约翰内斯 · 开普勒[③]（1571—1630）通过对这些数据的分析，发现了行星运行的数学模式. 这些来源于经验的数学事实，现在被称为开普勒行星运动三定律. 开普勒在 1609 年宣布了前两个定律，（经过艰苦的计算）在 1618 年宣布了第三个定律.

开普勒定律

(I) 行星的轨道是一个椭圆，太阳在这个椭圆的一个焦点上.

(II) 连接行星与太阳的线段在相等的时段扫过相等的面积.

(III) 行星轨道周期的平方正比于轨道长半轴的立方.

在接下来的约 70 年里，这些定律一直是个谜. 直到 1687 年，牛顿成功地用数学解释了开普勒定律，将其作为万有引力反比定律的逻辑结果——这是对他思

① 本节提到的《原理》中的内容都是第一篇“物体的运动”第 2 章“向心力的确定”中相应的命题. ——译者注

② 第谷 · 布拉赫，丹麦天文学家、占星家. 第谷是位勤奋的天文观察者，积累了大量天文观察数据，发现了很多新的天文现象. 1576 年，在丹麦国王的资助下，他在汶岛建立了“观天台”，这是最早的大型天文台. 1599 年，在罗马帝国皇帝的资助下，他在布拉格建立了新的天文台. ——译者注

③ 约翰内斯 · 开普勒，德国天文学家、数学家、占星家. 除了发现了行星运行的三大定律，开普勒在光学和数学方面也有重要贡献，被誉为现代实验光学的奠基人. ——译者注

想的有力证明. 但是，牛顿要单独使用几何学实现他的动力学分析（见序幕），必须能够将时间表示为一个几何量.

因此，开普勒第二定律，或者说牛顿对任意中心力场的概括（《原理》命题 1），对整个牛顿理论是至关重要的. 这个至关重要的基本事实就是：面积就是时钟. 如果没有这个基本事实，牛顿在《原理》中的大量几何图和相关证明就是不可能的.

11.7.3 牛顿对开普勒第二定律的几何证明

图 11-6 中的六幅图是从牛顿自己为《原理》命题 1 画的图[①]复制出来的，做成了连环画的形式，用讲故事的方式来叙述牛顿的观点. 这些图描述指向同一个固定点 S 的任意中心力场，轨道 $ABCDEF$ 在相等的时段扫过相等的面积.

来看第一幅图. 在没有任何力的情况下，根据牛顿第一运动定律，质点以匀速从点 A 沿直线移动到点 B. 在这个时段，从固定点 S 开始的半径扫过阴影区域 SAB. 在下一个相等的时段，质点继续从点 B 出发，移动与刚才相等的距离，到达点 c，仍然在包含 SAB 平面内，扫过由斜平行线画出的区域 SBc. 如图 11-6 所示，因为沿 BA 的剪裁使得 SBc 和 SAB 一致，所以这两个区域的面积相等. 因此，在没有外力作用的情况下，在相等的时段扫过相等的面积.

现在假设在质点到达点 B 时，它受到方向指向点 S 的敲击. 如果最初质点静止在点 B，则这个敲击使得质点在与从点 B 移动到点 c 相同的时段内，从点 B 移动到点 v. 所以，质点实际的运动是这两个移动的和，即从点 B 到点 C，它仍然在包含 SAB 的平面内，扫过由斜平行线画出的深色区域 SBC. 这个面积仍然等于原来的面积 SAB：平行于 SB 的剪裁将 SBC 带到 SBc，然后，（和以前一样）第二次剪裁使 SBc 与 SAB 一致.

假设质点到达点 C 时，受到方向指向点 S 的第二次敲击[②]，使之从点 C 移动到点 D. 出于和前面同样的理由，SCD 的面积仍然与 SAB 的面积相等. 用这样的方式继续下去，质点在相等的时间间隔（在点 $D, E, F, \cdots$）受到朝向点 S 的敲击，使得多边形的轨迹 $ABCDEF$ 满足在相等的时段扫过相等的面积.

牛顿总结说：

> 现在让三角形的数量增加，它们的宽度会无限地减小，外边长 ADF 最终是一条曲线. 因此，持续不断的向心力连续地将物体从曲线切线上拉回，任意扫出的面积与相应的时间成比例. 证毕.

理查德 · 费曼对牛顿这个优雅而简洁的非凡论证有很高的评价，1964 年，他在加

① 即《原理》第一篇“物体的运动”第 2 章“向心力的确定”的命题 1 和命题 2 中的图. ——译者注

② 注意，在牛顿的图中，这些敲击的大小都是相等的，但是，他的论证对于不同大小的敲击同样有效.

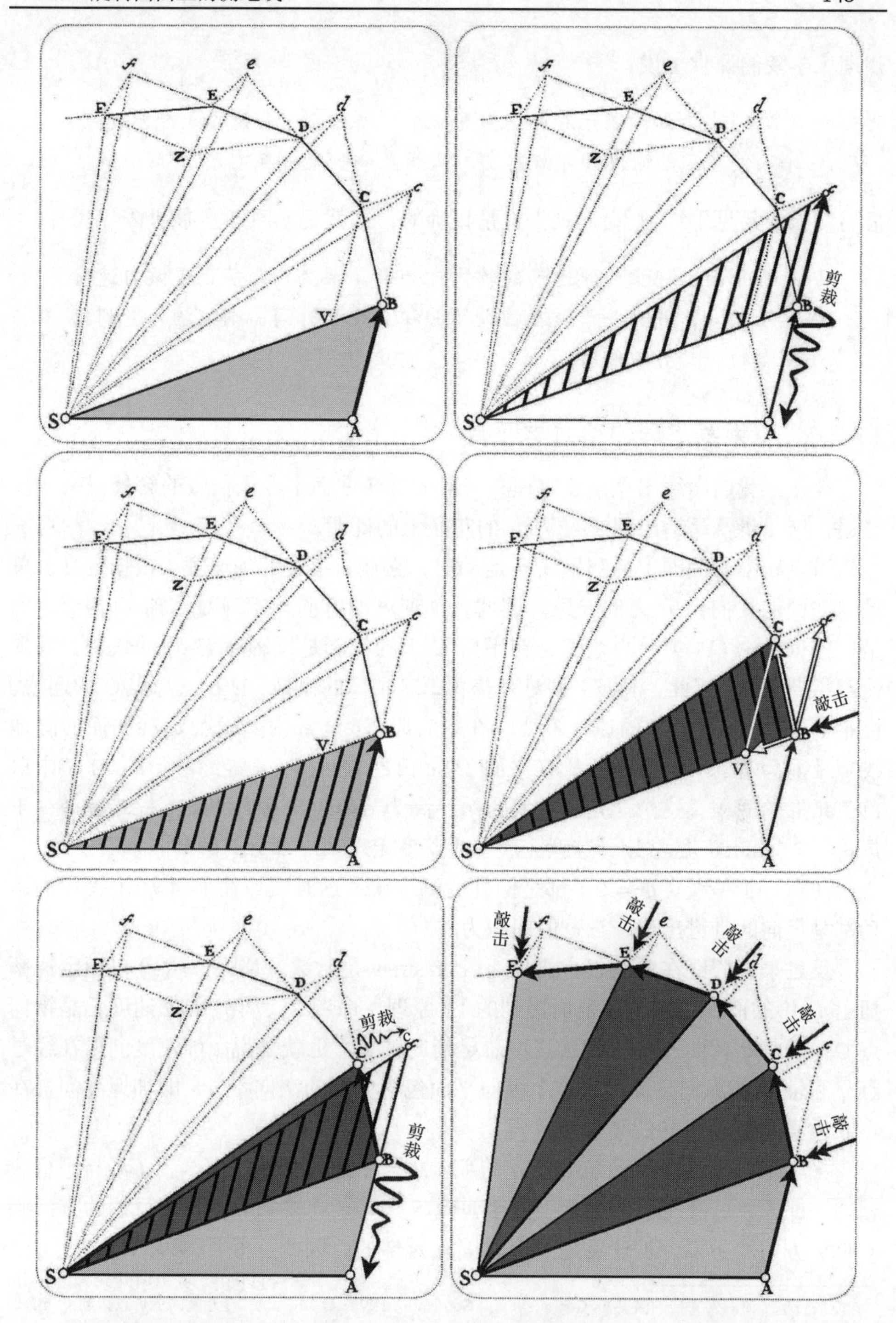

图 11-6 开普勒第二定律. 这六幅图复制于牛顿自己为《原理》命题 1 画的图，做成了连环画的形式，用讲故事的方式来叙述牛顿的观点. 这些图描述指向同一个固定点 S 的任意中心力场，轨道 $ABCDEF$ 在相等的时段扫过相等的面积

州理工学院的课堂上说：[①]

> 你刚才看到的演示完全来自牛顿的《原理》，无论你能否感受到，它给人们带来的愉悦和才智启发，从始至今一直存在.

最后，显而易见 [练习]，反过来也是正确的，这就是《原理》命题 2[②]：

> 沿平面上任意曲线运动的物体，如果其半径指向静止或做匀速直线运动的点，并且关于该点扫过的面积正比于时间，则该物体受到指向该点的向心力的作用.

11.7.4 克莱罗定理的动力学证明

现在，我们离给出克莱罗定理在一般的旋转曲面上令人信服的解释只有一步之遥，这一步就是给出图 11-7 所示的花瓶上的证明.

当点 q 沿着曲面上的测地线 g 运动时，它在轨道上的加速度（根据定义）总是与曲面的法向量 $\boldsymbol{n}$ 方向一致. 因此，加速度的方向一定与对称轴 $\mathcal{L}$ 相交. 但是，根据结论 (11.9)，测地线 g 在平面 Π 上的投影是投影点 $\mathcal{P}(q)$ 的轨迹，其加速度指向点 O. 因此，根据牛顿对开普勒第二定律的概括，$\mathcal{P}(q)$（与点 O 的连线）在平面 Π 上扫过面积的速率不变. 在短时段 $\delta t = \epsilon$ 内，质点 q 在曲面的测地线 g 上移动距离 ϵ，它的投影在平面 Π 上扫过的面积 $\delta\mathcal{A}$ 最终等于图 11-7 中白色三角形的面积，这个三角形的底为 ρ，高为 $\epsilon\sin\psi$. 因此 $\delta\mathcal{A} \asymp \frac{1}{2}\rho\epsilon\sin\psi$，于是 $\frac{\mathrm{d}\mathcal{A}}{\mathrm{d}t} = \frac{1}{2}\rho\sin\psi$ 是常数. 这就完成了克莱罗定理第一部分的解释.

注意，子午线（$\psi = 0$）都是例外的测地线. 这时质点在平面 Π 上投影的运动都是径向的进进出出，扫过的面积为零.

反过来，假设在曲面 $\mathcal{S}$ 的曲线 g 上 $\rho\sin\psi$ 是常数. 那么，$\mathcal{P}(q)$ 以恒定速率扫出 Π 中的面积. 根据（前面提到的）《原理》命题 2，$\mathcal{P}(q)$ 的加速度总是指向点 O，因此 q 在曲线 g 上的加速度总是指向轴 $\mathcal{L}$. 也就是说，加速度向量在经过点 q 和轴 $\mathcal{L}$ 的纵向平面上，这个纵向平面包含曲面的法向量 $\boldsymbol{n}$，即加速度向量在点 q 垂直于经过点 q 的平行线.

接下来，假设曲线 g 包含点 q 的那一小段不是平行线. 那么，$\boldsymbol{v}$ 不与平行线相切（$\psi \neq \frac{\pi}{2}$）. 于是，加速度垂直于曲面 $\mathcal{S}$ 上的两个不同方向：平行线的方向和 g 的 $\boldsymbol{v}$ 方向. 所以，加速度是沿法向量 $\boldsymbol{n}$ 延伸的，因此 g 是测地线，结论得证.

---

① 取自他所谓的《失传的演讲》（Goodstein and Goodstein, 1996, 第 156 页），在互联网上可以找到听众的记录.

② 见第 141 页脚注①. 这个命题 2 是命题 1 的逆命题. ——译者注

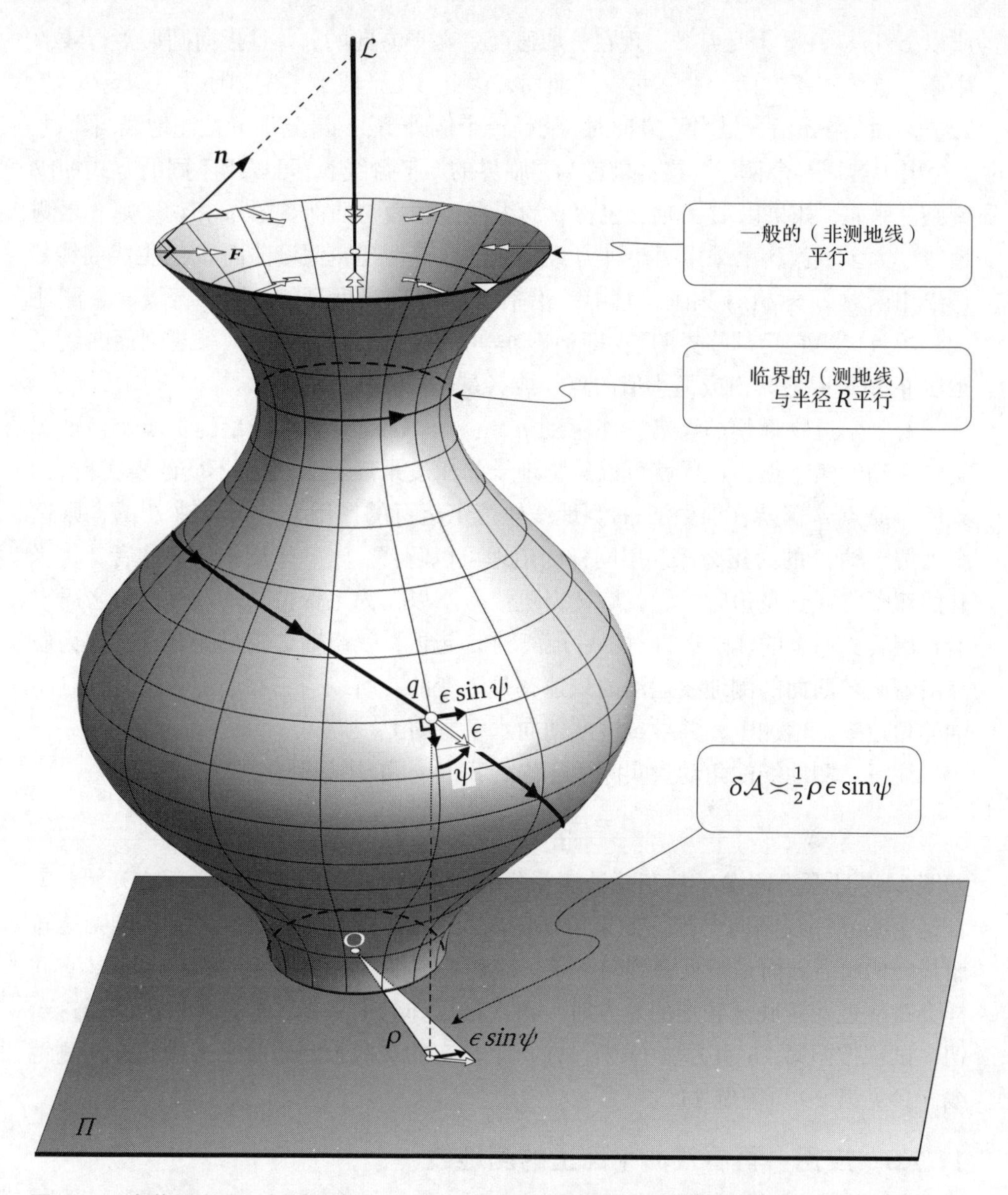

图 11-7 克莱罗定理. 在短时段 $\delta t=\epsilon$ 内，质点 q 沿曲面的测地线移动距离 ϵ，它的投影（与 O 的连线）在平面 Π 上扫过的面积 $\delta\mathcal{A}$ 最终等于白色三角形的面积，这个三角形的底为 ρ，高为 $\epsilon\sin\psi$. 因此 $\frac{\mathrm{d}\mathcal{A}}{\mathrm{d}t}=\frac{1}{2}\rho\sin\psi$，根据牛顿对开普勒第二定律的概括，这个量是常数

但是，假设曲线 g 中包含点 q 的部分曲线段是水平圆形平行线 $\mathfrak{p}$ 的一部分，例如图 11-7 中花瓶的顶部边缘. 注意，因为 ρ 和 ψ 在 $\mathfrak{p}$ 上都是常数，$\psi=(\pi/2)$，

所以 $\rho\sin\psi$ 在 $\mathfrak{p}$ 上是常数. 现在，加速度是水平方向的，并且指向圆形平行线的中心. 这个水平方向一般不垂直于曲面，因此 $\mathfrak{p}$（一般）不是测地线.

然而，当 $\boldsymbol{n}$ 沿 $\mathfrak{p}$ 呈水平方向时，就是一个例外情况了，这时 $\mathfrak{p}$ 是测地线. 图 11-7 给出了这样一个例子. 这样被称为“临界的”平行线 $\mathfrak{p}$，可以用不同的方式加以刻画. 例如，如果以 $\mathcal{L}$ 为轴、包含 $\mathfrak{p}$ 的纵向圆柱面与曲面 $\mathcal{S}$ 在 $\mathfrak{p}$ 相切，则 $\mathfrak{p}$ 是测地线. 大多数教科书采用另一种方式来描述这种情况，假设曲面 $\mathcal{S}$ 的生成曲线 $\mathcal{C}$ 可以用函数 $\rho=\rho(z)$ 刻画，其中 z 沿轴 $\mathcal{L}$ 的纵向高度延伸. 则平行线 $\mathfrak{p}$ 是测地线，当且仅当它是“临界的”，即 $\rho'(z)=0$. 这里的“临界点”就是剖面曲线到轴 $\mathcal{L}$ 的距离取最大值或最小值的点，或者是一个拐点.

对于学过物理学的读者，注意到 $\rho\sin\psi=\Omega$ 是（单位质量的）质点绕轴 $\mathcal{L}$ 旋转运动的**角动量**，这样就可以从物理学的角度来理解 Ω 保持不变的事实[①]：如果使得质点 q 保持在曲面 $\mathcal{S}$ 的测地线轨道上运行的作用力是指向轴 $\mathcal{L}$ 的，则这个力关于轴 $\mathcal{L}$ 的**力矩**为零. 用同样的道理可以解释，当一个旋转的滑冰者，将张开的双臂收回到身边时，她就旋转得更快. 所以，为了保持角动量不变，当质点沿着旋转曲面上的轨道运行时，它距离轴 $\mathcal{L}$ 越近，就绕轴 $\mathcal{L}$ 旋转得越快. 因为质点沿着旋转曲面的测地线运动的线速率是不变的，所以当它靠近旋转轴时，它绕轴的角速率就增加了，并导致速度朝向水平方向.

注意，测地线的角动量实际上还告诉我们 g 可能接近 $\mathcal{L}$ 的最小距离为：

$$\rho=\frac{\Omega}{\sin\psi}\geqslant\Omega=\rho_{\min}.$$

如图 11-7 所示，假设 g 从花瓶最瘦部分的临界纬线圆（半径为 R）下方开始，朝着这个临界纬线圆向上爬. 如果角动量太大（$\Omega=\rho_{\min}>R$），则 g 不能到达花瓶最瘦的地方，而是被反弹到向下走. 这就是图 11-7 所示的测地线的情况，它同样会在接近花瓶底部较瘦的地方时，再次被反弹到向上走. 要想更好地感受这一切，试试按照第 15 页方法 (1.7)，在一个真实的花瓶上利用胶带来构作这些测地线. 参见第 29 页习题 11.

11.7.5　应用：再看双曲平面上的测地线

我们利用克莱罗定理再来看看伪球面，以便重新认识双曲平面上的测地线.

因为往上走，伪球面可以变得任意窄，所以根据上面的讨论，一个在伪球面上运行的质点，只要其角动量不等于零，就最终一定会折返回来，调头向下. 因此，仅有子午线，即作为母线的曳物线（沿着它们运行的质点，角动量为零）是

① 普雷斯利（Pressley, 2010, 第 230 页）也提供了这个物理解释.

可以无限向上延伸的测地线.

回顾一下，在第 60 页图 5-4 中，我们用几何方法构作了伪球面的贝尔特拉米 – 庞加莱上半平面地图. 在那张图中记为 X 的变量，现在记为 ρ. 因此，地图中的 [在第 62 页式 (5.4) 中给出的] 高度 y 现在是

$$y=\frac{1}{\rho}.$$

我们选取伪球面的半径 $R=1$，这样就可以得到双曲平面的标准模型，其中

$$\mathcal{K}=-(1/R^2)=-1.$$

图 11-8 显示了伪球面上的测地线 g（从 a 到 b）和它在地图中的像（从 A 到 B）. 回顾我们之前（用光学方法）证明的结论：这个在地图中的像是与天际线 $y=0$ 以直角相交的半圆周. 我们现在可以利用克莱罗定理对此给出一个新的证明，并且在此过程中，对表示 g 的半圆周的大小给出一个新的解释.

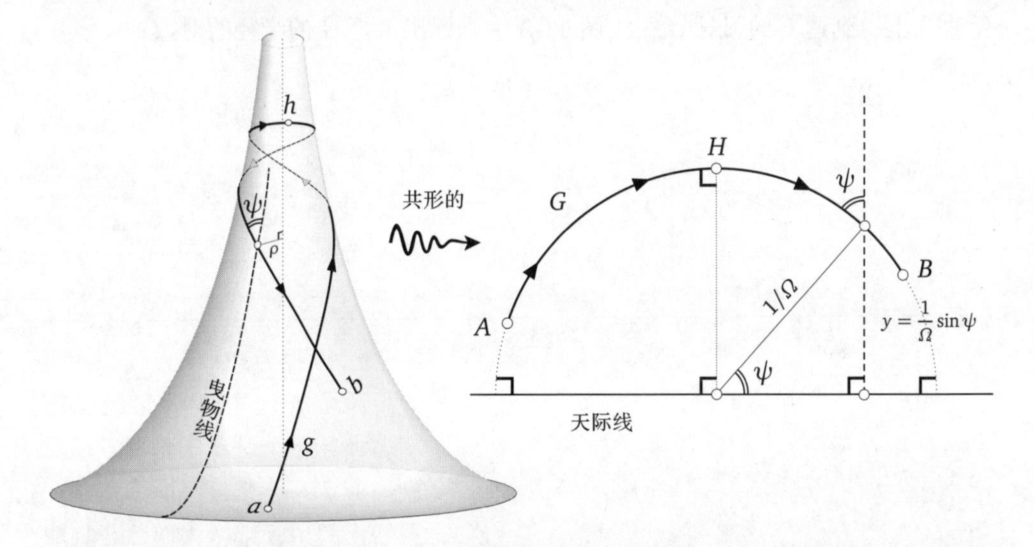

图 11-8 设 g 是伪球面（半径 $R=1$）上的测地线，单位质量的质点以单位速率沿 g 运行. 根据克莱罗定理，质点的角动量 $\Omega=\rho\sin\psi$ 不变. 因为贝尔特拉米 – 庞加莱映射是共形的，所以角 ψ 保持不变，映射的像 G 满足方程 $y=\frac{1}{\Omega}\sin\psi$，这是半径为 $(1/\Omega)$ 的半圆周，与天际线 $y=0$ 垂直相交

这个地图的定义决定了它是共形的. 这意味着，g 与作为母线的曳物线（子午线）之间的夹角 ψ 在地图中保持不变：g 在地图中的像与曳物线在地图的像（纵向半直线）之间的夹角仍然是 ψ. 如果沿着 g 运行的单位质量的质点具有角

动量 Ω，则由克莱罗定理，

$$\rho\sin\psi=\Omega \quad\Longrightarrow\quad y=\frac{1}{\Omega}\sin\psi.$$

因此，利用与第 68 页图 5-8 同样的推理，可得以下结论：

> 如果单位质量的质点以单位速率沿测地线 g 运行，它关于对称轴的角动量为 Ω，则它在贝尔特拉米–庞加莱上半平面的像沿着与 $y=0$ 以直角相交的半圆周运行. 而且，这个半圆周的半径是 $(1/\Omega)$. 换言之，这个半圆周的（欧几里得）曲率等于这个质点的角动量.

最后，设 h 是在伪球面上运行的质点在其角动量 Ω 迫使它调头向下之前能够到达的最高点. 设 H 和 G 分别是 h 和 g 在地图中的像，显然，H 是 G 的最高点，h 和 H 都对应于 $\Psi=(\pi/2)$. 由式 (5.1) 可知，沿着作为母线的曳物线从底部边缘笔直向上，到达 h 的弧长 $\sigma_{\max}$（图 11-8 中未标出）是 G 的半径的对数：

$$\sigma_{\max}=\ln\frac{1}{\Omega}.$$

第 12 章　曲面的外在曲率

12.1　引言

我们已经知道两个主曲率（以及与它们相关的主方向）如何通过欧拉曲率公式 (10.1) 极其详细地刻画曲面的外在几何. 但是，是否存在这样一个数（不带任何方向），能像高斯曲率 $\mathcal{K}$ 决定内蕴几何的特征那样，完全决定曲面在某一点的整个外在几何特征呢?

我们推测，可以用主曲率的某种平均值来刻画整个外在几何. 要这样做，最普通的方式就是取它们的算术平均 $\frac{\kappa_1+\kappa_2}{2}$ 或者几何平均 $\sqrt{\kappa_1\kappa_2}$. 在几何中，这两个平均值都很自然，也极其重要.

主曲率的算术平均通常记为 H 或 $\overline{\kappa}$，简称为**平均曲率**:

$$H=\overline{\kappa}\equiv\frac{\kappa_1+\kappa_2}{2}. \tag{12.1}$$

从图 10-2 中的欧拉曲率公式图像可以看出，H 是曲率正弦振荡的中心. 这个平均曲率 H 是理解所谓**极小曲面**的形状的基础. 什么是极小曲面? 例如，肥皂液在一个复杂的线框上张成的肥皂泡就是极小曲面. 由定义，极小曲面上的每个点都满足 $H=0$，即 $\kappa_2=-\kappa_1$，因此极小曲面一定是鞍形的. [①] 在序幕中已经说过，我们不在本书里讨论这种奇妙的曲面. 附录 A 推荐了几本这方面的好书，如果你有兴趣，可以去看看.

几何平均 $\sqrt{\kappa_1\kappa_2}$ 的几何意义，或者更确切地说，它的平方 $\kappa_1\kappa_2$ 的几何意义，比 H 的几何意义更基本，但我们将故意为你多留一点儿悬念，让你晚一点儿才能知道它的意义可能是什么. 请原谅我们，即使是伟大的高斯也宣称它是所有数学中最伟大的“妙语”之一，所以我们要按次序来讲，需要多用几页纸为它“敲锣打鼓”做铺垫. [如果你等不及，可以跳到第 163 页去找答案，那就是结论 (13.3).]

12.2　球面映射

我们已经知道，平面曲线 C 的曲率 κ 是其切线的转向率. 同样，κ 也可以被看作曲线法向量的转向率. 后一种解释更有利于我们将曲率的外在定义从曲线推

① 或者是平坦的，$\kappa_1=\kappa_2=0$. ——译者注

广到曲面，因为曲面的法向量（不分正负号）是唯一的.

首先，将平面曲线法向量的转向率重新解释为*散布*在曲线的一小段（比如长度 δs）上的法向量的方向，会更方便一些.

为了量化这个法向量的转向率，想象将所有这些分布在曲线上的单位法向量的起点都平移到同一个点 O 上，如图 12-1 所示. 这样，法向量 $\boldsymbol{N}$ 可以看作映射 N，这个映射将平面曲线 $\mathcal{C}$ 上的点 p 映射到（以 O 为中心的）单位圆周 $\mathbb{S}^1$ 上对应于 $\boldsymbol{N}_p$ 方向的点 $\widetilde{p}=N(p)$.

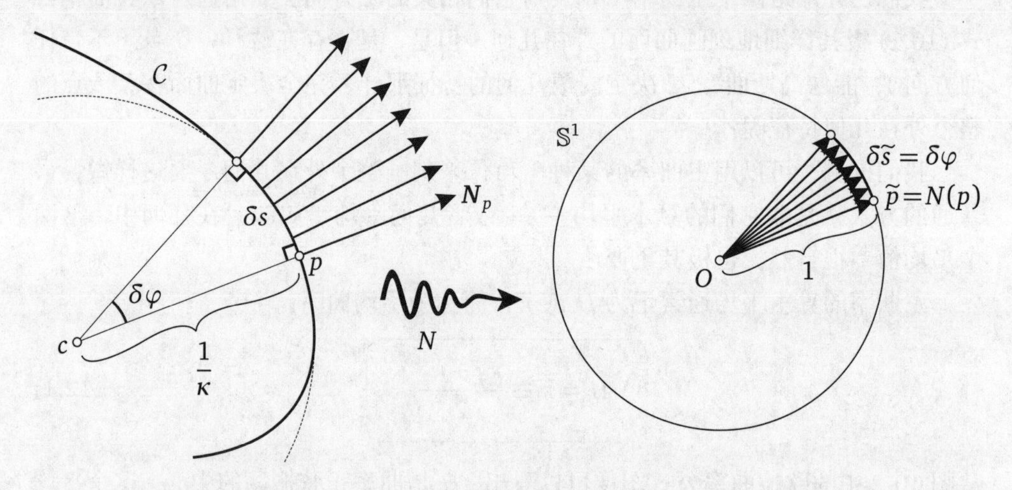

图 12-1　映射 N 定义为将 $\mathcal{C}$ 上的点 p 映射到单位圆周上对应于 $\boldsymbol{N}_p$ 方向的点. 于是，可以通过量度法向量的分布率，将 $\kappa \asymp (\delta\varphi/\delta s)$ 重新解释为映射 N 的局部长度放大系数

曲线 $\mathcal{C}$ 的一小段 δs 上的法向量分布在 $\delta\varphi$ 上，这些法向量的端点充满了单位圆周上一段长度为 $\widetilde{s}=\delta\varphi$ 的圆弧. 这些法向量的局部分布可以量化为上述（在法向映射 N 下）局部弧长的大小：

$$\kappa = \text{映射 } N \text{ 的局部长度放大系数} \asymp \frac{\delta\widetilde{s}}{\delta s}. \tag{12.2}$$

这指出了将这个构作法推广到曲面的一种方法. 如图 12-2 所示，选取曲面 $\mathcal{S}$ 上包含点 p 且面积为 $\delta\mathcal{A}$ 的一小片，点 p 的法向量为 $\boldsymbol{n}_p$. 类似于图 12-1，引入从曲面到单位球面的**球面映射**（通常称为**高斯映射**或**法映射**）$n:\mathcal{S}\to\mathbb{S}^2$，将曲面上的点 p 映射到单位球面上对应于法向量 $\boldsymbol{N}_p$ 方向的点 $\widetilde{p}=n(p)$.

关于术语的历史注释：其他的文献几乎都将“球面映射”称为“高斯映射”，但这是个历史错误. 高斯的确在 1827 年发表了这个映射，私下使用就更早了. 但是，奥林德 · 罗德里格斯（1795—1851，法国银行家和业余数学家）在 1815 年就首先发表了这个概念，用于对曲面曲率的深刻研究. 马塞尔 · 贝尔热（1927—

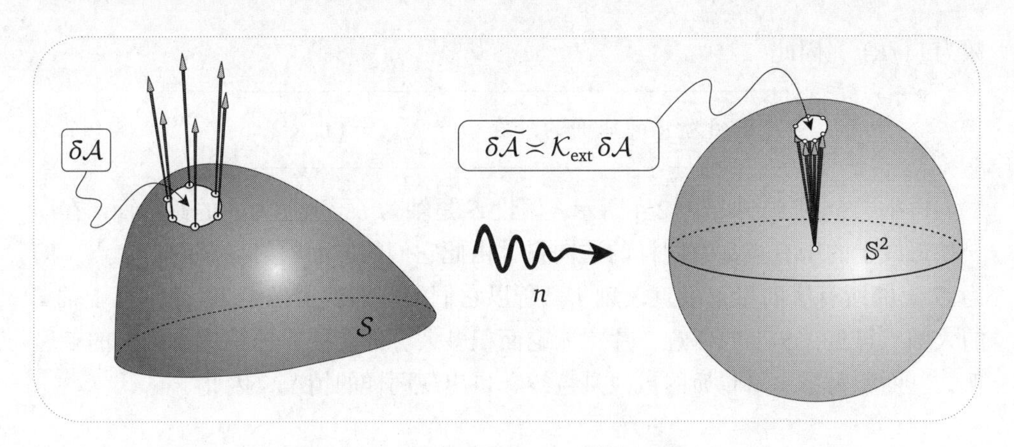

图 12-2 外在曲率 $\mathcal{K}_{\text{ext}}$ 是球面映射的局部面积放大系数：$\mathcal{K}_{\text{ext}} \asymp \frac{\delta\widetilde{\mathcal{A}}}{\delta\mathcal{A}}$

2016，20 世纪后期最重要的几何学权威之一）认识到了这个事实，将该映射称为**罗德里格斯–高斯映射**，在我们看来，这似乎是一种恰当的平衡. 即便如此，我们通常还是更喜欢术语“球面映射”①，因为它清晰而简洁.

12.3 曲面的外在曲率

现在，我们进入一个全新的话题，用法向量的分布来讨论曲面曲率的外在量度，暂时将它记为 $\mathcal{K}_{\text{ext}}$.

在图 12-2 中，我们将曲面的一小片收缩到点 p，定义

$$\mathcal{K}_{\text{ext}} \equiv \text{球面映射的局部面积放大系数} \asymp \frac{\delta\widetilde{\mathcal{A}}}{\delta\mathcal{A}}. \tag{12.3}$$

例如，假设 $\mathcal{S}$ 是球心为 O、半径为 R 的球面，想象它在球面映射下的像 $\mathbb{S}^2$ 与它同心. 那么，如图 12-3 所示，球面映射 n 只是以球心 O 为光源的径向投影. 显然，一维收缩系数为 $(1/R)$，面积收缩系

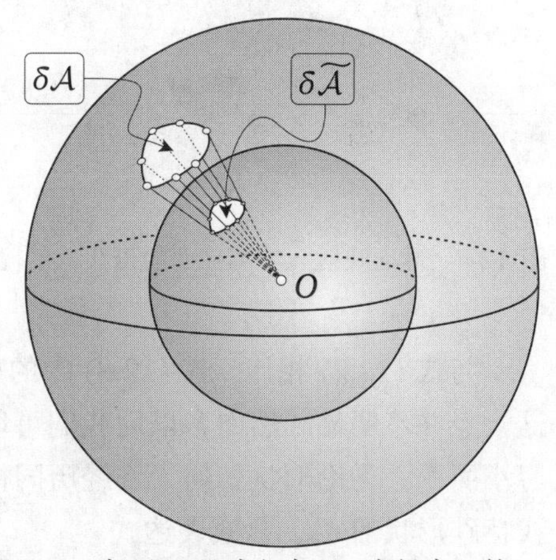

图 12-3 如果 $\mathcal{S}$ 是球心为 O、半径为 R 的球面，它在球面映射 n 下的像 $\mathbb{S}^2$ 与它同心，则 n 是以 O 为光源的径向投影. 这时 $\mathcal{S}$ 的距离压缩了 $(1/R)$，面积压缩了 $(1/R)^2$

① “球面映射”更受欢迎，希尔伯特（Hilbert, 1952）和霍普夫（Hopf, 1956）等传奇人物都喜欢这个名字. 伊萨多 · 辛格、维克托 · 托波诺戈夫和其他现代著名微分几何学家也使用了这个词.

数为 $(1/R)^2$，因此

$$\text{半径为 } R \text{ 的球面的外在曲率 } \mathcal{K}_{\text{ext}} = (1/R^2). \tag{12.4}$$

再举一个例子，如图 12-4 所示，假设 $\mathcal{S}$ 是轴为 L、半径为 R 的圆柱面. 在同一条母线上的所有点都有同样的法向量，由此它们的球面映射像是同一个点. 因为 $\mathcal{S}$ 上的所有法向量都垂直于轴 L，所以它们的球面映射像是 $\mathbb{S}^2$ 的垂直于轴 L 的大圆. 可见，$\mathcal{S}$ 上的任意一片（无论面积多大）都会被 n 压缩成大圆上的一段弧，其面积为零. 圆锥面的母线是直线，也出现同样的情况，因此

$$\text{圆柱面和圆锥面的外在曲率 } \mathcal{K}_{\text{ext}} = 0. \tag{12.5}$$

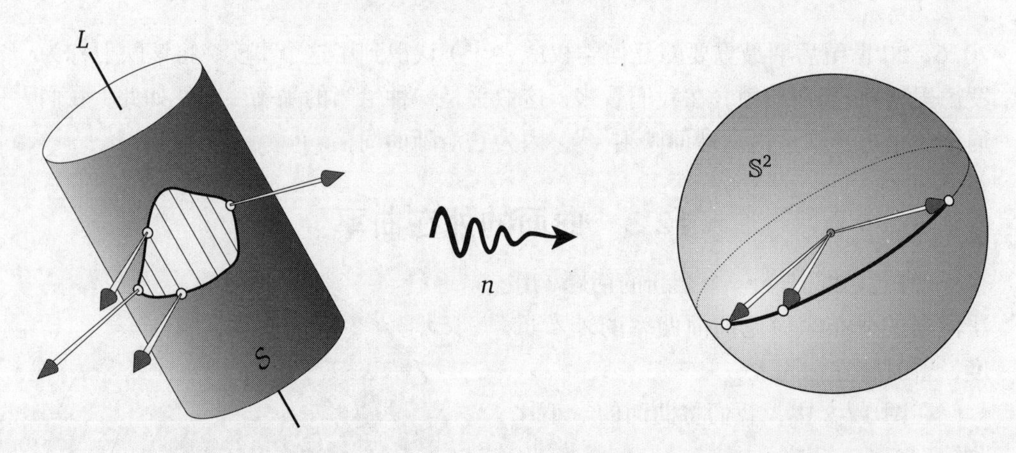

图 12-4 球面映射 n 将圆柱面的母线（平行于轴 L）压缩为垂直于轴 L 的大圆上的一点，因此 $\mathcal{K}_{\text{ext}} = 0$

与式 (12.2) 相比，式 (12.3) 中的放大系数在一般情形下也是唯一确定的，但这一点并不明显. 然而，以后我们可以证明就是如此：在一个给定点处的所有无穷小面积，无论形状如何，都经历同样的放大. 现在，我们先假设这是对的，寻找特殊形状的 $\mathcal{K}_{\text{ext}}$ 显式表达式.

我们要找到一种特殊形状，它的面积放大系数在几何上是不证自明的. 为此我们需要两个引理，第一个如下所述：

$$\text{当点 } p \text{ 在主方向上移动时，} \boldsymbol{n}_p \text{ 停留这个方向的法平面 } \Pi \text{ 上.} \tag{12.6}$$

更准确地说，设 ζ 是法向量 $\boldsymbol{n}$ 与法平面 Π 的夹角，满足 $\zeta(p) = 0$，则 $\dot{\zeta}(p) = 0$. 曲面 $\mathcal{S}$ 关于法平面 Π 是局部镜像对称的，如果 $\boldsymbol{n}$ 马上将转出法平面 Π，转到 Π

的这一边或那一边（$\dot{\zeta} > 0$ 或 $\dot{\zeta} < 0$），就与镜像对称结论 (10.4) 矛盾.

图 12-5a 在红薯上表现了引理 (12.6). 对于同一个红薯上的同一点，图 12-5b 说明：如果我们沿一般方向移动，则 $\dot{\zeta}(p) \neq 0$，$\boldsymbol{n}$ 立刻转出法平面 Π. 我们强烈鼓励你亲手做做这个实验，利用手头的任何果蔬都可以.

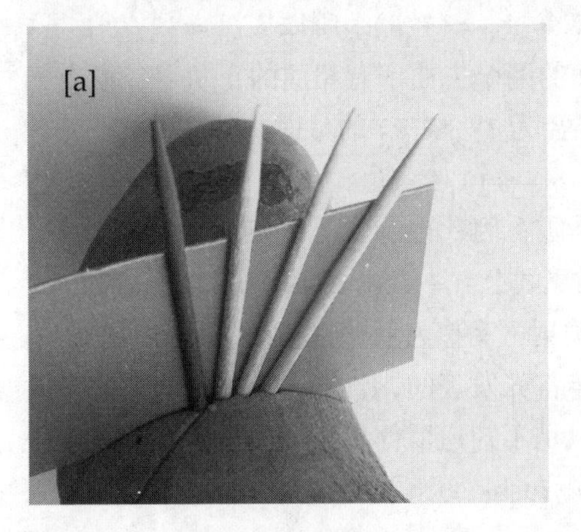

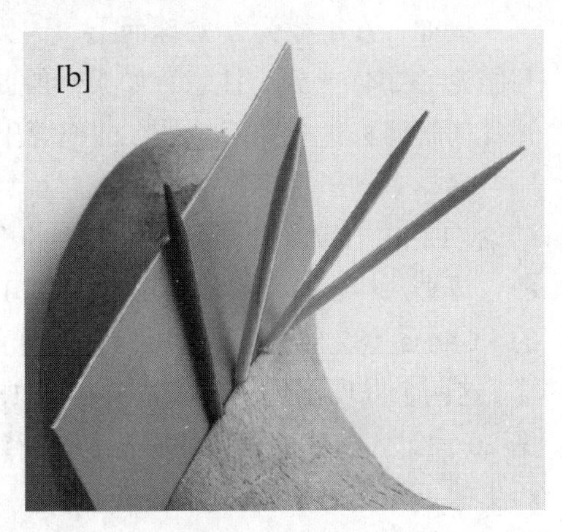

图 12-5 [a] 如果我们沿主方向移动，则法向量也在这个方向上移动，最初停留在法平面上；[b] 如果我们沿一般方向移动，则法向量马上就从法平面上倾斜出去

取图 12-1 左边为曲面 $\mathcal{S}$ 在平面 Π 上的一条截痕，取图 12-1 右边为单位球面 $\mathbb{S}^2$ 在经过点 O、平行于 Π 的平面上的截痕，立即可得如下第二个引理：

> 设 $\boldsymbol{v}_i$ 是 $\mathcal{S}$ 的第 i 个主方向上的短向量，如果 p 沿 $\boldsymbol{v}_i$ 移动，则 $n(p)$ 在 $\mathbb{S}^2$ 上最终沿 $-\kappa_i \boldsymbol{v}_i$ 移动. (12.7)

注意，这个公式里的负号是我们的惯例所致：在图 12-5a 里，$n(p)$ 沿与 $\boldsymbol{v}_i$ 相同的方向移动，也就是沿 $\boldsymbol{v}_i$ 乘以一个正数的方向移动，但是（因为我们的惯例）法截痕是背向我们选取的 $\boldsymbol{n}$ 弯曲的[①]，从而 $\kappa_i < 0$.

这个引理引导我们考虑这样一个特殊情况：如果一个小长方形的边平行于主方向，那么它在球面映射下的命运如何？设这个长方形的边分别平行于第一和第二主方向，长为 ϵ_1 和 ϵ_2. 根据引理 (12.7)，球面映射最终将这个长方形变成 $\mathbb{S}^2$ 上另的一个长方形，与原来的长方形平行的边长分别最终拉伸 $\kappa_1\epsilon_1$ 和 $\kappa_2\epsilon_2$. 于是有

$$\delta\widetilde{\mathcal{A}} \asymp (\kappa_1\epsilon)(\kappa_2\epsilon) \asymp (\kappa_1\kappa_2)\delta\mathcal{A}.$$

① 按照惯例，$\boldsymbol{n}$ 都被选为曲面的外法向，因此会出现这样的情况. ——译者注

所以，由式 (12.3) 有

$$\boxed{\mathcal{K}_{\text{ext}} = \kappa_1 \kappa_2.} \tag{12.8}$$

例如，在半径为 R 的球面上，因为 $\kappa_1 = \kappa_2 = (1/R)$，所以 $\mathcal{K}_{\text{ext}} = (1/R^2)$，这与结论 (12.4) 一致. 注意，如果一般曲面的两个主曲率有相同的正负号，便有下述几何解释：这个曲面的外在曲率等于半径为 $1/\sqrt{\kappa_1 \kappa_2}$ 的球面的外在曲率.

另一个例子是半径为 R 的圆柱面，由 $\kappa_1 = (1/R)$ 和 $\kappa_2 = 0$，有 $\mathcal{K}_{\text{ext}} = 0$，与结论 (12.5) 一致. 圆锥面有一个主曲率为零，因此也有 $\mathcal{K}_{\text{ext}} = 0$.

历史注释：曲率的外在定义 (12.3) 和显式公式 (12.8) 被普遍认为是高斯提出的（Gauss, 1827）. 然而，事实上，与球面映射（又称为罗德里格斯 – 高斯映射）一样，这两个发现都是罗德里格斯在 1815 年首先发表的，比高斯早 12 年. 看来（根据 20 世纪大多数数学家的看法!），高斯只是不知道罗德里格斯的发现. 有关这段历史的更多信息，请参阅 Kolmogorov and Yushkevich (1996, 第 6 页) 和 Knoebel (2007, 第 118 页).

式 (12.8) 还为 $\mathcal{K}_{\text{ext}}$ 加上了*正负号*：如果点 p 为椭圆型（κ_1 和 κ_2 同号），则 $\mathcal{K}_{\text{ext}} > 0$；如果点 p 为双曲型（κ_1 和 κ_2 异号），则 $\mathcal{K}_{\text{ext}} < 0$；如果点 p 为抛物型（κ_1 和 κ_2 中有一个为零），则 $\mathcal{K}_{\text{ext}} = 0$.

为使 $\mathcal{K}_{\text{ext}}$ 的正负号在最初的定义 (12.3) 中也有意义，我们取 $\delta\mathcal{A}$ 总是正的，再根据球面映射的几何性质，用下述规定为 $\delta\widetilde{\mathcal{A}}$ 附加一个正负号.

想象 $\boldsymbol{n}$ 指向你的眼睛，你看到 $\mathcal{S}$ 上 $\delta\mathcal{A}$ 的边界总是逆时针方向的，如图 12-6 所示. 为 $\mathbb{S}^2$ 上的 $\delta\widetilde{\mathcal{A}}$ 附加正负号的原则取决于球面映射是保持 $\delta\widetilde{\mathcal{A}}$ 的边界走向，还是反转其边界的走向. 也就是说，如果 $\delta\widetilde{\mathcal{A}}$ 的边界走向（从球面外看）是逆时针方向的，与原像相同，就取*正号*；如果是顺时针方向的，与原像相反，就取*负号*.

12.4 哪些形状是可能的?

现在，我们来系统地讨论一下：一个曲面（至少*局部*）可能是什么形状的?

在一个一般点附近，曲面可以用式 (10.6) 中的二次式表示，在此重写如下：

$$z \asymp \frac{1}{2}\kappa_1 x^2 + \frac{1}{2}\kappa_2 y^2.$$

首先，考虑两个主曲率都不为零的情形，即 $\mathcal{K}_{\text{ext}} = \kappa_1 \kappa_2 \neq 0$. 回忆一下，如果在一个点处 $\mathcal{K}_{\text{ext}} > 0$，则称其为椭圆型的；如果 $\mathcal{K}_{\text{ext}} < 0$，则称其为双曲型的. 在这两种一般点附近，曲面的形状是完全确定的，区别在于 $\mathcal{K}_{\text{ext}}$ 的正负号：

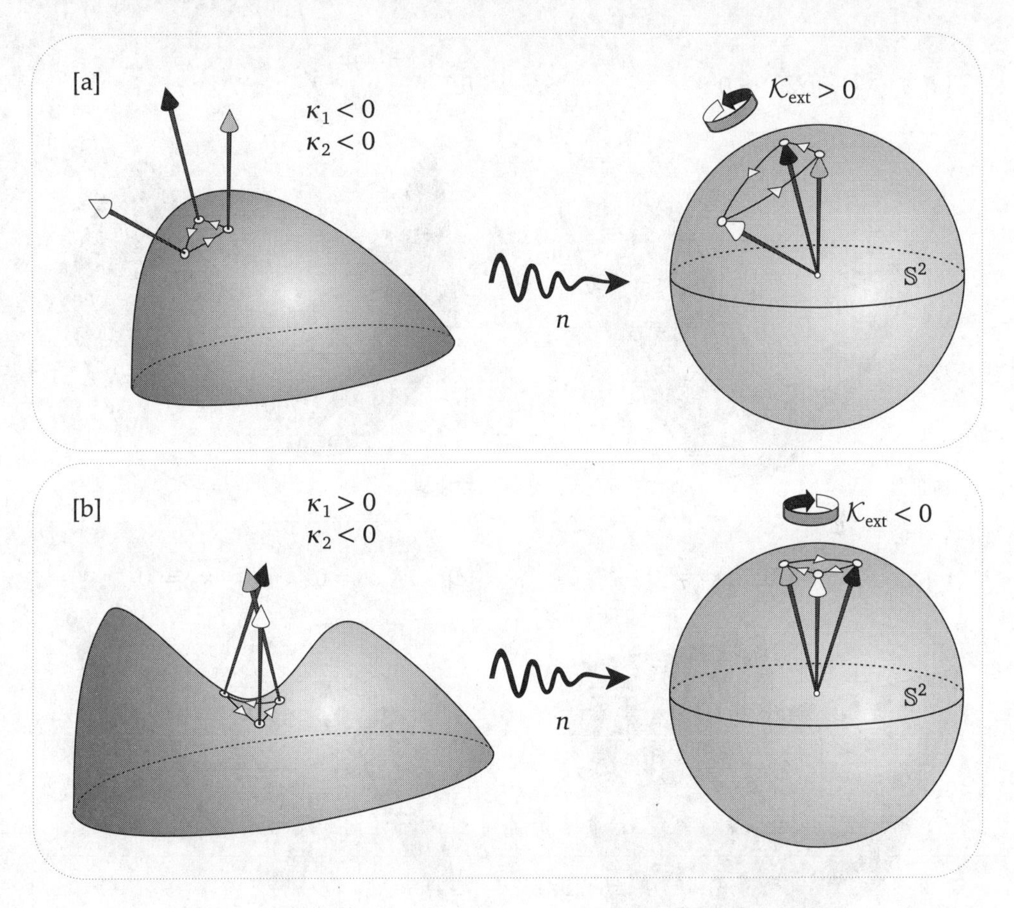

图 12-6 $\mathcal{K}_{ext}$ 的正负号依赖于球面映射 n 是否保持边界走向不变，保向（[a]：$\mathcal{K}_{ext} > 0$）或反向（[b]：$\mathcal{K}_{ext} < 0$）

$$\begin{array}{l}\text{如果 } \mathcal{K}_{ext} > 0\text{，则曲面的局部是个碗，如图 12-7a 所示.} \\ \text{如果 } \mathcal{K}_{ext} < 0\text{，则曲面的局部是个鞍，如图 12-7b 所示.}\end{array} \tag{12.9}$$

剩下 $\mathcal{K}_{ext} = 0$ 的情形，又有两种不同的方式：只有一个主曲率为零，或者两个主曲率都为零. 前者称为抛物型，后者称为平面型，原因很快就会清楚.

在前一种情形（抛物型）下，假设 $\kappa_1 \neq 0$ 且 $\kappa_2 = 0$，曲面的局部可表示为 $z \asymp \frac{1}{2}\kappa_1 x^2$，如图 12-7c 所示. 这是一个沿 y 轴方向的槽，其横截线是抛物线.

甜甜圈的表面是一个很好的例子，前面讨论的三种情形在这里都有表现. 甜甜圈外半圈上的每个点都有正曲率，局部看似如图 12-7a；内半圈上的每个点都

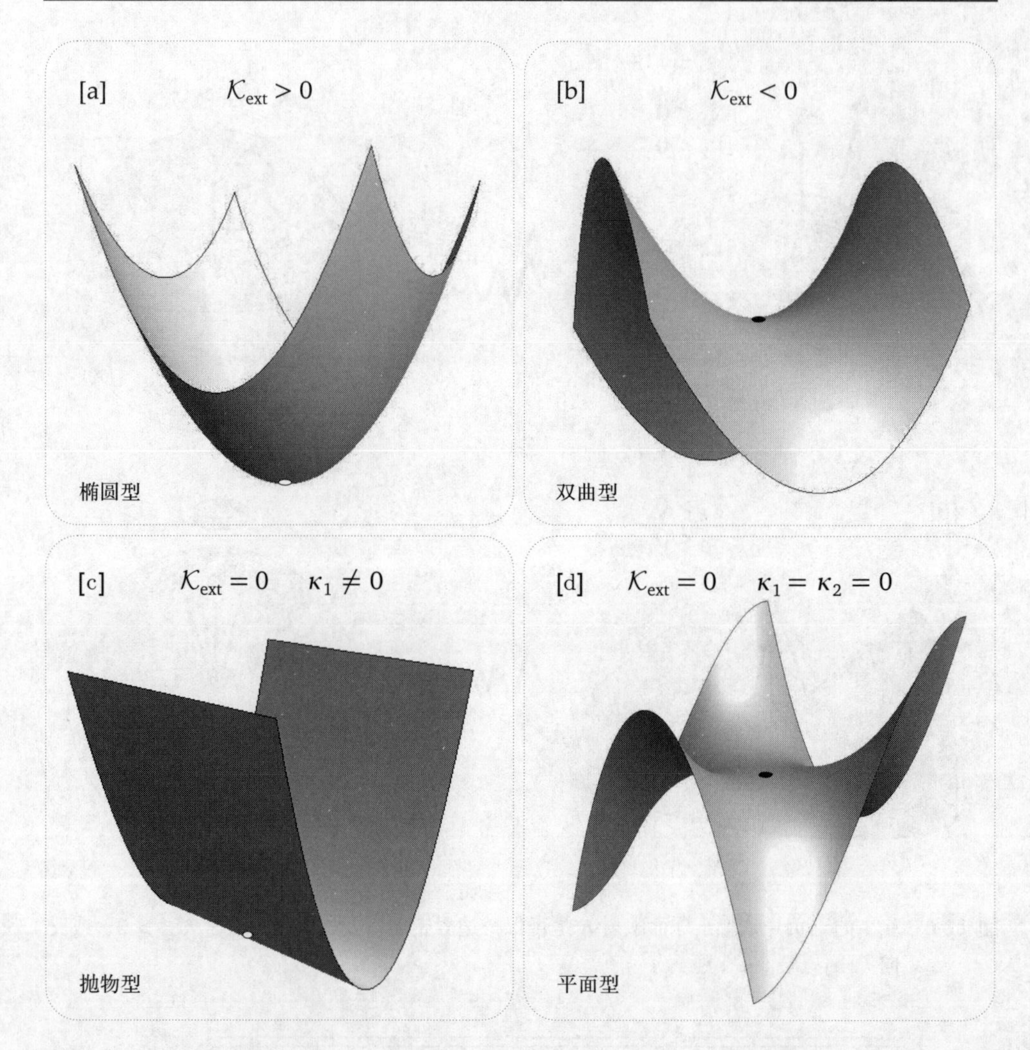

图 12-7　曲面的局部形状是：[a] 一个碗，如果 $\mathcal{K}_{\text{ext}} > 0$；[b] 一个鞍，如果 $\mathcal{K}_{\text{ext}} < 0$；[c] 一个槽，如果 $\mathcal{K}_{\text{ext}} = 0$ 且 κ_1 和 κ_2 只有一个为零；如果两个主曲率都为零，则可能为任意形状，很复杂，[d] 所示只是其中一种情况，称为**猴鞍点**

有负曲率，局部看似如图 12-7b. 如果我们想象将甜甜圈放在一个平面上，它与平面接触的圆周将它分为曲率相反的两半，这个圆周上的点都是抛物点 $\mathcal{K}_{\text{ext}} = 0$. 事实上，环面在这个圆周周围的一小片的确就是一个槽，如图 12-7c 所示. 这个圆圈槽的准确图像可参见第 163 页图 13-3a.

在最后一种“平面型”情形下，也是 $\mathcal{K}_{\text{ext}} = 0$，但是两个主曲率都为零. 因为 $\kappa_1 = \kappa_2 = 0$，所以 z 最终一定等于 x 和 y 的三次（或更高次）齐次多项式. 这就是称这个点为平面型的原因，因为这个点在所有方向上的法截痕的曲率（与平面一样）都为零，曲面偏离这个点的切平面的速度很慢，使得它的局部看起来的确像一个平面．如果移动得更远一些，或者用更高的精度来看，我们就能看到曲面是弯曲的，不是平面．我们现在就来解释，曲面在这样的平面型点附近有很多可能的形状，非常复杂．

为了看清楚曲面在 $\mathcal{K}_{\text{ext}} = 0$ 的平面型点附近的行为，我们做些准备，从一个新的角度来看 $\mathcal{K}_{\text{ext}} < 0$ 正则鞍点的情况．为简便起见，假设 $\kappa_1 = -\kappa_2 = 2$．现在，我们将切平面看成复平面，使得切平面上的每个点都可以（用直角坐标和极坐标）表示为一个复数 $x + \mathrm{i}y = r\mathrm{e}^{\mathrm{i}\theta}$．于是，

$$\text{鞍点的高度} = (x^2 - y^2) = \mathrm{Re}(x + \mathrm{i}y)^2 = \mathrm{Re}[r^2\mathrm{e}^{\mathrm{i}2\theta}] = r^2\cos 2\theta.$$

从高度的这个新公式可以明显看到：当我们绕原点转一圈时，曲面上点的高度会经历两个完整的振荡．如果想象马背上的一个真实马鞍，则马鞍在马两侧一边一个的“凹槽”可以容纳骑士的两条腿，正好对应曲面上的两个“低谷”．马鞍在骑士前后凸起的两块对应于曲面凸起的两个“山丘”．

现在我们来做一个适合猴子坐的马鞍．猴子有两条腿和一根尾巴，适合它的马鞍要有三个同样的低谷，因此称这样的曲面上这个相应的点为**猴鞍点**．要构作一个猴鞍点，只要用到复数的立方：

$$\text{猴鞍点的高度} = \mathrm{Re}(x + \mathrm{i}y)^3 = \mathrm{Re}[r^3\mathrm{e}^{\mathrm{i}3\theta}] = r^3\cos 3\theta.$$

图 12-7d 所示的就是猴鞍点．

注意，这里的三个低谷是等距的，间隔为 $2\pi/3$．同样，三个山丘也等距的，每个山丘在两个低谷之间，正对另一个低谷．你可以看到，这意味着法截痕必然在原点处有一个拐点，这意味着（无须计算）曲率在此为零．由于在每个方向上法曲率都为零，作为中心的猴鞍点确实有一个平面型点．

显然，存在一个汇聚了无穷多这类鞍点的“动物园”，复杂性也在不断增加，其中猴鞍点也可以称为 3-鞍点．例如，我们还可以造出一个**猫鞍点**（必须承认，这不是一个正规术语），只需将猴鞍点的三次方换成五次方，其高度函数为 $r^5\cos 5\theta$．

显然，在所有这些鞍点的情形下，除了在鞍点本身有 $\mathcal{K}_{\text{ext}} = 0$，在其他所有点处都有严格负曲率．事实上，可以证明（见习题 20），一般 n-鞍点附近的曲率是关于原点对称的，只依赖于 r．因此，在每一个圆周 $r = \text{常数}$ 上，曲率都是负常数．

至此，我们仍未将曲面围绕平面型点所有可能的形状完全讨论清楚. 对于所有高阶鞍点的情形，在曲率为零的平面型点周围都有严格负曲率，同样也存在被一片正曲率点包围的平面型点. 例如 [练习]，方程 $z=r^4=(x^2+y^2)^2$ 表示的曲面是一个几乎平底的碗，周围都是严格的正曲率点.

第 13 章　高斯的绝妙定理

13.1　引言

1827 年，高斯宣布了 ***Theorema Egregium***（拉丁语，意为“绝妙定理”）. 虽然这一年见证了贝多芬的去世，但是这个定理的出现意味着这一年也见证了现代微分几何的诞生.

这个结果在数学和物理学两方面都引发了一些根本性的进展，我们已经谈到了其中的一部分，另一部分则必须等到以后的章节再讨论. 1868 年，贝尔特拉米利用这个结果解释了双曲几何就是具有常负高斯曲率的鞍形曲面的内蕴几何，这个解释是关键的一步，为双曲几何被普遍接受铺平了道路. 黎曼将高斯的内蕴曲率推广到高维流形. 1915 年，爱因斯坦利用黎曼的这个杰作给出了准确表达广义相对论的数学形式. 这个表达极其精准、极其优美，其中，引力被理解为物质和能量压在时空中，形成时空内蕴几何里的曲率.

但是，为了正确地理解这个*绝妙定理*本身，我们将首先讨论它的起源. 东布罗夫斯基（Dombrowski, 1979）在这方面做了精彩和深刻的工作，他通过查阅高斯的私人笔记本、给朋友的信和正式出版物，小心地拼凑了一个年表，反映了高斯对微分几何一般见解的发展，特别是对这个定理见解的发展. 正如东布罗夫斯基所解释的那样，高斯史诗般的探索始于 1816 年，当时他对曲面的曲率有了一个*非局部*的发现，既意义深远，也出乎意料.

13.2　高斯的漂亮定理（1816 年）

高斯是一个不喜欢张扬的人. 尽管他在赞扬别人方面很吝啬，但至少他不是个伪君子. 直到他死后，他的一系列重大发现都隐藏在他的私人笔记本里，因为他认为这些结果还不够完善，尚不值得公开发表. 事实上，他的拉丁文座右铭是 *pauca, sed matura*，意为“少，但成熟”. 1816 年的这个非局部的结果就是这些未发表的发现之一.

令人头痛的是，即使在他的私人笔记本[①]里，高斯也没有留下任何线索来告诉人们，他是怎么猜到这个结果的，以及他是怎么证明的，但他激动得异乎寻常地

---

① 见 Gauß (1973, 第 372 页).

说出了这个名字：

> **“漂亮定理．** 把一个图形固定在曲面上，如果改变曲面在空间中的形状，那么曲面上这个图形的球面像的面积不变．” (13.1)

高斯在此所谓的“球面像”指的是曲面经球面映射到 $\mathbb{S}^2$ 上的像．图 13-1 用香蕉皮说明了这个定理的意义．我们强烈鼓励你自己试试这个（或类似的）实验．首先，我们从香蕉正曲率的一侧削开一条口，将香蕉从皮里面取出来，保留完整的香蕉皮．在负曲率的一侧画一个逆时针走向的方框，并在这个方框上垂直于香蕉皮插上牙签表示竖起的法向量．

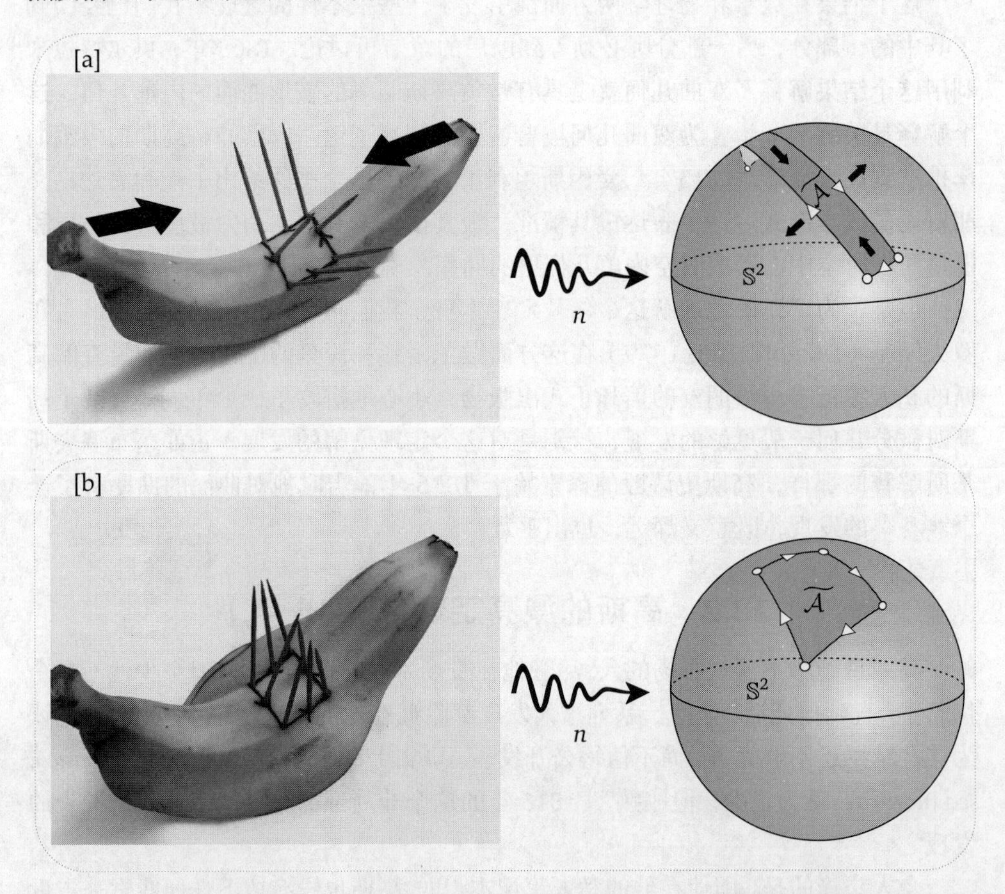

图 13-1 高斯的漂亮定理．[a] 在球面映射 n 下，香蕉上的方框被映射为 $\mathbb{S}^2$ 上的窄四边形，围出的面积为 $\widetilde{\mathcal{A}}$，因为负曲率，像的边界走向与原像的相反．将香蕉的两端向内推，使得香蕉皮更加弯曲，也使得 $\mathbb{S}^2$ 上的像变形，就产生了 [b]，$\mathbb{S}^2$ 上的像变成更接近正方形的四边形，但面积 $\widetilde{\mathcal{A}}$ 还与之前的一样，没有变

在球面映射下，这个方框被映射为 $\mathbb{S}^2$ 上围出面积为 $\widetilde{\mathcal{A}}$ 的窄四边形，其边界走向与原像的相反，如图 13-1a 所示．一定要用你的眼睛跟着香蕉皮上方框的走向，确认法向量尖端的走向确实与 $\mathbb{S}^2$ 上像的走向相反．

现在将香蕉的两端向内推，则香蕉皮经历了一个等距变换，我们先前画出的方框就会变形，生成在 $\mathbb{S}^2$ 上更接近正方形的像．根据漂亮定理，这个新的球面像的*面积与变形前相同*．

这样的实验让我们真实地看到定理 (13.1) 这个潜在的数学真理，着实令人兴奋，但它们*说明*不了什么．在第四幕，我们将引入**平行移动**的概念．借助平行移动，能够为漂亮定理提供一个概念性的*解释*．现在我们只能先承认它，以便推导出后续结果——*绝妙定理*．

13.3 高斯的绝妙定理（1827 年）

在发现漂亮定理之后的 10 年里，高斯确实从未就此发表过任何信息．但是，在私下里，他曾多次回顾微分几何和他的漂亮定理，特别是在 1822 年和 1825 年，他写下完整的手稿，然后又突然放弃．[①] 最后，在 1827 年，他终于满意了，发表了以这个结果为核心内容的《关于曲面的一般研究》[②]，压抑已久的兴奋得到释放．之前，他曾私下称其为“漂亮定理”，现在，他向全世界宣布“绝妙定理”．

但是，到了这个时候，高斯几乎完全掩盖了他在 1816 年发现非局部结果的痕迹，向世界展示的这个结果的形式纯粹是*局部*的．只需把漂亮定理中的图形简单地缩小到点 p，就能弄懂他如何得到了这个结果新的局部解释．

设曲面 $\mathcal{S}$ 上围绕在点 p 周围的一片面积为 $\delta\mathcal{A}$，它在 $\mathbb{S}^2$ 上的像是围绕在点 $n(p)$ 周围的一片球面，面积为 $\delta\widetilde{\mathcal{A}}$．顺理成章地，$\delta\mathcal{A}$ 在 $\mathcal{S}$ 的等距变换下是不变的．根据漂亮定理 (13.1)，$\delta\widetilde{\mathcal{A}}$ *也*是不变的．因此，立即得到以下绝妙定理：

> **绝妙定理**．外在曲率 $\mathcal{K}_{\text{ext}} \asymp (\delta\widetilde{\mathcal{A}}/\delta\mathcal{A})$ 在 $\mathcal{S}$ 的等距变换下是不变的，因此属于 $\mathcal{S}$ 的*内蕴*几何．更明显地，虽然两个主曲率各自依赖于曲面在空间中的形状，但是它们的乘积*不*依赖曲面在空间中的形状：$\kappa_1\kappa_2$ 在等距变换下是不变的． (13.2)

图 13-2 用另一个香蕉皮说明了这个定理，我们再次强烈建议你自己试试这个

① Gauss (1827) 的附录中有被放弃的 1825 年手稿的英文翻译．

② 在 Dombrowski (1979) 和 Gauss (1827) 里有此文的英译稿．

实验. 将香蕉的两端向里推，看看香蕉皮在点 p 处会发生什么变化：曲率半径 ρ_1 缩小了（因为这个主方向和香蕉的方向相同），横截痕的曲率半径 ρ_2 变大了. 按照定理 (13.2)，乘积 $\rho_1\rho_2$ 在香蕉皮弯曲的过程中始终保持为同一个常数.

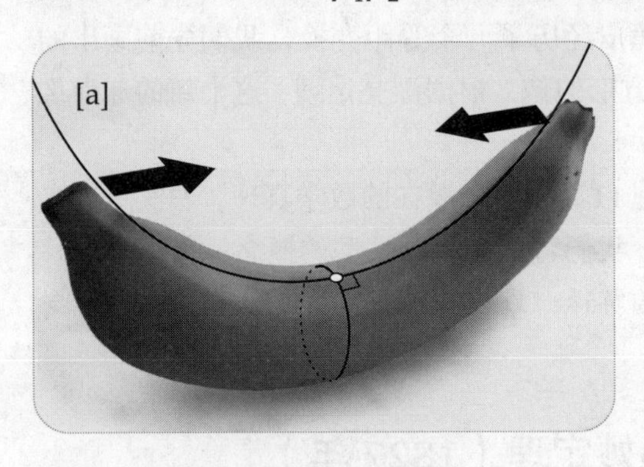

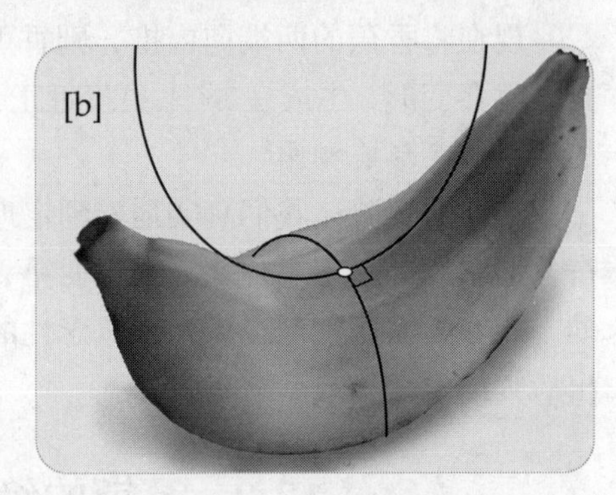

图 13-2 高斯的绝妙定理. [a] 香蕉在所示点上有两个曲率圆，它们的曲率半径分别为 ρ_1 和 ρ_2，其外在曲率为 $\mathcal{K}_{\text{ext}} = 1/\rho_1\rho_2$. 将香蕉的两端向里推，使香蕉皮弯曲得更厉害，就产生了 [b]，一个圆扩大了，另一个圆缩小了，但它们的半径的乘积保持为常数：$\mathcal{K}_{\text{ext}}$ 是不变的

要验证这个结论，取两段较硬（容易定型）的金属丝，在香蕉上选取一个特定的点，将金属丝弯曲到在特定点的两个主方向上自然地紧贴在香蕉（暂时不要将香蕉从香蕉皮里取出来）表面，得到这个点两个主曲率圆的一段弧. 再将这两段弧平放在桌面上，量出它们的半径 ρ_1 和 ρ_2，得到乘积 $\rho_1\rho_2$. 然后，请一位朋友将香蕉弯曲，并稳住. 你如前面一样，在同一点上让金属丝再次自然地紧贴在香蕉新的弯曲表面上的两个新主方向①上. 最后，在实验的误差范围内，验证新的乘积 $\rho_1\rho_2$ 和前面一样.

这里的“弯曲”意为连续变形，但这不是定理的实际要求：确实存在一些等距变换，不能用平缓、连续的等距变形来实现. ② 根据定理，这样的等距变换仍然保持曲率不变. ③

我们通过亚历山德罗夫著作（Aleksandrov, 1969, 第 101 页）中的一个例子来说明这一点. 图 13-3 是亚历山德罗夫的手绘原图. 图 13-3a 描绘了一个环形槽，想象它被放在一个平面上，与平面接触的是圆周 C. 将环形槽沿圆周 C 剪成两部

---

① 一般地，主方向在弯曲变形时会发生偏转. 但我们可以选取特别的一点和特别的一个变形，使得两个主方向在变形后不变.

② 例如图 13-3 所示的变换. ——译者注

③ 我们不知道高斯自己是否知道这个区别. 但可以肯定，他在绝妙定理中说的是等距变换，而不是弯曲. 只是后来的一些作者意译高斯的话为 $\mathcal{K}_{\text{ext}}$ 是“在弯曲下不变的”.

分，再将外半圈翻过来与内半圈粘到一起，得到图 13-3b. 显然，新曲面与原曲面是等距的，但是直观上明显可知（而且可以证明），如果原曲面是刚性的，就不可能在没有拉伸的情况下弯曲成新曲面. 注意，如果是一个直槽（半圆柱面），就可以在没有拉伸的连续变形下得到新曲面.

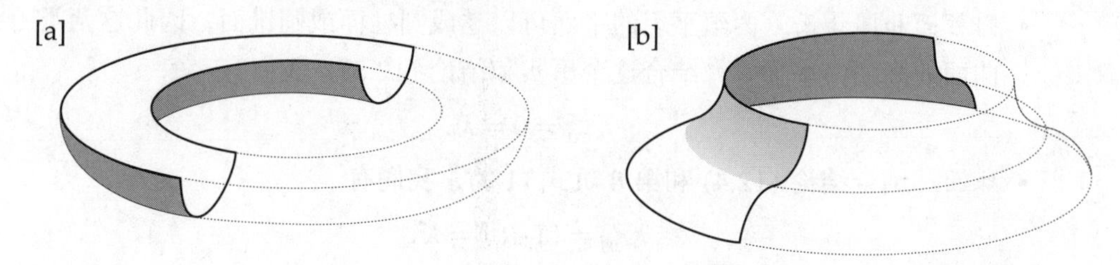

图 13-3 [a] 是放在平面上的一个环形槽，将环形槽的外侧翻到平面的下方，这是等距变换，变换后的曲面就是 [b]. 当然，[a] 不可能在没有拉伸曲面的情况下连续变形到 [b]. 然而，绝妙定理保证这两个曲面在对应点处的曲率相等

当谈到弯曲时，“曲面”一词在物理学和数学中是不同的. 一个物理的曲面，无论多么薄，实际上都不可能在没有拉伸的情况下弯曲. 例如，取一张矩形的纸，把它卷起来，再将卷到一起的两条边用胶带粘起来，得到一个圆柱面. 纸原来的边长是相等的，但是圆柱面的外周长要比内周长稍微长一点儿，所以外侧一定受到拉伸，在材料内就产生了张力. 正是出于这个原因，当我们将胶带取下时，纸张会自己弹回原来的平面状态. 只有在数学中，曲面是没有厚度的，可以在没有拉伸的情况下弯曲.

高斯的结果 (13.2) 已经是绝妙的了，但还有进一步的发展. 绝妙定理说 $\mathcal{K}_{\text{ext}}$ 实际上是曲率的内蕴度量，自然要问：它与第 19 页式 (2.1) 高斯曲率 $\mathcal{K}$ 的最初内蕴定义有什么关系？当时是用单位面积的角盈来定义的，也就是 $\mathcal{K} \asymp \mathcal{E}(\Delta)/\mathcal{A}(\Delta)$. 高斯的答案更加绝妙：

> 用外在方式定义的曲率 $\mathcal{K}_{\text{ext}} = \kappa_1\kappa_2$ 与用内蕴方式定义的高斯曲率 $\mathcal{K}$ 的值是相等的：
> $$\mathcal{K}_{\text{ext}} = \mathcal{K}. \tag{13.3}$$

根据这个结果，我们能够忽略曲率这两种定义方式的差异，可以直接称其为曲面的曲率 $\mathcal{K}$，以下就这样做了.

至于漂亮定理，这个精彩结果最简单、最一般的证明还要等到第四幕引入平

行移动之后再介绍．然而，在下一章中，我们将能够通过一个涉及多面体的有限论证来使这个结果更具可信性．

下面，我们要来验证结论 (13.3) 对一些特殊曲面的有效性．对于这些曲面，我们已经通过计算知道了它们的外在主曲率和内蕴高斯曲率．

- 圆柱面和圆锥面．内蕴平坦的平面可以卷成圆柱面或圆锥面，因此这两类曲面的高斯曲率为零．结合这个事实和结论 (12.5)，我们有

$$\mathcal{K}_{\mathrm{ext}} = 0 = \mathcal{K}.$$

- 球面．结合结论 (12.4) 和第 8 页式 (1.3)，我们有

$$\mathcal{K}_{\mathrm{ext}} = (1/R^2) = \mathcal{K}.$$

- 伪球面．结合结论 (10.9) 和第 60 页的结论 (5.3)，我们有

$$\mathcal{K}_{\mathrm{ext}} = -(1/R^2) = \mathcal{K}.$$

- 环面．结合结论 (10.10) 和第 104 页习题 23，我们有

$$\mathcal{K}_{\mathrm{ext}} = \frac{1}{r(r + R\sec\alpha)} = \mathcal{K}.$$

在历史上和数学中，这 5 种曲面都非常重要，所以我们将它们逐个单独叙述，但事实上，所有这 5 种曲面都服从结论 (13.3) 的事实可以一并表述如下．

- 一般旋转曲面．结合结论 (10.11)(10.12) 和第 103 页习题 22，其中质点以单位速率沿母线运动，我们有

$$\boxed{\mathcal{K}_{\mathrm{ext}} = -\ddot{y}/y = \mathcal{K}.} \tag{13.4}$$

第 14 章　尖刺的曲率

14.1　引言

对于完全光滑的曲面（曲面上的每个点都有确定的切平面和对应的法向量）我们已经考虑得很多了. 现在该考虑考虑图 14-1 所示的这种曲面了. 这是榴梿[①]，表面带有尖刺，其中有一块是去皮后暴露出来的内部黄色果肉.

对于榴梿表面众多的尖刺，先不论是用外在几何的方法还是内蕴几何的方法，我们到底应该如何定义这些尖刺顶端的曲率呢?!

一旦回答了这个问题，我们就能阐明绝妙定理的一些新观点.

图 14-1　我们应该如何度量榴梿这种尖刺状表面的曲率呢

14.2　锥形尖刺的曲率

假设尖刺的形式是圆锥面的顶端（简称为圆锥角）. 从上一节已经知道，在圆柱面和圆锥面上，除了圆锥面顶端以外，每一点处的曲率都为零. 我们对圆锥面的“平坦”感到怀疑，这是有充分理由的.

想象你自己就是生活在圆锥面上的二维居民，正站在锥顶上. 你以锥顶为圆心、r 为半径画一个圆，测得这个圆的周长为 $C(r)$. 你很快就发现，$C(r)$ 小于欧几里得空间中应该出现的 $2\pi r$. 这个差异预示会出现非零曲率，而且这个非零曲率只出现在顶端，而不是其他的点，因为我们已经证明，其他点处的曲率都为零.

为了更仔细地分析，假设圆锥面到对称轴的内角为 α，如图 14-2 所示. 凭直觉可以想到，这个曲率合理的度量应该是，当 α 越小、尖刺越尖锐时，曲率就越大；相反，当 α 趋近 $\pi/2$ 时，曲率就趋于零，这时，圆锥面的极限就是一个欧几里得平面.

---

① 这种盛产于东南亚的水果堪称“水果之王”：它的味道和气味与它的外观一样，奇怪而美妙.

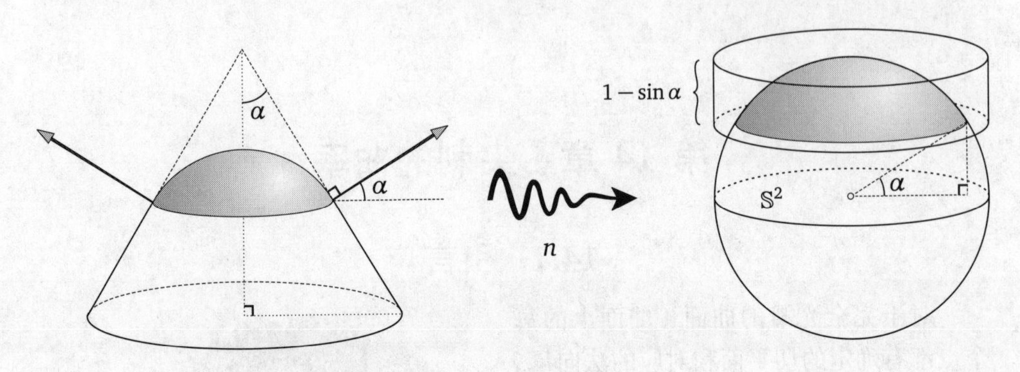

图 14-2　球面映射将圆锥钝顶端映射为 $\mathbb{S}^2$ 上类似的球冠，其面积等于图中高度为 $1-\sin\alpha$ 的圆柱面的面积

不同于数学里的圆锥，物理圆锥的顶端并不是非常尖锐的，而是有一点儿钝、有一点儿圆的. 如果想象顶端是一个球冠的形状，光滑地接在圆锥面上，使得球冠与圆锥面连接线上有适定的切平面（如图 14-2 所示），我们就可能在数学上有所发现.

如图 14-2 所示，球面映射只是将这个钝顶端放大为单位球面上一个类似的球冠. 现在，（暂时）将原先数学圆锥尖端的曲率定义为物理圆锥钝顶端的全曲率看来是合理的. 因为很明显，这个定义并不依赖于钝顶端的大小：当我们缩小它的半径，使它变得越来越尖锐时，[①] 单位球面上的球面像的大小不会改变. 此外，即使不计算也能看出，这种曲率的度量对 α 的依赖符合我们先前描述的直觉.

因此，我们定义

$$\mathcal{K}(\text{尖刺}) \equiv \text{钝顶端的全曲率} = \text{球面像（球冠）的面积}.$$

也有可能从原先（未钝化的）圆锥顶端直接映射到这个相同的球面像. 想象将一个平面水平放在圆锥顶端，并想象一个附着在平面上的单位法向量，竖直向上. 将这个单位法向量作为球面映射的 $\boldsymbol{n}$，这个水平平面被 n 映射到图 14-2 右图中的北极. 平面可以向任何方向自由摇晃，直到它碰到锥的侧面，成为曲面的切平面，此时点 n 位于球冠的边界. 因此，当平面走遍所有可能的位置时，点 n 就充满了之前的球冠. 我们称此过程为**广义球面映射**.

无论怎样建立这个球面像，我们总是要找到它的面积公式. 根据阿基米德的结论（见第 98 页习题 10），这个球冠的面积等于它在一个圆柱面上投影的面积，

① 如果这个钝顶端有 10 厘米粗，你会毫无畏惧地将你的手心按压在它上面，但是，当它只有 0.01 厘米粗时，你就会小心翼翼了.

这个圆柱面与单位球面的赤道相切（如图 14-2 右图所示）. 这个圆柱面的周长为 2π，高度为 $(1-\sin\alpha)$，因此

$$\mathcal{K}(\text{尖刺}) = \text{球面像的面积} = 2\pi(1-\sin\alpha). \tag{14.1}$$

请注意，在这个公式中的确有，曲率在 $\alpha=0$ 时取最大值，在 $\alpha=(\pi/2)$ 时为零，与我们预料的一致.

还有另一种方式来看待这个结果，稍后可以用这种方式将曲率自然推广到多面体尖角上. 在图 14-3 中，将圆锥面从顶端沿一条母线剪开一个单位长度的开口，再沿锥面的水平方向剪掉多余部分. 将剪开的锥面展平，得到一个单位圆的扇形，这个扇形两条直边是剪开的开口，展开后的夹角为 β. 显然，这个 β 也是最初尖刺的一种曲率度量. 事实上，我们现在就来证明：它就是我们前面定义的曲率.

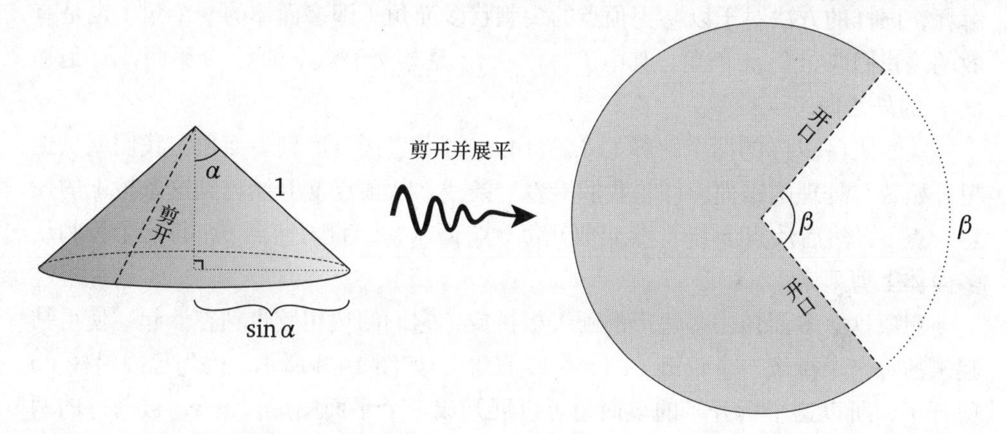

图 14-3 将圆锥面沿单位长的一条母线剪开，展平成扇形，则底圆周长 $2\pi\sin\alpha$ 变成了长 $(2\pi-\beta)$ 的圆弧. 因此 $\mathcal{K}(\text{尖刺})=\beta$

在图 14-3 左图中，可见圆锥面底圆的周长是 $2\pi\sin\alpha$. 在圆锥面被剪开并展平成右图中的单位圆的一个扇形的过程中，这个长度并未改变，因此

$$2\pi\sin\alpha = 2\pi-\beta.$$

于是，式 (14.1) 可以改写成

$$\mathcal{K}(\text{尖刺}) = \beta = \text{将尖刺展平后的分割角}. \tag{14.2}$$

关于 $\mathcal{K}(\text{尖刺})$ 的两个公式 (14.1)(14.2) 都是利用外在几何的方法得到的：第一个公式涉及曲面的法向量这个三维概念，第二个公式涉及将三维空间中的曲面

展开成平面. 对于锥面上的居民，这些都是不可知的. 尽管如此，第二个公式可以用内蕴几何来解释.

回到本节开始讨论的那个圆周,其圆心是圆锥面的顶点,半径为 r,周长为 $C(r)$. 它与曲率 β 的内蕴公式有如下关系 [练习]:

$$\mathcal{K}(\text{尖刺}) = \frac{2\pi r - C(r)}{r} = 2\pi - C(1). \tag{14.3}$$

14.3 多面角的内蕴曲率与外在曲率

我们刚刚已经看到了，对于圆锥角的情况，存在着两种自然的方式来定义曲率：一种是内蕴的，另一种是外在的，而且这两种定义是一致的. 现在我们要来解释，同样的方法对于以 v 为顶点的尖刺状多面角（即多面体的一个角）也是有效的. 我们取一个 m 面角，其中 $f_1, f_2, \cdots, f_m$ 是相交于点 v 的 m 个平面，$\boldsymbol{n}_i$ 是平面 f_i 的外法向.

关于 $\mathcal{K}$(尖刺) 的两个解释 (14.2)(14.3) 可以直接推广到多面角，我们就从这里开始. 与处理圆锥面一样，我们沿着一条棱，从顶点 v 开始剪到这条棱上的任意一点 p，然后从点 p 绕着点 v 剪开每一个面 f_i，一直剪回点 p，将这个尖刺从多面体上剪下来.

想象这个多面角由多边形的硬纸板拼成，它们的边用胶带粘在一起，使得粘起来的每一个棱像一个铰链（即一个二面角），如图 14-4 所示. 因为已经沿棱 vp 剪开了，所以这个拆开了的多面角可以展开成一个平面图形，设 vp 被剪开的两边之间的夹角为 β. 如果每个面 f_i 在顶点 v 的两条边的夹角为 θ_i，则 m 个面在顶点 v 的夹角之和为 $\Theta \equiv \sum \theta_i$，显然 $\beta = 2\pi - \Theta$. 最后，这可以内蕴地用以 v 为圆心的单位圆周的周长 $C(1)$ 表示：

$$\mathcal{K}_{\text{int}}(v) = \text{将尖刺展平后的分割角} = \beta = 2\pi - \Theta = 2\pi - C(1). \tag{14.4}$$

通过广义球面映射，也可以将曲率的外在定义推广到多面角的情形. 与处理圆锥角一样，想象将一个平面 Π 放在这个尖刺上，平面就会在尖刺上摇晃. 当 Π 始终在尖刺顶上，并且摇晃到所有可能的位置时，在 $\mathbb{S}^2$ 上的球面映射 n 的像充满的区域是什么样的呢?

平面 Π 在摇晃的极限位置依赖于多面角的面：当 Π 在摇晃中碰到平面 f_j 时，就停止摇晃，与 f_j 重合，它在这一点上的法向量 $\boldsymbol{n}$ 也与 f_j 的法向量 $\boldsymbol{n}_j$ 重合. 于

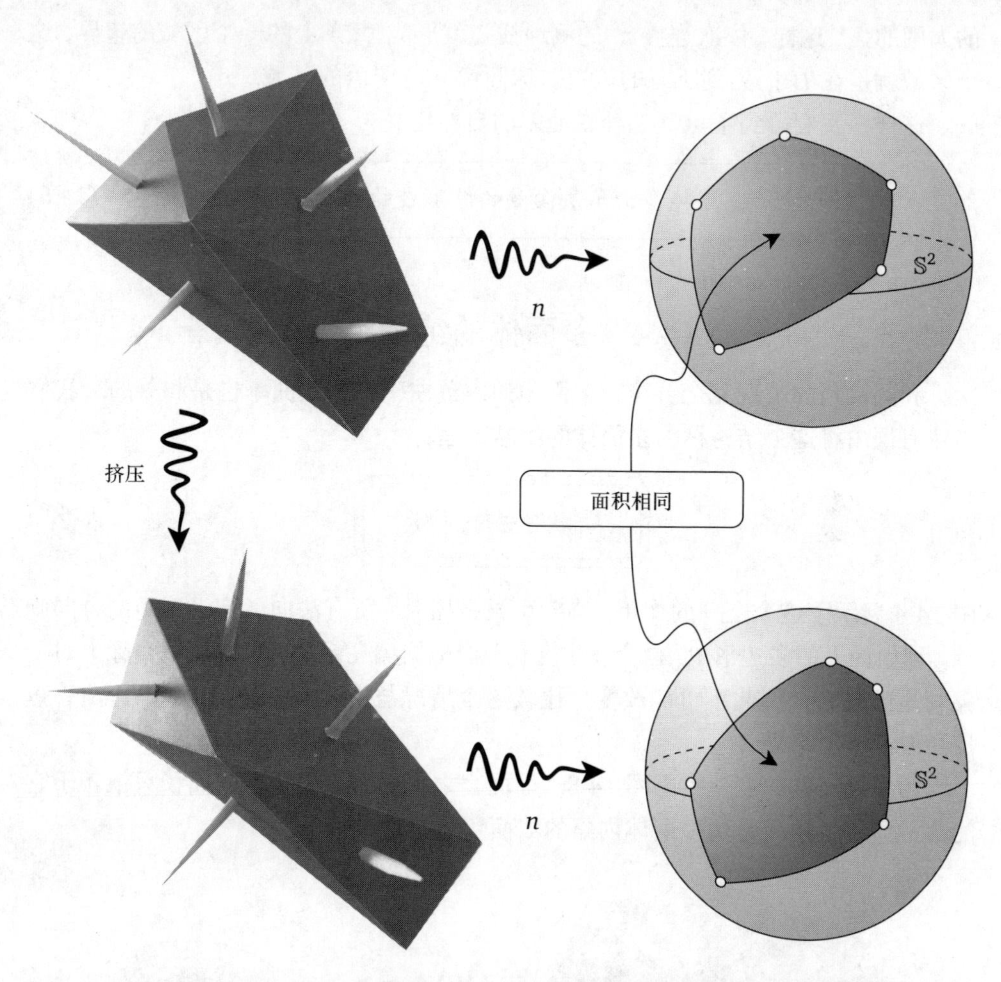

图 14-4 多面体的绝妙定理. 广义球面映射将多面角的顶点映射为 $\mathbb{S}^2$ 上的测地线多边形 P_m，当多面角被弯曲时，球面上的多边形会改变形状，但是面积不变！比较这个图与第 160 页中弯曲香蕉皮的图 13-1

是，Π 摇晃的所有极限位置就决定了 $\mathbb{S}^2$ 上的 m 个点 n_j. 接着，我们观察到

> 随着平面 Π 在尖刺顶点 v 上摇晃，$\mathbb{S}^2$ 上的球面像 n 充满了 $\mathbb{S}^2$ 上以 n_j 为顶点的一个 m 边形 P_m.

为了说清楚这个事实，只需想象 Π 最初与 f_j 重合，然后滚过 f_j 与 f_{j+1} 的交线 e. 这时 $\boldsymbol{n}$ 在垂直于 e 的平面内旋转，在 $\mathbb{S}^2$ 上的像 n 走过 $\mathbb{S}^2$ 上连接 n_j 和 n_{j+1}

的大圆的弧. 这样，依次连接 n_j 的测地线弧就形成了 $\mathbb{S}^2$ 上的一个区域的边界，这个区域就是在 Π 摇晃到所有的位置时球面像 n 所覆盖的区域.

这样，我们得到了点 v 的外在曲率的自然定义：

$$\mathcal{K}_{\text{ext}}(v) = \mathbb{S}^2 \text{ 上连接多面角法向量的像形成的 } m \text{ 边形的面积.} \tag{14.5}$$

14.4　多面体的绝妙定理

和圆锥角的情况完全一样，多面角的内蕴曲率和外在曲率也是相等的. 我们当然有理由将这个结论称为**多面体的绝妙定理**：

$$\mathcal{K}_{\text{ext}}(v) = \mathcal{K}_{\text{int}}(v). \tag{14.6}$$

图 14-4 展示了这个定理的作用：当尖刺被挤压时，所有法向量都沿不同的方向旋转，球面像上的多边形 P_m 也会发生变化，但根据漂亮定理，它的面积实际上对于尖刺是内蕴的，因此不可能改变！比较这个情况与第 160 页图 13-1 中弯曲香蕉皮，看清这个结果.

为了弄清这一点，考虑图 14-5. 简而言之，球面上多边形的面积只依赖于它的角，而这些角又是由多面体内蕴的二面角决定的.

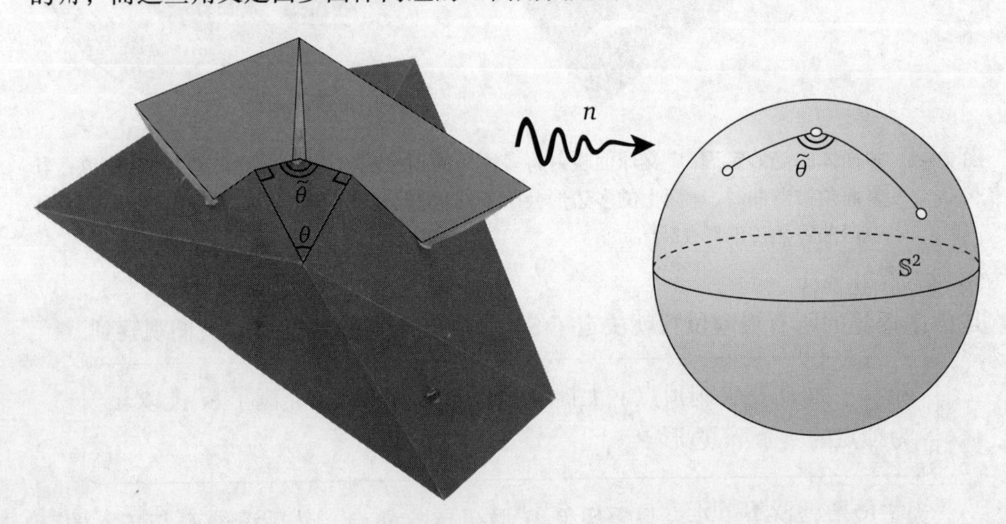

图 14-5　在左图中，多面体两条棱的夹角为 θ，垂直于这两条棱的平面组成的二面角为 $\widetilde{\theta}$. 从标记的两个直角可见 $\theta+\widetilde{\theta}=\pi$. 于是，右图中在广义球面映射下的球面多边形上，对应边的夹角为 $\widetilde{\theta}=\pi-\theta$

在左图中，多面体两条棱的夹角为 θ，垂直于这两条棱的平面组成的二面角为 $\widetilde{\theta}$. 从标记的两个直角可见 $\theta+\widetilde{\theta}=\pi$. 于是，右图中在广义球面映射下的球面多边形上，对应边的夹角为 $\widetilde{\theta}=\pi-\theta$.

现在，我们可以详细验证这个结果了. 回想一下，在第 96 页习题 5 中，我们将哈里奥特定理从三角形推广到多边形，证明了球面上 m 边形 P_m 的面积 $\mathcal{A}(P_m)$ 仍旧等于它的角盈：

$$\mathcal{A}(P_m)=\mathcal{E}(P_m)\equiv[\text{内角和}]-(m-2)\pi.$$

因此，

$$\mathcal{K}_{\text{ext}}(v)=\mathcal{A}(P_m)=2\pi-\sum_{i=1}^{m}\left[\pi-\widetilde{\theta}_i\right]=2\pi-\sum_{i=1}^{m}\theta_i=2\pi-\Theta=\mathcal{K}_{\text{int}}(v),$$

多面体的绝妙定理得证.

历史注释：上述优雅的见解通常被认为是希尔伯特的杰作，出现[①]在他的不朽名著《直观几何》（Hilbert, 1952, 第 195 页）中，德文原作出版于 1932 年. 但事实上[②]，伟大的英国物理学家詹姆斯 · 克拉克 · 麦克斯韦在 1854 年也观测到了同样的现象，比希尔伯特早了 78 年. 麦克斯韦 1854 年写给威廉 · 汤姆森的信可以在 Maxwell (2002, 第 1 卷, 第 243 页) 找到，他 1856 年的最终论文出现在 Maxwell (2003, 第 1 卷, 第 4 节).

最后，请注意，这些概念可以推广到非凸多面体和具有负曲率的顶点. 要了解这方面完整、漂亮的研究，请参阅班科夫的论文（Banchoff, 1970）.

① 然而，希尔伯特没有使用我们的摇晃平面法. 他只是在证明从 n_j 到 P_m 的转换时说“为了与曲面的球面表示联系起来，我们用大圆的弧连接点［n_j］……［建立 P_m］”.

② 为了搜寻其他信息，我在翻阅复印版的麦克斯韦论文集（Maxwell, 2003）时，意外发现了这个鲜为人知的事实.

第 15 章　形状导数

15.1　方向导数

从外在角度来看，高斯曲率 $\mathcal{K}$ 量化了曲面的法向量 $\boldsymbol{n}$ 在点 p 附近的变化，但采用的是一种模糊、平均的方式. 现在，我们不再关注法向量 $\boldsymbol{n}$ 在曲面 $\mathcal{S}$ 上点 p 附近的分布，转向一个更精确的方法来量化 $\boldsymbol{n}$ 的变化，这就是观察它沿着特定方向远离点 p 时的变化速度.

在图 15-1 中，T_p 是曲面 $\mathcal{S}$ 在点 p 处的切平面，$\widehat{\boldsymbol{v}}$ 是从点 p 出发、位于 T_p 上的向量. 我们想定义 $\boldsymbol{n}$ 在 $\widehat{\boldsymbol{v}}$ 方向上的变化率. 我们沿着这个方向从点 p 移动一小段距离 ϵ，到达点 q，其位置向量为 $\boldsymbol{q}=\boldsymbol{p}+\epsilon\widehat{\boldsymbol{v}}$. 暂时试着定义 $\boldsymbol{n}$ 的变化率为

$$\lim_{\epsilon\to 0}\frac{\boldsymbol{n}(q)-\boldsymbol{n}(p)}{\epsilon}.$$

但这不行. 因为点 q 在切平面 T_p 上，而不是在 $\mathcal{S}$ 上，所以 $\boldsymbol{n}(q)$ 甚至还没有定义.

尽管如此，我们试探的这个想法显然可行：只需在曲面内移动距离 ϵ，而不是在切平面上移动，但必须沿着指定方向 $\widehat{\boldsymbol{v}}$. 达到该目的的一种方法是过点 q 画曲面 $\mathcal{S}$ 的法线，与 $\mathcal{S}$ 相交于点 r. 显然（且能够证明）从 p 到 r 的测地线段的长度 pr 最终等于 ϵ：

$$pr \asymp \epsilon.$$

回到前面那个关于变化率的不成功的定义，现在可以定义

$$\boxed{\delta\boldsymbol{n}\equiv\boldsymbol{n}(r)-\boldsymbol{n}(p)}$$

是在曲面 $\mathcal{S}$ 上沿着方向 $\widehat{\boldsymbol{v}}$ 移动距离 ϵ（最终为零）引起的 $\boldsymbol{n}$ 的变化. 因为 $\boldsymbol{n}$ 是单位向量，当我们从点 p 移动到点 r 时，$\boldsymbol{n}$ 仅仅稍微旋转了一点儿. 如果想象 $\boldsymbol{n}(p)$ 和 $\boldsymbol{n}(r)$ 有公共起点，如图 15-2 所示，则它们顶端的移动最终正交于 $\boldsymbol{n}$，因此 $\delta\boldsymbol{n}$ 最终是在切平面 T_p 内的向量.

最后，法向量 $\boldsymbol{n}$ 沿方向 $\widehat{\boldsymbol{v}}$ 的**方向导数** $\nabla_{\widehat{\boldsymbol{v}}}$ 可以定义为

$$\boxed{\nabla_{\widehat{\boldsymbol{v}}}\boldsymbol{n}\equiv\lim_{\epsilon\to 0}\frac{\delta\boldsymbol{n}}{\epsilon}.} \tag{15.1}$$

由以上解释，这个导数向量在切平面 T_p 内.

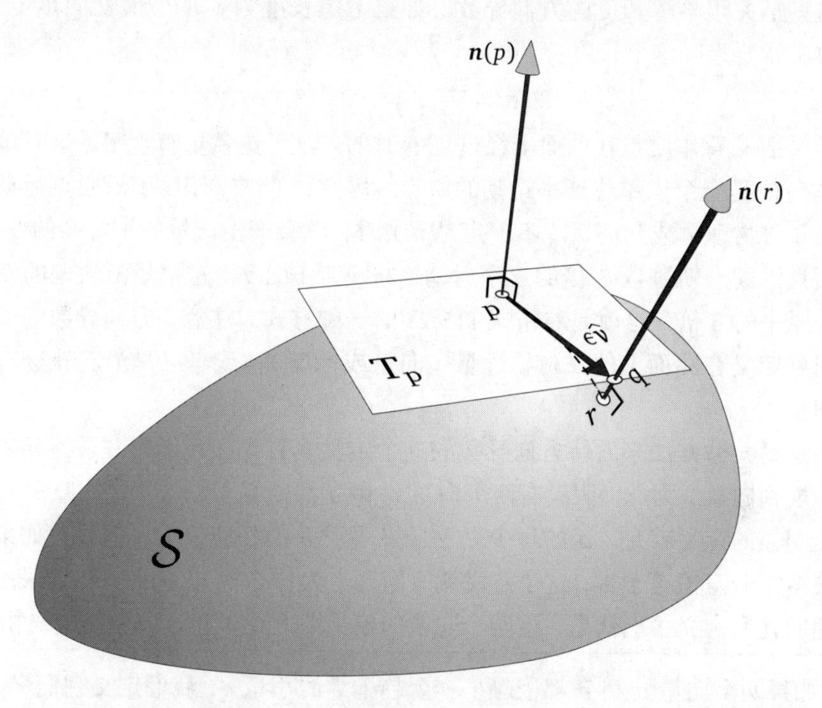

图 15-1　为了求出法向量 $\boldsymbol{n}$ 沿方向 $\hat{\boldsymbol{v}}$ 的导数 $\nabla_{\hat{v}}\boldsymbol{n}$，考虑在曲面内沿方向 $\hat{\boldsymbol{v}}$ 移动距离 ϵ 导致的变化 $\delta\boldsymbol{n} \equiv \boldsymbol{n}(r) - \boldsymbol{n}(p)$，则 $\nabla_{\hat{v}}\boldsymbol{n} \asymp \frac{\delta n}{\epsilon}$

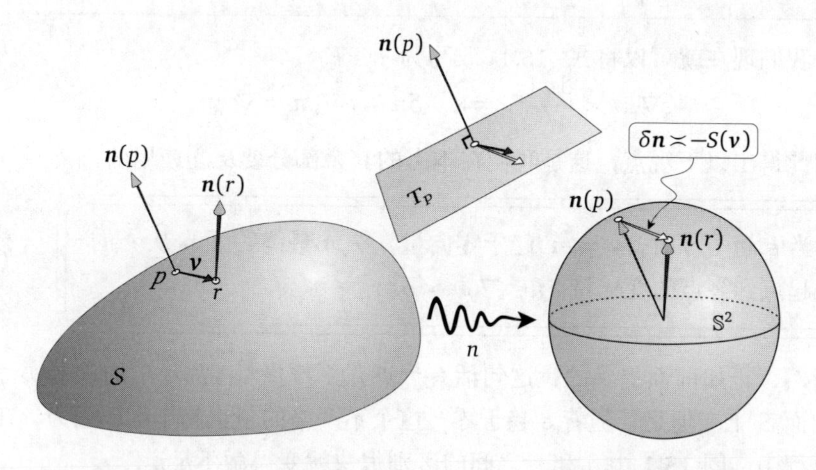

图 15-2　设 $\boldsymbol{v}$ 是 T_p 上从点 p 出发的短的切向量. 作用于 $\boldsymbol{v}$ 的形状导数告诉我们法向量从 $\boldsymbol{v}$ 的起点到终点是怎么变化的. 这个变化 $\delta\boldsymbol{n} \asymp -S(\boldsymbol{v})$ 最终位于一个与 $\mathbb{S}^2$ 在点 $n(p)$ 处的切平面平行的平面内. 叠加这两个切平面，S 可以看作 T_p 到自身的线性变换，图中将这个切平面从 $\mathcal{S}$ 中分离出来，悬浮在两个曲面之间

这只是关于单位长度的方向导数. 如果考虑长度为 v 的一般切向量 $\boldsymbol{v}=v\widehat{\boldsymbol{v}}$ 的导数，就要乘以这个长度：

$$\nabla_{\boldsymbol{v}}\boldsymbol{n}=\nabla_{v\widehat{\boldsymbol{v}}}\boldsymbol{n}=v\nabla_{\widehat{\boldsymbol{v}}}\boldsymbol{n}. \tag{15.2}$$

如果把 $\boldsymbol{v}$ 看作质点在曲面上经过点 p 时的速度，这就更直观了. 这时单位向量 $\widehat{\boldsymbol{v}}$ 对应的是一个以单位速率运动的质点. 因此，当 $\nabla_{\widehat{\boldsymbol{v}}}$ 作用于沿质点运动轨迹定义的任何物理量或几何量（不一定是 $\boldsymbol{n}$）时，就会产生该量关于时间的变化率. 如果质点沿同一轨迹以 3 倍的速率运动，将 $\widehat{\boldsymbol{v}}$ 换成 $3\widehat{\boldsymbol{v}}$，这个量沿轨迹的变化速度将是原来的 3 倍. 这就是看待式 (15.2) 的一种方式. 注意，方向导数的概念可以应用到定义在曲面上的任何物理量（向量或标量），或者只是沿着轨迹有定义的物理量.

还有另一种方法来看待方向导数的这个定义. 首先，我们将"最终相等"的概念扩展到向量. 为此，假设有两个向量 $\boldsymbol{a}$ 和 $\boldsymbol{b}$ 都依赖于趋于零的小量 ϵ. $\boldsymbol{a}\asymp\boldsymbol{b}$ 有一个明显的定义就是，$\boldsymbol{a}$ 的每个分量最终等于 $\boldsymbol{b}$ 的相应分量，但是，如果其中一个或多个分量恒等于零，这个定义就有问题 [为什么?①]. 因此，我们采用以下更合理的几何定义，也就是，这两个向量的模（即大小）和方向都是最终相等的：

> 如果两个向量 $\boldsymbol{a}$ 和 $\boldsymbol{b}$ 都依赖于一个趋于零的小量 ϵ，我们定义它们最终相等，记为 $\boldsymbol{a}\asymp\boldsymbol{b}$，当且仅当 $|\boldsymbol{a}|\asymp|\boldsymbol{b}|$，而且它们之间夹角的极限也为零.

由此，我们现在就可以将式 (15.1) 改写为

$$\nabla_{\widehat{\boldsymbol{v}}}\boldsymbol{n}\asymp\frac{\delta\boldsymbol{n}}{\epsilon}\quad\Longleftrightarrow\quad\delta\boldsymbol{n}\asymp\epsilon\nabla_{\widehat{\boldsymbol{v}}}\boldsymbol{n}=\nabla_{\epsilon\widehat{\boldsymbol{v}}}\boldsymbol{n}.$$

因此得出以下观点，这是我们在本书的其余部分要反复使用的：

> 当 ϵ 趋于零时，$\boldsymbol{v}=\epsilon\widehat{\boldsymbol{v}}$ 趋于零向量，$\nabla_{\boldsymbol{v}}\boldsymbol{n}$ 最终等于 $\boldsymbol{n}$ 从 $\boldsymbol{v}$ 的起点到终点的变化量 $\delta\boldsymbol{n}$：$\nabla_{\boldsymbol{v}}\boldsymbol{n}\asymp\delta\boldsymbol{n}$.　　(15.3)

当然，正如前面提到的，这句话有一点儿不严格②，因为 $\boldsymbol{v}$ 的顶端实际上并不在曲面 $\mathcal{S}$ 上. 但是，随着 ϵ 趋于零，这个不严格的量也趋于零！因为，在这个极限过程中，图 15-1 中 q 和 r 之间的区别很快就变得微不足道.

---

① 如果 A 和 B 都是无穷小的，"A 最终等于 B"指的是"A 是 B 的等价无穷小". 而 0 是没有非 0 等价无穷小的. 因此，如果 A 有恒等于 0 的分量，而 B 的分量都不恒等于 0，用分量定义的"向量最终相等"就出问题了. ——译者注

② 这里作者用了一个习语"poetic license"，一般译为"诗的破格"，意思是：诗的语言为了特别的效果，可以不符合语法和正常的习惯. 在这里，除了修辞以外，还有"有意为之"的意思. ——译者注

15.2 形状导数 S

在曲面上点 p 处的**形状导数**[①] S 告诉我们，从点 p 出发沿任意切向量 $\boldsymbol{v}$ 移动时，法向量是如何变化的（即其端点指向哪个方向和移动得有多快）. 这时不再要求 $\boldsymbol{v}$ 是很短的向量，而是可以有任意长度. 更准确地说，它被简单地定义为 $\boldsymbol{n}$ 沿着 $\boldsymbol{v}$ 移动的负方向导数:

$$S(\boldsymbol{v}) \equiv -\nabla_{\boldsymbol{v}}\boldsymbol{n}. \tag{15.4}$$

在定义中插入负号是标准做法，我们很快会看到，这是由我们早先定义的法向截面曲率的符号决定的.

球面 $\mathbb{S}^2$ 在点 $n(p)$ 处的法向量与曲面 $\mathcal{S}$ 在点 p 处的法向量是相同的. 于是，在这两点处的切平面 T_p 和 $T_{n(p)}$ 是平行的，可以通过平移使它们重合. 因此，从点 $n(p)$ 出发的 $\mathbb{S}^2$ 的任意切向量都可以被认为是在平面 T_p 上从点 p 出发的向量. 在图 15-2 中，我们将这两个重合平面画成悬浮在两个曲面之间.

如果承认点 r 靠近点 p 的事实在球面映射下使得 $\mathbb{S}^2$ 上的点 $n(r)$ 靠近点 $n(p)$，形状导数的意义就变得很清楚了. 在图 15-2 中，$\boldsymbol{v}$ 是从 p 到 r 的短向量，$\delta\boldsymbol{n}$ 是连接点 $n(p)$ 和 $n(r)$ 的对应向量，由结论 (15.3) 有

$$S(\boldsymbol{v}) \asymp -\delta\boldsymbol{n}.$$

设 p 是这两个重合平面的原点，则 S 是从 T_p 到自身的线性变换. 对于点 p 的任意两个切向量 $\boldsymbol{v}$ 和 $\boldsymbol{w}$，以及任意两个常数 a 和 b，都有

$$\begin{aligned} S(a\boldsymbol{v}+b\boldsymbol{w}) &= -(\nabla_{a\boldsymbol{v}+b\boldsymbol{w}})\boldsymbol{n} \\ &= -\nabla_{a\boldsymbol{v}}\boldsymbol{n} - \nabla_{b\boldsymbol{w}}\boldsymbol{n} \\ &= -a\nabla_{\boldsymbol{v}}\boldsymbol{n} - b\nabla_{\boldsymbol{w}}\boldsymbol{n} \\ &= -aS(\boldsymbol{v}) + bS(\boldsymbol{w}) \end{aligned}$$

根据线性代数的知识，S 可以表示为矩形数组 $[S]$，称为 S 的矩阵. 一般地，矩阵的第 j 列是第 j 个基向量的像，或者说是那个向量的数值分量. 在二维情况下，这意味 $[S]$ 是 2×2 方阵.

本章稍后将研究这个矩阵 $[S]$，现在则用一个例子来说明“矩阵化”的一般思想. 例如，表示平面上绕原点旋转 θ 的旋转变换 R_θ 的矩阵就是 $[R_\theta]$.

---

① 还有另外两个数学名词，**第二基本形式**和**魏因加滕映射**，提供与形状导数完全相同的信息. 我们在本书中不使用这两个名词.

图 15-3 说明了 R_θ 作用于两个基向量的效果，由此可得

$$[R_\theta]=\begin{bmatrix} c & -s \\ s & c \end{bmatrix}, \tag{15.5}$$

其中 $c\equiv\cos\theta$，$s\equiv\sin\theta$.

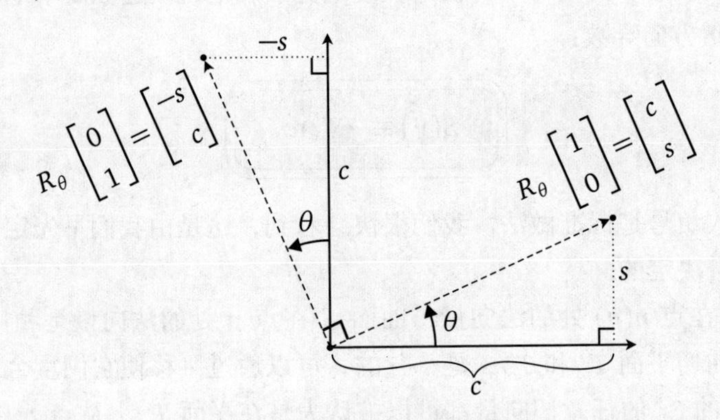

图 15-3 矩阵 $[R_\theta]$ 的第 1 列和第 2 列分别是第 1 基向量和第 2 基向量旋转 R_θ 后的像

15.3 *S* 的几何效应

假设两个主方向是正交的，令 $\boldsymbol{e}_1$ 和 $\boldsymbol{e}_2$ 分别是第一个和第二个主方向上的单位向量. 借助这个特别的标准正交基 $\{\boldsymbol{e}_1,\boldsymbol{e}_2\}$，$S$ 对 T_p 上向量的几何作用是什么呢? 之前的结果 (12.7) 提供了简洁的答案:

主方向是形状导数 S 的**特征向量**，主曲率是对应的**特征值**:

$$S(\boldsymbol{e}_i)=\kappa_i\boldsymbol{e}_i. \tag{15.6}$$

注意：在 S 的定义 (15.4) 中引入了一个负号，正好消去引理 (12.7) 中的负号.

知道了 S 对主方向的作用是通过它们各自的主曲率来拉伸它们之后，由线性性质可知，S 对一般切向量的作用是通过这两个因子在这两个相互垂直方向上来拉伸它.

如果选择 $\{\boldsymbol{e}_1,\boldsymbol{e}_2\}$ 为基向量，可以得出 S 的矩阵是特别简单的对角形式:

$$[S]=\begin{bmatrix} \kappa_1 & 0 \\ 0 & \kappa_2 \end{bmatrix}. \tag{15.7}$$

回想一下，线性变换对所有形状都具有相同的面积扩张系数. 这个一致的面积扩张系数就是矩阵的行列式. 设计一种特殊的情况，可以让这个结果显得特别清晰. 考虑这个线性变换作用于边在主轴上的单位正方形，得到长和宽分别为 κ_1 和 κ_2 的矩形，因此，原单位正方形的面积经历了一个膨胀 $\left|[S]\right| = \kappa_1\kappa_2$，这也是所有面积的扩张系数. 于是，再一次得到我们熟悉的高斯曲率的外在表达式：

$$\mathcal{K}_{\text{ext}} = \text{形状导数的面积扩张系数} = \left|[S]\right| = \kappa_1\kappa_2. \tag{15.8}$$

回忆一下，我们第一次研究这个问题时［见第 154 页式 (12.8)］，通过考虑一个特定形状的面积扩张得出了这个结果，当时我们仅仅声称这个结果独立于形状的选择. 现在可以肯定地说：形状导数的线性性质证明了这个结果. 此外，考虑到它的几何意义，这个面积扩张系数（即行列式）在所有坐标系中一定都具有相同的值.

注意，这个矩阵 $[S]$ 关于**主对角线**（从左上角到右下角的斜直线）是镜像对称的，它是**对称矩阵**（也称为**自伴矩阵**）. 关于主对角线的反射是通过交换行和列来实现的，这个操作（根据定义）产生了**转置矩阵** $[S]^{\mathrm{T}}$，这种对称性可以写成

$$[S]^{\mathrm{T}} = [S]. \tag{15.9}$$

矩阵 $[S]$ 的对称性 (15.9) 并非偶然，它反映[①]（请原谅我的双关语！）了线性变换 S 本身就具有的对称性. 即使坐标系的基底不是主方向，变换仍然是对称的，但是，在这种情况下矩阵 $[S]$ 就不再是对角矩阵了.

15.4 绕道线性代数：奇异值分解和转置运算的几何学

在可选的本节中，我们试图绕道用线性代数说清形状导数的对称性 (15.9). 首先要问：如果一般的线性变换 M 由矩阵 $[M]$ 表示，那么它的转置矩阵 $[M]^{\mathrm{T}}$ 表示的变换 M^{T} 是什么？为了回答这个问题，我们首先要推导出所谓的**奇异值分解**[②]（Singular value decompoistion，SVD），并提供几何解释，这可是线性代数中最重要的结果之一.

我们现在要呈现的几何解释和证明应该属于线性代数初等课程的内容. 然而，令人惊讶的是，我们无法在任何标准的初级课本中找到这些想法. 事实上，我们

① 原文是“reflect”，有“反映，反射”的意思，所以作者说“请原谅我的双关语！”. ——编者注

② 我们曾提醒并试图说明以下历史知识：贝尔特拉米的名字目前还没有与他的双曲平面模型联系在一起. 更糟糕的是，“一般的数学家”［作者在这里用的是 the average “mathematician in the street”，这是成语 “the man in the street”（普罗大众）的变形，指不是专攻这方面的数学家. ——译者注］也不知道，正是欧金尼奥 · 贝尔特拉米最先发现了奇异值分解！参见斯图尔特的论文（Stewart, 1993）.

怀疑许多在职数学家可能对此未必熟悉．尽管如此，如果你希望早点进入微分几何，不妨跳过本节．

我们从回顾一个熟悉的事实开始，即*如果*平面的线性变换有两个实特征值，它的几何效果容易可视化：沿着两个（通常是非正交的）特征向量的方向拉伸，拉伸系数就是这两个特征值．但是，如果变换没有实特征值呢？这种变换的一个简单例子就是*旋转*（即使得任何方向都不会保持不变的变换），这例子虽然简单，但至少具有易于可视化的优点．我们怎么弄清一个不保持任何方向不变的一般线性变换的几何意义呢？

奇异值分解为这个问题提供了非常简单和生动的答案，它适用于*所有的*线性变换．即使是我们认为已经理解的变换（拉伸两个非正交特征向量方向的变换），也因此有了新的意义．

> **奇异值分解（SVD）**．平面上的每一个线性变换等价于两个*正交*方向的拉伸（拉伸系数分别为 σ_1 和 σ_2，称为**奇异值**，一般是不同的），再接一个旋转角为 τ 的旋转（称为**扭转**）． (15.10)

为了理解这件事，考虑图 15-4 的上半部分，它说明一般线性变换作用于以原点为中心的圆周 C 的效果（从左到右）．因为 C 的直角坐标方程是二次的，所以变换引起了坐标系发生线性改变，变换后，像曲线的方程仍然是二次的．因此，像曲线 $\widetilde{C}$ 是二次曲线．由于 C 上的点都是有限点，不可能变换为无穷远点，所以变换后的这个二次曲线一定是*椭圆*，如图 15-4 右上所示．

我们刚才使用了线性性质的代数表述，接下来使用以下基本几何事实：无论是先把两个向量相加再做映射，还是先对两个向量各做映射*然后*相加，都是没有区别的．[①] 请自己验证以下两个推论．

- 平行直线被映射为平行直线．
- 直线段的中点被映射为像直线段的中点．

我们现在把这两个事实应用于 $\widetilde{C}$．[②]

因为圆 C 的直径都被圆心平分，所以直径的像作为 $\widetilde{C}$ 的弦必定都经过共同的中点．从而圆 C 的中心被映射为椭圆 $\widetilde{C}$ 的中心．

圆 C 的一条特定直径 d（图中为粗线）被映为椭圆的长轴 $\widetilde{d}$（图中同样为粗线）．现在考虑 C 中垂直于 d 的那些弦（图中为虚线）．因为这些弦都被 d 平分，

① 简言之，就是“和的像等于像的和”．严格地说，映射的线性性质是：线性组合的像等于像的线性组合．——译者注

② 在《复分析》4.8.2 节已经用过下面的论证．

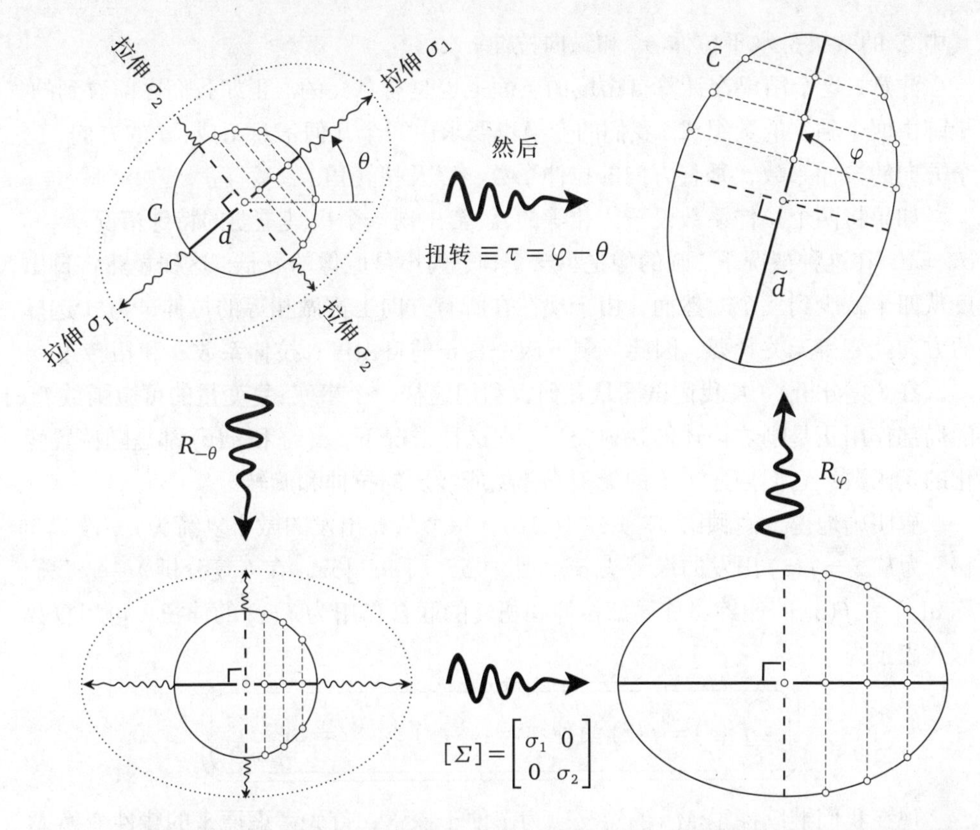

图 15-4 奇异值分解. 图的上半部分说明一般线性变换 M 作用于以原点为中心的圆周的效果（从左到右）. 借助将中点映射为中点的性质，我们可以证明，M 等价于先做两个垂直方向的拉伸（拉伸系数为“奇异值” σ_1 和 σ_2），再做旋转（这个旋转称为**扭转** $\equiv \tau = \varphi - \theta$）. 图的下半部分说明这个 SVD 可以等价地写为 $M = R_{\varphi} \circ \Sigma \circ R_{-\theta}$，其中 Σ 的效果是水平拉伸 σ_1 和纵向拉伸 σ_2

所以它们的像必为 $\widetilde{C}$ 的一族平行弦，都被 $\widetilde{d}$ 平分. 因此它们必为垂直于 $\widetilde{d}$ 的平行线族.（建议你在一般方向上画出 $\widetilde{C}$ 的一族平行弦，有助于你接受这个结论.）

现在很清楚，线性变换是在 d 方向上做一个拉伸，在与它垂直的方向上做另一个拉伸，最后再做一个扭转，这就验证了奇异值分解的存在性. 注意，我们也可以用不同的次序：在扭转*之后*再做正交方向的拉伸，这会得到同样的结果. 但是，这时要在扭转后的方向 $\widetilde{d}$ 及其正交方向上做拉伸.

图 15-4 的下半部分说明奇异值分解可以等价地写成

$$M = R_{\varphi} \circ \Sigma \circ R_{-\theta}, \tag{15.11}$$

其中 Σ 的效果是水平拉伸 σ_1 和纵向拉伸 σ_2.

注意，这个结果在计算自由度的层面上也是有意义的. 正如我们之前看到的，矩阵由四个独立的数组成，我们的变换也要求由四个几何信息组成：d 的方向，这个方向的拉伸系数，垂直方向的拉伸系数，以及扭转角.

如果将两个拉伸系数设置为相等的，就会出现一个极其重要的特殊情况：$\sigma_1=\sigma_2=a$. 在这种情况下，圆的像是另一个圆，大小是原像的 a 倍. 这样显然将自由度从四个减少到三个. 然而，由于现在在所有方向上都做相等的拉伸，为 d 选择的方向就变得无关紧要，因此只剩下两个真正的自由度：拉伸系数 a 和扭转角 τ.

在《复分析》中，我们试图从几何上利用这样一个事实：复变量的可微函数 $f(z)$ 的局部作用正是刚才描述的映射类型. 在这种情况下，$a(z)$ 和 $\tau(z)$ 都是随位置变化的实函数：它们描述了 z 的无限小邻域所经历的拉伸和旋转.

更明确地说，回顾第 47 页式 (4.18)，每个从 z 出发的微小复箭头 δz 被“伸扭”为从 $\widetilde{z}=f(z)$ 出发的像箭头 $\delta\widetilde{z}$，其中 $\delta\widetilde{z}\asymp[a\mathrm{e}^{\mathrm{i}\tau}]\delta z$. 在《复分析》中，我们称 $a(z)$ 为 $f(z)$ 的**伸缩**，称局部拉伸和扭转的联合作用为 $f(z)$ 的**伸扭**，可用复数形式表示为

$$f'(z)=f(z)\text{ 的伸扭}=(\text{伸缩})\mathrm{e}^{\mathrm{i}(\text{扭转})}=a\mathrm{e}^{\mathrm{i}\tau}.$$

现在我们继续探索 M^{T} 的意义. 为了便于探索，首先考虑原来的线性变换 M（见图 15-4 上半部分）的逆. 图 15-5a 从右向左绘制的就是这个逆 M^{1}：它首先通过扭转 τ 解除 M 的扭转 τ，然后通过在 M 最初进行拉伸的两个正交方向上做压缩 $1/\sigma_1$ 和 $1/\sigma_2$ 来解除 M 的拉伸. 将图 15-4 下半部分的箭头反过来，我们也可以把它表示为

$$M^{-1}=R_{\theta}\circ\Sigma^{-1}\circ R_{-\varphi}.$$

最后，我们来揭示 M^{T} 的几何意义. 假定读者已经熟悉矩阵转置运算的代数性质，直接利用它们来讨论其几何基础. 首先注意到，对旋转矩阵 (15.5) 求转置，产生相反的旋转：$[R_{\theta}]^{\mathrm{T}}=[R_{-\theta}]$. 再回忆一下，$([P][Q])^{\mathrm{T}}=[Q]^{\mathrm{T}}[P]^{\mathrm{T}}$. 由式 (15.11) 我们有

$$M^{\mathrm{T}}=(R_{\varphi}\circ\Sigma\circ R_{-\theta})^{\mathrm{T}}=R_{-\theta}^{\mathrm{T}}\circ\Sigma^{\mathrm{T}}\circ R_{\varphi}^{\mathrm{T}}=R_{\theta}\circ\Sigma\circ R_{-\varphi},$$

可知图 15-5b 所示的是

线性变换 M^{T} 是：M 的反向扭转，接着与 M 同样的两个正交方向上的扩张. (15.12)

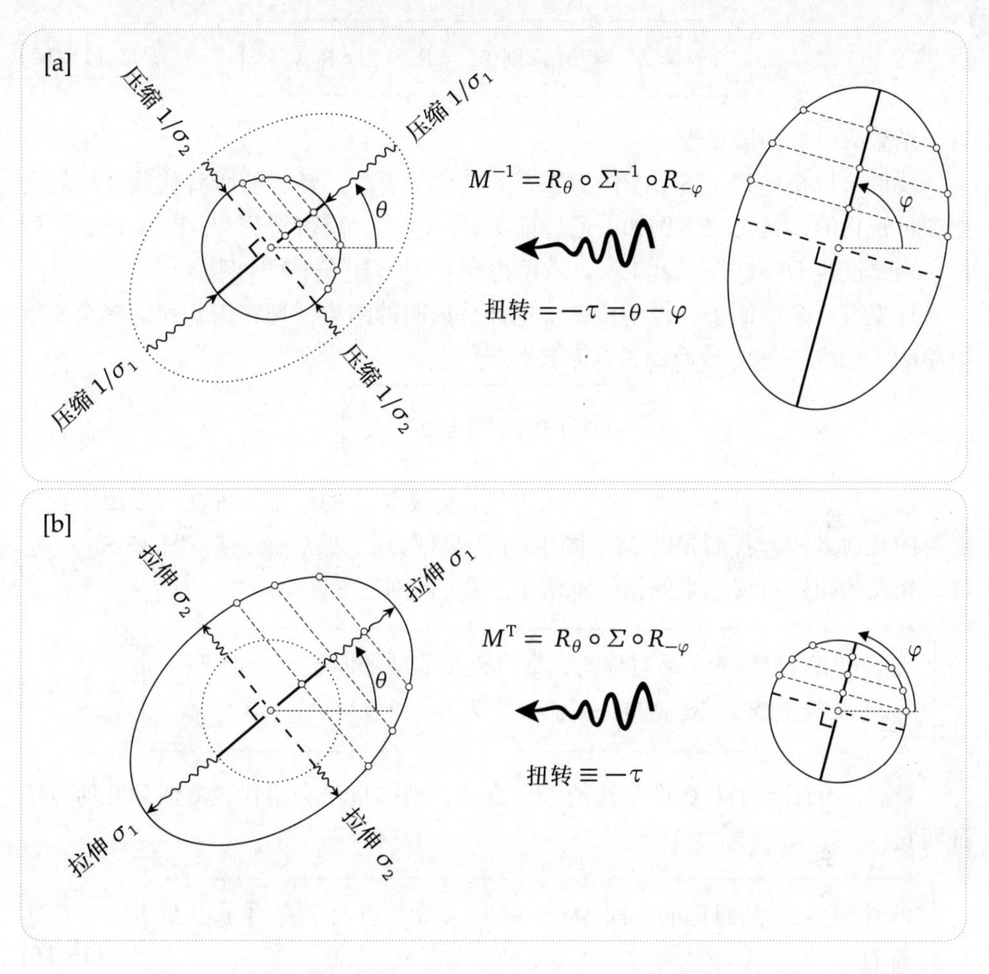

图 15-5 [a] 图 15-4 上半部分的原线性变换的逆 M^{-1}（从右变到左）是将 M 做的变换还原：先做一个反向扭转 $-\tau$，然后在 M 拉伸的两个正交方向上做压缩 $1/\sigma_1$ 和 $1/\sigma_2$. [b] 转置变换 M^{T} 也是先做一个扭转 $-\tau$，然后在与 M 相同的两个正交方向上做拉伸

弄清 M^{T} 的几何意义，对称性的几何意义也就很清楚了：

> 当且仅当扭转消失时，线性变换 M 是对称的（即 $M^{\mathrm{T}} = M$）. 但是，如果 $\tau = 0$，则正交扩张的方向就成了特征向量，所以我们说：当且仅当 M 具有正交的特征向量时，它是对称的. (15.13)

如果 $\tau = \varphi - \theta = 0$，也就是，图 15-4 下半部分的两个旋转大小相等、方向相反，则式 (15.11) 可以特别表示为

$$\text{如果 } M^{\mathrm{T}} = M\text{，则 } M = R_{\theta} \circ \Sigma \circ R_{-\theta}. \tag{15.14}$$

这个结果有时称为**谱定理**.

我们可以把结论 (15.12) 作为 M^{T} 的定义，于是，转置的所有代数性质就会变成可视化的几何定理. 例如，通过证实 $R_{\theta}^{\mathrm{T}} = R_{-\theta}$，就可得到 $[R_{\theta}]^{\mathrm{T}} = [R_{-\theta}]$. 同样，通过证实 $(P \circ Q)^{\mathrm{T}} = Q^{\mathrm{T}} \circ P^{\mathrm{T}}$，就可得到 $([P][Q])^{\mathrm{T}} = [Q]^{\mathrm{T}}[P]^{\mathrm{T}}$.

这里有一个新例子，说明传统上用计算证明的结果，现在用几何解释会变得简单明了：M^{T} 和 M 的面积扩张系数相等.

$$|M^{\mathrm{T}}| = \sigma_1 \sigma_2 = |M|.$$

还有一个在所有标准课本中都采用代数方法证明的结果，现在可以用更容易理解的几何方法. 我们先做 M（图 15-4 上半部分），然后做 M^{T}（图 15-5b），这样，相反的扭转就将原来的扭转抵消了. 我们确实看到

复合变换 $(M^{\mathrm{T}} \circ M)$ 是对称的，具有正交的特征向量（分别平行于 d 及其垂线），对应的特征值分别为 σ_1^2 和 σ_2^2. (15.15)

最后，介绍一个对称性常用的表示方式，请你自己利用代数方法和几何方法证明它：

线性变换 M 是对称的（即 $M^{\mathrm{T}} = M$），当且仅当对所有的 $\boldsymbol{a}$ 和 $\boldsymbol{b}$ 都有 (15.16)

$$\boldsymbol{a} \bullet M(\boldsymbol{b}) = \boldsymbol{b} \bullet M(\boldsymbol{a}).$$

在掌握了转置的几何意义后，第 258 页习题 12 提供了另外 8 个例子，可以称之为“可视的线性代数”. 这些例子强调了我们总的指导思想：直接的几何推理常常可以帮助我们完全绕过符号运算，用直观、可视的方式把握住数学真相.

15.5 S 的一般矩阵

形状导数 S 是一个几何概念，独立于基向量的任何特定选择. 但是，表示 S 的矩阵 $[S]$ 确实依赖于这个选择.

假设不先求出主方向和主曲率，而是任意选择一个标准正交基 $\{\boldsymbol{E}_1, \boldsymbol{E}_2\}$. 这时矩阵 $[S]$ 是什么样的呢？虽然我们可能还不知道主方向，但它们肯定存在，所以

我们假设通过旋转一个未知的角度 θ 将 $\{\boldsymbol{E}_1,\boldsymbol{E}_2\}$ 转到主方向 $\{\boldsymbol{e}_1,\boldsymbol{e}_2\}$ 上．图 15-6 展示了 $\kappa_1>\kappa_2>0$ 的情形．从左图可以看到 S 对单位圆的影响：单位圆变换为椭圆，半长轴 κ_1 与 $\boldsymbol{e}_1$ 对齐，半短轴 κ_2 与 $\boldsymbol{e}_2$ 对齐．

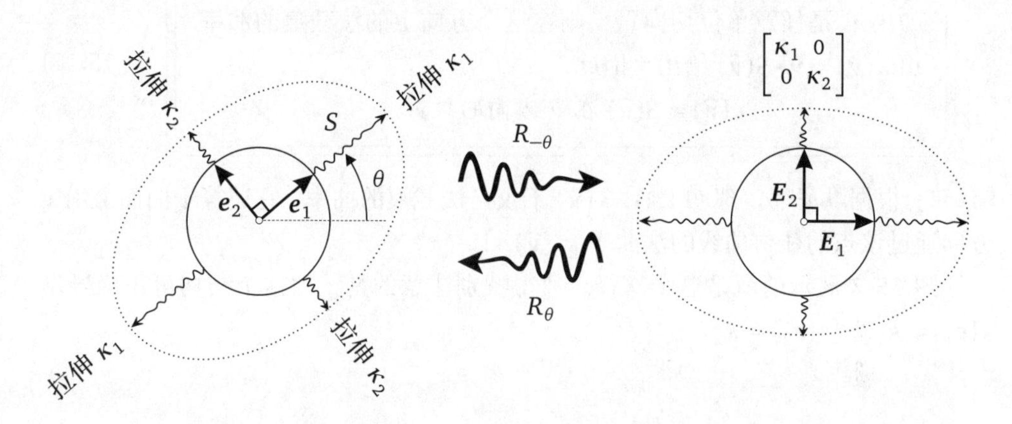

图 15-6　在左图中，形状导数 S 通过与主曲率相等的系数拉伸两个正交的主方向，将单位圆变换为与主方向对齐的椭圆．S 的这种作用相当于先旋转 θ，产生右图所示的图形，然后水平拉伸 κ_1、纵向拉伸 κ_2，再旋转 θ

从右图可以看到，在坐标系 $\{\boldsymbol{E}_1,\boldsymbol{E}_2\}$ 中，S 的作用等价于下面三个依次变换．

$$S=(\text{旋转}-\theta)\ \text{然后}\ (\text{沿方向}\ \boldsymbol{E}_{1,2}\ \text{扩张}\ \kappa_{1,2})\ \text{然后}\ (\text{旋转}\ \theta).$$

如果读过前一节，你就已经知道，这就是结论 (15.14)．

回顾线性代数的知识可知，两个矩阵的乘积 $[B][A]$ 可以（至少应该可以）定义为复合线性变换的矩阵：$[B][A]\equiv[B\circ A]$．于是，由式 (15.5) 有

$$\begin{aligned}[S]&=[R_\theta]\begin{bmatrix}\kappa_1&0\\0&\kappa_2\end{bmatrix}[R_{-\theta}]\\&=\begin{bmatrix}c&-s\\s&c\end{bmatrix}\begin{bmatrix}\kappa_1&0\\0&\kappa_2\end{bmatrix}\begin{bmatrix}c&s\\-s&c\end{bmatrix}\\&=\begin{bmatrix}\kappa_1c^2+\kappa_2s^2&(\kappa_1-\kappa_2)sc\\(\kappa_1-\kappa_2)sc&\kappa_1s^2+\kappa_2c^2\end{bmatrix}.\end{aligned}\tag{15.17}$$

这四个元素中至少有一个看起来很熟悉．设 $\kappa(\boldsymbol{E}_1)$ 表示 $\mathcal{S}$ 在 $\boldsymbol{E}_1$ 方向（也就是与第一主方向夹角为 θ 的方向）上的法截痕的曲率，由欧拉曲率公式 (10.1) 可知，矩阵的左上元素为 $\kappa_1c^2+\kappa_2s^2=\kappa(\boldsymbol{E}_1)$．

但是，为什么会出现这种简化呢？

15.6 S 的几何解释和 $[S]$ 的化简

这个答案会让我们对形状导数的含义有新的认识：

> 如果 $\widehat{v}$ 是任意单位切向量，则在这个方向上的法截痕的曲率由 $\kappa(\widehat{v})=\widehat{v}\cdot S(\widehat{v})$ 给出．因此，
> $$\kappa(\widehat{v})=S(\widehat{v})\text{ 在 }\widehat{v}\text{ 方向的投影.}\tag{15.18}$$

[注记：根据默尼耶定理 (11.4)，$\kappa(\widehat{v})$ 不仅是法截痕的曲率，它还等于曲面上沿 $\widehat{v}$ 方向通过该点的任何曲线的法曲率 $\kappa_n(\widehat{v})$.]

图 15-7 展示的就是这个解释．值得特别注意的是，由这个结构可正确导出 $\kappa(\boldsymbol{e}_1)=\kappa_1$ 和 $\kappa(\boldsymbol{e}_2)=\kappa_2$.

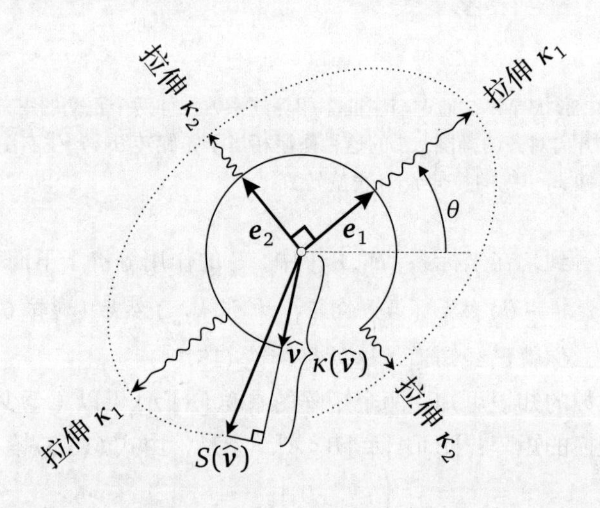

图 15-7　设 $\widehat{v}$ 是曲面上的一般单位切向量，则曲面在这个方向上的法截痕的曲率为 $\kappa(\widehat{v})=S(\widehat{v})$ 在 $\widehat{v}$ 方向上的投影

这个结果的基本几何解释与第 116 页图 8-5 所示相同．事实上，我们以前以式 (11.5) 的形式证明了这个结果，这里再次证明这个结果是为了说明我们的新记号．假设 $\widehat{v}$ 是质点以单位速率沿法截痕运动的速度，那么 $\nabla_{\widehat{v}}\widehat{v}=\kappa(\widehat{v})\boldsymbol{n}$ 是质点朝向曲率中心的加速度，我们发现

$$0=\nabla_{\widehat{v}}(\widehat{v}\cdot\boldsymbol{n})=\widehat{v}\cdot\nabla_{\widehat{v}}\boldsymbol{n}+\boldsymbol{n}\cdot\nabla_{\widehat{v}}\widehat{v}=-\widehat{v}\cdot S(\widehat{v})+\kappa(\widehat{v}),$$

由此立即可得结论 (15.18).

如果假定欧拉曲率公式 (10.1) 成立，我们可以给出另一种推导方法．现在，

用 θ 表示 $\boldsymbol{E}_1$ 和 $\boldsymbol{e}_1$ 的夹角，为了避免和之前讨论的欧拉曲率公式混淆，用 α 表示一般的 $\widehat{\boldsymbol{v}}$ 和 $\boldsymbol{E}_1$ 的夹角．这样，欧拉曲率公式就表示为

$$\kappa(\widehat{\boldsymbol{v}})=\kappa_1\cos^2\alpha+\kappa_2\sin^2\alpha.$$

由于 (15.18) 是一个纯粹的几何命题，如图 15-7 所示，只需要证明它在某个特别的坐标系中成立就行了．在以主方向 $\{\boldsymbol{e}_1,\boldsymbol{e}_2\}$ 为基底的坐标系中进行简单的坐标计算，由欧拉曲率公式可以证实结论 (15.18)：

$$\widehat{\boldsymbol{v}}\bullet S(\overline{\boldsymbol{v}})=\begin{bmatrix}\cos\alpha\\ \sin\alpha\end{bmatrix}\bullet S\begin{bmatrix}\cos\alpha\\ \sin\alpha\end{bmatrix}=\begin{bmatrix}\cos\alpha\\ \sin\alpha\end{bmatrix}\bullet\begin{bmatrix}\kappa_1\cos\alpha\\ \kappa_2\sin\alpha\end{bmatrix}=\kappa(\widehat{\boldsymbol{v}}).$$

有了结论 (15.18)，现在可以回到对式 (15.17) 的解释和简化．回想一下，即使 S 是任意线性变换，其矩阵的第 j 列也将是它作用于第 j 个基向量的像，所以矩阵 $[S]$ 的第 1 列是向量 $S(\boldsymbol{E}_1)$，因此它在 $\{\boldsymbol{E}_1,\boldsymbol{E}_2\}$ 的分量上的投影是这个向量与对应基向量的点积．同理，$[S]$ 的第 2 列也是如此，因此

$$[S]=\begin{bmatrix}\boldsymbol{E}_1\bullet S(\boldsymbol{E}_1) & \boldsymbol{E}_1\bullet S(\boldsymbol{E}_2)\\ \boldsymbol{E}_2\bullet S(\boldsymbol{E}_1) & \boldsymbol{E}_2\bullet S(\boldsymbol{E}_2)\end{bmatrix}. \tag{15.19}$$

这样，结论 (15.18) 就解释了①为什么矩阵 (15.17) 左上角的元素是 $\kappa(\boldsymbol{E}_1)$．现在看看对角线上的另一个元素．无论是用欧拉曲率公式［练习］，还是借助结论 (15.18) 和式 (15.19)，我们都可以看到，矩阵 (15.17) 右下角的元素是 $\kappa_1 s^2+\kappa_2 c^2=\kappa(\boldsymbol{E}_2)$．如果你读了（可选的）上一节，就会注意到结论 (15.16) 显示的 $[S]$ 的对称性现在服从 S 的对称性，因为 $\boldsymbol{E}_1\bullet S(\boldsymbol{E}_2)=\boldsymbol{E}_2\bullet S(\boldsymbol{E}_1)$．

在进行更多计算之前，让我们暂停一下，先将矩阵 (15.19) 中各个元素的几何意义讨论得更清楚一些．正如我们所说，$[S]$ 的第 1 列是 $S(\boldsymbol{E}_1)=\nabla_{\boldsymbol{E}_1}\boldsymbol{n}$，这表示的是沿 $\boldsymbol{E}_1$ 方向移动时法向量改变的情况．设 Π_1 是过这个方向的法平面，即 $\boldsymbol{E}_1$ 和 $\boldsymbol{n}$ 张成的平面，在第 153 页图 12-5b 中可见这样一个具体的例子．$S(\boldsymbol{E}_1)$ 的第 1 个分量 $\boldsymbol{E}_1\bullet S(\boldsymbol{E}_1)$ 表示的是，当我们开始沿 $\boldsymbol{E}_1$ 移动时，$\boldsymbol{n}$ 在 Π_1 内转向 $\boldsymbol{E}_1$ 的速度有多快．这是由法截痕的曲率决定的，实际上它*就是*曲率 $\kappa(\boldsymbol{E}_1)$．$S(\boldsymbol{E}_1)$ 的第 2 个分量 $\boldsymbol{E}_2\bullet S(\boldsymbol{E}_1)$ 表示的是 $\boldsymbol{n}$ 垂直于运动方向的旋转有多快，也就是从 Π_1 向外旋转的快慢．

第 2 列 $S(\boldsymbol{E}_2)$ 的意义自然是完全类似的．它的第 1 个分量 $\boldsymbol{E}_1\bullet S(\boldsymbol{E}_2)$ 表示的是，当我们开始沿 $\boldsymbol{E}_2$ 移动时，$\boldsymbol{n}$ 从 Π_2 向外旋转出来的速度．第 2 个分量 $\boldsymbol{E}_2\bullet S(\boldsymbol{E}_2)$ 表示的是 $\boldsymbol{n}$ 在 Π_2 内旋转的速度，这就是 $\kappa(\boldsymbol{E}_2)$．

从图 12-5b 清晰可见，当我们沿一般的方向移动时，法向量 $\boldsymbol{n}$ 既有在 Π 内部

① 反过来说，我们得到了欧拉曲率公式的一个新推导．

与 κ 有关的倾斜，也有向 Π 外部的旋转. 然而，当我们沿主方向移动时，就只有在 Π 内沿着运动方向的倾斜，而没有向 Π 外的最初旋转，这就是我们在图 12-5a 中看到的.

让我们更仔细地看一下非对角线上的元素，它们表示的是 $\boldsymbol{n}$ 向 $\Pi_{1,2}$ 外摆动得有多快. 如在式 (10.2) 中一样，我们再次设 $\Delta\kappa = (\kappa_1 - \kappa_2)$，则在一般的基底 $\{\boldsymbol{E}_1, \boldsymbol{E}_2\}$ 下表示形状导数的矩阵为

$$[S] = \begin{bmatrix} \kappa(\boldsymbol{E}_1) & \frac{\Delta\kappa}{2}\sin 2\theta \\ \frac{\Delta\kappa}{2}\sin 2\theta & \kappa(\boldsymbol{E}_2) \end{bmatrix}. \tag{15.20}$$

显然，这个一般矩阵仍然是对称的，如式 (15.9) 要求的那样：$[S]^{\mathrm{T}} = [S]$. 还可以看到，如果基向量与主方向重合，即 $\theta = 0$，那么矩阵 (15.20) 化为对角形式 (15.7). 当 $\theta = (\pi/2)$ 时，一般矩阵也会变成这种对角线形式. 这是因为，在这种情况下，基底也是与主方向对齐的，只是现在 $\{\boldsymbol{E}_1, \boldsymbol{E}_2\} = \{\boldsymbol{e}_2, \boldsymbol{e}_1\}$. 此外，当 $\theta = (\pi/4)$ 时，非对角线上的元素取得*最大值*（即 $\boldsymbol{n}$ 跳出 $\Pi_{1,2}$ 最快），此时 $\Pi_{1,2}$ 是两个主方向夹角的平分面.

15.7　[S] 由三个曲率完全确定

接下来，看看这两个相等的非对角线元素，它们只是欧拉曲率公式 (10.2) 中的振荡项，相移为 ±(π/4). 实际上，这个公式告诉我们，非对角线元素是 $\boldsymbol{E}_1 + \boldsymbol{E}_2$ 方向（这个方向是两个基向量夹角的平分线）上法截痕的曲率，可表示为

$$\kappa(\boldsymbol{E}_1 + \boldsymbol{E}_2) = \kappa\left(\frac{\pi}{4} - \theta\right) = \overline{\kappa} + \frac{\Delta\kappa}{2}\sin 2\theta. \tag{15.21}$$

当然，在正交方向上同样有

$$\kappa(\boldsymbol{E}_1 - \boldsymbol{E}_2) = \kappa\left(-\frac{\pi}{4} - \theta\right) = \overline{\kappa} - \frac{\Delta\kappa}{2}\sin 2\theta. \tag{15.22}$$

（有些任意地）选择使用第一个方向，矩阵 (15.20) 可以写成

$$[S] = \begin{bmatrix} \kappa(\boldsymbol{E}_1) & \kappa(\boldsymbol{E}_1 + \boldsymbol{E}_2) - \overline{\kappa} \\ \kappa(\boldsymbol{E}_1 + \boldsymbol{E}_2) - \overline{\kappa} & \kappa(\boldsymbol{E}_2) \end{bmatrix}. \tag{15.23}$$

乍一看，我们需要知道 $\kappa_{1,2}$（或者至少知道它们的和）才能算出 $\overline{\kappa}$. 但事实上并不需要，我们知道：*形状导数的矩阵是用三个方向 $\boldsymbol{E}_1$、$\boldsymbol{E}_2$ 和 $(\boldsymbol{E}_1 + \boldsymbol{E}_2)$ 上法截痕的曲率来表示的.*

回想一下，矩阵的迹是其对角元素的和. 因此，对于对角矩阵 (15.7)，迹是 $\mathrm{Tr}[S] = \kappa_1 + \kappa_2 = 2\overline{\kappa}$. 但我们从线性代数中知道，如果 $[A]$ 和 $[B]$ 是平面任意两

个线性变换的矩阵，则 $\text{Tr}[A][B]=\text{Tr}[B][A]$. 因此

$$\text{Tr}[R_\theta][A][R_{-\theta}]=\text{Tr}[A][R_{-\theta}][R_\theta]=\text{Tr}[A].$$

换言之，

$$\text{所有线性变换的迹在基向量的旋转中都是不变的.} \tag{15.24}$$

[其实，这有几何上的原因，见阿诺尔德的著作（Arnol'd, 1973, 16.3 节）.]

因此，回到前面 $[A]=[S]$ 的情况，即使在一般坐标系的情况下，我们也可以用矩阵 (15.23) 推导出

$$\kappa(\boldsymbol{E}_1)+\kappa(\boldsymbol{E}_2)=\text{Tr}[S]=\kappa_1+\kappa_2=2\overline{\kappa}.$$

事实上，甚至无须求助于线性代数的一般定理就可以看出这一点. 这是因为，在我们的例子中已经明确计算出 $[S]$，可以直接从式 (15.17) 中证实我们的结论. 将式 (15.21) 和式 (15.22) 相加也可以得到这个结果.

用语言来说，这个结果就更有趣了：

> 任意两个垂直方向上曲率的和等于两个主曲率的和.

因此，正如前面所说，矩阵 (15.23) 确实只取决于三个方向的曲率，因为 $\overline{\kappa}=\frac{1}{2}[\kappa(\boldsymbol{E}_1)+\kappa(\boldsymbol{E}_2)]$，所以不需要知道主曲率. 正如所声称的那样，形状导数的一般矩阵 (15.23) 可以用这三个曲率显式地写出来：

$$[S]=\begin{bmatrix}\kappa(\boldsymbol{E}_1) & \kappa(\boldsymbol{E}_1+\boldsymbol{E}_2)-\frac{1}{2}[\kappa(\boldsymbol{E}_1)+\kappa(\boldsymbol{E}_2)]\\ \kappa(\boldsymbol{E}_1+\boldsymbol{E}_2)-\frac{1}{2}[\kappa(\boldsymbol{E}_1)+\kappa(\boldsymbol{E}_2)] & \kappa(\boldsymbol{E}_2)\end{bmatrix}.$$

最后，从式 (15.8) 可知高斯曲率的外在形式 $\mathcal{K}_{\text{ext}}$ 是任意一个该形式的矩阵 $[S]$ 的行列式. 例如，由式 (15.23) 可得

$$\mathcal{K}_{\text{ext}}=\big|[S]\big|=\kappa(\boldsymbol{E}_1)\kappa(\boldsymbol{E}_2)-[\kappa(\boldsymbol{E}_1+\boldsymbol{E}_2)-\overline{\kappa}]^2.$$

15.8 渐近方向

回顾一下迪潘指标线 $\mathcal{D}$（第 126 页），这是曲面与平行于切平面 T_p 的平面 $T_p(\epsilon)$ 的交线，其中 ϵ 是 $T_p(\epsilon)$ 和 T_p 的距离，因此 $T_p(0)=T_p$. 当 ϵ 从 0 开始增加，$T_p(\epsilon)$ 开始沿着法向量离开切平面时，它与曲面相交生成的交线是圆锥曲线，这就是 $\mathcal{D}$.

如果 $\mathcal{K}(p)>0$，则 $\mathcal{D}$ 是椭圆，称 p 为椭圆点；如果 $\mathcal{K}(p)=0$，则 $\mathcal{D}$ 是抛物线，称 p 为抛物点；如果 $\mathcal{K}(p)<0$，则 $\mathcal{D}$ 是双曲线，称 p 为双曲点.

我们将集中讨论双曲点（负曲率）的情况，并研究双曲线 $\mathcal{D}$ 的渐近线的方向（称为**渐近方向**）. 现在阐述：渐近方向与形状导数 S 有一个简单的几何关系.

如前一章所讨论的，如果 (x,y) 轴平行于主方向，则 $\mathcal{D}$ 是一对共轭双曲线，其方程为

$$\kappa_1 x^2 + \kappa_2 y^2 = \pm 1,$$

其中的正负号取决于 ϵ 的符号，即 $T_p(\epsilon)$ 是向上还是向下移动. 这个方程表明，两个对称轴（椭圆和双曲线两种情况都有两个对称轴）与主方向（即坐标轴）重合. 在双曲线的情况下，对称轴是两个渐近方向夹角的平分线.

令 $\kappa_1 = p^2$ 且 $\kappa_2 = -q^2$（p 和 q 都是正数），在 $\mathcal{D}$ 的上述方程中取正号. 则

$$\mathcal{D}: p^2x^2 - q^2y^2 = 1 \quad \text{且} \quad [S] = \begin{bmatrix} p^2 & 0 \\ 0 & -q^2 \end{bmatrix}.$$

于是，渐近线的方程为 $y = \pm\frac{p}{q}x$. 在图 15-8 中，额外画了单位圆 $\mathcal{C}$ 和它椭圆形的像 $S(\mathcal{C})$，有助于更直观地看清映射 S 的效果，即 S 在水平和竖直方向上拉伸，并关于 x 轴翻转. 因此，在渐近方向上的向量，以及它们在 S 下的像，由

$$\boldsymbol{a}_\pm \propto \begin{bmatrix} q \\ \pm p \end{bmatrix} \quad \Longrightarrow \quad S(\boldsymbol{a}_\pm) \propto \begin{bmatrix} p \\ \mp q \end{bmatrix}$$

给出. 如图 15-8 所示，尽管 S 将主方向映射到同一个方向，仍然有

形状导数将渐近方向映射到正交方向：

$$\boldsymbol{a}_\pm \bullet S(\boldsymbol{a}_\pm) = 0. \tag{15.25}$$

事实上，正如我们在图 15-8 中看到的，S 将两个渐近方向朝相反的方向扭转，也就是将 $\boldsymbol{a}_+$ 扭转 $-\frac{\pi}{2}$，将 $\boldsymbol{a}_-$ 扭转 $+\frac{\pi}{2}$.

为什么会这样呢？$\mathcal{D}$ 是曲面与 $T_p(\epsilon)$ 的交线，当 ϵ 从 0 开始增加时，这个交线逐渐放大. 但一开始，在 $\epsilon = 0$ 时，交线由双曲线退化为渐近线本身. 由于这个交线（方向为 $\boldsymbol{a}_\pm$）位于切平面上，它的法曲率为零，因此它服从形状导数的几何解释 (15.18)：

$$\kappa(\widehat{\boldsymbol{a}}_\pm) = \widehat{\boldsymbol{a}}_\pm \bullet S(\widehat{\boldsymbol{a}}_\pm) = 0,$$

从而解释了这个结果.

根据这个渐近方向与法曲率的关系，**渐近方向**的定义可以推广为表示法曲率为零的任意方向. 这样，尽管抛物线的 $\mathcal{D}$ 实际上没有渐近线，抛物点也有一个“渐近方向”. [练习：它是什么？]

如果我们选择 $\boldsymbol{E}_1$ 为一个渐近方向，使得 Π_1 是这个方向的法平面，那么，当我们在曲面内沿方向 $\boldsymbol{E}_1$ 出发时，法向量 $\boldsymbol{n}$ 会绕着 $\boldsymbol{E}_1$ 旋转，直接从 Π_1 转出去，指向曲面的一个与 $\boldsymbol{E}_1$ 垂直的切向量，即 $\pm\boldsymbol{E}_2$ 方向. 因此，$S(\boldsymbol{E}_1) = \pm\tau\boldsymbol{E}_2$，其中 τ

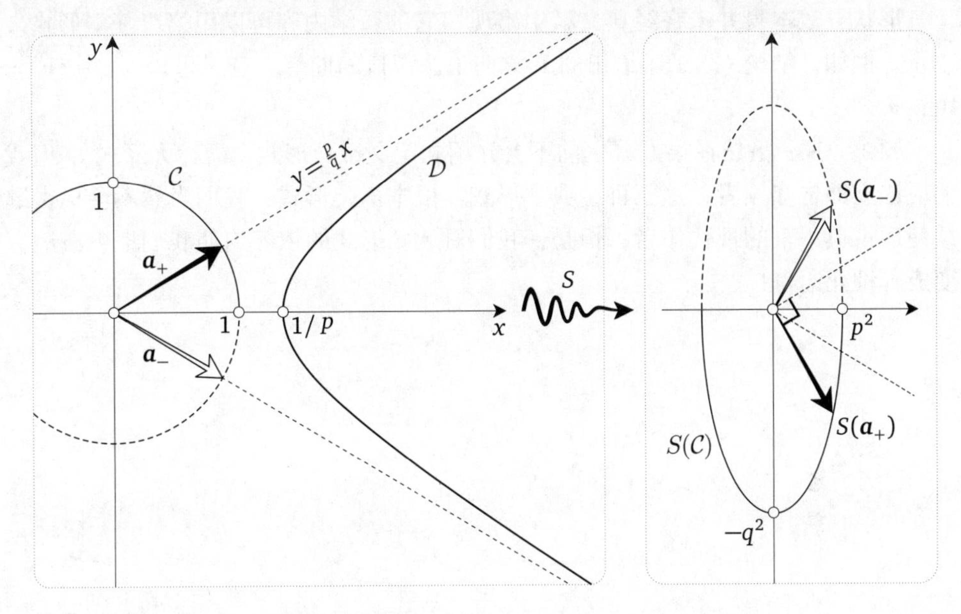

图 15-8 在双曲点，形状导数将迪潘指标线 $\mathcal{D}$ 的每个渐近向量 $\boldsymbol{a}_\pm$ 映到正交方向（朝相反的方向扭转）：S 将 $\boldsymbol{a}_\pm$ 扭转 $\mp(\pi/2)$

是 $\boldsymbol{n}$ 绕 $\boldsymbol{E}_1$ 转动的速率，即第 121 页引入的所谓挠率.[①] 于是，由式 (15.19) 可得

$$\text{在双曲点，曲面的曲率可以用渐近曲线的挠率 } \tau \text{ 表示为} \quad \mathcal{K}_{\text{ext}} = \left|[S]\right| = -\tau^2. \tag{15.26}$$

根据 Stoker (1969, 第 101 页)，这个结果归功于贝尔特拉米和恩内佩尔.

15.9 经典术语和记号：三种基本形式

当你查阅较早的微分几何经典著作时，会遇到本书中没有使用的术语和记号. 特别是，你肯定会遇到三种所谓的**基本形式**，即第一基本形式、第二基本形式和第三基本形式.

所有三种基本形式都是切向量对 $(\boldsymbol{u},\boldsymbol{v})$ 的对称函数.

第一基本形式：$\quad \mathrm{I}(\boldsymbol{u},\boldsymbol{v}) \equiv \boldsymbol{u}\cdot\boldsymbol{v}.$

第二基本形式：$\quad \mathrm{II}(\boldsymbol{u},\boldsymbol{v}) \equiv S(\boldsymbol{u})\cdot\boldsymbol{v}.$

第三基本形式：$\quad \mathrm{III}(\boldsymbol{u},\boldsymbol{v}) \equiv S(\boldsymbol{u})\cdot S(\boldsymbol{v}).$

① 不久前，我们用字母 τ 表示奇异值分解中的“扭转”（与挠率没有关系），希望不要引起混淆.

形状导数本身并未在经典文献中出现[①]，它的数学内容可以用第二基本形式来表示. 例如，结论 (15.18) 给出的 $\widehat{v}$ 方向上法截痕的曲率，昔日可以写成 $\kappa(\widehat{v}) = \mathrm{II}(\widehat{v}, \widehat{v})$.

预先声明: 虽然在第五幕之前不会介绍和定义**微分形式**（简称为**形式**），但我们应该立即告知读者，这三种经典“形式”根本*不是*形式！我们当然不会指责继续使用古典语言的现代作者，但是，我们对*真正*形式的依赖迫使我们把古典语言变成一种死语言！

① 形状导数最初是由巴雷特 · 奥尼尔在他开创性的基础教科书（O'Neill, 2006）中认真倡导的，从而被广泛使用，该书第 1 版问世于 1966 年.

第 16 章　全局高斯–博内定理，引论

16.1　一些拓扑学知识与结果的陈述

全局高斯–博内定理被广泛认为是数学中最美丽的结果之一. 此外，它也是基础性的，促成人们发现了更强有力的普遍推广，其顶点（目前）可能是 1963 年发现的**阿蒂亚–辛格指数定理**. 这个定理反过来又在数学的其他领域和理论物理学中引起了翻天覆地的变化. 这些后续的发展远远超出了本书的讨论范围，遗憾的是，也超出了本书作者的能力范围，但 GGB（我们今后将用这个缩写来表示全局高斯 – 博内定理）最初的叙述形式简单、容易理解得惊人. 我们只需要少量准备就能陈述结果.

首先，曲面上的一个区域 P 的**全曲率** $\mathcal{K}(P)$（很自然地）定义为

$$\mathcal{K}(P)=\iint_P \mathcal{K}\,\mathrm{d}\mathcal{A}.$$

（注记：即使在现代，这个概念仍然偶尔用它的古拉丁语名字 **Curvatura Integra**，直译为**曲率积分**.）例如，如果 P 是以任意简单曲线为边界的平整纸片，则 $\mathcal{K}(P)=0$. 如果我们现在将纸张弯曲成不同的形状 $\widetilde{P}$（但不拉伸它），例如卷成一个圆柱面或圆锥面的一部分，则根据绝妙定理有 $\mathcal{K}(\widetilde{P})=0$.

但现在假设 P 是由一种伸缩性非常好的材料（比如橡胶）制成的. 如果我们在球面上拉伸 P，那么 $\mathcal{K}(\widetilde{P})>0$. 事实上，通过选择尽可能小的球面，我们可以让它的曲率尽可能大，这样，$\mathcal{K}(\widetilde{P})$ 也变得尽可能大. 如果我们把 P 拉伸成伪球面的一部分，那么 $\mathcal{K}(\widetilde{P})<0$，同样，我们可以让它的曲率尽可能接近负无穷大.

这样一个连续、一对一的拉伸 $P\mapsto\widetilde{P}$，既不保持长度不变，甚至也不保持角度不变，称为**拓扑映射**或**拓扑变换**，或**同胚**. 相比古希腊几何学寻找在刚性变换（具有保持距离不变的性质）下不变的图形的性质，在 19 世纪出现了一个新的数学领域，叫作**拓扑学**. 与古希腊几何学一样，在这个领域中寻找的是在拓扑变换下不变的性质.

显然，曲率的概念不属于拓扑学：在点 p 附近拉伸曲面会改变 $\mathcal{K}(p)$ 的值. 事实上，我们刚刚看到 $\mathcal{K}(\widetilde{p})$ 可以被设定为我们喜欢的任何值，无论是正的还是负的. 同样，较原始的长度和角度等概念也不属于拓扑学. 因此，乍一看，拓扑学似乎是一个相当平凡、缺乏内涵的研究领域：数学里那么多有趣而微妙的东西怎

么能在非常复杂而且极端扭曲的拓扑映射中生存下来?

值得注意的是，事实远非如此. 在其主要创立者（黎曼和庞加莱）的热情支持下，拓扑学迅速成长为一个威力强大但仍然善良的“许德拉”[①]，统一解释了一些相去甚远、迥然不同的现象和想法.

为了引入第一个拓扑不变量，我们将注意力限制在可定向的闭曲面上. 任何这样的曲面都可以被看成 $\mathbb{R}^3$ 中某个立体对象的边界. 所谓**可定向**是指人们可以一致地决定，在 $\boldsymbol{n}$ 的两个相反选择中，哪一个是曲面的法向量. 闭曲面是自动定向的，即以指向立体对象外面的方向为法向量，也就是所谓的外法向.

但是每个曲面都是可定向的吗? 不! 正如默比乌斯和利斯廷[②]分别在 1858 年独立发现的那样，取一条纸带，把它的一端横向拧半圈，然后与另一端粘在一起，形成一个圈，这就产生了一个只有一面的曲面! 如图 16-1 所示，从在任意初始位置选择的 $\boldsymbol{n}$ 开始，沿中心线带着 $\boldsymbol{n}$ 连续地走一圈，返回到初始位置时就成了 $-\boldsymbol{n}$. 因此，这个曲面是不可定向的，称为默比乌斯环[③].

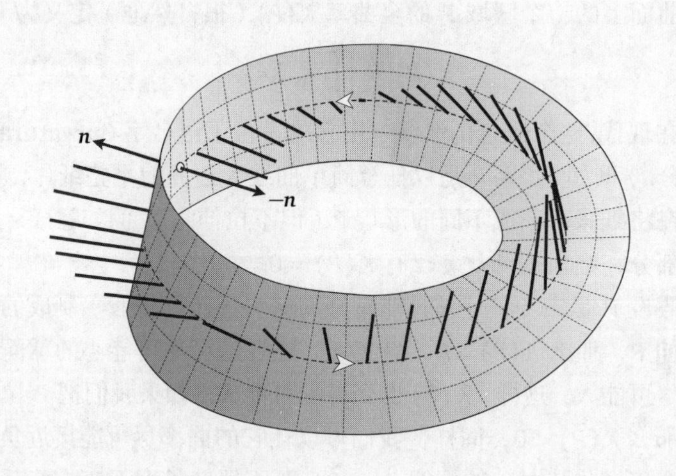

图 16-1　默比乌斯环是不可定向的：$\boldsymbol{n}$ 沿着中心线走一整圈，回到初始位置时就成了 $-\boldsymbol{n}$

回到可定向的普通闭表面，拓扑上区分不同闭曲面的一个基本特征是它包含的孔的数量，称为曲面的**亏格** g. 图 16-2 中显示了几个曲面亏格的值. 每一对具有相同亏格的曲面是**拓扑等价的**，或**同胚的**，这意味着一个曲面可以通过拓扑映

① 许德拉（Hydra），希腊神话中的九头蛇，被砍去一个头后能立即长出新头，后为大力神赫拉克勒斯所杀. 常用来喻指棘手的复杂事物，难以根绝的麻烦，或再生力强的事物，如小写的 hydra 是水螅. ——译者注

② 利斯廷（1808—1882），德国数学家，曾编写最早的拓扑学教科书之一. ——译者注

③ 常常也称为默比乌斯带.

射（又称同胚）变成另一个拓扑等价的曲面．但是，由于 g 在拓扑映射下是不变的，所以不同亏格的两个曲面不是拓扑等价的．

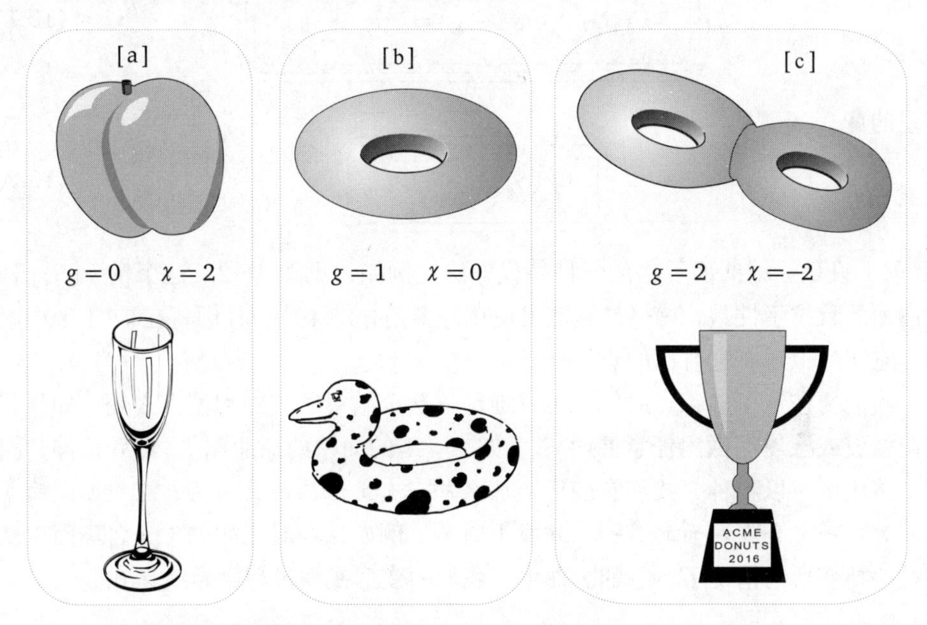

图 16-2 每一对曲面在拓扑上是相同的，与其他对的区别是孔的个数，即亏格不同．图中还显示了对应的欧拉示性数，$\chi=2-2g$

黎曼在 1851 年对亏格的定义更为精确[①]：切割闭曲面的切口是不相交的闭合环线，但不会将曲面分为两个不连通的部分，能这样做的最大次数即为曲面的亏格．例如，沿着任何闭合环路切割球面都会将其一分为二，因此球面的亏格为 0．在环面上，我们可以只沿着一个环线切割而不将环面切割成两部分：例如，沿着环绕对称轴的赤道切割，或者沿着穿过孔的圆周（其平面包含对称轴）切割．但是如果我们现在用同样的方式在切了一刀的环面上再切一刀，就会把它分成两部分，所以环面的亏格为 1．试着（在你的脑海中）在一个双孔甜甜圈（如图 16-2c 所示）上做环线切割，并验证 $g=2$．

默比乌斯在 1863 年认识到，每一个封闭、可定向的曲面都在拓扑上等价于一个有 g 个孔的环面．我们将接受这种视觉上似是而非的陈述，但读者在寻找精确的定义和证明时，应该参考我们在附录 A 中推荐的优秀拓扑学教科书．

我们现在可以陈述标题所说的这个迷人结果了：

全局高斯–博内定理（GGB）． 一个可定向的闭曲面 $\mathcal{S}_g$ 的全曲率仅仅取决于

① 见史迪威（Stillwell, 1995, 第 58 页）．

它的拓扑亏格 g 且

$$\mathcal{K}(\mathcal{S}_g) = 4\pi(1-g) = 2\pi\chi(\mathcal{S}_g). \tag{16.1}$$

这里的量

$$\chi(\mathcal{S}_g) \equiv 2-2g \tag{16.2}$$

（目前）只是标记曲面亏格的一种替代方法：例如，见图 16-2．这个量 $\chi(\mathcal{S}_g)$ 称为曲面的**欧拉示性数**，它很自然地出现在许多拓扑结果中，我们将在 18.1 节中解释，它实际上还有它自己的意义．

我们要在这里多花点时间来更好地理解这个结果的美丽和惊人之处．如果我们用橡胶或橡皮泥做出任意曲面 $\mathcal{S}_g$（如 $g=1$ 的简单的甜甜圈），然后拉伸、扭曲、挤压……以各种方式将它变形，那么*每一次变形在曲面的某一点处增大曲率的同时，一定会在曲面的另一点处减小曲率*．例如，在对甜甜圈（又名**环面**）做各种拓扑变形的情况下，它的全曲率在我们的变形操作过程中始终是 0．

16.2 球面和环面的曲率

16.2.1 球面的全曲率

如果曲面 $\mathcal{S}$ 拓扑等价于球面（即 $g=0$），由 GGB 预测其全曲率应为 4π．在几何球面 $\mathcal{S}$ 的情况下，这很容易用多种方法验证．我们提供三种证明方法，最后一种证明方法将可以推广到球面之外的情况．

首先，半径为 R 的球面的每个法截痕本身就是半径为 R 的圆周，即曲率为 $(1/R)$．所以高斯曲率 $\mathcal{K}=\kappa_1\kappa_2=(1/R^2)$，于是全曲率就是

$$\mathcal{K}(\mathcal{S}) = \iint_{\mathcal{S}} \mathcal{K}\,\mathrm{d}\mathcal{A} = \iint_{\mathcal{S}} \frac{1}{R^2}\,\mathrm{d}\mathcal{A} = \frac{1}{R^2}4\pi R^2 = 4\pi.$$

其次，第 151 页图 12-2 中的解释更有启发性：如果 P 是 $\mathcal{S}$ 上的一个区域，$\widetilde{P}=n(P)$ 是 P 的球面像，则

$$\mathcal{K}(P) = [P\ \text{在}\ \mathbb{S}^2\ \text{上的球面像的面积}] = \mathcal{A}(\widetilde{P}). \tag{16.3}$$

现在，取曲面 $\mathcal{S}$ 的单位球面像 $\mathbb{S}^2$ 与 $\mathcal{S}$ 有相同的球心，如第 151 页图 12-3 所示，则球面映射就是径向投影．由此可知，$\widetilde{\mathcal{S}}=n(\mathcal{S})=\mathbb{S}^2$．因此，根据式 (16.3) 可知，$\mathcal{K}(\mathcal{S})=\mathcal{A}(\mathbb{S}^2)=4\pi$．

最后，我们想象 $\mathcal{S}$ 是由半径为 R 的半圆周 C 绕其直径 L 旋转而生成的旋转曲面，如图 16-3 所示.

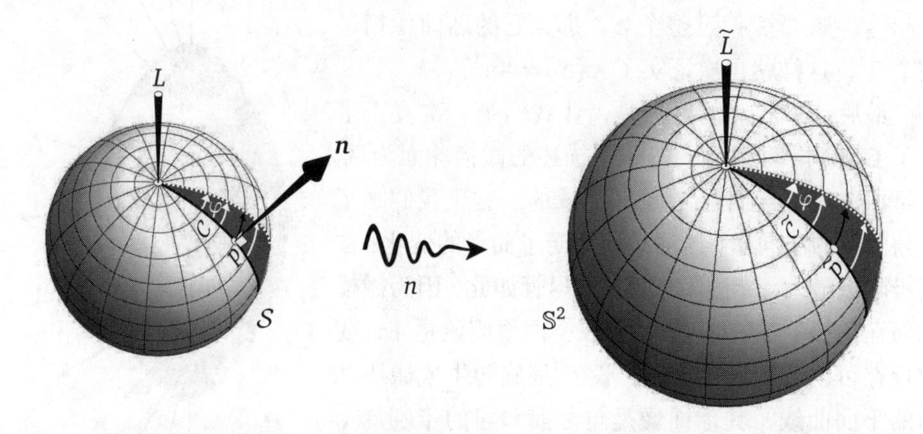

图 16-3 半圆周 C 绕 L 旋转 φ，其球面像 $\widetilde{C}$ 在 $\mathbb{S}^2$ 上旋转同样的角度，生成角为 φ 的月牙形. 当 φ 增加到 2π 时，$\widetilde{C}$ 扫过整个 $\mathbb{S}^2$，所以 $\mathcal{K}=4\pi$

虽然我们可以通过让 C 旋转 2π 得到整个球面，但图 16-3 中所示的只是这个过程的一部分，是让 C 旋转角 φ，生成一个所谓的*月牙形*.

关键的是，这个方法适用于*任意*旋转曲面，即由*任意*平面曲线 C 绕其所在平面内*任意*一条直线旋转而成的曲面：

> 如果平面曲线 C *及*其单位法向量 $\boldsymbol{n}$ *一起*围绕 C 所在平面上的任意一条直线旋转，那么旋转后的 $\boldsymbol{n}$ 就是 C 生成的旋转曲面的法向量.

从图 16-3 中的特殊情况很容易理解这种解释. 曲面上一个典型点 p 处的切平面由以下两个方向张成：(1) 旋转曲线 C 的切方向；(2) p 旋转时的移动方向（即垂直于 C 所在的平面）. 但 $\boldsymbol{n}$ 最初垂直于这两个方向，所以当 C 和 $\boldsymbol{n}$ 一起旋转时，它*仍然*垂直于 (1) 和 (2). 因为 $\boldsymbol{n}$ 垂直于张成 $\mathcal{S}$ 的切平面的两个方向，所以它是 $\mathcal{S}$ 的法向量.

由于式 (16.3)，这就直接意味着以下结果：

> 设 C 是平面曲线, L 是这个平面上的一条直线, $\widetilde{L}$ 是经过 $\mathbb{S}^2$ 的球心并平行于 L 的直线, 则当 C 绕 L 旋转时, 它的球面像 $\widetilde{C}=n(C)$ 以同样的速率绕 $\widetilde{L}$ 旋转，由 C 扫过的曲面的全曲率等于 $\widetilde{C}$ 在 $\mathbb{S}^2$ 上扫过的（带正负号的）总面积. (16.4)

特别地，如图 16-3 所示，这个月牙形的球面像就是 $\mathbb{S}^2$ 上的一个月牙形，其角度与原来月牙形的角度相等. 如果 $\mathcal{C}$ 扫过整个 $\mathcal{S}$，那么它的球面像扫过整个 $\mathbb{S}^2$，这样就再次证实了 $\mathcal{K}(\mathcal{S}) = 4\pi$.

最后这种观点的好处是，让我们第一次真正了解了 GGB 本身. 以图 16-4 中描述的橄榄球面为例，它是由曲线 C 绕直线 L 旋转生成的. 这里我们画了等角间距的法向量，这清楚地表明了曲率的变化：在两极附近最大，赤道附近最小. 尽管如此，因为橄榄球面在拓扑上等价于球面，所以全曲率应该是 4π，我们现在可以看到确实如此. 设 C 是旋转生成橄榄球面的平面曲线，其球面像是与之前相同的半圆周 $\widetilde{C}$（它连接 $\mathbb{S}^2$ 的两个极点），因此当 C 旋转产生橄榄球面时，$\widetilde{C}$ 旋转扫过 $\mathbb{S}^2$，与之前一样，所以橄榄球面的全曲率确实是 4π!

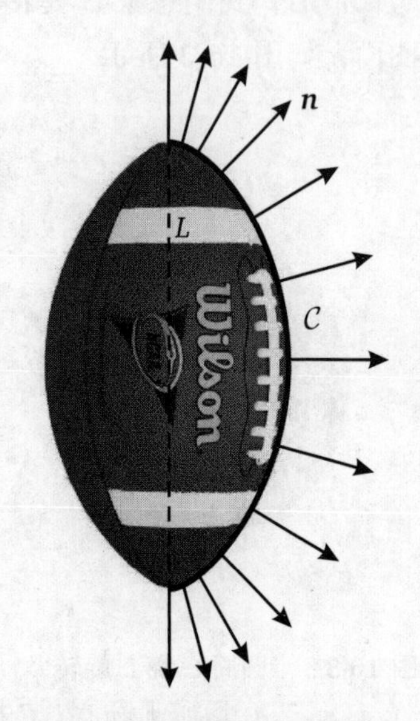

图 16-4 美式橄榄球的球面像是整个 $\mathbb{S}^2$，所以 $\mathcal{K}$(橄榄球面) $= 4\pi$，与 GGB 一致

显然，关键是橄榄球面的球面像覆盖了整个 $\mathbb{S}^2$. 在下一章中，我们将详细阐述该思想，以便得出关于 GGB 的第一个（启发式）证明.

16.2.2 环面的全曲率

正如我们在第 130 页经验 (10.13) 中所看到的，如果 C 有一段是凸向旋转轴 L 的，那么当它围绕 L 旋转时，产生的部分曲面具有*负*曲率. 在这种情况下，$\widetilde{C}$ 在 $\mathbb{S}^2$ 上产生的面积应该从全曲率中*减去*. 环面上当然有正曲率的区域，也有负曲率的区域，现在我们就用环面来说明这个现象.

根据 GGB，甜甜圈（环面）的全曲率应该为 0. 在第 104 页习题 23 中，你已经通过对整个曲面上的曲率积分，可以说是用蛮力验证了这一点. 我们现在能够提供一个真正的*解释*，实际建立一个（表面上）更强局部（而不是全局）结果.

假设我们吃不下整个甜甜圈，只希望吃一小块：可以切出一个楔形（见图 16-5 中的深色阴影区域），就像切蛋糕一样，沿着通过对称轴的平面切两刀. 现在我们将结果 (16.4) 应用于图 16-5 来证明这个从甜甜圈上切下来的楔形的全曲率必定为 0. 随之而来的是贪婪：我们切下来的甜甜圈越来越大，直到把整个甜甜圈都吃掉!

当圆周 C 绕 L 旋转角度 φ 时，其球面像 $\widetilde{C}$（大圆）在 $\mathbb{S}^2$ 上以相同的速率旋

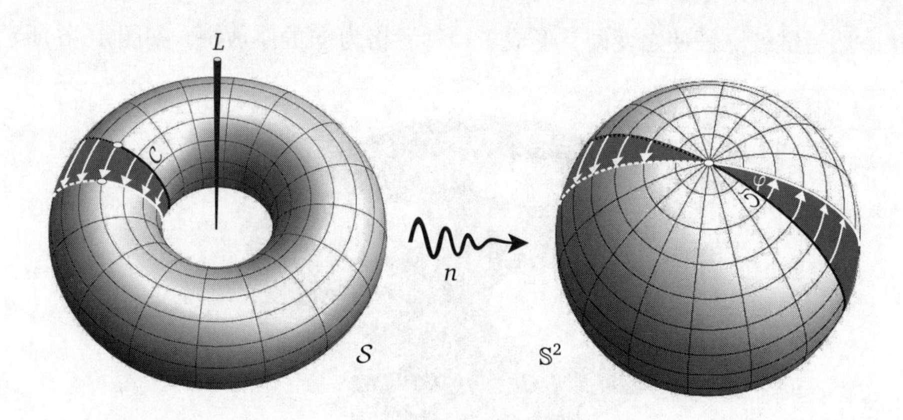

图 16-5 当圆周 C 绕 L 旋转角度 φ 时，其球面像 $\widetilde{C}$（大圆）在 $\mathbb{S}^2$ 上以相同的速率旋转，产生两个角度为 φ 的月牙形，它们的面积相等. 正如我们所看到的，球面地图上对应于甜甜圈外半边的月牙形保持方向不变，取正号；对应于内半边的月牙形则反转方向，取负号. 楔形甜甜圈的全曲率等于两个月牙形一正一负的面积之和，所以为 0. 于是，整个甜甜圈的全曲率也为 0

转，产生两个角度为 φ 的月牙形. 正如我们所看到的，球面地图上对应于甜甜圈外半边的月牙形保持方向不变，对应于内半边的月牙形则反转方向. 为了突出甜甜圈负弯曲的内半部分方向的反转，我们在那里放置了标签 C，因此它被映射到一个反向的 $\widetilde{C}$.

楔形甜甜圈的全曲率等于两个月牙形数值相等、正负号相反的面积之和，所以为 0. 令 φ 增加到 2π，则甜甜圈的外半圈的球面像以正面积完全覆盖 $\mathbb{S}^2$ 一次，甜甜圈的内半圈的球面像以负面积再次完全覆盖 $\mathbb{S}^2$，使得总和为 0，从而 $\mathcal{K}(\text{整个甜甜圈}) = 4\pi + (-4\pi) = 0$.

还可以看到，甜甜圈顶部的整个圆周（它是甜甜圈曲率相反的外半圈和内半圈的分界线）被映射为一个单点，即 $\mathbb{S}^2$ 的北极点. 同样，底部整个圆周（将甜甜圈放在平面上时，它与平面接触的位置）被映射为南极点. $\mathbb{S}^2$ 上的这些点，即分别完全覆盖 $\mathbb{S}^2$ 的两层连接在一起的地方，称为**分枝点**.

我们的下一个任务是考虑有多个孔的曲面，找到其全曲率的可视化方法.

16.3 看一看厚煎饼的 $\mathcal{K}(\mathcal{S}_g)$

想象一下，把非常稠的煎饼面糊倒进煎锅里，做出一个又大又厚的煎饼. 在面糊即将凝固时，我们迅速拿起一个圆柱形的饼干切割器，从煎饼内部取出 g 个圆柱形圆盘，留下 g 个孔. 面糊开始渗回孔里，因此形成了像甜甜圈内半部分的形状．然后继续烹饪使之变硬，形成了一种亏格为 g 的厚煎饼，如图 16-6 所示．

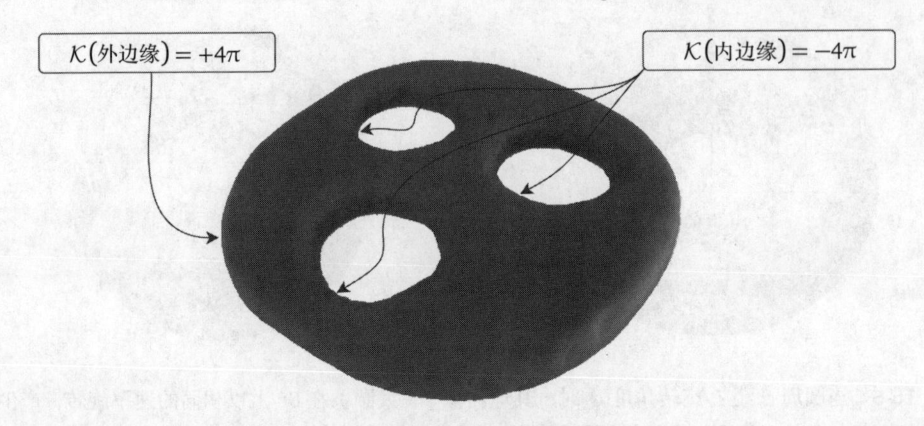

图 16-6　这里的 $\mathcal{S}_g$ 是有 g 个孔的厚煎饼的表面．它的底部和顶部都是平坦的，对全曲率没有贡献，而外边缘有 $\mathcal{K}=+4\pi$，g 个内边缘中的每一个都有 $\mathcal{K}=-4\pi$．所以全曲率是 $\mathcal{K}=4\pi(1-g)$

球面映射将煎饼的整个平坦的底部映射为 $\mathbb{S}^2$ 的南极，同样也将煎饼的平顶映射为北极．正如预期的那样，它们在球面上不会产生任何面积，所以对全曲率没有贡献．

另外，煎饼的外边缘就像环面的外半圈，所以它的球面像用正面积覆盖了整个球面一次，对全曲率的贡献为 4π．但煎饼上 g 个孔的每一个内边缘都像环面的内半圈，所以每一个都有一个用负面积覆盖整个球面的球面像，对全曲率的贡献是 -4π．因此由式 (16.3) 我们看到①了下面这一点

$$\mathcal{K}(\mathcal{S}_g)=4\pi+(-4\pi)g=4\pi(1-g)=2\pi\chi(\mathcal{S}_g).$$

16.4　看一看面包圈和桥的 $\mathcal{K}(\mathcal{S}_g)$

现在，请听我说一个我个人的故事，当然与我们一直讨论的话题有关．

有一天，我在旧金山大学校园附近的一家面包圈店排队时，发现陈列柜里只剩下半打普通的面包圈，连成一排安静地躺在烤盘里——正好是我想买的数目！在继续等待的同时，我用两种想法来消磨时间：(1) 狂热地“祈祷”（尽管我是无神论者），希望排在我前面的三个人不喜欢普通的面包圈；(2) 快乐地确定，我要的东西是有 6 个孔的物件，即使我没有关于这种物件的任何详细几何知识，但 GGB 绝对保证其全曲率恰是 -20π．

① 我的朋友汤姆 · 班科夫教授在我之前很久就有了同样的想法，甚至想到了煎饼．虽然我从未见过他把这种想法写下来，但我（通过私人谈话）知道是他先有这个想法的．

我的祈祷实现了！服务员轻轻地把连成一排的 6 个面包圈，一个一个地撕下来，依次放进一个牛皮纸袋里，然后递给我. 当我离开商店的时候，我突然想到，虽然纸袋里的每一个面包圈看起来都完全没有动过，但它们原来的全曲率 -20π 已经蒸发为 0 了！那个做了“坏事”的服务员似乎没有留下任何破坏的痕迹，但就是他“抢劫”了 GGB 承诺给我的所有负曲率！

显然，几何学上的唯一变化在面包圈之间的那些极小的连接处（我们称之为桥），它们在这里被撕开了. 因此，这些地方一定是 -20π 曲率“劫案”的元凶. 因为这 6 个面包圈由 5 个桥连接在一起，所以每个面包圈被撕下来的时候都增加了 4π 曲率，这样就抵消了每个桥最初存储的 -4π 的曲率.

现在我们将要证实这个理论，从而解释这个谜团，让我们以一种新的方式来看待 $\mathcal{K}(\mathcal{S}_g)$.（顺便说一句，原谅那个服务员做的“坏事”!）

考虑图 16-7 中上方的曲面，它看起来像厚煎饼上孔的内边缘，但是现在侧立起来了，也可以把它想象成环面的内半圈. 我们已经讨论过，它的球面像用负面积覆盖 $\mathbb{S}^2$ 一次，所以它的全曲率是 $\mathcal{K} = -4\pi$.

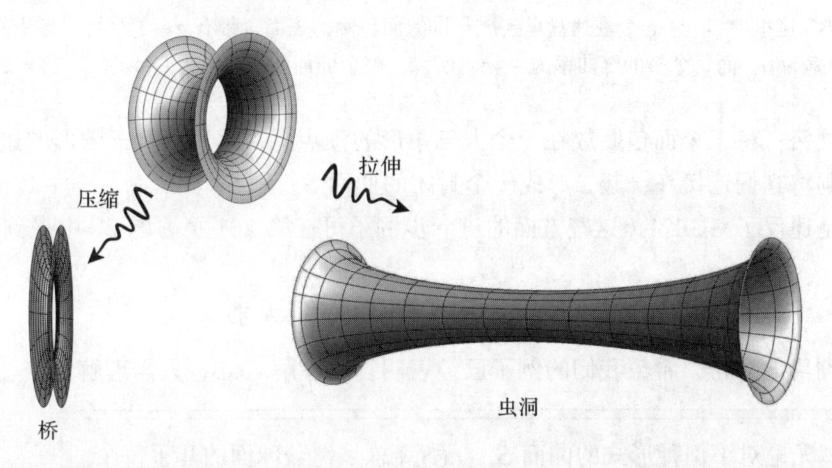

图 16-7 上方的曲面是环面的内半圈，$\mathcal{K} = -4\pi$. 将它压缩成一个面包圈桥（左）或拉伸成虫洞（右），全曲率不变

假设我们将这个曲面沿水平方向压缩，形成左边的曲面，就像在烤盘中两个面包圈之间的桥. 如果我们跟踪曲面在压缩过程中球面像的演变，会发现当桥的狭窄喉部区域收缩时，它的球面像实际上在膨胀. 但压缩后的桥形曲面整体上仍与未压缩的原桥形曲面具有相同的球面像，因此其全曲率仍为预期的 $\mathcal{K} = 4\pi$.

我们将来还要用到另一种情形，即图 16-7 右边所示的**虫洞**，这是将上方的曲面拉伸产生的曲面. 它的总曲率同样不会改变，也有 $\mathcal{K} = 4\pi$.

图 16-8 清楚地显示，由于每个桥 $\mathcal{K}=4\pi$，所以结果与 GGB 一致：

$$\mathcal{K}(\mathcal{S}_g)=g\cdot\mathcal{K}(\text{面包圈})+(g-1)\cdot\mathcal{K}(\text{桥})=g\cdot 0+(g-1)\cdot(-4\pi)=4\pi(1-g).$$

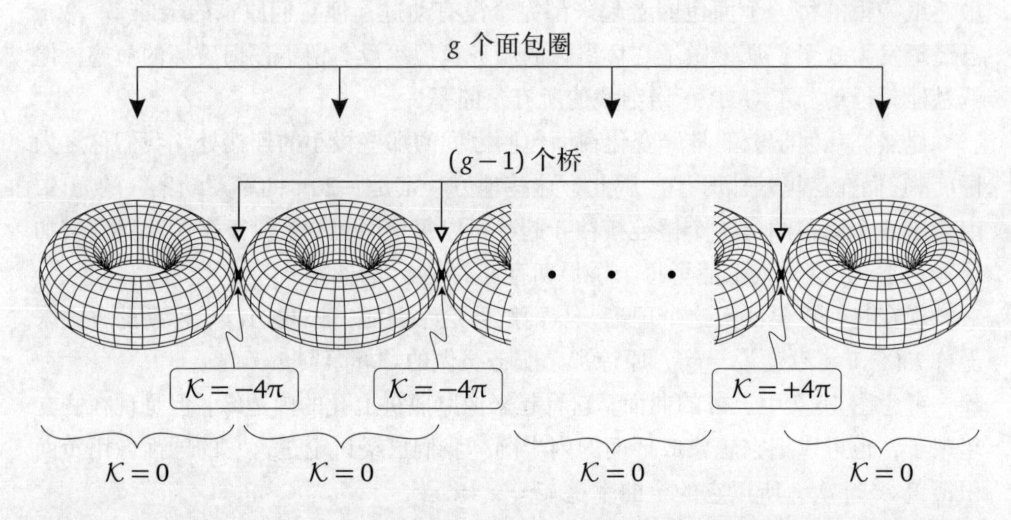

图 16-8 这里的 $\mathcal{S}_g$ 是 g 个在烤盘里连成一排的面包圈的表面，带有 $g-1$ 个桥. 每个面包圈的全曲率为 0，而每个桥的全曲率为 -4π. 所以，整个曲面的全曲率为 $(-4\pi)(g-1)=2\pi\chi$

提问：将三个面包圈放在一个大三角形的顶点上，然后沿着三角形的边用三个虫洞将它们连接在一起，形成一个封闭的曲面 $\mathcal{S}$，$\mathcal{K}(\mathcal{S})=3\mathcal{K}_{\text{虫洞}}=-12\pi$. 这是不是违反了 GGB?!（这些方面的进一步例子可在第 261 页习题 22 中找到.）

16.5 拓扑度和球面映射

到目前为止，希望我们的例子已经表明，要理解 GGB，只需理解：

> 无论对于何种形式的曲面 $\mathcal{S}_g$，$n(\mathcal{S}_g)$ 总是覆盖球面的几乎每个点 $1-g$ 次，其中覆盖的层数是正负相加的代数和，正负号由球面像的方向决定. (16.5)

为了澄清这个陈述，本节将引入**拓扑度**[①]的概念，它对 $\mathbb{S}^2$ 中每个点被覆盖的次数进行精确的代数计数. 我们说“几乎每个点”的原因是允许有分枝点，就像在环面的例子中提到的.

① 也称为布劳威尔度，以荷兰拓扑学先驱布劳威尔（1881—1966）的名字命名，他第一个系统地提出了这个概念.

首先要注意的是，(16.5) 并不意味着 $\mathcal{S}_g$ 的球面像总共只把 $\mathbb{S}^2$ 覆盖了 $|1-g|$ 层. 事实上，在图 16-6 所示厚煎饼的情形下，$\mathbb{S}^2$ 的覆盖 $n(\mathcal{S}_g)$ 是由 1 层正覆盖和 g 层负覆盖组成的，总共覆盖了 $g+1$ 层. 换句话说，对于 $\mathbb{S}^2$ 上的任意给定点 $\widetilde{p}=n(p)$，在煎饼表面有 $g+1$ 个点 p_i 的法向量平行于 $\widetilde{p}$ 的法向量，即对于 $i=1,2,\cdots,g+1$ 有 $n(p_i)=\widetilde{p}$.

令 $\mathcal{P}(\widetilde{p})$ 为曲面 $\mathcal{S}$ 上取正曲率 [$\mathcal{K}(p_i)>0$] 的点 p_i 的个数，即在点 p_i 处的球面映射 n 保持点 $\widetilde{p}$ 周围边界的旋转方向不变，于是 $\mathbb{S}^2$ 上点 $\widetilde{p}$ 的邻域被正面积覆盖一次. 同样，令 $\mathcal{N}(\widetilde{p})$ 为曲面 $\mathcal{S}$ 上取负曲率 [$\mathcal{K}(p_i)<0$] 的点 p_i 的个数，即在点 p_i 处的球面映射 n 使得点 $\widetilde{p}$ 周围边界的旋转方向反转，于是 $\mathbb{S}^2$ 上点 $\widetilde{p}$ 的邻域被负面积覆盖一次. 例如，在图 16-6 所示厚煎饼的情形下，$\mathcal{P}(\widetilde{p})=+1$，与 $\widetilde{p}$ 无关；而 $\mathcal{N}(\widetilde{p})=g$，也与 $\widetilde{p}$ 无关.（这里，以及接下来，我们都将 $\mathcal{K}=0$ 的点排除在外，因为这些点对于覆盖 $\mathbb{S}^2$ 没有贡献.）

我们现在就可以定义球面映射的**拓扑度**（或更常用的“度”）如下：

> 设 $\mathcal{S}_g$ 是亏格为 g 的定向闭曲面，$\widetilde{p}$ 是 $\mathbb{S}^2$ 上的点，球面映射的**拓扑度** $\deg[n(\mathcal{S}_g),\widetilde{p}]$ 是 $n(\mathcal{S}_g)$ 覆盖 $\widetilde{p}$ 的次数考虑了方向的代数和：
>
> $$\deg[n(\mathcal{S}_g),\widetilde{p}]\equiv\mathcal{P}(\widetilde{p})-\mathcal{N}(\widetilde{p}), \tag{16.6}$$
>
> 其中 $\mathcal{P}(\widetilde{p})$ 是 $\widetilde{p}$ 满足 $\mathcal{K}>0$ 的原像的个数，$\mathcal{N}(\widetilde{p})$ 是 $\widetilde{p}$ 满足 $\mathcal{K}<0$ 的原像的个数.

当 $\mathcal{S}_g$ 是厚煎饼时，$\mathcal{P}$ 和 $\mathcal{N}$ 与 $\widetilde{p}$ 无关，所以球面映射的度为

$$\deg[n(\text{有 } g \text{ 个孔的厚煎饼})]=\mathcal{P}-\mathcal{N}=1-g.$$

当 $\mathcal{S}_g$ 是图 16-8 中通过桥连成一排的面包圈时，$\mathbb{S}^2$ 被 g 个面包圈覆盖了 $2g$ 次，被桥的球面像覆盖了 $g-1$ 次. 于是，$\mathbb{S}^2$ 上的每个点都被覆盖了 $3g-1$ 层. 这个例子里的覆盖次数也是与 $\widetilde{p}$ 无关的，所以，这些覆盖的代数和为：

$$\deg[n(g \text{ 个通过桥连成一排的面包圈})]=\mathcal{P}-\mathcal{N}=g-[g+(g-1)]=1-g,$$

仍然与前面的结果一样.

理解 GGB（至少从目前的观点来看）的关键是能够看到，这个反复出现的结果不是巧合，度在本质上确实是一个拓扑不变量——每个曲面 $\mathcal{S}_g$ 的度都满足相同的方程：

$$\deg[n(\mathcal{S}_g)] = \mathcal{P} - \mathcal{N} = (1-g) = \frac{1}{2}\chi(\mathcal{S}_g). \tag{16.7}$$

简言之，如果我们能够证明式 (16.7)，就证明了 GGB［式 (16.1)］.

16.6　历史注释

虽然高斯和博内无疑为 GGB 铺平了道路，但他们谁都没有意识到这是个非凡的结果，更不用说公布了！

但这个名字一直流传了下来．即使那些知道这个名字在历史上不准确的人现在也不敢修正它，似乎我们都同意这样一个观点：一个名字所包含的内容，比这个名字本身在历史上是否准确更重要.

正如我们已经讨论过的，1827 年，高斯宣布他发现了*局部*高斯 – 博内定理 (2.6)（见第 24 页），内容是，如果 Δ 是一般曲面上的测地线三角形，那么它的角盈等于它的全曲率：

$$\mathcal{E}(\Delta) = \mathcal{K}(\Delta).$$

事实上，我们说的**局部高斯–博内定理**是指高斯的原始结果的一种推广（博内于 1848 年提出），即不再要求三角形的边是测地线．这就需要在上面方程的右边加上一项，表示边的全测地线曲率. [①] 然而，这两位先生都没有说任何关于封闭曲面的事.

GGB 的发现实际上分两步，荣誉应该分别属于利奥波德 · 克罗内克[②]和沃尔特 · 戴克[③]. [④] 第一步，克罗内克在 1869 年引入了度的概念，并证明了 $\mathcal{K}(\mathcal{S}_g) = 4\pi\deg(n)$. 第二步，戴克在 1888 年证明了 $\deg(n) = \frac{1}{2}\chi$，从而完成了 GGB 的现代形式 (16.1) 的证明.

---

① 这将在第四幕结束时（见第 256 页习题 6）予以证明.

② 利奥波德 · 克罗内克（1823—1891），德国数学家与逻辑学家．他是直觉主义的代表人物，认为算术与数学分析都必须以整数为基础，曾反对他的学生格奥尔格 · 康托尔提出的集合论．——译者注

③ 瓦尔特 · 戴克（1856—1934），德国数学家．他第一个提出，拓扑学是要研究在具有连续逆的连续函数作用下不变的性质，从而为拓扑学要做什么给出了清楚的定义．他也是将高斯 – 博内公式叙述为全局定理的第一人．——译者注

④ 见赫希（Hirsch, 1976）. 正如贝尔热（Berger, 2010，第 380 页）所说，沃纳 · 博伊偶尔被认为是 GGB 的创始人．然而博伊在论文（Boy, 1903）中明确地将 GGB 归功于克罗内克和戴克，而博伊本人将 GGB 推广到了不可定向的表面.

第 17 章　全局高斯-博内定理的第一个证明（启发性证明）

17.1　平面环路的全曲率：霍普夫[1]旋转定理

现在我们降低一个维度来讨论球面映射的度 [式 (16.7)] 的拓扑性质，以及 GGB [式 (16.1)]．也就是说，考虑 $\mathbb{R}^2$ 中一维曲线 $\mathcal{C}$ 到一维圆周 $\mathbb{S}^1$ 的法映射 N，来代替 $\mathbb{R}^3$ 中二维曲面 $\mathcal{S}$ 到二维球面 $\mathbb{S}^2$ 的球面映射/法映射 n. [2]

由于 GGB 涉及闭曲面，我们相应地将注意力限制在 $\mathcal{C}$ 是闭曲线的情况．此外，我们从最基本的情况开始，其中 $\mathcal{C}$ 不仅是闭的，而且是**简单的**——即没有任何自交．我们称这种简单的闭合曲线为**环路**.

尽管我们最终关注的是光滑曲线，就是处处具有明确定义的切线和法线的曲线，但还是先从三角形 Δ 开始．设 Δ 的内角为 θ_i，外角为 φ_i，因此 $\theta_i + \varphi_i = \pi$，如图 17-1a 所示.

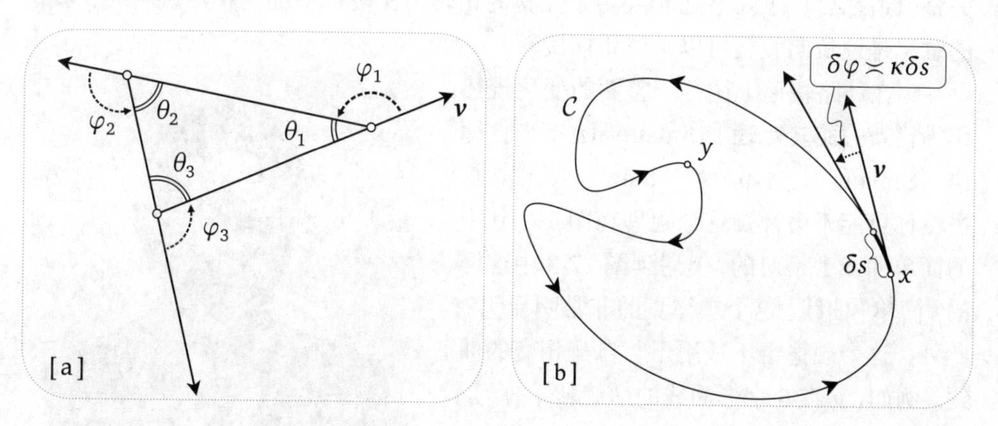

图 17-1　**霍普夫旋转定理**：当质点沿一个简单闭环走过一圈时，它的速度会经历一次正向旋转．在 [a] 中，$\varphi_1 + \varphi_2 + \varphi_3 = 2\pi$；在 [b] 中，$\oint_{\mathcal{C}} \mathrm{d}\varphi = \boldsymbol{v}$ 的净旋转 $= 2\pi$

如果我们想象一个质点逆时针绕 Δ 一圈，那么很明显它的速度向量 $\boldsymbol{v}$ 就转

① 这里的霍普夫就是图 17-2 所示的德国数学家．——译者注

② 曲面上的球面映射也可称为法映射．在讨论曲线时，圆周代替了球面，称这个映射为法映射更合适，所以作者有这样的写法．——译者注

了一整圈，这就等价于 Δ 的内角和为 π 这个基本事实：

$$\text{净旋转角} = \varphi_1 + \varphi_2 + \varphi_3 = 2\pi \iff \theta_1 + \theta_2 + \theta_3 = \pi.$$

注意，净旋转角的表述在某种意义上是这两者中较为简单和更基本的，因为如果我们推广到 n 边形，它保持不变，而内角和的表述虽然是等价的，但依赖于 n：

$$\text{净旋转角} = \sum_{i=1}^{n} \varphi_i = 2\pi \iff \sum_{i=1}^{n} \theta_i = (n-2)\pi.$$

在并非所有旋转都是同一个方向的情况下，净旋转的概念就很重要了．螺母沿螺栓的运动可以生动地说明这一点．假设你观察了螺母的初始位置后闭上眼睛，然后你的朋友以复杂的正向和反向组合旋转螺母，让螺母沿着螺栓来回移动．当你再睁开眼睛时，你不知道你的朋友到底做了什么样的旋转组合，但是知道净旋转是什么：它只是通过螺母从其起始位置移动了多远来衡量的．

在图 17-1b 中，考虑了速度 $\boldsymbol{v}$ 的这种净旋转，但现在的路径是光滑闭环 C，而不是多边形．不同于 $\boldsymbol{v}$ 的方向在 Δ 的顶点突然跳转角度 φ_i，现在 $\boldsymbol{v}$ 的方向沿着 C 平滑变化，并且如曲线所示，方向有时沿正向（逆时针）变化（如在 x 处），有时沿负方向（顺时针方向）变化（如在 y 处）．尽管如此，直观上似乎可以清楚地看到，当质点沿着 C 行进时，它的速度 $\boldsymbol{v}$ 沿途来回摇摆，但在沿正向走过 C 的完整轨道之后，净效果是 $\boldsymbol{v}$ 经历了完整的正转．在谈到 $\boldsymbol{v}$ 的这种净旋转时，我们的意思是说负向旋转可以抵消正向旋转．

$\boldsymbol{v}$ 在环路轨道上循行一整圈的变化规律称为霍普夫**旋转定理**［Umlautsatz[①]，来自德语“Umlauf”（循环）和“Satz”（定理）］．虽然你可能不会怀疑这个定理在图 17-1b 中的简单曲线上是对的，但遇到图 17-3 中这样的“简单”曲线，这个规律真的非常明显吗?! 此外，这个规律也不适用于与自身相交的曲线．例如，$\boldsymbol{v}$ 在 8 字形曲线的净旋转［练习］是多少?

图 17-2　海因茨 · 霍普夫（1894—1971），照片由恩斯特 · 阿曼提供

虽然这个结果在某种意义上自古以来就为人所知，但沃森（Watson, 1917）可能是第一个清楚地阐明它的人，而霍普夫（Hopf, 1935）是第一个提供纯拓扑证明的

① 可直译为循环定理，或更准确地说是“切线的旋转定理”．——译者注

图 17-3 真的很容易看出 $\boldsymbol{v}$ 净旋转角 $=2\pi$ 吗

人（见图 17-2）．霍普夫巧妙的几何思想可见第 262 页习题 23．在这里，我们希望提供一个具有启发性的别样证明，并将它作为严格证明 GGB 的模型之一．

我们首先要为它与之前对 GGB 的讨论建立明确的联系．首先，回想一下曲率 κ 只是 $\boldsymbol{v}$ 关于弧长 s（或时间，如果质点以单位速率行进）的旋转速率．因此，旋转定理可以重新表述为闭曲线的全曲率具有拓扑不变性：

$$\oint_{\mathcal{C}} \kappa\, \mathrm{d}s = \oint_{\mathcal{C}} \mathrm{d}\varphi = \boldsymbol{v} \text{ 的净旋转角} = 2\pi, \tag{17.1}$$

与 $\mathcal{C}$ 的形状无关．这与描述 GGB 的等式极其相似！

为了将这个描述与球面/法映射联系起来，令 $\mathcal{C}$ 的单位法向量为 $\boldsymbol{N}$，并且如第 150 页图 12-1 所示，定义一个映射 N，把平面曲线 $\mathcal{C}$ 上的点 p 映射到单位圆周 $\mathbb{S}^1$ 上对应于法向量 $\boldsymbol{N}_p$ 端点的点 $\widetilde{p}=N(p)$.

霍普夫用切向量的旋转来描述他的结果，我们也可以用法向量来表述，说在绕行 $\mathcal{C}$ 一圈后，$\boldsymbol{N}$ 净转了一圈，或者完全等价地用代数的语言说 $N(\mathcal{C})$ 覆盖了 $\mathbb{S}^1$ 一次.

对于在 $\mathcal{C}$ 上的一小段 δs，法向量的方向分布角为 $\delta\varphi$，即这些法向量的端点充满了 $\mathbb{S}^1$ 的一段弧，其长度为 $\delta\widetilde{s}=\delta\varphi$．于是，如我们在第 150 页讨论的一样，有

$$\kappa = \text{映射 } N \text{ 的局部长度放大系数} \asymp \frac{\delta\widetilde{s}}{\delta s},$$

所以，

$$\oint_{\mathcal{C}} \kappa\, \mathrm{d}s = 2\pi[N(\mathcal{C}) \text{覆盖 } \mathbb{S}^1 \text{ 的次数}]. \tag{17.2}$$

如我们对 GGB 的讨论一样，接下来，我们将引入映射 N 的度，并说明如何对 $N(\mathcal{C})$ 覆盖 $\mathbb{S}^1$ 的次数做代数计算.

即使 $\mathcal{C}$ 不是简单的环线，允许自相交，我们也可以用与前面完全同样的方式定义法映射（或球面映射）N 的度. 当质点 p 在曲线 $\mathcal{C}$ 上移动时，如果 $\kappa(p)>0$，则 $N(p)$ 绕 $\mathbb{S}^1$ 正旋转（逆时针）；如果 $\kappa(p)<0$，则 $N(p)$ 绕 $\mathbb{S}^1$ 负旋转（顺时针）. 于是，

设 $\mathcal{C}$ 是逆时针方向的闭曲线，$\widetilde{p}$ 是 $\mathbb{S}^1$ 上的点，球面/法映射 N 的度是 $N(\mathcal{C})$ 覆盖点 $\widetilde{p}$ 的次数的代数和，即考虑了方向的代数计数

$$\deg[N(\mathcal{C}),\widetilde{p}]\equiv\mathcal{P}(\widetilde{p})-\mathcal{N}(\widetilde{p}), \tag{17.3}$$

其中 $\mathcal{P}(\widetilde{p})$ 为 $\widetilde{p}$ 的原像中满足 $\kappa>0$ 的个数，$\mathcal{N}(\widetilde{p})$ 为 $\widetilde{p}$ 的原像中满足 $\kappa<0$ 的个数.

这个定义更为准确，它的关键优点是：这个度的定义与点 $\widetilde{p}$ 的选择无关. 有了这个定义，式 (17.2) 就变成

$$\oint_{\mathcal{C}}\kappa\,\mathrm{d}s=2\pi\deg[N(\mathcal{C})]. \tag{17.4}$$

由霍普夫旋转定理可知 $\deg[N(\text{简单环路})]=+1$，这样就从式 (17.4) 得到了式 (17.1).

17.2 变形圆周的全曲率

我们用一个具体的例子来展示和说明这个想法. 如果 $\mathcal{C}$ 是一个圆周，x 环绕 $\mathcal{C}$ 一圈，则它的像 $\widetilde{x}=n(x)$ 就以同样的角速度环绕 $\mathbb{S}^1$ 一次. 显然 $\deg[N(\mathcal{C})]=+1$. 现在我们逐渐挤压圆周，使得它发生对称的变形，变成图 17-4 左图所示的形状，类似于一个梨的纵截面.

图 17-4 右图中所示 $\mathbb{S}^1$ 上的点 $\widetilde{q}$，在 $\mathcal{C}$ 上的原像只有一个点 q，而点 $\widetilde{p}$ 的原像有三个点 p_1,p_2,p_3.

要寻找 $\widetilde{p}$ 的这些原像，有一个很好的想法，就是首先观察 $\mathcal{C}$ 上哪些点的切线与 $\mathbb{S}^1$ 上点 $\widetilde{p}$ 的切线（图 17-4 中没有画出来）平行. 现在想象已经取到了点 $\widetilde{p}$ 的切线，把这根切线平行地移动到 $\mathcal{C}$，最终扫过整个 $\mathcal{C}$. 注意移动直线时与 $\mathcal{C}$ 相切的那些点：这些点就包含点 $\widetilde{p}$ 的所有原像，也包含对径点 $-\widetilde{p}$ 的原像. 在图 17-4 中，哪些点［练习］是对径点 $-\widetilde{p}$ 的原像?

如果只注意 $\mathcal{C}$ 的右侧，就会发现这里恰好只有两个拐点 a 和 b，因为 $\mathcal{C}$ 横穿这两点处的切线，且只横穿这两点处的切线.

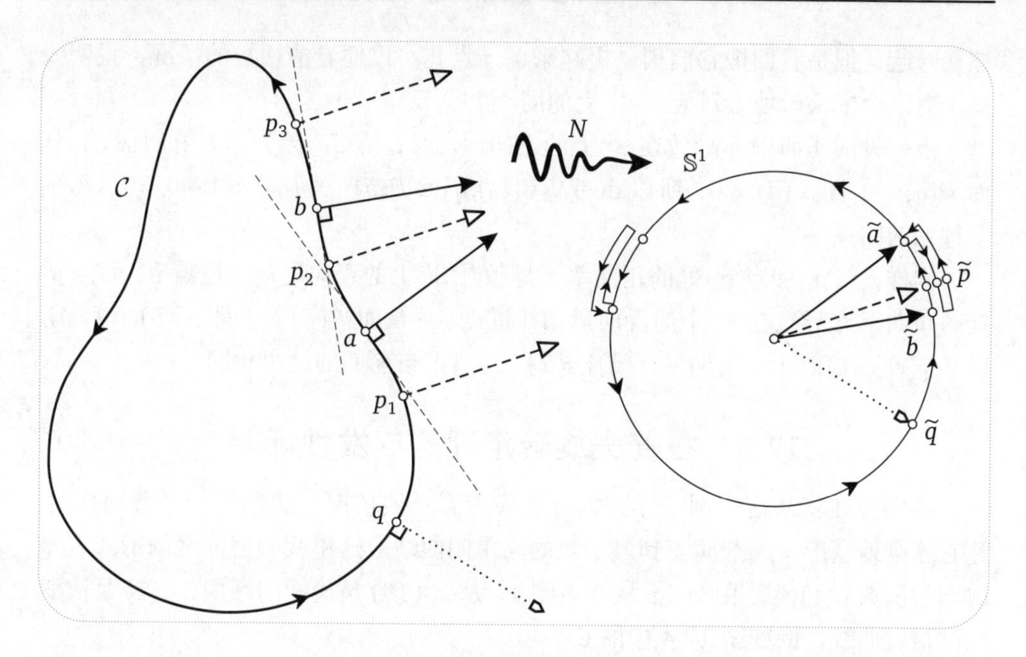

图 17-4 法映射 N 的度是 $N(\mathcal{C})$ 覆盖 $\mathbb{S}^1$ 的次数的代数和. 曲率 κ 的正负号在拐点 a 和 b 处发生改变，引起 $\mathbb{S}^1$ 上的像在点 $\widetilde{a}$ 和 $\widetilde{b}$ 改变行进方向. 这个现象可以看成轨道往回折叠. 因为点 $\widetilde{p}$ 被走过了三次，其中两次是正向的，一次是负向的，所以点 $\widetilde{p}$ 被覆盖的净次数为 $2-1=1$

这两个拐点在 $\mathcal{C}$ 与其球面/法映射 N 的关系中扮演关键角色. 为了弄清它们的关键作用，想象 x 从点 q 出发，沿着 $\mathcal{C}$ 的右侧向上移动，则 $\widetilde{x}=N(x)$ 从点 $\widetilde{q}$ 出发，沿 $\mathbb{S}^1$ 向上移动，经过点 $\widetilde{b}$ 和 $\widetilde{p}$，直到碰到点 $\widetilde{a}$. 在点 $\widetilde{a}$，它被反弹回来，向后移动，第二次经过点 $\widetilde{p}$，然后碰到点 $\widetilde{b}$. 这时它再次被反弹回去，恢复到沿 $\mathbb{S}^1$ 向上移动，并第三次经过点 $\widetilde{p}$. 接着，它第二次到达点 $\widetilde{a}$ [练习，这时点 x 在哪里?]，并直接经过点 $\widetilde{a}$，继续向前走. 我们强烈建议你跟着点 x 走完 $\mathcal{C}$ 完整的一圈，在点 x 走过 $\mathcal{C}$ 的左侧的过程中，想清楚点 $\widetilde{x}$ 再次经历来回反复的运动.

现在来看看这个运动可视化的关键性思维飞跃：想象 $\widetilde{x}$ 的运动是珠子在一个没有断点的连续线框上的运动轨迹. 如图 17-4 所示，当点 $\widetilde{x}$ 第一次到达点 $\widetilde{a}$ 并开始在 $\mathbb{S}^1$ 上向后移动时，只能是因为线框有一个向后的褶皱. 同样，当点 $\widetilde{x}$ 接下来到达点 $\widetilde{b}$ 并再次转向，回到沿 $\mathbb{S}^1$ 向前移动时，只能是因为线框有向后的第二个褶皱. 于是，如图 17-4 所示，当 x 经过点 p_1，然后经过点 p_2，最后经过 p_3 时，$\widetilde{x}$ 经过 $\widetilde{p}$ 三次：第一次向前，然后沿着第一个褶皱的线框向后，然后沿着第二个褶皱的线框再次向前.

事实上，线框在点 $\widetilde{a}$ 和 $\widetilde{b}$ 之间所有两个褶皱的三段在 $\mathbb{S}^1$ 上一层紧挨着一层摞在一起，但是我们把它们稍微提起来了一点儿，以便看清褶皱的情况，说明线框上有三个不同的地方对应于 $\mathbb{S}^1$ 上的同一个点 $\widetilde{p}$.

点 q 处的正曲率 κ 导致在 $\mathbb{S}^1$ 上的正向运动经过点 $\widetilde{q}$. 因为 $\widetilde{q}$ 只有原像 q，从而 $\mathcal{P}(\widetilde{q})=1$ 且 $\mathcal{N}(\widetilde{q})=0$，所以 $\deg[N[\mathcal{C}(t)],\widetilde{q}]\equiv\mathcal{P}(\widetilde{q})-\mathcal{N}(\widetilde{q}))=1-0=1$，得到了预期的结果.

同样，点 p_1 和点 p_3 处的正曲率 κ 导致在 $\mathbb{S}^1$ 上的正向运动经过点 $\widetilde{p}$，而点 p_2 处的负曲率 κ 导致在 $\mathbb{S}^1$ 上的反向运动经过点 $\widetilde{p}$. 从而 $\mathcal{P}(\widetilde{p})=2$ 且 $\mathcal{N}(\widetilde{p})=1$，所以 $\deg[N[\mathcal{C}(t)],\widetilde{p}]\equiv\mathcal{P}(\widetilde{p})-\mathcal{N}(\widetilde{p}))=2-1=1$，与前面的结果相同.

17.3 霍普夫旋转定理的启发性证明

我们现在将从这个例子学到的方法应用到一般情况. 想象从一个圆周开始，让它连续地变形，逐渐演变到最一般的简单闭曲线. 这里我们把曲线的形式看作时间的函数 $\mathcal{C}(t)$，如果时间 t 从 0 走到 1，那么 $\mathcal{C}(0)$ 是最初的圆周，$\mathcal{C}(1)$ 是演变成的最终曲线，例如图 17-4 中的 $\mathcal{C}$.

但是，我们要约定这个演变过程不发生自相交的情况，这是为了在演变过程中使曲线上的每一个点处都有定义很好的曲率 κ：如果希望每个 $\mathcal{C}(t)$ 上的法映射 N 是连续的，这个限制是必需的. 如果在演变的过程中，曲线出现尖角，法映射 N 就会在尖角处出现跳跃间断点.

当 $\mathcal{C}(t)$ 连续演变时，$\widetilde{x}$ 的轨迹也连续演变，可以被具体地看作缠绕在 $\mathbb{S}^1$ 上的一根易于拉伸和折叠且不会断裂的细绳. 一旦在 $\mathcal{C}(t)$ 上出现拐点，这就是曲率 κ 改变正负号的信号，想象中的细绳就会出现一个褶皱.

如果 $\widetilde{x}$ 远离这些褶皱，$\mathcal{P}$ 和 $\mathcal{N}$ 都保持不变，所以它们的差 $\deg[N\{\mathcal{C}(t)\},\widetilde{x}]$ 也保持不变. 但是，如果 $\widetilde{x}$ 越过一个褶皱点，要么会增加方向相反的两层新的覆盖，要么会减少方向相反的两层覆盖. 这就意味着 $\mathcal{P}$ 和 $\mathcal{N}$ 都增大 1，或者都减小 1. 无论哪种情形发生，关键的结果是

> $\mathcal{C}$ 的曲率 κ 改变正负号导致在 $\mathbb{S}^1$ 上的 $N(\mathcal{C})$ 出现褶皱，但是这些褶皱并不改变覆盖 $\mathbb{S}^1$ 的层数的代数和.

也就是说，当我们越过褶皱时，$\deg[N\{\mathcal{C}(t)\}]=\mathcal{P}(\widetilde{x})-\mathcal{N}(\widetilde{x})$ 保持不变. 所以，$\deg[N\{\mathcal{C}(t)\}]$ 独立于 $\widetilde{x}$，是整个曲线的一个定义明确的性质.

$\deg[N[\mathcal{C}(t)]$ 的值一定是随时间连续变化的，而且总是整数，所以它就完全不能改变. 而最初时，$\deg[N[\mathcal{C}(0)]]=1$. 因为度最后的值等于它最初的值，所以 $\deg[N[\mathcal{C}(1)]]=1$，正如霍普夫的论断一样.

17.4 变形球面的全曲率

在图 17-4 中，我们将曲线 $\mathcal{C}$ 比作梨的纵切面. 现在我们把注意力转向梨的表面!

我们取 $\mathcal{C}$ 的右半侧，让它绕竖轴旋转 2π，生成一个像梨一样的旋转曲面 $\mathcal{S}$，如图 17-5 所示. 从图像显而易见 [之前在第 130 页经验 (10.13) 中提到过]: $\mathcal{C}$ 上 $\kappa>0$ 的部分生成 $\mathcal{S}$ 上满足 $\mathcal{K}>0$ 的椭圆型区域，$\mathcal{C}$ 上 $\kappa<0$ 的部分生成 $\mathcal{S}$ 上满足 $\mathcal{K}<0$ 的双曲型区域. 两个拐点 a 和 b 旋转生成两个圆周 A 和 B（属于抛物型，即 $\mathcal{K}=0$）, 它们是梨的表面上正向弯曲部分和负向弯曲部分的分界线.

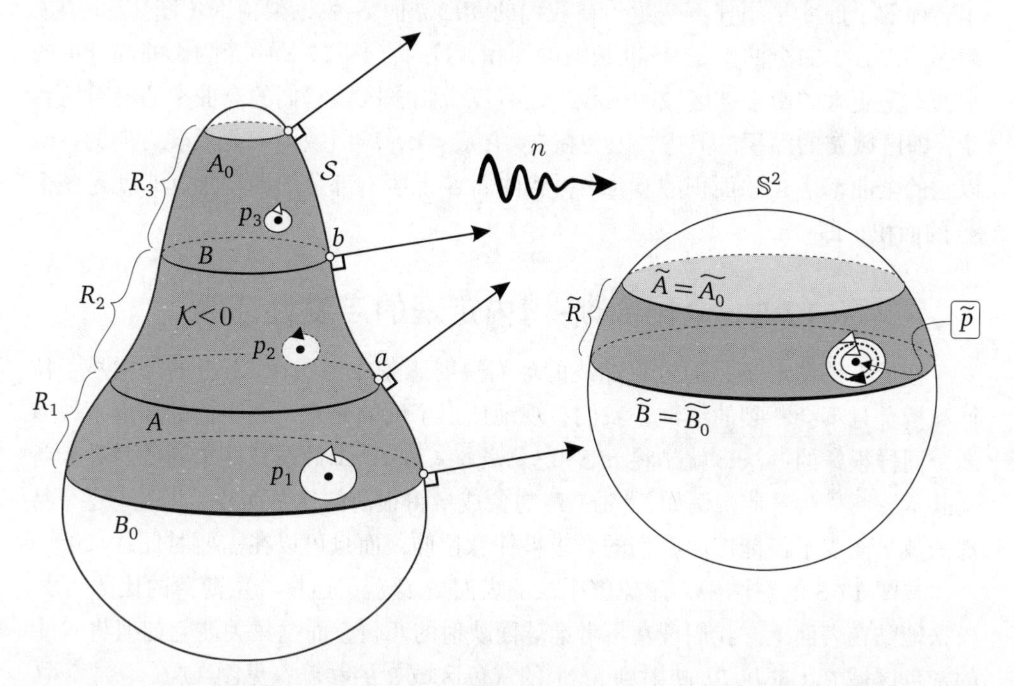

图 17-5 法映射 N 的度是 $N(\mathcal{S})$ 覆盖 $\mathbb{S}^2$ 的次数的代数和. 曲率 $\mathcal{K}$ 的正负号在我们越过 A 和 B 的时候发生改变，引起 $\mathbb{S}^2$ 上的像在我们越过 $\widetilde{A}$ 和 $\widetilde{B}$ 时反转方向. 因为点 $\widetilde{p}$ 被走过了三次，其中两次是正向的，一次是负向的，所以点 $\widetilde{p}$ 被覆盖的净次数为 $2-1=1$

图 17-5 中还显示了另外两个圆周 A_0 和 B_0，在球面映射下，它们分别与 A 和 B 有相同的球面像：$\widetilde{A}=\widetilde{A_0}$ 且 $\widetilde{B}=\widetilde{B_0}$. ① 这四个圆周将 $\mathcal{S}$ 划分成顶部区域、底部区域，以及中间的三个区域，即图中的灰色部分，分别记为 R_1,R_2,R_3. 这三个区域 R_i（$i=1,2,3$）都被球面映射到 $\mathbb{S}^2$ 上的同一个区域 $\widetilde{R}$.

① 为什么？看图 17-5 的左图，A_0 和 B_0 两点的法向量分别与 A 和 B 的法向量平行. ——译者注

因为在区域 R_1 和 R_3 上 $\mathcal{K} > 0$，球面映射在这两个区域上是保持方向不变的，所以这两个区域上的点映射到 $\mathbb{S}^2$ 上的像被*正覆盖*．另外，因为在区域 R_2 上 $\mathcal{K} < 0$，球面映射在这个区域上使得方向反转，所以这个区域上的点映射到 $\mathbb{S}^2$ 上的像被*负覆盖*．

特别一提，如图 17-5 所示，三个点 p_1, p_2, p_3 都是 $\widetilde{R}$ 上的点 $\widetilde{p}$ 的原像．因为点 $\widetilde{p}$ 被覆盖了三次，其中两次是正覆盖，一次是负覆盖，所以 $\widetilde{p}$ 的净覆盖次数是 $2-1=1$．

不要忽略最初用曲率表示 GGB 的公式，也不要忘记我们的目标是理解为什么闭表面的全曲率是拓扑不变量．在我们的变形球面 $\mathcal{S}$ 中，梨顶部（图 17-5 中无阴影的部分）的全曲率是 $\mathbb{S}^2$ 北极冠的面积，底部（图 17-5 中无阴影的部分）的全曲率是更大的南半球区域的面积．还有三个阴影区域它们的全曲率的绝对值相等，即区域 $\widetilde{R}$ 的面积．但是，因为在 R_2 中 $\mathcal{K} < 0$，球面映射 n 是反转方向的，所以它的全曲率是 $\widetilde{R}$ 的面积的*负值*．再将曲面 $\mathcal{S}$ 上所有部分的曲率加起来就是整个 $\mathbb{S}^2$ 的面积，即 4π．

17.5　全局高斯–博内定理的启发性证明

在低维的情形下，通过将曲线的球面映射想象成覆盖在 $\mathbb{S}^1$ 上的一根易于拉伸和折叠且不会断裂的细绳，我们直观地认识了度的概念．在当前的情形下，有一个同样很好的办法，就是将 $n(\mathcal{S})$ *想象成覆盖在* $\mathbb{S}^2$ *上的一层非常易于拉伸和折叠且不会断裂的薄膜*．例如，将 $n(\mathcal{S})$ 想象成擀得很薄的比萨面皮．但是，这个特殊的数学面皮不仅能按照我们的要求被任意拉伸，而且可以在需要时任意*收缩*．

在图 17-5 的左图中，想象整个梨的表面 $\mathcal{S}$ 覆盖了这样一层薄薄的比萨面皮，松松地贴在表面上．我们现在不考虑球面映射的*几何*，而是只关注它如何将 $\mathcal{S}$ 上的灰色区域 $R_1 \cup R_2 \cup R_3$ 映射到 $\mathbb{S}^2$ 上的灰色区域 $\widetilde{R}$ 的*拓扑*，见图 17-6．

图 17-6 中的箭头指示实施拓扑变换的次序．首先，在 A 和 B_0 两处缠绕两根细绳，保持这两处不动．接着，将 B 径向向外拉伸，直到它与 B_0 同样大为止，同样将 A_0 径向向外拉伸，直到它与 A 同样大为止．在这个过程中，区域 R_2 和 R_3 也相应地被拉伸成了圆锥台的侧面．

然后，让新的 A_0 保持不动，将新的 B 垂直拉下来，粘到 B_0 的位置上．在这个过程中，就将 R_2 *折叠*到 R_1 上面了．特别要注意，折叠是如何将绕 p_2 的圆圈反转方向的．在 R_2 中那个大大的字母“T”就是为了强调这一点而画的．

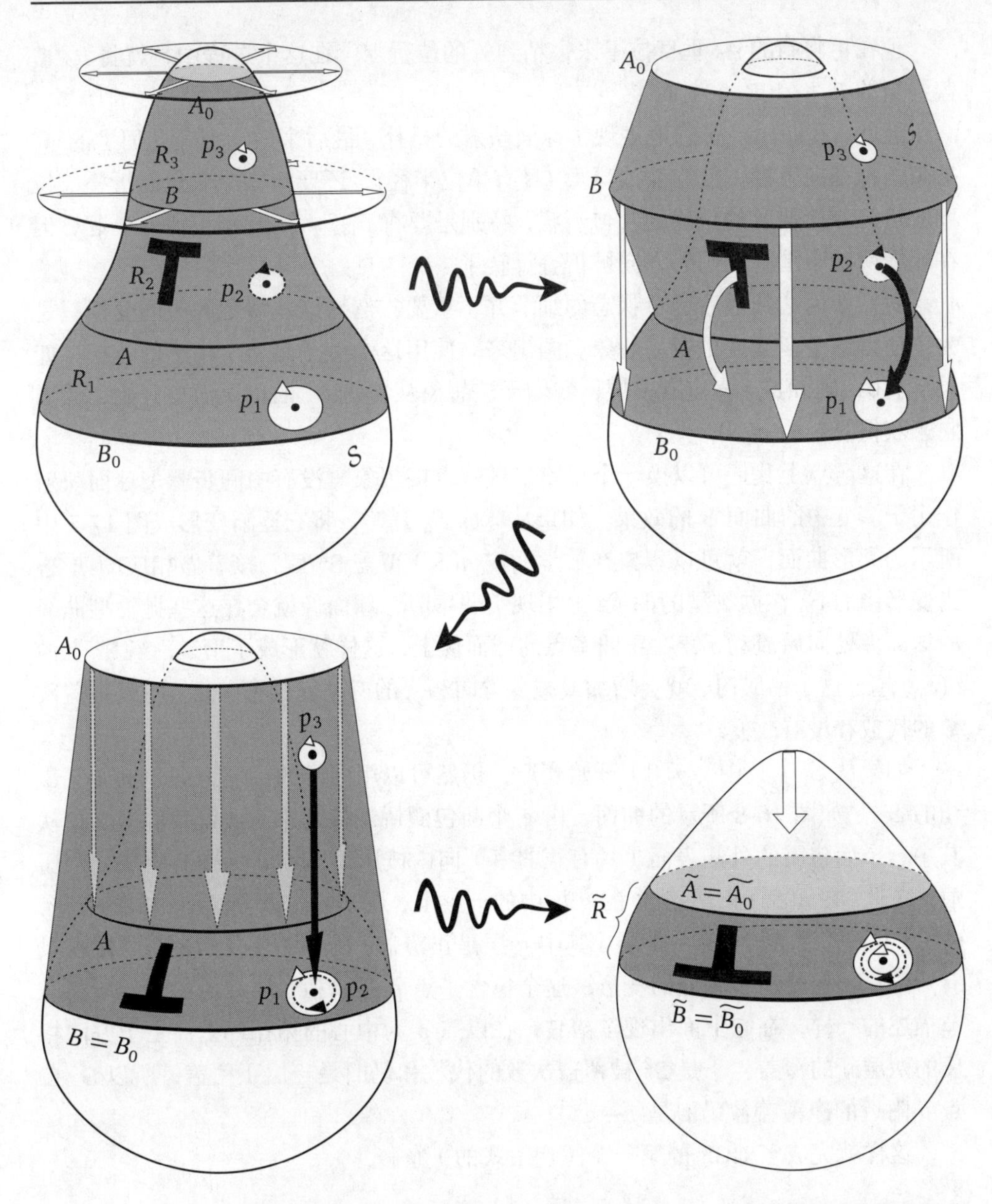

图 17-6　曲率 $\mathcal{K}$ 正负号的改变导致的拓扑结果就是球面像的折叠. 当我们越过曲率具有两个不同正负号的区域之间的边界时，球面像或者增加、或者减少符号相反的两层，从而覆盖 $\mathbb{S}^2$ 的次数的代数和（就是度）保持不变，所以全曲率是拓扑不变量

现在再将新的 A_0 垂直拉下来，粘到 A 的位置上．在这个过程中，就将 R_3 覆盖到新的 R_2（和 R_1）上面了．[①]

至此，我们已经正确地表现了球面映射的拓扑，最后来做一点儿几何上的事．把梨的顶部向下推，使它变成球形（具有单位半径），还要将三个灰色的折叠层拉伸成符合球面映射的正确的几何形状，特别是要将 $\widetilde{p}_1, \widetilde{p}_2$ 和 $\widetilde{p}_3$ 最终叠在一起，但在相继两层中围绕它们的方向被折叠反转了．

我们如何达到最后这个状态的细节并不重要，选择这些特定的中间变换只是为了使得这个净变换更容易想象和画出来．使用这个例子是一个小小的花招：如果 $g \neq 0$，则 $n(\mathcal{S}_g)$ 肯定有多层，我们无法想象从覆盖 $\mathcal{S}_g$ 的单层面皮开始，操纵它来获得复杂的 $n(\mathcal{S})$．

在这一点上我们可以换一个思路，试着直接想象（没有中间步骤）球面映射作用于演变中的曲面 $\mathcal{S}$ 的效果．如果从球面 $\mathcal{S}_0$ 开始，将它逐渐变形成图 17-5 中所示的梨形曲面，就可以想象在数学面皮 $n(\mathcal{S}_0)$ 覆盖 $\mathbb{S}^2$ 后，接着做相应的演变．当变形中的 $\mathcal{S}_0$ 在抛物型的曲线[②]上出现负曲率时，球面像就会在这些抛物型曲线的球面像处向后流动，盖在正曲率点的球面像上，这样就形成了褶皱．当 $\mathbb{S}^2$ 上的 $n(\mathcal{S}_0)$ 越过这个褶皱时，就会增加或减少方向相反的两个新的覆盖层，所以覆盖次数的代数和没有改变．

如果从 $\mathcal{S}_g$（其中 $g \neq 0$）开始变形，仍然可以用同样的推理论证．例如，最初的 $\mathcal{S}_g$ 是如图 16-8 所示的曲面，由 g 个面包圈桥连接起来．假设我们用拇指从其中一个面包圈的外侧表面（具有正曲率）向内按压，以点 p 为中心生成一个压痕．这时，在 $n(\mathcal{S}_g)$ 正覆盖 $\mathbb{S}^2$ 的 g 层中的一层上，点 $\widetilde{p}$ 的附近会经历相应的变形．$n(\mathcal{S}_g)$ 共覆盖了 $\mathbb{S}^2$ 的 $3g-1$ 层，其中 g 层是正覆盖，$2g-1$ 层是负覆盖，现在只有一层正覆盖经历了相应的变形．这个包含了点 $\widetilde{p}$ 的单独一层经历的变形与前一节描述的一样，在它上面出现了褶皱，在以点 $\widetilde{p}$ 为中心的拓扑环上产生了方向相反的两层新的覆盖，于是 $\mathbb{S}^2$ 被覆盖次数的代数和仍旧是一层正覆盖，所以 $\mathbb{S}^2$ 在点 $\widetilde{p}$ 附近的净覆盖数仍旧是 $1-g$．

这样就完成了 GGB 的第一个（启发式的）解释．

---

① 将新的 B 垂直拉下来，粘到 B_0 的位置时，保持 A 不动，只是将 R_2 翻转过来，贴在 R_1 上．这样做了之后，新的 R_3 宽度被拉长到 R_1, R_2, R_3 三个宽度的和．再将新的 A_0 垂直拉到 A 的位置时，就是将刚才拉长了的新 R_3 的宽度压缩为 R_1 的宽度，与翻转的 R_2 一起覆盖在 R_1 上．

② 这里的“抛物型曲线”是指曲率为 0 的曲线，见前面关于“抛物点”的定义（见 10.2 节和 12.4 节）．因为变形是连续的，所以一定是在抛物型曲线上最先出现负曲率．——译者注

第 18 章　全局高斯-博内定理的第二个证明（利用角盈）

18.1　欧拉示性数

到目前为止，我们只是把欧拉示性数 χ 看作一个方便的替代手段，用来标记亏格为 g 的可定向封闭曲面 $\mathcal{S}_g$. 然而 χ 实际上有它自己的定义和意义，适用于比可定向的闭曲面更为广泛的一类对象. 一旦我们理解了 χ 的这种更深刻的意义，就可以把它应用于 $\mathcal{S}_g$. 此时，$\chi(\mathcal{S}_g)=2-2g$ 就是一个重要的*定理*（而不是定义）.

18.2　欧拉的（经验的）多面体公式

欧拉示性数的故事始于 1750 年 11 月 14 日，当时它不是关于光滑曲面的，而是与多面体有关. 当天，欧拉（图 18-1 是他的肖像画）写信给克里斯蒂安 · 哥德巴赫[①]，简单讲述了一个重要的经验发现. 两年后，欧拉成功证明了这个发现. [②]

图 18-1　莱昂哈德 · 欧拉（1707—1783）

这个发现建立在一种认识之上，这种认识在现代人看来似乎是非常明显的，而欧拉是第一个清楚地认识到多面体的顶点、棱和面的存在意义的人. 他在信中写道：

> 因此，在任何物体中都要考虑三种边界，即 (1) 点、(2) 线和 (3) 面，并且使用专门的名称.

---

① 哥德巴赫因为在 1742 年写给欧拉的一封信而广为人知. 在那封信里，他猜想每一个大于 2 的偶数都是两个素数的和，这就是著名的哥德巴赫猜想. 虽然人们相信这个猜想是对的，而且（截至 2017 年）用计算机验证到了 4 000 000 000 000 000 000，但是经过了近 300 年，它仍未被证明.

② 请参阅里奇森（Richeson 2008），你就可以读到对于这段历史和相关数学思想的熟练、准确，也是引人入胜的记述. 也可参阅附录 A 中推荐的资料.

在欧拉之前，数学家们关注的是在顶点相交的几个面之间的立体角的大小，而不是顶点本身．如果我们逐渐改变多面体的大小，多面体的立体角将不断变化，但顶点的离散计数 V 将保持不变．欧拉现在利用的就是这个离散计数 V．

同样地，在欧拉之前，没有人认真考虑过欧拉所描述的“两个面沿着它们碰到一起的边连接在一起，因为没有一个公认的术语，我称它为棱”．接下来，欧拉继续计算这些棱的*数量* E，以及这些面的*数量* F．这样，欧拉就从关注长度和角度连续变化的多面体，转变到关注多面体的离散的拓扑特征．这个转变是欧拉天资聪颖的又一个例证．

在完成了这次微妙而深刻的飞跃之后，欧拉没花多长时间就发现了一个显著的经验模式．图 18-2 显示的是五种柏拉图立体[①]，以及它们的 V、F、$(V+F)$ 和 E 的值．由此，欧拉作为第一人[②]公布的结果就显而易见了，即 $(V+F)$ 项比 E 项大 2．欧拉把所有这些结果归纳如下，写信告诉了哥德巴赫．

欧拉最初的公式： $$V+F=E+2.$$

虽然我们现在只对五种柏拉图立体证明了这个结果，但欧拉验算了很多其他的多面体．他在 1750 年给哥德巴赫的信中说，他深信这是一个关于多面体的*普遍*真理，尽管他承认当时自己还不知道如何证明它．这个结果今天称为**欧拉多面体公式**．后来，数学家们才逐渐发现这个普遍性的精确*极限*：事实上，这个公式只适用于*是拓扑球面的*多面体．[③]

然而，上述公式并不是这个结果的现代形式．如果我们把 E 移项到等式的另一边，就会得到一个等价的结果，它从代数的角度来看更简单．然而，这个看似平凡的步骤代表了一个概念性的进步，是很不平凡的（最初由庞加莱在 1895 年提出），因为等式的左边现在是*单一的整数，它表示多面体* $\mathcal{P}$ *的特征*．下面是我们对它的新定义．

欧拉示性数： $$\chi(\mathcal{P}) \equiv V-E+F. \tag{18.1}$$

有了这个新的定义，**欧拉多面体公式**的现代形式为

$$\chi(\text{是拓扑球面的多面体})=2. \tag{18.2}$$

---

① 即五种正多面体，在本节末有解释．——译者注

② 1860 年，在欧拉宣布他的伟大发现的一个多世纪后，一份失传已久的手稿奇迹般地浮出水面，此时距它完稿已经过去了两个多世纪．它表明，早在 1630 年，笛卡儿就已经做出了与欧拉基本相同的发现（但形式不同），比欧拉早了一个多世纪！史迪威（Stillwell, 2010, 第 469 页）和里奇森（Richeson, 2008, 第 9 章）都讲述了这个引人入胜的故事．

③ 与球面拓扑等价的闭曲面称为是拓扑球面的．——译者注

柏拉图立体	名称	V	F	$V+F$	E
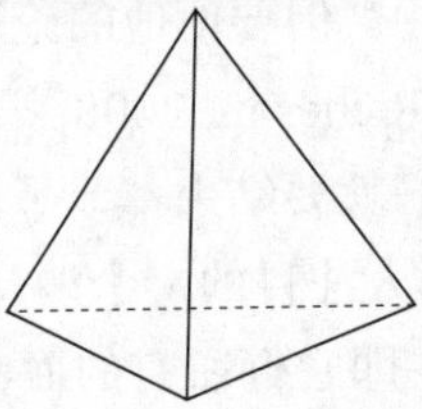	四面体	4	4	8	6
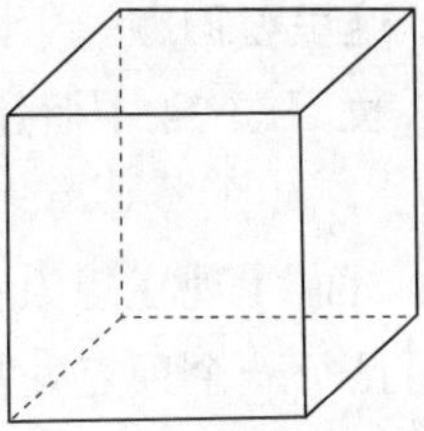	立方体	8	6	14	12
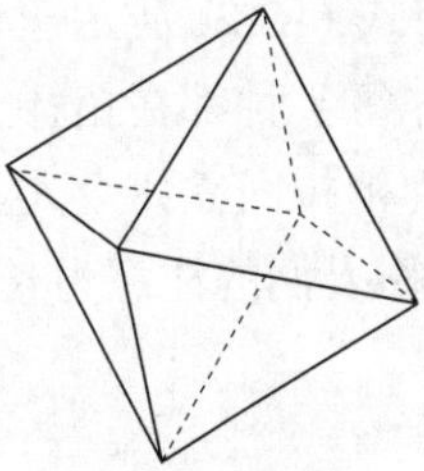	八面体	6	8	14	12
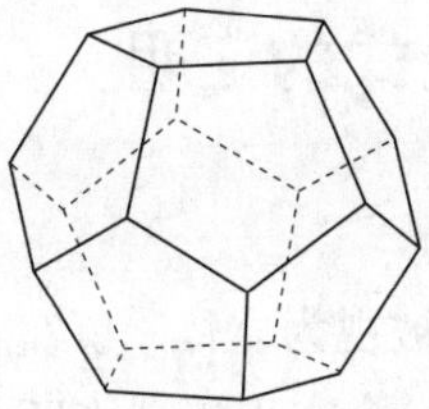	十二面体	20	12	32	30
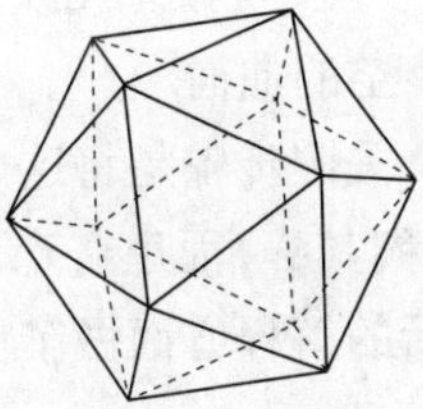	二十面体	12	20	32	30

图 18-2 五种柏拉图多面体都能验证欧拉多面体公式：$V+F=E+2$

当 $g=0$ 时，这与我们之前定义的 $\chi(\mathcal{S}_g)=2-2g$ 是一致的，但关键的区别是，现在我们可以证明式 (18.2) 由式 (18.1) 而来. 事实上，我们将提出两种完全不同的证明.

欧拉本人最终成功地为自己的公式提供了第一个证明．在某些方面，他的证明在拓扑学上比我们将要介绍的两个证明更自然一些，但要使他的论证完全令人信服，还需要克服一些微妙的障碍．［详见里奇森（Richeson, 2008, 第 7 章）．］

虽然还没有提供对式 (18.2) 的任何证明，但我们就要结束本节了．在结束之前，我们要说这个公式还有许多后继结果，其中最引人注目的一个涉及图 18-2 中所示的五种柏拉图多面体．它们都是“正多面体”，即它们所有的面都是相等的正多边形，每个顶点处有相同数量的正多边形相交．这里要回顾一下欧几里得的《几何原本》①，其中提供了一个几何证明（在第 263 页习题 24 中概述），证明正多面体仅仅存在这五种．

现在我们完全放松几何上的约束，只要求每一个“面”（现在想象它们是可弯曲、可拉伸的曲面）都有相同数量的波浪形的棱，而且每一个顶点处都有同样数量的不规则、弯曲的面相交．第 263 页习题 25 利用式 (18.2) 演示一个非同一般的事实，那就是只有五种拓扑可能性仍然是正确的，每一种都在拓扑上与古代与之对应的五种柏拉图立体之一不可区分．因此，五种柏拉图立体令人着迷的几何美和规律性，原来是一个声东击西的非凡话题，它转移人们的注意力长达 2000 多年！

18.3 柯西对欧拉多面体公式的证明

18.3.1 摊平了的多面体

从古希腊时代开始，一直到 18 世纪，多面体都被视为立体．事实上，我们现在仍在谈论柏拉图多面体．1813 年，柯西可能是第一个实现概念飞跃的人，他将多面体从束缚它的立体中剥离出来，将其视为一个中空的曲面．

为了证明欧拉多面体公式 (18.2)，柯西的下一个关键步骤是将这个空心曲面压平到平面上．柯西对如何精确地实现这一点有些含糊其辞，而里奇森（Richeson, 2008, 第 12 章）在阐明柯西的方法和其他数学家随后的解释方面做了值得称赞的工作．

但有一件事是肯定的：柯西的思想仍然牢牢植根于几何学中，他的多面体必须有直线的棱和平面的面，而且压成的平面上的多边形也必须有直边．此外，他的证明要求多面体是凸的：这个严格的几何要求意味着，只要你的眼睛在多面体内部的任何地方，你就可以看到整个表面——在一个凸多面体内部无处可躲！但

① 虽然欧几里得对在《几何原本》中发表的证明负责，但该证明本身被认为应归功于雅典的泰阿泰德（柏拉图的朋友），可以追溯到公元前 400 年左右．

凸显然不是一个拓扑条件，因此它不是欧拉多面体公式有效性的必要条件. 因此，我们选择回避所有这些历史上老旧的讲法，改用更现代的纯粹拓扑学语言来陈述柯西的论点，但仍忠实于他辉煌的原始见解.

为此，想象多面体的面是由一个可弯曲、可拉伸的橡胶片构成的，并将顶点和棱想象成用钢笔在这个封闭、拓扑为球形的多面体气球上绘制的点和连接曲线. 即使从一个以直线为棱的经典多面体开始，我们现在也可以不断地对它进行变形（不做切割或连接它的任何部分），得到的曲面将具有与原始曲面相同数量的顶点、棱和面.

为了使多面体变平，想象开始时我们的多面体是具有平面多边形面的经典刚性曲面. 现在剪切并丢弃其中一个面 H，然后将多面体放置在一个平面上，H 面朝下. 图 18-3 左图用一个立方体说明了这一点. 接下来，再将多面体想象成是由橡胶片组成的（现在带有孔 H），顶点是绘制在其表面上的点. 将孔 H 的边上的每一个顶点限制在孔 H 所在的平面上，沿放射状向外拉，这个孔的边界变得越来越大，多面体的其余部分被拉得越来越低，最终完全压平，成为孔 H 所在平面上的扩大图形，如图 18-3 右图所示.

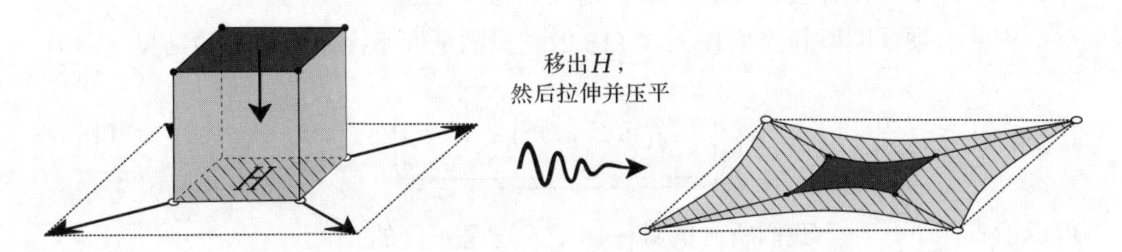

图 18-3 为了将一个立方体的表面压平，我们先移除底面 H，在底部形成一个孔（斜划线部分），然后拉伸这个孔边缘上的顶点，直到其他的面都被拉平到一个平面

用这种方式将多面体压平后，我们可以进一步将棱变形成任意形状（但始终保持在所在的平面内），这样的变形不改变任何拓扑性质，也不会改变 V, E, F. 我们称变形后的图像为**多边形网**[①].

18.3.2 多边形网的欧拉示性数

图 18-4 展示了将非柏拉图多面体压平成多边形网的一个更典型的例子.

---

① 更常用的术语是网络或图，但是这两个术语所说的“多边形”允许只有两条边，而我们坚持要求“多边形”至少有三条边.

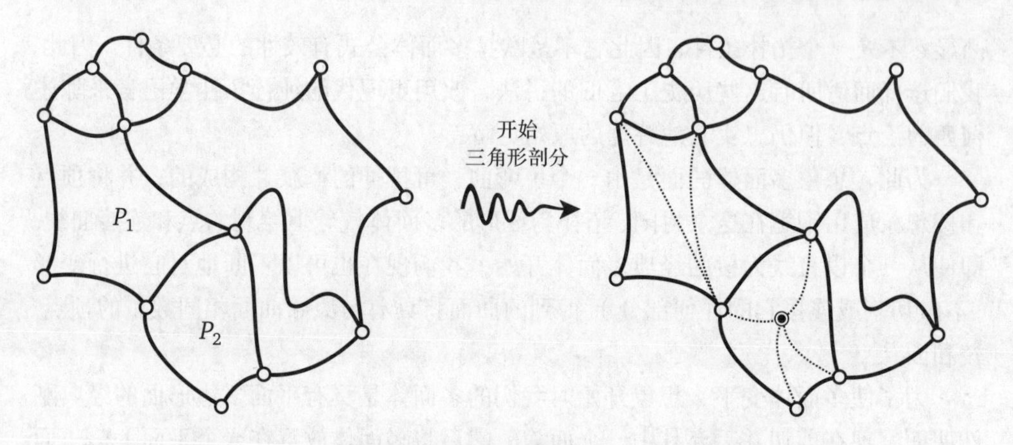

图 18-4　一个多边形网被三角形剖分后，其欧拉示性数不变

如柯西的论证一样，在将多面体压平的过程中，我们移除了一个面，而没有改变顶点和棱的数量：

$$V \rightsquigarrow V, \quad E \rightsquigarrow E, \quad F \rightsquigarrow F-1, \quad \Longrightarrow \quad \chi \rightsquigarrow \chi-1.$$

简言之，压平多面体会使得它的欧拉示性数减少 1.

因此，要证明欧拉多面体公式 (18.2)，只需证明下面这个优美的结果：

$$\boxed{\chi(\text{多边形网}) = 1.} \tag{18.3}$$

可以检查一下，对于我们所画的具体例子，这是正确的.

为了证明这等式始终是正确的，我们可以将每个 n 边形（$n>3$）剖分成三角形，至关重要的是，这个三角形剖分过程不会改变 χ 的值.

图 18-4 展示了两种剖分方法. 在多边形 P_1（我们假设它是一个 n 边形）中，我们绘制从一个顶点到所有其他顶点的 $n-3$ 条“对角线”，将这一个面分成 $n-2$ 个三角形，从而净增加 $n-3$ 个面. 所以

$$P_1 \text{ 的情形：} \quad V \rightsquigarrow V, \quad E \rightsquigarrow E+(n-3), \quad F \rightsquigarrow F+(n-3) \quad \Longrightarrow \quad \chi \rightsquigarrow \chi.$$

在 P_2（我们假设它是 m 边形）中，我们在内部某处添加了一个顶点，然后将它与原来的 m 个顶点连接起来，创建了 m 条新边，并将一个面分成 m 个三角形，净增加 $m-1$ 个面. 于是

$$P_2 \text{ 的情形：} \quad V \rightsquigarrow V+1, \quad E \rightsquigarrow E+m, \quad F \rightsquigarrow F+(m-1) \quad \Longrightarrow \quad \chi \rightsquigarrow \chi.$$

图 18-5 左图显示了完成三角形剖分的一种可能方式，我们刚刚证明了它的欧拉示性数一定与原始多边形网的欧拉示性数相同.

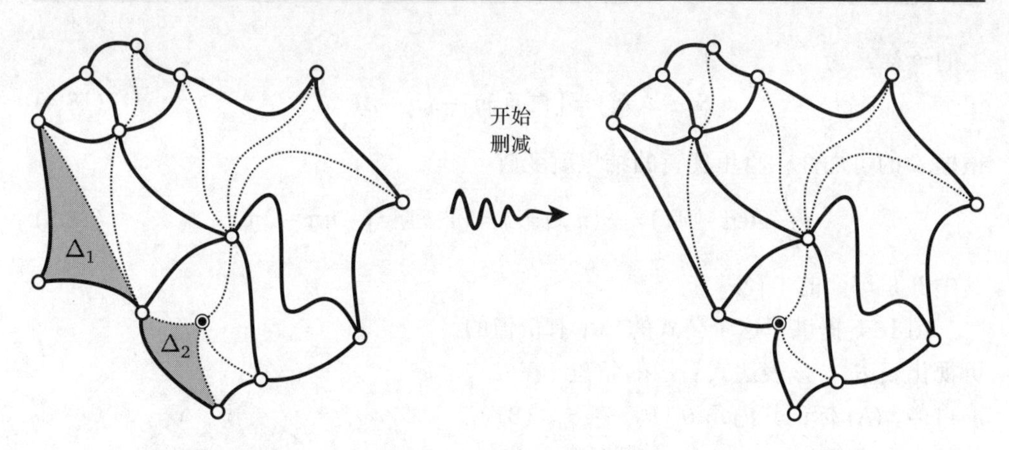

图 18-5 被删减后的三角形剖分，其欧拉示性数不变

在经历了构建这个三角形剖分的所有麻烦之后，证明式 (18.3) 的最后一步就是删减它！也就是说，我们要从剖分中一个接一个地删除每一个三角形，直到只剩下最后一个三角形. 为了简便起见，我们将只打算一个一个地"啃掉"靠边的三角形. 我们不在网的中间"挖洞"，那样会把它分成截然不同、互不连通的岛屿.

有了这个约定，只有两种情况需要考虑：边界三角形与网的内部共享一条（虚线）边（如 Δ_1），或者共享两条（虚线）边（如 Δ_2）.

第一，假设我们

$$\text{删除 } \Delta_1: \quad V \rightsquigarrow V-1, \quad E \rightsquigarrow E-2, \quad F \rightsquigarrow F-1, \quad \Longrightarrow \quad \chi \rightsquigarrow \chi.$$

第二，假设我们

$$\text{删除 } \Delta_2: \quad V \rightsquigarrow V, \quad E \rightsquigarrow E-1, \quad F \rightsquigarrow F-1, \quad \Longrightarrow \quad \chi \rightsquigarrow \chi.$$

最终，只留下了一个三角形，它的欧拉示性数为

$$\chi(\Delta) = V - E + F = 3 - 3 + 1 = 1.$$

因为在图 18-4 的三角形剖分过程中 χ 是不变的，在图 18-5 的删减过程中，χ 的值也始终不变，都为 1，这样我们就证明了式 (18-3). 由此，我们也就完成了柯西对欧拉多面体公式的证明.

18.4 勒让德对欧拉多面体公式的证明

回想一下第 8 页哈里奥特的漂亮结果 (1.3)，将球面上的测地线三角形的角盈 $\mathcal{E}$ 与其面积 $\mathcal{A}$ 关联起来. 正如你在第 256 页习题 5 中证明的那样，这可以推广到测地线 n 边形. 欧几里得 n 边形的内角和为 $(n-2)\pi$，因此测地线 n 边形在曲面

上的角盈 $\mathcal{E}$ 为

$$\mathcal{E}(n\text{ 边形})=[\text{内角和}]-(n-2)\pi. \tag{18.4}$$

根据 $\mathcal{E}$ 的可加性，哈里奥特的结果就变成

$$\frac{1}{R^2}\mathcal{A}(n\text{ 边形})=\mathcal{E}(n\text{ 边形})=[\text{内角和}]-n\pi+2\pi, \tag{18.5}$$

其中 R 是球面的半径.

图 18-6 提供了这个公式的一个有价值的可视化表达[①]，该表达式右边的角盈. 在 n 边形内部，(A) 标记其内角 $\theta_1,\theta_2,\cdots,\theta_n$；(B) 在每条边旁边写上"$-\pi$"；(C) 在中间写上"$2\pi$". $\mathcal{E}$ 是图中所有项的和：(A)+(B)+(C).

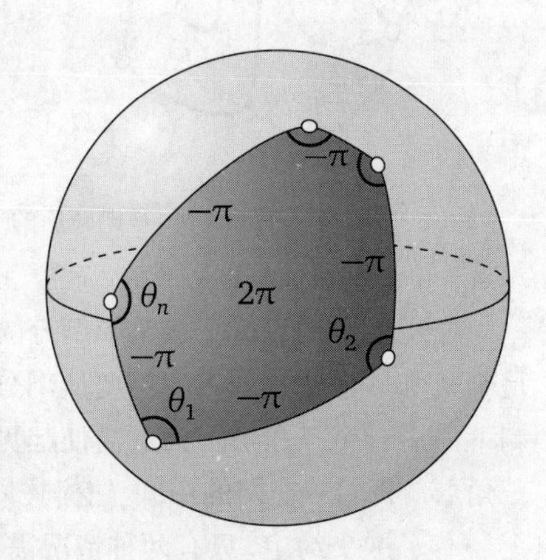

图 18-6 测地线 n 边形的角盈 $\mathcal{E}$ 的值可以看作图中所有项的和

勒让德在 1794 年提出了一个巧妙的证明，第一步是将多面体投影到球面上. 他做这个投影时（见第 264 页习题 26）要求这个多面体是凸的，就像约 20 年后柯西所做的那样. 但是，正如我们在介绍柯西证明的背景时提到过的，凸性实际上对于拓扑结果无关紧要. 因此，我们将再次回避这个历史上的老旧讲法，用更为明显的拓扑语言提出一个新的论证——它不依赖于凸性，但真实地保持了勒让德的本质性洞见.

如前所述，想象多面体 $\mathcal{P}$ 是一个弯曲的、拓扑为球形的橡胶膜，在其表面上简单地画有点（顶点）和连接点的曲线（边）. 这一次我们不像在柯西的证明中那样把多面体压平，而是给它充气，让它像一个膨胀的气球一样！因此，我们得到了一个覆盖在气球表面（最终为球面）的多边形网. 注意，由此产生的边可能不是测地线. 但是，正如我们现在解释的，我们这样的做法并不改变欧拉示性数.

想象我们刚刚建构的这个球是硬的，在每一个顶点处都钉了一根小钉子. 接下来，将当前的非测地线边想象成是由拉长了的橡皮筋组成的，每一条橡皮筋的末端系在钉子（顶点）上，暂时固定在当前的位置上不变形. 再进一步想象，这些橡皮筋和球面之间没有摩擦力：它们可以在球面上没有阻力地自由滑动. 现在让我们把钉子钉平在球面上，这样任何没有系在这根钉子上的橡皮筋都可以扫过它的位置而不会被卡住.

① 我们独立地想到了这个想法，但后来发现它已经发表于里奇森（Richeson, 2008, 第 95 页）.

最后，松开所有的橡皮筋！它们就会自动收缩成钉子之间的最短路径（= 测地线 = 大圆）. 这样，我们就得到了一个完全覆盖了球面的测地线多边形网，其欧拉示性数肯定与最初的值相等，仍旧是 $\chi(\mathcal{P})$.

现在我们来看看勒让德巧妙想法的第二部分：将式 (18.5) 的两边对这个覆盖球面的测地线网中的所有测地线多边形 P_j 求和，图 18-7 显示了这样的测地线网的一个例子. 我们先看一下右边的和. 图 18-6 中可视化的有效性现在是显而易见的，因为它使我们能够看到整个多边形网中这个总和的值，如下所示.

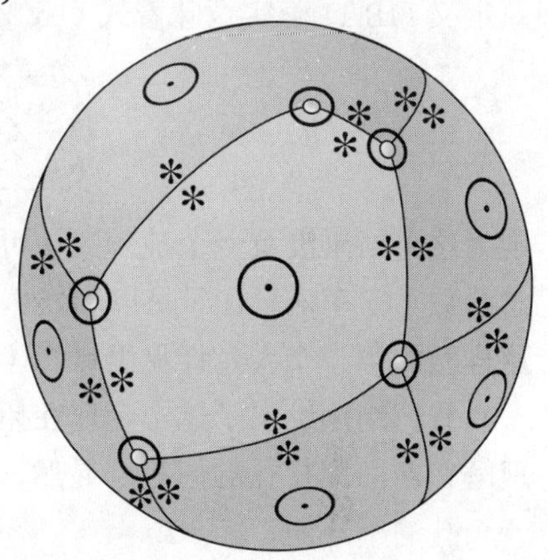

图 18-7 $\sum_j \mathcal{E}(P_j)$ 是图中每一个角的和，其中 $*=-\pi$ 且 $\odot=2\pi$

为了避免记号混杂，我们在图 18-7 中使用两种缩写记号：$*=-\pi$ 和 $\odot=2\pi$. 先注意每一个顶点：我们要将所有多边形的内角 θ_j 相加，因此每一个顶点周围的所有角都要相加，也就得到 2π. 由于每个顶点都贡献 2π，所以所有多边形内角贡献的总和为 $2\pi V$. 接下来，每条边有两侧，每一侧都有一个 $*$（即 $-\pi$），每条边产生 -2π. 因此所有边的总贡献是 $-2\pi E$. 最后，每个面带有一个 $\odot$（即 2π），总共产生 $2\pi F$. 因此，

$$\sum_j \mathcal{E}(P_j) = 2\pi[V - E + F] = 2\pi\chi(\mathcal{P}). \tag{18.6}$$

由于多边形网完全覆盖了整个球面，对式 (18.5) 的左边求和得到

$$\frac{1}{R^2}\sum_j \mathcal{A}(P_j) = \frac{1}{R^2}[\text{球面的面积}] = 4\pi.$$

最后，由式 (18.5)，这两个量相等：

$$2\pi\chi(\mathcal{P}) = 4\pi \quad \Longrightarrow \quad \chi(\mathcal{P}) = 2.$$

从而完成了勒让德对欧拉多面体公式的证明.

尽管勒让德的证明具有明显的美感，但它“不太道德”，因为它（一意孤行地）通过不断变化几何角度取得了成功，而这在拓扑结构中是毫无意义的. 不过从微分几何的角度来看，这可能是一种正确的证明，因为它似乎以一种令人惊讶的方式将几何和拓扑联系了起来，这可能有助于解释 GGB. 我们很快就会看到，这种乐观是有道理的.

18.5 对曲面增加柄以提高其亏格

为了将这些最新的观点与 GGB 联系起来，下一步要证明我们对欧拉示性数的新定义 (18.1) 确实意味着式 (16.2) 是一个定理：

$$\chi(\mathcal{S}_g) = 2 - 2g. \tag{18.7}$$

因为这个结果没有一个被一致认可的名字，我们称它为**欧拉–吕以利埃公式**，以纪念西蒙 · 安东尼 · 让 · 吕以利埃[1]，他在 1813 年提出了欧拉结果的这个推广，是这样做的第一个人，详见里奇森（Richeson, 2008, 第 15 章）.

我们刚刚给出了这个定理在拓扑球面（$g = 0$）情况下的两个证明，现在需要理解在曲面上打孔的影响. 显然，我们应该从理解最简单的情况开始，也就是有一个孔的圆环面，$g = 1$.

我们将通过一个笑话来解决这个问题，这是一个糟糕的笑话，因为“这可能是（这样的东西）第一次被用于建设性的目的”[2]. 笑话是这样的：拓扑学家是分不清咖啡杯和甜甜圈的人.

这个笑话背后的真相在图 18-8 中有说明. 当咖啡杯变成甜甜圈的过程进行到一半时，咖啡杯的主体已经凝聚成一个难以形容的形状，上面还连着一个柄. 如果我们现在想象这个形状逐渐变成一个球体，我们得到了菲利克斯 · 克莱因在 1882 年首次做出的重要观察结果：[3]

环面在拓扑上相当于一个带有柄的球体. 更一般地说，$\mathcal{S}_g$ 在拓扑上等同于带有 g 个柄的球体. (18.8)

（关于曲面拓扑分类，我们在此未作任何证明，只是一些貌似可信的陈述. 有关这些陈述的严格定义和证明，请参阅附录 A.）

要证明式 (18.7)，现在只需证明

在一个闭曲面 $\mathcal{S}$ 上增加一个柄，则 $\chi(\mathcal{S})$ 减小 2. (18.9)

在此前提下，g 个柄的加入明显使 χ 减少了 $2g$. 但我们已经建立了一个拓扑球，它具有 $\chi = 2$，因此加上 g 个柄，将其减少为 $\chi(\mathcal{S}_g) = 2-2g$，从而证明了式 (18.7).

① 一般称为西蒙 · 吕以利埃（1750—1840），瑞士数学家，研究领域涉及分析学、拓扑学、概率论. ——译者注

② 在《末日机器》的结尾，柯克船长对斯波克先生说的话. 原话中，括号里的是“这样的武器”.

③ 见史迪威（Stillwell, 1995, 第 60 页）.

图 18-8 咖啡杯与甜甜圈是拓扑等价的. 这是基南 · 克拉内和亨利 · 塞格曼[①]编的拓扑玩笑, 见塞格曼（Segerman, 2016, 第 101 页). 塞格曼教授提供了照片和照片的使用许可

为了证明结论 (18.9)，我们先做一个柄，然后把它粘到指定的曲面 $\mathcal{S}$ 上. 图 18-9 显示了用三角巧克力盒（即正三棱柱）做的一个特别简单的柄. 我们首先移除两个三角形端面（即 $F \rightsquigarrow F-2$），把它做成一个空心管. 通过欧拉多面体公式，或者通过简单的计算 [练习],

$$\chi(\text{三角巧克力盒})=2 \quad \Longrightarrow \quad \chi(\text{空心管})=0.$$

最后，如图 18-9 所示，我们想象管子是用橡胶做成的，并把它弯曲成空心柄的形式. 这样做不会改变它的欧拉示性数，所以

$$\boxed{\chi(\text{柄})=0.}$$

接下来，如图 18-10 所示，我们在曲面 $\mathcal{S}$ 上开两个孔，将柄的两端粘在上面. 为了做到这一点，我们对曲面 $\mathcal{S}$ 做三角形剖分[②]，然后移除其中的两个三角形面，这就使得 $F \rightsquigarrow F-2$，于是 $\chi(\mathcal{S}) \rightsquigarrow \chi(\mathcal{S})-2$.

② 图 18-10 中未画出三角形剖分，值得注意的是这里并未要求用测地线三角形来做三角形剖分.

② 基南 · 克拉内，美国卡内基 – 梅隆大学副教授，从事计算几何学. 亨利 · 塞格曼，美国俄克拉荷马州立大学数学系副教授，从事立体几何学和拓扑学，有很多几何可视化作品，见 Henry Segerman's webpages. ——译者注

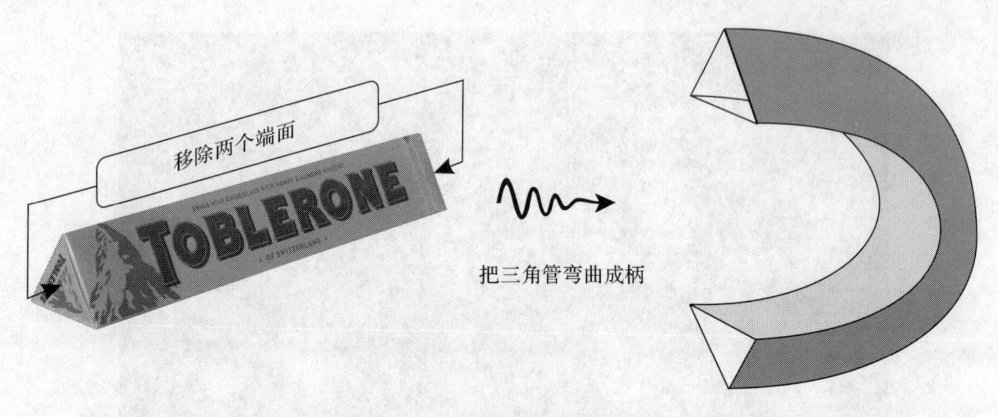

图 18-9 要做一个简单的柄，将三棱柱（这里用瑞士著名的三角巧克力的盒子表示）的两个端面移除，然后弯曲三角管生成把手（其欧拉示性数为 0）

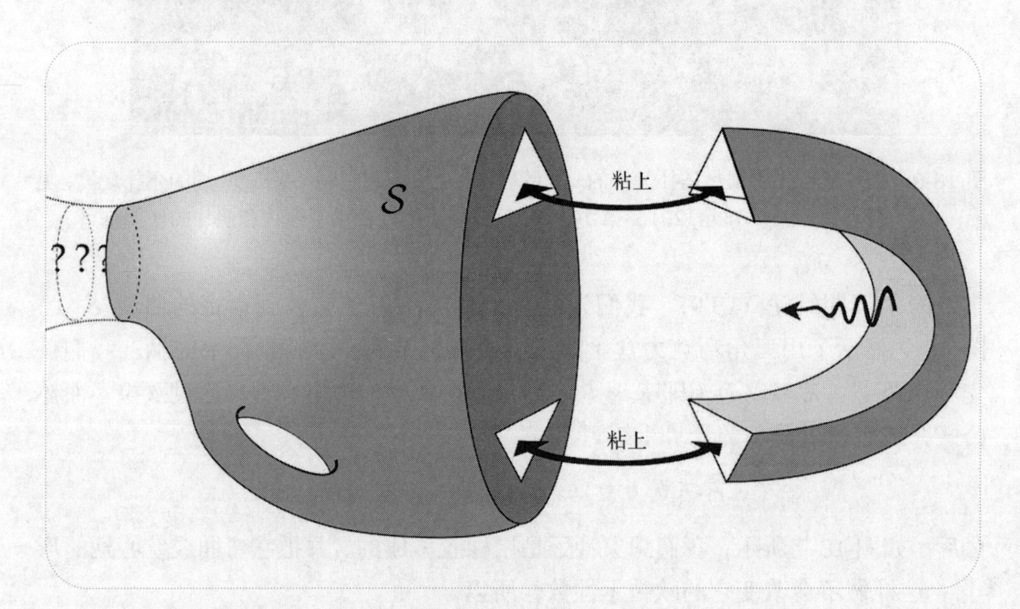

图 18-10 $\mathcal{S}$ 是一个一般的闭曲面，它的左边以未知的方式延伸出去，标记为？？？. 我们对 $\mathcal{S}$ 做三角形剖分（未画出）并移除两个三角形，就将 $\chi(\mathcal{S})$ 减小了 2，然后再将柄粘在挖掉的三角形上，这时 $\mathcal{S}$ 并未增加. 所以粘上柄使得 $\mathcal{S}$ 减小了 2

图 18-10 描绘了柄朝着现在有两个孔的 $\mathcal{S}$ 移动，马上就要被粘到 $\mathcal{S}$ 的孔上. 柄的末端有 6 个顶点和 6 条边，孔也是如此. 但当它们粘在一起后，只留下 6 个顶点和 6 条边：净减少了 6 个顶点和 6 条边. 这意味着，整体欧拉示性数不会因为粘上柄上而改变. [注记：显然，如果柄的两端是 n 边形（$n>3$），粘在匹配的 n 边形孔上，结果仍然是这样的.]

因此，如果 $\widetilde{\mathcal{S}}$ 是粘上了柄的新曲面，

$$\begin{aligned}\chi(\widetilde{\mathcal{S}}) &= \chi(\text{有两个孔的 } \mathcal{S} + \text{粘上柄}) \\ &= \chi(\text{有两个孔的 } \mathcal{S}) + \chi(\text{粘上 } \mathcal{S} \text{ 之前的柄}) \\ &= \chi(\mathcal{S}) - 2 + 0,\end{aligned}$$

由此证明了结论 (18.9)，因此也证明了式 (18.7).

第 264 页习题 27 提供了另一种优雅的证明方法，归功于霍普夫.

18.6 全局高斯–博内定理的角盈证明

让我们回到勒让德对欧拉多面体公式的证明，并从它所依赖的结果后退一步：哈里奥特结果的推广 (18.5)．现在只关注等式右边的"角盈"，由式 (18.4) 给出：

$$\mathcal{E}(n\text{ 边形}) = [\text{内角和}] - n\pi + 2\pi.$$

当然，这个表达式的要点在于测量测地线 n 边形的内角和与欧几里得几何中 n 边形的内角和之间的差异．如果我们取消 n 边形的边为测地线的要求，这个解释就不能用了．此外，由于涉及角度，这种表达往往不具有拓扑学的意义．然而，即使多边形的边不是测地线，表达式本身也仍然有意义.

尽管该表达式本质上不是拓扑的，但我们通向 GGB 新解释的第一个关键步骤是认识到该表达式对整个多边形网的求和具有拓扑意义．事实上，即使多边形网的边不是测地线，也可以看到图 18-7 及其结论 (18.6) 仍然有效：

$$\sum_j \mathcal{E}(P_j) = 2\pi[V - E + F] = 2\pi\chi(\mathcal{P}).$$

证明这个结果所需的一切事实就是图 18-7 中围绕一个顶点的所有角度之和为 2π.

同样，勒让德证明的这部分并不依赖于拓扑球面的多面体膨胀成一个完美的几何球面．事实上，这是下一个关键点，它甚至不依赖于曲面是拓扑球面的：式 (18.6) 仍然适用于具有任意亏格 g 的曲面 $\mathcal{S}_g$.

尽管在拓扑上我们一直（并且将继续！）很漫不经心，但是必须指出，我们不能完全任意地在一般曲面 $\mathcal{S}_g$ 上做多边形网．相反，我们必须谨慎地注意一点：不允许多边形连接到它们自身．例如，在环面上，我们当然可以想象（但必须避免）一个多边形从孔中穿过，然后回来咬住自己的尾巴！[1]

[1] 粘合与剪切都不是拓扑变换，多边形一旦连接到自身就不是拓扑等价的了．例如，考虑环面上的一个四边形，如果"它穿过中间的孔，回过头来咬住自己的尾巴"，使得前面的一条边与后面的一条边重合，就构成了一个环．这样，有两条边重合，就剩下三条边；而四个顶点重合成两个点．三条边，两个顶点，这是什么多边形呢？——译者注

现在我们的拓扑意识更加清楚，就可以回来努力解释 GGB 了．回到勒让德证明中的关键方程，即对于多边形网中的任意测地线多边形 P_j 也仍然成立的广义哈里奥特结果 (18.5)：

$$\frac{1}{R^2}\mathcal{A}(P_j)=\mathcal{E}(P_j).$$

同时，等式右边的和总是等于 $2\pi\chi(\mathcal{S}_g)$，而等式左边只在以下两条都成立时才有效：(1) 多面体膨胀成一个半径为 R 的完美球面；(2) 多边形网的所有边都是这个球面上大圆的弧，即测地弧．在拓扑变换下，这个等式的两边本质上可以被视为相等的．

虽然哈里奥特在 1603 年还没有认识到这一点，但两个多世纪后高斯告诉我们，球面的曲率 $\mathcal{K}=(1/R^2)$，而上述方程的左边实际上应该被视为 P_j 中的全曲率 $\mathcal{K}(P_j)$：

$$\mathcal{K}(P_j)=\mathcal{K}\mathcal{A}(P_j)=\frac{1}{R^2}\mathcal{A}(P_j).$$

高斯在 1827 年提出的局部高斯 – 博内定理 [第 24 页式 (2.6)] 是这个结果的一个重要的推广：一般曲面上测地线三角形 Δ 的角盈同样是由内部的全曲率给出的．正如哈里奥特的原始结果可以推广到测地线多边形一样，高斯的结果也可以推广到测地线多边形，而且方式完全相同：

$$\mathcal{E}(\Delta)=\iint_{\Delta}\mathcal{K}\,\mathrm{d}\mathcal{A}\quad\Longrightarrow\quad\mathcal{E}(P_j)=\iint_{P_j}\mathcal{K}\,\mathrm{d}\mathcal{A}=\mathcal{K}(P_j).$$

最后，对所有的测地线多边形求和，并使用式 (18.6) 和式 (18.7)，我们得到了 GGB 的第二个证明：

$$\mathcal{K}(\mathcal{S}_g)=\sum_j\mathcal{K}(P_j)=\sum_j\mathcal{E}(P_i)=2\pi\chi(\mathcal{S}_g)=2\pi(2-2g).$$

第 19 章　全局高斯-博内定理的第三个证明（利用向量场）

19.1　引言

第三幕是我们这部数学剧的传统“高潮”，现在我们要用几何、拓扑和向量场之间的漂亮联系来结束这一幕——这可是高潮中的高潮！在这里，我们只概述那些获取对 GGB 的新理解所需要的想法，关于向量场、向量场与复分析，以及向量场与物理学之间联系的更完整解释，见《复分析》的第 10～12 章，也可参见本书的附录 A.

19.2　平面上的向量场

想象一层薄薄的流体在水平面上流动. 最好将这个水平面看作复平面 $\mathbb{C}$. 在 $\mathbb{C}$ 上的每个点 z，我们有一个从 z 发出的速度向量，或者说是一个复数 $V(z)$. 我们将它称为一个流，这个流 $V(z)$ 就称为 $\mathbb{C}$ 上的一个**向量场**.

我们假设向量场 $V(z)$ 具有非常好的性质，除了有限个的孤立点以外，它都是连续的和可微的[①]. 因此，在一个正常点，或称正则点上，在任何方向上的微小移动都会导致 V 的方向和长度上发生相应的最终成比例的小变化.

与此相反，**奇点** s 是向量场不连续的特殊位置：从 s 向不同方向的无穷小移动导致 V 指向完全不同的方向或具有完全不同的长度. [②]

图 19-1 说明了一个典型的向量场，其中非专业的人也能一眼识别奇点 a、b 和 c. 为了清晰起见，用黑点标记它们.

如果我们画出流体中单个质点的路径，就获得了流体的**流线** K（**或积分曲线**），使得 V 总是与 K 相切. 如果我们画出所有这些流线，如下面的例子中那样，则获得了整个向量场的生动描述，称为**相图**. 注意，相图完全包含了 $V(z)$ 在每个点处

---

① 在较弱的实分析意义上，而不是复分析意义上的伸扭.

② 对于向量场 $V(z)$，若点 s 使得 $V(s)=0$，则称 s 为 $V(z)$ 的临界点. 孤立的临界点称为奇点.（非孤立的临界点主要有周期轨道和奇异闭轨.）我们很快就会看到，$z=0$ 是 $V(z)=z^n$（$n\geqslant 2$）唯一的有限奇点. 从函数的角度来看，这是个连续点. 注意，零向量的方向是不确定的，或者说复数 $z=0$ 的辐角是不确定的，所以从几何角度来看，这就是不连续的. 对于复变函数 $f(z)$，使得导函数 $f'(z)$ 不连续的点（包含不可导的和无界的点）称为奇点，也有方向不确定的问题. 故作者如是说. ——译者注

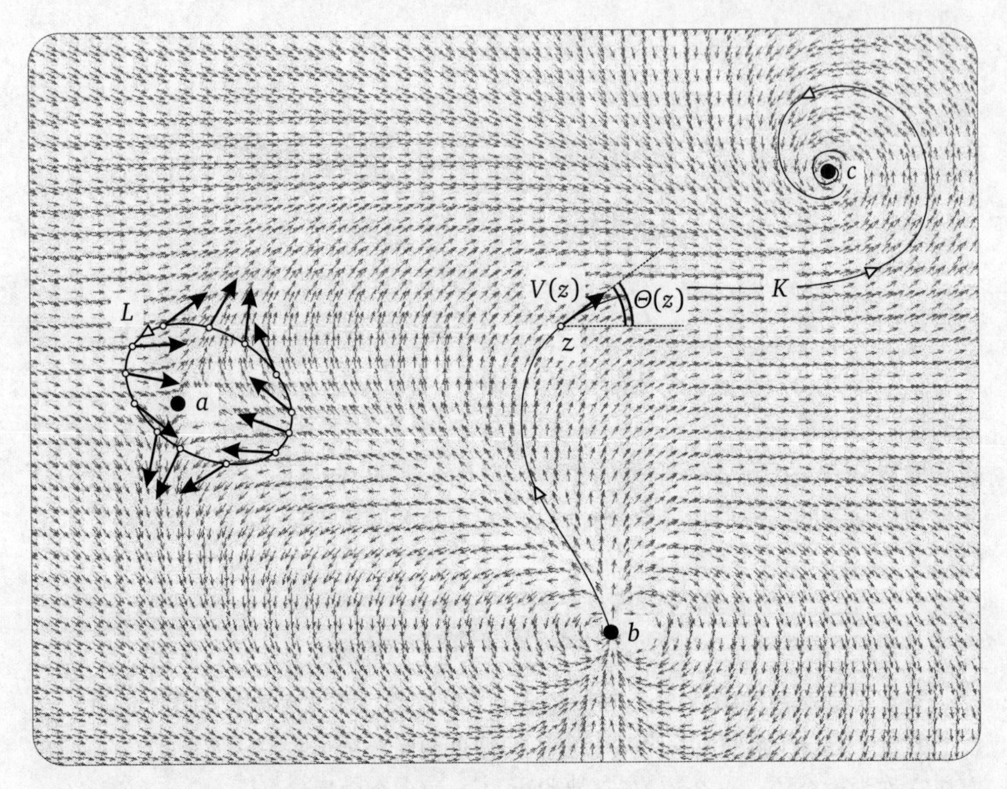

图 19-1　一个典型的向量场 $V(z)$. 图中显然有三个奇点：a 称为**鞍点**（或**交叉点**）；b 称为**偶极子**；c 称为**涡旋**（或**焦点**）. 图中还画出了**流线** K. 当 z 绕奇点 a 逆时针旋转一圈，例如沿环绕点 a 的闭环 L 时，$V(z)$ 旋转的圈数称为 V 在点 a 处的奇点**指数** $\mathcal{J}_V(a)$. 在图中，当我们绕 a 转一圈时，V 顺时针（即负向）转了一圈，所以 $\mathcal{J}_V(a) = -1$

的方向信息 $\Theta(z) = \arg[V(z)]$.

在图 19-1 中，所有的向量都具有相等的长度，但在一般情况下并非都是这样的，我们将在下面的例子中加以说明. 这是相图的一个严重不足，因为它不能[①]说明大小 $|V(z)|$，而这个大小代表着重要的信息：例如流体的速率或磁场的强度. 然而，从拓扑的角度来看，相图是唯一重要的事情.

19.3　奇点的指数

就像奇点的位置很明显一样，它们的特征显然也是很不相同的. 我们凭直觉就知道，a 的特征与 b 或 c 的特征有很大的不同. 如果我们想象图 19-1 是画在橡胶片上的流动模式，可以将它拉伸成各种样子，而奇点特征的区别在拉伸下是不

① 对于在物理学上最重要的向量场，实际上有一种特殊的方法来绘制流线，这样当流线聚集在一起时，流的强度就变得可见了. 见《复分析》11.3.2 节 ~ 11.3.5 节.

变的. 换句话说，显而易见，奇点的特征与其说是流动的几何特征，不如说是一种拓扑特征.

事实上，人们正是根据奇点的这些不同特征对它们进行分类和命名的. 例如，在图 19-1 中，a 称为**鞍点**（或**交叉点**），因为当将水浇在马鞍上时，水流的样子就是这样的；b 称为**偶极子**，因为一条很短的磁铁两极之间的磁力线就是这样的；而 c 称为**涡旋**（或**焦点**），因为当水旋转着流进洗碗槽底部的出水口时，水流的路径就是这样的.

至此，奇点 s 的"特征"只是一个模糊的概念，现在我们解释如何将它具体化为拓扑不变的单个整数 $\mathcal{J}_V(s)$，称为 s 的**指数**.（注记：如果对于向量场 V 没有任何歧义，我们可以将它缩写为 $\mathcal{J}(s)$.）

现在我们马上就来说明它的定义，暂不说明这个定义的合理性：

> 设 s 是向量场 V 的一个奇点，L 是环绕 s 的任一简单闭环（不环绕其他奇点），当 z 沿闭环 L 逆时针旋转一圈时，定义 $V(z)$ 旋转的净圈数为 V 在点 s 的**指数** $\mathcal{J}_V(s)$. (19.1)

我们马上来看看图 19-1 中奇点的指数. 由于指数只关心向量在 L 上的方向，为了清晰起见，我们冒昧地将这些特定的向量画得大一些. 当我们沿 L 走完一圈时，很明显 $V(z)$ 经历了一次顺时针（即负向）旋转，所以

$$\mathcal{J}(\text{鞍点}) = -1.$$

尝试考察奇点 b 和 c 的情况，验证以下结果：

$$\mathcal{J}(\text{偶极子}) = +2 \quad \text{且} \quad \mathcal{J}(\text{涡旋}) = +1.$$

接下来，我们来将定义 (19.1) 说得更精确一些. 令 $\Theta(z)$ 为 $V(z)$ 与水平方向的夹角. 当然，这个角有无穷多个值，相互之间相差 2π 的整数倍，而我们在点 z 只取一个值. 如果我们要求 $\Theta(z)$ 连续变化，则当 z 沿定向曲线 J（不经过任何奇点）移动时，$\Theta(z)$ 是唯一确定的，因为 $V(z)$ 是在 J 上是连续变化的.

当 z 沿 J 移动时，现在定义角度 $\Theta(z)$ 从起点到终点的净变化量为 $\delta\Theta$：

$$\delta_J\Theta \equiv \Theta(\text{终点}) - \Theta(\text{起点}).$$

注意这个角 $\delta_J\Theta$ 的正负号变化规律. 如果反转 J 的方向（记为 $-J$），"起点"和"终点"会交换位置，所以 $\delta_J\Theta$ 的正负号也会反转：

$$\delta_{-J}\Theta = -\delta_J\Theta. \tag{19.2}$$

有了这个认识和记号，我们可以将奇点指数的定义 (19.1) 重新表述为

$$\mathcal{J}_V(s)=\frac{1}{2\pi}\delta_L\Theta. \tag{19.3}$$

现在，你可能已经凭直觉认识到这个定义是适定的，但还是要证明它确实是适定的. 为此考虑图 19-2，它显示一个（最初的）圆周 L 环绕着一个偶极子，我们要用它来证明这个定义在一般情况下也是适定的.

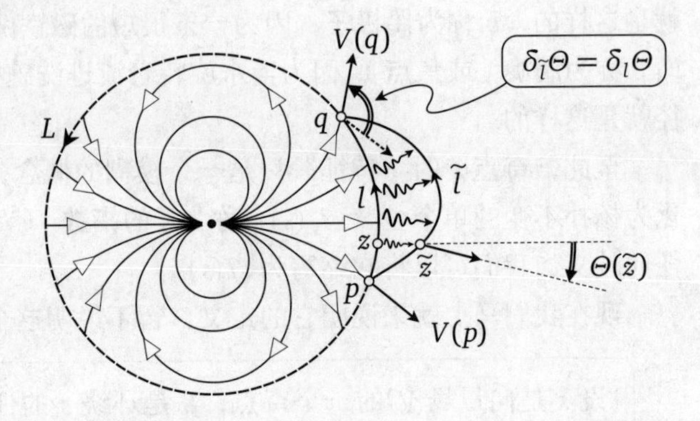

图 19-2 设圆环 L 环绕着一个偶极子 a，l 是 L 上的一段，当 l 被变形为 $\widetilde{l}$ 时，z 被变到 $\widetilde{z}$，因为角 $\Theta(z)$ 是连续变化的，$\Theta(\widetilde{z})$ 与最初的值 $\Theta(z)$ 非常接近. 所以，在这个变形下，$\Theta(z)$ 上这一段上的变化是不变的，即 $\delta_{\widetilde{l}}\Theta=\delta_l\Theta(z)$

我们重点关注图 19-2 中圆周 L 上以 p 为起点、q 为终点的一段 l. 如图 19-2 所示，

$$\delta_l\Theta=\Theta(q)-\Theta(p).$$

假设我们对 l 做微小的连续变形，将其变到附近的 $\widetilde{l}$，在变形过程中不越过任何奇点.

当 l 上的点 z 变到 $\widetilde{l}$ 上的点 $\widetilde{z}$ 时，角 $\Theta(z)$ 也在连续变化，所以 $\Theta(\widetilde{z})$ 与最初的值 $\Theta(z)$ 非常接近. 因此，角的变化 $\delta_{\widetilde{l}}\Theta$ 也非常接近 $\delta_l\Theta$（其中，$\delta_{\widetilde{l}}\Theta$ 是当 $\widetilde{z}$ 沿 $\widetilde{l}$ 移动时角的变化，$\delta_l\Theta$ 是当 z 沿 l 移动时角的变化）.

接下来就是典型的拓扑论证. 如果 $\delta_{\widetilde{l}}\Theta$ 与 $\delta_l\Theta$ 不完全相等，那么它们之间的差距将是 2π 的倍数，但因为 $\delta_{\widetilde{l}}\Theta$ 非常接近 $\delta_l\Theta$，所以这是不可能的. 因此，

$$\delta_{\widetilde{l}}\Theta=\delta_l\Theta.$$

我们可以类似地对 L 上的其他任意一段或者整个 L 做这样的变形，这样就证明了奇点指数确实与 L 的大小和形状无关：

> 设 s 是向量场 $V(z)$ 的一个奇点，L 是环绕 s 的任一简单闭环（不环绕其他奇点），当 L 变形为其他的简单闭回路时，只要在变形过程中不跨越其他奇点，则奇点**指数** $\mathcal{J}_V(s)$ 不变. 简言之，$\mathcal{J}_V(s)$ 与 L 无关是 V 的性质，只与点 s 有关. (19.4)

如果我们把向量场看作一个复映射 $z\mapsto V(z)$，它将第一个复平面上的点 z 映射到第二个复平面上的点 $V(z)$，则［练习］$\mathcal{J}_V(s)$ 可以被看作映射的像回路 $V(L)$

围绕原点 0 的次数，称为 $V(L)$ 的**环绕数**．它在复分析中扮演重要的角色，详见《复分析》第 7 章．

19.4 原型奇点：复幂函数

为什么我们把平面设为复平面？有几个原因，其中很重要的一个是奇点的原型自然地来自复变量 z 的*幂函数*：

$$P_m(z) \equiv z^m = [r\mathrm{e}^{\mathrm{i}\theta}]^m = r^m\mathrm{e}^{\mathrm{i}m\theta},$$

其中 m 是整数．

$P_m(z)$ 只在原点有唯一的（有限）[1]奇点，它的指数也是容易确定的．在方向为 θ 的射线上的任意点 P_m 的方向是 $m\theta$，只有长度 $|P_m(z)| = r^m$ 随着我们沿射线移动而变化．因此，如果我们绕原点逆时针旋转一次，那么 θ 从 0 到 2π，于是 P_m 的辐角从 0 到 $2m\pi$．换句话说，P_m 转了 m（正或负）圈，所以 $\mathcal{J}(0) = m$．

例如，重新考虑我们在图 19-1 中 b 处遇到的“偶极子”．图 19-3 说明了这个偶极子场正是 $P_2(z) = z^2$：图 19-3a 表示半径为 r 的圆周环 C_r 上的向量场本身，图 19-3b 是表示流线的相图．认真看看这两个图，至少弄懂它们所描述的定性性质．（如果能证明图 19-3b 中的流线确实是完美的圆周，那就更好了！）

从式 (19.3) 可见奇点指数是利用环绕奇点的闭环 L 来定义的，但是由结论 (19.4) 可知，L 的形状和大小是无关紧要的：指数实际上是向量场在奇点的一个性质．

为了使这个概念更加生动，图 19-3b 说明了闭环 C_r 向奇点收缩的情况．显然，*向量场在奇点的无穷小邻域内的行为决定了该点的奇点指数*：

$$\mathcal{J}_V(s) = \frac{1}{2\pi}\lim_{r\to 0}\delta_{C_r}\Theta.$$

总之，对任意整数 m 都有

$$P_m(z) = z^m \quad \Longrightarrow \quad \mathcal{J}(0) = m.$$

图 19-4 显示了幂指数为 $m = +3, +2, +1, 0, -1, 2$ 的幂函数的相图．请花点时间直观地验证一下，对于每个幂指数，(i) 它确实与自己声称的相符，(ii) 奇点指数确实等于幂指数 m．

当我们从奇点的“特征”这个直观概念开始讨论奇点时，奇点指数更精确的概念将我们带向一个新的方向．例如，从物理的角度来看，源、涡旋和汇的性质

[1] 事实上，还存在第二个奇点，在无穷远处．见《复分析》11.2.9 节．

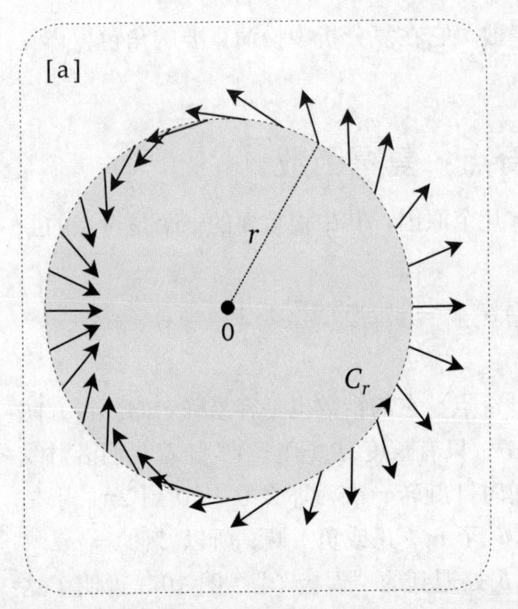

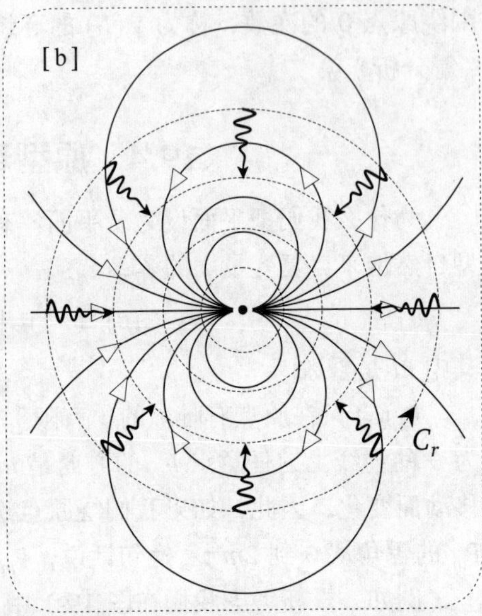

图 19-3　当我们沿 [a] 中的圆周（正向）绕奇点 0 旋转一圈时 $P_2(z)=z^2$ 经历了正向旋转两圈，因此 $\mathcal{J}(0)=+2$. 通过检查 [b] 中流的相图（即流线）也可以得到同样的结果. 当 C_r 向奇点收缩时指数不会改变：指数描述了奇点的无穷小邻域内的向量场

是很不一样的，但从拓扑的角度来看，它们是不可区分的，因为这三种奇点的指数都是 +1.

这个现象由以下事实来解释：将复函数 $f(z)$ 乘以一个复常数 $k=Re^{i\varphi}$ 对其奇点指数没有影响. 因为 $f(z) \rightsquigarrow Re^{i\varphi}f(z)$ 将向量 $f(z)$ 拉伸 R，并旋转固定角度 φ. 于是，当 z 跑遍任意一个闭合环路时，$kf(z)$ 经历的圈数与 $f(z)$ 相同，所以奇点指数保持不变. 特别地，设 $f(z)=z$，且 φ 从 0 逐渐增大到 $\pi/2$，再从 $\pi/2$ 逐渐增大到 π，则对于图 19-4c 所示的向量场，奇点会从源逐步演化成为为涡旋、中心和汇，即 $[c] \rightsquigarrow [d] \rightsquigarrow [e] \rightsquigarrow [f]$.

我们以一些一般性的观察来结束本节. 首先，请注意，反转任何流的方向对其奇点的位置或指数没有影响. 当我们绕着一个奇点走一圈时，V 和 $-V$ 经历完全相等的旋转，就像指南针的两端一样，因此这两个向量场具有共同奇点，而且具有相同的奇点指数.

其次，如果我们定义复共轭向量场为

$$\overline{P}_n(z)=\overline{z^n}=\overline{z}^n,$$

则 $P_m(z)$ 的流线与 $\overline{P}_{-m}(z)$ 的流线是相同的，因此它们在原点处的值都 0，原点是其共同奇点，并且它们具有相同的奇点指数.

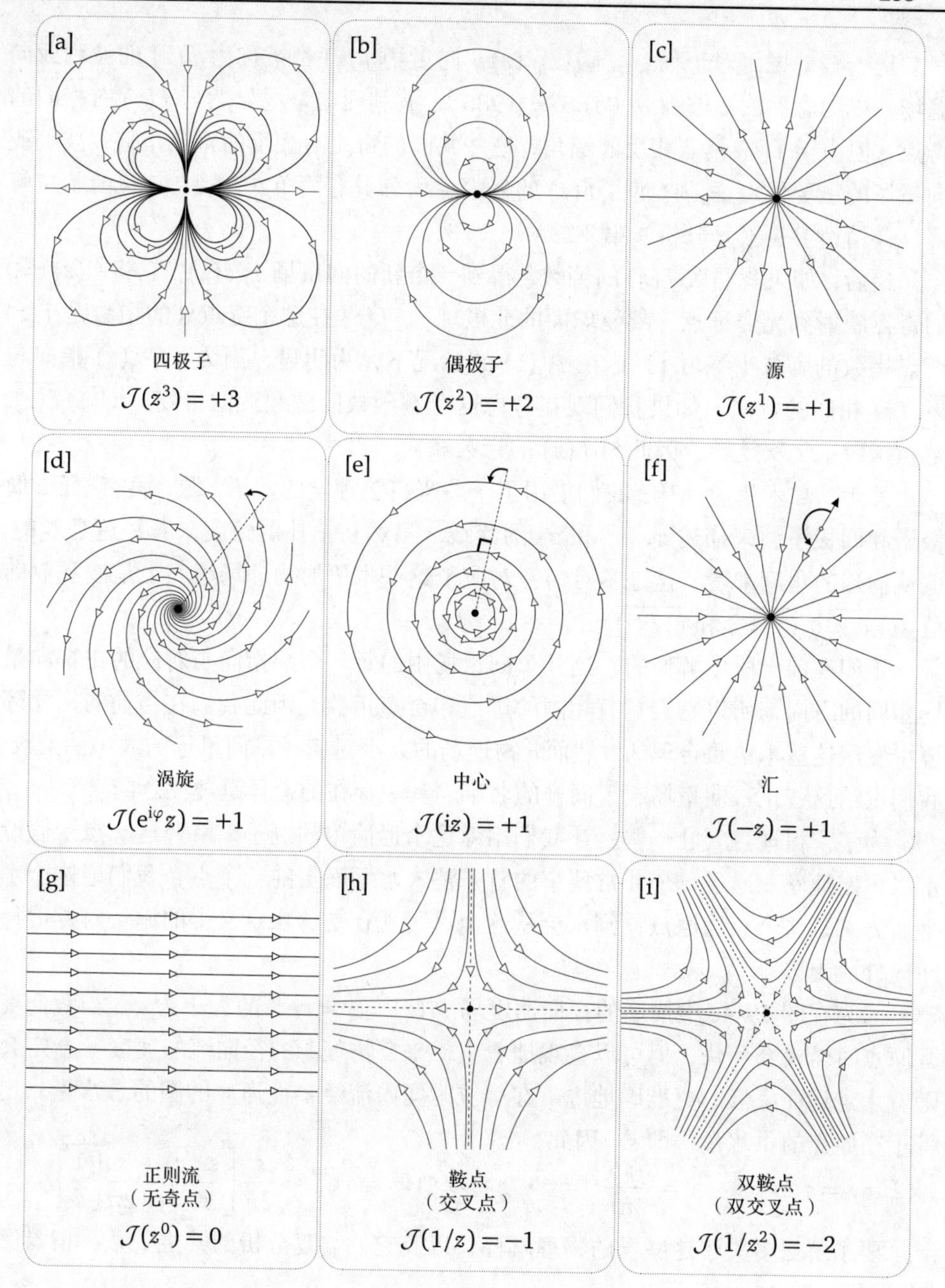

图 19-4 复变量 z 的整数幂函数在复平面 $\mathbb{C}$ 上的向量场，$P_m(z) = z^m$（$m = +3, +2, +1, 0, -1, -2$）. 原点是唯一有限奇点，其指数为 $J = m$. 中间一行显示 $e^{i\varphi}z$ 的向量场，[d] 当 φ 取一般值时，奇点称为涡旋；[e] 当 $\varphi = \pi/2$ 时，奇点称为中心；[f] 当 $\phi = \pi$ 时，奇点称为汇. 这三种情形的奇点指数都是 $J = +1$.

奇点的别名：汇 = 稳定的结点；源 = 不稳定的结点；涡旋 =（稳定或不稳定的）焦点，[d] 中是不稳定的；鞍点 = 交叉点更一般地说，对于任意复函数 $f(z)$，向量场 $\overline{f(z)}$ 都被称为 $f(z)$ 的**波利亚向量场**，以纪念乔治 · 波利亚（1887—1985）. 波利亚向量场显然与 $f(z)$ 有相同的奇点，但由于 $\overline{f(z)}$ 具有相反的辐角，这些共同的奇点有相反的奇点指数. 波利亚向量场的主要优点是，它使得 $f(z)$ 的复围道积分具有简单、直观、可视的物理解释. 详情请参见《复分析》第 11 章.

最后，如果我们取 $f(z)$ 的倒数，得到一个新的向量场 $1/f(z)$，它将 $f(z)=0$ 的奇点映射到无穷远点（黎曼球面的北极），$1/f(z)$ 在这个奇点处的指数是 $f(z)$ 奇点指数的负值 [练习]：这在 $P_m(z)$ 的情况下尤为明显，因为 $1/P_m(z)$ 指向与 $P_{-m}(z)$ 相同的方向. 如果我们现在考虑这个倒函数的波利亚向量场，即 $1/\overline{f(z)}$，奇点指数第二次反转，因此与 $f(z)$ 的指数相同.

关于物理术语的注释：我们借用了一些来自物理学的术语，**源**、**涡旋**、**汇**、**偶极子**和**四极子**，来描述 z、z^2 和 z^3 的流线. 虽然从拓扑的角度来看，这是对的，但从物理的角度来看，这是不对的：对应于这些术语的物理场事实上是波利亚向量场 $\overline{(1/z)}$、$\overline{(1/z^2)}$ 和 $\overline{(1/z^3)}$.

正如在前一段中解释的，这几个向量场中的每一个都指向与对应的正幂向量场相同的方向，所以它们具有相同的奇点和奇点指数，因此我们在当前的拓扑环境中使用这些术语是合理的. 然而，物理场的大小对应正幂向量场的大小的倒数，我们也给这些正幂向量场起了同样的名字，其中存在的差异是要注意的.

为了说得理直气壮一些，让我们用源这个最简单的例子来解释这一点. 假设水以恒定速率 s 通过一个非常狭窄的管子注入水平面上的一个点，我们记这个水平面为 $\mathbb{C}$，这个点为原点，则水会从这个源（现在是物理意义上的源）对称地径向向外流出去.

因为在图 19-4c 中描述的径向速度场 $P_1(z)=z=re^{i\theta}$ 的大小为 r，当我们离开原点时速度会加快，但可以直观地看出，来自物理源的径向流的速度 v 一定会随着水走远而减慢. 更准确地说，在单位时间内流经半径为 r 的圆的总水量一定等于在原点的供水量，即 s. 因此

$$2\pi r v = s \implies v=\frac{s}{2\pi r} \implies \text{物理的源} = v e^{i\theta} = \frac{s}{2\pi}\left[\frac{e^{i\theta}}{r}\right] = \frac{s}{2\pi}\overline{\left[\frac{1}{z}\right]}.$$

要了解更多关于这些场的物理解释，以及它们与复分析的共生关系，请参阅《复分析》第 10 ~ 12 章.

19.5 曲面上的向量场

19.5.1 蜂蜜流向量场

要构想一个在曲面上，而不是平面上的向量场并不困难. 例如，想象一个暴

露在暴雨中的光滑物体：雨水流过物体的表面 $\mathcal{S}$，落到地面上，于是在曲面上的每一个点 $p \in \mathcal{S}$ 处有一个流速 $\boldsymbol{v}(p)$，这个流速在这个点处与曲面相切，这就是曲面上的向量场的一个例子.

虽然雨流 $\boldsymbol{v}(p)$ 只是 $\mathcal{S}$ 上向量场的一个例子，但我们很快就会看到，这个特定的 $\boldsymbol{v}(p)$ 是一个强大的理论工具，也是 GGB 新证明的关键.

图 19-5 说明了在一个特定的表面上，受重力作用向下的这样一个流 $\boldsymbol{V}$. 实际上，雨水在曲面上向下流动时，一旦流到切平面成竖直方向（包含 $\boldsymbol{V}$）的地方，就会脱离曲面，落到地面上.

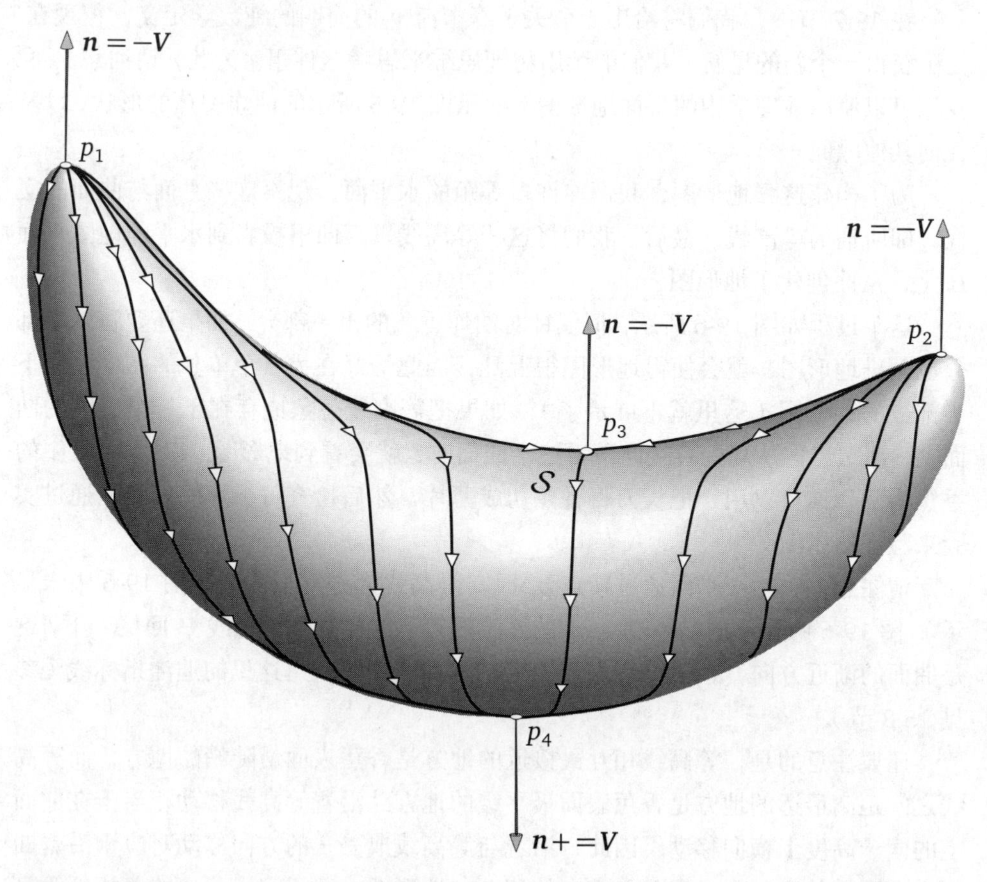

图 19-5 **蜂蜜流.** 蜂蜜沿重力的方向 $\boldsymbol{V}$ 淋到油炸香蕉的表面 $\mathcal{S}$，于是蜂蜜在油炸香蕉的表面向下流动，在 $\mathcal{S}$ 上形成"蜂蜜流"的速度向量场 $\boldsymbol{v}$. $\boldsymbol{v}$ 的奇点出现在当 $\mathcal{S}$ 的外法向 $\boldsymbol{n}$ 满足 $\boldsymbol{n}=-\boldsymbol{V}$（在 $p_{1,2,3}$ 处）或 $\boldsymbol{n}=+\boldsymbol{V}$（在 p_4 处）时. 从视觉上看，p_1 和 p_2 是源，$\mathcal{J}(p_1)=\mathcal{J}(p_2)=+1$；$p_3$ 是鞍点，$\mathcal{J}(p_3)=-1$；p_4 是汇，$\mathcal{J}(p_4)=+1$. 这些直观的事实可以用精确的定义 (19.5) 证实

为了继续从物理直觉中获得数学直觉，我们必须确保流体始终紧贴曲面 $\mathcal{S}$ 流

动. 因此，我们创造一个《圣经》中的奇迹：把水变成蜂蜜！（顺便提一个附带的奇迹，让我们把图 19-5 中的曲面变成一个油炸香蕉！）

因此，（蜂蜜由空间中的力 $\boldsymbol{V}$ 向下拉，紧贴在曲面上产生的）流动 $\boldsymbol{v}$ 称为受 $\boldsymbol{V}$ 作用的**蜂蜜流向量场**.（提醒：你可能会惊讶地发现“蜂蜜流”并不是标准的数学术语！此外，我们应该充分重视物理学中的想法，忠实地跟踪蜂蜜流的方向，而不是它的速率.）

19.5.2 蜂蜜流与地形图的关系

在 19.7 节中，我们将给出一个关于蜂蜜流 $\boldsymbol{v}$ 的简明的纯数学定义，但现在，为了获得一个新的见解，我们继续用物理思维来思考这件事. 为此，请回想一下，我们可以使用地理学中的平面**地形图**来表示图 19-5 所示的油炸香蕉的形状，以及任何其他曲面.

为了构建这张地形图，我们取许多等距的水平面，观察这些平面与曲面的交线，即所谓的**等高线**. 最后，我们将这些等高线垂直向下投影到水平的地图平面 Π 上，从而创建了地形图.

这个过程如图 19-6 所示，但仅针对油炸香蕉的上半部分. 如果还要将下半部分也画进地形图，就会使得地形图很混乱，因此最好在另一个单独的图中绘制下半部分的地形图（这里就不展示了）. 如果把等高线想象成存在于一个透明的曲面上，那么当你从高处直接向下看这个曲面时，就会看到地形图. 以图 19-6 中的香蕉为例，你可以用一把长刀将香蕉切成薄片，然后检查每一片的形状，通过实验来验证这张图.

请注意，当相交平面通过鞍点 p_3 时，等高线为 8 字形曲线（图 19-6 中未显示）. 图 19-6 中显示的是经过点 p_3 的 8 字形等高线的切线（虚线）. 回忆一下，这是曲面的渐近方向，$\kappa = 0$，在鞍点附近的双曲线图案就是这里的迪潘指标线（参见 15.8 节）.

还要注意的是，等高线相互最接近的地方是香蕉表面最陡峭的地方，而等高线之间距离最远的地方是香蕉表面最平缓的地方. 沿着等高线移动相当于在曲面上的同一高度上横向移动. 因此，沿着与等高线成直角的方向移动对应于沿着曲面上最陡峭的下降（或上升）方向的移动. 地形图中（无穷小分离的）相邻等高线相交的点对应于单个点上的不同高度，即具有垂直切平面.

由于将蜂蜜从曲面上向下拉的重力没有（沿着等高线方向的）水平分量，我们立即推断曲面上的蜂蜜流的轨迹是正交于等高线的.

这对地形图有影响. 由于 $\boldsymbol{v}$ 与等高线的切线 $\mathcal{T}$ 正交，所以它一定位于与 $\mathcal{T}$ 正

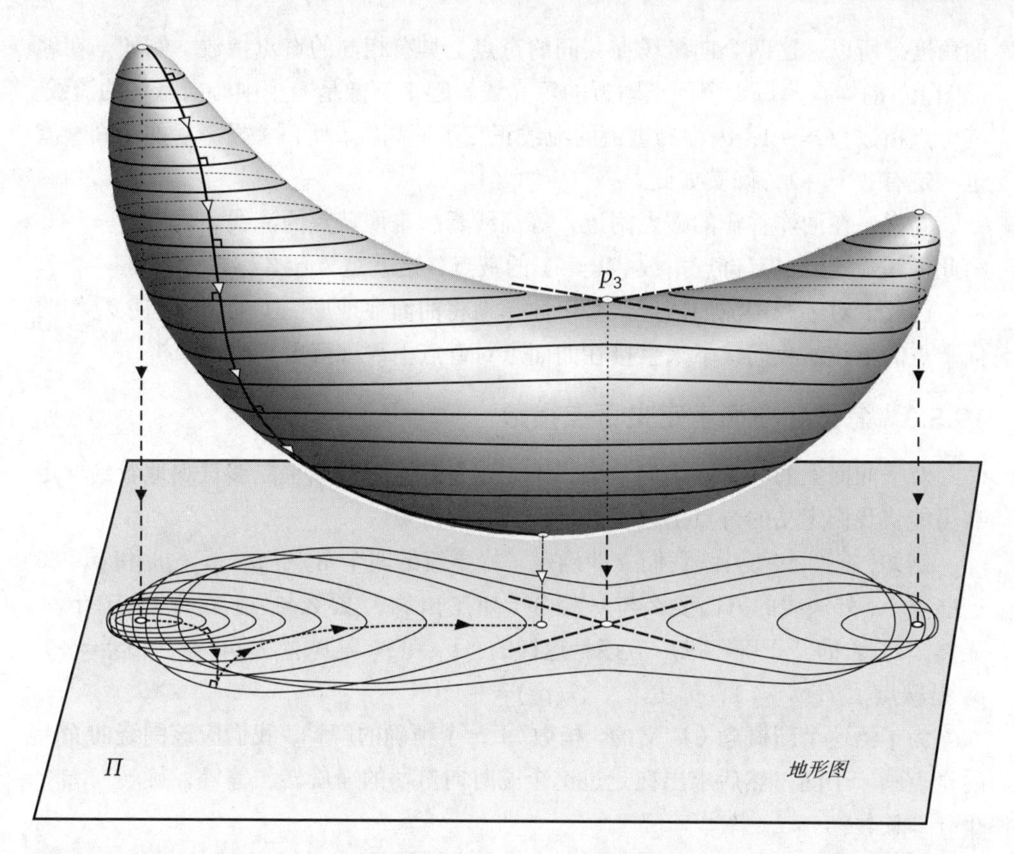

图 19-6 曲面与一组等距平行平面相交生成等高线，将等高线垂直向下投影到地图平面 Π 上，就形成了曲面的地形图.（为了避免地形图太复杂混乱，我们没有绘制曲面下半部分的等高线.）经过鞍点 p_3 的等高线是 8 字形的，图中只显示了 8 字形等高线的切线（虚线）. 曲面上蜂蜜流的流线是正交于等高线的，在垂直投影到地图平面 Π 上后仍然正交于等高线（尽管地形图不是共形的）

交的平面内，但由于 T 是水平的（由其构作决定的），这个正交平面是竖直的. 因为穿过 T 的竖直平面和 $\boldsymbol{v}$ 是正交的，所以它们与水平地图平面 Π 垂直相交. 因此，如图 19-6 所示，

> 在曲面上及其地形图中，蜂蜜流的流线都是等高线的正交轨迹.

注意，从曲面向下到地图平面的竖直投影*不是*共形的：地图上的角度一般不能忠实地表示曲面上的角度. 尽管这个投影映射不是共形的，但是我们已经证明了蜂蜜流与等高线之间的直角在这个映射下*的确是*保持不变的.

如果两个平面向量场是正交的，则当我们走过一条曲线时，它们必旋转相同的角度. 所以，这两个向量场在共同的奇点上具有相同的奇点指数. 例如，在地形图上，油炸香蕉每一个顶点附近的等高线看起来都像是一个中心向量场的流线，其奇点指数 $\mathcal{J}=+1$. 因为蜂蜜流的流线正交于等高线，所以（投影后的）蜂蜜流也一定有 $\mathcal{J}=+1$，确实如此.

同样，在油炸香蕉的鞍点附近，等高线看起来像鞍点的流线，具有 $\mathcal{J}=-1$. 由此可知蜂蜜流也有奇点指数 $\mathcal{J}=-1$ 的鞍点，这就是为什么称之为鞍点!

因此，对于蜂蜜流的情形，可以简单地将曲面在地形图上的奇点指数看作曲面奇点的指数. 我们接下来直接在曲面上对奇点指数进行更一般的分析.

19.5.3　怎样在曲面上定义奇点指数?

对于曲面上的任意一个向量场，不一定是蜂蜜流，似乎能够直观地看到一定有可能将我们定义的奇点指数概念推广到它的奇点.

例如，在图 19-5 中，我们立即确定了蜂蜜流的四个奇点：p_1、p_2、p_3 和 p_4. 在这些点上，外法线的方向要么与 $\boldsymbol{V}$ 相合（如在 $p_{1,2,3}$），要么与 $+\boldsymbol{V}$ 相合（如在 p_4）. 显然，对 $\mathcal{J}$ 的“正确”推广应该是这样的：p_1 和 p_2 是源，$\mathcal{J}(p_1)=\mathcal{J}(p_2)=+1$；$p_3$ 是鞍点，$\mathcal{J}(p_3)=1$；p_4 是汇，$\mathcal{J}(p_4)=+1$.

为了给这个新概念（广义的“指数”）一个精确的解释，我们应该围绕曲面上的奇点画一个圈，然后求出在走过这个圈时向量场的净旋转. 等等，旋转? *相对于什么旋转?*

要回答这个问题，首先要回顾我们熟悉的平面向量场旋转的概念. 在图 19-7a 中，U 是一个在平面上具有水平流线的向量场 [例如 $U(z)=1$]，平面向量场 $W(z)$ 沿着环路 L 的旋转可以看作相对于**基准**（或**参照系**）U 发生的运动. 如果我们定义 $\angle UW$ 为 U 和 W 之间的夹角，$\delta_L(\angle UW)$ 为沿 L 走一圈后这个角的净改变，则我们对奇点指数原来的定义 (19.3) 就可以写成

$$\mathcal{J}_W(s)=\frac{1}{2\pi}\delta_L(\angle UW). \tag{19.5}$$

如果我们让图 19-7a 中水平的直线形流线连续变形成图 19-7b 中的曲线形流线，按照通常的推论，式 (19.5) 的右边保持不变. 因此我们得出结论，如果用任意向量场代替 U，只要这个向量场在 L 上及其包围的区域内没有奇点，这个公式仍然会给出该指数的正确值.

接下来，想象图 19-7b 是画在橡胶薄片上的. 我们通过连续的拉伸，将它拉成图 19-7c 中的曲面形状，则式 (19.5) 的右边不仅仍然有明确的定义，而且它的值也保持不变.

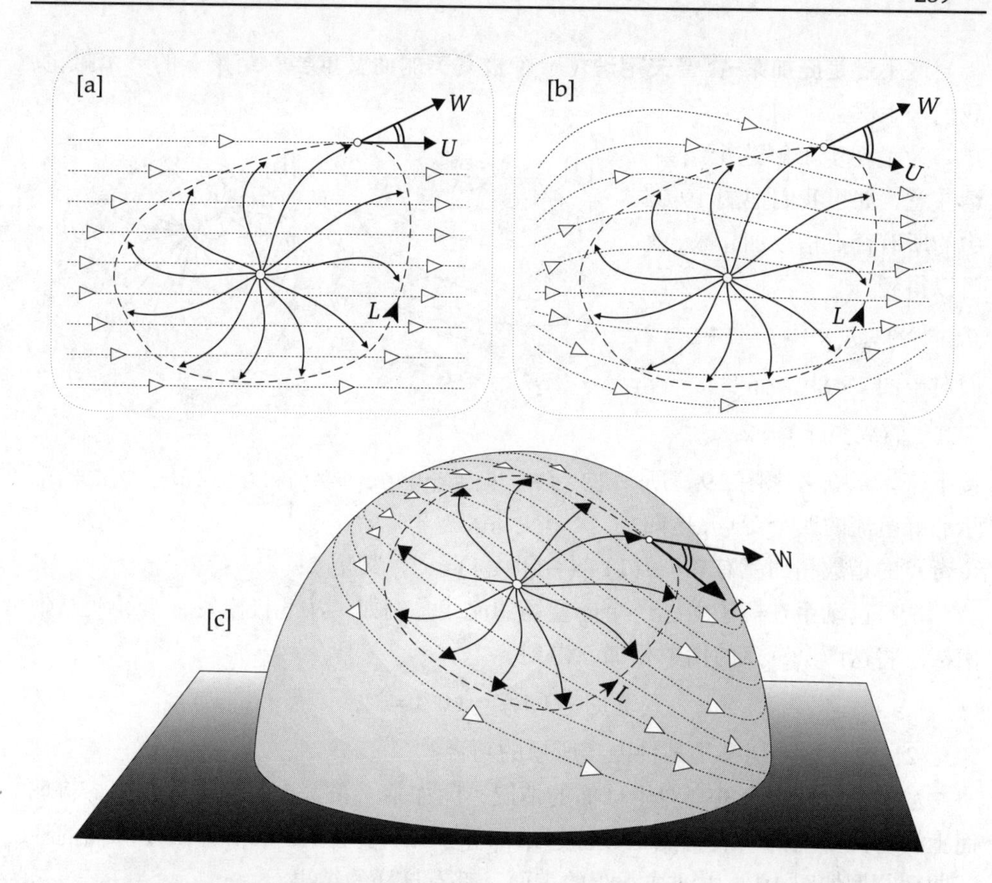

图 19-7 曲面上奇点指数的定义. 我们通常量度平面向量场 W 关于水平基准（或参照系）场 U 的旋转，如 [a] 所示. 也可以量度这个向量场关于其他任意没有奇点的向量场的旋转，如 [b] 所示. 最后，在 [c] 中，我们推广到曲面上：画出一个正则流 U，穿过包含向量场奇点的一个区域，则奇点指数是 W 关于 U 的旋转圈数

综上所述，设 W 是曲面 $\mathcal{S}$ 上的向量场，s 是 W 的奇点，定义它的**指数**如下：在曲面 $\mathcal{S}$ 上取一小片，仅覆盖 s 这一个奇点，在上面任意绘制一个非奇异向量场 U；再画一个围绕奇点 s 的简单闭回路；最后应用式 (19.5)，即计算当走过 L 一圈后 W 相对于 U 的净旋转.

19.6 庞加莱–霍普夫定理

19.6.1 例子：拓扑球面

图 19-8 显示了球面上两种可能的流的流线. 注意这两种流都有奇点：图 19-8a 有两个中心，图 19-8b 有一个偶极子. 事实上，球面上*不存在*没有奇点的向量场.

这不过是**庞加莱–霍普夫定理**（一个极其美丽而又重要的结果）的一个推论，我们马上就会讲到.

为了初步了解这个结果，请注意，如果我们把图 19-8a 中的所有奇点指数加起来，就可以得到

$\mathcal{J}$(中心)+$\mathcal{J}$(中心) = 1+1 = 2，

而对于图 19-8b，有

$\mathcal{J}$(偶极子) = 2.

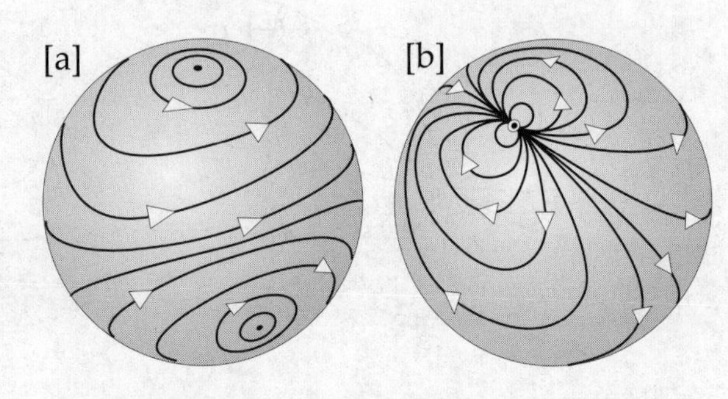

图 19-8　[a] 两个中心，指数的和为 2. [b] 一个偶极子，指数为 2

接下来，重新考虑图 19-5 所示的蜂蜜流的四个奇点，这四个奇点的指数相加就有 $(1)+(1)+(-1)+(1)=2$，又是 2!

请自己动手在橘子上画一个向量场的流线. 例如，从北极出发，沿经线画到南极. 将这两个奇点的指数相加，得到

$$\mathcal{J}(\text{源})+\mathcal{J}(\text{汇})=1+1=2,$$

又是 2! 也许这一切都是某种匪夷所思的巧合?

数学是没有巧合的! 对于球面的情况，庞加莱 – 霍普夫定理告诉我们：将球面上任意向量场的所有奇点指数加起来都等于 2. 事实上，拓扑等价于球面的任意曲面，例如图 19-5 中油炸香蕉的表面，都有这样的结果.

这里有一个很好的总体结果：

庞加莱–霍普夫定理. 设 $\mathcal{S}_g$ 是亏格为 g 的光滑曲面，$\boldsymbol{v}$ 是 $\mathcal{S}_g$ 上的向量场，具有有限个奇点 p_i，则它们的指数和等于曲面的欧拉示性数：

$$\sum_i \mathcal{J}_{\boldsymbol{v}}(p_i)=\chi(\mathcal{S}_g)=2-2g. \tag{19.6}$$

式 (19.6) 的一个直接结果是，没有奇点的向量场只能存在于欧拉示性数为 0 的曲面（即拓扑甜甜圈）上.

即使这样，该定理实际上也不能保证这样的向量场一定存在，它仅仅要求拓扑甜甜圈上所有奇点的指数之和为 0. 然而，我们可以很容易地看到，在甜甜圈上确实存在没有任何奇点的向量场：图 19-9 显示了两个这样的向量场，一个用白色箭头表示，另一个用黑色箭头表示.

白色箭头流中所有的流线在拓扑上都是相互等价的，因为任意一个流线都可以连续地变形成任意另一个流线. 黑色箭头流也是如此. 然而，白色流线和黑色流线在拓扑上是不同的：白色流线不可能通过连续变形成为黑色流线.

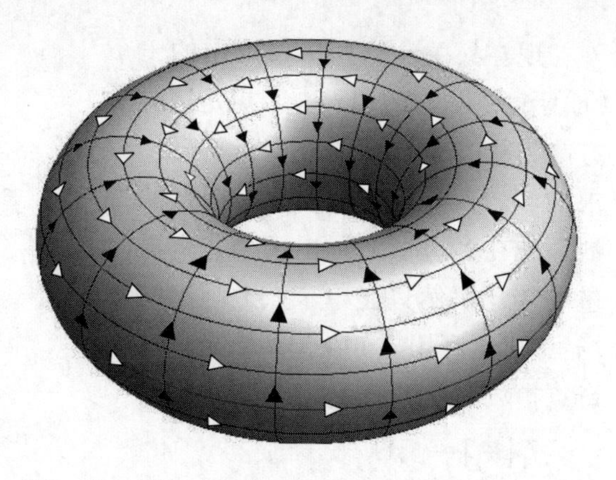

图 19-9 没有奇点的流只可能在拓扑甜甜圈上存在. 这里显示了环面上两个这样的（拓扑上不同的）正则流：分别用白色箭头和黑色箭头表示

如果我们想象将这两种流“相加”，得到第三种流，即拓扑上截然不同的正则流，那么这个流的每条流线都绕着甜甜圈绕了一圈，又穿过孔，再与起点连接起来.

更一般地，我们可以构作无限多个拓扑上不同的正则流. 例如，一条流线在闭合之前，围绕对称轴（白色）转 m 圈，穿过孔（黑色）n 次. [①]通过将一个流线的终点连接到另一个流线的起点，可以将这样的 (m,n) 流“添加”到 (m',n') 流，生成 $(m+m',n+n')$ 流. 这个想法很自然地导致了拓扑学家们所说的曲面的**基本群**，它是由庞加莱在 1895 年发现的. 但是我们跑题了！

19.6.2 庞加莱–霍普夫定理的证明

我们现在可以证明式 (19.6) 这个非常优雅的定理了，这个证明要归功于海因茨 · 霍普夫本人（见 Hopf, 1956, 第 13 页）. 证明分为两步：首先证明，在给定亏格的曲面上，所有向量场的奇点指数之和是相等的；其次给出一个具体的向量场[②]，它的所有奇点指数之和等于欧拉示性数. 这就证明了定理.

考虑图 19-10 所示的曲面 $\mathcal{S}$，设 $\boldsymbol{X}$ 和 $\boldsymbol{Y}$ 是 $\mathcal{S}$ 上的两个不同的向量场. 为了避免混乱，我们只在单个点上绘制这两个场. 记 $\bullet$ 为 $\boldsymbol{X}$ 的奇点，$\odot$ 为 $\boldsymbol{Y}$ 的奇点，我们要证明

$$\sum_{\bullet} \mathcal{J}_X[\bullet] = \sum_{\odot} \mathcal{J}_Y[\odot].$$

先用曲线多边形（虚线）对 $\mathcal{S}$ 做划分，使得每个多边形至多包含一个 $\bullet$ 和一个 $\odot$.

① 取一个单位半径的直圆柱面，沿母线方向向画 m 条直线，均匀分布，两两间距为 $2\pi/m$. 将圆柱面的底部旋转 $2(n+1)\pi/m$（即 n 圈加一格 $2\pi/m$）后，弯过来接到顶部，形成一个环面. 原来画的 m 条直线就依次首尾相接，连成一条螺旋线. 显然，它绕对称轴转 m 圈，穿过洞 n 次. 这样就形成了没有奇点的所谓 (m,n) 流的流线. ——译者注

② 我们给出的例子实际上不同于霍普夫在上述参考文献（Hopf, 1956）中给出的例子.

现在只关注这些多边形中的一个（暗阴影）和它的边界 K_j，规定边界的方向为从 $\mathcal{S}$ 外向下看逆时针旋转. 欲求 $\boldsymbol{X}$ 和 $\boldsymbol{Y}$ 在 K_j 包围下的奇点的指数，先在多边形上画出一个非奇异向量场 $\boldsymbol{U}$（仍然只在单个点上画出向量场），然后利用式 (19.5). 于是，这些奇点指数的差为

$$\mathcal{J}_Y[K_j]-\mathcal{J}_X[K_j]$$
$$=\frac{1}{2\pi}\left[\delta_{K_j}(\angle UY)-\delta_{K_j}(\angle UX)\right]$$
$$=\frac{1}{2\pi}\delta_{K_j}(\angle XY).$$

它显然与局部基准向量场 $\boldsymbol{U}$ 无关，只依赖于图 19-10 中所示从 $\boldsymbol{X}$ 到 $\boldsymbol{Y}$ 的（有向）夹角.

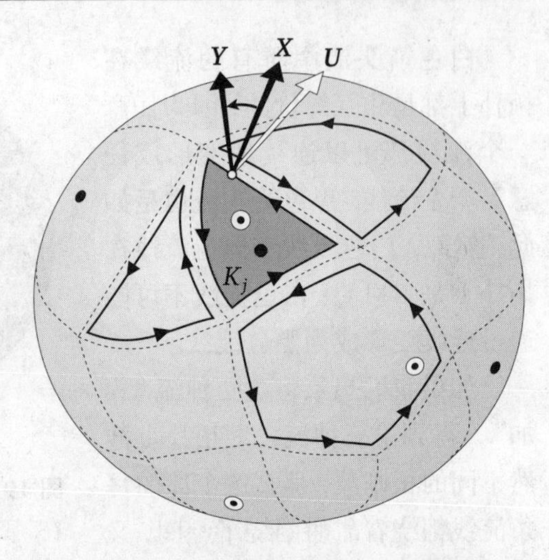

图 19-10 在 K_j 包围的区域内，向量场 $\boldsymbol{X}$ 和 $\boldsymbol{Y}$ 的奇点（分别记为 • 和 ⊙）的指数差只依赖于 $\boldsymbol{Y}$ 相对于 $\boldsymbol{X}$ 的旋转. 但是 K_j 的每条边都与相邻多边形的一条反方向边相毗连，所以所有多边形上的这些旋转之和一定为 0

最后，因为 [见式 (19.2)] 每个多边形的每条边都要沿两个相反的方向被各走过一次，导致 $\angle XY$ 产生大小相等、方向相反的变化，所以我们得到

$$\sum_{\odot}\mathcal{J}_Y[\odot]-\sum_{\bullet}\mathcal{J}_X[\bullet]=\sum_{j}\left(\mathcal{J}_Y[K_j]-\mathcal{J}_X[K_j]\right)$$
$$=\frac{1}{2\pi}\sum_{\text{所有多边形}}\delta_{K_j}(\angle XY)$$
$$=0,$$

这样，我们就完成了证明的第一步：奇点指数的和与向量场无关.

因为在图 19-8 所示的例子中奇点指数之和为 2，我们现在知道拓扑球面上每一个向量场的奇点指数和都是这个值. 证明的第二步就是同样构建一个亏格为任意 g 的具体曲面 $\mathcal{S}_g$，使得上面向量场的奇点指数之和为 $\chi(\mathcal{S}_g)=2-2g$. 图 19-11 就是这样的一个例子（这里 $g=3$），即我们的老朋友蜂蜜流向量场. 如图 19-11 所示，顶部的源和底部的汇都有 $\mathcal{J}=+1$，而 g 个孔中的每一个都有两个鞍点，每个鞍点都有 $\mathcal{J}=-1$. 所以这个特定流的奇点指数之和的确为 $2-2g=\chi(\mathcal{S}_g)$. 再利用第一步的结论，$\mathcal{S}_g$ 上每一个流的奇点指数之和都是这个值. 证毕.

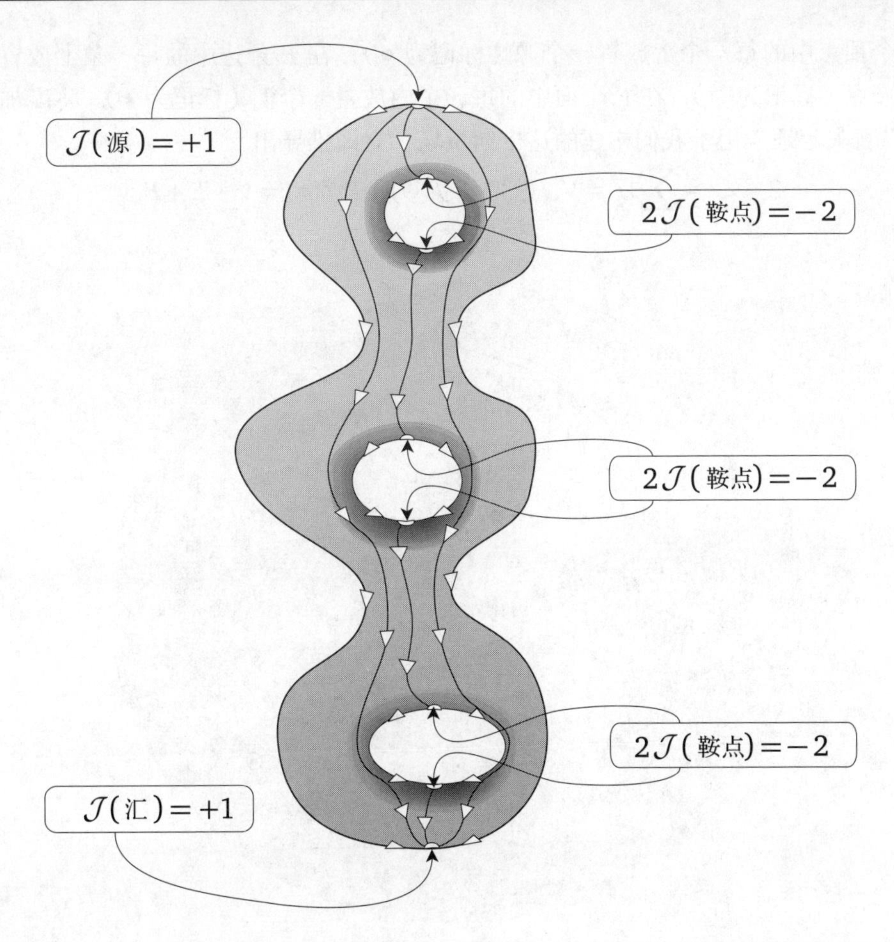

图 19-11 这是亏格为 g 的曲面上的蜂蜜流向量场. 对于奇点指数的和，顶部的源和底部的汇各贡献 +1，每一个孔贡献 −2. 所以，奇点指数之和为 $2-2g=\chi$

19.6.3 应用：欧拉–吕以利埃公式的证明

庞加莱–霍普夫定理为欧拉–吕以利埃公式 (18.7) 提供了一个极好的直接证明. 回想一下，后者的意思是，如果我们把一个亏格为 g 的曲面 $\mathcal{S}_g$ 划分成有 V 个顶点、E 条边和 F 个面的多边形，则

$$V-E+F=2-2g.$$

如图 19-12 所示，我们可以在 $\mathcal{S}_g$ 上构建一个相容的施蒂费尔向量场①：在

① 根据 Frankel (2012, §16.2b)，这个向量场归功于瑞士数学家爱德华 · 施蒂费尔（1909—1978），他是霍普夫的学生.

V 个顶点中的每一个上放置一个源（标记为 ∘），在 E 条边中的每一条上放置一个鞍点（标记为 ⊙），在 F 个面中的每一个内放置一个汇（标记为 •）. 将庞加莱 – 霍普夫定理应用于我们构建的这个向量场，立即推导出

$$2-2g=\sum \mathcal{J}=V\mathcal{J}(\circ)+E\mathcal{J}(\odot)+F\mathcal{J}(\bullet)=V-E+F.$$

证毕!

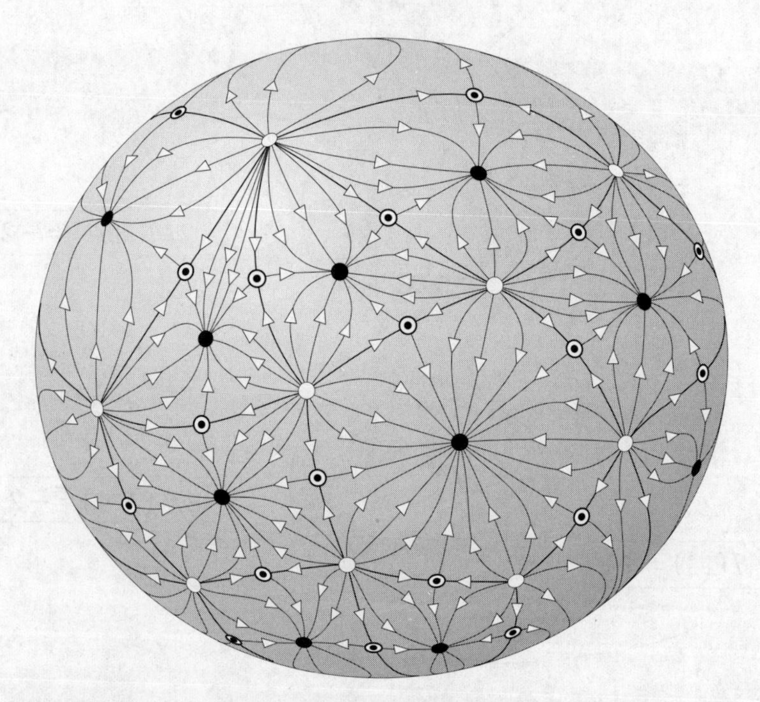

图 19-12　设 $\mathcal{S}_g$ 是亏格为 g 的曲面，对于 $\mathcal{S}_g$ 的任意多边形划分，通过在每一个顶点上放置一个源（∘），在每一条边上放置一个鞍点（⊙），在每一个面上放置一个汇（•，把它想象成一个黑洞！）构建一个相容的施蒂费尔向量场. 因此 $\sum \mathcal{J}=V-E+F$

19.6.4　庞加莱的微分方程与霍普夫的线场的比较

二维庞加莱 – 霍普夫定理实际上是庞加莱发现的. 霍普夫也是名副其实的，因为他在两个不同的方向上极大地扩展了这个结果. 第一个方向是将这个结果推广到 n 维闭流形上的向量场. 遗憾的是，要解释这一点，我们可能会走得太远，但请参阅附录 A. 然而，霍普夫扩展这个结果的第二个方向是相当基本的，我们现在来解释一下.

庞加莱在微分方程定性理论方面的开创性工作引发了对向量场的拓扑行为的研究. 这种方程在 1687 年就已经成为物理学的中心，当时牛顿宣布了他的第二

运动定律：如果一个质点的位置向量为 $\boldsymbol{X}$、质量为 m，并且受到力向量 $\boldsymbol{F}$ 的作用，那么根据这个定律，质点就产生沿力的方向的加速度

$$\ddot{\boldsymbol{X}} = \text{加速度} = \frac{1}{m}\boldsymbol{F}. \tag{19.7}$$

牛顿提出这条定律的动机是确定行星的轨道，这是现在所谓的**天体力学**的一部分. 正如我们在序幕中所讨论的，牛顿晚年避开了他年轻时在符号微积分方面的发现，在《原理》中使用优雅的几何推理，根据已知的（平方反比）太阳引力定律来确定行星的轨道.

然而，从更传统的现代观点来看，式 (19.7) 只是一个二阶微分方程，（原则上）可以通过两次积分来求解：第一次求出速度 $\dot{\boldsymbol{X}}$，第二次求出轨道 $\boldsymbol{X}$ 本身. 在只有两个引力物体（如地球和太阳）的情况下，牛顿找到了精确的解. 通过引入月球作为第三个天体，牛顿能够解释地球上的潮汐；通过近似，他能够预测潮汐的变化. 但是牛顿和他的继任者们无法找到**三体问题**的精确解.

图 19-13 亨利 · 庞加莱（1854—1912）

过了 200 多年，庞加莱（图 19-13 是他的照片）才取得了决定性的进展，证明了三体问题是不可解的.[①]当然，如果我们尝试分析整个太阳系，情况只会变得更麻烦，因为每颗行星不仅被太阳维持在自己的轨道上，而且还吸引着其他行星，它们最终决定了自己的集体轨道. 这就是所谓的 ***n* 体问题**.

庞加莱对几何方法的回归使天体力学取得了自牛顿以来最伟大的进步，这一点是恰当的（也许有些讽刺）. 庞加莱发表了他的《天体力学新方法》[②]三卷本（三卷分别出版于 1892 年、1893 年和 1899 年），在这套书中，他不再寻求这些微分方程的显式解（他已经证明这是不可能的），而是讨论这些解的定性行为.

为了了解这与之前讨论的内容有什么联系，让我们像庞加莱那样考虑 (x, y) 平

① 要理解我们所说的“不可解”是什么意思，以及了解对庞加莱的发现之旅的生动描述，请参阅 Diacu and Holmes (1996).

② Poincaré (1899).

面中的一阶微分方程

$$\frac{\mathrm{d}y}{\mathrm{d}x}=-\frac{P(x,y)}{Q(x,y)}. \tag{19.8}$$

实际上，庞加莱将它写成

$$P(x,y)\,\mathrm{d}x+Q(x,y)\,\mathrm{d}y=0.$$

为了考察这个方程的积分曲线（即解），考虑沿着积分曲线方向的无穷小向量 $\begin{bmatrix}\mathrm{d}x\\ \mathrm{d}y\end{bmatrix}$，则刚才的方程就可写成

$$\begin{bmatrix}P\\ Q\end{bmatrix}\cdot\begin{bmatrix}\mathrm{d}x\\ \mathrm{d}y\end{bmatrix}=0.$$

换言之，

> 式 (19.8) 的积分曲线处处与向量场 $\begin{bmatrix}P\\ Q\end{bmatrix}$ 正交.

例如，考虑径向向量场 $\begin{bmatrix}P\\ Q\end{bmatrix}=\begin{bmatrix}x\\ y\end{bmatrix}$，这就是图 19-4c 所示的源. 显然，与之正交的积分曲线是以原点为中心的圆周，我们就得到了图 19-4e 所示的中心. 同样 [练习]，$\begin{bmatrix}y\\ x\end{bmatrix}$ 会产生图 19-4h 所示的鞍点，而 $\begin{bmatrix}y\\ -x\end{bmatrix}$ 会产生图 19-4c 所示的源或图 19-4f 所示的汇.

现在让我们看看霍普夫对庞加莱发现的扩展. 除了推广到 n 维向量场（这需要全新的想法）之外，霍普夫还意识到，即使在二维空间中，也存在着所谓的“无方向流”，这些流不是由庞加莱所考虑的类型的微分方程产生的.

对于我们的第一个例子，考虑图 19-14a. 我们把这样的模式称为“无方向流”，但是实际上，霍普夫把这个概念命名为**线元素场**. 然而，我们今后要采用现代术语，称之为**线场**，类比于向量场.

如你所见，这些“流线”上没有箭头，但我们仍然可以给切线配置一个连续变化的角度 Θ. 如果沿围绕奇点 s 的简单环路 L 移动，所示的线元一定会回到它的初始位置. 在以前的向量场中，向量在返回时一定指向它离开时的方向，因此它一定经历完整的圈数：旋转一定是 2π 的整数倍，这个倍数就是奇点指数.

但是，一个线素可以经历 π 的任意倍数的旋转后回到它的初始方向. 事实上，在图 19-14a 中，我们看到净旋转是 π. 如果保留奇点指数的原始定义 (19-3)，即旋转角除以 2π，那么可以看到这个奇点有分数指数：$\mathcal{J}=+\frac{1}{2}$. 一些作者将这种

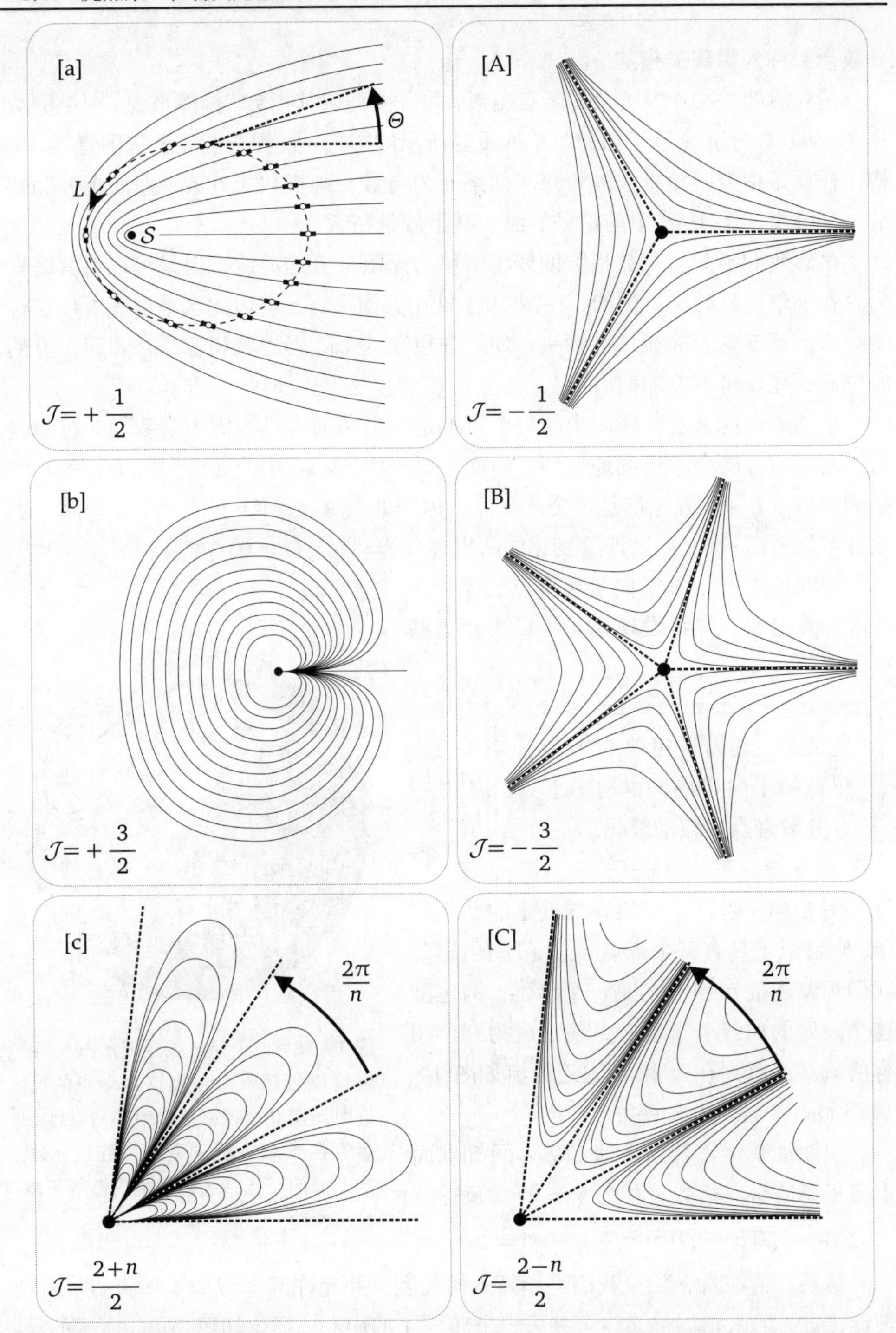

图 19-14 线场的“流线”没有方向. 所以，与向量场不同，它们的奇点指数可以是分数. 重复 [c] 和 [C] 中的模式，就可以分别构作具有任意正指数或负指数的奇点；如果正整数 n 是奇数，则奇点指数就是分数，如果 n 是偶数，我们就重复了 图 19-4 中向量场的流，其指数都是整数

分数指数称为**霍普夫指数**.

请查看图 19-14 中剩余的所有图形，并目视确认其指数. 具体来说，图 19-14c 和图 19-14C 分别展示了如何简单地重复所示的图形，直到它们完全包围奇点，来构作任意正指数或负指数的奇点. 如果 n 为奇数，则指数为分数；但如果 n 为偶数，则重复了图 19-4 中向量场的流，其指数是整数.

虽然我们不能将分数指数的线场解释为无阻塞流的流线，但是可以将其解释为存在一维障碍的流. 例如，在图 19-14a 中，如果将 s 右边的水平射线看作这样的障碍，就可以为曲线加上箭头，使之与包围这个障碍的流相容：在障碍上方的向左流，在障碍下方的向右流.

从这个角度来看，障碍上的每个点都是向量场的奇点，因为当我们穿过障碍时，向量的方向会不连续地反转. 然而，对于图 19-14 中的无方向线场，每一个这样的点 p（除 s 外）都是一个正则点. 因为如果 K 是围绕 p 的一个小环路，那么你可以看到 Θ 在 K 上连续变化，所以 $\mathcal{J}(p)=\frac{1}{2\pi}\delta_K\Theta=0$.

现在回想一下关于向量场奇点的庞加莱 – 霍普夫定理. 你将发现它同样适用于这些更一般的线场. 总之，

> 庞加莱 – 霍普夫定理 (19.6) 不仅适用于向量场，也适用于具有分数奇点指数的线场.　　(19.9)

图 19-15　画一条短线连接 a 和 b，我们可以创建一个包围这两个点的流，这时一定会出现第三个中心型奇点 c. 尽管在 a 和 b 处的奇点指数是分数，这个流的奇点指数之和也仍然等于欧拉示性数.

图 19-15 是这个结果在球面上的一个例子. 它显示了具有三个奇点 a、b 和 c 的线场. 我们想象连接 a 和 b 的是一个障碍，为包围这个障碍的曲线加上箭头，使之成为一个相容的流. 注意到在 a 和 b 附近的流如图 19-14a 所示，所以 $\mathcal{J}=+\frac{1}{2}$.

由庞加莱 – 霍普夫定理 (19.6) 可知球面上向量场的奇点指数之和为 $\chi=2$，的确：

$$\mathcal{J}(a)+\mathcal{J}(b)+\mathcal{J}(c)=\frac{1}{2}+\frac{1}{2}+1=2.$$

最后，请注意，如果我们缩小障碍的长度，并允许两个 $\mathcal{J}=\frac{1}{2}$ 的奇点 a 和 b 彼此接近，那么它们最终将合并成一个 $\mathcal{J}=1$ 的中心，产生如图 19-8a 所示的流.

线场的历史和未来：尽管在 Hopf (1956) 中，霍普夫非常清晰地阐述了他的思想. 尽管这样的线场在数学中是自然出现的，但我未见任何现代拓扑学、微分拓扑学或微分几何的介绍性文本提及这个迷人的概念. 事实上，我们找到的唯一例外出版于 50 多年前：斯托克（他是霍普夫的博士生）的经典著作（Stoker, 1969, 第 244 页）. 例如，在一个曲面（其中 $\kappa_1 = \kappa_2$）上，围绕脐点的曲率线通常以图 19-14a 或图 19-14A 的形式出现. 希尔伯特（Hilbert, 1952, 第 189 页）有一个关于图 19-14a 的好例子.

虽然数学家们似乎很少注意到庞加莱 – 霍普夫定理在带分数奇点指数的线场上的应用，物理学家们却不是这样的，因为大自然本身已经在物理的多个领域，尤其是光学领域，把这样的线场强加给了他们. 本书的附录 A 将向你介绍霍普夫思想在物理学中的许多有趣的新应用.

19.7 全局高斯–博内定理的向量场证明

设 V 是 $\mathbb{S}^2$ 上的任意一点，其位置的单位向量为 $\boldsymbol{V}$. 现在想象一个以 $\boldsymbol{V}$ 为法向量的平面，它最初位于远离光滑封闭曲面 $\mathcal{S}$ 的地方，而且 $\boldsymbol{V}$ 指向远离 $\mathcal{S}$ 的地方. 然后想象这个平面向 $\mathcal{S}$ 移动. 平面最终总是会碰到 $\mathcal{S}$，在碰到的那一刻，平面将成为 $\mathcal{S}$ 在接触点 p 处（可能有多个点）的切平面，因此 $\boldsymbol{V}$ 一定与曲面在切点的法向量重合：$\boldsymbol{V} = \boldsymbol{n}(p)$. 换句话说，$V$ 是 p 的球面像：$V = n(p)$. 既然这对任意 $\boldsymbol{V}$ 成立，那么对相反的向量 $-\boldsymbol{V}$ 也一定成立，只是这时平面是从 $\mathcal{S}$ 的另一侧靠近的. 总之，

> 设 $\mathcal{S}$ 是任一光滑闭曲面，则其球面像覆盖 $\mathbb{S}^2$ 上每一对对径点 $\pm V$ 至少一次. (19.10)

当然，V 和/或 $-V$ 都可能被覆盖多次. 例如，在图 19-5 中可见，V 被覆盖了一次，而 $-V$ 被覆盖了三次.

现在我们回到 GGB，简要重述第 17 章的“启发性”证明，也是第一个证明. 从全曲率 $\mathcal{K}(\mathcal{S})$ 的角度来看这些 V 的覆盖. 如果在 p 处 $\mathcal{K}(p) > 0$，则球面映射 n 保持包含点 p 的小片区域（面积为 $\delta\mathcal{A}$）的方向不变，因此它在 $\mathbb{S}^2$ 上包含 V 的球面像（面积为 $\delta\widetilde{\mathcal{A}} \asymp \mathcal{K}(p)\delta\mathcal{A}$）也具有相同的方向. 正如我们在 17.4 节的说法，将它视为 V 的一个正覆盖. 同样地，如果 $\mathcal{K}(p) < 0$，则球面映射反转方向，该覆盖被视为负覆盖. 全曲率的积分自动地考虑到方向，对这些覆盖求代数和. 如前所述，设 $\mathcal{P}(V)$ 和 $\mathcal{N}(V)$ 分别表示 V 的正覆盖和负覆盖的数目，因此 V 净覆盖数为

$[\mathcal{P}(V)-\mathcal{N}(V)]$，所以

> 设 V 是 $\mathbb{S}^2$ 上的一个点，其球面映射 n 的原像是 $\mathcal{S}$ 上的点 p_i. 考虑 $\mathbb{S}^2$ 上包含点 V 的一小片（面积为 $\delta\widetilde{\mathcal{A}}$，最终等于 0），设 $\mathcal{S}$ 上包含点 p_i 的一小片原像的面积为 $\delta\mathcal{A}_i$，则

$$\text{在 } \delta\mathcal{A}_i \text{ 上的全曲率} \asymp \sum_i \mathcal{K}(p_i)\delta\mathcal{A}_i \asymp [\mathcal{P}(V)-\mathcal{N}(V)]\delta\widetilde{\mathcal{A}}. \tag{19.11}$$

例如，在图 19-5 中，在点 p_1 和 p_2 处的曲率都是正的，所以从这些点对 $-V$ 的覆盖也是正的. 另外，包含点 p_3 的一小片，具有负曲率，p_3 被映射成 $-V$ 时反转了方向，为负覆盖. 所以覆盖 $-V$ 的净代数和为 1. 同样，V 的净覆盖数为 1.

回忆一下，$\mathbb{S}^2$ 的净覆盖数就是球面映射的**拓扑度** $\deg(n)$，基本事实是，$\mathbb{S}^2$ 上所有点[①]的拓扑度都是相同的. 这是我们在第 17 章中对 GGB 的启发式证明的本质. 这个证明的最后一步是认识到度只取决于曲面 $\mathcal{S}_g$ 的亏格 g. 这就是第 202 页式 (16.7)，我们在这里再写一次：

$$\deg[n(\mathcal{S}_g)] = \mathcal{P}-\mathcal{N} = (1-g) = \tfrac{1}{2}\chi(\mathcal{S}_g). \tag{19.12}$$

正如我们在 16.6 节中提到的，这是瓦尔特 · 戴克在 1888 年首次证明的.

如果我们*假定*拓扑度存在，使得 $\mathbb{S}^2$ 上的每个点被覆盖相同（代数）次，那么庞加莱－霍普夫定理可以用来给戴克的结果一个优雅的证明，并由此得到 GGB. 事实上，这就是吉耶曼和波拉克在其著名作品 Guillemin and Pollack (1974, 第 198 页) 中证明 GGB 的方法.

我们很快将重复这个论证. 但是，拓扑度的存在并不明显，因此我们现在提出一个稍微不同的论点，它并不依赖于拓扑度. 这个论证仍然依赖于庞加莱－霍普夫定理，但*不用*假设拓扑度的存在. 也就是说，如果 V 和 W 是 $\mathbb{S}^2$ 上的两个点，我们*不用*假设它们一定被覆盖相同的（代数）次数；相反，我们至少应该考虑可能存在 $\deg[n(\mathcal{S}),V] \neq \deg[n(\mathcal{S}),W]$ 的情况. 因此，可以把它理解为我们处理的是 $\mathcal{S}$ 的球面映射，于是这个不等式（假设的，实际上是不可能的）可以缩写为 $\deg[V] \neq \deg[W]$.

为了在不假设拓扑度存在的情况下证明 GGB，再次考虑图 19-5 中的蜂蜜流. 第一个重要的观察结果是，这个流的奇点只出现在垂直重力 V 在曲面上的分量

① 如我们此前已经讨论的，曲率为 0 的点除外，这些点不影响全曲率.

为 0 的点 [垂直力向量指向曲面内（或曲面外）]，即曲面的外法向 $\boldsymbol{n}=\pm\boldsymbol{V}$. 当然，从数学上讲，重力方向 $\boldsymbol{V}$ 并无特殊之处，我们可以想象重力指向任意方向；如果我们不想改变地球的重力场，简单地将曲面旋转一下就行了！

更严格地说，我们的"蜂蜜流"向量场是通过 $\boldsymbol{V}$ 在曲面上的正交投影得到的；更精确地说，它是在曲面的切平面 T_p 上得到的，见图 19-16. 我们正式定义：

受 $\boldsymbol{V}$ 作用的**蜂蜜流**向量场是 $\boldsymbol{v}(p)\equiv \mathrm{proj}_{T_p}\boldsymbol{V}.$ (19.13)

当 $\boldsymbol{n}(p_i)=\pm\boldsymbol{V}$ 时，就会出现奇点 $\boldsymbol{v}(p_i)=0$. 换言之，

如果曲面 $\mathcal{S}$ 上的蜂蜜流在空间中受到 $\boldsymbol{V}$ 方向的拉力作用，则蜂蜜流 $\boldsymbol{v}$ 的奇点集由被球面映射为 $\mathbb{S}^2$ 上的点 V 或对径点 $-V$ 的所有点组成.

在一个曲面上所有可能的向量场中，为什么我们要把如此多的注意力放在蜂蜜流上呢? 答案是，在曲面的几何形状和蜂蜜流的拓扑结构之间存在着一个关键的联系. 这反过来作为庞加莱 – 霍普夫定理的一个结果，产生了我们对 GGB 的第三种解释.

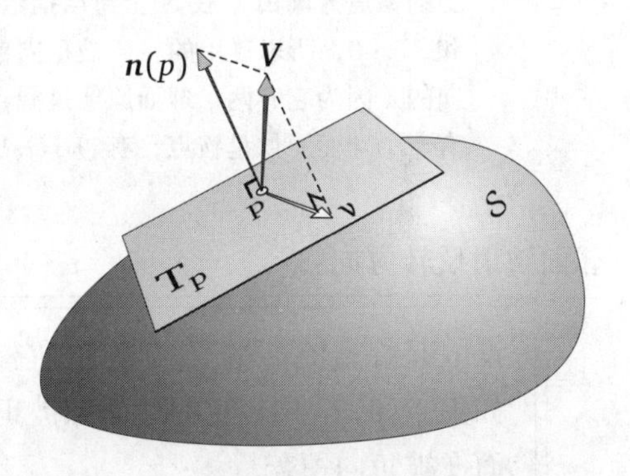

图 19-16 曲面 $\mathcal{S}$ 上受 $\boldsymbol{V}$ 作用的蜂蜜流 $\boldsymbol{v}$ 是 $\boldsymbol{V}$ 在点 p 处的切平面 T_p 上的正交投影

重新考虑图 19-5 中蜂蜜流向量场 $\boldsymbol{v}$ 的奇点 p_i. 在图 19-17 中再次显示这些奇点，但现在关注的是球面映射 n 如何将它们映射到 $\mathbb{S}^2$.

至关重要的是 $\boldsymbol{v}$ 具有正曲率的奇点和具有负曲率的奇点之间的差别.

回顾第 155 页结论 (12.9) 和第 156 页图 12-7. 如果 $\mathcal{K}(p_i)>0$，曲面局部是一个圆顶，要么垂直向上（在这种情况下，它是一个源，有 $\mathcal{J}(p_i)=+1$），要么垂直向下（在这种情况下，它是一个汇，再次有 $\mathcal{J}(p_i)=+1$）. 但如果 $\mathcal{K}(p_i)<0$，则曲面局部是鞍形的，在流中产生相应的鞍点，此时 $\mathcal{J}(p_i)=-1$.

这意味着，如果 $\mathcal{J}(p_i)=+1$，球面映射保持方向不变；如果 $\mathcal{J}(p_i)=-1$，则

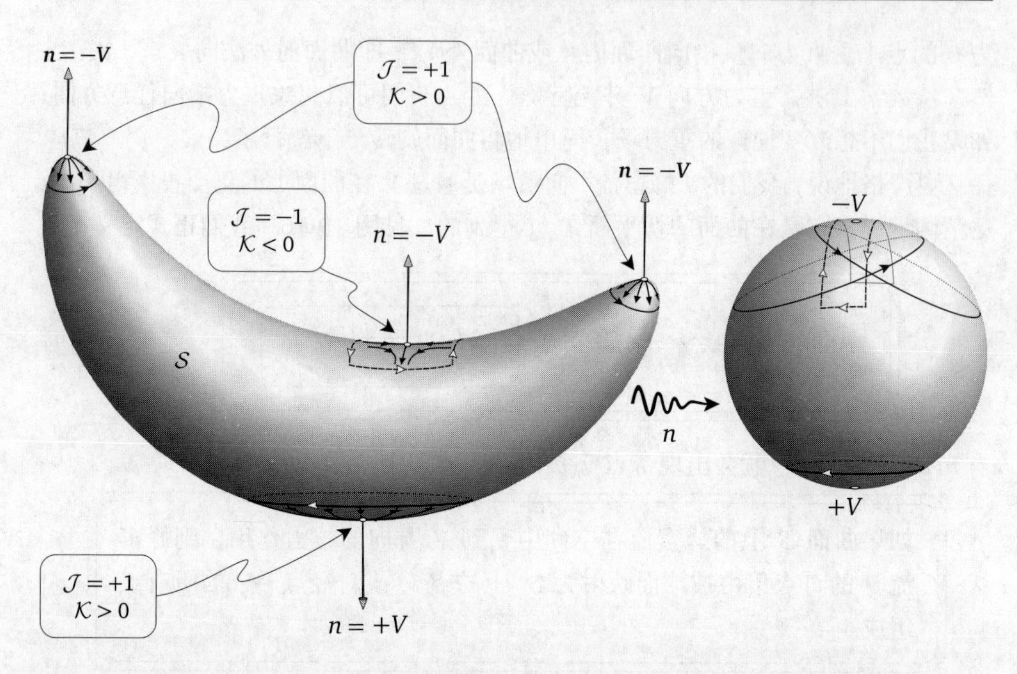

图 19-17　曲面 $\mathcal{S}$ 上受方向 $\boldsymbol{V}$ 作用的蜂蜜流 $\boldsymbol{v}$ 的奇点被球面映射为 $\mathbb{S}^2$ 上的点 V 或 $-V$，在 $\mathbb{S}^2$ 上的覆盖方向由 $\boldsymbol{v}$ 在 $\mathcal{S}$ 上奇点指数的正负号决定. 因为在香蕉底部的汇有 $\mathcal{J}=+1$ 和 $\mathcal{K}>0$，所以这里的 $+V$ 被正向覆盖一次. 而 $-V$ 被覆盖了三次，其中两次是正向的（因为它有两个球面原像是源，有 $\mathcal{J}=+1$ 和 $\mathcal{K}>0$），一次是负向的（因为它有一个球面原像是鞍点，有 $\mathcal{J}=-1$ 和 $\mathcal{K}<0$）

球面映射反转方向：

> 设 p 是蜂蜜流 $\boldsymbol{v}$ 的一个奇点，它在球面映射 n 下的像为 $+V$ 或 $-V$. 如果 $\mathcal{J}(p)=+1$，它的球面像被正向覆盖；如果 $\mathcal{J}(p)=-1$，它的球面像被负向覆盖.

现在将这个结果与庞加莱 – 霍普夫定理结合. 如果 p_i 是曲面 $\mathcal{S}$ 上 $\boldsymbol{v}$ 的奇点集，即它的球面像是 $+V$ 或 $-V$，则

$$\chi(\mathcal{S})=\sum_i \mathcal{J}_v(p_i)=\{\mathcal{P}(+V)-\mathcal{N}(+V)\}+\{\mathcal{P}(-V)-\mathcal{N}(-V)\}. \tag{19.14}$$

实际上，右边两个花括号中的项是相等的，由式 (19.12) 可知，它们是球面映射的拓扑度. 例如，在图 19-17 中我们看到

$$\mathcal{P}(+V)-\mathcal{N}(+V)=1-0=1,$$

$$\mathcal{P}(-V)-\mathcal{N}(-V)=2-1=1.$$

然而，式 (19.14) 无须假设这个事实就可以证明 GGB. 要做到这一点，注意单流 $\boldsymbol{v}$（对应于受 V 作用的蜂蜜流）的奇点实际上包含受 $+\boldsymbol{V}$ 和 $-\boldsymbol{V}$ 作用的流的所有点. 反转作用于蜂蜜流的方向并不改变奇点的位置，也不改变奇点的指数.

现在，如果 V 只在 $\mathbb{S}^2$ 的北半球漫游（半球面的面积是 2π），那么 $-V$ 就在南半球漫游，从而 $\pm V$ 的漫游覆盖了整个 $\mathbb{S}^2$. 因此，利用结论 (19.10)，当 V 仅在北半球漫游时，$\boldsymbol{v}$ 的奇点覆盖整个曲面 $\mathcal{S}$. 而且，由于我们刚刚看到，奇点的指数正确地计算了它们的球面映射像的覆盖次数，所以式 (19.11) 和式 (19.14) 就产生了我们对 GGB 的第三个证明，其形式为

$$\boxed{\mathcal{K}(\mathcal{S})=2\pi\chi(\mathcal{S}).}$$

让我们回到拓扑度的话题上来，从而得到一个额外的结果. 如果我们假设拓扑度存在，则对于 $\mathbb{S}^2$ 上的所有 V 和 W 有 $\deg(V)=\deg(W)$. 特别地，可以得出 $\deg(+V)=\deg(-V)$. 在这种情况下，式 (19.14) 变成

$$\begin{aligned}\chi(\mathcal{S}) &= \{\mathcal{P}(+V)-\mathcal{N}(+V)\}+\{\mathcal{P}(-V)-\mathcal{N}(-V)\}\\ &= \deg(+V)+\deg(-V)\\ &= 2\deg(V)\\ &= 2\deg\,,\end{aligned}$$

其中，最后的等式反映了度与 V 的选择无关. 因此，如果假设拓扑度存在，则重建了戴克的结果 (19.12)：

$$\boxed{\deg=\tfrac{1}{2}\chi(\mathcal{S}).}$$

19.8 往前的路怎么走?

至此呈现的 GGB 的三种证明，都依赖于将 $\mathcal{K}$ 解释为球面映射的面积扩张系数. 这就是曲率的一个外在概念，因为它依赖于法向量 $\boldsymbol{n}$，而曲面的法向量对 $\mathcal{S}$ 内的居民是不可见和不可知的. 虽然这三个证明在许多不同的方向上为我们提供了奇妙的新见解，但是我们还缺少一些东西，因为我们知道 $\mathcal{K}$ 实际上也是曲面的内蕴性质，是可以被曲面内的居民感知和测量的. 一般而言，曲面内的居民可以测量整个曲面的 $\mathcal{K}$ 值，通过这些纯粹的局部几何测量，他们可以确定自己所在世界的拓扑结构！

我们马上就要进入第四幕了. 在第四幕，我们将介绍全新、强有力的*内蕴*方法来理解和测量曲率. 我们将借助这些方法从根本上解释一些基础性的结果. 目前，我们还没有证明这些结果，不得不假设它们成立，例如局部高斯 – 博内定理（还有与之相关的*绝妙定理*），以及用来计算曲率的著名公式 (4.10)（我们曾将它比喻为《星际迷航》中的相位枪）. 此外，它将帮助我们弥补现在这三个关于 GGB 的证明中的明显缺陷. 事实上，利用海因茨 · 霍普夫的一个想法，我们最终能够提供一个对 GGB 的完全*内蕴*的证明.

第 20 章　第三幕的习题

平面曲线的曲率

1. 曲率公式的计算证明．图 8-7 提供了式 (8.7) 的一个几何证明．试用计算证明该式．（提示：如果曲线 $[x(t), y(t)]$ 是质点用单位速率运行的轨迹，则 $\dot{x} = \cos\varphi$ 且 $\dot{y} = \sin\varphi$.）

三维空间中的曲线

2. 副法线不能朝运动方向倾斜．利用计算证明：曲线的弗勒内框架 $(\boldsymbol{T}, \boldsymbol{N}, \boldsymbol{B})$ 沿曲线移动时，副法向 $\boldsymbol{B}$ 仅绕 $\boldsymbol{T}$ 旋转，不会朝 $\boldsymbol{T}$ 的方向倾斜.（提示：就是要证明，$\boldsymbol{B}'$ 在 $\boldsymbol{T}$ 方向的分量为 0，即 $\boldsymbol{B}' \bullet \boldsymbol{T} = 0$.）

3. 达布向量．当曲线的弗勒内框架沿曲线移动时，它会旋转．利用计算证明：它的瞬时角速度是

$$\boldsymbol{A} \equiv \tau \boldsymbol{T} + \kappa \boldsymbol{B}.$$

这个向量 $\boldsymbol{A}$ 是让 – 加斯东 · 达布（1842—1917，一位微分几何的先驱，嘉当的老师）发现的，因此也常称为*达布向量*（见 Stoker 1969, 第 62 页）．提示：利用式 (9.3) 证明

$$\begin{bmatrix} \boldsymbol{T} \\ \boldsymbol{N} \\ \boldsymbol{B} \end{bmatrix}' = \boldsymbol{A} \times \begin{bmatrix} \boldsymbol{T} \\ \boldsymbol{N} \\ \boldsymbol{B} \end{bmatrix}.$$

4. 变速率的弗勒内–塞雷方程．弗勒内 – 塞雷方程 (9.3) 中的导数是关于弧长求导的，只有当曲线是质点用单位速率运动的轨迹时，才与关于时间的导数相等．现在假设质点的运动速率是可变的：$v = \dot{s}$.

(i) 证明 $[\Omega] \mapsto v[\Omega]$：

$$\begin{bmatrix} \boldsymbol{T} \\ \boldsymbol{N} \\ \boldsymbol{B} \end{bmatrix}^{\bullet} = v \begin{bmatrix} 0 & \kappa & 0 \\ -\kappa & 0 & \tau \\ 0 & -\tau & 0 \end{bmatrix} \begin{bmatrix} \boldsymbol{T} \\ \boldsymbol{N} \\ \boldsymbol{B} \end{bmatrix}.$$

(ii) 证明加速度是 $\dot{\boldsymbol{v}} = [v\boldsymbol{T}]^{\bullet} = \dot{v}\boldsymbol{T} + \kappa v^2 \boldsymbol{N}$，叙述并解释这两项的几何意义.

(iii) 证明 $\boldsymbol{B}=\dfrac{\boldsymbol{v}\times\dot{\boldsymbol{v}}}{|\boldsymbol{v}\times\dot{\boldsymbol{v}}|}$.

(iv) 证明 $\kappa=\left|\dfrac{\boldsymbol{v}\times\dot{\boldsymbol{v}}}{v^3}\right|$.

(v) 证明 $\tau=\dfrac{(\boldsymbol{v}\times\dot{\boldsymbol{v}})\bullet\ddot{\boldsymbol{v}}}{|\boldsymbol{v}\times\dot{\boldsymbol{v}}|^2}$.

5. 螺旋线. 考虑一个质点的运动路径，它在时刻 t 的位置为 $(R\cos\omega t, R\sin\omega t, qt)$.

(i) 解释为什么这是一条螺旋线，并说明 R、ω 和 q 的几何意义和物理意义.

(ii) 证明速率 $v=\sqrt{(R\omega)^2+q^2}$，并给出其几何解释和物理解释.

(iii) 利用上一个问题的结论计算曲率 κ 和挠率 τ.

(iv) 给出为什么会有 $\lim_{\omega\to\infty}\kappa=(1/R)$ 和 $\lim_{q\to\infty}\kappa=0$ 的几何解释.

(v) 利用 (iii) 验证 (iv) 的结果.

6. 曲线的弗勒内–塞雷逼近. 设质点在时刻 t 的位置为 $\boldsymbol{x}(t)$，用单位速率在空间运行的轨迹为曲线 C. 设 $(\boldsymbol{T}_0,\boldsymbol{N}_0,\boldsymbol{B}_0)$、$\kappa_0$ 和 τ_0 分别是轨迹 C 在时刻 $t=0$ 的弗勒内 – 塞雷框架、曲率和挠率.

(i) 利用泰勒定理和弗勒内 – 塞雷方程 (9.3) 证明质点沿 C 的运动在刚开始时具有**弗勒内逼近**：

$$\boldsymbol{x}(t)\asymp\boldsymbol{x}(0)+t\boldsymbol{T}_0+\kappa_0\frac{t^2}{2}\boldsymbol{N}_0+\kappa_0\tau_0\frac{t^3}{6}\boldsymbol{B}_0.$$

(ii) 给出前三项的几何解释.

(iii) 在几何上，第四项描述的是什么?

(iv) 根据你对 (iii) 的回答，为什么在 $\tau_0=0$ 时，这一项就消失了?

(v) 为什么如果 $\kappa_0=0$，第四项也会消失?

曲面的主曲率

7. 曲面的级数展开式. 利用计算机绘制下列两个方程表示的曲面，利用级数展开计算它们在原点附近的二次逼近，然后利用第 127 页式 (10.6) 求它们在原点的两个主方向和 $\mathcal{K}$. 对比计算机绘制的图像，验证你的计算（至少定性地）是正确的.

(i) $z=\exp(x^2+4y^2)-1$.

(ii) $z=\ln\cos y-\ln\cos 2x$.

8. 旋转曲面的曲率的变速率公式. 在正文中，我们刻画了一个质点沿旋转曲面的母线做单位匀速运动，在这个情况中，两个主曲率由式 (10.11) 和式 (10.12) 给出. 如果速率 $v(t)$ 不再是常数，则式 (10.11) 变成式 (8.6)：

$$\kappa_1 = \frac{\dot{x}\ddot{y} - \dot{y}\ddot{x}}{v^3}.$$

(i) 通过修改第 130 页图 10-6，导出第二主曲率可以表示为

$$\kappa_2 = -\frac{\dot{x}}{yv}.$$

(ii) 证明

$$\mathcal{K} = -\frac{\dot{x}\left[\dot{x}\ddot{y} - \dot{y}\ddot{x}\right]}{y\left[\dot{x}^2 + \dot{y}^2\right]^2}.$$

(iii) 如果质点只向右侧运动，其坐标的 x 分量只增不减，我们就可以采用任意速率沿曲线运行，使得 x 代表时间 $x(t) = t$. 这时 $y(t) = y(x)$，关于时间的导数就变成关于 x 的导数：$\dot{y} = y'$. 证明在 (ii) 中的曲率公式变成

$$\mathcal{K} = -\frac{y''}{y[1+(y')^2]^2}. \tag{20.1}$$

9. 旋转曲面的曲率的极坐标公式. 在前一个习题中的旋转曲面是用母线到旋转轴（取为 x 轴）的距离定义的. 现在我们改用到垂直于对称轴（取为 z 轴）的平面的距离来表示这个曲面. 如果将 (x, y) 平面变换为极坐标系 (r, θ)，则旋转曲面可表示为 $z = f(r)$.

(i) 经适当的坐标变换，利用链式法则，证明式 (20.1) 可以化为

$$\mathcal{K}(r) = \frac{f'(r)f''(r)}{r\left\{1+[f'(r)]^2\right\}^2}.$$

(ii) 设 $z = f(r)$ 是以原点为球心、R 为半径的球面，求其表达式，并验证由 (i) 中的公式可得到 $\mathcal{K}$ 的正确值.

(iii) 手绘曲面 $z = \exp[-r^2/2]$ 的图像，计算 $\mathcal{K}$ 的值，并求出正曲率、负曲率和零曲率的区域.（可用计算机生成的曲面图像验证你的答案.）

10. 我们在正文中就注意到一个显而易见的事实：原点是曲面 $z = r^4$ 的平点（即 $\mathcal{K} = 0$），而曲面上其他点的曲率都是正的. 利用上个习题的公式计算 $\mathcal{K}(r)$，从而证明上述事实是正确的.

高斯的绝妙定理

11. 为什么纸折成直线. 当我们折叠一张纸的时候，一定会形成一条直线形的折痕. 我们认为这是理所当然的，但是为什么会是这样的呢? 证明（不做任何计算）这是绝妙定理的一个直接结果!（我认为这个有趣的发现应归功于罗伯特 · 沃尔夫博士，他曾是陈省身的学生.）

形状导数

12. 可视的线性代数. 利用几何推理的方法直接讨论下列所有的线性变换题，但不要借用“魔鬼机器”（见序幕）用矩阵表示线性变换! 我们希望这些例子（与正文中的那些一起）能鼓励你，在下次遇到线性代数时，仍然用这种几何观点思考问题.

(i) 证明关于 SVD 的几何解释图 15-4 可以推广到 $\mathbb{R}^3$，所以关于 M^{T} 的几何解释图 15-5 也可以推广到 $\mathbb{R}^3$.

注记：也可以推广到 $\mathbb{R}^n$，只是可视化变得更困难些.

(ii) 已知**正交**线性变换是保持长度不变的变换，所以也是保持角度不变（一般）和正交性不变（特别）的变换，这方面的例子包括旋转和反射. 在 $\mathbb{R}^3$ 中，解释为什么任何正交变换 R 都具有性质 $R^{-1}=R^{\mathrm{T}}$.

(iii) 已知：如果矩阵 $[M]$ 满足 $[M]^{\mathrm{T}}=-[M]$，则称 $[M]$ 是**反称的**. 在 $\mathbb{R}^2$ 中，利用意义 (15.12)（用挠率 τ）说明经历反称线性变换 M 后的几何特征.

(iv) 如果对称线性变换 P 满足 $\boldsymbol{x}\cdot(P\boldsymbol{x})>0$ 对所有 $\boldsymbol{x}$ 都成立，则称 P 是**正定的**. 利用意义 (15.13) 证明：当（且仅当）P 的所有特征值都是正数时，P 是正定的.

(v) 直接论证或借助 (iv) 的结果论证：对称的正定线性变换一定有正的行列式（因此是可逆的）. 通过在 $\mathbb{R}^3$ 中找一个反例，证明反过来是不对的. [提示：在几何方面，行列式是线性变换（带正负号的）体积膨胀系数，取正号（+）或负号（−）分别取决于保持方向不变或反转方向.]

(vi) 已知 (iv) 的结果，由式 (15.15) 可知 $M^{\mathrm{T}}M$ 和 MM^{T} 都是对称的和正定的. 反过来，证明任何对称的正定线性变换 P 都有无穷多种方式因子分解为 $P=M^{\mathrm{T}}M$.

(vii) 借助 (iv) 的结果证明，就像任何正数都有平方根一样，任何正定的线性变换 P 都有平方根 Q 使得 $P=Q^2$. 进一步证明 $Q=R^{-1}DR$，其中 R 是正交变换，$[D]$ 是对角矩阵，其元素都是 P 的特征值的平方根.

(viii) 如果对称的线性变换 S 对任意 $\boldsymbol{x}$ 满足 $\boldsymbol{x} \cdot (S\boldsymbol{x}) \geqslant 0$，则称 S 为**半正定的**. 设 M 是 $\mathbb{R}^3$ 中的任意线性变换，证明存在正交变换 R 和对称的半正定变换 S，使得 $M = RS$. 这称为 M 的**极分解**.

13. 形状导数为 $\mathbf{0} \Longleftrightarrow$ 平坦. 分别利用几何方法和计算方法证明：如果形状导数恒等于 0，则曲面是平面的一部分.

14. 用形状导数表示高斯曲率. 设曲面在点 p 处存在形状导数 S，$\boldsymbol{u}$ 和 $\boldsymbol{v}$ 是曲面在点 p 处的两个短的切向量. 利用几何方法证明：$S(\boldsymbol{u}) \times S(\boldsymbol{v}) = \mathcal{K}(p)[\boldsymbol{u} \times \boldsymbol{v}]$.（注记：即使切向量不是短的，方程本身仍然是对的，但是几何解释依赖于最终相等的思想.）

15. 形状导数、曲率和平均曲率的直角坐标公式. 设 T_p 是一般曲面 $\mathcal{S}$ 在点 p 处的切平面. 在切平面 T_p 上建立直角坐标系 (x, y) 使得 $p = (0,0)$，$\mathcal{S}$ 在这一点处的法向量 $\boldsymbol{n}$ 为 z 轴，则 $\mathcal{S}$ 可以局部表示为

$$z = f(x, y) \quad \text{其中} \quad f(0,0) = 0 \quad \text{且} \quad \partial_x f(0,0) = 0 = \partial_y f(0,0).$$

(i) 如果我们定义 $F(x, y, z) \equiv z - f(x, y)$，则 F 在 $\mathcal{S}$ 上是常数. 证明 ∇F 是 $\mathcal{S}$ 的法向量，所以

$$\boldsymbol{n} = \frac{1}{\sqrt{1 + (\partial_x f)^2 + (\partial_y f)^2}} \begin{pmatrix} -\partial_x f \\ -\partial_y f \\ 1 \end{pmatrix}.$$

(ii) 证明曲面的形状导数在点 $(0, 0)$ 的矩阵为

$$[S] = \begin{bmatrix} \partial_x^2 f & \partial_y \partial_x f \\ \partial_x \partial_y f & \partial_y^2 f \end{bmatrix}. \tag{20.2}$$

由此立即可得

$$\mathcal{K} = \kappa_1 \kappa_2 = \det[S] = (\partial_x^2 f)(\partial_y^2 f) - (\partial_x \partial_y f)^2. \tag{20.3}$$

同样，$\overline{\kappa} \equiv \text{平均曲率} = \left[\frac{\kappa_1 + \kappa_2}{2}\right] = \frac{1}{2}\operatorname{Tr}[S] = \frac{1}{2}[\partial_x^2 f + \partial_y^2 f]$ 可以表示为

$$\overline{\kappa} = \frac{1}{2} \nabla^2 f,$$

其中 $\nabla^2 = \partial_x^2 + \partial_y^2$ 是**拉普拉斯算子**，曾在第 45 页式 (4.15) 中介绍过.

16. 非主方向的坐标系. 我们再来分析鞍形曲面，这一次还是按照正文中的说法，在开始时*不选取*曲面的主方向为坐标轴.

(i) 画出曲面 $z = xy$ 在原点附近的图像.（*提示*：已知 $\sin 2\theta = 2\sin\theta\cos\theta$，$C_r$ 是以原点为圆心、r 为半径的圆周，求出曲面在 C_r 上方和下方的高度，其中 $x = r\cos\theta$ 且 $y = r\sin\theta$.）

(ii) 利用第 127 页结论 (10.4)，求曲面的主方向.

(iii) 利用式 (20.2) 证明曲面在原点处形状导数的矩阵为

$$[S] = \begin{bmatrix} 0 & 1 \\ 1 & 0 \end{bmatrix},$$

进一步证明 $\mathcal{K} = -1$ 且 $\overline{\kappa} = 0$.

(iv) $[S]$ 表示的几何变换 S 是什么?

(v) 借助 (iv)，用几何方法（*不要计算*）求 S 的特征向量和特征值.（*注记*：特征向量应该指向你在 (ii) 中求出的方向.）

(vi) 根据 (ii) 或 (v)，将 (x, y) 坐标轴旋转到主方向，得到新的 (X, Y) 坐标轴，证明曲面原来的方程变成 $z = \frac{1}{2}(X^2 - Y^2)$.

(vii) 比较在 (vi) 中得到的新方程和第 127 页式 (10.6)，验证在 (iii) 中求得的 $\mathcal{K}$ 和 $\overline{\kappa}$.

(viii) 利用式 (20.2)，求在新的 (X, Y) 坐标系中的矩阵 $[S]$，并验证 $\mathcal{K}$ 和 $\overline{\kappa}$ 没有改变.

(ix) 证明在 (iii) 和 (viii) 中的两个不同的矩阵 $[S]$（它们表示同一个线性变换 S）符合第 186 页的一般矩阵公式 (15.20).

17. 利用式 (20.2) 和式 (20.3) 证明习题 7 的结论.

18. 曲率的极坐标公式. 如果 $z = f(r, \theta)$，证明曲率由下面这个令人失望的复杂公式给出：

$$\mathcal{K} = \frac{r^2 \partial_r^2 f(\partial_\theta^2 f + r\partial_r f) - [\partial_\theta f - r\partial_r \partial_\theta f]^2}{\{r^2[1 + (\partial_r f)^2] + (\partial_\theta f)^2\}^2}. \tag{20.4}$$

19. 具有相等曲率但非等距同构的曲面. 我们在第一幕曾说过，明金证明了：如果两个曲面具有相同的*常曲率* $\mathcal{K}$，则它们是局部相互等距同构的. 因此，常曲率 $\mathcal{K} > 0$, $\mathcal{K} = 0$, $\mathcal{K} < 0$ 的曲面分别局部等距同构于球面、平面和伪球面. 我们现在提供例子说明：具有相等*变*曲率的曲面不一定是等距同构的. 这样就证明了绝妙定理的逆命题不成立.

(i) 利用与上题中同样的记号，求下面两个曲面的形状：$\mathcal{S}_1$ 的方程为 $f_1(r,\theta) = \ln r$，$\mathcal{S}_2$ 的方程为 $f_2(r,\theta) = \theta$.（提示：$\mathcal{S}_2$ 称为**螺旋面**.）利用计算机绘制它们的图像来验证你的答案.

(ii) 如果 $\mathcal{S}_1$ 上的一个点与 $\mathcal{S}_2$ 上的一个点具有相同的 (r,θ) 坐标，则称这两个点是"对应的". 通过求出这两个曲面的度量公式，证明这个对应关系不是等距关系.

(iii) 尽管如此，也可以利用式 (20.4) 证明，这两个曲面的对应点具有如下相等的曲率！

$$\mathcal{K}_1(r,\theta) = \frac{-1}{(r^2+1)^2} = \mathcal{K}_2(r,\theta).$$

20. ***n* 鞍形曲面的曲率.** 设 n 鞍形曲面的高度为 $z = f(r,\theta) = r^n \cos(n\theta)$，利用式 (20.4) 证明：在 $r =$ 常数 的每一个圆周上，n 鞍形曲面的（负）曲率不变，并由下列公式给出.

(i) 普通 2 鞍形曲面（在一般的双曲点周围）的曲率为

$$\mathcal{K} = -\frac{4}{(1+4r^2)^2}.$$

(ii) 猴 3 鞍形曲面的曲率为

$$\mathcal{K} = -\frac{36r^2}{(1+9r^4)^2}.$$

(iii) n 鞍形曲面的曲率为

$$\mathcal{K} = -\frac{(n-1)^2 n^2 r^{2n}}{(r^2+n^2 r^{2n})^2}.$$

全局高斯-博内定理引论

21. 预计 GGB 依赖于亏格.

(i) 利用 GGB 证明任意拓扑球面一定具有正曲率的区域.

(ii) 利用 GGB 证明任意拓扑环面一定具有正曲率的区域.

(iii) 事实上，每一个亏格为 $g \geqslant 2$ 的光滑闭曲面 $\mathcal{S}_g$ 一定有一个正曲率的点，尽管只有 GGB 不能保证这个结果成立. 设 $S(r)$ 是一个球面，其球心是被 $\mathcal{S}_g$ 包围的任意点，半径为 r. 想象开始时的 r 充分大，使得 $S(r)$ 将 $\mathcal{S}_g$ 包围在内. 然后让球面 $S(r)$ 开始收缩，直到它碰到 $\mathcal{S}_g$，这时 $r = R$. 论证曲面 $\mathcal{S}_g$ 在与 $S(R)$ 的接触点处曲率 $\mathcal{K} > (1/R^2) > 0$.

提示：考虑接触点的两个主方向.

22. 蝙蝠侠，快来看看高斯–博内定理这个玩意吧！[①] 回顾图 16-7 中虫洞的定义，及其全曲率 $\mathcal{K}=-4\pi$.

(i) 如果在 n 边形的每个顶点上放一个小面包圈，沿 n 边形的每条边用一个虫洞将 n 个顶点上的面包圈连接起来，构成一个曲面 $\mathcal{S}$，解释为什么 $\mathcal{K}(\mathcal{S})=-4\pi n$. 为什么这不违反 GGB，就像它看起来的那样?

(ii) 假设 $n=4$，使得 4 个面包圈在一个正方形的角上，被 4 个虫洞沿着正方形的边连接在一起. 现在增加第 5 个虫洞，沿对角线连接刚才没有连接的两个面包圈构成曲面. 现在这个曲面的全曲率是什么? 为什么这不违反 GGB，就像它看起来的那样?

GGB 的第一个证明（启发性证明）

23. 霍普夫旋转定理. 让我们尝试探究霍普夫（Hopf 1935）巧妙论点的本质. 想象一下，定理中的（平滑和“简单”的）封闭曲线 C 是一条蜿蜒穿过沙丘的徒步/跑步路径，如图 20-1 所示. 起点在最南端（图的下方），C 的其余部分在北方（图的上方）. 假设你（⊙）和你的朋友玛丽（⊛）都在 C 上，$L(t)$ 是 t 时刻连接 ⊙ 和 ⊛ 的直线，$\Theta(t)$ 是直线 $L(t)$ 的角度. 最初，玛丽站在你旁边，所以 $L(0)$（虚线）是水平的，$\Theta(0)=0$.

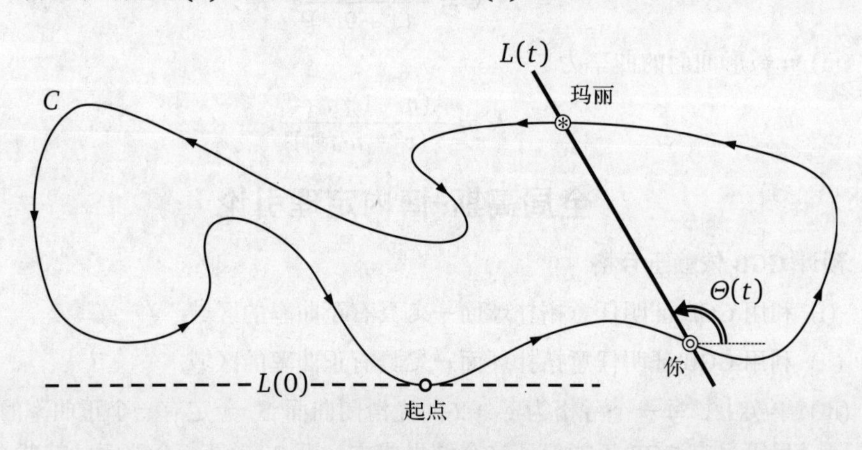

图 20-1　习题 23 的图

(i) 玛丽决定先跑一圈做热身，而你留在起点，看着她跑. 当她沿 C 逆时针方向跑了一段距离后，你转头跟着跑. 解释：在玛丽回到你身边时，为

① 这里原文为“Holy Broken Gauss-Bonnet, Batman!”. 在 20 世纪 60 年代流行的电视连续剧《蝙蝠侠》中，蝙蝠侠的同伴罗宾一遇到事情就大惊小怪地呼唤蝙蝠侠. 这就是罗宾呼唤蝙蝠侠时用的句型. ——译者注

什么你的视线 $L(t)$ 的净旋转为 $\delta\Theta=\pi$. 接下来，玛丽停在原地休息，而你跑一圈，所以 L 又转了一个 π. 因此，当你和玛丽各跑一圈后，L 旋转一整圈：$\delta\Theta=2\pi$.

(ii) 接下来，玛丽再跑一圈，但这一次你没有等到她跑完就出发了，跟在她身后慢慢地走. 你只走了一小段距离，玛丽就回到起点了. 一旦她到达那里，你就开始沿着 C 跑起来，直到跑完剩下的距离回到她身边. 解释为什么 L 的净旋转仍然是 $\delta\Theta=2\pi$.

(iii) 接下来，你决定和玛丽比赛，尽管她总是赢. 是啊，你甚至每次都差得很远. 解释为什么当你和玛丽各自完成一圈后，L 的净旋转仍然是 $\delta\Theta=2\pi$. [提示：想象在 (ii) 中你的速度逐渐增加，并勾勒出 $\Theta(t)$ 连续演变的图像：(i)⇝(ii)⇝(iii).]

(iv) 你决定进行最后一场比赛，这一次你全力以赴，成功地一直紧跟在玛丽后面. 当你盯着她的背影，眼睛沿路径向前看时，你的视线 L 现在就是 C 的切线. 因为 L 的净旋转仍然是 $\delta\Theta=2\pi$，所以就完成了霍普夫的证明!

GGB 的第二个证明（利用角盈）

24. 仅存在五种正多面体. 如果正多面体的每一个面都是一个正 n 边形，每一个顶点都有 m 个这样的面相交于此，利用下面的步骤证明：只有图 18-2 所列的五种柏拉图多面体才可能是这样的正多面体，即 $(n,m)=(3,3)$ 或 $(n,m)=(4,3)$ 或 $(n,m)=(3,4)$ 或 $(n,m)=(5,3)$ 或 $(n,m)=(3,5)$.

(i) 解释为什么 $m\geqslant 3$.

(ii) 设 θ_n 是正 n 边形面的内角，解释为什么 $m\theta_n<2\pi$.（提示：想象将相交于某个顶点 v 的 m 个面切下来，沿包含顶点 v 的一条棱剪开，最后将曲面展开成平面.）

(iii) 对于 $n=3,4,5$，求 θ_n，并说明这就是全部可能的情况.

25. 仅存在五种拓扑正多面体. 本题继续利用与上题中同样的记号 (n,m)，只是现在的拓扑多面体的面可能是弯曲、非正则和/或有波浪形的棱. V、E 和 F 分别是顶点、棱和面的数量.

(i) 解释为什么 $E=Fn/2$.

(ii) 解释为什么 $V=Fn/m$.

(iii) 通过将上面两个等式代入欧拉多面体公式，证明

$$F=\frac{4m}{2(m+n)-mn}.$$

(iv) 证明 $\Omega(n,m)\equiv 2(m+n)-mn>0$.

(v) 把 (n,m) 看作 $\mathbb{R}^2$ 上的网格点. 在相关区域（$n>3$ 且 $m>3$），在每个网格点上写下 $\Omega(m,n)$ 的值，注意并使用关于线 $n=m$ 的对称性.

(vi) 利用 (v) 推导出 (iv) 中不等式的解 (n,m) 只可能与我们在前面的习题中发现的相同：只有五种柏拉图多面体的拓扑变形.

这个结果归功于西蒙 · 安东尼 · 让 · 吕以利埃（Simon Antoine Jean L'Huilier, 1811），见詹姆斯（James, 1999, 第 516 页）.

26. 凸多面体的勒让德投影. 如正文的注记中提到的，勒让德在证明欧拉多面体公式时，假设多面体是凸的. 我们给出的证明不需要这个假设，但是勒让德的凸性假设有一个很好的优点：这样就可以立即从原来的多面体 $\mathcal{P}$ 跳到球面上一个拓扑等效于用测地线多边形做的多边形剖分（见图 18-7），如下面所述. 假设凸多面体 $\mathcal{P}$ 是一个线框，一个灯泡 B 位于线框内的某处. 如果 $\mathcal{S}$ 是一个以 B 为中心、将 $\mathcal{P}$ 包含在内的球面，证明线框 $\mathcal{P}$ 在球面上的阴影就是上面说的测地线剖分.

27. 霍普夫关于 $\chi(\mathcal{S}_g)=2-2g$ 的证明. 在正文中，通过首先证明 $\chi(S^2)=2$，然后证明粘上一个"用三角巧克力盒做的柄（见图 18-9）"使得 χ 减少 2（见图 18-10），证明了 $\chi(\mathcal{S}_g)=2-2g$. 对此还存在另外一个优雅的证明，归功于霍普夫（Hopf, 1956, 第 8–10 页）.

(i) 将两个用三角巧克力盒做的柄粘到一起，生成一个拓扑环 $\mathcal{S}_1$，证明 $\chi(\mathcal{S}_1)=0$.

(ii) 从这个环挖掉一个三角形，同时从一个亏格为 g 的一般闭曲面 $\mathcal{S}_g$ 挖掉一个三角形. 再将这两个三角形孔的边缘粘一起，生成新的闭曲面 $\mathcal{S}_{g+1}$，亏格增加了 1. 证明 $\chi(\mathcal{S}_{g+1})=\chi(\mathcal{S}_g)-2$.

(iii) 利用 (i) 和 (ii) 证明 $\chi(S^2)=2$ 且 $\chi(\mathcal{S}_g)=2-2g$.

28. 对偶多面体. 以立方体每个面的中心为顶点，连接这些顶点就得到了一个八面体. 这就是立方体的**对偶**，每一个面变成了一个顶点，而每一个顶点变成了一个面. 如果我们继续构作八面体的对偶，即立方体的对偶的对偶，会得到什么？借助图 18-2，求另外三种柏拉图多面体的对偶.

GGB 的第三个证明（利用向量场）

29. 偶极子的流线是圆形的. 证明图 19-3 中偶极子的流线都是圆周.

(i) 通过计算证明.

(ii) 利用几何方法证明.

30. $\mathcal{S}_g$ 上的蜂蜜流. 设 $\mathcal{S}_g$ 是图 19-11 中的图形绕垂直于纸面的轴旋转一个直角生成的曲面，于是就将曲面上的 g 个孔由竖直排列改为水平排列. 请在这个曲面上画出新的蜂蜜流，并证明新的蜂蜜流共有 $6g-2$ 个奇点. 根据庞加莱 – 霍普夫定理，验证它们的奇点指数之和仍然为 $\chi=2-2g$.

31. 施蒂费尔向量场的存在性. 尽可能明确地解释，为什么图 19-12 中多边形剖分能确保在 $\mathcal{S}_g$ 上创建相容的向量场，而与做剖分用的多边形无关.

32. $\mathcal{S}_g$ 上带有一个奇点的向量场. 在图 19-8b 中，球面上的偶极子向量场只有一个奇点，其指数为 2（$=\chi$），与庞加莱 – 霍普夫定理一致. 我们已经知道，在环面（$g=1$）上存在没有任何奇点的流. 但如果 $g\geqslant 2$，因为奇点的指数和 $\chi\neq 0$，所以一定存在奇点. 问：是否总有可能将球面上的偶极子向量场推广到一般情况，即在一般情况下是否可以找到一个流，它只有一个指数为 χ 的奇点?（提示：通过合并两个或多个奇点生成新的向量场. 例如，可以想象将图 19-8a 中的两个中心合并生成图 19-8b 中的偶极子向量场.）

33. $\mathcal{S}_g$ 上带有 $-\chi$ 鞍点的向量场. 通过绘制流线证明：可以在 $\mathcal{S}_g$（$g\geqslant 2$）上构作一个具有 $(2g-2)=-\chi$ 个奇点（每个奇点有 $\mathcal{J}=-1$）的向量场.（提示：(A) 先解决 $g=2$ 的情形，推广到高亏格的情形就很容易了；(B) 设想 $\mathcal{S}_g$ 是两个面包圈连在一起形成的表面，想象它被重物压扁，变成两个连在一起的环. 还是通过绘图验证：可以在这个曲面的“顶部”和“底部”各配置一个鞍点，而且使得顶部和底部的向量场在边缘汇合时是一致的.）

第 四 幕
平 行 移 动

第 21 章　一个历史谜团

平行移动[①]现在被认为是微分几何中最基本、最强大的概念之一，但它在这场游戏中出现得非常晚.

到 1915 年，在 n 维空间中，现代微分几何的大部分基本概念和计算工具就已经就位了一段时间.

在此之前的 10 年里，爱因斯坦一直在努力使他在 1905 年提出的狭义相对论与万有引力相适应. 他在 1905 年就知道，没有任何物理效应的传播速度能超过光速，但（自 1687 年以来未被质疑过的）牛顿的平方反比定律坚持认为，如果一个巨大的太阳耀斑从太阳表面爆发，它对地球的微小引力会*立刻*被感觉到，尽管耀斑发出的光需要经过 8 分钟才能到达地球. 这是一个明显的矛盾!

爱因斯坦的物理直觉推动他逐渐走向了微分几何，并奇迹般地发现，格雷戈里奥·里奇（1853—1925）和图里奥·莱维 – 奇维塔（1873—1941）[②]在 1901 年联合公布了“*为阐述他的理论而精心准备的，几乎是命中注定的工具*”[③]，这个工具就是**张量演算**. [④]

1915 年 11 月 25 日，爱因斯坦终于结束了他长达 10 年的艰苦探索，利用张量演算写出了著名的**场方程**，调和了引力和狭义相对论. 他将这种结合命名为**广义相对论**. 爱因斯坦已经成功地理解了引力的真正本质：它是物质和能量作用于四维时空的**黎曼曲率**[⑤]，而自由下落的粒子对引力场的响应就是沿着*测地线*[⑥]穿越弯曲时空.

到 2020 年，也就是我仍在写作本书的时候，这个理论每一个可验证的预测都得到了证实，包括 2015 年 9 月 14 日被证实的*引力波的存在*（这令人震惊，并

---

① 有时也称为“平行位移”或“平行传播”.

② 见第 x 页脚注 ①. ——译者注

③ 这是莱维 – 奇维塔（Levi-Civita, 1931）的原话. 在 1915 年之前，张量演算一直未被承认，而在 1915 年后发生了戏剧性的变化. 见博塔齐尼（Bottazzini, 1999）.

④ 这个纯粹的数学发现最初被称为**绝对微分学**，但后来被称为**里奇演算**，最后被称为**张量演算**. 埃利·嘉当后来又建立了张量演算更强大、更优雅的版本，就是我们数学剧的终场（第五幕），被称为**微分形式的外微积分**.

⑤ 曲率的这个内蕴概念在第四幕结束时将被描述为：它是高斯曲率在 n 维空间中的推广.

⑥ 这里的测地线是，当用弯曲时空的度量测量“距离”时，距离*最长*的路径，它推广了闵可夫斯基的时空区间]，见第 86 页式 (6.15).

且获得了诺贝尔奖[①]），爱因斯坦几乎整整一个世纪前就在 1916 年预言了引力波的存在！

很少有人注意到的事实是，在一些例子中，这些实验的证实已经达到了惊人的准确性，可以媲美甚至超过了量子电动力学，而后者可是此前的黄金标准. 事实上，如果不考虑广义相对论所预言的重力对时间的精确扭曲效应，我们日常使用的全球定位系统（GPS）的技术[②]就是不可能的！因此，爱因斯坦 1915 年的发现不仅是人类智力在科学上的一次极其辉煌的胜利，也是我们所拥有的经过最好检验的物理理论之一.

但这里有一个重要的谜团[③]，一个没有被广泛知晓和认识到的谜团. 爱因斯坦的成功越引人注目，这个谜团就越令人困惑，因为他取得这些成功是在莱维 – 奇维塔（见图 21-1）发现[④]**平行移动**的概念之前——平行移动的概念直到 1917 年才出现！如果没有这个概念，我个人实在不知道还有什么别的办法来使爱因斯坦 1915 年的发现具有完整的几何意义.

图 21-1　图利奥 · 莱维 – 奇维塔（1873—1941）

那么什么是平行移动呢？如测地线的概念一样，这是一个奇怪的“两栖动物”，同时生活在外在几何的世界和内蕴几何的世界里. 现在我们就要来描述它在这两个世界里各是什么样的，并试图理解它是如何跨越这两个世界的.

① 2017 年的诺贝尔物理学奖被授予雷纳 · 韦斯、巴里 · 巴里什和基普 · 索恩，因为他们合作建造了激光干涉引力波观察仪（LIGO），因此才有可能发现引力波.

② 见 Taylor and Wheeler (2000, A-1).

③ 对于熟悉广义相对论的读者来说，事实上还有第二个，甚至更惊人的谜团：1915 年 11 月，爱因斯坦因为不知道微分比安基恒等式［见式 (29.17)］，所以没有意识到能量 – 动量守恒定律是自动遵循他的定律的！见派斯的著作（Pais, 1982, 第 256 页）.

④ 见 Levi-Civita (1917).

第 22 章 外在的构作

22.1 一边前进，一边向曲面投影

以下是莱维－奇维塔在 1917 年的基础性论文中寻求实现的启发式思想. 设 K 是曲面 $\mathcal{S}$ 内连接点 a 和 b 的曲线，对于曲面 $\mathcal{S}$ 的切向量 $\boldsymbol{w}$ 沿曲线 K 的**平行移动**，我们要始终保持 $\boldsymbol{w}$ 指向同一个方向（并且保持相同的长度），而且在沿曲线 K 移动时，$\boldsymbol{w}$ 始终与曲面 $\mathcal{S}$ 相切，即 $\boldsymbol{w}$ 的方向在每个时刻总是平行于前一个时刻的方向.

但这似乎是不可能的！如果我们从 p 出发，沿 K 移动哪怕很短一段距离 ϵ，到达 q，那么在切平面 T_p 上的向量 $\boldsymbol{w}$ 当在 $\mathbb{R}^3$ 中与自身平行地移动到 q 时，通常不会同时在 T_q 中，而是伸出了曲面 $\mathcal{S}$.

在欧几里得平面中就不会出现这样的问题，并且平行性具有简单的全局意义，这是由以下事实导致的：任何不位于直线 L（沿 $\boldsymbol{w}$ 方向）上的点，都有唯一一条直线与 L 平行，且与 $\boldsymbol{w}$ 方向相同. 这种全局的平行性可以被描绘成均匀流过平面的流，速度为 $\boldsymbol{w}$，如图 22-1 所示. 沿 K 平行移动的向量，就是这个恒定速度场对 K 的限制. 因此，很明显，无论我们是沿 K，还是沿其他路径 $\widetilde{K}$ 到达那里，在 b 点总是得到相同的平行移动向量 $\boldsymbol{w}$.

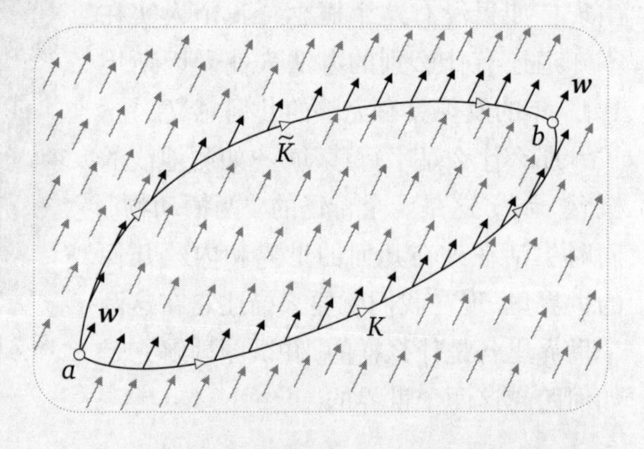

图 22-1 在欧几里得平面中，平行性是全局性的概念，可以由具有恒定速度向量 $\boldsymbol{w}$ 的流表现. 要沿 K 平行移动 $\boldsymbol{w}$，我们只需要将这个向量场限制在 K 上. 所以，无论我们是沿 K 还是沿 $\widetilde{K}$ 走到 b，都会得到同一个向量 $\boldsymbol{w}$. 只有在曲率为零的情况下，才具有这种与路径无关的性质

莱维－奇维塔的主要观察结果是，平行移动向量与路径无关的性质只发生在空间平坦的情况下；如果空间是弯曲的，那么沿两条不同路径的平行移动（这是暂时定义的）将产生不同的最终向量. 这种重要的现象被称为**和乐性**，是以此命名的第 24 章的主题. 正如我们将要看到的，这种和乐性可以用来量度曲率，不仅是曲面的高斯曲率，还可以是高

维弯曲空间（例如弯曲的爱因斯坦四维时空）的黎曼曲率.

如果我们试图在双曲平面 $\mathbb{H}^2$ 中重复欧几里得结构，那么马上就会遇到麻烦，因为已知一个点和经过这个点的一条直线 L，我们知道在双曲平面上有无穷多条“平行线”穿过每一个与之相邻的点. 我们应该选哪一个呢?!

稍后，我们将回到如何在 $\mathbb{H}^2$ 或伪球面上进行平行移动的话题，现在则立即跳到最深处，看看如何在一般曲面上做平行移动.

图 22-2 显示了我们做平行移动的第一个外在方法，使用了在本节开头段落中介绍的符号. 如果我们将点 p 的切向量 $\boldsymbol{w}$ 沿曲线 K 平行于自身（作为 $\mathbb{R}^3$ 中的向量）移动一小段（最终为零）距离 ϵ，到达点 q，则 $\boldsymbol{w}$ 不再是曲面 $\mathcal{S}$ 在点 q 处的切向量. 它从切平面 T_q 伸出去了，但是只伸出去了一点儿，偏转的角度为 $\Theta(\epsilon)$. 将 $\boldsymbol{w}$ 垂直投影到 T_q 得到 $\boldsymbol{w}_{\parallel}$，它是 $\mathcal{S}$ 在点 q 处的切向量对 $\boldsymbol{w}$ 的最佳逼近. 如果用 $\mathcal{P}$ 表示这个投影，设 $\boldsymbol{n}(q)$ 是点 q 的单位法向量，则图 22-2 表示的是

$$\boldsymbol{w}_{\parallel}=\mathcal{P}[\boldsymbol{w}]=\boldsymbol{w}-(\boldsymbol{w}\bullet\boldsymbol{n})\boldsymbol{n}. \tag{22.1}$$

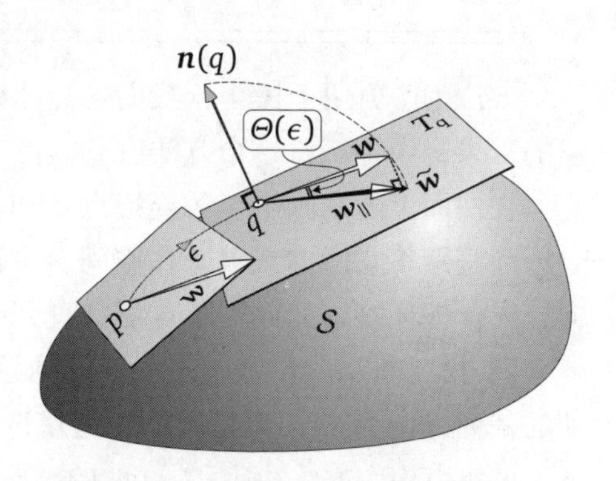

图 22-2 为了将点 p 的切向量 $\boldsymbol{w}$ 平行移动到距离 ϵ 的邻近点 q，我们将它平行于自身在 $\mathbb{R}^3$ 中移动时，(i) 将它投影到 T_q 上，得到 $\boldsymbol{w}_{\parallel}$，或者 (ii) 一边走一边将它转下来得到 $\widetilde{\boldsymbol{w}}$. 因为我们最终是要取 ϵ 趋于 0 的极限，所以这两种构作方法是等价的

为了沿 K 平行移动 $\boldsymbol{w}$，我们必须想象把 K 分解成大量长度为 ϵ 的小段，重复这个在 $\mathbb{R}^3$ 中平移的过程，然后投影回曲面上. 如此不断地重复，每次移动距离 ϵ，最后到达 K 的末端. 即便如此，这也只是平行移动的近似形式，完全的平行移动只在我们取 ϵ 趋于 0 的极限时才能真正地实现. 在这种情况下，我们一边移动，一边连续地向曲面投影.

注意，图 22-2 中的投影 $\boldsymbol{w}_{\parallel}$ 比最初的向量 $\boldsymbol{w}$ 稍短一点儿. 如果我们只是简单地将 $\boldsymbol{w}$ 直接旋转到 T_q 上，那么就得到 $\widetilde{\boldsymbol{w}}$，指向与 $\boldsymbol{w}_{\parallel}$ 相同的方向，而且满足 $|\widetilde{\boldsymbol{w}}|=|\boldsymbol{w}|$.（长度 $|\boldsymbol{w}|$ 与构作无关，但为了便于可视化，我们选择了与 $\boldsymbol{n}$ 相同的单位长度.）因为 $\lim_{\epsilon\to0}\Theta(\epsilon)=0$，所以

$$\boxed{\boldsymbol{w}_{\parallel}\asymp\widetilde{\boldsymbol{w}}.}$$

最后，因为完全的平行移动是 ϵ 趋于 0 的极限，所以我们就证明了平行移动是保持长度不变的.

这样，我们就得到了两个构作平行移动的等价的外在方法：

> 为了对曲面 $\mathcal{S}$ 的切向量 $\boldsymbol{w}$ 沿曲线 K 做**平行移动**，将 $\boldsymbol{w}$ 平行于自身在 $\mathbb{R}^3$ 中移动，要么 (i) 一边走，一边将它连续地*投影*到 $\mathcal{S}$ 上，要么 (ii) 一边走，一边将它*旋转*到 $\mathcal{S}$ 上. 向量的长度在平行移动中保持不变. (22.2)

方法 (ii) 更便于操作，我们强烈建议你找一个方便操作的曲面，例如容易削皮的瓜果，亲手试试这个方法.

在曲面上随意画出一条连接点 a 和 b 的曲线 K，在点 a 处沿任一切方向扎入一根牙签. 将它沿曲线 K（在空间）平行移动一小段距离，再次在曲面上沿切方向扎入一根牙签，如此不断重复，直到到达点 b.

图 22-3 所示的是在柚子上实施的这个过程. 虽然可以在点 a 处选择与 $\mathcal{S}$ 相切的任何方向为 $\boldsymbol{w}$，但是我们在这里选择 $\boldsymbol{w}$ 为沿 K 方向的初速度. 需要说明一下：虽然由构作方法决定了，$\boldsymbol{w}_{\parallel}$ 的确一定会保持与曲面相切，但是 $\boldsymbol{w}_{\parallel}$ *一般不会保持与 K 相切*.

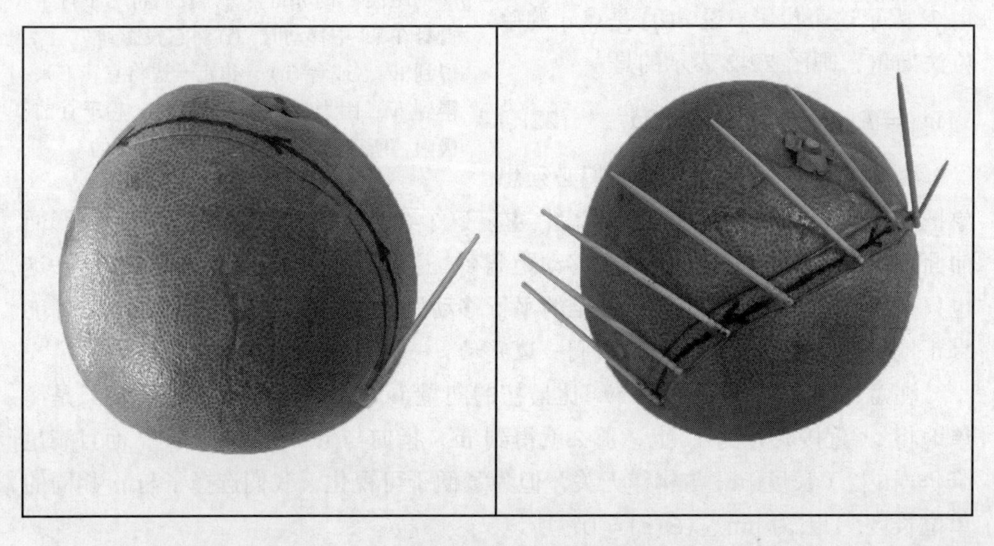

图 22-3 柚子上的平行移动：在沿曲线平行于自身的移动过程中，将牙签连续地扎入表面

这里，我们选择的路径 K 靠近柚子表面的垂直截痕. 对于图 22-3 右图，我们特意从几乎正上方拍摄了这张照片，所以它*看起来*非常直. 因此，牙签从一开始与 K 相切到最后几乎垂直于 K 的旋转速度可能会令人非常惊讶和困惑. 这是因

为我们的照片并没有揭示 K 关于内蕴几何的弯曲程度. 这条特定路径 K 的内蕴的测地曲率将在 22.3 节中讨论，届时将揭示一种不同的平行移动方法.

22.2 测地线和平行移动

在什么情况下，初始切向量沿曲线 G 的平行移动会保持与 G 相切? 答案是: 只有当 G 是测地线时，这才会发生.

为什么呢? 回忆测地线 G 在局部可以定义为: 当质点以单位速率沿曲线运动时，它的加速度始终指向曲面的法向量 $\boldsymbol{n}$. 这意味着，如果我们考虑相邻两点 p 和 q（它们相距 ϵ）的速度，则这两个速度的差最终是 $\dot{\boldsymbol{v}}\epsilon$，而且最终指向 $\boldsymbol{n}$. 图 22-4 描述的是图 22-2 的一个新的特例，这时 $\boldsymbol{v}$ 是指向 ϵ 这一段的速度向量. 我们看到，这意味着点 q 处的新速度最终是点 p 处的初始速度 $\boldsymbol{v}$ 沿自身平行移动.

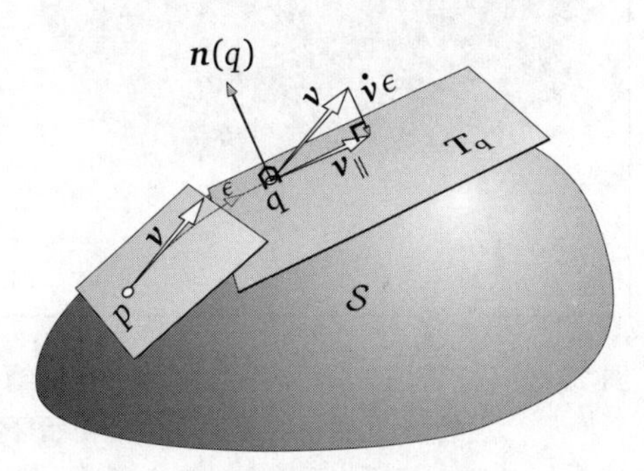

图 22-4 借助平行移动构作测地线. 质点以速度 $\boldsymbol{v}$ 从点 p 出发，定义 G 为 $\boldsymbol{v}$ 沿自身的方向平行移动得到的曲线，使得在邻近点 q（距离/时间为 ϵ）的新速度为 $\boldsymbol{v}_{\parallel}$，则加速度 $\dot{\boldsymbol{v}}$ 由 $\dot{\boldsymbol{v}}\epsilon \asymp \boldsymbol{v}_{\parallel} - \boldsymbol{v}$ 决定. 又因为 $\dot{\boldsymbol{v}} \propto \boldsymbol{n}$，所以 G 是测地曲率

相反，假设我们选取一个点 p，从此处发射一个质点，沿 $\mathcal{S}$ 上的任意方向 $\boldsymbol{v}$ 穿过曲面. 和前面同样的几何知识告诉我们，可以通过平行移动来构作测地线运动: 在 $\mathcal{S}$ 内将 $\boldsymbol{v}$ 沿自身的方向移动一小段距离，然后将它压回到曲面上，得到那里的新速度……如此不断重复!

图 22-5 显示了这个构作测地线的新方法. 为了检验我们最终得到的解是正确的，首先在曲面（一个笋瓜的表面）上使用我们最初的方法，将一根细绳在它表面拉紧，将两端系在两根（法向的）牙签上，构作一条测地线段 G. 在细绳的起点，沿细绳的切向扎入一根牙签，然后移除细绳，我们可以用这个牙签作为初始速度，并沿着牙签的方向做平行移动. 你会看到，正如我们敦促你自己去尝试的那样，这个构作产生了和细绳一样的测地线段 G.

图 22-5 [a] 首先在笋瓜表面上拉紧一根细绳，构作一条测地线段 G. [b] 移除细绳，保留在起点处与 G 相切的牙签. 再沿初始牙签的方向平行移动这根牙签，生成处处都与测地线 G 相切的牙签

22.3　马铃薯削皮器的移动

现在我们将描述平行移动的第三种外在方法，它将很快得到考验[①]，并给出平行移动的重要性质. 这些性质在方法 (22.2) 中看到的前两个构作中并没有立即显现出来.

在图 22-2 中，想象我们用马铃薯削皮器在曲面 $\mathcal{S}$ 上削下沿曲线 K 的一小段长度 ϵ. 现在，不是将 $\boldsymbol{v}$ 向下转到曲面上，而是想象把削下来的这一小条向上弯曲的果皮压平到 T_p 上，这就把 $\boldsymbol{v}_{\parallel}$ 压到 $\boldsymbol{v}$ 上了，而不是反过来. 如果我们沿 K 一直削下一整条窄带，就会得到新的构作方法：

> **马铃薯削皮器平行移动.** 为了在曲面 $\mathcal{S}$ 上沿曲线 K 平行移动切向量 $\boldsymbol{v}$，削下 $\mathcal{S}$ 的一条窄带（其宽度最终消失为零），其中包含 K 为其中心线. 将这条窄带平铺在平面上，然后对 $\boldsymbol{v}$ 沿平铺的 K 做普通的欧几里得平行移动. 最后，将 K（和构作的向量）重新粘贴回 $\mathcal{S}$ 上的原始位置.　　(22.3)

① 这种新的构作方法在现代教科书中很难找到. 记得 30 多年前第一次发现它时，我很高兴. 其他作者也同样认为他们发现了一些新的东西，例如，Koenderink (1990)、Casey (1996) 和 Henderson (1998). 但当我要写这本书的时候，我查阅了原始资料，发现我们重新发现的东西是一个多世纪前由莱维 – 奇维塔本人首次发现的！要了解莱维 – 奇维塔对自己思想的解释（已经翻译成英文），见 Levi-Civita（1926, 第 102 页）. 有关这个发现的更多历史信息，见 Goodstein（2018, 第 12 章）.

图 22-6 揭示了我们是如何作弊的[1]，并实际使用这种方法 [而不是方法 (22.2)] 来执行图 22-3 所示的平行移动.

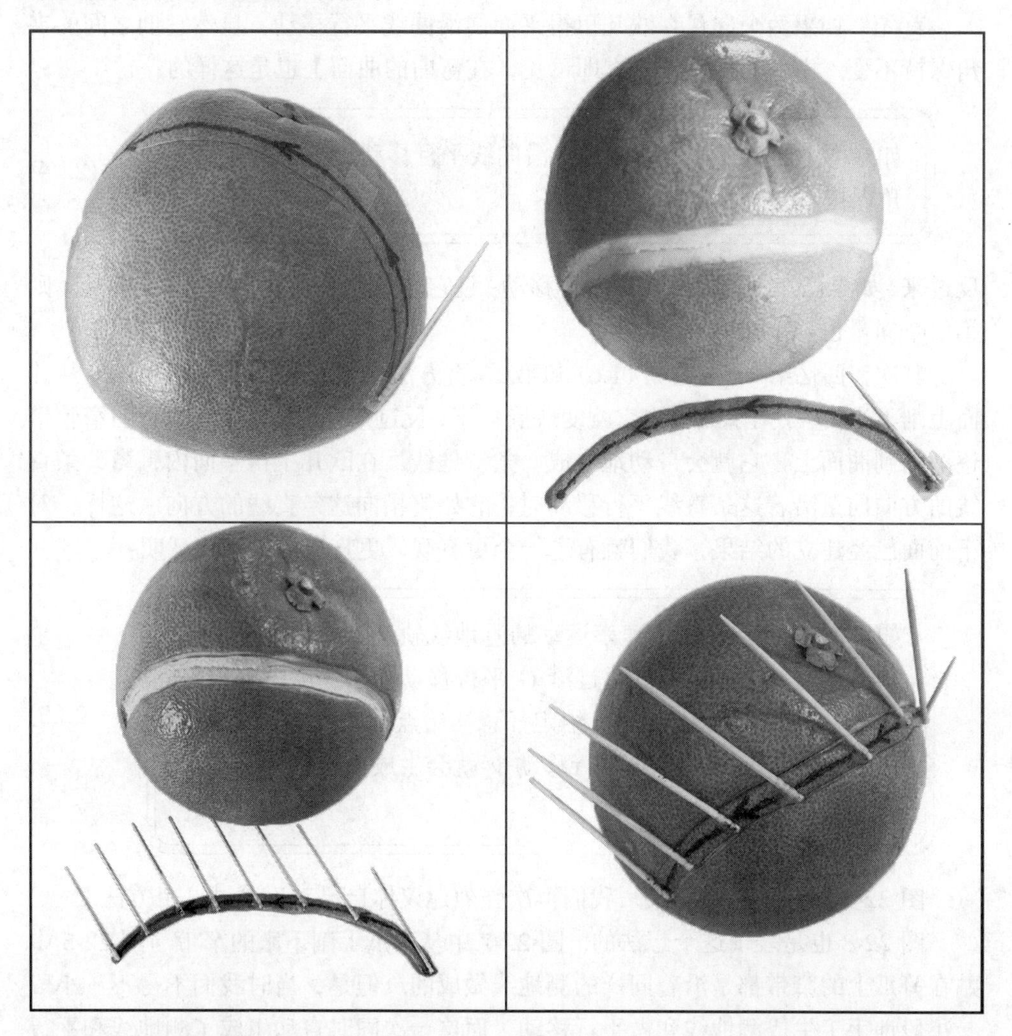

图 22-6 "马铃薯削皮器" 在柚子上的平行移动：沿曲线移除一条窄果皮，在桌子上压平，然后在平坦的桌面内做欧几里得平行移动，最后将果皮和向量重新贴回柚子表面

虽然马铃薯削皮器会帮你在脑海中浮现出正确的图像，但它实际上并不是这项工作的最佳工具. 为了得到一个整齐、狭窄的条状，拿一把锋利的小刀，沿曲线 K 的一边做一个很浅的切口，切到 K 的下面. 然后再从另一边做同样的操作，

① 作者的意思是说：这个方法不是直接在曲面上做平行移动，而是将曲线削下来，放在桌面上做了欧几里得平行移动后，再贴回曲面上. ——译者注

从而切割出所需的狭长果皮，它带有一个浅的 V 形截面.

平行移动的两个重要性质在新的构作方法中立刻变得清晰起来.

首先，如果两个向量在欧几里得平面内沿曲线平行移动，显然它们之间的夹角保持不变. 由新的构作方法立即可见，在弯曲的曲面上也是这样的：

> 如果两个向量在弯曲的曲面上沿曲线平行移动，它们之间的夹角保持不变. (22.4)

反过来，如果已知一个向量在做平行移动，且它与第二个向量的夹角保持不变，则第二个向量也一定在做平行移动.

其次，回忆第 14 页论断 (1.6) 和第 15 页方法 (1.7)，如果将一条测地线从曲面上削下来，平放在桌面上，它就变成直线了；反过来，如果将一条笔直的窄胶带逐渐粘到曲面上，它就会自动地生成一条测地线. 在欧几里得平面内，当一条直线的方向向量沿着这条直线平行移动时，它始终指向这条直线的方向. 这样，对于前面已经建立的结果，我们就有了一个更直观、更直接的可视化证明：

> 如果 G 是质点以单位速率运动的测地线轨迹，质点出发的初始速度为 $\boldsymbol{v}$，那么可以通过沿 G 平行移动初始速度得到未来任意时刻的速度. 反过来，给定任意初始点，以及任意与 $\mathcal{S}$ 相切的初始速度 $\boldsymbol{v}$，沿 $\boldsymbol{v}$ 平行移动 $\boldsymbol{v}$ 就会生成由这些初始条件决定的唯一的测地线. (22.5)

图 22-7 显示了这个结果. 我们再次强烈建议你自己动手试试这个方法.[①]

图 22-8 也是表现这个想法的. 图 22-7 中从南瓜上削下来的窄带与图 22-5 中贴在笋瓜上的窄带都是沿着同样的测地线做成的. 但是，当时我们不得不一小段一小段地手工生成测地线和做平行移动，而这一次同时自动生成了测地线和平行移动.

① 我们推荐使用遮蔽胶带（又名美纹胶带），因为它有明亮的颜色，而且很容易反复撕下来，再重新粘上去. 有一种简单的方法（用通常的宽胶带）制作窄带：把一段胶带粘在砧板上，用锋利的刀纵向切开它，就可以形成尽可能窄的胶带了. 至于牙签，我们用热胶枪来粘接它，但只粘在牙签的底部. 这样牙签一旦粘上，就可以自由摆动，变得与曲面相切.

图 22-7 [a] 首先在南瓜表面拉紧一根细绳，构作一条测地线 G. 与此同时，在桌面上有一根牙签指向一条笔直的胶带，并沿着胶带平行移动，自动保持与中心线相切. [b] 将细绳取下，将（粘了牙签的）胶带从细绳的起点开始，沿细绳的方向贴到南瓜表面上. 正如预期的那样，胶带会沿着同样的测地线 G 自动地在表面展开，牙签也会沿着它平行移动

图 22-8 这里显示的就是图 22-7 所示的果皮，也是图 22-5 所示的那条. 图 22-5 中的那条果皮是一小段一小段手工构作的，这里就不同了——这里的测地线是自动生成的，沿测地线的速度向量的平行移动也是同时自动生成的

第 23 章　内蕴的构作

23.1　沿测地线的平行移动

在欧几里得平面内，沿直线 L（方向为 $\boldsymbol{v}$）平行移动向量 $\boldsymbol{w}$ 有一种简单、明显的方法：当它沿 L 移动时，保持 $\boldsymbol{w}_{\parallel}$ 和 $\boldsymbol{v}$ 之间的夹角不变，见图 23-1a.

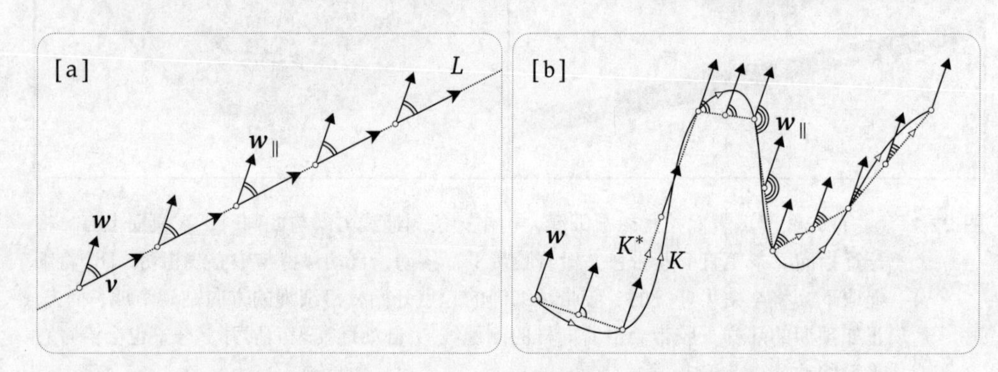

图 23-1　[a] 在欧几里得平面内，要沿方向为 $\boldsymbol{v}$ 的直线 L 平行移动向量 $\boldsymbol{w}$，只要保持 $\boldsymbol{w}_{\parallel}$ 和 $\boldsymbol{v}$ 之间的夹角不变. [b] 要沿一般曲线 K 平行移动，用一列直线段 K^* 逼近 K，依次保持每条线段的角度不变. 最后，令每一条线段的长度趋于 0，使 K^* 变成 K

在曲面上，与直线 L 类似的是测地线 G，所以很自然地，我们猜测欧几里得结构可以推广如下：

> 要将曲面 $\mathcal{S}$ 的切向量 $\boldsymbol{w}$ 以速度 $\boldsymbol{v}$ 沿测地线 G 平行移动，只要在它沿 G 移动时，保持 $\boldsymbol{w}_{\parallel}$ 和 $\boldsymbol{v}$ 的夹角不变即可. (23.1)

通过结合结果 (22.4) 和结果 (22.5) 就可得到 [练习]：这种内在定义的方法确实产生了与前一章所述的三种外在方法相同的平行移动向量，如图 23-2 所示.

请允许我们重复我们的口头禅：请亲手试试这个构作！这里，我们用一段拉紧的细绳来强调这个构作方法的内蕴本质，在实际操作中，使用窄胶带来构作测地线更容易. 对于曲面凹向你的部分，用胶带可以一小段一小段地粘过去，用细绳就做不到了，至少在曲面外做不到.

要在欧几里得平面内沿任意曲线 K（内蕴地）平行移动向量 $\boldsymbol{w}$，第一步就是先用一列短的直线段 $\{L_i\}$（例如，每段的长度小于 ϵ）组成的折线 K^* 来逼近 K，如图 23-1b 所示. 依次在每一段 L_i 上都保持角度不变，我们就做到了沿 K^* 平行移动 $\boldsymbol{w}$. 最后，令 ϵ 趋于 0，取极限，K^* 就变成了 K，我们就完成了沿 K 的内蕴的平行移动.

当然，在欧几里得平面上这样做有些夸张，因为在欧几里得平面上，平行性是一个全局性的概念，但关键是，现在我们弄清楚了在曲面上应该做什么：

> 要对曲面 $\mathcal{S}$ 的切向量 $\boldsymbol{w}$ 沿一条一般曲线 K 做平行移动，用一列首尾相连的测地线段 $\{G_i\}$（每段长度为 ϵ）组成 K^* 来逼近 K，然后沿 G_i 移动 $\boldsymbol{w}$，保持 $\boldsymbol{w}_{\|}$ 与 G_i 方向之间的夹角不变. 最后，取 ϵ 趋于 0 的极限，使得 K^* 变成 K.

23.2 内蕴（即“协变”）导数

当我们沿曲面 $\mathcal{S}$ 上的曲线 K 平行移动一个向量时，曲面 $\mathcal{S}$ 上的居民一边沿 K 行走，一边注视这个向量. 在他看来，这个向量*没有变化*. 这个不变性的概念为向量沿曲线移动时的*变化速度*的*内蕴度量*提供了思路.

假设一个质点以单位速率沿曲面 $\mathcal{S}$ 上的一条曲线 K 移动，它在时刻 t 的位置为 $p(t)$，单位速度为 $\boldsymbol{v}(t)$. 进一步假设，我们在曲面 $\mathcal{S}$ 上有一个起点位于 $p(t)$ 的切向量 $\boldsymbol{w}(t)$，沿曲线 K 处处有定义（虽然不必要求处处有定义）. 那么，$\boldsymbol{w}(t)$ 的*内蕴*变化率是什么？

图 23-2 南瓜上的测地线 G 首先是通过在其表面拉紧一根细绳构作出来的. 只要保持移动的向量与 G 的夹角不变，任何曲面的初始切向量都可以沿 G 平行移动

如果在很短的时段 ϵ 里，点 p 移动到点 $q=p(t+\epsilon)$，则它的变化率 $\nabla_{\boldsymbol{v}}\boldsymbol{w}$ 的*外在*定义为

$$\epsilon\nabla_{\boldsymbol{v}}\boldsymbol{w}=\epsilon\boldsymbol{w}'(t)\asymp\boldsymbol{w}(q)-\boldsymbol{w}(p),$$

其中右边两个向量的差在 $\mathbb{R}^3$ 中有明确的意义. 但是，$\boldsymbol{w}(q)$ 在切平面 T_q 内，而 $\boldsymbol{w}(p)$ 在 T_p 内，于是，它们的差既不在 T_q 内，也不在 T_p 内，因此就一定*不是* $\mathcal{S}$ 的内蕴对象.

正是在图 22-2 中描述的平行移动使我们能够将 $\boldsymbol{w}(p)$ 变成在点 q 处的切向

量 $\boldsymbol{w}_{\|}(p \rightsquigarrow q)$，并保持其方向“不变”. 现在，我们可以将旧的 $\boldsymbol{w}_{\|}(p \rightsquigarrow q)$ 与新的 $\boldsymbol{w}(q)$ 进行比较，看看它发生了多大的变化. 设 $D_{\boldsymbol{v}}$ 为沿着 K 的内蕴变化率（算子），我们称之为**内蕴导数**，则

$$\epsilon D_{\boldsymbol{v}} \boldsymbol{w} \asymp \boldsymbol{w}(q) - \boldsymbol{w}_{\|}(p \rightsquigarrow q).$$

因为这两个向量都在切平面 T_q 内，所以它们的差也在 T_q 内. 又因为 $D_{\boldsymbol{v}} \boldsymbol{w}$ 与 $\mathcal{S}$ 相切，所以可以将它看作内蕴于 $\mathcal{S}$ 的.

提醒：$D_{\boldsymbol{v}}$ 的正式名称是**协变导数**. “协变”[①]这个词与 $D_{\boldsymbol{v}}$ 的坐标表达式在坐标变换下是如何变化的有关，而现在的学生很少甚至根本没有听说过这个词，所以我们认为（将通过例子说明！）此时需要一个可以顾名思义的新名称. 但是必须告诉读者（截至 2019 年撰写本书时）每一本微分几何（还有物理学）的书基本上都是称 $D_{\boldsymbol{v}}$ 为**协变导数**的. 最后我们还要说，它也被称为**莱维–奇维塔联络**.

为了生动地刻画内蕴导数，也为简单起见，假设曲线 G 是测地线. 如果我们在 G 周围削下来一条窄带，压平在桌面上，它就变成了图 23-3 中所示的直线. G 的切向量 $\boldsymbol{v}$ 和曲面 $\mathcal{S}$（沿着 G 定义）的切向量场都被压平在桌面 $\mathbb{R}^2$ 上，正如图 22-6 和图 22-7 所示. $\boldsymbol{w}$ 沿 G 的平行移动（如图 23-2 所示）现在就是沿 $\mathbb{R}^2$ 内这条直线的普通欧几里得的平行移动，保持 $\boldsymbol{w}_{\|}$ 与 $\boldsymbol{v}$ 的夹角不变，如图 23-1a 所示.

如图 23-3 所示，这里的 $\boldsymbol{w}$ 在沿 G 移动时会增长长度，并产生逆时针旋转. $D_{\boldsymbol{v}} \boldsymbol{w}$ 的作用就是量化这个变化，即当从 p 开始沿 G 移动时，$\boldsymbol{w}(t)$ 偏离的初始值（表示为 $\boldsymbol{w}_{\|}$）的速率.

换言之，我们可以将 $\boldsymbol{w}(q)$ 平行移动回点 p，得到 $\boldsymbol{w}_{\|}(q \rightsquigarrow p)$，然后将它与 $\boldsymbol{w}(p)$ 进行比较，如图 23-3 所示，事实上这是更标准的定义. 这样，可以想象在点 p 的**内蕴导数** $D_{\boldsymbol{v}} \boldsymbol{w}$ 是切平面 T_p 内起点为 p 的向量，即

$$D_{\boldsymbol{v}} \boldsymbol{w} \asymp \frac{\boldsymbol{w}_{\|}(q \rightsquigarrow p) - \boldsymbol{w}(p)}{\epsilon}. \tag{23.2}$$

图 23-3 显示的就是这个几何结构，其中 $\epsilon = 0.1$：我们画出了 $\boldsymbol{w}$ 沿 $\boldsymbol{v}$ 的方向移动了其长度十分之一的距离所产生的变化，再乘以 10 将这个变化后的向量拉长. 当然，只有在取 ϵ 趋于 0 的极限时才能得到严格的 $D_{\boldsymbol{v}} \boldsymbol{w}$.

在 K 不是测地线的一般情况下，如果我们在表面削下曲线 K 上连接 p 和 q 两点的很短一段，那么刚才做的可视化的每一步还是同样的.

① 也译为“共变”，这是个形容词，是指它所修饰的物理量在坐标变换中的变换公式与坐标变换公式相同. 相对的概念是“反变”或“逆变”，是指它修饰的物理量在坐标变换中的变换公式是坐标变化公式的逆变换. 在第 33 章中会详细介绍. ——译者注

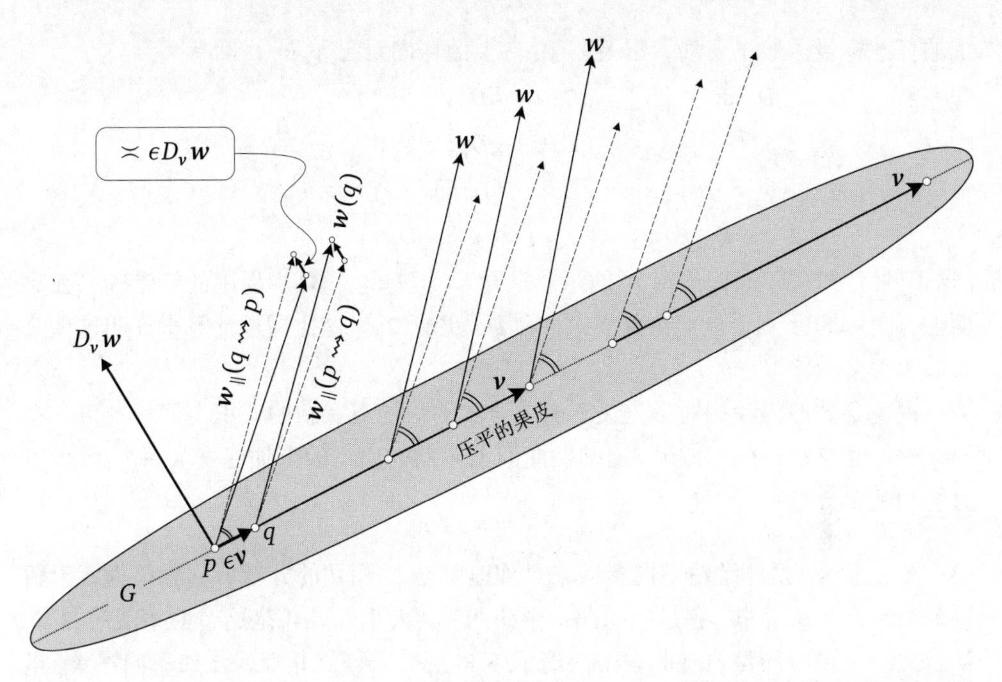

图 23-3 内蕴（即“协变”）导数 $D_v\boldsymbol{w}$，用来测量 $\boldsymbol{w}$ 沿 $\boldsymbol{v}$ 的内蕴变化率．如果 $\boldsymbol{v}$ 是测地线 G 的速度，那么它就很容易被想象出来，因为此时 G 周围的果皮就会变平成一条直线，$\boldsymbol{w}_{\parallel}$ 在平面内的平行移动变为普通欧几里得平面内的平行移动

这样，$\boldsymbol{w}_{\parallel}$ 沿 K 的内蕴不变性现在就可以简单地表达为它的内蕴导数为 0：

$$D_v\boldsymbol{w}_{\parallel}=0 \quad \Longleftrightarrow \quad \boldsymbol{w}_{\parallel} \text{ 沿 } \boldsymbol{v} \text{ 平行移动.}$$

这里有一种看待这个内蕴导数的外在方法．因为内蕴导数 D_v 量度的是向量在切平面上投影的变化率，我们可以换一个思路，考虑向量变化率 ∇_v 在切平面上的投影．再次令 $\mathcal{P}$ 为到切平面的正交投影，就可将式 (22.1) 推广为如下形式：

$$D_v\boldsymbol{w}=\mathcal{P}[\nabla_v\boldsymbol{w}]=\nabla_v\boldsymbol{w}-(\boldsymbol{n}\cdot\nabla_v\boldsymbol{w})\boldsymbol{n}. \tag{23.3}$$

这里的外在项也可以用形状导数表示：

$$D_v\boldsymbol{w}=\nabla_v\boldsymbol{w}-[\boldsymbol{w}\cdot S(\boldsymbol{v})]\boldsymbol{n}.$$

换句话说，为了求得 $D_v\boldsymbol{w}$，我们先取在空间 $\mathbb{R}^3$ 中的全变化率 $\nabla_v\boldsymbol{w}$，然后减去不与曲面相切的部分，剩下的就是曲面内蕴的部分了．

利用式 (23.3) 可以证明［练习］内蕴导数 D_v 和全向量导数 ∇_v 一样，具有线性性质，并服从莱布尼茨（乘法）公式，使得对于任意常数 a 和 b，定义在 K

上的任意标量函数 f 和 g，以及 $\mathcal{S}$ 在 K 上的切向量 $\boldsymbol{x},\boldsymbol{y},\boldsymbol{z}$①，都有

$$D_v[a\boldsymbol{x}+b\boldsymbol{y}]=aD_v\boldsymbol{x}+bD_v\boldsymbol{y},$$

$$D_{[f\boldsymbol{x}+g\boldsymbol{y}]}\boldsymbol{z}=fD_{\boldsymbol{x}}\boldsymbol{z}+gD_{\boldsymbol{y}}\boldsymbol{z},$$

$$D_v[f\boldsymbol{x}]=fD_v\boldsymbol{x}+[D_vf]\boldsymbol{x}=fD_v\boldsymbol{x}+f'\boldsymbol{x},$$

$$D_v[\boldsymbol{x}\cdot\boldsymbol{y}]=[D_v\boldsymbol{x}]\cdot\boldsymbol{y}+\boldsymbol{x}\cdot[D_v\boldsymbol{y}].$$

（这里的 f' 是关于时间或沿 K 的距离求导. ）但是，想象 K 周围的窄带铺平在桌面上，向量场 $\boldsymbol{x},\boldsymbol{y},\boldsymbol{z}$ 也都在桌面上，则 D_v 就是 ∇_v. 这比通过计算来证明这些公式简单得多.

内蕴导数使得我们对早先关于测地曲率的讨论有了新的认识. 回忆一下，在第 133 页图 11-2 中，以单位速率在曲面上运动的质点的全加速度 $\boldsymbol{\kappa}\equiv\nabla_v\boldsymbol{v}$ 可以分解为两个分量：

$$\nabla_v\boldsymbol{v}=\boldsymbol{\kappa}=\boldsymbol{\kappa}_g+\boldsymbol{\kappa}_n.$$

第一个分量 $\boldsymbol{\kappa}_g$ 是**测地曲率向量**：它是加速度与 $\mathcal{S}$ 相切的分量. 它总是垂直于轨迹，在 $\mathcal{S}$ 内居民看来，它是指向曲率中心的，其大小 $|\boldsymbol{\kappa}_g|$ 正是这个曲率圆的曲率. 换言之，它量度的是轨迹曲率中内蕴于 $\mathcal{S}$ 的部分. 与之相反，**法曲率向量** $\boldsymbol{\kappa}_n$ 指向 $\boldsymbol{n}$，是这些居民看不见的.

直观地看，$\boldsymbol{\kappa}_g$ 应该是曲面内 $\boldsymbol{v}$ 的内蕴转向率：

$$\boxed{\boldsymbol{\kappa}_g=D_v\boldsymbol{v}.}$$

因为 $\boldsymbol{\kappa}_n=(\boldsymbol{n}\cdot\nabla_v\boldsymbol{v})\boldsymbol{n}$，所以由式 (23.3) 立即可得此式.

令 $\boldsymbol{w}_\parallel$ 为 $\boldsymbol{w}$ 沿轨迹的平行移动，$\theta_\parallel$ 为 $\boldsymbol{w}_\parallel$ 与 $\boldsymbol{v}$ 的夹角，则（见第 385 页习题 4）测地曲率就是 $\mathcal{S}$ 内的速度向量相对于“常”向量 $\boldsymbol{w}_\parallel$ 的旋转速率：

$$\boxed{\left|\boldsymbol{\kappa}_g\right|=\left|D_v\theta_\parallel\right|=\left|\theta'_\parallel\right|.} \tag{23.4}$$

在 $\mathcal{S}$ 内的居民看来，测地线就是直线：$\boldsymbol{\kappa}_g=0$. 因此，**测地线方程**具有如下形式：

$$\boxed{\boldsymbol{\kappa}_g=0 \iff D_v\boldsymbol{v}=0,} \tag{23.5}$$

这个结果的另一个表述就是：$\boldsymbol{v}$ 是它沿自身的平行移动，在 $\mathcal{S}$ 内的居民看来，它是不变的.

另外，如果 $\mathcal{S}$ 的曲线不是测地线，则（见第 385 页习题 4）当削下它周围的窄带并压平在一个平面上时，它仍是弯曲的. 它在平面内的曲率就是 $\boldsymbol{\kappa}_g$！

---

① $\boldsymbol{x},\boldsymbol{y},\boldsymbol{z}$ 都是曲面 $\mathcal{S}$ 的切向量，它们的起点都在曲线 K 上，但不一定是 K 的切向量. ——译者注

第 24 章　和乐性

24.1　例子：球面

考虑图 24-1 所示的球面，其半径为 R，Δ 为球面上的一个测地线三角形，两条沿子午线的边之间的夹角为 Θ，第三条边是赤道的一段.

假设 q 是这个三角形在赤道上的一个顶点，$\boldsymbol{B}$ 是球面在点 q 处指向南方的切向量，然后利用结论 (23.1) 沿着两条不同的路径将这个切向量平行移动到点 p. 如果沿子午线 qp 向北平行移动，就会得到向量 $\boldsymbol{A}$. 而如果先沿赤道 qr 向东平行移动（保持与测地线成直角），然后沿子午线 rp 向北平行移动，就会得到一个完全不同的向量 $\boldsymbol{C}$. 同一个向量沿着两条不同路径平行移动得到的不同结果之间的差别称为**和乐性**[①]. 这个我们此前曾略加提及的概念是莱维 – 奇维塔在 1917 年发现的.

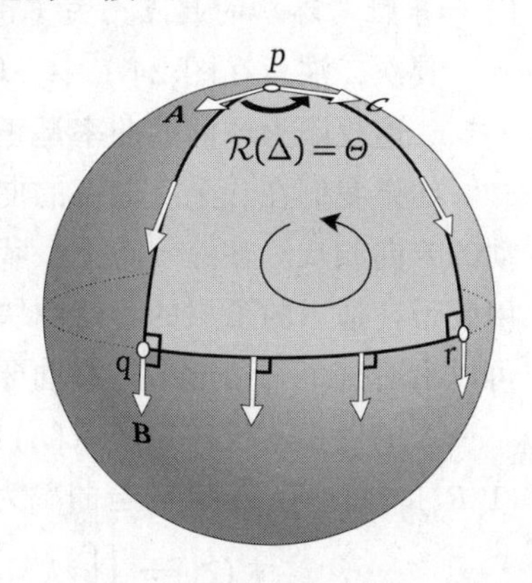

图 24-1　向量 $\boldsymbol{A}$ 沿球面上的测地线三角形 Δ 平行移动一圈回到 p 后，旋转的角度 $\mathcal{R}(\Delta)=\Theta$ 称为 Δ 的和乐性

事实证明，用稍微不同的方式来看待和乐性会更有效. 不采用将向量 $\boldsymbol{B}$ 沿着两条不同路径平行移动到点 p 的方法，而是假设我们从点 p 开始沿着逆时针方向绕闭环 $p \rightsquigarrow q \rightsquigarrow r \rightsquigarrow p$ 平行移动向量 $\boldsymbol{A}$. 图 24-1 显示，当它回到点 p 时，逆时针旋转了 $\mathcal{R}(\Delta)=\Theta$. 这就是 Δ 的和乐性. 我们现在可以引入一般的定义：

> 曲面 $\mathcal{S}$ 上简单闭环 L 的和乐性 $\mathcal{R}(L)$ 是 $\mathcal{S}$ 的某个切向量绕 L 平行移动的净旋转角.　　(24.1)

注意这个定义并不指定对哪个特定的切向量做平行移动，因为结论 (22.4) 意

① 这个词的翻译属于齐民友老师的创造. 原文为“holonomy”，有“完整性”的意思. 但是，现在引入的这个概念显然不是完整性. 齐老师说他没有找到一个现成的中文词来表达这个概念，就将它音译为“和乐性”或“和乐”. 我相信，随着对这个概念的深入了解，你会发现，这不仅是音译，而且是可以与“香榭丽舍”“枫丹白露”媲美的翻译. ——译者注

味着所有的切向量（在平行移动中）一起做刚体旋转，都旋转同样的角度 $\mathcal{R}(L)$，所以

> 我们可以将和乐性看作整个切平面沿环路平行移动的旋转角.

和乐性的整个定义也没有特别指定要从环路的哪一点开始．为了弄明白为什么从哪一点开始并不重要，假设我们不是从 p 开始平行移动 $\boldsymbol{A}$，而是从 q 开始，沿着 $q \rightsquigarrow r \rightsquigarrow p \rightsquigarrow q$ 平行移动 $\boldsymbol{B}$．利用结论 (23.1) 就可以看出，当回到点 q 时，向量确实旋转了与之前同样的角度 $\mathcal{R}(\Delta) = \Theta$．更一般地 [练习]，你能说服自己相信 和乐性与环路的起点无关（也与初始的切向量无关）.

其次，注意在图 24-1 中，球面上和乐性的逆时针方向与我们绕行 Δ 的方向一致．这是因为球面的曲率是正的.

如果我们在一个负曲率的曲面上平行移动向量，则向量的旋转方向与环路移动的方向相反．在这一点上，我们强烈建议你用实验来验证这个事实．可以先使用胶带在适当的瓜果的负弯曲块上构作测地线，创建一个测地线三角形．然后，就可以沿着整个三角形平行移动牙签，依次保持牙签与每一条边的夹角不变.

Δ 的曲率不仅决定了 $\mathcal{R}(L)$ 的正负号，也决定它的大小！球面具有常曲率 $\mathcal{K} = (1/R^2)$，使得在 Δ 上的全曲率为

$$\mathcal{K}(\Delta) = \iint_\Delta \mathcal{K}\,\mathrm{d}\mathcal{A} = \frac{1}{R^2}\iint_\Delta \mathrm{d}\mathcal{A} = \frac{1}{R^2}\left[R^2\Theta\right] = \Theta,$$

因此，当 $L = \Delta$ 时，

$$\boxed{\mathcal{R}(L) = \mathcal{K}(L).} \tag{24.2}$$

我们将会看到的，这不是偶然的——它适用于任何曲面 $\mathcal{S}$ 上的任何简单闭环 L！建立这个结果（在下一章中）将为我们提供一个看似万能的钥匙，能够解开我们遇到的一些最深层的谜题．它将解开绝妙定理的玄机．它将揭示全局高斯 – 博内定理的**本质**．它还将解开度量曲率公式 (4.10) 的奥秘，我们曾将它比喻为《星际迷航》中来自未来的相位枪．它在更高维度的推广将解开黎曼曲率的玄机，而黎曼曲率是爱因斯坦弯曲时空的引力理论的核心.

事实上，这个列表还没完，远远超出了本书的范围．它包括迈克尔 · 贝里爵士[①]1983 年的非凡发现 [见 Shapere and Wilczek (1989) 和 Berry (1990)]，即现代量子力学中的**贝里相位**，以及物理学中的其他“几何相位”．有关和乐性在物理

① 迈克尔 · 贝里（1941— ），英国布里斯托尔大学教授，是当今最负盛名的理论物理学家之一．1982 年成为皇家学会会员，1996 年被授以爵位．他因提出贝里相位而知名，该现象可以在量子力学和光学实验中观察到．曾获麦克斯韦奖、狄拉克奖、沃尔夫奖、洛伦茨奖、复旦 – 中植科学奖等．贝里曾应陈化教授的邀请来武汉大学访问，译者曾亲眼见到贝里用生动的光学实验给本科生讲解现代物理学．——译者注

学中的应用，见 Berry (1991) [但请注意，我们称之为和乐性 (**holonomy**), 物理学家有时称之为 **anholonomy**].

24.2 一般的测地线三角形的和乐性

图 24-2 显示了一个一般曲面上的一般测地线三角形，其内角记为 θ_i，外角记为 φ_i，则

$$\theta_i+\varphi_i=\pi. \tag{24.3}$$

我们已经知道和乐性 $\mathcal{R}(\Delta)$ 与绕 Δ 平行移动的向量无关，由此可做一个使得答案生动清晰的选择：取 Δ 第一条边的切向量为 $\boldsymbol{v}$.

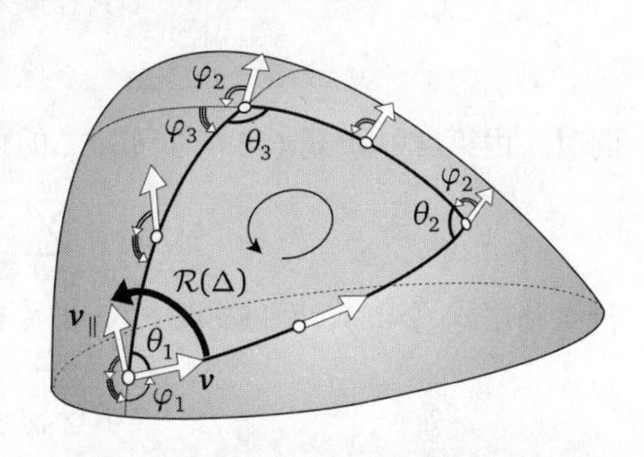

图 24-2 当一般曲面上的一般测地线三角形 Δ 的第一条边的切向量 $\boldsymbol{v}$ 沿 Δ 平行移动一圈，回到起点成为 $\boldsymbol{v}_\parallel$ 时，旋转的角度为和乐性 $\mathcal{R}(\Delta)$

平行移动保持 $\boldsymbol{v}$ 与第一条边相切，当它到达第一条边的终点时，它与第二条边的夹角为 φ_2. 因为第二条边也是测地线，当 $\boldsymbol{v}$ 沿第二条边平行移动时，始终保持这个角 φ_2 不变. 于是，当它到达第二条边的终点时，它与第三条边，也就是最后一条边的夹角为 $(\varphi_2+\varphi_3)$，并在沿这个边平行移动时始终保持这个角度，最后回到它的起点，成为 $\boldsymbol{v}_\parallel$. 此时，它与第一条边的夹角成了 $(\varphi_1+\varphi_2+\varphi_3)$. 因此，我们知道了和乐性是

$$\boxed{\mathcal{R}(\Delta)=2\pi-(\varphi_1+\varphi_2+\varphi_3).} \tag{24.4}$$

在对霍普夫旋转定理的讨论中，我们就注意到 (见第 203 页图 17-1), 如果质点绕一个欧几里得三角形 Δ 移动，那么速度向量的旋转角是 $(\varphi_1+\varphi_2+\varphi_3)=2\pi$. 因此，和乐性公式 (24.4) 量度的是速度向量的净旋转角 $(\varphi_1+\varphi_2+\varphi_3)$ 与欧几里得几何中的 2π 相差多少.

在这本书里，我们已经曾利用另一种方法 [即它的**角盈** $\mathcal{E}(\Delta)$] 来量度一个弯曲曲面上的测地线三角形不同于欧几里得平面上三角形的程度. 但事实上，这两个对曲率在概念上不同的量度在 Δ 内是相等的！结合式 (24.3) 和式 (24.4) 就能看到

$$\mathcal{R}(\Delta)=2\pi-[(\pi-\theta_1)+(\pi-\theta_2)+(\pi-\theta_3)]=\theta_1+\theta_2+\theta_3-\pi,$$

因此，

$$\boxed{\mathcal{R}(\Delta)=\mathcal{E}(\Delta).} \tag{24.5}$$

上面的这些讨论都可以很容易地从测地线三角形（3 边形）推广到测地线 m 边形 P_m. 首先，推广图 24-2 得到

$$\mathcal{R}(P_m) = 2\pi - \sum_{i=1}^{m} \varphi_i. \tag{24.6}$$

同时，由第 220 页式 (18.4) 可知 P_m 的角盈为

$$\mathcal{E}(P_m) = \sum_{i=1}^{m} \theta_i - (m-2)\pi.$$

再次利用式 (24.3)，我们发现 P_m 内曲率的两种看似不同的量度实际上是相等的：

$$\mathcal{R}(P_m) = \mathcal{E}(P_m). \tag{24.7}$$

24.3 和乐性是可加的

回忆第 25 页图 2-8，如果我们将 Δ 划分为两个测地线三角形 Δ_1 和 Δ_2，则角盈 $\mathcal{E}$ 是可加的：

$$\mathcal{E}(\Delta) = \mathcal{E}(\Delta_1) + \mathcal{E}(\Delta_2).$$

由式 (24.5) 可知和乐性 $\mathcal{R}$ 也是可加的. 然而，我们认为在和乐性和角盈这两个概念中，$\mathcal{R}$ 是更基本的，所以与其将 $\mathcal{R}$ 的可加性看作从 $\mathcal{E}$ 继承过来的，不如尝试直接弄清这一点.

图 24-3 就是用几何方法直接证明这个 $\mathcal{R}$ 的可加性：

$$\mathcal{R}(\Delta) = \mathcal{R}(\Delta_1) + \mathcal{R}(\Delta_2). \tag{24.8}$$

这里在最初的测地线三角形 Δ 内加入一条用虚线画出的测地线，将它划分为两个测地线三角形 Δ_1 和 Δ_2. 将 Δ_1 第一条边的切向量 $\boldsymbol{v}$ 沿 Δ_1 平行移动，回到起点时旋转了角度 $\mathcal{R}(\Delta_1)$. 然后再沿 Δ_2 平行移动，回到起点时旋转了角度 $\mathcal{R}(\Delta_2)$. 因此，如图 24-3 所示，经过这两个平行移动后，总的旋转角为 $[\mathcal{R}(\Delta_1) + \mathcal{R}(\Delta_2)]$.

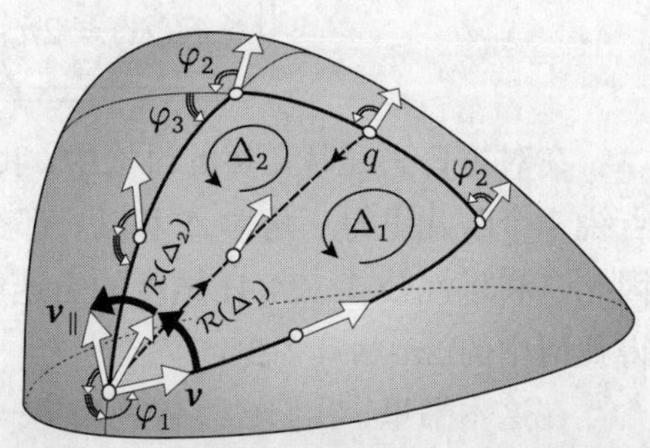

图 24-3　和乐性是可加的. 插入用虚线画出的测地线，将测地线三角形 Δ 划分为 Δ_1 和 Δ_2. 将 Δ_1 第一条边的切向量 $\boldsymbol{v}$ 沿 Δ_1 平行移动，然后再沿 Δ_2 平行移动. 因为沿着虚线画出的测地线来回的平行移动“相互抵消”，所以 $\mathcal{R}(\Delta) = \mathcal{R}(\Delta_1) + \mathcal{R}(\Delta_2)$

但是因为 Δ_1（从点 q 开始的）最后的一条边也是 Δ_2（在点 q 结束）的第一条边，我们相继沿着虚线画的测地线平行移动了向量两次，两次移动的方向相反，所以回到 q 时向量没有改变. 因此，如图 24-3 所示，先后沿 Δ_1 和 Δ_2 平行移动一个向量，等于沿 Δ 平行移动这个向量.

从这个意义来说，沿着同一条曲线来回的平行移动就是"抵消"，即使这条曲线不是测地线也是如此.

24.4 例子：双曲平面

在本章的结尾，我们将平行移动的概念应用到伪球面上（通过贝尔特拉米 – 庞加莱半平面模型），以获得双曲平面常负曲率的一个新的、简单的、内蕴几何的证明[①]. 为了做到这一点，我们先假定一个基本事实 (24.2)（这个事实将在下一章中得到证明），即一个环路的和乐性就是这个环路内部的全曲率.

在开始证明之前，我们注意到一个重要的事实：正如我们最初用角盈定义曲面上一点的内蕴曲率 $\mathcal{K}(p)$ [见第 19 页定义 (2.1)] 一样, 现在可以用同样的方式借助式 (24.2) 来确定点 p 的曲率.

如果 L_p 是围绕点 p 的一个小环路，利用式 (24.2)，令 L_p 收缩到点 p，就得到了它在点 p 的曲率：

$$\mathcal{K}(p)=\lim_{L_p\to p}\frac{\mathcal{R}(L_p)}{\mathcal{A}(L_p)}=\text{在点 } p \text{ 的单位面积的和乐性.} \tag{24.9}$$

现在可以回到正题上来了. 如图 24-4 左图所示，在半径为 R 的伪球面上，考虑"矩形" $abcd$（逆时针循行），它的四条边由两条竖直的曳物线母线段（都是测地线）ad 和 bc（从第一段到第二段的夹角为 Θ），以及水平圆弧（非测地线）ab 和 cd 组成. 沿着 $abcd$ 绕一圈平行移动一个向量，就可求得它所包围的曲面片上的全曲率.

图 24-4 右图显示的是在贝尔特拉米 – 庞加莱模型上的共形像：$abcd$ 被映射成一个矩形，其四个顶点为 $A=(x,Y_1)$, $B=(x+\Theta,Y_1)$, $C=(x+\Theta,Y_2)$, $D=(x,Y_2)$. 于是，借助第 62 页式 (5.6)，伪球面上矩形 $abcd$ 的面积 $\mathcal{A}$ 为

$$\mathcal{A}=\int_{x=0}^{x=\Theta}\int_{Y_1}^{Y_2}\frac{R^2\,\mathrm{d}x\,\mathrm{d}y}{y^2}=R^2\Theta\left[\frac{1}{Y_1}-\frac{1}{Y_2}\right]. \tag{24.10}$$

① 以下论证曾出现在 Needham (2014) 中.

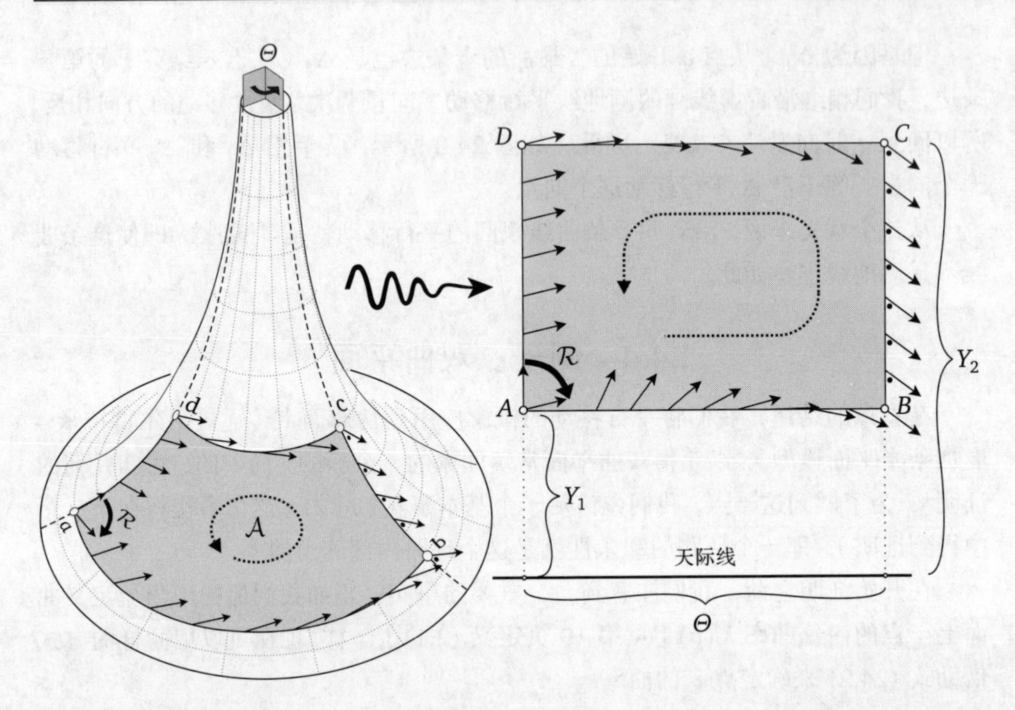

图 24-4　伪球面上的“矩形” $abcd$（面积为 $\mathcal{A}$）（左图）被共形映射成贝尔特拉米－庞加莱上半平面上的 $ABCD$（右图）. 当在点 a 所示的向量被沿着 $abcd$ 逆时针平行移动一圈后，它顺时针旋转了 $\mathcal{R}$. 映射的共形性确保在地图中的平行移动向量也经历了同样的旋转 $\mathcal{R}$

在点 a 处，我们已经选择了一个沿 ad 指向伪球面的上方初始向量. 当我们沿 ab 平行移动这个向量时，它相对于移动方向顺时针旋转；当沿 bc 平行移动时，（因为这是一条测地线）它与移动方向的夹角（图 24-4 中所示的 ·）保持不变；当沿 cd 平行移动时，它相对于移动方向逆时针旋转，但是这时的旋转角没有沿 ab 时的旋转角大；最后，它沿测地线 da 平行移动，并保持角度不变，回到点 a 时经历了负的净旋转角 $\mathcal{R}$.

因为贝尔特拉米－庞加莱地图是共形的，当绕轴 $ABCD$ 平行移动后，向量经历了同样的净旋转 $\mathcal{R}$. 但是我们现在要说明，这个地图的关键好处是，它使得我们能看清①这个旋转到底是什么.

将欧几里得长度为 Θ 的非测地线水平边 AB 均分成长度为 (Θ/n) 的 n 小段. 然后，如图 24-5 所示，用测地线段逼近这些小段：回顾可知这些小圆弧的中心都在天际线上. 设对着天际线的这些圆弧的圆心角为 ϵ.

① 这需要进行少量的计算，但我们可以像处理普通等式（涉及 $=$）一样处理“最终等式”（涉及 $\asymp$），这大大简化了计算.

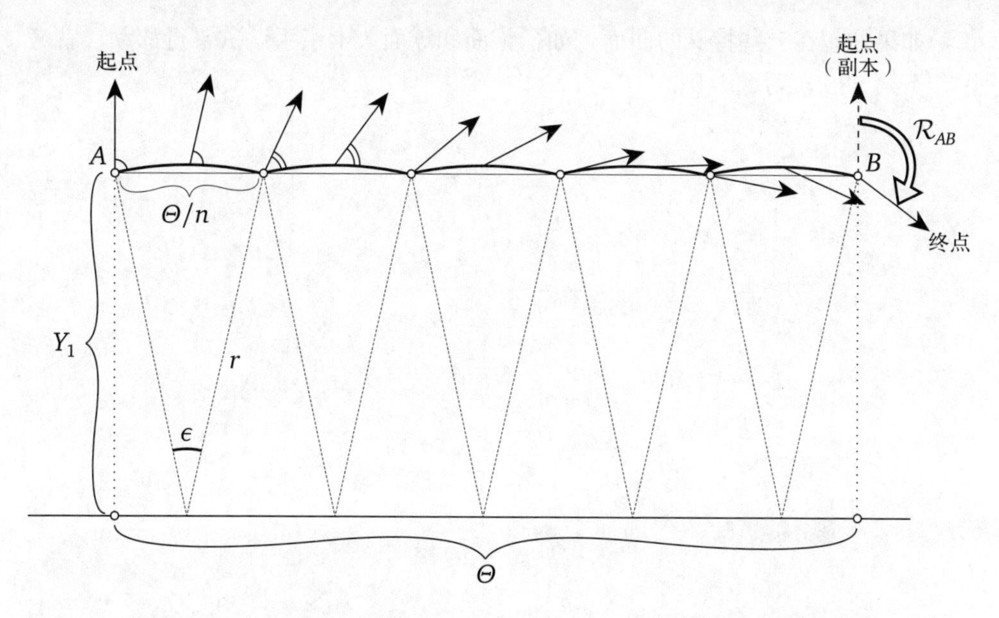

图 24-5 在贝尔特拉米 – 庞加莱半平面内，沿水平的欧几里得直线段 AB 平行移动位于点 A 的起始竖直向量．为此，我们用 n 个测地线段（圆心位于天际线 $y=0$ 的圆弧）逼近 AB，在逐段进行的平行移动中，向量与每一段的夹角保持不变．最后，令 n 趋向无穷大

当最初竖直方向的起始向量沿第一段测地线平行移动时，它与测地线段的夹角保持不变，所以就旋转了 $-\epsilon$．接下来的每一段都是如此，于是在走过了所有 n 小段以后，从起始向量到终点向量，就旋转了 $-n\epsilon$．但是因为

$$r\epsilon \asymp \frac{\Theta}{n} \quad 且 \quad r \asymp Y_1,$$

所以我们就证明了这个向量在地图里旋转的总角度是

$$\mathcal{R}_{AB} \asymp -n\epsilon \asymp -\frac{\Theta}{r} \asymp -\frac{\Theta}{Y_1}.$$

同理，$\mathcal{R}_{CD} = (\Theta/Y_2)$．又因为沿测地线段 BC 或 DA 平行移动时没有旋转，所以由式 (24.10)，我们就证明了这个向量平行移动一圈回到起点 A 时的净旋转为

$$\mathcal{R} = \mathcal{R}_{AB} + \mathcal{R}_{CD} = -\frac{\Theta}{Y_1} + \frac{\Theta}{Y_2} = \left[-\frac{1}{R^2}\right]\mathcal{A}.$$

由此可得

$$单位面积的旋转 = -\frac{1}{R^2}.$$

因为这个答案与矩形的大小、形状和位置无关，再由定义 (24.9)，就证明了：双曲平面的确具有负的内蕴常曲率 $-1/R^2$，这就完成了证明．

如果你想在一些特殊的曲面（如，锥面和球面）上亲手试试平行移动，就考虑一下第 385 页习题 5吧.

第 25 章　绝妙定理的一个直观几何证明

25.1　引言

自 1827 年高斯第一次用绝妙定理震惊世界以来，人们已经发现了这个定理的几个证明. 到目前为止，在几乎所有的教科书中都能找到的最常见的证明，都是高斯原始证明的变形：进行漫长的计算，在整个计算过程中没有思考，最后发现自己得到了外在曲率 $\mathcal{K}_{\text{ext}}$ 的一个公式，结果就是它仅仅依赖于度量，因此 $\mathcal{K}_{\text{ext}} = \kappa_1\kappa_2$ 实际上是内蕴于曲面的.

毫无疑问，这是一个无懈可击的证明，就像高斯在 1827 年第一次写下它时一样，但是我们对为什么会有这么好的一个结果一无所知！

20 世纪后期最重要的几何权威之一，马塞尔 · 贝尔热（1927—2016）教授在他的权威著作《黎曼几何概论》（Berger, 2003, 第 106 页）中总结了各种已知的证明，并得出结论："据我们所知，今天仍没有简单的几何方法可以证明绝妙定理."[①]本章的目的是通过提供这样一个简单的几何证明来纠正这种观点.[②]

我们不去直接理解绝妙定理，而是先弄懂高斯最初的发现，即他所谓的"漂亮定理"(13.1). 为了方便起见，我们在这里重申这个结果，再次引用高斯自己的话，正如他 1816 年在私人笔记本中记录的那样：

> **漂亮定理**. 固定在曲面上的一个图形，如果改变曲面在空间中的形状，那么曲面上这个图形的球面像的面积不变.

在 13.3 节中，我们解释了，只要简单地让图形缩小到一个点，就很容易直观地从漂亮定理得到局部绝妙定理. 所以，理解了漂亮定理，就理解了绝妙定理.

---

① 我刚一发现这个简单的几何证明，就想展示出来，于是把它用电子邮件发给了班科夫、贝尔热和彭罗斯. 此前，他们谁也没有见过它. 特别是，母语为法语的贝尔热用英语回复我："我很高兴能够祝贺你提出这个惊人的证明，这不仅是几何中一个多世纪以来一个最美丽的结果，而且涉及陈省身等人的整个理论."

② 在本书接近完成时，我了解到，康奈尔大学的戴维 · 亨德森教授也曾发表过同样的见解（Henderson, 1998, 问题 6.3）. 我正要给他写信时却得知，就在几天前，也就是 2018 年 12 月 20 日，他因车祸去世. 因此，为了澄清真相，需要说明这个发现的功劳应该属于已故的亨德森教授（除非有一个我不知道的先驱）. 不管它的来源如何，我希望我在这里的可视化（亨德森没有提供）将有助于使这个简单而直观的证明更加广为人知.（而且，说一个完全个人的感受，优先权并非一切：在塞拉山脉纯白的积雪当中，出乎意料、令人惊讶的灵光一闪令我恍然大悟，这才是我一生中最快乐的时刻之一.）

但是，如我们在 13.3 节中提到的一样，东布罗夫斯基（Dombrowski, 1979）发现，即使高斯也没有在他的私人笔记本[①]里留下任何线索告诉人们，他是怎么发现和怎么证明这个结果的（如果他确实证明了）.

从现在的语境可以清楚地看出，我们将用平行移动来证明漂亮定理，而平行移动是莱维 – 奇维塔在 1816 年之后一个多世纪才发现的概念. 你将发现用平行移动来证明会如我们所说的那样既直观又简单，但这肯定不是高斯最初的方法.

我们强调高斯发现漂亮定理的时间比他 1827 年为分析一般曲面而发明的计算方法早了整整 11 年. 因此，吊人胃口的谜团依然存在：可能存在一种截然不同、甚至更简单的证明方法——但是要知道真相，可能不得不等到高斯重生了.

25.2 关于记号和定义的一些说明

设 $\boldsymbol{n}$ 是曲面 $\mathcal{S}$ 的单位法向量，$\mathbb{S}^2$ 是单位球面，$n: \mathcal{S} \mapsto \mathbb{S}^2$ 为球面映射.

设 $\mathcal{K}_{\text{ext}}$ 是外在曲率，如第 151 页定义 (12.3) 中所介绍的，定义为球面映射（带正负号的）局部面积的放大系数.

设带波浪记号 (~) 的字母表示定义在 $\mathbb{S}^2$ 上的量. 例如，如果 $\mathcal{A}$ 表示 $\mathcal{S}$ 上的面积，则 $\widetilde{\mathcal{A}}$ 表示 $\mathbb{S}^2$ 上的面积.

设 $\mathcal{E}(\Delta)$ 为 $\mathcal{S}$ 上测地线三角形 Δ 的角盈，或者更一般地，设 $\mathcal{E}(P_m)$ 表示测地线 m 边形 P_m 的角盈，如第 220 页式 (18.4) 所定义.

设 L 是一个简单的环路，它是曲面 $\mathcal{S}$ 上区域 Ω 的边界. 设 $\mathcal{R}(L)$ 为 $\mathcal{S}$ 的一个切向量 $\boldsymbol{w}$ 沿 L 逆时针平行移动时的净旋转（即和乐性），旋转的方向由法向量 $\boldsymbol{n}$ 指向我们的眼睛决定. 为了便于可视化，假设 $\mathcal{K}_{\text{ext}}$ 在整个 Ω 是单一正负号的（要么都是正的，要么都是负的），使得 $n(\Omega)$ 不会有褶皱，见 17.5 节的讨论.

同样，令 $\widetilde{\mathcal{R}}(\widetilde{L})$ 为 $\mathbb{S}^2$ 的切向量绕 $\widetilde{L} \equiv n(L)$（$L$ 在 $\mathbb{S}^2$ 上的像）平行移动的和乐性.

最后，设 $\mathcal{K}_{\text{ext}}(\Omega)$ 为 Ω 内外在曲率的总量：

$$\mathcal{K}_{\text{ext}}(\Omega) = \iint_{\Omega} \mathcal{K}_{\text{ext}} \, \mathrm{d}\mathcal{A},$$

设 $\mathcal{K}(\Omega)$ 为 Ω 内内蕴曲率的总量：

$$\mathcal{K}(\Omega) = \iint_{\Omega} \mathcal{K} \, \mathrm{d}\mathcal{A} = \mathcal{R}(L).$$

① 见 GauSS 1973, 第 372 页.

25.3　至今所知的故事

让我们简要回顾一下到目前为止我们知道些什么. 这一点很重要，因为在本书中，早在我们能够证明或解释这些结果之前，我们就毫无顾忌地引用（和使用）了未来的结果. 但是，我们在任何时候都必须小心翼翼地避免任何循环论证.

然而，在我们讨论的过程中，哪些东西是已经确定了的，哪些东西是还没有证明的，这两者之间的界线很可能已经变得模糊不清了. 下面是我们在解释"漂亮定理"时需要利用的几个事实，它们都已经得到了恰当的证实.

- 因为 $\mathcal{K}_{\text{ext}}$ 是球面映射（带正负号）的局部面积放大系数，曲面 $\mathcal{S}$ 上在 Ω 内的外在曲率总量是 Ω 在 $\mathbb{S}^2$ 的像 $\widetilde{\Omega}$ 的面积：

$$\mathcal{K}_{\text{ext}}(\Omega)=\iint_{\Omega}\mathcal{K}_{\text{ext}}\,\mathrm{d}\mathcal{A}=\iint_{\widetilde{\Omega}}\mathrm{d}\widetilde{\mathcal{A}}=\widetilde{\mathcal{A}}(\widetilde{\Omega}).$$

- 正如我们在 154 页式 (12.8) 中证明的那样，外在曲率可以表示为两个主曲率的乘积：

$$\mathcal{K}_{\text{ext}}=\kappa_1\kappa_2.$$

  回想一下，我们最初是通过研究法映射 n 在与两个主方向平行的小矩形上的作用来证明这一点的. 然而，后来［第 177 页式 (15.8)］我们发现，所有收缩的形状最终都会经历相同的面积扩张 $\kappa_1\kappa_2$.

  因此，球面像 $\widetilde{\Omega}=n(\Omega)$ 在 $\mathbb{S}^2$ 上的面积为

$$\widetilde{\mathcal{A}}(\widetilde{\Omega})=\mathcal{K}_{\text{ext}}(\Omega)=\iint_{\Omega}\kappa_1\kappa_2\,\mathrm{d}\mathcal{A}.$$

- 哈里奥特 1603 年在半径为 R 的球面上的结果［第 8 页式 (1.3)］表明，（当 $R=1$ 时）在 $\mathbb{S}^2$ 上有 $\widetilde{\mathcal{E}}(\widetilde{\Delta})=\widetilde{\mathcal{A}}(\widetilde{\Delta})$，这很容易推广到测地线 m 边形 $\widetilde{P}_m$：

$$\widetilde{\mathcal{E}}(\widetilde{P}_m)=\widetilde{\mathcal{A}}(\widetilde{P}_m\text{ 的内部}).$$

- 但在 $\mathbb{S}^2$ 上，我们由式 (24.5) 就可以证明 $\widetilde{\mathcal{R}}(\widetilde{\Delta})=\widetilde{\mathcal{E}}(\widetilde{\Delta})$，再利用式 (24.7) 就可以将它推广到测地线 m 边形. 因此，如果 $\widetilde{P}_m$ 是 $\mathbb{S}^2$ 上的测地线 m 边形，那么沿 $\widetilde{P}_m$ 平行移动一个向量的净旋转角（和乐性）与它所包围的面积相等：

$$\widetilde{\mathcal{R}}(\widetilde{P}_m)=\widetilde{\mathcal{A}}(\widetilde{P}_m\text{ 的内部}).$$

- 如果 L 是曲面 $\mathcal{S}$ 上的简单环路，$\widetilde{L}$ 是 L 在 $\mathbb{S}^2$ 上的像（一般不是测地线），我们可以用一个测地线 m 边形逼近 $\widetilde{L}$，然后令 $m\to\infty$.

因此，结合以上结果，我们可以将相关的已知事实总结如下：

至今所知的故事．设 L 是曲面 $\mathcal{S}$ 上的简单环路（曲面在它包围的区域 Ω 上具有正负号相同的外在曲率），它在球面映射 n 下的像为 $\widetilde{L}$，$\widetilde{\Omega}$ 是 $\widetilde{L}$ 在 $\mathbb{S}^2$ 上包围的区域，则 $\mathcal{S}$ 的外在曲率在 Ω 内的总量是 $\widetilde{\Omega}$（带正负号）的面积，也就是 $\mathbb{S}^2$ 的切向量沿 $\widetilde{L}$ 平行移动的和乐性：

$$\iint_{\Omega} \kappa_1 \kappa_2 \, \mathrm{d}\mathcal{A} = \mathcal{K}_{\mathrm{ext}}(\Omega) = \widetilde{\mathcal{A}}(\widetilde{\Omega}) = \widetilde{\mathcal{R}}(\widetilde{L}). \tag{25.1}$$

25.4 球面映射保持平行移动不变

考虑图 25-1，它显示了曲面 $\mathcal{S}$（左图，笋瓜的表面）上的简单环路 L，及其在 $\mathbb{S}^2$（右图，柚子的表面）上球面映射的像 $\widetilde{L} = n(L)$．在点 p 和 $n(p)$ 处的切平面平行，在 $\mathcal{S}$ 上沿 L 定义的任意切向量场 $\boldsymbol{w}$（从 p 上迁移到 $n(p)$ 上）就是 $\mathbb{S}^2$ 沿 $\widetilde{L}$ 的切向量场．

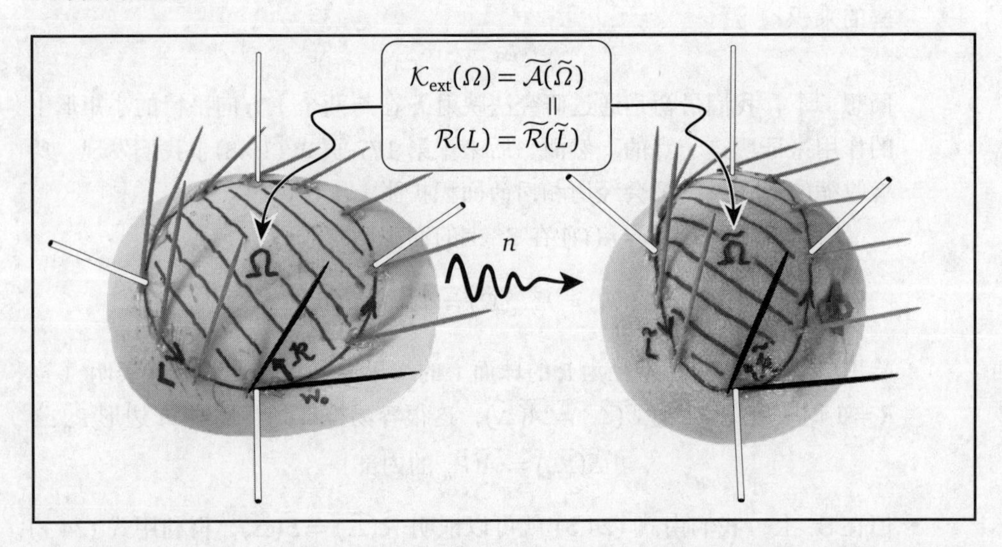

图 25-1　漂亮定理的几何证明．曲面 $\mathcal{S}$ 在 Ω 内（左图）的外在曲率 $\mathcal{K}_{\mathrm{ext}}(\Omega)$ 的总量等于 Ω 在 $\mathbb{S}^2$ 上的球面像 $\widetilde{\Omega}$ 的面积 $\widetilde{\mathcal{A}}(\widetilde{\Omega})$．进一步有 $\widetilde{\mathcal{A}}(\widetilde{\Delta}) = \widetilde{\mathcal{R}}(\widetilde{L})$．而球面映射保持平行移动不变，即 $\widetilde{\mathcal{R}}(\widetilde{L}) = \mathcal{R}(L)$．所以外在曲率 $\mathcal{K}_{\mathrm{ext}}(\Omega)$ 的总量等于在 $\mathcal{S}$ 内蕴定义的和乐性 $\mathcal{R}(L)$

虽然 L 的形状对于下面的论证是无关紧要的，但在这里，我们选择构建一个内蕴的圆周，可以通过一根拉紧的细绳（没有显示）来画出动点与一个固定点保持距离不变的轨迹来获得圆周．为了有助于可视化球面映射在 L 上的作用，我们沿着 L 在四个等距的点上竖起了法线．如图 25-1 所示，它们在 $\mathbb{S}^2$ 上的像点可以通过相同的法线来识别．由于两个主曲率不相等，所以这个圆周的球面像 $\widetilde{L}$ 在 $\mathbb{S}^2$

上被明显地拉成了椭圆形.

如图 25-1 所示，现在假设 $\boldsymbol{w}$ 不是 $\mathcal{S}$ 沿 L 的任意切向量场，而是通过沿 L 平行移动一个初始切向量 $\boldsymbol{w}_0$ 生成的 $\boldsymbol{w}_{\parallel}$. 尽管 $\boldsymbol{w}_0$ 的选择对论证并不重要，但在图 25-1 中，我们选择了它与 L 相切.

现在我们来看看这个问题的关键，它极其简单而优雅. 根据平行移动的定义，当我们沿 L 移动时，$\boldsymbol{w}_{\parallel}$ 的变化率总是垂直于 $\mathcal{S}$，即沿着 $\boldsymbol{n}$ 的方向. 但是，因为 $\mathcal{S}$ 在点 p 处法向量 $\boldsymbol{n}$ 同样是 $\mathbb{S}^2$ 在点 $n(p)$ 处的法向量，这意味着 $\boldsymbol{w}_{\parallel}$ 的变化率在点 $n(p)$ 处也垂直于 $\mathbb{S}^2$. 换句话说，同一个向量 $\boldsymbol{w}_{\parallel}$（从点 p 移植到点 $n(p)$）会自动沿着球面 $\mathbb{S}^2$ 上的 $\widetilde{L}$ 平行移动!

让我们换一个方式来讨论这个问题，希望在这个讨论中，(总有一种办法) 能使这个非常重要的结果变得清晰明白. 按照在图 22-2 对平行移动的设定，要求我们将 $\boldsymbol{w}_{\parallel}$ 在 $\mathbb{R}^3$ 中沿 L 平行于自身地移动，同时在移动的过程中，不断地将其投影到曲面（即投影到切平面 T_p）上，从而获得 $\boldsymbol{w}_{\parallel}$. 现在将 $\boldsymbol{w}_{\parallel}$ 和 T_p 从曲面 $\mathcal{S}$ 上的点 p 移植（就是在 $\mathbb{R}^3$ 中）到单位球面 $\mathbb{S}^2$ 的点 $n(p)$ 上. 移植后的切平面就是 $\mathbb{S}^2$ 在点 $n(p)$ 处的切平面，因此在 $\mathcal{S}$ 上平行移动的向量投影到它上面就产生了在 $\mathbb{S}^2$ 上的平行移动.

综上所述，

> **球面映射保持平行移动不变.** 当曲面 $\mathcal{S}$ 的切向量沿 L 平行移动生成了在点 p 处的向量 $\boldsymbol{w}_{\parallel}$ 时，在点 $n(p)$ 处的同一个向量 $\boldsymbol{w}_{\parallel}$ 也自动地是 $\mathbb{S}^2$ 的切向量沿 $\widetilde{L}=n(L)$ 做平行移动生成的向量. (25.2)

25.5 再说漂亮定理和绝妙定理

当曲面的一个切向量绕 L 平行移动一圈后，我们可以看到曲面上的净旋转（和乐性）等于球面上的净旋转：

$$\mathcal{R}(L)=\widetilde{\mathcal{R}}(\widetilde{L}).$$

但是，根据“至今所知的故事”(25.1)，球面上的净旋转只是 $\widetilde{L}$ 在球面上包围的面积. 反过来，它是由 L 在曲面 $\mathcal{S}$ 包围部分的外在曲率的总量：

$$\mathcal{R}(L)=\mathcal{R}(\widetilde{L})=\widetilde{\mathcal{A}}(\widetilde{\Omega})=\mathcal{K}_{\text{ext}}(\Omega)=\iint_{\Omega}\kappa_1\kappa_2\,\mathrm{d}\mathcal{A}.$$

因为 $\mathcal{R}(L)$ 是内蕴地定义在 $\mathcal{S}$ 上的，即它在 $\mathcal{S}$ 的等距变换下是不变的，所以我们就证明了高斯 1816 年最初的漂亮定理.

如果将 L_p 设为 $\mathcal{S}$ 上围绕 p 的一个小回路，并设 Ω_p 为它所包围的区域，然后将 L_p 缩小为 p，我们就发现了绝妙定理的一个更标准的局部表述：

$$\kappa_1\kappa_2 = \lim_{L_p \to p} \frac{\mathcal{R}(L_p)}{\mathcal{A}(\Omega_p)}.$$

换言之，我们将 L_p 设为一个包含 p 的小测地线三角形 Δ_p，设 $\mathcal{A}(\Delta_p)$ 表示 Δ_p 内部的面积. 然后，借助式 (24.5)，根据曲率最初的内蕴定义 [第 19 页定义 (2.1)]，我们也会发现绝妙定理的最初形式：

$$\kappa_1\kappa_2 = \lim_{\Delta_p \to p} \frac{\mathcal{R}(\Delta_p)}{\mathcal{A}(\Delta_p)} = mK(p).$$

因为前面两个方程右边的量都是内蕴于 $\mathcal{S}$ 的，所以左边外在定义的曲率 $\kappa_1\kappa_2$ 也是等距不变量，这可是个令人兴奋的意外!

因此，对于最初在第 160 页图 13-1 和第 162 页图 13-2 观察到的经验现象，我们（终于!）得到了令人满意的几何解释.

第 26 章　全局高斯-博内定理的第四个证明（利用和乐性）

26.1　引言

回忆一下，到第三幕的大幕落下时，至少演出了 GGB 的三种不同的解释，但它们都无法摆脱对外在几何的依赖.

直到现在，有了平行移动，我们就有条件实现用内蕴思想来证明 GGB 的诺言了. 下面这个优美的论证完全出自霍普夫（Hopf, 1956, 第 112–113 页），但是我们将为霍普夫在最初的表述中认为理所当然的一些重要细节提供解释. 更重要的是，我们将清楚地可视化这个证明，这是霍普夫的表述中没有的方式.

霍普夫对 GGB 的内蕴证明有一个显著的好处：它将同时为我们提供庞加莱–霍普夫定理［第 240 页式 (19.6)］的一个全新的证明.

26.2　沿一条开曲线的和乐性?

正如我们在式 (24.1) 中定义的那样，和乐性是一个仅对闭环 L 有意义的概念. 我们绕 L 平行移动一个初始向量 $\boldsymbol{w}_0$，生成一个沿 L 的 $\boldsymbol{w}_{\parallel}$. 当 $\boldsymbol{w}_{\parallel}$ 回到平行移动的起点时，我们可以将它与初始向量 $\boldsymbol{w}_0$ 比较，看看由此经历的旋转角 $\mathcal{R}(L)$ 有多大.

霍普夫论证的第一步是将和乐性概念推广到非闭合的曲线 K，我们显然应该将它定义为沿 K 平行移动生成的 $\boldsymbol{w}_{\parallel}$ 在曲面内的旋转，但这是相对于什么旋转呢?

回想一下，我们之前遇到过一个类似的问题，就是为曲面 $\mathcal{S}$ 上向量场 $\boldsymbol{F}$ 的奇点 s 定义奇点指数 $\mathcal{J}_F(s)$. 正如我们在第 239 页图 19-7 中所阐述的，我们的答案是引入一个基准向量场 $\boldsymbol{U}$，唯一的要求是 $\boldsymbol{U}$ 在围绕 s 的环 L 上或环内没有任何奇点. 这使得我们可以将指数定义为，当我们沿 L 环绕 s 转一圈时，$\boldsymbol{F}$ 相对于 $\boldsymbol{U}$ 的旋转角度，如第 238 页式 (19.5) 所示：

$$2\pi\mathcal{J}_F(s) = \delta_L(\angle UF).$$

正如我们证明的那样，这个指数的定义确实是适定的，也就是说，尽管 $\angle UF$ 沿 L

的精确变化确实依赖于 U 场的特定选择，但是向量场 U 的选择并不重要.

现在我们用同样的思路来考虑和乐性的概念. 重新考虑图 24-2 中的测地线三角形 Δ，它由首尾相连的三条（测地线）边 K_j 组成：

$$\Delta = K_1 + K_2 + K_3,$$

如图 26-1 所示. [注记：我们重复使用这个例子是因为有测地线的边使得平行移动更容易可视化，但是下面的推理同样适用于任何（非测地线）曲线的边.]

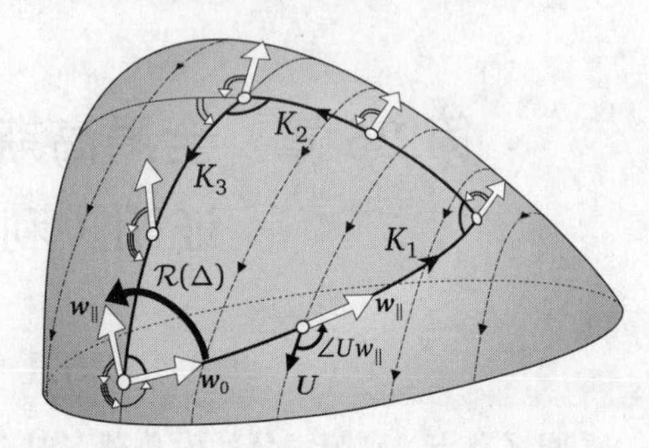

图 26-1 通过用一个非奇异基准向量场 U 覆盖 Δ，再将图中所示的 $\angle Uw_\parallel$ 沿每条 K_j 的变化 $\mathcal{R}_U(K_j)$ 相加，就可求得和乐性 $\mathcal{R}(\Delta)$

我们在图 24-2 中加入了一个基准向量场 U，画成图 26-1，以便推广和乐性的概念. 现在定义沿非闭合曲线 K 的和乐性 $\mathcal{R}(K)$ 为，当我们从头到尾走过 K 时，从 U 到 $w_\parallel$ 的 $\angle Uw_\parallel$ 的净变化：

$$\mathcal{R}_U(K) \equiv \delta_K(\angle Uw_\parallel). \tag{26.1}$$

注意：因为 $\mathcal{R}_U(K)$ 的确依赖我们任意选择的 U，所以这里的下标 U 必不可少. 因此 $\mathcal{R}_U(K)$ 没有真正的数学意义，它仅是接下来论证的跳板. 也就是说，如果两个不同的向量沿 K 做平行移动，由式 (22.4) 可知它们之间的夹角保持不变，因此它们都相对于 U 旋转了相同的角度. 由此可知，$\mathcal{R}_U(K)$ 独立于 $w_\parallel$ 的选择.

三角形闭环 Δ 的和乐性 $\mathcal{R}(\Delta)$ 可以写成其三条边的“和乐性”之和：

$$\mathcal{R}(\Delta) = \mathcal{R}_U(K_1) + \mathcal{R}_U(K_2) + \mathcal{R}_U(K_3).$$

虽然右边的每一项确实都依赖于 U 的任意选择，但它们的和 $\mathcal{R}(\Delta) = \mathcal{K}(\Delta)$ 与 U 无关.

我们注意到，这种方法为和乐性提供了一个比以前更好的定义，解决了我们在最初的讨论中忽略了的一个潜在问题：如果 $\mathcal{R}(\Delta) > 2\pi$ 会怎样？如果天真地比较 $w_\parallel$ 和 w_0，我们只会（不正确地）认为旋转 $\mathcal{R}(\Delta)$ 是超过 2π 的角盈. 但是，使用一个基准向量场 U 可以让我们连续跟踪 $w_\parallel$ 的旋转，于是上面的公式将产生 $\mathcal{R}(\Delta)$ 的真实值.

26.3 霍普夫对全局高斯-博内定理的内蕴证明

设 $\mathcal{S}_g$ 是亏格为 g 的闭曲面，$\boldsymbol{F}$ 是 $\mathcal{S}$ 上具有有限个奇点 s_i 的向量场. 我们最终的目标是要证明

$$\mathcal{K}(\mathcal{S}_g) \equiv \iint_{\mathcal{S}_g} \mathcal{K}\, \mathrm{d}\mathcal{A} = 2\pi \sum_i \mathcal{J}_{\boldsymbol{F}}(s_i). \tag{26.2}$$

但是，在证明之前，要先解释如何由此推出庞加莱 – 霍普夫定理和 GGB.

首先，因为式 (26.2) 的左边与 $\boldsymbol{F}$ 无关，所以对于所有向量场，右边的指数之和一定都取同样的值. 但是，通过检查我们前面举出的在 $\mathcal{S}_g$ 上向量场的例子，例如第 243 页图 19-11 所示的蜂蜜流，这个通用的指数和等于 $\chi(\mathcal{S}_g) = 2-2g$，这样就证明了庞加莱 – 霍普夫定理. 于是，只要能证明式 (26.2)，我们就证明了 GGB：

$$\mathcal{K}(\mathcal{S}_g) = 2\pi\chi(\mathcal{S}_g).$$

为了理解式 (26.2)，考虑图 26-2，其中 Δ 就是图 26-1 中的测地线三角形，$\boldsymbol{w}_{\|}$ 是沿这个三角形边界平行移动生成的向量. 现在添加了曲面上的一个向量场 $\boldsymbol{F}$，这个向量场在 Δ 内有一个奇点 s.（我们在这里画了一个源，但是我们的论证适用于任何奇点.）

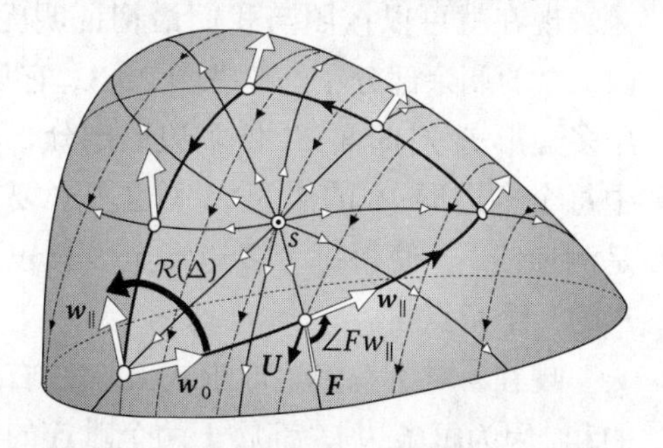

图 26-2 通过将图中所示的 $\angle F\boldsymbol{w}_{\|}$ 沿每条 K_j 的变化 $\Phi(K_j)$ 相加，即 $\boldsymbol{w}_{\|}$ 相对于 $\boldsymbol{F}$ 的旋转，就可求得差 $\mathcal{R}(\Delta) - 2\pi\mathcal{J}_F(s)$

从图 26-2 我们推得

$$\begin{aligned}
\mathcal{K}(\Delta) - 2\pi\mathcal{J}_{\boldsymbol{F}}(s) &= \mathcal{R}(\Delta) - \delta_{\Delta}(\angle UF) \\
&= \sum_j \Big[\mathcal{R}_U(K_j) - \delta_{K_j}(\angle UF)\Big] \\
&= \sum_j \Big[\delta_{K_j}(\angle U\boldsymbol{w}_{\|}) - \delta_{K_j}(\angle UF)\Big] \\
&= \sum_j \delta_{K_j}(\angle F\boldsymbol{w}_{\|}).
\end{aligned}$$

最后一项就是 $\boldsymbol{w}_{\|}$ 相对于 $\boldsymbol{F}$ 的旋转，它显然独立于任意基准向量场 $\boldsymbol{U}$.

为了简化论述，我们采用霍普夫的记号，定义 $\Phi(K_j)$ 为 $\boldsymbol{w}_{\|}$ 沿 K_j 相对于 $\boldsymbol{F}$ 的净旋转，即当我们走过 K_j 时，向量场 $\boldsymbol{F}$ 与平行移动生成的向量 $\boldsymbol{w}_{\|}$ 之间夹角的净变化：

$$\Phi(K_j) \equiv \delta_{K_j}(\angle F\boldsymbol{w}_{\|}).$$

注意：$\Phi(K_j)$ 与 $\boldsymbol{w}_{\parallel}$ 的选择无关，理由与 $\mathcal{R}_U(K_j)$ 的相同.

于是前面的结果就可以写成

$$\mathcal{K}(\Delta) - 2\pi\mathcal{J}_{\boldsymbol{F}}(s) = \sum_j \Phi(K_j). \tag{26.3}$$

显然，将 Δ 换成多边形，这个结果仍然成立. 还要提醒读者注意，这个结论也不要求多边形的边是测地线.

按照通常的习惯，令 $(-K_j)$ 为沿反方向走过的 K_j. 因为平行移动不依赖于走过曲线的方向，所以我们就得到

$$\Phi(-K_j) = -\Phi(K_j).$$

现在就可以按照与我们最初证明庞加莱 – 霍普夫定理相同的思路来证明式 (26.2) 的剩余部分了. 考虑图 26-3，它只是对第 242 页图 19-10 重新标记生成的. 用多边形 P_l 对曲面 $\mathcal{S}_g$ 做多边形剖分，其中每个多边形 P_l 的边为 K_j（也不必要求是测地线），使得每个多边形至多只包含 $\boldsymbol{F}$ 的一个奇点 s_i.

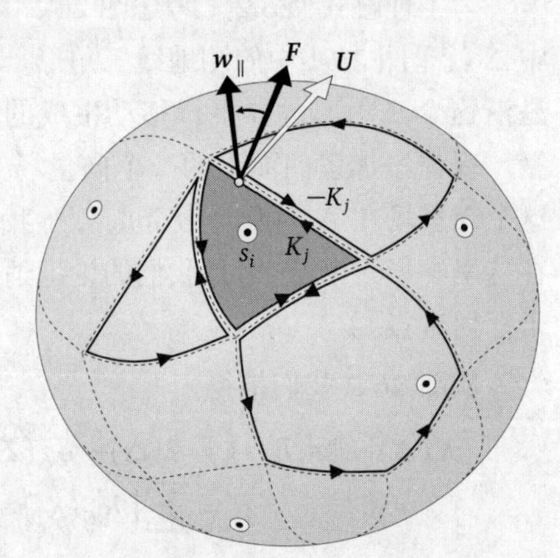

图 26-3　对曲面 $\mathcal{S}_g$ 做多边形剖分，其中每个多边形 P_l 至多只包含 $\boldsymbol{F}$ 的一个奇点 s_i. 通过将图中所示的 $\angle F w_{\parallel}$ 沿（所有多边形 P_l 的）所有边 K_j 的变化 $\Phi(K_j)$ 相加，就可求得差 $\mathcal{K}(\mathcal{S}_g) - 2\pi\sum_i \mathcal{J}_F(s_i)$. 但是，每一条边 K_j 都毗连相邻多边形的一条方向相反的边，于是，在所有这些边上的旋转角之和为零. 所以，$\mathcal{K}(\mathcal{S}_g) = 2\pi\sum_i \mathcal{J}_F(s_i)$

现在，对所有多边形求式 (26.3) 右边的和，因为每条边 K_j 都属于两个毗连的多边形，所以在求和时被沿着相反的方向走过两次，它的贡献为 $\Phi(K_j) + \Phi(-K_j) = 0$，我们发现

$$\begin{aligned}
\mathcal{K}(\mathcal{S}_g) - 2\pi\sum_i \mathcal{J}_F(s_i) &= \sum_l \mathcal{K}(P_l) - 2\pi\sum_i \mathcal{J}_F(s_i) \\
&= \sum_{\text{所有的多边形}} \Phi(K_j) \\
&= 0.
\end{aligned}$$

这就完成了霍普夫对式 (26.2) 的内蕴证明，由此完成了对庞加莱 – 霍普夫定理和全局高斯 – 博内定理的内蕴证明.

第 27 章　度量曲率公式的几何证明

27.1　引言

本章的唯一目的是借助平行移动，（终于可以了！）用几何方法来证明用度量表示的曲率公式 (4.10)，我们曾将它比喻为《星际迷航》中的相位枪．我们在这里重复这个公式如下：

$$\boxed{\mathcal{K}=-\frac{1}{AB}\left(\partial_v\left[\frac{\partial_v A}{B}\right]+\partial_u\left[\frac{\partial_u B}{A}\right]\right).}\tag{27.1}$$

现在距离第一次公布这个公式已经经过了 20 多章，所以我们首先提醒读者重温一下 (u,v) 坐标，以及度量公式中的分量 A 和 B 是什么意思.

一般坐标系的构作（如第 39 页图 4-3 所示）总是可以特殊化为曲面 $\mathcal{S}$ 上的正交坐标系 (u,v)，如图 27-1 所示．首先绘制一组非相交曲线，这些曲线覆盖我们要分析的曲面上的一片．这样，对于这一片曲面上的每一个点 $\widehat{p}$，在这组曲线中都有一条（而且只有一条）曲线通过．我们现在可以任意地（但可区分地）给这些曲线赋值，以创建 u 坐标，并将这些具有指定 u 值的曲线称为 u 曲线.

要完成正交坐标系，我们画出 u 曲线的**正交曲线**，用 v 坐标表示它们的可区分性，称它们为 v 曲线.

因此，如图 27-1 所示，$\mathcal{S}$ 上的点 $\widehat{p}$ 可以用唯一的 u 曲线（假设 $u=U$）和 v 曲线（假设 $v=V$）来标记，它们在这个点相交. 在地图中，$\widehat{p}$ 可以表示为 $p=(U,V)$. 如图 27-1 所示，在地图中，u 曲线用竖直线表示，v 曲线用水平线表示.

注记：在这里，我们用回了以前的符号，在曲面上的元素用地图中对应元素的记号附加一个“^”以示区分．例如，地图上的一个面积元素标记为 δA，而曲面上对应的面积就标记为 $\delta\widehat{\mathcal{A}}$.

设 X 是 $\mathcal{S}$ 上沿 v 曲线移动的距离，v 曲线对应地图上的水平线．同样地，设 Y 是沿 u 曲线移动的距离，u 曲线对应地图上的竖直线．我们现在可以用 X 和 Y 来解释 A 和 B 的含义．如果我们沿着地图上的水平线移动一段很短的距离 δu（最终为 0），那么曲面上的对应点将沿着相应的 v 曲线移动一个最终成比

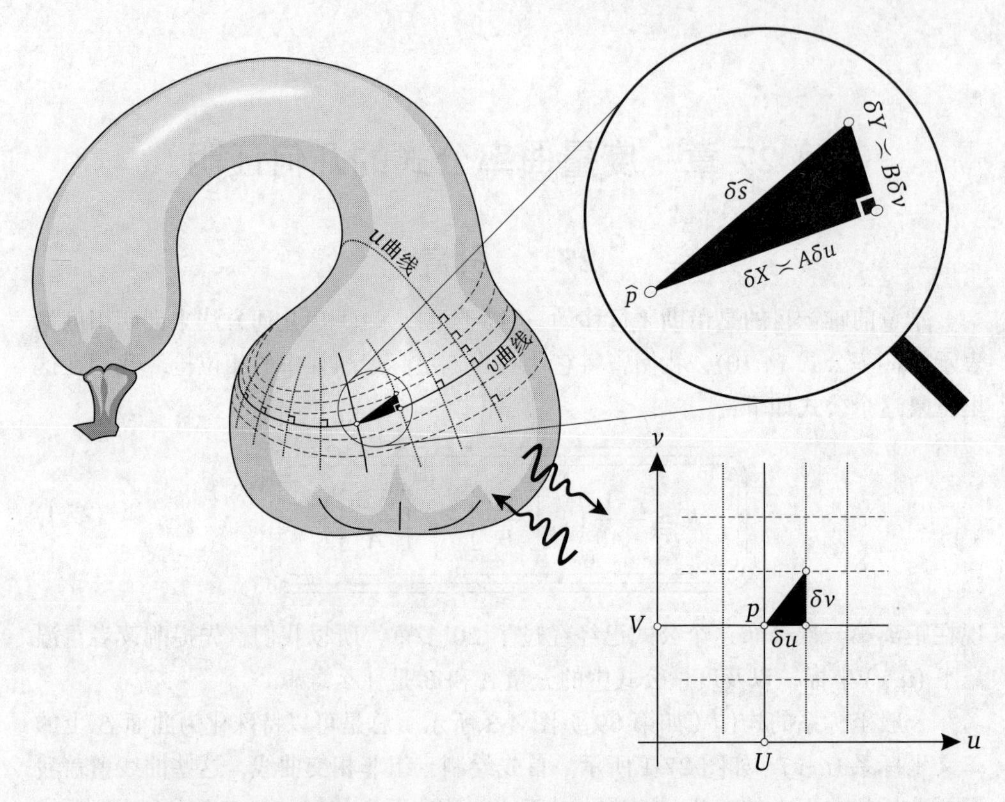

图 27-1　正交坐标系中的度量公式. 在画出一组（互不相交的）“u 曲线”（$u=$ 常数）后，再构建它们的正交轨迹为 v 曲线. 如果两条曲线 $u=U$ 和 $v=V$ 相交于点 $\widehat{p}$，它就可以用地图上的点 $p=(U,V)$ 来表示. 地图上很小的水平移动 δu 产生曲面上（沿 v 曲线）最终成比例的移动 $\delta X \asymp A\delta u$，地图上很小的竖直移动 δv 产生曲面上（沿 u 曲线）最终成比例的移动 $\delta Y \asymp B\delta v$

例的距离 δX：

$$\delta X \asymp A\delta u \quad \Longleftrightarrow \quad A\ \text{是局部水平扩张系数.}$$

同样地，如果我们沿着地图上的竖直线移动距离 δv，那么曲面上的对应点沿着相应的 u 曲线移动距离 δY，并且

$$\delta Y \asymp B\delta v \quad \Longleftrightarrow \quad B\ \text{是局部竖直扩张系数.}$$

然后利用度量公式就可以用在地图上看到的距离来表示曲面上的真实距离 $d\widehat{s}$. 勾股定理表明，在我们的正交 (u,v) 坐标系中，它的形式是式 (4.9)：

$$d\widehat{s}^2 = A^2\,du^2 + B^2\,dv^2.$$

27.2 向量场围绕回路的环流量

为了避免破坏接下来的证明流程，我们首先提出一个引理，来解决如何计算一个向量场 $\boldsymbol{V}$ 围绕一个小（最终消失）回路产生的环流量的问题.

这里需要一个概念，叫作 $\boldsymbol{V}$ 的**旋度**. 对于那些学过向量微积分（属于本科阶段的课程）的人来说，这是很熟悉的，但是再重温一下也没什么坏处. 此外，我们的论述将比习惯的讲法更加几何化.

设 $\boldsymbol{V}=\begin{bmatrix}P(u,v)\\Q(u,v)\end{bmatrix}$ 是 (u,v) 平面上的向量场，$\boldsymbol{r}=\begin{bmatrix}u\\v\end{bmatrix}$ 是（逆时针方向）简单闭回路 L 上点的位置向量. 则如图 27-2a 所示，我们定义 $\boldsymbol{V}$ 围绕 L 的**环流量** $\mathcal{C}_L(\boldsymbol{V})$ 为 $\boldsymbol{V}$ 的分量沿 L 方向的曲线积分[①]：

$$\mathcal{C}_L(\boldsymbol{V})\equiv\oint_L \boldsymbol{V}\cdot \mathrm{d}\boldsymbol{r}=\oint_L V_L\,\mathrm{d}s=\oint_L\left[P\,\mathrm{d}u+Q\,\mathrm{d}v\right], \tag{27.2}$$

其中 V_L 是 $\boldsymbol{V}$ 在 L 的方向向量 $\mathrm{d}\boldsymbol{r}$ 上（带正负号）的投影，$\mathrm{d}s=|\mathrm{d}\boldsymbol{r}|$. 由图 27-2a 中所示的涡旋可知，$V_L$ 显然总是正的，所以环流量 $\mathcal{C}_L(\boldsymbol{V})$ 也是正的. [②]

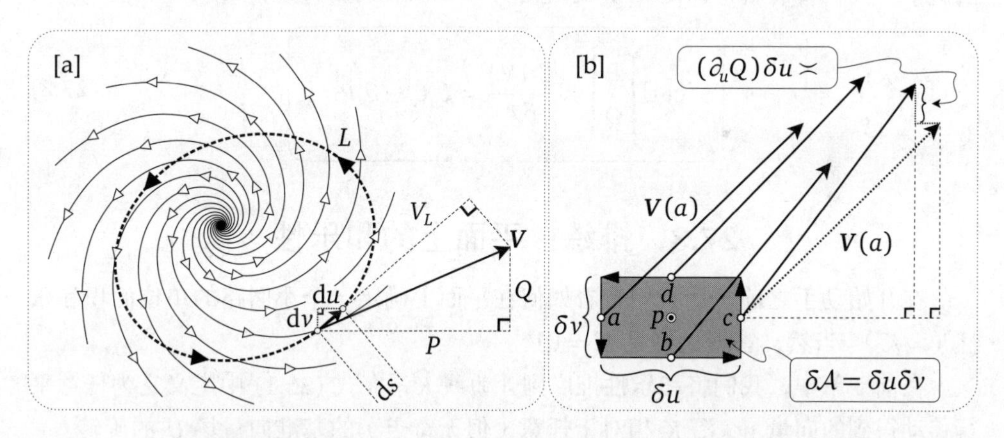

图 27-2 [a] **环流量** $\mathcal{C}_L(\boldsymbol{V})\equiv\oint_L V_L\,\mathrm{d}s=\oint_L\left[P\,\mathrm{d}u+Q\,\mathrm{d}v\right]$. [b] 当深色的矩形 R 收缩时，绕其边界的环流量最终等于 $\{\partial_u Q-\partial_v P\}\delta\mathcal{A}$

现在来考虑图 27-2b，它显示了一个小的（最终为 0 的）坐标矩形 R，中心位于点 p，边长为 δu 和 δv，因而其面积为 $\delta\mathcal{A}=\delta u\delta v$. 如图 27-2b 所示，我们选择用边的中点来求黎曼和，由此计算 $\mathcal{C}_L(\boldsymbol{V})$. 当然，在求 R 趋于 0 的极限时，这个

① 在向量微积分中称为第二型曲线积分或关于坐标的曲线积分. ——译者注

② 对于许多重要的物理环流量，$\mathcal{C}_L(\boldsymbol{V})$ 的值独立于 L 的形状. 图 27-2a 就是这样的一个例子，$\mathcal{C}_L(\boldsymbol{V})$ 只是这个涡旋总强度的计量，见《复分析》第 11 章.

特定的选择并不重要，但我们注意到，选择中点会比随机选择的近似更精确，每边的误差随着边长的立方[1]而消失.

选择中点也便于环流量的计算及其可视化. 经过点 c 竖直向上的边对环流量的贡献最终等于 $Q(c)\delta v$. 同理，经过点 a 竖直向下的边的贡献为 $[-Q(a)]\delta v$. 所以，两条竖直边上的净贡献由 $\boldsymbol{V}$ 在竖直方向上的差，即 $\{Q(c)-Q(a)\}\delta v$ 决定. 但是，如图 27-2b 所示，Q 的差又由其偏导数决定. 当 R 向其中心 p 收缩时，我们可以取偏导数在点 p 的值来计算. 由此，两条竖直边上对于环流量的净贡献最终等于 $(\partial_u Q\delta u)\delta v$.

完全同样的推理也适用于两条水平方向的边，所以环绕 R 的总环流量为

$$\begin{aligned}\mathcal{C}_R(\boldsymbol{V}) &= \oint_R \big[P\,\mathrm{d}u + Q\,\mathrm{d}v\big]\\ &\asymp Q(a)(-\delta v) + P(b)(\delta u) + Q(c)(\delta v) + P(d)(-\delta u)\\ &= \{Q(c)-Q(a)\}\delta v - \{P(d)-P(b)\}\delta u\\ &\asymp (\partial_u Q\delta u)\delta v - (\partial_v P\delta v)\delta u\\ &= (\partial_u Q - \partial_v P)\delta\mathcal{A}.\end{aligned}$$

由这个公式，我们就可以定义 $\boldsymbol{V}$ 的**旋度**为单位面积的局部环流量：

$$\operatorname{curl}\begin{bmatrix}P\\Q\end{bmatrix} \asymp \frac{\mathcal{C}_L(\boldsymbol{V})}{\delta\mathcal{A}} \asymp \partial_u Q - \partial_v P. \tag{27.3}$$

27.3 排练：平面上的和乐性

在开始动手之前，让我们看看如何在平面上确定一个小回路的单位面积和乐性（$\asymp\mathcal{K}$）. 当然，答案最好是 $\mathcal{K}=0$!

在前一章中，我们将和乐性推广到开曲线 $\widehat{K}$，在式 (26.1) 中定义它为任意平行移动得到的向量 $\boldsymbol{w}_{\parallel}$ 沿 $\widehat{K}$ 相对于任意（但无奇点）的基准向量场 $\boldsymbol{U}$ 的旋转：

$$\mathcal{R}_U(\widehat{K}) \equiv \delta_{\widehat{K}}(\angle U w_{\parallel}).$$

回想一下，虽然这与 $\boldsymbol{w}_{\parallel}$ 无关，但是关于曲面的几何，它也没有直接告诉我们任何东西——它只是量度了 $\boldsymbol{w}_{\parallel}$ 相对于任意选择的 $\boldsymbol{U}$ 场的旋转. 然而，如果 $\widehat{K}$ 变成一个闭回路 $\widehat{L}$，则 $\mathcal{R}_U(\widehat{L}) = \mathcal{R}(\widehat{L})$ 与 $\boldsymbol{U}$ 无关，它等于曲率在 $\widehat{L}$ 内部的总量.

设 $\mathcal{S}$ 为平面，并建立极坐标系 $u=r, v=\theta$，则 $A=1, B=r$，应用上面的思路：

$$\mathrm{d}\widehat{s}^2 = A^2\,\mathrm{d}u^2 + B^2\,\mathrm{d}v^2 = \mathrm{d}r^2 + r^2\,\mathrm{d}\theta^2.$$

① 见《复分析》8.2.3 节.

在图 27-3 左图中，我们在极坐标的地图平面上看到一个小的（最终为 0 的）矩形回路 $L = efghe$，边长为 δr 和 $\delta\theta$．图 27-3 右图所示的是它在（平坦的！）曲面 $\mathcal{S}$ 上的像 $\widehat{L} = \widehat{ef}\widehat{gh}\widehat{e}$．选择基准向量场 $\boldsymbol{U}$ 为指向向外的径向射线 $\theta =$ 常数，我们来求沿闭回路 $\widehat{L}$ 的四条边中每一段的和乐性．从 $\widehat{e}$ 开始，我们选择 $\boldsymbol{w}$ 为在点 $\widehat{e}$ 处的 $\boldsymbol{U}$，当 $\boldsymbol{w}_{\parallel}$ 围绕回路时，平行移动它．①

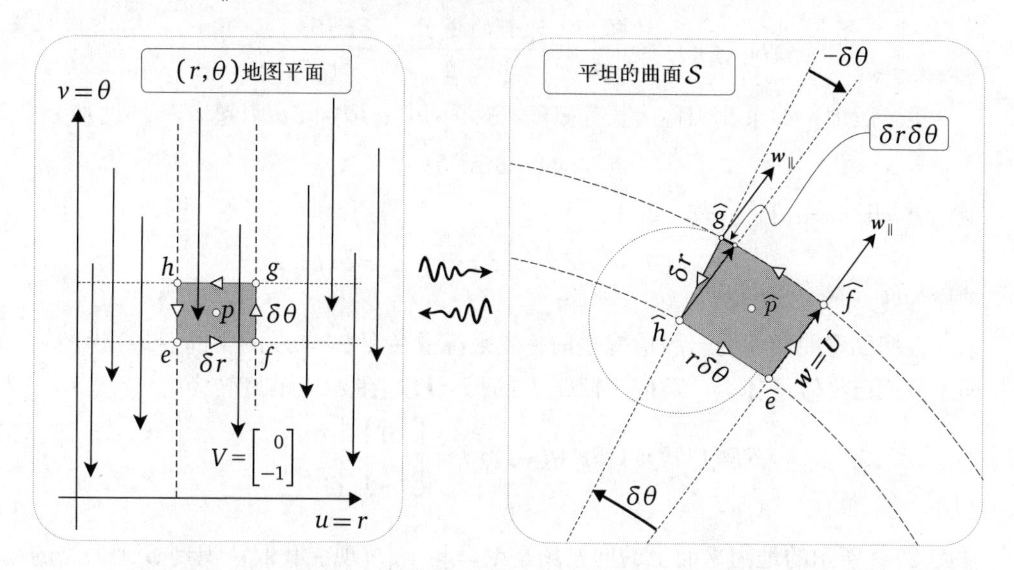

图 27-3 由于近侧边比对边短 $\delta r\delta\theta$ 的度量事实，可以证明 $\delta\mathcal{R}_U(\widehat{he}) = \delta\theta$．左图中地图平面 $\boldsymbol{V}$ 围绕闭回路的环流量产生了右图中（平坦的）曲面上（为 0）的和乐性

在第一段中，$\boldsymbol{w}_{\parallel}$ 相对于 $\boldsymbol{U}$ 没有旋转，所以 $\delta\mathcal{R}_U(\widehat{ef}) = 0$．在第二段中，我们很容易从图 27-3 看到，$\boldsymbol{w}_{\parallel}$ 的旋转是 $\delta\mathcal{R}_U(\widehat{fg}) = -\delta\theta$．第三段是径向的 $\widehat{gh}$，也没有旋转．最后，当我们沿 $\widehat{he}$ 回到起点时，$\boldsymbol{w}_{\parallel}$ 相对于 $\boldsymbol{U}$ 的旋转是 $\delta\theta$．

由此，$\boldsymbol{w}_{\parallel}$ 相对于 $\boldsymbol{U}$ 的旋转在四条边上相互抵消，所以和乐性（与 $\boldsymbol{U}$ 无关）以及曲率的确为零，正如它应该的那样：

$$\begin{aligned}\mathcal{R}(\widehat{L}) &= \delta\mathcal{R}_U(\widehat{ef}) + \delta\mathcal{R}_U(\widehat{fg}) + \delta\mathcal{R}_U(\widehat{gh}) + \delta\mathcal{R}_U(\widehat{he})\\ &= 0 + (-\delta\theta) + 0 + \delta\theta\\ &= 0.\end{aligned}$$

还有另一种方法可以求出 $\boldsymbol{w}_{\parallel}$ 相对于 $\boldsymbol{U}$ 的旋转．我们将推广这种方法（即在坐标网格内利用局部距离，也就是度量），借此推导出曲率 $\mathcal{K}$ 的一般公式．

① 由 $\boldsymbol{w}_{\parallel}$ 的定义，它是 $\boldsymbol{w}$ 平行移动的结果．因为 $\boldsymbol{w} = \boldsymbol{U}$，所以沿第一段 $\widehat{ef}$ 平行移动后不变，即 $\boldsymbol{w}_{\parallel} = \boldsymbol{w}$．在本节里，$\mathcal{S}$ 是平面，它上面的任何向量都是切向量．再由平行移动的定义，$\boldsymbol{w}$ 沿后三段的平行移动就是 $\boldsymbol{w}_{\parallel}$ 的平行移动．在下一段讨论了旋转的解释后，这就更清楚了，故有此说．——译者注

因为在四边形中，半径为 $r+\delta r$ 的远侧比半径为 r 的近侧要长一点儿，由此就产生了沿 $\widehat{f}\widehat{g}$ 的明显旋转．到底长多少呢？远侧的长度为 $(r+\delta r)\delta\theta$，而近侧的长度为 $r\delta\theta$，所以，如图 27-3 所示，长度增加了 $\delta r\delta\theta$．

如果我们认为它最终等于图 27-3 中所示圆周（圆心位于点 $\widehat{h}$、半径为 δr，经过点 $\widehat{g}$）上的一小段弧，则长度的增加对应于点 $\widehat{h}$ 处的角，这就是我们寻求的旋转：

$$-\delta\mathcal{R}_U(\widehat{f}\widehat{g}) \asymp \frac{\text{弧}}{\text{半径}} \asymp \frac{\text{边长的增长}}{\text{正交边}} = \frac{\delta r\delta\theta}{\delta r} = \delta\theta.$$

更一般地，如果我们称边长为 $\delta Y \asymp B\delta v$，由 u 增加 δu 引起 $\delta^2 Y$ 的增加为

$$\delta^2 Y \asymp [\partial_u B\delta u]\delta v.$$

现在 $B=r, u=r$ 且 $v=\theta$，所以

$$\delta^2 Y \asymp [\partial_u B\delta u]\delta v = [\partial_r r\delta r]\delta\theta = \delta r\delta\theta,$$

理应如此.

在回到弯曲曲面的一般情况之前，先来说说在图 27-3 左图中的 (r,θ) 地图平面上我们已经做了什么．对应于回路 L 的每一段，在 $\mathcal{S}$ 上的旋转为

$$\delta\mathcal{R}_U(\text{边}) = 0\,\delta r + (-1)\delta\theta = \begin{bmatrix} 0 \\ -1 \end{bmatrix} \cdot \begin{bmatrix} \delta r \\ \delta\theta \end{bmatrix}.$$

在图 27-3 所示的地图平面上的向量场是 $\boldsymbol{V} = \begin{bmatrix} 0 \\ -1 \end{bmatrix}$．现在我们认识到 $\mathcal{S}$ 上回路的和乐性等于地图平面上 $\boldsymbol{V}$ 围绕回路的环流量．因为顶边和底边的流垂直于 $\boldsymbol{V}$，所以它们对环流量的贡献为 0．同时，$\boldsymbol{V}$ 沿着边 he 顺向流动，而沿着边 fg 是逆向流动的，即这两个流的贡献的值相等、方向相反，所以它们的和为 0.

综上所述，

$$\boxed{\mathcal{R}(\widehat{L}) = \mathcal{C}_L(\boldsymbol{V}).}$$

现在我们就能看到，在一般情况下，也有可能将弯曲曲面 $\mathcal{S}$ 的一个回路的和乐性可视化为 (u,v) 地图平面上向量场 $\boldsymbol{V}$ 围绕对应的回路的环流量．但是，这时的环流量一般不为 0，对应地，$\mathcal{S}$ 的回路内的曲率也不为 0.

27.4　和乐性作为地图中由度量定义的向量场的环流量

本节将推广上述论证，在曲面 $\mathcal{S}$ 的一个简单回路 $\widehat{L}$ 上建立表示其和乐性 $\mathcal{R}(\widehat{L})$ 的公式，即利用 (u,v) 地图中一个（由度量决定的）特殊向量场 $\boldsymbol{V}$ 围绕（对应于与曲面上的 $\widehat{L}$ 的）回路 L 的环流量 $\mathcal{C}_L(\boldsymbol{V})$ 来表示 $\mathcal{R}(\widehat{L})$.

设 R 表示图 27-3（以 p 为中心）的地图平面中所示（边界为 $L=efgh$）的小矩形，现在仅用一般 (u,v) 坐标表示，边 δu 和 δv 也是如此. 将这个矩形映射成曲面 $\mathcal{S}$ 上以点 $\widehat{p}$ 为“中心”的曲线四边形 $\widehat{R}$.

由于 $\widehat{R}$ 的边长最终是 $\delta X \asymp A\delta u$ 和 $\delta Y \asymp B\delta v$，因此 $\widehat{R}$ 的面积 $\delta\widehat{\mathcal{A}}$ 与 R 的面积 $\delta\mathcal{A}=\delta u\delta v$ 的关系最终是

$$\delta\widehat{\mathcal{A}} \asymp \delta X\delta Y \asymp (A\delta u)(B\delta v)=(AB)\delta\mathcal{A}. \tag{27.4}$$

换句话说，从地图到曲面的*局部面积扩张系数是 AB*.

当 R 收缩到中心点 p 时，$\widehat{R}$ 收缩到点 $\widehat{p}$，所以用肉眼来看，它就像一个真正的平面矩形. 然而，为了研究曲率，我们必须把 $\widehat{R}$ 放在高倍显微镜下，将它放大 $(1/\delta u)$ 或 $(1/\delta v)$. 在这种情况下，很明显，这个“矩形”的对边的长度是不同的，尽管只有很小的差别.

为了继续更生动地看清这一点，我们*强烈*建议你在橘子、苹果或葡萄柚上画一个小的“矩形” $\widehat{R}$，可以使用普通的球面极坐标，通过绘制经线圈和纬线圈来创建网格. 然后，你可以沿 $\widehat{R}$ 的一条边平行移动牙签，并观察它是如何相对于你在水果表面绘制的坐标网格旋转的.

图 27-4 显示了将 $\widehat{R}$ 的顶点正交投影到 $\mathcal{S}$ 在 $\widehat{R}$ 中任意内点（设为 $\widehat{p}$）处的切平面上. 我们用直线把它们连成一个四边形. 注意，虽然曲面上的 (u,v) 坐标曲线总是正交的，但这个投影四边形的边却不是正交的. 但是当 R 收缩时，$\widehat{R}$ 也收缩，它的形状最终是一个矩形. 为了让几何推理更容易理解，我们在这里故意把它画得明显偏离这个极限的情况.

使用与上一小节相同的表示法，设 $\delta^2 X=\delta[\delta X]$ 表示 δX 的增加. 这个 δ^2 符号提醒我们，我们现在处理的是*二阶*无穷小，如下所示：

$$\delta^2 X \asymp [\partial_v A\delta v]\delta u.$$

如图 27-4 所示，$\delta^2 X$ 最终等于圆心为 $\widehat{e}$、圆心角为 $\delta\mathcal{R}_1$、半径为 $\delta Y \asymp B\delta v$ 的圆弧. 因此，地图中的变化 δu 所产生的小的和乐性最终等于

$$\delta\widehat{\mathcal{R}_1} \asymp \frac{\text{弧}}{\text{半径}} \asymp \frac{\delta^2 X}{\delta Y} \asymp \frac{(\partial_v A\delta v)\delta u}{B\delta v}=\left(\frac{\partial_v A}{B}\right)\delta u,$$

其中 $\partial_v A$ 和 B 的值由 R 收缩到它的中心 p 决定，即取它们在点 p 的值.

完全同样的推理也适用于地图中的变化 δv 所产生的和乐性，只需要同时做交换 $u\leftrightarrow v$ 和 $A\leftrightarrow B$ 即可.

但是，如果 $\partial_u B$ 是*正的*（如我们在图 27-4 中画的那样），则导致平行移动产生的向量相对于坐标网格的旋转 $\delta\mathcal{R}_2$ 是*顺时针的*，所以我们要在公式中加一个

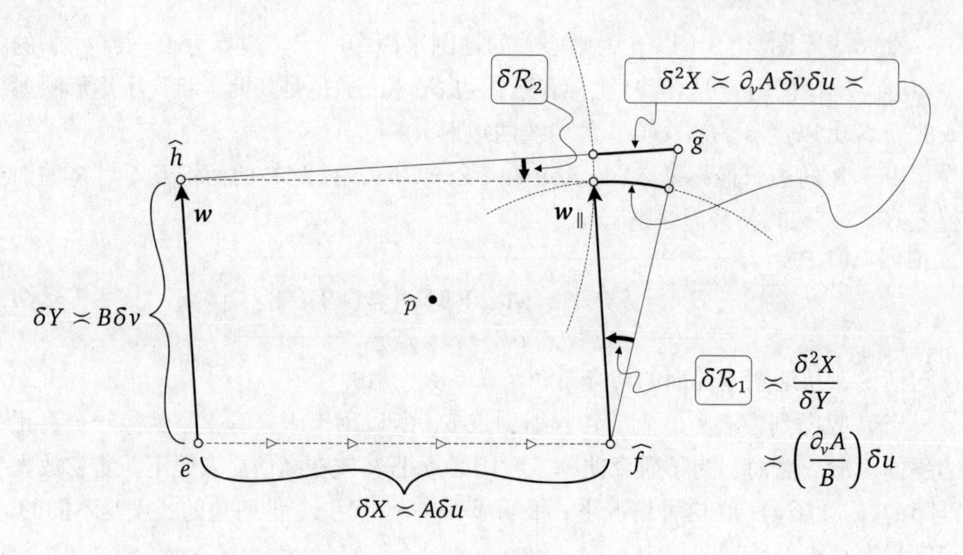

图 27-4　度量曲率公式的几何证明． 沿 $\widehat{ef}$ 的平行移动导致（相对于 (u,v) 曲线的）旋转 $\delta\mathcal{R}_1$ 由 $\delta\mathcal{R}_1 \asymp \left(\frac{\partial_v A}{B}\right)\delta u$ 决定

负号：

$$\delta\mathcal{R}_2 \asymp -\left(\frac{\partial_u B}{A}\right)\delta v.$$

根据内蕴导数的线性性质可知，由变化 δu 和 δv 产生的净旋转是它们分别产生的旋转的和，所以就有

$$\delta\mathcal{R} \asymp \left[\frac{\partial_v A}{B}\right]\delta u - \left[\frac{\partial_u B}{A}\right]\delta v = \begin{bmatrix}(\partial_v A)/B \\ -(\partial_u B)/A\end{bmatrix} \cdot \begin{bmatrix}\delta u \\ \delta v\end{bmatrix}. \tag{27.5}$$

为了获得曲面 $\mathcal{S}$ 上简单闭回路 $\widehat{L}$ 的和乐性，我们就要沿它在 (u,v) 地图的像回路 L 积分．这样，我们就得到了这个重要的结果：

> 设曲面 $\mathcal{S}$ 的度量为 $\mathrm{d}\widehat{s}^2 = A^2\,\mathrm{d}u^2 + B^2\,\mathrm{d}v^2$，$\widehat{L}$ 是 $\mathcal{S}$ 上的简单闭回路，由 (u,v) 地图平面上的简单闭回路 L 表示．如果我们在地图平面上定义向量场
>
> $$\boldsymbol{V} \equiv \begin{bmatrix}(\partial_v A)/B \\ -(\partial_u B)/A\end{bmatrix}, \tag{27.6}$$
>
> 则 $\mathcal{S}$ 上 $\widehat{L}$ 的和乐性等于地图中 $\boldsymbol{V}$ 围绕 L 的环流量
>
> $$\mathcal{R}(\widehat{L}) = \mathcal{C}_L(\boldsymbol{V}).$$

容易证明 [练习] 图 27-3 所示的特殊情况符合这个一般结果.

27.5 度量曲率公式的几何证明

现在让我们来求当包围面积为 $\delta\widehat{\mathcal{A}}$ 的回路 $\widehat{L}$ 收缩到点 $\widehat{p}$ 时的极限. 因为曲率 $\mathcal{K}(\widehat{p})$ 最终等于单位面积的和乐性，所以由式 (27.4) 和结果 (27.6) 可得

$$\mathcal{K}(\widehat{p}) = \lim_{\widehat{L}\to\widehat{p}} \frac{\mathcal{R}(\widehat{L})}{\delta\widehat{\mathcal{A}}} \asymp \frac{1}{AB}\left[\frac{\mathcal{C}_L(\boldsymbol{V})}{\delta\mathcal{A}}\right].$$

但是，由式 (27.3) 可知，这个式子右端方括号里的项（即单位面积的局部环流量）就是 $\boldsymbol{V}$ 的旋度.

这就使得我们可以完成度量曲率公式 (27.1) 的几何证明，而这个公式是高斯 1827 年绝妙定理最优雅、最明确的一个表现：

$$\begin{aligned}\mathcal{K}(\widehat{p}) &= \frac{1}{AB}\left\{\operatorname{curl}\begin{bmatrix}(\partial_v A)/B\\ -(\partial_u B)/A\end{bmatrix}\right\}\\ &= \frac{1}{AB}\left\{\partial_u\left[-\frac{\partial_u B}{A}\right]-\partial_v\left[\frac{\partial_v A}{B}\right]\right\}\\ &= -\frac{1}{AB}\left(\partial_v\left[\frac{\partial_v A}{B}\right]+\partial_u\left[\frac{\partial_u B}{A}\right]\right).\end{aligned}$$

在证明这个公式的过程中，我们还证明了一个重要的特殊情况，即共形地图，其中 $A = B = \Lambda$. 在这个情况下，这个公式就简化成了更为优雅的式 (4.16)：

$$\boxed{\mathcal{K} = \frac{\nabla^2 \ln\Lambda}{\Lambda^2}.}$$

第 28 章　曲率是相邻测地线之间的作用力

28.1　雅可比方程简介

本章要介绍对曲率的一个全新解释，它在爱因斯坦关于弯曲时空的引力理论中至关重要. 这个解释的思路是观察质点以单位速率运动的两条相邻测地线轨迹的间隔，并研究它们之间的相对加速度：它们可能朝向彼此（吸引），也可能远离彼此（排斥）.

我们首先在三种基本的常曲率情况下考查这个现象，然后分析变曲率的一般曲面. 在一般情况下，我们将对支配这个相对加速度的基本方程提供两种不同的几何证明，这个基本方程称为**测地线偏差方程**，或者用卡尔 · 古斯塔夫 · 雅各布 · 雅可比（见图 28-1）的姓命名为**雅可比方程**，因为是他在 1837 年发现了这个方程.

图 28-1　卡尔 · 古斯塔夫 · 雅各布 · 雅可比（1804—1851）

我们将会看到，基本的结论是：如果两条相邻的测地线轨迹穿过一个正曲率的区域，它们就会相互吸引. 如果这两条测地线从同一个原点 o 出发，方向略微不同，由正曲率产生的吸引力会迫使它们重新相交于第二个交点，这个点称为 o 的**共轭点**.

另外，穿过一个负曲率区域的两条相邻测地线轨迹会相互排斥，并加速分离.

在这两种情况下，吸引力和排斥力都是与两条测地线的间隔成比例的，而且这个（局部的）比例"常数"等于曲面在质点所在位置的曲率！

这就是雅可比的发现的本质.

28.1.1　零曲率：平面

考虑图 28-2a，它显示一个质点以单位速率沿平面上的测地直线 $\mathcal{L}$ 运动，轨迹为 $p(t)$，速度为 $\boldsymbol{v} = \dot{p}$. 还有一条邻近的平行测地线 $\widetilde{\mathcal{L}}$，轨迹为 $\widetilde{p}$，速度为 $\widetilde{\boldsymbol{v}}$.

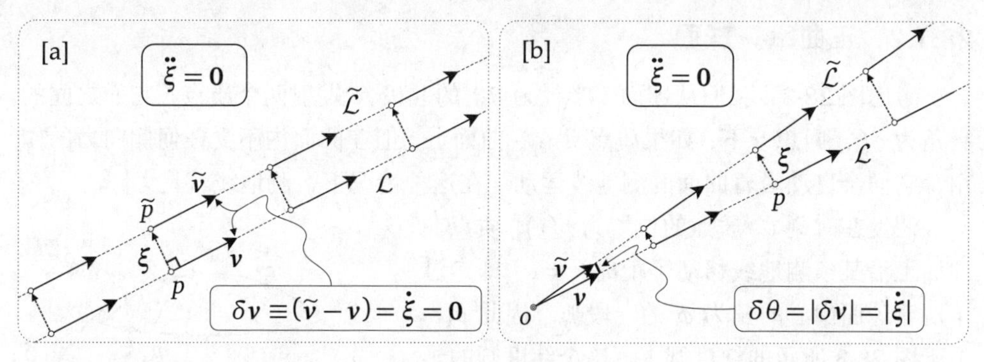

图 28-2 [a] 在平面上，相邻平行线的间隔 ξ 是不变的，所以 $\dot{\xi}=\mathbf{0}$，从而（平凡地）$\ddot{\xi}=\mathbf{0}$.
[b] 如果两条直线是发散的，它们之间的夹角为 $\delta\theta$，则 $|\dot{\xi}|=\delta\theta$，所以仍然有 $\ddot{\xi}=\mathbf{0}$

如图 28-2a 所示，

$$\text{垂直连接向量 } \xi \equiv \overrightarrow{p\widetilde{p}} \quad \Longrightarrow \quad \delta v \equiv \widetilde{v}-v=\dot{\xi}.$$

显然，在这种情况下 $\widetilde{v}=v$，所以 $\delta v=\dot{\xi}=\mathbf{0}$，而在一般情况下，这个方程说明两个速度的差就是 $\widetilde{\mathcal{L}}$ 离开 $\mathcal{L}$ 的速度.

本章关注的重点不是相对速度，而是相对加速度：

$$\ddot{\xi}=\frac{\mathrm{d}(\delta v)}{\mathrm{d}t}=\text{相对加速度}. \tag{28.1}$$

在图 28-2a 中我们（轻易地）发现 $\ddot{\xi}=\mathbf{0}$.

接下来，考虑图 28-2b，其中 $\mathcal{L}$ 和 $\widetilde{\mathcal{L}}$ 是从同一个点（设为原点 o）发出的两条射线，它们被一个很小的夹角 $\delta\theta$ 分开. 这两条测地线向外扩散，它们以稳定的速率 $\delta\theta$ 发散开来. 图 28-2b 中构建一个了从 v 的顶点到 $\widetilde{v}$ 的顶点的连接向量 δv，它最终等于一段半径为 $|v|=1$、对着在点 o 的角 $\delta\theta$ 的圆弧，这样就通过几何方法解释了这一点.

我们也可以用符号推导出这个结果. 设 $r=op$，则质点 p 在 $\mathcal{L}$ 方向上的单位速率可以写成 $|v|=\dot{r}=1$. 因为 $|\xi|\asymp r\delta\theta$，所以分离速率就是 $|\dot{\xi}|\asymp|\dot{r}\delta\theta|=\delta\theta$.

由此可知，尽管两条测地线发散开来，但是并没有外力把它们推开——它们之间的相对加速度为 0：

$$\ddot{\xi}=\mathbf{0}.$$

我们马上就会看到，相邻测地线之间的相对加速度为 0 是平面上零曲率的一个新的表现形式.

28.1.2 正曲率：球面

考虑图 28-3，我们从球面（半径为 R）的北极 N 发射两个质点，它们之间的夹角为 $\delta\theta$. 回想一下，如果质点附着在曲面上，但在曲面内不受任何侧向力的作用，它们会自动沿着曲面的测地线运动. 在这种情况下，测地线就是大圆.

假设在时刻 t，质点的位置为 $p(t)$，质点在曲面上沿某条测地线移动了距离 $r=t$，即走过了对着球面中心的角为 ϕ 的一段弧. 因此 $p(t)$ 位于图 28-3 所示的纬度圆上，这个纬度圆的半径为 $r=t=R\phi$，而图 28-3 显示的外在半径为

$$\rho = R\sin\phi = R\sin\left(\frac{t}{R}\right).$$

于是，连接向量 ξ 的长度 ξ 为

$$|\xi| = \xi = \rho\delta\theta = R\delta\theta\sin\left(\frac{t}{R}\right).$$

对它微分两次就得到了（第一次）相对速率和（第二次）相对加速度：

$$\frac{\mathrm{d}\xi}{\mathrm{d}t} = \left[\frac{1}{R}\right]R\delta\theta\cos\left(\frac{t}{R}\right)$$

$$\Longrightarrow \quad \frac{\mathrm{d}^2\xi}{\mathrm{d}t^2} = -\left[\frac{1}{R^2}\right]R\delta\theta\sin\left(\frac{t}{R}\right).$$

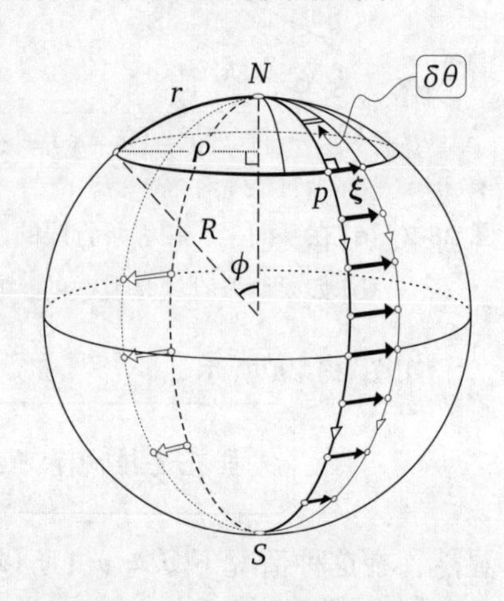

图 28-3 雅可比方程. 在一个半径为 R 的球面上，两个质点以单位速率从北极 N 出发，分开它们的微小角度为 $\delta\theta$. 在时刻 t，它们之间的间隔为 $\xi = R\delta\theta\sin(t/R)$. 所以它们之间的相对加速度由雅可比方程 $\ddot{\xi} = -\mathcal{K}\xi$ 决定

因为球面的曲率 $\mathcal{K} = +(1/R^2)$，所以这个结果就可写成下面这个非常紧凑和优雅的形式，称为**测地线偏移方程**，或者

$$\textbf{雅可比方程：} \quad \boxed{\ddot{\xi} = -\mathcal{K}\xi.} \tag{28.2}$$

至此，我们仅仅证明了这个方程的（正的）常曲率的特殊情况，但是稍后就将证明这个结果在变曲率的一般情况下也是对的. 在一般情况下，就要将 $\mathcal{K}$ 记为 $\mathcal{K}(p)$，即当质点沿测地线穿过曲面时，它所在位置的曲面曲率.

在我们继续前行之前，还要对这个例子多说一些. 首先，对于一些读者，式 (28.2) 可能已经敲响了嘹亮、和谐的钟声！这个测地线偏移方程还有一个完全不一样的名字，称为**谐振子**方程，在物理学（经典领域和量子领域）中无处不在.

你在家里可以很容易地创建一个自己的谐振子. 拿一根橡皮筋（或弹簧），将一端固定在桌面下面. 在另一端上固定一个小的重物（我们希望取单位质量的重

物)，轻轻地让它降低，直到它悬挂在平衡状态，此时向下的重力与被拉紧的橡皮筋或弹簧向上的弹性拉力平衡.

现在将重物从这个平衡位置垂直向下拉，从而拉长橡皮筋（或弹簧）. 罗伯特·胡克（是牛顿同时代的竞争对手）在 1676 年[①]发现，将重物向上拉回的力正比于偏离平衡位置的位移 ξ，这就是人们熟知的**胡克定律**，其中的比例常数 k 叫作橡皮筋（或弹簧）的**弹性系数**.

由牛顿第二运动定律得到的运动方程与雅可比方程 (28.2) 完全相同，只是用弹簧的弹性系数代替了曲面的曲率：

$$\ddot{\xi} = -k\xi, \quad \text{其解为} \quad \xi = \xi_0 \sin(\sqrt{k}t),$$

其中 ξ_0 表示最大拉伸长度，发生在弹簧停止向下运动并开始拉回重物的时刻.

从这个实验和上面的数学解释可以清楚地看出谐振子这个名字的恰当性：砝码以正弦曲线上下振动，在每次通过最初的平衡位置（$\xi = \mathbf{0}$）时达到最大速度（等于它的发射速度）.

现在，带着这个数学上完美的物理类比，让我们回到图 28-3. 首先注意，在我们刚刚发射了这两个质点后，它们似乎如图 28-2b 所示，以与在平面上相同的（无加速）速率发散. 这在几何上很明显，也可以通过 $\sin\epsilon \asymp \epsilon$ 来证明. 因此，当 r 趋于 0 时，

$$\xi = R\delta\theta \sin\left(\frac{r}{R}\right) \asymp R\delta\theta\left(\frac{r}{R}\right) = r\delta\theta.$$

尽管质点在曲面上自由移动，但随着它们的间隔增加，曲率有效地产生了一种吸引力，就像弹簧一样. 这种神秘的曲率“力”开始减缓它们的分离速度.

随着质点的分离，引力也成正比增加，因此分离的速度降低得更快，直到最后，当质点在赤道处达到最大间隔时，相对速度降至 0.（这对应于弹簧被拉到最长时，重物在最低的位置.）这时引力最大，开始把两条测地线往回拉，直到它们最终相聚在南极 S，这是它们的第二个交点，称为 N 的**共轭点**.

当两个质点聚拢并相交于点 S（$\xi = \mathbf{0}$）时，它们达到了最大相对速度，就像我们的弹簧振荡模型中重物在经过平衡点 $\xi = \mathbf{0}$ 时达到最大速度一样.

从 N 到 S 的过程只完成了 ξ 振荡的一半，剩下的一半在球面的背面完成，ξ 的方向现在颠倒了，如图 28-3 所示，从指向 p 轨道的左边切换到它的右边.

一旦质点回到 N，ξ 振荡就会重新开始，并永远重复.

---

① 事实上，胡克在 1676 年只是宣称他有了一个发现，没有透露他的发现是什么，它以一个令人费解的拉丁语变位词“ceiiinosssttuv”的形式发表. 直到 1678 年，他才揭示了该字谜的解法：ut tensio, sic vis（拉伸就产生力）.

28.1.3 负曲率：伪球面

正如测地线在正曲率的球面上相互吸引一样，它们在负曲率的伪球面上是相互排斥的. 为了更清楚地说明这一点，图 28-4a 显示了两条相邻的测地线从伪球面的边缘以“相同”方向发射出去（在 $\dot{\xi}(0)=\mathbf{0}$ 的意义上）. 然而，很快，负曲率就产生了斥力，我们看到测地线发散开来.

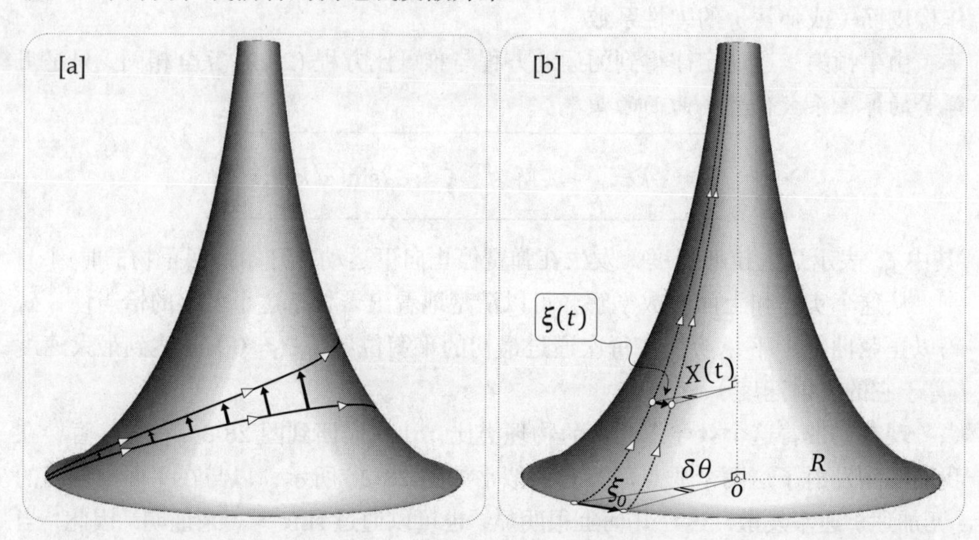

图 28-4 [a] 两条相邻测地线沿同一方向出发，负曲率会迫使它们分开. [b] 连接相邻两条曳物线母线的向量 ξ 满足 $\dot{\xi}=-\left(\frac{1}{R}\right)\xi$，所以 $\ddot{\xi}=+\left(\frac{1}{R^2}\right)\xi=-\mathcal{K}\xi$

但是为了易于计算相对加速度，我们现在考虑图 28-4b，它显示了在边缘的两个相邻质点以单位速率在伪球面上笔直向上发射出去，所以它们沿着各自的曳物线母线相互接近，它们走过的弧长等于时间：$\sigma=t$.

质点的初始速度是水平方向的，都指向伪球面边缘的圆心 o，质点到这个圆心距离为 R. 由于它们以单位速率运动，在没有外力作用的情况下，它们应该在时刻 $t=R$ 发生碰撞，但显然它们不会发生碰撞……永远不会！是的，两条曳物线母线相互靠近，但是随着它们走向伪球面上方，负曲率产生的排斥力减低了它们靠近的速度.

如图 28-4b 所示，假设一条母线必须绕对称轴旋转角度 $\delta\theta$ 才能到达另一条母线，则它们最初的小间隔是 $|\xi_0|\asymp R\delta\theta$. 如果在时刻 t，质点到对称轴的距离为 $X(t)$，则

$$\left|\xi(t)\right|\asymp X(t)\delta\theta\asymp\left[\frac{|\xi_0|}{R}X(t)\right]. \tag{28.3}$$

接下来，我们提醒读者回顾定义曳物线的几何性质，如图 28-5 所示（它仅仅复制了我们最初的图形，见第 58 页图 5-2）. 它表明

$$\frac{-\mathrm{d}X}{\mathrm{d}t}=\frac{X}{R}.$$

这个方程直接引出了雅可比方程，甚至不需要先解它！

为了看清这是怎么回事，我们用质点的相对速度来重新表述这个方程：式 (28.3) 意味着

$$\dot{\xi}=-\left(\frac{1}{R}\right)\xi.$$

因为它们靠近的初始速率为 $|\xi_0|/R$，所以（正如我们早先观察到的）在没有外力作用的情况下，在时刻 $t=R$，初始间隔 $|\xi_0|$ 就会收缩为 0.

事实上，由于负曲率产生的排斥力，质点不会发生碰撞. 这个事实可以通过第二次微分得到验证，因为由第二次微分我们再次得到了雅可比的测地线偏差方程：

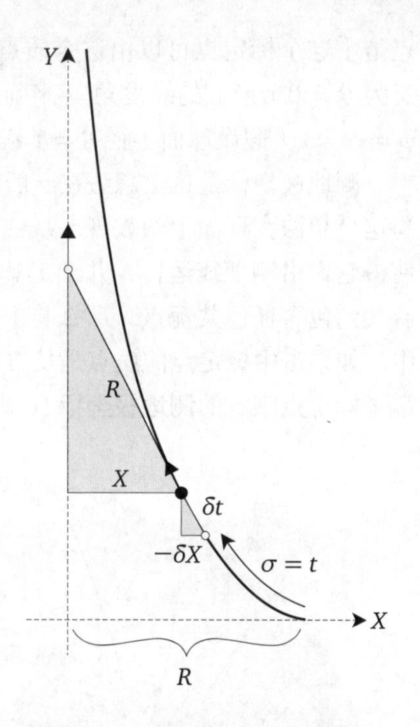

图 28-5 曳物线是每一点沿其切线到一条固定直线的距离为常数 R 的曲线

$$\ddot{\xi}=-\left(\frac{1}{R}\right)\dot{\xi}=+\left(\frac{1}{R^2}\right)\xi=-\mathcal{K}\xi.$$

因为伪球面具有常负曲率 $\mathcal{K}=-(1/R^2)$，所以就得到了最后的等式.

不难将上面的论证推广，用来证明：雅可比方程对于所有旋转曲面都成立. 但是我们将这个过程编成了第 387 页习题 8，留给你自己去验证. 我们现在就转向建立一般情况的结果，即非对称曲面上的结果.

28.2 雅可比方程的两个证明

28.2.1 测地极坐标

图 28-3 可以提供对 $\mathbb{S}^2$ 上球极坐标的一个全新解释.

我们从北极沿所有可能的方向同时发射质点，使得 $\mathbb{S}^2$ 上的每一个点（两个极点除外）都被某个质点在某个时刻击中，从而被唯一标定. 详细地讲，哪个质

点击中这个标定点可以由这个质点的发射方向与某个特定[1]（但任意）方向（定义为 $\theta=0$）形成的经度角 θ 来确定. 质点击中这个标定点的时刻可以由纬度角 $\phi=\sigma=t$（假设球面半径 $R=1$）来确定.

测地极坐标是这个想法在一般曲面 $\mathcal{S}$ 上的自然推广，见图 28-6，这里显示的是这个想法在环面上的表现. 从曲面 $\mathcal{S}$ 上的任意点[2] o 沿所有的方向发射出质点，使得它们沿测地线运行，并选定其中一个方向为 $\theta=0$. 假设点 o 周围的区域没有大到包含任何共轭点，那么其中的每一个点都会在唯一的时刻被唯一的质点击中. 如果击中标定点的质点是从方向 θ 发射出来的，在时刻 t 击中标定点，就可赋予标定点唯一的**测地极坐标** (t,θ).

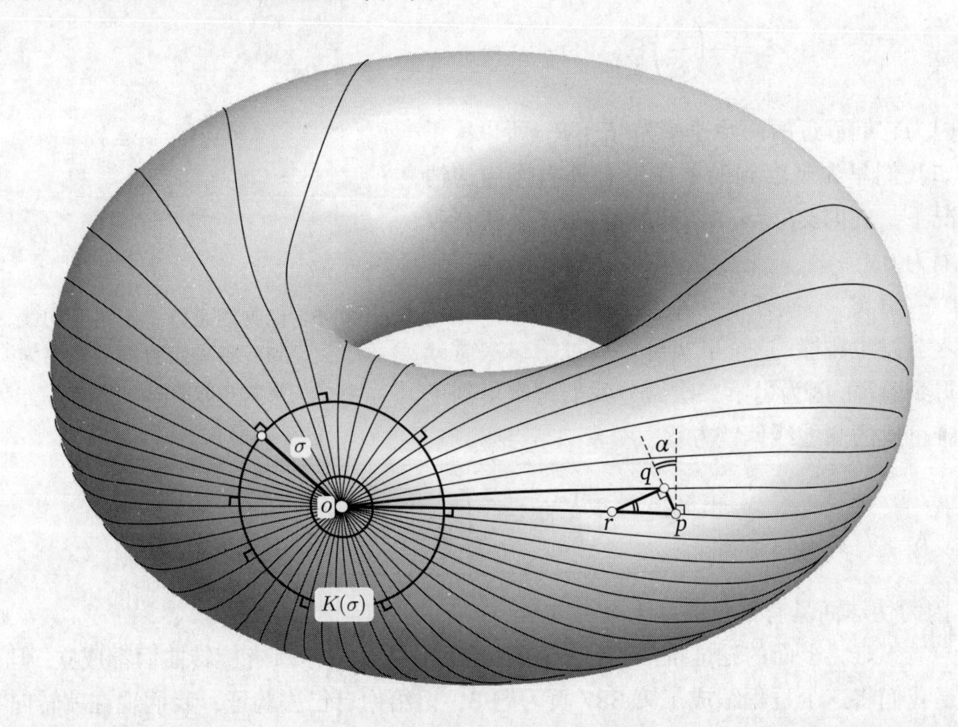

图 28-6　高斯引理: 曲面上内蕴半径为 σ 的测地圆周 $K(\sigma)$ 与其所有的测地线半径相交成直角. 高斯对这个结果的第二个几何证明假设 $K(\sigma)$ 上的相邻两点 p 和 q 仍然满足 $\alpha\neq 0$. 如正文的解释，这将导致矛盾

我们知道，在平面上和球面上，内蕴半径为 $\sigma=t=$ 常数 的内蕴圆周 $K(\sigma)$

① 在地球上，我们称 $\theta=0$ 为**本初子午线**，并将其定义为经过英国伦敦格林威治皇家天文台的子午线. 自 1999 年以来，这个方向一直被标记为向北发射的光粒子（来自一束强大的绿色激光），穿过伦敦的夜空!

② 在这里取消了标记 $\mathcal{S}$ 上点的记号“^”，因为这里不需要区分曲面上的点与地图上的点.

都正交于其“半径”（即从圆心 o 出发、长度为 σ 的测地线段）. 如图 28-6 所示，这个结论对一般曲面也成立. 高斯（Gauss, 1827, 第 15 章）在证明其他结果的过程中证明了这个结果，所以它被称为

> **高斯引理**. 如果从一般曲面上的一点沿所有的方向发射出质点，让它们沿测地线走过距离 σ，它们将形成一个内蕴半径为 σ 的测地圆周 $K(\sigma)$. *这个测地圆周 $K(\sigma)$ 与它的测地线半径交于直角.* (28.4)

直到 19 世纪 80 年代，吉布斯[①]和赫维赛德[②③]才建立向量微积分，所以高斯在 1827 年不得不用一整页计算来证明这个结果.（这个计算的现代标准版本建立在测地线的加速度垂直于曲面这个*外在的*事实之上，更短、更清楚，见第 387 页习题 9.）但是，在完成计算证明之后，高斯立刻做了一件完全不同寻常的事：他提供*第二个*证明，一个*直观的几何证明*. 而且，第二个证明是*内蕴的*.

我们推测高斯这样做只能是因为他认为第二个证明是特别重要的，或者因为他对自己在几何方面的聪明才智感到特别自豪. 总之，有高斯自己说的话为证：“我们认为从最短直线的基本性质推导出这个定理是值得的. 仅仅因为通过下面的推理，不需要进行任何计算，就可使这个定理的正确性变得非常明显，就已经值得了.”

现在我们将呈现这个推理，它似乎已经完全迷失在时间的迷雾中——事实上，我们还没有在任何现代文本中发现重现它的实例. 这可能是因为高斯用了*无限小*来陈述他的推理，从而让现代数学家们不知所措. 为了取代高斯的无限小，我们将用牛顿的*最终相等*来代替小的、最终为 0 的量. 此外，为了了解高斯的思想，我们还提供了一张图，与不容置疑的高斯的著作（Gauss, 1827, 第 15 章）做比较！

假设我们从点 o 发射出两条相邻的测地线，它们之间有一个很小的夹角为 $\delta\theta$（最终为 0）. 在图 28-6 中有两条加粗的测地线段，其终点分别为 p 和 q. 假设 p 和 q 都在 $K(\sigma)$ 上，即测地线段 op 和 oq 具有*相同的长度* $\sigma = R$. 但是现在想象

① 约西亚 · 威拉德 · 吉布斯（1839—1903），美国数学家，发现了非连续函数的傅里叶级数的一个特殊现象（具有第一类间断点的函数在间断点附近的函数值与其傅里叶级数的值有一个无法收敛为 0 的差值），现称为吉布斯现象，并因此而闻名. ——译者注

② 奥利弗 · 赫维赛德（1850—1925），英国数学家，证明了电磁理论和向量微积分的重要结果，将麦克斯韦的 20 个变量的 20 个方程化简成 2 个变量的 4 个方程. 有一个非常简单但应用广泛的函数 $u(t)=\begin{cases}0, & t<0\\ 1, & t\geqslant 0\end{cases}$，被称为赫维赛德函数. ——译者注

③ 见克罗的著作（Crowe, 1985, 第 256–259 页）中的年表.

（如图 28-6 所示）pq 不是（当 $\delta\theta \to 0$ 时）最终正交于 op 和 oq 的，与高斯引理相反．根据高斯的论证，这是不可能的，于是就证明了引理 (28.4)．

假设如图 28-6 所示，$\angle opq \asymp (\pi/2)-\alpha$．画一条经过点 q 的测地线正交于 pq，令它与 op 的交点为 r，则 $\angle prq \asymp \alpha$，所以 $rq \asymp rp\cos\alpha$．（在此，“rq”有两种含义，既表示这条线段，也表示这条线段的*长度*，可根据上下文来区分．）

所以

$$
\begin{aligned}
o \rightsquigarrow r \rightsquigarrow q \text{ 的长度} &= or + rq \\
&\asymp (R - rp) + rp\cos\alpha \\
&= R - rp(1-\cos\alpha) \\
&< R.
\end{aligned}
$$

于是，这条从点 o 经过点 r 到达点 q 的迂回路程*比最短的路程*，即直接的测地线路程 oq *还要短*．高斯就这样推出了矛盾！

由于有了 (t,θ) 坐标系的正交性，所以度量就具有如下形式：

$$d\widehat{s}^2 = dt^2 + \rho^2(t,\theta)\,d\theta^2.$$

于是，如果从点 o 发射的两条相邻测地线之间的夹角为 $\delta\theta$，则

$$|\xi| \asymp \rho\delta\theta \quad \Longrightarrow \quad |\ddot{\xi}| \asymp \ddot{\rho}\,\delta\theta. \tag{28.5}$$

但是，如果我们将 $u=t, v=\theta, A=1$ 和 $B=\rho$ 代入式 (27.1)，便得到

$$
\begin{aligned}
\mathcal{K} &= -\frac{1}{AB}\left(\partial_v\left[\frac{\partial_v A}{B}\right] + \partial_u\left[\frac{\partial_u B}{A}\right]\right) \\
&= -\frac{1}{\rho}\left(\partial_\theta\left[\frac{\partial_\theta 1}{\rho}\right] + \partial_t\left[\frac{\partial_t \rho}{1}\right]\right) \\
&= -\frac{\ddot{\rho}}{\rho}.
\end{aligned}
\tag{28.6}
$$

这个结果与式 (28.5) 相结合，就得到了雅可比方程 (28.2)：

$$\ddot{\xi} = -\mathcal{K}\xi.$$

最后，我们注意到，利用式 (28.6) 也可以最终证明**明金定理**（在第 23 页中提到）．该定理指出，如果两个曲面具有相同的常曲率，那么它们在局部是等距的．（详见第 386 页习题 7．）

28.2.2 相对加速度 = 速度的和乐性

虽然雅可比方程（在建立了高斯引理之后）的第一个证明非常简单，但它确实需要（《星际迷航》中的相位枪）式 (27.1) 的全部力量．正如我们现在看到的，实际上没有必要“用相位枪来杀鸡”！因此，我们现在提出第二个*直接的*、*几何的*、*直观的*证明．

事实上，本小节的标题（尽管用了简短形式的格言）*就是*证明. 现在我们用图 28-7 来详细说明这个证明，在此使用了与图 28-2 相同的符号. 图 28-7 中的曲面就是我们证明克莱罗定理时图 11-7 中的曲面，但现在用新的眼光来看待它. 具体地说，我们看到两条子午测地线母线 $\mathcal{L}$ 和 $\widetilde{\mathcal{L}}$（分别经过点 a 和邻近的点 $\widetilde{a}$）最初在正曲率区域相互吸引，但当它们进入花瓶颈部的负曲率区域时，就开始相互排斥了.（注意：接下来的论证完全是一般性的. 既不依赖于、也不借助于这个特殊例子中的对称性.）

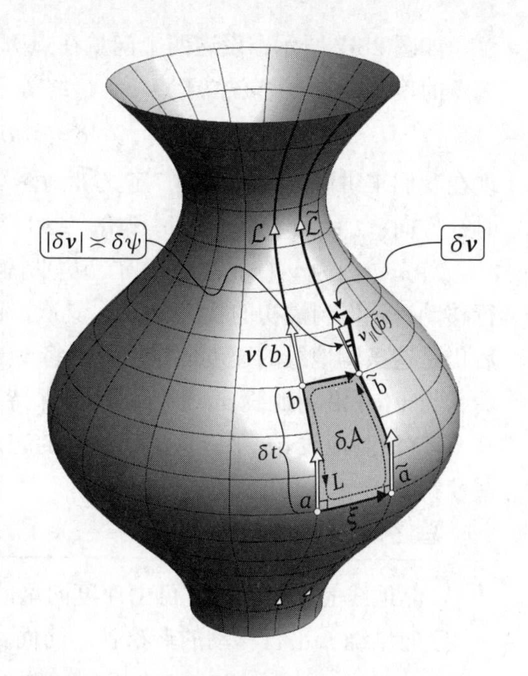

图 28-7 雅可比方程的几何证明. 将 $\boldsymbol{v}_{\|}(\widetilde{b})$ 绕 L 平行移动回到点 $\widetilde{b}$ 时，产生了旋转 $\delta\psi=\mathcal{R}(L)\asymp\mathcal{K}\delta\mathcal{A}\asymp\mathcal{K}|\xi|\delta t$，这个旋转就是和乐性. 但是 $\delta\psi\asymp|\delta\boldsymbol{v}|\asymp|\ddot{\xi}|\delta t$，这样就得到雅可比方程

如图 28-7 所示，$a\widetilde{a}$ 是曲面上一条很短的测地线段，$\mathcal{L}$ 和 $\widetilde{\mathcal{L}}$ 是以单位速率分别从 a 和 $\widetilde{a}$ 发射出的另外两条测地线，它们与 $a\widetilde{a}$ 垂直，ξ 是连接 $\mathcal{L}$ 和 $\widetilde{\mathcal{L}}$ 的向量. 这就保证 $\mathcal{L}$ 和 $\widetilde{\mathcal{L}}$ 在出发时是平行的，即它们的间隔距离一开始是不变的，所以 $\dot{\xi}=\mathbf{0}$.（注意：为了便于接下来的几何推理，图 28-7 中的间隔画得比较大，但是我们要求间隔 $a\widetilde{a}$ 最终为 0，使得 ξ 最终是曲面真正的切向量.）

经过时间 δt，两个质点在曲面上走过距离 δt，分别到达点 b 和 $\widetilde{b}$. 此时，根据定义 (28.1)，$\mathcal{L}$ 和 $\widetilde{\mathcal{L}}$ 之间的相对速度 $\dot{\xi}$ 的值从 0 增加到 $\delta\boldsymbol{v}\asymp\ddot{\xi}\delta t$.

这里的 $\delta\boldsymbol{v}$ 应该看作两个新的速度的差 $\left[\widetilde{\boldsymbol{v}}(\widetilde{b})-\boldsymbol{v}(b)\right]$. 但是这个差不具有内蕴意义，因为曲面 $\mathcal{S}$ 上位于不同切平面上的切向量相减不在曲面 $\mathcal{S}$ 内. 为了比较它们，我们用一条短的测地线[①]线段 $b\widetilde{b}$ 连接点 b 和 $\widetilde{b}$，然后沿着 $b\widetilde{b}$ 平行移动 $\boldsymbol{v}(b)$，在点 $\widetilde{b}$ 得到 $\boldsymbol{v}_{\|}(\widetilde{b})$. 因此，我们得到了相对加速度的内蕴量度：

$$\ddot{\xi}\delta t\asymp\delta\boldsymbol{v}=\widetilde{\boldsymbol{v}}(\widetilde{b})-\boldsymbol{v}_{\|}(\widetilde{b}).$$

① 这种选择使论证更容易理解，但我们最终将取线段收缩为 0 的极限，因此线段的精确性质无关紧要.

如图 28-7 所示，设这两个向量在点 $\widetilde{b}$ 处的夹角为 $\delta\psi$. 因为经过这两个向量端点的单位圆弧（圆心位于点 $\widetilde{b}$）最终等于连接这两个向量端点的弦，即

$$|\delta \boldsymbol{v}| \asymp \delta\psi.$$

现在我们来讲讲问题的关键. 定义 L 为图 28-7 中用阴影标记的四边形的边界，逆时针方向：$L \equiv \widetilde{b}ba\widetilde{a}\widetilde{b}$. 从 $\widetilde{b}$ 开始，绕 L 平行移动 $\boldsymbol{v}_{\parallel}(\widetilde{b})$.

首先，因为 $\boldsymbol{v}_{\parallel}(\widetilde{b})$ 是 $\boldsymbol{v}(b)$ 沿 $b\widetilde{b}$ 平行移动生成的，所以将它再沿 $\widetilde{b}b$ 往回平行移动，就得到最初的状态 $\boldsymbol{v}(b)$. 其次，因为测地线的速度向量沿自身平行移动后仍是这条测地线的速度向量，所以将 $\boldsymbol{v}(b)$ 沿 ba 平行移动到点 a 生成 $\boldsymbol{v}(a)$. 接着，将 $\boldsymbol{v}(a)$ 沿测地线 $a\widetilde{a}$ 平行移动时保持正交于 $a\widetilde{a}$，在到达 $\widetilde{a}$ 时为 $\widetilde{\boldsymbol{v}}(\widetilde{a})$. 最后，将 $\widetilde{\boldsymbol{v}}(\widetilde{a})$ 沿测地线 $\widetilde{a}\widetilde{b}$ 平行移动回到它的起点，成为 $\widetilde{\boldsymbol{v}}(\widetilde{b})$. 所以，绕 L 平行移动一圈使得 $\boldsymbol{v}$ 旋转了角度 $\delta\psi$.

总之，

> 测地线的相对加速度可由速度向量的旋转 $\delta\psi$ 来量度，而这正是速度向量绕 L 平行移动的和乐性. 简而言之，$\delta\psi = \mathcal{R}(L)$!

因为 L 包围的面积 $\delta\mathcal{A}$ 为 $\delta\mathcal{A} \asymp |\boldsymbol{\xi}|\delta t$，所以由以下一系列最终等式就可以证明雅可比方程，其中每个最终等式都是明显可视的：

$$|\ddot{\boldsymbol{\xi}}|\delta t \asymp |\delta \boldsymbol{v}| \asymp \delta\psi = \mathcal{R}(L) \asymp \mathcal{K}\delta\mathcal{A} \asymp \mathcal{K}|\boldsymbol{\xi}|\delta t.$$

最后，消去 δt，并考虑到对于图 28-7 中所示正曲率的情况，$\delta\boldsymbol{v}$ 的方向与 $\boldsymbol{\xi}$ 的方向相反，我们再次得到雅可比方程：

$$\ddot{\boldsymbol{\xi}} = -\mathcal{K}\boldsymbol{\xi}.$$

28.3 小测地圆的周长和面积

在 2.2 节，我们证明了，球面内的居民可以通过仔细地测量内蕴半径为 r 的小圆周 $K(r)$ 的周长 $C(r)$ 或面积 $\mathcal{A}(r)$ 来确定它们所处世界的曲率. 对于这两种情形，确定曲率的关键是测出这些量与它们在欧几里得空间中对应的值 $C(r) = 2\pi r$ 和 $\mathcal{A}(r) = \pi r^2$ 的偏差有多大.

具体地说，我们证明了，取当 r 趋于 0 时的极限，曲率由式 (2.4) 和式 (2.5) 给出. 为了方便阅读，我们在此将这两个式子重现如下：

$$\mathcal{K} \asymp \frac{3}{\pi}\left[\frac{2\pi r - C(r)}{r^3}\right], \tag{28.7}$$

和

$$\mathcal{K} \asymp \frac{12}{\pi}\left[\frac{\pi r^2 - \mathcal{A}(r)}{r^4}\right]. \tag{28.8}$$

我们当时就说过，这两个公式适用于所有曲面，而不仅仅是球面，现在终于能够证明这一点了.

利用前面已经建立的测地极坐标，设 $\xi(r)$ 是沿角 θ_0 和 $\theta_0 + \delta\theta$ 发射出来的两条测地线的间隔，使得若定义

$$g(r) \equiv \rho(\theta_0, r), \quad 则 \quad \xi(r) \asymp g(r)\delta\theta.$$

当 $r \to 0$ 时，我们知道这个式子会简化为欧几里得公式 $\xi(r) \asymp r\delta\theta$，但我们要测量这个曲面的非欧程度，也就是曲率，就必须检测这些量与欧几里得空间中的结果之间的微小偏差.

为此，我们将 $g(r)$ 展开成马克劳林级数：

$$g(r) = r + \frac{1}{2}g''(0)r^2 + \frac{1}{6}g'''(0)r^3 + \cdots.$$

由式 (28.6)，我们知道 $g''(r) = -\mathcal{K}g(r)$，因此 $g''(0) = 0$，并且还有

$$g'''(0) = [-\mathcal{K}g]'(0) = -\mathcal{K}'(0)g(0) - \mathcal{K}(0)g'(0) = -\mathcal{K}(0).$$

于是，

$$C(r) = 2\pi g(r) = 2\pi r - \frac{\pi}{3}\mathcal{K}(0)r^3 + \cdots,$$

这样就立即可得式 (28.7).

最后，测地线宽度为 δr 的圆环的面积 $\delta\mathcal{A}$ 为

$$\delta\mathcal{A} \asymp C(r)\delta r,$$

再对这个已知的 $C(r)$ 求积分即可得到 [练习] 面积公式 (28.8).

第 29 章　黎曼曲率

29.1　引言和概要

在本章中，我们将看到如何自然地将前面关于二维曲面的见解扩展到 n 维空间，即流形.

正如我们的二维曲面局部地由它们的切平面来描述，每个切平面都具有 $\mathbb{R}^2$ 的结构一样，n 维流形中紧邻一个点的局部类似于 $\mathbb{R}^n$，但相邻点之间的距离是用一个非欧几里得度量[①]来量度的.

第一，我们最初对二维曲面的内蕴曲率 $\mathcal{K}(p)$ 的定义是，当一个小测地线三角形收缩到点 p 时，其**单位面积的局部角盈**：

$$\mathcal{K}(p)=\lim_{\Delta\to p}\frac{\mathcal{E}(\Delta)}{\mathcal{A}(\Delta)}.$$

现在我们要把这个定义扩展到 $\boldsymbol{n}$ **流形**（n 维流形的简称）.

第二，事实将证明，对于 n 流形来说，角盈是一种笨拙的工具，无法直接察觉 n 流形更微妙的曲率. 然而，向量绕一个收缩的小环平行移动所产生的和乐性能够以一种非常直接的方式完全揭示这种更复杂的曲率结构. 显然，定义 n 流形的曲率就必须理解这种空间中的**平行移动**.

将平行移动从 2 曲面推广到 n 流形*不是平凡的*，但是我们看过的几乎每一本标准教科书都很少关注它. 为了改变这种状况，我们将提供*三种*不同的几何结构（都导致同样的结果），用于将莱维 – 奇维塔的平行移动推广到 n 流形上.

第三，我们使用平行移动来定义在 n 流形内的**内蕴**（又名"**协变**"）导数. 好消息是，当用*内蕴*项表示时，从 2 曲面到 n 流形的过渡不需要改变最初的定义 (23.2)，只要改变*记号*，把 D_v 写成 $\boldsymbol{\nabla}_v$ 就行了.

第四是本章的核心内容——我们利用平行移动将和乐性从二维曲面推广到 n 流形.

黎曼（见图 29-1）发现，与高斯在 2 曲面上用一个数 $\mathcal{K}$ 来刻画曲率不同，

---

① 流形最一般的概念实际上不需要在它上面定义距离. 但是，对于我们的目的，度量*是*研究的中心结构，所以*我们只*讨论具有度量结构的流形！这种具有正定度量的流形称为**黎曼流形**，而具有可能产生负"距离"的度量的流形称为**伪黎曼流形**，例如时空的情形. 我们并不总是说明我们提到的流形是黎曼流形或伪黎曼流形，只说它们都是有度量的流形，可能是黎曼流形，也可能是伪黎曼流形.

n 流形的广义内蕴曲率具有

$$\frac{1}{12}n^2(n^2-1) \tag{29.1}$$

个不同的分量[①]，需要用一个数组来表示. 这个用数组列阵表示的几何对象称为**黎曼张量**[②].

对于二维曲面，黎曼张量就简化（$n=2$）为单一的一个分量，就是 $\mathcal{K}$. 因为你待的房间看起来是三维的，所以你周围的空间（$n=3$）要用 6 个分量来描述曲率. 然而，当你静坐在椅子上时，你正在沿着第 4 维（时间）奔向未来. 所以在爱因斯坦弯曲的四维时空中，存在 20 个曲率分量来描述引力场，我们将在下一章讨论.

图 29-1 伯恩哈德 · 黎曼（1826—1866）

第五，我们将弄清如何将**雅可比方程**推广到 n 流形.

第六，我们将讨论黎曼曲率的平均，称为**里奇曲率张量**，这是一个具有几何意义的、特别重要的概念. 在爱因斯坦的四维弯曲时空中，里奇张量恰有曲率的完整信息的一半（全部 20 个分量中的 10 个）.

29.2 n 流形上的角盈

我们对 2 曲面的研究为理解 n 流形提供了必要的跳板. 但是，2 曲面太特殊了，不足以清楚地显示在 n 流形上所有可能和已经出现的各种现象.

然而，非常令人高兴的是，我们只要从 2 曲面上升一个维度，就能到达 3 流形，就像我们现在所处的空间一样，它也是很容易可视化的，这样就能揭示 n 流形基本上所有[③]的新特性和概念了. 因此，我们将首先把注意力集中在这个非常具

---

① 在第 389 页习题 11 中给出证明.

② 准确地理解张量的概念需要充分的准备，详见第 33 章. 为了方便读者阅读本章，译者在此尝试做两个初略的解释.

在物理学家眼里，张量就是一个可以用数组表示的物理量，例如速度（一阶张量）和刚体的应变（二阶张量）. 所谓物理量就是与坐标系无关的量，其分量（即数组中的每个数）在坐标变换中具有相应的规律.

在数学家眼里，张量就是一个与坐标系无关的多重线性映射. ——译者注

③ 也有少数现象仅在流形的维数为 $n=4$ 时才会出现. 例如，第 391 页习题 15 描述的外尔曲率张量只有当 $n\geqslant 4$ 时才存在，这是个至关重要的概念.

体的情况上，但在下一章中，我们将再次增加维度，从三维增加到四维，以便理解爱因斯坦的弯曲时空.

我们通过将 2 曲面看作嵌入在 $\mathbb{R}^3$ 中的子流形，已经有了很多重要的理解. 我们当然可以设想将 3 流形同样嵌入在一个更高维度的空间中，但这样做不再有任何可视的优点. 此外，当着眼于理解爱因斯坦的弯曲时空时，我们将仅关注 n 流形的内蕴性质，这是由其内蕴度量所决定的. 因此，接下来将始终假定我们是生活在 n 流形中的生物，并且只有其中的内蕴度量才是有意义的.

我们对曲率的量度最初是通过测地线三角形 Δ 的角盈 $\mathcal{E}(\Delta)$ 来实现的. 但是构建测地线三角形 Δ 的话，先要有测地线！在 2 曲面上，我们可以通过在曲面上拉紧细绳[①]来构建测地线. 在 3 流形中，在两点之间拉紧细绳就可以得到两点之间看似直线的连线，也可以将一束激光从一点射向另一点. 但我们不再假设 3 流形是欧几里得的 $\mathbb{R}^3$；相反，它被赋予了一个一般的非欧几里得度量. 因此，拉紧的细绳和激光束不再具有依据欧几里得空间的经验所预期的行为. 事实上，正如我们将在下一章中讨论的那样，“笔直的”光线会弯曲已在 1919 年被实验证实，从而首次验证了爱因斯坦关于物理空间的几何是弯曲的预测.

对于 2 曲面，用来构建测地线三角形 Δ 的平面只有一种可能的选择. 但在 3 流形中，这种平面的选择显然有无限个，每个平面都对应于一个法向量. 3 流形关于每个平面的曲率称为**截面曲率**，这将是 29.5.8 节的主题. 图 29-2 说明了在 3 流形中，三个正交坐标平面中的三个截面曲率：无论是大小还是正负号，它们都是独立的. 这三个测地线三角形 Δ_i 有一个共同的顶点，但各自位于不同的坐标平面上. 如图 29-2 所示，它们分别满足 $\mathcal{K}(\Delta_1)<0, \mathcal{K}(\Delta_2)=0, \mathcal{K}(\Delta_3)>0$.

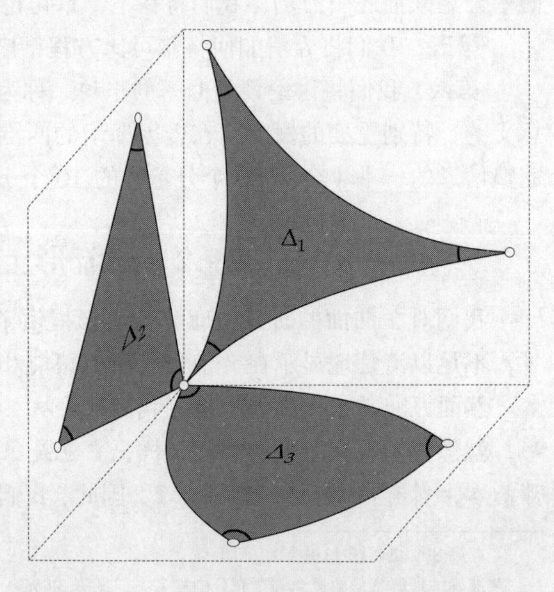

图 29-2　在 3 流形的三个相互垂直的坐标平面中构作的测地线三角形只能揭示空间的部分曲率结构，其中 $\mathcal{E}(\Delta_1)<0, \mathcal{E}(\Delta_2)=0, \mathcal{E}(\Delta_3)>0$

但是我们已经说过，一个 3 流形的黎曼张量有 6 个曲率分量，所以用这三个坐标平面中的角盈只

① 对于负曲率的情形，回忆我们将细绳夹在平行的两层曲面之间的方法.

能检测到曲率结构的一半．随着维度的增加，情况只会变得更糟：在一个 4 流形中，在 6 个不同的坐标平面中的角盈只能确定 6 个曲率分量，而黎曼张量有 20 个曲率分量．

为了探索所有的曲率分量，我们必须转向和乐性．因此，现在必须解决将平行移动从 2 曲面推广到 n 流形的这个重要任务．由于它在根本上的重要性，我们现在提供的不是一种，而是三种不同的几何结构！

29.3 平行移动：三种构作方法

29.3.1 定角锥上的最近向量

回想一下，为了沿 2 曲面上的曲线平行移动向量 $\boldsymbol{w}(p)$，基本的内蕴构作方法就是将这条曲线设为测地线 G．（如果要沿一般的曲线平行移动，我们可以用测地线分段逼近这条曲线，然后取极限．）为了实现沿 G 平行移动，只需保持 $\boldsymbol{w}_{\parallel}$ 与 G 的夹角 α 不变（同时保持 $\boldsymbol{w}_{\parallel}$ 的长度不变）．

在 3 流形上，这种构作方法就遇到麻烦了．看看图 29-3，假设我们试图将 $\boldsymbol{w}(p)$ 沿着 G 从点 p 到 q 移动一小段距离 ϵ，生成平行向量 $\boldsymbol{w}_{\parallel}(p \rightsquigarrow q)$．但是我们只知道 α 和 $\boldsymbol{w}_{\parallel}$ 的长度保持不变，而 $\boldsymbol{w}_{\parallel}(p \rightsquigarrow q)$ 可能位于锥面 $\mathcal{C}$ 上的任何位置．那么我们应该取锥面 $\mathcal{C}$ 的哪条母线为 $\boldsymbol{w}_{\parallel}(p \rightsquigarrow q)$ 呢？

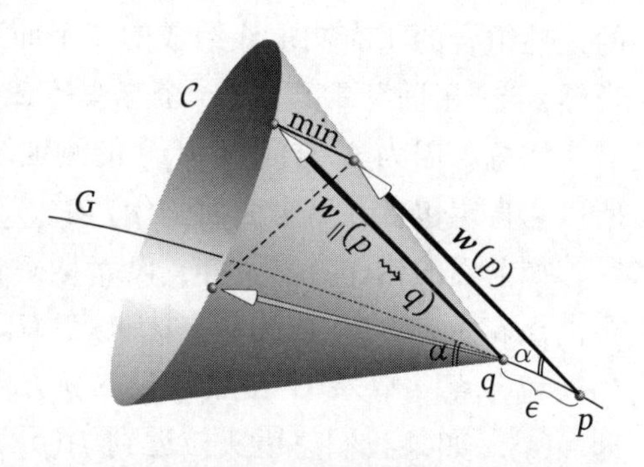

图 29-3 假设 $\boldsymbol{w}(p)$ 与测地线 G 的夹角为 α．将 $\boldsymbol{w}(p)$ 沿着 G 平行移动距离 ϵ 到达点 q，用在点 q 与 G 的夹角为 α 的向量构成锥面 $\mathcal{C}$，然后从中挑出端点最接近 $\boldsymbol{w}(p)$ 的端点的那一个

对于这个构作方法，和后面的其他构作方法，只需要明白怎么能实现类似于在 $\mathbb{R}^3$ 中的构作，因为当 $\epsilon \to 0$ 时，这两个构作是一致的．而在 $\mathbb{R}^3$ 中，$\mathcal{C}$ 的母线中平行于 $\boldsymbol{w}(p)$ 的是最靠近它的一条．所以，如图 29-3 所示，

> $\boldsymbol{w}_{\parallel}(p \rightsquigarrow q)$ 是 $\mathcal{C}$ 的母线中端点最靠近 $\boldsymbol{w}(p)$ 的端点的那条．

通过一遍又一遍地重复这个过程，我们可以将 $\boldsymbol{w}(p)$ 平行移动到 G 上我们希望达到的任何地方．

29.3.2　在平行移动平面内的定角

下一个构作的灵感再次来源于 $\mathbb{R}^3$，我们只在阿诺尔德的著作（Arnol'd, 1989, 第 305–306 页）中看到过这个构作.

为了沿 $\mathbb{R}^3$ 中的欧几里得直线 G 平行移动 $\boldsymbol{w}(p)$，首先把 $\boldsymbol{w}(p)$ 与 G 的切向量 $\boldsymbol{v}$ 一起（与前面一样，这两个向量之间的夹角为 α）张成的平面记为 $\Pi(p)$. 现在，将 $\Pi(p)$ 沿 G 平行移动得到 $\Pi_{\|}$. 最后，取 $\Pi_{\|}$ 上唯一与 $\boldsymbol{v}$ 的夹角为 α 的单位向量为 $\boldsymbol{w}(p)$ 沿 G 的平行移动向量.

当然，在 $\mathbb{R}^3$ 内，这就是浪费时间，因为这里具有绝对的平行性，不需要借助 $\Pi_{\|}$ 就可以沿 G 平行移动 $\boldsymbol{w}(p)$. 然而，这就为现在在弯曲的 3 流形（或者 n 流形）内提供了平行移动的新构作方法，见图 29-4.

在 $\mathbb{R}^3$ 内，取从点 p 出发、方向为 $\boldsymbol{v}(p)$ 和 $\boldsymbol{w}(p)$ 的线性组合的所有直线组成的平面 $\Pi(p)$. 类似地，在弯曲的 3 流形内，设 $\Pi(p)$ 是从点 p 出发、方向为 $\boldsymbol{v}(p)$ 和 $\boldsymbol{w}(p)$ 的线性组合的所有测地线组成的"平面". 当然，该"平面"事实上是一个弯曲的 2 曲面. 注意，因为 G 方向为 $\boldsymbol{v}(p)$ 的测地线，所以它肯定包含在这个曲面 $\Pi(p)$ 内.

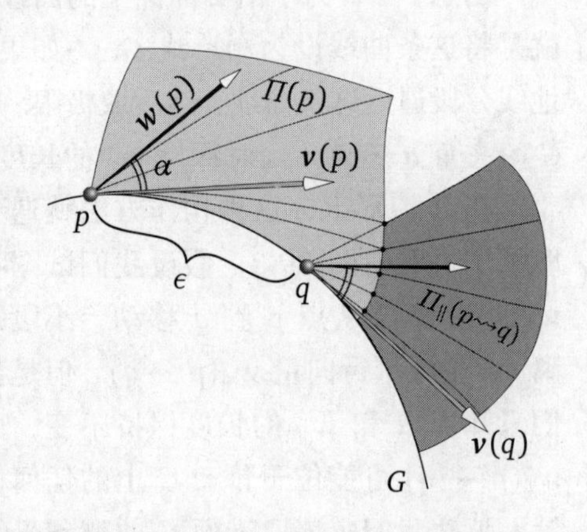

图 29-4　从点 p 出发，沿 $\boldsymbol{w}(p)$ 和 $\boldsymbol{v}(p)$ 张成的所有方向[①]画出测地线，构成"平面" $\Pi(p)$. 然后将 $\Pi(p)$ 平行移动到点 q，形成 $\Pi_{\|}(p \rightsquigarrow q)$，它是由从点 q 出发、经过 $\Pi(p)$ 上邻近点的测地线组成的

如前面的构作方法一样，设 q 是 G 上距离点 p 为 ϵ 的点. 由构作方法决定，$\Pi(p)$ 当然包含点 q 以及 G 在点 q 处的新方向，即 $\boldsymbol{v}(q)$. 如果我们将镜头拉近到 $\Pi(p)$ 上包围 q 的小区域上，它看起来就像一个欧几里得平面. 我们就可以通过从点 q 沿在 $\Pi(p)$ 上包围 q 的小区域上的所有方向发射出测地线，构作一个新的曲面 $\Pi_{\|}(p \rightsquigarrow q)$，即将 $\Pi(p)$ 平行移动到点 q 生成的曲面. 图 29-4 显示了几条这样的测地线（虚线），即从点 q 出发、经过 $\Pi(p)$ 上的邻近点（黑点）的测地线. 更详细地说，$\Pi_{\|}(p \rightsquigarrow q)$ 的测地线母线是通过将黑点拉回到点 q，取路径最短的极限获得的.

一次又一次地重复这种构作，我们可以逼近 $\Pi(p)$ 沿整条 G 的平行移动. 最后，令 $\epsilon \to 0$，我们就获得了 $\Pi(p)$ 沿整条测地线 G 上平行移动生成的 2 曲面 $\Pi_{\|}$

① 即向量 $\boldsymbol{w}(p)$ 和 $\boldsymbol{v}(p)$ 的所有线性组合. ——译者注

的连续变化，所以

> 沿测地线 G 平行移动 $\boldsymbol{w}(p)$，我们保持其长度以及它与 G 的夹角 α 都不变，同时保持它与平行移动生成的 2 曲面 $\Pi_{\|}$ 相切.

29.3.3 希尔德[①]的梯子

我们最后的这个构作也是最简单的，它是阿尔弗雷德·希尔德（1921—1977）1970 年在普林斯顿大学的一次报告（未发表）中首次提出的，后来在米斯纳、索恩和惠勒的著作（Misner, Thorne, and Wheeler 1973）中被称为*希尔德的梯子*.

在 2 曲面上，考虑非常短的切向量（事实上是曲面在切平面 $\mathbb{R}^2$ 内的向量），而不是在曲面内的向量，这样常常是有益的. 同样，在 n 流形内，可以想象在切空间 $\mathbb{R}^n$ 内非常短的向量是位于流形内的. 如果要平行移动一个在点 p 处的长切向量，因为平行移动（由定义决定）是保持长度不变的，我们可以在点 p 处的切空间 $\mathbb{R}^n$ 内用某个大因子 N 将它收缩，就可以想象收缩后它是在流形内的，然后再将它平行移动，最后在终点的切空间 $\mathbb{R}^n$ 内再用同样的大因子 N 将它放大，这样就保留了它最初的长度.

这种借助希尔德的梯子的构作方法就利用了这个便利方式，让我们可以认为要沿着 G 平行移动的这个向量 $\boldsymbol{w}(p)$ 是很短的，可以看作在流形内的一条很短的测地线段. 图 29-5 显示了借助希尔德的梯子的构作方法，并且说明了它的含义.

29.4 内蕴（又称“协变”）导数 ∇_v

之前，我们用 ∇_v 表示 $\mathbb{R}^3$ 中的方向导数，用 D_v 表示 2 曲面内的内蕴导数. 用*外在*的语言来说，我们在式 (23.3) 中看到，D_v 可以被看作 ∇_v 沿曲面的法向量 $\boldsymbol{n}$ 到曲面内的投影 $\mathcal{P}$:

$$D_v\boldsymbol{w}=\mathcal{P}[\nabla_v\boldsymbol{w}]=\nabla_v\boldsymbol{w}-(\boldsymbol{n}\cdot\nabla_v\boldsymbol{w})\boldsymbol{n}.$$

然而，正如已经提醒过的，我们不考虑将 n 流形嵌入在更高维的空间中，因此不会寻找或发现类似前面的公式. 相反，我们将用完全*内蕴*的思想来思考下面的问题.

幸运的是，我们已经有了内蕴导数的内蕴定义 (23.2)，甚至在图 23-3 中画出了它的图像. 我们来简单回顾一下这个构作.

① 阿尔弗雷德·希尔德（1921—1977），出生于土耳其的德裔美国数学家，在加拿大接受高等教育. 详见 *General Relativity and Gravitation*, Vol. 8, No.11, pp. 955–956. ——译者注

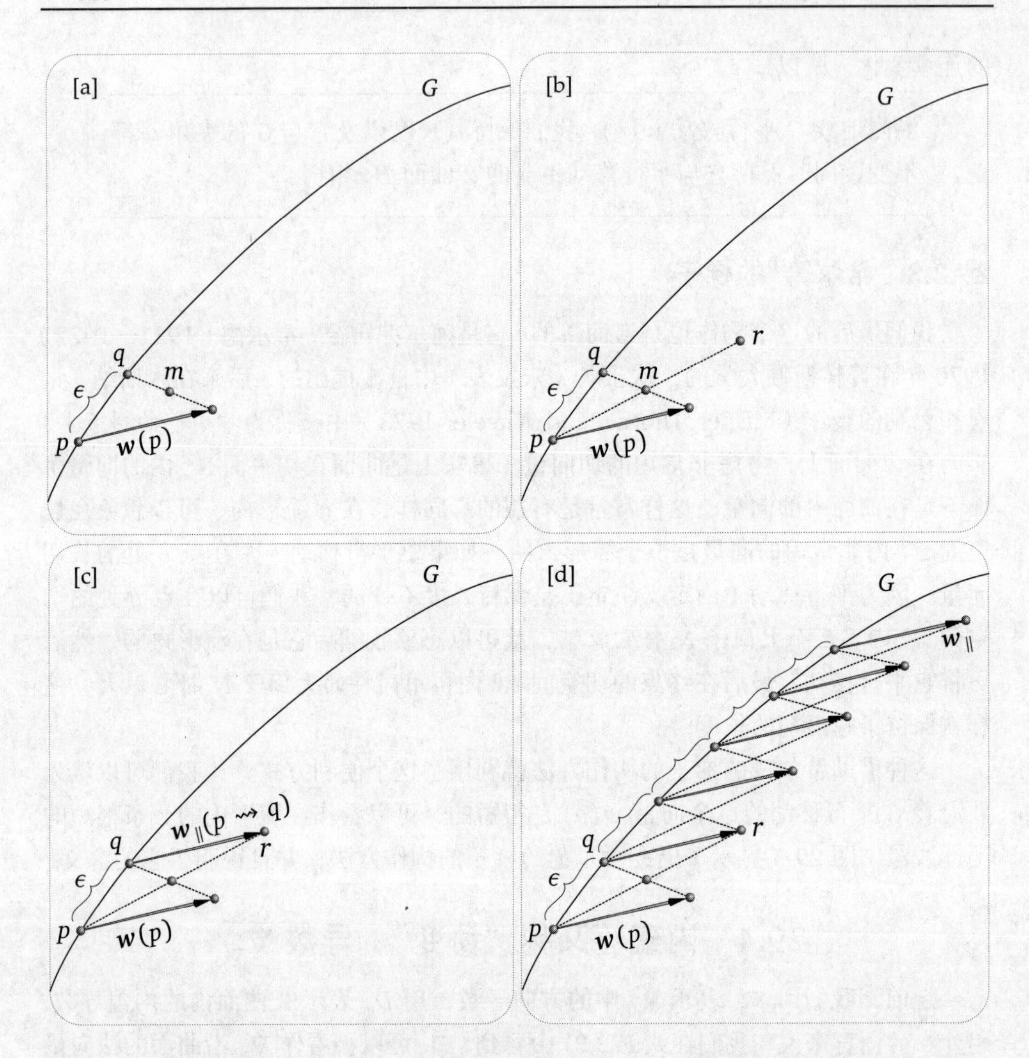

图 29-5　希尔德的梯子. [a] 沿测地线 G 移动距离 ϵ，画出点 q. 用测地线段连接 $\boldsymbol{w}(p)$ 的端点和 q，并标记其中点为 m. [b] 用另一条测地线连接点 p 和 m，再延长相同的距离，构作到终点 r 的测地线段. [c] 连接 q 和 r 就生成了希尔德梯子的第一级横档 $\asymp \boldsymbol{w}_{\parallel}(p \rightsquigarrow q)$. [d] 重复这个构作，为希尔德梯子增加更多横档. 最后，令 $\epsilon \to 0$ 就得到了沿 G 的平行移动 $\boldsymbol{w}_{\parallel}$

我们的任务是求向量场 $\boldsymbol{w}$ 在从点 p 沿单位向量 $\boldsymbol{v}$ 的方向移动时的变化率. 我们从点 p 沿 $\epsilon\boldsymbol{v}$ 移动一段很短（最终为 0）的距离 ϵ，到达点 q. 为了求出新的向量 $\boldsymbol{w}(q)$ 从其初始的 $\boldsymbol{w}(p)$ 变化了多少，我们将它从点 q 平行移动回到点 p，成为 $\boldsymbol{w}_{\parallel}(q \rightsquigarrow p)$. 然后，先求出改变 $[\boldsymbol{w}_{\parallel}(q \rightsquigarrow p) - \boldsymbol{w}(p)]$，再除以 ϵ 求出变化率.

因为我们现在知道如何在 n 流形内做平行移动 [三种方法!]，所以可以用刚刚所述的同样方法在 n 流形内定义内蕴（又称“协变”）导数. 只需变一下记号，接下来采用标准的记号，用黑体的哈密顿算子[①] $\boldsymbol{\nabla}$ 来表示**内蕴导数**：

$$\boldsymbol{\nabla}_{v}\boldsymbol{w} \asymp \frac{\boldsymbol{w}_{\parallel}(q \rightsquigarrow p)-\boldsymbol{w}(p)}{\epsilon}. \tag{29.2}$$

在接下来的讨论中，我们将证明，用实际的变化本身，而不是变化率来考虑内蕴导数会更有用：

$$\boldsymbol{w}_{\parallel}(q \rightsquigarrow p)-\boldsymbol{w}(p) \asymp \epsilon\boldsymbol{\nabla}_{v}\boldsymbol{w} = \boldsymbol{\nabla}_{\epsilon v}\boldsymbol{w}.$$

令 $\delta_{pq}\boldsymbol{w}$ 为 $\boldsymbol{w}$ 沿向量 $\boldsymbol{\epsilon} \equiv \epsilon\boldsymbol{v}$ 从点 p 到点 q 微小的内蕴变化，则

$$\delta_{pq}\boldsymbol{w} = \boldsymbol{w} \text{ 从 } \boldsymbol{\epsilon} \asymp \boldsymbol{\nabla}_{\epsilon}\boldsymbol{w} \text{ 的尾端到顶端的内蕴变化.} \tag{29.3}$$

从这个定义，立即可得

$$\boldsymbol{\nabla}_{v}\boldsymbol{w}_{\parallel} = \boldsymbol{0} \quad \Longleftrightarrow \quad \boldsymbol{w}_{\parallel} \text{ 沿着 } \boldsymbol{v} \text{ 的平行移动.}$$

如果 $\boldsymbol{v}$ 是测地线的速度向量，则它沿自身的平行移动就是它自己[②]，因此**测地线方程** (23.5) 现在具有形式：

$$\boldsymbol{\nabla}_{v}\boldsymbol{v} = \boldsymbol{0}. \tag{29.4}$$

应该指出，如果我们允许质点沿测地线运动的速率可以加快或减慢，则得到测地线方程更一般的形式，即 $\boldsymbol{\nabla}_{v}\boldsymbol{v} \propto \boldsymbol{v}$. 也就是说，$\boldsymbol{v}$ 的方向是内蕴不变的，但其大小是可以变化的.

29.5 黎曼曲率张量

29.5.1 绕一个小“平行四边形”的平行移动

正如在 2 流形（曲面）上做的一样，我们可以通过沿一个小的回路 L 平行移动单位向量 $\boldsymbol{w}_{\parallel}$ 来研究 n 流形的曲率. 具体地说，我们将尝试构作一个以两个（单位）向量场 $\boldsymbol{u}$ 和 $\boldsymbol{v}$ 为边的平行四边形作为 L.

所以，如图 29-6 所示，从点 o 开始，我们在这两个方向上放置两个短向量 $\boldsymbol{u}(o)\delta u$（连接点 o 和 a）和 $\boldsymbol{v}(o)\delta v$（连接点 o 和 p）. 为了创建平行四边形，我们

① 原文是“nabla”，读作“纳布拉”，原意是古希腊的一种乐器，形状是倒三角形. 英国数学家哈密顿用记号 ∇ 表示向量的微分. 现在称为微分算子，或哈密顿算子. ——译者注

② 即测地线 G 的切向量 v 沿 G 平行移动仍是 v，这是前面证明过的. ——译者注

再放置 $\boldsymbol{v}(a)\delta v$（连接点 a 和 b）和 $\boldsymbol{u}(p)\delta u$（连接点 p 和 q）. 但是问题是，一般来说，$q \neq b$：这个“平行四边形”没有闭合！

在下一小节中，我们将找到连接点 b 到点 q 的极小的“间隙闭合”向量 $\boldsymbol{c}$ 的公式. 现在简单地假设我们知道如何闭合这个间隙，因此能够绕闭合回路 $L = oabqpo$ 平行移动 $\boldsymbol{w}$.

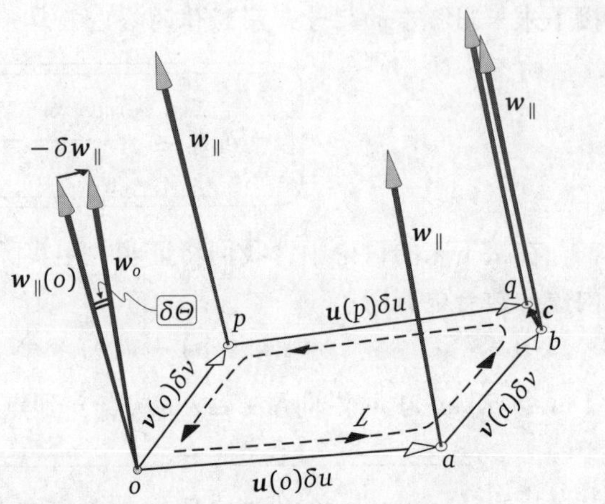

在 2 曲面内，将初始向量 $\boldsymbol{w}_o$ 平行移动后只能成为 $\boldsymbol{u}$ 和 $\boldsymbol{v}$ 所在平面内的向量. 而 3 流形（或更一般的 n 流形）的基础性新特征是 $\boldsymbol{w}$ 可以伸出它平行移动的小回路所在的平面. [1]

图 29-6 黎曼曲率的几何平均. 从点 o 开始，用两个向量场 $\boldsymbol{u}$ 和 $\boldsymbol{v}$ 创建一个很小的平行四边形 L，然后，绕 L 平行移动初始向量 $\boldsymbol{w}_o$ 生成 $\boldsymbol{w}_\parallel$. 当它返回到点 o 时生成 $\boldsymbol{w}_\parallel(o)$，它的改变量就是图中所示的**向量和乐性** $\delta \boldsymbol{w}_\parallel = -\mathcal{R}(\boldsymbol{u}\delta u, \boldsymbol{v}\delta v)\boldsymbol{w}$，其中 $\mathcal{R}$ 是**黎曼曲率算子**

设置好场景后，我们绕 L 平行移动 $\boldsymbol{w}_o$，生成 $\boldsymbol{w}_\parallel$，返回到点 o 成为 $\boldsymbol{w}_\parallel(o)$. 于是我们可以定义**向量和乐性**[2]为由曲率引起的 $\boldsymbol{w}_\parallel$ 的净变化量：

$$\delta \boldsymbol{w}_\parallel \equiv \boldsymbol{w}_\parallel(\text{在返回点 } o \text{ 时}) - \boldsymbol{w}(\text{从点 } o \text{ 出发时}).$$

在 2 曲面内，我们引入了和乐性算子 $\mathcal{R}(L)$，（当它作用于 $\boldsymbol{w}$ 时）给出了 $\boldsymbol{w}$ 沿 L 平行移动后的净旋转（和乐性）. 在 3 流形或者 n 流形中，L 可以位于无穷多个不同的平面中. 此外，对于 2 曲面，因为在平行移动其中的切向量时，整个切平面刚性地旋转，所以我们不需要注意是哪个向量 $\boldsymbol{w}$ 正在被移动：它们都旋转相同的量 $\mathcal{R}(L)$. 但在 3 流形中，$\boldsymbol{w}$ 可能会伸出 L 所在的平面，而在 n 流形中，它可以有很多独立的指向方式. 至关重要的是，向量的和乐性现在确实取决于哪个向量在回路上平行移动.

出于这两个原因，我们必须完善和推广之前的符号，并引入与平行四边形 L 的边相关的**黎曼曲率算子** $\mathcal{R}$，然后作用于平行移动的向量，产生向量和乐性：

① 2 流形（即曲面）的切空间（即切平面）是唯一的. 而 3 流形的切空间是一个 $\mathbb{R}^3$，有无穷多个切平面，所以 3 流形的切向量一般不是只在一个平面内的. 更有甚者，小回路都可能不在一个平面内. 这就与曲面有根本性的差别了. ——译者注

② 发明这个术语是因为我们不知道这个概念在其他文献中的标准名称.

$$-\delta \boldsymbol{w}_{\parallel} \equiv \mathcal{R}(\boldsymbol{u}\delta u, \boldsymbol{v}\delta v)\boldsymbol{w}.$$

正如我们所知，2 曲面的曲率 $\mathcal{K}$ 完全由单位面积上的和乐性所决定. 在 n 流形中，如图 29-6 所示，我们同样可以看到初始向量 $\boldsymbol{w}_o$ 和平行移动返回到起点 o 时的向量 $\boldsymbol{w}_{\parallel}(o)$ 之间产生了夹角 $\delta\Theta$. 由于 $\boldsymbol{w}$ 是单位向量，其顶端旋转的距离 $|\delta \boldsymbol{w}|$ 最终等于旋转角度 $\delta\Theta$.

为了简单起见，假设 $\boldsymbol{u}$ 和 $\boldsymbol{v}$ 是正交的，所以我们的平行四边形是一个面积为 $\delta\mathcal{A} = \delta u \delta v$ 的矩形. 然后可以将 $\mathcal{K}$ 推广为一个标量曲率 $\mathcal{K}(\boldsymbol{u}, \boldsymbol{v}; \boldsymbol{w})$，同样定义为单位面积的旋转量：

$$\mathcal{K}(\boldsymbol{u}, \boldsymbol{v}; \boldsymbol{w}) \asymp \frac{\delta\Theta}{\delta\mathcal{A}} \asymp \frac{|\delta \boldsymbol{w}_{\parallel}|}{\delta\mathcal{A}} \asymp |\mathcal{R}(\boldsymbol{u}, \boldsymbol{v})\boldsymbol{w}|.$$

然而，这显然不再是一个令人满意的曲率度量，因为我们已经完全丢失了关于向量和乐性 $\delta \boldsymbol{w}_{\parallel}$ 的方向这个关键信息. 正如我们将要看到的，黎曼张量是包含所有曲率信息的几何对象：既包含 $\boldsymbol{w}_{\parallel}$ 偏离 $\boldsymbol{w}_0$ 的角度 $\delta\Theta$，也包含它沿哪个方向的回路平行移动产生了这个偏离.

29.5.2 用向量换位子把这个“平行四边形”封闭起来

用来闭合平行四边形的向量 $\boldsymbol{c}$ 非常小，即使在最坏的情况下[①]也不过是 $\delta u \delta v$ 阶的，所以忽略它仍然会得到一个非常接近曲率的近似. 但是为了给黎曼张量一个数学上完美的描述，必须绕一个封闭的环路平行移动我们的向量，因此我们只能用 $\boldsymbol{c}$ 封闭这个“有毛病的平行四边形”.

我们在图 29-7 中可以从几何上直接看到，这个填补平行四边形间隙的短向量可以表示为其边的**换位子**[②]：

$$\boldsymbol{c} \asymp [\boldsymbol{v}\delta v, \boldsymbol{u}\delta u] = [\boldsymbol{v}, \boldsymbol{u}]\delta u \delta v,$$

其中

$$[\boldsymbol{v}, \boldsymbol{u}] \equiv \nabla_{\boldsymbol{v}} \boldsymbol{u} - \nabla_{\boldsymbol{u}} \boldsymbol{v}.$$

我们注意到一个很快就会用到的简单事实，那就是这个换位子是反对称的：

$$[\boldsymbol{v}, \boldsymbol{u}] = -[\boldsymbol{u}, \boldsymbol{v}].$$

① 对于绑定在坐标网格上的向量场（即平行于坐标向量的向量场——译者注），间隙完全消失.

② 也叫李括号，以伟大的挪威数学家索菲斯 · 李（Lie，发音“lee”，1842—1899）命名.

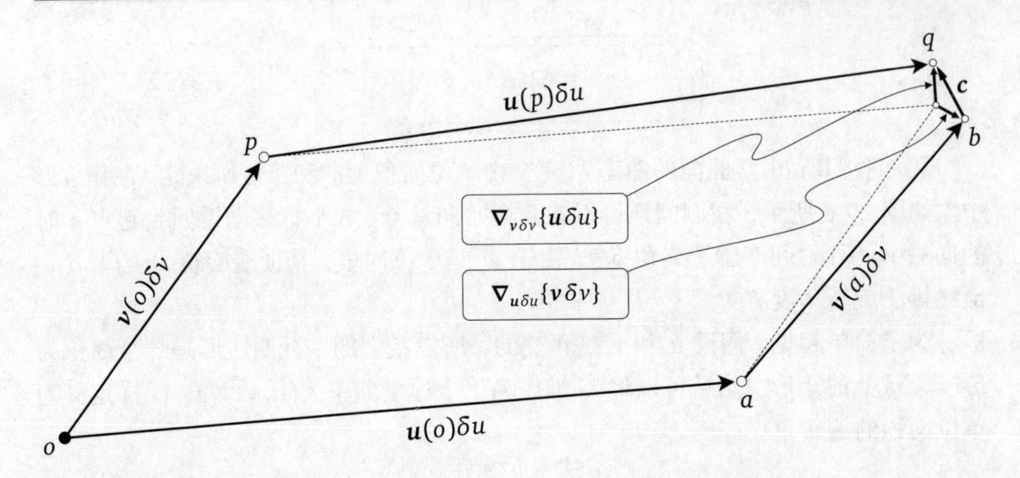

图 29-7 用几何方法证明：闭合"平行四边形"的短向量 $\boldsymbol{c}$ 是其边的**换位子**，即 $\boldsymbol{c} \asymp \nabla_{v\delta v}\{\boldsymbol{u}\delta u\} - \nabla_{u\delta u}\{\boldsymbol{v}\delta v\} = [\boldsymbol{v}, \boldsymbol{u}]\delta u \delta v$

29.5.3 黎曼曲率的一般公式

我们现在回到求 $\boldsymbol{w}_{\parallel}$ 绕闭合回路 $L = oabqpo$ 平行移动的变化 $\delta \boldsymbol{w}_{\parallel}$.

为了推动下面的论证，让我们先简要回顾一下霍普夫关于 GGB 的内蕴证明的第一个关键步骤：引入开曲线的"和乐性". 如第 298 页图 26-1 所示，引入基准向量场 $\boldsymbol{U}$ 使我们可以用当沿开曲线 K 移动时 $\angle U w_{\parallel}$（从 $\boldsymbol{U}$ 到平行移动生成的向量 $\boldsymbol{w}_{\parallel}$ 的角）的净变化来定义 K 的和乐性 $\mathcal{R}_U(K)$，即

$$\mathcal{R}_U(K) \equiv \delta_K(\angle U w_{\parallel}).$$

我们当时就提醒过你，下标 U 是必要的，因为 $\mathcal{R}_U(K)$ 确实依赖于对 $\boldsymbol{U}$ 的选择. 所以 $\mathcal{R}_U(K)$ 不具有真正的数学意义，它只是一块踏脚石，以便弄清闭合回路的和乐性的几何意义.

事实上，一个闭合多边形回路的和乐性 $\mathcal{R}(L)$ 可以表示为这个多边形每条边的"和乐性"的和，虽然每条边的和乐性确实依赖于对 $\boldsymbol{U}$ 的选择，但是它们的和 $\mathcal{R}(L) = \mathcal{K}(L)$ 可以用闭合回路内的曲率表示，这是不依赖于 $\boldsymbol{U}$ 的.

因为当我们在 2 曲面上移动时，曲面的整个切平面随之做刚体旋转，所以我们不需要指定对特定的向量 $\boldsymbol{w}$ 做平行移动.（这在 3 流形上就不对了：$\boldsymbol{w}$ 初始方向的选择会影响它绕闭合回路的向量和乐性.）

当前，我们仍考虑 2 曲面的情况，因为可以选择任意的 $\boldsymbol{w}$，所以取 $\boldsymbol{w} = \boldsymbol{U}$. 现在考虑它在一个短向量 $\boldsymbol{\epsilon}$ 方向上的和乐性的负值，即 $\boldsymbol{U}$ 相对于沿 $\boldsymbol{\epsilon}$ 平行移动生成的向量 $\boldsymbol{U}_{\parallel}$ 的变化. 取 $\boldsymbol{U}$ 的长度为 1，这个和乐性就变成了 $\boldsymbol{U}$ 的内蕴导数：

$$-\mathcal{R}_U(\epsilon) = \delta_{\epsilon}(\angle U_{\parallel} U) \asymp \nabla_{\epsilon}(\angle U_{\parallel} U) \asymp \left|\nabla_{\epsilon} U\right|.$$

我们现在回到刚才提到的问题，用这个想法来计算图 29-6 所示的 3 流形内的 $-\delta \boldsymbol{w}_{\parallel}$ 的值. 如图 29-8 所示，我们在包含平行四边形的区域内引入一个基准向量场 $\boldsymbol{w}$，即黑色箭头（其中一个是黑色箭杆，其他是白色箭杆）的向量，为了避免混乱，只画出了边 oa 上的向量. 这个向量场可以完全任意地选取，只是平行移动的是哪个初始向量 $\boldsymbol{w}_o$ 确实很重要，所以我们选取 $\boldsymbol{w}(o)=\boldsymbol{w}_o$. 然后利用定义 (29.3)，平行四边形第一条边方向上的向量和乐性的负值是①

$$
\begin{aligned}
-\delta_{oa}\boldsymbol{w}_{\parallel} &= \boldsymbol{w}(a)-\boldsymbol{w}_{\parallel} \\
&\asymp \boldsymbol{\nabla}_{u\delta u}\boldsymbol{w}(o) \\
&= \delta u \boldsymbol{\nabla}_{\boldsymbol{u}}\boldsymbol{w}(o).
\end{aligned}
$$

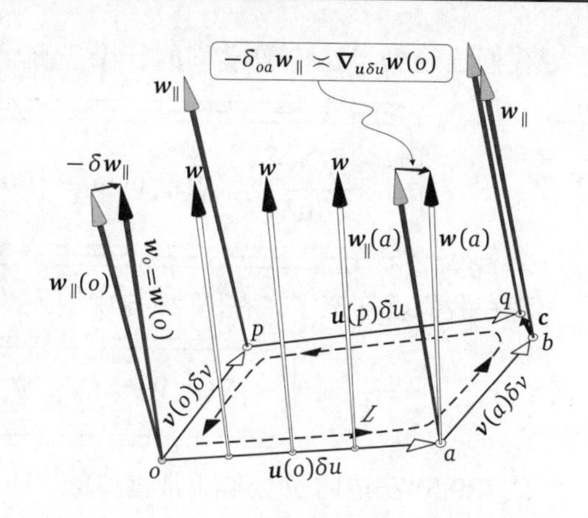

图 29-8 黎曼曲率张量. 为了计算向量和乐性，任意引入一个基准向量场 $\boldsymbol{w}$，仅要求 $\boldsymbol{w}(o)=\boldsymbol{w}_o$，它们是图中所示的黑色箭头（其中一个是黑色箭杆，其他是白色箭杆）向量（只画出了边 oa 上的）. 将所有五条边上的变化都加起来，则 $\boldsymbol{w}$ 相对于 $\boldsymbol{w}_{\parallel}$ 的变化就生成了回路的向量和乐性的负值

现在令 $\boldsymbol{w}$ 为任意选定的向量场，$\boldsymbol{w}_{\parallel}$ 为沿闭合了的平行四边形的五条边平行移动生成的向量. 我们再次应用定义 (29.3) 来求 $\boldsymbol{w}$ 相对于 $\boldsymbol{w}_{\parallel}$ 沿五条边的变化的和. 当我们回到点 o 时，$\boldsymbol{w}(o)$ 的值当然与离开 o 时的值相同，因此 $\boldsymbol{w}$ 相对于 $\boldsymbol{w}_{\parallel}$ 的净变化完全取决于 $\boldsymbol{w}_{\parallel}$ 的绝对变化，并且与基准向量场 $\boldsymbol{w}$ 的选择无关——这个净变化就是所求的向量和乐性.

我们将详细说明这个总结的每一步，并鼓励你参考图 29-8 来理解每一行的几何意义. 在理解了这个关键论点的每一步后，你值得花时间后退一步，把它作为一个单独、完整的概念来理解：

$$
\begin{aligned}
-\delta\boldsymbol{w}_{\parallel} &= -\left[\delta_{oa}\boldsymbol{w}_{\parallel}+\delta_{ab}\boldsymbol{w}_{\parallel}+\delta_{bq}\boldsymbol{w}_{\parallel}+\delta_{qp}\boldsymbol{w}_{\parallel}+\delta_{pa}\boldsymbol{w}_{\parallel}\right] \\
&\asymp \delta u\boldsymbol{\nabla}_{\boldsymbol{u}}\boldsymbol{w}(o)+\delta v\boldsymbol{\nabla}_{\boldsymbol{v}}\boldsymbol{w}(a)+\delta c\boldsymbol{\nabla}_{\boldsymbol{c}}\boldsymbol{w}(b)-\delta u\boldsymbol{\nabla}_{\boldsymbol{u}}\boldsymbol{w}(p)-\delta v\boldsymbol{\nabla}_{\boldsymbol{v}}\boldsymbol{w}(o) \\
&= \delta v\{\boldsymbol{\nabla}_{\boldsymbol{v}}\boldsymbol{w}(a)-\boldsymbol{\nabla}_{\boldsymbol{v}}\boldsymbol{w}(o)\}-\delta u\{\boldsymbol{\nabla}_{\boldsymbol{u}}\boldsymbol{w}(p)-\boldsymbol{\nabla}_{\boldsymbol{u}}\boldsymbol{w}(o)\}+\delta u\delta v\boldsymbol{\nabla}_{[\boldsymbol{u},\boldsymbol{v}]}\boldsymbol{w}(o) \\
&\asymp \delta v\{\delta u\boldsymbol{\nabla}_{\boldsymbol{u}}\boldsymbol{\nabla}_{\boldsymbol{v}}\boldsymbol{w}\}-\delta u\{\delta v\boldsymbol{\nabla}_{\boldsymbol{v}}\boldsymbol{\nabla}_{\boldsymbol{u}}\boldsymbol{w}\}-\delta u\delta v\boldsymbol{\nabla}_{[\boldsymbol{u},\boldsymbol{v}]}\boldsymbol{w} \\
&= \delta u\delta v\left\{\boldsymbol{\nabla}_{\boldsymbol{u}}\boldsymbol{\nabla}_{\boldsymbol{v}}-\boldsymbol{\nabla}_{\boldsymbol{v}}\boldsymbol{\nabla}_{\boldsymbol{u}}-\boldsymbol{\nabla}_{[\boldsymbol{u},\boldsymbol{v}]}\right\}\boldsymbol{w}(o) \\
&= \delta u\delta v\mathcal{R}(\boldsymbol{u},\boldsymbol{v})\boldsymbol{w}(o).
\end{aligned}
$$

① 在这里和下面，通过求线段中点的导数可以得到一个更精确的近似. 然而由于我们要把整个图形缩小到一点 o，并且用最终相等来处理这个极限，所以我们认为这个论证可能更容易理解，而不必采取额外的步骤.

我们已经到了这出数学剧的一个重要情节——用黎曼曲率表示的向量和乐性：

$$-\frac{\delta w_{\parallel}}{\delta u \delta v} \asymp \mathcal{R}(u,v)w = \left\{[\nabla_u, \nabla_v] - \nabla_{[u,v]}\right\} w. \tag{29.5}$$

现在我们就知道了，在图 29-6 中引入的黎曼曲率算子事实上是

$$\mathcal{R}(u,v) = [\nabla_u, \nabla_v] - \nabla_{[u,v]}. \tag{29.6}$$

式 (29.5) 左边的负号是非常重要的，所以要提醒读者注意它的起源和几何意义．右边的算子说的是，当我们走过闭合回路时，（任意）基准向量场 w（相对于 $w_{\parallel}$）的净变化．但是，我们要求的几何量是向量和乐性 $\delta w_{\parallel}$，它是相反的，是 $w_{\parallel}$ 相对于 w 的变化．

注意 $\mathcal{R}$ 是反对称的：

$$\mathcal{R}(u,v) = -\mathcal{R}(v,u) \quad \Longrightarrow \quad \mathcal{R}(u,u) = \mathbf{0}. \tag{29.7}$$

第一个等式在几何上是显然的，因为它就是说，如果我们用相反的方向走过平行四边形，则向量和乐性也被反转方向了．同样，可以认为第二个等式是说，沿着任意向量 u 的一小段，来回平行移动任意一个向量，则它会回到原样．

现在只需要稍微改变一下符号，就能最终得到著名的黎曼曲率张量 R 的标准定义，它是一个输入三个向量、输出一个向量值的映射 $R(u,v;w)$：[①]

$$R(u,v;w) \equiv \mathcal{R}(u,v)w = \left\{[\nabla_u, \nabla_v] - \nabla_{[u,v]}\right\} w. \tag{29.8}$$

关于记号习惯的注释：对于 R 的括号内向量的排列，不同的作者用法不同．例如，米斯纳、索恩和惠勒的著作（Misner, Thorne, and Wheeler 1973）中用的记号与我们上面用的 $\mathcal{R}(u,v)w$ 一样，但是在上式左边，他们在 $R(u,v;w)$ 的括号内安排的向量使得他们的 R 是我们的负值．

29.5.4　黎曼曲率是一个张量

正如我们将在第五幕中更详细地讨论的那样，张量（根据定义）是一个输入多个向量[②]的线性函数．我们现在要解释的是 R 确实是重线性的：

① 使用分号将平行四边形向量与平行移动的向量分开的记号并不完全是标准的，但我们认为它是有用的（彭罗斯也用这个记号！）

② 在第五幕中，我们将推广这个定义得到标准定义，允许输入向量和 1 形式（在第五幕开始时引入）．

当三个输入向量中的任意两个保持不变时，$\boldsymbol{R}(\boldsymbol{u},\boldsymbol{v};\boldsymbol{w})$ 是第三个输入向量的线性函数[1].

此外，尽管式 (29.8) 是由导数建立的，但黎曼曲率只取决于位于特定点的三个向量的值，这个特定点就是计算 $\boldsymbol{R}$ 的那个点——即黎曼曲率与向量在该点附近如何变化无关. 从计算的角度来看，这似乎是完全矛盾的，但这在几何上是有意义的，因为 $\boldsymbol{R}$ 告诉我们空间本身的曲率，而向量仅仅针对这个曲率的某个特定部分（或分量）.

总而言之，

定义张量的两个性质：

- 输出线性依赖于每一个输入向量；
- 输出只依赖于在求值点的输入向量.

首先，我们证明关于括号中 $\boldsymbol{w}$ 的线性性质. 假设 $\boldsymbol{w}=k_1\boldsymbol{w}_1+k_2\boldsymbol{w}_2$，其中 k_1 和 k_2 都是常数. 如果 $\boldsymbol{w},\boldsymbol{w}_1,\boldsymbol{w}_2$ 都是绕 L（从 o 出发）平行移动生成的向量，其中 L 是以 $\boldsymbol{u}$ 和 $\boldsymbol{v}$ 为边的小（最终为 0 的）平行四边形，则

$$\delta\boldsymbol{w}_{\parallel}=k_1\delta[\boldsymbol{w}_1]_{\parallel}+k_2\delta[\boldsymbol{w}_2]_{\parallel}.$$

所以，对黎曼曲率的几何解释 (29.5) 意味着

$$\boldsymbol{R}(\boldsymbol{u},\boldsymbol{v};k_1\boldsymbol{w}_1+k_2\boldsymbol{w}_2)=k_1\boldsymbol{R}(\boldsymbol{u},\boldsymbol{v};\boldsymbol{w}_1)+k_2\boldsymbol{R}(\boldsymbol{u},\boldsymbol{v};\boldsymbol{w}_2).$$

当然，这也可以通过计算立即得到证实：只需使用式 (29.8) 和内蕴导数是线性的这个简单的事实. 例如，

$$\boldsymbol{\nabla}_{\boldsymbol{v}}[k_1\boldsymbol{w}_1+k_2\boldsymbol{w}_2]=k_1\boldsymbol{\nabla}_{\boldsymbol{v}}\boldsymbol{w}_1+k_2\boldsymbol{\nabla}_{\boldsymbol{v}}\boldsymbol{w}_2.$$

其次，为了检验张量定义的第二个要求，假设我们将 o 附近的 $\boldsymbol{w}^{\text{OLD}}$ 换成 $\boldsymbol{w}^{\text{NEW}}=f\boldsymbol{w}^{\text{OLD}}$，其中 f 是位置的任意（可微）函数，只要求 $f(o)=1$，因此 $\boldsymbol{w}^{\text{NEW}}(o)=\boldsymbol{u}^{\text{OLD}}(o)$.

在这一点上，我们强烈建议暂停一下，做一些冗长（但直接）的计算. 通过计算证明，当在 o 处求值时，

$$\boldsymbol{R}\big(\boldsymbol{u},\boldsymbol{v};\boldsymbol{w}^{\text{NEW}}\big)=\boldsymbol{R}\big(\boldsymbol{u},\boldsymbol{v};\boldsymbol{w}^{\text{OLD}}\big).$$

如果你做了这个计算，会发现有四项涉及 f 的导数，但是它们都“奇迹般地”相互抵消了！（注意：这不是庆祝的理由——看看序幕中对“假奇迹”的定义吧！）

[1] 按我们习惯的说法，是一个从向量到向量的线性映射. ——译者注

幸运的是，可以直接从几何的角度来理解这一点，因为基准向量场 $\boldsymbol{w}$ 沿 L 以任何方式（不仅扩展了 f）的变化完全不会影响初始向量绕 L 平行移动的几何意义，所以绝对不会影响向量和乐性！因此，$\boldsymbol{R}(\boldsymbol{u},\boldsymbol{v};\boldsymbol{w})$ 确实只取决于 $\boldsymbol{w}$ 在 o 处的值.

现在让我们把注意力转向括号中的前两项，从定义张量的第二个性质开始. 在回路收缩到点 o 的极限中，构作出 $\boldsymbol{w}$ 做平行移动的环绕回路只需要 $\boldsymbol{u}(o)$ 和 $\boldsymbol{v}(o)$ 的值就可以. 因此向量和乐性，以及 $\boldsymbol{R}$，只取决于这两个输入向量在 o 处的值.

为了见证几何观点的决定性优点，也作为利用式 (29.8) 进行计算的品格培养练习，我们用以前对 $\boldsymbol{w}$ 的做法来对付 $\boldsymbol{u}$. 在点 o 的附近将 $\boldsymbol{u}^{\text{OLD}}$ 改变为 $\boldsymbol{u}^{\text{NEW}} = f\boldsymbol{u}^{\text{OLD}}$，其中 f 是任意函数. 你可以试试（直接利用公式）证明

$$\boldsymbol{R}(\boldsymbol{u}^{\text{NEW}},\boldsymbol{v};\boldsymbol{w}) = \boldsymbol{R}(f\boldsymbol{u}^{\text{OLD}},\boldsymbol{v};\boldsymbol{w}) = f\boldsymbol{R}(\boldsymbol{u}^{\text{OLD}},\boldsymbol{v};\boldsymbol{w}).$$

因此，如果我们再次令 $f(o)=1$，以确保 $\boldsymbol{u}^{\text{NEW}}(o)=\boldsymbol{u}^{\text{OLD}}(o)$，则

$$\boldsymbol{R}(\boldsymbol{u}^{\text{NEW}},\boldsymbol{v};\boldsymbol{w})(o) = \boldsymbol{R}(\boldsymbol{u}^{\text{OLD}},\boldsymbol{v};\boldsymbol{w})(o),$$

这是符合张量的要求的.

最后，我们转向关于括号中前两项的线性性质. 由于反对称性 (29.7)，只要能证明关于括号中的某一项是线性的就行了. 在此，是从几何方面还是从计算方面证明没有本质上的区别. 我们把非常简短的计算留给你，它表明，

$$\boldsymbol{R}(k_1\boldsymbol{u}_1 + k_2\boldsymbol{u}_2,\boldsymbol{v};\boldsymbol{w}) = k_1\boldsymbol{R}(\boldsymbol{u}_1,\boldsymbol{v};\boldsymbol{w}) + k_2\boldsymbol{R}(\boldsymbol{u}_2,\boldsymbol{v};\boldsymbol{w}).$$

重要结论：黎曼曲率确实是一个张量！

29.5.5 黎曼张量的分量

为了给出几何对象的数值描述，我们对 n 流形的每个点的切空间 $\mathbb{R}^n$ 引入一组标准正交基向量 $\{\boldsymbol{e}_i\}$. 于是，几何向量 $\boldsymbol{u}$ 可由其数值分量 $\{u^i\}$ 表示，其中 $\boldsymbol{u} = \sum_i u^i\boldsymbol{e}_i$. 提醒：当处理分量时，我们必须记住这里的上标是分量位置的标记，而不是幂！

对于更复杂的几何对象，例如黎曼张量，就要求多重不同的指标来表示它的分量，从而会导致多重求和. 我们总是可以把求和指标中的一个安排成上标，一个安排成下标.

因此，爱因斯坦引入了一个不易混淆的简单约定，称为**爱因斯坦求和约定**[①]，

① 还有一个**爱因斯坦指标约定**（或称**爱因斯坦第一约定**）：用作下标或上标的拉丁字母取遍从 1 到空间维数（例如 n）的正整数值. 本书已经采用了这个约定. 指标约定和求和约定统称为**爱因斯坦约定**. 这两个约定，特别是求和约定，使得铅字排版的操作方便了很多. 据说这两个约定就是一个排字工向爱因斯坦建议的. 见 Barry Spain, *Tensor Calculus*. ——译者注

通过这个约定，可以省略求和号，将成对出现的上标和下标理解为求和. 例如

$$\boldsymbol{u}=\sum_{i=1}^{n}u^i\boldsymbol{e}_i \iff \text{爱因斯坦求和约定：} \boldsymbol{u}=u^i\boldsymbol{e}_i.$$

为了求出黎曼张量的分量，我们将其三个输入向量分解成分量形式：

$$\boldsymbol{u}=u^i\boldsymbol{e}_i,\quad \boldsymbol{v}=v^j\boldsymbol{e}_j,\quad \boldsymbol{w}=w^k\boldsymbol{e}_k.$$

于是，

$$\boldsymbol{R}(\boldsymbol{u},\boldsymbol{v};\boldsymbol{w})=\boldsymbol{R}(u^i\boldsymbol{e}_i,v^j\boldsymbol{e}_j;w^k\boldsymbol{e}_k)=\boldsymbol{R}(\boldsymbol{e}_i,\boldsymbol{e}_j;\boldsymbol{e}_k)u^iv^jw^k.$$

我们现在可以定义黎曼张量的分量 $R_{ijk}{}^{l}$ 为当黎曼张量作用于三个基向量时得到的相应系数：

$$\boldsymbol{R}(\boldsymbol{e}_i,\boldsymbol{e}_j;\boldsymbol{e}_k)\equiv R_{ijk}{}^{l}\boldsymbol{e}_l.$$

这样，$\boldsymbol{R}$ 对于一般向量的作用就可以方便地用这些系数表示为：

$$\boldsymbol{R}(\boldsymbol{u},\boldsymbol{v};\boldsymbol{w})=\left[R_{ijk}{}^{l}u^iv^jw^k\right]\boldsymbol{e}_l.$$

为了后面的应用，我们还定义，

$$R_{ijkm}\equiv\boldsymbol{R}(\boldsymbol{e}_i,\boldsymbol{e}_j;\boldsymbol{e}_k)\cdot\boldsymbol{e}_m. \tag{29.9}$$

因为我们选择正交基，若 $l\neq m$ 则 $\boldsymbol{e}_l\cdot\boldsymbol{e}_m=0$，若 $l=m$ 则 $\boldsymbol{e}_l\cdot\boldsymbol{e}_m=1$，所以

$$R_{ijkm}=R_{ijk}{}^{m}. \tag{29.10}$$

29.5.6 对于固定的 $\boldsymbol{w}_o$，向量的和乐性只依赖于回路所在的平面及其所围面积

在 2 曲面内，一个小回路 L 的和乐性 $\mathcal{R}(L)\asymp\mathcal{K}\delta\mathcal{A}$ 只依赖于 L 的面积 $\delta\mathcal{A}$，与其形状无关. 而在 n 流形内，L 所在的平面有很多相互独立的选择. 所以我们定义，

$$\Pi(\boldsymbol{u},\boldsymbol{v})\equiv \text{由 } \boldsymbol{u} \text{ 和 } \boldsymbol{v} \text{ 张成的平面.}$$

对 $\Pi(u,v)$ 的选择当然会影响向量和乐性. 对于给定的 $\boldsymbol{w}_o$，向量和乐性仅依赖于 Π 本身，以及回路的面积：

> 如果绕平面 Π 上的小面积（最终为 0 的）平行四边形平行移动 $\boldsymbol{w}_o$，则向量和乐性正比于平行四边形的面积 $\delta\mathcal{A}$，且独立于其形状. (29.11)

我们将用计算证明这一点，以便展示张量的分量这个全新工具的实力. 将 $\boldsymbol{e}_1$ 和 $\boldsymbol{e}_2$ 选在 L 所在的平面内，则利用爱因斯坦求和约定，

$$\boldsymbol{u}\delta u = \delta u^1\boldsymbol{e}_1 + \delta u^2\boldsymbol{e}_2 = \delta u^i\boldsymbol{e}_i \quad \text{且} \quad \boldsymbol{v}\delta v = \delta v^1\boldsymbol{e}_1 + \delta v^2\boldsymbol{e}_2 = \delta v^i\boldsymbol{e}_i.$$

于是，回路所围的面积为

$$\delta\mathcal{A} = \begin{vmatrix} \delta u^1 & \delta v^1 \\ \delta u^2 & \delta v^2 \end{vmatrix} = \delta u^1\delta v^2 - \delta u^2\delta v^1.$$

若 $\boldsymbol{w}_o = w_o^k\boldsymbol{e}_k$ 且 $\delta\boldsymbol{w}_\parallel = \delta w_\parallel^l\boldsymbol{e}_l$，则

$$\begin{aligned} -\delta\boldsymbol{w}_\parallel &= -\delta w_\parallel^l\boldsymbol{e}_l \\ &= \boldsymbol{R}(\boldsymbol{u}\delta u, \boldsymbol{v}\delta v; \boldsymbol{w}_o) \\ &= \boldsymbol{R}(\delta u^i\boldsymbol{e}_i, \delta v^j\boldsymbol{e}_j; w_o^k\boldsymbol{e}_k) \\ &= \delta u^i\delta v^j w_o^k R_{ijk}{}^l\boldsymbol{e}_l. \end{aligned}$$

根据式 (29.7)

$$R_{11k}{}^l = 0 = R_{22k}{}^l \quad \text{且} \quad R_{21k}{}^l = -R_{12k}{}^l.$$

所以，向量和乐性为

$$-\delta\boldsymbol{w}_\parallel = -\delta w_\parallel^l\boldsymbol{e}_l \asymp \delta\mathcal{A}\left[R_{12k}{}^l w_o^k\right]\boldsymbol{e}_l, \tag{29.12}$$

这就完成了对结论 (29.11) 的证明.

29.5.7 黎曼张量的对称性

有了定义 (29.9)，有人可能会天真地以为 3 流形上黎曼张量的独立分量 R_{ijkm} 的个数为 $3^4 = 81$. 然而，我们已经说过，真正的独立分量只有六个！这种戏剧性的缩减是由于黎曼张量具有四种显著的代数对称性.

我们在式 (29.7) 已经见到过第一种对称性：$\boldsymbol{R}(\boldsymbol{u}, \boldsymbol{v}; \boldsymbol{w})$ 关于括号中的前两项是反对称的，这就意味着

$$R_{jikm} = -R_{ijkm}.$$

这就立即使得独立分量的个数从 81 减少到 27 [练习].

现在我们证明了另一种不那么明显的对称性，即 R_{ijkm} 关于最后两个指标也是反对称的：

$$R_{ijmk} = -R_{ijkm}. \tag{29.13}$$

这就进一步将独立分量的个数从 27 减少到 9 [练习].

因为平行移动保持长度不变，所以 $\boldsymbol{w}_o$ 在回到点 o 时变成略微旋转了一点的向量 $\boldsymbol{w}_{\parallel}(o)$，于是连接这两个向量顶端的向量 $\delta\boldsymbol{w}_{\parallel}$ 最终与这两个向量正交：

$$\delta\boldsymbol{w}_{\parallel}\cdot\boldsymbol{w}_o=0 \quad\Longrightarrow\quad [\mathcal{R}(\boldsymbol{u},\boldsymbol{v})\boldsymbol{w}_o]\cdot\boldsymbol{w}_o=0.$$

现在设 $\boldsymbol{x}$ 和 $\boldsymbol{y}$ 为任意向量．令 $\boldsymbol{w}_o=\boldsymbol{x}+\boldsymbol{y}$，则

$$\begin{aligned}0&=[\mathcal{R}(\boldsymbol{u},\boldsymbol{v})(\boldsymbol{x}+\boldsymbol{y})]\cdot(\boldsymbol{x}+\boldsymbol{y})\\&=[\mathcal{R}(\boldsymbol{u},\boldsymbol{v})\boldsymbol{x}]\cdot\boldsymbol{x}+[\mathcal{R}(\boldsymbol{u},\boldsymbol{v})\boldsymbol{x}]\cdot\boldsymbol{y}+[\mathcal{R}(\boldsymbol{u},\boldsymbol{v})\boldsymbol{y}]\cdot\boldsymbol{x}+[\mathcal{R}(\boldsymbol{u},\boldsymbol{v})\boldsymbol{y}]\cdot\boldsymbol{y}\\&=0+[\mathcal{R}(\boldsymbol{u},\boldsymbol{v})\boldsymbol{x}]\cdot\boldsymbol{y}+[\mathcal{R}(\boldsymbol{u},\boldsymbol{v})\boldsymbol{y}]\cdot\boldsymbol{x}+0.\end{aligned}$$

因此

$$[\mathcal{R}(\boldsymbol{u},\boldsymbol{v})\boldsymbol{x}]\cdot\boldsymbol{y}=-[\mathcal{R}(\boldsymbol{u},\boldsymbol{v})\boldsymbol{y}]\cdot\boldsymbol{x}, \tag{29.14}$$

并且由式 (29.9) 立即可得式 (29.13).

为了完整起见，我们现在来陈述黎曼张量剩下的两种对称性.

首先，**代数比安基恒等式**[①]表明，如果前三个向量循环排列，则它们的和为 0：

$$\mathcal{R}(\boldsymbol{u},\boldsymbol{v})\boldsymbol{w}+\mathcal{R}(\boldsymbol{v},\boldsymbol{w})\boldsymbol{u}+\mathcal{R}(\boldsymbol{w},\boldsymbol{u})\boldsymbol{v}=\boldsymbol{0}\Longleftrightarrow R_{ijkm}+R_{jkim}+R_{kijm}=0. \tag{29.15}$$

第 388 页习题 10 给出了这个结果的计算证明和几何证明.

其次，黎曼张量关于交换第一对和第二对向量也是对称的：

$$[\mathcal{R}(\boldsymbol{u},\boldsymbol{v})\boldsymbol{x}]\cdot\boldsymbol{y}=[\mathcal{R}(\boldsymbol{x},\boldsymbol{y})\boldsymbol{u}]\cdot\boldsymbol{v} \quad\Longleftrightarrow\quad R_{ijkm}=R_{kmij}. \tag{29.16}$$

这虽然是非常有用的结论，但不是真正的新对称性，只是前面的对称性的推论，其计算证明可见第 388 页习题 10.

利用这些对称性，就可以验证 [练习][②] 3 流形的黎曼张量只有六个独立分量．更一般的，第 389 页习题 11 证明了 n 流形的黎曼张量正如式 (29.1) 所声称的，具有 $\frac{1}{12}n^2(n^2-1)$ 个独立分量.

最后，在以上四种对称性之外，还有第五种不同的对称性（对爱因斯坦引力理论至关重要），称为**微分比安基恒等式**[③]：

$$\boldsymbol{\nabla}_{\boldsymbol{x}}\mathcal{R}(\boldsymbol{u},\boldsymbol{v})\boldsymbol{w}+\boldsymbol{\nabla}_{\boldsymbol{u}}\mathcal{R}(\boldsymbol{v},\boldsymbol{x})\boldsymbol{w}+\boldsymbol{\nabla}_{\boldsymbol{v}}\mathcal{R}(\boldsymbol{x},\boldsymbol{u})\boldsymbol{w}=\boldsymbol{0}, \tag{29.17}$$

---

① 也称为第一比安基恒等式或比安基对称性，但它实际上是里奇发现的.

② 首先列出六个独立分量，然后你就会看到：所有其他分量都可以利用对称性求出.

③ 也称为第二比安基恒等式．根据派斯的著作（Pais, 1982, 第 275–276 页），这个恒等式首先是奥雷尔 · 沃斯在 1880 年发现的，然后分别被里奇在 1889 年、比安基在 1902 年发现．但是，沃斯也不是第一发现者——见图 29-10！

其中前三个向量是循环排列的，就像代数比安基恒等式中一样．这个结果的证明是完全不一样的，我们会在 38.12.4 节利用曲率 2 形式优雅地证明它．

29.5.8 截面曲率

在 2 曲面中，高斯曲率 $\mathcal{K}$ 表现为一个向量的单位面积和乐性，这个向量必然驻留在它平行移动的回路所在的平面内．但是在 3 流形（或 n 流形）内，$\boldsymbol{w}_o$ 通常会伸出这个平面．然而，我们可以自由地选择它就在 $\Pi(\boldsymbol{u},\boldsymbol{v})$ 内，希望能够恢复类似于 2 曲面的曲率概念．

然而，一开始我们就遇到困难了：

> 即使初始向量 $\boldsymbol{w}_o$ 取在平面 $\Pi(\boldsymbol{u},\boldsymbol{v})$ 内，然后绕 Π 内的一个回路平行移动它，在回到起点 o 的过程中，也不能保证它只在 Π 内旋转．平行移动生成的向量 $\boldsymbol{w}_\parallel$ 通常会伸出 Π．

为了克服这个困难，我们就要关注 $\boldsymbol{w}_\parallel$ 在 Π 内的正交投影 $\mathcal{P}[\boldsymbol{w}_\parallel]$．正式地说，如果 $\Pi=\Pi(\boldsymbol{e}_1,\boldsymbol{e}_2)$，则这个正交投影算子 $\mathcal{P}$ 定义为

$$\mathcal{P}[a^1\boldsymbol{e}_1+a^2\boldsymbol{e}_2+a^3\boldsymbol{e}_3]=a^1\boldsymbol{e}_1+a^2\boldsymbol{e}_2.$$

我们要证明如下结论：

> 设 $\boldsymbol{w}_o$ 是 Π 内的任意向量，它绕 Π 内的一个回路平行移动生成 $\boldsymbol{w}_\parallel$．令 $\boldsymbol{w}_\parallel$ 在 Π 内的投影为 $\mathcal{P}(\boldsymbol{w}_\parallel)$，定义 $\mathcal{K}(\boldsymbol{u},\boldsymbol{v})$ 为 $\mathcal{P}(\boldsymbol{w}_\parallel)$ 的单位面积旋转，则 $\mathcal{K}(\boldsymbol{u},\boldsymbol{v})$ 与 $\boldsymbol{w}_o$ 的选择无关．

因此曲率 $\mathcal{K}(\boldsymbol{u},\boldsymbol{v})=\mathcal{K}(\Pi)$ 只依赖于平面 Π，称为 $\Pi(\boldsymbol{u},\boldsymbol{v})$ 的**截面曲率**．

要证明这个结论，只需利用一般的向量和乐性公式 (29.12)，并取 $\boldsymbol{w}_o$ 在平面 $\Pi(\boldsymbol{u},\boldsymbol{v})=\Pi(\boldsymbol{e}_1,\boldsymbol{e}_2)$ 内：

$$\boldsymbol{w}_o=w_o^1\boldsymbol{e}_1+w_o^2\boldsymbol{e}_2.$$

为简便起见，仍假设它是单位向量．将式 (29.12) 写成列向量的形式，再利用式 (29.10)，可知 $\mathcal{P}[\delta\boldsymbol{w}_\parallel]$ 是

$$-\begin{bmatrix}\delta w_\parallel^1\\ \delta w_\parallel^2\end{bmatrix}=\begin{bmatrix}R_{12k}{}^1w_o^k\\ R_{12k}{}^2w_o^k\end{bmatrix}\delta\mathcal{A}=\begin{bmatrix}R_{121}{}^1w_o^1+R_{122}{}^1w_o^2\\ R_{121}{}^2w_o^1+R_{122}{}^2w_o^2\end{bmatrix}\delta\mathcal{A}=\begin{bmatrix}R_{1211}w_o^1+R_{1221}w_o^2\\ R_{1212}w_o^1+R_{1222}w_o^2\end{bmatrix}\delta\mathcal{A}.$$

但是由反对称性 (29.13) 有

$$R_{1211}=0=R_{1222}\quad 且\quad R_{1221}=-R_{1212}.$$

所以，就可以正式定义**截面曲率**为

$$\mathcal{K}(\Pi)\equiv\mathcal{K}(\boldsymbol{e}_1,\boldsymbol{e}_2)\equiv[\mathcal{R}(\boldsymbol{e}_1,\boldsymbol{e}_2)\boldsymbol{e}_2]\cdot\boldsymbol{e}_1=R_{1221},\tag{29.18}$$

也就是说，它是 $\boldsymbol{e}_2$ 绕 $\{\boldsymbol{e}_1,\boldsymbol{e}_2\}$ 回路平行移动的和乐性在 $\boldsymbol{e}_1$ 上的投影．于是

$$\mathcal{P}[\delta\boldsymbol{w}_{\parallel}]=\begin{bmatrix}\delta w_{\parallel}^1\\ \delta w_{\parallel}^2\end{bmatrix}\asymp\begin{bmatrix}-w_o^2\\ w_o^1\end{bmatrix}\mathcal{K}(\Pi)\delta\mathcal{A}=\boldsymbol{w}_{\perp}\mathcal{K}(\Pi)\delta\mathcal{A}, \tag{29.19}$$

其中的 $\boldsymbol{w}_{\perp}$ 就是 $\boldsymbol{w}_o$ 在 Π 内旋转一个直角，如图 29-9 所示．

因此，投影 $\mathcal{P}[\boldsymbol{w}_{\parallel}]$ 绕面积为 $\delta\mathcal{A}$ 的回路平行移动后被旋转的角度 $\delta\Theta$ 满足 $\delta\Theta\asymp\mathcal{K}(\Pi)\delta\mathcal{A}$，与 $\boldsymbol{w}_o$ 无关．我们绕了一圈，回到了最初的观点，即曲率是指 2 曲面内单位面积的和乐性：

$$\frac{\delta\Theta}{\delta\mathcal{A}}\asymp\mathcal{K}(\Pi)=R_{1221}. \tag{29.20}$$

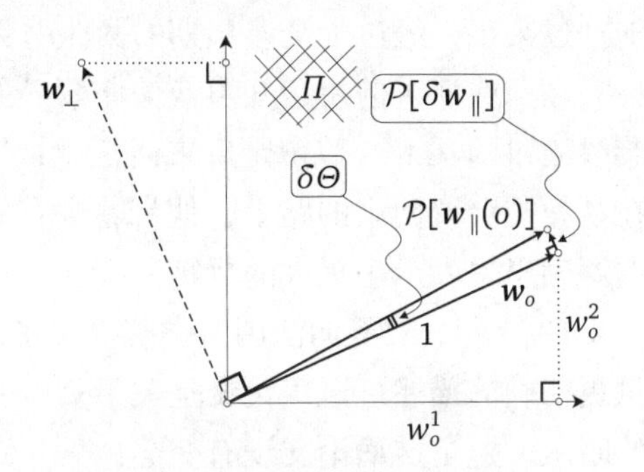

图 29-9 如果 $\boldsymbol{w}_o$ 在回路所在的平面 Π 内，则平行移动生成的向量在 Π 内的投影旋转了 $\delta\Theta\asymp\left|\delta\mathcal{P}[\boldsymbol{w}_{\parallel}]\right|\asymp\mathcal{K}(\Pi)\delta\mathcal{A}$，其中 $\mathcal{K}(\Pi)$ 是 Π 的截面曲率

只是现在有很多这样的截面曲率，取决于我们在哪个平面 Π 内平行移动．

正如前面提到的，仅仅知道正交坐标平面上的截面曲率，只能给出空间黎曼曲率的一个很不完整[①]的描述．但是如果我们知道所有平面 Π 的 $\mathcal{K}(\Pi)$ 呢？

事实证明，这足以重建完整的黎曼张量！在标准教科书中很难找到这种讨论，但屈内尔的著作（Kühnel 2015, 第 247 页）给出了 $[\mathcal{R}(\boldsymbol{u},\boldsymbol{v})\boldsymbol{x}]\cdot\boldsymbol{y}$ 的显式公式，将它表示为 18 个截面曲率之和，这 18 个平面由黎曼曲率的四个输入向量的线性组合构成．

29.5.9 关于黎曼张量起源的历史注记

黎曼于 1854 年 6 月 10 日在哥廷根大学的一次演讲中拐弯抹角地宣布了他发现的张量．这是他申请成为无薪教员时被强制要求做的演讲，主要面向非数学类的听众．

他在这个演讲中发表了玄妙深奥的声明（没有提供丝毫证据），只包含一个公式：常曲率 n 流形的度量公式．但听众中确实有一位数学家理解了他的意思，正是他迫使黎曼从头开始进行这项研究，这个人就是卡尔 · 弗里德里希 · 高斯．

按照规则的要求，黎曼为这次强制性的演讲提供了三个备选题目，其中第一

① 在 29.7 节中，我们将（惊讶地）看到，这些截面曲率的和仍然包含了关键的几何信息．

个现在称为黎曼曲面. 这是他刚刚完成的，具有突破性的博士工作. 按照惯例，高斯应该选择这个题目，这也是黎曼做了充分准备的演讲内容. 但是高斯没有选这个题目，而是挑选了黎曼的第三个备选题目：几何基础.

所以，黎曼不得不在刚刚完成他的博士杰作之后，从头开始一项重大的全新研究. 这项工作的压力，再加上生活贫困，导致黎曼再次遭受精神崩溃的折磨. 但他扛过来了，经过七个多星期的紧张努力，他准备好了 6 月 10 日的演讲.

高斯在演讲前是否知道或关心黎曼的困境不得而知，我们所知道的是高斯对黎曼演讲的反应. 戴德金后来回忆说，"这超出了高斯所有的预期，他非常惊讶，在从教授会议回来的路上，他带着少有的兴奋与威廉 · 韦伯交谈，对黎曼所提出的深刻思想表示了极大的赞赏".

1861 年，黎曼向法国科学院提交了一份报奖的论文，其中包含一个对黎曼张量更精确的描述. 这篇论文是关于热传导的，对热传导的几何意义只做了最简短的暗示. 但是这篇论文没有获奖!

直到黎曼去世（1866 年，享年 39 岁，死于肺结核）以后，这篇论文和 1854 年最初的演讲稿才在 1868 年最终得以发表. 费利克斯 · 克莱因（Felix Klein, 1928）对人们的反应做了如下总结："我至今仍清晰地记得，黎曼的思想给年轻的数学家们留下了极为深刻的印象. 他的很多思想似乎晦涩难懂，也深不可测."

现在，我们又要面对开启第四幕的那个谜团了，只是当时涉及爱因斯坦，而这里涉及黎曼：在黎曼演讲整整 63 年之后，莱维 – 奇维塔才发现了平行移动，因此黎曼自己不可能用到我们现在提供的黎曼张量的现代几何解释. 那么，黎曼是怎么发现他的张量的呢?

没有人知道答案！斯皮瓦克（Spivak, 1999）将黎曼 1854 年的演讲稿翻译成英文，并附上了一个注释，解释他推测黎曼可能是如何做到这一点的. 斯皮瓦克还在英文稿中加入了对黎曼 1861 年的报奖论文的分析.

从黎曼自己的话中可以清楚地看出他对黎曼张量的最初解释：它是对 n 流形的度量与欧几里得度量之间偏差的计量. 更准确地说，黎曼发现了黎曼张量与度量之间有以下非常直接的联系. 如果 ds 是笛卡儿坐标为 x_i 的点 p 与坐标为 $(x_i + dx_i)$ 的邻近点之间的距离，则实际度量与欧几里得度量之间的差由下面这个著名的公式决定：

$$ds^2 - [dx_1^2 + \cdots + dx_n^2] \asymp \frac{1}{12} \sum_{i,j,k,m} R_{ijkm}(p)(x_i\,dx_j - x_j\,dx_i)(x_k\,dx_m - x_m\,dx_k).$$

有关这方面的更多信息，见斯皮瓦克（Spivak, 1999）和贝尔热（Berger, 2003, 4.4 节）的著作.

《黎曼曲率之谜》(Darrigol, 2015)是对这些问题的有趣且发人深省的研究，其中，达里戈尔的分析基于黎曼以前未曾发表的私人笔记的照片，这些私人笔记保存在哥廷根大学档案馆已经 150 多年了.

图 29-10 显示了这个笔记的片段. 达里戈尔对黎曼笔记的苦心解读为数学编年史留下了一项引人入胜的修正记录. 经过漫长的探索，我们终于发现那难以捉摸的最后一行就是微分比安基恒等式 (29.17)，在 20 多年之后，它才先后[①]被奥雷斯 · 沃斯(1880 年)、里奇(1889 年)和比安基(1902 年)再次发现，并成为爱因斯坦的广义相对论的基石[②]!

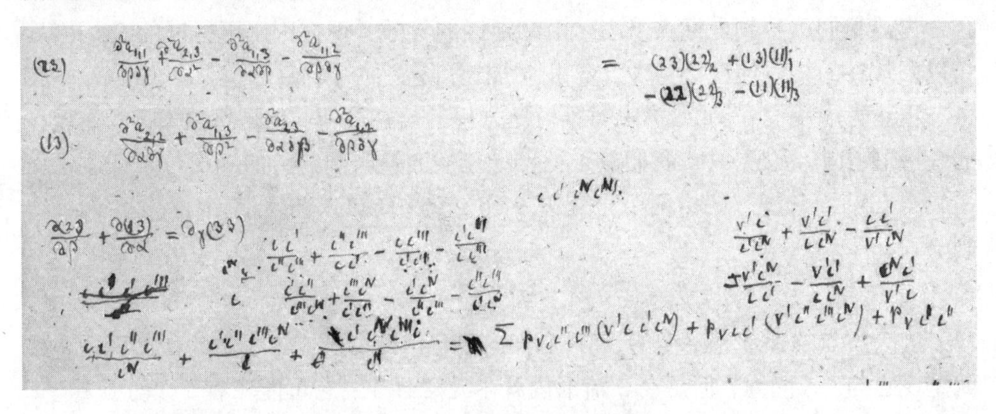

图 29-10 摘自哥廷根大学档案馆中材料“Cod. Ms. B. Riemann 9”的第 4 页. 最后一行就是微分比安基恒等式 (29.17)，先于其他发现者 20 多年

关于黎曼的生平和更多科学工作，我们推荐莫纳斯特尔斯基(Monastyrski, 1999)和劳格维茨(Laugwitz, 1999)的著作.

29.6 n 维流形的雅可比方程

29.6.1 截面雅可比方程的几何证明

在 2 曲面内，雅可比方程(测地线偏差方程) (28.2) 描述了通过正(或负)曲率区域的相邻测地线的吸引力(或排斥力).

在 2 曲面内，这种吸引力或排斥力只依赖于曲面上测地线通过的点的曲率，不依赖于测地线通过点的方向.

在 3 流形内，吸引力或排斥力同样只取决于邻近测地线(瞬时)通过的平面，而不是该平面内测地线的方向. 这个平面 $\Pi = \Pi(\boldsymbol{v}, \xi)$ 是由速度向量 $\boldsymbol{v}$ 和从位于

① 见派斯的著作(Pais, 1982, 第 275–276 页).

② 见第 390 页习题 14.

中心的质点到圆周上的质点的连接向量 ξ 张成的. 对于 2 曲面, 这个平面只有一种可能的"选择", 而现在的 3 流形 (或 n 流形) 存在无穷多个这样的平面, 我们已经在图 29-2 中见过了. 这些平面的截面曲率有的是正的, 有的是负的, 导致在有的平面上是吸引力, 在有的平面上是排斥力.

因此, 可以很自然地猜到, 当将雅可比方程 (28.2) 推广到一个 n 流形时, 只需用两条相邻测地线经过的瞬时平面的截面曲率 $\mathcal{K}(\Pi)$ 来替代高斯曲率 $\mathcal{K}$. 现在我们要用两种方法来证明这个说法是正确的, 但有一个问题: 我们必须关注位于 Π 内的相对加速度分量.

之前我们用牛顿上标点来表示沿测地线的导数, 现在则用更标准的 $\nabla_{\boldsymbol{v}}$ 记法. 所以, 现在的相对速度记为 $\nabla_{\boldsymbol{v}}\xi$, 相对加速度记为 $\nabla_{\boldsymbol{v}}\nabla_{\boldsymbol{v}}\xi$.

重新考虑我们在图 28-7 中对雅可比方程的最初证明, 但是想象一下, 在现在的 3 流形 (或 n 流形) 中, 我们在平行移动速度向量时要绕行的矩形位于任意平面 Π 内. 与前面一样, 绕由两个正交边 ξ 和 $\boldsymbol{v}\delta t$ 组成的矩形回路平行移动 $\boldsymbol{v}_{\parallel}$, 得到

$$\delta\boldsymbol{v}_{\parallel} \asymp \delta t \nabla_{\boldsymbol{v}}\nabla_{\boldsymbol{v}}\xi.$$

因为质点的速率是不变的, 所以 $\delta\boldsymbol{v}_{\parallel}$ 正交于 $\boldsymbol{v}$. 在图 28-7 中的 2 曲面内, 这就是说它与 $\pm\xi$ 同向, 但是在 3 流形内就不是这样了: 它可能还有一个分量[①]是正交于 Π 的. 总之, 相对加速度 $\nabla_{\boldsymbol{v}}\nabla_{\boldsymbol{v}}\xi$ 有一个分量在 Π 内, 其作用是将两条测地线拉近 (或推开); 还有一个分量正交于 Π, 它对于两条测地线的间隔没有影响, 而是引起它们相互旋转.

我们现在关注的是在平面 Π 内产生吸引力或排斥力的分量, 记为 $\mathcal{P}[\nabla_{\boldsymbol{v}}\nabla_{\boldsymbol{v}}\xi]$. 如我们在式 (29.20) 中看到的那样, 如果将平行移动生成的向量投影到 Π 内, 则和乐性还是由曲率乘以矩形的面积决定的, 只是这次用的是截面曲率 $\mathcal{K}(\Pi)$.

因此, 我们在图 28-7 中的最初论证基本上一直没有改变, 只是将式 (29.19) 应用于 $\nabla_{\boldsymbol{v}}\nabla_{\boldsymbol{v}}\xi$ 到 Π 的投影, 产生

$$\delta t\mathcal{P}[\nabla_{\boldsymbol{v}}\nabla_{\boldsymbol{v}}\xi] \asymp \mathcal{P}[\delta\boldsymbol{v}_{\parallel}] \asymp \boldsymbol{v}_{\perp}\mathcal{K}(\Pi)\delta\mathcal{A} = \left[-\frac{\xi}{|\xi|}\right]\mathcal{K}(\Pi)|\xi|\delta t.$$

因此, 得到了我们命名[②]的

$$\textbf{截面雅可比方程:}\quad \boxed{\mathcal{P}[\nabla_{\boldsymbol{v}}\nabla_{\boldsymbol{v}}\xi] = -\mathcal{K}(\Pi)\xi.} \tag{29.21}$$

① 对于 n 流形, 有 $n-2$ 个分量正交于 Π.

② 尽管它有两个优点: (1) 提供了对截面曲率非常直接的解释, (2) 在 2 曲面上与完整的雅可比方程 (28.2) 具有相同的形式, 但我们还没有在任何标准文本中发现这个结果. 因此, 我们觉得有必要为这个公式发明一个合乎逻辑的名称.

注记：这不是标准的“雅可比方程”，我们很快就会证明它［见式 (29.24)］.

29.6.2 截面雅可比方程的几何意义

为了直观地理解这个方程的含义，考虑图 29-11. 一组质点环绕排列在平面上一个小圆的周长上. 在圆的中心加入一个基准质点，用向量 ξ 将该中心质点与圆周上的一个典型质点连接起来.

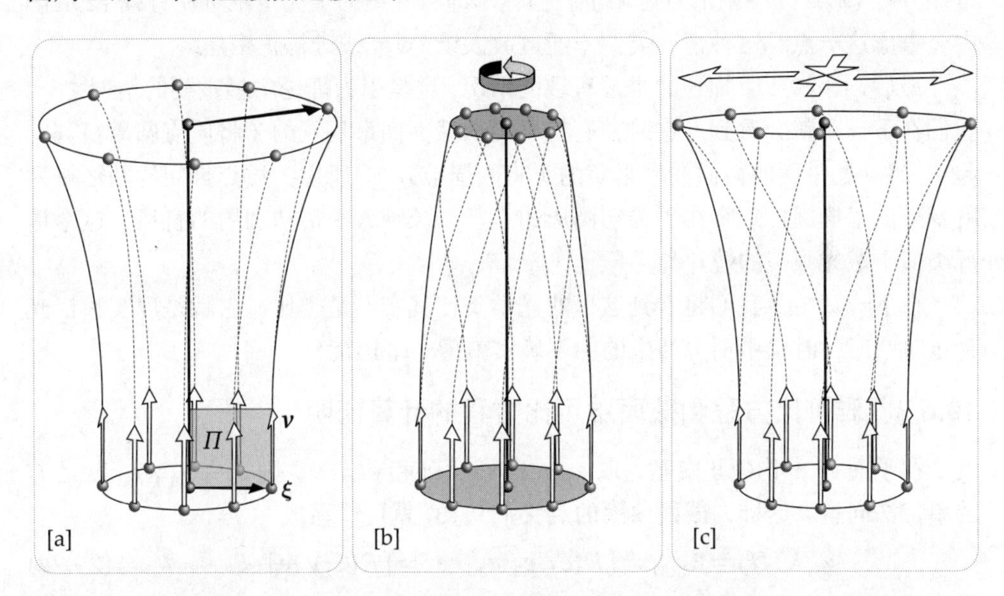

图 29-11 排列在一个小圆周上的一组质点沿垂直于圆周的方向发射出去. 一些平面 $\Pi(\boldsymbol{v},\xi)$ 的 $\mathcal{K}(\Pi)>0$，导致朝向中心质点的吸引力；另一些平面的 $\mathcal{K}(\Pi)<0$，导致背离中心质点的排斥力. [a] 所有平面的 $\mathcal{K}(\Pi)<0$. [b] 所有平面的 $\mathcal{K}(\Pi)>0$. [c] 一些平面上的吸引力挤压圆周，另一些平面上的排斥力拉伸圆周，使得圆周变形成椭圆

现在将质点垂直于平面以速度 $\boldsymbol{v}$ 同时发射出去. 最初，这些质点将保持严格一致的运动，保持与最初同样大小的圆形图案. 但是，通过截面雅可比方程 (29.21)，马上就能感觉到空间的曲率. 这时，圆周上的每一个质点与位于中心的质点之间都有一个特定的连接向量 ξ，从而决定一个特定的平面 $\Pi(\boldsymbol{v},\xi)$. 这个质点相对于中心质点的运动就由这个特定的截面曲率 $\mathcal{K}(\Pi)$ 控制.

因此，当我们从 2 曲面转到 3 流形（或 n 流形）时，一个全新的特征出现了：当平面 $\Pi(\boldsymbol{v},\xi)$ 围绕中心轴（即中心粒子的轨迹）旋转时，截面曲率 $\mathcal{K}(\Pi)$ 的大小（可能还有正负号）会发生变化.

图 29-11a 显示了无论 ξ 是什么方向，所有的截面曲率 $\mathcal{K}(\boldsymbol{v},\xi)$ 都为负值的情

况，从而导致质点相互排斥，加速分离成一个扩大的圆周[①]. 用光学类比，负曲率就像一个发散透镜[②].

接着，图 29-11b 显示了所有的截面曲率 $\mathcal{K}(\boldsymbol{v},\xi)$ 都为正值的情况. 除了由式 (29.21) 控制的聚焦引力外，这里还显示了另一种情况，在这种情况下，相对加速度有一个明显的分量正交于 Π，导致测地线束绕中心线旋转. 该效应在截面雅可比方程 (29.21) 中被故意忽略了，但在（即将介绍的）完全雅可比方程 (29.24) 中会考虑这一点. 这种情况类似于通过放大镜[③]对光线进行正聚焦.

最后，图 29-11c 描述的是最有趣的情况，也是引力理论中最重要的情况之一，我们在下一章就会看到. 这时，有些平面的截面曲率是正的（将质点圆周挤到一起），另一些平面的截面曲率是负的（将圆周拉开）. 所以，质点最初的圆形排列就变形成了椭圆，短轴小于最初圆周的直径，长轴大于最初圆周的直径. 这个情况类似于散光眼镜的镜片[④].

在下一章中，我们将看到这里的光学类比其实不是类比，它就是现实！当光穿过时空时，时空中引力产生的曲率确实就像一个透镜！

29.6.3 雅可比方程和截面雅可比方程的计算证明

在平面 Π 上构建正交基，取 $\boldsymbol{e}_1=\widehat{\xi}=\xi/|\xi|$ 和 $\boldsymbol{e}_2=\boldsymbol{v}$，则 $\boldsymbol{e}_3\equiv\boldsymbol{e}_1\times\boldsymbol{e}_2$ 就是 Π 的单位法向量. 这样，截面曲率的定义 (29.18) 就可以写成

$$\mathcal{K}(\Pi)=R_{1221}=[\mathcal{R}(\boldsymbol{e}_1,\boldsymbol{e}_2)\boldsymbol{e}_2]\boldsymbol{\cdot}\boldsymbol{e}_1=[\mathcal{R}(\widehat{\xi},\boldsymbol{v})\boldsymbol{v}]\boldsymbol{\cdot}\widehat{\xi}. \tag{29.22}$$

根据定义，ξ 总是连接两条邻近的测地线，因此以 $\boldsymbol{v}$ 和 ξ 为边的平行四边形是封闭的：

$$[\boldsymbol{v},\xi]=\boldsymbol{0} \iff \boldsymbol{\nabla}_{\boldsymbol{v}}\xi=\boldsymbol{\nabla}_{\xi}\boldsymbol{v}. \tag{29.23}$$

注意（马上就会用到）这意味黎曼曲率算子 (29.6) 可简化为

$$\mathcal{R}(\boldsymbol{v},\xi)=[\boldsymbol{\nabla}_{\boldsymbol{v}},\boldsymbol{\nabla}_{\xi}].$$

已知式 (29.23) 中的 $\boldsymbol{\nabla}_{\boldsymbol{v}}$ 是沿测地线的内蕴导数，回顾 $\boldsymbol{v}$ 满足测地线方程 $\boldsymbol{\nabla}_{\boldsymbol{v}}\boldsymbol{v}=\boldsymbol{0}$，所以我们得到

$$\begin{aligned}\boldsymbol{\nabla}_{\boldsymbol{v}}\boldsymbol{\nabla}_{\boldsymbol{v}}\xi&=\boldsymbol{\nabla}_{\boldsymbol{v}}\boldsymbol{\nabla}_{\xi}\boldsymbol{v}\\&=[\boldsymbol{\nabla}_{\boldsymbol{v}},\boldsymbol{\nabla}_{\xi}]\boldsymbol{v}+\boldsymbol{\nabla}_{\xi}(\boldsymbol{\nabla}_{\boldsymbol{v}}\boldsymbol{v})\\&=\mathcal{R}(\boldsymbol{v},\xi)\boldsymbol{v}+\boldsymbol{\nabla}_{\xi}(\boldsymbol{0}).\end{aligned}$$

---

① 如果负曲率的大小是不同的，则圆周会变成（扩大的，即短轴大于最初圆周的直径. ——译者注）椭圆.

② 即球面凹透镜. ——译者注

③ 即球面凸透镜. ——译者注

④ 即所谓的柱面透镜. ——译者注

这样，我们就得到了测地线偏离方程，也就是

$$\text{雅可比方程:}\quad \boxed{\nabla_{\nu}\nabla_{\nu}\xi = -\mathcal{R}(\xi,\nu)\nu.} \tag{29.24}$$

这就是在所有教科书中都能看到的雅可比方程的标准形式.

为了恢复更直观的“截面”形式，利用式 (29.22)，我们将方程右边分解为分量形式，得到

$$\begin{aligned}\mathcal{R}(\xi,\nu)\nu &= \left\{[\mathcal{R}(\xi,\nu)\nu]\cdot\widehat{\xi}\right\}\widehat{\xi} + \{[\mathcal{R}(\xi,\nu)\nu]\cdot\nu\}\nu + \left\{\left[\mathcal{R}(|\xi|\widehat{\xi},\nu)\nu\right]\cdot e_3\right\}e_3 \\ &= \left\{[\mathcal{R}(\widehat{\xi},\nu)\nu]\cdot\widehat{\xi}\right\}\xi + \mathbf{0} + \{[\mathcal{R}(e_1,e_2)e_2]\cdot e_3\}|\xi|e_3 \\ &= \mathcal{K}(\Pi)\xi + R_{1223}|\xi|e_3,\end{aligned}$$

第二项 $R_{1223}|\xi|e_3$ 是相对加速度正交于 Π 的分量，对应于测地线束的旋转，如图 29-11b 所示.

第一项则表示在 Π 内的吸引力或排斥力. 将投影算子 $\mathcal{P}$ 作用于雅可比方程 (29.24) 的两边，就得到了截面雅可比方程 (29.21)：

$$\boxed{\mathcal{P}[\nabla_{\nu}\nabla_{\nu}\xi] = -\mathcal{P}[\mathcal{R}(\xi,\nu)\nu] = -\mathcal{K}(\Pi)\xi.}$$

29.7 里奇张量

29.7.1 由一束测地线包围的面积的加速度

考虑图 29-11b，当质点被正值的截面曲率拉向一起时，（质点排列成的圆周内的）阴影圆盘的面积 $\delta\mathcal{A}$ 明显收缩. 但是根据什么规律收缩呢? 这就要提到里奇（见图 29-12）张量了.

为简便起见，我们首先假设当 Π 围绕中心质点的轨迹旋转时，所有的截面曲率都具有相同的正值 $\mathcal{K}$. 设 $r(t)=|\xi(t)|$，使得 $\delta\mathcal{A}=\pi[r(t)]^2$ 是在质点被发射 t 时间之后的面积. 用牛顿的点符号来表示关于时间的导数，很明显，因为质点在最初出发时是严格一致的，所以面积最初的变化率为零，即 $\dot{r}(0)=0$，因此

$$(\dot{\delta\mathcal{A}})(0) = 2\pi r(0)\dot{r}(0) = 0.$$

由截面雅可比方程(29.21) 可知，质点朝向中心的加速度 $\ddot{r}(0)=-\mathcal{K}r(0)$. 因此，在这个面积的初始加速度中就出现了曲率：

$$(\ddot{\delta\mathcal{A}})(0) = 2\pi\left[\dot{r}^2(0)+r(0)\ddot{r}(0)\right] = -2\pi\mathcal{K}[r(0)]^2 = -2\mathcal{K}\delta\mathcal{A}(0).$$

所以，对于很小的 t，从马克劳林展开式可以看到，面积随时间的平方以曲率为比例系数成比例地减小：

$$\text{经过时间 } t \text{ 后面积的改变} = \delta\mathcal{A}(t)-\delta\mathcal{A}(0) \asymp -\mathcal{K}\delta\mathcal{A}(0)t^2.$$

当然，如果 $\mathcal{K}$ 是负的，如图 29-11a 所示，那么上式的右边是正的，相应的面积加速增长.

现在我们已经大致了解发生了什么，让我们继续研究一般情况：当 Π 围绕中心轴旋转时，$\mathcal{K}(\Pi)$ 的大小（可能还有正负号）会发生变化.

设 θ 表示绕这个轴从任意初始方向 ξ 开始的角度. 考虑圆盘在角 θ 处、角宽为 $\delta\theta$ 的窄扇区（最终为 0）. 如果我们用在这个方向上的特定平面 $\Pi(\theta)$ 的截面曲率 $\mathcal{K}(\theta)$ 代替 $\mathcal{K}$，上面的分析仍然适用于该部分.

因此，前一个方程在一般情况下变成

$$\delta\mathcal{A}(t)-\delta\mathcal{A}(0)\asymp-\mathcal{K}_{平均}\delta\mathcal{A}(0)t^2,$$

其中

$$\mathcal{K}_{平均}\equiv\frac{1}{2\pi}\int_0^{2\pi}\mathcal{K}(\theta)\,\mathrm{d}\theta. \tag{29.25}$$

这里，$\mathcal{K}_{平均}$ 是包含中心质点轨迹（沿方向 $\boldsymbol{v}$）的所有平面的截面曲率的平均值.

图 29-12　格雷戈里奥·里奇–库尔巴斯特罗（1853—1925），后来以格雷戈里奥·里奇闻名

接下来，我们要用黎曼张量来表示 $\mathcal{K}(\theta)$. 为此，选择 $\boldsymbol{e}_3=\boldsymbol{v}$ 为中心轴的方向，也就是质点发射的方向，如图 29-13 所示. 那么 $\boldsymbol{e}_1$ 和 $\boldsymbol{e}_2$ 是质点排列圆周所在平面上两个正交的单位向量. 任意选定 $\boldsymbol{e}_1$ 的方向后，我们从这个方向测量角度 θ，如图 29-13 所示.

平面 $\Pi(\theta)$ 是 $\boldsymbol{v}$ 和 $\widehat{\boldsymbol{\xi}}(\theta)$ 张成的，$\widehat{\boldsymbol{\xi}}(\theta)$ 是指位于角度 θ 的质点的单位向量，我们简记为

$$\widehat{\boldsymbol{\xi}}(\theta)=\cos\theta\,\boldsymbol{e}_1+\sin\theta\,\boldsymbol{e}_2\equiv c\,\boldsymbol{e}_1+s\,\boldsymbol{e}_2.$$

则平面 $\Pi(\theta)$ 的截面曲率为式 (29.22)：

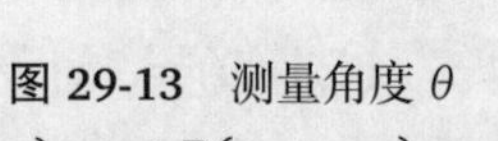

图 29-13　测量角度 θ

$$\begin{aligned}\mathcal{K}(\theta)&=\left[\boldsymbol{R}(\widehat{\boldsymbol{\xi}},\boldsymbol{v};\boldsymbol{v})\right]\cdot\widehat{\boldsymbol{\xi}}\\&=[\boldsymbol{R}(c\,\boldsymbol{e}_1+s\,\boldsymbol{e}_2,\boldsymbol{v};\boldsymbol{v})]\cdot(c\,\boldsymbol{e}_1+s\,\boldsymbol{e}_2)\\&=[c\,\boldsymbol{R}(\boldsymbol{e}_1,\boldsymbol{v};\boldsymbol{v})+s\,\boldsymbol{R}(\boldsymbol{e}_2,\boldsymbol{v};\boldsymbol{v})]\cdot(c\,\boldsymbol{e}_1+s\,\boldsymbol{e}_2)\\&=c^2\boldsymbol{R}(\boldsymbol{e}_1,\boldsymbol{v};\boldsymbol{v})\cdot\boldsymbol{e}_1+s^2\boldsymbol{R}(\boldsymbol{e}_2,\boldsymbol{v};\boldsymbol{v})\cdot\boldsymbol{e}_2+sc[\boldsymbol{R}(\boldsymbol{e}_1,\boldsymbol{v};\boldsymbol{v})\cdot\boldsymbol{e}_2+\boldsymbol{R}(\boldsymbol{e}_2,\boldsymbol{v};\boldsymbol{v})\cdot\boldsymbol{e}_1]\\&=c^2\mathcal{K}(0)+s^2\mathcal{K}(\pi/2)+2scR_{1332},\end{aligned}$$

由对称性，从最后一项可知［练习］$R_{2331}=R_{1332}$.

为了计算 $\mathcal{K}_{平均}$，先证明

$$\int_0^{2\pi}\cos^2\theta\,\mathrm{d}\theta=\int_0^{2\pi}\sin^2\theta\,\mathrm{d}\theta=\pi\quad\text{和}\quad\int_0^{2\pi}\sin\theta\cos\theta\,\mathrm{d}\theta=0.$$

于是

$$\mathcal{K}_{平均}=\frac{\mathcal{K}(0)+\mathcal{K}(\pi/2)}{2}.\tag{29.26}$$

因为方向 $\theta=0$ 是任意选择的，所以我们就证明了一个重要的事实：所有方向的截面曲率的平均值等于任意两个正交方向的截面曲率的平均值.

结合式 (29.25) 和式 (29.26)，可以总结如下：

如果将排列成一个小圆周的一组质点以垂直于圆周所在平面的速度 $\boldsymbol{v}$ 发射出去，圆周所围面积 $\delta\mathcal{A}$ 的加速度由所有包含向量 $\boldsymbol{v}$ 的平面的截面曲率的平均值的 2 倍决定，这个平均值的 2 倍也就是包含 $\boldsymbol{v}$ 的任意两个相互正交平面的截面曲率之和： (29.27)

$$(\ddot{\delta\mathcal{A}})(0)=-[\mathcal{K}(0)+\mathcal{K}(\pi/2)]\delta\mathcal{A}(0),$$

因此

$$\delta\mathcal{A}(t)-\delta\mathcal{A}(0)\asymp-\frac{1}{2}[\mathcal{K}(0)+\mathcal{K}(\pi/2)]\delta\mathcal{A}(0)t^2.$$

29.7.2 里奇张量的定义和几何意义

我们现在关注包含质点速度为 $\boldsymbol{v}=\boldsymbol{e}_3$ 的两个正交坐标平面的截面曲率之和. 回顾 $R_{3333}=0$，并利用反对称性，就可以把它写成

$$\begin{aligned}\mathcal{K}(0)+\mathcal{K}(\tfrac{\pi}{2})&=\boldsymbol{R}(\boldsymbol{e}_1,\boldsymbol{e}_3;\boldsymbol{e}_3)\cdot\boldsymbol{e}_1+\boldsymbol{R}(\boldsymbol{e}_2,\boldsymbol{e}_3;\boldsymbol{e}_3)\cdot\boldsymbol{e}_2\\&=R_{1331}+R_{2332}+R_{3333}\\&=R_{m33}{}^{m}.\end{aligned}$$

我们很快就会利用这个表达式引入一个全新的张量，即里奇曲率张量. 黎曼张量是输入三个向量，输出一个向量，而新的里奇张量是输入两个向量，输出一个标量. [1]

关于记号的注释：黎曼（Riemann）和里奇（Ricci）这两个英文名字的首字母都是 R，这是历史上的不幸巧合！这就产生了一种普遍接受的符号：里奇张量的分量用 R_{jk} 表示. 我们不敢违抗这个传统，甚至不想违抗！但是请注意，有四

[1] 即黎曼张量是一个四阶张量，而里奇张量是一个二阶张量. ——译者注

个下标的 R 是黎曼张量的一个分量，而有两个下标的 R 是里奇张量的一个分量. 也就是说，用相同的符号 $\boldsymbol{R}$ 来表示这两个（非常不同的）几何张量是很容易混淆的. 因此，我们将（基本上①）采用 Misner, Thorne, and Wheeler (1973) 所使用的符号，保留 $\boldsymbol{R}$ 表示黎曼张量，将几何里奇张量记为 $\boldsymbol{Ricci}$.

里奇曲率张量定义为

$$\boldsymbol{Ricci}(\boldsymbol{v},\boldsymbol{w}) \equiv \sum_{m=1}^{n} \boldsymbol{R}(\boldsymbol{e}_m,\boldsymbol{v};\boldsymbol{w})\cdot \boldsymbol{e}_m \iff R_{jk} = \boldsymbol{Ricci}(\boldsymbol{e}_j,\boldsymbol{e}_k) = R_{mjk}{}^{m}.$$

关于记号习惯的注释：许多作者定义 $R_{jk} \equiv R_{jmk}{}^{m} = -R_{mjk}{}^{m}$，即我们定义的负值. 值得一提的是，Misner, Thorne, and Wheeler (1973) 也是如此. 然而，正如前面提到的，他们对 $\boldsymbol{R}$ 的定义也与我们的相反，因此两个符号约定的分歧被消除了：他们的 $\boldsymbol{Ricci}$ 的符号和我们的 $\boldsymbol{Ricci}$ 是一样的！我们很快就会看到，正的里奇曲率对应于吸引力［我们以及 Misner, Thorne, and Wheeler (1973) 都是如此］. 另外，引用另一个重要的例子：Penrose (2005) 中也使用了我们对 $\boldsymbol{R}$ 的定义，但使用了相反的 $\boldsymbol{Ricci}$ 定义，所以对彭罗斯来说，是负的里奇曲率引起了吸引力.

$\boldsymbol{Ricci}$ 确实是一个张量的事实，与 $\boldsymbol{R}$ 是一个张量的事实紧密相关［练习］. 从 $\boldsymbol{R}$ 的对称性也可以得出 $\boldsymbol{Ricci}$ 是对称的：

$$\boldsymbol{Ricci}(\boldsymbol{w},\boldsymbol{v}) = \boldsymbol{Ricci}(\boldsymbol{v},\boldsymbol{w}) \iff R_{kj} = R_{jk}. \tag{29.28}$$

利用黎曼张量的对称性，首先交换黎曼张量定义中的第一对向量和第二对向量，然后交换每一对中的两个向量，就得到了里奇张量的这种对称性.

现在我们就可以看到

$$\mathcal{K}(0) + \mathcal{K}(\pi/2) = R_{m33}{}^{m} = \boldsymbol{Ricci}(\boldsymbol{v},\boldsymbol{v}) = R_{jk} v^j v^k,$$

因此得到了一个非常简单的雅可比式方程，它支配以速度 $\boldsymbol{v}$ 发射的测地线束围的面积的加速度：

$$\delta\ddot{\mathcal{A}} = -\boldsymbol{Ricci}(\boldsymbol{v},\boldsymbol{v})\delta\mathcal{A}.$$

高斯曲率在 2 曲面（或截面曲率在 n 流形）的雅可比方程中的作用在这里被里奇曲率所取代. 我们强调，正的里奇曲率引起吸引力，导致面积收缩，因为它使得测地线聚拢.

---

① 的确，在我们视为"圣经"的 Misner, Thorne, and Wheeler（1973）中是这样写的：$\boldsymbol{Ricci}$（用粗斜体）. 通过仅仅将 $\boldsymbol{R}$ 加粗，我们希望能把 $\boldsymbol{Ricci}$ 与它的组成部分 R_{jk} 联系起来.

现在想象一下将上述分析推广到一个 4 流形. 仍旧设 $\boldsymbol{v}$ 是发射一组质点的速度. 设这组质点到中心质点是等距的，并且位于与 $\boldsymbol{v}$ 正交的子空间中. 但是这个结构现在产生的不是一个平面上的圆周，而是一个小的球面，包围着一个与 $\boldsymbol{v}$ 正交的三维空间中的体积 $\delta\mathcal{V}$!

虽然我们不去计较细节，但前面的分析是不变的，具体来说，里奇曲率现在控制着以速度 $\boldsymbol{v}$ 同时发射的质点形成的小球面围成的体积的加速度:

$$\delta\ddot{\mathcal{V}} = -\boldsymbol{Ricci}(\boldsymbol{v},\boldsymbol{v})\delta\mathcal{V}. \tag{29.29}$$

为了将来的使用，我们强调正的里奇曲率会引起吸引力，导致测地线相互靠拢，所以它们所包围的体积就会收缩.

和前面一样，这意味着（最初）体积的变化与时间的平方成比例，比例系数由里奇曲率决定:

$$\delta\mathcal{V}(t) - \delta\mathcal{V}(0) \asymp -\tfrac{1}{2}\boldsymbol{Ricci}(\boldsymbol{v},\boldsymbol{v})\delta\mathcal{V}(0)t^2. \tag{29.30}$$

29.8 终曲

本章介绍了大量的新思想和新结果，但有一个公式的缺失引人注目，它就是类似于式 (27.1)、表示 n 流形的黎曼曲率的度量公式. 导致缺失的主要原因是，我们主要关注如何使得理解爱因斯坦引力理论所需的概念集合和结果集合最小化. 然而，第二个原因是，用度量参数表示的 $\boldsymbol{R}$ 的公式太复杂了，至少当用标准张量形式表示时是这样的. 在第五幕中，我们将看到如何使用形式来大大地简化 $\boldsymbol{R}$ 的运算过程——在理论层面，以及实用层面和计算层面都能简化.

当你开始阅读本章的时候，可能就已经为这个空间可能是弯曲的这件事头痛了，这不能怪你！但我们非常希望我们提供的多个几何解释（特别是通过截面雅可比方程和里奇张量的解释）不仅让你轻松理解了 3 流形的黎曼曲率，而且确实帮助你非常具体地切实掌握了这个曲率的作用是什么.

然而，3 流形只是个热身. 因为这是你正待在一个三维房间里产生的一种心理错觉. 实际上，你和你的房间正在向爱因斯坦的四维时空中的未来飞奔. 我们现在正要转入的主题是这种流形的曲率——我们称之为“现实”.

好好研究式 (29.29) 吧，因为我们将会明白它就是宇宙的关键！

第 30 章　爱因斯坦的弯曲时空

30.1　引言："我一生中最快乐的想法"

本章将为第四幕降下帷幕——它是我们全面介绍（可视化）微分几何的结尾部分. 我们将它视为回到第四幕开幕主题的里程碑. 这个主题就是爱因斯坦极其优美的广义相对论，它宣称：四维时空是构成我们所谓"现实"的框架，而引力就是这个四维时空的曲率.

伟大的美国物理学家约翰·阿奇博尔德·惠勒（1911—2008）把这个理论提炼成一句名言："空间告诉物质如何移动，物质告诉空间如何弯曲."说得更详细一些，自由落体沿弯曲空间的测地线运动：这些测地线仍旧是最直的路径，但是它们使得用时空度量测量的"距离"最大化（而不是最小化）. 惠勒这句格言的后半部分是第四幕的压轴戏：描述物质和能量如何弯曲时空的精确定律——广义相对论的引力场方程，这是爱因斯坦在 1915 年的伟大发现.

我们从它在历史上的起源说起，即牛顿发现万有引力平方反比定律的故事（可能过于简化了[①]）. 这让我们想到 1666 年，牛顿坐在花园里，看着苹果从树上掉下来的情景. 接下来的故事是这样的：牛顿突然意识到把苹果拉向地球的力可能会同样地作用于月球，把它拉向地球，并使它保持在轨道上.

爱因斯坦关于引力的几何理论的起源非常类似，但爱因斯坦理论中的自由落体不是苹果，而是一个人！

1907 年，在发现狭义相对论整整两年之后，爱因斯坦仍然没有任何学术地位. 在此之前的五年里，他一直在瑞士伯尔尼联邦知识产权办公室担任专利职员（由三级晋升为二级）.

正如我们在第四幕开始时所指出的，爱因斯坦知道，尽管牛顿的万有引力定律极其精确，但它的瞬时超距作用与光速的有限速度从根本上是互不相容的，因此也与他在 1905 年发现的狭义相对论不相容. 于是，爱因斯坦开始了对万有引力的长期探索，直到 8 年后，也就是 1915 年 11 月 25 日，他终于写下了引力场方程.

1907 年 11 月，爱因斯坦迈出了漫长旅程中至关重要的第一步，当时他有了

---

① 然而，牛顿本人在四个不同的场合向四个不同的人讲述了这个故事. 见 Westfall（1980, 第 154–155 页）.

后来被他描述为“我一生中最快乐的想法”: [1]

> 当时我正坐在伯尔尼专利局的椅子上，突然间有了一个想法：如果一个人自由地向下掉落，他将感觉不到自己的重量……我吓了一跳.这个简单的想法给我留下了深刻的印象. 它促使我研究引力理论.

当我们在电视上看到航天员在绕轨道运行的空间站中漂浮时，重力似乎已经完全消失了——这正是爱因斯坦深刻见解的意义所在. 这种似乎完全消除引力的现象是由于航天员和空间站在地球的引力场中一起自由下落而产生的，并不是由于空间站离地球太远以至于逃脱了引力的作用!

是的，牛顿引力平方反比定律告诉我们，在空间站上的引力比在地面上弱一些，但是一个简单计算表明，牛顿引力场作用在国际空间站轨道（约 400 千米）高度的力量只比在地面上低了 12%. 显然，看似重力的完全消失与距离稍远这种温和的效果无关.

相反,重力的完全消失源自一个著名的经验事实,这个事实是伽利略在 1590 年左右（据说）通过从比萨斜塔上扔下物体而首先发现的，即所有物体都因重力而加速，无论其质量或组成如何. [2] 因此，航天员和他们的航天器一起沿同样的轨道自由下落.

牛顿的万有引力定律解释了这个经验事实,也因此被铭记.如果一个质量为 m 的非常小的粒子与一个质量为 M 的非常大的粒子相距 r，那么 m 对于 M 的引力效应可以忽略不计. 我们可以认为 m 只是在 M 的引力场内被拉向 M. 所以，将 m 拉向 M 加速度 a 由牛顿第二运动定律决定:

$$F = ma.$$

但是，如果 r 是 m 到 M 的距离，那么**牛顿万有引力的平方反比定律**表明

$$\boxed{F = \frac{GmM}{r^2},}$$

其中 G 是**万有引力常数**. 结合两式,

$$m\ddot{\mathbf{r}} = -\frac{GmM}{r^2} \implies \boxed{\ddot{\mathbf{r}} = -\frac{GM}{r^2},} \tag{30.1}$$

可见加速度确实与 m 无关.

① 见（Pais, 1982, 第 9 节）.

② 这只在空气阻力可以忽略的情况下才成立. 在一段精彩的短片（来自 1971 年的阿波罗 15 号任务）中，航天员大卫 · 斯科特站在月球表面，同时扔下了一根羽毛和一把锤子——它们同时击中了月球表面!

因此，牛顿的万有引力定律解释了伽利略在其他方面极其神秘的经验观察，即所有物体（从相同的地方以相同的方式发射）都沿相同的轨迹运动，而与它们的成分无关.

有可能再深入一些吗？我们能在这个方面反过来解释牛顿万有引力定律吗？爱因斯坦的几何理论就是这么做的！如果一个粒子注定要沿几何上确定的时空测地线运动（这与粒子没有任何关系！），就解释了伽利略的经验事实，也同样提供了引力 F 必定与质量 m 成比例的原因！

30.2　引力的潮汐力

如果航天员与空间站一起自由下落，重力似乎就消失了，那么重力到底还剩下了些什么呢？它一定会留下存在过的痕迹吧！这是一个全新的问题，爱因斯坦惊人的洞察力将我们引向了这个问题.

好吧，想象一下你自己是一名航天员，在地球上方，但不是在轨道上的空间站内（而是在外面），穿着航天服、用喷气背包在固定的位置盘旋. 再想象一下，你的方向是竖直的，头离地球最远，而脚离地球最近. 在你的周围，以你为中心的球面上均匀分布着数百颗闪亮的滚珠，它们暂时静止着，就像你一样. 如图 30-1 所示.

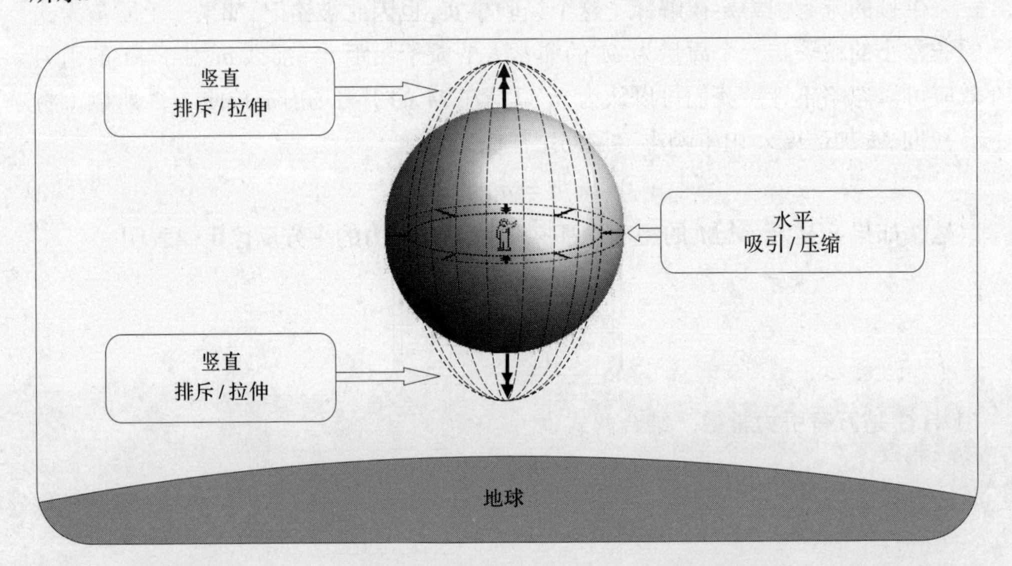

图 30-1　地球重力的潮汐力作用于自由下落的粒子排列成的球面，导致在水平的“赤道”平面（平行于地球表面）内压缩，而在沿重力场的竖直方向上拉伸. 当这个球面下落时，它就开始变成椭圆的蛋形. 因为平方反比定律，竖直方向的拉伸力恰好就是赤道方向压缩力的 2 倍

现在关掉喷气背包. 你和周围的滚珠球面开始一起自由下落，从静止开始，都朝向地球加速. 当你下落时，如果这个滚珠球面发生了变化，你会观察到什么呢?

如果引力场是完全均匀的，大小恒定、方向固定，你的答案就会是:“我没有看到任何变化!”重力对你来说真的是看不见的. 而且由于地球的实际重力场在这个很小的滚珠球面上是近似均匀的，你也不会看到任何变化……至少一开始没有变化.

然而，慢慢地，你会开始注意到，球面在你头顶和脚下的部分正在加速远离你，而“赤道”部分的滚珠正在朝向你加速. 最终的结果是球面开始变成一个和鸡蛋类似的形状!

要理解为什么会发生这一切，看看图 30-1，并立即让我们澄清一下：这张图显示了使得这个球面变形成“蛋”的力，而不是“蛋”本身，这个球面的新形状是在球面落向地球一段时间之后形成的.

首先，要意识到赤道上的滚珠和你在同样的高度上，但是并没有完全朝向和你一致的方向相对加速. 是的，你和粒子都在以相同的速率向下加速，但你们其实都在向地球中心加速[①]，因此你们的轨迹在慢慢收拢. 由于你只看到相对加速度，位于赤道的粒子似乎是直接向你加速的，就像被你吸引一样，如图 30-1 所示.

现在，看看你头顶上方、位于在球面顶部的滚珠，再看看你脚下、位于球面底部的滚珠. 与之前的情况不同，你和滚珠现在都朝着同一个方向，笔直地向地球的中心下落. 然而，你脚下滚珠的加速度大于你的加速度，因为它们比你更接近引力中心. 因此你看到它们开始加速远离你，向下奔向地球. 你头顶滚珠的加速度比你的加速度小，因为它们离引力中心更远，所以你向下加速的速度比它们快，于是它们看起来也在远离你，不过是向上加速远离你. 因此，这些滚珠似乎在被你排斥，也如图 30-1 所示.

在一个平面内的压缩，以及在正交方向上的拉伸，将球面变形成蛋形曲面的这个现象就称为重力的**潮汐力**. 这就回答了我们受爱因斯坦启发而提出的问题:“自由落体中剩下的重力是什么?”

让我们将这些观察与最初考虑的航天员更直接地联系起来. 假设你和你的滚珠球面以任意但相同的速度一起发射出去，而不是从静止开始落下，形成蛋形表面的力会与之前完全一样! 特别地，假设这个速度被选择为水平方向的，平行于

① 在现实中，你正在被拉向地球的每一个小部分，这个力与地球上这个小部分与你之间距离的平方成反比. 但事实证明，这种极其复杂的力的总和的净效应，就好像地球所有的质量都集中在它的中心! 牛顿本人也被他发现的平方反比定律这个真正神奇的性质所震惊，他在《原理》中给出了一个优雅的几何证明（Newton, 1687, 定理 31）. 请注意，这是平方反比定律的另一个特征，而其他力的定律不具有这个性质.

地球表面，并且假设发射速度被选择为使你和你周围的球面进入围绕地球的圆形轨道. 最后，想象一下，你和你周围的球面在绕轨道运行的空间站内，滚珠换成了其他航天员！如果你仔细观察，我们会发现重力并没有完全消失：一个竖直（即径向）分离的航天员将逐渐加速远离你，而一个水平分离的航天员将逐渐加速接近你. 然而，正如我们在下一节将看到的那样，这些潮汐力与粒子的间隔成正比，对于空间站内很短的距离，它们是无法被探测到的. 但对于更长的距离，这些潮汐力的影响变得显而易见了，这就引出了我们的下一个话题……

为什么这个引力扭曲力场称为“潮汐”呢？这种现象和海洋潮汐之间有什么联系呢？

想象图 30-1 中的地球换成了太阳，我们这个小球面换成了地球，或者更确切地说，地球表面的一层薄薄的外壳，大致可视为海洋. 现在，太阳对地球的潮汐力导致地球面向太阳那一面的海平面朝太阳的方向凸出，地球背向太阳那一面的海平面朝远离太阳的方向凸出，即海平面在这两个相反的方向上上升. 这就类似图 30-2 的所有四幅图中用点虚线画的蛋形椭圆圈.

随着地球每 24 小时自转一周，凸起的方向保持不变，所以每个沿海地区每 12 小时就会遇到一个这样的凸起——这就是涨潮！如图 30-2 所示，实际情况比这复杂得多，因为月球也对我们的海洋施加了相同的引力扭曲，尽管月球的质量与太阳相比微不足道，但是它对地球引发的潮汐力的大小大约是太阳引起的潮汐力的 2 倍[①]！实际的潮汐是太阳和月亮的双重潮汐力叠加的复杂[②]结果，它们在一个月球轨道上的相互作用由图 30-2 解释说明. 这是牛顿首先弄清楚的，也是《原理》的另一个胜利（Newton, 1687）.

当我们看到满月（图 30-2 左上图）或新月（图 30-2 左下图）时，这种几何结构是最简单的，因为这时月球、地球和太阳排成一行. 在这种情况下，月球和太阳引起地球海洋上的凸起也会排列在一行，相互加强，产生落差最大的高潮和低潮，这称为**大潮**[③].（注意：大潮全年都会发生，与我们称为“春天”的季节无关.）

当月球和太阳与地球形成直角（图 30-2 的右上图和右下图）时，它们在正交方向上引起海洋凸出，所以太阳引起的较小凸出抵消了月球引起的较大凸出，产生落差最小的高潮和低潮，这称为**小潮**.

① 见第 390 页习题 13.

② 见 Schutz（2003, 第 5 节）.

③ “大潮”的英文为“spring tide”，字面上有“春潮”的意思. 所以作者写了下面的注. ——译者注

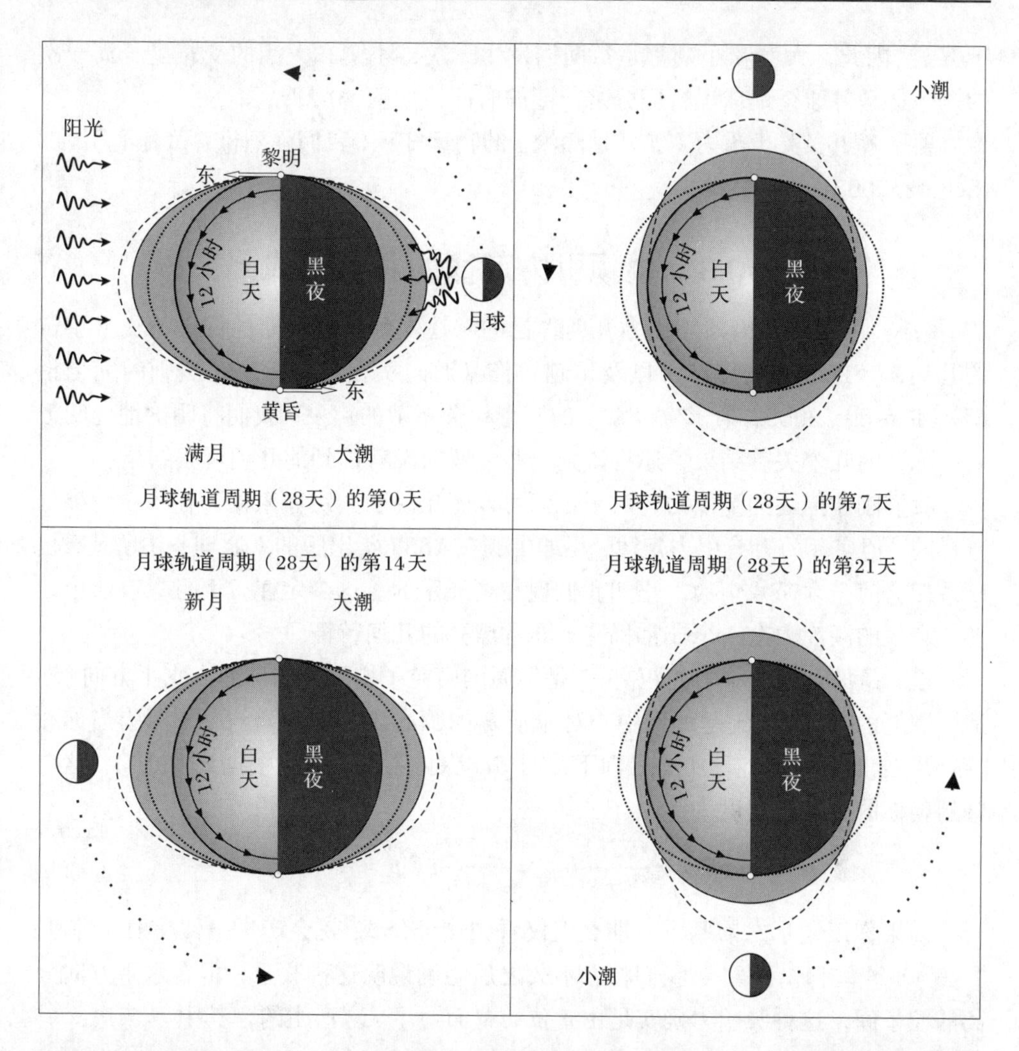

图 30-2 海洋潮汐的解释. 月球的潮汐力（短划线）和太阳的潮汐力（点虚线）联合起来扭曲了海平面（椭圆形阴影区域），产生了潮汐.（注意：这里不是按比例画的. 海洋和潮汐被夸大了很多，而地球到月球的距离缩短了很多！）左上图显示的是月球被照亮的一面面向地球，反射的阳光被我们看作满月. 因为太阳和月球的潮汐力在同一直线上，它们相互加强，形成落差最大的高潮和低潮，这就是大潮. 右上图显示，较强的月球潮汐力被正交方向的太阳潮汐力抵消了一部分，形成落差最小的高潮和低潮，这就是小潮

根据定义，因为月球每月沿着环绕地球的轨道循行一圈，所以它与地球和太阳排成一条线的情况每月发生两次：一次是月球位于太阳和地球之间（就是我们看到新月的初一），另一次是地球位于太阳和月球之间（就是我们看到满月的

十五）. 因此，大潮和小潮都是每两周发生一次，小潮和大潮的交替是一周一次的——这是月球绕地球运行四分之一圈的时间，如图 30-2 所示.

要了解更多关于重力（尤其是潮汐）的物理知识，我们强烈推荐《地心引力》(Schutz, 2003).

30.3 牛顿引力定律的几何形式

（注：下面对爱因斯坦引力几何理论的阐述受到了彭罗斯的优美论文《宇宙的几何》（Penrose, 1978）以及卓越著作《通向实在之路：宇宙法则的完全指南》（Penrose, 2005，第 17–19 章）的三个相关章节的启发. 我们将明确地证明彭罗斯陈述的几个关键结果，还将谈到一些彭罗斯没有提到的几何观察结果.）

我们刚才描述的潮汐力，对于任何可以想象的引力定律来说，在性质上都是一样的. 但实际的万有引力定律，正如牛顿在 1687 年出版的《原理》中所述，是随着距离的平方而减小的. 正如我们现在要展示的，这个定律，而且只有这个定律，产生的潮汐力有一个非常特殊、非常漂亮的几何特征.

设 r 是你到地球中心的距离，ξ 是你周围由粒子排列成的球面上水平方向“赤道”圆周的半径，$\delta\varphi$ 是地球中心对应于 ξ 的圆心角，则 $\xi \asymp r\delta\varphi$. 因为当你和“赤道”上的粒子向地球中心径向下落时 $\delta\phi$ 保持不变，所以根据式 (30.1)，这个圆周朝你的内向加速度为

$$\ddot{\xi} \asymp \ddot{r}\delta\varphi = -\frac{GM}{r^2}\delta\varphi = -\frac{GM}{r^3}r\delta\phi \asymp -\frac{GM}{r^3}\xi.$$

如果你读懂了之前两章，那么仅仅看到这个公式[①]就会产生条件反射，惊呼：“这是一个雅可比方程！”我们将在不久之后明确说明这种联系，但在水平方向分离的粒子间，这种吸引力确实是由正值的截面曲率 $\mathcal{K}_+$ 产生的，其中

$$\boxed{\ddot{\xi} = -\mathcal{K}_+\xi \quad \Longrightarrow \quad \mathcal{K}_+ = +\frac{GM}{r^3}.} \tag{30.2}$$

令 Ξ 表示你到你头顶上和脚底下的粒子的距离——注意我们选择了一个希腊字母来描述这个距离！正如在图 30-1 中说明以及前面所讨论的，这些粒子远离你的相对加速度 $\ddot{r}$ [在式 (30.1) 中定义] 由在你的高度 r 和另一个高度 $r+\delta r = r+\Xi$ 的差值 $\delta\ddot{r}$ 决定. 因此，

$$\ddot{\Xi} = \delta\ddot{r} \asymp \left[\partial_r \ddot{r}\right]\delta r = \partial_r\left[-\frac{GM}{r^2}\right]\Xi = \left[+\frac{2GM}{r^3}\right]\Xi.$$

① 见式 (28.2) 和式 (29.21).

在竖直方向分离的粒子间，这种排斥力由负值的截面曲率 $\mathcal{K}_-$ 产生，其中

$$\ddot{\Xi} = -\mathcal{K}_-\Xi \quad \Longrightarrow \quad \mathcal{K}_- = -\frac{2GM}{r^3}. \tag{30.3}$$

因此，如图 30-1 所示，竖直方向的排斥力正好是水平方向的吸引力的 2 倍. 我们现在已揭示了这个事实真正的几何意义——牛顿平方反比潮汐力的几何特征. 关键是要追踪球面（潮汐力会把它变成蛋形）在落向地球时的体积变化 $\delta\mathcal{V}$.

假设粒子最初排列成的球面被包围在一个立方体中. 当球面下落并变为蛋形时，包围球面的立方体及其内部都经历了线性变换，变为一个长方体“盒子”，其边长为 2ξ、2ξ 和 2Ξ，因此体积为 $8\xi^2\Xi$. 而蛋形球体占这个“盒子”的体积比例固定不变，所以

$$\delta\mathcal{V} = \frac{4\pi}{3}\xi^2\Xi.$$

因为你和粒子排列成的球面从静止开始，很明显，这个体积的变化率一开始一定为零：$\delta\dot{\mathcal{V}} = 0$. 因为 $\dot{\xi} = 0 = \dot{\Xi}$，通过计算就可以验证这个结果：

$$\delta\dot{\mathcal{V}} = \frac{4\pi}{3}\left[2\xi\dot{\xi}\Xi + \xi^2\dot{\Xi}\right] = 0.$$

但潮汐力确实会立刻使得粒子排列成的球面加速，因此我们来计算蛋形球体体积的加速度：

$$\delta\ddot{\mathcal{V}} = \frac{4\pi}{3}\left[2(\dot{\xi})^2\Xi + 2\xi\ddot{\xi}\Xi + 2\xi\dot{\xi}\dot{\Xi} + 2\xi\dot{\xi}\dot{\Xi} + \xi^2\ddot{\Xi}\right] = \frac{4\pi}{3}\left[2\xi\ddot{\xi}\Xi + \xi^2\ddot{\Xi}\right].$$

但一开始 $\xi = \delta r = \Xi$，我们知道水平方向的吸引力和竖直方向的排斥力分别由式 (30.2) 和式 (30.3) 决定，因此

$$\delta\ddot{\mathcal{V}} = \frac{4\pi}{3}\left[2\ddot{\xi} + \ddot{\Xi}\right](\delta r)^2 = -\frac{4\pi}{3}(2\mathcal{K}_+ + \mathcal{K}_-)(\delta r)^3 = 0$$

这样，我们就得到了一个漂亮的结果：

> **平方反比潮汐力的几何意义：**
> 由且仅由平方反比定律生成的潮汐力是**保持体积不变的**，确切地说，体积的加速度为零，因此体积保持在 t^2 阶不变：
> $$\delta\ddot{\mathcal{V}} = 0.$$ (30.4)

我们还没有证明这个命题的“仅由”部分. 为此，假设 $\ddot{r} = f(r)$，其中 f 是一个待定函数. 将它代入上面分析中的 (30.1)，就得到了我们要证明的结果 [练

习]:

$$\delta\ddot{\mathcal{V}}=0 \implies \frac{\mathrm{d}f}{\mathrm{d}r}+\frac{2f}{r}=0 \implies f(r)\propto\frac{1}{r^2}.$$

在前面的分析中，为了易于理解，我们忽略了你的微观引力场及其对你周围粒子的影响. 但是假设我们把你移出球的内部，并用密度 ρ 极大的物质填充它，那么粒子排列的半径为 $\xi=\Xi$ 的球面将向中心加速飞行，就像在中心有一个质量为 $\rho\delta\mathcal{V}$ 的质点，用下面的加速度将它们拉向中心：

$$\ddot{\xi}=-\frac{G\rho\delta\mathcal{V}}{\xi^2}.$$

现在让我们计算在新的环境下体积的加速度. 因为 $\delta\mathcal{V}=\frac{4\pi}{3}\xi^3$，所以

$$\delta\dot{\mathcal{V}}=4\pi\xi^2\dot{\xi} \implies \delta\ddot{\mathcal{V}}=8\pi\xi(\dot{\xi})^2+4\pi\xi^2\ddot{\xi}=8\pi\xi(0)^2+4\pi\xi^2\left(-\frac{G\rho\delta\mathcal{V}}{\xi^2}\right).$$

于是，我们发现了

> **平方反比吸引力的几何意义**：
> 考虑一个球体，其体积为 $\delta\mathcal{V}$，内部充满了密度为 ρ 的物质. 在球面外有一层测试粒子，从静止状态解除约束，它们就马上向中心加速飞行. 平方反比规律引起它们包围的体积向内坍缩，向内坍缩的加速度由如下几何规律决定：
>
> $$\delta\ddot{\mathcal{V}}=-4\pi G\rho\delta\mathcal{V}.$$ (30.5)

如果我们现在想象这个物质球体（及其表面的测试粒子）在地球重力场中以任意速度被发射，就得到了这两种效应的叠加：地球的潮汐力开始把球体变形成一个等体积的“蛋”，而球体内物质的吸引力也发挥了使其体积缩小的作用. 最终的结果是，最初的球体演变成一个“蛋”，但其体积的收缩正比于里面物质的质量，也正比于时间的平方.

30.4 时空的度量

很快，我们就可以用爱因斯坦的四维时空理论来重述前面的分析，然后就会很自然地想到爱因斯坦的引力场方程. 但在此之前，我们必须讨论时空的度量结构，还必须学习如何绘制时空的图像.

首先要理解的是，局部切空间的结构不是标准欧几里得度量的 $\mathbb{R}^4$，它是闵可夫斯基时空，而**闵可夫斯基度量**由我们在第 86 页式 (6.15) 中介绍的时空区间给出.（提醒：我们选择的单位定义为光在一单位时间内传播一单位距离，所以它

的速度是 $c=1$. 在这样定义的单位中，爱因斯坦的著名方程 $E=mc^2$ 就变成了 $E=m$，即“能量就是质量”!）

定义

$$ds^2=dt^2-(dx^2+dy^2+dz^2)=\left[dx^0\right]^2-\left(\left[dx^1\right]^2+\left[dx^2\right]^2+\left[dx^3\right]^2\right). \quad (30.6)$$

这类似于曲面上某一点到切平面的距离. 就像切平面是平的一样，闵可夫斯基时空也是平的——它的黎曼张量恒为零.

曲面本身上相邻点之间的真实距离类似于由弯曲时空的**度量张量**决定，这个张量通常记作 $\boldsymbol{g}$，它接受两个向量作为输入，并输出一个标量. 它推广了**点积**（或**标量积**），并且是对称的：

$$\boldsymbol{g}(\boldsymbol{u},\boldsymbol{v})\equiv\boldsymbol{u}\cdot\boldsymbol{v}=\boldsymbol{v}\cdot\boldsymbol{u}=\boldsymbol{g}(\boldsymbol{v},\boldsymbol{u}).$$

就像在 2 曲面上一样，度量构成了关于时空的最基本信息——它定义了距离，而我们一旦知道了距离，就知道了一切：测地线、平行移动和黎曼曲率. 如果 $\boldsymbol{\epsilon}$ 是时空中两个相邻事件之间的一个很小的（最终为零）连接向量，则度量告诉我们它们之间的爱因斯坦距离：

$$ds^2=\boldsymbol{g}(\boldsymbol{\epsilon},\boldsymbol{\epsilon}).$$

但是回想一下，仅当 $\boldsymbol{\epsilon}$ 连接非零质量物质粒子的时空轨迹（又称**世界线**）上的两点时，才有 $ds^2>0$. 这些非零质量物质粒子只能低于光速运动，在这种情况下，我们说间隔是**类时的**. 正如我们在第 86 页结论 (6.16) 中所述，在这种情况下，ds 就是沿世界线的旅行者所戴手表上流逝的时间. 如果 $\boldsymbol{\epsilon}$ 连接一条光线（光子的世界线）上的两点，那么 $ds^2=0$，在这种情况下，我们说间隔是**空的**. 最后，如果 $ds^2<0$，我们说间隔是**类空的**.

如果 $\{\boldsymbol{e}_i\}$ 是任一四维度量空间的四个基向量（不一定是标准正交的）的集合（称为一个**四元组**），就可以求出度量张量的分量，就像我们求得里奇张量的分量一样，只需将张量作用于基向量对上：

$$g_{ij}\equiv\boldsymbol{g}(\boldsymbol{e}_i,\boldsymbol{e}_j)=\boldsymbol{g}(\boldsymbol{e}_j,\boldsymbol{e}_i)=g_{ji}.$$

于是

$$\boxed{ds^2=\boldsymbol{g}(\boldsymbol{\epsilon},\boldsymbol{\epsilon})=\boldsymbol{g}(dx^i\boldsymbol{e}_i,dx^j\boldsymbol{e}_j)=\boldsymbol{g}(\boldsymbol{e}_i,\boldsymbol{e}_j)\,dx^i\,dx^j=g_{ij}\,dx^i\,dx^j.} \quad (30.7)$$

例如，在闵可夫斯基时空中，如式 (30.6) 所示，$g_{00}=+1$ 且 $g_{11}=g_{22}=g_{33}=-1$，当 $i\neq j$ 时 $g_{ij}=0$. 但是，在一般情况下，g_{ij} 是时空内的函数，而且当 $i\neq j$ 时 $g_{ij}\neq 0$. 重要的是要认识到，即使在平坦的闵可夫斯基时空中，这些分量看起来也会有很大的不同，这取决于坐标系的选择. 例如，如果取标准球极坐标为空

间坐标，则

$$ds^2 = dt^2 - dr^2 - r^2(d\varphi^2 + \sin^2\varphi\, d\theta^2), \tag{30.8}$$

即 $g_{tt} = 1, g_{rr} = -1, g_{\varphi\varphi} = -r^2$ 且 $g_{\theta\theta} = -r^2\sin^2\varphi$，而且这些函数描述的是与之前一样的平坦几何.

关于记号的注释：g_{ij} 这个记号是被普遍接受的，所有的现代数学教科书和物理学教科书都使用这个记号. 因此，我们也用这个记号，它是高斯最初在 2 曲面关于 (E, F, G) 的记号（见第 41 页记号字典 (4.8)）到 n 流形的推广. 不过，至少在二维的情况下，我们希望你相信（已经说过几次了！），我们的另一种记号 (A^2, B^2) 在概念和计算上都更好一些. 其实，在 n 维空间中，我们的记号也不差……

30.5 时空的图示

大多数人（包括我）难以直接看到四维时空. 那么，我们怎么画出时空的图示以便在其中进行几何的逻辑思考呢?！解决这个难题最常见和有用的方法就是简单地将三个空间方向压缩成两个. 更具体地说，我们将画出向上的时间，将（三个中的）两个空间方向画成一个，即用一个竖直方向表示时间，用垂直于竖直方向的水平平面表示三维空间.

尽管信息丢失看起来很严重，但我们常常可以借助对称性来弥补：如果两个空间方向在物理上是等价的，那么忽略其中一个并不会让我们付出任何代价. 例如，在图 30-1 中，所有水平方向（与地球表面平行的平面）都是一样的，因此，如果我们只画出一个方向来表示这个由两个正交向量张成的平面，不会丢失任何信息，这在接下来的讨论中至关重要. 与此形成鲜明对比的是，竖直方向是引力场的方向，它在物理上与水平方向截然不同，所以在时空图中不能抛弃这个方向！

让我们从一个更对称的情况开始：空的、平坦的闵可夫斯基时空. 在这里，所有空间方向在物理上是彼此无法区分的. 在时空图中最有用的事物之一是在特定时刻从特定点发出的闪光——一个**事件**. 它会产生一个光球，每单位时间扩大一个单位的距离. 因为爱因斯坦告诉我们，物质粒子的运动速率不可能超过光速，所以从同一个事件喷发出来的任何大质量粒子，像一束闪光一样，一定都留在这个膨胀的球体内. 这一切在时空图中是怎样的呢?

少画了一个空间维度后，逐渐膨胀的光球现在由图 30-3 中所示的逐渐扩张的圆周来表示，它在时空中生成一个圆锥面. 因此，对闪光的时空描述称为**光锥**或**零锥**. 物质粒子的世界线停留在这个锥内. 零锥的基本重要性在于其内部表示受到初始事件影响的事件的集合，它告诉我们时空的所谓**因果结构**：此时此地的这个事件是否会导致另一时刻在另一处的那个事件发生什么事情?

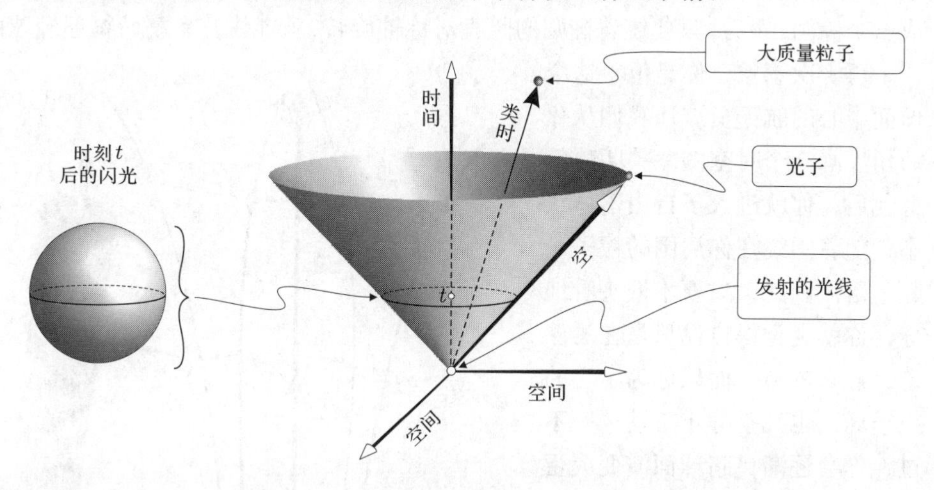

图 30-3 时空中的零锥(光锥). 时间由竖直方向表示,(三个中的)两个空间方向用正交的水平方向表示. 一束光线从时空中的一个事件发射出来,它在时刻 t 扩张成的光球面用它的圆周截线表示. 所以,这束光线的整个未来用一个锥面表示,光子的世界线是这个锥面的空母线. 物质粒子在这个锥面内沿类时世界线运动,运动的速率低于光速

一个粒子的世界线的切向量称为这个粒子的 **4 速度**. 一个静止的粒子有一个非零的 4 速度:它直指时间轴!注意,大质量粒子的 4 速度是可以规范化的,就像我们总是假设粒子在二维曲面内以单位速率运动一样. 但这对于光子的 4 速度而言是不可能的,因为光子的 4 速度的"长度"总是为零.

30.6 爱因斯坦的真空场方程的几何形式

为了"推导"[①]爱因斯坦的真空场方程,我们回到地球表面上方的真空空间. 在那里,如图 30-1 所示,牛顿的平方反比潮汐力操控一切. 但是我们现在要从时空的视角来分析这件事.

我们在图 30-1 中已经注意到,所有的水平方向都是不可区分的,因此,如果我们绘制的时空图只保留一个这样的水平方向,就不会丢失信息. 然后,考虑球面的任意竖直大圆,它在由一个这样的水平方向和地球重力的竖直方向所张成的平面内. 当粒子排列成的球面下落时,潮汐力会将球面扭曲成一个椭球形的"蛋",只需要单独观察原始球面在这个竖直方向上的大圆截线的变化,就可以完整而忠实地

① 在我们目前的理解状态下,物理定律是不可约化的:它们不可能从任何更原始的东西通过逻辑推导出来. 然而,从牛顿开始,与其他物理定律的一致性,再加上数学之美,已经成为非常有效的指导原则,使我们能够正确地猜测大自然最深层的一些秘密.

掌握这种演变. 如果我们跟随这些粒子下落，潮汐力会把它们排列成的圆周扭曲成一个椭圆，然后，只要绕着椭圆的竖直对称轴旋转，就能恢复完整的物理椭球面.

再一次想象，你是位于这个球面中心的航天员. 让我们从你的角度画一个时空图. 关闭喷气背包后，你就进入了自由落体状态，随着围绕在你周围的粒子一起下落. 因此，只要不低头看地球，你就会觉得自己只是在漂浮着，静止不动，而以你为中心的粒子球面也几乎静止不动……不过，你会逐渐目睹球面演变成蛋形表面的潮汐过程. 如果你俯视地球，会看到它正在向你移动，但你仍然可以认为自己没有移动，而是地球在向你移动!

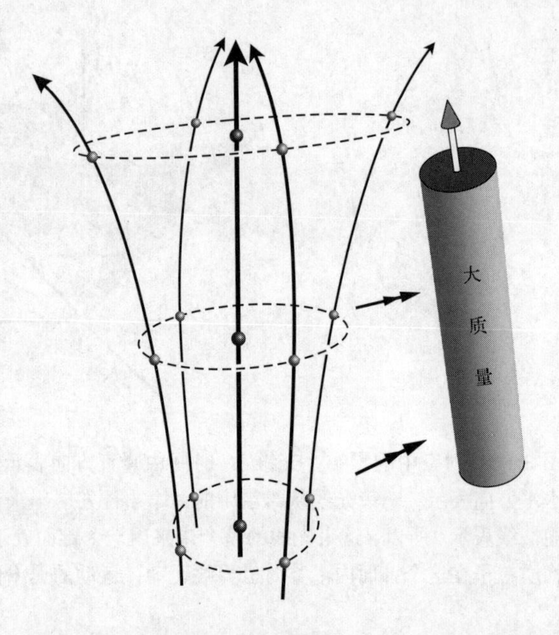

图 30-4　潮汐变形的时空描述，自由下落的球体变成"蛋". 通常，时间沿竖直方向

我们正是从这个角度画了图 30-4，而你就是中间加黑的世界线. 它描绘了一个球面（用一个竖直的圆周表示[①]）在落向地球时，变成一个椭球形的"蛋"的时空演变过程. 在图中，用标记为"大质量"的圆柱体粗略地表示地球.

这张图应该能让你想起点什么. 它看起来几乎和图 29-11c 一模一样，描述了截面曲率在一个方向上为正（引起吸引力）、在其垂直方向上为负（引起排斥力）的情况下，圆形测地线束的演变. 如果我们考虑时空中的截面曲率，并将式 (30.2) 和式 (30.3) 与（现在是四维的）截面雅可比方程 (29.21) 进行比较，这种相似性就变得精确了.

粒子（从静止开始）排列成的圆周的 4 速度 $\boldsymbol{v}$ 是沿着时间轴竖直向上的. 当包含这个 4 速度的竖直时空平面绕时间轴旋转时，它会经过平行于地球表面的方向，这时的截面曲率 (30.2) 是引起吸引力的正曲率：

$$\mathcal{K}_{+} = +\left(GM/r^{3}\right).$$

再继续旋转一个直角，时空平面就会包含地球引力场的方向，具有引起排斥力的

① 图中的虚线圆周看起来都是水平方向的，是吗? 但对于位于右边"大质量"表示的地球它们就是竖直方向的. ——译者注

负截面曲率 (30.3)：

$$\mathcal{K}_{-} = -\left(2GM/r^3\right).$$

当然，还有一个正交于这两个方向的第三个空间方向，但是它在我们的时空图中被省略了——它是正交于时间轴，在平行于地球表面的平面内的第三个方向.

现在我们借助适用于这个情况的正交四元组把它讲清楚. 设 $\boldsymbol{e}_0 = \boldsymbol{v}$ 的方向与（竖直的）时间轴一致，$\boldsymbol{e}_1$ 和 $\boldsymbol{e}_2$ 张成的平面平行于地球表面，$\boldsymbol{e}_3$ 沿地球的引力场方向径向向外.

式 (29.26) 从 3 流形到 4 流形的推广就是，时空中在包含 $\boldsymbol{e}_0 = \boldsymbol{v}$ 的所有平面的截面曲率的平均 $\mathcal{K}_{\text{mean}}$ 可以通过求包含 $\boldsymbol{e}_0 = \boldsymbol{v}$ 的这三个正交平面的截面曲率的平均值得到：

$$\Pi_1 \equiv \Pi(\boldsymbol{e}_0, \boldsymbol{e}_1), \quad \Pi_2 \equiv \Pi(\boldsymbol{e}_0, \boldsymbol{e}_2), \quad \Pi_3 \equiv \Pi(\boldsymbol{e}_0, \boldsymbol{e}_3).$$

因此

$$\mathcal{K}_{\text{mean}} = \frac{\mathcal{K}(\Pi_1) + \mathcal{K}(\Pi_2) + \mathcal{K}(\Pi_3)}{3} = \frac{1}{3}\boldsymbol{Ricci}(\boldsymbol{e}_0, \boldsymbol{e}_0) = \frac{1}{3}R_{00}.$$

值得关注的是，从几何角度来看，从牛顿的平方反比潮汐力发展到爱因斯坦的弯曲时空的过程是非常顺畅的！

我们在结果 (30.4) 中看到牛顿的平方反比潮汐力的特征是它保持体积不变，并且在式 (29.29) 中看到体积的加速度由里奇曲率控制. 结合这两个结果，我们发现

$$\boxed{\boldsymbol{Ricci}(\boldsymbol{v}, \boldsymbol{v})\,\delta\mathcal{V} = -\delta\ddot{\mathcal{V}} = 0.} \tag{30.9}$$

更明确地，从式 (30.2) 和式 (30.3)，

$$R_{00} = \mathcal{K}(\Pi_1) + \mathcal{K}(\Pi_2) + \mathcal{K}(\Pi_3) = \mathcal{K}_{+} + \mathcal{K}_{+} + \mathcal{K}_{-} = \frac{GM}{r^3} + \frac{GM}{r^3} - \frac{2GM}{r^3},$$

所以

$$\boxed{R_{00} = 0.} \tag{30.10}$$

我们在这里假设粒子排列成的球面从静止开始下落，使得 $\boldsymbol{v} = \boldsymbol{e}_0$ 是一个沿时间轴完全竖直的 4 速度. 但我们知道，不论以何速度发射球面，牛顿潮汐力保持体积不变的特征都成立，因此式 (30.9) 对于任意类时 4 速度 $\boldsymbol{v}$ 都成立.

推导爱因斯坦真空场方程的最后一步取决于里奇张量 $\boldsymbol{Ricci}$ 的对称性 (29.28)：

$$\boldsymbol{Ricci}(\boldsymbol{x}, \boldsymbol{y}) = \boldsymbol{Ricci}(\boldsymbol{y}, \boldsymbol{x}).$$

令 $\boldsymbol{v}=\boldsymbol{x}+\boldsymbol{y}$，其中 $\boldsymbol{x}$ 和 $\boldsymbol{y}$ 是任意类时向量，则

$$\begin{aligned}0 &= \boldsymbol{Ricci}(\boldsymbol{v},\boldsymbol{v})\\ &= \boldsymbol{Ricci}([\boldsymbol{x}+\boldsymbol{y}],[\boldsymbol{x}+\boldsymbol{y}])\\ &= \boldsymbol{Ricci}(\boldsymbol{x},\boldsymbol{x})+\boldsymbol{Ricci}(\boldsymbol{x},\boldsymbol{y})+\boldsymbol{Ricci}(\boldsymbol{y},\boldsymbol{x})+\boldsymbol{Ricci}(\boldsymbol{y},\boldsymbol{y})\\ &= 0+\boldsymbol{Ricci}(\boldsymbol{x},\boldsymbol{y})+\boldsymbol{Ricci}(\boldsymbol{y},\boldsymbol{x})+0\\ &= 2\boldsymbol{Ricci}(\boldsymbol{x},\boldsymbol{y}).\end{aligned}$$

于是，我们就得到

$$\text{爱因斯坦真空场方程：}\quad \boldsymbol{Ricci}=0 \iff R_{ik}=0. \tag{30.11}$$

不要忘记这个方程的出处和含义：

在真空中，为了使潮汐力保持体积不变，正截面曲率必须正好与负截面曲率抵消，以便达到完全平衡.

虽然里奇曲率在真空中恒为零，但这只是正截面曲率和负截面曲率导致体积缩小效果的平均值. 黎曼张量本身一般不会为零，关于正、负潮汐曲率的式 (30.2) 和式 (30.3) 就是证明.

一般来说，可以将黎曼曲率分割成体积缩小的里奇部分，加上一个纯潮汐的、保持体积不变的部分，称为**外尔曲率**，见第 391 页习题 15. 通过彭罗斯的 2 旋量形式体系就可以优雅、自然地完成这种分解，见 Penrose and Rindler（1984, 4.6 节）或 Wald（1984, 13.2 节）.

式 (30.11) 实际上就是爱因斯坦的方程，以防怀疑，图 30-5 显示了爱因斯坦自己骄傲地写下这个方程的照片. 虽然他谦虚地加了一个问号，但是该方程包含了一系列令人惊奇、可测试的预测，而且所有这些预测现在已经都用实验非常精准地证实了.

我们将概述其中几个成功的实验，关于它们的数学推导，我们将提供一些技术参考资料，以及附录 A 中的广义相对论部分.

30.7 施瓦氏解和爱因斯坦理论的最初验证

所谓爱因斯坦方程的解，是指满足该方程的（由度量定义的）时空几何.

爱因斯坦方程的一个最重要的解（至少在历史上）描述了一个球对称（非自旋）质量 M 外的真空区域内的时空. 这个迄今为止发现的第一个精确解，是由卡

图 30-5 1931 年左右，阿尔伯特 · 爱因斯坦（1879—1955）在美国加利福尼亚州帕萨迪纳市的威尔逊山天文台黑尔图书馆发表演讲．在黑板上，爱因斯坦写下了他的真空场方程：$R_{ik}=0$（加了一个问号）．图片由加利福尼亚州圣马力诺市亨廷顿图书馆卡内基科学收藏研究所天文台提供

尔 · 施瓦茨希尔德[1]（1873—1916，见图 30-6）发现的——他在爱因斯坦宣布其理论后几乎立即公布了这个解．施瓦茨希尔德是在第一次世界大战期间在前线服役时发现这个解的，当时他 42 岁．1915 年 12 月 22 日，他给爱因斯坦写了一封信：

> 正如你所见，战争对我够仁慈了，尽管炮火重重，我也得以远离这一切，在你的思想世界里漫步．

几十年后，物理学家们慢慢地意识到，施瓦茨希尔德的解不仅描述了太阳或地球等球形物体周围的几何性态，还描述了黑洞的纯真空引力场！

① 施瓦茨希尔德是个天才，他 16 岁就发表了天体力学的论文．他在 1901～1909 年任哥廷根大学教授，同事包括希尔伯特、克莱因和闵可夫斯基．

施瓦茨希尔德的解是建立在闵可夫斯基时空 (30.8) 中球极坐标度量公式的基础之上的：

施瓦氏解

$$ds^2 = \left(1 - \frac{2GM}{r}\right) dt^2 - \frac{dr^2}{1 - \frac{2GM}{r}} - r^2(d\varphi^2 + \sin^2\varphi \, d\theta^2). \tag{30.12}$$

注记：

- 在这里，定义径向坐标 r 为 $\sqrt{\mathcal{A}(r)/4\pi}$，其中 $\mathcal{A}(r)$ 为半径为 r 的球面面积，这样保持了与欧几里得空间中的球面面积公式关联. 因此，径向距离不是 dr，而是 $dr/\sqrt{1-\frac{2GM}{r}}$. 只有当我们渐渐远离大质量的物体（或黑洞）时，径向坐标才会渐近地重新被解释为欧几里得径向距离.

图 30-6 卡尔 · 施瓦茨希尔德（1873—1916）

- 如果我们不选择单位光速 $c = 1$，则其中的 $2GM/r$ 就必须换成 $2GM/c^2r$.
- 在本数学剧剧终时，我们将利用**曲率 2 形式**验证这个几何确实满足爱因斯坦真空场方程 (30.11).
- 当

$$r = r_s \equiv \text{施瓦氏半径} \equiv \frac{2GM}{c^2} \tag{30.13}$$

时，度量张量的分量 g_{rr} 会发生爆破①. 爱因斯坦和其他人开始时都对此感

① 即 $\lim_{r \to r_s} g_{rr} = \infty$. 由式 (30.12) 可知 $g_{rr} = 1/\sqrt{1-(2GM)/r}$，所以它在 $r = r_s$ 时爆破.

——译者注

到困惑，以为这是时空当 $r=r_s$ 时的某种奇异性．然而，这最终被证明是非物理的，是因为特殊的坐标选择产生的人为现象．如果一个长度为 l 的物体位于施瓦氏半径上，它将经历普通的、阶为 $(GM/r_s^3)l$ 的非奇异潮汐力，换句话说，潮汐力的阶为 $(c^6l/G^2)(1/M^2)$.

- 如果质量 M 非常大，那么施瓦氏半径处的潮汐力就非常小．
- 如果球形恒星或行星的半径为 R，那么解只适用于其外部的真空区域，即 $r>R$．在内部，$r<R$，就需要一种完全不同的度量，它满足完整的（含有物质的）爱因斯坦场方程，我们将很快推出这个方程．在密度均匀的球体上，卡尔·施瓦茨希尔德几乎就在找到真空解之后，立即找到了这个非真空场方程的精确解，称为**施瓦氏内解**.
- 尽管太阳的半径约为 696 000 千米，但是其施瓦氏半径只有约 3 千米，而地球的施瓦氏半径只有约 8.9 毫米．因此，在理解施瓦氏半径之前，我们必须从真空的施瓦氏解转换到一个不同的内解．

尽管地球和太阳是有自转的，施瓦氏解仍然是两者时空几何的绝佳近似①．事实上，这个解决方案足以对我们的太阳系做出一个完整的分析，并对太阳系中偏离牛顿理论的现象做出三个重要的预测．

为了历史的准确性，我们必须指出，这三个预测最初都是爱因斯坦在知道施瓦氏精确解之前做出的．爱因斯坦是通过方程的近似解来做到这一点的，而这个近似解是他用直角坐标得到的！

下面就是爱因斯坦最初的三个预测，也是对他的理论的检验．

1. 当光经过一个引力场向上方运动时，它的频率会减小，我们称之为**红移**．在发现场方程很久之前，爱因斯坦在 1907 年做出了这个预测，因此它不是对那个方程的直接检验．然而，如果实验否定该预测，则爱因斯坦理论的整个框架就会被推翻．遗憾的是，直到 1959 年，也就是爱因斯坦去世 4 年后，庞德和瑞贝卡才首次明确地证实了这个预测在地球上为真．
2. 水星每绕轨道运行一周，水星椭圆轨道的长轴就会旋转一个极微小的量．牛顿理论预测，每世纪的旋转量应该是 532 角秒——小于 1 度．然而，于尔班·勒韦里耶和后来的西蒙·纽科姆对 1697 年以来收集到的观测数据进行了非常精确的分析．到 1882 年，他们已经确定，水星轨道的实际旋

① 快速旋转的恒星和黑洞必须用一个不同的、至关重要的解来描述，这个解是由新西兰数学家罗伊·克尔（1934 年出生）于 1963 年发现的，因此称为**克尔解**．关于克尔及其非凡发现的评述，请参阅 Kerr (2008) 和 Wiltshire et al. (2009).

转速度是每世纪 575 角秒，相差了 43 角秒：这是牛顿理论中一个小得不可思议（但也不可磨灭且神秘）的缺陷.

当爱因斯坦根据自己的万有引力定律计算出这一修正结果时，万有引力定律就做出了一个毫不含糊的预测——结果不可能有错.

爱因斯坦的公式得出了每世纪 43 角秒的偏差！在那一刻，爱因斯坦意识到大自然已经告诉他，他的属于世界的永恒结构. 在人类存在 40 亿年之前，水星的轨道就已经以这样的速度旋转了，而且在未来的数十亿年里，它还会继续这样旋转.

爱因斯坦告诉一个朋友，在那一刻，他的心跳急剧加速；他告诉另一个朋友，他觉得自己心里真的有什么东西“咔嗒”一声合上了. 见派斯的著作（Pais, 1982, 第 253 页）.

3. 爱因斯坦还通过计算预言：光在经过太阳边缘时会被弯曲 1.75 角秒. 但是，擦过太阳的星光只在日全食时才能看到，所以这个预言直到 1919 年 5 月 29 日发生日全食时才得以证实. 根据日全食的预报，阿瑟 · 爱丁顿爵士组织了前往巴西和西非的探险，只是为了在短暂的日全食期间拍摄关键的照片，并对光的弯曲进行测量，实际上，是要看看是否有弯曲.

   爱因斯坦关于光弯曲的预言得到了戏剧性的证实，他预言光弯曲的角度如此精确，在国际上引起了轰动，登上了世界各地报纸的头版. 一夜之间，这位不知名的德国科学家家喻户晓，“爱因斯坦”成了天才的同义词.

在这些早期的成功之后，接下来是几十年的“休眠期”，物理学家们将注意力转移到了量子上. 然而，从 20 世纪 60 年代开始，广义相对论经历了某种复兴，并一直延续到今天，吸引了最优秀的理论家和实验主义者，他们提出了许多新的理论预测和许多新的验证性实验.

一些新的测试仍然依赖于 1915 年的简单施瓦氏解. 非常成功的 GPS 导航［见 Taylor and Wheeler (2000, A-1 节)］就是对爱因斯坦理论和施瓦氏解的最新验证之一!

遗憾的是，施瓦茨希尔德本人并没有亲眼看到这些成就：1916 年 5 月 11 日，就在发现爱因斯坦方程的两个非凡解的几个月后，他死于一种罕见的自身免疫性疾病. 为了纪念他，阿瑟 · 爱丁顿爵士写道：“……他的乐趣是在知识的牧场上自由驰骋，在出人意料之处出击.”

30.8 引力波

对爱因斯坦方程的其他证实来自真空场方程的完全不同的解 (30.11). 正如我们在第 269 页提到的，爱因斯坦在 1916 年就预言了引力波的存在，而第一次对引力波的实验探测发生在几乎整整一个世纪之后，也就是 2015 年 9 月 14 日.

我们习惯于认为电磁波（比如我们赖以看到世界的光）是在空间中传播的光子. 引力波是一种完全不同的东西：它们是时空弯曲结构本身的涟漪！但并非所有的涟漪都能被检测到，就像施瓦氏解一样，必须满足爱因斯坦真空场方程才行. 只有剧烈事件产生足够大的潮汐力，这种潮汐力引起的振荡以光速穿越空间（只是空间！）到达地球，我们才有可能检测到.

当引力波穿过由粒子在一个固定位置排列成的球面时，它对间隔平行于波的传播方向的粒子没有影响. 但在与波传播方向正交的平面上，它会引起振荡、潮汐、蛋形变形：在一个方向上拉伸粒子排列成的球面，在其正交方向上压缩它. 图 30-7a 显示了某个特定时刻的**场线**（即潮汐力场的流线）.

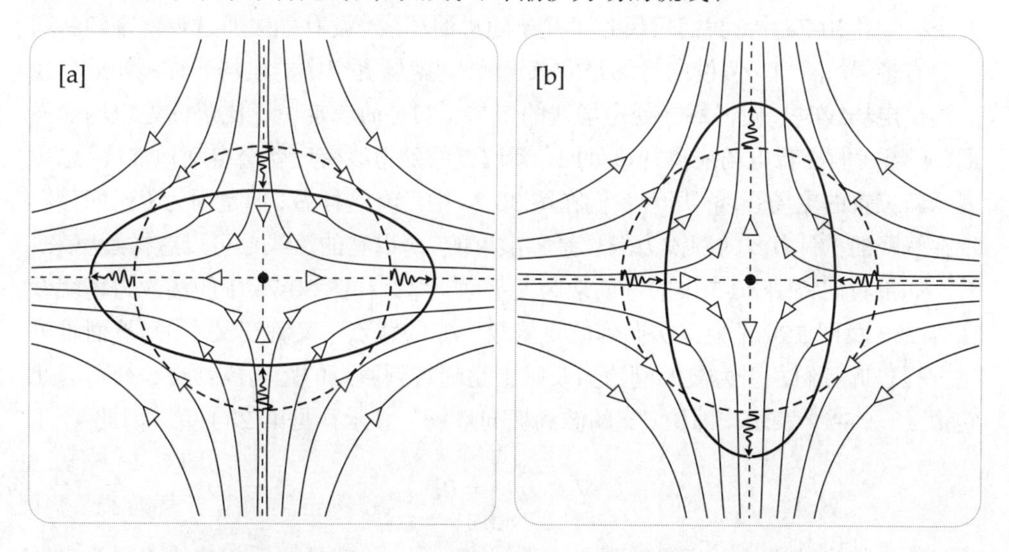

图 30-7 引力波的振荡潮汐力场. 当引力波穿过由粒子排列成的球面时，它对间隔平行于波的传播方向（在此垂直于纸面）的粒子没有影响. 但在与波传播方向正交的平面上，引力波在两个相互正交的方向（在此表现为水平和竖直方向）上引起扩张和压缩的振荡. [a] 测试粒子排列成的（虚线）圆周变形成（实线）椭圆. [b] 半波长后波的潮汐力场的反转，现在的拉伸方向与原来的拉伸方向正交. 当引力波通过时，力场在这两种相反的模式之间来回振荡

引力波的潮汐力场与地球上方真空中潮汐力场的性质不同，主要体现在以下两个方面.

- 首先，引力波在一个方向上拉伸，在另一个正交方向上压缩，而地球的潮汐力场则在平行于地球表面的两个正交方向上压缩.
- 其次，爱因斯坦真空场方程告诉我们，平行于地球表面的平面内任意两个正交方向上的正曲率，一定与地球引力场径向方向上的负曲率完全抵消. 因此，如图 30-1 所示，这两个正曲率的大小一定各为径向负曲率大小的一半. 但在引力波的情况下，传播方向上的曲率为零. 爱因斯坦方程告诉我们，剩下的两个曲率必须相互抵消，因此必须具有同等的大小. 换句话说，如图 30-7a 所示，水平方向的拉伸力肯定等于竖直方向的压缩力.

回到图 30-7a，粒子排列成的虚线圆周最初变形为实线椭圆. 但是，半个波长之后，潮汐力就完全反转了，正如在图 30-7b 中那样：现在，在引力波先前引起拉伸的方向上出现了压缩，反之亦然. 当引力波通过时，力场在这两种相反的模式之间来回振荡.

正如我们在 19.2 节中讨论的那样，一般情况下，相图不能表示底层向量场的大小. 在图 30-7a 中，我们仅仅画了几条随机的场线，没有办法通过观察来判断潮汐力有多强. 然而，假设向量场是零散度的[①]，就像真空中的电场一样. 如果当我们画出电场线时，使得每一处电场线的密度（拥挤的程度）正比于该处电场的强弱，则当我们沿着电场线离开该处时，新位置的磁力线密度就会自动地继续[②]忠实表示新位置的电场强弱. 尽管我们在图 30-7a 中没有这样做，但是因为（正如我们现在解释的）引力波的潮汐力场也是零散度的，所以它的流线也可以这样画出来.

如果我们将图 30-7 中的平面取为复平面，那么在图 30-7a 中的潮汐力场就像在第 233 页图 19-4h 中首次遇到的复函数 $1/z$ 的鞍点（又称交叉点）. 然而雅可比方程告诉我们，引力波的潮汐力实际上是随着到原点的距离线性增加的，因此它由 $\bar{z} = x - iy$ 表示，即由"$\bar{z}$ 的波利亚向量场"表示，见第 234 页. 因此，

$$\nabla \cdot \begin{bmatrix} x \\ -y \end{bmatrix} = 0.$$

注记：人们也可以从更高级的观点来理解这一点：所有复解析函数的波利亚向量场自动地是零散度（和零旋度）的，见《复分析》11.2.3 节.

但是，上述引力波与测试粒子球面之间的相互作用弱得难以置信. 爱因斯坦本人也怀疑我们是否能够探测到他说的引力波. 虽然爱因斯坦确实低估了我们后来的科技实力，但更重要的是，他无法想象足以产生引力波的超常剧烈宇宙事件. 我们现在就来说一个这样的事件，它将惊人的能量（在几分之一秒内！）转换成了

① 场论中，称之为"无源场"或"管型场". ——译者注

② 见《复分析》11.3.2 节 ~ 11.3.5 节以及索恩和布兰福德的著作（Thorne and Blandford 2017, 27.3.2 节）.

强大的引力波——时空中真正的“潮汐波”，在扩散和传播了 10 多亿年之后，它们仍然能够触发地球上的探测器！

在 2015 年第一次（用两个独立的探测器）探测到引力波本身已经是划时代的，但科学家们没有止步于此：他们利用爱因斯坦的方程，从探测到的信号细节反向工作，以非常详细的方式，确定了产生引力波的灾难性事件.

我们来看看基普 · 索恩（此项发现的诺贝尔奖获得者之一）自己是怎么说的.（注意，$M_{\odot}$ 代表太阳的质量.）

> 2015 年 9 月 14 日，先进的 LIGO[①] 引力波探测器首次探测到 GW150914 波暴，其振幅为 1.0×10^{-21}，持续时间约为 150ms，频率从约 50Hz（进入 LIGO 波段时）上升到 240Hz. 通过比较观察到的波形与相对论模拟数值，LIGO-VIRGO[②] 科学家推断，引力波来自距离地球 12 亿光年的一次黑洞合并：一个质量为 $29M_{\odot}$ 的黑洞与一个质量为 $36M_{\odot}$ 的黑洞合并形成了一个质量为 $62M_{\odot}$ 的黑洞，以引力波的形式释放出 $3M_{\odot}c^2$ 的能量.（Thorne and Blandford 2017, 第 1346 页）

对于这样巨大的能量释放不得不多说几句. 根据爱因斯坦的 $E = mc^2$，在黑洞碰撞的最后一刻，相当于太阳质量 3 倍的能量被转换成了引力波能量. 这是什么意思？让我们从 $E = mc^2$ 的一个残酷但为人熟知的例子开始：1945 年广岛原子弹爆炸，约 7.5 万人当场丧生. 在那次核爆炸中，转化成能量的物质总量还不到一颗葡萄干的重量. 明白了吧?!

那么，我们怎么能想象整个太阳的质量都被转换成引力波能量呢？索恩和布兰福德（Thorne and Blandford 2017, 27.5.5 节）给出了这样的解释：在黑洞碰撞的最后十分之一秒内，产生 GW150914 引力波的功率输出是可观测宇宙中所有恒星亮度总和的 100 倍！

关于引力波的产生、传播和探测的技术处理，见索恩和布兰福德的著作（Thorne and Blandford, 2017, 27 节）以及舒茨的著作（Schutz, 2021），那是目前最全面、最新的信息！

---

① LIGO 是 laser interferometer gravitational wave observatory 的缩写，即“激光干涉引力波观察仪”. LIGO 由两个干涉仪组成，每一个都带有两个约 4 千米长的臂并组成 L 型，它们分别位于相距约 3000 千米的美国南海岸利文斯顿和美国西北海岸汉福德. 每个臂由直径为 1.2 米的真空钢管组成，采用了光学、机械和信息处理方面的先进技术. ——译者注

② VIRGO 即欧洲建立在意大利比萨附近的弗戈天文台，其中的探测器经升级，提高了灵敏度，与 LIGO 合作参与引力波的观察. ——译者注

自观察到 GW150914[①]以后，又探测到了几个引力波．2017 年，同一组科学家又实现了另一个“第一”：他们探测到了一场爆炸，GW170817，并利用爱因斯坦的方程分析了这个爆炸，发现这是由两颗*中子星*合并产生的！利用舒茨具有先见之明的理论工作（Schutz 1986）[②]，早在 30 年前，这些引力波科学家就有能力使用这些数据（结合光学数据）以一种全新的方式计算出哈勃常数，为宇宙膨胀的解释带来了新的启示！显然，我们已经进入了**引力波天文学**的新时代．

同样，阿瑟 · 爱丁顿爵士在 1919 年首次发现的光的引力弯曲和聚焦，让我们有了现在**引力透镜**：一种利用引力聚焦技术发展起来的*工具*，用于研究发光（和无线电波）非常微弱、距离遥远的对象．

因此，事后看来，我们对爱因斯坦理论的测试就像将从望远镜的错误一端向外看，检查它的透镜是否配置正确．科学家们现在正在从*正确*的角度来审视这一理论，凝视着时空，用爱因斯坦的方程式来见证和破译那些本来看不见、无法解释的现象．

到目前为止，我们所描述的一切都只依赖于爱因斯坦的*真空*场方程 (30.11)．即使是产生 GW150914 的黑洞，也可以用真空场方程的解来描述，引力波本身也是如此．但是如果没有数十亿年前恒星内部坍缩的*物质*，就不会有黑洞，也不会有黑洞碰撞，更不会有发射出来的引力波！

因此，我们现在转向关于物质的爱因斯坦*完整*场方程．

30.9　爱因斯坦的（有物质的）场方程的几何形式

图 30-4 说明，对于真空环境中粒子球，潮汐力具有保持体积不变的效应．而图 30-8 则是对球内存在物质时出现体积缩小效应的时空描述．这幅图应该又会让你想起些什么！它几乎完全和图 29-11b 一样！这也不是偶然的：图 30-8 通过截面雅可比方程 (29.21) 显示，在物质存在时，时空的截面曲率都是正的．

如果体积 $\delta\mathcal{V}$ 中充满密度为 ρ 的物质，根据牛顿定律，体积缩小的加速度由几何规律 (30.5) 给出，而在时空环境下，这个加速度由截面曲率［里奇曲率公式 (29.29)］的平均值来描述．因此，结合这些结果，我们发现

$$Ricci(\boldsymbol{v},\boldsymbol{v})\delta\mathcal{V}=-\delta\ddot{\mathcal{V}}=4\pi G\rho\delta\mathcal{V},$$

所以

$$Ricci(\boldsymbol{v},\boldsymbol{v})=4\pi G\rho. \tag{30.14}$$

① 这些事件的命名很简单：GW 代表“引力波”，15 表示 2015 年，09 为月份，14 表示当月的第几天.

② 为此，英国皇家天文学会授予伯纳德 · 舒茨 2019 年爱丁顿奖章.

为了取得进一步的进展，我们必须用张量来表示这个方程的右边，因为在狭义相对论和广义相对论中都是用张量描述物质和能量的. 和里奇张量一样，这个新的张量（记作 $\boldsymbol{T}$）以两个向量作为输入，输出一个标量. 它被称为**能量–动量张量**，也被普遍称为**应力–能量张量**. 像里奇张量一样，它也是对称的：

$$\boldsymbol{T}(\boldsymbol{w},\boldsymbol{v})=\boldsymbol{T}(\boldsymbol{v},\boldsymbol{w}) \quad \Longleftrightarrow \quad T_{ki}=T_{ik}. \tag{30.15}$$

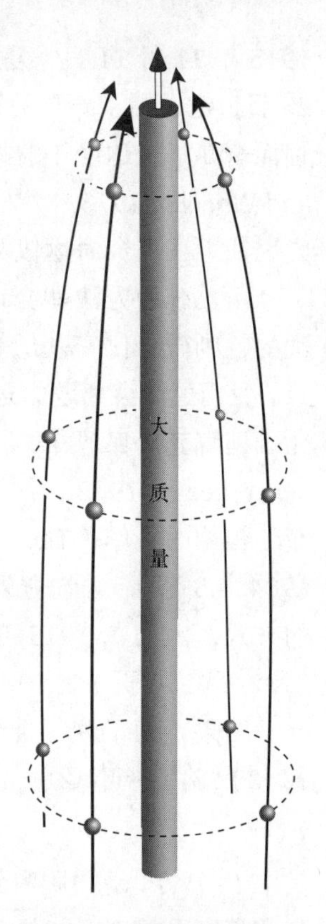

图 30-8 包含物质的球体在自由下落的过程会发生体积缩小的时空描述. 像往常一样，时间轴竖直向上

尽管表面上看起来我们正在讨论物理，但事实上这（至少从根本上来说！）不是一本物理书，所以要完整地描述 $\boldsymbol{T}$，我们必须推荐米斯纳、索恩和惠勒的著作（Misner, Thorne and Wheeler, 1973）或索恩和布兰福德的著作（Thorne and Blandford, 2017）. 对于我们来说，$\boldsymbol{T}$ 的关键特征是，对于看到一个（归一化）4 速度 $\boldsymbol{v}$ 的观察者，物质和能量的总密度是

$$\boldsymbol{T}(\boldsymbol{v},\boldsymbol{v})=\rho_{\text{质量}}+\rho_{\text{能量}}\equiv\rho_{\text{总}}.$$

回忆一下，爱因斯坦已经发现物质和能量是等价的，所以它们都能引起时空弯曲. 例如，麦克斯韦发现：电磁场具有的能量密度正比于 $|\boldsymbol{E}|^2+|\boldsymbol{B}|^2$，其中 $\boldsymbol{E}$ 是电场，$\boldsymbol{B}$ 是磁场. 这种电磁能量就像行星一样也会扭曲时空. 要得到完整的能量 – 动量张量，还必须加上其他场.

因此，考虑到这些相对论效应，式 (30.14) 变成

$$\boldsymbol{Ricci}(\boldsymbol{v},\boldsymbol{v})=4\pi G\rho_{\text{总}}=4\pi G\boldsymbol{T}(\boldsymbol{v},\boldsymbol{v}). \tag{30.16}$$

注意，为了以后的比较，我们使用与之前相同的四元组，有 $\boldsymbol{v}=\boldsymbol{e}_0$，则

$$R_{00}=4\pi G\rho_{\text{总}}. \tag{30.17}$$

但是，如果 $\boldsymbol{v}$ 是任意类时向量，则式 (30.16) 为真. 所以，用和之前一样的技巧，令 $\boldsymbol{v}=\boldsymbol{x}+\boldsymbol{y}$，并利用 $\boldsymbol{T}$ 的对称性，我们就可以推导出 [练习]

$$\boldsymbol{Ricci}=4\pi G\boldsymbol{T} \quad \Longleftrightarrow \quad R_{ik}=4\pi G T_{ik}. \tag{30.18}$$

实际上，这是爱因斯坦的场方程的最初方案（始于 1913 年）. [当然，如果 $\boldsymbol{T}=\boldsymbol{0}$，那么它可以简化成（物理上正确的）真空场方程 (30.11).] 事实上，直到

1915 年 11 月 11 日，爱因斯坦还仍然相信式 (30.18)，但两周以后，也就是 11 月 25 日，他发现了*正确的*、最终的广义相对论场方程. 关于爱因斯坦为找到正确方程而奋斗了长达十年的故事，请参阅米斯纳、索恩和惠勒的著作（Misner, Thorne and Wheeler, 1973, 17.7 节）或者派斯的著作（Pais, 1982, 第 14 章），后者记录了爱因斯坦在那个命运攸关的 11 月里（基本上是每天）的心理挣扎.

用*现代的*方法就会认识到 (30.18) 存在致命缺陷，因为，如果这个方程是正确的，则微分比安基恒等式 (29.17) 将意味着*能量不是守恒的*！要完全解释这一点，我们可能会离题太远，但在第 390 页习题 14 中会推导出基本的*数学*事实. 要正确理解其*物理解释*，我们推荐阅读米斯纳、索恩和惠勒的著作（Misner, Thorne and Wheeler, 1973, 第 17 章）、彭罗斯的著作（Penrose, 2005, 19.6 节）、索恩和布兰福德的著作（Thorne and Blandford, 2017, 25.8 节）或沃尔德的著作（Wald 1984, 4.3 节）. 再次强调，正如我们之前提到的，这不是爱因斯坦最终得出真相的方式，因为在 1915 年，*他还不知道微分比安基恒等式*！见派斯的著作（Pais, 1982, 第 256 页）.

结果，为了恢复能量守恒，几乎只依赖微分比安基恒等式就能决定*必须*对式 (30.18) 进行什么修正. 为了进行修正，我们引入能量 – 动量张量的**迹**：

$$T \equiv T^m{}_m = \rho_{\text{总}} - (P_1 + P_2 + P_3),$$

其中 P_1, P_2, P_3 是物质内部在三个正交空间方向 $\boldsymbol{e}_1, \boldsymbol{e}_2, \boldsymbol{e}_3$ 上的*压强*. 注意，虽然压强和密度看起来可能是非常不同的概念，但它们之间有如下联系：

$$\text{压强} = \frac{\text{力}}{\text{面积}} = \frac{\text{力} \times \text{距离}}{\text{体积}} = \frac{\text{能量}}{\text{体积}} = \frac{\text{质量}}{\text{体积}} = \text{密度}.$$

现在，我们就来陈述**爱因斯坦场方程***正确的*最终形式：

$$\boldsymbol{Ricci} = 8\pi G\left[\boldsymbol{T} - \tfrac{1}{2}T\boldsymbol{g}\right] \iff R_{ik} = 8\pi G\left[T_{ik} - \tfrac{1}{2}T g_{ik}\right]. \tag{30.19}$$

我们注意到，在几乎所有关于广义相对论的文章中，这个方程都*不是*这样写的. 然而，1915 年 11 月 25 日，*爱因斯坦自己*最初写下方程就是这样的！见派斯的著作（Pais, 1982, 第 256 页）.

这个方程在数学上等价的标准形式如下（其简短的证明请参见上面提到的参考文献）：

$$\boldsymbol{Ricci} - \tfrac{1}{2}R\boldsymbol{g} = 8\pi G\boldsymbol{T} \iff R_{ik} - \tfrac{1}{2}Rg_{ik} = 8\pi G T_{ik}, \tag{30.20}$$

其中 $R = R^m{}_m$ 是 $\boldsymbol{Ricci}$ 的迹，称为**标量曲率**. 左边的张量为

$$\boldsymbol{G} \equiv \boldsymbol{Ricci} - \tfrac{1}{2}R\boldsymbol{g}, \tag{30.21}$$

称为**爱因斯坦张量**①．这个符号引出了（到目前为止）最常见的爱因斯坦方程的写法②③：

$$\boldsymbol{G} = 8\pi G\boldsymbol{T}. \tag{30.22}$$

最初的方程 (30.18) 是根据牛顿的平方反比定律通过几何推理自然得出的，似乎与最终的爱因斯坦场方程 (30.19) 明显不同．但事实上，它们的差别很小．我们可以看到，爱因斯坦方程只对最初的牛顿方程增加了一个物理的修正项，而这个修正项在正常情况下是非常小的．

为了看出这一点，再次选择时间轴沿着观察者的 4 速度：$\boldsymbol{e}_0 = \boldsymbol{v}$．然后，由于 $g_{00} = 1$，我们发现

$$R_{00} = 8\pi G\left[T_{00} - \frac{1}{2}T\,g_{00}\right] = 8\pi G\left[\rho_{总} - \frac{1}{2}\left\{\rho_{总} - (P_1 + P_2 + P_3)\right\}\right],$$

所以

$$R_{00} = 4\pi G(\rho_{总} + P_1 + P_2 + P_3). \tag{30.23}$$

与最初的牛顿方程 (30.17) 相比，我们看到爱因斯坦方程的不同之处仅仅在于增加了三个压力项，而对于正常情况下的物质来说，这些项与质量/能量项（$\rho_{总}$）相比起来很小．

重要的是要记住里奇张量的*重要性*，以及式 (30.23)——它通过式 (29.29) 告诉我们*时空曲率的体积压缩效应*．我们终于得到了几何形式的**爱因斯坦场方程**：

$$\ddot{\delta\mathcal{V}} = -R_{00}\,\delta\mathcal{V} = -4\pi G(\rho_{总} + P_1 + P_2 + P_3). \tag{30.24}$$

30.10 引力坍缩成为黑洞

在恒星的正常生命周期中，正是内部类似氢弹的持续爆炸使恒星发光，并阻止恒星的物质因自身重量而向内坍缩．但恒星最终会耗尽其主要核燃料氢的供应，

① 有关爱因斯坦张量几何的更多信息，请参阅弗兰克尔的著作（Frankel, 2011, 第 4 章）．

② 里奇曲率的定义是变化的，这影响了它的符号，因此彭罗斯（Penrose, 2005, 19.6 节）改为写作 $\boldsymbol{G} = -8\pi G\boldsymbol{T}$．

③ 它也经常使用**几何化单位**，其中 $c = 1$ 且 $G = 1$．在这种情况下，爱因斯坦的方程变成得更简单：$\boldsymbol{G} = 8\pi\boldsymbol{T}$．

随着核反应的火熄灭，恒星开始失去抵抗重力的能力．让我们简要地考虑普通恒星在它的终局开始时的命运．

在引力坍缩的过程中，温度和压力会上升到可以启动新的核反应的程度，从而通过燃烧氦和更重的元素来重新对抗引力．此外，引力坍缩的极端情况甚至会导致原子本身被压碎，根据泡利不相容原理，此时新的*量子力学*的力会抵抗坍缩．

确切地说，哪一种核反应和哪一种量子力学的力成为主导，以及以什么样的顺序成为主导，是个主宰着恒星的垂死挣扎的复杂舞蹈[①]．但是，在很大程度上决定舞蹈的最终路径的*关键*信息是恒星的*初始质量* M．

$M < 8M_{\odot}$ 的小恒星（像我们的太阳）最终可能会成为稳定的白矮星[②]，其中量子力学的电子简并压阻止了进一步的坍缩．但大得多的恒星，如 $M > 10M_{\odot}$，最终可能会变成超新星，其大部分物质会爆炸到太空中，只留下一个核，然后经历引力坍缩．如果原恒星的 $M < 30M_{\odot}$，那么超新星爆发后的核的坍缩可能会被中子简并压（和其他力）阻止，从而形成稳定、快速自旋的中子星．

但爱因斯坦的方程预测，如果坍缩的内核质量足够大，就会发生一些违反直觉、几乎看似矛盾的事情，从而产生*黑洞*．

在这种引力坍缩的极端情况下，当物质被压缩、原子的速率接近光速时，爱因斯坦方程 (30.24) 中的压力项可以变得非常重要．普通物理学的直觉告诉我们，这些内部压力会抗拒坍缩，甚至可能阻止它．但是，爱因斯坦方程告诉我们，不断增加的压力只会*增强*重力的体积挤压作用！恒星越是努力抵抗坍缩，引力对它的控制力就越强．

如果超新星爆炸后经历引力坍缩的核的最终*质量大于大约*[③]$2M_{\odot}$（即**托尔曼–奥本海默–沃尔科夫极限**，简称 TOV），这个纯粹的爱因斯坦效应会导致一种*不可逆转的情况*：这时宇宙中没有任何力量可以阻止坍缩，见图 30-9．重力会无情地将整个核压成一个密度无穷大、潮汐力无穷大的点 $r = 0$，称为**时空奇点**．坍缩结束后，剩下的是一个纯净的真空引力场．[④]

想象一下，在坍缩过程中，从核的中心发射出很多道闪光，而且这些闪光像中微子一样，可以穿过核内部的物质．单道闪光的命运取决于它是何时发射的．如果闪光在足够早的时候发射，那么正如图 30-9 所示，它就能够逃离引力场．

---

① 关于这一舞蹈的迷人细节，见舒茨的著作（Schutz, 2003, 第 12 章）．

② 白矮星是一种低光度、高密度、高温度的恒星．因为它呈白色、体积比较矮小，因此被命名为白矮星．白矮星的内部不再有物质进行核聚变反应，是恒星的晚期状态，可有几十亿年寿命．——译者注

③ TOV 极限的精确值仍在研究中，在 2019 年撰写本书时的最佳估计是 $2.2M_{\odot}$．

④ **伯克霍夫定理**告诉我们，当质量为 M 的球保持球形缩小时，它外部的真空区域的几何*一定*是施瓦氏解，M 在度量中的值不会随着球体半径 R 的缩小而改变；唯一的变化是 $r > R$ 的真空区域的大小，施瓦氏解只适用于这个真空区域．

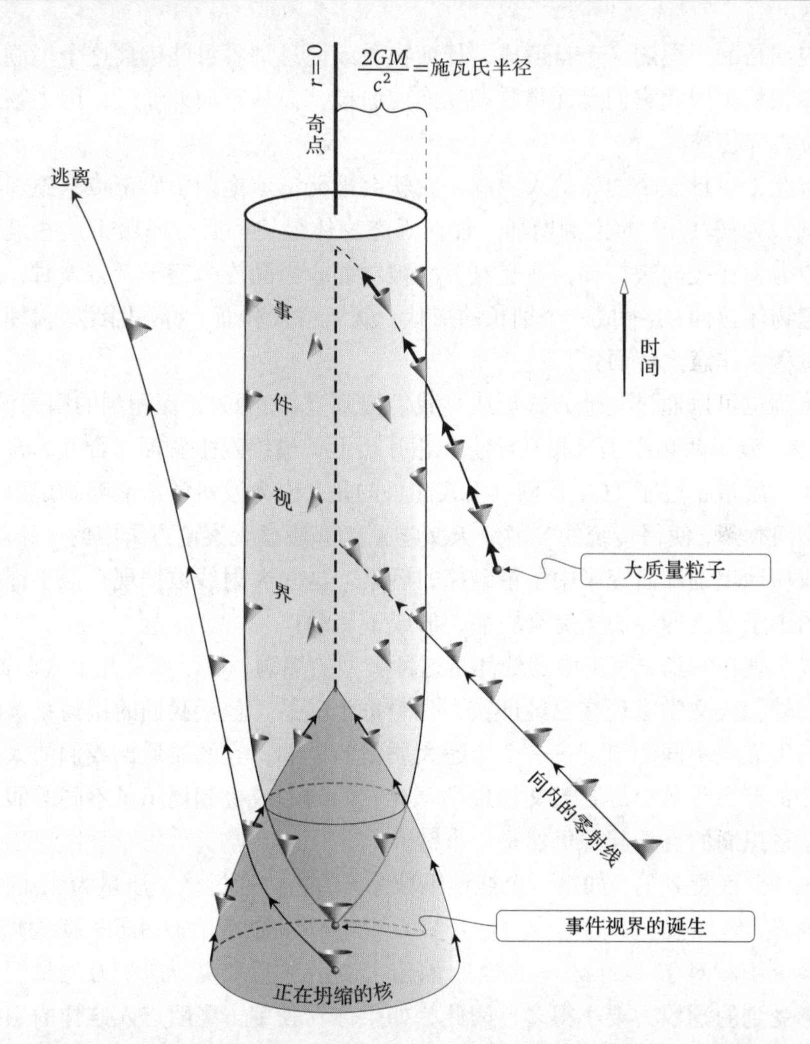

图 30-9 黑洞的诞生：超新星核的引力坍缩. 爱因斯坦的场方程告诉我们，一个质量足够大的核的坍缩将达到一种不可逆转的情况：引力将无情地将整个核挤压成一个密度无穷大、潮汐力无穷大的点 ($r=0$)，称为**时空奇点**；剩下的是一个纯净的真空引力场. 如果从正在坍缩的核的中心足够早地发射出一束闪光，它就能逃离引力场. 然后，会出现一个关键时刻：从中心发出的闪光光球起初膨胀，然后速度变慢，最终悬停在施瓦氏半径 $r_s=2GM/c^2$ 上. 这个悬停的光球面就是**事件视界**，它的内部是一个黑洞：一旦形成，任何物质或信息都不可能逃离这个区域. 零锥与视界相切，因此它们允许物质和光向内通过，但从不向外通过，因为物质总是在零锥内部传播

然后就会出现一个关键时刻：从中心发出的闪光光球起初膨胀，然后速度变慢，最终悬停在施瓦氏半径 $r_s=2GM/c^2$ 上. 这个悬停的光球面就是**事件视界**，

它的内部是一个**黑洞**：一旦形成，任何物质或信息都不可能逃离这个黑洞. 零锥与视界相切，因此它们允许物质和光向内通过，但从不向外通过，因为物质总是在零锥内部传播.

因此，一旦一个物体落入黑洞，它就会被无情地拖向中心奇点，施加在它身上的潮汐力按 $1/r^3$ 的比例增加. 任何固态物体最终都必定屈服于这些迅速增加的潮汐力，在径向被拉伸，在竖直方向被压缩. 当潮汐力趋于无穷大时，这个过程会把物体拉伸/压缩成一个细长的形状，就像意大利面一样. 因此，物理学家把这个过程叫作**意大利面化**！

黑洞也可以通过其他方式形成. 我们提到过，2017 年探测到的引力波（GW 170817）源于两颗中子星相互环绕并相互接近，最终发生碰撞、合并. 合并产生的星体的质量超过了 TOV 极限. 引人注目的是，引力波科学家能够确定引力波来源的空间位置，使得传统的 X 射线天文学家能够注意观察南方天空的一小块区域，从而成功地识别和研究了中子星碰撞的后果. 这些 X 射线数据现在似乎证实了合并后的中子星立即经历了完全坍缩，形成了黑洞！

我们现在知道，宇宙中到处都是这种类型的黑洞，每个都有几个太阳的质量. 除此之外，天文学家现在已经证实，几乎每个星系（包括我们的银河系）的中心都有一种完全不同的黑洞——一个**超大质量的黑洞**，它的质量比我们的太阳大数百万倍甚至上亿倍！尽管天文物理学家对它们的形成机制提出了不同的假设，但超大质量黑洞的真正起源仍然是一个谜.

正如前面提到的，如果一个线性维数为 l 的物体通过一个质量为 M 的黑洞的事件视界，施加在它上的潮汐力是 $(c^6 l/G^2)(1/M^2)$ 阶的，而且随着 M 的增大，潮汐力会变小. 对于一个 $M = 10^8 M_\odot$ 的超大质量黑洞来说，这个力比我们在地球表面感受到的潮汐力要小得多！因此，如果你驾驶宇宙飞船进入这样的黑洞，甚至不会意识到自己已经进入黑洞了——当你穿过事件视界时，什么也感觉不到.

然而，不管飞船发动机的功率有多大（以及如何操作），在穿过视界之后，你到达奇点的最大时间与黑洞的质量成正比，是[①]

$$t_{\max} = \frac{M}{M_\odot} \times 15.5 \times 10^{-6} \text{ 秒}.$$

如果你"足够幸运"，驾驶宇宙飞船进入一个质量足够大（几个星系的质量就够了）的黑洞，之后你甚至可以在黑洞里生活很多年. 记住，你在洞外的朋友仍然可以把包裹寄进洞里.

① 见泰勒和惠勒的著作（Taylor and Wheeler, 2000, 第 3 ~ 21 章）.

然而，对于更现实的超大质量黑洞来说，前景更加严峻. 例如，我们银河系中心的黑洞（称为人马座 A*）的质量估计为①$M = 3.6 \times 10^6 M_\odot$，所以如果要穿过它的视界，穿越者的最大生存时间将不到一分钟!

不管 $t_{\max}$ 是多少，人一旦进入黑洞，就无法逃脱——可悲的是，进入者完全不可避免的最终死亡形式就是意大利面化!

30.11 宇宙学常数:“我一生中最严重的错误”

本章以爱因斯坦最快乐的想法开始，并将以他最不快乐的想法结束.

这部看似悲伤的电影在最后却出现了一个突如其来的、怪诞的、超级幸福的情节转折! 事实上，当帷幕落下，你终于走到第四幕的出口时，你可能会喃喃自语:“这在现实生活中是不可能发生的!”

1916 年，人们普遍认为宇宙是静止不变的（原因更多是基于哲学而不是科学的）. 但是，人们很快发现爱因斯坦的场方程与这一观点发生了冲突——它自动地引导人们去认识一个正在膨胀或收缩的宇宙.

请注意，那时候，“宇宙”被认为只是由我们身处其中的银河系组成的——银河系以外还存在着其他的星系是由埃德温 · 哈勃②在 1924 年首次发现的.

为了挽救一个静止的宇宙③，爱因斯坦采取了一种大胆而绝望的策略: 他改变了他的场方程 (30.22)，尽管这是他 10 余年辛勤劳动的结果!

我们已经注意到，几乎只要考虑微分比安基恒等式 (29.17) 就能想到：要恢复能量守恒，就必须对爱因斯坦最初的方程 (30.18) 进行修改. 然而，爱因斯坦意识到在他的方程中还剩下一个而且只有一个额外的自由度: 他可以在方程左边加上一个常数 Λ 乘以度量张量 $\boldsymbol{g}$ 的积.

爱因斯坦在 1917 年对他的方程做了这样的改变，为了将这个新的方程区别于 1915 年最初的方程，我们称它为

爱因斯坦的宇宙场方程:

$$\boldsymbol{G} + \Lambda \boldsymbol{g} = 8\pi G \boldsymbol{T}. \tag{30.25}$$

如果该方程成立，这个常数 Λ（称为**宇宙学常数**）需要非常小，以避免与观测证据发生冲突. 在太阳系，甚至是星系的尺度上，新的宇宙场方程会做出与原来的场方程相同的预测. 只有在宇宙尺度上，预测才会完全不同.

---

① 早期的估算值为 $M = 2.6 \times 10^6 M_\odot$，2018 年的测量结果把它向上修正了.

② 埃德温 · 哈勃（1889—1953），美国天文学家，发现宇宙膨胀的第一人. 1990 年 4 月 24 日，美国成功发射了人类第一个位于大气层之外的光学望远镜，以他的名字命名为哈勃太空望远镜. ——译者注

③ 爱因斯坦的完整动机要复杂得多，也微妙得多，见派斯的著作（Pais, 1982, 第 15c 章）.

1929 年，也就是爱因斯坦对他的方程做出这种改变之后 12 年，埃德温 · 哈勃有了第二次非凡的发现. 基于他早期对银河系以外星系的发现，他试图测量它们与我们之间的距离，然后将这些距离与星系的径向速度（用它们的红移来测量）联系起来. 他发现所有星系都有远离我们的速度，而且这些星系的速度与它们离我们的距离成正比. 这就是**哈勃定律**.

因此，宇宙不是静止的，它正在膨胀！爱因斯坦意识到，如果只忠实于 1915 年的原始方程，他可能会做出人类历史上最非凡的科学预测！他告诉乔治 · 伽莫夫[①]，他对宇宙学常数的介绍是“我一生中最严重的错误”. 此后，爱因斯坦撤回了宇宙场方程，转而继续支持原来的宇宙场方程.

在随后的几十年里，许多（大多数?）专家倾向于支持爱因斯坦撤回宇宙场方程的言论，认为 Λ 是恒等零，更优美的爱因斯坦原始方程是正确的. 然而，Λ 精灵[②]一旦从瓶子里出来，就不可能再回去了. 因此，研究论文总是倾向于为自己留条退路，至少说一说如果 $\Lambda \neq 0$，他们的结论可能会受到怎样的影响.

现在，我们跨越到 1998 年，这一年有一项宇宙学的新发现[③]，与哈勃在 70 年前的发现一样伟大. 虽然哈勃发现宇宙正在膨胀，但他的预测是宇宙内部物质的正向引力具有向内拉的作用，这会减缓宇宙随着时间推移的膨胀. 然而，通过观察 **Ia 型超新星**[④]（Ia 型超新星是爆炸中的白矮星，已经超过了它们的稳定极限，因此有相似的质量和标准的内在光度），科学家们惊奇地发现，宇宙正在加速膨胀.

但是该如何解释这个惊人的发现呢? 自 1917 年以来，爱因斯坦的答案就一直在那里耐心地等待着!

---

① 乔治 · 伽莫夫（1904—1968 年），出生于俄国的美国核物理学家、宇宙学家. 以倡导宇宙起源于“大爆炸”的理论闻名. 提出了放射性量子论和原子核的“液滴”模型. 同 E. 特勒一起确立了关于 β 衰变的伽莫夫 – 特勒理论以及红巨星内部结构理论. 他的科普著作深入浅出，对抽象深奥的物理学理论的传播起到了积极的作用.

红巨星是恒星的晚期阶段之一. 中低质量的恒星在氢聚变反应结束以后，将在核心进行氦聚变，并膨胀成为一颗红巨星. ——译者注

② 精灵的原文是 genie，原意是好的神怪、魔鬼，例如阿拉丁神灯中的神怪，这里用的就是这个比喻. ——译者注

③ 这个发现是由两个独立的研究团队发现的，2011 年诺贝尔物理学奖由两个团队共同获得，奖金一半授予索尔 · 珀尔穆特，另一半授予布莱恩 · 施密特和亚当 · 里斯.

④ Ia 型超新星源自一个白矮星和一个巨星组成的双星系统. 白矮星不断吸收巨星的物质（主要是氢），达到 1.44 倍太阳质量（即稳定极限）时，发生碳爆轰，就成了超新星. 由于爆发时白矮星的质量是太阳的 1.44 倍，故其质量和光度都是一定的.

20 世纪末，Ia 型超新星的测距研究使人们认识到宇宙在加速膨胀，从而推论出暗能量的存在. 这不仅是天文学，更是物理学的巨大突破. Ia 型超新星因其在宇宙学中的特殊地位被《新千年天文学和天体物理学》一书列为当时恒星研究的主要对象之一. ——译者注

如果 $\Lambda > 0$，则（将 Λg 移到方程右边）其效应在数学上等价于一个虚构的[①]负能量密度 $\rho = -(\Lambda/8\pi G)$，导致**引力排斥**．虽然图 30-8 说明了普通物质和正截面曲率的吸引性质，但在出现负能量和负截面曲率时，相反的行为如第 345 页图 29-11a 所示．从宇宙膨胀的时空图来看，这显示了 Λ 的正值所产生的负能量具有排斥效应，显然导致了宇宙的加速膨胀．

简而言之，观测到的宇宙加速膨胀与 $\Lambda > 0$ 的爱因斯坦宇宙场方程（在细节上）是一致的．于是，最后的情节发生了转折，出现了令人愉快、难以置信的结局：爱因斯坦"最严重的错误"被证明不是错误，而是他最伟大的天才创举之一！

30.12 结束语

我们希望第四幕的最后两章激励了你更深入地掌握黎曼曲率和爱因斯坦弯曲时空的奇妙联系．然而，我们必须就此打住，因为完整的解释需要很长的篇幅！

如果我们确实实现了撰写本书的宗旨，你就会迫不及待地想要了解更多，那么，本书附录 A 就可以提供指南．在那里，我们推荐了许多优秀的作品，每一个都有自己独特的本店特色菜[②]．

尽管如此，我们认为没有比彭罗斯的《通向实在之路》（Penrose, 2005）更顺畅、更快捷的启蒙之路．彭罗斯在这本书里用他异常漂亮的手绘画、令人惊奇的清晰表达，呈现了无数极具启发性的原创数学见解和物理见解．

对于更多的技术细节，我们也强烈地推荐米斯纳、索恩和惠勒的《引力论》（Misner, Thorne and Wheeler, 1973）（见本书序幕）．对于最新的进展，特别是引力波和现代宇宙学，我们强烈推荐索恩和布兰福德的具有重大影响的权威巨作《现代经典物理学》（Thorne and Blandford, 2017）．

在读完第五幕后，我们推荐德雷的《形式和广义相对论的几何》（Dray, 2015）．在这本书里，德雷用形式阐明了广义相对论的几何．事实上，我们现在正要转向形式，它是我们最后一幕的主角．

但是，如果我们只处理可视的微分几何，至此就结束了．

---

① 虽然我个人很乐意接受 $\Lambda > 0$ 的宇宙场方程，但许多著名的科学家反而相信存在一个真实、非虚构的东西贯穿整个宇宙，导致了这种排斥．他们称之为**暗能量**．

② 此处原文用了一句法语：spécialité de la maison．——译者注

第 31 章　第四幕的习题

外在的构作

1. 球面的测地曲率. 在半径为 R 的曲面上，设一个质点以单位速率沿纬度为 ϕ 的圆周运行.

(i) 求这个质点的加速度的大小和方向.

(ii) 绘制这个加速度在球面的切平面上的投影,并证明测地曲率为 $\kappa_g = \frac{\cot\phi}{R}$.

(iii) 证明当 $\phi \to 0$ 和 $\phi \to \pi/2$ 时这个公式中的 κ_g 产生了几何上正确的答案.

(iv) 证明这个加速度指向球面中心的分量的大小为 $1/R$，与 ϕ 无关. 给出这个现象的几何解释.

2. 锥面的测地曲率. 再考虑第 167 页图 14-3 中半顶角为 α 的圆锥面. 设一个质点以单位速率沿圆锥面上半径为 r 的水平圆周运行.

(i) 求这个质点的加速度的大小和方向.

(ii) 绘制这个加速度在圆锥面的切平面上的投影，并证明测地曲率为 $\kappa_g = \frac{\sin\alpha}{r}$.

(iii) 设 s 为圆锥面上（沿测地线母线）从顶点到这个水平圆周的距离. 沿一条母线切开圆锥面，并将它压平在平面上（如第 167 页图 14-3 所示），使得这个圆周变成平面上半径为 s 的圆周的一段弧，所以它在平面内的曲率为 $1/s$. 证明这个曲率等于 κ_g.（注意：从内蕴的观点看，这个圆周的半径是多少？如果两只位于圆周上邻近两点上的蚂蚁开始沿各种半径，即沿垂直于圆周的测地线母线向内走，它们将在顶点会合，所以内蕴半径就是从顶点到圆周的距离 s. 因此，这个圆周的曲率的内蕴定义自然就是 $1/s$，与前面的定义相同.）

(iv) 设 ρ 为质点沿法向量到对称轴的距离. 证明加速度沿法向量的分量是 $1/\rho$，并给出其几何解释.

3. 沿接触曲面的测地曲率. 设两个曲面在公共曲线 C 处相切.

(i) 如果 $\mathcal{C}$ 为一个曲面的测地线，用几何方法解释 $\mathcal{C}$ 也是另一个曲面的测地线.

(ii) 如果 $\mathcal{C}$ 在一个曲面上的测地曲率是 κ_g，用几何方法解释它在另一个曲面上的测地曲率也是 κ_g.

(iii) 证明 (i) 是 (ii) 的一个特例.

(iv) 如果一个曲面是球面，另一个曲面是圆锥面，$\mathcal{C}$ 是球面的一个纬圆，利用前两个习题中关于 κ_g 的公式验证 (ii).

内蕴的构作

4. 通过内蕴微分求测地曲率. 设 $\mathcal{S}$ 是一个可削皮的水果的表面，K 是 $\mathcal{S}$ 的一条轨迹，$\boldsymbol{v}$ 是一个质点以单位速率沿 K 运行的速度向量. 如果 o 是起点，$(\boldsymbol{e}_1, \boldsymbol{e}_2)$ 是切平面 T_o 的正交基. 现在沿 K 平行移动 $\boldsymbol{e}_1$，并记 $\theta_\parallel$ 为 $\boldsymbol{e}_1$ 的这个平行移动向量与 $\boldsymbol{v}$ 之间的夹角.

(i) 解释为什么这时 $\boldsymbol{e}_2$ 必然也沿 K 做平行移动：

$$D_{\boldsymbol{v}}\boldsymbol{e}_1 = 0 \qquad \Longrightarrow \qquad D_{\boldsymbol{v}}\boldsymbol{e}_2 = 0.$$

(ii) 设 $\boldsymbol{v}^\perp$ 是 $\boldsymbol{v}$ 在切平面 T_p 内旋转 $\pi/2$ 生成的单位向量. 把 $\boldsymbol{v}^\perp$ 和 $\boldsymbol{v}$ 写成 $(\boldsymbol{e}_1, \boldsymbol{e}_2)$ 的表达式. 用计算证明

$$\kappa_g = D_{\boldsymbol{v}}\boldsymbol{v} = [D_{\boldsymbol{v}}\theta_\parallel]\boldsymbol{v}^\perp,$$

于是就证明了式 (23.4)：$|\kappa_g| = |D_{\boldsymbol{v}}\theta_\parallel|$.

(iii) 将包含 K 的窄带从 $\mathcal{S}$ 上削下来，压平在平面上后，画出草图表示在 K 上几个点处的 $\boldsymbol{v}, (\boldsymbol{e}_1, \boldsymbol{e}_2)$ 和 $\theta_\parallel$.

(iv) 证明 K 的测地曲率的确是将包含 K 的窄带压平成的平面曲线的普通曲率.

和乐性

5. 锥面和球面上的和乐性.

(i) 重新考虑半顶角为 α 的圆锥面，如第 167 页图 14-3 所示. 在那里，我们证明了如果圆锥面的顶端是钝的，利用它的球面像，我们可以给内蕴圆锥面的尖端赋予一个确定的曲率 $\mathcal{K}$，由式 (14.2) 给出：

$$\mathcal{K}(\text{尖突}) = \beta = \text{尖突摊平后的分角} = 2\pi(1 - \sin\alpha).$$

在摊平了的圆锥面（如图 14-3 所示）上平行移动，证明和乐性也可以为这个尖突赋予同样的全曲率.

(ii) 在 $\mathbb{S}^2$ 上，我们计划运用外在的马铃薯削皮器平行移动来求纬度固定在 ϕ 的纬线圆的和乐性. 想象将一个半顶角为 α 圆锥面罩在球面上，与球面沿这个圆周相切. 所以，从球面沿这条圆周削下来的皮（最终）与从圆锥面沿相切的圆周削下来的皮相同. 证明 $\alpha = \frac{\pi}{2} - \phi$，利用 (i) 验证以这个纬线圆为边界的球冠的全曲率的确就是这个纬线圆的和乐性.

(iii) 在 $\mathbb{S}^2$ 的赤道上，想象一个指向东方的向量. 现在验证测地线赤道向东平行移动，使得它回到起点时看起来没有变，即和乐性为零. 但是，这个环路是半球面的边界，具有全曲率 2π! 利用 (ii)，通过将 ϕ 从 0 渐渐增加到 $\pi/2$，解释这两个事实是一致的.

6. 一般的局部高斯–博内定理.

(i) 通过用测地线 m 边形逼近一个光滑的闭环路 L，然后令 $m \to \infty$，证明和乐性公式 (24.6) 为

$$\mathcal{R}(L) = 2\pi - \oint_L \kappa_g \, \mathrm{d}s,$$

其中 κ_g 是沿 L 的测地曲率，s 是沿 L 的距离.

(ii) 设 P 是一个闭“多边形”，其外角为 φ_i，但是其边不是测地线（即 $\kappa_g \neq 0$），证明式 (24.6) 可推广为

$$\mathcal{R}(P) = 2\pi - \left[\oint_P \kappa_g \, \mathrm{d}s + \sum_i \varphi_i\right].$$

(iii) 设 R 为 P 的内部，证明一般的局部高斯 – 博内定理：

$$\iint_R \mathcal{K} \, \mathrm{d}\mathcal{A} = 2\pi - \left[\oint_P \kappa_g \, \mathrm{d}s + \sum_i \varphi_i\right].$$

曲率是相邻测地线之间的力

7. 明金定理. 如果采用与 28.3 节中同样的测地线极坐标，则度量公式为

$$\mathrm{d}s^2 = \mathrm{d}r^2 + g^2(r)\,\mathrm{d}\theta^2,$$

其中 $g(r)$ 满足

$$g'' = -\mathcal{K}g.$$

假设当 r 趋于 0 时 $g(r) \asymp r$，$\mathcal{K}$ 是常数，在如下三种情况下，求解这个微分方程.

(i) 如果处处都有 $\mathcal{K}=0$，证明曲面局部与欧几里得平面等距同构.

(ii) 如果整个曲面上 $\mathcal{K}=(1/R^2)$ 是常数，证明曲面局部与半径为 R 的球面等距同构.

(iii) 如果整个曲面上 $\mathcal{K}=-(1/R^2)$ 是常数，证明曲面局部与半径为 R 的伪球面等距同构.

8. 一般旋转曲面上的雅可比方程. 同第 103 页习题 22，想象一个质点以单位速率沿 (x,y) 平面上一条曲线运动，它在时刻 t 的位置是 $[x(t),y(t)]$. 再想象这个平面绕 x 轴旋转的角度为 θ，当 θ 从 0 到 2π 变化时，上面所说的曲线生成一个旋转曲面.

(i) 解释为什么 $\dot{x}^2+\dot{y}^2=1$，其中 $\dot{x}$ 和 $\dot{y}$ 表示关于时间 t 的导数.

(ii) 利用几何方法证明：曲面上的度量公式为 $\mathrm{d}s^2=\mathrm{d}t^2+y^2\,\mathrm{d}\theta^2$.

(iii) 考虑相邻两条子午测地线之间的相对加速度，利用雅可比方程 (28.2) 证明 $\mathcal{K}=-\ddot{y}/y$.［这就是式 (13.4)，我们在前面证明旋转曲面的绝妙定理的过程中得到的结果.］

9. 通过计算证明高斯引理. 考虑在图 28-6 中从点 o 以单位速率出发的两条相邻的测地线，它们之间的夹角为 $\delta\theta$，用 $\boldsymbol{v}$ 表示它们的速度向量. 设 ξ 是连接两条测地线的连接向量，它连接测地线上到点 o 距离相等（都为 $\sigma=t$）、都在测地线圆周 $K(\sigma)$ 上的两点. 于是，当 $\delta\theta\to 0$ 时，ξ 是 $K(\sigma)$ 的切向量. 要证明高斯引理 (28.4)，我们只需证明 $\boldsymbol{v}\bullet\xi=0$.（注意：下面的 ∇_v 只是 $\mathbb{R}^3$ 中的普通导数，而不是曲面的内蕴导数 $D_v=\boldsymbol{\nabla}_v$.）

(i) 解释为什么 $\lim_{\sigma\to 0}\boldsymbol{v}\bullet\xi=0$.

(ii) 论证：证明了 $\nabla_v[\boldsymbol{v}\bullet\xi]=0$，就能证明 $\boldsymbol{v}\bullet\xi=0$.

(iii) 解释为什么 $\boldsymbol{v}\bullet\nabla_\xi\boldsymbol{v}=0$.

(iv) 解释为什么 $[\boldsymbol{v},\xi]=0$.

(v) 利用 $\boldsymbol{v}$ 是测地线的速度向量的事实，证明 $\xi\bullet\nabla_v\boldsymbol{v}=0$.

(vi) 结合前面三个结果证明

$$\nabla_v[\boldsymbol{v}\bullet\xi]=0,$$

从而完成对高斯引理的计算证明.

黎曼曲率

10. 黎曼张量的两种对称性.

(i) 验证第一（代数）比安基恒等式 (29.15)，也称为**比安基对称性**:

$$\mathcal{R}(\boldsymbol{u},\boldsymbol{v})\boldsymbol{w}+\mathcal{R}(\boldsymbol{v},\boldsymbol{w})\boldsymbol{u}+\mathcal{R}(\boldsymbol{w},\boldsymbol{u})\boldsymbol{v}=\boldsymbol{0} \iff R_{ijkm}+R_{jkim}+R_{kijm}=0.$$

要证明一般的结果，实际上只需在三个向量场都是**坐标向量场**的情况下证明就行了（利用线性性质），这种情况下的换位子都为 0. 证明在这种情况下,

$$\mathcal{R}(\boldsymbol{u},\boldsymbol{v})\boldsymbol{w}+\mathcal{R}(\boldsymbol{v},\boldsymbol{w})\boldsymbol{u}+\mathcal{R}(\boldsymbol{w},\boldsymbol{u})\boldsymbol{v}=\boldsymbol{\nabla}_u[\boldsymbol{v},\boldsymbol{w}]+\boldsymbol{\nabla}_v[\boldsymbol{w},\boldsymbol{u}]+\boldsymbol{\nabla}_w[\boldsymbol{u},\boldsymbol{v}]=0.$$

利用曲率 2 形式可以证明得更加优雅，详见 38.12.4 节.

(ii) 利用与 (i) 中交换向量场同样的方法，我们可以解释比安基对称性的几何意义如下.（注意：我当然不认为我是第一个发现这个证明方法的人，但是我未能在出版物中找到它，所以不知道该将它归功于谁.）从某个点开始，画出 $\epsilon\boldsymbol{u},\epsilon\boldsymbol{v},\epsilon\boldsymbol{w}$，其中 ϵ 很小，最终为 0. 利用换位子为 0 的性质，可以将每对边封闭成平行四边形，从而创建三个面，构作成一个多面体“盒子”. 首先沿 $\epsilon\boldsymbol{v}$，接着沿 $\epsilon\boldsymbol{u}$，平行移动 $\epsilon\boldsymbol{w}$ 生成向量 $\boldsymbol{A}$；然后反过来，沿 $\epsilon\boldsymbol{u}$，接着沿 $\epsilon\boldsymbol{v}$，平行移动 $\epsilon\boldsymbol{w}$ 生成向量 $\boldsymbol{B}$. 这样就有了盒子上两个新的向量 $\boldsymbol{A}$ 和 $\boldsymbol{B}$. 再将 $\boldsymbol{A}$ 和 $\boldsymbol{B}$ 的端点连接成一个新的棱，形成盒子的一个新的三角形面. 证明这个新的棱为

$$\boldsymbol{A}-\boldsymbol{B}\asymp\epsilon^3\mathcal{R}(\boldsymbol{u},\boldsymbol{v})\boldsymbol{w}.$$

对另外两个面重复这个方法，再为这个盒子构作两个新的三角形面. 从构建的图形可知，$\epsilon^3\mathcal{R}(\boldsymbol{u},\boldsymbol{v})\boldsymbol{w},\epsilon^3\mathcal{R}(\boldsymbol{v},\boldsymbol{w})\boldsymbol{u}$ 和 $\epsilon^3\mathcal{R}(\boldsymbol{w},\boldsymbol{u})\boldsymbol{v}$ 形成了第四个三角形面的向量棱，由此就证明了比安基对称性.

(iii) 验证黎曼张量对于交换第一对和第二对向量是对称的，即结论 (29.16):

$$[\mathcal{R}(\boldsymbol{u},\boldsymbol{v})\boldsymbol{x}]\boldsymbol{\cdot}\boldsymbol{y}=[\mathcal{R}(\boldsymbol{x},\boldsymbol{y})\boldsymbol{u}]\boldsymbol{\cdot}\boldsymbol{v} \quad\iff\quad R_{ijkl}=R_{klij}.$$

在撰写本书的时候，我还没能从几何上理解这个结果，所以现在必须借助魔鬼的代数（见序幕）来证明它. 如果我们定义

$$\boldsymbol{B}(\boldsymbol{u},\boldsymbol{v},\boldsymbol{x},\boldsymbol{y})\equiv[\mathcal{R}(\boldsymbol{u},\boldsymbol{v})\boldsymbol{x}]\boldsymbol{\cdot}\boldsymbol{y}+[\mathcal{R}(\boldsymbol{v},\boldsymbol{x})\boldsymbol{u}]\boldsymbol{\cdot}\boldsymbol{y}+[\mathcal{R}(\boldsymbol{x},\boldsymbol{u})\boldsymbol{v}]\boldsymbol{\cdot}\boldsymbol{y},$$

则由于 (i) 中的比安基对称性,

$$\boldsymbol{B}(\boldsymbol{u},\boldsymbol{v},\boldsymbol{x},\boldsymbol{y})=0.$$

回想黎曼张量关于前两项和后两项都是反对称的，通过从下列（显而易

见的）恒等式中消去类似项来证明这个结果：

$$\boldsymbol{B}(\boldsymbol{u},\boldsymbol{v},\boldsymbol{x},\boldsymbol{y})+\boldsymbol{B}(\boldsymbol{v},\boldsymbol{x},\boldsymbol{y},\boldsymbol{u})=0=\boldsymbol{B}(\boldsymbol{x},\boldsymbol{y},\boldsymbol{u},\boldsymbol{v})+\boldsymbol{B}(\boldsymbol{y},\boldsymbol{u},\boldsymbol{v},\boldsymbol{x}).$$

（你发觉了什么吗？①）

11. 黎曼张量的分量个数. [以下的证明是我们在莱特曼等人的著作（Lightman et al., 1975）中发现的，比我们见过的其他标准证明都简短.]

(i) n 流形中黎曼张量的分量 R_{ijkl} 在 ij 和 kl 中是反对称的，证明：对于不同数对 ij，有 $P=\frac{1}{2}n(n-1)$ 种非平凡的选择；同样对于 kl，也有 P 种选择.

(ii) 已知在交换第一对和第二对指标时的对称性 (29.16)，即 $R_{ijkl}=R_{klij}$（见上题），证明：如果只考虑这种成对的对称性，对于 $ijkl$ 只有 $\frac{1}{2}P(P+1)$ 种独立的选择.

(iii) 定义 $B_{ijkl}\equiv R_{ijkl}+R_{iklj}+R_{iljk}$，就像在前面的习题中一样，比安基对称性 (29.15) 表明 $B_{ijkl}=0$（见上题）. 验证成对的对称性现在确保 B_{ijkl} 在所有四个指标上都是完全反对称的. 因此，除非所有四个指标是不同的，否则 $B_{ijkl}=0$ 的约束是平凡满足的.

(iv) 如果 $n<4$，比安基对称性不具有任何新的约束. 利用 (ii) 推导出，如果 $n=2$，黎曼张量只有一个分量（高斯曲率）；如果 $n=3$，黎曼张量只有六个分量.

(v) 如果 $n\geqslant 4$，推导出由比安基对称性产生的附加约束的数量等于从 n 个对象中选择四个对象的方法的数量.

(vi) 证明黎曼张量的独立分量的数目是

$$\frac{1}{2}P(P+1)-\frac{n!}{(n-4)!4!},$$

当 $n<4$ 时，将第二项删除就对了.

(vii) 验证这确实产生了式 (29.1)：黎曼张量独立分量的个数为

$$\frac{1}{12}n^2(n^2-1).$$

12. 指数算子与曲率. 回顾指数函数的幂级数

$$\exp(x)=\mathrm{e}^x=1+x+\frac{1}{2!}x^2+\frac{1}{3!}x^3+\frac{1}{4!}x^4+\cdots.$$

① 原文为“Can you smell the sulphur?”. 在西方文化里，“闻到硫磺”形容一种负面的能量，或一种邪恶的力量. ——译者注

再将这个级数与一般函数 $f(x)$ 的泰勒级数做比较：

$$\begin{aligned} f(a+\delta x) &= f+\delta x\frac{\mathrm{d}f}{\mathrm{d}x}+\frac{1}{2!}(\delta x)^2\frac{\mathrm{d}^2 f}{\mathrm{d}x^2}+\frac{1}{3!}(\delta x)^3\frac{\mathrm{d}^3 f}{\mathrm{d}x^3}+\cdots\bigg|_a \\ &= \left[1+\delta x\frac{\mathrm{d}}{\mathrm{d}x}+\frac{1}{2!}(\delta x)^2\left(\frac{\mathrm{d}}{\mathrm{d}x}\right)^2+\frac{1}{3!}(\delta x)^3\left(\frac{\mathrm{d}}{\mathrm{d}x}\right)^3+\cdots\right]f\bigg|_a \\ &\equiv \exp\left[\delta x\frac{\mathrm{d}}{\mathrm{d}x}\right]f\bigg|_a, \end{aligned}$$

其中最后一行就是**指数算子**的定义．将它扩展到向量场也是自然而然的．设 $\boldsymbol{w}$ 是定义在点 a 附近的向量场，当我们沿单位向量 $\boldsymbol{u}$ 移动距离 δu 时，则

$$\boldsymbol{w}(a+\boldsymbol{u}\delta u)=\exp[\delta u\boldsymbol{\nabla}_{\boldsymbol{u}}]\boldsymbol{w}\Big|_a.$$

(i) 重新考虑图 29-8 中黎曼张量的推导过程，为简便起见，设 $[\boldsymbol{u},\boldsymbol{v}]=0$，使得平行四边形闭合起来．在这种情况下，曲率算子简化为

$$\mathcal{R}(\boldsymbol{u},\boldsymbol{v})=[\boldsymbol{\nabla}_{\boldsymbol{u}},\boldsymbol{\nabla}_{\boldsymbol{v}}].$$

解释为什么平行四边形的向量和乐性为

$$-\delta\boldsymbol{w}_{\parallel}=[\exp(\delta u\boldsymbol{\nabla}_{\boldsymbol{u}}),\exp(\delta v\boldsymbol{\nabla}_{\boldsymbol{v}})]\boldsymbol{w}.$$

(ii) 证明

$$-\delta\boldsymbol{w}_{\parallel}=(-\delta u\delta v)\mathcal{R}(\boldsymbol{u},\boldsymbol{v})\boldsymbol{w}+(\text{三阶误差}),$$

“三阶误差”由 $(\delta u)^p(\delta v)^q$ 组成，其中 $(p+q)\geqslant 3$．

爱因斯坦的弯曲时空

13. 日全食与潮汐．尽管太阳对地球的引力是月球的200倍，但是月球对海洋的潮汐影响却是太阳的2倍多．让我们看看为什么会出现这样看似矛盾的结果．

(i) 日全食是一个值得注意的现象．这时从地球上看，月球和太阳看起来几乎有完全相同的（角度）大小，从经验可知，只有在这种巧合下才可能看到日全食．如果月亮和太阳的半径分别是 r_m 和 r_s，它们到地球的距离分别是 R_m 和 R_s，则可以推导出 $R_m/R_s\approx r_m/r_s$．

(ii) 我们已知，在距离地球 R 处，一个质量为 M 的物体对海洋产生的潮汐力与 M/R^3 成正比．根据 (i)，可以推断出月球和太阳潮汐力的比值等于月球和太阳密度的比值．

(iii) 月球的平均密度约为每立方米 3300 千克，而太阳的平均密度约为每立方米 1400 千克．利用 (ii) 来解释开始时提到的这个奇怪结果！

14. **爱因斯坦张量的守恒律.** [注意：除非你已经熟悉张量缩并、张量指标上升和下降等运算，否则最好在学习完第五幕的相关内容（即 33.7 节和 33.8 节）后再做这道习题.] 回忆一下式 (30.21)，爱因斯坦张量 $\boldsymbol{G}$ 是

$$\boldsymbol{G} \equiv \boldsymbol{Ricci} - \tfrac{1}{2}R\boldsymbol{g}.$$

本习题要证明爱因斯坦张量是“守恒的”，就像能量动量是守恒的一样：

$$\boxed{\nabla^a G_{ab} = 0.}$$

1915 年 11 月 25 日，当爱因斯坦写下他的场方程 (30.19) 时，这个至关重要的纯数学事实对他来说是未知的（爱因斯坦场方程的原始形式在数学上等价于现代形式，$G = 8\pi T$）. 随后，人们认识到爱因斯坦发现的几何和物质之间的联系实际上意味着能量 – 动量一定是守恒的：$\nabla^a T_{ab} = 0$!

(i) 验证第二（微分）比安基恒等式 (29.17) 可以表示为

$$\nabla_a R_{bcd}{}^{e} + \nabla_b R_{cad}{}^{e} + \nabla_c R_{abd}{}^{e} = 0.$$

(ii) 现在通过以下两种方式对这个方程做缩并：(1) 将指标 a 上升，将指标 d 重命名为 a，使两个 a 相加；(2) 将指标 e 重命名为 c，使两个 c 相加. 验证这样将产生

$$\nabla^a R_{bca}{}^{c} + \nabla_b R_{c}{}^{a}{}_{a}{}^{c} + \nabla_c R^{a}{}_{ba}{}^{c} = 0.$$

(iii) 证明前面的方程可以改写成

$$-\nabla^a R_{ba} + \nabla_b R - \nabla_c R_b{}^{c} = 0.$$

(iv) 证明这个方程反过来可以改写成

$$\nabla^a R_{ba} - \tfrac{1}{2}\nabla_b R = 0.$$

(v) 证明 $\nabla^a G_{ab} = 0$，这就是我们要证明的结果.

15. **外尔曲率.** 时空中的黎曼张量具有 20 个分量，可以分为（通过爱因斯坦场方程，由物质和能量生成的）里奇张量的 10 个分量和在真空中出现的引力自由度的 10 个分量. 这些引力自由度可以完全用**外尔曲率张量**表示：

$$\boxed{C_{ij}{}^{kl} \equiv R_{ij}{}^{kl} - 2R_{[i}{}^{[k} g_{j]}{}^{l]} + \tfrac{1}{3} R g_{[i}{}^{k} g_{j]}{}^{l}.}$$

在指标中成对出现的方括号是所谓的**反对称化算子**，由第 420 页式 (33.9) 定义.

(i) 显式写出这些反对称化，从而推导出以下笨拙（且难以记住）的公式：

$$C_{ijkl} = R_{ijkl} + \frac{1}{2}(R_{il}g_{jk} + R_{jk}g_{il} - R_{ik}g_{jl} - R_{jl}g_{ik}) + \frac{1}{6}R(g_{ik}g_{jl} - g_{jk}g_{il}).$$

(ii) 从 (i) 推导出外尔张量与完全的黎曼张量具有同样的对称性.

(iii) 证明爱因斯坦场方程意味着：在真空中，外尔张量就是黎曼张量.

(iv) 证明外尔张量所有的迹都为 0，特别是

$$C_{ij}{}^{ki} = 0.$$

因此，与这个外尔张量对应的里奇张量（黎曼张量的物质 – 能量部分）的对应项也为 0.

(v)（注意：本习题接下来的部分更高级，需要的内容比我们至此已经解释的更多. 解决方案可以在本习题结束时引用的参考文献中找到.）假设我们对时空度量做一个**共形变换**：

$$\boldsymbol{g} \quad \longrightarrow \quad \Omega^2 \boldsymbol{g},$$

其中 Ω 是整个时空中点到点的变化函数. 但是，在每个点上，所有的局部距离都被相同的因子 Ω 拉伸，该因子由该点决定. 这种变换是保角的，也保持了小图形的形状不变. 黎曼张量在这种保角变换下以极其复杂的方式变换. 然而，请证明外尔张量（纯粹的引力/真空部分）具有一个显著且极其重要的性质，即它在这个变换下只是按比例缩放：

$$C_{ijkl} \quad \longrightarrow \quad \Omega^2 C_{ijkl}.$$

(vi) 如果上升一个指标，证明我们可以将这个性质重新表述为 $C_{ijk}{}^{l}$ 是共形不变的：

$$C_{ijk}{}^{l} \quad \longrightarrow \quad C_{ijk}{}^{l}.$$

注意：外尔张量最自然、最优雅的表达方式是彭罗斯的 2 旋量形式体系，即采用**外尔保形旋量** Ψ_{ABCD} 形式. 它是完全对称且共形不变的：

$$\Psi_{ABCD} = \Psi_{(ABCD)} \quad \longrightarrow \quad \Psi_{ABCD}.$$

Ψ_{ABCD} 也简称为**引力旋量**. 见彭罗斯和林德勒的著作（Penrose and Rindler, 1984, 4.6 节, 6.8 节）或沃尔德的著作（Wald, 1984, 13.2 节）. 关于外尔曲率的直观讨论，以及彭罗斯关于外尔曲率在描述大爆炸的异常特殊性质方面至关重要的猜想，见彭罗斯的著作（Penrose, 2005, 19.7 节, 28.8 节）.

第五幕

形式

第 32 章　1-形式

32.1　引言

第五幕代表着我们从接连四个严格到不讲情面的几何规则中解放出来了.

正如序幕中预告的那样,我们现在的目的是建造“魔鬼机器”,并让本科生可以使用它.我们说的是一种强大而优雅的计算方法,它的全称是**微分形式的外微积分**,我们在这里把它简称为**形式**.

形式是埃利·嘉当在 1900 年前后(一个多世纪以前)发现的.嘉当(见图 32-1)思想异常深邃,见解独到,涉猎广泛.为了完全发挥形式的威力,他甚至又花费了 40 年时间.

在第五幕中,我们的目标是(简明扼要地)直面长达一个世纪的严峻问题:绝大多数(数学和物理专业)的本科生将在从未见过嘉当的形式的情况下获得学位.

图 32-1　埃利·嘉当(1869—1951)

虽然我们的主要目的是开发一种新的计算方法,但我们也希望鱼与熊掌兼得[①].也就是说,我们将尽可能多地从几何学的角度来阐释嘉当的形式——比标准[②]的处理方式利用更多的几何思路.标准的处理方式常常拘泥于形式,倾向于使用完全抽象的平行宇宙,从而使得形式被剥夺了所有的实际意义.

相反,我们的方法将是非常具体和形象的——偶尔会有点可怕.我们将把嘉当的形式(柏拉图式地!)捧到你眼前,让你轻松目睹它的真容;我们将把它放在

---

① 作者在此处用了成语“to have one's cake and eat it”,其否定式就是我们熟悉的“鱼和熊掌不可兼得”的意思.——译者注

② Misner, Thorne, and Wheeler (1973) 和 Schutz (1980) 是两个极好的例外,我们强烈推荐在观看第五幕的同时(或后续)阅读它们.其他值得注意的材料可以在本书的附录 A 找到.

你的手中，让你感受到它错综复杂的形状和沉甸甸的重量；最后，你将见证它强大的力量.

但请注意序幕中的警告：不要被这种力量所蒙蔽！让这台恶魔般的机器为几何服务，而不是替代几何！

——我的“布道”到此结束，阿门！——

虽然嘉当的形式有很多应用，但我们自然是主要将它应用在微分几何上（第 38 章），它使我们能够用符号的方式来重新证明在前四幕中已经用几何方法证明了的结果.

首先，我们将充分揭示嘉当思想本身[①]，提供形式的完整介绍，并且完全独立于前四幕. 我们这样做是因为形式在数学、物理和其他学科的不同领域中都有富有成效的应用. 简而言之，我们的目标是让尽可能多的读者能够接触到形式，即使他们的主要兴趣点不是微分几何.

32.2　1-形式的定义

嘉当的这款精巧机器的起点和基本构件是 **1-形式**的概念. 我们不要浪费时间了，来看看它的定义吧.

> **1-形式是输入一个向量的线性实值函数.**

注记：“1-”表示输入一个向量；稍后我们会遇到以两个向量作为输入的 **2-形式**，以三个向量作为输入的 **3-形式**，等等. 因此 1-形式是一种特别简单的张量. 较早的文献称这个概念为**协变向量**，或者**余向量**[②]. 我们将用小写加粗的希腊字母表示 1-形式，同时继续用小写加粗的罗马字母表示向量.

更明确地说，如果 k_1 和 k_2 是任意常数，$\boldsymbol{v}_1$ 和 $\boldsymbol{v}_2$ 是任意向量，那么

$$\boldsymbol{\omega}\text{ 是 1-形式} \iff \boldsymbol{\omega}(k_1\boldsymbol{v}_1+k_2\boldsymbol{v}_2)=k_1\boldsymbol{\omega}(\boldsymbol{v}_1)+k_2\boldsymbol{\omega}(\boldsymbol{v}_2). \tag{32.1}$$

在验证一个特定的 $\boldsymbol{\omega}$ 是否是 1-形式时，从概念上讲，将这个单一的条件分解为两个更简单的条件会更方便一些：

$$\boldsymbol{\omega}(\boldsymbol{v}_1+\boldsymbol{v}_2)=\boldsymbol{\omega}(\boldsymbol{v}_1)+\boldsymbol{\omega}(\boldsymbol{v}_2), \tag{32.2}$$

---

① 此处原文为“We shall fully develop Cartan’s ideas in their own right”，意思是：在此介绍的内容完全是嘉当的想法. ——译者注

② 将在第 529 页习题 3 解释这个术语.

和

$$\boldsymbol{\omega}(k\boldsymbol{v}) = k\boldsymbol{\omega}(\boldsymbol{v}). \tag{32.3}$$

你自己可以验证一下，式 (32.2) 和式 (32.3) 合在一起就意味着式 (32.1)，反之亦然：线性性质的这两个定义是等价的.

1-形式是用它对向量的作用来定义的：两个 1-形式相等，当且仅当它们对所有向量的作用都相同. 给定两种不同的 1-形式 $\boldsymbol{\omega}$ 和 φ，有一种自然的方式通过对一般向量 $\boldsymbol{v}$ 的作用来定义它们的和 $\boldsymbol{\omega}+\varphi$：

$$(\boldsymbol{\omega}+\varphi)(\boldsymbol{v}) \equiv \boldsymbol{\omega}(\boldsymbol{v}) + \varphi(\boldsymbol{v}),$$

并且很容易用式 (32.2) 和式 (32.3) 来检查 [练习], 这个和本身就是一个 1-形式. 同样，我们可以用一个常数 k 乘以一个 1-形式的 $\boldsymbol{\omega}$，得到一个新的 1-形式 $k\boldsymbol{\omega}$，定义为

$$[k\boldsymbol{\omega}](\boldsymbol{v}) \equiv k[\boldsymbol{\omega}(\boldsymbol{v})].$$

因此，所有 1-形式的集合对于加法和数乘运算是封闭的，因此构成了所谓的**向量空间**[①]. 这个 1-形式的向量空间被认为是它所作用的向量空间的**对偶**. 使用这个术语的原因是，这两个空间之间存在一种对称关系：我们也可以把向量空间看作 1-形式空间的“对偶”.

为了了解这种对称性，让我们把向量 $\boldsymbol{v}$ 看成一个作用于 1-形式 $\boldsymbol{\omega}$ 的函数，这个作用的定义为

$$\boldsymbol{v}(\boldsymbol{\omega}) \equiv \boldsymbol{\omega}(\boldsymbol{v}).$$

向量和 1-形式这种对称的彼此作用通常也称为向量和 1-形式的**缩并**，有时也表示为 $\langle\boldsymbol{\omega},\boldsymbol{v}\rangle$[②]，以强调两种对象的平等地位.

由此可以得出向量 $\boldsymbol{v}$ 是 1-形式的线性函数：

$$\begin{aligned}\boldsymbol{v}(\boldsymbol{\omega}+\varphi) &= (\boldsymbol{\omega}+\varphi)(\boldsymbol{v})\\ &= \boldsymbol{\omega}(\boldsymbol{v}) + \varphi(\boldsymbol{v})\\ &= \boldsymbol{v}(\boldsymbol{\omega}) + \boldsymbol{v}(\varphi),\end{aligned}$$

且

$$\boldsymbol{v}(k\boldsymbol{\omega}) = k\boldsymbol{\omega}(\boldsymbol{v}) = k\boldsymbol{v}(\boldsymbol{\omega}).$$

正如 T_p 表示点 p 处的向量组成的空间，T_p^* 表示点 p 处的 1-形式组成的对

① 也称为**线性空间** (linear space). 任何定义了线性运算的集合都可称为线性空间，或向量空间 (vector space). 例如，定义在有界闭区域上的所有连续函数就是一个向量空间，其中的函数也称为向量.

——译者注

② 我们一会儿就会看到，这个记号和狄拉克符号相似是有道理的.

偶向量空间．正如向量场是在每个点 p 处定义了一个向量 $\boldsymbol{v}_p$，**1-形式的场**是在每个点 p 处定义一个 1-形式 $\boldsymbol{\omega}_p$.

下一节通过揭示一个秘密来证明 1-形式的引入（尽管放在事实之后！）是很自然的：你的成年生活被 1-形式包围着——只是你不知道而已.

32.3 1-形式的例子

32.3.1 引力做功的 1-形式

设 F 为施加在靠近地球表面的单位质量上的重力大小．如果我们只使这个质量做短距离移动，就可以将 F 近似为常数．如果我们让这个物体垂直向上移动 h，那么所做的**功**（也就是我们必须消耗的能量）是 $\omega = Fh$.

假设我们现在沿 $\boldsymbol{v}$ 移动物体，并定义

$$\boldsymbol{\omega}(\boldsymbol{v}) \equiv \text{沿 } \boldsymbol{v} \text{ 移动物体所做的功},$$

则 $\boldsymbol{\omega}$ 是 1-形式.

为了证明这一点，我们必须验证式 (32.2) 和式 (32.3)．如图 32-2a 所示，当物体沿 $\boldsymbol{v} = (\boldsymbol{v}_1 + \boldsymbol{v}_2)$ 移动时，物体增加的高度 h 只是沿 $\boldsymbol{v}_1$ 和 $\boldsymbol{v}_2$ 分别移动时增加高度的和 $(h_1 + h_2)$．同样，如图 32-2b 所示，让运动距离 $\boldsymbol{v}$ 按照系数 k 伸缩，竖直运动距离（从而所做的功）也按照同样的系数伸缩．证毕！

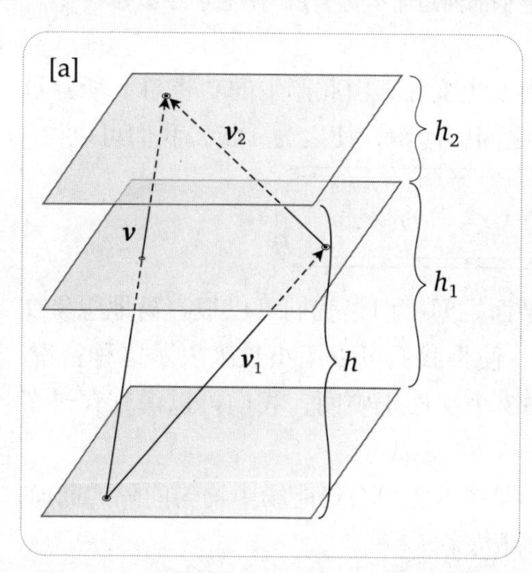

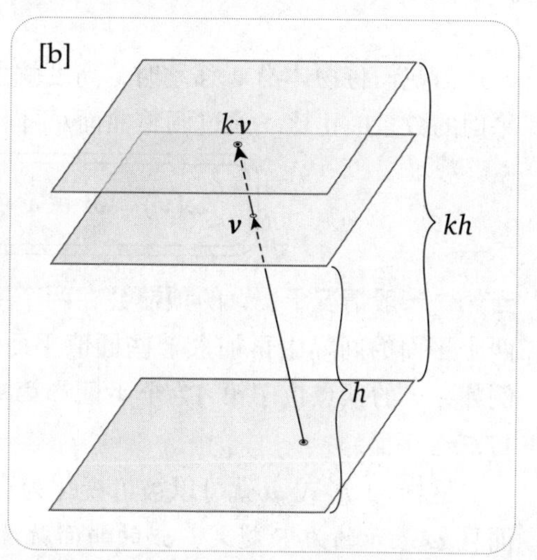

图 32-2 [a] 当物体沿 $\boldsymbol{v} = \boldsymbol{v}_1 + \boldsymbol{v}_2$ 移动时，增加的高度 h 只是沿 $\boldsymbol{v}_1$ 和 $\boldsymbol{v}_2$ 分别移动时增加高度的和 $h_1 + h_2$．[b] 让运动距离 $\boldsymbol{v}$ 按照系数 k 伸缩，竖直运动距离也按照同样的系数伸缩

32.3.2　引力做功 1-形式的可视化

这个例子很自然地提出了一种 1-形式的可视化方法. 想象一组以相同高度均匀间隔的曲面. 虽然这些曲面都是以地球中心为球心的球面，但是在物体所在的局部附近，这些球面看起来就像一摞等距的水平平面，如图 32-3 右图所示.

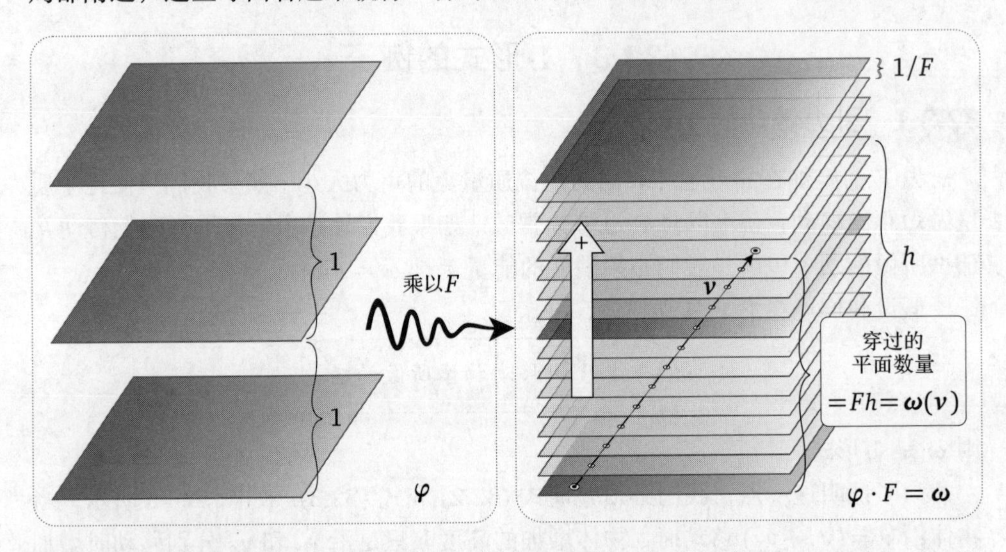

图 32-3　1-形式的可视化. 右图是一摞平面，它们表示引力功的 1-形式 $\boldsymbol{\omega}$，其间距为 $1/F$，方向向上. 因此 $\boldsymbol{\omega}(\boldsymbol{v})$ 可以表示为 $\boldsymbol{v}$ 所穿过的（带符号的）平面数量. 左图是单位间距 1-形式的 φ. 当它乘以 F 时，其平面的密度增加 F 倍，它们的间距缩小到 $1/F$，产生 $\varphi\cdot F=\boldsymbol{\omega}$

当我们将物体沿 $\boldsymbol{v}$ 移动时，高度就会发生变化，由此产生的功将与 $\boldsymbol{v}$ 所穿过平面的数量成正比. 通过调整曲面/平面之间的间距，使之为 $1/F$，我们可以说

$$\boldsymbol{\omega}(\boldsymbol{v})=\boldsymbol{\omega}\text{ 被 }\boldsymbol{v}\text{ 穿过曲面的数量.}$$

当然，一般情况下，$\boldsymbol{v}$ 的顶端会在两个平面之间，但是我们可以很容易地想象在两个平面的间隔中再加入一些插值平面，使得我们可以用小数来表示这种情况. 例如，$\boldsymbol{v}$ 的顶点位于第 17 个平面和第 18 个平面正中间，我们可以说它穿过了 17.5 个平面.

这样，1-形式 $\boldsymbol{\omega}$ 就可以被可视化为这摞在不变引力势能场中均匀间隔的曲面，而且 $\boldsymbol{\omega}$ 表示的力 F 越大，$\boldsymbol{\omega}$ 的曲面就摞得越密.

为了完全说清楚这一点，图 32-3 的左图用相隔单位间距的平面显示了一个 1-形式 φ，乘以 F 后，就得到了右图中的引力功 1-形式 $\varphi\cdot F=\boldsymbol{\omega}$.

请注意，这种表示向量与 1-形式缩并的可视化方式有一个优点，那就是可以很清楚地将这两种对象置于平等的地位. 我们把这些等间距的平行平面称为**堆积**. 请注意，为了完成图 32-3 中的解释，我们必须在堆积上附加一个**方向**①，在我们的例子中是向上的. 如果 $\boldsymbol{v}$ 的方向与 $\boldsymbol{\omega}$ 的方向一致，则被穿过曲面的数量为正的，但如果向量 $\boldsymbol{v}$ 与堆积的方向相反，则被穿过曲面的数量为负的.

这种可视化方法可以更普遍地应用于任意 1-形式. 在点 p 处，$\boldsymbol{\omega}$ 的代表性曲面 $\mathcal{S}$ 定义为：$\mathcal{S}$ 在点 p 处的切向量都满足 $\boldsymbol{\omega}(\boldsymbol{v})=0$，对应于被穿过的曲面数量为 0. 用线性代数的语言来说，$\mathcal{S}$ 的切向量集合满足 $\boldsymbol{\omega}(\boldsymbol{v})=0$，因此它们构成 $\boldsymbol{\omega}$ 的核.

一般来说，只能用这种方式将一个点的 1-形式场表示为平面堆积——通常，邻近点上的小块平面将不能通过一起网格化来创建一个光滑的、填充空间的平面族（称为**叶形结构**），虽然在引力的例子中确实发生过这种情况. 关于这一点的讨论，见彭罗斯（Penrose, 2005, 12.3 节）、巴克曼（Bachman, 2012, 5.7 节）或德雷（Dray, 2015, 13.8 节）的著作.

在 $\mathbb{R}^3$ 空间中，满足 $\boldsymbol{\omega}(\boldsymbol{v})=0$ 的向量集合张成一个二维平面，而在 n 维空间中，$\boldsymbol{\omega}$ 的核要用一个 $n-1$ 维空间来表示.

32.3.3 等高线图和梯度 1-形式

如果你计划穿越崎岖多山的地形进行长途徒步旅行，最好使用地形图来规划路线，以免爬得太辛苦，或从危险的陡坡上摔下来. 回想一下第 237 页的例子（图 19-6），这样的地图显示了位于同一高度的等高线 $h(x,y)$：当地图上的点 $p=(x,y)$ 沿等高线移动时，$h(p)=$ 常数.

考虑图 32-4 中的两座山和垭口，以及下面的地形图. 如果你沿一条等高线徒步，那么你走的路是平的：既不向上攀爬也不向下走. 如果你从与等高线正交的方向出发，你将以最快的速度上升（或下降）：与等高线正交的方向是以最大幅度上升或下降的方向. 等高线以等高 δh 的增量绘制，所以如果你沿着与等高线正交的方向行走，地图上的等高线越密集的地方，地形就越陡峭.

更详细地说，假设我们画了许多等高线，它们之间固定的间距 δh 很小. 在 p 点附近，等高线的密度大致恒定. 我们把地图中相邻等高线之间大致恒定的水平距离称为 δr. 那么这个小区域内的地形坡度为

$$\text{坡度} \asymp \frac{\delta h}{\delta r}.$$

换句话说，地形的陡峭程度与地图上相邻等高线之间的距离成反比.

① 此处的原文为“we must attach a **direction** (variously known as a *sense* or an *orientation*) to the stacks”，因为英语中有多个单词表示“方向”. ——译者注

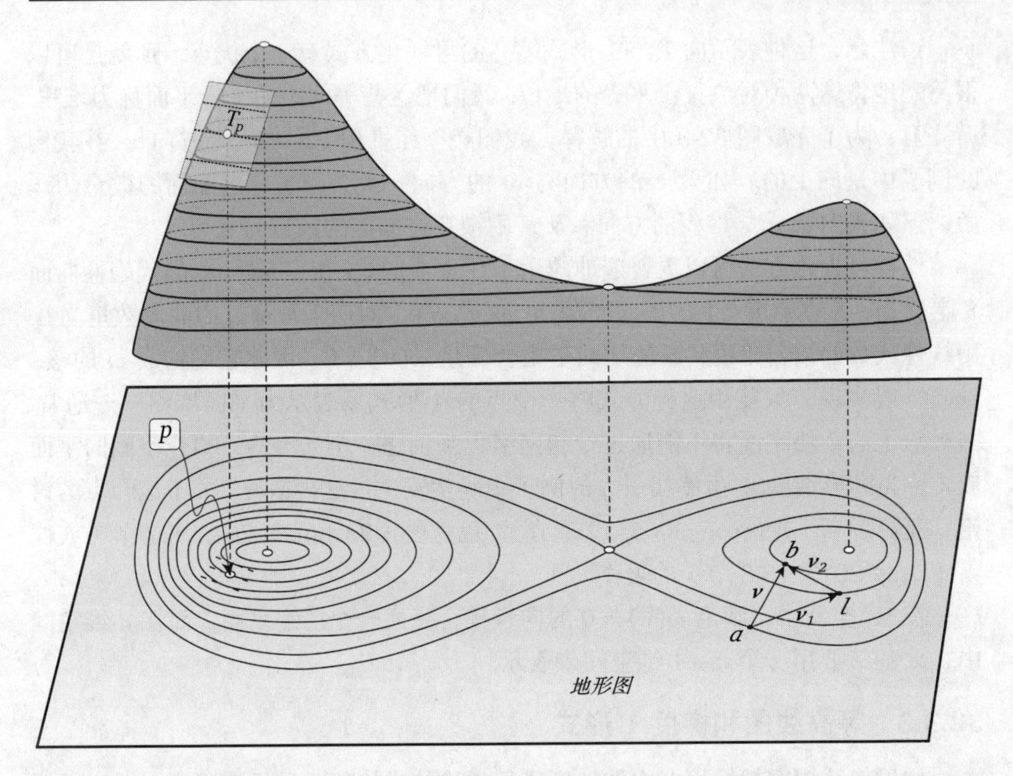

图 32-4　梯度 1-形式与地形图. 当我们不断放大曲面地形图中点 p 周围的小区域时，等高线看起来越来越直，间距越来越均匀. 最终，它们成了地形图上点 p 的切平面 T_p 的代表，后者的地形图是对梯度 1-形式 ζ 的描绘

这很容易让人联想到引力功 1-形式的可视化：引力越强，表示对应于引力功 1-形式的曲面堆积的密度越大. 考虑到这一点，让我们尝试明确地确定与地形图相关的陡峭程度 1-形式.

在地图平面中，设 $\boldsymbol{v} = \overrightarrow{ab}$ 是从 a 出发的向量，其顶端在 b 处. 我们尝试来定义一个陡峭程度 1-形式，如下所示：

$$\begin{aligned}\boldsymbol{\eta}(\boldsymbol{v}) &\equiv (\boldsymbol{v}\text{ 穿过的等高线的数目})\cdot(\delta h)\\ &= h(b)-h(a)\\ &= \boldsymbol{v}\text{ 的从起点到终点的高度变化.}\end{aligned}$$

这个定义是否满足线性条件 (32.2) 和 (32.3)?

如图 32-4 所示，令 $\boldsymbol{v}_1 = \overrightarrow{al}, \boldsymbol{v}_2 = \overrightarrow{lb}$ 且 $\boldsymbol{v} = \boldsymbol{v}_1 + \boldsymbol{v}_2$，则一眼可见，一切都顺理成章：

$$\boldsymbol{\eta}(\boldsymbol{v}_1)+\boldsymbol{\eta}(\boldsymbol{v}_2) = [h(l)-h(a)]+[h(b)-h(l)] = h(b)-h(a) = \boldsymbol{\eta}(\boldsymbol{v}).$$

然而，与真正的 1-形式不同，$\boldsymbol{\eta}(\boldsymbol{v})$ 的值取决于在何处绘制向量 $\boldsymbol{v}$：如果我们在 a 而不是在 l 处绘制 $\boldsymbol{v}_2$，那么显然不再满足条件 (32.2)！因此，我们假设的 $\boldsymbol{\eta}$ 在点 p 处的 1-形式实际上并不满足第一个线性条件．此外，即使只考虑一个从 a 出发的向量，它也不满足第二个线性条件．很明显，如果我们将图 32-4 中所示向量 $\boldsymbol{v}$ 的长度加倍，其端点就到达山的另一边了，实际上高度会降低，而不是我们期待的翻倍．因此 $\boldsymbol{\eta}$ 不满足条件 (32.3).

不过，这个讨论指出了一条通向真正的 1-形式的道路．我们所观察的点 p 周围的区域越小，等高线的形状就越均匀：它们看起来就像均匀间隔的平行线．因此，如果我们只将 $\boldsymbol{\eta}$ 作用于从 p 出发的非常短（最终收缩成一点）的向量，那么 $\boldsymbol{\eta}$ 就（最终）满足线性性质的要求！

现在让我们试着把 $\boldsymbol{\eta}$ 在点 p 处的局部作用从从点 p 出发的小向量扩展到画在地图平面上的任何地方的大向量．要做的就是把点 p 附近的这些等距平行线的局部图案（它们都与等高线通过点 p 的切线平行）延伸到整个平面上．如果我们仔细研究图 32-4 就会发现，我们刚刚构建的实际上是曲面在点 p 处的切平面 T_p 的地形图！

为了得到一个真正的 1-形式的场 ζ，我们只需要将原来定义的 $\boldsymbol{\eta}$ 应用在切平面 T_p 的地形图上．在图 32-5 中，我们重现这张由均匀间隔的平行线构成地形图，最初的等高线都沿同一个方向经过点 p，它们之间的间距是 $\delta r \asymp \delta h/(T_p$ 的斜率)：T_p 的斜率越大，地形图上的平行线就越密集．与这些直线正交的方向就是曲面上在点 p 处上升最快的方向．

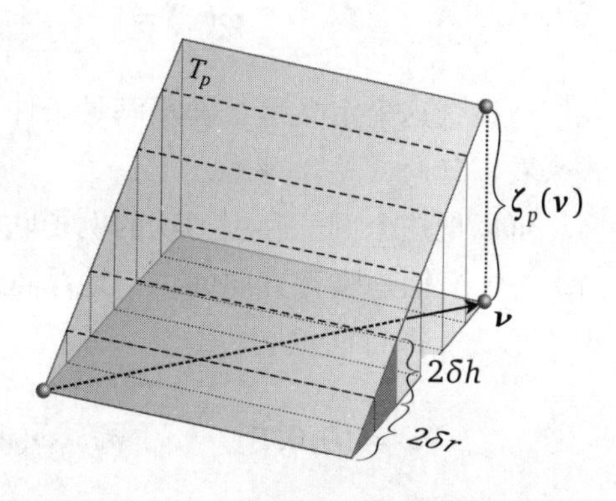

图 32-5 当一个曲面的高度的梯度 1-形式 ζ_p 作用于平面上的向量 $\boldsymbol{v}$ 时，产生了切平面 T_p 的高度随我们沿 $\boldsymbol{v}$ 移动时的变化，其中 T_p 是曲面在地形图上点 p 的切平面

1-形式场 ζ 在点 p 处的**值** ζ_p 是由曲面在点 p 正上方的点的切平面 T_p 定义的 1-形式，如图 32-5 所示：

$$\begin{aligned}\zeta_p(\boldsymbol{v}) &\equiv (\boldsymbol{v}\text{ 穿过等高线的数目 })\cdot(\delta h)\\ &= \text{切平面 } T_p \text{ 的高度从 } \boldsymbol{v} \text{ 的起点到终点的变化.}\end{aligned} \tag{32.4}$$

当点 p 变化时，在点 p 周围的原始等高线的方向和间距都会改变，这也反映了曲面的切平面 T_p 变化的事实．所以我们掌握了每一点不同的切平面 T_p 的地形图，从而掌握了 1-形式场 ζ 在每一点的不同的值 ζ_p.

如果我们将 ζ_p 应用于从 p 出发的非常短（最终收缩成一点）的向量，那么它的作用最终等于 $\boldsymbol{\eta}$ 的作用，即 $\zeta_p(\boldsymbol{v}) \asymp \boldsymbol{\eta}_p(\boldsymbol{v})$. 但是随着向量变大，虽然 1-形式 $\zeta_p(\boldsymbol{v})$ 告诉我们曲面在那一点的切平面的高度是完全线性变化的，但是 $\boldsymbol{\eta}(\boldsymbol{v})$ 告诉我们在实际地形或曲面表面的高度是非线性变化的.

这个 1-形式场 ζ 称为 h 的**梯度**. 你可能会问自己，这是否与我们熟悉的向量微积分中的同名概念有关. 确实如此！对这种联系的解释是 32.6 节的主题. 这个梯度 1-形式场 ζ 的想法是极其重要的，我们将看到如何将它推广到取决于两个以上变量的函数 h，而该函数当然不是曲面关于 (x, y) 平面的高度函数 $z = h(x, y)$ 如此简单的可视化.

32.3.4　行向量

考虑一个特定的二维行向量，例如 $\boldsymbol{\omega} = [-3, 2]$. 我们可以通过标准的矩阵乘法定义 $\boldsymbol{\omega}$ 从左边对二维列向量 $\boldsymbol{v} = \begin{bmatrix} x \\ y \end{bmatrix}$ 的作用：

$$\boldsymbol{\omega}(\boldsymbol{v}) = [-3, 2]\begin{bmatrix} x \\ y \end{bmatrix} = -3x + 2y.$$

我们把检查这个定义是否确实满足条件 (32.2) 和 (32.3) 留给你来做. 按照这种方式来看，*行向量是 1-形式*.

可以把这个例子和引力功的例子联系起来. 为此，我们选择直角坐标系 (x, y, z)，其中 z 轴是竖直方向的，与地球重力场方向一致. 然后，可以将引力功表示为 1-形式（即行向量）：

$$\boldsymbol{\omega} = [0, 0, F], \qquad \text{于是} \quad \boldsymbol{\omega}(\boldsymbol{v}) = [0, 0, F]\begin{bmatrix} x \\ y \\ h \end{bmatrix} = Fh = \text{功}.$$

32.3.5　狄拉克符号（左矢）

注意：这个例子假设你熟悉量子力学，否则可以跳过.

虽然我们前面定义的 1-形式是实值的，并且将继续考虑实值 1-形式，但有一个例外——我们接下来常常需要将这个定义扩展成包括复值 1-形式. 事实上，这种推广是量子力学中自然出现的，而且在该背景下是*必不可少的*.

如果我们将狄拉克右矢 $|\boldsymbol{v}\rangle$（即量子态）视为“向量”，而将狄拉克左矢 $\langle\boldsymbol{\omega}|$ *视为 1-形式*，就可以将 1-形式和向量的缩并定义为标准的（复数）内积：

$$\boldsymbol{\omega}(\boldsymbol{v}) \equiv \langle\boldsymbol{\omega}|\boldsymbol{v}\rangle.$$

我们只需检查定义 (32.1)：

$$\begin{aligned}\boldsymbol{\omega}(k_1\boldsymbol{v}_1+k_2\boldsymbol{v}_2)&=\langle\boldsymbol{\omega}|k_1\boldsymbol{v}_1+k_2\boldsymbol{v}_2\rangle\\&=k_1\langle\boldsymbol{\omega}|\boldsymbol{v}_1\rangle+k_2\langle\boldsymbol{\omega}|\boldsymbol{v}_2\rangle\\&=k_1\boldsymbol{\omega}(\boldsymbol{v}_1)+k_2\boldsymbol{\omega}(\boldsymbol{v}_2),\end{aligned}$$

就能验证左矢 $\langle\boldsymbol{\omega}|$ 确实是一个 1-形式.

32.4 基底 1-形式

在 n 流形上的一个点 p 处，我们选择切空间 T_p 的一个基底 $\{\boldsymbol{e}_j\}$，用爱因斯坦求和约定，就可以将一般向量写成

$$\boldsymbol{v}=v^j\boldsymbol{e}_j.$$

我们不假设这个基底是正交的. 在点 p 处有一个由 1-形式组成的空间 T_p^*，有了 $\{\boldsymbol{e}_j\}$ 这个基底，就有一种自然的方法将 $\{e_j\}$ 与空间 T_p^* 的一组基底 $\{\boldsymbol{\omega}^i\}$（称为 $\{\boldsymbol{e}_j\}$ 的**对偶基**）联系起来：

$$\boldsymbol{\omega}^i\ \text{选出}\ \boldsymbol{v}\ \text{的第}\ i\ \text{个分量}\quad\Longleftrightarrow\quad\boldsymbol{\omega}^i(\boldsymbol{v})=v^i. \tag{32.5}$$

通过验证条件 (32.2) 和 (32.3)：两个向量和的第 i 个分量就是两个向量第 i 个分量的和，向量 $k\boldsymbol{v}$ 的第 i 个分量是 kv^i，这就证明了这些 $\{\boldsymbol{\omega}^i\}$ 的确就是 1-形式.

图 32-6a 显示了在 2 流形（即一个曲面，其切平面为 $T_p=\mathbb{R}^2$）情况下的这个定义. 我们选择了一个非正交**单位向量**组成的基底 $\{\boldsymbol{e}_1,\boldsymbol{e}_2\}$，使得

$$\boldsymbol{v}=v^1\boldsymbol{e}_1+v^2\boldsymbol{e}_2=\boldsymbol{\omega}^1(\boldsymbol{v})\boldsymbol{e}_1+\boldsymbol{\omega}^2(\boldsymbol{v})\boldsymbol{e}_2.$$

因此，在这种情况下，$\boldsymbol{\omega}^1(\boldsymbol{v})$ 就是 $\boldsymbol{v}$ 在 $\boldsymbol{e}_1$ 上的投影①（平行于 $\boldsymbol{e}_2$）的长度，$\boldsymbol{\omega}^2(\boldsymbol{v})$ 与之类似.

让我们把如下常见的误解消灭在萌芽状态. 因为基底 1-形式的集合 $\{\boldsymbol{\omega}^1,\boldsymbol{\omega}^2\}$ 是基向量的集合 $\{\boldsymbol{e}_1,\boldsymbol{e}_2\}$ 的对偶，所以 $\boldsymbol{\omega}^1$ 是 $\boldsymbol{e}_1$ 的对偶，而且 $\boldsymbol{\omega}^2$ 是 $\boldsymbol{e}_2$ 的对偶——这是完全错误的.

图 32-6b 揭示了这种想法为什么是错误的. 在这里，我们将相同的向量 $\boldsymbol{v}$ 分解成在新基底 $\{\widetilde{\boldsymbol{e}}_1,\widetilde{\boldsymbol{e}}_2\}$ 下的分量，其中新基底与原来的基底相关，具有关系 $\widetilde{\boldsymbol{e}}_1=\boldsymbol{e}_1$，但 $\widetilde{\boldsymbol{e}}_2\neq\boldsymbol{e}_2$. 正如你所看到的，即使我们只改变了一个基底向量，两个基底 1-形式也都改变了！同样，在一般的 n 维情况下，改变一个基底向量可以改变 1-形式的整个对偶基底.

① 注意这里说的不是通常的正交投影，而是沿平行于 $\boldsymbol{e}_2$ 的射线将 $\boldsymbol{v}$ 投影到 $\boldsymbol{e}_1$ 的方向上. ——译者注

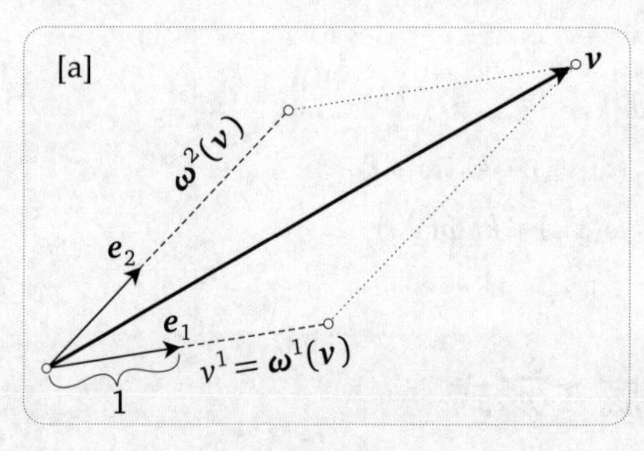

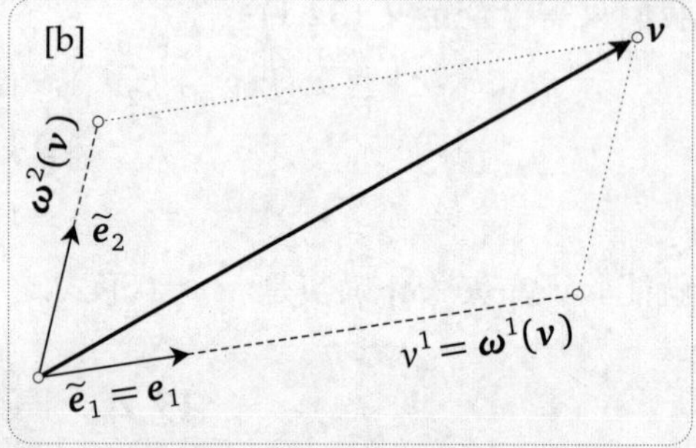

图 32-6　[a] 第一个基底 1-形式 $\{\boldsymbol{\omega}^1\}$ 选出了 $\boldsymbol{v}$ 的第一个分量；同样，第二个基底 1-形式 $\{\boldsymbol{\omega}^2\}$ 选出了第二个分量．[b] 用与前面同样的 $\widetilde{\boldsymbol{e}}_1$，仅改变 $\widetilde{\boldsymbol{e}}_2$ 就会引起两个基底 1-形式改变

应该注意到，我们倾向的对偶基的定义 (32.5) 并不是传统的定义，尽管它是舒茨在 Schutz(1980) 中使用的定义，而且在数学上与标准的定义等价，正如我们现在解释的那样．首先重温定义

$$\text{克罗内克符号：}\quad \delta^i_j \equiv \begin{cases} 1, & \text{若 } i=j, \\ 0, & \text{若 } i\neq j. \end{cases}$$

容易证明我们的定义 (32.5) 等价于以下标准定义：

$$\text{基底 } \{\boldsymbol{\omega}^i\} \text{ 的等价定义：}\quad \boxed{\boldsymbol{\omega}^i(\boldsymbol{e}_j)=\delta^i_j \quad\Longleftrightarrow\quad \boldsymbol{\omega}^i(\boldsymbol{v})=v^i.}$$

从右推到左是显然的，从左推到右如下：

$$\boldsymbol{\omega}^i(\boldsymbol{v})=\boldsymbol{\omega}^i(v^j\boldsymbol{e}_j)=v^j\boldsymbol{\omega}^i(\boldsymbol{e}_j)=v^j\delta^i_j=v^i.$$

32.5　1-形式的分量

非常细致的读者会注意到，我们实际上并没有证明集合 $\{\boldsymbol{\omega}^i\}$ 是 1-形式的基底．我们不直接证明它们是线性无关的，而是采用舒茨在 Schutz（1980, 2.20 节）中采用的更优雅、更有启发性的方法．

令一般的 1-形式 $\boldsymbol{\varphi}$ 作用于 $\boldsymbol{v}$ 为

$$\boldsymbol{\varphi}(\boldsymbol{v})=\boldsymbol{\varphi}(v^j\boldsymbol{e}_j)=v^j\boldsymbol{\varphi}(\boldsymbol{e}_j)=\boldsymbol{\omega}^j(\boldsymbol{v})\boldsymbol{\varphi}(\boldsymbol{e}_j).$$

我们现在定义

$$\boxed{\boldsymbol{\varphi}\text{ 的分量 }\varphi_j\text{：}\quad \varphi_j\equiv\boldsymbol{\varphi}(\boldsymbol{e}_j).}$$

于是

$$\boldsymbol{\varphi}(\boldsymbol{v})=\varphi_j\boldsymbol{\omega}^j(\boldsymbol{v}).$$

但因为我们是利用 1-形式对一般向量的作用来定义它的，可以将方程两边的向量 $\boldsymbol{v}$ “抽出来”①，从而得到 1-形式自身的相等关系．而且，这样就将任意一个 1-形式 φ 分解为它在基底 1-形式 $\{\boldsymbol{\omega}^j\}$ 中独特的分量形式，其中 $\{\boldsymbol{\omega}^i\}$ 是向量基 $\{\boldsymbol{e}_j\}$ 的对偶基，所以

$$\varphi = \varphi_j \boldsymbol{\omega}^j = \varphi(\boldsymbol{e}_j)\boldsymbol{\omega}^j. \tag{32.6}$$

32.6 梯度 df 是 1-形式

32.6.1 复习：梯度 ∇f 是一个向量

回顾向量微积分，在 $\mathbb{R}^2$ 中一个函数 f 的梯度被定义为向量

$$\nabla f \equiv \begin{bmatrix} \partial_x f \\ \partial_y f \end{bmatrix}.$$

这个向量的意义是

> ∇f 指向 f 增加最快的方向，其大小 $|\nabla f|$ 等于我们沿这个方向移动时 f 的最大增加率. (32.7)

这种解释来自一个更原始的事实，现在就来证明这件事．设 $\{\boldsymbol{e}_1, \boldsymbol{e}_2\}$ 是沿 $(x^1, x^2) = (x, y)$ 轴的标准正交基底，设 δf 是沿如下短向量（最终收缩成一点）移动时 f 产生的微小变化：

$$\boldsymbol{v} = \delta x^1 \boldsymbol{e}_1 + \delta x^2 \boldsymbol{e}_2 = \begin{bmatrix} \delta x \\ \delta y \end{bmatrix}.$$

根据定义，$\partial_x f$ 是当我们沿 x 方向移动时 f 的变化率，所以由移动 δx 导致 f 的改变是 $(\partial_x f)\delta x$，对于 y 类似．所以

$$\delta f \asymp (\partial_x f)\delta x + (\partial_y f)\delta y = (\nabla f)\cdot \boldsymbol{v}. \tag{32.8}$$

用 18 世纪的经典记号，这个表达式为

$$\mathrm{d}f = (\partial_x f)\,\mathrm{d}x + (\partial_y f)\,\mathrm{d}y, \tag{32.9}$$

其中，df, dx 和 dy 被理解为无穷小——这是我们在此所回避的概念．然而，我们很快就会看到，这个古老的公式是如何获得新生的：当我们通过 1-形式这种现代概念来看时，它具有精确而严谨的含义．

① 事实上，这是定义算子相等的基本方法．例如，设 X 和 Y 是两个线性空间，Φ 和 Ψ 是从 X 到 Y 的两个映射（或称为算子），如果对于 $\forall x \in X$，在 Y 中都有 $\Phi(x) = \Psi(x)$，则称 $\Phi = \Psi$．后面的证明还会用到这个说法．——译者注

为了推出式 (32.8)，考虑图 32-7，它从几何学上解释了式 (32.9). 如果我们保持长度 $|\boldsymbol{v}| \equiv \delta s$ 不变，那么当 $\boldsymbol{v}$ 绕圆周旋转时，

$$\delta f \asymp |\boldsymbol{\nabla} f|(\delta s \cos\theta),$$

其中 θ 是 $\boldsymbol{v}$ 与梯度 $\boldsymbol{\nabla} f$ 的夹角，所以，$\delta s \cos\theta$ 就是 $\boldsymbol{v}$ 在 $\boldsymbol{\nabla} f$ 方向上的投影.

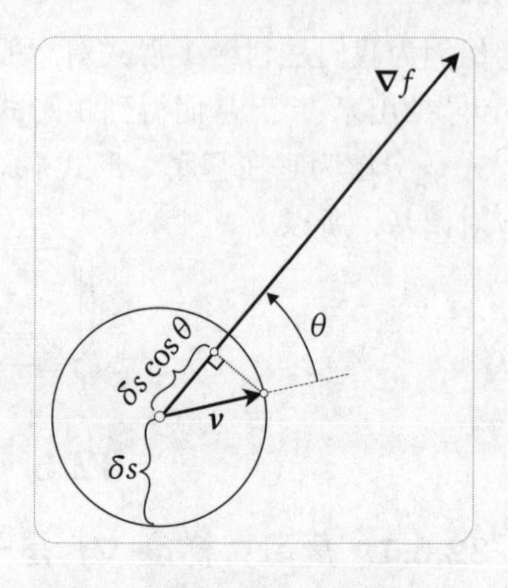

图 32-7　梯度向量 $\boldsymbol{\nabla} f$. 函数 f 沿短向量 $\boldsymbol{v}$ 移动产生的微小变化 δf 最终等于 $|\boldsymbol{\nabla} f|(\delta s \cos\theta)$

设 $\widehat{\boldsymbol{v}} = \boldsymbol{v}/|\boldsymbol{v}|$ 表示 $\boldsymbol{v}$ 方向上的**单位向量**，则上述结果可以表示为

$$\left|\boldsymbol{\nabla}_{\widehat{\boldsymbol{v}}} f\right| = \frac{\mathrm{d}f}{\mathrm{d}s} = |\boldsymbol{\nabla} f| \cos\theta.$$

这立即证实了式 (32.8) 中对 $\boldsymbol{\nabla} f$ 的解释. 它还表明，如果我们朝垂直于 $\boldsymbol{\nabla} f$ 的方向移动，那么 f 的变化率就消失了. 这就是由 $f=$ 常数 定义的曲线的切线方向.

在 $\mathbb{R}^3$ 中的分析和前面完全一样，但是现在有一个正交于方向 $\boldsymbol{\nabla} f$ 的平面：这就是由 $f=$ 常数 定义的曲面的切平面.

32.6.2　梯度 $\mathbf{d}f$ 是一个 1-形式

虽然我们习惯把梯度看作一个向量，但实际上把它看作一个 1-形式更自然. 我们现在就来定义这个 1-形式，然后继续研究它的意义.

函数 f 的**梯度 1-形式** $\mathbf{d}f$ 是由它对向量的作用来定义的：

$$\mathbf{d}f(\boldsymbol{v}) \equiv \boldsymbol{\nabla}_{\boldsymbol{v}} f. \tag{32.10}$$

加粗的 $\mathbf{d}$ 算子称为**外导数**，它将在后面的讨论中发挥核心作用.

让我们通过验证条件 (32.2) 和 (32.3) 来检查 $\mathbf{d}f$ 是否真的是 1-形式：

$$(\mathbf{d}f)(\boldsymbol{v}_1+\boldsymbol{v}_2) = \boldsymbol{\nabla}_{\boldsymbol{v}_1+\boldsymbol{v}_2} f = \boldsymbol{\nabla}_{\boldsymbol{v}_1} f + \boldsymbol{\nabla}_{\boldsymbol{v}_2} f = \mathbf{d}f(\boldsymbol{v}_1) + \mathbf{d}f(\boldsymbol{v}_2)$$

和

$$(\mathbf{d}f)(k\boldsymbol{v}) = \boldsymbol{\nabla}_{k\boldsymbol{v}} f = k\boldsymbol{\nabla}_{\boldsymbol{v}} f = k\mathbf{d}f(\boldsymbol{v}).$$

注意到求导算子 $\boldsymbol{\nabla}_{\boldsymbol{v}}$ 服从莱布尼茨法则（又名乘积公式法则），所以外导数也服从

$$\mathbf{d}(fg) = f\,\mathbf{d}g + g\,\mathbf{d}f. \tag{32.11}$$

32.6.3 1-形式的笛卡儿基 $\{\mathbf{d}x^j\}$

在 $\mathbb{R}^2$ 中，1-形式 $\mathbf{d}x = \mathbf{d}x^1$ 和 $\mathbf{d}y = \mathbf{d}x^2$ 是什么意思？为了回答这个问题，我们必须确定它们对一般向量 $\boldsymbol{v} = \begin{bmatrix} v^1 \\ v^2 \end{bmatrix}$ 的影响. 定义 (32.10) 告诉我们

$$
\begin{aligned}
(\mathbf{d}x)\begin{bmatrix} v^1 \\ v^2 \end{bmatrix} &= (\mathbf{d}x)\boldsymbol{v} \\
&= \boldsymbol{\nabla}_{\boldsymbol{v}}\, x \\
&= \boldsymbol{\nabla}_{v^1\boldsymbol{e}_1+v^2\boldsymbol{e}_2}\, x \\
&= \left(v^1\boldsymbol{\nabla}_{\boldsymbol{e}_1} + v^2\boldsymbol{\nabla}_{\boldsymbol{e}_2}\right)x \\
&= \left(v^1\partial_x + v^2\partial_y\right)x \\
&= v^1.
\end{aligned}
$$

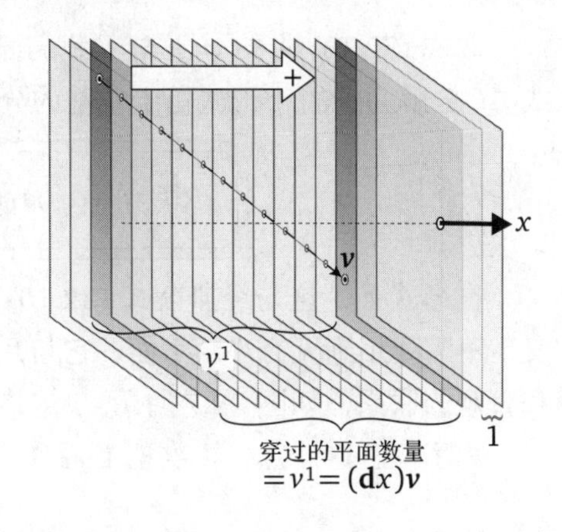

图 32-8 笛卡儿基的 1-形式 $\mathbf{d}x$. 将 1-形式 $\mathbf{d}x$ 作用于向量 $\boldsymbol{v}$ 时，就决定了 $\boldsymbol{v}$ 在 x 坐标系中的分量

换句话说，$\mathbf{d}x$ 是决定向量的 x 分量的 1-形式. 同样，我们得到 $(\mathbf{d}y)\boldsymbol{v} = v^2$. 但根据定义 (32.6)，这意味着 $\{\mathbf{d}x, \mathbf{d}y\}$ 是 $\{\boldsymbol{e}_1, \boldsymbol{e}_2\}$ 的对偶基，即 $(\mathbf{d}x^i)\boldsymbol{e}_j = \delta^i_j$.

几何上，$\mathbf{d}x$ 可以被描绘成垂直于 x 轴的一组相隔单位间距的直线，$(\mathbf{d}x)\boldsymbol{v}$ 是 $\boldsymbol{v}$ 穿过这些直线的数量. 上面的推理同样适用于 $\mathbb{R}^3$，在这种情况下，如图 32-8 所示，$\mathbf{d}x$ 是垂直于 x 轴的相隔单位间距的平面族.

显然，所有这些都可以直接推广到任意维度. 设 $\{\boldsymbol{e}_i\}$ 是 $\mathbb{R}^n$ 的一个标准正交基底，其直角坐标为 $\{x^j\}$，因此 $\boldsymbol{v} = v^i\boldsymbol{e}_i$ 是一个一般向量，而 $\mathbf{d}x^j$ 决定其第 j 个分量，即 $(\mathbf{d}x^j)\boldsymbol{v} = v^j$. 特别是，

$$(\mathbf{d}x^i)\boldsymbol{e}_j = \delta^i_j. \tag{32.12}$$

我们称之为**笛卡儿基**：

$\{\mathbf{d}x^j\} = \{\omega^j\}$ 是对偶于 $\{\boldsymbol{e}_j\}$ 的 1-形式笛卡儿基.

根据式 (32.6)，可以将一个一般的 1-形式 φ 分解成在这个对偶基中的分量，它们为

$$\boldsymbol{\varphi} = \varphi_j\boldsymbol{\omega}^j = \boldsymbol{\varphi}(\boldsymbol{e}_j)\mathbf{d}x^j. \tag{32.13}$$

32.6.4　$\mathbf{d}f = (\partial_x f)\mathbf{d}x + (\partial_y f)\mathbf{d}y$ 的 1-形式解释

取式 (32.13) 中的 $\varphi = \mathbf{d}f$，我们回到最初的定义，将一般函数 f 的梯度 1-形式 $\mathbf{d}f$ 分解为它的 1-形式笛卡儿基的分量，如下所示：

$$\mathbf{d}f = [(\mathbf{d}f)\boldsymbol{e}_j]\mathbf{d}x^j = [\partial_{x^j} f]\mathbf{d}x^j. \tag{32.14}$$

在形式上，这与经典公式 (32.10) 是相同的，但现在它有了精确、严格的含义，不需要用到无穷小. 然而，它与几何意义上的最终相等 (32.8) 有着非常直接和直观的联系，如图 32-7 所示.

为了理解这一点，再次把 $\boldsymbol{v}$ 看作一个最终收缩成一点的短向量，

$$\boldsymbol{v} = \delta x^1 \boldsymbol{e}_1 + \delta x^2 \boldsymbol{e}_2 = \begin{bmatrix} \delta x \\ \delta y \end{bmatrix}.$$

于是

$$\mathbf{d}f(\boldsymbol{v}) = \{[\partial_x f]\mathbf{d}x + [\partial_y f]\mathbf{d}y\}\begin{bmatrix} \delta x \\ \delta y \end{bmatrix} = (\partial_x f)\delta x + (\partial_y f)\delta y \asymp \delta f,$$

也就是式 (32.9). 因此，1-形式 $\mathbf{d}f$ 给了我们两个世界中都是最好的东西！

上面的分析试图将新的 1-形式 $\mathbf{d}f$ 与你对向量梯度 $\boldsymbol{\nabla} f$ 的先验知识联系起来. 然而，如果回顾一下我们对地形图的讨论，你会发现我们已经通过几何推理得到了这种新的 1-形式.

事实上，如果看看我们用地形图定义 1-形式的方法 (32.5)（见图 32-5），它描述了当我们沿任意一个方向移动时切平面的高度是如何变化的，你会发现它确实是高度函数 h 的梯度：

$$\boldsymbol{\zeta} = \mathbf{d}h.$$

特别地，如果 $\boldsymbol{v}$ 是经过点 p 的等高线在该点处的方向，则 $\boldsymbol{\zeta}(\boldsymbol{v}) = \mathbf{d}h(\boldsymbol{v}) = 0$，正如它应该的那样.

32.7　1-形式加法的几何解释

我们已经知道将 1-形式乘以一个常数 k 的几何意义：它将平行平面/直线束[①]的间距压缩 $1/k$. 但是 1-形式的加法意味着什么呢？

图 32-9 显示将用 1-形式 $2\mathbf{d}x$ 和 $\mathbf{d}y$ 表示的两个平行直线束叠加起来，然后将得到的交点连接起来创建一个新的平行直线束. 这是它们的和 $\varphi = 2\mathbf{d}x + \mathbf{d}y$ 的几何结构！

① 即一个 $n-1$ 维平行线性（子）空间束. ——译者注

如果 $\widetilde{\varphi}$ 表示叠加起来的平行直线束所对应的 1-形式，则我们必须证明 $\widetilde{\varphi}=\varphi$.

我们将提供三个证明，不是因为结果特别重要，只是因为它们作为思考和操作 1-形式的练习很有价值. 首先注意 [练习], 垂直于 $\widetilde{\varphi}$ 的单位向量是

$$\widehat{\boldsymbol{n}}=\frac{1}{\sqrt{5}}\begin{bmatrix}2\\1\end{bmatrix}.$$

还要注意，用它来指定平行直线束的方向, [练习] 必须具有沿着两个相加平行直线束的正的分量.

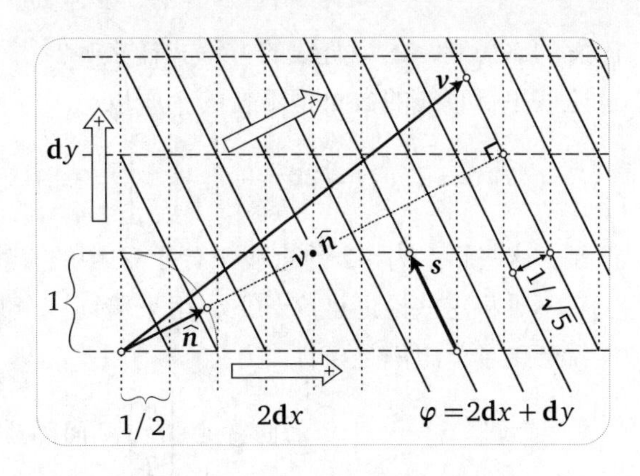

图 32-9 1-形式的几何加法. 将两个 1-形式 $2\mathbf{d}x$ 和 $\mathbf{d}y$ 相加，即将它们的平行直线束叠加起来，然后将得到的交点连接起来创建 $\varphi=2\mathbf{d}x+\mathbf{d}y$ 的平行直线束

如图 32-9 所示, 如果 $\boldsymbol{v}=\begin{bmatrix}a\\b\end{bmatrix}$ 表示一般向量, 则它在方向 $\widehat{\boldsymbol{n}}$ 上的投影为 $\boldsymbol{v}\bullet\widehat{\boldsymbol{n}}$. 但是，$\widetilde{\varphi}$ 的间距是 $1/\sqrt{5}$，所以 $\boldsymbol{v}$ 穿过平行直线束 $\widetilde{\varphi}$ 中直线的数量为

$$\widetilde{\varphi}(\boldsymbol{v})=\text{穿过直线的数量}=\frac{\boldsymbol{v}\bullet\widehat{\boldsymbol{n}}}{(1/\sqrt{5})}=2a+b=(2\mathbf{d}x+\mathbf{d}y)\begin{bmatrix}a\\b\end{bmatrix}=\varphi(\boldsymbol{v}).$$

因为 $\boldsymbol{v}$ 是一般向量，我们可以将它抽出去，这样就验证了我们说的 $\widetilde{\varphi}=\varphi$.

接下来是第二个证明，它更简单，但不那么直接. 我们知道对于所有 1-形式，比如 φ，任意平行于平行直线束的方向 $\boldsymbol{s}$ 都是 1-形式的核：$\boldsymbol{s}$ 不穿过平行直线束中的任何直线（在 $\mathbb{R}^3$ 中是平面），所以

$$0=\varphi(\boldsymbol{s})=(2\mathbf{d}x+\mathbf{d}y)\begin{bmatrix}p\\q\end{bmatrix}=2p+q\quad\Longrightarrow\quad\boldsymbol{s}\propto\begin{bmatrix}-1\\2\end{bmatrix},$$

但是，连接网格的对角点，可知这也是 $\widetilde{\varphi}$ 的平行直线束的方向. 所以，两个平行直线束是平行的，只是它们的间距可能不同. 放在代数上来看，两个 1-形式是成比例的，即存在常数 K，使得 $\widetilde{\varphi}=K\varphi$. 但是，我们选定一个特殊的向量，它穿过直线的数量一目了然，例如 $\begin{bmatrix}0\\1\end{bmatrix}$，再将刚才带常数 K 的等式应用于这个向量，立即得到 $K=1$，结论得证!

第三个证明方法可能是最简单的. 在图 32-9 中，设 $\boldsymbol{v}=\begin{bmatrix}x\\y\end{bmatrix}$ 为从固定的原点

出发的正向量. φ 中直线的方程式什么呢? 当 $\boldsymbol{v}$ 的顶点沿这样直线移动时, $\boldsymbol{v}$ 穿过这些平行直线的数量是不变的, 所以

$$\text{常数} = \varphi(\boldsymbol{v}) = (2\mathbf{d}x + \mathbf{d}y)\begin{bmatrix} x \\ y \end{bmatrix} = 2x + y \quad \Longrightarrow \quad y = -2x + \text{常数}.$$

但是, 这些斜率为 -2 的直线平行于 $\widetilde{\varphi}$ 中的直线. 剩下要证明的就与前面一样了.

不难将这些论证推广一下, 用来验证这个几何结构也适用于 $p\,\mathbf{d}x + q\,\mathbf{d}y$, 这样就产生了一组满足条件

$$\text{法向量为} \begin{bmatrix} p \\ q \end{bmatrix} \text{且间隔为} \ \frac{1}{\sqrt{p^2+q^2}}$$

的直线.

事实上, 在 $\mathbb{R}^3$ 内, 我们可以通过叠加三个相互正交的平行平面束来构作 $p\,\mathbf{d}x + q\,\mathbf{d}y + r\,\mathbf{d}z$, 并用经过叠加产生的交点构建一个新的平行平面束, 使之满足

$$\text{法向量为} \begin{bmatrix} p \\ q \\ r \end{bmatrix} \text{且间隔为} \ \frac{1}{\sqrt{p^2+q^2+r^2}}.$$

第 33 章　张量

33.1　张量的定义：阶

在讨论黎曼张量时，我们初步地将一个张量定义为输入多个向量的多重线性函数. 因为缺乏 1-形式的概念，这是我们当时所能做到的最好情况. 但一个完全一般的张量. 实际上是向量和 1-形式的多重线性函数，它的**阶**（valence）告诉我们要输入多少个向量和多少个 1-形式：

> 一个在点 p 处的 $\left\{ {f \atop \nu} \right\}$ 阶张量 $\boldsymbol{H}$ [①]是输入 f 个 1-形式和 ν 个向量的实值多重线性函数，使得 $\boldsymbol{H}$ 在点 p 处的值只依赖于这些 1-形式和向量在点 p 处的值.

所以，一个 1-形式就是一个阶为 $\left\{ {0 \atop 1} \right\}$ 的张量，因为它只有一个输入空位容许填入一个向量，它的输出是填入的向量与这个 1-形式的缩并. 同样，一个向量就是一个阶为 $\left\{ {1 \atop 0} \right\}$ 的张量，因为它只有一个输入空位容许填入一个 1-形式，它的输出是填入的 1-形式与这个向量的缩并.

一般情况下，我们可以将 $\boldsymbol{H}$ 的输入空位分成两组：第一组的 f 个空位输入 f 个 1-形式 $\boldsymbol{\varphi}_1, \cdots, \boldsymbol{\varphi}_f$，第二组的 ν 个空位输入 ν 个向量 $\boldsymbol{v}_1, \cdots, \boldsymbol{v}_\nu$. 利用记号 $\|$ 表示这两组之间的界线，于是有

$$\boldsymbol{H}(\boldsymbol{\varphi}_1, \cdots, \boldsymbol{\varphi}_f \| \boldsymbol{v}_1, \cdots, \boldsymbol{v}_\nu).$$

一般来说，我们在这些空位中输入 1-形式和向量的*顺序很重要*：如果在这些空位中交换一对 1-形式或一对向量，输出常常与最初的值完全无关.

让我们从这个一般的新观点重新审视黎曼张量 $\boldsymbol{R}$. 在式 (29.8) 中，我们将它定义为输入三个向量、输出一个向量值的多重线性函数：$\boldsymbol{w}$ 是沿以 $\boldsymbol{u}$ 和 $\boldsymbol{v}$（我们现在想象它们是非常短的）为边的平行四边形平行移动的向量，输出是向量和乐性 $\delta\boldsymbol{w}$：

$$\delta\boldsymbol{w} = \boldsymbol{R}(\boldsymbol{u}, \boldsymbol{v}; \boldsymbol{w}) = \left\{ [\nabla_u, \nabla_v] - \nabla_{[u,v]} \right\} \boldsymbol{w}.$$

为了使这个式子变成新意义下的一个张量，它必须输出一个实数，而不是向量 $\delta\boldsymbol{w}$. 为了从 $\delta\boldsymbol{w}$ 中提取一个实数，必须将它与一个 1-形式进行缩并. 为此，我们用一

① 或称为 f 阶协变 + ν 逆变的张量，简称为 $f+\nu$ 阶张量.

个阶为 $\left\{ {1 \atop 3} \right\}$ 的张量来代替黎曼张量最初的标准定义：

$$\boldsymbol{R}(\varphi \,\|\, \boldsymbol{u}, \boldsymbol{v}, \boldsymbol{w}) \equiv \langle \varphi, \delta \boldsymbol{w} \rangle = \varphi(\delta \boldsymbol{w}).$$

关于记号的注释：我们将保留粗体的大写罗马字母用于有多个输入的张量，例如黎曼张量 $\boldsymbol{R}$、能量 – 动量张量 $\boldsymbol{T}$ 和爱因斯坦张量 $\boldsymbol{G}$. 另外，一些这样的高阶张量通常习惯用粗体的小写罗马字母表示，最著名的例子是度量张量 $\boldsymbol{g}$，千万不要把它与向量混淆了！

33.2　例子：线性代数

我们应该已经清楚，张量这个新定义的广义范畴涵盖了大量数学和物理对象. 为了阐明这一点，考虑一下线性代数这个庞大而又极其重要的课题. 从新的角度来看，它“仅仅”是关于阶为 $\left\{ {1 \atop 1} \right\}$ 的张量 $\boldsymbol{L}(\varphi \,\|\, \boldsymbol{v})$ 的研究.

要了解为什么会这样，考虑 $\boldsymbol{L}(\cdots \|\, \boldsymbol{v})$，其中把第一个空位留了出来. 为了输出一个数值，我们必须重新填入一个 1-形式 φ. 因此，$L(\boldsymbol{v}) \equiv \boldsymbol{L}(\cdots \|\, \boldsymbol{v})$ 必须是一个向量，可以通过与 1-形式 φ 缩并来得到一个数值. 这非常类似于黎曼张量最初的定义：输入三个向量的向量值函数. 现在我们有输入一个向量的向量值函数 L，只要把它与一个 1-形式缩并，就会产生一个数值输出.

但是，根据张量的定义，$\boldsymbol{L}(\varphi \,\|\, \boldsymbol{v})$ 是 φ 和 $\boldsymbol{v}$ 的线性函数，因此，

$$\begin{aligned} L(k_1\boldsymbol{v}_1 + k_2\boldsymbol{v}_2) &= \boldsymbol{L}(\cdots \|\, k_1\boldsymbol{v}_1 + k_2\boldsymbol{v}_2) \\ &= k_1\boldsymbol{L}(\cdots \|\, \boldsymbol{v}_1) + k_2\boldsymbol{L}(\cdots \|\, \boldsymbol{v}_2) \\ &= k_1 L(\boldsymbol{v}_1) + k_2 L(\boldsymbol{v}_2). \end{aligned}$$

因此，L 是一个线性变换，将向量变换为向量，这就是线性代数的基本研究对象！当然，如果我们把向量的空位留出来，可以将 $\boldsymbol{L}(\varphi \,\|\, \cdots)$ 解释为输入一个 1-形式、输出一个 1-形式的线性函数.

33.3　从原有的张量做出新张量

33.3.1　加法

显然，试图将不同阶的张量相加是没有意义的，因为它需要完全不同类型的输入. 然而，如果这两个张量有相同的阶，加法的定义是显而易见的. 例如，如果 $\boldsymbol{H}$ 和 $\boldsymbol{J}$ 的阶都是 $\left\{ {2 \atop 1} \right\}$，则

$$(\boldsymbol{H} + \boldsymbol{J})(\varphi, \psi \,\|\, \boldsymbol{v}) \equiv \boldsymbol{H}(\varphi, \psi \,\|\, \boldsymbol{v}) + \boldsymbol{J}(\varphi, \psi \,\|\, \boldsymbol{v}).$$

不难检验 [练习] $(\boldsymbol{H} + \boldsymbol{J})$ 确实是阶为 $\left\{ {2 \atop 1} \right\}$ 的张量.

33.3.2 乘法：张量积

给定两个 1-形式 $\boldsymbol{\varphi}$ 和 $\boldsymbol{\psi}$，它们各自可以作用于一个单一的向量，自然可以定义它们的**张量积**为一个作用于两个向量的张量，即一个阶为 $\left\{{0 \atop 2}\right\}$ 的张量，如下所示：

$$(\boldsymbol{\varphi} \otimes \boldsymbol{\psi})(\boldsymbol{v}, \boldsymbol{w}) \equiv \boldsymbol{\varphi}(\boldsymbol{v})\boldsymbol{\psi}(\boldsymbol{w}). \tag{33.1}$$

注意这里的次序很重要：$\boldsymbol{\varphi} \otimes \boldsymbol{\psi} \neq \boldsymbol{\psi} \otimes \boldsymbol{\varphi}$.

关于术语的注释：张量积常常也称为**直积**或**外积**.

同样可以定义更高阶张量的张量积．例如，我们可以将一个阶为 $\left\{{2 \atop 1}\right\}$ 的张量 $\boldsymbol{J}(\boldsymbol{\varphi}, \boldsymbol{\psi} \| \boldsymbol{u})$ 乘以一个阶为 $\left\{{0 \atop 2}\right\}$ 的张量 $\boldsymbol{T}(\boldsymbol{v}, \boldsymbol{w})$，得到阶为 $\left\{{2 \atop 3}\right\}$ 的张量 $\boldsymbol{J} \otimes \boldsymbol{T}$：

$$(\boldsymbol{J} \otimes \boldsymbol{T})(\boldsymbol{\varphi}, \boldsymbol{\psi} \| \boldsymbol{u}, \boldsymbol{v}, \boldsymbol{w}) \equiv \boldsymbol{J}(\boldsymbol{\varphi}, \boldsymbol{\psi} \| \boldsymbol{u}) \cdot \boldsymbol{T}(\boldsymbol{v}, \boldsymbol{w}).$$

注意，在张量乘法中，阶的相加与输入向量个数的相加一样：在刚才的例子中 $\left\{{2 \atop 1}\right\} + \left\{{0 \atop 2}\right\} = \left\{{2 \atop 3}\right\}$．因为张量的数乘不会改变乘积的阶，所以标量可以看作阶为 $\left\{{0 \atop 0}\right\}$ 的张量.

33.4 分量

和通常一样，设 $\{\boldsymbol{e}_i\}$ 是一个标准正交向量基，设 $\{\mathbf{d}x^j\}$ 是 1-形式的对偶笛卡儿基．就像我们得到向量和 1-形式的分量一样，可以把基底的 1-形式和向量填入它的空位来得到一个更一般的张量的**分量**．例如，$\boldsymbol{T}(\boldsymbol{v}, \boldsymbol{w})$ 的分量是

$$T_{ij} = \boldsymbol{T}(\boldsymbol{e}_i, \boldsymbol{e}_j).$$

我们可以将整个张量 $\boldsymbol{T}$ 分解为张量分量，如下所示：

$$\begin{aligned}
\boldsymbol{T}(\boldsymbol{v}, \boldsymbol{w}) &= \boldsymbol{T}(v^i \boldsymbol{e}_i, w^j \boldsymbol{e}_j) \\
&= \boldsymbol{T}(\boldsymbol{e}_i, \boldsymbol{e}_j) v^i w^j \\
&= T_{ij} v^i w^j \\
&= T_{ij} \left[\mathbf{d}x^i(\boldsymbol{v})\right]\left[\mathbf{d}x^j(\boldsymbol{w})\right] \\
&= T_{ij} (\mathbf{d}x^i \otimes \mathbf{d}x^j)(\boldsymbol{v}, \boldsymbol{w}).
\end{aligned}$$

因为 $\boldsymbol{v}$ 和 $\boldsymbol{w}$ 都是一般的向量，所以可以将它们抽出来，于是这个张量可以表示为

$$\boldsymbol{T} = T_{ij} (\mathbf{d}x^i \otimes \mathbf{d}x^j). \tag{33.2}$$

由此可知

由张量 $(\mathbf{d}x^i \otimes \mathbf{d}x^j)$ 组成的集合形成 $\left\{{0 \atop 2}\right\}$ 阶张量的**基底**.

如果我们将这个观点应用于式 (33.1)，就会发现

$$\boldsymbol{\varphi} \otimes \boldsymbol{\psi} = \varphi_i \psi_j (\mathbf{d}x^i \otimes \mathbf{d}x^j).$$

但是，这样的张量是特别的：一般的张量 $\boldsymbol{T}$ 不能用这个方法做因式分解.

一个 n 维的二阶张量 $\boldsymbol{T}$ 具有 n^2 个分量 T_{ij}，而 $(\boldsymbol{\varphi} \otimes \boldsymbol{\psi})$ 只需 $2n$ 个分量就能唯一决定了：$\boldsymbol{\varphi}$ 的 n 个分量 φ_i 和 $\boldsymbol{\psi}$ 的 n 个分量 ψ_i. 因此可见，$\boldsymbol{T}$ 一般不能分解为 $(\boldsymbol{\varphi} \otimes \boldsymbol{\psi})$.

用同样的方式，我们可以得到两个向量的张量积：

$$(\boldsymbol{v} \otimes \boldsymbol{w})(\boldsymbol{\varphi}, \boldsymbol{\psi}) = \boldsymbol{v}(\boldsymbol{\varphi})\boldsymbol{w}(\boldsymbol{\psi}) = v^i w^j (\boldsymbol{e}_i \otimes \boldsymbol{e}_j)(\boldsymbol{\varphi}, \boldsymbol{\psi}).$$

同样，一个阶为 $\left\{{2 \atop 0}\right\}$ 的张量 $\boldsymbol{K}(\boldsymbol{\varphi}, \boldsymbol{\psi})$ 可以在张量基里分解为

$$\boldsymbol{K} = K^{ij}(\boldsymbol{e}_i \otimes \boldsymbol{e}_j).$$

显然，这个方法适用于任意阶 $\left\{{f \atop \nu}\right\}$ 的张量，可以用张量基分解出它们的分量：

$$(\boldsymbol{e}_{i_1} \otimes \boldsymbol{e}_{i_2} \otimes \cdots \boldsymbol{e}_{i_f}) \otimes (\mathbf{d}x^{j_1} \otimes \mathbf{d}x^{j_2} \otimes \cdots \otimes \mathbf{d}x^{j_\nu}).$$

注意，一个阶为 $\left\{{f \atop \nu}\right\}$ 的张量具有 f 个上标，ν 个下标. [1]

33.5 度量张量与经典线元的关系

早些时候，我们讨论了一个事实，即现代梯度 1-形式 $\mathbf{d}f$ 与基于无穷小的经典微分 $\mathrm{d}f$ 的式 (32.9) 密切相关. 类似地，现在我们考虑现代度量张量与高斯在 Gauss (1827) 中基于无穷小的经典**线元** $\mathrm{d}s$ 之间的关系.

高斯考虑了曲面上某一点坐标的无穷小变化 $\mathrm{d}u$ 和 $\mathrm{d}v$，导致曲面内存在一个无穷小的线元 $\mathrm{d}s$，在高斯最初的符号[2]中记为

$$\mathrm{d}s^2 = E\,\mathrm{d}u^2 + 2F\,\mathrm{d}u\,\mathrm{d}v + G\,\mathrm{d}v^2.$$

我们用最终相等来替代无穷小，将上式表示为

$$\delta s^2 \asymp E\delta u^2 + 2F\delta u\delta v + G\delta v^2.$$

令

$$x^1 = u，x^2 = v \quad 且 \quad g_{11} = E，g_{12} = g_{21} = F，g_{22} = G.$$

于是，利用式 (33.2)，度量张量可以表示为

$$\boldsymbol{g} = g_{ij}(\mathbf{d}x^i \otimes \mathbf{d}x^j) = E(\mathbf{d}u \otimes \mathbf{d}u) + F(\mathbf{d}u \otimes \mathbf{d}v) + F(\mathbf{d}v \otimes \mathbf{d}u) + G(\mathbf{d}v \otimes \mathbf{d}v),$$

这与高斯关于 $\mathrm{d}s^2$ 的公式非常相似.

---

① 在过去的文献中，上标称为逆变的（或反变的），下标称为协变的（或共变的）.

② 事实上，我们先前曾提到过，在 Gauss (1827) 中，用的是 p 和 q，而不是 u 和 v.

为了使得这个联系更明显，令 $\delta\boldsymbol{r}=\begin{bmatrix}\delta u\\ \delta v\end{bmatrix}$ 表示曲面内一个很小的移动 δs 在坐标地图里产生的（最终消失的）短向量．于是，因为

$$\mathbf{d}u\begin{bmatrix}\delta u\\ \delta v\end{bmatrix}=\delta u \quad 和 \quad \mathbf{d}v\begin{bmatrix}\delta u\\ \delta v\end{bmatrix}=\delta v,$$

我们发现的确可以用度量张量表示线元公式：

$$\begin{aligned}\delta s^2 &\asymp \boldsymbol{g}(\delta\boldsymbol{r},\delta\boldsymbol{r})\\ &=[E(\mathbf{d}u\otimes\mathbf{d}u)+F(\mathbf{d}u\otimes\mathbf{d}v)+F(\mathbf{d}v\otimes\mathbf{d}u)+G(\mathbf{d}v\otimes\mathbf{d}v)]\left(\begin{bmatrix}\delta u\\ \delta v\end{bmatrix},\begin{bmatrix}\delta u\\ \delta v\end{bmatrix}\right)\\ &=E\delta u^2+F\delta u\delta v+F\delta v\delta u+G\delta v^2.\end{aligned}$$

33.6 例子：再看线性代数

当我们研究阶为 $\left\{{1 \atop 1}\right\}$ 的张量时，不妨思考一下线性代数这种看似抽象的张量表示和传统线性代数课程中我们熟悉的矩阵之间的联系是什么．本节就要用张量基和分量的概念来解释这个联系．

首先，设张量 $\boldsymbol{L}(\varphi\,\|\,\boldsymbol{v})$ 具有如下分量：

$$L^i{}_j=\boldsymbol{L}(\mathbf{d}x^i\,\|\,\boldsymbol{e}_j).$$

为了尽可能简单、尽可能具体，我们只讨论二维的情况．

设向量基由列向量表示：

$$\{\boldsymbol{e}_1,\boldsymbol{e}_2\}=\left\{\begin{bmatrix}1\\0\end{bmatrix},\begin{bmatrix}0\\1\end{bmatrix}\right\}.$$

那么，如在 32.3.4 节中那样，对偶的 1-形式基对应于行向量：

$$\{\mathbf{d}x^1,\mathbf{d}x^2\}=\left\{\begin{bmatrix}1 & 0\end{bmatrix},\begin{bmatrix}0 & 1\end{bmatrix}\right\}.$$

于是，就得到了应该有的结果：

$$\mathbf{d}x^1(\boldsymbol{v})=\begin{bmatrix}1 & 0\end{bmatrix}\begin{bmatrix}v^1\\ v^2\end{bmatrix}=v^1.$$

$\mathbf{d}x^2$ 与之类似．

由此可知，确实可以用我们熟悉的 2×2 矩阵来表示 $\boldsymbol{L}$，它的元素就是张量的分量：

$$\boldsymbol{L}=L^i{}_j\boldsymbol{e}_i\otimes\mathbf{d}x^j$$

$$= L^1{}_1 \begin{bmatrix} 1 \\ 0 \end{bmatrix} \begin{bmatrix} 1 & 0 \end{bmatrix} + L^1{}_2 \begin{bmatrix} 1 \\ 0 \end{bmatrix} \begin{bmatrix} 0 & 1 \end{bmatrix} + L^2{}_1 \begin{bmatrix} 0 \\ 1 \end{bmatrix} \begin{bmatrix} 1 & 0 \end{bmatrix} + L^2{}_2 \begin{bmatrix} 0 \\ 1 \end{bmatrix} \begin{bmatrix} 0 & 1 \end{bmatrix}$$

$$= L^1{}_1 \begin{bmatrix} 1 & 0 \\ 0 & 0 \end{bmatrix} + L^1{}_2 \begin{bmatrix} 0 & 1 \\ 0 & 0 \end{bmatrix} + L^2{}_1 \begin{bmatrix} 0 & 0 \\ 1 & 0 \end{bmatrix} + L^2{}_2 \begin{bmatrix} 0 & 0 \\ 0 & 1 \end{bmatrix}$$

$$= \begin{bmatrix} L^1{}_1 & L^1{}_2 \\ L^2{}_1 & L^2{}_2 \end{bmatrix}.$$

在线性代数里，这个矩阵就表示一个线性变换，可以通过普通的矩阵乘法来实现这个线性变换：

$$\begin{bmatrix} v^1 \\ v^2 \end{bmatrix} \to \begin{bmatrix} L^1{}_1 & L^1{}_2 \\ L^2{}_1 & L^2{}_2 \end{bmatrix} \begin{bmatrix} v^1 \\ v^2 \end{bmatrix} = \begin{bmatrix} L^1{}_1 v^1 + L^1{}_2 v^2 \\ L^2{}_1 v^1 + L^2{}_2 v^2 \end{bmatrix} = \begin{bmatrix} L^1{}_j v^j \\ L^2{}_j v^j \end{bmatrix}.$$

换言之，

$$v^i \to L^i{}_j v^j \iff \boldsymbol{v} = v^i \boldsymbol{e}_i \to (L^i{}_j v^j)\boldsymbol{e}_i.$$

在 33.2 节里，我们曾用张量 $L(\boldsymbol{v})$ 定义了一个线性变换. 现在将张量表示成这个形式，就能看清为什么这与我们当时的讨论是等价的：

$$\boldsymbol{v} \to L(\boldsymbol{v}) = \boldsymbol{L}(\cdots \| \boldsymbol{v}) = L^i{}_j(\boldsymbol{e}_i \otimes \mathbf{d}x^j)(\cdots, \boldsymbol{v}) = L^i{}_j \boldsymbol{e}_i(\cdots)\mathbf{d}x^j(\boldsymbol{v}) = (L^i{}_j v^j)\boldsymbol{e}_i(\cdots).$$

33.7　缩并

用分量的观点来考虑一个 1-形式与一个向量的缩并：

$$\boldsymbol{\varphi}(\boldsymbol{v}) = (\varphi_i \mathbf{d}x^i)(v^j \boldsymbol{e}_j) = (\varphi_i v^j)\mathbf{d}x^i(\boldsymbol{e}_j) = (\varphi_i v^j)\delta^i_j = \varphi_j v^j.$$

如我们所知，这个缩并是一个几何运算，尽管其中 $\boldsymbol{\varphi}$ 和 $\boldsymbol{v}$ 的分量的确依赖于对偶基 $\{\boldsymbol{e}_j\}$ 和 $\{\mathbf{d}x^i\}$ 的选择，但是缩并的结果独立于其指定的分量.

考虑上节中讨论的张量的分量 $L^i{}_j$. 类似地定义这个张量的**缩并**为

$$L^j{}_j = \boldsymbol{L}(\mathbf{d}x^j \| \boldsymbol{e}_j) = L^1{}_1 + L^2{}_2 = \mathrm{Tr} \begin{bmatrix} L^1{}_1 & L^1{}_2 \\ L^2{}_1 & L^2{}_2 \end{bmatrix}.$$

由线性代数的知识可知，这个迹也与基的选择无关. ①

对于缩并运算与基的选择无关，我们要用纯粹的张量方法进行广泛适用证明，不限制在二维的情形中，但是我们必须首先解释缩并在一般的情形下是什么意思.

缩并的思想适用于至少输入一个 1-形式和一个向量的任意张量：将一个上标和一个下标加起来. 我们遇到过这种缩并运算的一个非常自然且非常重要的例子，

① 对此有一个几何证明，但在线性代数的教科书中找不到. 参见阿诺尔德的著作（Arnol'd 1973, 16.3 节）.

即将黎曼张量缩并生成里奇张量：

$$R_{mij}{}^{m} = R_{ij}.$$

缩并运算会改变张量的阶，在这个例子中，缩并就将阶从 $\left\{ {1 \atop 3} \right\}$ 改变为 $\left\{ {0 \atop 2} \right\}$. 缩并运算一般会消除一个上标和一个下标，所以缩并后新张量的输入空位要减少一个 1-形式和一个向量的输入.

事实上，缩并在张量积运算中还有更广的意义. 我们首先做一个 $\boldsymbol{A} \otimes \boldsymbol{B}$，然后对 $\boldsymbol{A}$ 的一个上标和 $\boldsymbol{B}$ 的一个下标求和. 我们要证明：这样得到的结果是一个新的张量，而且与生成求和分量的向量基 $\{\boldsymbol{e}_j\}$ 和 1-形式基 $\{\mathbf{d}x^i\}$ 无关.

我们采用舒茨的著作（Schutz, 1980）2.25 节中的例子来传递这个证明的思想. 设 $\boldsymbol{A}$ 的阶为 $\left\{ {2 \atop 0} \right\}$，$\boldsymbol{B}$ 的阶为 $\left\{ {0 \atop 2} \right\}$. 我们来证明缩并

$$A^{ij} B_{jk} \equiv C^{i}{}_{k}$$

生成一个阶为 $\left\{ {1 \atop 1} \right\}$ 的新张量 $\boldsymbol{C}$ 的分量，使得

$$\boldsymbol{C}(\boldsymbol{\varphi} \,\|\, \boldsymbol{v}) = C^{i}{}_{k} \varphi_i v^k.$$

首先注意到

$$\begin{aligned} C^{i}{}_{k} \varphi_i v^k &= A^{ij} B_{jk} \varphi_i v^k \\ &= [\varphi_i \boldsymbol{A}(\mathbf{d}x^i, \mathbf{d}x^j)][\boldsymbol{B}(\boldsymbol{e}_j, \boldsymbol{e}_k) v^k] \\ &= \boldsymbol{A}(\varphi_i \mathbf{d}x^i, \mathbf{d}x^j) \boldsymbol{B}(\boldsymbol{e}_j, v^k \boldsymbol{e}_k) \\ &= \boldsymbol{A}(\boldsymbol{\varphi}, \mathbf{d}x^j) \boldsymbol{B}(\boldsymbol{e}_j, \boldsymbol{v}). \end{aligned}$$

而 $\boldsymbol{B}(\boldsymbol{e}_j, \boldsymbol{v})$ 都是数，因为 $\boldsymbol{A}$ 关于第二个空位是线性的，所以

$$C^{i}{}_{k} \varphi_i v^k = \boldsymbol{A}(\boldsymbol{\varphi}, \boldsymbol{B}(\boldsymbol{e}_j, \boldsymbol{v}) \mathbf{d}x^j).$$

但是，对于固定的 $\boldsymbol{v}$，

$$\boldsymbol{B}(\boldsymbol{e}_j, \boldsymbol{v}) \mathbf{d}x^j = \boldsymbol{B}(\cdots, \boldsymbol{v})$$

是一个 1-形式，填入一个向量就会产生一个数. 所以

$$\boldsymbol{C}(\boldsymbol{\varphi} \,\|\, \boldsymbol{v}) = \boldsymbol{A}(\boldsymbol{\varphi}, \boldsymbol{B}(\cdots, \boldsymbol{v}))$$

确实是一个张量.

33.8 用度量张量来改变张量的阶

我们已经知道阶为 $\left\{ {0 \atop 2} \right\}$ 的度量张量 $\boldsymbol{g}$ 是流形的基本结构：它为我们提供测地线、平行移动和曲率的信息. 此外，$\boldsymbol{g}$ 还扮演一个重要的角色：我们可以借助它来改变张量的阶. 先来看看如何用度量张量将一个特定的 1-形式变换成一个特定的向量，以及反过来的变换.

如果我们让 $\boldsymbol{g}$ 的一个空位空着，在另一个空位中填入一个向量 $\boldsymbol{n}$，就得到了对应于 $\boldsymbol{n}$ 的唯一一个 1-形式 $\boldsymbol{\nu}$:

$$\text{向量 } \boldsymbol{n} \longrightarrow \text{1-形式 } \boldsymbol{\nu}, \quad \text{其中 } \boldsymbol{\nu}(\boldsymbol{w}) \equiv \boldsymbol{g}(\boldsymbol{w},\boldsymbol{n}). \tag{33.3}$$

那么，1-形式 $\boldsymbol{\nu}$ 的分量与原向量 $\boldsymbol{n}$ 的分量有什么样的关系呢？我们只需要将 $\boldsymbol{\nu}$ 作用于基向量．但是，首先……

关于记号的注释：按照通常的约定，1-形式对应于向量 $\boldsymbol{n}$ 的分量表示为 n_i，但是这违反了我们用希腊字母表示 1-形式和用罗马字母表示向量的二分法．因此，你必须比以前更加仔细地注意：如果一个字母的指标是上标，那么它就表示一个向量；如果是下标，那么它就表示一个 1-形式．

按照这个约定，

$$\boldsymbol{\nu} = n_i \mathbf{d}x^i.$$

于是

$$n_i = \boldsymbol{\nu}(\boldsymbol{e}_i) = \boldsymbol{g}(\boldsymbol{e}_i,\boldsymbol{n}) = \boldsymbol{g}(\boldsymbol{e}_i, n^j\boldsymbol{e}_j) = \boldsymbol{g}(\boldsymbol{e}_i,\boldsymbol{e}_j)n^j,$$

所以

$$n_i = g_{ij}n^j. \tag{33.4}$$

例如，如果 $\boldsymbol{n} = n^j\boldsymbol{e}_j$ 是闵可夫斯基空间里的一个向量，具有式 (30.6) 表示的度量，那么它对应的 1-形式就是［练习］

$$\boldsymbol{\nu} = n_i\mathbf{d}x^i = n^0\mathbf{d}t - n^1\mathbf{d}x - n^2\mathbf{d}y - n^3\mathbf{d}z.$$

利用度量张量可以将一个向量转换成 1-形式，也可以改变任意一个张量的阶．例如，考虑阶为 $\left\{{1 \atop 3}\right\}$ 的黎曼张量 $\boldsymbol{R}(\boldsymbol{\psi}\,\|\,\boldsymbol{u},\boldsymbol{v},\boldsymbol{w})$，其分量为 $R_{ijk}{}^m$．我们来演示如何将它变成阶为 $\left\{{0 \atop 4}\right\}$ 的张量，方法是将输入的 1-形式变成向量．按照惯例，这个新张量*仍然*记作 $\boldsymbol{R}$，它的分量记作 R_{ijkl}．

为了用四个向量输入来计算新张量，我们只需将额外的输入向量 $\boldsymbol{n}$ 替换为黎曼张量*最初*定义中相应的 1-形式 $\boldsymbol{\nu}$:

$$\boldsymbol{R}(\boldsymbol{u},\boldsymbol{v},\boldsymbol{w},\boldsymbol{n}) \equiv \boldsymbol{R}(\boldsymbol{\nu}\|\boldsymbol{u},\boldsymbol{v},\boldsymbol{w}).$$

这个方程的分量形式为

$$R_{ijkl}u^iv^jw^kn^l = R_{ijk}{}^m u^iv^jw^kn_m = R_{ijk}{}^m u^iv^jw^k(g_{ml}n^l).$$

所以，

$$R_{ijkl} = R_{ijk}{}^m g_{ml}.$$

这个过程（相当符合逻辑地）称为**指标下降**.

这个过程也可以反向进行，将输入的向量转换为 1-形式，这将导致**指标上升**. 为了像之前那样进行，我们需要一个从 1-形式 $\boldsymbol{\nu}$ 到向量 $\boldsymbol{n}$ 的映射. 这就需要一个类似于度量张量的东西 $\widetilde{\boldsymbol{g}}$，一个阶为 $\left\{\begin{smallmatrix}2\\0\end{smallmatrix}\right\}$、输入为两个 1-形式的张量.

这个映射和前面的完全一样，在一个空位填入 $\boldsymbol{\nu}$，而让另一个空位空着，这样就得到了一个向量：

$$\text{1-形式 } \boldsymbol{\nu} \longrightarrow \text{向量 } \boldsymbol{n}, \quad \text{其中 } \boldsymbol{n}(\varphi) \equiv \widetilde{\boldsymbol{g}}(\varphi, \boldsymbol{\nu}). \tag{33.5}$$

它的分量形式为

$$n^i = \widetilde{g}^{ik} n_k. \tag{33.6}$$

利用同样的符号，可以将我们希望改变的任意一个张量指标上升，例如

$$R_{ijkl}\widetilde{g}^{km} = R_{ij}{}^{m}{}_{l}.$$

最后要认识到：$\widetilde{\boldsymbol{g}}$ 是由度量张量 $\boldsymbol{g}$ 唯一决定的，为何？且看如下所示. 指标的升和降肯定互为*逆*运算：如果我们降低一个指标，然后再提高它，我们应该得到和开始时一样的张量. 换句话说，将一个向量用式 (33.3) 变换成 1-形式，然后再用式 (33.5) 变换回来，应该会得到*原*向量. 也就是说，$\widetilde{\boldsymbol{g}}$ 是 $\boldsymbol{g}$ 的*逆*：

$$\boldsymbol{n} \xrightarrow{g} \boldsymbol{\nu} \xrightarrow{\widetilde{g}} \boldsymbol{n}.$$

将式 (33.4) 代入式 (33.6)，就得到

$$n^i = \widetilde{g}^{ik} n_k = \widetilde{g}^{ik} g_{kj} n^j.$$

因此，$\widetilde{\boldsymbol{g}}$ 的分量与度量张量的分量有如下关系：

$$\widetilde{g}^{ik} g_{kj} = \delta^i_j. \tag{33.7}$$

正如我们总是使用相同的符号 $\boldsymbol{R}$ 来表示黎曼张量，不管它接受多少个 1-形式和向量作为输入，传统做法（尽管容易混淆）是简单地用 $\boldsymbol{g}$ 来代替 $\widetilde{\boldsymbol{g}}$，并相应地把它的分量写成 g^{ik}. 因此，式 (33.7) 按惯例写成 $g^{ik}g_{kj} = \delta^i_j$.

33.9 对称张量和反对称张量

回忆定义偶函数 $f^+(x)$ 和奇函数 $f^-(x)$ 的性质：

$$f^+(-x) = +f^+(x) \quad \text{和} \quad f^-(-x) = -f^-(x).$$

我们也可以说 $f^+(x)$ 是**对称的**，$f^-(x)$ 是**反对称的**. 几何上，$y=f^+(x)$ 的图像是关于 y 轴镜像对称的，例如 $y=x^2$ 或 $y=\cos x$，而 $y=f^-(x)$ 在点 x 处的图像与它在点 $-x$ 处的镜像是反号的，例如 $y=x^3$ 或 $y=\sin x$. [①]

假设我们要将任意（不具有任何对称性的）函数 $f(x)$ 分解成一个对称函数和一个反对称函数的和：

$$f(x)=f^+(x)+f^-(x),$$

则必有

$$f(-x)=f^+(x)-f^-(x).$$

将这两个等式相加和相减，我们就证明了这样的分解总是可行的，它们显然是

$$f^+(x)=\left[\frac{f(x)+f(-x)}{2}\right] \quad \text{和} \quad f^-(x)=\left[\frac{f(x)-f(-x)}{2}\right].$$

例如，对于 $f(x)=\mathrm{e}^x$，这个分解自然地产生了双曲函数：e^x 的对称部分是 $f^+(x)=\cosh x$，反对称部分是 $f^-(x)=\sinh x$. [②]

现在我们将这些类似的性质推广到阶为 $\left\{{0 \atop 2}\right\}$ 的一般张量 $\boldsymbol{E}(\boldsymbol{v},\boldsymbol{w})$. 类似地，定义**对称张量** $\boldsymbol{E}^+$ **和反对称**[③]**张量** $\boldsymbol{E}^-$ 为

$$\boldsymbol{E}^+(\boldsymbol{w},\boldsymbol{v})=+\boldsymbol{E}^+(\boldsymbol{v},\boldsymbol{w}) \quad \text{和} \quad \boldsymbol{E}^-(\boldsymbol{w},\boldsymbol{v})=-\boldsymbol{E}^-(\boldsymbol{v},\boldsymbol{w}).$$

按照前面关于函数的论证，我们发现总能将一个阶为 $\left\{{0 \atop 2}\right\}$ 的一般张量分解为一个对称部分和一个反对称部分：

$$\boldsymbol{E}(\boldsymbol{v},\boldsymbol{w})=\boldsymbol{E}^+(\boldsymbol{v},\boldsymbol{w})+\boldsymbol{E}^-(\boldsymbol{v},\boldsymbol{w}), \tag{33.8}$$

其中

$$\boldsymbol{E}^+(\boldsymbol{v},\boldsymbol{w})=\left[\frac{\boldsymbol{E}(\boldsymbol{v},\boldsymbol{w})+\boldsymbol{E}(\boldsymbol{w},\boldsymbol{v})}{2}\right] \quad \text{和} \quad \boldsymbol{E}^-(\boldsymbol{v},\boldsymbol{w})=\left[\frac{\boldsymbol{E}(\boldsymbol{v},\boldsymbol{w})-\boldsymbol{E}(\boldsymbol{w},\boldsymbol{v})}{2}\right].$$

只要在输入空位里填入基向量，我们就可以得到这些公式的分量形式. 对于这些分量形示，我们引入下面的标准记号：圆括号表示对称化，方括号表示反对称化.

$$E_{(ij)} \equiv E^+_{ij}=\tfrac{1}{2}[E_{ij}+E_{ji}] \quad \text{和} \quad E_{[ij]} \equiv E^-_{ij}=\tfrac{1}{2}[E_{ij}-E_{ji}]. \tag{33.9}$$

所以，

$$E_{ij}=E_{(ij)}+E_{[ij]}.$$

---

① 在几何上，奇函数的图像是关于原点对称的. ——译者注

② $f^+(x)=\cosh x$ 称为双曲余弦函数，$f^-(x)=\sinh x$ 称为双曲正弦函数. 还有与三角函数对应的另外四个双曲函数，它们具有与三角函数类似的所有恒等式和微分公式，仅仅是其中的正负号可能不同，例如，$\cosh^2 x-\sinh^2 x=1$，$\mathrm{d}(\sinh x)=\cosh x\,\mathrm{d}x$，$\mathrm{d}(\cosh x)=\sinh x\,\mathrm{d}x$. 非常有趣. ——译者注

③ 反对称的（antisymmetric）通常也称为斜对称的或反称的（skew symmetric）.

第 34 章　2-形式

34.1　2-形式和 p-形式的定义

我们已经遇到了几个极其重要的 $\begin{Bmatrix}0\\2\end{Bmatrix}$ 阶对称张量：度量张量，里奇张量，能量 – 动量张量，爱因斯坦张量.

所以，当你了解到嘉当形式的神秘力量的源泉就是反对称性（它将一直陪伴我们这部戏剧到结尾）时，可能会大吃一惊.

我们马上就来介绍嘉当建立的第二个形式，也是在 1-形式之后的第一个高次形式：

> **2-形式 $\boldsymbol{\Psi}$** 是一个 $\begin{Bmatrix}0\\2\end{Bmatrix}$ 阶的反对称张量，即
>
> $$\boldsymbol{\Psi}(\boldsymbol{v},\boldsymbol{u}) = -\boldsymbol{\Psi}(\boldsymbol{u},\boldsymbol{v}). \tag{34.1}$$

下面陈述 p-形式的一般定义. 要知道，在缺乏具体示例的情况下，这对你来说基本上是没有意义的：

> ***p*-形式**（全称为 p 次微分形式）是一个 $\begin{Bmatrix}0\\p\end{Bmatrix}$ 阶的完全反对称张量，即交换任意两个输入向量的位置都会改变其正负号.

如果取 $p=2$，则这个 p-形式自然就是式 (34.1) 定义的 2-形式.

我们现在的计划是通过逐渐增加 p 的值来建立对 p-形式的直观的几何理解. 第五幕一开始就用了一整章的篇幅介绍 1-形式，本章则完全致力于理解 2-形式. 之后，我们将转向 3-形式……

这听起来像是要写一本无限长的书！幸运的是，当我们讲到 3-形式时，需要理解一般 p-形式的所有基本思想就都已经出场亮相了. 此外，我们将在下一章解释，n 流形上存在的最高次的 p-形式就是 n-形式，而由于时空只有四维，因此 4-形式就足以满足本书的目的了. [注记：然而，在形式的一些重要应用中，需要将 p 的值取得更高，例如在哈密顿力学中自然产生的**辛流形**. 参见阿诺尔德的著作（Arnol'd, 1989, 第 8 章）].

为什么要把宝贵的时间和精力放在反对称张量上呢？毕竟，除了黎曼张量这个显著的例外，我们迄今为止遇到的每个重要张量都是对称的！

不要着急，我们会逐步发现埃利 · 嘉当的聪明才智[①]. 2-形式和 1-形式的情况一样：嘉当意识到它们的奥秘一定隐藏在某个显而易见的地方！

34.2 例子：面积 2-形式

在 $\mathbb{R}^2$ 内，定义

$$\mathcal{A}(\boldsymbol{u},\boldsymbol{v}) = \text{以 } \boldsymbol{u} \text{ 和 } \boldsymbol{v} \text{ 为边的平行四边形的有向面积},$$

则 $\mathcal{A}$ 是一个 2-形式.

如果交换 $\boldsymbol{u}$ 和 $\boldsymbol{v}$ 的位置，则平行四边形的面积大小不变，但是平行四边形的方向翻转了，所以 $\mathcal{A}$ 显然是反对称的. 证明 $\mathcal{A}$ 是张量，还要证明它关于每个输入空位都是线性的. 如同我们处理 1-形式的办法一样，可以将线性性质分解成两部分：条件 (32.2) 和 (32.3)，将它们作用于每一个输入空位.

图 34-1a 解释了条件 (32.3) 是成立的，它显示了，如果将平行四边形的一条边扩大 k 倍，则其面积也扩大了 k 倍：

$$\mathcal{A}(k\boldsymbol{u},\boldsymbol{v}) = \mathcal{A}(\boldsymbol{u},k\boldsymbol{v}) = k\mathcal{A}(\boldsymbol{u},\boldsymbol{v}).$$

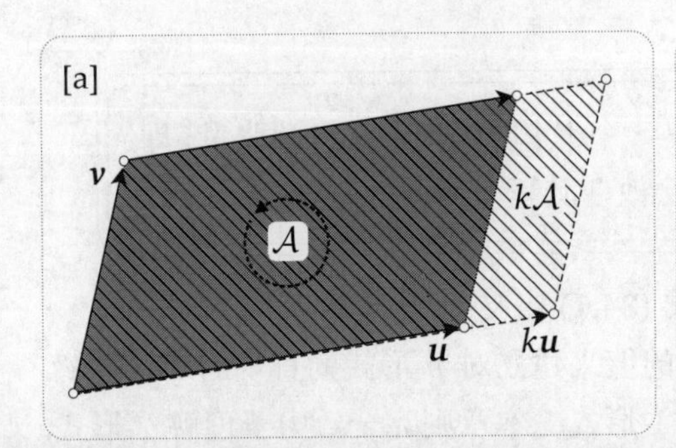

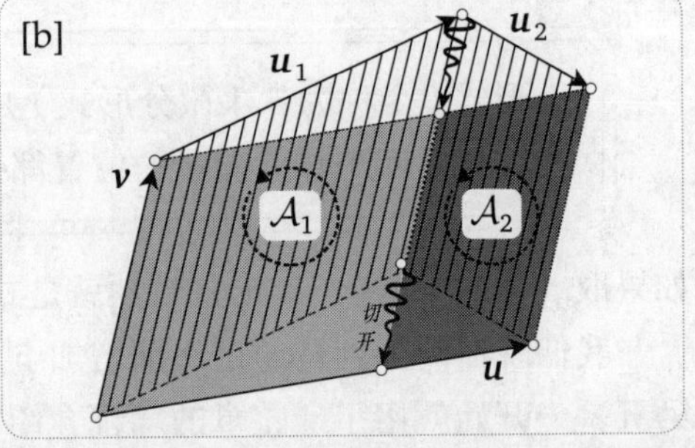

图 34-1 有向面积是一个 2-形式的几何证明. [a] 将边长乘以 k，则面积也乘以 k：$\mathcal{A}(k\boldsymbol{u},\boldsymbol{v}) = k\mathcal{A}(\boldsymbol{u},\boldsymbol{v})$. [b] 沿 $\boldsymbol{v}$ 的方向将原来的面积切成两块 $\mathcal{A}_1 = \mathcal{A}(\boldsymbol{u}_1,\boldsymbol{v})$ 和 $\mathcal{A}_2 = \mathcal{A}(\boldsymbol{u}_2,\boldsymbol{v})$，则面积不变，即 $\mathcal{A} = \mathcal{A}(\boldsymbol{u},\boldsymbol{v}) = \mathcal{A}_1 + \mathcal{A}_2$

请注意，设 $\boldsymbol{\Psi}$ 是任意一个 2-形式，如果条件 (32.3) 对它的一个输入空位成立，则对另一个输入空位也一定成立：

$$\boldsymbol{\Psi}(k\boldsymbol{u},\boldsymbol{v}) = k\boldsymbol{\Psi}(\boldsymbol{v},\boldsymbol{u}) \implies \boldsymbol{\Psi}(\boldsymbol{u},k\boldsymbol{v}) = -\boldsymbol{\Psi}(k\boldsymbol{v},\boldsymbol{u}) = -k\boldsymbol{\Psi}(\boldsymbol{v},\boldsymbol{u}) = k\boldsymbol{\Psi}(\boldsymbol{u},\boldsymbol{v}).$$

① 此处作者用的是成语“to be crazy like a fox”，意思是：看起来愚蠢或怪异，实际上很聪明. ——译者注

条件 (32.2) 就没有那么明显了，上面的论证已经说明我们只需它对第一个输入空位成立，由反对称性就可知它对第二个输入空位也成立.

令 $\boldsymbol{u}=\boldsymbol{u}_1+\boldsymbol{u}_2$，定义

$$\mathcal{A}=\mathcal{A}(\boldsymbol{u},\boldsymbol{v}),\quad \mathcal{A}_1=\mathcal{A}(\boldsymbol{u}_1,\boldsymbol{v}),\quad \mathcal{A}_2=\mathcal{A}(\boldsymbol{u}_2,\boldsymbol{v}),$$

则条件 (32.2) 就是

$$\boxed{\mathcal{A}=\mathcal{A}_1+\mathcal{A}_2.}$$

图 34-1b 从几何上说明了确实如此. 所以，$\mathcal{A}$ 的确是一个 2-形式.

如果 $\boldsymbol{\Psi}$ 是一个一般的 2-形式，所谓反对称性就是交换输入的两个向量的位置有 $\boldsymbol{\Psi}(\boldsymbol{v},\boldsymbol{u})=-\boldsymbol{\Psi}(\boldsymbol{u},\boldsymbol{v})$，所以对于任意的 $\boldsymbol{u}$ 都有

$$\boxed{\boldsymbol{\Psi}(\boldsymbol{u},\boldsymbol{u})=0.} \tag{34.2}$$

对于面积 2-形式的情况，这个等式的几何意义是显然的：如果将 $\mathcal{A}(\boldsymbol{u},\boldsymbol{v})$ 的 $\boldsymbol{v}$ 变成 $\boldsymbol{u}$，则平行四边形收缩成一条线段，其面积就收缩为零了，所以我们有 $\mathcal{A}(\boldsymbol{u},\boldsymbol{u})=0$.

事实上，式 (34.2) 等价于 2-形式最初基于反对称性的定义 (34.1)①. 我们再次利用在 29.5 节中用过的方法来证明这个等价性. 令 $\boldsymbol{x}$ 和 $\boldsymbol{y}$ 是任意两个向量，而 $\boldsymbol{u}=\boldsymbol{x}+\boldsymbol{y}$. 则

$$\begin{aligned}0&=\boldsymbol{\Psi}(\boldsymbol{u},\boldsymbol{u})\\&=\boldsymbol{\Psi}([\boldsymbol{x}+\boldsymbol{y}],[\boldsymbol{x}+\boldsymbol{y}])\\&=\boldsymbol{\Psi}(\boldsymbol{x},\boldsymbol{x})+\boldsymbol{\Psi}(\boldsymbol{x},\boldsymbol{y})+\boldsymbol{\Psi}(\boldsymbol{y},\boldsymbol{x})+\boldsymbol{\Psi}(\boldsymbol{y},\boldsymbol{y})\\&=0+\boldsymbol{\Psi}(\boldsymbol{x},\boldsymbol{y})+\boldsymbol{\Psi}(\boldsymbol{y},\boldsymbol{x})+0.\end{aligned}$$

所以，$\boldsymbol{\Psi}(\boldsymbol{y},\boldsymbol{x})=-\boldsymbol{\Psi}(\boldsymbol{x},\boldsymbol{y})$. 证毕.

34.3 两个 1-形式的楔积

回顾式 (33.8)，阶为 $\left\{{0 \atop 2}\right\}$ 的任何张量都可以分解为一个对称张量与一个反对称张量的和. 如果我们把这个过程应用到任意两个 1-形式的张量积上，那么通过交换张量积中的 1-形式（而不是交换向量）的位置，我们发现 [练习],

$$\boldsymbol{\varphi}\otimes\boldsymbol{\psi}=\frac{1}{2}[\boldsymbol{\varphi}\otimes\boldsymbol{\psi}+\boldsymbol{\psi}\otimes\boldsymbol{\varphi}]+\frac{1}{2}[\boldsymbol{\varphi}\otimes\boldsymbol{\psi}-\boldsymbol{\psi}\otimes\boldsymbol{\varphi}].$$

① 如果 $\boldsymbol{\Psi}$ 是双线性的，则式 (34.2) 与定义 (34.1) 等价，否则未必. ——译者注

根据定义，这个分解中的反对称部分就是通过两个 1-形式相乘产生的 2-形式．这是一种新的乘法，称为楔积①，记为 $\wedge$:

$$\boldsymbol{\varphi} \wedge \boldsymbol{\psi} \equiv \boldsymbol{\varphi} \otimes \boldsymbol{\psi} - \boldsymbol{\psi} \otimes \boldsymbol{\varphi}. \tag{34.3}$$

就像我们可以借助张量积用低阶张量系统地构建高阶张量一样，也可以借助楔积用低次形式构建高次形式．

我们强调，使 $\boldsymbol{\varphi} \wedge \boldsymbol{\psi}$ 变成 2-形式的原因是，当作用于一对向量时，它关于两个输入空位都是线性的，并且交换两个输入向量只是反转输出的正负号，其大小保持不变：

$$(\boldsymbol{\varphi} \wedge \boldsymbol{\psi})(\boldsymbol{v}_1, \boldsymbol{v}_2) = \boldsymbol{\varphi}(\boldsymbol{v}_1)\boldsymbol{\psi}(\boldsymbol{v}_2) - \boldsymbol{\psi}(\boldsymbol{v}_1)\boldsymbol{\varphi}(\boldsymbol{v}_2) = -(\boldsymbol{\varphi} \wedge \boldsymbol{\psi})(\boldsymbol{v}_2, \boldsymbol{v}_1).$$

注意：还存在另一种反对称性，也就是楔积本身的反对称性．保持输入向量的顺序不变，但是交换楔积中两个 1-形式的次序，我们可以看到

$$(\boldsymbol{\varphi} \wedge \boldsymbol{\psi})(\boldsymbol{v}_1, \boldsymbol{v}_2) = -(\boldsymbol{\psi} \wedge \boldsymbol{\varphi})(\boldsymbol{v}_1, \boldsymbol{v}_2).$$

抽出其中的输入向量，从定义 (34.3) 显然可以证明楔积本身也具有反对称性：

$$\boldsymbol{\varphi} \wedge \boldsymbol{\psi} = -(\boldsymbol{\varphi} \wedge \boldsymbol{\psi}).$$

由此可见，对于任意 $\boldsymbol{\psi}$ 有

$$\boldsymbol{\psi} \wedge \boldsymbol{\psi} = 0.$$

还可以注意到，楔积对加法服从分配律：

$$\boldsymbol{\varphi} \wedge (\boldsymbol{\psi} + \boldsymbol{\sigma}) = \boldsymbol{\varphi} \wedge \boldsymbol{\psi} + \boldsymbol{\varphi} \wedge \boldsymbol{\sigma}.$$

在 $\mathbb{R}^2$ 中，考虑 1-形式笛卡儿基的所有可能的楔积．因为 $\mathbf{d}x \wedge \mathbf{d}x = 0$ 和 $\mathbf{d}y \wedge \mathbf{d}y = 0$，非零的楔积就只剩下 $\mathbf{d}x \wedge \mathbf{d}y = -\mathbf{d}y \wedge \mathbf{d}x$．事实上，这就是面积 2-形式！

$$\mathcal{A} = \mathbf{d}x \wedge \mathbf{d}y. \tag{34.4}$$

注意，这与经典的面积表达式有惊人的相似之处：我们做二重积分时，将面积的元素写成 $\mathrm{d}x\,\mathrm{d}y$．这个明显的联系服从我们之前讨论微分 $\mathrm{d}f$ 和线元 $\mathrm{d}s$ 的例子中的相同模式．如果取 $\boldsymbol{u} = \delta x \boldsymbol{e}_1$ 和 $\boldsymbol{v} = \delta y \boldsymbol{e}_2$ 作为一个小矩形的边长，则

$$(\mathbf{d}x \wedge \mathbf{d}y)(\boldsymbol{u}, \boldsymbol{v}) = (\mathbf{d}x \wedge \mathbf{d}y)(\delta x \boldsymbol{e}_1, \delta y \boldsymbol{e}_2) = \delta x \delta y.$$

① 也称为外积．

通过分量的计算，很容易实现对式 (34.4) 的一般证明：

$$
\begin{aligned}
(\mathbf{d}x \wedge \mathbf{d}y)(\boldsymbol{u}, \boldsymbol{v}) &= (\mathbf{d}x \otimes \mathbf{d}y - \mathbf{d}y \otimes \mathbf{d}x)\left(\begin{bmatrix} u^1 \\ u^2 \end{bmatrix}, \begin{bmatrix} v^1 \\ v^2 \end{bmatrix}\right) \\
&= u^1 v^2 - u^2 v^1 \\
&= \det \begin{bmatrix} u^1 & v^1 \\ u^2 & v^2 \end{bmatrix} \\
&= \mathcal{A}(\boldsymbol{u}, \boldsymbol{v}).
\end{aligned}
$$

现在我们来描述两个一般 1-形式的楔积 $\boldsymbol{\varphi} \wedge \boldsymbol{\psi}$ 作用于 $\mathbb{R}^n$ 中向量的几何意义. 这个论证适用于任何 n，但是为了说得具体一些，我们用 $\mathbb{R}^3$ 举例说明. 在这种情况下，$\boldsymbol{\varphi}$ 和 $\boldsymbol{\psi}$ 都被表示为一摞平面. 它们对 $\mathbb{R}^3$ 中的向量 $\boldsymbol{v}$ 的作用是计算每一摞中被 $\boldsymbol{v}$ 穿过了多少个平面，如图 34-2 所示.

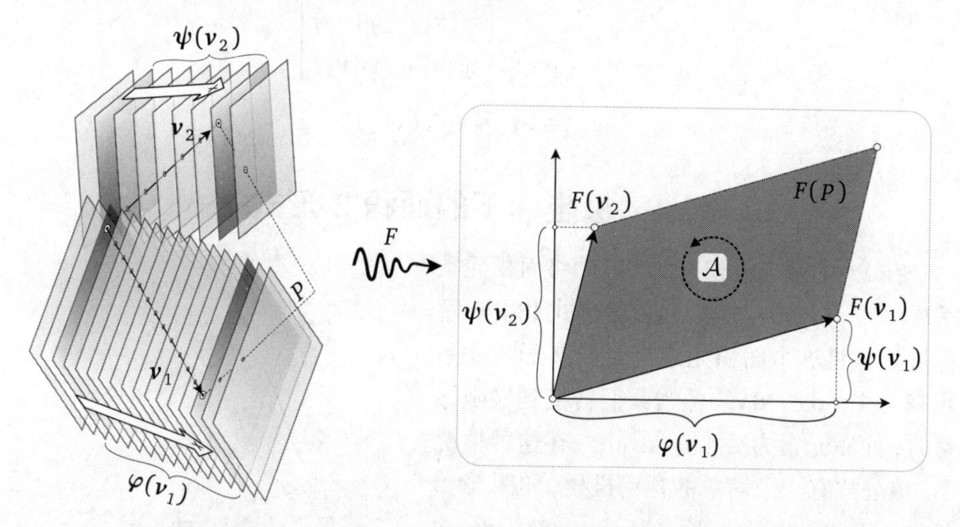

图 34-2　楔积的几何意义. P 是在 $\mathbb{R}^3$ 中以 $\boldsymbol{v}_1$ 和 $\boldsymbol{v}_2$ 为边的平行四边形，$\boldsymbol{\varphi}(\boldsymbol{v}_k)$ 和 $\boldsymbol{\psi}(\boldsymbol{v}_k)$ 是 $\boldsymbol{v}_k$ 穿过的平面数量. 映射 F 将数对 $(\boldsymbol{\varphi}(\boldsymbol{v}_k), \boldsymbol{\psi}(\boldsymbol{v}_k))$ 融合到 $\mathbb{R}^2$ 中的直角坐标系中，将 P 映射到平行四边形 $F(P)$，则 $(\boldsymbol{\varphi} \wedge \boldsymbol{\psi})(\boldsymbol{v}_1, \boldsymbol{v}_2)$ 是 $F(P)$ 的定向面积 $\mathcal{A}$

接下来是一个关键的想法：我们用 $\boldsymbol{\varphi}(\boldsymbol{v})$ 和 $\boldsymbol{\psi}(\boldsymbol{v})$ 这两个数作为 $\mathbb{R}^2$ 中某一点的坐标 x 和 y. 因此，这两个 1-形式就定义了从 $\mathbb{R}^3$（或任意 $\mathbb{R}^n$）中的向量到 $\mathbb{R}^2$ 中的向量的映射 F：

$$
\boldsymbol{v} \longrightarrow F(\boldsymbol{v}) \equiv \begin{bmatrix} \boldsymbol{\varphi}(\boldsymbol{v}) \\ \boldsymbol{\psi}(\boldsymbol{v}) \end{bmatrix}. \tag{34.5}
$$

映射 F 将 $\mathbb{R}^n$ 中以 $\boldsymbol{v}_1$ 和 $\boldsymbol{v}_2$ 为边的平行四边形映射为 $\mathbb{R}^2$ 中以向量 $F(\boldsymbol{v}_1)$ 和 $F(\boldsymbol{v}_2)$ 为边的平行四边形，如图 34-2 所示．我们现在就可以陈述楔积美丽而简单的含义如下．[①]

> 将楔积 $\varphi \wedge \psi$ 应用于 $\mathbb{R}^n$ 内的任意平行四边形时，它输出的是，映射 F 将这个平行四边形映射到 $\mathbb{R}^2$ 中的像平行四边形的有向面积：
> $$(\varphi \wedge \psi)(\boldsymbol{v}_1, \boldsymbol{v}_2) = \mathcal{A}[F(\boldsymbol{v}_1), F(\boldsymbol{v}_2)]. \tag{34.6}$$

它的证明也很简单：

$$\begin{aligned}(\varphi \wedge \psi)(\boldsymbol{v}_1, \boldsymbol{v}_2) &= \varphi(\boldsymbol{v}_1)\psi(\boldsymbol{v}_2) - \psi(\boldsymbol{v}_1)\varphi(\boldsymbol{v}_2) \\ &= \det\begin{bmatrix} \varphi(\boldsymbol{v}_1) & \varphi(\boldsymbol{v}_2) \\ \psi(\boldsymbol{v}_1) & \psi(\boldsymbol{v}_2) \end{bmatrix} \\ &= \mathcal{A}[F(\boldsymbol{v}_1), F(\boldsymbol{v}_2)].\end{aligned}$$

34.4　极坐标下的面积 2-形式

在 $\mathbb{R}^2$ 中做二重积分时，我们将面积元素写成 $\mathrm{d}\mathcal{A} = \mathrm{d}x\,\mathrm{d}y$. 我们之前曾用式 (34.4) 解释过怎么将这个面积元素与面积 2-形式联系起来：$\mathcal{A} = \mathbf{d}x \wedge \mathbf{d}y$．但当我们转换到极坐标系时，面积元素为 $\mathrm{d}\mathcal{A} = r\,\mathrm{d}r\,\mathrm{d}\theta$. 在这种情况下，该公式有一个简单的几何推导，如图 34-3 所示．因此对应的 2-形式为 $\mathcal{A} = r\mathbf{d}r \wedge \mathbf{d}\theta$.

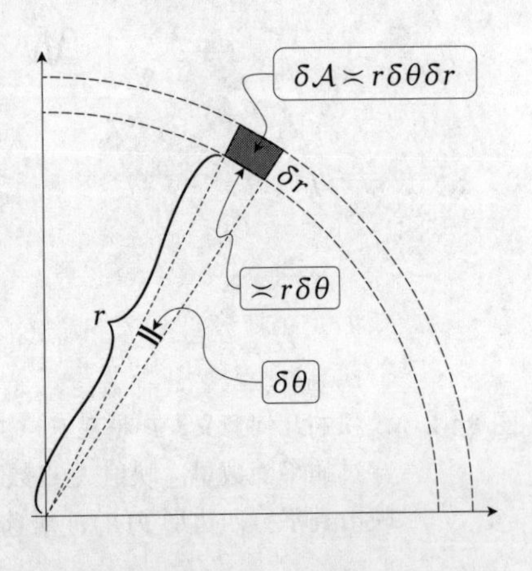

图 34-3　$\delta\mathcal{A} \asymp r\delta\theta\delta r$ 的几何证明

然而，在做更复杂的坐标变换时，传统的方法（毫无疑问，你在多变量微积分中学过）要求我们使用雅可比矩阵来找到新坐标系中面积元素的表达式．正如我们现在使用极坐标为例所演示的，可以绕开雅可比矩阵，利用面积 2-形式，将整件事情变成（不需要思考的）代数的儿戏[②]！

① 阿诺尔德在 Arnol'd（1989, 第 32 节）中更进一步，用含义 (34.6) 作为楔积的定义.

② 这里的原文是一个成语"child's play"，意思是"很容易做的事情"．——译者注

应用莱布尼茨法则 (32.12)，注意到 $\mathbf{d}r \wedge \mathbf{d}r = 0$，$\mathbf{d}\theta \wedge \mathbf{d}\theta = 0$，$\mathbf{d}\theta \wedge \mathbf{d}r = -\mathbf{d}r \wedge \mathbf{d}\theta$，我们得到

$$\begin{aligned}\mathbf{d}x \wedge \mathbf{d}y &= \mathbf{d}(r\cos\theta) \wedge \mathbf{d}(r\sin\theta)\\ &= [(\mathbf{d}r)\cos\theta - r\sin\theta\,\mathbf{d}\theta] \wedge [(\mathbf{d}r)\sin\theta + r\cos\theta\,\mathbf{d}\theta]\\ &= \cos^2\theta\, r\mathbf{d}r \wedge \mathbf{d}\theta - \sin^2\theta\, r\mathbf{d}\theta \wedge \mathbf{d}r\\ &= r\mathbf{d}r \wedge \mathbf{d}\theta.\end{aligned}$$

34.5 基底 2-形式及投影

显然，两个 2-形式的和是另一个 2-形式．同样，一个 2 形式乘以一个常数也会得到另一个 2-形式．因此，这些 2-形式构成了一个向量空间，于是为这个空间寻找基底就是一件很自然的事．

回想一下式 (33.2)，张量集 $\{\mathbf{d}x^i \otimes \mathbf{d}x^j\}$ 构成 $\left\{ {0 \atop 2} \right\}$ 阶张量的一组基，适用于所有这些张量，包括 2-形式．但对于 2-形式的情况，我们可以更进一步：

> 由形如 $\mathbf{d}x^i \wedge \mathbf{d}x^j$（其中 $i < j$）的 2-形式组成的集合是所有 2-形式的一个基底. (34.7)

设置条件 $i < j$ 只是为了避免列出重复的 2-形式．例如，$\mathbf{d}x^3 \wedge \mathbf{d}x^2 = -(\mathbf{d}x^2 \wedge \mathbf{d}x^3)$.

由于 $\mathbf{d}x^i \wedge \mathbf{d}x^i = 0$，就可以从 $\mathbf{d}x^i$（$i \leqslant n$）中选取不同的无序对，然后求它们的楔积，形成非零（非冗余）的 2-形式基．假设定义 (34.7) 为真，那么

> 在 $\mathbb{R}^n$ 中，所有 2-形式的集合是一个 $\frac{1}{2}n(n-1)$ 维的向量空间. (34.8)

我们从 $\mathbb{R}^2$ 开始验证定义 (34.7)．如果 $\boldsymbol{\Psi}$ 只是一个一般的 $\left\{ {0 \atop 2} \right\}$ 阶张量，由式 (33.2) 可知，它可以展开成

$$\boldsymbol{\Psi} = \Psi_{11}(\mathbf{d}x \otimes \mathbf{d}x) + \Psi_{12}(\mathbf{d}x \otimes \mathbf{d}y) + \Psi_{21}(\mathbf{d}y \otimes \mathbf{d}x) + \Psi_{22}(\mathbf{d}y \otimes \mathbf{d}y).$$

但是，因为 $\boldsymbol{\Psi}$ 是一个满足

$$\Psi_{11} = 0 = \Psi_{22} \quad 和 \quad \Psi_{21} = -\Psi_{12}$$

的 2-形式，所以

$$\boldsymbol{\Psi} = \Psi_{12}(\mathbf{d}x \wedge \mathbf{d}y) = \Psi_{12}\mathcal{A}.$$

换言之，$\mathbf{d}x \wedge \mathbf{d}y$ 是 $\mathbb{R}^2$ 中 2-形式的基底，每一个 2-形式都与一个面积 2-形式成比例.

如果我们增加一维到 $\mathbb{R}^3$ 空间，则由完全相同的推理可得 [练习]

$$\boldsymbol{\Psi} = \Psi_{23}(\mathbf{d}y \wedge \mathbf{d}z) + \Psi_{31}(\mathbf{d}z \wedge \mathbf{d}x) + \Psi_{12}(\mathbf{d}x \wedge \mathbf{d}y), \tag{34.9}$$

从而验证了这种情况下的定义 (34.7).（注意：为什么要把这三项以这种奇怪的顺序写成这样，我们将在下一节中解释.）

在 $\mathbb{R}^n$ 中的证明是这两个例子的简单推广. 因为展开式 (33.2) 中的非零项总是成对出现的，所以对所有的 $1 \leqslant i < j \leqslant n$ 有

$$\Psi_{ij}(\mathbf{d}x^i \otimes \mathbf{d}x^j) + \Psi_{ji}(\mathbf{d}x^j \otimes \mathbf{d}x^i) = \Psi_{ij}(\mathbf{d}x^i \otimes \mathbf{d}x^j) - \Psi_{ij}(\mathbf{d}x^j \otimes \mathbf{d}x^i) = \Psi_{ij}(\mathbf{d}x^i \wedge \mathbf{d}x^j).$$

让我们回到 $\mathbb{R}^3$，并从 $(\mathbf{d}x \wedge \mathbf{d}y)$ 开始找出式 (34.9) 中出现的 2-形式基的意义. 在 $\mathbb{R}^2$ 中，这只是 (x, y) 平面上的面积 2-形式，在 $\mathbb{R}^3$ 中的意义也是密切相关的，如图 34-4 所示：

> 设 P 是 $\mathbb{R}^3$ 中的平行四边形，$\mathcal{A}_z$ 是 P 在 (x, y) 平面上（沿 z 轴方向）的正交投影，则将 $(\mathbf{d}x \wedge \mathbf{d}y)$ 作用于 P 的结果是 $\mathcal{A}_z$ 的有向面积.

这是两个任意 1-形式的楔积的几何解释 (34.6) 的直接推论. 关键是要意识到，在这种情况下，映射 F 简化为在 (x, y) 平面上沿 z 轴方向的正交投影. 简单地比较一下图 34-2 中楔积的一般构造：这里 $\varphi = \mathbf{d}x$ 是一摞垂直于 x 轴的有单位间距的平面，同样，$\boldsymbol{\psi} = \mathbf{d}y$ 是一摞垂直于 y 轴的有单位间距的平面.（请花点时间确保你能完全明白.）

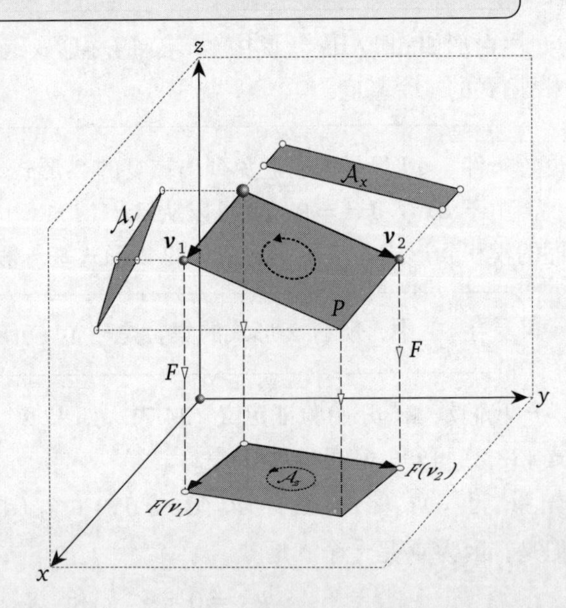

图 34-4　2-形式基的几何意义. 每个 2-形式基产生 P 在相关坐标平面上投影的面积. 例如，$(\mathbf{d}x \wedge \mathbf{d}y)(\boldsymbol{v}_1, \boldsymbol{v}_2) = \mathcal{A}_z$，是 P 沿 z 方向在 (x, y) 平面上投影的面积

如图 34-4 所示，另外两个 2-形式基的意义是类似的：$\mathbf{d}z \wedge \mathbf{d}x$ 是投影（沿 x 轴方向）在 (y, z) 平面上的面积 $\mathcal{A}_x$；$\mathbf{d}z \wedge \mathbf{d}x$ 是投影（沿 y 轴方向）在 (z, x) 平面上的面积 $\mathcal{A}_y$.

在 $\mathbb{R}^4$ 中，对式 (34.9) 的推广是 6 个 2-形式基 $\mathbf{d}x^i \wedge \mathbf{d}x^j$，其中每一个的含义都与上面相同. 例如，由 $\mathbf{d}x^1 \wedge \mathbf{d}x^3$ 得到沿 x^2 轴和 x^4 轴投影在 (x^1, x^3) 平面上的定向面积.

34.6 2-形式与 $\mathbb{R}^3$ 中向量的联系：流量

正如我们将要看到的，可以对任意维数的形式做微积分运算，而我们在大学里学习的向量微积分只能在三维空间中进行运算. 我们将在本节和下一节中开始理解这是为什么.

在几何上，我们当然不可能混淆 2-形式和向量. 甚至在代数上，它们的区别也是很明显的：在 n 维空间中，一个向量有 n 个分量，而 2-形式却有 $\frac{1}{2}n(n-1)$ 个分量，正如我们在结论 (34.8) 中看到的那样.

但这意味着，当 $n=3$ 时，会发生一些不同寻常的事情：在且仅在三维空间中，2-形式的分量与向量的分量的数量是相同的.

物理学家在 19 世纪 80 年代成功开创的向量微积分，至今仍然被认为是 21 世纪现代科学不可或缺的工具. 现在可以看到，它的基础就是这个奇异的数值巧合. 虽然向量微积分的先驱们不知道为什么他们的数学发动机如此强劲，但实际原因是 2-形式隐藏在发动机盖下，却伪装成了向量！

为了开始深入研究，我们用单一的上标重写一般 2-形式 $\boldsymbol{\Psi}$ 的分量 (34.9)，并立即将它们与相应向量的分量等同起来. 我们将用与 2-形式相同的希腊字母表示相应向量的分量，但加下划线：$\underline{\boldsymbol{\Psi}}$，即

$$\boldsymbol{\Psi}=\Psi^1(\mathbf{d}x^2\wedge\mathbf{d}x^3)+\Psi^2(\mathbf{d}x^3\wedge\mathbf{d}x^1)+\Psi^3(\mathbf{d}x^1\wedge\mathbf{d}x^2) \quad\leftrightarrows\quad \underline{\boldsymbol{\Psi}}=\begin{bmatrix}\Psi^1\\ \Psi^2\\ \Psi^3\end{bmatrix}. \tag{34.10}$$

通过**霍奇的星对偶算子**（$\star$，这是第 531 页习题 15 的主题）来理解这种对应关系是最自然的数学方法. 它是一种纯数学运算，在 n 维空间中将 p-形式映射为 $(n-p)$-形式，称为**霍奇对偶**（通常简称为**对偶**），以英国重量级数学家霍奇爵士（1903—1975）[①][②]的名字命名.

然而，在这里，我们将转而寻求一个符合逻辑、令人信服的物理原因，以这种方式将一个 2-形式与一个向量关联起来. 为了理解它，现在必须引入物理学家

① 威廉 · 瓦兰斯 · 道格拉斯 · 霍奇爵士，英国著名数学家，1936~1970 年任剑桥大学朗兹教授（天文学家托马斯 · 朗兹于 1749 年设立的天文学和几何学讲席教授职位），主要的研究兴趣为代数几何和微分几何.

——译者注

② 霍奇是我的数学师祖：我师从彭罗斯，彭罗斯师从霍奇.

强大的通量概念. [①]

考虑图 34-4，想象它显示的是流体以速度 $\underline{\boldsymbol{\Psi}}$ 流过空间的均匀流动，定义

$$\boldsymbol{\Phi}(\boldsymbol{v}_1, \boldsymbol{v}_2) \equiv \text{单位时间内流过 } P \text{ 的量} = \underline{\boldsymbol{\Psi}} \text{ 通过 } P \text{ 的通量}. \tag{34.11}$$

如果 P 的方向是绕 $\underline{\boldsymbol{\Psi}}$ 逆时针旋转的，则定义通量为正的. 如果我们画出在单位时间内通过 P 的流体，它将充满一个以 $\boldsymbol{v}_1, \boldsymbol{v}_2, \underline{\boldsymbol{\Psi}}$ 为棱的平行六面体，流量就是这个平行六面体的体积，如图 34-5 所示. 所以 [练习]，通量 $\boldsymbol{\Phi}$ 实际上是一个 2-形式.

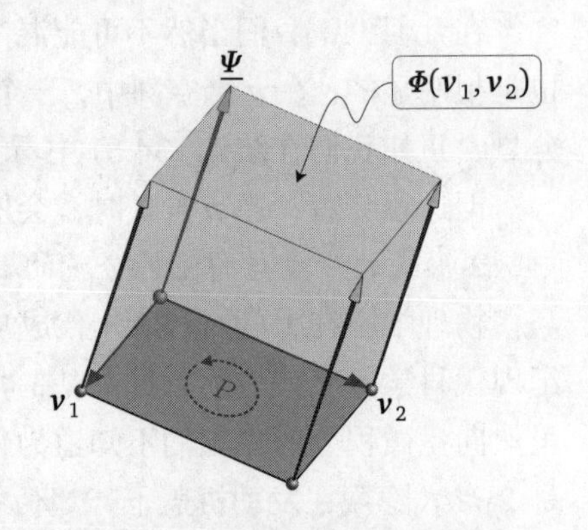

图 34-5 $\underline{\boldsymbol{\Psi}}$ 通过 P 的**流量**（**通量**）= 体积 $\boldsymbol{\Phi}(\boldsymbol{v}_1, \boldsymbol{v}_2)$

现在，我们会很自然地问以下问题：这个通量 2-形式 $\boldsymbol{\Phi}$ 与关于流速 $\underline{\boldsymbol{\Psi}}$ 的 2-形式 $\boldsymbol{\Psi}$ 有什么关系？

从一个简单的例子开始. 假设在图 34-4 中，$\underline{\boldsymbol{\Psi}} = \Psi^3 \boldsymbol{e}_3$ 的方向向上，平行于 z 轴. 显然，通过 P 的通量与通过投影 $\mathcal{A}_z = \mathcal{A}_3$ 的通量相同. 但是，如果我们想象流体在一个单位时间内以速度 Ψ^3 通过 $\mathcal{A}_3$ 向上流动，那么流体将填充一个底面积为 $\mathcal{A}_3$、高度为 Ψ^3 的立方体，因此流量为 $\Psi\mathcal{A}_3$.

一般情况下，同样的推理适用于 $\underline{\boldsymbol{\Psi}}$ 的每个分量，所以总通量是它们的和：

$$\begin{aligned}\boldsymbol{\Phi}(\boldsymbol{v}_1, \boldsymbol{v}_2) &= \Psi^1 \mathcal{A}_1 + \Psi^2 \mathcal{A}_2 + \Psi^3 \mathcal{A}_3 \\ &= \Psi^1 (\mathbf{d}x^2 \wedge \mathbf{d}x^3)(\boldsymbol{v}_1, \boldsymbol{v}_2) + \Psi^2 (\mathbf{d}x^3 \wedge \mathbf{d}x^1)(\boldsymbol{v}_1, \boldsymbol{v}_2) + \Psi^3 (\mathbf{d}x^1 \wedge \mathbf{d}x^2)(\boldsymbol{v}_1, \boldsymbol{v}_2) \\ &= \boldsymbol{\Psi}(\boldsymbol{v}_1, \boldsymbol{v}_2).\end{aligned}$$

因此

$$\boldsymbol{\Phi} = \boldsymbol{\Psi}!$$

这样，我们就给出了一个令人满意的物理证明，通过式 (34.10) 将 2-形式与向量联系起来了.

> 如果流体以速度 $\underline{\boldsymbol{\Psi}}$ 流过三维空间，则它的通量 2-形式就是 $\boldsymbol{\Psi}$，反之亦然. (34.12)

① 我们将借用流体的流动来解释通量的概念，这最初是由法拉第直观地引入的，以描述他独创的实验（开始于 19 世纪 20 年代）：电场和磁场通过空间曲面的流动强度. 几十年之后，麦克斯韦给出了这个概念现在的数学形式. 参见福布斯和马洪的著作（Forbes and Mahon, 2014）第 10 节.

除了利用分量将 2-形式 $\boldsymbol{\Psi}$ 与其相关的向量 $\underline{\boldsymbol{\Psi}}$ 联系起来 [正如我们在式 (34.10) 中最初所做的那样] 之外，我们还可以用几何方法确定相关向量的方向. 当且仅当 $\underline{\boldsymbol{\Psi}}$ 的方向在平行四边形 P 内时，$\underline{\boldsymbol{\Psi}}$ 通过 P 的通量为零，因此可以通过通量为零来唯一地刻画流动方向：

$$\boldsymbol{\Psi}(\underline{\boldsymbol{\Psi}}, \cdots) = 0. \tag{34.13}$$

34.7 $\mathbb{R}^3$ 中向量积与楔积的关系

把向量微积分从标有“形式”的高顶礼帽中变出来的魔术还有一个组成部分：就像之前在 33.8 节中做的那样，我们要将 1-形式与向量联系起来. 给定一个 1-形式 $\boldsymbol{\varphi}$，这里将再次用与 1-形式相同的字母加下划线来表示对应的向量：

$$\boldsymbol{\varphi} = \varphi_1 \mathbf{d}x^1 + \varphi_2 \mathbf{d}x^2 + \varphi_3 \mathbf{d}x^3 \quad \leftrightarrows \quad \underline{\boldsymbol{\varphi}} = \begin{bmatrix} \varphi^1 \\ \varphi^2 \\ \varphi^3 \end{bmatrix}. \tag{34.14}$$

向量微积分中的两种基本乘法是**标量积**（又名**点积**）和**向量积**（又名**叉积**）. 标量积很容易推广到任意维空间，可以表示为

$$\boldsymbol{\varphi}(\boldsymbol{v}) = \underline{\boldsymbol{\varphi}} \bullet \boldsymbol{v}. \tag{34.15}$$

但是向量积（如图 34-6 所示）是三维空间特有的. 给定两个向量 $\underline{\boldsymbol{\varphi}}$ 和 $\underline{\boldsymbol{\sigma}}$，从 $\underline{\boldsymbol{\varphi}}$ 到 $\underline{\boldsymbol{\sigma}}$ 的夹角为 θ. 回顾一下，我们定义的向量积 $\underline{\boldsymbol{\varphi}} \times \underline{\boldsymbol{\sigma}}$ 是一个向量，其方向正交于两个因子的方向，并服从右手定则，其长度是两个因子张成的平行四边形的面积：

$$|\underline{\boldsymbol{\varphi}} \times \underline{\boldsymbol{\sigma}}| \equiv \mathcal{A}(\underline{\boldsymbol{\varphi}}, \underline{\boldsymbol{\sigma}}) = |\underline{\boldsymbol{\varphi}}||\underline{\boldsymbol{\sigma}}| \sin\theta.$$

我们马上会质疑：向量的长度等于面积?! 实际上，向量积并不是它看起来的那样：它实际上是对应的 1-形式的楔积! 对这个现象的详尽解释在于前面提到的霍奇对偶性，详见第 531 页习题 15.

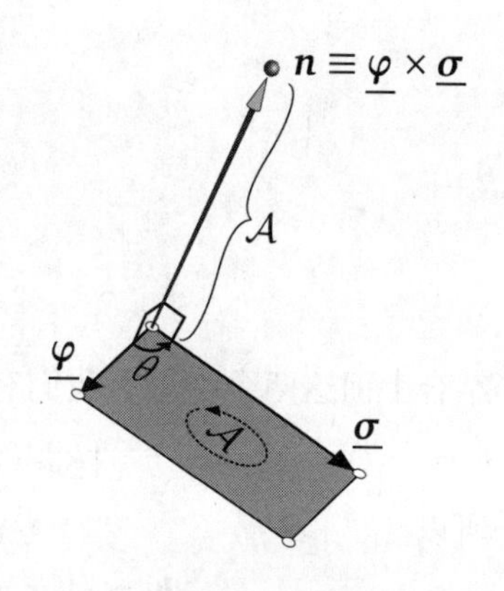

图 34-6 向量积

$$\boxed{\underline{\boldsymbol{\varphi}} \times \underline{\boldsymbol{\sigma}} \quad \leftrightarrows \quad \varphi \wedge \boldsymbol{\sigma}.} \tag{34.16}$$

在证明这个关联性之前，我们先停下来看看它的神奇之处：在任意维度，我们都可以把两个向量与两个 1-形式关联起来，然后做出两个 1-形式的楔积，由此就产生了一个具有 $\frac{1}{2}n(n-1)$ 个分量的 2-形式，所以一般情况下它不能被重新解释为一个向量. 只有在三维空间中，2-形式才能表示为向量流 $\underline{\boldsymbol{\Psi}}$ 的通量 2-形式 $\boldsymbol{\Psi}$.

为了证明式 (34.16)，我们定义 2-形式 $\boldsymbol{\Psi} \equiv \varphi \wedge \boldsymbol{\sigma}$. 那么就必须证明 $\underline{\boldsymbol{\Psi}} = \underline{\boldsymbol{\varphi}} \times \underline{\boldsymbol{\sigma}}$. 我们分两步来证明：首先证明向量 $\underline{\boldsymbol{\Psi}}$ 和 $\boldsymbol{n} \equiv \underline{\boldsymbol{\varphi}} \times \underline{\boldsymbol{\sigma}}$ 指向相同的方向，然后证明它们具有相同的长度.

因为 $\boldsymbol{n} \equiv \underline{\boldsymbol{\varphi}} \times \underline{\boldsymbol{\sigma}}$，根据定义，它是与 $\underline{\boldsymbol{\varphi}}$ 和 $\underline{\boldsymbol{\sigma}}$ 正交的，即

$$\varphi(\boldsymbol{n}) = \underline{\boldsymbol{\varphi}} \boldsymbol{\cdot} \boldsymbol{n} = 0 \quad \text{和} \quad \boldsymbol{\sigma}(\boldsymbol{n}) = \underline{\boldsymbol{\sigma}} \boldsymbol{\cdot} \boldsymbol{n} = 0.$$

这就意味着，对于任何包含 $\boldsymbol{n}$ 的平行四边形，通量都为零：

$$\boldsymbol{\Psi}(\boldsymbol{n}, \cdots) = (\varphi \wedge \boldsymbol{\sigma})(\boldsymbol{n}, \cdots) = \varphi(\boldsymbol{n})\boldsymbol{\sigma}(\cdots) - \boldsymbol{\sigma}(\boldsymbol{n})\varphi(\cdots) = 0.$$

因此，如式 (34.13) 中所讨论的那样，这意味着 $\boldsymbol{n}$ 与流 $\underline{\boldsymbol{\Psi}}$ 同向：$\underline{\boldsymbol{\Psi}} \propto \boldsymbol{n}$.

还需要证明两个流的速率相同：$|\underline{\boldsymbol{\Psi}}| = |\boldsymbol{n}| = \mathcal{A}(\underline{\boldsymbol{\varphi}}, \underline{\boldsymbol{\sigma}}) = |\underline{\boldsymbol{\varphi}}||\underline{\boldsymbol{\sigma}}| \sin\theta$. 首先注意到，因为我们现在知道 $\underline{\boldsymbol{\Psi}}$ 正交于以 $\underline{\boldsymbol{\varphi}}$ 和 $\underline{\boldsymbol{\sigma}}$ 为边的平行四边形 P，所以它通过 P 的通量由

$$\text{通量} = |\underline{\boldsymbol{\Psi}}|\mathcal{A}(\underline{\boldsymbol{\varphi}}, \underline{\boldsymbol{\sigma}})$$

给出. 但是

$$\begin{aligned}
\text{通量} &= \boldsymbol{\Psi}(\underline{\boldsymbol{\varphi}}, \underline{\boldsymbol{\sigma}}) \\
&= (\varphi \wedge \boldsymbol{\sigma})(\underline{\boldsymbol{\varphi}}, \underline{\boldsymbol{\sigma}}) \\
&= \varphi(\underline{\boldsymbol{\varphi}})\boldsymbol{\sigma}(\underline{\boldsymbol{\sigma}}) - \boldsymbol{\sigma}(\underline{\boldsymbol{\varphi}})\varphi(\underline{\boldsymbol{\sigma}}) \\
&= |\underline{\boldsymbol{\varphi}}|^2|\underline{\boldsymbol{\sigma}}|^2 - |\underline{\boldsymbol{\varphi}}|^2|\underline{\boldsymbol{\sigma}}|^2\cos^2\theta \\
&= \left[\mathcal{A}(\underline{\boldsymbol{\varphi}}, \underline{\boldsymbol{\sigma}})\right]^2.
\end{aligned}$$

结合上面这两个结果，我们有

$$|\underline{\boldsymbol{\Psi}}|\mathcal{A}(\underline{\boldsymbol{\varphi}}, \underline{\boldsymbol{\sigma}}) = \text{通量} = \left[\mathcal{A}(\underline{\boldsymbol{\varphi}}, \underline{\boldsymbol{\sigma}})\right]^2.$$

所以

$$|\underline{\boldsymbol{\Psi}}| = \mathcal{A}(\underline{\boldsymbol{\varphi}}, \underline{\boldsymbol{\sigma}}) = |\underline{\boldsymbol{\varphi}} \times \underline{\boldsymbol{\sigma}}| \quad \Longrightarrow \quad \underline{\boldsymbol{\Psi}} = \underline{\boldsymbol{\varphi}} \times \underline{\boldsymbol{\sigma}},$$

这样就证明了式 (34.16).

在几何上确定了式 (34.16) 之后，我们现在可以借用它从楔积的基本公式推导出向量积的标准代数表达式：

$$\begin{aligned}\boldsymbol{\Psi}&=\boldsymbol{\varphi}\wedge\boldsymbol{\sigma}\\&=(\varphi_1\mathbf{d}x^1+\varphi_2\mathbf{d}x^2+\varphi_3\mathbf{d}x^3)\wedge(\sigma_1\mathbf{d}x^1+\sigma_2\mathbf{d}x^2+\sigma_3\mathbf{d}x^3)\\&=(\varphi_2\sigma_3-\varphi_3\sigma_2)(\mathbf{d}x^2\wedge\mathbf{d}x^3)+(\varphi_3\sigma_1-\varphi_1\sigma_3)(\mathbf{d}x^3\wedge\mathbf{d}x^1)+\\&\quad(\varphi_1\sigma_2-\varphi_2\sigma_1)(\mathbf{d}x^1\wedge\mathbf{d}x^2).\end{aligned}$$

所以，与之对应的向量 $\underline{\boldsymbol{\Psi}}=\underline{\boldsymbol{\varphi}}\times\underline{\boldsymbol{\sigma}}$ 就可以用我们在向量微积分中熟悉的公式表示为：

$$\begin{bmatrix}\varphi^1\\\varphi^2\\\varphi^3\end{bmatrix}\times\begin{bmatrix}\sigma^1\\\sigma^2\\\sigma^3\end{bmatrix}=\begin{bmatrix}\varphi_2\sigma_3-\varphi_3\sigma_2\\\varphi_3\sigma_1-\varphi_1\sigma_3\\\varphi_1\sigma_2-\varphi_2\sigma_1\end{bmatrix}.$$

最后，回到图 34-5 和联系 (34.12)，我们也推导出了边为 $\boldsymbol{u},\boldsymbol{v},\underline{\boldsymbol{\Omega}}$ 的平行六面体的体积的标准公式：

$$\text{体积}=\text{流量}=\boldsymbol{\Omega}(\boldsymbol{u},\boldsymbol{v})=\begin{bmatrix}\Omega^1\\\Omega^2\\\Omega^3\end{bmatrix}\cdot\begin{bmatrix}u^2v^3-u^3v^2\\u^3v^1-u^1v^3\\u^1v^2-u^2v^1\end{bmatrix}\tag{34.17}$$

$$=\det\begin{bmatrix}\Omega^1&u^1&v^1\\\Omega^2&u^2&v^2\\\Omega^3&u^3&v^3\end{bmatrix}.$$

34.8 法拉第的电磁 2-形式与麦克斯韦的电磁 2-形式

导读：本节全部是可选的，不是理解随后的数学知识所必需的，尽管它是学习 36.6 节的先决条件．不过，本节确实是非常重要的，因为它是我们第一次证明形式不仅属于柏拉图式的数学世界，而且延伸到了物理世界，与物理世界的定律密不可分！此外，为了让读者更容易从我们的解释过渡到更高级的研究工作（例如米斯纳、索恩和惠勒（Misner, Thorne, and Wheeler, 1973）、舒茨（Schutz, 1980）、贝兹和穆尼亚因（Baez and Muniain, 1994）、弗兰克尔（Frankel, 2012）等的工作），我们（不情愿地）采用了他们的约定，即时空的度量系数是我们迄今为止所采用的系数的负数．于是，从此以后，闵可夫斯基度量都采用如下形式：

$$\mathrm{d}s^2=-\mathrm{d}t^2+\mathrm{d}x^2+\mathrm{d}y^2+\mathrm{d}z^2.$$

在四维时空中有几个 2-形式在物理定律中扮演着主要角色．本节将描述其中的两个，它们一起非常紧凑和优雅地描述了电磁定律（详见 36.6 节）．这两种形式分别以迈克尔·法拉第（1791—1867）和詹姆斯·克拉克·麦克斯韦（1831—1879）命名，他们的照片分别见图 34-7 和图 34-8.

图 34-7　迈克尔·法拉第（1791—1867）**图 34-8**　詹姆斯·克拉克·麦克斯韦（1831—1879）

自学成才的迈克尔·法拉第在英国皇家研究院的地下实验室[①]里完成了一系列非常巧妙的实验，这些实验开始于 19 世纪 20 年代，在 19 世纪 30 年代达到了顶峰. 法拉第根据从这些实验中取得的经验首次发现了电磁学定律. 参见福布斯和马洪的著作（Forbes and Mahon, 2014）第 4 节和第 5 节.

麦克斯韦很快就认识到了法拉第用力线和通量的概念来解释电场现象的价值，与法拉第不同的是，麦克斯韦拥有数学技能，能够给出这种解释的精确形式. 事实上，自牛顿以来，世界上还从未有人像炼金一样将精深的物理见解与原始的数学力量如此巧妙地融合到一起.

到 1873 年，这项工作完成了：麦克斯韦宣布了 4 个[②]方程，描述了电、磁以及两者之间的相互作用. 特别是，麦克斯韦用他的方程通过纯理论的计算，算出了电磁能量波在真空中传播的速度. 他的数值答案与实验测量的光速吻合——麦

① 我们强烈鼓励你去参观法拉第实验室的遗迹，在那里你可以恭敬地研究人类建造的第一台发电机，它被小心地保存了下来，放在玻璃展柜里.

② 实际上是奥利弗·赫维赛德在 1885 年将麦克斯韦最初的 20 个方程简化为我们现在所知的 4 个“麦克斯韦方程”！参见福布斯和马洪的著作（Forbes and Mahon, 2014）第 16 节以及马洪的著作（Mahon, 2017）.

克斯韦成了第一个理解光是电磁波的人!

阅读这两位科学巨人之间的信件[①]令人感动. 麦克斯韦对法拉第深刻的物理见解和他在实验方面的创造力表示钦佩，法拉第也对麦克斯韦将物理直觉转化为精确数学法则的非凡能力感到惊叹，这些内容打动了读信的人们.

爱因斯坦在 1905 年发现的狭义相对论与法拉第和麦克斯韦的电磁发现直接相关. 事实上,爱因斯坦这篇划时代的论文的标题并没有提到空间或时间——《论动体的电动力学》(*On the Electrodynamics of Moving Bodies*)[②].

促使爱因斯坦取得突破的是，他认识到电场和磁场不是分别独立存在的——它们只是取决于观察者的单一电磁场的两个方面，而这个电磁场的波（光! ）对所有观察者来说都是以相同的速度传播的. 这使他（通过闵可夫斯基）认识到，空间和时间不能单独具有绝对的存在性——它们是时空几何中依赖于观察者的方面，而时空确实具有绝对的存在性.

让我们简单地引用爱因斯坦这篇论文开头的一段话.

> 众所周知，麦克斯韦的电动力学——就像我们现在常常理解的那样——应用于运动物体时会导致不对称性，而这种不对称性在这些现象中似乎并不是固有的. 例如，设想磁体和导体相互的电动力学作用. 这里可观察到的现象只取决于导体和磁体的相对运动，按照通常的看法，这两个物体之中究竟是哪个在运动是截然不同的两回事. 因为，如果磁体处于运动状态，而导体处于静止状态，则在磁体附近就会产生一个具有一定能量的电场，在导体所在的地方产生电流. 但是，如果磁体是静止的，而导体是运动的，那么在磁体附近就不会产生电场. 然而，我们在导体中发现了电动势，这时磁体本身并没有相应的能量，但它产生的电流（假设在这两种情况下的相对运动相等）与前一种情况下产生的电流路径和强度相同.

这些场的经典描述是 2 个三维向量场，共有 6 个分量，每个分量都是空间和时间的函数:

$$\text{电场强度} = \underline{\boldsymbol{E}} = \begin{bmatrix} E_x \\ E_y \\ E_z \end{bmatrix}, \quad \text{磁感应强度} = \underline{\boldsymbol{B}} = \begin{bmatrix} B_x \\ B_y \\ B_z \end{bmatrix},$$

① 参见福布斯和马洪的著作（Forbes and Mahon, 2014）以及琼斯的著作（Jones, 1870）.

② 全文（已翻译成英文和中文等语言）可在互联网上免费下载，只需搜索论文标题即可.

其中每一种可能都与一个通量 2-形式通过式 (34.10) 相关，以及与一个 1-形式通过式 (34.14) 相关．对于电场，我们记其通量 2-形式为 $\boldsymbol{E}$，记其 1-形式为 $\boldsymbol{\epsilon}$：

$$\boldsymbol{E} = E_x(\mathbf{d}y \wedge \mathbf{d}z) + E_y(\mathbf{d}z \wedge \mathbf{d}x) + E_z(\mathbf{d}x \wedge \mathbf{d}y), \tag{34.18}$$

$$\boldsymbol{\epsilon} = E_x\mathbf{d}x + E_y\mathbf{d}y + E_z\mathbf{d}z. \tag{34.19}$$

我们对磁场做同样的处理，把磁场的通量 2-形式记为 $\boldsymbol{B}$，1-形式记为 $\boldsymbol{\beta}$：

$$\boldsymbol{B} = B_x(\mathbf{d}y \wedge \mathbf{d}z) + B_y(\mathbf{d}z \wedge \mathbf{d}x) + B_z(\mathbf{d}x \wedge \mathbf{d}y), \tag{34.20}$$

$$\boldsymbol{\beta} = B_x\mathbf{d}x + B_y\mathbf{d}y + B_z\mathbf{d}z. \tag{34.21}$$

正如爱因斯坦解释的（见上文），这些 2-形式和 1-形式都不是独立于观察者的绝对存在．也就是说，相对运动的观察者会对电场和磁场有不同的看法，他们也会对空间和时间有不同的看法，而这种不同恰恰使得物理现象独立于观察者的运动：只能有一个物理现实！

非常了不起，也非常漂亮！自然告诉我们，电和磁的 2-形式和 1-形式结合成单一的电磁 2-形式，它在时空中具有绝对意义！

它被称为[①]**法拉第 2-形式**，记作 $\boldsymbol{F}$：

$$\boldsymbol{F} = \text{法拉第 2-形式} = \boldsymbol{\epsilon} \wedge \mathbf{d}t + \boldsymbol{B}. \tag{34.22}$$

现在就来描述 $\boldsymbol{F}$（独立于观察者）的物理意义．

在 $\boldsymbol{F}$ 的第二个输入空位填入一个向量 $\boldsymbol{u}$，就会得到 $\boldsymbol{F}(\cdots,\boldsymbol{u})$．再在第一个输入空位填入一个向量，就会得到一个数．由此可见 $\boldsymbol{F}(\cdots,\boldsymbol{u})$ 是一个 1-形式．

我们将一个电荷 q 放进由 $\boldsymbol{F}$ 描述的电磁场．设质点在时空中的 4-速度向量为 $\boldsymbol{u}$，用 1-形式 $\boldsymbol{\pi}$ 表示它的动量，用 τ 表示固有时间（又称为"腕表时间"），则 $q\boldsymbol{F}(\cdots,\boldsymbol{u})$ 就表示作用于该质点的电磁力：

① 这是米斯纳、索恩和惠勒（Misner, Thorne, and Wheeler, 1973）使用的术语，但它不是通用的．例如，彭罗斯（Penrose, 2005）将 $\boldsymbol{F}$ 称为"麦克斯韦 2-形式"．稍后会解释，我们将**麦克斯韦 2-形式**的名称留给了另一种 2-形式．

$$\frac{\mathrm{d}\pi}{\mathrm{d}\tau} = q\boldsymbol{F}(\cdots, \boldsymbol{u}). \tag{34.23}$$

这是一个 1-形式，输入一个向量以后得到一个数，这个数在物理上表示电磁力沿输入向量方向的大小.

与此形成对比的是更复杂的公式：**洛伦茨力定律**①. 这是我们在电动力学导论中学到的，用于描述具有空间速度向量 $\boldsymbol{v}$ 的质点的空间动量向量 $\boldsymbol{p}$ 变化率：

$$\frac{\mathrm{d}\boldsymbol{p}}{\mathrm{d}t} = q(\underline{\boldsymbol{E}} + \boldsymbol{v} \times \underline{\boldsymbol{B}}).$$

在这个经典公式中，相对运动的不同观察者会对 $\boldsymbol{p}, \underline{\boldsymbol{E}}, \boldsymbol{v}, \underline{\boldsymbol{B}}$ 的值产生不同的看法！[关于这一点的详细讨论，请参阅米斯纳、索恩和惠勒的著作（Misner, Thorne, and Wheeler, 1973）3.3 节.] 与此对比，在时空几何中的法则 (34.23) 独立于观察者，更显优雅！

在介绍麦克斯韦 2-形式之前，我们先说明电磁学的**麦克斯韦方程组**，我们将把它分成两对方程.

第一对方程描述了无源情况下的电磁场（即电荷密度 ρ 是标量，此处为零；电流密度 $\underline{j}$ 是向量，此处为零向量）：

麦克斯韦无源方程组：
$$\nabla \cdot \underline{\boldsymbol{B}} = 0, \qquad \nabla \times \underline{\boldsymbol{E}} + \partial_t \underline{\boldsymbol{B}} = \boldsymbol{0}. \tag{34.24}$$

正如我们将在 36.6 节中看到的，当用法拉第 2-形式表示时，这两个方程会简化为优雅的单个方程.

第二对麦克斯韦方程描述了源产生的电磁场：

麦克斯韦有源方程组：
$$\nabla \cdot \underline{\boldsymbol{E}} = 4\pi\rho, \qquad \nabla \times \underline{\boldsymbol{B}} - \partial_t \underline{\boldsymbol{E}} = 4\pi\underline{\boldsymbol{j}}. \tag{34.25}$$

① 洛伦茨力是指运动电荷在电磁场中受到的作用力，由荷兰物理学家洛伦茨首先在电子论中作为基本假设引入. 洛伦茨力等于电场和磁场分别对运动电荷作用力的合力，表示为

$$\boldsymbol{F} = q(\underline{\boldsymbol{E}} + \boldsymbol{v} \times \underline{\boldsymbol{B}}).$$

所以 $\boldsymbol{F} = \frac{\mathrm{d}\boldsymbol{p}}{\mathrm{d}t}$，即洛伦茨力等于运动电荷空间动量关于时间的变化率. ——译者注

第二对方程也能简化为优雅的单个方程（将在 36.6 节中推导），但这一次采用了与 $\boldsymbol{F}$ 密切相关的一个不同的 2-形式，并表示为 $\star\boldsymbol{F}$. 这就是**麦克斯韦 2-形式**[①]，它几乎（但不完全）是法拉第 2-形式中电场和磁场互换作用的结果：

$$\star\boldsymbol{F} = \text{麦克斯韦 2-形式} = \boldsymbol{\beta} \wedge \mathbf{d}t - \boldsymbol{E}. \tag{34.26}$$

星形算子（$\star$）是前面提到的霍奇对偶算子，详见第 531 页习题 15. 它是一个纯数学运算，在 n 维空间中将 p-形式映射为 $(n-p)$-形式. 由于我们在四维空间中，$\star$ 将 2-形式的 $\boldsymbol{F}$ 映射到另一个 2-形式的 $\star\boldsymbol{F}$，即 $\boldsymbol{F}$ 的（**霍奇**）对偶. 如果我们第二次应用星形算子，换句话说，取麦克斯韦 2-形式的对偶，则会回到法拉第 2-形式（只是有一个负号）：

$$\star\star\boldsymbol{F} = -\boldsymbol{F}. \tag{34.27}$$

因此可以说，麦克斯韦和法拉第是彼此的对偶——如果两位科学家能看到这样的术语命名，相信他们一定会很开心.

① 正如第 436 页脚注 ① 所指出的，这个术语并不通用，彭罗斯（Penrose, 2005）称 $\boldsymbol{F}$ 为麦克斯韦 2-形式.

第 35 章　3-形式

35.1　3-形式需要三个维度

我们首先要认识到：3-形式只能存在于三维及以上的空间.

在 $\mathbb{R}^2$ 内，要建立一个 $\left\{\begin{smallmatrix}0\\3\end{smallmatrix}\right\}$ 阶张量 $\boldsymbol{H}$ 很容易. 例如，取任意一个 1-形式 φ，构作

$$\boldsymbol{H}=\varphi\otimes\varphi\otimes\varphi \quad\Longrightarrow\quad \boldsymbol{H}(\boldsymbol{v}_1,\boldsymbol{v}_2,\boldsymbol{v}_3)=\varphi(\boldsymbol{v}_1)\varphi(\boldsymbol{v}_2)\varphi(\boldsymbol{v}_3).$$

显然，这个张量是完全对称的，即交换任意一对输入向量都会得到同样的输出.

要构建一个 3-形式 $\varXi$，根据定义，就要求这个张量是完全反对称的，但这是不可能的！考虑 $\varXi$ 的分量：

$$\varXi_{ijk}=\varXi(\boldsymbol{e}_i,\boldsymbol{e}_j,\boldsymbol{e}_k).$$

但是，在 $\mathbb{R}^2$ 中只有两个基向量 $\{\boldsymbol{e}_1,\boldsymbol{e}_2\}$，这就意味着 $\varXi$ 有两个输入位要填入相同的向量，于是，反对称性就决定了输出为零.

要使得 $\varXi_{ijk}$ 不全为零，就必须要有三个不同的指标. 换言之，我们至少要有三个维度. 显然，同样的推理说明，p-形式的存在一般要求至少有 p 个维度.

我们也可以反过来思考，注意到，在 n 维空间中存在的最高次形式是 n-形式.

35.2　一个 2-形式与一个 1-形式的楔积

两个 1-形式的楔积就是一个 2-形式，现在我们尝试推广楔积的定义，以保证 2-形式 $\boldsymbol{\Psi}$ 和 1-形式 $\boldsymbol{\sigma}$ 相乘自动生成一个 3-形式 $\boldsymbol{\Psi}\wedge\boldsymbol{\sigma}$.

我们从最简单的（不幸的）可能开始猜测：下面这个等式如何？

$$(\boldsymbol{\Psi}\wedge\boldsymbol{\sigma})(\boldsymbol{v}_1,\boldsymbol{v}_2,\boldsymbol{v}_3)\overset{???}{=}\boldsymbol{\Psi}(\boldsymbol{v}_1,\boldsymbol{v}_2)\boldsymbol{\sigma}(\boldsymbol{v}_3).$$

好吧，这个表达式显然对于 $\boldsymbol{v}_1\leftrightarrow\boldsymbol{v}_2$ 是反对称的，但对于 $\boldsymbol{v}_2\leftrightarrow\boldsymbol{v}_3$ 不是反对称的，所以我们用在式 (33.8) 中用过的技巧来建立反对称性，即减去 $\boldsymbol{v}_2\leftrightarrow\boldsymbol{v}_3$ 情况下的相同表达式：

$$(\boldsymbol{\Psi}\wedge\boldsymbol{\sigma})(\boldsymbol{v}_1,\boldsymbol{v}_2,\boldsymbol{v}_3)\overset{???}{=}\boldsymbol{\Psi}(\boldsymbol{v}_1,\boldsymbol{v}_2)\boldsymbol{\sigma}(\boldsymbol{v}_3)-\boldsymbol{\Psi}(\boldsymbol{v}_1,\boldsymbol{v}_3)\boldsymbol{\sigma}(\boldsymbol{v}_2)?$$

但是，第二项破坏了关于 $\boldsymbol{v}_1\leftrightarrow\boldsymbol{v}_2$ 的反对称性. 所以，重复同样的技巧，再减去 $\boldsymbol{v}_1\leftrightarrow\boldsymbol{v}_2$ 情况下的项：

$$(\boldsymbol{\Psi}\wedge\boldsymbol{\sigma})(\boldsymbol{v}_1,\boldsymbol{v}_2,\boldsymbol{v}_3)\overset{???}{=\!=}\boldsymbol{\Psi}(\boldsymbol{v}_1,\boldsymbol{v}_2)\boldsymbol{\sigma}(\boldsymbol{v}_3)-[\boldsymbol{\Psi}(\boldsymbol{v}_1,\boldsymbol{v}_3)\boldsymbol{\sigma}(\boldsymbol{v}_2)-\boldsymbol{\Psi}(\boldsymbol{v}_2,\boldsymbol{v}_3)\boldsymbol{\sigma}(\boldsymbol{v}_1)]?$$

这样就成功了！

$$(\boldsymbol{\Psi}\wedge\boldsymbol{\sigma})(\boldsymbol{v}_1,\boldsymbol{v}_2,\boldsymbol{v}_3)=\boldsymbol{\Psi}(\boldsymbol{v}_1,\boldsymbol{v}_2)\boldsymbol{\sigma}(\boldsymbol{v}_3)+\boldsymbol{\Psi}(\boldsymbol{v}_3,\boldsymbol{v}_1)\boldsymbol{\sigma}(\boldsymbol{v}_2)+\boldsymbol{\Psi}(\boldsymbol{v}_2,\boldsymbol{v}_3)\boldsymbol{\sigma}(\boldsymbol{v}_1). \tag{35.1}$$

注意：公式中向量的这种循环排列便于记忆.

我们可以用同样的技巧来定义一个看似不同的 3-形式 $\boldsymbol{\sigma}\wedge\boldsymbol{\Psi}$，但它其实与 3-形式 $\boldsymbol{\Psi}\wedge\boldsymbol{\sigma}$ 相同！要知道为什么，只需将式 (35.1) 右边每一项中的 $\boldsymbol{\sigma}(\boldsymbol{v}_i)$ 移到前面，就容易看出循环排列保持不变：

$$(\boldsymbol{\sigma}\wedge\boldsymbol{\Psi})(\boldsymbol{v}_1,\boldsymbol{v}_2,\boldsymbol{v}_3)=\boldsymbol{\sigma}(\boldsymbol{v}_1)\boldsymbol{\Psi}(\boldsymbol{v}_2,\boldsymbol{v}_3)+\boldsymbol{\sigma}(\boldsymbol{v}_2)\boldsymbol{\Psi}(\boldsymbol{v}_3,\boldsymbol{v}_1)+\boldsymbol{\sigma}(\boldsymbol{v}_3)\boldsymbol{\Psi}(\boldsymbol{v}_1,\boldsymbol{v}_2). \tag{35.2}$$

因此，尽管两个 1-形式的楔积是反对称的，即

$$\boldsymbol{\varphi}\wedge\boldsymbol{\psi}=-(\boldsymbol{\psi}\wedge\boldsymbol{\varphi}),$$

一个 2-形式 $\boldsymbol{\Psi}$ 和一个 1-形式 $\boldsymbol{\sigma}$ 的楔积却是对称的：

$$\boldsymbol{\Psi}\wedge\boldsymbol{\sigma}=\boldsymbol{\sigma}\wedge\boldsymbol{\Psi}.$$

下面是我们很快就会证明的一般规则：

$$\text{若 }\boldsymbol{\Psi}\text{ 是一个 }p\text{-形式，}\boldsymbol{\Omega}\text{ 是一个 }q\text{-形式，则 }\boldsymbol{\Psi}\wedge\boldsymbol{\Omega}=(-1)^{p+q}\boldsymbol{\Omega}\wedge\boldsymbol{\Psi}. \tag{35.3}$$

你可以很容易地检验前面的两个公式是否符合这条规则.

假设规则 (35.3) 为真，我们还能推导出，如果 $\boldsymbol{\Omega}$ 是奇数次的形式，则 [练习]

$$\boldsymbol{\Omega}\wedge\boldsymbol{\Omega}=\mathbf{0}. \tag{35.4}$$

当然，1-形式的楔积是这种现象的第一个例子：$\boldsymbol{\psi}\wedge\boldsymbol{\psi}=\mathbf{0}$.

35.3　体积 3-形式

现在令 $\boldsymbol{\Psi}=\mathbf{d}x^1\wedge\mathbf{d}x^2$ 和 $\boldsymbol{\sigma}=\mathbf{d}x^3$，定义体积 3-形式为

$$\mathcal{V}\equiv(\mathbf{d}x^1\wedge\mathbf{d}x^2)\wedge\mathbf{d}x^3. \tag{35.5}$$

现在我们证明 $\mathcal{V}$ 是名副其实的.

再看一下以 $\boldsymbol{u},\boldsymbol{v},\underline{\boldsymbol{\Omega}}$ 为棱的平行六面体的体积的标准公式 (34.17). 如果把 3-形式 $\mathcal{V}$ 应用到这三个向量上，那么式 (35.1) 就会产生

$$\begin{aligned}
\mathcal{V}(\boldsymbol{u},\boldsymbol{v},\underline{\boldsymbol{\Omega}}) &= [(\mathbf{d}x^1\wedge\mathbf{d}x^2)\wedge\mathbf{d}x^3](\boldsymbol{u},\boldsymbol{v},\underline{\boldsymbol{\Omega}})\\
&= (\mathbf{d}x^1\wedge\mathbf{d}x^2)(\boldsymbol{u},\boldsymbol{v})\mathbf{d}x^3(\underline{\boldsymbol{\Omega}})+(\mathbf{d}x^1\wedge\mathbf{d}x^2)(\boldsymbol{v},\underline{\boldsymbol{\Omega}})\mathbf{d}x^3(\boldsymbol{u})+\\
&\quad (\mathbf{d}x^1\wedge\mathbf{d}x^2)(\underline{\boldsymbol{\Omega}},\boldsymbol{u})\mathbf{d}x^3\boldsymbol{v}\\
&= (u^1v^2-u^2v^1)\Omega^3+(v^1\Omega^2-v^2\Omega^1)u^3+(\Omega^1u^2-\Omega^2u^1)v^3\\
&= \Omega^1(u^2v^3-u^3v^2)+\Omega^2(u^3v^1-u^1v^3)+\Omega^3(u^1v^2-u^2v^1)\\
&= \boldsymbol{\Omega}(\boldsymbol{u},\boldsymbol{v})\\
&= \text{以 } \boldsymbol{u},\boldsymbol{v},\underline{\boldsymbol{\Omega}} \text{ 为棱的平行六面体的体积}.
\end{aligned}$$

我们会看到三个 1-形式的楔积服从结合律，所以体积 3-形式可以表示为

$$(\mathbf{d}x^1\wedge\mathbf{d}x^2)\wedge\mathbf{d}x^3=\mathbf{d}x^1\wedge\mathbf{d}x^2\wedge\mathbf{d}x^3=\mathbf{d}x^1\wedge(\mathbf{d}x^2\wedge\mathbf{d}x^3).$$

35.4 球极坐标中的 3-形式

在空间中做三重积分时，规则 (35.3) 再次让我们想起了一个经典的表达式，即把体积元素写成 $\mathrm{d}\mathcal{V}=\mathrm{d}x\,\mathrm{d}y\,\mathrm{d}z$. 形式与这种经典表达式的联系是明显的，就像前面一样: 把 $\mathbf{d}x\wedge\mathbf{d}y\wedge\mathbf{d}z$ 应用到一个以 $\delta x,\delta y,\delta z$ 为棱的小盒子的向量棱，我们就得到了它的体积 $\delta\mathcal{V}=\delta x\,\delta y\,\delta z$.

如果变换到球极坐标系 (r,ϕ,ϑ) 中，则经典的体积元素就变成了

$$\mathrm{d}\mathcal{V}=r^2\sin\phi\ \mathrm{d}r\ \mathrm{d}\phi\ \mathrm{d}\vartheta.$$

图 35-1 包含了一个直接的几何证明，帮助我们理解这个结果. 请注意，图 35-1 还提供了坐标变化的公式：因为球面上的一点到连接南北极的直线（即 z 轴）的距离是 $\rho=r\sin\phi$，所以

$$\begin{aligned}
x&=\rho\cos\vartheta=(r\sin\phi)\cos\vartheta,\\
y&=\rho\sin\vartheta=(r\sin\phi)\sin\vartheta,\\
z&=r\cos\phi.
\end{aligned}$$

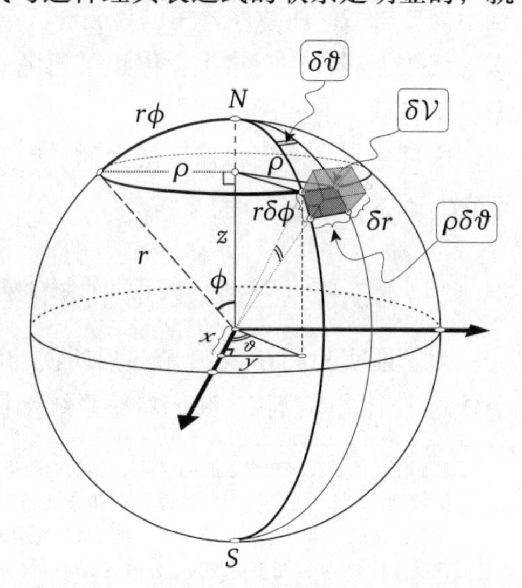

图 35-1 $\delta V\asymp\delta r(r\delta\phi)(\rho\delta\vartheta)=r^2\sin\phi\,\delta r\,\delta\phi\,\delta\vartheta$ 的几何证明，以及 x,y,z 的变换公式的推导

最后，请注意，已经选择的坐标 (r,ϕ,ϑ) 的顺序[1]使得因坐标的微小增加而产生的移动服从右手定则．确保你能看清这一点．

对于更复杂的坐标变换，我们通常不得不计算雅可比行列式．现在好了，可以另辟蹊径！

让我们用球极坐标的例子来演示体积 3-形式（在更困难的情况下）如何节省我们的时间，便于记忆，甚至让我们少费脑筋！

好的，稍微思考一下肯定是有帮助的：当将下面的楔积乘出来时，我们只是在寻找获得 $\mathbf{d}r\wedge\mathbf{d}\phi\wedge\mathbf{d}\vartheta$ 的方法，因为所有其他项都消失了．在计算的最后，我们记 $c_\vartheta\equiv\cos\vartheta$，等等，以节省空间，建议你私下用纸笔做验算练习时也使用这些记号，它们确实很是明确、方便．

$$
\begin{aligned}
\mathbf{d}x\wedge\mathbf{d}y\wedge\mathbf{d}z &= \mathbf{d}(r\sin\phi\cos\vartheta)\wedge\mathbf{d}(r\sin\phi\sin\vartheta)\wedge\mathbf{d}(r\cos\phi)\\
&=[(\mathbf{d}r)\sin\phi\cos\vartheta+r\cos\phi\,\mathbf{d}\phi\cos\vartheta-r\sin\phi\sin\vartheta\,\mathbf{d}\vartheta]\\
&\wedge[(\mathbf{d}r)\sin\phi\sin\vartheta+r\cos\phi\,\mathbf{d}\phi\sin\vartheta+r\sin\phi\cos\vartheta\,\mathbf{d}\vartheta]\\
&\wedge[(\mathbf{d}r)\cos\phi-r\sin\phi\,\mathbf{d}\phi]\\
&=r^2\sin\phi\left[s_\phi^2c_\vartheta^2+s_\phi^2s_\vartheta^2+c_\phi^2s_\vartheta^2+c_\phi^2c_\vartheta^2\right]\mathbf{d}r\wedge\mathbf{d}\phi\wedge\mathbf{d}\vartheta\\
&=r^2\sin\phi\,\mathbf{d}r\wedge\mathbf{d}\phi\wedge\mathbf{d}\vartheta.
\end{aligned}
$$

几何思维使得我们能够理解这个结果，而"魔鬼机器"只能给我们答案，而且不需要思考．注意序幕里的警告："……这就是我们的灵魂所遭受的危险：一旦跨入代数计算，你基本上就停止了思考．当你止步于几何思考时，你也就不再考虑真正有意义的问题了．"

这只是对"魔鬼机器"威力的一瞥．你必须保持坚定，时刻警惕，以免屈服于它的诱惑，失去灵魂！

35.5 三个 1-形式的楔积，p 个 1-形式的楔积

为了证实我们在 35.3 节最后所说的结合律，下面来推广这个讨论，并定义三个任意 1-形式的楔积．我们希望系统地标记这三个 1-形式，避免与分量产生任何

[1] 我们使用的是美国数学家的（逻辑！）惯例，即 ϑ 表示 (x,y) 平面内的角度，就像在 $\mathbb{R}^2$ 中一样．然而，英国数学家和基本上所有科学家说的 ϑ 和 ϕ 的意思都是反过来的，因此他们的坐标顺序和体积 3-形式的顺序与此不同．实际上，采用物理学家的选择有引人注目的历史原因——让人立即想到球谐函数．如果我们都同意将 $\mathbb{R}^2$ 中的角度更改为 ϕ，冲突就可以解决！德雷（Dray, 2015）是该解决方案的一个罕见而勇敢的采纳者．（球谐函数是近代数学的一个著名函数，在量子力学、计算机图形学等方面有广泛的应用，又称为球面调和函数．n 元 k 次球谐函数是 n 元 k 次齐次多项式在单位球面 S^{n-1} 上的限制．特别一提，当 $n=3$ 时，它就是经典的球面函数，即用变量分离法求解球极坐标系的拉普拉斯方程过程中产生的一种特殊函数．——译者注）

可能的混淆，所以我们将它们记为 $\underset{1}{\boldsymbol{\sigma}}, \underset{2}{\boldsymbol{\sigma}}, \underset{3}{\boldsymbol{\sigma}}$.

在式 (35.1) 中，令 $\boldsymbol{\Psi} = \underset{1}{\boldsymbol{\sigma}} \wedge \underset{2}{\boldsymbol{\sigma}}$ 就可以得到求 $\underset{1}{\boldsymbol{\sigma}} \wedge \underset{2}{\boldsymbol{\sigma}} \wedge \underset{3}{\boldsymbol{\sigma}}$ 的公式，但推广几何映射 (35.5) 以及图 34-2 中的几何解释更简单.

也就是说，我们用这三个 1-形式来定义从 $\mathbb{R}^n$ 中的向量 $\boldsymbol{v}$ 到 $\mathbb{R}^3$ 中的向量 $F(\boldsymbol{v})$ 的映射 F：

$$\boldsymbol{v} \longrightarrow F(\boldsymbol{v}) \equiv \begin{bmatrix} \underset{1}{\boldsymbol{\sigma}}(\boldsymbol{v}) \\ \underset{2}{\boldsymbol{\sigma}}(\boldsymbol{v}) \\ \underset{3}{\boldsymbol{\sigma}}(\boldsymbol{v}) \end{bmatrix}. \tag{35.6}$$

因此，$\mathbb{R}^n$ 中一个以 $\boldsymbol{v}_1, \boldsymbol{v}_2, \boldsymbol{v}_3$ 为棱的平行六面体，被 F 映射到 $\mathbb{R}^3$ 中一个以 $F(\boldsymbol{v}_1)$, $F(\boldsymbol{v}_2), F(\boldsymbol{v}_3)$ 为棱的平行六面体. 类似于图 34-2，我们可以定义 $\underset{1}{\boldsymbol{\sigma}} \wedge \underset{2}{\boldsymbol{\sigma}} \wedge \underset{3}{\boldsymbol{\sigma}}$ 为 $\mathbb{R}^3$ 中的像平行六面体的体积算子：

$$\left[\underset{1}{\boldsymbol{\sigma}} \wedge \underset{2}{\boldsymbol{\sigma}} \wedge \underset{3}{\boldsymbol{\sigma}}\right](\boldsymbol{v}_1, \boldsymbol{v}_2, \boldsymbol{v}_3) = \det \begin{bmatrix} | & | & | \\ F(\boldsymbol{v}_1) & F(\boldsymbol{v}_2) & F(\boldsymbol{v}_3) \\ | & | & | \end{bmatrix}. \tag{35.7}$$

显然，可以立即推广这个定义来定义 p 个 1-形式的楔积：

$$\left[\underset{1}{\boldsymbol{\sigma}} \wedge \cdots \wedge \underset{p}{\boldsymbol{\sigma}}\right](\boldsymbol{v}_1, \cdots, \boldsymbol{v}_p) = \det \begin{bmatrix} | & \cdots & | \\ F(\boldsymbol{v}_1) & \cdots & F(\boldsymbol{v}_p) \\ | & \cdots & | \end{bmatrix}.$$

式 (35.7) 描述了 3-形式对三个向量的作用，我们是否可以通过抽出输入向量来揭示 3-形式本身的秘密呢？当然可以，但是需要借助张量积，就像我们最初在式 (34.3) 中直接用张量积来定义两个 1-形式的楔积那样.

为了达到目的，我们必须试着写出一个表达式，使得它关于每一对 1-形式的交换都是反对称的. 可以从式 (35.7) 开始 [练习]，但正面解决这个问题实际上更简单. 在研究答案之前，你自己可以试试这个方法：

$$\underset{1}{\sigma}\wedge\underset{2}{\sigma}\wedge\underset{3}{\sigma}= \underset{1}{\sigma}\otimes\underset{2}{\sigma}\otimes\underset{3}{\sigma}+\underset{2}{\sigma}\otimes\underset{3}{\sigma}\otimes\underset{1}{\sigma}+\underset{3}{\sigma}\otimes\underset{1}{\sigma}\otimes\underset{2}{\sigma}$$
$$-\underset{2}{\sigma}\otimes\underset{1}{\sigma}\otimes\underset{3}{\sigma}-\underset{3}{\sigma}\otimes\underset{2}{\sigma}\otimes\underset{1}{\sigma}-\underset{1}{\sigma}\otimes\underset{3}{\sigma}\otimes\underset{2}{\sigma}. \tag{35.8}$$

请注意，第一行中的三个正项是对 123 的循环排列，第二行中的三个负项是非循环排列. 第二行中的每一项都是通过交换其正上方循环排列项的前两个 1-形式获得的. ①

请检查一下式 (35.8) 是否确实等价于式 (35.7).

35.6 基底 3-形式

正如 $\{\mathbf{d}x^i\wedge\mathbf{d}x^j\}$ 形成了 2-形式的基底，$\{\mathbf{d}x^i\wedge\mathbf{d}x^j\wedge\mathbf{d}x^k\}$ 形成了 3-形式的基底. 在 $\mathbb{R}^3$ 中只有一个 3-形式基，即体积 3-形式 $\mathcal{V}=\mathbf{d}x^1\wedge\mathbf{d}x^2\wedge\mathbf{d}x^3$. $\mathbb{R}^3$ 中的 3-形式都是 $\mathcal{V}$ 的倍数.

然而，在 $\mathbb{R}^4$ 中，有四个不同的 3-形式基. 一般的 3-形式 $\boldsymbol{\Omega}$ 可以分解为如下分量:

$$\begin{aligned}\boldsymbol{\Omega}=\Omega_{123}(\mathbf{d}x^1\wedge\mathbf{d}x^2\wedge\mathbf{d}x^3)+\Omega_{234}(\mathbf{d}x^2\wedge\mathbf{d}x^3\wedge\mathbf{d}x^4)\\+\Omega_{341}(\mathbf{d}x^3\wedge\mathbf{d}x^4\wedge\mathbf{d}x^1)+\Omega_{412}(\mathbf{d}x^4\wedge\mathbf{d}x^1\wedge\mathbf{d}x^2).\end{aligned}$$

现在我们使用这些分量来解释规则 (35.3). 为了使论证更具体，取 $p=2$ 和 $q=3$，令 $\boldsymbol{\Psi}$ 是一个 2-形式，$\boldsymbol{\Omega}$ 是一个 3-形式. 当形成 $\boldsymbol{\Psi}\wedge\boldsymbol{\Omega}$ 时，我们用 $\boldsymbol{\Psi}$ 的典型分量 $\mathbf{d}x^{j_1}\wedge\mathbf{d}x^{j_2}$ 乘以 $\boldsymbol{\Omega}$ 的典型分量 $\mathbf{d}x^{k_1}\wedge\mathbf{d}x^{k_2}\wedge\mathbf{d}x^{k_3}$.（假设我们在五维以上的空间中，否则这个乘积就恒为零了!）

现在把这个乘积转换成反向乘积 $\boldsymbol{\Omega}\wedge\boldsymbol{\Psi}$ 来看看. 为了做到这一点，我们必须首先将 $\mathbf{d}x^{j_2}$ 越过三个 1-形式移动到它们的右侧，每一次交换次序都会让正负号改变一次:

$$\begin{aligned}(\mathbf{d}x^{j_1}\wedge\mathbf{d}x^{j_2})\wedge(\mathbf{d}x^{k_1}\wedge\mathbf{d}x^{k_2}\wedge\mathbf{d}x^{k_3})&=-\mathbf{d}x^{j_1}\wedge\mathbf{d}x^{k_1}\wedge\mathbf{d}x^{j_2}\wedge\mathbf{d}x^{k_2}\wedge\mathbf{d}x^{k_3}\\&=+\mathbf{d}x^{j_1}\wedge\mathbf{d}x^{k_1}\wedge\mathbf{d}x^{k_2}\wedge\mathbf{d}x^{j_2}\wedge\mathbf{d}x^{k_3}\\&=-\mathbf{d}x^{j_1}\wedge(\mathbf{d}x^{k_1}\wedge\mathbf{d}x^{k_2}\wedge\mathbf{d}x^{k_3})\wedge\mathbf{d}x^{j_2}.\end{aligned}$$

在 $q=3$ 的情况下，结果是 $(-1)^3=-1$. 在一般情况下，这个因子是 $(-1)^q$. 为了将 $\boldsymbol{\Psi}\wedge\boldsymbol{\Omega}$ 翻转生成 $\boldsymbol{\Omega}\wedge\boldsymbol{\Psi}$，还必须将 $\mathbf{d}x^{j_1}$ 移过 $\boldsymbol{\Omega}$ 的三个 1-形式，使得整个

① 在线性代数中，第一行中（奇数个数的）循环排列称为偶排列，第二行中（奇数个数的）反向循环排列称为奇排列. 记 $\sigma(ijk)$ 为 ijk 的逆序数（若 $i>j$，则称为一个逆序，逆序数即 ijk 的逆序个数），则式 (35.8) 可写成 $\underset{1}{\sigma}\wedge\underset{2}{\sigma}\wedge\underset{3}{\sigma}=\sum(-1)^{\sigma(ijk)}\underset{i}{\sigma}\otimes\underset{j}{\sigma}\otimes\underset{k}{\sigma}$. 所以，这个定义类似于行列式的展开式.（在电力工程中，将第一行中这样的循环项称为正序循环，第二行中的项称为反序循环. ——译者注）

$\mathbf{d}x^{j_1}\wedge\mathbf{d}x^{j_2}$ 都移到到右边．这样，我们就得到了第二个因子 $(-1)^q$．在一般情况下，我们必须对 $\boldsymbol{\Psi}$ 的 p 个 1-形式中的每一个重复该步骤，产生 p 个相同的因子 $(-1)^q$．所以，净因子为 $(-1)^{pq}$，这样就完成了对规则 (35.3) 的证明．

35.7 $\boldsymbol{\Psi}\wedge\boldsymbol{\Psi}\neq\mathbf{0}$ 可能吗?

我们已经证明的规则 (35.3) 有一个推论 (35.4)：如果 $\boldsymbol{\Psi}$ 是奇数次的，则 $\boldsymbol{\Psi}\wedge\boldsymbol{\Psi}=\mathbf{0}$.

因此，如果 $\boldsymbol{\Psi}\wedge\boldsymbol{\Psi}\neq\mathbf{0}$ 是可能的，则 $\boldsymbol{\Psi}$ 必须是偶数次的．最简单情形是 2-形式 $\boldsymbol{\Psi}$，在这种情况下 $\boldsymbol{\Psi}\wedge\boldsymbol{\Psi}$ 是一个 4-形式．而 4-形式能存在的最小维数是 4，所以我们设 $\boldsymbol{\Psi}$ 是时空中的 2-形式，坐标为 (t,x,y,z).

考虑

$$\boldsymbol{\Psi}=\mathbf{d}t\wedge\mathbf{d}x+\mathbf{d}y\wedge\mathbf{d}z.$$

设 $\mathcal{V}$ 为时空中的体积 4-形式，则我们有 [练习]

$$\boldsymbol{\Psi}\wedge\boldsymbol{\Psi}=2\mathbf{d}t\wedge\mathbf{d}x\wedge\mathbf{d}y\wedge\mathbf{d}z=2\mathcal{V}.$$

第 36 章　微分学

36.1　1-形式的外导数

在形式的讨论中，函数 f 被认为是 0-形式. 当将**外导数 d** 作用于 f 时，它产生 f 的梯度 1-形式 $\mathbf{d}f$，用它可以计算出 f 在每一个可能的方向上变化得有多快.

如果想知道 f 沿特定方向 $\boldsymbol{u}$ 的变化率，就把它作为一个问题提交给神奇的 1-形式 $\mathbf{d}f$，而它宣布的答案就是式 (32.11)：

$$\mathbf{d}f(\boldsymbol{u})=\nabla_{\boldsymbol{u}}f.$$

总而言之，用 $\mathbf{d}$ 可以算出每一个可能方向上的变化率，它将 0-形式 f 的次数增加 1，使得可以再输入一个向量，算出 0-形式 f 沿着这个向量的变化率.

这种方式表明，我们的任务很明确：必须推广 $\mathbf{d}$ 的定义，使之可以作用于 p-形式 $\boldsymbol{\Psi}$，从而产生 $(p+1)$-形式 $\mathbf{d}\boldsymbol{\Psi}$，并且用这个 $(p+1)$-形式算出 $\boldsymbol{\Psi}$ 在每一个方向上的变化率.

按照我们的习惯，应该从最简单的情况开始，循序渐进. 因此，我们尝试通过求 1-形式 φ 的导数获得 2-形式的 $\mathbf{d}\varphi$，然后将它们作用于一对向量 $\boldsymbol{u}$ 和 $\boldsymbol{v}$.

为了使变化率有意义，必须假设 1-形式及它所作用的向量至少在我们寻求变化率的点的附近有定义. 因此，我们将 φ 设为 1-形式场，将 $\boldsymbol{u}$ 和 $\boldsymbol{v}$ 设为向量场.

首先假设我们想知道 φ 沿方向 $\boldsymbol{u}$ 的变化率，并希望 $\mathbf{d}$ 再次扮演它在 $\mathbf{d}f=\nabla_{\boldsymbol{u}}f$ 中的角色. 由于 $\boldsymbol{v}$ 是剧中唯一的其他向量，要考虑其变化率的函数只能是 $\varphi(\boldsymbol{v})$. 换句话说，我们本质上不得不考虑 $\varphi(\boldsymbol{v})$ 沿 $\boldsymbol{u}$ 的变化率：

$$\nabla_{\boldsymbol{u}}\varphi(\boldsymbol{v}).$$

尽管有了一个很好的开始，但是我们要求 $\mathbf{d}\varphi$ 是一个 2-形式，所以它作用于向量对 $\boldsymbol{u}$ 和 $\boldsymbol{v}$ 生成的 $\mathbf{d}\varphi(\boldsymbol{u},\boldsymbol{v})$ 必须关于这对向量是反对称的，但这个表达式不是反对称的. 因此，我们使用了一种现在应该很熟悉的伎俩：通过减去 $\boldsymbol{u}\leftrightarrow\boldsymbol{v}$ 情况下的相同表达式，使之具有反对称性：

$$\nabla_{\boldsymbol{u}}\varphi(\boldsymbol{v})-\nabla_{\boldsymbol{v}}\varphi(\boldsymbol{u}).\tag{36.1}$$

这个表达式关于两个输入向量是反对称的，所以我们很接近正确答案了，但这仍然不是正确答案.

问题是，我们要用 $\mathbf{d}\varphi$ 来计算 1-形式 φ（在每一个方向上）的变化率，而向量场 $\boldsymbol{u}$ 和 $\boldsymbol{v}$ 应该与此无关. 然而，在我们详细研究这个问题之前，就能明显看到，$\varphi(\boldsymbol{v})$ 的变化将取决于 φ 的变化（这是我们关心的）以及 $\boldsymbol{v}$ 的变化（这是我们不关心的）.

为了定义外导数 $\mathbf{d}\varphi$，我们必须弄清 $\boldsymbol{u}$ 和 $\boldsymbol{v}$ 的变化对式 (36.1) 有什么影响，而这是我们不需要的，所以必须完全消除这些影响！

为了达到这个目的，我们利用对应于 φ 的向量 $\underline{\varphi}$ 来表示它对向量的作用，正如在式 (34.15) 中所做的那样：

$$\varphi(\boldsymbol{u}) = \underline{\varphi} \bullet \boldsymbol{u}.$$

于是，

$$\begin{aligned}
\nabla_u \varphi(\boldsymbol{v}) - \nabla_v \varphi(\boldsymbol{u}) &= \nabla_u(\underline{\varphi} \bullet \boldsymbol{v}) - \nabla_v(\underline{\varphi} \bullet \boldsymbol{u}) \\
&= \left\{\boldsymbol{v} \bullet \nabla_u \underline{\varphi} - \boldsymbol{u} \bullet \nabla_v \underline{\varphi}\right\} + \left\{\underline{\varphi} \bullet \nabla_u \boldsymbol{v} - \underline{\varphi} \bullet \nabla_v \boldsymbol{u}\right\} \\
&= \left\{\boldsymbol{v} \bullet \nabla_u \underline{\varphi} - \boldsymbol{u} \bullet \nabla_v \underline{\varphi}\right\} + \left\{\underline{\varphi} \bullet [\boldsymbol{u}, \boldsymbol{v}]\right\} \\
&= \left\{\boldsymbol{v} \bullet \nabla_u \underline{\varphi} - \boldsymbol{u} \bullet \nabla_v \underline{\varphi}\right\} + \varphi([\boldsymbol{u}, \boldsymbol{v}]),
\end{aligned}$$

其中 $[\boldsymbol{u}, \boldsymbol{v}]$ 是第 332 页图 29-7 描绘的**换位子**.

最后一项 $\varphi([\boldsymbol{u}, \boldsymbol{v}])$ 包含了两个向量场的变化——这是必须完全消除的，只留下第一个括号中的项用来定义作为 φ 的外导数 $\mathbf{d}\varphi$.

用向量对应法作为垫脚石之后，现在可以不用对应向量了，只用 1-形式 φ 来表示最终结果：

$$\boxed{\mathbf{d}\varphi(\boldsymbol{u}, \boldsymbol{v}) = \nabla_u \varphi(\boldsymbol{v}) - \nabla_v \varphi(\boldsymbol{u}) - \varphi([\boldsymbol{u}, \boldsymbol{v}]).} \tag{36.2}$$

这个公式是用几何方式定义的，与任何基和坐标的选择无关，这是它的一个优点. 然而，我们也认为这个公式存在两个问题：(1) 从美学上看，它复杂得令人失望；(2) 从哲学上看，它的含义非常模糊. 我们将立即解决第一个问题，在本章稍后再讨论第二个问题，并在下一章中在更深层次上进一步讨论它.

简化式 (36.2) 的关键是将向量完全消除，留下 2-形式 $\mathbf{d}\varphi$ 本身. 既然已经费了这么大的力气弄清了式 (36.2) 与向量场的变化无关，那么就可以简单地选择向量场是不变的，使得它们的换位子为零. 接下来，假设已经选择了一组基，使我们能够用 1-形式的笛卡儿基 $\{\mathbf{d}x^k\}$ 来表示公式.

在这种情况下，记 $\varphi = \varphi_i \mathbf{d}x^i$，以及 $\partial_k \equiv \partial_{x^k}$，我们发现式 (36.2) 可简化为

$$\begin{aligned}\mathbf{d}\varphi(\boldsymbol{u},\boldsymbol{v}) &= \nabla_{\boldsymbol{u}}\varphi(\boldsymbol{v}) - \nabla_{\boldsymbol{v}}\varphi(\boldsymbol{u}) \\ &= u^i\partial_i(v^j\varphi_j) - v^i\partial_i(u^j\varphi_j) \\ &= u^i v^j \partial_i\varphi_j - u^j v^i \partial_i\varphi_j \\ &= \partial_i\varphi_j\left\{\mathbf{d}x^i(\boldsymbol{u})\mathbf{d}x^j(\boldsymbol{v}) - \mathbf{d}x^j(\boldsymbol{u})\mathbf{d}x^i(\boldsymbol{v})\right\} \\ &= \partial_i\varphi_j(\mathbf{d}x^i \wedge \mathbf{d}x^j)(\boldsymbol{u},\boldsymbol{v}).\end{aligned}$$

所以，消去任意向量场就得到

$$\mathbf{d}\varphi = \partial_i\varphi_j(\mathbf{d}x^i \wedge \mathbf{d}x^j). \tag{36.3}$$

好极了！

我们还可以做得更好！由于 $\mathbf{d}f = \partial_i f\,\mathbf{d}x^i$，我们可以推出算子 $\mathbf{d}$ 的作用具有以下优雅、自然并且非常实用的表达式：

$$\mathbf{d}\varphi = \mathbf{d}(\varphi_j\mathbf{d}x^j) = \mathbf{d}\varphi_j \wedge \mathbf{d}x^j. \tag{36.4}$$

36.2 2-形式和 p-形式的外导数

下一步应该是尝试找到 $\mathbf{d}$ 在 2-形式 $\boldsymbol{\Psi}$ 上的作用. 这应该是一个 3-形式，接受三个向量场 $\boldsymbol{v}_1, \boldsymbol{v}_2, \boldsymbol{v}_3$ 作为输入. 显然，$\mathbf{d}\boldsymbol{\Psi}(\boldsymbol{v}_1, \boldsymbol{v}_2, \boldsymbol{v}_3)$ 应该由 $\nabla_{\boldsymbol{v}_1}\boldsymbol{\Psi}(\boldsymbol{v}_2, \boldsymbol{v}_3)$ 这样的元素构建，但是如何构建呢？

$\mathbf{d}$ 使得形式的次数增加 1，所以它类似于一个 1-形式. 构作 $\mathbf{d}\boldsymbol{\Psi}(\boldsymbol{v}_1, \boldsymbol{v}_2, \boldsymbol{v}_3)$ 的答案可以在之前构作 1-形式和 2-形式的楔积过程中找到，如式 (35.2) 所示. 假设我们从常向量场开始，因此发现

$$\mathbf{d}\boldsymbol{\Psi}(\boldsymbol{v}_1, \boldsymbol{v}_2, \boldsymbol{v}_3) = \nabla_{\boldsymbol{v}_1}\boldsymbol{\Psi}(\boldsymbol{v}_2, \boldsymbol{v}_3) + \nabla_{\boldsymbol{v}_2}\boldsymbol{\Psi}(\boldsymbol{v}_3, \boldsymbol{v}_1) + \nabla_{\boldsymbol{v}_3}\boldsymbol{\Psi}(\boldsymbol{v}_1, \boldsymbol{v}_2).$$

同样，我们可以以一种令人满意的方式简化这个公式，通过消去向量来展示 3-形式本身. 我们发现 [练习] 式 (36.4) 可以被推广成一个更大的范式：

$$\mathbf{d}\boldsymbol{\Psi} = \mathbf{d}(\Psi_{ij}\mathbf{d}x^i \wedge \mathbf{d}x^j) = \mathbf{d}\Psi_{ij} \wedge \mathbf{d}x^i \wedge \mathbf{d}x^j. \tag{36.5}$$

现在就弄清楚了 $\mathbf{d}$ 是如何作用于 p-形式 $\boldsymbol{\Phi}$，从而创建 $(p+1)$-形式 $\mathbf{d}\boldsymbol{\Phi}$ 的：

$$\boldsymbol{d\Phi} = \mathbf{d}\left(\Phi_{i_1\dots i_p}\mathbf{d}x^{i_1}\wedge\cdots\wedge\mathbf{d}x^{i_p}\right) = \mathbf{d}\Phi_{i_1\dots i_p}\wedge\mathbf{d}x^{i_1}\wedge\cdots\wedge\mathbf{d}x^{i_p}. \tag{36.6}$$

36.3 形式的莱布尼茨法则

不难验证 [练习]: 如果 f 是一个函数 (即一个 0-形式), 则

$$\mathbf{d}(f\boldsymbol{\Psi}) = (\mathbf{d}f)\wedge\boldsymbol{\Psi} + f\,\mathbf{d}\boldsymbol{\Psi}. \tag{36.7}$$

然而, 形式的一般莱布尼茨法则 (又名乘积法则) 就不那么明显了:

$$\mathbf{d}(\boldsymbol{\Phi}\wedge\boldsymbol{\Psi}) = (\mathbf{d}\boldsymbol{\Phi})\wedge\boldsymbol{\Psi} + (-1)^{\deg\boldsymbol{\Phi}}\boldsymbol{\Phi}\wedge(\mathbf{d}\boldsymbol{\Psi}), \tag{36.8}$$

其中, $\deg\boldsymbol{\Phi}$ 表示形式 $\boldsymbol{\Phi}$ 的次数.

例如, 如果 $\deg\boldsymbol{\Phi} = 1$, 即 $\boldsymbol{\Phi} = \varphi$ 是 1-形式, 那么

$$\mathbf{d}(\varphi\wedge\boldsymbol{\Psi}) = (\mathbf{d}\varphi)\wedge\boldsymbol{\Psi} - \varphi\wedge(\mathbf{d}\boldsymbol{\Psi}). \tag{36.9}$$

我们首先证明这个简单的例子, 因为我们立即可以推广它的证明, 从而为一般公式 (36.8) 提供一个解释.

具体地说, 假设 $\boldsymbol{\Psi}$ 是一个 2-形式. 利用函数的莱布尼茨法则和式 (32.11), 我们发现:

$$\begin{aligned}
\mathbf{d}(\varphi\wedge\boldsymbol{\Psi}) &= \mathbf{d}([\phi_i\mathbf{d}x^i]\wedge[\Psi_{jk}\mathbf{d}x^j\wedge\mathbf{d}x^k]) \\
&= \mathbf{d}(\phi_i\Psi_{jk})\wedge\mathbf{d}x^i\wedge\mathbf{d}x^j\wedge\mathbf{d}x^k \\
&= (\Psi_{jk}\mathbf{d}\phi_i + \phi_i\mathbf{d}\Psi_{jk})\wedge\mathbf{d}x^i\wedge\mathbf{d}x^j\wedge\mathbf{d}x^k \\
&= (\mathbf{d}\phi_i\wedge\mathbf{d}x^i)\wedge[\Psi_{jk}\mathbf{d}x^j\wedge\mathbf{d}x^k] + (\phi_i\mathbf{d}\Psi_{jk})\wedge\mathbf{d}x^i\wedge\mathbf{d}x^j\wedge\mathbf{d}x^k \\
&= (\mathbf{d}\varphi)\wedge\boldsymbol{\Psi} - [\phi_i\mathbf{d}x^i]\wedge[\mathbf{d}\Psi_{jk}\wedge\mathbf{d}x^j\wedge\mathbf{d}x^k] \\
&= (\mathbf{d}\varphi)\wedge\boldsymbol{\Psi} - \varphi\wedge(\mathbf{d}\boldsymbol{\Psi}).
\end{aligned}$$

理解一般公式 (36.8) 的关键是第 4 行到第 5 行, 其中我们将 $\mathbf{d}\Psi_{jk}$ 推到 $\mathbf{d}x^i$ (属于其中的 φ) 后面, 让它回到靠近 $\mathbf{d}x^j\wedge\mathbf{d}x^k$ 的正确位置, 从而得到

$$\mathbf{d}x^i\wedge\mathbf{d}\Psi_{jk} = -\mathbf{d}\Psi_{jk}\wedge\mathbf{d}x^i.$$

在一般情况下, 我们必须将 $\mathbf{d}\Psi_{jk}$ 推到属于 $\boldsymbol{\Phi}$ 的所有 $\mathbf{d}x^i$ 后面, 改变正负号的次数由 $\deg\boldsymbol{\Phi}$ 决定. 换言之, $\boldsymbol{\Phi}\wedge(\mathbf{d}\boldsymbol{\Psi})$ 的符号是 $(-1)^{\deg\boldsymbol{\Phi}}$. 这就完成了证明.

有一个记忆一般公式的好方法：把 $\mathbf{d}$ 看作一个 1-形式. 然后，在 $\mathbf{d}(\boldsymbol{\Phi}\wedge\boldsymbol{\Psi})$ 右边的 $\mathbf{d}$ 到达 $\boldsymbol{\Psi}$ 之前，必须将它推到 $\boldsymbol{\Phi}$ 的所有 1-形式后面，导致正负号改变 $\deg\boldsymbol{\Phi}$ 次. 正如我们刚刚看到的，这种助记方法实际上是非常接近事实的.

36.4 闭形式和恰当形式

36.4.1 基本结果：$\mathbf{d}^2=0$

再考虑式 (36.3)：

$$\mathbf{d}\boldsymbol{\varphi}=\partial_i\varphi_j(\mathbf{d}x^i\wedge\mathbf{d}x^j).$$

现在我们取定这个 2-形式，利用式 (36.5) 让 $\mathbf{d}$ 再次作用于 $\boldsymbol{\varphi}$. 因为 $\partial_k\partial_i\varphi_j=\partial_i\partial_k\varphi_j$，而 $\mathbf{d}x^k\wedge\mathbf{d}x^i=-(\mathbf{d}x^i\wedge\mathbf{d}x^k)$，所以

$$\begin{aligned}\mathbf{d}^2\varphi&=\mathbf{d}\left[\partial_i\varphi_j(\mathbf{d}x^i\wedge\mathbf{d}x^j)\right]\\&=\mathbf{d}\left\{\partial_i\varphi_j\right\}\wedge\mathbf{d}x^i\wedge\mathbf{d}x^j\\&=\left\{\left[\partial_k\partial_i\varphi_j\right]\mathbf{d}x^k\wedge\mathbf{d}x^i\right\}\wedge\mathbf{d}x^j\\&=0.\end{aligned}$$

由于式 (36.6)，上面的论证显然可以推广到任意的 p-形式：$\mathbf{d}^2\boldsymbol{\Phi}=0$. 于是，我们可以消除 p-形式，得到一个完全基础性的结果：

让 $\mathbf{d}$ 两次作用于任何形式都为零：

$$\mathbf{d}^2=0. \tag{36.10}$$

通过计算的证明当然更简洁明了，但结果本身到底意味着什么呢？这个谜底必须等到我们讨论了积分问题以后再来揭开.（如果你执意要破坏悬念，请参见 37.4 节.）

36.4.2 闭形式和恰当形式

如果一个形式的外导数为零，则称这个形式是闭的：

$$\boldsymbol{\Upsilon}\text{ 是闭的}\iff\mathbf{d}\boldsymbol{\Upsilon}=0.$$

我们最终将看到，闭形式是对不可压缩流体流动的通量 2-形式的高维模拟.

如果一个 p-形式是某个 $(p-1)$-形式的外导数，则称这个 p-形式是恰当的：

$$\boldsymbol{\Upsilon}\text{ 是恰当的}\iff\text{存在某个 }\boldsymbol{\Psi}\text{，使得 }\mathbf{d}\boldsymbol{\Psi}=\boldsymbol{\Upsilon}.$$

用物理学的语言来说，$\boldsymbol{\Psi}$ 是 $\boldsymbol{\Upsilon}$ 的**位势**. 如果存在一个这样的位势，则它就不是唯

一的，因为若 $\boldsymbol{\Theta}$ 为任意一个 $(p-2)$-形式，取

$$\boldsymbol{\Psi} \rightsquigarrow \widetilde{\boldsymbol{\Psi}} = \boldsymbol{\Psi} + \mathbf{d}\boldsymbol{\Theta},$$

则 [练习] $\widetilde{\boldsymbol{\Psi}}$ 也是 $\boldsymbol{\Upsilon}$ 的一个位势：$\boldsymbol{\Upsilon} = \mathbf{d}\widetilde{\boldsymbol{\Psi}}$. 这种位势选择的无关性称为**规范无关性**，变换 $\boldsymbol{\Psi} \rightsquigarrow \widetilde{\boldsymbol{\Psi}}$ 称为**规范变换**.

由结果 (36.10) 立即可得

$$\text{每一个恰当形式都是闭的：}\quad \boldsymbol{\Upsilon} = \mathbf{d}\boldsymbol{\Psi} \quad \Longrightarrow \quad \mathbf{d}\boldsymbol{\Upsilon} = 0.$$

基于此，我们很自然地要反过来问：*一个闭形式是否总是恰当的？* 这是一个非常有趣也非常深刻的问题.

简单地说，它取决于定义形式的区域的*拓扑*结构.

庞加莱引理. 如果在一个单连通区域里有 $\mathbf{d}\boldsymbol{\Upsilon} = 0$，则存在某个 $\boldsymbol{\Psi}$ 使得 $\boldsymbol{\Upsilon} = \mathbf{d}\boldsymbol{\Psi}$. (36.11)

因此，位势的确总是*局部*存在的. 但是，如果区域不是单联通的，这样的位势 $\boldsymbol{\Psi}$ 可能根本就不存在，这时就产生了全局问题. 研究非恰当的闭形式，然后从中得到关于空间拓扑的详细信息，就是所谓的**德拉姆上同调**. 这是 37.9 节的主题.

让我们做几个关于这些概念的练习来结束本小节，请证明以下每一个有趣的事实：

如果 $\boldsymbol{\Upsilon}$ 和 $\boldsymbol{\Phi}$ 都是闭的，则 $\boldsymbol{\Upsilon} \wedge \boldsymbol{\Phi}$ 也是闭的.

如果 $\boldsymbol{\Upsilon}$ 是闭的，则对所有的 $\boldsymbol{\Phi}$，$\boldsymbol{\Upsilon} \wedge \boldsymbol{\Phi}$ 都是闭的.

如果 $\deg \boldsymbol{\Phi}$ 是偶数，则 $\boldsymbol{\Phi} \wedge \mathbf{d}\boldsymbol{\Phi}$ 是闭的.

提示：式 (35.4).

36.4.3 复分析：柯西–黎曼方程

在《复分析》5.1.2 节中，我们从几何角度证明了复函数 $f(z) = u + \mathrm{i}v$ 是一个（如 4.6 节所定义的）局部伸扭，当且仅当

$$\mathrm{i}\partial_x f = \partial_y f. \tag{36.12}$$

分别令实部和虚部相等，就回到了更常见的形式，即著名的**柯西–黎曼方程**，这个方程是共形映射（又名复解析映射）的特征：

$$\partial_x u = \partial_y v \quad \text{且} \quad \partial_x v = -\partial_y u.$$

我们现在说明，可以用形式的语言优美地（必然地）重新表述这些方程.

考虑复值的 1-形式，

$$f\,\mathbf{d}z = (u + \mathrm{i}v)(\mathbf{d}x + \mathrm{i}\mathbf{d}y) = [u\mathbf{d}x - v\mathbf{d}y] + \mathrm{i}[v\mathbf{d}x + u\mathbf{d}y],$$

则

$$\begin{aligned}\mathbf{d}(f\,\mathbf{d}z) &= \mathbf{d}f \wedge \mathbf{d}z \\ &= (\partial_x f\,\mathbf{d}x + \partial_y f\,\mathbf{d}y) \wedge (\mathbf{d}x + \mathrm{i}\mathbf{d}y) \\ &= (\mathrm{i}\partial_x f - \partial_y f)\mathcal{A},\end{aligned}$$

和通常一样，其中 $\mathcal{A} = \mathbf{d}x \wedge \mathbf{d}y$ 是面积 2-形式.

因此，借助紧凑形式的柯西 – 黎曼方程 (36.12)，我们可以得出结论：

> 复函数 f 是局部伸扭的充分必要条件是：1-形式 $f\,\mathbf{d}z$ 是闭的，即 $\mathbf{d}(f\,\mathbf{d}z) = 0$. (36.13)

关于形式积分的中心结论（在本书中[①]）叫作*外微积分基本定理*，它是下一章的主要结果. 有了这个定理，我们将看到（在 37.7 节）从结论 (36.13) *立即*可以得到复分析的关键结果——*柯西定理*！

即使*不*是局部伸扭的（即**非解析的**）复函数，上面的公式也是很有价值的. 特别地，我们注意到穿过实轴的反射是*反共形的*，所以映射 $f(z) = \bar{z} = x - \mathrm{i}y$ 不受 $\mathbf{d}(f\,\mathbf{d}z) = 0$ 的约束. 确实，我们发现

$$\mathbf{d}(\bar{z}\mathbf{d}z) = 2\mathrm{i}\mathcal{A}. \tag{36.14}$$

36.5 用形式做向量运算

在本节中，我们简单地将外导数应用于 $\mathbb{R}^3$ 中的形式场，并发现向量微积分的基本运算和恒等式都会自动出现，就像变魔术一样.

正如我们在 34.6 节和 34.7 节中所解释的，外微积分可以完美地应用于*所有*维度的*所有* p-形式，但是*只有在* $\mathbb{R}^3$ 中，一个 2-形式才可以伪装成一个向量，而

① 更常用的名称是*广义斯托克斯定理*，37.3.2 节描述了这个定理被扭曲了的起源.

且只有在 $\mathbb{R}^3$ 中，两个 1-形式的楔积才可以伪装成两个向量的向量积——这两句就是使向量微积分存在的孪生“魔法咒语”.

首先，我们提醒读者注意符号：$\underline{\varphi}$ 对应于（$\leftrightarrows$）1-形式 φ 的向量，$\underline{\boldsymbol{\Psi}}$ 对应于通量 2-形式 $\boldsymbol{\Psi}$ 的向量，$\mathcal{V} = \mathbf{d}x^1 \wedge \mathbf{d}x^2 \wedge \mathbf{d}x^3$ 是体积 3-形式.

我们已经知道梯度向量 $\boldsymbol{\nabla} f$ 是向量微积分中的概念，它对应于 0-形式 f 的梯度 1-形式 $\mathbf{d}f$. 现在更进一步，求 1-形式的外导数，明确写出式 (36.3) 在 $\mathbb{R}^3$ 中的三个结果分量. 最后，让我们利用式 (34.10) 将答案解释为空间流的通量 2-形式：

$$
\begin{aligned}
\mathbf{d}\varphi &= \partial_i \varphi_j (\mathbf{d}x^i \wedge \mathbf{d}x^j) \\
&= (\partial_2\varphi_3 - \partial_3\varphi_2)(\mathbf{d}x^2 \wedge \mathbf{d}x^3) + (\partial_3\varphi_1 - \partial_1\varphi_3)(\mathbf{d}x^3 \wedge \mathbf{d}x^1) + (\partial_1\varphi_2 - \partial_2\varphi_1)(\mathbf{d}x^1 \wedge \mathbf{d}x^2) \\
&\leftrightarrows \begin{bmatrix} \partial_2\varphi_3 - \partial_3\varphi_2 \\ \partial_3\varphi_1 - \partial_1\varphi_3 \\ \partial_1\varphi_2 - \partial_2\varphi_1 \end{bmatrix}.
\end{aligned}
$$

你瞧，向量场的**旋度**就出来了，对应于一个 1-形式！总而言之，

$$
\mathbf{d}\varphi \quad \leftrightarrows \quad \boldsymbol{\nabla} \times \underline{\varphi} = \operatorname{curl} \underline{\varphi} = \begin{bmatrix} \partial_1 \\ \partial_2 \\ \partial_3 \end{bmatrix} \times \begin{bmatrix} \varphi_1 \\ \varphi_2 \\ \varphi_3 \end{bmatrix}. \tag{36.15}
$$

因此，如果 φ 是闭的，就意味着 $\mathbf{d}\varphi = 0$，即 $\underline{\varphi}$ 的旋度为零：如果把 $\underline{\varphi}$ 描绘成空间中一个流体流动的速度，我们在流体中插入一个小球（不是一个质点），它也将具有速度 $\underline{\varphi}$，但是不会自旋. 这种情况下，这个流称为**无旋的**. 如果 $\mathbf{d}\varphi \neq 0$，球就会自旋，旋度 $\operatorname{curl}\varphi$ 指向自旋轴，其大小为自旋角速率的 2 倍[①]. 在这种情况下，旋度 $\operatorname{curl}\varphi$ 称为**涡度**向量.

我们也可以把闭形式描绘成**保守力场**对应的形式，好处是，这时的 1-形式 φ 就是功，正如在 32.3.1 节的引力例子中说的一样，从而立即为 1-形式本身赋予物理意义. 在这里，因为 φ 是常数（很无趣的原因），所以它是闭的. 在引力的情况下，将一个粒子沿一条从 p 到 q 的路径移动所做的功（它与路径无关），可以简单地通过将 φ 作用于沿 $\overrightarrow{pq}$ 的有向路径得到.

根据庞加莱引理，在这个引力例子中，闭 1-形式 φ 是恰当的：如果再次用 h 代表高度，那么 gh 是单位质量的势能，则 $\varphi = \mathbf{d}(gh) = g\mathbf{d}h$. 这与经典的表达式

① 见费曼等人的著作（Feynman et al., 1963, 卷 1, 第 40 章）.

$g\,\mathrm{d}h$ 很自然地联系在了一起，因为如果粒子通过沿短向量 $\boldsymbol{v}$ 移动而提高 δh，那么所做的功是

$$g\mathbf{d}h(\boldsymbol{v})=g\delta h.$$

我们将在下一章中讨论，对于非常数 φ，沿路径所做的功必须通过将路径分解成许多小向量并将 φ 作用于每一个向量，然后求和来计算. 正如我们将要讨论的，如果 φ 是闭的，那么质点绕一个封闭环路所做的功就等于零.

接下来，让我们来求 2-形式 $\boldsymbol{\Psi}$ 的外导数，但用对应的向量 $\underline{\boldsymbol{\Psi}}$ 来标记其分量，正如在式 (34.10) 中所做的那样：

$$\boldsymbol{\Psi}=\Psi^1(\mathbf{d}x^2\wedge\mathbf{d}x^3)+\Psi^2(\mathbf{d}x^3\wedge\mathbf{d}x^1)+\Psi^3(\mathbf{d}x^1\wedge\mathbf{d}x^2)\quad\leftrightarrows\quad\underline{\boldsymbol{\Psi}}=\Psi^j\boldsymbol{e}_j=\begin{bmatrix}\Psi^1\\\Psi^2\\\Psi^3\end{bmatrix}.$$

所以，

$$\begin{aligned}\mathbf{d}\boldsymbol{\Psi}&=\mathbf{d}\Psi^1\wedge\mathbf{d}x^2\wedge\mathbf{d}x^3+\mathbf{d}\Psi^2\wedge\mathbf{d}x^3\wedge\mathbf{d}x^1+\mathbf{d}\Psi^3\wedge\mathbf{d}x^1\wedge\mathbf{d}x^2\\&=\partial_1\Psi^1\mathbf{d}x^1\wedge\mathbf{d}x^2\wedge\mathbf{d}x^3+\partial_2\Psi^2\mathbf{d}x^2\wedge\mathbf{d}x^3\wedge\mathbf{d}x^1+\partial_3\Psi^3\mathbf{d}x^3\wedge\mathbf{d}x^1\wedge\mathbf{d}x^2\\&=(\partial_1\Psi^1+\partial_2\Psi^2+\partial_3\Psi^3)\mathbf{d}x^1\wedge\mathbf{d}x^2\wedge\mathbf{d}x^3\\&=\left\{\begin{bmatrix}\partial_1\\\partial_2\\\partial_3\end{bmatrix}\boldsymbol{\cdot}\begin{bmatrix}\Psi^1\\\Psi^2\\\Psi^3\end{bmatrix}\right\}\mathcal{V}.\end{aligned}$$

你瞧，向量场的散度也出现了，对应于通量 2-形式！总而言之，

$$\boxed{\mathbf{d}\boldsymbol{\Psi}=(\mathbf{div}\,\underline{\boldsymbol{\Psi}})\mathcal{V}=(\boldsymbol{\nabla}\boldsymbol{\cdot}\underline{\boldsymbol{\Psi}})\mathcal{V}.}\tag{36.16}$$

因此，如果 $\boldsymbol{\Psi}$ 是闭的，就意味着 $\mathbf{d}\boldsymbol{\Psi}=0$，即 $\underline{\boldsymbol{\Psi}}$ 的散度为零. 这对应于一个不可压缩流体在一个没有被泵入或被吸出的区域里的流动，对于一个封闭的曲面，流出的流体量与流进的流体量相等. 一般来说，将 $\mathbf{d}\boldsymbol{\Psi}$ 应用于一个非常小的平行六面体，最终会产生流体流出的净流量. 这将在下一章中解释.

外微分的基本恒等式见结果 (36.10)：

$$\mathbf{d}^2=0,$$

这对 $\mathbb{R}^3$ 中的向量场有重要的意义. 如果在式 (36.15) 中取 $\varphi=\mathbf{d}f$，则立即得到向量微积分的一个经典结果：

$$\mathbf{d}\varphi = \mathbf{d}^2 f = \mathbf{0} \quad \Longleftrightarrow \quad \mathrm{curl}\Big(\mathrm{grad}\, f\Big) = \boldsymbol{\nabla} \times \boldsymbol{\nabla} f = \mathbf{0}.$$

如果在式 (36.16) 中取 $\boldsymbol{\Psi} = \mathbf{d}\varphi$，则立即得到向量微积分的另一个经典结果：

$$\mathbf{d}\boldsymbol{\Psi} = \mathbf{d}^2\varphi = 0 \quad \Longleftrightarrow \quad \mathrm{div}\Big(\mathrm{curl}\,\underline{\varphi}\Big) = \boldsymbol{\nabla} \boldsymbol{\cdot} \Big(\boldsymbol{\nabla} \times \underline{\varphi}\Big) = 0.$$

使用形式避免了被迫记忆这些恒等式，以及从事研究工作的科学家在使用向量微积分时经常使用的许多更复杂的恒等式. 此外，如果我们确实希望使用这样的恒等式，可以使用形式推导来得到，通常比直接用向量方法更快、更优雅. 我们用两个微分恒等式的例子来说明这一点，其余的留在第 531 页习题 14 中.

首先，我们将说明在形式和 ($\mathbb{R}^3$) 向量之间存在非常有用的代数联系，请完成其简单的证明：

$$\varphi \wedge \boldsymbol{\Psi} = \big(\underline{\varphi} \boldsymbol{\cdot} \underline{\boldsymbol{\Psi}}\big)\mathcal{V}. \tag{36.17}$$

在第一个例子中，假设我们希望为 $\nabla \boldsymbol{\cdot} [f\underline{\boldsymbol{\Psi}}]$ 找到一个恒等式. 根据式 (36.16)，我们应该用式 (36.7) 来计算 $\mathbf{d}[f\boldsymbol{\Psi}]$，如下所示：

$$\Big(\nabla \boldsymbol{\cdot} \big[f\underline{\boldsymbol{\Psi}}\big]\Big)\mathcal{V} = \mathbf{d}\big[f\boldsymbol{\Psi}\big] = (\mathbf{d}f) \wedge \boldsymbol{\Psi} + f\,\mathbf{d}\boldsymbol{\Psi} = \Big[(\nabla f) \boldsymbol{\cdot} \underline{\boldsymbol{\Psi}} + f\,\nabla \boldsymbol{\cdot} \underline{\boldsymbol{\Psi}}\Big]\mathcal{V}.$$

由此产生了我们熟悉的恒等式：

$$\nabla \boldsymbol{\cdot} \big[f\underline{\boldsymbol{\Psi}}\big] = (\nabla f) \boldsymbol{\cdot} \underline{\boldsymbol{\Psi}} + f\,\nabla \boldsymbol{\cdot} \underline{\boldsymbol{\Psi}}.$$

在这种情况下，直接推导这个恒等式几乎是同样容易的 [练习]. 所以，让我们再来看一个例子，其中，形式的优势就表现得更清楚了.

假设我们希望为 $\nabla \times \big[f\underline{\varphi}\big]$ 找到一个恒等式. 根据式 (36.15)，这对应于通量 2-形式

$$\mathbf{d}[f\varphi] = \mathbf{d}f \wedge \varphi + f\,\mathbf{d}\varphi,$$

所以我们毫不费力地推导出了向量微积分的另一个为人熟悉的恒等式：

$$\nabla \times \big[f\underline{\varphi}\big] = \nabla f \times \underline{\varphi} + f\,\nabla \times \underline{\varphi}.$$

随着向量恒等式的复杂性增加，形式的简化能力也在增强，见第 531 页习题 14.

36.6　麦克斯韦方程组

我们用上述思想的一个美丽而深刻的应用来结束本章：将完整的麦克斯韦电磁定律封装在两个极其美丽的方程中.

我们从无源方程组 (34.24) 开始：

$$\nabla \bullet \underline{\boldsymbol{B}} = 0,$$
$$\nabla \times \underline{\boldsymbol{E}} + \partial_t \underline{\boldsymbol{B}} = 0.$$

按照贝兹和穆尼亚因（Baez and Muniain, 1994, 第 5 章）的例子，我们用 $\mathbf{d}_S$ 来表示时空外导数的空间部分，这样

$$\mathbf{d}f = \mathbf{d}_S f + \partial_t f\,\mathbf{d}t.$$

现在考虑法拉第 2-形式 (34.22)：

$$\mathbf{d}\boldsymbol{F} = \mathbf{d}(\epsilon \wedge \mathbf{d}t) + \mathbf{d}\boldsymbol{B},$$

并求其外导数. 我们分别计算其中的两项.

首先，根据式 (36.15) 有

$$\begin{aligned}\mathbf{d}(\epsilon \wedge \mathbf{d}t) &= \mathbf{d}(\epsilon) \wedge \mathbf{d}t \\ &= \mathbf{d}_S(\epsilon) \wedge \mathbf{d}t \\ &= \left[\nabla \times \underline{\boldsymbol{E}} \text{ 的通量 2-形式}\right] \wedge \mathbf{d}t.\end{aligned}$$

其次，根据式 (36.16) 有

$$\begin{aligned}\mathbf{d}\boldsymbol{B} &= \mathbf{d}_S\boldsymbol{B} + \left[\partial_t B_x \mathbf{d}t \wedge (\mathbf{d}y \wedge \mathbf{d}z) + \cdots\right] \\ &= (\nabla \bullet \underline{\boldsymbol{B}})\mathcal{V} + \mathbf{d}t \wedge \left[\partial_t B_x (\mathbf{d}y \wedge \mathbf{d}z) + \cdots\right] \\ &= (\nabla \bullet \underline{\boldsymbol{B}})\mathcal{V} + \mathbf{d}t \wedge \partial_t \boldsymbol{B}.\end{aligned}$$

但是，因为 $\partial_t \boldsymbol{B}$ 是 2-形式，所以根据规则 (35.3) 有 $\mathbf{d}t \wedge (\partial_t \boldsymbol{B}) = (\partial_t \boldsymbol{B}) \wedge \mathbf{d}t$. 又因为

$$\partial_t \boldsymbol{B} = \partial_t \underline{\boldsymbol{B}} \text{ 的通量 2-形式},$$

所以结合前面两个结果就有

$$\mathbf{d}\boldsymbol{F} = (\nabla \bullet \underline{\boldsymbol{B}})\mathcal{V} + \left\{\left[\nabla \times \underline{\boldsymbol{E}} + \partial_t \underline{\boldsymbol{B}}\right] \text{的通量 2-形式}\right\} \wedge \mathbf{d}t.$$

因此，继续推导下去，我们可能就要“功德圆满”了：

> 麦克斯韦无源方程组表明法拉第 2-形式是**闭的**：　$\mathbf{d}\boldsymbol{F} = 0.$

如我们已经说明过并将在下一章进一步讨论的，每一个闭形式都是局部恰当的．换言之，存在一个 1-形式[①]的位势 $\boldsymbol{A}$ 使得

$$\boxed{\boldsymbol{F} = \mathbf{d}\boldsymbol{A}.}$$

注意：经典的电动力学文献使用的是对应的向量场 $\underline{\boldsymbol{A}}$，称为**向量势**.

接下来，我们将注意力转向第二对麦克斯韦方程组 (34.25)，它描述了由源（电荷密度 ρ 和电流密度 $\underline{\boldsymbol{j}}$）产生的场：

$$\nabla \bullet \underline{\boldsymbol{E}} = 4\pi\rho,$$
$$\nabla \times \underline{\boldsymbol{B}} - \partial_t \underline{\boldsymbol{E}} = 4\pi \underline{\boldsymbol{j}}.$$

为了了解这些方程真正想告诉我们什么，必须首先引入源的时空版本，并将它们合并成一个单独的 1-形式：

$$\boldsymbol{J} = -\rho\,\mathbf{d}t + \boldsymbol{j}.$$

该式中（空间的）1-形式[②]$\boldsymbol{j}$ 的对应向量就是（空间的）电流密度向量 $\underline{\boldsymbol{j}}$：

$$\underline{\boldsymbol{j}} = \begin{bmatrix} j^1 \\ j^2 \\ j^3 \end{bmatrix} \quad \leftrightarrows \quad \boldsymbol{j} = j^1\mathbf{d}x^1 + j^2\mathbf{d}x^2 + j^3\mathbf{d}x^3.$$

因此，当 $\boldsymbol{J}$ 作用于一个纯粹空间（时间分量为零的）4-向量时，会得到空间方向上的电流量，但当它作用于一个静态观察者的时间轴上的 4-速度时，就描述了电荷与观察者一起随时间的流动，即电荷密度 ρ 一直在观察者的位置上．更一般地说，如果 $\boldsymbol{u}$ 是观察者的一个 4-速度，那么观测者测量的电荷密度就是 $\boldsymbol{J}(\boldsymbol{u})$.

在第 531 页习题 15 中，你将看到在四维时空中，霍奇星形算子（$\star$）将 p-形式映射为**对偶** $(4-p)$-形式．特别地，源密度 1-形式 $\boldsymbol{J}$ 的对偶是 3-形式：

$$\star\boldsymbol{J} = -\rho\mathcal{V} + \left[\underline{\boldsymbol{j}}\ \text{的通量 2-形式}\right] \wedge \mathbf{d}t, \tag{36.18}$$

而且，法拉第 2-形式的对偶就是麦克斯韦 2-形式 (34.26)：

$$\star\boldsymbol{F} = \text{麦克斯韦 2-形式} = \boldsymbol{\beta} \wedge \mathbf{d}t - \boldsymbol{E}.$$

由于通过交换电场和磁场，并且改变第一项的符号，就可以从法拉第 2-形式得到麦克斯韦 2-形式，因此，根据上面两个麦克斯韦有源方程，可以利用上述整个对 $\mathbf{d}\boldsymbol{F}$ 的计算，简单地写出 $\mathbf{d}\star\boldsymbol{F}$ 的答案：

---

① 这种表示法是通用的，所以在这种情况下，我们必须放弃使用小写希腊字母来表示 1-形式的习惯.

② 这种表示法也是通用的，所以我们再一次必须放弃使用小写希腊字母来表示 1-形式的习惯.

$$\begin{aligned}\mathbf{d}\star\boldsymbol{F} &= -(\nabla\bullet\underline{\boldsymbol{E}})\mathcal{V}+\left\{\left[\nabla\times\underline{\boldsymbol{B}}-\partial_t\underline{\boldsymbol{E}}\right]\text{的通量 2-形式}\right\}\wedge\mathbf{d}t\\ &= 4\pi\left[-\rho\mathcal{V}+\left\{\underline{\boldsymbol{j}}\text{ 的通量 2-形式}\right\}\wedge\mathbf{d}t\right].\end{aligned}$$

于是，我们就得到了一个非常著名也非常漂亮的结论：

> 麦克斯韦 2-形式服从这个自然法则：　$\mathbf{d}\star\boldsymbol{F}=4\pi\star\boldsymbol{J}.$

关于用形式的语言对麦克斯韦方程组的进一步讨论，见约翰 · 哈伯德和芭芭拉 · 哈伯德的著作（Hubbard and Hubbard, 2009, 6.11 节）、贝兹和穆尼亚因的著作（Baez and Muniain, 1994, 第 1 章, 第 5 章），以及米斯纳、索恩和惠勒的著作（Misner, Thorne, and Wheeler, 1973, 第 4 章）.

第 37 章　积分学

37.1　1-形式的线积分

37.1.1　环流和功

如图 37-1 所示，我们在前面［第 303 页定义 (27.2)］将流体以流速 $\underline{\varphi}$ 流过定向曲线 K 的*环流量* $\mathcal{C}_K(\underline{\varphi})$ 定义为流体流动的分量沿曲线 K 的积分：

$$\mathcal{C}_K(\underline{\varphi}) \equiv \int_K \underline{\varphi} \cdot \mathrm{d}\boldsymbol{r},$$

同样重要的是，我们还可以将 $\underline{\varphi}$ 视为一个*力场*. 在这种情况下，完全相同的积分可以解释为力场对沿曲线 K 移动的质点所做的*功*.

为了简单起见，我们选择在 $\mathbb{R}^2$ 中说明这个概念（但应该强调的是，这个概念本质上并不是二维的）：把流体想象成海洋，或者把力场想象成重力场. 实际上，我们将要讨论的一切都（可以不加改变地）适用于作用在 $\mathbb{R}^n$ 中向量的 1-形式.

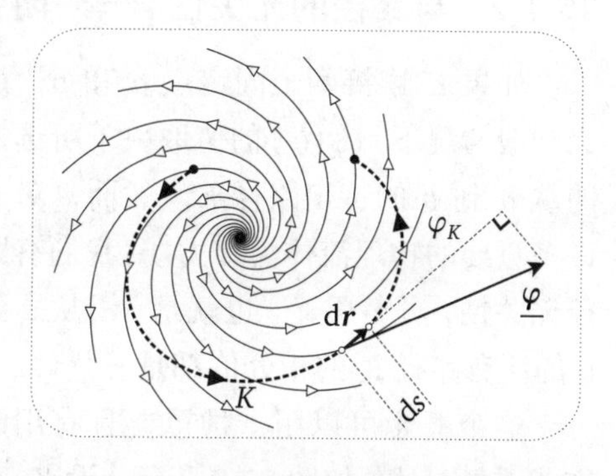

图 37-1　质点沿路径 K 移动距离 $\mathrm{d}s$ 所做的功为 $\varphi_K\,\mathrm{d}s$，其中 φ_K 是力场 $\underline{\varphi}$ 在 K 方向上的分量

把这句话翻译成形式的语言，我们可以这样写：

$$\varphi(\mathrm{d}\boldsymbol{r}) = \underline{\varphi} \cdot \mathrm{d}\boldsymbol{r} = \varphi_K\,\mathrm{d}s.$$

如图 37-1 所示，φ_K 是 $\underline{\varphi}$ 在 K 方向上的投影，而 $\mathrm{d}s = |\mathrm{d}\boldsymbol{r}|$. 换句话说，1-形式 φ 作用于有向曲线的一小段 $\mathrm{d}\boldsymbol{r}$①，产生力在运动方向上的分量，再乘以小运动的长度，即得到在执行该运动时所做的功. 然后，整个积分是：当 1-形式 φ 沿有向曲线 K 每次走一小段 $\mathrm{d}\boldsymbol{r}$，最后走完全程时，将所做的功累加起来获得的总功.

我们强调，*只有力在运动方向上的分量才做功*. 举例来说，如果 K 是正交于力场线的轨迹，那么这个力场就不会做功，也就是说，积分为零.

这样想，我们就得到了 1-形式在曲线 K 方向上积分的定义，

① 这里我们偷懒了：应该写成 $\delta\boldsymbol{r}$，并使用最终相等.

$$\int_K \varphi \equiv \mathcal{C}_K(\underline{\varphi}) \equiv \int_K \varphi_K \, \mathrm{d}s. \tag{37.1}$$

在这个定义中,(左边的)积分符号下缺失 d(某个变量) 是不常见的,也许一开始会让人感到不安:但是要记住我们并不需要它,因为我们知道 φ 会沿 K 每次走过一小段 $\mathrm{d}\boldsymbol{r}$,最后走完全程 K.

在图 37-1 的例子中,K 总是沿与流场或力场大致相同的方向移动,所以积分显然是正的. 假如我们走同一条曲线,但方向相反,记为 $-K$,那么现在就是逆流而上,或者解释为迫使质点克服力场的阻力向前移动,这时积分就是负的. 更准确地说,由于 $\varphi(-\mathrm{d}\boldsymbol{r}) = -\varphi(\mathrm{d}\boldsymbol{r})$,就得到

$$\int_{-K} \varphi = -\int_K \varphi. \tag{37.2}$$

37.1.2　与路径的无关性 $\Longleftrightarrow$ 闭合环路积分为零

如果 K 连接两个固定点 a 和 b,那么一般情况下,$\mathcal{C}_K(\underline{\varphi})$ 的值取决于所选择的从 a 到 b 的特定路径 K. 然而,对于许多重要的物理流体流和力场,我们有**路径无关性**,顾名思义,也就是:沿从 a 到 b 的所有路径 K 的积分值都是一样的.

这个概念可以用一种重要且有用的方式重新表述. 如图 37-2 所示,设 K_1 和 K_2 是连接 a 和 b 的任意两条路径,则我们可以创建一个闭环 L,首先沿着 K_1 从 a 走到 b,然后沿着 $-K_2$ 从 b 走到 a,使得 $L = K_1 - K_2$.

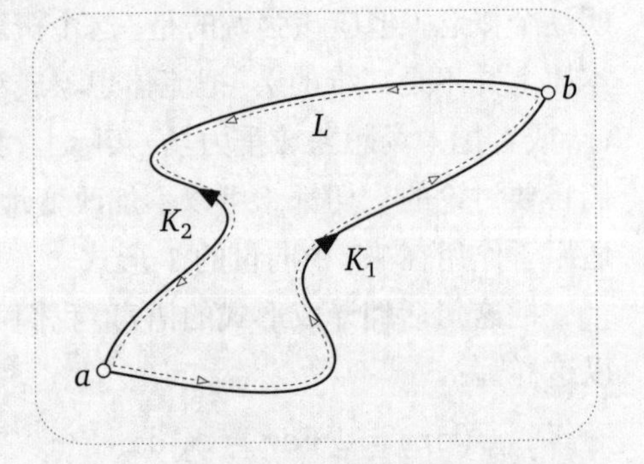

图 37-2　如果积分与从 a 到 b 的路径 K 无关,则沿闭合环路 L 的积分为零. 反过来,如果沿所有闭合环路的积分都为零,则积分与路径无关

于是积分与路径无关就意味着闭合环路的积分为零:

$$\int_L \varphi = \int_{K_1 - K_2} \varphi = \int_{K_1} \varphi - \int_{K_2} \varphi = 0.$$

反过来,假设我们知道沿所有闭合环路的积分都为零,就可以得出积分是与路径无关的. 如果 K_1 和 K_2 是连接 a 到 b 的任意两条路径,则可以得到闭环 $L = K_1 - K_2$,而 $\mathcal{C}_L(\varphi) = 0$ 就表明

$$\int_{K_1} \varphi = \int_{K_2} \varphi.$$

简言之，

$$\text{积分与路径无关} \iff \text{闭合环路上的积分为零.} \tag{37.3}$$

再看看图 37-1，想象一下将 K 延伸，使它闭合成为一个围绕旋涡的椭圆环. 显然，这个闭合环路上的积分不会为零，实际上是正的. 这样我们就有了一个例子：φ 的积分的确取决于连接两点的路径.

37.1.3 恰当形式 $\varphi = \mathbf{d}f$ 的积分

如果 φ 是恰当形式，根据定义，存在某个函数 f 使得 $\varphi = \mathbf{d}f$. 如果 $\delta\boldsymbol{r}$ 是沿积分路径 K 的一个最终收缩成一点的小运动，那么它对积分的贡献是

$$\varphi(\delta\boldsymbol{r}) = \mathbf{d}f(\delta\boldsymbol{r}) \asymp \delta f \equiv f \text{ 沿 } \delta\boldsymbol{r} \text{ 从起点到终点的变化.}$$

因此，完整的积分就是 f 从 K 的起点到 K 的终点的净变化量，总之，

恰当 1-形式 $\varphi = \mathbf{d}f$ 的积分与路径无关，等于 f 沿 K 的变化：

$$\int_K \mathbf{d}f = f(b) - f(a). \tag{37.4}$$

在物理学中，$\varphi = \mathbf{d}f$ 对应于**保守力场** $\underline{\varphi} = \boldsymbol{\nabla}f$，而 f 是**势能**. 那么势能的变化 $f(b) - f(a)$ 就是力场把质点从 a 带到 b 所做的功，它与路径无关，所以结论 (37.4) 的另一种写法是我们熟悉的

$$\int_K (\boldsymbol{\nabla}f) \boldsymbol{\cdot} \mathrm{d}\boldsymbol{r} = f(b) - f(a). \tag{37.5}$$

正如费曼等人在 Feynman et al. (1963, 卷 1，14-4 节) 中所讨论的那样，根据能量守恒的基本原则，自然界中所有的力在最基本的层面上都是保守的.

37.2 外导数是一个积分

37.2.1 1-形式的外导数

从第一次接触微积分开始，我们就被告知：微分和积分互为逆运算——这就是微积分基本定理. 事实上，我们已经在结论 (37.4) 中看到了这个想法的一个活生生的例子.

因此，当涉及形式时，外微分是围绕一个小闭环或在一个封闭小曲面上的积分，而不是积分的逆. 这可能会让人感到困惑和震惊！

如图 37-3 所示，设 $\Pi(\epsilon\boldsymbol{u},\epsilon\boldsymbol{v})$ 为一个小平行四边形的有向边界，其第一条边是 $\epsilon\boldsymbol{u}$，第二条边是 $\epsilon\boldsymbol{v}$. 当 ϵ 趋于零时，该平行四边形最终收缩到一点. 我们定义 $\Omega(\epsilon\boldsymbol{u},\epsilon\boldsymbol{v})$ 为 1-形式 φ 环绕 Π 的积分：

$$\Omega(\epsilon\boldsymbol{u},\epsilon\boldsymbol{v}) \equiv \oint_{\Pi(\epsilon\boldsymbol{u},\epsilon\boldsymbol{v})} \varphi.$$

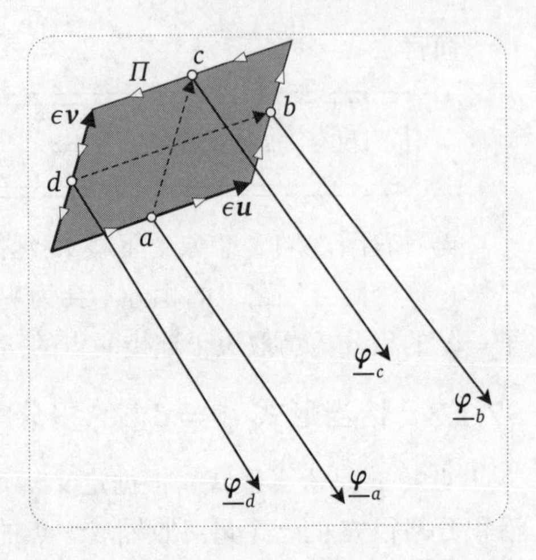

图 37-3　一个 1-形式 φ 环绕一个小的平行四边形 Π 的积分最终等于它的外导数作用于 Π 的边

现在要证明这个积分是一个 2-形式，但不是任意的 2-形式——它是 φ 的外导数！也就是说，

$$\Omega(\epsilon\boldsymbol{u},\epsilon\boldsymbol{v}) \asymp \mathbf{d}\varphi(\epsilon\boldsymbol{u},\epsilon\boldsymbol{v}).$$

抽出两边的向量，得到

$$\Omega \asymp \mathbf{d}\varphi. \tag{37.6}$$

从显然的事实 $\Pi(\epsilon\boldsymbol{v},\epsilon\boldsymbol{u}) = -\Pi(\epsilon\boldsymbol{u},\epsilon\boldsymbol{v})$ 立即可证

$$\Omega(\epsilon\boldsymbol{v},\epsilon\boldsymbol{u}) \;=\; \oint_{\Pi(\epsilon\boldsymbol{v},\epsilon\boldsymbol{u})}\varphi \;=\; \oint_{-\Pi(\epsilon\boldsymbol{u},\epsilon\boldsymbol{v})}\varphi \;=\; -\oint_{\Pi(\epsilon\boldsymbol{u},\epsilon\boldsymbol{v})}\varphi \;=\; -\Omega(\epsilon\boldsymbol{u},\epsilon\boldsymbol{v}),$$

即 Ω 的确具有 2-形式要求反对称性.

虽然也可以用几何方法直接从定义验证 2-形式要求的线性性质也得到了满足，但我们将直接切入正题，在此过程中证明完整的结果 (37.6)，从而确认线性性质，并（重新）确认反对称性. 为此，只需推广我们在第 303 页图 27-2 中给出的论点即可.

先试着想象在我们的最终目的地上空飘扬着一面旗帜，这样我们就知道朝哪个方向前进了. 为了使 $\Pi(\epsilon\boldsymbol{v},\epsilon\boldsymbol{u})$ 成为一个封闭的平行四边形环路，它的两条边的换位子必须为零，正如在第 332 页图 29-7 和第 464 页图 37-4 中解释的那样：

$$[\epsilon\boldsymbol{u},\epsilon\boldsymbol{v}] = 0.$$

这很容易通过选择不变的向量场来实现. 在这种情况下，我们最初的外导数表达式 (36.2) 可简化为

$$\mathbf{d}\varphi(\epsilon\boldsymbol{u},\epsilon\boldsymbol{v}) = \boldsymbol{\nabla}_{\epsilon u}\varphi(\epsilon\boldsymbol{v}) - \boldsymbol{\nabla}_{\epsilon v}\varphi(\epsilon\boldsymbol{u}). \tag{37.7}$$

这就是我们的旗帜.

明确目标之后，我们回来计算积分 $\Omega(\epsilon\boldsymbol{u},\epsilon\boldsymbol{v})$ 的值. 由于我们可以令 ϵ 趋于

零来使平行四边形收缩到一点，所以可以使用平行四边形每边只有一项的黎曼和. 用黎曼和计算给定区间上积分的方法通常是把这个区间分解成越来越多、越来越小的子区间. 这样，对于这个极限，我们在每个子区间内取哪个点来计算 φ 在每一个子区间上的值就变得无关紧要了.

然而，这并不是我们要在这里做的：我们寻求积分在 ϵ 趋于零时的极限形式（双关语），而这时积分也随之趋于零. 如果我们只是在每条边上随机选择一个点，那么误差就会以 ϵ^2 的形式消失. 这是不够的. 因为很明显，Π 相对的两条边对 Ω 的贡献抵消了含 ϵ 的项，因此 Ω 本身就是 ϵ^2 阶，即与随机黎曼和引起的误差的阶数相同.

正确答案是分别选择两条边的中点，因为这样产生的误差消失得更快——事实上是 ϵ^3 阶的.（这在《复分析》8.2.3 节得到了几何证明）因此，通过使用中点，就可以为 Ω 找到一个净误差量级为 ϵ^2 的结果，从而立即获得所需的准确性[①].

因此，如图 37-3 所示，用 a, b, c, d 这些中点来逼近 $\Omega(\epsilon\boldsymbol{u}, \epsilon\boldsymbol{v})$，并设 a 处对应的向量为 $\underline{\varphi}_a$，其他依此类推. 然后利用式 (37.7) 求平行四边形中心的所有导数，

$$\begin{aligned}\Omega(\epsilon\boldsymbol{u}, \epsilon\boldsymbol{v}) &\asymp \varphi_a(\epsilon\boldsymbol{u}) + \varphi_b(\epsilon\boldsymbol{v}) + \varphi_c(-\epsilon\boldsymbol{u}) + \varphi_d(-\epsilon\boldsymbol{v}) \\ &= \left[\varphi_b(\epsilon\boldsymbol{v}) - \varphi_d(\epsilon\boldsymbol{v})\right] - \left[\varphi_c(\epsilon\boldsymbol{u}) - \varphi_a(\epsilon\boldsymbol{u})\right] \\ &\asymp \boldsymbol{\nabla}_{\epsilon u}\varphi(\epsilon\boldsymbol{v}) - \boldsymbol{\nabla}_{\epsilon v}\varphi(\epsilon\boldsymbol{u}) \\ &= \mathbf{d}\varphi(\epsilon\boldsymbol{u}, \epsilon\boldsymbol{v}).\end{aligned}$$

从两边抽出向量，就完成了对式 (37.6) 的证明.

我们强调，前面的论证本质上不限于二维空间：把图 37-3 中的 $\underline{\varphi}$ 向量想象成伸出的书页，然后拿起书本并倾斜，使得 Π 占据空间中的任何位置，怎样都不会影响前面的论证！

如果现在把向量场 $\underline{\varphi}$ 看作空间中流体的流动，那么式 (37.6) 就为外导数赋予了一个非常具体和生动的含义：

> 如果流体以速度 $\underline{\varphi}$ 流动，则其环绕一个（最终收缩成一点的）小平行四边形的环流 Ω 最终等于将通量 2-形式 $\mathbf{d}\varphi$ 作用于其边的结果. (37.8)

为了便于将来使用，我们要用经典向量微积分的语言把这个重要的结果表示为显式公式. 设 $\widehat{\boldsymbol{n}}$ 是垂直于平行四边形的单位向量，它的方向由右手定则决定，即右手四根手指从 $\boldsymbol{u}$ 弯曲到 $\boldsymbol{v}$，$\widehat{\boldsymbol{n}}$ 指向大拇指的方向. 再设 $\delta\mathcal{A}$ 为平行四边形的

① 我们首先在《复分析》8.10.2 节中使用这个推理为柯西定理提供了一个直接的几何证明.

面积：

$$\delta\mathcal{A} = |\epsilon \boldsymbol{u} \times \epsilon \boldsymbol{v}|,$$

所以

$$\epsilon \boldsymbol{u} \times \epsilon \boldsymbol{v} = \widehat{\boldsymbol{n}}\, \delta\mathcal{A}.$$

$\boldsymbol{\nabla} \times \underline{\varphi}$ 通过平行四边形的通量是它垂直于平行四边形的分量（即在 $\widehat{\boldsymbol{n}}$ 方向上的分量）：

$$\text{通量} \asymp (\boldsymbol{\nabla} \times \underline{\varphi}) \cdot \widehat{\boldsymbol{n}}\, \delta\mathcal{A}. \tag{37.9}$$

然后，结合式 (36.15)、含义 (37.8) 和式 (37.9)，我们有

$$\oint_{\Pi(\epsilon u, \epsilon v)} \varphi = \Omega(\epsilon \boldsymbol{u}, \epsilon \boldsymbol{v}) \asymp \mathbf{d}\varphi(\epsilon \boldsymbol{u}, \epsilon \boldsymbol{v}) = (\boldsymbol{\nabla} \times \underline{\varphi}) \cdot \widehat{\boldsymbol{n}}\, \delta\mathcal{A}. \tag{37.10}$$

我们用另一个收获来结束本小节：对最初、完整的外导数公式 (36.2) 的几何解释，包括以前神秘的换位子．回想一下，我们第一次通过一个纯粹的形式计算（尽管是一个启发性的计算）得到 $\mathbf{d}\varphi$ 的公式是

$$\mathbf{d}\varphi(\boldsymbol{u}, \boldsymbol{v}) = \boldsymbol{\nabla}_{\boldsymbol{u}} \varphi(\boldsymbol{v}) - \boldsymbol{\nabla}_{\boldsymbol{v}} \varphi(\boldsymbol{u}) - \varphi([\boldsymbol{u}, \boldsymbol{v}]).$$

我们选择用常向量场来简化前面的论述，但是如果 $\boldsymbol{u}$ 和 $\boldsymbol{v}$ 不是常向量呢？这时，如图 37-4 所示，向量场通常不会形成一个闭合环路．但是，我们可以用换位子 $[\epsilon \boldsymbol{u}, \epsilon \boldsymbol{v}]$ 跨接这个缝隙，从而创造一个闭合的环路．前面的大部分分析不变，只是现在积分 $\Omega(\epsilon \boldsymbol{u}, \epsilon \boldsymbol{v})$ 从关闭间隙的换位子形成的边获得了额外的贡献：

$$\varphi([\epsilon \boldsymbol{v}, \epsilon \boldsymbol{u}]) = -\varphi([\epsilon \boldsymbol{u}, \epsilon \boldsymbol{v}]).$$

这样就解释了 $\mathbf{d}\varphi$ 的公式！

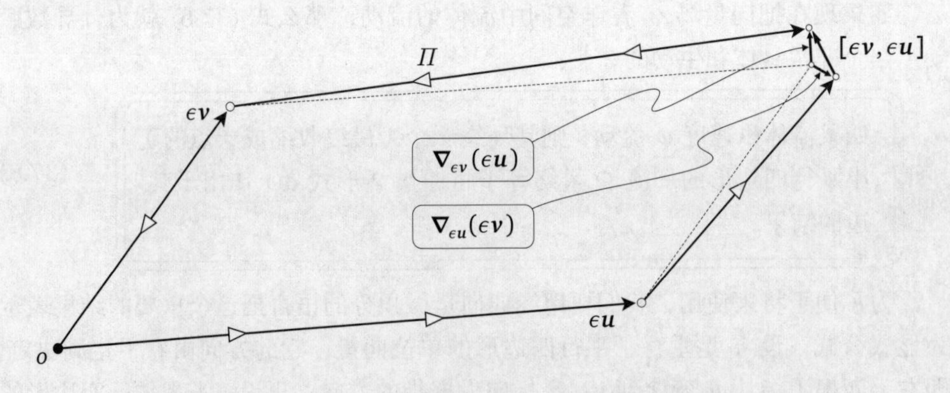

图 37-4　一般的向量场不会形成封闭的平行四边形．然而，我们可以用换位子 $[\epsilon \boldsymbol{u}, \epsilon \boldsymbol{v}] = \boldsymbol{\nabla}_{\epsilon v} \epsilon \boldsymbol{u} - \boldsymbol{\nabla}_{\epsilon u} \epsilon \boldsymbol{v}$ 跨接这个缝隙，从而形成一个闭合的环路

37.2.2 2-形式的外导数

设 $\Pi(\epsilon\boldsymbol{u},\epsilon\boldsymbol{v},\epsilon\boldsymbol{w})$ 是按照右手定则组成的小平行六面体的表面，其第一、第二、第三条棱分别为 $\epsilon\boldsymbol{u},\epsilon\boldsymbol{v},\epsilon\boldsymbol{w}$，当 ϵ 趋于零时，它最终收缩到一点. 现在，我们重复以上的分析，讨论 2-形式 $\boldsymbol{\Psi}$ 在有向二维边界 $\Pi(\epsilon\boldsymbol{u},\epsilon\boldsymbol{v},\epsilon\boldsymbol{w})$ 上的积分.

令 $\Omega(\epsilon\boldsymbol{u},\epsilon\boldsymbol{v},\epsilon\boldsymbol{w})$ 为 $\boldsymbol{\Psi}$ 在 Π 上的积分：

$$\Omega(\epsilon\boldsymbol{u},\epsilon\boldsymbol{v},\epsilon\boldsymbol{w}) \equiv \iint_{\Pi(\epsilon\boldsymbol{u},\epsilon\boldsymbol{v},\epsilon\boldsymbol{w})} \boldsymbol{\Psi}.$$

用经典向量微积分的语言来说，这就是向量 $\underline{\boldsymbol{\Psi}}$ 从 Π 净流出的流量：

$$\Omega(\Pi) = \iint_{\Pi} \underline{\boldsymbol{\Psi}} \cdot \widehat{\boldsymbol{n}}\, \mathrm{d}\mathcal{A},$$

其中，$\widehat{\boldsymbol{n}}$ 是平行六面体表面的单位外法向.

根据 1-形式的结果 (37.6)，我们预计这个积分是一个 3-形式，但不是任意的 3-形式. 由式 (36.16) 可知，它应该是 $\boldsymbol{\Psi}$ 的外导数：

$$\iint_{\Pi(\epsilon\boldsymbol{u},\epsilon\boldsymbol{v},\epsilon\boldsymbol{w})} \boldsymbol{\Psi} = \Omega(\epsilon\boldsymbol{u},\epsilon\boldsymbol{v},\epsilon\boldsymbol{w}) \asymp \mathbf{d}\Psi(\epsilon\boldsymbol{u},\epsilon\boldsymbol{v},\epsilon\boldsymbol{w}) = (\boldsymbol{\nabla}\cdot\underline{\boldsymbol{\Psi}})\mathcal{V}(\epsilon\boldsymbol{u},\epsilon\boldsymbol{v},\epsilon\boldsymbol{w}).$$

因此，将向量从中抽出后，我们就得到

$$\Omega \asymp \mathbf{d}\boldsymbol{\Psi} = (\boldsymbol{\nabla}\cdot\underline{\boldsymbol{\Psi}})\mathcal{V}. \tag{37.11}$$

确实如此，在正交平行六面体的情况下证明这件事是最简单、最清楚的：这个平行六面体（设其中心为 p）的棱平行于正交基向量 $\{\epsilon_1\boldsymbol{e}_1, \epsilon_2\boldsymbol{e}_2, \epsilon_3\boldsymbol{e}_3\}$，所以它的体积是 $\mathcal{V} = \epsilon_1\epsilon_2\epsilon_3$.

如图 37-5 所示，考虑 $\underline{\boldsymbol{\Psi}}$ 为通过与 $\boldsymbol{e}_1$ 正交的两个端面的流量，这两个端面之间的间隔为 ϵ_1，其中心为 a 和 b. 只有分量 $\Psi^1\boldsymbol{e}_1$ 携带的流体穿过这两个端面，另外两个分量沿这两个端面平行流动.（为了明确起见，在该图中我们假定 $\Psi^1 > 0$.）

为了计算出右端面的通量，我们将其面积 $\epsilon_2\epsilon_3$ 乘以表面中心速度的正交分量 $\Psi^1(b)$，因此

$$\text{从右端面流出的流量} \asymp \epsilon_2\epsilon_3\Psi^1(b).$$

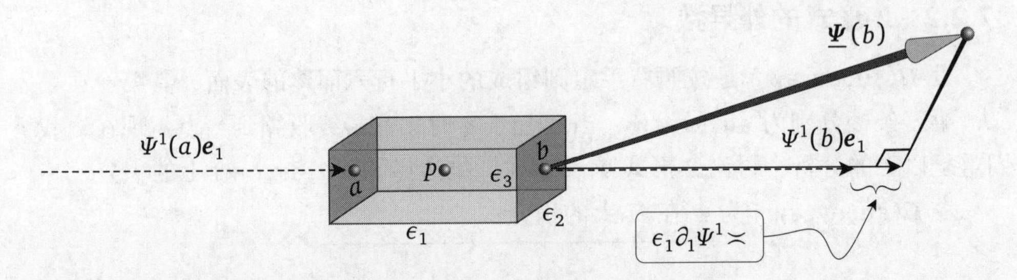

图 37-5　从右端面流出的流量 $\asymp \epsilon_2\epsilon_3\Psi^1(b)$. 从左端面流出的流量 $\asymp -\epsilon_2\epsilon_3\Psi^1(a)$. 所以，从这一对端面净流出的流量 $\asymp \left[\partial_1\Psi^1\epsilon_1\right]\epsilon_2\epsilon_3 = \left[\partial_1\Psi^1\right]\mathcal{V}$

因为左端面的外法向 $\hat{\boldsymbol{n}} = -\boldsymbol{e}_1$ 与右端面的外法向相反，于是

$$\text{流体从左端面流出的速度} = \underline{\boldsymbol{\Psi}} \cdot \hat{\boldsymbol{n}} = -\Psi^1(a).$$

所以，

$$\text{从左端面流出的流量} = -\text{从左端面流进的流量} \asymp -\epsilon_2\epsilon_3\Psi^1(a).$$

请注意，在图 37-5 中，我们绘制指向点 a 的虚线箭头表示 $\Psi^1(a)\boldsymbol{e}_1$，这样绘制既是为了使图像简洁，也是为了清楚地表明这是流入盒子的流．请注意，我们还在 b 处绘制了 $\Psi^1(a)\boldsymbol{e}_1$ 的副本，以便与 $\Psi^1(b)\boldsymbol{e}_1$ 比较.

将这些流出的流量加起来，

$$\begin{aligned}\text{从一对端面净流出的流量} &\asymp \left[\Psi^1(b) - \Psi^1(a)\right]\epsilon_2\epsilon_3 \\ &\asymp \left[\partial_1\Psi^1\epsilon_1\right]\epsilon_2\epsilon_3 \\ &= \left[\partial_1\Psi^1\right]\mathcal{V},\end{aligned}$$

其中偏导数取盒子中心点 p 的值.

当然，完全同样的推理也适用于正交于 $\boldsymbol{e}_2$ 的两个端面，这两个端面产生的净流出流量为 $[\partial_2\Psi^2]\mathcal{V}$. 最后两个端面同样贡献了 $[\partial_3\Psi^3]\mathcal{V}$ 的流出流量．因此，

$$\Omega(\Pi) = \text{通过 } \Pi \text{ 的总流出流量} \asymp \left[\partial_1\Psi^1 + \partial_2\Psi^2 + \partial_3\Psi^3\right]\mathcal{V} = (\boldsymbol{\nabla} \cdot \underline{\boldsymbol{\Psi}})\mathcal{V},$$

这就证明了式 (37.11).

结果 (37.6) 和 (37.11) 是一种范式的两个特例，这种范式可以继续扩展到更高的维度．虽然我们不能继续实现更高维度的可视化，但是将**d**(3-形式) 作用于四维空间中一个小的、紧的、最终收缩到一点的区域，就会产生这个 3-形式在该区域的三维边界上的积分，更高维的情况也类似．有关这些高维结果的更多信息，请参阅附录 A.

37.3 外微积分基本定理（广义斯托克斯定理）

37.3.1 外微积分基本定理

我们在向量微积分中学习的所有积分定理［式 (37.5)、格林定理、斯托克斯定理和高斯定理］都只是形式理论中一个优雅定理的特殊情况.

外微积分基本定理：
$$\boxed{\int_R \mathbf{d}\varphi = \int_{\partial R} \varphi.} \tag{37.12}$$

等式右边表示的是一个 p-形式 φ 在一个 $p+1$ 维的定向紧区域 R 的 p 维定向边界 ∂R 上的积分，等式左边表示的是 φ 的外微分 $\mathbf{d}\varphi$［这是一个 $(p+1)$-形式］在 R 上的积分. 注意，因为这里的维数和形式的次数中涉及的 p 是一般的、未知的，所以我们必须摒弃重积分的记号，在方程两边都使用单一的积分符号.

注意：我们所称的**外微积分基本定理**（以下简称为 FTEC），实际上在所有其他图书中都被称为**广义斯托克斯定理**，通常简称为 GST.

37.3.2 相伴的历史问题

毫无疑问，斯托克斯对科学做出了巨大的贡献，但用他的名字来命名这个定理，而且只用他的名字来命名，是非常不恰当的. 弗拉基米尔 · 阿诺德在 Arnol'd（1989, 第 192 页）中开玩笑地把定理 (37.12) 称为“*牛顿 – 莱布尼茨 – 高斯 – 格林 – 奥斯特罗格拉茨基 – 斯托克斯 – 庞加莱公式*”！在这一大串名字中，斯托克斯与这个定理的关系*最小*.

1854 年，斯托克斯设计了剑桥大学史密斯奖的考试，其中的第 8 题要求学生证明原始的、预先推广的结果——就是现在所谓的*斯托克斯定理*. 这是这个结果第一次被印刷出来. 一个参加考试的学生正是詹姆斯 · 克拉克 · 麦克斯韦（顺便说一下，他与另一个学生在考试中并列第一）. 这个定理最初以斯托克斯命名很可能就是源于这个事件！

但是斯托克斯知道这个结果是因为威廉 · 汤姆森（开尔文勋爵）在 1850 年 7 月 2 日寄给他的一封信中提到了它！但是开尔文似乎是通过研究格林的成果而得到这个结果的……你开始明白我们现在所处的困境了吧？想要了解更多的相关困境，请参阅卡茨的文章 (Katz, 1979) 和克罗的著作 (Crowe, 1985).

尼古拉斯 · 迈克尔 · 约翰 · 伍德豪斯向罗杰 · 彭罗斯为这个命名难题提出了一个快刀斩乱麻的解决建议：抛弃*所有*这些名字，称它为*外微积分基本定理*. 这就是 Penrose and Rindler (1984) 以及随后的 Penrose (2005) 中所采用的解决方案，我们在此遵循这些先例.

至于一般结果 (37.12) 的历史，我们只能说：第一个完整的陈述出现在 1936~1937 年嘉当在巴黎的讲座中，他明确指出向量微积分的所有结果都是特例. 这些讲座最早出现在 Cartan (1945) 中.

37.3.3 例子：面积

我们现在回到定理本身，从一个应用该定理的基本几何例子开始讲起.

如图 37-6 所示，设 $\mathbb{R}^2$ 中区域 R 的面积为 $\mathcal{A}(R)$，考虑 1-形式 $x\mathbf{d}y$ 绕 R 的顺时针边界 ∂R 的积分.

设 $\delta\boldsymbol{r}_1$ 和 $\delta\boldsymbol{r}_2$ 是夹在高度为 y 和 $y+\delta y$ 的两条水平线之间的一对相匹配的运动，我们计算它们对积分的贡献：

$$(x\mathbf{d}y)(\delta\boldsymbol{r}_1)+(x\mathbf{d}y)(\delta\boldsymbol{r}_2)=(x_1-x_2)\delta y \asymp \delta\mathcal{A}.$$

所以

$$\oint_{\partial R} x\mathbf{d}y=\mathcal{A}(R).$$

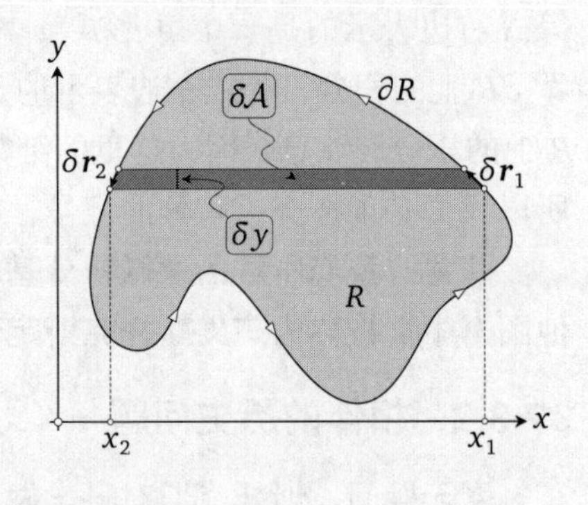

图 37-6 从 $\delta\boldsymbol{r}_1$ 到 $\delta\boldsymbol{r}_2$ 对 $\oint_{\partial R} x\mathbf{d}y$ 的贡献是 $\delta\mathcal{A}$

（验证：即使我们向下滑动阴影水平条，直到它被分成两条窄带，这个论证仍然有效.）

这确实符合 FTEC [定理 (37.12)]，因为它预测

$$\oint_{\partial R} x\mathbf{d}y=\iint_R \mathbf{d}(x\mathbf{d}y)=\iint_R \mathbf{d}x\wedge\mathbf{d}y=\iint_R \mathcal{A}=\mathcal{A}(R).$$

这也有物理意义. 根据对应关系 (34.10)，$\mathbf{d}x\wedge\mathbf{d}y$ 对应于垂直于 (x,y) 平面、以单位速度沿 z 方向的流动. 因此它通过面积为 $\mathcal{A}$ 的区域的通量等于 $\mathcal{A}$.

37.4 边界的边界是零

在证明 FTEC 之前，让我们看看它是如何解决一个已经困扰了我们一段时间的谜题的：*为什么* $\mathbf{d}^2=0$? 这个基本结果的计算性证明很简捷（见 36.4.1 节），但结果本身到底*意味着什么*?!

如果我们将 FTEC 应用*两次*，就会发现

$$0=\int_R \mathbf{d}^2\boldsymbol{\Phi}=\int_{\partial R}\mathbf{d}\boldsymbol{\Phi}=\int_{\partial(\partial R)}\boldsymbol{\Phi}.$$

但是这里的 $\boldsymbol{\Phi}$ 和 R 是任意的，那就只能是

$$\partial^2 = 0 \quad \Longleftrightarrow \quad \text{边界的边界是零!}$$

反之，如果我们理解了这个几何陈述，也就解释了 $\mathbf{d}^2 = 0$ 的几何意义：

$$\mathbf{d}^2 = 0 \quad \Longleftrightarrow \quad \partial^2 = 0.$$

让我们用 3-2-1 维度来解释这个结果. 考虑图 37-7，它表示一个以 $\{\boldsymbol{v}_1, \boldsymbol{v}_2, \boldsymbol{v}_3\}$ 为边、服从右手定则的三维平行六面体. 它的边界由 6 个定向的二维平面组成. 最后，边界的边界由 12 条边组成，每条边在一个方向上走过一次，在相反的方向上也走过一次.

因此，如上所述，我们看到三维立体的二维边界的一维边界确实是零!

关于 4-3-2 维度以及更高维度的解释，请参阅米斯纳、索恩和惠勒的著作 (Misner, Thorne, and Wheeler, 1973，第 15 章). 正如他们所解释的，这也是理解微分比安基恒等式 (29.17) 的关键.

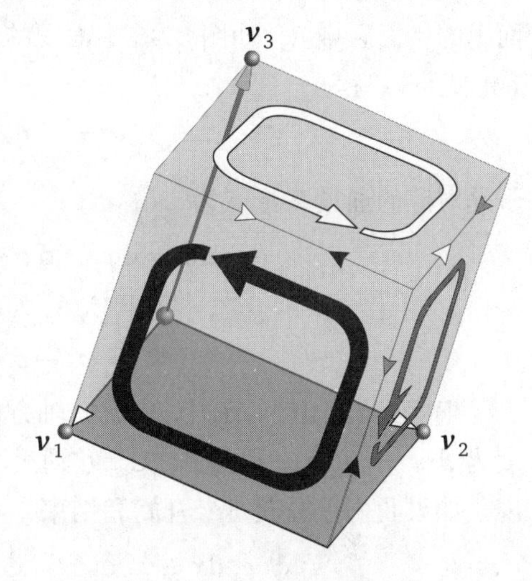

图 37-7 边界的边界是零：$\partial^2 = 0$

37.5 向量微积分的经典积分定理

当然，上述对 $\mathbf{d}^2 = 0$ 的几何解释取决于 FTEC，我们还没有解释为什么是这样的！在提供 FTEC 的证明之前，我们将进一步增加悬念，使你相信外微积分基本定理确实是“基本的”！为了达到这个目的，现在来验证我们之前所宣称的：这个单一定理包含了向量微积分的所有经典定理，这些经典定理都是 FTEC 的特殊情况.

37.5.1 $\boldsymbol{\Phi} = 0$-形式

在 FTEC 中取 $\boldsymbol{\Phi} = f$ 为一个函数（0-形式），则 $\mathbf{d}\boldsymbol{\Phi} = \mathbf{d}f$ 是一个 1-形式，因此 R 只能是一维的曲线 K，其边界 ∂K 只能是其端点，例如 a 和 b. 因为 K 的方向是从点 a 出发指向点 b 的，我们记终点为 $+b$，记起点为 $-a$. 于是 FTEC 就产生

了前面的结论 (37.4)，它等价于经典向量积分的公式 (37.5)：

$$\int_K \mathbf{d}f = f(b) - f(a) \quad \Longleftrightarrow \quad \int_K (\nabla f) \bullet \mathrm{d}\boldsymbol{r} = f(b) - f(a).$$

37.5.2　$\boldsymbol{\Phi} = 1$-形式

在 FTEC 中取 $\boldsymbol{\Phi} = \varphi$ 为一个 1-形式，则 $\mathbf{d}\boldsymbol{\Phi} = \mathbf{d}\varphi$ 是向量场 $\nabla \times \underline{\varphi}$ 的一个通量 2-形式，因此 R 只能是二维的定向曲面 $\mathcal{S}$，其边界 $\partial\mathcal{S}$ 只能是一维边界曲线.

我们从最简单的情形（也就历史上的最初情形）开始，其中 $\mathcal{S}$ 就是 (x, y) 平面上的平面区域 R，如图 37-6 中面积的例子所示. 因为向量场也是平面的，所以 1-形式可以写为

$$\boldsymbol{\varphi} = \varphi_x \mathbf{d}x + \varphi_y \mathbf{d}y.$$

于是对应的通量 2-形式为

$$\begin{aligned}\mathbf{d}\boldsymbol{\varphi} &= \mathbf{d}\varphi_x \wedge \mathbf{d}x + \mathbf{d}\varphi_y \wedge \mathbf{d}y \\ &= \partial_y \varphi_x \mathbf{d}y \wedge \mathbf{d}x + \partial_x \varphi_y \mathbf{d}x \wedge \mathbf{d}y \\ &= (\partial_x \varphi_y - \partial_y \varphi_x)\mathcal{A}.\end{aligned}$$

根据式 (34.10)，$\mathbf{d}\varphi$ 对应于 z 轴方向上 [垂直于 (x, y) 平面] 的流动，其速度为 $\partial_x \varphi_y - \partial_y \varphi_x$. 根据 FTEC，它通过 R 的通量等于 $\underline{\varphi}$ 环绕 ∂R 的环量. 换句话说，如果我们以经典符号开始和结束，将看到 FTEC 包含**格林定理**：[1]

$$\begin{aligned}\oint_{\partial R} \varphi_x \,\mathrm{d}x + \varphi_y \,\mathrm{d}y &= \oint_{\partial R} \boldsymbol{\varphi} \\ &= \iint_R \mathbf{d}\boldsymbol{\varphi} \\ &= \iint_R (\partial_x \varphi_y - \partial_y \varphi_x)\mathcal{A} \\ &= \iint_R (\partial_x \varphi_y - \partial_y \varphi_x)\,\mathrm{d}x\,\mathrm{d}y.\end{aligned}$$

这是图 37-6 中关于面积的例子的推广.

现在转向更一般的情况：空间中弯曲的曲面 $\mathcal{S}$. 令垂直于曲面的单位向量为 $\widehat{\boldsymbol{n}}$，方向的选择由曲面的方向通过右手定则确定. 根据式 (37.9)，由 FTEC 可得**斯托克斯定理**：

$$\oint_{\partial\mathcal{S}} \underline{\boldsymbol{\varphi}} \bullet \mathrm{d}\boldsymbol{r} = \oint_{\partial\mathcal{S}} \boldsymbol{\varphi} = \iint_{\mathcal{S}} \mathbf{d}\boldsymbol{\varphi} = \iint_{\mathcal{S}} (\nabla \times \underline{\varphi}) \bullet \widehat{\boldsymbol{n}}\,\mathrm{d}\mathcal{A}.$$

① 格林从未真正写下现在以他的名字命名的二维公式，而是发现了一个三维公式的逻辑推论. 柯西在 1846 年首次发表了格林定理（但没有任何证明），见卡茨的文章 (Katz, 1979).

这个定理为法拉第在实验室中观察到的宏观电磁现象和麦克斯韦最终在数学上简化的微观微分方程之间架起了重要的桥梁.

以法拉第在 1831 年发现的**法拉第电磁感应定律**为例：

> 如果曲面 $\mathcal{S}$ 是在一个环形线圈 $\partial\mathcal{S}$ 上张成的曲面，一个变化磁场的磁力线通过它，则在线圈中产生一个电动势，这个电动势等于通过 $\mathcal{S}$ 的磁通量的变化率的负值.

它的数学形式为

$$\oint_{\partial\mathcal{S}} \underline{\boldsymbol{E}} \bullet \mathrm{d}\boldsymbol{r} = -\partial_t \iint_{\mathcal{S}} \underline{\boldsymbol{B}} \bullet \widehat{\boldsymbol{n}}\, \mathrm{d}\mathcal{A}.$$

利用斯托克斯定理，可以将它表示为

$$\iint_{\mathcal{S}} \left[\nabla \times \underline{\boldsymbol{E}} + \partial_t \underline{\boldsymbol{B}}\right] \bullet \widehat{\boldsymbol{n}}\, \mathrm{d}\mathcal{A} = 0.$$

因为这个等式对所有曲面 $\mathcal{S}$ 都成立，所以被积函数本身就一定等于零. 我们因此发现 1831 年的法拉第定律等价于 1873 年的麦克斯韦方程组之中的一个方程：

$$\nabla \times \underline{\boldsymbol{E}} + \partial_t \underline{\boldsymbol{B}} = 0. \tag{37.13}$$

37.5.3 $\boldsymbol{\Phi} = 2$-形式

如果在 FTEC 中取 $\boldsymbol{\Phi} = \boldsymbol{\Psi}$ 为通量 2-形式，则根据式 (37.11)，$\mathbf{d}\boldsymbol{\Psi} = (\nabla \bullet \boldsymbol{\Psi})\mathcal{V}$ 是描述源密度的 3-形式. 现在 R 一定是一个有向体积 V，它的边界 $\mathcal{S} = \partial V$ 一定是它的二维边界曲面. 如果我们从头到尾都用经典符号表示，就看到 FTEC 包含了**高斯定理**，后者也称为**散度定理**：

$$\iiint_V (\nabla \bullet \underline{\boldsymbol{\Psi}})\,\mathrm{d}\mathcal{V} = \iiint_V \mathbf{d}\boldsymbol{\Psi} = \oiint_{\partial V} \boldsymbol{\Psi} = \oiint_{\mathcal{S}} \underline{\boldsymbol{\Psi}} \bullet \widehat{\boldsymbol{n}}\, \mathrm{d}\mathcal{A}. \tag{37.14}$$

37.6 外微积分基本定理的证明

我们来证明 FTEC 的二维形式（斯托克斯定理），并将其扩展到三维情形（高斯定理）的证明（基本不变）. 但是，要以统一的方式将证明明确地扩展到所有维度上需要引入一些新的概念、术语和符号. 我们在此不打算介绍它们，而是建议你参阅附录 A.

考虑图 37-8，它显示将 (x, y) 平面中的区域 R 分割成（最终收缩成一点的）小平行四边形，每个四边形的第一条边为 $\epsilon\boldsymbol{u}$，第二条边为 $\epsilon\boldsymbol{v}$. 与这种顺序相关的方向由每个单元内的涡旋表示. 注意，邻接边界 ∂R 的平行四边形被裁切成了不规则的形状.

现在我们将分割区域 R 的平行四边形以及邻接边界的不规则平行四边形统称为 R 的**单元格**，把 1-形式 φ 在区域 R 中的所有单元格上的积分都加起来.

来看 R 内部的黑色平行四边形，它与四个白色单元格毗连. 每条黑边都与相邻单元格的一条方向相反的白边相匹配，因此沿着这条边一来一往的积分就抵消了. 唯一没有被抵消的边是边界 ∂R 上的小段，例如图 37-8 中的 $\delta \boldsymbol{r}$. 所以，

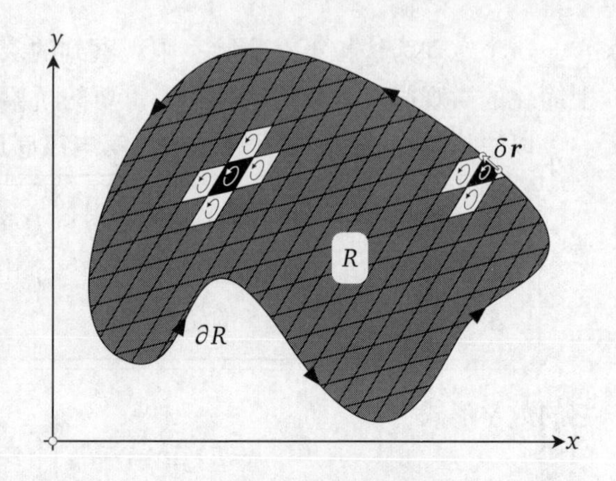

图 37-8　因为内部的黑色平行四边形的边与毗连的白色平行四边形的边的方向相反，所以环量被抵消. 将所有单元格加起来，只有邻接区域边界上（例如 $\delta \boldsymbol{r}$）的环量不会被抵消

$$\oint_{\partial R} \varphi = \sum_{R\text{内的单元格}} \oint_{\partial(\text{单元格})} \varphi. \tag{37.15}$$

人们可能会天真地猜测，每个单元格的积分应为一阶 ϵ，因为每条边都是一阶的. 但这并不正确，正如我们可以从下面的粗略论证中看到的那样.

我们知道对于一般的 1-形式，环绕边界 ∂R 的积分 [也就是式 (37.15) 中的和] 是非零且有限的. 因此，我们认为，式 (37.15) 中的求和项数与 ϵ 成反比增加关系，于是每一项就会随之趋于零. 但是项的数量增长为“整体的固定面积 R 除以每个单元格的面积”，即 $(1/\epsilon^2)$. 因此，预计每一项的大小会随着 ϵ^2 趋于零. 假如我们最初的猜测是正确的，则式 (37.15) 中和的阶应该是 $\epsilon(1/\epsilon^2)$，但是，当平行四边形收缩时，结果将是无穷大的，这就不对了. 反之，任何涉及 ϵ 的幂大于 2 的项的贡献都不会影响最终的结果.

事实上，没有必要采用这样的粗糙推理，因为我们已经推导出了 φ 环绕这样一个收缩平行四边形的积分的精确结果 (37.8)，这是理解和证明 FTEC 的关键. 我们看到，正如预期的那样，每个平行四边形的贡献确实是 ϵ^2 量级的，并且表现为 2-形式 $\mathbf{d}\varphi$ 作用于平行四边形的边. 因此式 (37.15) 就变成

$$\oint_{\partial R} \varphi = \sum_{R\text{内的单元格}} \mathbf{d}\varphi(\epsilon \boldsymbol{u}, \epsilon \boldsymbol{v}).$$

但是，在 ϵ 趋于零的极限下，这个和正好是 $\mathbf{d}\varphi$ 在 R 上的积分的定义，从而完成了对 FTEC 的证明：

$$\oint_{\partial R}\varphi = \iint_R \mathbf{d}\varphi.$$

现在让我们推广这个论证，来证明斯托克斯定理形式的 FTEC. 为了做到这一点，只需要假设刚才画出平行四边形的区域 R 实际上是用橡胶薄膜在一个坚硬但可弯曲的金属丝框 ∂R 上张成的平面. 我们现在可以把金属丝 ∂R 从 $\mathbb{R}^2$ 中变形到空间中，使 R 成为 $\mathbb{R}^3$ 中的曲面. 然后，我们可以进一步随意变形曲面 R，同时保持边界金属丝框在原地不变.

上述证明的两个关键因素是消去所有的内边上的积分以及结果 (37.8). 这两者在这个新的三维环境中都是正确的，后者的形式是式 (37.10)：

$$\oint_{\Pi(\epsilon\boldsymbol{u},\epsilon\boldsymbol{v})}\varphi \asymp \mathbf{d}\varphi(\epsilon\boldsymbol{u},\epsilon\boldsymbol{v}) = (\boldsymbol{\nabla}\times\underline{\varphi})\boldsymbol{\cdot}\widehat{\boldsymbol{n}}\,\delta\mathcal{A}.$$

这样就证明了 FTEC，并且在过程中也证明了斯托克斯定理：

$$\oint_{\partial\mathcal{S}}\underline{\varphi}\boldsymbol{\cdot}\mathrm{d}\boldsymbol{r} = \oint_{\partial\mathcal{S}}\varphi = \iint_{\mathcal{S}}\mathbf{d}\varphi = \iint_{\mathcal{S}}(\boldsymbol{\nabla}\times\underline{\varphi})\boldsymbol{\cdot}\widehat{\boldsymbol{n}}\,\mathrm{d}\mathcal{A}.$$

最后，让我们了解为什么对 FTEC 的上述证明过程基本上不做变化就可以用于高一维的情形，并且在过程中还顺便证明了高斯定理. 设 V 是 $\mathbb{R}^3$ 中的一个紧区域，其边界曲面为 $\mathcal{S}=\partial V$. 现在用以 $\{\epsilon\boldsymbol{u},\epsilon\boldsymbol{v},\epsilon\boldsymbol{w}\}$ 为棱、体积为 $\mathcal{V}(\epsilon\boldsymbol{u},\epsilon\boldsymbol{v},\epsilon\boldsymbol{w})$ 的平行六面体来填充 V. 像在图 37-8 中的平行四边形一样，在表面上的平行六面体被裁切. 我们仍然把内部的平行六面体和在表面被裁切的六面体统称为 V 的单元格.

现在考虑 2-形式 $\boldsymbol{\Psi}$ 从内部单元格中流出的通量. 它的每一个面也是相邻单元格的面，只是*方向相反*：这个单元格的外法向是相邻单元格的*内*法向. 因此，如果我们把从所有单元格流出的流量加起来，通过所有内部表面的流量就相互抵消了：从物理上讲，流出一个单元格的流体会流进它的邻近单元格里. 因此，唯一没有被抵消流量的表面是那些构成部分边界面的单元格面，于是，

$$\oiint_{\partial V}\boldsymbol{\Psi} = \sum_{V\text{ 内的单元格}}\ \oiint_{\partial(\text{单元格})}\boldsymbol{\Psi}.$$

但我们从式 (37.11) 中知道，从一个最终收缩成一点的小平行六面体中流出的流量最终的阶是 ϵ^3，并表现为 3-形式 $\mathbf{d}\boldsymbol{\Psi}$ 作用于平行六面体的棱：

$$\oiint_{\Pi(\epsilon\boldsymbol{u},\epsilon\boldsymbol{v},\epsilon\boldsymbol{w})}\boldsymbol{\Psi} \asymp \mathbf{d}\boldsymbol{\Psi}(\epsilon\boldsymbol{u},\epsilon\boldsymbol{v},\epsilon\boldsymbol{w}) = (\boldsymbol{\nabla}\boldsymbol{\cdot}\underline{\boldsymbol{\Psi}})\mathcal{V}(\epsilon\boldsymbol{u},\epsilon\boldsymbol{v},\epsilon\boldsymbol{w}),$$

所以，

$$\oiint_{\partial V} \boldsymbol{\Psi} = \sum_{V\text{内的单元格}} \mathbf{d}\boldsymbol{\Psi}(\epsilon \boldsymbol{u}, \epsilon \boldsymbol{v}, \epsilon \boldsymbol{w}).$$

最后，随着 ϵ 趋于零，右边就变成 $\mathbf{d}\boldsymbol{\Psi}$ 在 V 上的积分. 由此证明了 FTEC.

用经典向量微积分的符号开始和结束，我们在这个过程中也证明了高斯定理：

$$\oiint_{S} \underline{\boldsymbol{\Psi}} \cdot \widehat{\boldsymbol{n}}\, \mathrm{d}\mathcal{A} = \oiint_{\partial V} \boldsymbol{\Psi} = \iiint_{V} \mathbf{d}\boldsymbol{\Psi} = \iiint_{V} (\boldsymbol{\nabla} \cdot \underline{\boldsymbol{\Psi}})\, \mathrm{d}\mathcal{V}.$$

37.7　柯西定理

假设图 37-8 中描述的区域 R 不在 $\mathbb{R}^2$ 内，而是在复平面内，且复函数 $f(z)$ 在整个复平面内是解析的，其局部的几何效应是伸扭. 正如我们在第 452 页结论 (36.13) 中看到的，$f(z)$ 在局部是一个伸扭的事实等价于 1-形式的 $f\,\mathbf{d}z$ 是闭的：$\mathbf{d}(f\,\mathbf{d}z) = 0$.

因此，可由 FTEC 立即得出**柯西定理**：

$$\oint_{\partial R} f\,\mathbf{d}z = \iint_{R} \mathbf{d}(f\,\mathbf{d}z) = 0.$$

当 $f(z)$ 不是局部伸扭时，FTEC 也可以用来得到有趣的结果. 例如，在反共形映射 $f(z) = \bar{z}$ 的情况下，我们在式 (36.14) 中看到 $\mathbf{d}(\bar{z}\mathbf{d}z) = 2\mathrm{i}\mathcal{A}$，于是现在由 FTEC 产生了

$$\oint_{\partial R} \bar{z}\mathbf{d}z = \iint_{R} \mathbf{d}(\bar{z}\mathbf{d}z) = 2\mathrm{i} \iint_{R} \mathcal{A} = 2\mathrm{i}\mathcal{A}(R).$$

对于这个结果的几何和物理解释，见《复分析》.

37.8　1-形式的庞加莱引理

设 φ 在 $\mathbb{R}^n$ 的单连通区域 R 上是闭的，即 $\mathbf{d}\varphi = 0$. 于是根据 FTEC，如果 L 是 R 中的一个闭环，S 是张在 L 上的曲面，即 $L = \partial S$，则

$$\oint_{L} \varphi = \int_{S} \mathbf{d}\varphi = 0.$$

根据结论 (37.3)，这表明 $\int \varphi$ 是与路径无关的.

现在任意取一个固定点 o 为原点. 将 $\underline{\varphi}$ 看作一个力场，我们可以将位势函数 $f(p)$ 定义为将一个粒子从点 o 带到点 p 所做（与路径无关）的功：

$$f(p) \equiv \int_o^p \varphi.$$

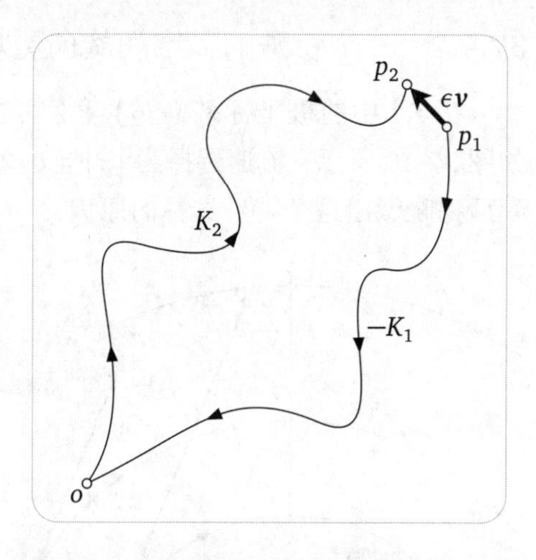

图 37-9 如果 $\mathbf{d}\varphi = 0$，则 $f(p) \equiv \int_o^p \varphi$ 是路径无关的，且 $\varphi = \mathbf{d}f$

现在，我们要证明 φ 是恰当的，即

$$\varphi = \mathbf{d}f, \tag{37.16}$$

这就证明了 1-形式情况下的庞加莱引理.

如图 37-9 所示，设 p_1 和 p_2 是邻近的两个点，连接它们的一个短向量（最终收缩为零）为 $\epsilon\boldsymbol{v} = \overrightarrow{p_1p_2}$，则两点之间的势能差 δf 为

$$\delta f = f(p_2) - f(p_1) \asymp \mathbf{d}f(\epsilon\boldsymbol{v}).$$

但如图 37-9 所示，如果 K_1 是从 o 到 p_1 的路径，K_2 是从 o 到 p_2 的路径，则 $-K_1 + K_2$ 是从 p_1 到 p_2 的路径. 由于 $\int \varphi$ 与路径无关，所以我们可以用 $\epsilon\boldsymbol{v}$ 上短而直接的路径来代替这个长而间接的路径. 因此，

$$\mathbf{d}f(\epsilon\boldsymbol{v}) \asymp \int_{-K_1+K_2} \varphi = \int_{\epsilon\boldsymbol{v}} \varphi \asymp \varphi(\epsilon\boldsymbol{v}).$$

因为这里的 $\boldsymbol{v}$ 是任意的，所以可以把它抽出来，这样就证明了式 (37.16)，从而完成了对于 1-形式的庞加莱引理 (36.11) 的证明.

37.9 德拉姆上同调初步

37.9.1 引言

如果区域 R 不是单连通的会如何呢？结果是，闭形式不一定是恰当的，研究那些闭的但非恰当的形式可以得到关于 R 的详细拓扑信息.

这个信息能在所谓的**德拉姆上同调群** $H^k(R)$ 中得到解释. $H^k(R)$ 是以在 1931 年发现它们的乔治 · 德拉姆（1903—1990）[①]命名的. 这里的 k 指的是定义在 R 上的 k-形式，它是闭的但非恰当的形式.

我们将只提供对该主题的一个小尝试，从闭的但非恰当的 1-形式开始，产生第一个德拉姆上同调群 $H^1(R)$.

① 德拉姆，瑞士数学家，因对微分拓扑和代数拓扑的贡献而闻名. ——译者注

37.9.2　一个特殊的二维涡旋向量场

在 $\mathbb{R}^2$ 中的极坐标系 (r, θ) 下，考虑以原点为中心的特殊圆形逆时针涡旋①，如图 37-10 所示，流速选择为 $\left|\underline{\varphi}\right| = q/2\pi r$，其中 q 是表示涡旋强度的常数. 我们稍后揭晓做出这个特殊选择的原因.

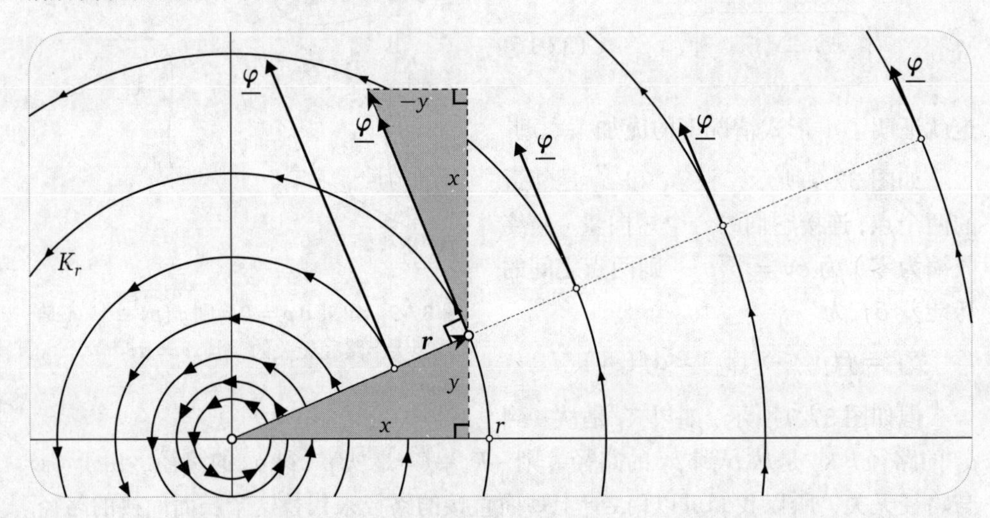

图 37-10　一个特殊的圆形涡旋向量场 $\underline{\varphi}$，其速度为 $\left|\underline{\varphi}\right| = q/2\pi r$. 注意，当我们从原点离开时，速度会减慢. $\underline{\varphi}$ 的方向是通过将半径向量 $\boldsymbol{r}$ 旋转一个直角得到的，但由于半径的长度为 $r = |\boldsymbol{r}|$，我们必须将它乘以 $q/2\pi r^2$. 因此，涡旋 1-形式是 $\varphi = (q/2\pi r^2)[-y\,\mathbf{d}x + x\,\mathbf{d}y]$. 原点是一个速度无穷大的奇点，必须排除

当我们接近原点时，速度趋于无穷大，所以原点是一个**奇点**，我们挖掉这一点：流定义在**有孔的平面** ($\mathbb{R}^2 -$ 原点) 上.

因为沿半径为 r 的圆周 K_r 的速率为 $q/2\pi r$，半径为 r 的圆周 K_r 的长度为 $2\pi r$，所以沿圆周的环量为

$$\mathcal{C} = \oint_{K_r} \varphi = q,$$

与半径 r 无关. 事实上，正是为了使环量与半径无关，我们需要选择流速与半径成反比.

仅仅 $\mathcal{C} \neq 0$ 这个事实就意味着

> 涡旋 1-形式 φ 不可能是恰当的：对于任意 f 有 $\varphi \neq \mathbf{d}f$.

① 在这里，我们更喜欢“涡旋”这个词，而不是技术上更精确的“中心”. 见第 233 页图 19-4.

不过，我们马上就会证明

$$\text{涡旋 1-形式 } \varphi \text{ 是闭的：} \mathbf{d}\varphi = 0.$$

这种闭的但非恰当的 1-形式是由于平面有孔才有可能存在的. 在旋涡的原点处环绕涡旋奇点的环路无法不越过原点而收缩成一点，所以有孔的平面不是单连通的，因此与庞加莱引理没有冲突.

37.9.3 涡旋 1-形式是闭的

图 37-10 显示了一个典型的例子：长度为 r 的半径向量 $\boldsymbol{r}$ 旋转 $\pi/2$ 后得到一个涡旋流的方向向量. 这个向量的长度也是 r，而我们想要构建一个速率为 $q/2\pi r$ 的涡旋，所以必须将这个向量乘以 $q/2\pi r^2$.

因此，表示涡旋向量场的 1-形式为

$$\varphi = \frac{q}{2\pi r^2}\left[-y\mathbf{d}x + x\mathbf{d}y\right], \tag{37.17}$$

其中 $r^2 = x^2 + y^2$.

所以，

$$\begin{aligned}
\left[\frac{2\pi}{q}\right]\mathbf{d}\varphi &= -\frac{1}{r^4}\left(\mathbf{d}r^2\right)\wedge\left[-y\mathbf{d}x + x\mathbf{d}y\right] + 2\frac{1}{r^2}\mathbf{d}x\wedge\mathbf{d}y \\
&= -\frac{1}{r^4}2\left(x\mathbf{d}x + y\mathbf{d}y\right)\wedge\left[-y\mathbf{d}x + x\mathbf{d}y\right] + 2\frac{1}{r^2}\mathbf{d}x\wedge\mathbf{d}y \\
&= -\frac{1}{r^4}2\left(x^2 + y^2\right)\mathbf{d}x\wedge\mathbf{d}y + 2\frac{1}{r^2}\mathbf{d}x\wedge\mathbf{d}y \\
&= 0,
\end{aligned}$$

涡旋 1-形式是闭的，证毕.

37.9.4 涡旋 1-形式的几何意义

我们呈现上述计算方法是为了提供用外微分来解决力学问题的一个有用的练习. 这个计算实际上是不必要的，因为可以给出一个简单的几何论证来说明为什么 φ 是闭的.

图 37-11 显示了一个从端点 $\boldsymbol{r} = \begin{bmatrix} x \\ y \end{bmatrix}$ 出发的（最终收缩为零的）短向量 $\begin{bmatrix} \delta x \\ \delta y \end{bmatrix}$，它对着原点的圆周角为 $\delta\theta$. 记这两条边张成的阴影三角形的面积为 $\delta\mathcal{A}$.

另外，我们可以用三角形的边向量的行列式乘以二分之一来表示 $\delta\mathcal{A}$. 同时，它又最终等于底长为 r、高为 $r\delta\theta$ 的三角形的面积，所以

$$\frac{1}{2}(-y\delta x + x\delta y) = \frac{1}{2}\det\begin{bmatrix} x & \delta x \\ y & \delta y \end{bmatrix}$$
$$= \delta\mathcal{A} \asymp \frac{1}{2}r(r\delta\theta).$$

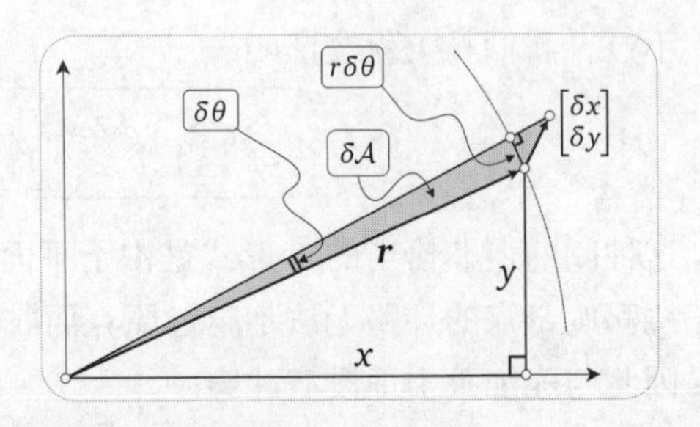

图 37-11　阴影三角形的面积 $\delta\mathcal{A}$ 可以通过其边的行列式来计算，得到 $\delta\mathcal{A} = \frac{1}{2}(-y\delta x + x\delta y)$，或者从图形上得到 $\delta\mathcal{A} \asymp \frac{1}{2}r^2\delta\theta$. 由于这些表达式相等，我们发现涡旋 1-形式为 $\varphi = \frac{q}{2\pi}\mathbf{d}\theta$

于是，涡旋 1-形式 (37.17) 有简洁漂亮的几何意义：

$$\varphi = \frac{q}{2\pi}\mathbf{d}\theta,$$

这就使得为什么 φ 是闭的变得非常清楚了，因为 $\mathbf{d}\varphi = \frac{q}{2\pi}\mathbf{d}^2\theta = 0$.

但是，这个例子的全部要点不就是说 φ 不是恰当的吗? 这就与庞加莱引理发生矛盾了. 天啊，这到底是怎么回事?!

解决这个明显矛盾的方式有些微妙. 虽然 $\mathbf{d}\theta$ 有完美定义的几何意义，但它不能被解释为 θ 的外微分 $\mathbf{d}$，因为 θ 甚至不是一个函数！也就是说，任何给定的点都一定有无限多个角.

如图 37-12 所示，如果将我们的注意限制在一个不包含具有奇异性的原点的单连通区域 S 上，那么可以（非唯一地）在 S 上定义一个真正的单值角函数 θ，其值为 $\theta_1 \leqslant \theta \leqslant \theta_2$. 这时就可以应用庞加莱引理了，所以闭 1-形式 φ 肯定是恰当的，而且我们已经知道显式公式：$\varphi = \frac{q}{2\pi}\mathbf{d}\theta$.

此外，涡旋绕 S 中的任何环路 L 的环量确实消失了. 因为，当如图 37-12 所示的质点经过 L 时，位置向量 $\boldsymbol{r}$ 来回摆动，但当它回到起点时，其角度 θ 的净变化为零，所以 $\mathcal{C} = \oint_L \frac{q}{2\pi}\mathbf{d}\theta = 0$.

如果我们试图在整个有孔的平面上这样做，那么马上就会遇到麻烦. 例如，坚持在区间 $0 \leqslant \theta < 2\pi$ 内定义 θ，则 θ 甚至不是连续的，更不用说可微了. 因此，正是定义 φ 的区域的全局拓扑结构使得 φ 在整个区域中不能是恰当的.

37.9.5　闭 1-形式的环流的拓扑稳定性

我们之前看到特殊涡旋的环量 $\mathcal{C} = \oint_{K_r} \varphi$ 与圆周 K_r 的大小无关，而对 φ 的新的几何解释使其很明显：设 K_r 为任意一个闭合环路，当我们走完整个 K_r 时，角度增加 2π，因此 $\mathcal{C} = \int_0^{2\pi} \frac{q}{2\pi}\mathbf{d}\theta = q$.

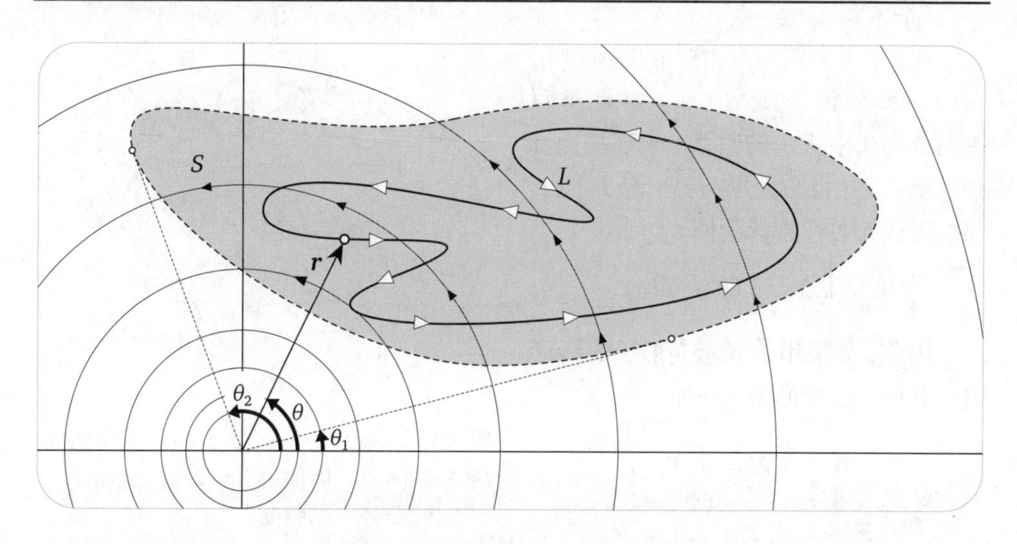

图 37-12 设 S 是一个不包含原点的单连通区域，我们可以在上面定义一个单值的角函数 θ，满足 $\theta_1 \leqslant \theta \leqslant \theta_2$. 于是 $\varphi = \frac{q}{2\pi}\mathbf{d}\theta$ 在 S 内是恰当的. 当 $\boldsymbol{r}$ 沿环路 L 行进时，尽管一路来回摇摆，但当它回到起点时，其角度 θ 的净变化为零，所以 $\mathcal{C} = \oint_L \frac{q}{2\pi}\mathbf{d}\theta = 0$

事实上，这种几何解释清楚地表明，环量 $\mathcal{C}$ 与环路的大小无关，实际上是一种更普遍现象的特殊情况：如果我们将圆周逐渐变形成任何形状，只要在变形过程中不跨越具有奇异性的原点，则积分的值不会改变！

换言之，

> 在所有包围具有涡旋奇点的简单环路上，闭 1-形式都具有相同的环量 $\mathcal{C} = q$. 另外，在任何不包围涡旋奇点的环路上，闭 1-形式的环量都为零：$\mathcal{C} = 0$. (37.18)

注意，这两种环路之间的差别纯粹是拓扑的.

注意：如果一个环路环绕原点 m 次，则说它的**环绕数**是 m. 在这种情况下 $\mathcal{C} = mq$. 有关环绕数的更多概念及其许多应用，见《复分析》第 7 章.

事实上，如结论 (37.18) 所示，积分的拓扑稳定性对所有闭 1-形式都是正确的，而不仅仅是我们这个特定的涡旋. 为了理解这个更广泛的结果，考虑图 37-13 中的偶极场 $\mathcal{X}$，假设它是闭的：$\mathbf{d}\mathcal{X} = 0$. 这个特别的场在这里没有什么特别的意义，我们只是想用它来说明，可以将下列推理应用于任何闭 1-形式.

现在设 S 为任何不包含具有奇异性的原点的单连通区域，例如图 37-13 中的阴影区域. 由于 $\mathcal{X}$ 在 S 内是闭的，庞加莱引理表明 $\mathcal{X} = \mathbf{d}f$ 在 S 内是恰当的，因此其积分在 S 内是与路径无关的.

现在，考虑以原点为中心的圆周 L，它的一部分包含在 S 内. 如果我们取图 37-13 中所示的圆弧 L（连接点 a 和点 b），并将它变形为另一条路径 $\widetilde{l}$，那么路径无关性告诉我们

$$\int_{\widetilde{l}} \mathcal{X} = \int_{l} \mathcal{X} = f(b) - f(a).$$

因此，如果用 $\widetilde{L}$ 表示变形后的新环路，其中 l 已变形为 $\widetilde{l}$，则

$$\oint_{\widetilde{L}} \mathcal{X} = \oint_{L} \mathcal{X}.$$

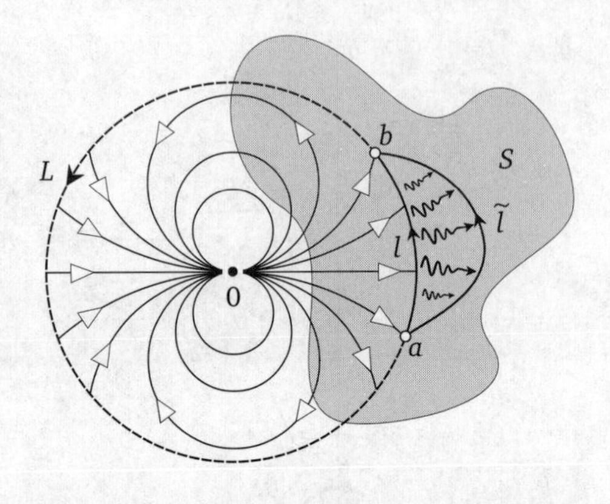

图 37-13 设单连通区域 S 不包含闭偶极场 $\mathcal{X}$ 的奇点. 庞加莱引理告诉我们，在 l 在 S 内变形为 $\widetilde{l}$ 的情况下，$\oint_L \mathcal{X}$ 不变

直观上很清楚（我们在《复分析》中证明了这一点），我们现在可以继续使 L 变形成围绕奇点的任何简单环路. 由于环量在整个变形过程中没有变化，我们就证明了结论 (37.18) 的广义版本：

闭 1-形式的变形定理：在环路连续变形的情况下，一个闭 1-形式沿环路的环量［称为（**德拉姆**）**周期**］是不变的. (37.19)

考虑到环量与围绕奇点的环路的特定形状是无关的，我们有理由认为这是奇点本身的属性. 这是复分析中复解析函数 $f(z)$ 在每个奇点处的**留数**概念的推广. 事实上，在《复分析》第 11 章中，我们明确地用波利亚向量场 $\overline{f(z)}$ 的环量和通量来描述了留数.

37.9.6 第一德拉姆上同调群

现在让我们回到**第一德拉姆上同调群**的定义，它目前是 $R = (\mathbb{R}^2$ 原点)，写成 $H^1(\mathbb{R}^2$ 原点). 这个群中的元素不是单独的 1-形式，而是 1-形式的一个等价类，其中

如果两个 1-形式在绕所有环路时具有相同的环量，则它们被认为是基本相同的、“等价的”.

［注意：（我们不会使用的）技术术语是，这两个 1-形式是**上同调的**.］

假设我们在涡旋 1-形式 φ 中加入一个不变的 1-形式，对应于某个方向上的稳定流，它本身绕任何环路的环量显然都为零，那么新流的环量就是旧流的环量

和这个稳定流的环量（为零）之和. 因此它绕所有环路的环量是不变的，这个新的 1-形式与 φ 属于相同的等价类.

更一般地说，我们可以添加绕所有环路的环量都为零的*任意*流. 换句话说，我们可以加上任意一个*恰当* 1-形式. 综上所述，

如果两个 1-形式 $\widetilde{\varphi}$ 和 φ 是等价的，记为 $\widetilde{\varphi} \sim \varphi$，则

$$\widetilde{\varphi} \sim \varphi \iff \text{存在某个 } f \text{ 使得 } \widetilde{\varphi} - \varphi = \mathbf{d}f.$$

每个等价类都是由其环量的值 $\mathcal{C}$ 来定义的.（*注意*：在关于德拉姆上同调的标准教科书中，环量 $\mathcal{C}$ 称为等价类的**周期**，等价类本身称为**上同调类**.）

关于术语的注释：从历史上看，在这种情况下使用**周期**这个术语源于*椭圆积分理论*. 在物理学中，我们习惯用周期来表示钟摆来回摆动的时间，或者行星绕太阳一周的时间. 在观察图 37-10 时需要注意，德拉姆周期与流体粒子绕奇点运行一圈所需的时间*毫无关系*. 实际上，绕 K_r 一周所需的时间 T_r 与 r *有关*，为 $T_r = 4\pi^2(r^2/q)$，而**周期**是固定的，为 $\mathcal{C} = q$.

以上所有的推理只依赖于 FTEC，不依赖于我们选择用来说明这个想法的涡旋的具体形式. 因此，这一切都可以推广到更一般的闭的但非恰当的 1-形式 φ 上.

如果我们将取自不同的等价类中的这样两个 1-形式 φ_1 和 φ_2 相加，便得到一个新的 1-形式，其周期为

$$\mathcal{C}(\varphi_1 + \varphi_2) = \mathcal{C}(\varphi_1) + \mathcal{C}(\varphi_2).$$

因此，群 $H^1(\mathbb{R}^2 - \text{原点})$ 同构于实周期的加法群，我们可以说

$$H^1(\mathbb{R}^2 - \text{原点}) = \mathbb{R}.$$

接下来增加一个维度，考虑 $\mathbb{R}^3$ 中的 1-形式. 如果从 $\mathbb{R}^3$ 挖掉原点，我们就能够将每个环路收缩成一点，因为现在有足够的空间让收缩的环路*绕过*原点，而不需要穿过它，所以现在空间又是单连通的[①]了. 因此不存在非恰当的闭 1-形式. 我们把这个事实记为

$$H^1(\mathbb{R}^3 - \text{原点}) = 0. \tag{37.20}$$

如果我们将整个 z 轴从 $\mathbb{R}^3$ 中挖掉，就得到了类似于带孔的 $\mathbb{R}^2$ 的情况：它*不*是单连通的[②]. 事实上，为了深化这个类比，想象一下图 37-10 中的流向上延伸出

① 这种情形通常称为"线单连通的"或"一维单连通的". 这时，任何包围原点的闭曲面不能收缩到一点，所以它是"面多连通的"或"二维多连通的". ——译者注

② 这种情形是"线多连通的"或"一维多连通的"，同时是"面单连通的"或"二维单连通的". ——译者注

页面，创造了一个围绕 z 轴旋转的三维涡旋，流体在以奇异的 z 轴为中心的同心圆柱体中旋转，在 z 轴上的速率趋于无穷大．事实上，这就是与带孔平面的完美类比：

$$H^1(\mathbb{R}^3 - z \text{ 轴}) = \mathbb{R}.$$

37.9.7　$\mathbb{R}^3$ 中的平方反比点源

作为讨论第二德拉姆上同调群 $H^2(R)$ 的前奏，我们现在定义一个在 $\mathbb{R}^3$ 的原点上有奇异性的特殊向量场．设 $\widehat{\boldsymbol{r}}$ 为单位径向向量：

$$\widehat{\boldsymbol{r}} = \frac{1}{r}\boldsymbol{r} = \frac{1}{r}\begin{bmatrix} x \\ y \\ z \end{bmatrix}, \quad \text{其中} \quad r = \sqrt{x^2 + y^2 + z^2}.$$

现在我们展示一个可能是物理学中最重要的向量场，即**平方反比点源**：

$$\underline{\boldsymbol{\Psi}} = \frac{q}{4\pi}\frac{\widehat{\boldsymbol{r}}}{r^2},$$

其中 q 是决定电场强度的常数．由于场在原点处具有奇异性，因此必须排除这一点：将场定义在 $\mathbb{R}^3 -$ 原点 上．

这个向量场（至少！）有如下三种非常重要、在物理上截然不同的解释．

- 如果流体以速率 q 被泵入 0，并且径向对称地向外流动，则 $\underline{\boldsymbol{\Psi}}$ 是流体的流动速度．
- 如果一个点电荷 q 位于 0，根据库仑定律，$\underline{\boldsymbol{\Psi}}$ 是它形成的电场．
- 如果我们改变这个场的方向，根据牛顿万有引力定律，$-\underline{\boldsymbol{\Psi}}$ 是质量为 q、位于 0 的质点形成的引力场．

　　正如牛顿在《原理》中证明的那样，这个场也（非常惊人地！）代表了任何质量为 q 的球对称物体（如地球或太阳）的外部引力场．

在 $\mathbb{R}^3$ 中，我们可以把任意向量场说成一个 1-形式或者一个 2-形式．下一节的重点是 2-形式，但我们首先讨论对应于 1-形式 $\boldsymbol{\psi}$ 的向量场 $\underline{\boldsymbol{\Psi}}$：

$$\boldsymbol{\psi} = \frac{q}{4\pi r^3}(x\mathbf{d}x + y\mathbf{d}y + z\mathbf{d}z).$$

让我们用第三种物理解释（即引力）来看待这个问题. 不应该把沿非闭合路径 J 上的线积分看作环量，而应该把它看作功：

$$\mathcal{W}_J = \text{功} = \int_J \boldsymbol{\psi}.$$

我们知道引力是保守的：在这个引力场中，带着一个质量绕一个环路运动一圈一定会导致净功为零，否则我们就可以建造一台永动机！因此，我们预期 $\boldsymbol{\psi}$ 是闭的. 我们把它留作练习，可以通过直接计算来确认的确有 $\mathbf{d}\boldsymbol{\psi} = 0$.

然而，我们也可以通过证明 $\boldsymbol{\psi}$ 是恰当的（即 $\boldsymbol{\psi} = \mathbf{d}f$）来证明这一点. 更明确地说，我们证明势能是

$$f = \text{势能} = -\frac{q}{4\pi r}.$$

作为一个引理，首先注意到［练习］

$$\mathbf{d}r = \frac{1}{r}(x\mathbf{d}x + y\mathbf{d}y + z\mathbf{d}z).$$

所以，

$$\begin{aligned}\mathbf{d}f &= -\frac{q}{4\pi}\mathbf{d}\left[\frac{1}{r}\right]\\ &= \frac{q}{4\pi r^2}\mathbf{d}r\\ &= \frac{q}{4\pi r^3}(x\mathbf{d}x + y\mathbf{d}y + z\mathbf{d}z)\\ &= \boldsymbol{\psi}.\end{aligned}$$

于是，如果 J 是连接点 $\boldsymbol{a}$ 和点 $\boldsymbol{b}$ 的路径，则

$$\mathcal{W}_J = \int_J \boldsymbol{\psi} = \int_J \mathbf{d}f = f(\boldsymbol{b}) - f(\boldsymbol{a}) = \frac{q}{4\pi}\left[\frac{1}{|\boldsymbol{a}|} - \frac{1}{|\boldsymbol{b}|}\right].$$

注意，不像前面涡旋的例子，这里的势 f 是一个定义明确的函数，贯穿 ($\mathbb{R}^3 -$ 原点). 因此这个结果与断言 (37.20) 一致，即第一德拉姆上同调群在这种情况下是平凡的.

37.9.8 第二德拉姆上同调群

接下来，让我们计算第二德拉姆上同调群的一个具体例子：$H^2(R)$，它是 R 上闭的但非恰当的 2-形式. 让我们待在 $\mathbb{R}^3$ 中，考虑闭 2-形式 $\boldsymbol{\Psi}$ 从封闭曲面 $\mathcal{S}$ 流出的通量.

让我们继续考虑在 $R = (\mathbb{R}^3 - \text{原点})$ 上定义的平方反比点源，但现在将其视为流体流动. 在这种情况下，流速场可以通过式 (34.10) 和结论 (34.12) 很自然地表示为通量 2-形式：

$$\boldsymbol{\Psi}=\frac{q}{4\pi}\frac{1}{r^3}(x\mathbf{d}y\wedge\mathbf{d}z+y\mathbf{d}z\wedge\mathbf{d}x+z\mathbf{d}x\wedge\mathbf{d}y).$$

观察这个流速场从以原点为球心、r 为半径的球面 S_r 流出的流量就能看出这个场不能是恰当的. 因为球面面积为 $4\pi r^2$，流速场与球面是正交的，所以通量 Ω 就是面积和场强的乘积：

$$\Omega=\oiint_{S}\boldsymbol{\Psi}=q,$$

它与 r 无关.

尽管 $\boldsymbol{\Psi}$ 不是恰当的，但我们仍可以证明它是闭的：

$$\begin{aligned}\left[\frac{4\pi}{q}\right]\mathbf{d}\boldsymbol{\Psi}&=\frac{3}{r^3}\mathcal{V}-\frac{3}{r^4}\mathbf{d}r\wedge(x\mathbf{d}y\wedge\mathbf{d}z+y\mathbf{d}z\wedge\mathbf{d}x+z\mathbf{d}x\wedge\mathbf{d}y)\\&=\frac{3}{r^3}\left[\mathcal{V}-\frac{1}{r^2}\big(x\mathbf{d}x+y\mathbf{d}y+z\mathbf{d}z\big)\wedge\big(x\mathbf{d}y\wedge\mathbf{d}z+y\mathbf{d}z\wedge\mathbf{d}x+z\mathbf{d}x\wedge\mathbf{d}y\big)\right]\\&=\frac{3}{r^3}\left[\mathcal{V}-\frac{1}{r^2}\big(x^2+y^2+z^2\big)\mathcal{V}\right]\\&=0.\end{aligned}$$

接下来，我们从结论 (37.19) 推导出如下定理.

闭 2-形式的变形定理：在环路连续变形的情况下，一个闭 2-形式从二维闭曲面流出的通量（称为**周期**）是不变的.　　(37.21)

图 37-14 显示流体从位于原点的一个平方反比点源快速流出球面 $\mathcal{S}$ 的情况. $\mathcal{S}$ 上的一片圆形球面向外变形（用波浪形的箭头表示），形成了球面 $\mathcal{S}$ 上的凸起或鼓泡的部分.

我们将变形后有鼓泡的新球面记为 $\widetilde{\mathcal{S}}$，因为所有从鼓泡底部流入的流体又都从鼓泡的外表面流出去了，所以

$$\oiint_{\widetilde{\mathcal{S}}}\boldsymbol{\Psi}=\oiint_{\mathcal{S}}\boldsymbol{\Psi}.$$

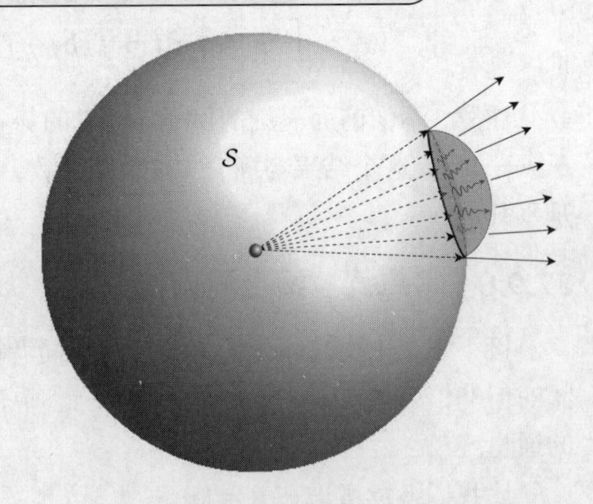

图 37-14　因为这个 2-形式是闭的，流进鼓泡的流体一定都从外表面流出去，所以从 $\mathcal{S}$ 流出的流量是不变的

这个讨论很容易推广到任何闭 2-形式 $\boldsymbol{\Psi}$. 由于在鼓泡内有 $\mathbf{d}\boldsymbol{\Psi}=0$，FTEC 意味着从鼓泡内流出的净流量为零. 这可以像我们刚才所做的那样重新表述：流入鼓泡的流体必须流出. 因此我们证明了定理 (37.21)：当 $\mathcal{S}$ 连续变形时，只要它不越过 $\boldsymbol{\Psi}$ 的奇点，从 S 流出的流量就是不变的.

回到特定的平方反比点源，在原点处包围奇点的闭合曲面不可能在不越过原点的情况下收缩为一个点，因此包含奇点的所有曲面具有相同的通量 q. 这种拓扑上稳定的通量量度了源在原点处的强度，它具有上面列出的三种物理上的不同解释.（我们再一次重申，关于德拉姆上同调理论的更高级的教科书称这种源的强度为周期.）

2-形式等价类的定义与 1-形式等价类的定义相似：两个 2-形式 $\widetilde{\boldsymbol{\Psi}}$ 和 $\boldsymbol{\Psi}$ 是等价的，当且仅当它们从任意闭曲面流出的流量都相同. 用更传统的术语来说，

$$\widetilde{\boldsymbol{\Psi}}\sim\boldsymbol{\Psi} \quad\Longleftrightarrow\quad \text{存在某个 1-形式 } \varphi \text{ 使得 } \widetilde{\boldsymbol{\Psi}}-\boldsymbol{\Psi}=\mathbf{d}\varphi.$$

将两个 2-形式相加，则它们的通量也相加. 所以

$$H^2(\mathbb{R}^3-\text{原点})=\mathbb{R}.$$

37.9.9 环面的第一德拉姆上同调群

在不同于 $\mathbb{R}^n$ 的流形上，例如亏格为 g 的二维闭曲面上，定义的非恰当闭形式会是什么样的?

考虑图 37-15 所示的环面. 在这里，我们看到曲面上存在两种不同的流：白色的流 $\underline{\boldsymbol{\lambda}}$ 沿赤道方向环绕环面的对称轴，黑色的流 $\underline{\boldsymbol{\sigma}}$ 穿过中间的洞. 我们假设两种流都是闭的：

$$\mathbf{d}\boldsymbol{\lambda}=0=\mathbf{d}\boldsymbol{\sigma}.$$

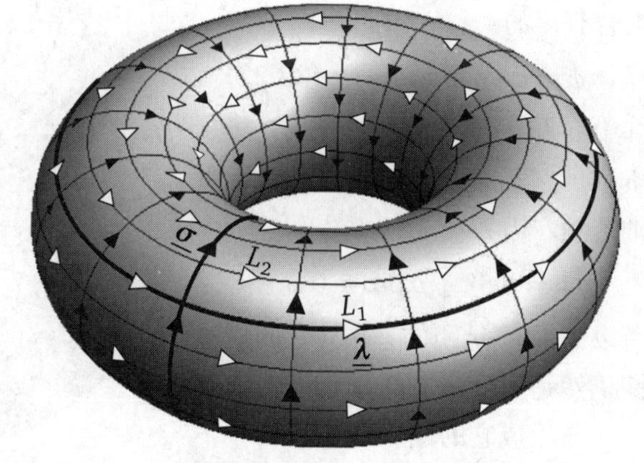

图 37-15 环绕环面赤道的环路 L_1 和穿过环面的洞的环路 L_2 在拓扑上是不同的：我们不能将其中一个变形为另一个. 因此环面上一个闭的 1-形式流的等价类需要用两个独立的周期来表示

设 L_1 是白色流 $\underline{\boldsymbol{\lambda}}$ 的闭环流线，L_2 是黑色流 $\underline{\boldsymbol{\sigma}}$ 的闭环流线. 正如我们在图 19-9 中所讨论的，L_1 和 L_2 在拓扑上是不同的：我们不能连续地将其中

一个变形为另一个. 然而，任何环绕对称轴一圈的环路（穿过洞零次）都是与 L_1 拓扑等价的，任何穿过洞一次的环路（环绕对称轴零圈）都是与 L_2 拓扑等价的.

接下来，注意到这两个流都不是恰当的. 由于白色向量场 $\underline{\boldsymbol{\lambda}}$ 直接沿 L_1 流动，因此沿 L_1 有一个非零环量. 记这个周期为 $\omega_1(\boldsymbol{\lambda})$，这个下标标识了我们正在考虑的拓扑上的不同环路：

$$\omega_1(\boldsymbol{\lambda}) = \oint_{L_1} \boldsymbol{\lambda} \neq 0.$$

变形定理 (37.19) 告诉我们，这个周期对于任何可以变形为 L_1 的回路都是相同的. 也就是说，周期 $\omega_1(\boldsymbol{\lambda})$ 是白色向量场的拓扑性质，任何环绕对称轴一圈（穿过洞零次）的环路都具有这个性质.

另外，$\underline{\boldsymbol{\lambda}}$ 处处正交于 L_2，因此它沿 L_2 方向的环流为零：

$$\omega_2(\boldsymbol{\lambda}) = \oint_{L_2} \boldsymbol{\lambda} = 0.$$

此外，根据变形定理，这适用于任何穿过洞一次（环绕对称轴零圈）的环路.

对穿过洞的黑色向量场 $\underline{\boldsymbol{\sigma}}$ 进行完全对称分析，我们有

$$\omega_1(\boldsymbol{\sigma}) = \oint_{L_1} \boldsymbol{\sigma} = 0 \qquad \text{且} \qquad \omega_2(\boldsymbol{\sigma}) = \oint_{L_2} \boldsymbol{\sigma} \neq 0.$$

同样，这个结果对于任何可以变形为 L_1 和 L_2 环路都是成立的.

现在考虑一个更一般的向量场 $\underline{\boldsymbol{\phi}}$，它是通过取 $\underline{\boldsymbol{\lambda}}$ 和 $\underline{\boldsymbol{\sigma}}$ 的线性组合获得的：

$$\boldsymbol{\phi} = a\boldsymbol{\lambda} + b\boldsymbol{\sigma}, \qquad (37.22)$$

其中 a 和 b 是常数. 如图 37-16 所示，它既穿过洞，又环绕对称轴流动. 因为

$$\mathbf{d}\boldsymbol{\phi} = a\,\mathbf{d}\boldsymbol{\lambda} + b\,\mathbf{d}\boldsymbol{\sigma} = 0,$$

所以 $\underline{\boldsymbol{\phi}}$ 仍然是闭的，并且它的周期仍然是拓扑定义的.

与组成它的两个向量场都不同的是，$\underline{\boldsymbol{\phi}}$ 有两个相互独立且都不为零的环量：

$$\omega_1(\boldsymbol{\phi}) = a\,\omega_1(\boldsymbol{\lambda}) \neq 0,$$
$$\omega_2(\boldsymbol{\phi}) = b\,\omega_2(\boldsymbol{\sigma}) \neq 0.$$

图 37-16　环面上闭 1-形式 $\boldsymbol{\phi}$ 的等价类由两个独立的拓扑周期决定：环绕对称轴的环量 $\omega_1(\boldsymbol{\phi})$，以及穿过洞的环量 $\omega_2(\boldsymbol{\phi})$. 感谢 RokerHRO 提供图片，CC by SA 3.0

环面上完全一般的闭 1-形式 [即使不像 $\boldsymbol{\phi}$ 这样恰好具有式 (37.22) 这样的形式] 都和 $\boldsymbol{\phi}$ 一样，特征是具有两个独立的周期. 总之，

> 环面上闭 1-形式 $\boldsymbol{\phi}$ 的等价类由两个独立的拓扑周期决定：$\omega_1(\boldsymbol{\phi})$ 是沿环绕对称轴的环路的环量，而 $\omega_2(\boldsymbol{\phi})$ 是沿穿过洞的环路的环量.

因此，用一个二维向量 $\omega(\boldsymbol{\phi})$ 就能清楚地表示关于 $\boldsymbol{\phi}$ 的等价类，我们称之为**周期向量**，即

$$\omega(\boldsymbol{\phi}) \equiv \begin{bmatrix} \omega_1(\boldsymbol{\phi}) \\ \omega_2(\boldsymbol{\phi}) \end{bmatrix}.$$

最后，将两个不同等价类的流相加，会得到一个和流，和流的周期向量是两个等价类周期向量的和：

$$\omega(\widetilde{\boldsymbol{\phi}} + \boldsymbol{\phi}) = \begin{bmatrix} \omega_1(\widetilde{\boldsymbol{\phi}} + \boldsymbol{\phi}) \\ \omega_2(\widetilde{\boldsymbol{\phi}} + \boldsymbol{\phi}) \end{bmatrix} = \begin{bmatrix} \omega_1(\widetilde{\boldsymbol{\phi}}) \\ \omega_2(\widetilde{\boldsymbol{\phi}}) \end{bmatrix} + \begin{bmatrix} \omega_1(\boldsymbol{\phi}) \\ \omega_2(\boldsymbol{\phi}) \end{bmatrix} = \omega(\widetilde{\boldsymbol{\phi}}) + \omega(\boldsymbol{\phi}).$$

于是，我们发现环面上的第一德拉姆上同调群是

$$\boxed{H^1(\text{环面}) = \mathbb{R}^2.}$$

专门论述德拉姆理论的书不少，但我们必须在这里结束，以免本书混充其中！至此我们仅仅瞥见了这座美丽、巨大冰山的一角，尽管不情愿，但我们必须掉头. 但你可以在附录 A 的指引下，自由地去探索这座冰山在海面之下更深的奥秘.

第 38 章　用形式来讲微分几何

38.1　引言：嘉当的活动标架法

我们终于准备好让“魔鬼机器”[①]为几何服务了！

在这最后一幕的最后一章里，我们将把嘉当的形式的机制应用到微分几何中，就像嘉当自己所做的那样：通过计算重新证明许多在之前的四幕中已经被用几何方法证明的基本结果．此外，我们还将看到形式自然地给我们带来了许多新的结果．我们首先概述我们的计划及其历史渊源．

回想一下弗勒内在 1847 年和塞雷在 1851 年（独立地）建立的方法，他们都通过给曲线加上一个标准坐标系 $(\boldsymbol{T}, \boldsymbol{N}, \boldsymbol{B})$ 来分析 $\mathbb{R}^3$ 中的曲线，发现可以用弗勒内 – 塞雷方程 (9.3) 来表示曲线沿曲线的变化率，如下所示：

$$\begin{bmatrix} \boldsymbol{T} \\ \boldsymbol{N} \\ \boldsymbol{B} \end{bmatrix}' = \begin{bmatrix} 0 & \kappa & 0 \\ -\kappa & 0 & \tau \\ 0 & -\tau & 0 \end{bmatrix} \begin{bmatrix} \boldsymbol{T} \\ \boldsymbol{N} \\ \boldsymbol{B} \end{bmatrix} = [\Omega] \begin{bmatrix} \boldsymbol{T} \\ \boldsymbol{N} \\ \boldsymbol{B} \end{bmatrix}. \tag{38.1}$$

因此，当这个坐标系（标架）沿曲线移动时，斜对称矩阵 $[\Omega]$（即 $[\Omega]^{\mathrm{T}} = -[\Omega]$）就完全说清楚了它的旋转速率．

这个方法的成功取决于以下两个想法．

想法 1：以一种有几何意义的方式使标架与曲线相适应，称为**弗勒内标架**，即 $\boldsymbol{T}$ 与曲线相切，$\boldsymbol{N}$ 是主法向，后者位于切平面内，指向瞬时的曲率中心．$\boldsymbol{B}$ 由右手定则决定．

想法 2：用标架本身来表示标架的变化率．

1880 年左右，让 – 加斯东 · 达布走出了下一步，将这些想法推广到曲面．

想法 3：通过选择一个向量作为曲面的法向量，使标架与曲面相适应，剩下的两个向量自动成为曲面的切向量．

从 1900 年左右开始，埃利 · 嘉当开发了形式，并将其应用于微分几何．他的努力在 Cartan (1928) 中已基本完成，最后在 Cartan (1945) 中完善了整个想法．

---

① 见序幕．

想法 4：完全解除标架的限制，允许它在 $\mathbb{R}^3$ 中以任何（可微的）方式变化. 我们不再称它为弗勒内标架，而是称它为**嘉当活动标架场**，并且把这种方法作为一个整体，称为**嘉当活动标架法**. 我们很快就会看到，这就得到了另一个斜对称矩阵，但它是一个 1-形式的矩阵.

想法 5：用 1-形式的对偶标架替换活动标架，并观察它沿空间里任意方向上的变化率. 重演**想法 2**，用对偶基本身来表示对偶基的变化率.

让我们暂停一下，看看**想法 4**，它似乎是一次不幸的倒退. 弗勒内、塞雷和达布都以一种具有几何意义的方式调整了他们的标架以适应一个几何对象，所以他们对研究对象变化率的考查会产生关于该对象的具有几何意义的信息，这是有道理的.

但是（魔鬼般的）嘉当却指示我们按照如下方式去做. 举起你的右手，把你的拇指、食指和中指（想象像魔鬼那样把手指拉长了!）排成一个标准的标架. 现在在空间里挥舞你的手，一边走一边转动! [①]

即使很短暂，你也创造了一个任意的活动标架场，至少在你的手穿过空间区域中的每个点上是这样的. 现在想象一个充满了（可微分的）任意活动标架场的一个空间区域. 看看你三根手指的任意旋转到底能在数学上产生一些有趣的什么东西.

非常引人注目的是，嘉当发现这样一个任意活动标架场是受两个极其优雅的定律约束的，这两条定律分别称为嘉当第一结构方程和嘉当第二结构方程. [②]这是 38.4 节的主题.

大多数作者在沉默中忽略了这些法则的存在，好像在说:“继续前进! 这里没什么好看的.”但当我还是个学生的时候，第一次看到这两个方程就惊呆了——我觉得它们很神奇，甚至可能是巫术! 即使是现在，我也无法为为什么存在这样美丽的法则提供一个真正令人信服的解释，但是……

要指定 $\mathbb{R}^3$ 中的一个单位向量，或者单位球面上的一个点，我们需要用两个数（比如经度和纬度）来表示它. 因此，3 个任意的单位向量需要 6 个数. 但是现在考虑嘉当的标准正交活动标架场，假设我们只知道其中的一个向量（用两个数表示），那么就知道标架的其余两个向量（标架的正交向量）的顶点一定位于与已知向量正交的单位圆周上的某处. 因此，剩下的两个向量可以通过（任意）指定的一个角度确定下来.

换句话说，嘉当活动标架场的正交性所提供的额外结构使数据量减少了一半.

---

① 我们建议你不要在公共场合尝试这样做!

② 通常也称为嘉当结构方程.

反过来说，嘉当的正交活动标架的结构是非正交场的 2 倍.

想法 6：嘉当从争论中走出来，得到了对任意活动标架场都完全适用的结构方程，然后回到现实，把它们应用到特定的几何对象上.

当嘉当将它们应用于曲线时，他重现了式 (38.1). 但是，当他把活动标架场应用到一个曲面上时（达布的**想法 3**），嘉当的结构方程立即得到了所有曲面的基本方程，而且形式比高斯、达布、科达齐和其他早期大师得到的更紧凑、更优雅. 这一切都是因为嘉当利用了形式的语言来表述它们. 这些形式表达的方程是 38.5 节的主题.

在本章中，我们将紧跟加州大学洛杉矶分校教授巴雷特 · 奥尼尔（1924—2011）的开创性教科书《初等微分几何》（第二修订版，第一版于 1966 年出版）的讲法.

在我们看来，半个多世纪后的今天，奥尼尔的讲法仍然是在本科阶段对这个主题最清晰、最优雅、（具有讽刺意味的是）最现代的处理方式——本书除外！事实上，在撰写本书时，作为向初次接触形式的本科生传授微分几何的主要手段，它在本质上[①]是独树一帜的.

我们的探讨将比奥尼尔的教科书更进一步，利用曲率 2-形式计算 n 维流形的黎曼张量，并提供许多他没有提供的几何解释. 然而，奥尼尔研究了许多有趣的话题，我们不会探讨. 因此，我们强烈推荐奥尼尔的开创性著作作为本章的配套或后续读本.

38.2 联络 1-形式

38.2.1 关于符号的约定和两个定义

在开始之前，让我们提醒你一些（正在使用的）符号约定.

- 向量用粗体的罗马小写字母表示，例如 $\boldsymbol{v}$.
- 1-形式用粗体的希腊小写字母表示，例如 $\boldsymbol{\theta}$.
- 2-形式用粗体的希腊大写字母表示，例如 $\boldsymbol{\Psi}$.
- 矩阵用方括号表示，例如 $[A]=[a_{ij}]$，其中 a_{ij} 表示矩阵第 i 行第 j 列的元素.

为了避免你在理解嘉当想法的过程中产生混淆，我们将脱离惯例，放弃爱因斯坦求和约定，而是写出求和符号，甚至明确地写出求和过程. 这实际上是一个

① Darling (1994) 是我们所知道的最接近奥尼尔讲法的例外，但它更像一本研究生教科书.

非常小的牺牲，因为我们将看到，一旦专门研究二维曲面，具有许多项的“和”就会减少成一个单独的项！

最后是两个定义：一个老定义，一个新定义.

- 和通常一样，设 $\{\boldsymbol{e}_j\}$ 是固定的欧几里得正交基，具有对偶的 1-形式基 $\{\mathbf{d}x^i\}$. 因此，如式 (32.12) 所示，$\mathbf{d}x^i(\boldsymbol{e}_j)=\delta^i_j$.
- 记 $\{\boldsymbol{m}_j\}$ 为（任意可微的）嘉当正交**活动标架场**，记 $\{\boldsymbol{\theta}^i\}$ 为其对偶的 1-形式基. 于是，有 $\boldsymbol{\theta}^i(\boldsymbol{m}_j)=\delta^i_j$.

  注意，虽然图 32-6 表明，在一般的非正交基下，单个基向量与匹配的 1-形式不能像上面这样配对，但在我们的正交活动标架下，这是成立的：我们可以将 $\boldsymbol{\theta}^i$ 看作 $\boldsymbol{m}_i$ 的对偶.

38.2.2 联络 1-形式

让我们把**想法 2** 应用到嘉当的活动标架中. 也就是说，我们用标架本身来表示活动标架的变化率.

对于弗勒内 – 塞雷方程，弗勒内标架只是沿着曲线定义的，我们只需要看它沿这条曲线的变化率就行了，但是现在必须研究，当我们沿空间某个一般方向 $\boldsymbol{v}$ 移动时，活动标架场是如何旋转的：

$$\begin{aligned}\boldsymbol{\nabla}_{\boldsymbol{v}}\boldsymbol{m}_1&=c_{11}\boldsymbol{m}_1+c_{12}\boldsymbol{m}_2+c_{13}\boldsymbol{m}_3,\\ \boldsymbol{\nabla}_{\boldsymbol{v}}\boldsymbol{m}_2&=c_{21}\boldsymbol{m}_1+c_{22}\boldsymbol{m}_2+c_{23}\boldsymbol{m}_3,\\ \boldsymbol{\nabla}_{\boldsymbol{v}}\boldsymbol{m}_3&=c_{31}\boldsymbol{m}_1+c_{32}\boldsymbol{m}_2+c_{33}\boldsymbol{m}_3.\end{aligned}$$

如果将这些系数集中到矩阵 $[C]\equiv[c_{ij}]$ 中，并利用缩写

$$[\boldsymbol{m}]\equiv\begin{bmatrix}\boldsymbol{m}_1\\ \boldsymbol{m}_2\\ \boldsymbol{m}_3\end{bmatrix},$$

就可以将这个方程写成更加简洁明了的形式：

$$\boldsymbol{\nabla}_{\boldsymbol{v}}[\boldsymbol{m}]=[C][\boldsymbol{m}].$$

因为活动标架场（根据定义）是正交的，所以这些系数（即组成矩阵 $[C]$ 的项）服从

$$c_{ij}=(\boldsymbol{\nabla}_{\boldsymbol{v}}\boldsymbol{m}_i)\cdot\boldsymbol{m}_j.$$

但是这些系数取决于 $\boldsymbol{v}$ 的选择，所以我们改变符号①，把它们写成 $\boldsymbol{v}$ 的函数：

① 令人沮丧的是，指标的顺序因作者而异. 我们将使用 O'Neill (2006) 的表示法，而 Dray (2015) 就将 i 和 j 颠倒了：他的 $\boldsymbol{\omega}_{ji}$ 是我们的 $\boldsymbol{\omega}_{ij}$.

$\boldsymbol{\omega}_{ij}(\boldsymbol{v}) \equiv (\boldsymbol{\nabla}_{\boldsymbol{v}}\boldsymbol{m}_i)\bullet\boldsymbol{m}_j$ 是标架沿 $\boldsymbol{v}$ 运动时 $\boldsymbol{m}_i$ 向 $\boldsymbol{m}_j$ 偏转的初始速率. (38.2)

但愿你不会因为知道这些 $\boldsymbol{\omega}_{ij}$ 都是 1-形式而感到惊讶!

$\boldsymbol{\omega}_{ij}$ 称为联络 1-形式，且 $\boldsymbol{\omega}_{ji} = -\boldsymbol{\omega}_{ij}$.

提醒：$\boldsymbol{\omega}_{ij}$ 的两个下标会立即（错误地！）让人想到 $\begin{Bmatrix}0\\2\end{Bmatrix}$ 阶张量的分量. 所以，我们要强调：这些全都是 1-形式，放在一个 1-形式的矩阵里，下标表示每一个 1-形式位于矩阵的第几行和第几列.

我们首先证明它们的确是 1-形式：

$$\begin{aligned}\boldsymbol{\omega}_{ij}(a\boldsymbol{v}+b\boldsymbol{w}) &= (\boldsymbol{\nabla}_{a\boldsymbol{v}+b\boldsymbol{w}}\boldsymbol{m}_i)\bullet\boldsymbol{m}_j \\ &= (a\boldsymbol{\nabla}_{\boldsymbol{v}}\boldsymbol{m}_i + b\boldsymbol{\nabla}_{\boldsymbol{w}}\boldsymbol{m}_i)\bullet\boldsymbol{m}_j \\ &= a(\boldsymbol{\nabla}_{\boldsymbol{v}}\boldsymbol{m}_i)\bullet\boldsymbol{m}_j + b(\boldsymbol{\nabla}_{\boldsymbol{w}}\boldsymbol{m}_i)\bullet\boldsymbol{m}_j \\ &= a\boldsymbol{\omega}_{ij}(\boldsymbol{v}) + b\boldsymbol{\omega}_{ij}(\boldsymbol{w}).\end{aligned}$$

其次，为了证明 $\boldsymbol{\omega}_{ji} = -\omega_{ij}$，我们需要说明，对于每一个向量 $\boldsymbol{v}$ 有 $\boldsymbol{\omega}_{ji}(\boldsymbol{v}) = -\boldsymbol{\omega}_{ij}(\boldsymbol{v})$：

$$0 = \boldsymbol{\nabla}_{\boldsymbol{v}}\delta^i_j = \boldsymbol{\nabla}_{\boldsymbol{v}}(\boldsymbol{m}_i\bullet\boldsymbol{m}_j) = \boldsymbol{\nabla}_{\boldsymbol{v}}(\boldsymbol{m}_i)\bullet\boldsymbol{m}_j + (\boldsymbol{\nabla}_{\boldsymbol{v}}\boldsymbol{m}_j)\bullet\boldsymbol{m}_i = \boldsymbol{\omega}_{ij}(\boldsymbol{v}) + \boldsymbol{\omega}_{ji}(\boldsymbol{v}).$$

这个结果的几何解释隐含在第 497 页图 38-2 中.

这个结果导致

$$\boldsymbol{\omega}_{11} = \boldsymbol{\omega}_{22} = \boldsymbol{\omega}_{33} = 0.$$

所以系数矩阵 $[C]$ 是斜对称的 1-形式矩阵，只有三个独立的元素 $\boldsymbol{\omega}_{12}, \boldsymbol{\omega}_{13}, \boldsymbol{\omega}_{23}$：

$$[\boldsymbol{\omega}] \equiv \begin{bmatrix}\boldsymbol{\omega}_{11} & \boldsymbol{\omega}_{12} & \boldsymbol{\omega}_{13}\\ \boldsymbol{\omega}_{21} & \boldsymbol{\omega}_{22} & \boldsymbol{\omega}_{23}\\ \boldsymbol{\omega}_{31} & \boldsymbol{\omega}_{32} & \boldsymbol{\omega}_{33}\end{bmatrix} = \begin{bmatrix}0 & \boldsymbol{\omega}_{12} & \boldsymbol{\omega}_{13}\\ -\boldsymbol{\omega}_{12} & 0 & \boldsymbol{\omega}_{23}\\ -\boldsymbol{\omega}_{13} & -\boldsymbol{\omega}_{23} & 0\end{bmatrix}.$$

如果我们认为 $[\boldsymbol{\omega}](\boldsymbol{v}) = [\boldsymbol{\omega}(\boldsymbol{v})]$ 的意思是矩阵中的每一个元素都是 1-形式作用于 $\boldsymbol{v}$，那么活动标架场沿一般方向 $\boldsymbol{v}$ 移动时的旋转可以用所谓的**联络方程组**优雅地描述为

$$\boldsymbol{\nabla}_{\boldsymbol{v}}[\boldsymbol{m}] = [\boldsymbol{\omega}(\boldsymbol{v})][\boldsymbol{m}]. \tag{38.3}$$

用分量表示，就是

$$\boldsymbol{\nabla}_{\boldsymbol{v}} \boldsymbol{m}_i = \sum_j \boldsymbol{\omega}_{ij}(\boldsymbol{v}) \boldsymbol{m}_j. \tag{38.4}$$

为了避免这个优雅的表示不够清晰，我们可以将这些方程**全部**写出来：

$$\begin{aligned}
\boldsymbol{\nabla}_{\boldsymbol{v}} \boldsymbol{m}_1 &= \qquad\qquad\qquad \boldsymbol{\omega}_{12}(\boldsymbol{v})\boldsymbol{m}_2 + \boldsymbol{\omega}_{13}(\boldsymbol{v})\boldsymbol{m}_3, \\
\boldsymbol{\nabla}_{\boldsymbol{v}} \boldsymbol{m}_2 &= -\boldsymbol{\omega}_{12}(\boldsymbol{v})\boldsymbol{m}_1 \qquad\qquad\quad + \boldsymbol{\omega}_{23}(\boldsymbol{v})\boldsymbol{m}_3, \\
\boldsymbol{\nabla}_{\boldsymbol{v}} \boldsymbol{m}_3 &= -\boldsymbol{\omega}_{13}(\boldsymbol{v})\boldsymbol{m}_1 - \boldsymbol{\omega}_{23}(\boldsymbol{v})\boldsymbol{m}_2.
\end{aligned}$$

利用**想法 6**，按照如下步骤，我们可以把这些一般方程恢复成弗勒内 – 塞雷方程：将活动标架调整到曲线上，取

$$\boldsymbol{m}_1 = \boldsymbol{T}, \quad \boldsymbol{m}_2 = \boldsymbol{N}, \quad \boldsymbol{m}_3 = \boldsymbol{B} \quad 且 \quad \boldsymbol{v} = \boldsymbol{T}.$$

在与式 (38.1) 比较这些方程时，唯一的谜是没有对应于 $\boldsymbol{\omega}_{13}(\boldsymbol{v})$ 的项.

为了弄清这一点，回想一下，$\boldsymbol{B}$ 是曲线瞬时运动平面（切平面）的法向量；一对正交向量 $(\boldsymbol{T},\boldsymbol{N})$ 在这个平面内围绕轴 $\boldsymbol{B}$ 旋转. 这意味着 $\boldsymbol{T}=\boldsymbol{m}_1$ 不会朝 $\boldsymbol{B}=\boldsymbol{m}_3$ 的方向倾斜，所以式 (38.2) 意味着 $\boldsymbol{\omega}_{13}(\boldsymbol{v})=0$，从而解释了这个谜.

38.2.3 注意：以前习惯的记号

首先是好消息：联络 1-形式（几乎）普遍写成 $\boldsymbol{\omega}_{ij}$，就像我们写的那样，不过常常会将一个指标上升成 $\boldsymbol{\omega}^i{}_j$，以便能够采用爱因斯坦求和约定. 我们也将在适当的时候采用这个符号.

根据奥尼尔的著作 (O'Neill, 2006)，我们使用 $\boldsymbol{\theta}^i$ 来表示 1-形式的对偶基. 幸运的是，这种表示法很普遍，但也存在其他完全合理的替代方法，例如德雷 (Dray 2015) 将 $\boldsymbol{\theta}^i$ 写成 $\boldsymbol{\sigma}^i$.

然后是坏消息：几位备受尊敬的数学家[①]（包括几位菲尔兹奖得主）选择使用另一种符号. 在我们看来，这种符号是故意设计出来使坏的，用来迷惑那些倒霉的学生. 这些数学家用 $\boldsymbol{\omega}^i$ 代替 $\boldsymbol{\theta}^i$！是的，他们们用同一个希腊字母来表示联络 1-形式 $\boldsymbol{\omega}^i{}_j$ 和 1-形式基 $\boldsymbol{\omega}^i$，只用不同数量的指标来提示，这些符号代表完全不同的概念！

虽然比较少见，但还存在一种同样反常的符号. 陈省身等人 (Chern et al., 1999) 提供了一个范例. 在这种符号中，对偶基被记为 $\boldsymbol{\theta}^i$，正如我们所写的那样，但是同一个希腊字母又被用来表示了联络 1-形式，记为 $\boldsymbol{\theta}^i{}_j$！

① 不幸的是，我心爱的米斯纳、索恩和惠勒 (Misner, Thorne, and Wheeler, 1973) 也在这些罪人之列！最可悲的是，这个符号的起源不是别人，正是嘉当 (Cartan, 1927) 自己！嘉当的作品一直"享有"难以理解的名声，我认为这也与他选择的符号有关！

很难看出这些愚蠢的符号，除了恶作剧，还有什么别的作用. 是为了测试那些鲁莽的新手是否敢于理解其尊长学术论文的决心吗?

我们不得不引用一位科学英雄科尼利厄斯 · 兰乔斯（1893—1974）的话. 在《力学变分原理》(Lanczos, 1970，这是一本极好的书）的序言中写道:

> 今天的许多科学论文是用半神秘的语言表述的，似乎是为了给读者留下一种不舒服的感觉，让他觉得自己永远站在一个超人的面前. 本书以谦卑的精神构思，是为谦卑的人写的.

好吧，让我们热切地跟随兰乔斯的伟大脚步，用同样谦逊且尽可能简单明了的语言，欢迎你进入嘉当发现的辉煌花园. 因此，我们将用不同的字母来表示不同的概念.

38.3 姿态矩阵

38.3.1 通过姿态矩阵来讲连络形式

“企业号”航母[①]（或任何刚体）在空间中的**姿态**意味着它在 $\mathbb{R}^3$ 中的朝向.

要描述嘉当活动标架场 $\{\boldsymbol{m}_j\}$ 的姿态，只需明确指定使得固定欧几里得标架 $\{\boldsymbol{e}_j\}$ 与 $\{\boldsymbol{m}_j\}$ 重合的旋转 A 即可.

这种旋转用**姿态矩阵** $[A]=[a_{ij}]$ 来描述，其中的元素是位置的函数，因为整个思想就是 $\boldsymbol{m}$ 标架的姿态在空间中是变化的. 因此，如果我们记

$$[\boldsymbol{e}] \equiv \begin{bmatrix} \boldsymbol{e}_1 \\ \boldsymbol{e}_2 \\ \boldsymbol{e}_3 \end{bmatrix},$$

则

$$[\boldsymbol{m}] = [A][\boldsymbol{e}].$$

根据矩阵转置的几何解释（见第 258 页习题 12)，旋转矩阵必须满足

$$[A]^{\mathrm{T}} = [A]^{-1}. \tag{38.5}$$

回想一下，在线性代数中，称这样的矩阵是**正交的**.

① 为了避免任何歧义，我们在这里说的是《星际迷航》中的那艘宇宙飞船：由詹姆斯 · 泰比里厄斯 · 柯克船长指挥的企业号 NCC-1701.

可以直观地看出，$[A]$ 的变化率决定了 $\boldsymbol{m}$ 标架的变化率，因此必然决定了联络 1-形式．为了推导出一个显式公式，让我们首先承认一个矩阵的外导数是其元素外导数的矩阵：[①]

$$\mathbf{d}[A]=\mathbf{d}[a_{ij}]=[\mathbf{d}a_{ij}].$$

现在我们将证明联络 1-形式的矩阵可表示为

$$[\boldsymbol{\omega}]=(\mathbf{d}[A])[A]^{\mathrm{T}}. \tag{38.6}$$

因为 $[a_{ij}]^{\mathrm{T}}=[a_{ji}]$，所以矩阵方程 (38.6) 的分量方程为

$$\boldsymbol{\omega}_{ij}=\sum\nolimits_k(\mathbf{d}a_{ik})a_{jk}. \tag{38.7}$$

为了证明这个等式，我们计算活动标架本身的转向率．因为 $\boldsymbol{\nabla}_{\boldsymbol{v}}\boldsymbol{e}_k=0$，所以

$$\boldsymbol{\nabla}_{\boldsymbol{v}}\boldsymbol{m}_i=\boldsymbol{\nabla}_{\boldsymbol{v}}\sum_k a_{ik}\boldsymbol{e}_k=\sum_k(\mathbf{d}a_{ik})(\boldsymbol{v})\boldsymbol{e}_k.$$

根据联络 1-形式的定义 (38.2)，我们现在必须确定 $\boldsymbol{m}_i$ 向 $\boldsymbol{m}_j$ 的方向偏转了多少．因为

$$\boldsymbol{m}_j=\sum_l a_{jl}\boldsymbol{e}_l,$$

我们发现

$$\boldsymbol{m}_j\boldsymbol{\cdot}\boldsymbol{e}_k=\sum_l a_{jl}\boldsymbol{e}_l\boldsymbol{\cdot}\boldsymbol{e}_k=a_{jk},$$

所以，

$$\boldsymbol{\omega}_{ij}(\boldsymbol{v})\equiv(\boldsymbol{\nabla}_{\boldsymbol{v}}\boldsymbol{m}_i)\boldsymbol{\cdot}\boldsymbol{m}_j=\sum_k(\mathbf{d}a_{ik})(\boldsymbol{v})\boldsymbol{e}_k\boldsymbol{\cdot}\boldsymbol{m}_j=\sum_k(\mathbf{d}a_{ik}(\boldsymbol{v}))a_{jk}.$$

从中消去任意向量 $\boldsymbol{v}$，我们就证明了式 (38.7)，由此便得到了矩阵方程 (38.6).

38.3.2 例子：柱面标架场

图 38-1 的左图显示了柱面标架场的定义，它可以由图示的圆柱极坐标系[②](r,ϑ,z) 推导而来．从该图可以很容易地推导出［练习］

$$\begin{aligned}\boldsymbol{m}_1&=\cos\vartheta\boldsymbol{e}_1+\sin\vartheta\boldsymbol{e}_2,\\\boldsymbol{m}_2&=-\sin\vartheta\boldsymbol{e}_1+\cos\vartheta\boldsymbol{e}_2,\\\boldsymbol{m}_3&=\boldsymbol{e}_3.\end{aligned}$$

① 在向量微积分中，矩阵的导数也是这样定义的．——译者注

② 我们在此将传统的 θ 改写成 ϑ，以免与对偶基 1-形式 $\boldsymbol{\theta}^j$ 混淆.

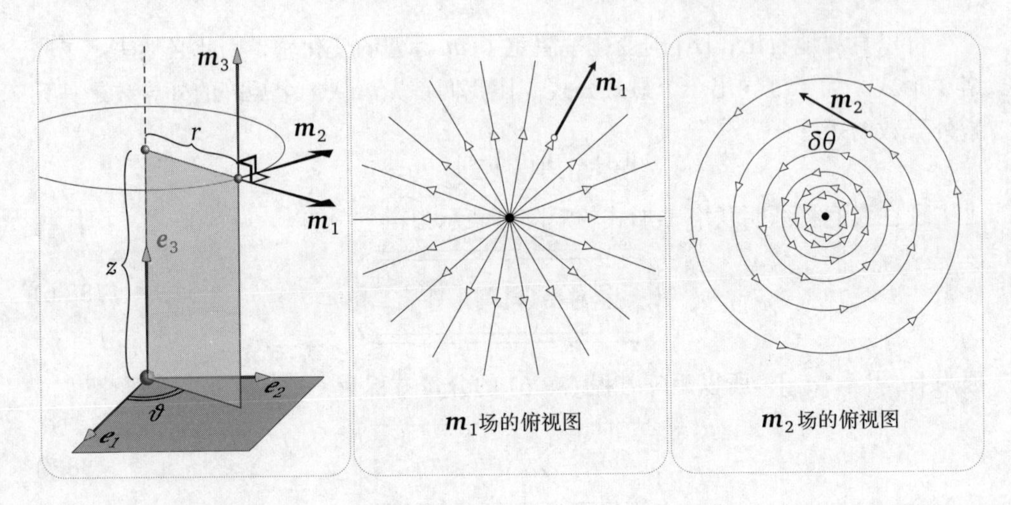

图 38-1　在左图中，基于所示的圆柱坐标系 (r,ϑ,z) 定义了柱面标架场. 沿 z 轴从上向下看，中图显示的是 $\boldsymbol{m}_1$ 场，右图显示的是 $\boldsymbol{m}_2$ 场

我们希望在整个空间中获得对柱面标架场的感觉，而不是仅仅在图 38-1 中所示的单个点上. 为此，图 38-1 的中图显示了整个 $\boldsymbol{m}_1$ 向量场的俯视图（从 z 轴向下看），该向量场从 z 轴径向向外（水平）辐射. 同样，右图显示了 $\boldsymbol{m}_2$ 向量场的俯视图，它是绕 z 轴旋转的. 而 $\boldsymbol{m}_3$ 向量场是一个以单位速率均匀向上的流，平行于 z 轴，所以我们没有把它画出来.

根据上面的公式，容易读出姿态矩阵为

$$[A]=\begin{bmatrix}\cos\vartheta & \sin\vartheta & 0\\ -\sin\vartheta & \cos\vartheta & 0\\ 0 & 0 & 1\end{bmatrix}.$$

所以，由式 (38.6) 就产生了

$$\begin{aligned}[\boldsymbol{\omega}]=(\mathbf{d}[A])[A]^{\mathrm{T}}&=\begin{bmatrix}-\sin\vartheta\mathbf{d}\vartheta & \cos\vartheta\mathbf{d}\vartheta & 0\\ -\cos\vartheta\mathbf{d}\vartheta & -\sin\vartheta\mathbf{d}\vartheta & 0\\ 0 & 0 & 0\end{bmatrix}\begin{bmatrix}\cos\vartheta & -\sin\vartheta & 0\\ \sin\vartheta & \cos\vartheta & 0\\ 0 & 0 & 1\end{bmatrix}\\ &=\begin{bmatrix}0 & \mathbf{d}\vartheta & 0\\ -\mathbf{d}\vartheta & 0 & 0\\ 0 & 0 & 0\end{bmatrix}.\end{aligned}$$

于是，联络方程组 (38.3) 就变成了

$$\begin{aligned}\boldsymbol{\nabla}_{\boldsymbol{v}}\boldsymbol{m}_1&=\mathbf{d}\vartheta(\boldsymbol{v})\boldsymbol{m}_2=(\boldsymbol{\nabla}_{\boldsymbol{v}}\vartheta)\boldsymbol{m}_2,\\ \boldsymbol{\nabla}_{\boldsymbol{v}}\boldsymbol{m}_2&=-\mathbf{d}\vartheta(\boldsymbol{v})\boldsymbol{m}_1=-(\boldsymbol{\nabla}_{\boldsymbol{v}}\vartheta)\boldsymbol{m}_1,\end{aligned}$$

$$\nabla_{\boldsymbol{v}} \boldsymbol{m}_3 = 0.$$

我们把这个例子作为对姿态矩阵的力学、联络 1-形式和联络方程组的非常有用的练习. 事实上, 我们可以直接从几何上得到最后三个方程, 不需要任何计算.

最后一个方程是平凡的: $\boldsymbol{m}_3 = \boldsymbol{e}_3$ 是不变的, 所以它的导数为零. 而前两个方程就有趣多了, 我们现在用几何方法推导它们.

首先, 我们注意到, 如果 $\boldsymbol{v}$ 是一个短向量, 最终收缩成一点, 则

$$\mathbf{d}\vartheta(\boldsymbol{v}) \asymp \delta\vartheta \equiv \vartheta \text{ 从 } \boldsymbol{v} \text{ 的起点到终点的变化}.$$

其次, 出于同样的原因

$$\begin{aligned} \nabla_{\boldsymbol{v}} \boldsymbol{m}_j &\asymp \delta \boldsymbol{m}_j \\ &\equiv \boldsymbol{m}_j \text{ 从 } \boldsymbol{v} \text{ 的起点到终点的变化} \\ &= \text{由变化 } \delta\vartheta \text{ 引起的 } \boldsymbol{m}_j \text{ 沿 } \boldsymbol{v} \text{ 运动产生的变化}. \end{aligned}$$

现在考虑图 38-2, 它显示了一对正交向量 $(\boldsymbol{m}_1, \boldsymbol{m}_2)$ 一起做刚体旋转 $\delta\vartheta$. 首先只关注变化 $\delta\boldsymbol{m}_1$. $\boldsymbol{m}_1$ 的顶端沿图中单位圆上的圆弧移动距离 $\delta\vartheta$. 最初, 该顶端沿与自身正交的方向移动, 换句话说, 沿 $\boldsymbol{m}_2$ 的方向移动. 因此, 我们证明了两个联络方程组中的第一个式子, 形式为

$$\delta\boldsymbol{m}_1 \asymp \delta\vartheta\boldsymbol{m}_2.$$

图 38-2 同时证明了联络方程组中的第二个式子:

$$\delta\boldsymbol{m}_2 \asymp -\delta\vartheta\boldsymbol{m}_1.$$

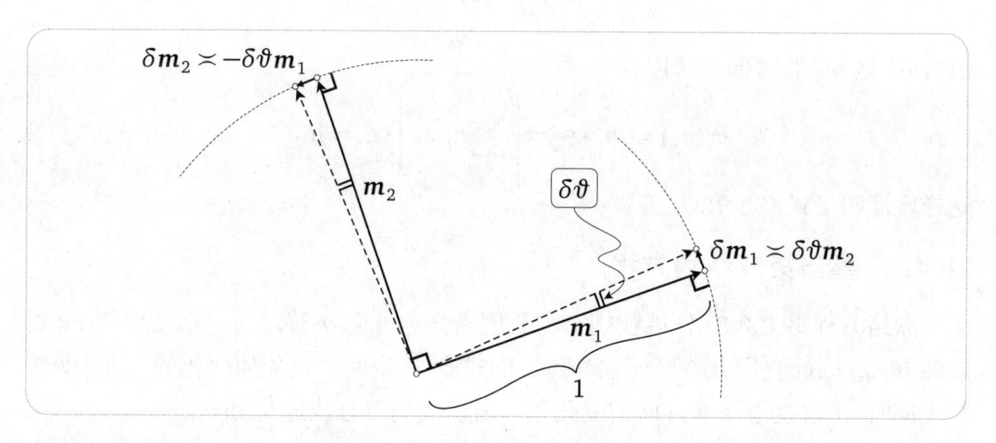

图 38-2 沿空间中的一个(最终收缩成一点的)短向量 $\boldsymbol{v}$ 移动会导致一对正交向量 $(\boldsymbol{m}_1, \boldsymbol{m}_2)$ 产生一个(最终为零的)小旋转 $\delta\vartheta$. $\boldsymbol{m}_1$ 的顶端沿图中单位圆上的圆弧移动距离 $\delta\vartheta$. 由于向量顶端最初的移动方向与自身正交, 所以 $\delta\boldsymbol{m}_1 \asymp \delta\vartheta\boldsymbol{m}_2$. 同样可得 $\delta\boldsymbol{m}_2 \asymp -\delta\vartheta\boldsymbol{m}_1$

38.4　嘉当的两个结构方程

38.4.1　用 $\boldsymbol{e}_j$ 的对偶 $\mathbf{d}x^j$ 来表示 $\boldsymbol{m}_i$ 的对偶 $\boldsymbol{\theta}^i$

回想一下（嘉当的）**想法 5**，即用活动标架 $\boldsymbol{m}_i$ 的对偶 1-形式基 $\boldsymbol{\theta}^i$ 代替活动标架 $\boldsymbol{m}_i$.

我们知道（根据定义）姿态矩阵 $[a_{ij}]$ 根据

$$\boldsymbol{m}_i = \sum_k a_{ik}\boldsymbol{e}_k,$$

将固定的欧几里得基 $\{\boldsymbol{e}_j\}$ 转换为嘉当的活动标架场.

现在我们证明同一个旋转矩阵将与 $\{\boldsymbol{e}_j\}$ 对偶的 1-形式基 $\{\mathbf{d}x^j\}$ 转换为与 $\{\boldsymbol{m}_i\}$ 对偶的 1-形式基 $\{\boldsymbol{\theta}^i\}$:

$$[\boldsymbol{\theta}] = [A][\mathbf{d}x], \tag{38.8}$$

其分量的表达式为

$$\boldsymbol{\theta}^i = \sum\nolimits_j a_{ij}\mathbf{d}x^j. \tag{38.9}$$

为了证明这一点，首先回想一下第 408 页式 (32.14)，对于任意 1-形式 φ，可以通过将 φ 作用于欧几里得基向量，得到 φ 在基 $\{\mathbf{d}x^j\}$ 中的分量. 特别是，

$$\boldsymbol{\theta}^i = \sum_j \boldsymbol{\theta}^i(\boldsymbol{e}_j)\mathbf{d}x^j.$$

因为 $\boldsymbol{\theta}^i$ 是 $\boldsymbol{m}_i$ 的对偶，所以

$$\boldsymbol{\theta}^i(\boldsymbol{e}_j) = \boldsymbol{m}_i \bullet \boldsymbol{e}_j = \left[\sum_k a_{ik}\boldsymbol{e}_k\right] \bullet \boldsymbol{e}_j = a_{ij}.$$

这样就证明了式 (38.9).

38.4.2　嘉当第一结构方程

联络方程组 (38.3) 告诉我们，当我们沿任意方向 $\boldsymbol{v}$ 移动时，活动标架 $\boldsymbol{m}_i$ 的旋转方式. 因此我们自然要问，对偶 1-形式 $\boldsymbol{\theta}^i$ 在空间中是如何变化的. 由于外导数（同时！）量度了所有方向的变化率，所以我们要寻找的是 $\mathbf{d}[\boldsymbol{\theta}]$.

嘉当第一结构方程是这个问题非常优雅的答案：

$$\mathbf{d}[\boldsymbol{\theta}] = [\boldsymbol{\omega}] \wedge [\boldsymbol{\theta}], \tag{38.10}$$

其中

$$[\boldsymbol{\theta}] \equiv \begin{bmatrix} \boldsymbol{\theta}^1 \\ \boldsymbol{\theta}^2 \\ \boldsymbol{\theta}^3 \end{bmatrix}.$$

对它的证明只需要简单的计算. 记

$$[\mathbf{d}x] \equiv \begin{bmatrix} \mathbf{d}x_1 \\ \mathbf{d}x_2 \\ \mathbf{d}x_3 \end{bmatrix},$$

于是式 (38.9) 就变成了

$$[\boldsymbol{\theta}] = [A][\mathbf{d}x].$$

对两边求导数，先利用式 (38.5)，再利用式 (38.6)，

$$\mathbf{d}[\boldsymbol{\theta}] = \mathbf{d}[A] \wedge [\mathbf{d}x] = \mathbf{d}[A][A]^{\mathrm{T}} \wedge [A][\mathbf{d}x] = [\boldsymbol{\omega}] \wedge [\boldsymbol{\theta}].$$

式 (38.10) 得证.

在具体计算时，需要利用分量的关系式，式 (38.10) 的分量表达式为

$$\mathbf{d}\boldsymbol{\theta}^i = \sum_j \boldsymbol{\omega}_{ij} \wedge \boldsymbol{\theta}^j. \tag{38.11}$$

38.4.3 嘉当第二结构方程

现在我们要考虑一下联络 1-形式在空间中是如何变化的. 同样，外导数同时解码了所有可能方向上的变化，所以我们要寻找的是 $\mathbf{d}[\boldsymbol{\omega}]$.

嘉当第二结构方程是这个问题非常优雅的答案：

$$\mathbf{d}[\boldsymbol{\omega}] = [\boldsymbol{\omega}] \wedge [\boldsymbol{\omega}]. \tag{38.12}$$

我们将在 38.12 节中看到，这个方程更深层次的几何意义是，它的特点是没有曲率，即我们一直在其中工作的欧几里得空间 $\mathbb{R}^3$ 的*平坦性*. 当我们继续研究*弯曲*流形时，例如爱因斯坦考虑的被引力扭曲的时空，这个方程的两边就不再相等了. 事实上，两边的*差异*可以用来解码流形的曲率.

为了证明这个方程，我们需要三个引理. 首先，假设 f 和 g 是函数，那么

$$\mathbf{d}((\mathbf{d}f)g) = \mathbf{d}(g\mathbf{d}f) = \mathbf{d}g \wedge \mathbf{d}f = -\mathbf{d}f \wedge \mathbf{d}g.$$

接下来，回想一下转置的几何解释（见第 258 页习题 12），这意味着 $(AB)^{\mathrm{T}} = B^{\mathrm{T}}A^{\mathrm{T}}$. 最后，记住 $[\boldsymbol{\omega}]$ 是斜对称的：$[\boldsymbol{\omega}]^{\mathrm{T}} = -[\boldsymbol{\omega}]$.

所以，对式 (38.6) 两边微分，

$$\begin{aligned}\mathbf{d}[\boldsymbol{\omega}] &= \mathbf{d}\left[(\mathbf{d}[A])[A]^{\mathrm{T}}\right]\\ &= -(\mathbf{d}[A])\wedge \mathbf{d}[A]^{\mathrm{T}}\\ &= -(\mathbf{d}[A])[A]^{\mathrm{T}}\wedge [A]\mathbf{d}[A]^{\mathrm{T}}\\ &= -(\mathbf{d}[A])[A]^{\mathrm{T}}\wedge \left[(\mathbf{d}[A])[A]^{\mathrm{T}}\right]^{\mathrm{T}}\\ &= -[\boldsymbol{\omega}]\wedge[\boldsymbol{\omega}]^{\mathrm{T}}\\ &= [\boldsymbol{\omega}]\wedge[\boldsymbol{\omega}].\end{aligned}$$

这样，式 (38.12) 得证.

在具体计算时，需要利用分量的关系式，式 (38.12) 的分量表达式为

$$\boxed{\mathbf{d}\boldsymbol{\omega}_{ij} = \textstyle\sum_k \boldsymbol{\omega}_{ik}\wedge\boldsymbol{\omega}_{kj}.} \tag{38.13}$$

最后请注意，同时记住这两个结构方程是很容易的，只要记住下面这个等式：

$$\mathbf{d}[?] = [\boldsymbol{\omega}]\wedge[?].$$

38.4.4 例子：球面标架场

在本节中，我们将找到与 35.4 节中的球极坐标[1](r,ϕ,ϑ) 相关联的对偶基和联络形式，并使用它们来测试和说明嘉当的结构方程.

下面记 $c_\vartheta \equiv \cos\vartheta, s_\phi \equiv \sin\phi$，等等. 这一方面是为了节省空间，另一方面是因为我们发现这是在私下用笔和纸计算时很方便也很清楚的符号.

从图 38-3 中我们可以看到

$$[x] = \begin{bmatrix} x_1\\ x_2\\ x_3\end{bmatrix} = \begin{bmatrix} \rho c_\vartheta\\ \rho s_\vartheta\\ r c_\phi\end{bmatrix} = \begin{bmatrix} r s_\phi c_\vartheta\\ r s_\phi s_\vartheta\\ r c_\phi\end{bmatrix}.$$

从同一张图中，我们还推断 [练习] 所示的球面标架场为

$$[\boldsymbol{m}] = \begin{bmatrix} \boldsymbol{m}_1\\ \boldsymbol{m}_2\\ \boldsymbol{m}_3\end{bmatrix} = \begin{bmatrix} s_\phi[c_\vartheta \boldsymbol{e}_1 + s_\vartheta \boldsymbol{e}_2] + c_\phi \boldsymbol{e}_3\\ c_\phi[c_\vartheta \boldsymbol{e}_1 + s_\vartheta \boldsymbol{e}_2] - s_\phi \boldsymbol{e}_3\\ -s_\vartheta \boldsymbol{e}_1 + c_\vartheta \boldsymbol{e}_2\end{bmatrix} = [A]\begin{bmatrix} \boldsymbol{e}_1\\ \boldsymbol{e}_2\\ \boldsymbol{e}_3\end{bmatrix},$$

① 奥尼尔在 O'Neill（2006, 第 86 页和第 97 页）中从赤道开始测量纬度 ϕ，所以我们对应的纬度是用 $\pi/2$ 减去它获得的. 这就具有了交换 $\sin\phi$ 和 $\cos\phi$ 的效果. 此外，为了使标架为右对齐，奥尼尔的坐标的顺序是 (r,ϑ,ϕ)，将他的球面标架记为 $(\boldsymbol{F}_1,\boldsymbol{F}_2,\boldsymbol{F}_3)$，因此与我们坐标的关系是 $(\boldsymbol{m}_1=\boldsymbol{F}_1, \boldsymbol{m}_2=-\boldsymbol{F}_3, \boldsymbol{m}_3=\boldsymbol{F}_2)$.（奥尼尔用的是地图学的习惯，纬度的取值范围为 $[-\pi/2,\pi/2]$，本书用的是数学球坐标系的习惯，纬度的取值范围为 $[0,\pi]$. ——译者注）

由此可立即推导出姿态矩阵:

$$[A]=\begin{bmatrix} s_\phi c_\vartheta & s_\phi s_\vartheta & c_\phi \\ c_\phi c_\vartheta & c_\phi s_\vartheta & -s_\phi \\ -s_\vartheta & c_\vartheta & 0 \end{bmatrix}.$$

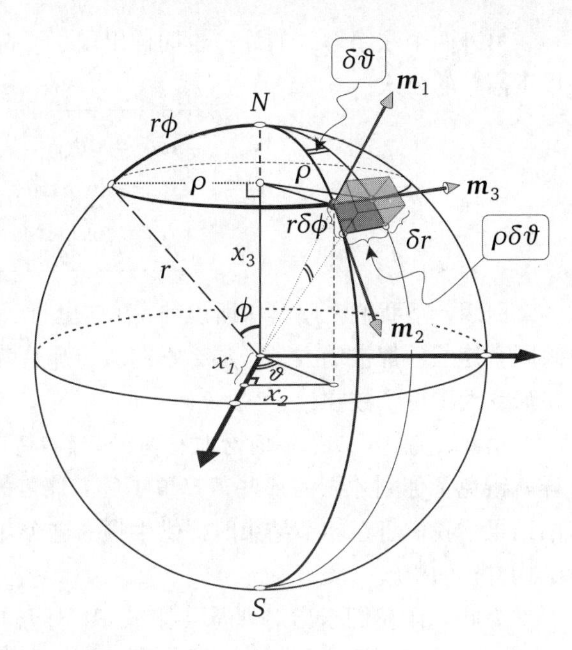

图 38-3 $\boldsymbol{\theta}^1=\mathbf{d}r$、$\boldsymbol{\theta}^2=r\mathbf{d}\phi$ 和 $\boldsymbol{\theta}^3=r\sin\phi\mathbf{d}\vartheta$ 的几何证明

此时,我们可以使用式 (38.6) 来计算联络形式:

$$[\boldsymbol{\omega}]=(\mathbf{d}[A])[A]^{\mathrm{T}}.$$

显然,这将需要漫长而艰巨的计算,我们在此将其留作(严酷的)[①] 练习. 然而,让我们至少就如何进行这种计算提供一些具体的指导.

首先,我们当然不需要将整个矩阵 $\mathbf{d}[A]$ 乘以整个矩阵 $[A]$. 例如,计算对角线上的元素是浪费时间:我们知道它们一定都等于零!事实上,我们只需要计算乘积右上角的三个元素 $\boldsymbol{\omega}_{12},\boldsymbol{\omega}_{13},\boldsymbol{\omega}_{23}$.

为了只针对这三个元素,使用矩阵乘积的分量形式 (38.7) 比较简单:

$$\boldsymbol{\omega}_{ij}=\sum_k(\mathbf{d}a_{ik})a_{jk}.$$

因此我们不需要得到转置矩阵 $[A]$. 相反,我们把这个公式解释为

> 为了得到 $\boldsymbol{\omega}_{ij}$,我们将 $[A]$ 第 i 行的所有元素求导 $\mathbf{d}$,然后将每个求导后的元素乘以 $[A]$ 第 j 行[②]中相应的元素.

例如,要求出 $\boldsymbol{\omega}_{12}$,我们必须对第一行取 $\mathbf{d}$,然后乘以第二行:

$$\boldsymbol{\omega}_{12}=\left[\mathbf{d}(s_\phi c_\vartheta)\right]c_\phi c_\vartheta+\left[\mathbf{d}(s_\phi s_\vartheta)\right]c_\phi s_\vartheta-\left[\mathbf{d}(c_\phi)\right]s_\phi.$$

即使你觉得不能计算所有三个联络形式,我们也敦促你至少算出这一个. 求导之后,你会遇到 5 项,每一项都是 4 个三角函数的乘积. 但是,所有元素都"奇迹般"地消去或简化了,只剩下一个非常简单的答案:$\boldsymbol{\omega}_{12}=\mathbf{d}\phi$!

① 当我给旧金山大学我的学生布置如此严酷的计算作业时,我同时让他们观看了昆丁 · 塔伦蒂诺的《杀死比尔 2》(第 8 章:白眉的严酷教导),因为它展示了这种"严酷"最终是如何把比阿特丽克斯 · 基多从坟墓中拯救出来的!

② 即转置矩阵 $[A]^{\mathrm{T}}$ 的第 j 列. 所以,这是符合矩阵整体等式的. ——译者注

另外两个联络形式的计算也同样出现了“奇迹般”的消去和简化，我们得到以下简单的公式：

$$\begin{aligned}\boldsymbol{\omega}_{12} &= \mathbf{d}\phi,\\ \boldsymbol{\omega}_{13} &= \sin\phi\,\mathbf{d}\vartheta,\\ \boldsymbol{\omega}_{23} &= \cos\phi\,\mathbf{d}\vartheta.\end{aligned} \tag{38.14}$$

回想一下我们在序幕中所说的，在这里有三个我们称为“假奇迹”的例子：如果所有这些项都被消去了，那么它们从一开始就不应该存在——我们一定是用错误的方式看待了数学！

至此，我们可以毫不惊讶地发现，正确看待这个问题的方式是用几何方法. 这样就避免了你刚才做的那些苦差事（所有痛苦的计算），并且可以直接获得直观的结果！我们将在本节结束时提供牛顿的这个几何解释，但现在继续探索对嘉当结构方程的检验.

为此，让我们求出对偶基 1-形式 $\boldsymbol{\theta}^i$. 同样，可以通过盲目计算得到这些结果：$[A]$ 已知，$[x]$ 也是已知的，所以我们可以计算 $\mathbf{d}[x]=[\mathbf{d}x]$. 因此，可以利用式 (38.8)：

$$[\boldsymbol{\theta}]=[A][\mathbf{d}x].$$

但是，这显然还是需要冗长的计算，我们在这里把它作为另一个严酷的练习. [如果你已经做了这些计算，其中充满了抵消和简化，就会更加欣赏接下来发生的事情. 在成功地破解了这些错综复杂的符号之后，你会恍然大悟，就像披荆斩棘，穿过密林，进入一片空地. 在那里，你会发现这个简单的公式：式 (38.16).]

在这里，我们可以借助牛顿几何跃入空中，飞越下面晦涩难懂的冗长计算，直接降落在答案上！

考虑图 38-3 中的阴影长方体，在其缩小并最终收缩成一点的极限下，它的边最终等于

$$\delta r\boldsymbol{m}_1, \qquad r\delta\phi\boldsymbol{m}_2, \qquad \rho\delta\vartheta\boldsymbol{m}_3=rs_{\phi}\delta\vartheta\boldsymbol{m}_3.$$

因此，这个阴影长方体的对角线（它指向任意方向）是（最终收缩成一点的）短向量 $\boldsymbol{v}$，为

$$\boldsymbol{v}\asymp\delta r\boldsymbol{m}_1+r\delta\phi\boldsymbol{m}_2+rs_{\phi}\delta\vartheta\boldsymbol{m}_3. \tag{38.15}$$

根据对偶基的定义，$\boldsymbol{\theta}^i(\boldsymbol{m}_j)=\delta^i_j$，所以

$$\boldsymbol{\theta}^1(\boldsymbol{v})\asymp\delta r\asymp\mathbf{d}r(\boldsymbol{v}) \quad\Longrightarrow\quad \boldsymbol{\theta}^1=\mathbf{d}r.$$

因为向量 $\boldsymbol{v}$ 是任意的，所以可以消去.

我们可以用完全相同的方法找到 $\boldsymbol{\theta}^2$ 和 $\boldsymbol{\theta}^3$. 因此，从图 38-3 中的几何关系立即可得

$$[\boldsymbol{\theta}] = \begin{bmatrix} \boldsymbol{\theta}^1 \\ \boldsymbol{\theta}^2 \\ \boldsymbol{\theta}^3 \end{bmatrix} = \begin{bmatrix} \mathbf{d}r \\ r\mathbf{d}\phi \\ rs_\phi \mathbf{d}\vartheta \end{bmatrix}. \tag{38.16}$$

比较以下这个几何方法和你的计算吧!

已知对偶基和联络形式，我们现在来看看嘉当第一结构方程 (38.10):

$$\mathbf{d}[\boldsymbol{\theta}] = [\boldsymbol{\omega}] \wedge [\boldsymbol{\theta}].$$

在左边，我们发现

$$\mathbf{d}[\boldsymbol{\theta}] = \mathbf{d}\begin{bmatrix} \mathbf{d}r \\ r\mathbf{d}\phi \\ rs_\phi \mathbf{d}\vartheta \end{bmatrix} = \begin{bmatrix} 0 \\ \mathbf{d}r \wedge \mathbf{d}\phi \\ s_\phi \mathbf{d}r \wedge \mathbf{d}\vartheta + rc_\phi \mathbf{d}\phi \wedge \mathbf{d}\vartheta \end{bmatrix}.$$

在右边，则有

$$\begin{aligned} [\boldsymbol{\omega}] \wedge [\boldsymbol{\theta}] &= \begin{bmatrix} 0 & \omega_{12} & \omega_{13} \\ -\omega_{12} & 0 & \omega_{23} \\ -\omega_{13} & -\omega_{23} & 0 \end{bmatrix} \wedge \begin{bmatrix} \boldsymbol{\theta}^1 \\ \boldsymbol{\theta}^2 \\ \boldsymbol{\theta}^3 \end{bmatrix} \\ &= \begin{bmatrix} 0 & \mathbf{d}\phi & s_\phi \mathbf{d}\vartheta \\ -\mathbf{d}\phi & 0 & c_\phi \mathbf{d}\vartheta \\ -s_\phi \mathbf{d}\vartheta & -c_\phi \mathbf{d}\vartheta & 0 \end{bmatrix} \wedge \begin{bmatrix} \mathbf{d}r \\ r\mathbf{d}\phi \\ rs_\phi \mathbf{d}\vartheta \end{bmatrix} \\ &= \begin{bmatrix} 0 \\ \mathbf{d}r \wedge \mathbf{d}\phi \\ s_\phi \mathbf{d}r \wedge \mathbf{d}\vartheta + rc_\phi \mathbf{d}\phi \wedge \mathbf{d}\vartheta \end{bmatrix}, \end{aligned}$$

从而证明了球面标架场的嘉当第一结构方程.

再来验证嘉当第二结构方程 (38.12):

$$\mathbf{d}[\boldsymbol{\omega}] = [\omega] \wedge [\boldsymbol{\omega}].$$

在左边，我们发现

$$\mathbf{d}\begin{bmatrix} 0 & \mathbf{d}\phi & s_\phi \mathbf{d}\vartheta \\ -\mathbf{d}\phi & 0 & c_\phi \mathbf{d}\vartheta \\ -s_\phi \mathbf{d}\vartheta & -c_\phi \mathbf{d}\vartheta & 0 \end{bmatrix} = \begin{bmatrix} 0 & 0 & c_\phi \mathbf{d}\phi \wedge \mathbf{d}\vartheta \\ 0 & 0 & -s_\phi \mathbf{d}\phi \wedge \mathbf{d}\vartheta \\ -c_\phi \mathbf{d}\phi \wedge \mathbf{d}\vartheta & s_\phi \mathbf{d}\phi \wedge \mathbf{d}\vartheta & 0 \end{bmatrix}.$$

在右边，则有

$$[\boldsymbol{\omega}]\wedge[\boldsymbol{\omega}]=\begin{bmatrix}0 & \mathbf{d}\phi & s_{\phi}\mathbf{d}\vartheta\\ -\mathbf{d}\phi & 0 & c_{\phi}\mathbf{d}\vartheta\\ -s_{\phi}\mathbf{d}\vartheta & -c_{\phi}\mathbf{d}\vartheta & 0\end{bmatrix}\wedge\begin{bmatrix}0 & \mathbf{d}\phi & s_{\phi}\mathbf{d}\vartheta\\ -\mathbf{d}\phi & 0 & c_{\phi}\mathbf{d}\vartheta\\ -s_{\phi}\mathbf{d}\vartheta & -c_{\phi}\mathbf{d}\vartheta & 0\end{bmatrix}$$

$$=\begin{bmatrix}0 & 0 & c_{\phi}\mathbf{d}\phi\wedge\mathbf{d}\vartheta\\ 0 & 0 & -s_{\phi}\mathbf{d}\phi\wedge\mathbf{d}\vartheta\\ -c_{\phi}\mathbf{d}\phi\wedge\mathbf{d}\vartheta & s_{\phi}\mathbf{d}\phi\wedge\mathbf{d}\vartheta & 0\end{bmatrix},$$

从而证明了球面标架场的嘉当第二结构方程.

现在来兑现我们的承诺，在本节结束时回到联络形式，证明得到式 (38.14) 的冗长计算可以用简单、清晰的牛顿几何来代替.

为此，我们直接将牛顿的最终相等应用于定义 (38.2)：

> $\boldsymbol{\omega}_{ij}(\boldsymbol{v})\equiv\left(\boldsymbol{\nabla}_{\boldsymbol{v}}\boldsymbol{m}_i\right)\boldsymbol{\cdot}\boldsymbol{m}_j$ 是当标架沿 $\boldsymbol{v}$ 移动时，$\boldsymbol{m}_i$ 向 $\boldsymbol{m}_j$ 偏转的初始速率.

我们在此取 $\boldsymbol{v}$ 为由式 (38.15) 给出的任意的（最终收缩成一点的）短向量：

$$\boldsymbol{v}\asymp\delta r\boldsymbol{m}_1+r\delta\phi\boldsymbol{m}_2+rs_{\phi}\delta\vartheta\boldsymbol{m}_3.$$

以下分析中的关键工具是，因为 $\boldsymbol{v}$ 是（最终收缩成一点的）短向量，所以

$$\boldsymbol{\nabla}_{\boldsymbol{v}}\boldsymbol{m}_i\asymp\boldsymbol{m}_i \text{ 沿 } \boldsymbol{v}\equiv\delta\boldsymbol{m}_i \text{ 从起点到终点的变化.}$$

注意，为了使 $\delta\boldsymbol{m}_i$ 的变化易于可视化，我们将所有向量 $\boldsymbol{m}_i$ 都画成从同一个公共点发出的向量，使得 $\delta\boldsymbol{m}_i$ 就是 $\boldsymbol{m}_i$ 顶端的运动.

我们首先考虑 $\boldsymbol{\omega}_{12}(\boldsymbol{v})\equiv(\boldsymbol{\nabla}_{\boldsymbol{v}}\boldsymbol{m}_1)\boldsymbol{\cdot}\boldsymbol{m}_2$. 分析 $\boldsymbol{m}_1$ 分别沿 $\boldsymbol{v}$ 的三个组成分量中的每一个移动所导致的变化 $\delta\boldsymbol{m}_1$.

- 沿 $\delta r\boldsymbol{m}_1$ 径向向外移动时 $\boldsymbol{m}_1$ 保持不变：它不会向 $\boldsymbol{m}_2$（或其他方向！）倾斜.
- 沿 $rs_{\phi}\delta\vartheta\boldsymbol{m}_3$（沿纬度圈向东）移动会导致 $\boldsymbol{m}_1$ 绕图 38-5 上半部分所示的圆锥面旋转，其中 ϕ 为圆锥面的半顶角，倾斜高度为 1. 因此圆锥面的底半径为 s_{ϕ}. 显然，$\delta\boldsymbol{m}_1$ 与 $\boldsymbol{m}_2$ 正交，所以对 $\boldsymbol{\omega}_{12}$ 的贡献也是零.

  更详细一些，如图 38-5 所示（将来要用到）

$$\delta\boldsymbol{m}_1=s_{\phi}\delta\vartheta\boldsymbol{m}_3. \tag{38.17}$$

- 顺便说一下，为便于将来使用，我们注意到，这个旋转导致 $\boldsymbol{m}_2$ 绕图 38-5

下半部分所示的圆锥面旋转，这个圆锥面的半顶角为 $\frac{\pi}{2}-\phi$，倾斜高度为 1. 因此这个圆锥面的底半径为 c_ϕ. 从而我们有

$$\delta \boldsymbol{m}_2 = c_\phi \delta \vartheta \boldsymbol{m}_3. \tag{38.18}$$

- 再回来关注 $\boldsymbol{m}_1$，当它沿 $\boldsymbol{v}$ 移动时，唯一导致 $\boldsymbol{m}_1$ 向 $\boldsymbol{m}_2$ 倾斜的分量是沿子午线向赤道南移的方向 $r\delta\phi\boldsymbol{m}_2$. 图 38-4 将该子午线画在竖直面上，其中包含 $\boldsymbol{m}_1$ 和 $\boldsymbol{m}_2$. 当 $\boldsymbol{m}_1$ 通过旋转角度 $\delta\phi$ 时，它的顶端最终会沿 $\delta\boldsymbol{m}_1 \asymp \delta\phi\boldsymbol{m}_2$ 移动. 因此，

$$\boldsymbol{\omega}_{12}(\boldsymbol{v}) \asymp \delta\boldsymbol{m}_1 \bullet \boldsymbol{m}_2 \asymp (\delta\phi\boldsymbol{m}_2)\bullet\boldsymbol{m}_2 = \delta\phi \asymp \mathbf{d}\phi(\boldsymbol{v}) \quad \Longrightarrow \quad \boldsymbol{\omega}_{12} = \mathbf{d}\phi.$$

其次，考虑

$$\boldsymbol{\omega}_{13}(\boldsymbol{v}) \equiv (\nabla_{\boldsymbol{v}}\boldsymbol{m}_1)\bullet\boldsymbol{m}_3.$$

我们在此仍然考虑上述 $\boldsymbol{m}_1$ 的同一个变化 $\delta\boldsymbol{m}_1$，只是现在想知道 $\delta\boldsymbol{m}_1$ 在 $\boldsymbol{m}_3$ 方向上（而不是 $\boldsymbol{m}_2$ 方向上）有多大.

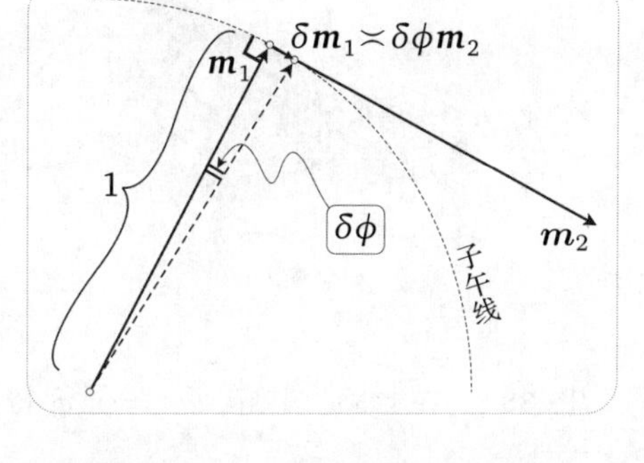

图 38-4 $\boldsymbol{\omega}_{12} = \mathbf{d}\phi$ 的几何证明

正如我们看到的，仅沿 $\boldsymbol{v}$ 的分量 $rs_\phi\delta\vartheta\boldsymbol{m}_3$ 移动才会使得变化 $\delta\boldsymbol{m}_1$ 指向方向 $\boldsymbol{m}_3$. 从式 (38.17) 立即可以推断

$$\boldsymbol{\omega}_{13}(\boldsymbol{v}) \asymp \delta\boldsymbol{m}_1\bullet\boldsymbol{m}_3 \asymp (s_\phi\delta\vartheta\boldsymbol{m}_3)\bullet\boldsymbol{m}_3$$
$$= s_\phi\delta\vartheta \asymp s_\phi\mathbf{d}\vartheta(\boldsymbol{v}) \quad \Longrightarrow \quad \boldsymbol{\omega}_{13} = s_\phi\mathbf{d}\vartheta.$$

最后，考虑 $\boldsymbol{\omega}_{23}(\boldsymbol{v}) \equiv \nabla_{\boldsymbol{v}}\boldsymbol{m}_2\bullet\boldsymbol{m}_3$. 容易看出［练习］，仅当 $\boldsymbol{m}_2$ 沿 $\boldsymbol{v}$ 的分量 $rs_\phi\delta\vartheta\boldsymbol{m}_3$（沿纬度圈向东）移动时才会导致 $\boldsymbol{m}_2$ 朝向 $\boldsymbol{m}_3$ 方向倾斜. 因此，利用式 (38.18)（如图 38-5 中下面的锥面所示），我们可以推导出

$$\boldsymbol{\omega}_{23}(\boldsymbol{v}) \asymp \delta\boldsymbol{m}_2\bullet\boldsymbol{m}_3 \asymp (c_\phi\delta\vartheta\boldsymbol{m}_3)\bullet\boldsymbol{m}_3 = c_\phi\delta\vartheta \asymp c_\phi\mathbf{d}\vartheta(\boldsymbol{v}) \quad \Longrightarrow \quad \boldsymbol{\omega}_{23} = c_\phi\mathbf{d}\vartheta.$$

这样就得到了球面标架的联络形式的三个分量公式，完成了对式 (38.14) 的几何证明. 通过将牛顿几何推理与你最初为了得到这三个公式而被迫进行的三个冗长而乏味的计算进行对比，再一次显示了牛顿几何推理的简单性和直接性！

38.5 曲面的 6 个基本形式方程

38.5.1 使嘉当的活动标架适用于曲面：形状导数与外在曲率

我们现在将达布的想法 3（使标架适应于曲面）与嘉当的想法 6 结合起来：利用形式，使得嘉当的两个结构方程适用于这个改编的标架场.

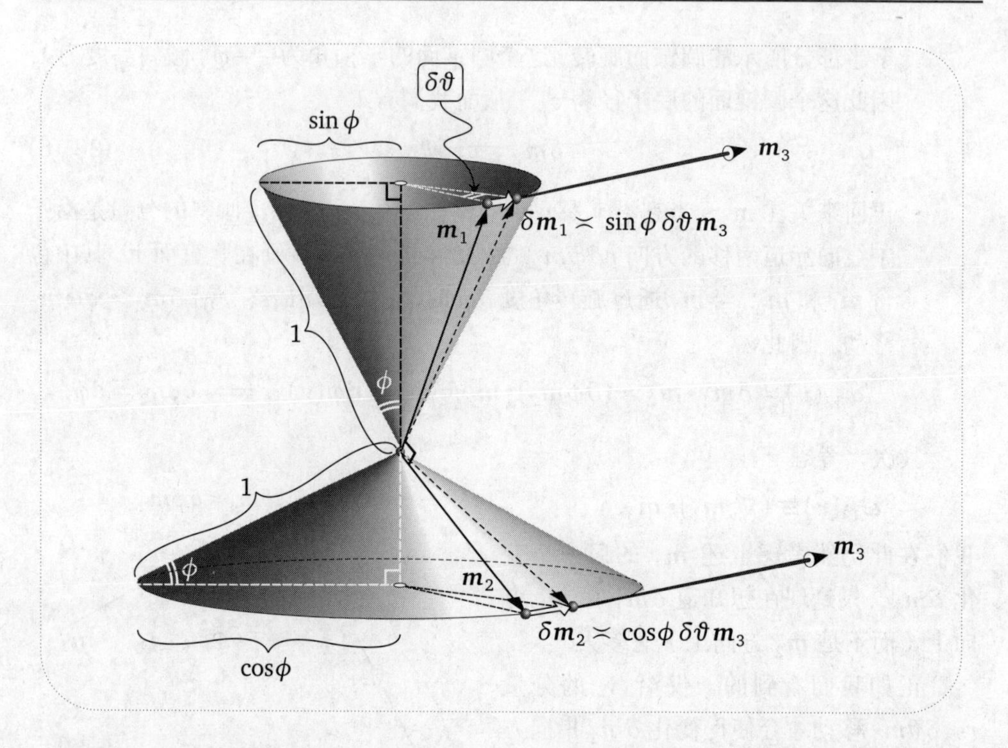

图 38-5　在上面的圆锥面 $\boldsymbol{\omega}_{13}=\sin\phi\,\mathbf{d}\vartheta$，在下面的圆锥面 $\boldsymbol{\omega}_{23}=\cos\phi\,\mathbf{d}\vartheta$ 的几何证明

给定曲面 $\mathcal{S}$，其法向量为 $\boldsymbol{n}$，我们选择 $\boldsymbol{m}_3=\boldsymbol{n}$：这就是所谓的**改编的标架场**. 而 $(\boldsymbol{m}_1,\boldsymbol{m}_2)$ 就变成了曲面 $\mathcal{S}$ 的“内”向量 $\boldsymbol{v}$ 的（相切的）内蕴基.

从这里开始，我们就只考虑这样与 $\mathcal{S}$ 相切的向量 $\boldsymbol{v}$. 当把联络方程组 (38.4) 应用于这样一个切向量时，就产生了以下用联络形式表示形状导数 S［第 175 页式 (15.4)］的简洁表达式：

$$S(\boldsymbol{v})=\boldsymbol{\omega}_{13}(\boldsymbol{v})\boldsymbol{m}_1+\boldsymbol{\omega}_{23}(\boldsymbol{v})\boldsymbol{m}_2. \tag{38.19}$$

证明如下：

$$S(\boldsymbol{v})=-\nabla_{\boldsymbol{v}}\boldsymbol{n}=-\nabla_{\boldsymbol{v}}\boldsymbol{m}_3=-[\nabla_{\boldsymbol{v}}\boldsymbol{m}_3\bullet\boldsymbol{m}_1]\boldsymbol{m}_1-[\nabla_{\boldsymbol{v}}\boldsymbol{m}_3\bullet\boldsymbol{m}_2]\boldsymbol{m}_2.$$

最后一步就是加入联络 1-形式的定义 (38.2)，注意它们的斜对称性.

表示形状导数的矩阵 $[S]$ 的第一列是形状导数 S 作用于第一个基向量的像，即 $S(\boldsymbol{m}_1)$. 同样，第二列是 S 作用于第二个基向量的像. 所以

$$[S]=\begin{bmatrix}\boldsymbol{\omega}_{13}(\boldsymbol{m}_1) & \boldsymbol{\omega}_{13}(\boldsymbol{m}_2)\\ \boldsymbol{\omega}_{23}(\boldsymbol{m}_1) & \boldsymbol{\omega}_{23}(\boldsymbol{m}_2)\end{bmatrix}. \tag{38.20}$$

现在我们借此式用联络形式来表示外在曲率 $\mathcal{K}_{\text{ext}} = \kappa_1\kappa_2$. 既然我们打算重新证明前四幕的基本结果，就必须避免根据这一先验知识做出假设. 因此，我们必须回过头来区分曲率的外在量度和内在量度. 只有这样，我们才能证明（和欣赏！）高斯的绝妙定理，它揭示了这两个曲率的量度实际上是相同的！

另外，我们当然不打算使用形式从头开始重建微分几何的整个架构！只要我们清楚地知道引用了之前的结果，并且小心翼翼地避免循环推理，那么这种混合方法就不会有任何弊端.

因此，现在回想一下第 177 页式 (15.8)，$\mathcal{S}$ 的外在曲率 $\mathcal{K}_{\text{ext}}$ 量度了法向量 $\boldsymbol{m}_3$ 在一小片曲面上的分布. 更准确地说，它是 S 的局域面积扩展因子，即表示 S 的矩阵 $[S]$ 的行列式：

$$\mathcal{K}_{\text{ext}} = \det[S] = \boldsymbol{\omega}_{13}(\boldsymbol{m}_1)\boldsymbol{\omega}_{23}(\boldsymbol{m}_2) - \boldsymbol{\omega}_{13}(\boldsymbol{m}_2)\boldsymbol{\omega}_{23}(\boldsymbol{m}_1).$$

这样我们就得到了一个外在曲率的表达式：

$$\boxed{\mathcal{K}_{\text{ext}} = (\boldsymbol{\omega}_{13} \wedge \boldsymbol{\omega}_{23})(\boldsymbol{m}_1, \boldsymbol{m}_2).} \tag{38.21}$$

它的重要性很快就能得到证明.

最后，考虑对偶于改编的标架场 $(\boldsymbol{m}_1, \boldsymbol{m}_2, \boldsymbol{m}_3)$ 的 1-形式基 $\boldsymbol{\theta}^i$，它们给出了任意切向量 $\boldsymbol{v}$ 相对于改编的标架场的坐标 $\boldsymbol{\theta}^i(\boldsymbol{v}) = \boldsymbol{v} \cdot \boldsymbol{m}_i$. 与联络形式一样，这些对偶基形式将只应用于 $\mathcal{S}$ 的切向量，因此它们成为 $\mathcal{S}$ 上的形式. 奥尼尔在 O'Neill（2006, 第 266 页）中完美地表述了这一含义："这种限制对 $\boldsymbol{\theta}^3$ 是至关重要的，因为如果 $\boldsymbol{v}$ 与 $\mathcal{S}$ 相切，则它与 $\boldsymbol{m}_3$ 正交，所以 $\boldsymbol{\theta}^3(\boldsymbol{v}) = \boldsymbol{v} \cdot \boldsymbol{m}_3 = 0$. 因此 $\boldsymbol{\theta}^3$ 在 $\mathcal{S}$ 上等于零."

38.5.2 例子：球面

为了使球面标架场适应于特定的球面，即 $r = R$，我们必须重新标记图 38-3 中所示的向量. 径向向量（即 $\boldsymbol{m}_1$）应该取为球面的法向量，但是根据我们的惯例，必须把它重新标记为 $\boldsymbol{m}_3$. 如图 38-6 所示，原来标架场中与球面相切的

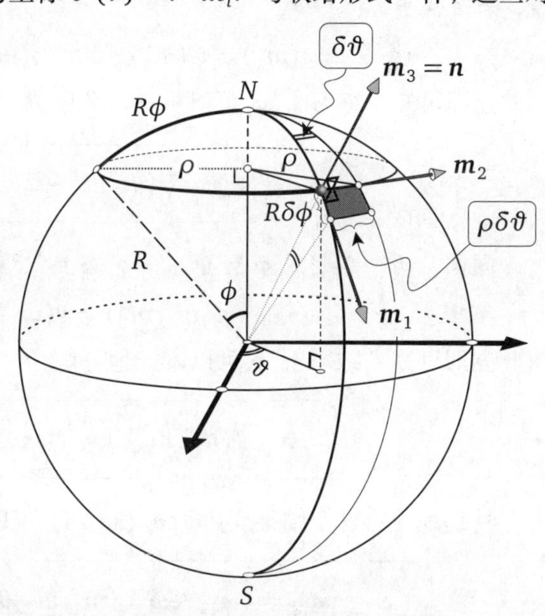

图 38-6 改编的标架场（根据定义）有 $\boldsymbol{m}_3 = \boldsymbol{n}$. 更改名称的结果意味着，现在有 $\boldsymbol{\theta}^1 = R\mathbf{d}\phi$ 和 $\boldsymbol{\theta}^2 = \rho\mathbf{d}\vartheta = R\sin\phi\,\mathbf{d}\vartheta$

其余两个元素必须同样重新标记，遵循右手定则：$\boldsymbol{m}_1$ 指向南，$\boldsymbol{m}_2$ 指向东.

由此可见，先前得到的 1-形式基 $\boldsymbol{\theta}^i$ 和联络形式 $\boldsymbol{\omega}_{ij}$ 现在为①

$$\begin{aligned} \boldsymbol{\theta}^1 &= R\mathbf{d}\phi, & \boldsymbol{\omega}_{12} &= c_\phi \mathbf{d}\vartheta, \\ \boldsymbol{\theta}^2 &= Rs_\phi \mathbf{d}\vartheta, & \boldsymbol{\omega}_{13} &= -\mathbf{d}\phi, \\ & & \boldsymbol{\omega}_{23} &= -s_\phi \mathbf{d}\vartheta. \end{aligned}$$

建议你试着用我们刚才介绍的几何方法，验证这 5 个结果中的每一个，只需仔细看看图 38-6 就行了——不需要计算！这是一个很有用的练习.

最后，注意阴影部分的元素是 $\mathcal{A} = (R\delta\phi)(\rho\delta\vartheta) = R^2 \sin\vartheta\delta\phi\delta\vartheta$. 因此，**球面的面积 2-形式，或者说任何曲面的面积 2-形式，都是**

$$\mathcal{A} = \boldsymbol{\theta}^1 \wedge \boldsymbol{\theta}^2. \tag{38.22}$$

38.5.3 基底分解的唯一性

让我们简要地回顾一下，1-形式和 2-形式相对于一个基的分解是唯一的，我们很快就要用到这两个结果.

对于曲面 $\mathcal{S}$ 中的 1-形式，基底是 $(\boldsymbol{\theta}^1, \boldsymbol{\theta}^2)$，回顾定义：两个 1-形式 $\boldsymbol{\varphi}$ 和 $\boldsymbol{\psi}$ 相等，当且仅当

$$\boldsymbol{\varphi}(\boldsymbol{m}_1) = \boldsymbol{\psi}(\boldsymbol{m}_1) \quad 且 \quad \boldsymbol{\varphi}(\boldsymbol{m}_2) = \boldsymbol{\psi}(\boldsymbol{m}_2).$$

由此立即可知 [练习]，$\boldsymbol{\varphi}$ 可以唯一地分解为

$$\boldsymbol{\varphi} = \boldsymbol{\varphi}(\boldsymbol{m}_1)\boldsymbol{\theta}^1 + \boldsymbol{\varphi}(\boldsymbol{m}_2)\boldsymbol{\theta}^2. \tag{38.23}$$

同样，两个 2-形式 $\boldsymbol{\Phi}$ 和 $\boldsymbol{\Psi}$ 相等，当且仅当

$$\boldsymbol{\Phi}(\boldsymbol{m}_1, \boldsymbol{m}_2) = \boldsymbol{\Psi}(\boldsymbol{m}_1, \boldsymbol{m}_2).$$

由此立即可知 [练习]，$\boldsymbol{\Phi}$ 可以唯一地分解为

$$\boldsymbol{\Phi} = \boldsymbol{\Phi}(\boldsymbol{m}_1, \boldsymbol{m}_2)\mathcal{A} = \boldsymbol{\Phi}(\boldsymbol{m}_1, \boldsymbol{m}_2)\boldsymbol{\theta}^1 \wedge \boldsymbol{\theta}^2. \tag{38.24}$$

特别地，将这个结果应用于式 (38.21)，我们发现

$$\boldsymbol{\omega}_{13} \wedge \boldsymbol{\omega}_{23} = (\boldsymbol{\omega}_{13} \wedge \boldsymbol{\omega}_{23})(\boldsymbol{m}_1, \boldsymbol{m}_2)\boldsymbol{\theta}^1 \wedge \boldsymbol{\theta}^2 = \mathcal{K}_{\text{ext}} \boldsymbol{\theta}^1 \wedge \boldsymbol{\theta}^2. \tag{38.25}$$

① 同样，这些结果与 O'Neill（2006, 第 267 页）中的结果不一致，因为他定义 ϕ 的不同方法改变了一切.

38.5.4 曲面的 6 个基本形式方程

我们马上就来写出曲面的 6 个方程和它们的名字[1]，然后通过计算来证明它们，最后逐渐提炼出它们真正的几何意义.

$$\begin{array}{ll} \mathbf{d}\boldsymbol{\theta}^1=\boldsymbol{\omega}_{12}\wedge\boldsymbol{\theta}^2 & \\ & \text{第一结构方程} \\ \mathbf{d}\boldsymbol{\theta}^2=\boldsymbol{\omega}_{21}\wedge\boldsymbol{\theta}^1 & \\ \boldsymbol{\omega}_{31}\wedge\boldsymbol{\theta}^1+\boldsymbol{\omega}_{32}\wedge\boldsymbol{\theta}^2=0 & \text{对称性方程} \\ \mathbf{d}\boldsymbol{\omega}_{12}=\boldsymbol{\omega}_{13}\wedge\boldsymbol{\omega}_{32} & \text{高斯方程} \\ \mathbf{d}\boldsymbol{\omega}_{13}=\boldsymbol{\omega}_{12}\wedge\boldsymbol{\omega}_{23} & \\ & \text{彼得松–梅纳第–科达齐方程} \\ \mathbf{d}\boldsymbol{\omega}_{23}=\boldsymbol{\omega}_{21}\wedge\boldsymbol{\omega}_{13} & \end{array} \tag{38.26}$$

在我们对曲面 $\mathcal{S}$ 的描述中，只有 $\boldsymbol{m}_3$ 是几何上由曲面本身唯一决定的，就是曲面的法向量. 同时，我们可以在曲面内绕轴 $\boldsymbol{m}_3$ 旋转 $(\boldsymbol{m}_1,\boldsymbol{m}_2)$. 所有这些任意不同的标架场产生了对曲面不同的描述——不同的 1-形式对偶基，不同的联络 1-形式. 然而，尽管有这些任意的选择，上面的 6 个方程式还是体现了关于曲面的一切.

因此，我们只需设置 $\boldsymbol{\theta}^3=0$ 就能很快、很简洁地从嘉当结构方程推导出曲面的这 6 个方程，这是值得关注的.

因为 $\boldsymbol{\omega}_{11}=0$，从第一结构方程 (38.11) 立即得到

$$\mathbf{d}\boldsymbol{\theta}^1=\sum_j\boldsymbol{\omega}_{1j}\wedge\boldsymbol{\theta}^j=\boldsymbol{\omega}_{12}\wedge\boldsymbol{\theta}^2+\boldsymbol{\omega}_{13}\wedge\boldsymbol{\theta}^3=\boldsymbol{\omega}_{12}\wedge\boldsymbol{\theta}^2.$$

$\mathbf{d}\boldsymbol{\theta}^2$ 的计算基本上是相同的.

用同样的方法可以得到对称性方程

$$0=\mathbf{d}\boldsymbol{\theta}^3=\sum_j\boldsymbol{\omega}_{3j}\wedge\boldsymbol{\theta}^j=\boldsymbol{\omega}_{31}\wedge\boldsymbol{\theta}^2+\boldsymbol{\omega}_{32}\wedge\boldsymbol{\theta}^2.$$

其次，因为 $\boldsymbol{\omega}_{11}=0=\boldsymbol{\omega}_{22}$，从第二结构方程 (38.13) 立即可以得到高斯方程：

$$\mathbf{d}\boldsymbol{\omega}_{12}=\sum_k\boldsymbol{\omega}_{1k}\wedge\boldsymbol{\omega}_{k2}=\boldsymbol{\omega}_{13}\wedge\boldsymbol{\omega}_{32}.$$

用同样的方法就可以得到最后那两个彼得松 – 梅那第 – 科达齐方程.

---

[1] 这里采用了很多奥尼尔在 O'Neill（2006, 第 267 页）中使用的名字，但读者应该意识到，虽然这些名字被广泛使用，但并不是通用的. 特别一提，奥尼尔所说的科达齐方程通常也称为梅那第 – 科达齐方程，但我们试图在该称赞的地方给予赞扬，并把它们称为**彼得松–梅那第–科达齐方程**. 因为，尽管梅纳迪在 1856 年发现了这些方程，科达齐在 1860 年独立地重新发现了它们，但一个年轻的拉脱维亚学生卡尔 · M. 彼得松在 1853 年就预测到了它们. 直到他的论文（由明金指导！）最终被翻译成俄文并于 1952 年发表，彼得松的工作（以及优先地位）才为人所知. 见菲利普斯的文章 (Phillips, 1979).

38.6 对称性方程和彼得松–梅纳第–科达齐方程的几何意义

这些形式的基本方程到底有什么意义呢?

我们首先考虑对称性方程. 如果将这个等于零的 2-形式应用于基向量, 得到

$$\begin{aligned}0&=\left[\boldsymbol{\omega}_{31}\wedge\boldsymbol{\theta}^1+\boldsymbol{\omega}_{32}\wedge\boldsymbol{\theta}^2\right](\boldsymbol{m}_1,\boldsymbol{m}_2)\\&=\boldsymbol{\omega}_{31}(\boldsymbol{m}_1)\boldsymbol{\theta}^1(\boldsymbol{m}_2)-\boldsymbol{\omega}_{31}(\boldsymbol{m}_2)\boldsymbol{\theta}^1(\boldsymbol{m}_1)+\boldsymbol{\omega}_{32}(\boldsymbol{m}_1)\boldsymbol{\theta}^2(\boldsymbol{m}_2)-\boldsymbol{\omega}_{32}(\boldsymbol{m}_2)\boldsymbol{\theta}^2(\boldsymbol{m}_1)\\&=\boldsymbol{\omega}_{32}(\boldsymbol{m}_1)-\boldsymbol{\omega}_{31}(\boldsymbol{m}_2).\end{aligned}$$

因此, 利用联络形式的斜对称性可得

$$\boldsymbol{\omega}_{23}(\boldsymbol{m}_1)=\boldsymbol{\omega}_{13}(\boldsymbol{m}_2).$$

再考虑式 (38.20), 我们就推导出

对称性方程等价于形状导数是对称的事实: $S^{\mathrm{T}}=S$.

这个对称性的几何解释在第 181 页的意义 (15.13) 中得到过: S 的特征向量是正交的.

根据我们之前的知识, 这些特征向量实际上是取得最大和最小法曲率的主要方向, 这些曲率就是对应的特征值 κ_1 和 κ_2, 所以我们就重新证明了欧拉的一个主要发现: 这些最大和最小曲率在正交方向上取得.

我们来想个新办法, 进一步改进改编的标架场, 使 $(\boldsymbol{m}_1,\boldsymbol{m}_2)$ 在 $\mathcal{S}$ 的每个点上与这些主要方向对齐, 这就叫作**主标架场**. 在这种情况下, $S(\boldsymbol{m}_1)=\kappa_1\boldsymbol{m}_1$, $S(\boldsymbol{m}_2)=\kappa_2\boldsymbol{m}_2$, 这样我们就可以将式 (38.20) 写成

$$[S]=\begin{bmatrix}\boldsymbol{\omega}_{13}(\boldsymbol{m}_1)&\boldsymbol{\omega}_{13}(\boldsymbol{m}_2)\\\boldsymbol{\omega}_{23}(\boldsymbol{m}_1)&\boldsymbol{\omega}_{23}(\boldsymbol{m}_2)\end{bmatrix}=\begin{bmatrix}\kappa_1&0\\0&\kappa_2\end{bmatrix}.$$

于是, 由式 (38.23), 就有

$$\boldsymbol{\omega}_{13}=\kappa_1\boldsymbol{\theta}^1\quad\text{且}\quad\boldsymbol{\omega}_{23}=\kappa_2\boldsymbol{\theta}^2.\tag{38.27}$$

我们现在可以推导出彼得松 – 梅纳第 – 科达齐方程的几何解释, 这是我们在前几幕中没有见过的真正的新数学. 将式 (38.27) 代入式 (38.26) 中彼得松 – 梅纳第 – 科达齐方程的第一个等式, 可得

$$\mathbf{d}(\kappa_1\boldsymbol{\theta}^1)=\boldsymbol{\omega}_{12}\wedge\kappa_2\boldsymbol{\theta}^2.$$

所以,

$$\mathbf{d}\kappa_1\wedge\boldsymbol{\theta}^1+\kappa_1\mathbf{d}\boldsymbol{\theta}^1=\kappa_2\boldsymbol{\omega}_{12}\wedge\boldsymbol{\theta}^2.$$

利用式 (38.26) 中的第一结构方程，即 $\mathbf{d}\boldsymbol{\theta}^1=\boldsymbol{\omega}_{12}\wedge\boldsymbol{\theta}^2$，我们就得到

$$\mathbf{d}\kappa_1\wedge\boldsymbol{\theta}^1+\kappa_1\boldsymbol{\omega}_{12}\boldsymbol{\theta}^2=\kappa_2\boldsymbol{\omega}_{12}\wedge\boldsymbol{\theta}^2.$$

于是

$$\mathbf{d}\kappa_1\wedge\boldsymbol{\theta}^1=(\kappa_2-\kappa_1)\boldsymbol{\omega}_{12}\wedge\boldsymbol{\theta}^2.$$

最后，将这两个 2-形式（方程的左边和右边）作用于基向量 $(\boldsymbol{m}_1,\boldsymbol{m}_2)$，我们得到

$$0-\mathbf{d}\kappa_1(\boldsymbol{m}_2)=(\kappa_2-\kappa_1)\boldsymbol{\omega}_{12}(\boldsymbol{m}_1)-0.$$

因此，**彼得松–梅纳第–科达齐方程**的几何意义就是

$$\boldsymbol{\nabla}_{\boldsymbol{m}_2}\kappa_1=(\kappa_1-\kappa_2)\boldsymbol{\omega}_{12}(\boldsymbol{m}_1).\tag{38.28}$$

对另一个彼得松 – 梅纳第 – 科达齐方程重复此计算，得到

$$\boldsymbol{\nabla}_{\boldsymbol{m}_1}\kappa_2=(\kappa_1-\kappa_2)\boldsymbol{\omega}_{12}(\boldsymbol{m}_2).\tag{38.29}$$

在这两个方程中，$\boldsymbol{\omega}_{12}(\boldsymbol{v})$ 告诉我们，当我们沿曲面内 $\boldsymbol{v}$ 方向运动时，$\mathcal{S}$ 内的主方向旋转得有多快. 所以，把这两个方程都翻译出来：当我们与主方向成直角运动时，主曲率的变化率与两个主曲率的差以及主方向的旋转速率成正比.

38.7 高斯方程的几何形式

在 6 个形式的方程 (38.26) 中，高斯方程无疑是最重要的，因为它掌握了内蕴曲率及其与外在曲率关系的关键. 与后者的联系直接来自式 (38.25)，因为这使我们可以用一种具有几何意义的新形式重写高斯方程.

高斯方程：

$$\mathbf{d}\boldsymbol{\omega}_{12}=-\mathcal{K}_{\text{ext}}\boldsymbol{\theta}^1\wedge\boldsymbol{\theta}^2.\tag{38.30}$$

例如，考虑在 38.5.2 节中对半径为 R 的球面的分析：

$$\mathbf{d}\boldsymbol{\omega}_{12}=\mathbf{d}(c_\phi\mathbf{d}\vartheta)=-s_\phi\mathbf{d}\phi\wedge\mathbf{d}\vartheta=-\frac{1}{R^2}[R\mathbf{d}\phi]\wedge[Rs_\phi\mathbf{d}\vartheta]=-\frac{1}{R^2}\boldsymbol{\theta}^1\wedge\boldsymbol{\theta}^2.$$

我们可由此立即推导得到正确的结果：$\mathcal{K}_{\text{ext}}=+(1/R^2)$.

38.8 度量曲率公式和绝妙定理的证明

38.8.1 引理：ω_{12} 的唯一性

联络形式 $\boldsymbol{\omega}_{12}=-\boldsymbol{\omega}_{21}$ 是唯一满足式 (38.26) 中嘉当第一结构方程的 1-形式：

$$\mathbf{d}\boldsymbol{\theta}^1=\boldsymbol{\omega}_{12}\wedge\boldsymbol{\theta}^2 \quad 且 \quad \mathbf{d}\boldsymbol{\theta}^2=-\boldsymbol{\omega}_{12}\wedge\boldsymbol{\theta}^1. \tag{38.31}$$

为了证明这一点，我们将这两个 2-形式作用于基向量对 $(\boldsymbol{m}_1,\boldsymbol{m}_2)$，发现 [练习]

$$\boldsymbol{\omega}_{12}(\boldsymbol{m}_1)=\mathbf{d}\boldsymbol{\theta}^1(\boldsymbol{m}_1,\boldsymbol{m}_2) \quad 且 \quad \boldsymbol{\omega}_{12}(\boldsymbol{m}_2)=\mathbf{d}\boldsymbol{\theta}^2(\boldsymbol{m}_1,\boldsymbol{m}_2).$$

由式 (38.23) 可以得出 $\boldsymbol{\omega}_{12}$ 是唯一的，且显然为

$$\boldsymbol{\omega}_{12}=\left[\mathbf{d}\boldsymbol{\theta}^1(\boldsymbol{m}_1,\boldsymbol{m}_2)\right]\boldsymbol{\theta}^1+\left[\mathbf{d}\boldsymbol{\theta}^2(\boldsymbol{m}_1,\boldsymbol{m}_2)\right]\boldsymbol{\theta}^2, \tag{38.32}$$

因此就证明了结论 (38.31).

38.8.2 度量曲率公式的证明

从数学上讲，我们现在生活在 23 世纪——很久以前在第 42 页中提到的《星际迷航》相位枪公式 (4.10) 就是从现在这个未来诞生的.[①]

嘉当的形式现在使这个度量曲率公式的计算证明成为可能，而且便捷、简单得令人吃惊，完全可以与我们在图 27-4 中的几何证明相媲美.

从度量公式

$$ds^2=(A\,du)^2+(B\,dv)^2,$$

我们立即可以推导出对于曲面来说改编的 1-形式基为

$$\boldsymbol{\theta}^1=A\,\mathbf{d}u \quad 且 \quad \boldsymbol{\theta}^2=B\,\mathbf{d}v, \tag{38.33}$$

而且曲面的面积 2-形式为

$$\mathcal{A}=\boldsymbol{\theta}^1\wedge\boldsymbol{\theta}^2=AB\,\mathbf{d}u\wedge\mathbf{d}v.$$

① 作者在第 4 章就开始使用的有力工具 [度量曲率公式 (4.10)] 当时未经证明．现在有了充分的准备，可以证明这个公式了．因为作者将这个有力的工具比喻为《星际迷航》中的相位枪，即 23 世纪的新技术，曾被人偷到 20 世纪使用，故有这段话．——译者注

现在来计算对偶 1-形式基的外导数

$$\mathbf{d}\boldsymbol{\theta}^1 = \mathbf{d}A \wedge \mathbf{d}u = \partial_v A\,\mathbf{d}v \wedge \mathbf{d}u = -\frac{\partial_v A}{B}\,\mathbf{d}u \wedge \boldsymbol{\theta}^2,$$

$$\mathbf{d}\boldsymbol{\theta}^2 = \mathbf{d}B \wedge \mathbf{d}v = \partial_u B\,\mathbf{d}u \wedge \mathbf{d}v = -\frac{\partial_u B}{A}\,\mathbf{d}v \wedge \boldsymbol{\theta}^1.$$

将这些方程与嘉当第一结构方程 (38.31) 比较，我们立即看到 $\boldsymbol{\omega}_{12}$ 的一个可能的解是

$$\boldsymbol{\omega}_{12} = -\frac{\partial_v A}{B}\,\mathbf{d}u + \frac{\partial_u B}{A}\,\mathbf{d}v. \tag{38.34}$$

但引理 (38.31) 告诉我们，如果这是一个解，那么它就是唯一的解——它就是我们要找的解!

再对它求外导数，得到

$$\begin{aligned}\mathbf{d}\boldsymbol{\omega}_{12} &= -\mathbf{d}\left[\frac{\partial_v A}{B}\right] \wedge \mathbf{d}u + \mathbf{d}\left[\frac{\partial_u B}{A}\right] \wedge \mathbf{d}v \\ &= -\partial_v\left[\frac{\partial_v A}{B}\right]\mathbf{d}v \wedge \mathbf{d}u + \partial_u\left[\frac{\partial_u B}{A}\right]\mathbf{d}u \wedge \mathbf{d}v \\ &= \frac{1}{AB}\left(\partial_v\left[\frac{\partial_v A}{B}\right] + \partial_u\left[\frac{\partial_u B}{A}\right]\right)\boldsymbol{\theta}^1 \wedge \boldsymbol{\theta}^2.\end{aligned}$$

将此式与高斯方程 (38.30) 比较，我们可以看到，仅用很短的篇幅就搞定了!我们（重新）证明了非常了不起的式 (4.10)：

$$\mathcal{K}_{\text{ext}} = -\frac{1}{AB}\left(\partial_v\left[\frac{\partial_v A}{B}\right] + \partial_u\left[\frac{\partial_u B}{A}\right]\right). \tag{38.35}$$

方程左边的外在曲率 $\mathcal{K}_{\text{ext}} = \kappa_1\kappa_2$ 由式 (38.21) 而来，它量度了空间中曲面的法向量的分布. 但是方程右边的表达式只依赖于曲面内蕴的度量几何. 因此，这个公式是高斯的绝妙定理的一个非常明确、非常纯粹的表达式（及证明!）.

这个计算证明的简单性可以与我们在图 27-4 中的几何证明相媲美，这是有原因的——从根本上说，它们是相同的证明!

为了理解这一点，首先观察到内蕴的联络形式 $\boldsymbol{\omega}_{12}$ 可以告诉我们 $(\boldsymbol{m}_1, \boldsymbol{m}_2)$ 在曲面内相对于一个平行移动的向量的旋转. 由于这个旋转与平行移动向量相对于标架的旋转 $\delta\mathcal{R}$ 相反，就解释了为什么式 (38.34) 只是我们最初在 27.4 节中用几何方法推导出来的式 (27.5) 的负数.

用几何方法证明的最后一步是找到绕一个小闭环平行移动的向量的和乐性. 但是，正如我们在第 463 页含义 (37.8) 中了解到的，$\boldsymbol{\omega}_{12}$ 围绕一个小环路的积分可以精确地表示为 $\mathbf{d}\boldsymbol{\omega}_{12}$.

38.9 一个新的公式

现在我们要推导出一个新的曲率公式，它将使我们得到一些新的结果. 在重新建立绝妙定理之后，我们可以将曲面的这个曲率记为 $\mathcal{K}$，因为其外在曲率和内蕴曲率实际上是相同的.

我们现在要证明

$$\mathcal{K}=\boldsymbol{\nabla}_{m_2}[\boldsymbol{\omega}_{12}(\boldsymbol{m}_1)]-\boldsymbol{\nabla}_{m_1}[\boldsymbol{\omega}_{12}(\boldsymbol{m}_2)]-[\boldsymbol{\omega}_{12}(\boldsymbol{m}_1)]^2-[\boldsymbol{\omega}_{12}(\boldsymbol{m}_2)]^2. \tag{38.36}$$

为了避免混乱，让我们把 $\boldsymbol{\omega}_{12}$ 的分量写成 f_1 和 f_2，以便将式 (38.32) 写成

$$\boldsymbol{\omega}_{12}=f_1\boldsymbol{\theta}^1+f_2\boldsymbol{\theta}^2,$$

其中

$$f_1=\boldsymbol{\omega}_{12}(\boldsymbol{m}_1)=\mathbf{d}\boldsymbol{\theta}^1(\boldsymbol{m}_1,\boldsymbol{m}_2) \quad \text{且} \quad f_2=\boldsymbol{\omega}_{12}(\boldsymbol{m}_2)=\mathbf{d}\boldsymbol{\theta}^2(\boldsymbol{m}_1,\boldsymbol{m}_2).$$

如果我们将 2-形式 $\mathbf{d}\boldsymbol{\omega}_{12}$ 作用于基向量对 $(\boldsymbol{m}_1,\boldsymbol{m}_2)$，则由高斯方程 (38.30) 得到

$$\begin{aligned}\mathcal{K}&=-\mathbf{d}\boldsymbol{\omega}_{12}(\boldsymbol{m}_1,\boldsymbol{m}_2)\\&=-[\mathbf{d}f_1\wedge\boldsymbol{\theta}^1+f_1\mathbf{d}\boldsymbol{\theta}^1+\mathbf{d}f_2\wedge\boldsymbol{\theta}^2+f_2\mathbf{d}\boldsymbol{\theta}^2](\boldsymbol{m}_1,\boldsymbol{m}_2)\\&=\mathbf{d}f_1(\boldsymbol{m}_2)-\mathbf{d}f_2(\boldsymbol{m}_1)-f_1^2-f_2^2\\&=\boldsymbol{\nabla}_{m_2}f_1-\boldsymbol{\nabla}_{m_1}f_2-f_1^2-f_2^2.\end{aligned}$$

这的确就是我们要证明的式 (38.36).

38.10 希尔伯特引理

希尔伯特证明，如果曲面上的一点 p 具有以下三个性质，那么曲面在点 p 处的曲率不可能是正的：

$$\left.\begin{array}{l}\kappa_1 \text{ 在点 } p \text{ 处有局部最大值}\\ \kappa_2 \text{ 在点 } p \text{ 处有局部最小值}\\ \kappa_1(p)>\kappa_2(p)\end{array}\right\} \Longrightarrow \mathcal{K}(p)\leqslant 0. \tag{38.37}$$

例如，这些条件在环面内赤道的每一点上都成立，这些点的曲率确实是负的，都与希尔伯特引理一致.

因为点 p 是 κ_1 和 κ_2 的临界点，所以在点 p 处，我们有

$$\nabla_{m_2}\kappa_1 = 0 = \nabla_{m_1}\kappa_2. \tag{38.38}$$

又因为 κ_1 在点 p 处取最大值，κ_2 在点 p 处取最小值，所以有

$$\nabla_{m_2}\nabla_{m_2}\kappa_1 \leqslant 0 \quad 且 \quad \nabla_{m_1}\nabla_{m_1}\kappa_2 \geqslant 0. \tag{38.39}$$

因为 $\kappa_1 - \kappa_2 > 0$，将式 (38.38) 代入彼得松 – 梅纳第 – 科达齐方程 (38.28) 和式 (38.29)，我们发现在点 p 处，

$$\boldsymbol{\omega}_{12}(\boldsymbol{m}_1) = 0 = \boldsymbol{\omega}_{12}(\boldsymbol{m}_2). \tag{38.40}$$

这样，曲率公式 (38.36) 就简化为

$$\mathcal{K} = \nabla_{m_2}[\boldsymbol{\omega}_{12}(\boldsymbol{m}_1)] - \nabla_{m_1}[\boldsymbol{\omega}_{12}(\boldsymbol{m}_2)]. \tag{38.41}$$

对式 (38.28) 求导，并代入式 (38.40)，得到

$$\begin{aligned}\nabla_{m_2}\nabla_{m_2}\kappa_1 &= [\nabla_{m_2}(\kappa_1 - \kappa_2)]\boldsymbol{\omega}_{12}(\boldsymbol{m}_1) + (\kappa_1 - \kappa_2)\nabla_{m_2}[\boldsymbol{\omega}_{12}(\boldsymbol{m}_1)] \\ &= (\kappa_1 - \kappa_2)\nabla_{m_2}[\boldsymbol{\omega}_{12}(\boldsymbol{m}_1)].\end{aligned}$$

最后，因为 $\kappa_1 - \kappa_2 > 0$，式 (38.39) 说明

$$\nabla_{m_2}[\boldsymbol{\omega}_{12}(\boldsymbol{m}_1)] \leqslant 0.$$

将同样的逻辑应用于另一个彼得松 – 梅纳第 – 科达齐方程 (38.29)，我们发现

$$\nabla_{m_1}[\boldsymbol{\omega}_{12}(\boldsymbol{m}_2)] \geqslant 0.$$

将这两个不等式代入曲率公式 (38.41)，就证明了希尔伯特引理.

38.11 利布曼的刚性球面定理

回顾明金 1839 年的定理（在第 386 页习题 7 中证明）：如果曲面 $\mathcal{S}$ 具有常正曲率 $\mathcal{K}$，则曲面的内蕴度量几何一定与半径为 $1/\sqrt{\mathcal{K}}$ 的球面一致，至少局部如此.

我们也许会进一步推测，$\mathcal{S}$ 实际上一定是球面的一部分，与球面外在几何一样，呈现完全对称的形状，其中每个点都是脐点：$\kappa_1 = \kappa_2$. 事实上，在下文中，我们将把这个条件看作已知的，认为它确实是球面的特征.

然而，这样的猜测是不正确的：图 38-7 描述了两种绝对不是球面的曲面，但它们都具有不变的正曲率，而且具有与球面相同的内蕴几何形状！（这些曲面的方程见第 386 页习题 7.）

我们也可以从实验中看到这一点. 拿一个乒乓球，把它切成两半，现在轻轻地把赤道上的对映点向内挤一下. 曲面会在不拉伸的情况下弯曲，从而创建一个新的非球面，具有常正曲率，其固有几何形状与原球面相同.

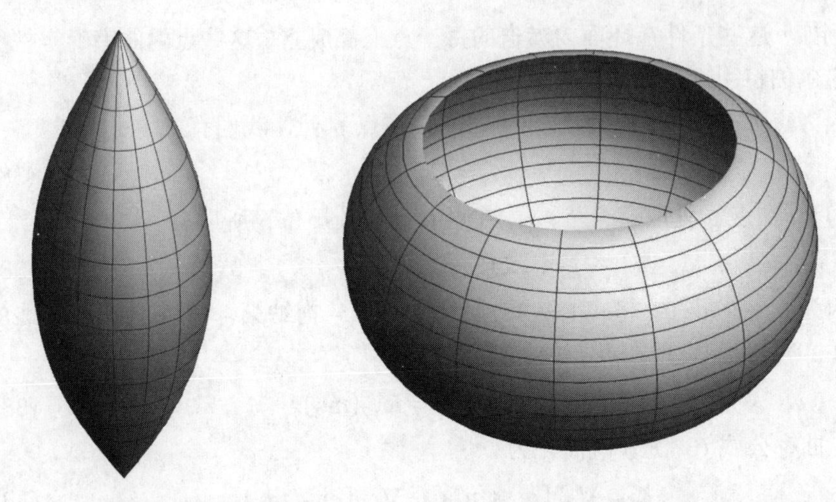

图 38-7　这是两类具有常正曲率的曲面，它们有与球面相同的内蕴几何，但显然不是球面

但如果我们试着弯曲一个完整的乒乓球呢？看来我们做不到！明金在 1839 年首次推测了这个问题，60 年之后，海因里希 · 利布曼终于在 1899 年证明了嵌入 $\mathbb{R}^3$ 的常曲率封闭曲面只能是一个球面.

因此，如果内蕴几何是均匀的（在常数 $\mathcal{K}$ 的意义上），那么外在几何也只能是球面的外在均匀的几何，因此球面不能变形成任何其他的外在形状——一个完整的球面是刚性的.

不久之后，大卫 · 希尔伯特发现了利布曼定理最著名的证明，[①]该证明的关键点是性质 (38.37)，因此它被命名为“希尔伯特引理”.

我们首先注意到：因为 $\mathcal{S}$ 是有界的，所以它的常曲率一定是正曲率. 根据定义，有界意味着 $\mathcal{S}$ 可以被包围在一个足够大的球面内. 现在收缩球面，直到它第一次接触 $\mathcal{S}$ 上的点，比如点 c，那么 $\mathcal{S}$ 在点 c 周围的一小片完全位于 $\mathcal{S}$ 和这个收缩球面在点 c 处的公切面的同一边. 因此点 c 一定是一个正曲率的椭圆点. 由于假设曲率是常数，所以它在 $\mathcal{S}$ 上处处为正.

我们假设在一个封闭（有界）曲面面上，函数 κ_1 必定能达到一个最大值.［证据可以在 O'Neill（2006, 第 185–186 页）中找到.］假设 $\mathcal{K} = \kappa_1\kappa_2$ 为常数，则 κ_2 必须在某一点处达到最小值，而 κ_1 在该点处达到最大值. 但这意味着 $\kappa_1 > \kappa_2$ 是不可能的. 因为，如果这样，那么根据希尔伯特引理，就有 $\mathcal{K} \leqslant 0$，这与曲面具

① 利布曼在哥廷根完成了他的博士工作，但不是作为希尔伯特的学生. 也许有人会感到希尔伯特有些嫉妒，因为他写道，利布曼“在我的敦促下”证明了这个定理（Hilbert, 1902, 第 197 页）. 无论如何，希尔伯特对利布曼定理（在这里给出）的证明永垂不朽！

有（常）正曲率的事实矛盾.

因此，$\kappa_1(p)=\kappa_2(p)$. $\kappa_1(p)$ 是 $\mathcal{S}$ 上 κ_1 的最大值，$\kappa_2(p)$ 是 $\mathcal{S}$ 上 κ_2 的最小值，这就意味着在 $\mathcal{S}$ 的每一点上有 $\kappa_1=\kappa_2$，因此 $\mathcal{S}$ 是一个球面.

38.12 *n* 流形的曲率 2-形式

38.12.1 引言和概述

回想一下这出数学剧的第一幕拉开帷幕时的情景. 欧几里得平面 $\mathbb{R}^2$ 的平坦性由在其内部构作的任意三角形 Δ 的性质来刻画：

$$\Delta \text{ 的内角和} = \pi. \tag{38.42}$$

如果这个等式不成立，则意味着 Δ 在一个弯曲的曲面内.

这种情况类似于牛顿第一和第二运动定律：如果我们观察到一个物体不是在做匀速直线运动，那么一定有一个外力作用在它上面. 外力的大小表现为加速度，也就是说，是实际运动和无外力作用的匀速直线运动的差值.

同样,曲面内曲率的大小是由式 (38.42) 两边的差值来量化的. 这就是角盈 $\mathcal{E}$：

$$\mathcal{E}(\Delta) \equiv (\Delta \text{ 的内角和}) - \pi. \tag{38.43}$$

当我们将这个结果应用于一个（最终收缩成一点的）小三角形时，三角形 Δ（其面积为 $\mathcal{A}(\Delta)$）的曲率的大小，就可以借助以下这个基本公式求得：

$$\mathcal{E}(\Delta) \asymp \mathcal{K}\mathcal{A}(\Delta). \tag{38.44}$$

现在我们增加一个维度，进入三维欧几里得空间 $\mathbb{R}^3$. 正如我们将要证明的，类似于式 (38.42) 的关系式只能是嘉当第二结构方程 (38.12)——这个方程刻画了空间的平坦性：

$$\mathbf{d}[\boldsymbol{\omega}] = [\boldsymbol{\omega}] \wedge [\boldsymbol{\omega}].$$

在弯曲的 n 流形中，这个方程不成立. 空间的曲率也可以用这个方程两边的差值来量化. 类似于式 (38.43) 的关系式现在是一个 2-形式组成的矩阵 $[\boldsymbol{\Omega}]$，称为曲率矩阵：

$$[\boldsymbol{\Omega}] \equiv \mathbf{d}[\boldsymbol{\omega}] - [\boldsymbol{\omega}] \wedge [\boldsymbol{\omega}]. \tag{38.45}$$

这个矩阵中的单个元素称为①

$$\text{曲率 2-形式：}\quad \boldsymbol{\Omega}_{ij} = \mathbf{d}\boldsymbol{\omega}_{ij} - \sum_k \boldsymbol{\omega}_{ik} \wedge \boldsymbol{\omega}_{kj}. \tag{38.46}$$

正是这个（完全通用的）方程（在更高级的作品中）通常称为**嘉当第二结构方程**. 在 $\mathbb{R}^3$ 中，它就简化成了我们的原始版本式 (38.13)，因为在这种情况下 $\boldsymbol{\Omega}_{ij} = 0$.

关于记号的重要注释：联络 1-形式和曲率 2-形式都在文献中存在两种不同的记号. 在更常见的记号（我们稍后也将采用这种记号）中，这两个矩阵的元素都用一个上标和一个下标来表示. 正如我们将要解释的，这些符号之间的关系是 $\boldsymbol{\omega}^i{}_j \equiv \boldsymbol{\omega}_{ji}, \boldsymbol{\Omega}^i{}_j \equiv \boldsymbol{\Omega}_{ji}$. 这样就改变了指标 i 和 j 的次序，所以式 (38.45) 和式 (38.46) 中的 $-$ 变成了 $+$.

我们将证明：这些曲率 2-形式包含与黎曼张量完全相同的信息，但以更紧凑、更优雅的形式组合在一起.

为了方便起见，我们在此重复黎曼张量 $\boldsymbol{R}$ 和黎曼曲率算子 $\mathcal{R}$ 的定义，它们都曾在第 334 页式 (29.8) 中陈述过：

$$\boldsymbol{R}(\boldsymbol{u},\boldsymbol{v};\boldsymbol{w}) \equiv \mathcal{R}(\boldsymbol{u},\boldsymbol{v})\boldsymbol{w} = \left\{[\boldsymbol{\nabla}_u, \boldsymbol{\nabla}_v] - \boldsymbol{\nabla}_{[u,v]}\right\}\boldsymbol{w}. \tag{38.47}$$

回想一下，在第 29 章中，我们实际上从未将《星际迷航》“相位枪”公式 (27.1) 推广到 n 流形. 也就是说，我们从未找到直接用度量系数显式表达黎曼张量的公式. 事实上存在这样一个公式，但是它很难看，也很复杂，涉及**克里斯托费尔符号**，在每一本关于黎曼几何的标准教科书中都能找到它. 我们选择不推导这个公式有一个很好的理由：我们可以做得更好！

利用曲率 2-形式来计算黎曼张量比任何从正面着手的计算都更有效、更清晰. 我们可以借助式 (38.46) 计算 $\boldsymbol{\Omega}_{ij}$，然后只需读出黎曼张量的分量即可，因为我们可以证明它们就是曲率 2-形式的分量！这就是

$$\boldsymbol{\Omega}_{ij} = R_{ijkl}\,\boldsymbol{\theta}^k \wedge \boldsymbol{\theta}^l. \tag{38.48}$$

注意：在这里，以及接下来，我们就回到爱因斯坦求和约定，即将成对出现的指标 k 和指标 l 理解为求和. 然而，我们假设这个和是在不同的 2-形式基上形成的，否则就需要因子 1/2.

① 曲率 2-形式有多种表示法. 我们用的 $\boldsymbol{\Omega}_{ij}$ 可能是最常见的，它最初是由嘉当自己在 Cartan (1927) 中使用的符号，但 Flanders (1989) 和 Chern et. al (1999) 中使用的是 Θ_{ij}，而 Misner, Thorne and Wheeler (1973) 中使用是 $\mathcal{R}_{ij}$.

38.12.2 广义外导数

要利用式 (38.46) 中定义的曲率 2-形式来计算黎曼张量，只需要对联络 1-形式进行常规的外微分. 然而，要得到式 (38.48)，我们需要将 $\mathbf{d}$ 的作用推广到形式之外.

不过，在此之前，让我们为联络 1-形式引入另一种表示法. 在这种表示法中，一个指标升高，一个指标降低，成为：$\boldsymbol{\omega}^i{}_j$. 这个符号不仅可以让我们恢复使用爱因斯坦求和约定，更重要的是，它也会让我们更容易过渡到进一步的工作，例如 Misner, Thorne, and Wheeler (1973)、Frankel (2012)、Dray (2015) 和 Tu (2017) 都使用了这个符号.

对 $\boldsymbol{\omega}^i{}_j$ 的定义使得式 (38.4) 现在成为如下形式：

$$\boldsymbol{\nabla}_{\boldsymbol{v}}\boldsymbol{m}_j = \textstyle\sum_i \boldsymbol{\omega}_{ji}(\boldsymbol{v})\boldsymbol{m}_i \equiv \sum_i \boldsymbol{\omega}^i{}_j(\boldsymbol{v})\boldsymbol{m}_i = \boldsymbol{\omega}^i{}_j(\boldsymbol{v})\boldsymbol{m}_i. \tag{38.49}$$

最终的等式标志着回到爱因斯坦求和约定：同一个指标 i 出现两次（一次是上标，一次是下标），就将其理解为求和.

注意指标的顺序颠倒了！①

$$\boldsymbol{\omega}^i{}_j \equiv \omega_{ji}. \tag{38.50}$$

现在我们来推广外导数 $\mathbf{d}$，定义它对活动标架场向量 $\boldsymbol{m}_i$ 的作用. 类似于

$$\mathbf{d}f(\boldsymbol{v}) = \boldsymbol{\nabla}_{\boldsymbol{v}}f,$$

我们定义

$$\mathbf{d}\boldsymbol{m}_j(\boldsymbol{v}) \equiv \boldsymbol{\nabla}_{\boldsymbol{v}}\boldsymbol{m}_j = \boldsymbol{\omega}^i{}_j(\boldsymbol{v})\boldsymbol{m}_i.$$

从中抽出任意向量 $\boldsymbol{v}$，得到

$$\mathbf{d}\boldsymbol{m}_j = \boldsymbol{\omega}^i{}_j\boldsymbol{m}_i.$$

这就使得我们现在可以把 $\mathbf{d}$ 应用到一般的向量场 $\boldsymbol{w} = w^j\boldsymbol{m}_j$ 上. 在重命名指标的过程中，我们发现

$$\mathbf{d}\boldsymbol{w} = \mathbf{d}[w^j\boldsymbol{m}_j] = [\mathbf{d}w^j]\boldsymbol{m}_j + w^j\mathbf{d}\boldsymbol{m}_j = \boldsymbol{m}_i(\mathbf{d}w^i + \boldsymbol{\omega}^i{}_j w^j).$$

现在让我们再求一次微分.

等等！不是有 $\mathbf{d}^2 = 0$ 吗?！不，$\mathbf{d}^2$ 在应用于形式时为零，但现在不是形式了！

① 我不知道这个选择的起源，也不喜欢它，但它是标准的记号，所以我们应该遵守它！

当重新指定指标以后，我们发现，

$$\begin{aligned}\mathbf{d}^2\boldsymbol{w} &= \mathbf{d}\boldsymbol{m}_k \wedge (\mathbf{d}w^k + \boldsymbol{\omega}^k{}_j w^j) + \boldsymbol{m}_i(\mathbf{d}^2 w^i + w^j \mathbf{d}\boldsymbol{\omega}^i{}_j - \boldsymbol{\omega}^i{}_j \wedge \mathbf{d}w^j)\\ &= \boldsymbol{\omega}^i{}_k \boldsymbol{m}_i \wedge (\mathbf{d}w^k + \boldsymbol{\omega}^k{}_i w^i) + \boldsymbol{m}_i(w^j \mathbf{d}\boldsymbol{\omega}^i{}_j - \boldsymbol{\omega}^i{}_k \wedge \mathbf{d}w^k)\\ &= \boldsymbol{m}_i(\mathbf{d}\boldsymbol{\omega}^i{}_j + \boldsymbol{\omega}^i{}_k \wedge \boldsymbol{\omega}^k{}_j)w^j.\end{aligned}$$

所以，

$$\mathbf{d}^2\boldsymbol{w} = \boldsymbol{m}_i \boldsymbol{\Omega}^i{}_j w^j, \tag{38.51}$$

其中 $\boldsymbol{\Omega}^i{}_j$ 再次出现，也就是

曲率 2-形式：

$$\boldsymbol{\Omega}^i{}_j = \mathbf{d}\boldsymbol{\omega}^i{}_j + \boldsymbol{\omega}^i{}_k \wedge \boldsymbol{\omega}^k{}_j. \tag{38.52}$$

关于记号的重要注释：注意，这个 2-形式的公式与我们原来的定义 (38.46) 之间有一个不幸的符号差异. 这个差异源于式 (38.50)：

$$\boldsymbol{\Omega}_{ij} = \mathbf{d}\boldsymbol{\omega}_{ij} - \sum_k \boldsymbol{\omega}_{ik} \wedge \omega_{kj} = \mathbf{d}\boldsymbol{\omega}^j{}_i - \sum_k \boldsymbol{\omega}^k{}_i \wedge \boldsymbol{\omega}^j{}_k = \mathbf{d}\boldsymbol{\omega}^j{}_i + \sum_k \boldsymbol{\omega}^j{}_k \wedge \boldsymbol{\omega}^k{}_i = \boldsymbol{\Omega}^j{}_i.$$

请注意，在曲率矩阵的公式 (38.45) 中，符号也发生了变化：

$$[\boldsymbol{\Omega}^i{}_j] = \mathbf{d}[\boldsymbol{\omega}] + [\boldsymbol{\omega}] \wedge [\boldsymbol{\omega}]. \tag{38.53}$$

同样，新的记号翻转了嘉当第一结构方程中的正负号，因此式 (38.11) 现在变成了

$$\mathbf{d}\boldsymbol{\theta}^i = -\boldsymbol{\omega}^i{}_j \wedge \boldsymbol{\theta}^j. \tag{38.54}$$

从此，我们将只使用由式 (38.52) 给出的 $\boldsymbol{\Omega}^i{}_j$，因为这是文献中表示曲率 2-形式的最常见记号.

38.12.3 由曲率 2-形式导出黎曼张量

回顾我们最初关于 1-形式外导数（在第 447 页）的式 (36.2)：

$$\mathbf{d}\varphi(u,v) = \nabla_u \varphi(v) - \nabla_v \varphi(u) - \varphi([u,v]).$$

现在通过在上式中用 $\mathbf{d}\boldsymbol{w}$ 代替 φ 来推广这个公式，因为

$$\mathbf{d}\boldsymbol{w}(\boldsymbol{v}) = \nabla_{\boldsymbol{v}}\boldsymbol{w},$$

所以，由式 (38.47) 便有

$$\begin{aligned}\mathbf{d}^2\boldsymbol{w}(\boldsymbol{u},\boldsymbol{v}) &= \nabla_{\boldsymbol{u}}\mathbf{d}\boldsymbol{w}(\boldsymbol{v}) - \nabla_{\boldsymbol{v}}\mathbf{d}\boldsymbol{w}(\boldsymbol{u}) - \mathbf{d}\boldsymbol{w}([\boldsymbol{u},\boldsymbol{v}])\\ &= \nabla_{\boldsymbol{u}}\nabla_{\boldsymbol{v}}\boldsymbol{w} - \nabla_{\boldsymbol{v}}\nabla_{\boldsymbol{u}}\boldsymbol{w} - \nabla_{[\boldsymbol{u},\boldsymbol{v}]}\boldsymbol{w}\\ &= \mathcal{R}(\boldsymbol{u},\boldsymbol{v})\boldsymbol{w}.\end{aligned}$$

将这个结果与式 (38.52) 结合，我们得到了一个用曲率 2-形式表示黎曼张量的著名公式：

$$-R^i{}_{jkl}\boldsymbol{\theta}^k \wedge \boldsymbol{\theta}^l = \boldsymbol{\Omega}^i{}_j = \mathbf{d}\boldsymbol{\omega}^i{}_j + \boldsymbol{\omega}^i{}_m \wedge \boldsymbol{\omega}^m{}_j. \tag{38.55}$$

虽然我们是通过攀登广义外导数的梯子得到这个公式的，但是既然已经到达了希望之地，现在就可以把梯子扔到一边去！对于最后的式 (38.55)，只使用普通的外导数作用于联络 1-形式.

因此，我们现在拥有了一种优雅而强大的方法，可以用曲率 2-形式来计算黎曼张量. 我们将把这种方法应用到一个具有重大物理意义的具体例子上，以结束我们的数学剧.

38.12.4 再论比安基恒等式

第一（代数）比安基恒等式 (29.15) 和第二（微分）比安基恒等式 (29.17) 都可以用我们闪亮的曲率 2-形式非常优雅地推导和简洁地表达出来.

由于 1-形式基 $\boldsymbol{\theta}^i$ 就是普通的 1-形式，$\mathbf{d}^2$ 使它们湮灭，产生了一个等于零的 3-形式. 因此，对嘉当第一结构方程 (38.54) 求微分：

$$\begin{aligned}0 &= -\mathbf{d}\mathbf{d}\boldsymbol{\theta}^i\\ &= \mathbf{d}(\boldsymbol{\omega}^i{}_j \wedge \boldsymbol{\theta}^j)\\ &= \mathbf{d}\boldsymbol{\omega}^i{}_j \wedge \boldsymbol{\theta}^j - \boldsymbol{\omega}^i{}_k \wedge \mathbf{d}\boldsymbol{\theta}^k\\ &= \mathbf{d}\boldsymbol{\omega}^i{}_j \wedge \boldsymbol{\theta}^j + \boldsymbol{\omega}^i{}_k \wedge \boldsymbol{\omega}^k{}_j \wedge \boldsymbol{\theta}^j\\ &= (\mathbf{d}\boldsymbol{\omega}^i{}_j + \boldsymbol{\omega}^i{}_k \wedge \boldsymbol{\omega}^k{}_j) \wedge \boldsymbol{\theta}^j\\ &= \boldsymbol{\Omega}^i{}_j \wedge \boldsymbol{\theta}^j.\end{aligned}$$

利用更为紧凑的矩阵记号，我们就得到

$$\text{（第一）代数比安基恒等式：}\quad [\boldsymbol{\Omega}] \wedge [\boldsymbol{\theta}] = 0. \tag{38.56}$$

通过它现在的表现形式，我们当然认不出它就是原来的第一（代数）比安基恒等式 (29.15)！为了确认这两个恒等式实际上是相同的，我们借用式 (38.55)：

$$0=-\boldsymbol{\Omega}^{i}{}_{j}\wedge\boldsymbol{\theta}^{j}=R^{i}{}_{jkl}\boldsymbol{\theta}^{j}\wedge\boldsymbol{\theta}^{k}\wedge\boldsymbol{\theta}^{l},$$

可见这确实意味着［练习］它等价于［练习］式 (29.15)：

$$R^{i}{}_{jkl}+R^{i}{}_{klj}+R^{i}{}_{ljk}=0.$$

第二（微分）比安基恒等式 (29.17) 也可以类似地得到，只需将 $\mathbf{d}^2$ 作用于联络 1-形式即可．因此，对嘉当第二结构方程 (38.52) 求微分：

$$\begin{aligned}0&=-\mathbf{dd}\boldsymbol{\omega}^{i}{}_{j}\\&=\mathbf{d}(\boldsymbol{\Omega}^{i}{}_{j}-\boldsymbol{\omega}^{i}{}_{k}\wedge\boldsymbol{\omega}^{k}{}_{j})\\&=\mathbf{d}\boldsymbol{\Omega}^{i}{}_{j}-\mathbf{d}\boldsymbol{\omega}^{i}{}_{k}\wedge\boldsymbol{\omega}^{k}{}_{j}+\boldsymbol{\omega}^{i}{}_{k}\wedge\mathbf{d}\boldsymbol{\omega}^{k}{}_{j}\\&=\mathbf{d}\boldsymbol{\Omega}^{i}{}_{j}-(\boldsymbol{\Omega}^{i}{}_{k}-\boldsymbol{\omega}^{i}{}_{m}\wedge\boldsymbol{\omega}^{m}{}_{k})\wedge\boldsymbol{\omega}^{k}{}_{j}+\boldsymbol{\omega}^{i}{}_{k}\wedge(\boldsymbol{\Omega}^{k}{}_{j}-\boldsymbol{\omega}^{k}{}_{m}\wedge\boldsymbol{\omega}^{m}{}_{j})\\&=\mathbf{d}\boldsymbol{\Omega}^{i}{}_{j}-\boldsymbol{\Omega}^{i}{}_{k}\wedge\boldsymbol{\omega}^{k}{}_{j}+\boldsymbol{\omega}^{i}{}_{k}\wedge\boldsymbol{\Omega}^{k}{}_{j}.\end{aligned}$$

利用更为紧凑的矩阵记号，我们就得到

（第二）微分比安基恒等式： $$\mathbf{d}[\boldsymbol{\Omega}]=[\boldsymbol{\Omega}]\wedge[\boldsymbol{\omega}]-[\boldsymbol{\omega}]\wedge[\boldsymbol{\Omega}].\tag{38.57}$$

式 (38.55) 再次提供了与黎曼张量的明确联系，使人们能够看到这确实等价于我们最初版本的微分比安基恒等式 (29.17).

38.13 施瓦西黑洞的曲率

我们要用本节来结束第五幕，并以此结束我们的数学大戏. 本节会将上述观点应用于黑洞的时空曲率，这可是对于宇宙具有重要意义的数学和物理学研究对象！

具体来说，我们将努力验证由第 368 页式 (30.12) 给出的施瓦西黑洞几何，我们在这里重写这个解：[①]

施瓦西黑洞

$$\mathrm{d}s^2=-\left(1-\frac{2GM}{r}\right)\mathrm{d}t^2+\frac{\mathrm{d}r^2}{1-\frac{2GM}{r}}+r^2(\mathrm{d}\phi^2+\sin^2\phi\ \mathrm{d}\theta^2),\tag{38.58}$$

这确实是爱因斯坦真空场方程 (30.11) 的一个解，我们也将这个方程重写在此：

① 正如我们在麦克斯韦方程组中解释的那样，为使本书与附录 A 推荐的大多数广义相对论教科书保持一致，我们现在反转了度量系数的正负号.

$$\text{爱因斯坦真空场方程:} \quad Ricci = 0 \iff R_{ik} = 0. \tag{38.59}$$

我们定义[①]

$$f(r) = 1 - \frac{2GM}{r},$$

使得（以便后面使用）

$$f' = \frac{2GM}{r^2} \quad \text{且} \quad f'' = -\frac{4GM}{r^3} \quad \text{且} \quad 1 - f = \frac{2GM}{r}. \tag{38.60}$$

我们将用相关的时空坐标来标记每一个 1-形式基. 那么施瓦西度规 (38.58) 可以写成

$$\boldsymbol{g} = g_{ij}(\boldsymbol{\theta}^i \otimes \boldsymbol{\theta}^j) = -\boldsymbol{\theta}^t \otimes \boldsymbol{\theta}^t + \boldsymbol{\theta}^r \otimes \boldsymbol{\theta}^r + \boldsymbol{\theta}^\phi \otimes \boldsymbol{\theta}^\phi + \boldsymbol{\theta}^\vartheta \otimes \boldsymbol{\theta}^\vartheta,$$

其中

$$\boldsymbol{\theta}^t = \sqrt{f}\,\mathbf{d}t, \quad \boldsymbol{\theta}^r = \frac{\mathbf{d}r}{\sqrt{f}}, \quad \boldsymbol{\theta}^\phi = r\,\mathbf{d}\phi, \quad \boldsymbol{\theta}^\vartheta = r\sin\phi\,\mathbf{d}\vartheta.$$

将第一个结构方程代入每一个等式的左边（按照爱因斯坦求和约定对指标 m 求和）然后实际计算等式右边的每一个导数，最后再用 1-形式基重写每一个结果，我们得到

$$\boldsymbol{\omega}^t{}_m \wedge \boldsymbol{\theta}^m = -\mathbf{d}\boldsymbol{\theta}^t = -\frac{f'}{2\sqrt{f}}\mathbf{d}r \wedge \mathbf{d}t = \frac{f'}{2\sqrt{f}}\sqrt{f}\,\mathbf{d}t \wedge \frac{\mathbf{d}r}{\sqrt{f}} = \frac{f'}{2\sqrt{f}}\boldsymbol{\theta}^t \wedge \boldsymbol{\theta}^r,$$

$$\boldsymbol{\omega}^r{}_m \wedge \boldsymbol{\theta}^m = -\mathbf{d}\boldsymbol{\theta}^r = -\mathbf{d}\left[\frac{1}{\sqrt{f}}\right] \wedge \mathbf{d}r = -\partial_r\left[\frac{1}{\sqrt{f}}\right]\mathbf{d}r \wedge \mathbf{d}r = 0,$$

$$\boldsymbol{\omega}^\phi{}_m \wedge \boldsymbol{\theta}^m = -\mathbf{d}\boldsymbol{\theta}^\phi = -\mathbf{d}r \wedge \mathbf{d}\phi = \frac{\sqrt{f}}{r} r\,\mathbf{d}\phi \wedge \frac{\mathbf{d}r}{\sqrt{f}} = \frac{\sqrt{f}}{r}\boldsymbol{\theta}^\phi \wedge \boldsymbol{\theta}^r,$$

$$\boldsymbol{\omega}^\vartheta{}_m \wedge \boldsymbol{\theta}^m = -\mathbf{d}\boldsymbol{\theta}^\vartheta = -s_\phi\,\mathbf{d}r \wedge \mathbf{d}\vartheta - r c_\phi\,\mathbf{d}\phi \wedge \mathbf{d}\vartheta = \frac{\sqrt{f}}{r}\boldsymbol{\theta}^\vartheta \wedge \boldsymbol{\theta}^r + \frac{\cot\phi}{r}\boldsymbol{\theta}^\vartheta \wedge \boldsymbol{\theta}^\phi.$$

我们要利用一个逻辑上站不住脚却非常有效[②]的原理，来替代更为著名的奥

---

① 接下来，我们主要采用德雷（Dray, 2015, 第 259–261 页）的表示法，尽管他将 1-形式基写成了 $\boldsymbol{\sigma}^i$，而我们继续将其写成 $\boldsymbol{\theta}^i$. 还要注意，我们的 ϕ 和 ϑ 与他用的相反！见第 442 页的脚注.

② 毫无疑问，存在一个反例，但我个人不记得曾经见过这个反例.

卡姆剃刀原理[①]，并将它命名为[②]

> **嘉当剃刀原理**：如果某一项不是确实不能为零，那么它就是零.

检查上面的方程，只写下那些明确强加于我们的不能取消的项，并假设所有其他项都可取消（正如嘉当剃刀原理所说的那样！），我们发现

$$\boldsymbol{\omega}^t{}_r=\frac{f'}{2\sqrt{f}}\boldsymbol{\theta}^t,\quad \boldsymbol{\omega}^\phi{}_r=\frac{\sqrt{f}}{r}\boldsymbol{\theta}^\phi,\quad \boldsymbol{\omega}^\vartheta{}_r=\frac{\sqrt{f}}{r}\boldsymbol{\theta}^\vartheta,\quad \boldsymbol{\omega}^\vartheta{}_\phi=\frac{\cot\phi}{r}\boldsymbol{\theta}^\vartheta.$$

很容易将唯一性引理 (38.31) 推广，所以这些就是我们要求的解！

接下来，要得到曲率 2-形式，我们必须对这些联络 1-形式求微分. 注意到它们的反对称性，以及度规系数 $g_{tt}=-1$，合起来意味着

$$\boldsymbol{\omega}^r{}_t=\boldsymbol{\omega}^t{}_r,\quad \boldsymbol{\omega}^r{}_\phi=-\boldsymbol{\omega}^\phi{}_r,\quad \boldsymbol{\omega}^r{}_\vartheta=-\boldsymbol{\omega}^\vartheta{}_r,\quad \boldsymbol{\omega}^\phi{}_\vartheta=-\boldsymbol{\omega}^\vartheta{}_\phi,$$

和

$$\boldsymbol{\omega}^t{}_t=\boldsymbol{\omega}^r{}_r=\boldsymbol{\omega}^\phi{}_\phi=\boldsymbol{\omega}^\vartheta{}_\vartheta=0.$$

一共有 6 个独立的曲率 2-形式，现在我们（详细）说明第一个的计算，让你来验证剩下的 5 个.

计算 $\mathbf{d}\boldsymbol{\omega}^i{}_j$ 的第一步是回到用 $\mathbf{d}x^i$ 表示 $\boldsymbol{\omega}^i{}_j$，这样计算外导数就很容易了. 最后用 $\boldsymbol{\theta}^i\wedge\boldsymbol{\theta}^j$ 表示结果. 由式 (38.52)，

$$\begin{aligned}\boldsymbol{\Omega}^t{}_r&=\mathbf{d}\boldsymbol{\omega}^t{}_r+\boldsymbol{\omega}^t{}_m\wedge\boldsymbol{\omega}^m{}_r\\&=\mathbf{d}\left[\frac{f'}{2}\right]\wedge\mathbf{d}t+\boldsymbol{\omega}^t{}_t\wedge\boldsymbol{\omega}^t{}_r+\boldsymbol{\omega}^t{}_r\wedge\omega^r{}_r+\boldsymbol{\omega}^t{}_\phi\wedge\boldsymbol{\omega}^\phi{}_r+\omega^t{}_\vartheta\wedge\boldsymbol{\omega}^\vartheta{}_r\\&=\frac{f''}{2}\mathbf{d}r\wedge\mathbf{d}t+0+0+0+0\\&=-\frac{f''}{2}\boldsymbol{\theta}^t\wedge\boldsymbol{\theta}^r.\end{aligned}$$

现在列出所有 6 个曲率 2-形式，从我们刚刚计算的那个开始：

$$\boldsymbol{\Omega}^t{}_r=-\frac{f''}{2}\boldsymbol{\theta}^t\wedge\boldsymbol{\theta}^r,$$

$$\boldsymbol{\Omega}^t{}_\phi=-\frac{f'}{2r}\boldsymbol{\theta}^t\wedge\boldsymbol{\theta}^\phi,$$

① 奥卡姆剃刀原理由 14 世纪英格兰逻辑学家、方济各会修士奥卡姆的威廉（约 1287—1347）提出. 这个原理称“如无必要，勿增实体”，即“简单有效原理”. ——译者注

② 需要说明的是，嘉当本人从未说过这样的话（据我所知），但我仍然选择用他的名字来命名这个原理！

$$\boldsymbol{\Omega}^{t}{}_{\vartheta}=-\frac{f'}{2r}\boldsymbol{\theta}^{t}\wedge\boldsymbol{\theta}^{\vartheta},$$

$$\boldsymbol{\Omega}^{\phi}{}_{r}=-\frac{f'}{2r}\boldsymbol{\theta}^{\phi}\wedge\boldsymbol{\theta}^{r},$$

$$\boldsymbol{\Omega}^{\vartheta}{}_{r}=-\frac{f'}{2r}\boldsymbol{\theta}^{\vartheta}\wedge\boldsymbol{\theta}^{r},$$

$$\boldsymbol{\Omega}^{\vartheta}{}_{\phi}=\left[\frac{1-f}{r^{2}}\right]\boldsymbol{\theta}^{\vartheta}\wedge\boldsymbol{\theta}^{\phi}.$$

同样，只与空间分量有关的曲率 2-形式都是反对称的，但是因为 $g_{tt}=-1$，与时间分量有关的曲率 2-形式是对称的，即

$$\boldsymbol{\Omega}^{\vartheta}{}_{r}=-\boldsymbol{\Omega}^{r}{}_{\vartheta},\quad \boldsymbol{\Omega}^{\phi}{}_{r}=-\boldsymbol{\Omega}^{r}{}_{\phi},\quad \boldsymbol{\Omega}^{\vartheta}{}_{\phi}=-\boldsymbol{\Omega}^{\phi}{}_{\vartheta},$$

和

$$\boldsymbol{\Omega}^{t}{}_{r}=\boldsymbol{\Omega}^{r}{}_{t},\quad \boldsymbol{\Omega}^{\phi}{}_{t}=\boldsymbol{\Omega}^{t}{}_{\phi},\quad \boldsymbol{\Omega}^{\vartheta}{}_{t}=\boldsymbol{\Omega}^{t}{}_{\vartheta}.$$

现在比较上面关于 $\boldsymbol{\Omega}^{i}{}_{j}$ 的公式与式 (38.55)，后者是 $\boldsymbol{\Omega}^{i}{}_{j}=R^{i}{}_{jlk}\boldsymbol{\theta}^{k}\wedge\boldsymbol{\theta}^{l}$. 根据式 (38.60)，我们可以立即读出黎曼张量的分量：

$$R^{t}{}_{rrt}=-\frac{f''}{2}=+\frac{2GM}{r^{3}},$$

$$R^{t}{}_{\phi\phi t}=R^{t}{}_{\vartheta\vartheta t}=R^{\phi}{}_{rr\phi}=R^{\vartheta}{}_{rr\vartheta}=-\frac{f'}{2r}=-\frac{GM}{r^{3}},$$

$$R^{\vartheta}{}_{\phi\phi\vartheta}=\left[\frac{1-f}{r^{2}}\right]=+\frac{2GM}{r^{3}}.$$

虽然坐标 r 的意义不再像“径向距离”那么简单，但请注意，这些公式与我们从牛顿引力平方反比定律的潮汐力推导出的式 (30.2)（第 358 页）和式 (30.3)（第 359 页）完全一致!

我们到了一个极具戏剧性的时刻：这个假设的黑洞的时空几何在物理上是可能的吗？它满足爱因斯坦真空场方程吗？让我们来看看吧!

对相关的黎曼张量的分量求和就会得到里奇张量，我们很容易看到里奇张量的非对角线分量都为零，现在用式 (38.60) 来计算它的对角线分量，如下所示：

$$R_{tt}=R^r{}_{ttr}+R^\phi{}_{tt\phi}+R^\vartheta{}_{tt\vartheta}=+\frac{f''}{2}+\frac{f'}{2r}+\frac{f'}{2r}=-\frac{2GM}{r^3}+\frac{GM}{r^3}+\frac{GM}{r^3}=0,$$

$$R_{rr}=R^t{}_{rrt}+R^\phi{}_{rr\phi}+R^\vartheta{}_{rr\vartheta}=-\frac{f''}{2}-\frac{f'}{2r}-\frac{f'}{2r}=+\frac{2GM}{r^3}-\frac{GM}{r^3}-\frac{GM}{r^3}=0,$$

$$R_{\phi\phi}=R^t{}_{\phi\phi t}+R^r{}_{\phi\phi r}+R^\vartheta{}_{\phi\phi\vartheta}=-\frac{f'}{2r}-\frac{f'}{2r}+\frac{1-f}{r^2}=-\frac{GM}{r^3}-\frac{GM}{r^3}+\frac{2GM}{r^3}=0,$$

$$R_{\vartheta\vartheta}=R^t{}_{\vartheta\vartheta t}+R^r{}_{\vartheta\vartheta r}+R^\phi{}_{\vartheta\vartheta\phi}=-\frac{f'}{2r}-\frac{f'}{2r}+\frac{1-f}{r^2}=-\frac{GM}{r^3}-\frac{GM}{r^3}+\frac{2GM}{r^3}=0.$$

因此，1915 年 12 月施瓦茨希尔德中尉在第一次世界大战期间的前线战壕中发现的黑洞几何，确实是爱因斯坦此前一个月发现的方程的精确解！

需要说明的是，施瓦茨希尔德当时并不知道他的发现代表了黑洞．对他和爱因斯坦来说，它只代表了围绕着普通天体（如地球或太阳）的时空几何．又过了近半个世纪，物理学家们才终于明白，这个解决方案整体上也提出了黑洞的纯真空引力场．

1965 年 1 月，在爱因斯坦去世 10 年后，罗杰 · 彭罗斯首次证明爱因斯坦的理论在数学上意味着一个质量足够大的物体的坍缩必然会导致黑洞的形成．①由于这一发现，彭罗斯获得了 2020 年诺贝尔物理学奖奖金的一半；另一半由莱因哈德 · 根泽尔和安德里亚 · 格兹平分②，因为他们在独立实验中发现了银河系中心的超大质量黑洞（人马座 A*）．

我们漫长的数学剧就要结束了，在帷幕落下之前，我们还有最后一个锦囊妙计待揭晓．为什么我们坚持用 f、f' 和 f'' 来表示曲率，尽管我们从一开始就知道

① 事实上，彭罗斯证明的是：坍缩一定会导致时空奇点的形成．但是原则上，这个奇点可能比黑洞更可怕——它可能是一个所谓的**裸奇点**，外界可以看到！1969 年，彭罗斯推测这种情况永远不会发生，而“宇宙审查员”会坚持认为，每个奇点都被体面地**包裹**在视界内，从而形成黑洞！许多理论论证支持这个**宇宙审查假说**，但它在 2020 年仍未得到证实．

② 莱因哈德 · 根泽尔，德国天体物理学家，生于 1952 年，1978 年在德国波恩大学获得博士学位．时任德国马克斯 · 普朗克地外物理研究所所长，美国加州大学伯克利分校教授．

安德里亚 · 格兹，1965 年出生于美国纽约．1992 年毕业于美国加州理工学院，获博士学位．时任美国加州大学洛杉矶分校教授．

他们各自带领一群天文学家，从 20 世纪 90 年代初就开始研究银河系的中心区域．随着精确度的提高，他们成功绘制了离银河系中心最近的最亮恒星的轨道．两组研究人员都发现，在银河系中心存在一种看不见但质量巨大的物体，控制着这些恒星在其周围旋转．超大质量黑洞是目前唯一已知的解释．

——译者注

它们的值，却直到最后才在式 (38.60) 中充分地展示出来？

我们不是“仅仅”能够验证施瓦茨希尔德的几何就是爱因斯坦方程的解，我们还可以从爱因斯坦的方程推出它！

爱因斯坦场方程意味着

$$R_{\phi\phi}=R_{\vartheta\vartheta}=-\frac{f'}{r}+\frac{1-f}{r^2}=0 \implies \frac{\mathrm{d}f}{\mathrm{d}r}=\frac{1-f}{r} \implies f(r)=1-\frac{C}{r},$$

其中 C 是常数.

但是，里奇张量的非对角线上的分量都为零，现在剩下的对角线上的分量也自动消失了，从而证实我们已经成功地解出了爱因斯坦方程：

$$R_{tt}=R_{rr}=\frac{f''}{2}+\frac{f'}{r}=-\frac{C}{r^3}+\frac{C}{r^3}=0.$$

为什么常数 C 以 $C=2GM$ 的形式与黑洞的质量[①]联系在一起，仍有待探讨. 但要解释这一点，我们就需要对引力物理学的迷人世界进行更深入的研究，超出了这出数学剧的范畴.

① 这种联系可以通过各种论证建立起来，我们在附录 A 中推荐的所有广义相对论教科书都提到了这一点. 然而，关于这个话题的最好的、最物理的论述可以在 Schutz (2003，第 18 章和第 21 章) 中找到.

第 39 章　第五幕的习题

1-形式

1. 狄拉克[①]的德尔塔函数是 1-形式[②]. [这个例子从 Schutz (1980) 改编而来的] 考虑向量空间 $C[-1,+1]$，它是由定义在 $-1 \leqslant x \leqslant +1$ 上的无穷次可微的实值函数 $f(x)$ 组成的. 它的对偶空间由称为*分布*的 1-形式组成. **狄拉克的德尔塔函数** $\delta(x)$ 就是这样的一个分布，所以它是一个 1-形式. 它对于"向量" $f(x)$ 的作用定义为 $f(x)$ 在 $x=0$ 处的值:

$$\langle\delta(x), f(x)\rangle = f(0).$$

但是，我们要说清楚，保罗 · 狄拉克最初在量子力学中引入他的德尔塔函数时（1930 年），不是这个讲法.

(i) 对于 $C[-1,+1]$ 中的任意函数 $g(x)$，记其对应的 1-形式为 $\widetilde{g}(x)$，定义它对向量 $f(x)$ 的作用为

$$\langle\widetilde{g}(x), f(x)\rangle = \int_{-1}^{+1} g(x)f(x)\,\mathrm{d}x.$$

证明 $\widetilde{g}$ 确实是一个 1-形式.

(ii) 因此狄拉克在定义德尔塔函数时强调

$$\int_{-1}^{+1} \delta(x)f(x)\,\mathrm{d}x = f(0). \tag{39.1}$$

事实上，任何普通的函数都不可能满足这个定义. 我们考虑一个以 $x=0$ 为对称中心的光滑钟形曲线，想象它在变得越来越高、越来越窄的同时，始终对 $f(x)=1$ 满足式 (39.1):

$$\int_{-1}^{+1} \delta(x)1\,\mathrm{d}x = 1.$$

解释为什么在钟形曲线的宽度趋于零的极限下，我们就得到式 (39.1).

2. 在 $\mathbb{R}^3$ 中，给出 1-形式 $\boldsymbol{\omega} = 2\mathbf{d}x + \mathbf{d}y + 2\mathbf{d}z$ 对向量 $\boldsymbol{v}$ 的作用 $\boldsymbol{\omega}(\boldsymbol{v})$ 的显式几何解释.

---

① 保罗 · 狄拉克（1902—1984），英国著名理论物理学家，量子力学的奠基者之一，并对量子电动力学早期的发展做出重要贡献. 他提出的狄拉克方程可以描述费米子的物理行为，并预测了反物质的存在. 1933 年，与埃尔温 · 薛定谔共同获得了诺贝尔物理学奖. ——译者注

② 这个例子很重要. 这个 1-形式是一个广义函数，或分布，即一个向量空间的泛函. 你有什么进一步的想法？——译者注

3. 协变和逆变的解释. 设 R_θ 是旋转角为 θ 的旋转变换，则如第 176 页图 15-3 中的解释，其矩阵为

$$[R_\theta]=\begin{bmatrix} c & -s \\ s & c \end{bmatrix},\quad \text{它的逆是}\quad [R_\theta]^{-1}=[R_{-\theta}]=[R_\theta]^{\mathrm{T}}=\begin{bmatrix} c & s \\ -s & c \end{bmatrix},$$

其中 $c\equiv\cos\theta, s\equiv\sin\theta$. 记 $\{\boldsymbol{e}_1,\boldsymbol{e}_2\}$ 为标准正交基，$\{\widetilde{\boldsymbol{e}}_1,\widetilde{\boldsymbol{e}}_2\}$ 为将原来的基旋转角度 θ 生成的新基，即 $\widetilde{\boldsymbol{e}}_j=R_\theta\boldsymbol{e}_j$.

(i) 在同一幅图中同时画出这两个基，同时画出一个一般的向量 $\boldsymbol{v}=v^j\boldsymbol{e}_j$，以及它在旋转后的基中的分量 $\widetilde{v}^j$：$\boldsymbol{v}=\widetilde{v}^j\widetilde{\boldsymbol{e}}_j$. 用你的图解释为什么新的分量是通过对原来分量应用*相反的*旋转矩阵 $[R_\theta]^{-1}$ 得到的：

$$\begin{bmatrix} \widetilde{v}^1 \\ \widetilde{v}^2 \end{bmatrix}=[R_\theta]^{-1}\begin{bmatrix} v^1 \\ v^2 \end{bmatrix}.$$

因为这个向量的分量是以与基向量变换*相反*的（“逆”的）方式变化的，所以在年代较远的文献中，称这样的向量为**逆变向量**，或**反变向量**.

(ii) $\{\boldsymbol{e}_1,\boldsymbol{e}_2\}$ 的对偶基是 $\{\mathbf{d}x^1,\mathbf{d}x^2\}$. 设 $\boldsymbol{\varphi}=\varphi_j\mathbf{d}x^j$ 为一般的 1-形式，$\{\widetilde{\boldsymbol{\omega}}^1,\widetilde{\boldsymbol{\omega}}^2\}$ 为对偶到 $\{\widetilde{\boldsymbol{e}}_1,\widetilde{\boldsymbol{e}}_2\}$ 的基，使新的分量为 $\boldsymbol{\varphi}=\widetilde{\varphi}_j\widetilde{\boldsymbol{\omega}}^j$. 证明 1-形式变换的分量与基向量的变换方式*相同*（是“协”的）：

$$[\widetilde{\varphi}_1,\widetilde{\varphi}_2]=[\varphi_1,\varphi_2][R_\theta].$$

因此，1-形式常常称为**协变向量**，或**共变向量**. ［*注意*：现代微分几何关注（与坐标无关的）几何对象，这些对象在基变换下不会改变（如本例所示）. 出于这个原因，**逆变**和**协变**这两个术语在现代文献中已经基本消失了. 关于该话题的精彩、全面的一般性讨论，见 Schutz (1980, 2.26 节). ］

张量

4. 矩阵乘法. ［摘自 Schutz (1980)］在矩阵代数中，一个矩阵作用于另一个矩阵，就产生了矩阵的乘法. 证明矩阵的乘法是一个 $\begin{Bmatrix} 2 \\ 2 \end{Bmatrix}$ 阶的张量.（*提示*：每个矩阵本身就是一个 $\begin{Bmatrix} 1 \\ 1 \end{Bmatrix}$ 阶的张量，见 33.2 节.）

5. 张量的缩并. ［摘自 Schutz (1980)］对一个 $\begin{Bmatrix}3\\2\end{Bmatrix}$ 阶张量 $Q^{ijk}{}_{lm}$ 所有可能配对的指标做缩并，一共能生成多少个不同的 $\begin{Bmatrix}2\\1\end{Bmatrix}$ 阶的张量？再对这些张量做第二次缩并，可以产生多少个 $\begin{Bmatrix}1\\0\end{Bmatrix}$ 阶张量（即向量）？

6. 将矩阵乘法看作张量的缩并. 参考 33.2 节和 33.6 节，设 $\boldsymbol{A}$ 是一个线性变换，表示成一个阶为 $\begin{Bmatrix}1\\1\end{Bmatrix}$ 的向量值张量函数：$\boldsymbol{v} \to \boldsymbol{A}(\boldsymbol{v})$. 设 $\boldsymbol{B}$ 是另一个线性变换，$\boldsymbol{C}$ 是这两个线性变换的复合变换：$\boldsymbol{C}(\boldsymbol{v}) \equiv \boldsymbol{B}[\boldsymbol{A}(\boldsymbol{v})]$. 证明：$\boldsymbol{C}$ 是一个 $\begin{Bmatrix}1\\1\end{Bmatrix}$ 阶张量，其分量为缩并（也称为矩阵乘法）：$C^i{}_j = B^i{}_k A^k{}_j$.

2-形式

7. 在 $\mathbb{R}^3$ 内的因式分解. 设 $\boldsymbol{\Psi}$ 是 $\mathbb{R}^3$ 内的一般 2-形式. 证明 $\boldsymbol{\Psi}$ 总是能因式分解成两个 1-形式的楔积：$\boldsymbol{\Psi} = \boldsymbol{\alpha} \wedge \boldsymbol{\beta}$.

8. 在 $\mathbb{R}^4$ 内都能因式分解吗？ 设 $\boldsymbol{\Psi}$ 是 $\mathbb{R}^4$ 内的一般 2-形式.

(i) 证明 $\boldsymbol{\Psi}$ 不是总能因式分解成两个 1-形式的楔积. 提示：如果它能因式分解，考虑 $\boldsymbol{\Psi} \wedge \boldsymbol{\Psi}$，再回头看看 35.7 节.

(ii) 如果 $\boldsymbol{\Psi} \wedge \boldsymbol{\Psi} = 0$，证明这时 $\boldsymbol{\Psi}$ 可以因式分解成两个 1-形式的楔积.

(iii) 证明 $\boldsymbol{\Psi}$ 总能表示成两个楔积的和：

$$\boldsymbol{\Psi} = \alpha \wedge \beta + \gamma \wedge \delta.$$

9. 曲面 $f =$ 常数 的面积公式. 设 $\mathcal{S}$ 是由方程 $f(x, y, z) =$ 常数表示的曲面.

(i) 证明 $\mathcal{S}$ 的单位法向量 $\boldsymbol{n}$ 为

$$\boldsymbol{n} = \frac{1}{\sqrt{(\partial_x f)^2 + (\partial_y f)^2 + (\partial_z f)^2}} \begin{bmatrix} \partial_x f \\ \partial_y f \\ \partial_z f \end{bmatrix}.$$

(ii) 将 $\boldsymbol{n}$ 视为以单位速率垂直穿过 $\mathcal{S}$ 流体的速度，证明 $\mathcal{S}$ 的面积 2-形式为

$$\mathcal{A} = \frac{\partial_x f \, \mathbf{d}y \wedge \mathbf{d}z + \partial_y f \, \mathbf{d}z \wedge \mathbf{d}x + \partial_z f \, \mathbf{d}x \wedge \mathbf{d}y}{\sqrt{(\partial_x f)^2 + (\partial_y f)^2 + (\partial_z f)^2}}.$$

3-形式

10. 在 $\mathbb{R}^4$ 内的因式分解. 证明在 $\mathbb{R}^4$ 内的任何 3-形式都可以表示为三个 1-形式的楔积.

微分

11. 恰当的闭形式. 在 $\mathbb{R}^3$ 中，令

$$\begin{aligned}\varphi &= 2x\mathbf{d}x + 2y\mathbf{d}y + 2z\mathbf{d}z,\\ \boldsymbol{\chi} &= xy\mathbf{d}z,\\ \boldsymbol{\Psi} &= x\mathbf{d}y \wedge \mathbf{d}z + y\mathbf{d}x \wedge \mathbf{d}z.\end{aligned}$$

(i) 证明 φ 是闭的，并通过验证它是恰当的，即 $\varphi = \mathbf{d}r^2$（其中 r 是它到原点的距离），解释这个结果的正确性.

(ii) 证明 $\boldsymbol{\Psi}$ 是闭的，并通过验证它是恰当的，即 $\boldsymbol{\Psi} = \mathbf{d}\boldsymbol{\chi}$，解释这个结果的正确性.

12. 恰当的闭形式. 继续采用习题 11 中的形式，(A) 直接，或者 (B) 利用莱布尼茨乘积法则 (36.8)，计算下列外导数.

(i) $\mathbf{d}(\boldsymbol{\chi} \wedge \boldsymbol{\chi})$.

(ii) $\mathbf{d}(\varphi \wedge \boldsymbol{\chi})$.

(iii) $\mathbf{d}(\varphi \wedge \boldsymbol{\Psi})$.

(iv) $\mathbf{d}(\boldsymbol{\chi} \wedge \boldsymbol{\Psi})$.

13. 恰当的闭形式. 如果你不能很容易地看出以下事实，就请动手证明.

(i) 如果 $\boldsymbol{\gamma}$ 和 $\boldsymbol{\Phi}$ 是闭的，则 $\boldsymbol{\gamma} \wedge \boldsymbol{\Phi}$ 也是闭的.

(ii) 如果 $\boldsymbol{\gamma}$ 是闭的，则对所有 $\boldsymbol{\Phi}$，$\boldsymbol{\gamma} \wedge \mathbf{d}\boldsymbol{\Phi}$ 是闭的.

(iii) 如果 $\deg\boldsymbol{\Phi}$ 是偶数，则 $\boldsymbol{\Phi} \wedge \mathbf{d}\boldsymbol{\Phi}$ 是闭的. 提示：见式 (35.4).

14. 用形式表示向量微积分的恒等式. 用形式证明以下向量微积分的恒等式.

(i) $$\nabla \cdot [\underline{\varphi} \times \nabla f] = [\nabla \times \underline{\varphi}] \cdot \nabla f.$$

(ii) $$\nabla \cdot [\underline{\varphi} \times \underline{\psi}] = [\nabla \times \underline{\varphi}] \cdot \underline{\psi} - \underline{\varphi} \cdot [\nabla \times \underline{\psi}].$$

[提示：式 (36.9)] 注意 (i) 现在可以看作 (ii) 的一个特殊情况.

15. 霍奇的星对偶算子 ($\star$) [关于这个概念的完全一般的讨论，见 Schutz (1980)、Baez and Muniain (1994) 或 Dray (2015). 特别是 Baez and Muniain (1994, 第 1 章和第 5 章)，其中关于霍奇对偶与麦克斯韦方程组之间关系的讨论非

反数，因为这是我们今后将会提到的大多数更高级的物理学教科书采用的惯例.

设体积 4-形式为 $\mathcal{V}_4 = \mathbf{d}x \wedge \mathbf{d}y \wedge \mathbf{d}z \wedge \mathbf{d}t$，$\star\mathbf{d}x^i$ 由下式定义：

$$\boxed{\mathbf{d}x^i \wedge \star\mathbf{d}x^i = g_{ii}\mathcal{V}_4.}$$

证明

$$\begin{aligned}
\star\mathbf{d}t &= \mathbf{d}x \wedge \mathbf{d}y \wedge \mathbf{d}z = \mathcal{V}_3,\\
\star\mathbf{d}x &= \mathbf{d}y \wedge \mathbf{d}z \wedge \mathbf{d}t,\\
\star\mathbf{d}y &= \mathbf{d}z \wedge \mathbf{d}x \wedge \mathbf{d}t,\\
\star\mathbf{d}z &= \mathbf{d}x \wedge \mathbf{d}y \wedge \mathbf{d}t.
\end{aligned}$$

(vi) 仍然在闵可夫斯基时空中，2-形式基 $\boldsymbol{\Psi}$ 的对偶 $\star\boldsymbol{\Psi}$ 由下式定义：

$$\boxed{\boldsymbol{\Psi} \wedge \star\boldsymbol{\Psi} = \pm\mathcal{V}_4,}$$

其中，当 $\boldsymbol{\Psi}$ 包含 $\mathbf{d}t$ 时取负号（$-$），否则取正号（$+$).（注意前一部分的公式是这些公式的特例.）证明：

$$\begin{aligned}
\star(\mathbf{d}x \wedge \mathbf{d}t) &= -\mathbf{d}y \wedge \mathbf{d}z, & \star(\mathbf{d}y \wedge \mathbf{d}z) &= \mathbf{d}x \wedge \mathbf{d}t,\\
\star(\mathbf{d}y \wedge \mathbf{d}t) &= -\mathbf{d}z \wedge \mathbf{d}x, & \star(\mathbf{d}z \wedge \mathbf{d}x) &= \mathbf{d}y \wedge \mathbf{d}t,\\
\star(\mathbf{d}z \wedge \mathbf{d}t) &= -\mathbf{d}x \wedge \mathbf{d}y, & \star(\mathbf{d}x \wedge \mathbf{d}y) &= \mathbf{d}z \wedge \mathbf{d}t.
\end{aligned}$$

(vii) 证明对于闵可夫斯基时空中的 2-形式，$\star\star = -1$.（对于 p-形式，这个事实也成立.）

(viii) 回顾由式 (34.22) 定义的法拉第 2-形式：

$$\boldsymbol{F} = \text{法拉第 2-形式} = \boldsymbol{\epsilon} \wedge \mathbf{d}t + \boldsymbol{B}.$$

用前面的结果证明麦克斯韦 2-形式 (34.26) 的确是法拉第 2-形式的霍奇对偶：

$$\star\boldsymbol{F} = \text{麦克斯韦 2-形式} = \boldsymbol{\beta} \wedge \mathbf{d}t - \boldsymbol{E}.$$

(ix) 同样，证明时空电流 1-形式 $\boldsymbol{J} = -\rho\,\mathbf{d}t + \boldsymbol{j}$ 的对偶的确是由关于电流密度 3-形式的式 (36.18) 决定的：

$$\star\boldsymbol{J} = -\rho\mathcal{V}_3 + \left[\underline{\boldsymbol{j}}\text{ 的通量 2-形式}\right] \wedge \mathbf{d}t.$$

16. 电荷守恒定律.

(i) 假设电荷是守恒的，即它既不会凭空产生，也不会消失. 如果 V 是闭曲

面 $\mathcal{S}=\partial V$ 包围的内部区域，证明：

$$\frac{\mathrm{d}}{\mathrm{d}t}\iiint_{V}\rho\,\mathrm{d}\mathcal{V}=-\oiint_{\mathcal{S}}\underline{j}\bullet\boldsymbol{n}\,\mathrm{d}\mathcal{A}.$$

(ii) 利用高斯定理证明：电荷守恒可局部表示为

$$\frac{\mathrm{d}\rho}{\mathrm{d}t}+\boldsymbol{\nabla}\bullet\underline{j}=0.$$

(iii) 通过求表示为

$$\mathbf{d}\star\boldsymbol{F}=4\pi\star\boldsymbol{J}$$

的第二对麦克斯韦方程组的外导数，证明电荷守恒定律是麦克斯韦方程组的逻辑结论，可表示为

$$\boxed{\mathbf{d}\star\boldsymbol{J}=0.}$$

历史注释：法拉第在 1831 年关于电磁感应的实验发现最终被麦克斯韦凝结成了数学形式，即变化的磁场在电场中产生旋度 [见式 (37.13)]．1861 年，在没有任何实验证据的情况下，麦克斯韦出于纯粹的理论考虑，得出了这样的结论：电场的变化必然会对称地产生磁场的旋度．没有这种对称性，电磁波就不可能存在，也就没有光——要有光！

17. 自旋光子与自对偶性．在闵可夫斯基时空中，对于复 2-形式 $\boldsymbol{\Psi}$，如果

$$\star\boldsymbol{\Psi}=\mathrm{i}\boldsymbol{\Psi},$$

则称它为**自对偶的**；如果

$$\star\boldsymbol{\Psi}=-\mathrm{i}\boldsymbol{\Psi},$$

则称它为**反自对偶的**．$\star$ 是在习题 15 中介绍的霍奇对偶算子．

(i) 证明法拉第 2-形式 $\boldsymbol{F}$（或任何 2-形式 $\boldsymbol{F}$）总是可以分解成自对偶部分 ${}^{+}\boldsymbol{F}$ 和反自对偶部分 ${}^{-}\boldsymbol{F}$，使得

$$\boldsymbol{F}={}^{+}\boldsymbol{F}+{}^{-}\boldsymbol{F}.$$

利用事实 $\star{}^{\pm}\boldsymbol{F}=\pm\mathrm{i}\,{}^{\pm}\boldsymbol{F}$，从上面的公式证明

$${}^{+}\boldsymbol{F}=\frac{1}{2}[\boldsymbol{F}-\mathrm{i}\star\boldsymbol{F}]\quad 且\quad {}^{-}\boldsymbol{F}=\frac{1}{2}[\boldsymbol{F}+\mathrm{i}\star\boldsymbol{F}].$$

(ii) 事实证明，在量子力学中，这些复共轭分量 ${}^{+}\boldsymbol{F}$ 和 ${}^{-}\boldsymbol{F}$ 分别描述了右旋和左旋光子（电磁场的量子）．验证所有 4 个麦克斯韦方程可以合并成单一的复方程：

$$\boxed{\mathbf{d}\,{}^{+}\boldsymbol{F}=-2\pi\mathrm{i}\star\boldsymbol{J}.}$$

积分

18. 恰当的闭 1-形式. 在物理学的语言中，$\varphi = \mathbf{d}f$ 对应于一个**保守力场** $\underline{\varphi} = \nabla f$，其中 f 是**势能**. 通过证明以下每个 1-形式都是闭的，即 $\mathbf{d}\varphi = 0$，就验证了以下每个 1-形式都是保守的. 然后证明它们都是恰当的，即找出它们每一个所对应的势能函数 f 的具体表达式.

(i) $\varphi = x\mathbf{d}x + y^2\mathbf{d}y + z^3\mathbf{d}z$.

(ii) $\varphi = 3x^2y^2z\mathbf{d}x + 2x^3yz\mathbf{d}y + x^3y^2\mathbf{d}z$.

(iii) $\varphi = (2xy+z)\mathbf{d}x + (x^2+3y^2)\mathbf{d}y + x\mathbf{d}z$.

19. 恰当的闭 2-形式. 先证明以下每一个 2-形式都是闭的，即 $\mathbf{d}\Psi = 0$. 然后证明它们都是恰当的，即找出它们每一个都有一个对应的 1-形式，并写出其具体的表达式 φ，使得 $\Psi = \mathbf{d}\varphi$.

(i) $\Psi = 3x^2y^4\mathbf{d}x \wedge \mathbf{d}y$.

(ii) $\Psi = 2xyz^3\mathbf{d}x \wedge \mathbf{d}y - 3x^2yz^2\mathbf{d}y \wedge \mathbf{d}z$.

20. 恰当的闭 3-形式. 在 $\mathbb{R}^3$ 中，每一个 3-形式 Υ 都与体积 3-形式 $\mathcal{V} = \mathbf{d}x\wedge\mathbf{d}y\wedge\mathbf{d}z$ 成正比，而且因为所有的 4-形式都为零，所以每一个 3-形式都是闭的，即 $\mathbf{d}\Upsilon = 0$. 因为每一个 Υ 都是恰当的，所以存在 2-形式 Ψ 使得 $\Upsilon = \mathbf{d}\Psi$，写出其具体的表达式.

(i) $\Upsilon = yz\mathcal{V}$.

(ii) $\Upsilon = 2(x+y+z)\mathcal{V}$.

21. 齐次函数. [摘自 do Carmo (1994)] 若函数 $g:\mathbb{R}^3 \to \mathbb{R}$ 满足 $g(tx,ty,tz) = t^k g(x,y,z)$，则称之为 k **次齐次函数**.

(i) 证明这样的函数 g 满足**欧拉方程**:

$$x\partial_x g + y\partial_y g + z\partial_z g = kg.$$

提示：对定义式关于 t 求导.

(ii) 设 1-形式

$$\psi = a\mathbf{d}x + b\mathbf{d}y + c\mathbf{d}z$$

中的 a,b,c 都是 k 次齐次函数，且 $\mathbf{d}\psi = 0$. 证明存在

$$f = \frac{xa+yb+zc}{k+1}$$

使得 $\psi = \mathbf{d}f$. 提示：写出 $\mathbf{d}\psi = 0$ 的分量表达式，再应用欧拉方程.

(iii) 考虑 ψ 的通量 2-形式：

$$\boldsymbol{\Psi} = a\,\mathbf{d}y \wedge \mathbf{d}z + b\,\mathbf{d}z \wedge \mathbf{d}x + c\,\mathbf{d}x \wedge \mathbf{d}y.$$

证明如果 $\mathbf{d}\boldsymbol{\Psi} = 0$，则存在

$$\boldsymbol{\gamma} = \frac{(zb - yc)\,\mathbf{d}x + (xc - za)\,\mathbf{d}y + (ya - xb)\,\mathbf{d}z}{k+2},$$

使得 $\boldsymbol{\Psi} = \mathbf{d}\boldsymbol{\gamma}$.

(iv) 设 V 是 $\mathbb{S}^2$ 的内部且 $\partial V = \mathbb{S}^2$，利用形如式 (37.14) 的外微积分基本定理，证明

$$\iiint_V [\nabla^2 g]\,\mathrm{d}\mathcal{V} = k \oiint_{\mathbb{S}^2} g\,\mathrm{d}\mathcal{A}.$$

提示：设 $\boldsymbol{n}$ 为 $\mathbb{S}^2$ 的单位法向量，证明欧拉方程可以写成 $\boldsymbol{n} \boldsymbol{\cdot} \nabla g = kg$.

用形式表达的微分几何

22. 毛球定理. [1] [摘自 do Carmo (1994)] 如我们在图 19-8 中所讨论的，庞加莱 – 霍普夫定理 (19.6) 表明在 $\mathbb{S}^2$ 上不存在无奇点的向量场. 这个结果通常称为*毛球定理*：我们不可能将椰子上的毛梳顺！我们在此使用 FTEC 给出另一个证明. 假设存在一个这样的非零向量场 $\boldsymbol{v}$，用它构作一个标准正交基 $\{\boldsymbol{m}_1, \boldsymbol{m}_2\}$，其中第一个向量为 $\boldsymbol{m}_1 = \boldsymbol{v}/|\boldsymbol{v}|$. 于是由高斯方程 (38.30) 得到

$$\mathbf{d}\boldsymbol{\omega}_{12} = -\boldsymbol{\theta}^1 \wedge \boldsymbol{\theta}^2 = -\mathcal{A}.$$

再用 FTEC 对这个方程的两边求积分，就会得到一个反例.

23. 共形曲率公式. 设曲面的共形度量为 $\mathrm{d}s^2 = (\mathrm{d}u^2 + \mathrm{d}v^2)/\Omega^2$，证明

$$\boxed{\mathcal{K} = \Omega \nabla^2 \Omega - [(\partial_u \Omega)^2 + (\partial_v \Omega)^2].}$$

通过简单的计算可以验证，对于双曲平面的贝尔特拉米 – 庞加莱半平面模型，取 $\Omega = v$，上面的公式仍成立.

24. 零曲率是欧几里得几何的特征. [摘自 do Carmo (1994)] 本习题将确立以下结论：

> 二维曲面的高斯曲率为零，当且仅当这个曲面是局部欧几里得的.

这里“局部欧几里得”的意思是：在每一点的周围可以建立一个 (u, v) 坐标系，使得度量为 $\mathrm{d}s^2 = \mathrm{d}u^2 + \mathrm{d}v^2$.

(i)

[1] 这个定理是说：对于任意的正则的偶数维紧流形，若其欧拉示性数不为 0，则在它上面的连续切向量场一定存在零点，即向量场的奇点. 这是布劳威尔在 1812 年首先证明的. ——译者注

常精彩.]

(i) 在 n 维空间中，证明 p-形式构成的空间与 $(n-p)$-形式构成空间具有相同的维数. 因此，这两个空间具有一一对应关系，而霍奇对偶是实现这种对应关系的一个特殊方法.

(ii) 在 $\mathbb{R}^3$ 中，设 $\mathcal{V}_3 = \mathbf{d}x \wedge \mathbf{d}y \wedge \mathbf{d}z$ 是体积 3-形式. 给定一个 p-形式基 $\boldsymbol{\sigma}$，定义 $\star$ 为填充 $\mathcal{V}_3$ "缺失部分"的线性算子：

$$\boldsymbol{\sigma} \wedge \star\boldsymbol{\sigma} = \mathcal{V}_3.$$

证明

$$\star\mathbf{d}x = \mathbf{d}y \wedge \mathbf{d}z,$$
$$\star\mathbf{d}y = \mathbf{d}z \wedge \mathbf{d}x,$$
$$\star\mathbf{d}z = \mathbf{d}x \wedge \mathbf{d}y.$$

对称地，还有

$$\star(\mathbf{d}y \wedge \mathbf{d}z) = \mathbf{d}x,$$
$$\star(\mathbf{d}z \wedge \mathbf{d}x) = \mathbf{d}y,$$
$$\star(\mathbf{d}x \wedge \mathbf{d}y) = \mathbf{d}z.$$

因此，应用霍奇星算子两次就得到了恒等变换：$\star\star = 1$. 最后，为了完备性起见，要很自然地定义

$$\star 1 = \mathcal{V}_3 \quad 且 \quad \star\mathcal{V}_3 = 1.$$

(iii) 还是在 $\mathbb{R}^3$ 中，请回顾我们之前使用的记号：$\underline{\varphi}$ 是对应于（$\rightleftharpoons$）1-形式 φ 的向量. 证明霍奇对偶产生向量（叉）积的两个不同形式：

$$\underline{\alpha} \times \underline{\beta} = \underline{\gamma} \quad \Longleftrightarrow \quad \alpha \wedge \beta = \star\gamma \quad \Longleftrightarrow \quad \star(\alpha \wedge \beta) = \gamma.$$

(iv) 仍然在 $\mathbb{R}^3$ 中，回顾每一个 2-形式 $\boldsymbol{\Psi}$ 都可以被看作流速为 $\underline{\boldsymbol{\Psi}}$ 的流，由式 (34.10)，有：

$$\boldsymbol{\Psi} = \Psi^1(\mathbf{d}x^2 \wedge \mathbf{d}x^3) + \Psi^2(\mathbf{d}x^3 \wedge \mathbf{d}x^1) + \Psi^3(\mathbf{d}x^1 \wedge \mathbf{d}x^2) \rightleftharpoons \underline{\boldsymbol{\Psi}} = \begin{bmatrix} \Psi^1 \\ \Psi^2 \\ \Psi^3 \end{bmatrix}.$$

如果 $\boldsymbol{\psi}$ 是对应于 $\underline{\boldsymbol{\Psi}}$ 的 1-形式，证明 $\boldsymbol{\Psi}$ 和 $\boldsymbol{\psi}$ 互为霍奇对偶：

$$\star\boldsymbol{\Psi} = \boldsymbol{\psi} \quad 且 \quad \boldsymbol{\Psi} = \star\boldsymbol{\psi}.$$

(v) 现在考虑具有如下度量的闵可夫斯基时空：

$$\mathrm{d}s^2 = g_{ij}\,\mathrm{d}x^i\,\mathrm{d}x^j = -\mathrm{d}t^2 + \mathrm{d}x^2 + \mathrm{d}y^2 + \mathrm{d}z^2.$$

注意：在这里及以后，度量系数 g_{ij} 是在第二幕中使用的那些系数的相

在曲面的切平面上建立一个正交标架 $\{\boldsymbol{m}_1, \boldsymbol{m}_2\}$. 根据高斯方程 (38.30),

$$\mathbf{d}\boldsymbol{\omega}_{12} = -\mathcal{K}\boldsymbol{\theta}^1 \wedge \boldsymbol{\theta}^2 = 0.$$

证明存在一个可以解释为角度的函数 ϕ，使得 $\boldsymbol{\omega}_{12} = \mathbf{d}\phi$.

(ii) 将原来的标架 $\{\boldsymbol{m}_1, \boldsymbol{m}_2\}$ 旋转角度 ϕ，建立一个新的正交标架 $\{\widetilde{\boldsymbol{m}}_1, \widetilde{\boldsymbol{m}}_2\}$. 证明在新的标架下 $\widetilde{\boldsymbol{\omega}}_{12} = 0$.

(iii) 证明

$$\mathbf{d}\widetilde{\boldsymbol{\theta}}^1 = 0 = \mathbf{d}\widetilde{\boldsymbol{\theta}}^2.$$

(iv) 证明存在具有欧几里得度量的坐标系.

25. 贝尔特拉米–庞加莱半平面的联络形式. 从贝尔特拉米 – 庞加莱半平面的度量 (5.8) 立即可以得到 1-形式基:

$$ds^2 = \frac{dx^2 + dy^2}{y^2} \quad \Longrightarrow \quad \boldsymbol{\theta}^1 = \frac{1}{y}\mathbf{d}x \quad 且 \quad \boldsymbol{\theta}^2 = \frac{1}{y}\mathbf{d}y.$$

(i) 计算 $\mathbf{d}\boldsymbol{\theta}^1$ 和 $\mathbf{d}\boldsymbol{\theta}^2$.

(ii) 利用嘉当第一结构方程，有

$$\mathbf{d}\boldsymbol{\theta}^1 = -\boldsymbol{\omega}^1{}_2 \wedge \boldsymbol{\theta}^2, \qquad \mathbf{d}\boldsymbol{\theta}^2 = -\boldsymbol{\omega}^2{}_1 \wedge \boldsymbol{\theta}^1 = \boldsymbol{\omega}^1{}_2 \wedge \boldsymbol{\theta}^1,$$

由此得到唯一的解

$$\boldsymbol{\omega}^1{}_2 = -\frac{1}{y}\mathbf{d}x.$$

(iii) 计算 $\mathbf{d}\boldsymbol{\omega}^1{}_2$，并将这个结果与高斯方程

$$\mathbf{d}\boldsymbol{\omega}^1{}_2 = \mathcal{K}\boldsymbol{\theta}^1 \wedge \boldsymbol{\theta}^2$$

做比较，证明双曲平面的曲率的确为 $\mathcal{K} = -1$.

26. 二维曲面的曲率 2-形式. 设 $\boldsymbol{v}$ 是一个二维曲面的切向量，它的正交基场 $\{\boldsymbol{m}_1, \boldsymbol{m}_2\}$ 满足

$$\begin{aligned}\boldsymbol{\nabla}_{\boldsymbol{v}}\boldsymbol{m}_1 &= -\boldsymbol{\omega}^1{}_2(\boldsymbol{v})\boldsymbol{m}_2, \\ \boldsymbol{\nabla}_{\boldsymbol{v}}\boldsymbol{m}_2 &= \ \ \boldsymbol{\omega}^1{}_2(\boldsymbol{v})\boldsymbol{m}_1.\end{aligned}$$

(i) 写出联络矩阵 $[\boldsymbol{\omega}]$，并证明

$$[\boldsymbol{\omega}] \wedge [\boldsymbol{\omega}] = 0.$$

(ii) 证明这时的曲率矩阵 (38.53) 为

$$|\boldsymbol{\Omega}| = \begin{bmatrix} 0 & 1 \\ -1 & 0 \end{bmatrix} \mathbf{d}\boldsymbol{\omega}^1_2.$$

所以，这个曲率矩阵完全可以用单一的曲率 2-形式 $\boldsymbol{\Omega}^1{}_2$ 来表示，其中 $\boldsymbol{\Omega}^1{}_2$ 由高斯方程

$$\boldsymbol{\Omega}^1{}_2 = \mathbf{d}\boldsymbol{\omega}^1{}_2 - \mathcal{K}\mathcal{A}$$

决定.

27. 双曲 3-空间 $\mathbb{H}^3$ 的曲率. 回顾由第 91 页图 6-6 描述的 $\mathbb{H}^3$ 的度量 (6.23)，可得：

$$\mathrm{d}s^2 = \frac{\mathrm{d}x^2 + \mathrm{d}y^2 + \mathrm{d}z^2}{z^2} \quad \Longrightarrow \quad [\boldsymbol{\theta}] = \begin{bmatrix} \boldsymbol{\theta}^1 \\ \boldsymbol{\theta}^2 \\ \boldsymbol{\theta}^3 \end{bmatrix} = \frac{1}{z}\begin{bmatrix} \mathrm{d}x \\ \mathrm{d}y \\ \mathrm{d}z \end{bmatrix}.$$

(i) 将我们原来的（也是奥尼尔的）记号 $\boldsymbol{\omega}_{ij}$ 转换成更标准的新记号 $\boldsymbol{\omega}^i{}_j$，导致了嘉当第一结构方程中正负号的变化，使它现在具有这样的形式 [见 (38.54)]:

$$\mathbf{d}[\boldsymbol{\theta}] = -[\boldsymbol{\omega}] \wedge [\boldsymbol{\theta}].$$

证明这时的联络矩阵是

$$[\boldsymbol{\omega}] = \frac{1}{z}\begin{bmatrix} 0 & 0 & -\mathbf{d}x \\ 0 & 0 & -\mathbf{d}y \\ \mathbf{d}x & \mathbf{d}y & 0 \end{bmatrix}.$$

(ii) 利用式 (38.53) 证明这时的曲率矩阵是

$$[\boldsymbol{\Omega}] = \frac{1}{z^2}\begin{bmatrix} 0 & -\mathbf{d}x \wedge \mathbf{d}y & -\mathbf{d}x \wedge \mathbf{d}z \\ \mathbf{d}x \wedge \mathbf{d}y & 0 & -\mathbf{d}y \wedge \mathbf{d}z \\ \mathbf{d}x \wedge \mathbf{d}z & \mathbf{d}y \wedge \mathbf{d}z & 0 \end{bmatrix}.$$

(iii) 证明 $[\boldsymbol{\Omega}]$ 也可以写成

$$[\boldsymbol{\Omega}] = \begin{bmatrix} 0 & -\boldsymbol{\theta}^1 \wedge \boldsymbol{\theta}^2 & -\boldsymbol{\theta}^1 \wedge \boldsymbol{\theta}^3 \\ \boldsymbol{\theta}^1 \wedge \boldsymbol{\theta}^2 & 0 & -\boldsymbol{\theta}^2 \wedge \boldsymbol{\theta}^3 \\ \boldsymbol{\theta}^1 \wedge \boldsymbol{\theta}^3 & \boldsymbol{\theta}^2 \wedge \boldsymbol{\theta}^3 & 0 \end{bmatrix},$$

并利用式 (38.55) 证明黎曼张量的部分分量为

$$R^1{}_{212} = R^1{}_{313} = R^2{}_{323} = -1.$$

(iv) 将黎曼张量的这些分量解释为截面曲率. 那么关于这个空间内最初以同一方向出发的相邻测地线的行为，截面雅可比方程 (29.21) 可以告诉我们什么? 得出的结论是"$\mathbb{H}^3$ 有恒定的曲率 -1".

28. 宇宙曲率. [本习题的详细解决方案可在 Dray (2015, A.9 节) 和 Sternberg (2012, 6.7 节) 中找到.] 爱因斯坦场方程的**弗里德曼–勒梅特–罗伯逊–沃克**（FLRW）解现在被认为是我们不断膨胀的宇宙的大尺度几何的**标准模型**. 该解最初是由亚历山大 · 弗里德曼于 1922 年发现的，1927 年被耶稣会牧师乔治 · 勒梅特重新发现. 1935 年，罗伯逊和沃克共同证明了其唯一性，即宇宙在空间上有可能是均质、各向同性的几何形状.

弗里德曼寻找并发现了*原始*爱因斯坦方程的解，而我们现在知道爱因斯坦关于宇宙常数 $\Lambda > 0$ 的宇宙方程 (30.25) 实际上是正确的. 幸运的是，弗里德曼的发现与这个新的现实情况可能是相容的.

FLRW 度规为

$$\mathrm{d}s^2 = -\mathrm{d}t^2 + R^2(t)\left[\frac{\mathrm{d}r^2}{(1-Kr^2)} + r^2(\mathrm{d}\phi^2 + \sin^2\phi\,\mathrm{d}\vartheta^2)\right],$$

其中 $R(t)$ 表示的是宇宙在大爆炸后 t 时刻膨胀到的大小，而 K 是宇宙始终不变的空间曲率. 彭罗斯在 Penrose (2005, 27.11 节和 27.12 节) 中对三种不同的情况 $K > 0, K = 0, K < 0$（其中包括 $\Lambda > 0$ 的影响）的讨论（和生动的手绘图）非常精彩.

按照我们计算施瓦西黑洞曲率的步骤，写出 1-形式基 $\boldsymbol{\theta}^i$，求它们的外导数来建立联络 1-形式 $\boldsymbol{\omega}^i{}_j$，然后计算 $\mathbf{d}\boldsymbol{\omega}^i{}_j$，最后推导出这样一个宇宙的曲率 2-形式 $\boldsymbol{\Omega}^i{}_j$.

人名索引

术语索引

R

S

T

Y

Z